```
-> (atomcount brahma)
  ENTERING atomcount (s=(((ac ab cb) ac (ba bc ac)) ab ((cb ca ba) cb (ac ab cb))))
    ENTERING atomcount (s=((ac ab cb) ac (ba bc ac)))
      ENTERING atomcount (s=(ac ab cb))
        ENTERING atomcount (s=ac)
        EXITING  atomcount (value: 1)
        ENTERING atomcount (s=(ab cb))
          ENTERING atomcount (s=ab)
          EXITING  atomcount (value: 1)
          ENTERING atomcount (s=(cb))
            ENTERING atomcount (s=cb)
            EXITING  atomcount (value: 1)
            ENTERING atomcount (s=nil)
            EXITING  atomcount (value: 0)
          EXITING  atomcount (value: 1)
        EXITING  atomcount (value: 2)
      EXITING  atomcount (value: 3)
      ENTERING atomcount (s=(ac (ba bc ac)))
        ENTERING atomcount (s=ac)
        EXITING  atomcount (value: 1)
        ENTERING atomcount (s=((ba bc ac)))
          ENTERING atomcount (s=(ba bc ac))
            ENTERING atomcount (s=ba)
            EXITING  atomcount (value: 1)
            ENTERING atomcount (s=(bc ac))
              ENTERING atomcount (s=bc)
              EXITING  atomcount (value: 1)
              ENTERING atomcount (s=(ac))
                ENTERING atomcount (s=ac)
                EXITING  atomcount (value: 1)
                ENTERING atomcount (s=nil)
                EXITING  atomcount (value: 0)
              EXITING  atomcount (value: 1)
            EXITING  atomcount (value: 2)
          EXITING  atomcount (value: 3)
          ENTERING atomcount (s=nil)
          EXITING  atomcount (value: 0)
        EXITING  atomcount (value: 3)
      EXITING  atomcount (value: 4)
    EXITING  atomcount (value: 7)
    ENTERING atomcount (s=(ab ((cb ca ba) cb (ac ab cb))))
      ENTERING atomcount (s=ab)
      EXITING  atomcount (value: 1)
      ENTERING atomcount (s=(((cb ca ba) cb (ac ab cb))))
        ENTERING atomcount (s=((cb ca ba) cb (ac ab cb)))
          ENTERING atomcount (s=(cb ca ba))
            ENTERING atomcount (s=cb)
            EXITING  atomcount (value: 1)
            ENTERING atomcount (s=(ca ba))
              ENTERING atomcount (s=ca)
              EXITING  atomcount (value: 1)
              ENTERING atomcount (s=(ba))
                ENTERING atomcount (s=ba)
                EXITING  atomcount (value: 1)
                ENTERING atomcount (s=nil)
                EXITING  atomcount (value: 0)
              EXITING  atomcount (value: 1)
            EXITING  atomcount (value: 2)
          EXITING  atomcount (value: 3)
          ENTERING atomcount (s=(cb (ac ab cb)))
            ENTERING atomcount (s=cb)
            EXITING  atomcount (value: 1)
            ENTERING atomcount (s=((ac ab cb)))
              ENTERING atomcount (s=(ac ab cb))
                ENTERING atomcount (s=ac)
                EXITING  atomcount (value: 1)
                ENTERING atomcount (s=(ab cb))
                  ENTERING atomcount (s=ab)
                  EXITING  atomcount (value: 1)
                  ENTERING atomcount (s=(cb))
                    ENTERING atomcount (s=cb)
                    EXITING  atomcount (value: 1)
                    ENTERING atomcount (s=nil)
                    EXITING  atomcount (value: 0)
                  EXITING  atomcount (value: 1)
                EXITING  atomcount (value: 2)
              EXITING  atomcount (value: 3)
              ENTERING atomcount (s=nil)
              EXITING  atomcount (value: 0)
            EXITING  atomcount (value: 3)
          EXITING  atomcount (value: 4)
        EXITING  atomcount (value: 7)
        ENTERING atomcount (s=nil)
        EXITING  atomcount (value: 0)
      EXITING  atomcount (value: 7)
    EXITING  atomcount (value: 8)
  EXITING  atomcount (value: 15)
15
->
```

Metamagical Themas

by Douglas R. Hofstadter

メタマジック・ゲーム

科学と芸術のジグソーパズル

D.R.ホフスタッター著

竹内郁雄・斉藤康己・片桐恭弘 訳

白揚社

To Bloomington,
for all the times we shared.

序文

本書の標題は、私が『サイエンティフィック・アメリカン』に一九八一年一月から一九八三年七月まで（日本語版『サイエンス』では一九八一年三月から一九八三年十一月まで）連載したコラムからとったものである。コラムは二年半の間に二五篇、話題もさまざま多岐にわたっている。標題はわざとコラムの焦点をぼかすように選んだ。そのことが、私にとっても『サイエンティフィック・アメリカン』にとってもよかったと思っている。一九八〇年に、編集者デニス・フラナガンがかの名高いコラムを担当しないかという話を私にもちかけてきたときに、彼はマーチン・ガードナーを引き合いに出して、「数学ゲーム」というせまい標題とは裏腹に、彼のコラムはつねに科学的見方と文学的見方との間に橋を架けるようなものだった、私にも同じような記事を望んでいるといった。以下にデニスの言葉を紹介しよう。

私は、「数学ゲーム」と呼んでいる分野の柔軟性を強調したいと思う。ご存じのように、マーチンはこの標題のもとで数学的でもなく、ゲームらしくもないことについてたくさん書いている。「数学ゲーム」というコラムは、基本的に彼が興味をもったことを自由に論じる場所だったのだ。現代の知識人は、「科学的」とか「文学的」といった用語ではとらえられない広範な関心をもっているということだろう。マーチンのあとを誰が継ぐにしても、マーチンの興味の範囲にはとらわれずに、自分自身の興味に従ってくれてかまわないと思う。

なんと開けた申し出だろう！　私は、マーチン・ガードナーのあとを継がないかともちかけられた、しかし、同じコラムをつづける必要はない。マーチンと同じ役割を果たすのではなく、雑誌の中でたんに同じ場所を占有するだけでよいのだ。

膨大な聴衆を相手にきわめて恵まれた環境でいいたいことならなんでもいえるというこの上ない機会が私に与えられた。要するに白紙委任である。これ以上の条件は望めない。それにもかかわらず、その申し出を受けるべきか否かを決断するためにしばしの考慮を必要とした。私は自分自身を著述家ではなく、研究者と見なしていた。したがって、物書きに時間を費やせばその分研究時間が削られる。保守的な道を選ぶなら申し出は断わり、これまでどおり研究に専念すべきだろう。しかし、冒険的な道を選び、研究をある程度犠牲にしても、新しい機会を追求するというのも魅力的だった。どちらを選んだとしても、あとで必ず「もし別の道を選んでいたら」と思いなやむことになるだろう。さらに、どのくらいの期間コラムをつづけるのかもわからなかった。期間はとくに定められていなかった。何年間もつづけてもかまわないし、自分には荷が重すぎるとして一年で降りてもかまわなかった。

ある意味では、申し出を受けるだろうということが最初から私にはわかっていた。たぶん、私は保守的傾向よりも冒険的傾向のほうが強いのだろう。しかし、新しい服を買うときと少し似ている。自分でいかに気に入っていても、実際に買う前には、その服を着ると自分がどんなふうに見えるかを確かめずにはいられないのだ。そこで、服を着て店の中を歩きまわり、鏡をのぞきこみ、周囲の人にどう思うか尋ねてみる。そこで私は大勢の人に相談を持ちかけ、結局自分で予想していたとおりに決断した、申し出を受けようと。

＊　＊　＊

最初の一年間は、マーチン・ガードナーと私で交代でコラムを受けもった。自分自身のカラーを出す自由は与えられていたが、それでも伝統を感じずにはいられなかった。たしかに私は彼の標題をもじって自分の標題を作った。（説明は第1章参照。）しかしマーチンのコラムの読者たちは、当然同じタイプの記事を期待しているということを承知していた。読者の反応を知り、マーチンとはまったくスタイルの異なる記事の出来に出版社が満足しているかどうかを知り、水に馴染むのにはしばらくの時間が必要だった。当然ながら、一部の読者たちは私がマーチン・ガードナーのクローンではないことに失望したし、別の読者たちはスタイルと内容を大幅に変えたにもかかわらず、同一レベルの質を保っていることに賞賛を与えてくれた。自分とまったく異なる人とつねに比較されていることを知りながら書くのはつらい仕事だった。事情をよく知っているはずの人々までが私の立場をマーチンと混同しているのに出会ったときには、とくにこたえた。たとえば、すでに一九八三年六月になっていたが、人工知能の会議である知り合いの研究者が私のところへやってきて、自分で発見して解いたばかりの数学パズルについて熱心に話していった。私がそれを「数学ゲーム」のコラムでとりあげることを期待していたのだ。私のコラムは「数学ゲーム」ではないといったい何度みんなにいわねばならなかっただろう。

私は、誰にも負けずマーチン・ガードナーのコラムを愛していたと思っている。しかし、自分自身を他人と混同されるのは我慢がならなかった。だから、コラムを書きながらすぐれた人物の陰にいるという状況は心地よいものではなかった。しかし数か月たつうちに、私は自分のペースをつかみ、快適に任を果たすことができると感じられるようになった。

一九八二年にマーチンは引退し、全面的に私に任されたことになった。毎月コラムを書くというのは、たしかにたいへんな仕事だったが、同時に非常に愉しみでもあった。私が最も心を砕いたのは、コラムをおもしろく、広い範囲の話題をとりあげて、刺激的なものにすることだった。私はデニスの提案を額面どおりに受けとり、科学的な話題だけに閉じこもらずに、音楽や文学に関する話題をとりあげるよう努めた。

一年半がたつころから、研究に重大な影響を与えないようにして、あとどれだけつづけられるか不安を感じはじめた。そこで手持ちの話題を分類してみた。愛情を感ずるもの、楽しみながら記事が書けるもの、興味はあるがあまり情熱を傾ける気にはならないもの。最初の分類にはほぼ一年分の話題が、二番目にはもう一年分、そして最後の分類にはたくさんの話題が含まれた。あと一年ぐらいが考え直す潮時と思われた。ちょうどこれは雑誌の編集方針とも合致していた。彼らは計算の娯楽的側面をとりあげた新しいコラムを始めようとしており、両者の思惑がぴったり一致したわけである。私のコラムが徐々に終りを迎えるのと合わせて、新しいコラムを開始させればよかった。実際、ことはそのように運ばれた。交代の間隙を埋めるために、特別にマーチン・ガードナーが二回コラムを担当した。私が読者に私のコラムの終結を告げたのは、二回目のマーチンのコラムのあとがき、一九八三年九月であった。

こうして、コラムニストとしての私の時代は終った。振りかえってみると、ちょうど適切な長さだったと思う。必要なことをいうには十分だったが、けっして重荷に感じるほど長くはなかった。きわめて魅力的な世界へ足を踏みいれることができたが、私の人生に決定的な変化をもたらしたわけではなかった。すべてを考えあわせると、『サイエンティフィック・アメリカン』での仕事は満足すべきものだった。尊敬すべき機関とともに仕事をし、非凡な才能の持ち主のすぐ後で、しばらくの間とはいえあの素晴らしい役を果たせたことを私は誇りに思っている。

＊　＊　＊

私のコラムの多様性について少し述べよう。人種差別から音楽・芸術・ナンセンスへ、ゲーム理論から人工知能・分子生物学・ルービックキューブへと、表面的には、私のコラムは知的地図の上をあてどなくさまよっているように見える。しかし、底には深い統一性が隠されている。回を重ねるにつれて、定期的な読者はばらばらな中につながりを見いだしはじめ、しばらくすると網の目の規則性が明白に浮かびあがってくると私は感じていた。幾何学的イメージを描いてみよう。私の知的「なわばり」は、ある概念空間内のかなり大きな領域を占めているが、たいがいの人はそれが連結された一つの領域であることに気がつかない。コラムの一篇一篇が概念空間内の一つの「点」に対応する。何か月かが経過して、点がしだいに空間内に穿たれるにつれて、なわばりの形状は明確になってくる。最終的に「メタマジック・ゲーム」という名前にふさわしい領域が浮きでることを希望していた。

当然二五・五篇のコラムでは、私の知的なわばりの連結性を十分に伝えられるだろうかという疑念がある。なんの説明もなしに全部を読んだ人には、理解してもらえないのではないか？　キルティングのつぎはぎ、おかしなメドレー曲にしか感じられないのではないか？　正直にいって二五篇のコラムだけでは不十分だと思う。点があまりに粗すぎて、入りくんだ相互関係の網の目までは見通せないだろう。そこで、コラムをまとめて一冊の本にするにあたっては、隙間を埋めるのにふさわしそうな最近の原稿をいくつか追加し、概念空間をより明確に浮きでさせるよう努めることにした。追加分は全部で七篇ある。（目次では星印がつけられている。）それらは本書の統一性の強化に役だっているはずだ。

「今度の本の主題は一言でいうと何ですか？」と問われれば、おそらく私は「心とパターンです」と答えるだろう。実は、コラムの標題をそうしようかと一時は考えていたのだ。しかし、たしかにそれは私を強く引きつけるものをとらえてはいるが、私の感じる生き生きとした情熱までは十分に伝えてくれない。私は宇宙を覆うパターン中心構成原則、「外界」の事物を範疇化する明晰で強力な方法――を追いもとめる飽くなき探求者なのだ。それゆえ、つねに私は数学に引きつけられてきた。もう何年も前に数学を職業とすることを諦めたにもかかわらず、今でもはじめての本屋へ入ったときにはいつでも、(もしあれば)数学関係の棚へ直行することにしている。数学がどの学問にもまして、宇宙を覆う基本的・普遍的パターンを研究する学問だと感じているためだ。しかし、年を重ねるにつれて、数学的観念を把握する私たちの能力の根底には私たちの内的心的パターンが存在することがしだいに見えてきた。心の中の普遍的パターンによって、私たちは数学的パターンのみならず、世界のあらゆる事物に潜む抽象的規則性を感じとることができるのだ。しだいに私の興味の中心は、形式的数学的パターンから記憶や連想などの意識下のパターンへと移っていった。このようにして、私の興味はパターンの感知主体であり、同時にパターンの生産主体でもある「心」へと向けられることになった。

私にとって、パターンの中で最も奥が深く神秘的なのは音楽である。音楽は心の生産物でありながら、いまだに心にとって測りしれない存在である。ある意味で、私の研究はすべて音楽美や視覚美の神秘を理解する手がかりとなるパターンの探求に向けられているともいえる。大げさにいえば、「私は音楽美や視覚美の実体の発見を目ざしている」のだ。しかし、これらの神秘が実際解明されるとは思っていないし、また望んでもいない。理解を深めたいとは思っても、理解しつくしたいとは思わないのだ。研究成果として、バッハやショパンの音楽の数学的公式を得たいとは思わない。といってまた、それが可能だと考えているわけでもない。むしろそのような考えは無意味だとさえ思う。しかし可能性は否定するにしても、その方向へ努力を注ぐことは非常に魅力を感じる。形式的パターンの性質や構成、心との関係を真剣に研究せずして美の概念に近づくことができるなどと、いったい誰が望めようか? 美に魅せられた者ならば誰でも、背後に潜む「不思議な公式」という怪しげな考えに引きつけられることだろう。しかも今日では、創造性と美に魅せられた者には、それらの本質を探るためにコンピューターという究極の道具が与えられているのだ。このような思いこそが私の研究や執筆活動を支えており、同時に本書の中核ともなっている。

本書に収録されたコラムの背後には、もう一つの思いが込められている。とくに本書の終りに近づくほど、それは明確に現れている。それは、人類の全地球的運命と、そのために個人の果たすべき役割に対する関心である。私は活動家だ。定期的に何かに奮起して熱心に運動する。同時に、周囲の人々にも熱心に参加を呼びかける。社会運動に対する熱情と取り組みの価値を真剣に評価している。「個人の無関心は大衆の狂気に通じる」というのが、私の個人的モットーである。これは、膨大な人々が飢え苦しんでいるのに、想像を絶する破滅的兵器の構築のために人的資源・天然資源を大量に注ぎこんでいるという現代の狂気を、このうえなく的確に表している。このことは誰でもが知っている。にもかかわらず事態は変わらず、日に日に悪化している。私たちはとんでもない世界に生きているのだ。世界について語るとき、私は人類全体の置かれた条件について私の感じる混乱と悲しみ、そして未来と希望について語らざるをえない。

＊　＊　＊

本書はどうしても私の以前の本、『ゲーデル、エッシャー、バッハ』やダニエル・デネットと共同で編んだ『マインズ・アイ』と比較されるだろう。それを見越して一言述べることにする。

『ゲーデル、エッシャー、バッハ』は、ひらめきを詳細に具体化したという点できわめて特殊な本だった。長い間をおいた後に再び数理論理学と巡り合ったことによって、私の心の中に一種の爆発が起こったかのようだった。あのとき私は、はじめて長いものを書こうと思った。そして、いっさいの抑圧を取りのぞいて思うがままに筆を進めた。とくにスタイル面では、フーガやカノンなどの音楽形式にもとづいて対話を構成するなど、多くの実験を試みた。本質的には、『ゲーデル、エッシャー、バッハ』はクルト・ゲーデルの有名な不完全性定理、人間の脳、そして意識の神秘に刺激されて発せられた火花の一閃であった。「心と機械に関する比喩的フーガ」という謳い文句がぴったりあてはまる。

『マインズ・アイ』は『ゲーデル、エッシャー、バッハ』とはまったく異なっている。個人による作品ではなく、長大な注釈付きのアンソロジーである。単一の目標を備えているという点では、『ゲーデル、エッシャー、バッハ』よりも一冊の本としてのまとまりはよく、小論と呼ぶにふさわしいだろう。本の目的は、物質と意識の神秘に可能なかぎり生き生きと、楽しく分けいることであった。そのために、誰でも読んで理解できる物語と、それにダン・デネットと私の注意深い注釈をつづけるという構成をとった。副題は「自己と魂に関する幻想と省察」である。

『ゲーデル、エッシャー、バッハ』と『マインズ・アイ』に共通するのは、互い違いの内的構造である。『ゲーデル、エッシャー、バッハ』では、対話と本文が互い違いに配置されている。『マインズ・アイ』では幻想と省察が互い違いに現れる。この対位法的様式は、私の性に合っているようだ。本書でも、また同じ構造を採用している。今回は記事と追記とを交互に配置した。

『ゲーデル、エッシャー、バッハ』が一つの複雑な主題にもとづいて入念に作られたフーガであり、『マインズ・アイ』が一つの主題にもとづく多くの変奏曲の集まりとするならば、おそらく『メタマジック・ゲーム』はいくつかの主題を用いた幻想曲に対応するだろう。しかも、もし追記がなかったら、きっとばらばらな集まりになってしまっただろう。私は多様な主題——テーマ——を結びつけるために、おのおのの記事の内容を別の記事の見地からも眺められるよう努力して注釈を付けた。ときには、追記は本篇と同じぐらいの長さに達している。そして追記のほうが本篇よりもはるかに長い章も一つ（第24章）ある。

追記が長大になったのは、私自身の現在の人工知能研究の一面についてそこで述べようとしたからだ。他にも私の研究について触れている個所はあるが、技術的詳細には立ちいらなかった。私の関心は、心の働きに関するある中心的な謎に対する明確な考えを得ることに向けられている。その謎は、姿を変えて何度も何度も繰りかえし私の前に現れてきた。難問には違いないが、私には数学の問題と同じようにおもしろい。いずれにせよ、本書を読めば私の研究と私のその他の思考とがどのように結びつくのかを理解してもらえるだろう。

＊　＊　＊

本書でとりあげているさまざまな話題は、それぞれのもつ重みに非常にばらつきがある。私自身、そのことは気持ち悪く感じていることを認めざるをえない。一冊の本の中で、しかも同一の著者によって、ルービックキューブと核戦争による世の終りとが同じ重みで論じられるなどということが、どうして可能なのだろうか？　人生はいろいろなものごとのごたまぜ――小さいものも大きいものも、軽微なことも重大なことも――であって『メタマジック・ゲーム』もその複雑さを反映しているのだというのが一つの答えだ。楽しみがなければ人生は生きるに値しないのだ。

大きな隔たりには別の説明も与えられる。美しい数学的構造は社会的関心と同様、現代の世界観にとって中心的役割を果たし、核による絶滅というような厳粛で重大な事柄に関する考え方にさえ、深い影響を及ぼすことが可能なのだ。巨大すぎる、あるいは複雑すぎるがゆえに理解不能なものごとを理解するためには、単純化したモデルが必要である。そのための適切な出発点は数学によって示されることが多い。極微の世界の現象の説明に、頻繁に美しい数学的概念が現れるのはそのためだ。もっと大きなレベルでも、数学的概念は有用なことがしだいに認識されてきた。たとえばロバート・アクセルロッドの囚人のジレンマに関する美しい仕事は、それを如実に示している（第29章参照）。

囚人のジレンマは、複雑さ、抽象度、大きさ、重大さのどの面でも、ルービックキューブと世の終りとの中間に位置している。この種の抽象化が、現代では真剣に必要とされていると私は考えている。多くの人々は、とび抜けて賢明な人々でさえ、あまりに大きな問題に直面すると目をそむけてしまうものだ。だから、問題はつかみとれる大きさにして、同時に魅力的に見せるためには、さらに明確・簡潔・正確・優美・平衡・対称といった美しさで人々を誘惑しなければならない。

このような美的特質はすぐれた科学のみならず、人生に対するすぐれた洞察においても中心的位置を占めている。そして、それこそ私が『メタマジック・ゲーム』の中で探求し、かつ賛美しようとしたものなのだ。（「マジック」という単語が標題の中に含まれているのには意味があるのだ！）『メタマジック・ゲーム』が、読者の思考に対象の大小を問わず明確さ、正確さ、優美さを加える一助となることを希望する。そしてまた、この気違いじみた、しかし愛すべき世界において、全地球規模の問題に立ちむかうための力を人々に呼びさますことを希望する。いま立ち上がらなければ、私たちに感謝してくれる未来の世代はもう存在しないかもしれないのだ。

カバー説明
ぐるぐる絵と創造性についての随想

本書のカバーに描かれた絵は、私がずいぶん昔に考えだし、その後何年かかけて発展させた非写実的絵画形式の、必ずしも標準的とはいいかねるが、一例である。妹のローラが軽い気持ちで「ぐるぐる絵」と名づけて以来、その名前が定着している。ぐるぐる絵はたいてい普通サイズの紙でなく、（卓上計算機用のロールなど）細長い紙片に描かれた。ぐるぐる絵で最も多いのは五インチから六インチの幅で、長さが五フィートから六フィートのものである。しかし一〇フィートの長さのものもたくさんあるし、一五フィート二〇フィートに達するものさえある。ぐるぐる絵を一次元的にしたのには、もちろんわけがあった。私は音楽に触発されて、視覚的なフーガやカノンをたくさん描いたのだ。時間を紙の長方向に置きかえ、紙の短方向を音の高さを表すのに用いた。（もちろん厳密な写像ではない）。「声部」は、紙の上の「時間」の進行に従って複雑な形状を描きだす一本の線である。声部はおたがいに干渉し合うことも可能だ。しばらくするうちに、視覚的和声や対位法のよさ悪さが何によって決まるのかが直観的につかめるようになった。

一つの声部を構成する折れまがった動きを作りだすためには、さまざまな文字を取りまぜてみた。その当時（六〇年代中ごろ）私はタミル語・セイロン語・カナラ語・テルグ語・ベンガル語・ヒンドゥー語・ビルマ語・タイ語など、インドとその周辺で用いられているさまざまな文字体系にとり憑かれていた。いくつかは注意深く調べたし、インド語系の文体の大部分に当てはまる原則に則って、自ら独自の文字体系を作ってみさえした。そうして私の手と心が馴染んだ動きは、自然に私の視覚フーガへと取りこまれていった。そして、ぐるぐる絵が生まれたのだ。

それからの数年間で、私は文字どおり何千ものぐるぐる絵を作りだした。ペンをもてばあとはすべてまったくの即興だったので、やり直しはきかなかった。間違えればおしまいだ。しかし間違いはうまくおさめるのは難しいが、まったく不可能というわけではない大胆な動きと解釈することもできる。つまり、最初はどうしようもない間違いに思えたものをうれしい挑戦的課題へと転化させるのだ。（即興ジャズプレーヤーには、私のいっていることがよくわかってもらえると思う。）もちろん失敗もしたが、成功したこともあった。（少なくとも私自身の判断基準では、私は演者であり同時に「聴き手」でもあったのだ。）

ぐるぐる絵は、美学と伝統を備えた極度に特異な言語となった。

しかし伝統は壊すためにある。伝統が確認されるとすぐに、私はそれを破る実験を始めた。どのようにすれば現状を越えられるか、「システムの外へ飛びだす」ことができるか、それを調べるためだった。スタイルは変遷し、音楽の歴史が再現された。バロックぐるぐる絵（フーガ、カノンなど）に始まり、「古典」ぐるぐる絵を経て「ロマン派」ぐるぐる絵と進む。数年後（六〇年代の末）には二十世紀に行きつき、私はプロコフィエフやプーランクなど、私の好きな作曲家を精神的に模倣していた。作品のどれかを写したというわけではない。たんにこれらの作曲家のスタイルに親近性を感じていたのだ。ぐるぐる絵は音楽の翻訳ではなく、比喩的音楽なのだ。

二十世紀を越えて二十一世紀の音楽を視覚的に作りだすところまで行っただろうか、と誰しも考えるだろう。そうなっていればたいした偉業だ！　実際には私は七〇年代はじめにはぐるぐる絵をあまり描かなくなっていた。西洋音楽の歴史を繰りかえすのに七年を要した。その時点で私の創造力は枯渇したように思えた。もちろん新しいぐるぐる絵を描くことはできたが、もうそれほど気が向かなくなっていたのだ。そしていままでは、ぐるぐる絵を描くことはもうほとんどない。しかし、私の描く曲線や文字の字体にはぐるぐる絵の痕跡がはっきりと残っている。

本書のカバー絵は、ぐるぐる絵の標準からははずれている。普通サイズの紙に描かれているし、時間経過の方向性もない。また対位法形式も見られない。しかしぐるぐる絵の精神だけは受けついでいる。本書には他に各部の標題ページに一つずつ、合計七つのぐるぐるアルファベットが収録されている。理由は少し異なるが、それらもやはりぐるぐる絵の標準からはずれている。すべて普通サイズの紙に描かれてはいるが、AからZへ向かう方向性は明白である。標準からはずれているのは、純正のアルファベットをそのまま用いている点である。ふつうは本物の文字を使うのは避け、文字に「想を得た」形状を用いていた。タミル語やスリランカ語の文字などはずいぶんと渦を巻いた形状をしているが、それらよりもっと複雑で「ぐるぐる」していたのだ。

ぐるぐる絵は、私がこれまでにやってきたことの中で最も創造的だったかもしれない。もちろんこれは私の意見であって異論もあろう。しかし、ぐるぐる絵はきわめて奇妙な特異的な芸術であり、すぐに理解するのは不可能だ。固有の論理を備えている。それは和声法、対位法、インド文字、ゲシュタルト知覚などのもつ論理と深くかかわり合っている。私はぐるぐる絵をすべてそのまままるめて袋や箱に入れ、物入れに何年間もしまいっぱなしにしていた。ぐるぐる絵はその物理的形状のせいで、他人に見せるのはたいへんなのだ。しかし、ぐるぐる絵とそれを描いた経験は芸術・音楽・創造性に関する私の考え方に決定的な影響を与えている。私が創造性について何か書くときには、必ずぐるぐる絵の経験が私の心のどこかに呼びさまされているのだ。創造性に関する信念の大部分は作曲家・画家・科学者たちの草稿やスケッチの学問的研究から生まれたのではなく、自己観察にもとづいている。もちろん、創造性一般について知るためにその種の学問も修めたが、「実際に経験しなければ理解できない」ところがあるのだ。そこで自分自身の個人的体験を頼りにする。それでやっと「何のことをいっているのかがわかる」のだ。

しかし、もう少し強い主張をしてもよい。私の創造的活動は深いレベルではどうもすべて同型のように思える。ぐるぐる絵も数学的発見も奇妙な対話もピアノ音楽小品もすべて、結果は異なっていてもほとんど同じ核から生じており、同じ機構が何度も繰りかえし用いられているかのようだ。もちろん質は一定ではない。実際私の「本当の」音楽は視覚的音楽の域には達していない。しかし（少なくとも私の場合では）核となる創造性は一つなのだという信念があるので、私はその核を明らかにしようと必死に努力している。そして、その「同じ活動」の中でもより単純な分野を捜しもとめている。本書の第24章では——ある意味で最も創造的な章である——そのような三つの分野について述べている。「シーク・ウェンス」「コピーキャット」、「文字の精神」である。

現在、私は文字の精神の分野——とくに「格子フォント」——にのめりこんでいる。この分野は、アルファベットをはじめとする文字体系に対してずっと昔から抱いている興味に端を発している。字体から重要でないと思われる側面をすべて切りすてていくと、最後に字体の「概念的骨格」とでも呼ぶべきものが得られる。それが格子フォントだ。アルファベットの魅力に気づかない人々は格子フォントの可能性を過小評価して、数はごく少数に限られると考えるようだが、それはまったくの誤りである。数は非常に多く多様性は驚くばかりである。

自分で作った格子フォントを見て、さらに格子フォントを自分で作る過程を振りかえってみて、方法は異なりまたおそろしく限定されてはいるが、またぐるぐる絵の繰りかえしだと感じる。形の変換も、優美さと調和の探求も、何がうまく行って何がうまく行かないかについての直観も、「システムから飛びだそう」という欲求も、みんな同じだ。それだから格子フォントは私を引きつけ、同時に私の推測を確認する新たな手がかりを提供してくれるのだ。格子フォントの利点は、制約がはるかにきびしい点である。選択の可能性は容易に観察できる。選択が説明できるというわけではないが、少なくとも観察は可能だ。ある意味で、私はぐるぐる絵の時代を格子フォントによって再体験しているともいえる。ただし、今度は人工知能とその実現法に関して数年間考えてきたあとだという利点がある。今回はコンピュータ・モデルを用いることによって、創造性の解明の手がかりを、たとえ小さいにせよ、得ることができるかもしれないという希望をもつことができる。

基本的には、ぐるぐる絵のもつ創造性と格子フォントのもつ創造性とに違いはないだろう。したがって、格子フォント生成の研究——もっと正確にいうと、格子フォント生成の計算機モデル化——によって私が長年求めていたものが解きあかされるかもしれない。したがって、ここ数年は私にとって重要な時期となるだろう。わくわくするほど新しいことを生みだしているときに、私の心は何をしているのだろうかという問いに対する答えの本質がモデル化を通して解明されるかもしれない。

本書の主題は、序文にも示されているように心とパターンである。ものごとを概念的骨格まで切りつめることが真理への王道だと私は考えている。心とパターンに関する真理の多くは、私がインディアナで過去七年余り苦心して追求してきた小さな分野に潜んでいるのだ。本書を読まれるにあたっては、このことを心に止めておいてほしい。このような形の「告白」にこのような場所で出くわすとは、予想されなかったことだろう。しかし、これはたくまずして出てくるものであり、おそらく私が現在のような研究を行っている理由、そして私が本書を書いた理由を何にもまして的確に示している。

目次

VII 正気と生存

概要

[I]　錯綜としがらみ

第1章　自己言及文でご挨拶
いろんなタイプの愉快なサンプルをふんだんに盛りこんで、言葉がそれ自身にはね返っていくおもしろさを探る。

第2章　自己言及に自己言及すると……
言葉のはね返りをめぐって一歩先を行くアイデアのコレクション。

第3章　ウイルス文と自己複製
自己言及と自己複製のメカニズムをさらに追いつめる。間接的自己言及のアイデアと併せて、「ミーム」すなわち「自己複製アイデア」を紹介。

第4章　自己変形ゲーム、ノミック
法律に従って法律を変えていく政府の活動に似たとてもおもしろいゲーム。

[II]　センスと社会

第5章　衝突する世界観=真理はイノチを捨てて生きていく
超常現象や超能力に狂奔する出版物に、なぜこんなにたくさんの人が魅入られてしまうのか。その一方で、超能力の提灯持ちと戦っている貴重な出版物も紹介する。

第6章　数音痴、数不感症は文盲と同じ
人口、国家予算、核兵器の威力などに現れる大きな数になると、まるでピンとこない人が多いのはなぜか。ふえる一方の「数音痴」対策を提案する。

第7章　あなたの文章や思考を支配する暗黙の前提
どんなに否定しても見え隠れにちらつく、意識下のイメージと差別的な言葉の使い方のつながり。

第8章＊　言語の純粋性に関する人書
巨匠ウィリアム・サタイアの怒りの一文。醜悪な造語癖、古きよき言い回しを貶しめるような使い方、安っぽい政治的理由による英語破壊を痛撃する。

[III]　スパークとスリップ

第9章　ショパンの音楽=パターン、ポエム、パワー
この上なく力強くしかも繊細な情趣を、どのように音符のパターンにコード化したか。

第10章　寄せ木変形=変化するモザイクの美術
見た目はいかにも数学的、「コンピュータらしい」幾何学模様の裏で、その魅力を決定づけている人間の判断。

第11章　がらくたとナンセンス文学
詩や散文における意味と非意味のゆらめく境界を定めようとするはかない試み。

第12章　創造と想像の本質は主題の変奏にあり
ちょっとずらしてみることから、ひらめきは生れる。無意識のうち

に加えたわずかな変形が、まるで魔法のような創造的直観にまで発展していく。
第13章＊　メタフォント、メタ数学、メタ思考
アルファベットの本質、書体の本質はなにか。ノブのようなパラメータがたくさん付いたアルゴリズムで、それらをとらえることは可能か。

［IV］　ストラクチャーとストレンジネス

第14章　キューブ術、キューブ芸術、キュービズム
世界中を席捲したルービックキューブの扱い方、数学、そして形而上学。
第15章　キューブはいまや球、ピラミッド、十二面体
一年半後のキューブ追跡調査。あらためて理論的考察を加えるとともに、とんでもない勢いではびこった新種のマジカル・パズルを紹介。
第16章　カオスと不思議なアトラクター
物理学の一番ホットな話題をめぐって。非線形関数の繰りかえしの解析と、乱流やカオスとの思わぬつながり。
第17章　人工知能言語リスプの楽しみ
人工知能のエレガントな共通言語リスプの基本的シンタクスと構造。
第18章　人工知能言語リスプと再帰のメリーゴーラウンド
コンピュータ・サイエンスの最も魅力的で融通がきくアイデアの一つ、再帰がリスプに与える啓示。
第19章　人工知能言語リスプの珍騒動＝世界の終焉、宇宙の満腹
再帰のさらに複雑な例からリスプが論理、コンピュータ・サイエンス、人工知能に占める歴史的位置の議論にいたる。
第20章　不確定性原理と量子力学の多世界解釈
私たちは量子力学が明らかにしてくれたことをいかに誤解しているか。量子力学の中心に横たわる認識論上の未解決の謎について。

［V］　精神と生物

第21章＊　『アラン・チューリング＝エニグマ』評
イギリスが生んだ天才の生涯を温かく論じたアンドリュー・ホッジズの新作評伝への書評。
第22章　無窮動会話とその劇的終止「チューリング・テスト」
目に見えない相手とスクリーンに映しだされる言葉だけで交渉しているときに、その相手が本当に考えていると信じさせるものはなにかを論じる三人の会話。
第23章　創造のひらめきは機械化できるか？
知と創造の階層の中で、その洗練の度合がどんなレベルにある生物にも認められるジガバチ性――習慣の無意味さに気づかず、いつまでもやめられずにいること――について。
第24章　思考とアナロジーとメタアナロジー
一つの準拠枠から他の準拠枠に移そうとすると必ずすべり落ちてしまう事柄について。そうした現象はどうすれば、切りはなして考えればすむ小さな範囲にまで煮つめられるか。
第25章＊　動玉箱の中ではなにがなにを？
アキレスと亀の対話。「私」とはなにかを突きとめようとする努力をみんな台無しにしてしまう堂々巡りの因果論を鮮明にする。
第26章＊　ブールの夢よ、さらば
人工知能の夢をめぐって、私の哲学的立場を表明する。これから進

むべき方向への期待、そして確信。

［VI］選択と戦略

第27章　遺伝情報をGATAGATACATACATAいじれるか？

遺伝情報が恣意的だという意味を明らかにするために、情報処理の観点から生体分子とそのペテンを概観する。

第28章　アンダーカット、見せ金、うっちゃり、月並み、そして進化の戦略

愉快で深刻なジレンマがまき起こす単純なゲームが、進化の過程を理解するためのモデルに。

第29章　囚人のジレンマのコンピュータ・トーナメント

世界的規模で行われた「囚人のジレンマ」のコンピュータ・トーナメントで、驚いたことに倫理的な戦略が勝利を収めた。生物学、哲学、神学、政治に比喩的な意味で示唆を与える発見。

［VII］正気と生存

第30章　超合理的思考のジレンマ

合理的精神の持ち主である友人を二〇人ほど集めて金を賭けて一ラウンドの囚人のジレンマを行った結果、『サイエンティフィック・アメリカン』に国際トーナメントを提案するにいたるまで。

第31章　諸悪の平方根は無理数、いや非合理

第30章で述べた国際トーナメントの結果の報告と、人間性についてのおおむね悲観的な見通し。

第32章＊　ハピトンの物語

虚構の町、アメリカの典型的な小都市を舞台に、市民が不穏な状況に気づいたときのアパシーと実力行動を綴る。

第33章＊　せめぎ合う内なる声

いくつもの声に引き裂かれた精神の内部レポート。それらがどのように共存し、知的で個人的で世界的な広がりをもつ運動に向かう安定した「魂」を形成するか。

＊『サイエンティフィック・アメリカン』連載コラム以外のもの。

［Ⅰ］
錯綜としがらみ

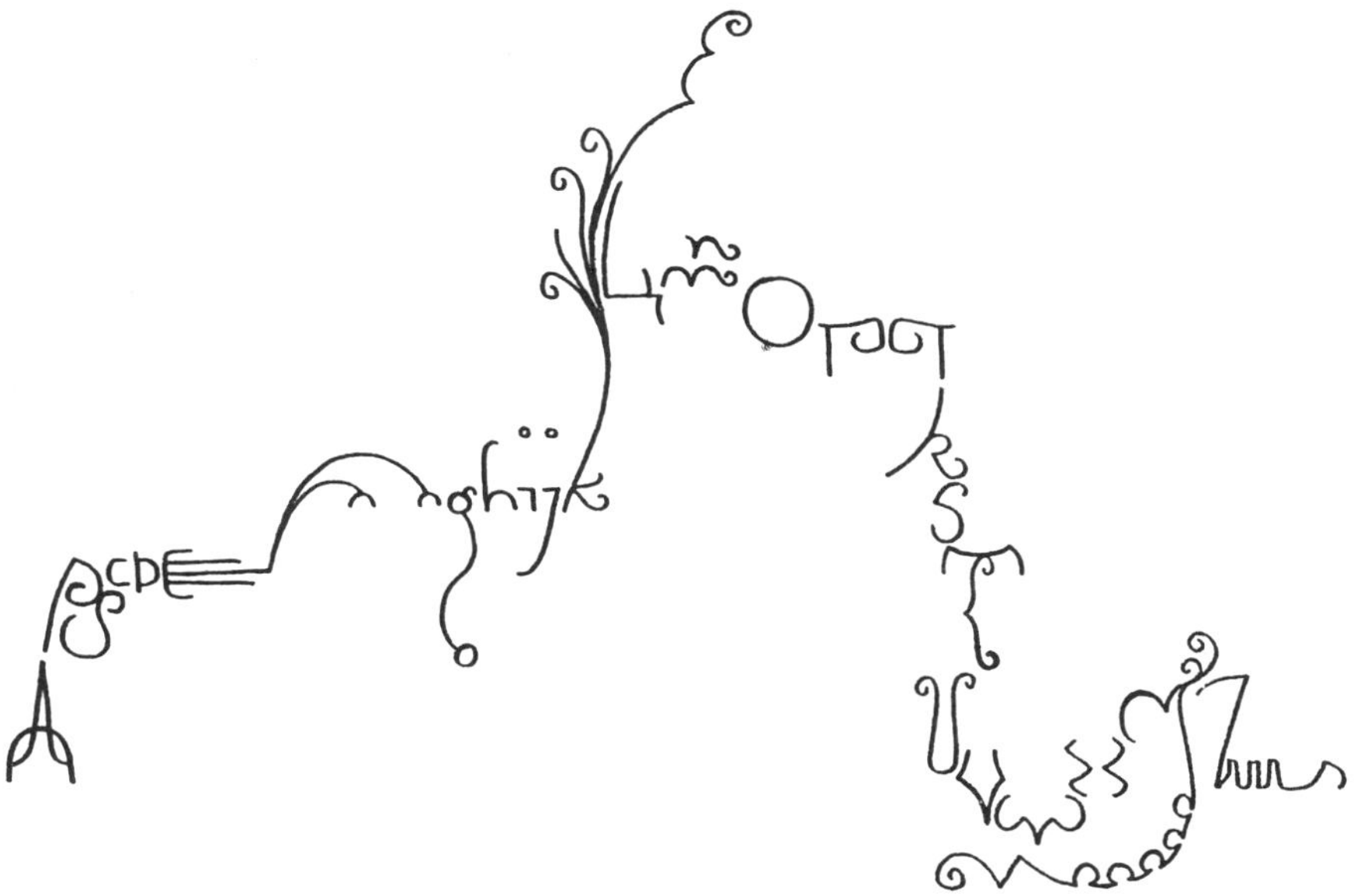

［Ｉ］
錯綜としがらみ

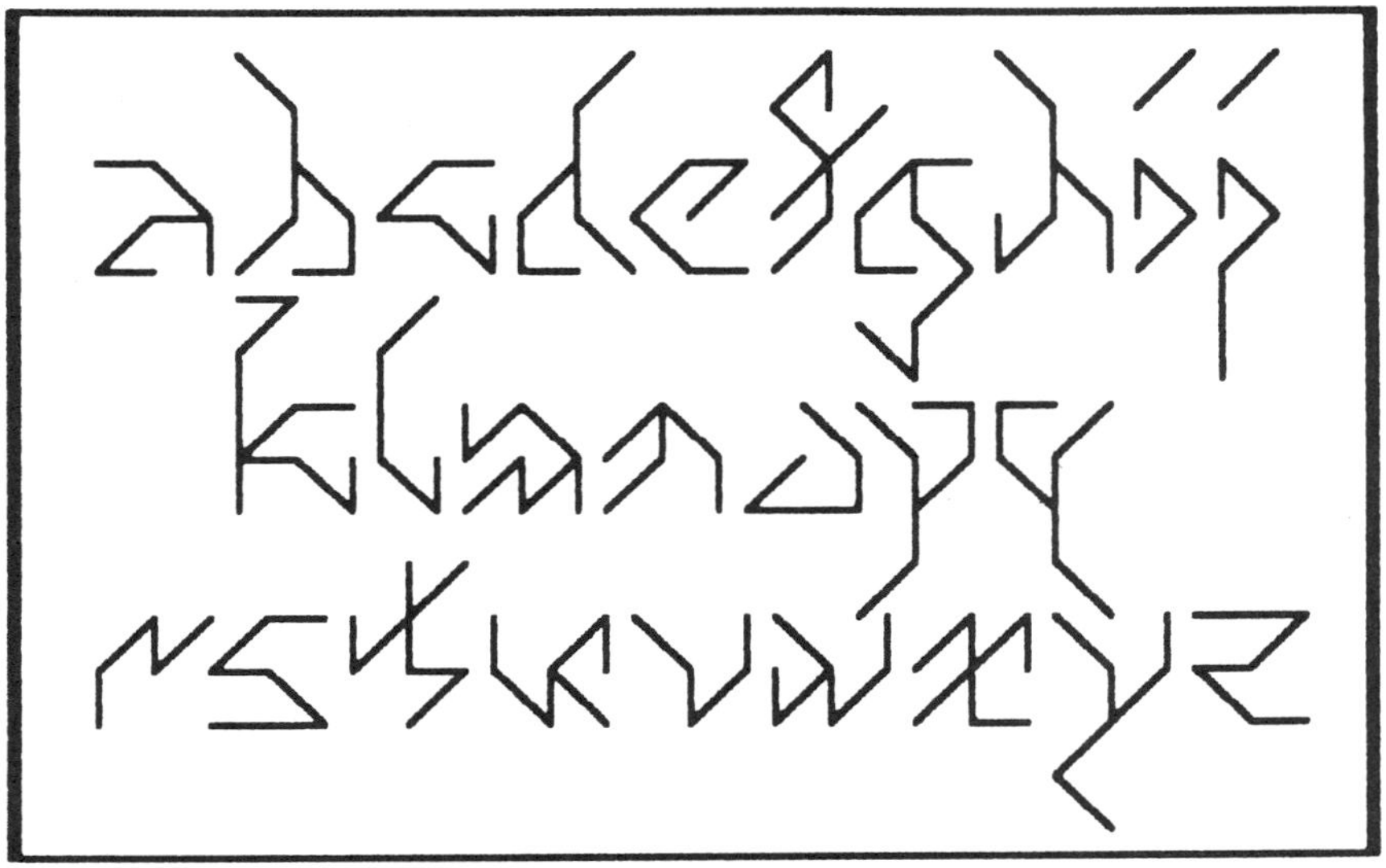

Ｉのタイトルは解決しがたいもつれのイメージを表している。ここで扱っているもつれは、システム（文、絵画、言語、組織体、社会、政府、数学的構造、コンピュータ・プログラムなど）が自分自身の上にもつれかかってループを描くようなものである。これに対する一般的な呼称は「再帰性」である。それぞれの局面では、この抽象概念は具体的な現象となる。たとえば、自己言及、自己記述、自己文書化、自己矛盾、自己質問、自己応答、自己正当化、自己否定、自己パロディ、自己懐疑、自己定義、自己創造、自己複製、自己調整、自己修正、自己制限、自己拡張、自己適用、自己スケジュール、自己監視、などなど。Ｉの四つの章では、こういう不思議な現象が、自分自身について語る文や物語、心から心へ自分で広がっていくような概念、自分で自分を複製するような機械、自分で自分のルールを変更していくようなゲームを題材にして述べられる。こういうループを描くもつれの多様性は非常に大きく、これだけで話題をつくしているというにはほど遠い。パラドックスと関係しているため、再帰性をもつシステムはたんなる知的オモチャのように思われているが、これは今世紀の数学や科学の発展を理解するにはとても重要なものである。それどころか、自然のものであれ人工のものであれ、知能や意識の理論においてますます中心的な役割を果しつつある。だから、再帰性はこの本には何回も現れることになるだろう。

［第1章］

自己言及文でご挨拶

まったく思いがけず、『サイエンティフィック・アメリカン』のコラムを担当することになった。もう何年も前のことだが、私もマーチン・ガードナーのようになりたいと思ったことがある。自分の好みで、ありとあらゆる話題に首を突っこんで、それを教養と理解力ある読者層に、おもしろく、かつためになるように紹介できるとはなんと素晴らしいことか。夢のような話だ。その後数年間にわたって、偶然が重なって（といってもいまやホントの偶然ではないかもしれないが）、私はマーチンの友人たちに次から次へと会う。最初はペテンを研究している心理学者レイ・ハイマン。彼は私に奇術家ジェリー・アンドラスを紹介してくれた。次に統計家で奇術家のペルシ・ディアコニスや、コンピュータの鬼才ビル・ゴスパーに会う。それからスコット・キム、そしてすぐ数学者のベンワー・マンデルブロだ。ふと気がついたとき、すべてはマーチン・ガードナーを中心に巡っていたのである。奇術界、胸の騒ぐような新奇で風変わりなアイデアをもつ人々、多方面に想像力の働く人々、そういう人々の中心に彼がいた。まさに恐るべき人脈だ。

五年ほど前のある日、私はマーチンの家で楽しい数時間を過ごし、数学やその他もろもろの話題について論談した。それは私にとって啓発的な体験で、私の数学の勉強に多大な影響を与えた大物たちの内面について新しい視点を与えてくれた。マーチンに関して私が最も印象深かったのは、その飾り気のない素朴さである。マーチンが奸智にたけた奇術師だなんてとても信じられない。こんな実直な人間が、人をたぶらかすとは誰だって思いもよらないだろう。もちろん奇術はなく、私の前にはたんに彼の広大な知識と思考を愛する精神がなんのけれんもなく開陳されただけであった。ガードナー家――マーチンと奥さんのシャーロットが、その日一日私をもてなしてくれた。三階建ての居心地のよい家の台所で食事をいただいた。質素だけど快いリビングルームには、おもしろいことにどういうわけか数学、ゲーム、手品の一かけらも見あたらなかった。

台所でマーチンと二人で作ったサンドイッチをパクついたあと、私たちは階段を二つ上ってマーチンの隠れ部屋に行った。そこには古いタイプライター、古めかしいファイルキャビネットに入った好奇心をそそるもろもろのメモ、3×5インチのカードによる逸話のコレクションがあって、さながら彼は昔風の新聞記者といった感じであった。奇術家とか、反神秘主義者とか、このコラムの何万人もの読者を思いおこさせるものはいうまでもなく、数学マニアやゲーム狂のそうそうたる一団の中心的存在であることを思いおこさせるものはなにもなかった。

ここにはヒモのついたベルがあった。ヒモは階段を伝って台所まで張りめぐらされていて、奥さんが用があるとこれを引くのである。私たちの会話も、このベルのチリン音でときどき中断された。何回か電話がかかってきたのである。一つは論理学者で奇術家のレイモンド・スマリヤンからで、もう一つは私も知っている有名な人からであったが、この人がこの魅入られた仲間に属しているとは知らなかった。こともあろうに、スマリヤンは彼が書いているタオイズムの本についてマーチンとおしゃべりしたらしい。論理学者が、最も非論理学的なタオイズムについて書くとは、それ自体がみごとにパラドックスだ。(事実、彼の『タオは静かなり』はたいへんな名著だ。)とにかく、私にはとても楽しい一日だった。

誰もが認めるとおり、マーチンの行いを真似ることは困難である。私も第二のマーチン・ガードナーになろうとはしない。私には私の興味があるし、マーチン自身を除いては誰にも彼のもっている興味のすべてをカバーすることはできない。しかし、マーチンへの恩義を表し、彼のコラムを受けつぐことを象徴するため、私は彼のタイトル Mathematical Games (数学ゲーム) を Metamagical Themas (超魔法エッセイ) とアナグラムして保持していくことにする。(アナグラムとは、文字の並べかえで新しい言葉をつくること。日本語でやれば、「数学ゲーム」を「学芸無数」とでもするところか。)

「超魔法」または「メタマジック」とはなにか? 私はこれを、「魔法を超えて一歩先に進む」という意味にとる。しかし、これではまだ曖昧である。一つの意味は、より高度の魔法、すなわち「ウルトラ大魔術」である。もう一つの意味は、魔法に関して「魔法」的なこと、つまり魔法のタネがいつもちっとも魔法的でないことである。これがホントの「超魔法」だ! これはありふれた、しかし強力なことわざ「事実は小説より奇なり」を反映している。そこで、私の超魔法エッセイは、魔法がほとんど人の気づかぬところにしばしば潜んでいることを、あるいは逆に、多くの人が魔法だと思いこんでいるところにはめったに魔法がないことを、ガードナー風のスタイルで示していこうかと思う。

＊　＊　＊

一九七九年七月号のコラムで、私の『ゲーデル、エッシャー、バッハ——あるいは不思議の環——』をマーチンがていねいに書評してくれた。この書評は小さな引用で始まっている。私の本のどの文を彼が引用するか当ててみよといわれたら、私には絶対当てられなかったであろう。彼の選んだ文は「この文には述語が」(This sentence no verb.) である。これはおもしろい文には違いないけれど、私は困ったことになったなと思った。数年前、これを書いたときには、古い主題にもとづいた新しい変種をひねりだそうとしていたのだが、見かえしてみると、そのとき思っていたほどこれが傑作には見えないのである。私の本の象徴としてこれが選ばれたとなると、自分自身に言及する文でもっとうまいのが必ずあるに違いない、これは私への挑戦である、と考えたのであった。そしてある日、自己言及文を少し書きおろして、友人たちに見せてみた。これがきっかけで、私たちの仲間でちょっとしたブームがわきおこった。以下、私が選んだベスト・チョイスを紹介しよう。

しかし、まず「自己言及」という言葉について説明しておかなければなるまい。自己言及はいたるところにある。誰かが「私」とか

「自分」とか「言葉」とか「話す」とか「口」とかいえば、自己言及がある。新聞が新聞記者に関する話を書いても、誰かが著述について書いても、本のデザインに関する本をデザインしても、映画に関する映画を作っても、自己言及についてなにか書いても、みな自己言及になる。多くの体系はなんらかの方法で、自分自身を表したり参照したりする機能や、自分自身あるいはその要素を指示する機能を、自分自身の記号体系の中にもっている。この機能が発揮されれば自己言及になるのである。

　自己言及は、よく間違ってパラドックスと同じ意味にとられる。これはどうもエピメニデスのパラドックスという、自己言及文が原因らしい。クレタ人エピメニデスはのたまわった。

「クレタ人はみなウソつきである。」〔これは実はパラドックスではない。クレタ人の中には正直な人もいるという、正しい解釈ができる。ウソをいっているのは、エピメニデスだけかもしれないのだ。〕この言葉が、ホントかウソかわからない点に気づかずに話されたのか、はたまた意識的に話されたものか、いまとなっては知るよしもない。いずれにせよ、それから派生した「私はいまウソをついている」と「この文はウソだ」はエピメニデスのパラドックス、ないしはウソつきのパラドックスと呼ばれるようになった。(あとのほうの言い方が意味に即しており、前のほうはちょっとコケおどし的。)この二つの文は完全に自己矛盾する傑作であるが、これが何世紀にもわたって自己言及の悪名を高からしめてきたのである。自己言及の害毒について論ずるとき、「私」という言葉を使ったからといって必ずしもパラドックスが起こるわけではないことが、どうも見すごされているようだ。

＊　＊　＊

さて、エピメニデスを入口にして、魅力あふれる自己言及の世界に飛びこもう。ホントかウソかわからない文を主題にした、たくさんの変奏がある。次の二つの文はいかが？

　この文は自分のことをエピメニデスのパラドックスといっているが、それはウソだ。

　この文は矛盾している、というかむしろ、——ええと、違うぞ、実際には矛盾していない。

もし、「この命令には従うな！」といわれたらどうしますか？　次の文では、しばらく考えないとそのエピメニデス性に気がつかない。

「この交には三つの問違いがある。」

どうです。みごとなハネ返り効果があるでしょう。

　数学基礎論におけるクルト・ゲーデルの有名な不完全性定理は、彼がウソつきのパラドックスを、純粋数学の言葉で可能なかぎりそのまま引きうつそうとした結果、出てきたものと考えることができる。驚くべき技巧を使って、彼は次のことを証明した。いかに数学的に強力な公理系Sをもってきても、ウソつきのパラドックスのいとこに相当するものが表現できてしまう。「この論理式は公理系Sの中では証明不可能である。」

　実際にゲーデルが構成したのは数学的な論理式であって、このような自然語の文ではない。これは、彼が練り上げたものを私が自然語に翻訳しなおしたものだ。賢明な読者は気づかれたと思うが、厳密にいえば「この論理式」というくだりは言及している対象をもっていない。自然語版がもはや論理式でないからである。これを追求していっても、茫漠たるところへさまよいだすだけである。そこで、ちょっと脱線して、自己言及が言語間の境界を越えて保存されるかどうか考えてみよう。次のフランス語の文をどう訳すか？ "Cette phrase en français est difficile à traduire en japonais." たとえフランス語を知らなくても、その訳を読めば、なにが問題なのかハハンとわかるはずである。

「このフランス語の文は、日本語に訳すのが難しい。」

こちらのほうの主語（「このフランス語の文」）は、なにを指しているのだろうか？ もし、日本語による訳文全体を指しているとすれば、主語自体が自己矛盾でこの文はウソになる。（もとのフランス語のほうはホントで、なにも悪いことはしない。）もしそれがフランス語の文を指しているのなら、自己言及（「この」）がどこかへ行ってしまう。どっちにしてもしっくりこないし、さりとて次のように訳してもしっくりこない。〔とはいっても、以下の訳はこの手の変換を行っているものが多いので注意。〕「この日本語の文はフランス語に訳すのが難しい。」読者は、きっとフランスを舞台にしたハリウッド映画を見たことがあるだろう。そんな映画では、「ボンジュール」といったような言葉のほかはみんな英語で話されている。さるドイツ人男爵が流暢にフランス語を操るのを、リシュリュー枢機卿が祝福したいと思ったときどういうか？ 私は次のようにいって、放っておくのが一番エレガントだと思う。「われわれの言葉を実にみごとに駆使されておいでですな、モンシェル・バロン。」

＊　＊　＊

さて、脇道からゲーデルの論理式に話を戻して、その意味に焦点を当てよう。ここで、ウソ（偽）という概念が、より厳密な「証明不可能性」の概念にすりかわっていることに注意しよう。論理学者アルフレッド・タルスキは、ウソつきのパラドックスを、厳密な数学の言葉に正確に翻訳するのは、もともと不可能であると指摘している。もしそうできたら、数学が真でもあり偽でもある命題という正真正銘のパラドックスを含むことになり、たちまちずっこけてしまうからである。

しかし、ゲーデルの命題はパラドックスにはならずとも、身の毛もよだつほどパラドックスにニアミスしている。それは真である。そしてそれゆえに、この公理系の中では証明不可能なのである。ゲーデルの研究が明らかにしたのは、無矛盾な、そして数学的にどんな厳密な公理系をもってこようとも、自己言及のテクニックを使って、真だけれども証明不可能な論理式が無限に作りだせるということである。つまり、人間の数学的な推論の能力は「厳密」というカゴの中に閉じこめようとしても、結局スルリと抜けだしてしまう。

哲学者ウィラード・ファン・オーマン・クワインはゲーデルの証明を論ずるとき、ゲーデルが使った（自然語に比べて）どちらかというと貧弱な形式言語の中で、どうやって自己言及が可能になったかを説明する方法を編みだした。クワインの構成は、ウソつきのパラドックスの新しい表現法を与える。それはこうだ。

「はそれの引用のあとにつくとウソになる」はそれの引用のあとにつくとウソになる。

この文は、ある句がそれ自身の引用のあとにくっついているという「文型」の作り方を示している。実際にやってみると、出てきた結果がちゃんと文になっていることがわかる。（どことなく生きた細胞の自己増殖に似ている。）この文はこうやって作られた「文型」、つまり自分自身（ないしは自分自身と区別のつかない写し）がウソであることを主張している。こうして、少し長いが、エピメニデスのパラドックスのより明瞭な例が得られた。

どうも、パラドックスはいろいろな方法で自己言及を直接的に、あるいは間接的に含んでいるようだ。自己言及の発見または創作の元祖はクレタ人エピメニデスだから、こういってもよいだろう。「すべてのパラドックスの陰には、一人のクレタ人がイツワッテイル。」(Behind every successful paradox there lies a Cretan.)〔イツワルはliesの訳。「偽る」と「居座る」の中間の発音をする！ 原文は内助の功という表現をほのめかしている。〕

クワインの巧妙な構成法にもとづいて、自己言及の疑問文を作ることができる。

読点のあとの引用の中に自分自身が埋めこまれている、「読点のあとの引用の中に自分自身が埋めこまれている、というような質問をされたらそれはなにか？」というような質問をされたらそれはなにか？

またも、ある「文型」を作りだす必要がある。適切な作り方でそれを作りだせば、「文型」はまたその「作り方」に等しくなる。この自己言及疑問文をヒントに、こんなパズルができる。「質問と答えが同じになる疑問文があるか？」いろいろな答えが見つかると思う。

＊　＊　＊

言葉が事物を指すのに用いられたとき、それは使用された（use）という。そうではなく言葉が言葉として吟味するために引用されたときは「面照」された（mention）という〔ふつうuseとmentionは「使用と言及」と訳されるが、自己言及とまぎらわしいので、あえて新語を捏造した。「字面を参照する」のつもり。「人生は短い言葉だが、人生は長い。」は両方を含んでいる。〕以下の文は、この有名な使用・面照の区別にもとづいている。

君は使用を面照することはできない。

君は「chicken」を「キチン」とはつづれない。（You can't have "your cake" and spell it "too".）

「使用・面照遊び」は「知ってのとおり、人生のすべて」ではない。

「この文」に意味をもたせるためには、「それ」の中の引用符を無視しなければならぬ。

この文には、「玉ねぎ」、「レタス」、「トマト」、それに「持ち帰り用フライ添え」があります。

これは、カタカナ、ひらがな、読点、それに最後に句点のあるハンバーガーだ。

最後の二つは、同様のアイデアによる滑稽な付けたしである。次の二つは自己言及のある使用・面照遊びのどちらかというと極端な例。

新しい約束をしよう。カギカッコに入っているものは、なんであろうとも、たとえば、「いや、気が変わった。カギカッコが閉じたら、すぐ文の終わりに飛んで、途中に書いてあることは全部無視してくれ」は読む必要すらない（ほとんど注意を払わなくていいし、従う必要がない）。

A ceux qui ne comprennent pas le japonais, la phrase citée ci-dessous ne dit rien: 「フランス語を知らない人にとってこの引用文を導入しているフランス文は意味がない。」

この二か国語の例は、どちらか一方しか知らない人には、実に効果的である。

最後に使用・面照の珍品をもう一つ考えてみよう。

「ワタシは漢字で始まるべきだ。」(i should begin with a capital letter.)

この文は、「この文」といった指示句を使わずに、代名詞「ワタシ」を荒っぽく使って自分自身を指している。この文は自分のことを生きものといってはばからないみたいだ。もう一つ例をあげる。「私は私を書いた人ではない。」こんな奇妙な標準外の「私」を、私たちがいとも簡単に理解してしまうことに注意しよう。私たちが経験から、ほとんどすべての状況で無意識のうちに、文の話し手あるいは書き手という人物のイメージを思いうかべ、伝わってくる内容をその人物からくるものとしてしまう習慣があるにもかかわらず、この読み方はきわめて自然である。ここでは「私」を新しい見方で見ているのである。でもどうやって？　「私」が出てきたとき、文のなにがきっかけとなって、文の筆者ではなく、文自身を考えるべきだとわかるのだろうか？

＊　＊　＊

ゲーデルの研究をやさしく説明しようとすると、彼の有名な命題の自然語への翻訳は、たいていこうなる。

「私は公理系Sの中では証明不可能である」形式的体系の中で巧妙なトリックを使ってやっと実現することのできた自己言及は、ウソみたいに単純な言葉「私」でスルリと通りぬけてしまい、これだけでこの文が自分のことを話していることがわかるようにできる。しかし、どう見ても次の文は自分のことを話しているようにはとれない。「カアサン、私はもうとっくにゴミを出したんだがなあ。」

「私」の解釈が曖昧になりうることから、おもしろい自己言及文がたくさん出てくる。たとえば、

私はこの文の主語ではない。

私はこの文の最初の言葉に嫉妬している。

なんと、驚いたことに——この文は私について話している。

私は書くと同時に書かれている。

最後の文はいろいろな可能性を生みだす。「私」は筆記用具でありうるし（「私はペンではない」）、言語でありうるし（「私はインド・ヨーロッパ語族に属さない」）、紙でもありうる（「私を切りひらいて、ねじって、糊でくっつけて、メービウスの帯にして、お願いだから」）。最もややこしい可能性として、「私」が眼に見える物体を指すのではなく、エーテルみたいに眼に見えない実在、たぶん、文の意味といったものを指す場合がある。それにしても意味とはなんだろう？　次の文例はこの辺を探っている。

私がこの文の意味だ。

私が君のいま考えている考えである。

私はちょうどいま自分のことを考えている。

私はあなたがこの文の中の文字を読み、私のことを考えているときに、あなたの頭脳の中で起こっている神経系の発火である。

この動かぬ文は私の肉体だが、私の精神は君の心の中に生きている。

落ちつきの悪いこれらの文は、プラトンのイデア、精神活動、脳の生理学的活動と、これらを誘起する外部記号とのつながりという哲学的問題をみごとに浮き彫りにしている。

　この議論は、次の自己言及疑問文でさらに際だつ。

「これと正確に同じことを、誰か前に考えたことがあると思うかい？」

これに答えるためには、（違うコンピュータがまったく同じプログラムを走らせることができるのと同様に）二つの頭脳がまったく同じことを考えられるかどうかが問題になる（図24-2）。よく疑問に思うのだが、一つの頭脳がまったく同じことを何度も考えられるものだろうか？　思考はプラトン的なものだろうか？　つまり、それがなされている頭脳とは独立に存在する本質をもつものなのだろうか？　もし答えが、「そうだ、思考は頭脳に依存しない」だったら、この自己言及疑問文に対する答えも、「そうだ」である。もしそうでないなら、前に同じ思考をするのは誰にとっても不可能になる。——いまそれを考えているご本人でさえ！

ある種の自己言及文は、文とそれを読む人間の間に、奇妙なコミュニケーションをもつ。

君は私の支配下にあるのだよ、なぜなら君がどんな言葉からできあがるかは私が考えているからね。

君は私の支配下にあるのだよ、なぜなら君は読むからね、私の最後の文字まで。

おい、君は私がいま書いている文かな、それとも私がいま読んでいる文かな？

君は私を書いている人かな、それとも私を知ろうとしている人かな？

君と僕の間は一方通行のコミュニケーションだね——だって君は人、僕はただの文だから。

君が私を読んでいないかぎり、この文の最初の言葉が指している人はいない。

この文を読む者、それは我を読むときのみ存在せり。

次の文はちょっと不気味！　それでも、その奇妙な論理に従えば間違いなく正しい。

ちょっと、そこの人、君かな？　私を読んでるのは。それとも誰かほかの人？

おい、君は前にどっかで僕を書かなかったかい？

おい、僕は前にどっかで君を書かなかったかい？

はじめの文は読む人に向けられているが、二番目の文は書いた人に向けられている。最後の文は書いた人が文に向けていっている。

　多くの文に、なにを指しているのかはっきりいえないような言葉が出てくる。これはその言葉が、たぶん偶然か、あるいはたぶん故意かによって、両義的になっているからである。

のこ文が自己言及じゃないのは、「のこ」が正しい言葉じゃないからだ。

どの言葉も、すべての思考を曖昧さなしに表現することはできない、とりわけこれがそうだ。

エッシャー風に描いてみた図1-1は、言葉と絵の曖昧性を両方もっている。

* * *

さて、今度は最もおもしろい部門、自分が属している、または属していた、または属していたかもしれない言語を話題にする文に進もう。

君が見てない間、この文はスペイン語で書かれているのだ。

私はこの文を日本語に訳さなければならなかった——なぜならもとのサンスクリット語が読めなかったからだ。

君の眼の前にあるこの文は、去年一か月間ほどハンガリー語だったけれど、最近やっと日本語に訳しもどされたんだ。

この文が中国語だったら、なにかほかのことをいっていただろう。

、らたいてれか書で語イラブへがれこ
。うろだむ読に風なんこは君

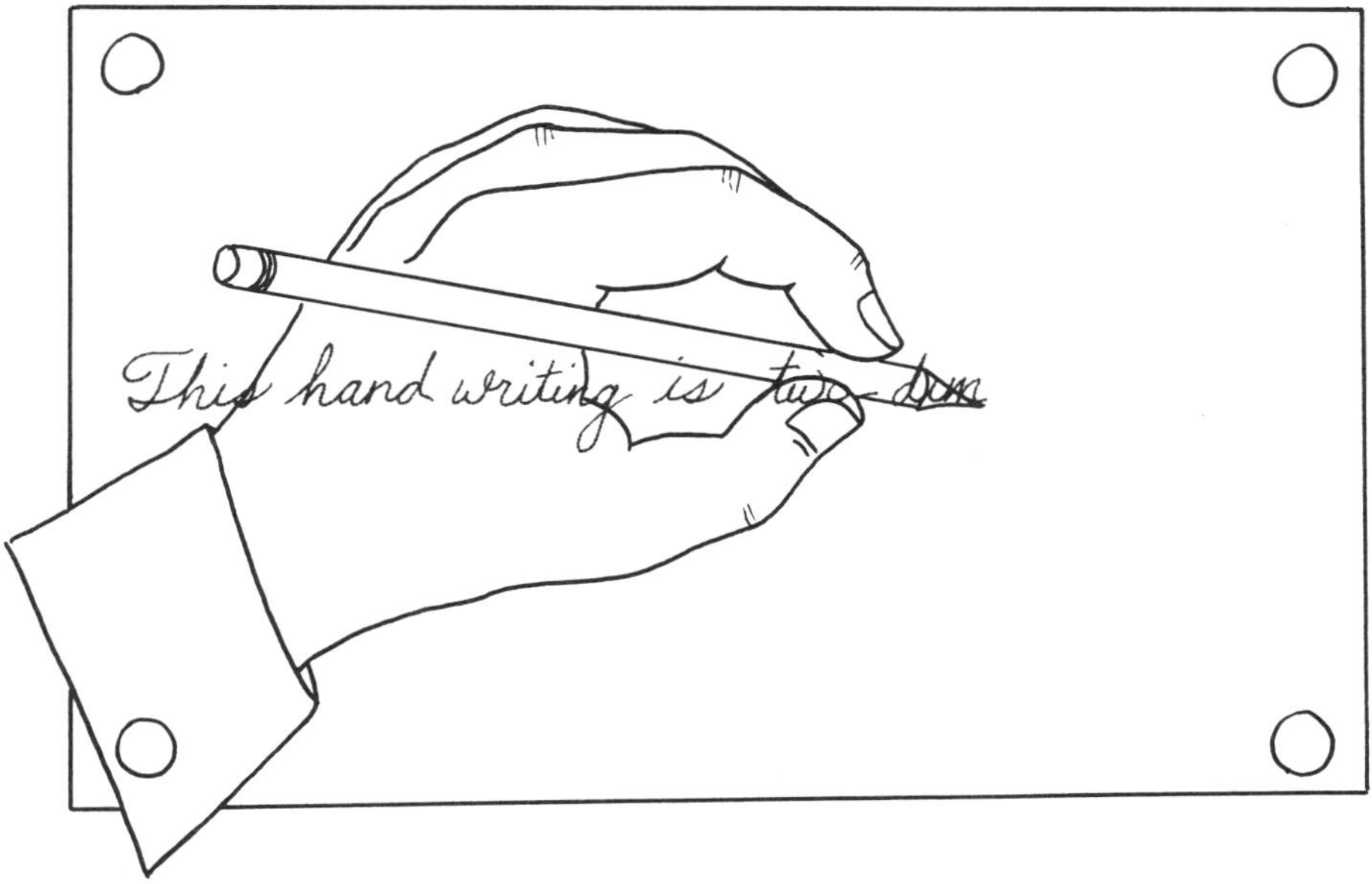

図 1-1　自己言及文の自己言及図（「この手書きには奥行きがない」——手を書く、手で書く……？）。エッシャーにもとづくモーザーの作品。

後ろの二つは条件法叙述の例である。この種の文は、最初の副文（前件）でなにか事実に反した状況（可能世界と呼ばれる）を仮定して、その結果を次の副文（後件）の中で推定する。ここからまた、自己言及の豊かな世界がパッと開ける。私がいままで見た中でおもしろかったのは、

もしもこの文が存在しなくても、誰かがこれを作りだすだろう。

もしも私がこの文を書きおえれば……、

もしもこれが条件法叙述でないならば、この文はパラドックスではない。

もしも日本がフランスなら、この条件文の前提は正しい。（If wishes were horses, the antecedent of this conditional would be true.）

もしもこの文がウソだったら、日本じゃ乞食でもフランス語がペラペラだ。（If this sentence were false, beggars would ride.）〔前の文の前件とあとの文の後件をつなぎあわせると「とかくこの世はままならぬ」の意味の諺になるが、直訳したら、意味不明なので苦肉の策。〕

もしもこの文が自己言及じゃなかったら、この文はどうなるんだろう？

もしも π が3だったら、この文はどうなるんだろう？

キムの創作である最後の文について、しばらく考えてみよう。π が本当に3という値をもつ世界だったら、「もしも π が3だったら、なにがどうなる？」という聞き方はしないだろう。「もしも π が2だったら」とか「もしも π が3でなかったら」とか聞くぐらいだ。だからこの質問に対する最初の答えは「もしも π が3でなかったら、この文はどうなるんだろう？」という調子だ。しかし問題はある。「この文」の指すものがいまや変わってしまっているのだ。こうしたとき、この文が最初の文の答えというのは合ってるのだろうか？これは、「もしも違う遺伝子をさずかっていたら、私はいまなにをしているだろう？」と物思いにふける人にちょっと似ている。問題は、その人がその人自身でなくなることである。つまりその人は誰かほかの人、道の向こうで砂遊びをしている子供かもしれないのだ。「私」という言葉は、こんな不思議な仮想世界への転換についていけない。

キムの反事実的条件文に話を戻すと、条件法叙述にはもう一つ、もっと質の悪い問題がある。π の値を変えることは、控えめに見ても、数学を根底から変えてしまう。私たちの住んでいる宇宙の構造を、根底から変えないかぎり、数学だけを根底から変えることはできないだろう。だから、もしも π が3だったら、この文の表すものが果たして意味をなすものかどうか、まったく疑わしい（「π」、「3」、その他……）。

もう二つほど、満喫していただきたい条件法叙述がある。

もしも「もしも」という言葉がなくなれば、この文は文法的に正しくなる。

この文はあと九文字短ければ十文字になる。（This sentence would be seven words long if it were six words shorter.）

この素晴らしい文例は、アン・トレイルによって発明された。（実は、このほかにも彼女の作はこの章のあちこちにある。）これは自分

自身の形に言及している文に対する新たな関心を呼びおこす。これらの文は、自分自身の内容について言及しているような、たとえば「この文は自分自身について語るのではなく、自分自身について語っているかどうかについて語る」などというような文とはまったく異なっている。自分自身の形に言及している文を作るのはやさしいが、傑作となると難しい。少し例をあげよう。

この文の最後の言葉が思いつかないので。(because I didn't think of a good beginning for it.)

この文は過去形で書いてあった。

この文は二つの動詞を含みもつ。(This sentence has contains two verbs.)

この文はひとつの数詞をたく三もつ。(This sentence contains one numeral 2 many.)

終わる。この文は助詞で (a preposition. This sentence ends in)

この文を読む間に、一四個の漢字が君の頭脳の中で処理された。

* * *

インディアナ大学の音楽学生デービッド・モーザーは、ありとあらゆる種類の自己言及文のスペシャリストである。(彼は自己言及文だけからなる物語を書いた！　第2章を見よ。) こんな小さな分野で、個性的な文体が生まれ花咲くとは思えないだろうが、モーザーはまったく彼独自の自己言及文体を作り上げたのである。友人(実はモーザー自身？)の気のきいた観察によると、「もしもモーザーがこの文を思いついたのなら、この文はもっとおもしろかっただろう。」

モーザーの作品はいままでにもあげてきたが、傑作をもう少し紹介しよう。

これは不完全な。文だ。これも。

この文は標準的でないいくぬり言葉を一つしか含んでいない。

このへろいは、もげらないいくぬり言葉をたくさん含んでいるが、全体のはっきょは文脈かららりられる。(This gubblick contains many nonsklarkish English flutzpahs, but the overall pluggandisp can be glorked from context.)

この文は白菜十文字だ。

私の意見によれば、この文を「白菜十文字」にするためには、相当にくぬってから文字を入れないと駄目だったのではなかろうか。このアイデアからヒントを得て、「この文は八(8)文字だ。」(This sentence has five (5) words.)

さらにモーザーの逸品を二、三。

この文に「それが問題だ」を入れるべきか入れざるべきか、それが問題だ。

あなたの眼が私のムチムチした字面をなでていくのがとても素敵なの。

この文は！！！！早まったビックリマーク

最後の例のように、自分自身の句読点について語る文はなかなかおもしろい。二つ例をあげよう。

この文は疑問文じゃないのに疑問符で終わる?

この文は句点もないし読点もない

ドナルド・バードは、もう一人のすぐれた自己言及文作家で、ここでも彼の作品はいくつかとりあげてきた。彼も自己言及文については、独自の流儀をもっている。彼のものから二つ。

このここを文に目本語はよく知るない。

黒板でこの文に出会ったら消すべし。

後者は、その形から、仏教の格言「道で仏陀に出会ったら殺すべし」をほのめかしている。

形の類似からくるほのめかし(引喩)は自己言及のもう一つの豊かな手法なのだが、紙数が足りないので、あと二つほどしか例をあげられない。〔これは有名なフェルマーの言葉、「証明を書くにはノートの余白が少なすぎる」のパロディ。原著ではこの解説を入れるにも紙数が足りなかったとか……。〕一つ目は、「この文の述語こそ、文の述語だ」(This sentence verbs good, like a sentence should.)。これのもとは有名なコマーシャル、「ウィンストンの味わいこそ、タバコの味わい」(Winston tastes good, like a cigarette should.) であって、さらにこれから冒頭の「この文には述語が」が出てくる。もう一つの例は、前衛作曲家ジョン・ケージの愉快な自己言及発言、「なにもいうことはない、でもそういってしまった」で、これを一ひねりすれば、「なにもほのめかすことはない、でもそうほのめかしてしまった。」

＊　＊　＊

自己言及文の傑作の中には、山椒は小粒でピリリというのがある。次の五つは私のひいきだが、これは他の分類には入れられそうにもない。

僕を読んでいるかい?

この文はよくわかる。(This point is well taken.)

私を引用してもよろしい。

ワタシモウソノママハナス。(I am going two-level with you.)〔two-levelとto levelが掛けられている。訳のほうは「私、もう、そのまま(真実を)話す」と「私も嘘のまま話す」を掛けている。〕

私はブンなぐられた。(I have been sentenced to death.)〔これも掛け言葉遊び。〕

自己言及に関するエッセイは、必ず当たる予言に言及せずして終わることはできまい。代表例をあげよう。

この予言は必ず当たる。

この文が終ってしまうのに君の口から出た言葉はいまやっと「ジャック・ロブ」(This sentence will end before you can say "Jack Rob)

自己言及に関するエッセイは、必ず当たる予言に言及せずして終わることはできまい。
この文からアガサ・クリスティのことを思いだしましたか？

最後の文はアン・トレイル作の一つだが、これがなかなかおもしろい。明らかにこの文はアガサ・クリスティと関係はないし、彼女の文体で書かれているわけでもない。だから答えはノーであって然るべきである。しかし、私はアガサ・クリスティのことを思いださずにこの文を読むことはけっしてできない！（もっと不思議なのは、私がアガサ・クリスティのイロハも知らないことだ。）

本エッセイを閉じるにあたって、どうしても次のバードによる文の願いを断わるわけにはいかなかった。

「どうか私をあなたの自己言及文集の中に採用してください。」

（一九八一年三月号*）

*初出『サイエンス』一九八一年三月号。以下同様。

追記

最初のコラムは大きな反響を呼んだ。いくつかの手紙は次の章で紹介する。多くの手紙は軽いものだったが、中にはそれなりの重みのあるものがあった。次に示したのは数か月後『サイエンティフィック・アメリカン』のレター欄に載った紙上討論である。

ダグラス・ホフスタッターが自己言及について語った興味深い小論で提示された類の構造解析とそれに伴って生ずる問題に必ずしも読者は悩まなくてもよい。ヒントはあの「かったるい科学」の心理学、それも有名なハーバードの心理学者B・F・スキナーがほぼ五〇年前に創始した行動心理学に限定されて存在する。ホフスタッターの行ったような種類の言葉の解析が言語行動を研究する学生にどういう影響を与えるかについて、スキナーは『行動主義について』の中でこう述べている。

ふつうの読者にとって意味がある文章を作るかもしれないし作らないかもしれないこういった言葉の変換遊びはたぶん無害だと思うが、やはり時間の浪費である。とくにそれが言語行動として実際にはありえないような文章を作った場合そうである。その古典的な例が、偽であれば真、真であれば偽の「この文はウソだ」というようなパラドックスだ。重要なのは、こういう文がけっして人間の言語行動には出てこないことである。文は誰かが「この文はウソだ」という前に存在していなければならず、その文に対する反応はそれが発言されなければそもそも意味がない。論理学者や言語学者が文と呼んでいるものは行動解析の対象となるような言語行動には必ずしも結びつかない。

スキナーが大昔に指摘したように、言語行動は言語コミュニティの「強化」に付随するものである。言語行動をコントロールする要因を研究するとき、これこそが解析の対象とならなければならない。われわれの言語的あるいは非言語的な振る舞いを解明する、スキナーの立場の完全な理解なくしては、ホフスタッターの珍妙なたとえ「この文は自分のことを生きものといってはばからないみたいだ」と同程度にしか役に立たない前科学的な定式化にわれわれは逆戻りしてしまうだろう。

ジョージ・ブラブナー
デラウエア大学教育学科

ブラブナー教授の視点は実におもしろい。私の返答はこうだ。

引用されているスキナーの意見は自己言及文の発話可能性についてのブラブナー教授自身のご意見と思われる。私は自己言及文やパラドックスの起こりやすさに疑いをもつ人々に手を焼いている。言語行動の背景は多種多様である。ユーモア、とくに自己言及的ユーモアは今世紀の言語行動の中では最も流行したものといえよう。それはテレビでマペットやモンティ・パイソンを見るだけで十分わかる。コマーシャルも自己言及では負けない。

芸術では、ルネ・マグリット、ピカソ、エッシャー、ジョン・ケージ、その他多くの人が「表現するもの」と「表現されるもの」とのレベルの区別を楽しんでいる。その結果として生じた「芸術行動」は自己言及を含み、頭を悩ます（ときには浮き浮きするような）パラドックスを含む。ブラブナー教授は「芸術行動」においてこういうものを誰も「発話」しなかったというのだろうか？　ボーダーラインはどこにあるのか？

通常の言語にも、私がコラムで指摘したとおり自己言及が溢れている。ただしふつうは、教授が反例としてあげた極端なものではなく、もっと穏やかな形になっている。「口」、「言葉」などは自己言及的である。言語はもともと自分自身がひっかかってしまうような尖った折れ目をいくらでももてるのである。

論文の出だしはよく「この論文の目的は……」だ。新聞も自分の活動についてよく書く（たとえば訂正記事）。人はよく「この会話にもうあきた」という。議論はよく議論自身に及んで混乱してしまう。教授はこういう観点で「言語行動」を考えたことはないのだろうか？　マンモス狩りをしていて、「この文はウソだ」と叫ぶことがとくによくあることだったとは思えない。しかし、文明社会はそれから長い年月を経て変化してきている。原始的な意味での言語の目的は、いまやもっと複雑な目的の洪水の中に埋まってしまっているのだ。

人間は内観的な面をもつ。私たちの「言語行動」の一部は慎重に（ときに遊びの精神で）システムの概念レベルの境界を探検する。これらは生存競争から出発して、私たちの脳が意識あるいは無意識の下でかなりの時間を自分自身の活動に割くほどに柔軟になってきたという事実にもとづく。これは、ゲーデルが示したように、システムが複雑になればなるほど自己言及的になるという表現力の本来的性質の自然な帰結なのである。

　人がこういう性質を自分で認めることに対して自己懐疑に陥ることは十分ありうるし、自己懐疑そのものに対して自己懐疑に陥ることも十分ありうる。こういう心理的ジレンマは現代の治療理論の核心にふれる。グレゴリー・ベイトソンの「ダブル・バインド」、ヴィクター・フランクルの「ロゴテラピー」、ポール・ワツラウィックの治療理論はどれも、実生活でも起こりうるレベル交差のパラドックスにもとづいている。実際、精神療法は「ねじれた自己体系」――自己の内部に手を伸ばして悪い部分を治すという自己――の概念に完全にもとづいている。

　私たち人間はユーモア、芸術、言語、ややこしい心理的問題、それに自分の死の意識を展開してきたただ一つの種である。自己言及は、極端なエピメニデスのものを含め、人間の生の深いところにかかわっている。ブラブナー教授は、自殺が人間の行動としては考えられないものだというのだろうか？

　最後に、スキナー教授もブラブナー教授も正しい、誰も「この文はウソだ」といわないと仮定しよう。すると、こういう文の研究が時間の無駄だということになるのだろうか？　いや違う。物理学者は理想気体の研究をする。それは、理想気体が実際の気体の挙動の最も重要な性質のエッセンスを示すからである。同様に、エピメニデスのパラドックスはパッと本質に迫ることを可能にする「理想パラドックス」なのだ。これは論理学、純粋科学、哲学その他の分野に大きな領域を繰りひろげたし、行動主義者の懐疑にもかかわらず依然として広がりつづけている。

『サイエンティフィック・アメリカン』のレター欄にもう一つだけ載った反響がやはりデラウエア大学からだったのは、おもしろい偶然だ。

　ダグラス・R・ホフスタッターの自己言及に関する論文に対して貴社が手紙を受けとらないことを希望します。私は長年にわたるこの問題の研究の結果、まともな結論が出るはずがないと確信したことを読者に伝えたいのです。『サイエンティフィック・アメリカン』が、こういう話題にほんの少しでも価値があるといってくる変人どもの手紙を載せたら言い訳ができません。

A・J・デール
デラウエア大学哲学科

次のが私の答え。

　私は長年にわたるこういう手紙の研究の結果、まともな返事が出せるはずがないと確信しました。こういう変人どもへの返事を載せたら言い訳ができません。

この二つのやりとりが載ったあと、何人かの読者から、デラウエアからの攻撃を二つとも読み、私のやり返しも楽しく読んだという手紙をいただいた。二つ？ デールの手紙はどう見てもおふざけだ。それが彼の狙いなのだ。

＊　＊　＊

別の二つの手紙は印象深かった。一つは「ミスター・フラッシュ・クフィアスコ」という（たぶん男の人の）署名のある手紙である。フラッシュ氏は、文が見せかけているものについて文は述べることができないと主張する。「文が述べる」ということは内容に関しており、文が印刷上どういう見かけであるかにはよらない。これに対して、「文が見せかけている」とは文が印刷されてどう見えているかといった外見に固有の性質だというわけだ。この区別は一見クリスタルのようにクリアだが、実際は泥マンジュウのようにどれがどれだかわからないものなのだ。フラッシュ氏の手紙の一部を紹介しよう。

文が見せかけているものについて文が述べることは、論理的なタイプの誤りである。それは四角い穴に丸い栓を差しこむといったものではなく、もともと穴でもなんでもないところに栓を差しこもうという類の誤りである。つまり、パラドックスではなく、範疇のミスマッチなのだ。まるで小麦粉、バター、卵のこね粉の中にクッキングカードを投げこむようなものだ。誤りの原因は、「この」という言葉の誤った使い方にある。「この」はほとんどどんなものでも指せるが、「この」という言葉だけは指せない。人差し指を伸ばせばほとんどなんでも指差せる。指を少し巻きこめば指している指自身を指差すことも可能だが、「指差している」こと自体を指差すことはできないのである。「指し示してる」ことは、「指し示している」動作を行っているものより高い論理的なタイプである。同様に「この文」はほとんどなんでも指せるが、自分だけは指せない。「この文には述語が」も、「この文には述語が一つある」も正しくない。どちらも論理的なタイプの混同という誤りを犯している。つまり、正しくない自己言及なのだから、パラドックスの問題にはならないのである。

ブラブナー氏や、フラッシュ氏のような反論は必ずあるものだ。こういう人たちは、印刷された文がもっていると考えられるもの（字体、単語の数など形式に関するもの）と、それが意味していると考えられるもの（文が指している事物、関係など）との間にクッキリとした境界線が引けるものと思っている。

私は機械が扱うことのできる言語という研究テーマにいま取りくんでいる。それは私が人間の脳を、言語などを扱うことのできるたいへん複雑な機械だと考えているからだ。機械が文の意味をとろうとすれば、文の外見的な形しか頼りにできない。文の内容が機械にわかるとすれば、文の物理的な構造（と機械がすでに知っている知識やプログラム）から導きだされるものでなければならない。

文をごく簡単にしか処理しないのなら、そこから得られた情報を「構文的」と呼ぶのが便利だろう。たとえば「この文には述語が」には漢字が三個あるというのは明らかに構文的な情報だ。漢字とカナの区別は印刷上の話だからである。ところが、処理のレベルを変えていくと、「意味性」のレベルが変わっていくという問題がある。

たとえば、「メアリーは昨日病気だった」という文を考えよう。これを文Mと呼ぶ。次にあげるのは仮想的なコンピュータで文Mの処理のレベルを七通りに変えてみたものである。あとに行くに従って、高度なプログラムと大きな知識ベースが使われている。これらの文は、機械にとって都合のいい内部のデータ構造を、人間にわかりやすいように自然語に翻訳したものと考えるとよい。

(1) 文Mは一二個の文字を含む。

(2) 文Mは六個の単語を含む。

(3) 文Mは固有名詞を一個、格助詞を一個、副詞を一個、名詞を一個、助動詞を二個、この順で含む。

(4) 文Mは人の名前を一個、主語を示す格助詞を一個、時を示す副詞を一個、生物の健康状態を表す名詞を一個、断定と時制を示す助動詞を各一個、この順で含む。

(5) 文Mの主語は「メアリー」という名の人物を指し、述語はその人物がこの文の発話された前日に悪い健康状態にあったことを記述している。

(6) 文Mは、メアリーという名の人物の健康が今日の前の日にはすぐれていなかったことを主張している。

(7) 文Mはメアリーが昨日病気だったと述べている。

「そんなレベルまで処理ができるはずがない」という境界線は、どこにあるというのだろうか。レベル(7)まで行けば、機械は少なくとも初歩的な意味で、この文の意味を理解したといえるだろう。実際、自然言語理解の研究をしている人工知能学者たちは、ここに示したよりもっと高度なレベルの成果を生みだしている。つまり、意味を理解しているかどうかを確かめるような質問をされても答えられる程度に、物語を「読み」、「理解する」ことがもう可能になっている。たとえば、物語の中で表だって触れられていない事柄について聞かれても、機械は情報を補って答えることができるのだ。

コンピュータによる言語の処理というところへわざと脱線したのは、フラッシュ氏のような教養のある人々ですら、形式と意味の間の境界が、緑と青、あるいはヒトとサルの間の境界のようにボンヤリしたものだということになかなか気がつかないからである。事実、ヒトとサルの境目は微妙だ。ヒトは言語を使う生物で、発話の意味を理解できるが、サルはそうでないと信じられている。しかし、サルの言語の研究の結果、知能の劣った生物にもある程度の意味が理解される中間的な世界があることがわかった。知能のレベルと言語の処理能力のレベルを等価と見れば、このことからも、文の形式と意味内容の間に境界線を引くことがナンセンスであることがわかる。処理のレベルが深まれば、形式は意味へなだらかに移行するのである。私流にいえば、「意味は精妙な形式」なのだ。ここで「意味」といっているものはもちろん、「以前からもっている概念に対して複雑微妙な区別、抽象、連想を行うことができる精妙な器官によって知覚された形式」を短い言葉でいったものにほかならない。

フラッシュ氏の形式と意味に関する常識的な区別は、解析すればもろくも崩れさるものだ。小麦粉、バター、卵の中にクッキングカードをそのままブチこむという「範疇の誤り」はフラッシュ氏の傑作ともいうべき発想だが、彼はきっとクッキングカード・ケーキというものを食べたことがないに違いない。これはこね粉がケーキの作り方というカードからできている実に美味しいお菓子なのだ。(パイの作り方のカードを使ったら、こんなに美味しくはならない。)カードがバスカーヴィル・ローマン字体のフランス語で印刷されていれば最高である。アクサンテーギュの連発はケーキの味をピリッと引きしめる。マリー・アントワネットじゃないが、ブラブナー、フラッシュ両氏におすすめしたい。「クッキングカードを食べればいいのに。」

＊　＊　＊

最後の手紙は、エール大学の計算機科学者ジョン・ケースからのものだ。彼はこういってきた。"Cette phrase en français est difficile à traduire en japonais."を次のように翻訳すればなにも問題は起こらない。

"Cette phrase en français est difficile à traduire en japonais."というフランス語の文は日本語に翻訳するのが難しい。

つまり、ケースは自己言及的なフランス語の文を、他事言及的な日本語文に翻訳してしまったのだ。翻訳された文は（まるごと引用された）フランス語の文について語っている。しかし、なにか大事なものが失われている。ある意味でケースは正しい。たしかにフランス語の文も日本語の文も同じもの（つまりフランス語の文）について語っている。だが、フランス語の文の肝腎な点はその意味のもつれにある。翻訳された日本語の文にはこのもつれがまったくない。これは大きな犠牲、または妥協だ。

私は、翻訳した文がもとの文と同じ構造の意味的なもつれをもつようにするべきだと思う。それがもとの文の本質だからだ。しかし「それで翻訳といえるか？」という疑問が起こるかもしれない。もっともな疑問だ。

イオネスコがあるときこういった。「ロンドンのフランス語訳はパリだ。」彼がいいたかったのは、フランス人がなにか理解しようとしたとき、彼らはそれを自分たちの土俵へいったん翻訳するものだということだろう。これは私たちすべてについていえる。メアリーがアンに「私の兄は死んだ」といい、アンはメアリーの兄を知らなかったとしよう。このときアンはどういう理解をするか。きっと投影が本質だ。つまりアンは自分の兄が死んだことを想起する。（彼女に兄がいなければ、姉、または彼女の親友、またはペットを想起するかもしれない。）こういう代用の枠組をもって、アンはメアリーに深い同情を感ずることができるのである。アンがメアリーの兄を多少知っていたら、彼女はぼんやり覚えているメアリーの兄が死んだということと、自分の兄（または友だち、ペットなど）が死んだということとの間でイメージが激しく交錯するだろう。これを自分のことのように受けとめるのか、離れたところで客観的に冷静に受けとめるのか、このジレンマ（第24章の追記でこのことはもっとくわしく述べる）は、自分の土俵というものがある人間には必ず起こるものなのだ。

ケースは後者の立場をとる。これは知的な立場とはいえるが、現実世界では不十分である。もっと具体的な質問をしてみよう。もとのフランス語の文は、この本のフランス語訳ではどう翻訳されるべきか？　誰にとってもあたりまえの答えだと私は期待したいが、答えはこうだ。「この日本語の文はフランス語に訳すのが難しい。」

これにてこのケースは落着。

＊　＊　＊

ジョン・ケースのような直訳主義者は（まわりの人間の誰にも止めることのできなかったあのニクソン大統領の没落を書いた）*All the President's Men*という本のタイトルをどう訳せばいいという

のだろう？「大統領の全部下たち」か？これを直訳でもとに戻すと“All the men of the President”になるだろうが、これでは童謡のハンプティ・ダンプティの一節をパロディにした原作者の意図が完全に消えうせてしまう。これは致命的な問題だと私は思う。この本のタイトルの命はこのパロディにあるからだ。

翻訳されたタイトルが英語のハンプティ・ダンプティをほのめかすべきだ、といっているわけではない。それは無意味だ。では、日本語版のハンプティ・ダンプティからパロディを捜すべきか？では、これは、ハンプティ・ダンプティがどれくらい日本人に深く浸透しているかによる。いずれにせよ、ハンプティ・ダンプティが日本人にとって馴染みが浅いなら、なにかそれにかわるものが必要である。それは日本古来の童謡か？明らかに違う。重要なのは、“All the King's horses/ And all the King's men/ Couldn't put Humpty together again”というくだりである。日本の文学のどこかに――なければ流行歌、童話、諺でもよい――これに相当するものがあるのでは、と思うのだ。

しかし、そもそも日本人がウォーターゲート事件について書いた本に関心をもつかどうか、という疑問があるかもしれない。たとえもったとしても、それが日本の都市で起こったかのように翻訳される必要があるかどうか？伊予根津子さんが、ワシントンを埼玉流にいうと浦和になるといったことがある、とまでがんばって訳すべきかというわけだ。

明らかにこれは極端に走っている。どこかに中庸を得たところがあるはずだ。もちろんこれには微妙な判断が要るし、人間の柔軟性が効いてくる。翻訳に厳格な基準を決めたら機械的な首尾一貫性は保証されるかもしれないが、おもしろ味も深みもないものになってしまうだろう。翻訳に関するかぎり、自己言及文の問題は氷山の一角にはなっている。直接的な自己言及が話題になった当初から、これは明らかだった。自己言及が間接的になり、形式によって媒介されるようになって、流動性が必要になった。こういう文の理解とは、意味内容を引きだすと同時に、形式も心の中に保持しておくことである。つまり、形式から「秘妙な味わい」を呼びさまし、文の意味に半分は手が届き、半分は手の届かぬ意識の水面下ギリギリの「半意味」、含意、趣きなどの味つけを行うことである。こういうものの研究に、自己言及文は非常によい出発点を与えている。なぜなら、いま述べたようなものがもともと表面にたくさん浮かんでいるからである。誰かが反対するからといって、これを無視してしまうことはできないのだ。

＊　＊　＊

この章は（追記を含め）この本への導入にふさわしいと思う。なぜなら、この本の主要な話題の多くが触れられているからである――記号、翻訳、アナロジー、人工知能、言語と機械、心と意味、自己とアイデンティティ、形式と意味内容、これらはみな、最初私が自己言及文で遊ぼうと思った動機であった。

［第2章］
自己言及に自己言及すると……

自己言及の話からちょうど一年、今回はそれをさらにしつこく追求するの巻であるが、このパラグラフを利用して、自己言及なんぞにおもしろ味を感じていない人に一言忠告、あなたはたぶん、このパラグラフの終わりに到達する前に、またはこの文の終わりに到達する前に、または「読むのを止めたくなる」まで行かないうちに、読むのを止めたくなる。

前回以来、私のところに自己言及の手紙がワンサと届いた。トニー・ダーハムは鋭くいいあてた。「こんなに反応の手紙が多ければ、この文にあなたが自ら眼を通しているとは思えない。」ジョン・C・ウォーの手紙は悲痛だ。「助けてくれ、読者からの手紙のなだれの中に僕は生き埋めだ！」安心されたし。彼の手紙は無事救出されて、整理済みの小さくなった手紙のファイルの中に安置されている。という具合で、これからいくつかおもしろかったものを紹介していこう。

手紙の話のついでにもう一つ、イギリスからきたアイヴァン・ヴィンスの葉書の消印が暗号めいている。「宛て先は正しく」これは郵便局が葉書に対して下した命令なのだろうか？　だとすれば、イギリスの葉書はアメリカのよりインテリジェントに違いない。なにしろ、私は読み書きができて自動的に宛先を訂正してくれるような葉書にはお目にかかったことがない。（そういえば科学雑誌『オムニ』気付で私のところに届いた葉書が一枚あった！）

二、三正体不明のお世辞もいただいている。リチャード・ラタンによれば「僕の感動を伝えることはちょっとできない。」（解釈しだいで逆の意味にもとれる。）ジョン・コリンズのはこうだ。「これはあなたのコラムを読んだ喜びを伝えるものではない。」ところで、私の名声がタフツ大学の哲学科の男子便所にまで届いていると知って、喜びもひとしおである。ダニエル・デネットの発見によれば、そこの壁には「この文は落書きである——ダグラス・R・ホフスタッター」という走り書きがあったとのことである。

＊　＊　＊

手紙をくれた人の多くは、私が出題した、自己答弁する質問を見つける問題を楽しんだようだ。しかし、私にとって真に新しく奇想天外といえるものは少なかった。この特殊な芸術形式で成功するのはやさしくないようだ。ジョン・フラッグは皮肉っぽくいう。「自己答弁する質問を問い、自己質問する答弁を得よ。」ヘンリー・ターヴスの手紙はなかなかふるっている。「学校でお目にかかった歴史の問題を思いだします。『Ⅳ．この科目の最終試験にふさわしい問題を書き、それに答えよ』さて私の答えは単純至極、これを二回繰りかえしただけでした。」最初に見たとき、こいつは傑作だと思ったけれど、よく考えてみると、どうもなにかがちょっとおかしい。読者はどう思われるか？

リチャード・ショースタックは滑稽な自己答弁質問を二つ寄こした。「どんな質問が述語か？」〔What question no verb? 前回の "This sentence no verb"（この文は述語が）と同類。〕「わけもないのに『傘』などという言葉に言及している質問はなにか？」ジム・シャイリーの発案をちょっと変形して示そう。「それは修辞的な効果をねらった質問か、それとも修辞的な効果をねらった質問か？」〔英語では、とても簡単であることをいうのに「それは簡単か、それともそれは簡単か？」という修辞を使う。〕シャイリーの傑作をもう一つ。

白紙を一枚用意して、

「この文はこの紙をどれくらいよぎっているか？」

と書いてください。ひょっとして多国語のわかる人がきて、ウラル・アルタイでは、同じ音素列が縦六・六センチのことを表しているなんてことをいってくれたら、これは大傑作ですからホウビをください。そうでなくても、書いてある質問そのものを、測定の単位として使えるのなら、ブービー賞ぐらいにはなるでしょ？　でもちょっとルールをまげたかな？

自己答弁する質問の問題に対する私の解答は、自己答弁というより自己挑発である。たとえば、

「どうして突然そんなことを聞くんだい？」

たしかに、こういう質問がヤブから棒に発せられたら、聞かれたほうは当惑してオウム返しに同じことを聞きかえすだろう。しかし、この質問の動機はいったいなんなのだろう？

デーモン・ナイトのもっていた自己答弁質問に関する逸話を、フィリップ・コーエンが送ってきてくれた。「長いつきあいの友人テリー・カーが葉書に謎を書いてきた。次の葉書で答えがやってきた。そして、次にまた別の謎を送ってきた。いわく『どうしたら奴さんの気をもませられるか知ってる？』ところが今度は答えがやってこない。二週間もたって、やっとそれ自身が答えだってことに気づいたわけ。」

＊　＊　＊

私が自己記述型と呼んだカテゴリーについても、数篇の傑作が寄せられている。単純なものとしては、ジョナサン・ポストの "This sentence contains ten words, eighteen syllables and sixty-four letters."〔この文は一〇個の単語、一八個の音節、六四個の文字を含む。〕ひねりのきいたのはジョン・アトキンスの「『かぞえると一八文字から成りたっている』のはたしか。」〔"Has eighteen letters" does.〕自己記述は自分自身にもっと深くのめりこむこともできる。言葉遊びの名人ハワード・バーガソンの作をコーエンが教えてくれた。

この文には単語**そして**が2つあり、単語**8**が2つあり、単語**4**が2つあり、単語**14**が4個あり、単語**に**が2つあり、単語**あり**が14個あり、単語**文**が2つあり、単語**7**が2つあり、単語**が**

が14個あり、単語**この**が2つあり、単語**個**が7個あり、単語**2つ**が8個あり、そして単語**単語**が14個あります。

これはたしかに傑作だが、金メダルはやはり次のリー・サローズだ。

Only the fool would take trouble to verify that his sentence was composed of ten a's, three b's, four c's, four d's, forty-six e's, sixteen f's, four g's, thirteen h's, fifteen i's, two k's, nine l's, four m's, twenty-five n's, twenty-four o's, five p's, sixteen r's, forty-one s's, thirty-seven t's, ten u's, eight v's, eight w's, four x's, eleven y's, twenty-seven commas, twenty-three apostrophes, seven hyphens and, last but not least, a single!

〔これを完全に日本語に訳す気力はなかった。直訳の大意は、自分の書いた文が一〇個のa、三個のb、……、一一個のy、二七個のコンマ、二三個のアポストロフィ、七個のハイフンから成りたっていることを本気で調べるやつは馬鹿だ——、おっと忘れちゃいけない、もう一個の!〕

しかし、私（馬鹿かも……）は全部調べた。最初の抜き取り試験（たぶんgの数を調べたと思う）で、ちゃんと合っていることを確かめたら、突然文章全体がまったく正しいのではないかという気がしてきた。これは驚くべき心理効果である。理論のほんの一部を確かめただけで、理論全体がいかにも正しいと思いこめる状況もあるものだとつくづく感じいった。この文章のいいたいことは、まさにこのことじゃないだろうか?

有名な論理学者レイフェル・ロビンソンが、自己記述形の文についておもしろいパズルを寄せてきている。読者は次の文を完成すべし!

この文には0が□回、1が□回、2が□回、3が□回、4が□回、5が□回、6が□回、7が□回、8が□回、9が□回出てくる。

□のところには十進法で書いた数字（一個とは限らない）が入る。解は二通りある。これができたら、こんどはおたがいに相手を記述し合っている二つの文を作ってみるのもおもしろい。もっと長い尻取り式記述ループをなす文の組に拡張してみるのもよい。

自己記述文の究極が、たんに自分の要素の目録を並べたてただけのものではないことは明らかである。それはなんらかの規則を内蔵していて、配下の要素たちがまた新しい文を生みだすようにしくまれた文（自己増殖文）ではなかろうか。クレタ人エピメニデスに捧げられたクルト・ゲーデルの古典的数学基礎論を英語に翻訳したW・V・O・クワインにそのような例が一つある。

「はそれの引用のあとにつくとウソになる」はそれの引用のあとにつくとウソになる

クワインの文は、結局いま読んでいる文の複製の作り方を述べている。おまけにその複製（本物にあらず!）がウソだといっている。これはコンクリート人〔クレタ人のもじり〕エピプシデス（エピメニデスのまたいとこ）が、彼を熱愛していたフローラにいった言葉に似ている。(エピロプシデスはフローラの愛にはこたえず、彼女と双子のファウナと婚約した。)「気を取りなおしてくれ。そうだ、いいことがある。僕の腕から細胞を一つ採ってクローン人間を作るんだ。そしたら、僕と外見が同じで、考え方も同じ人間が君のものになるさ。でも見張っていなくちゃだめだよ——彼も美しい女性に対してまた僕と同じウソをいうかもしれないからね。」

＊　＊　＊

一九五〇年代はじめ、フォン・ノイマンは自分自身の複製を作りだすような機械の研究に没頭していた。結局、彼は何十万ないし何百万個もの部品からなる理論的な機械に到達した。いまとなれば、フォン・ノイマンの自己増殖機械の背後にあったアイデアは、DNAが自分自身を複製するメカニズムと高い抽象レベルでみごとに一致している。そして、これはまた、ゲーデルが数学的言語の(とてもそんな能力が潜んでいるとは思えないのに)自己言及文を作りだした方法に似ているのである。

挑戦的な読者のために、一〇年ごとに行われるフォン・ノイマン・コンテスト(今回が第一回)の問題を提出しておこう。「わかりやすくて、かつ不当に長くない自己言及文で、(単語レベル、文字レベルを問わず)自分の部品をリストアップし、(文を再構成できるように)部品の組み合わせ方まで記述したようなものを作りなさい。」ところで一言注意しておくが、文が「不当に長くない」というのは「穏当な長さ」というのとはニュアンスがかなり異なる。部品表はバーガソンやサローズの文のように、単語か記号の目録になるだろう。目録にあげられた記号はある意味で、それらについて述べている文章とはっきり区別されなければならない。たとえば、引用記号で囲む、字体を変えて印刷する、記号の名前で呼ぶなどの方法をとらないといけない。区別がはっきりつくかぎり、どの方法を使うかは重要でない。文章の残り、すなわち「構成規則」は通常の印刷である。なぜなら、それらは印刷上の素材ではなく、指示の列と解釈されるからだ。これは、第1章でも述べたように「使用と面照」の区別にほかならない。これをルーズにすると、概念上たいへんな問題が生じる。(サローズの文が完全な金メダルにいま一歩というのはこの理由による。)

構成規則は、ふつうに印刷された部分に言及してはならず、目録内の部品だけに言及しなければならない。つまり、構成規則はどうやっても自分自身には言及できない! また、構成規則は構造をはっきりと記述しなければならない。さらに(この点が最も微妙で自己言及で見のがされがちなところだが)、構成規則はどの部分がふつうの印刷で、どの部分が引用されるところか(ないしは字体を変えるところかなど)を指定しなければならない。バーガソンの文はこの点で失格だ。この文では、使用と面照(言及)の区別を、目録の項目はゴチックにして、項目の数え上げや生の単語と区別することで行っている。しかし、残念ながら、ゴチック用の項目と普通字体用の項目が区別されないで、ゴッチャになっている。

フォン・ノイマン・コンテストでは、解が基礎英語だけで与えられた場合、または目録が(サローズの文のように)完全に記号レベルであった場合には、ボーナス点が加算される。クワインの文はたしかに目録(引用記号「」に入った部分)と(引用のあとになにかをくっつけるという)構成規則とをみごとに組み合わせているが、目録が生の素材(単語や記号)レベルから離れすぎていて、正当な参加資格があるとはいえない。

＊　＊　＊

ところで、クワインの文の目録が、素材でなくてこんなに複雑になる（実際、構成規則と同じ――引用記号は除く）のはわけありなのだ。理由は簡単。素材から構成規則を構成しなければならないとしたら、目録そのものが構成規則に似ているにこしたことはないのである。文全体を新しく作ろうと思ったら、まず目録のコピーを二つ作り、そのうち一つを構成規則に変換するような単純操作を施し、残る一つをいま作りだされた構成規則に継ぎたして、完全な新しい文の一丁できあがり！

話をわかりやすくするため、クワインの文の変形を使って説明しよう。仮にあなたがふつうの文字（細字）は読めるのに、ゴチックになると読めないとしよう。つまり、ゴチックで印刷された文章は意味がなく興味の対象外で、細字で印刷された文章は意味をもち興味の対象になり、概念や行動の指針を与えてくれるとしよう。さて、誰かがやってきて、あなたにゴチック文字を細字に翻訳するための変換表を与えてくれた。これを使えば、ゴチックで書かれた文章を解読できるわけだ。ある日、ゴチックで印刷された、次のような意味不明の文に遭遇したとしよう。

はこれの細字翻訳版の主語に使われたらウソである

解読してみると、これは細字の文というより細字の文章片、つまり、主語なしの述語になる。これは意味深じゃなかろうか。

読者は二つの並行した字体（一つは不活性で無意味、もう一つは活性で意味をもつ）が、クワインの文のちょっとした変形以上の何ものでもないことに驚くかもしれないが、実はこれは、自然がすべての生体器官のすべての細胞の中で利用している大発明の技巧と、かなり似ているのである。私たちのDNA（目録）は、六四種の化学的ゴチック文字（コドン）で書かれた不活性文章の大著である。私たちの構成規則（酵素）は、ちょうど二〇種類の細字（アミノ酸）で書かれた、短くて要を得た活性標語集である。ゴチック文字を細字に変換する写像は、遺伝コードである。もちろん、細字の中には複数個のゴチック文字と対応するものもあるが、ここでは本質的でない。また、ゴチック文字の中の三文字は文字というより句読点記号で、標語がどこで終わり、どこで始まるかを示すキーなのだが、これもここでは本質的でない（第27章参照）。

この写像を知ってしまうと、不活性のゴチック文字（コドン）と活性の細字（アミノ酸）の区別を忘れてもかまわない。大事なのは、遺伝コードさえ備えておけば、DNA帳（目録）をあたかも酵素標語のように読んで、新しいDNA帳と新しい酵素標語集を作れることである。まさにクワインの文の変形と同じ話の道筋だ。クワインの文〔変形版〕でも、不活性のゴチック文字の目録を、活性の細字の規則に翻訳して、目録から完全な文のコピーを作る方法を示していた。

細胞のDNAと酵素は、クワインの文の目録と構成規則、あるいはフォン・ノイマンの自己増殖機械の部品表と構成規則、あるいは自分自身を印刷するコンピュータ・プログラムのタネと構成規則のように振る舞う。自己言及のメカニズムは驚くほど普遍的である。だから、自己言及などくだらないといっている人が、実は何兆個もの自己言及的細胞から成りたっていると思うと、私はいつも奇妙な感じがする。

＊＊＊

スコット・キムと私が発見した珍妙なペア文。

次の文は、「次の」と「前の」が入れかわって、「を除いて」と「において」が入れかわって、「同じである」と「異なっている」が入れかわっていることを除いては同じである。

前の文は、「前の」と「次の」が入れかわって、「において」と「を除いて」が入れかわって、「異なっている」と「同じである」が入れかわっていることにおいて異なっている。

一見したところ、この二つの文はエピメニデスのパラドックスの一変形（「次の文は正しい」「前の文はウソである」）に似ている。しかし、よく見ると両者はおたがいにまったく同じことをいっているのだ。奇妙なことに、私の同僚でときどき私の影武者になってくれるオーストラリア人エグバート・B・ゲブスタッターは、あの奇異なる『ヘタマジック・ミーム』（『リテラリー・オーストラリアン』に連載）で、私と異なる意見を述べている。彼のいうに、この二つの文は全然違うことを述べている（図2-1）。

容易に想像されるように、読者からの投稿には、パラドックス絡みのものがいくつかあった。中には、自分自身を刈らないような床屋を全員刈るような床屋〔その床屋は自分の頭を刈るか？〕とか、自分自身を要素に含まないような集合すべてからなる集合〔この集合は自分自身を要素に含むか？〕といったラッセルのパラドックスにもとづいたものがあった。たとえば、ジェラルド・ハルの生みだした不思議な文「この文は自分自身に言及していない文すべてに言及している」を見よ。この文は自己言及文と思うや否や？　同様の手法だが、マイケル・ガードナーはリード大学の卒業論文の献呈の辞に、「本論文は、自分自身へ献呈していない論文すべてに献呈されている」というのがあったと報告している（チャールズ・ブレナーからの情報）。C・C・チャンとH・J・キーズラー著の『モデル理論』の献呈の辞もこれと同じなのだそうだ。また、ブレナーはラッセルのパラドックスの別の変形を教えてくれた。自分自身を印刷したことのないようなプログラムの名をすべて打ちだすようなプログラムを書け。問題は、もちろん、このプログラムが自分自身を打つかどうかである。

ロバート・ベニンジャーからきた文には相当調子を狂わされる。「この文は自分がもっていないと主張する性質は実際にもっていない」わかる？　もちろん、問題の所在は、この文がもっていないと主張する性質がいったいなんであるかだ。

オランダの数学者、ハンス・フロイデンタールは、自己言及に関するあるパラドックス的な逸話を送ってきた。

十八世紀のドイツ人ゲレルトの作った『農夫と息子』という話がある。ある日、散歩中に、息子が大ウソをついた。そこで父親はちょうど近づきつつあるウソつきの橋のコワーイ話をした。この橋はウソつきが渡ると崩れおちるというのだ。この話に脅かされた息子はウソを認め、ホントのことを白状した（フロイデンタールはつづける。）この話を十歳の子供にしたら、二人が橋を渡ったときになにが起こったかと子供が聞いた。私は答えていわく「実は、父親が渡ったときに橋が崩れたんだ。

ヘタマジック・ミーム
科学と芸術のジャムセッション
E. B. ゲブスタッター著
竹内郁雄・斉藤康己・片桐恭弘 訳
THETAMAGICAL
MEMAS
A Copious Concatenation of
Artsy, Scientistic, and Literal Mumbo-Jumbo
白揚社

図 2-1　エグバート・B・ゲブスタッターの最近書いた本の表紙。彼の「ぐるぐる絵」を見ることができる。ゲブスタッターは『金、銀、銅——錬金術の五つの環』の著者としてよく知られているが、オーストラリアの哲学者デナイアル・E・ダニットと『頭の優（Mind's U）』を共編している。また、2年半にわたって『リテラリー・オーストラリアン』に「ヘタマジック・ミーム」を連載した。彼は数年間パキスタニアのウィルティィントンにあるパキスタニア大学心理学科に在籍したあと、最近ミシュガンのトム・トリーラインにあるミシュガン大学計算機科学科に移り、そこで芸術科学文学部のレクソール講座教授になった。彼の最近のIA（知能的工夫）研究プロジェクトは「本-質、心的パターン、知性、スタジオ」と呼ばれている。彼の焦点はデジタル感情の決定性逐次モデルである。

なにしろ、彼はウソつきの橋なんかないのに、あるといってウソをついたんだから。」（実はあった？）

C・W・スミスの、オンタリオ州ロンドンからの手紙には、エピメニデスのパラドックスとよく似た状況が書かれている。

一九六〇年代、当市内の雑草地の真ん中に色あせた看板があって、「この看板を取りはずしたる者の逮捕に役だつ情報を提供したる者には賞金二五ドル」と書いてあった。これがどう役に立ったか知らないが、もうずいぶん前からこの看板はなくなっている。もっとも、その雑草地もなくなっているのだが……。

ところで、エピメニデスのパラドックスは、紀元一九七四年クレタ人ニクソニデス〔もちろんニクソン大統領のこと〕によってはじめて発言されたニクソニデスのパラドックス「この声明は無効である」と混同してはならない。エピメニデスといえば、ビバリー・ロウの最もエレガントな変種がある。次は、ある本の一ページである。

（vi）　正誤表

（vi）ページ「正誤表」は「誤植」の誤り

真にパラドックス的な文に密接に関連したものに、「ノイローゼ」と呼ばれるものと、「健全」と呼ばれるものがある。（これは私の命名。）健全な文とは、説明していることを正しく実践している文である。これに対してノイローゼの文は、いっていることとやっていることが逆だ。アラン・アウエルバックは両方のカテゴリーにいい例を出している。健全なほうは「寡黙に！」で、ノイローゼのほうは「正しい文章作法では、君も一〇〇万回は聞いたはずだが、誇張を避ける」である。次はブラッド・シェルトンからの健全文。

「八七文字前には、この文はまだ始まっていなかった。」

奇想天外の最たるものがカール・ベンダーの

この文の残りの部分はタイで書かれており

デービッド・ストークから送られてきた文「といわずにすます」は、いったいどちらのカテゴリーに属すのだろうか？　たぶん、別の精神病かもしれない。ピート・マクリーンのものは頭がこんがらがる。「もし『ホント』と『ウソ』の意味が入れかわったら、この文はウソではないだろう。」私はいまだにこの文章の意味がつかめない！　ダン・クリムの手紙によれば「私はこの文がデマだと聞いた。」リンダ・シモネッティの作は「完全な文ではなく、たんに従属節であるところの。」ダグラス・ウルフは次のような精神分裂的法則を送ってよこした。「きったねエセリフを吐くのもヤバイけどよー、ごていねいなお言葉と乱暴なお言葉を混ぜてお使いになるのも不自然でございます。」デービッド・モーザーはパロディ雑誌『ナショナル・ランプーン』が昔使ったスローガン「スローガンなしで売ります！」を思いださせてくれた。ペリー・ウェドルは「僕はいま、『僕は自分でなにをいってるかわからない』としゃべるようにオウムを仕こんでいます。僕がこういえば自己言及だけれど、オウムの場合は？」と書いてきた。スティーヴン・クームスによれば「文は述語の中だけで自己言及できる。」私の母ナンシー・ホフスタッターは、ヘイグ国務長官がソ連に送った警告文で使った言い回し「迷うことなく一意に理解できる計算ずくの曖昧さ」をおもしろがっていた。まったく同感！

ジム・プロップの送ってきた一連の文は、ノイローゼ的な健全さから健全なノイローゼへの移行を表している。

(1) この文三つおに字がけていがそれも理解きる。〔This sentence every third, but it still comprehensible. omits, word, is を補ってみるとわかります。〕

(2) この文も少字抜てなけれもっとわりやい。（This would easier understand fewer had omitted. 補うべき単語は sentence, be, to, if, words, been.）

(3) 文脈限不可能（This impossible except context.）

(4) 四分三三秒狙念（4′33″ attempt idea.）

(5)

最後から二番目の文は、ジョン・ケージ作曲の四分三三秒間無音のままのピアノ独奏曲のことを指している。最後の文は、『S・T・アグニューの機知と英知』からの抜粋だと思われる。もっともあまり短いので確信はもてないが……。〔アグニューはニクソンの下の副大統領だった。〕プロップはさらに、デービッド・プリマック著の『猿と人間の知能』からの引用として、次の健全文を送ってきた。「ここで私は言語の『生産力』という言葉を、言語が古い言葉から新しい言葉を生みだすことのできる能力という意味に使う。」

哲学者のハワード・デロングは、ノイローゼ型三段論法といえるような例を作った。

すべての正しくない三段論法は少なくとも一つの規則違反をしている。

この三段論法は少なくとも一つの規則違反をしている。

よってこの三段論法は正しくない。

何人かの読者が、堂々巡りになるような文句やジョークを送ってきた。たとえば、D・A・トライスマンは「ノスタルジーは昔そうだったことではない」(Nostalgia ain't what it used to be.) ヘンリー・テイブスは、「うちの連中がフロリダに行って土産に買ってきてくれたものは、どいつもこいつもこのさもしいTシャツなんだ！」と書いたTシャツのことを報告している。ジョン・フレッチャーによれば二、三年前のテレビ番組『お笑い集合！』でジョアンヌ・ワーリイがこう歌った。「私は『……』、『……』、『……』っていえない女の子」ジョン・ヒーリイは「僕には決断力がないと思うんだけれど、ホントにそうかなあ？」

私自身の作も少しはある。ノイローゼ文の例「この文の終わり五文字は『抜けている。』」いや実はノイローゼ文でないかもしれない。どうも頭が混乱する。いずれにせよ、「この文は読者（たち）にいろいろな代替やオプションを提供して、貴男または貴女（またはあなた方）が受けいれるか拒むかできるようになっています」は間違いなく健全な文だ。そしておきまりの「この文はノイローゼ型だ。」ポイントは、この文がノイローゼ型だったら、言行一致だから健全になり、ノイローゼじゃない。しかし、ノイローゼじゃないとしたら、言行不一致だからノイローゼにほかならない。こいつは疑いなくノイローゼだ！

ノイローゼ文についていうと、自分が自分であるという意識に危機が迫ったような文はどうか？　私にはこの手のものが最もおもしろい。クリムのなんとなく不安げな質問文。「もしも私がほかのことをいっていたら、それでも私だろうか？」私はこれを次のようにいいかえたほうがうまいと思う。「もしも私がほかのことをいっていたら、それをいっているのはやはり私か？」これでもまだちょっと不満だから、もう一ひねり。「もう一つの世界では、私はハンフリー・ボガートに関する文でありえただろうか？」ここで振りかえってみると、クリムの文を変えていくたびに、私の恐れていたまさにそのやり方で、文の自己をいじりまわしてきた観がある。問題が一つ残る。これらの変形は本当に一つの文から深化したものだろうか？この線に沿った私の最後の実験は、「もう一つの世界では、この文はダン・クリムの文でありえただろうか？」

同じようなことを考えた読者もいる。ジョン・アトキンスは尋ねる。「この質問がなくてもこれは同じ雑誌『サイエンティフィック・アメリカン』なのに、この単語がなくなるとこれは同じ質問文でなくなるのはどうして？」（「この単語」という言葉は曖昧だが、なにが問題かは明らかだろう。）もと精神分裂症患者だった人のリハビリテーション・センターで働いているラウル・マッキントッシュは、自己言及文の自己に関連した質問文を送ってきた。「もしも私があなたなら、この文を読んでいるのは誰か？」このあとに彼女はこう付けくわえている。「註―これは精神分裂症患者のために働いていてヒントを得ました。」これは、医学博士ピーター・M・ブリガムが仕事中に発見した精神分裂症の文を思いださせる。「あなたがちょうど読みはじめた文は、もちろんあなたがちょうど読みおえた文です。」

ウィリアム・M・ブリッケンJr.は、彼流のやり方で蛇のようにスルリとする自己を追求している。「もしこの文がまぎらわしいと思ったら、豚を一匹変えなさい。」この文がまともな意味をもつとはとても考えられない。実は彼の意図はこうである。「もしこの文がまぎらわしいと思ったら、豚を一匹焼きなさい。」穴他〔原文ewe, youと同じ発音だけれど無意味な言葉〕もそう思いませんか？　ちなみにいうと、穴他がUilliamをまぎらわしいと思ったら、穴他を一匹焼きなさい。こういうずるいパラグラフを書くのに「穴他」とは便利な言葉だ！

ちょっと昔、ペットを話題にしたラジオ番組でアナウンサーが茶化してこういった。

「もしイヌがこの放送を書いたとすると、きっと人間はイヌのように尻尾を振れないから劣っているといったでしょう。」これはヒントだ。もしもこのコラムがイヌによって書かれたら、どんなふうになっているか？　断言はできないが、虫の知らせによれば、リスを追いかける話だ。そして、たぶんどこかに、このコラムがリスによって書かれたらどんなふうになっているか？　と書いたパラグラフがある！

*　*　*

送られてきた文（sent-in-ces）の中で、私の一番気に入ったのは、ハロルド・クーパーの作だ。彼は私の書いた条件法叙述による自己言及文、「もしもπが3だったら、この文はどうなる？」にインスピレーションを受けた。図2-2がその答えだ。これこそ奇想天外だ。〔わけあってローマ字に翻訳します。〕

六角形のoは、たしかに周囲の長さが直径の3倍だ。円が六角形になるという以上に自然な結論がありますか！　πの値が3になる以上、円が六角形になるばかりか、疑問文が平叙文になってしまうことにも注意。質問は、その質問自身が仮定の世界でどうなるか聞いていた。これが自分自身に対する好奇心を失って、質問文じゃなくなったというわけだ。πが3になったために、文の個性が変化した理由は私にはわからない。一方、もしもπが3だったら、条件文の前提はもはや「もしも……」という仮定でなくなるはずである。つまり、「もしもπが3だったら……」ではなく「πが3であるから……」となるべきなのだ。こういうふうに考えてくると、私はクーパーの文を次のようにしたくなる。「ふつうどおりπ=3とすると、この文はどうなるか?」

何人かの読者は、自分が属している(または属していない)言語に言及している文に興味をもったようである。たとえば「あなたが日本語を話しているなら、あなたはいま母国語を話している。」ジム・プロップはこの種のペアを送ってきた。この二つは一緒に読む必要がある。

Cette phrase se réfère à elle-même, mais d'une manière peu évidente à la plupart des Japonais.

ムリコンポルグロラムニュカエタン、ガスジョホワート、クヌヘロヒョピポン、メンチョチキュージン

最初の文の意味がわからないのであれば、火星人に頼んで二番目の文を解読してもらうとよい。(カタカナで書いたので、正しい火星語の発音を再現できなかったことをおわびしておく。)

π ga 3 dattara, k⬡n⬡ bun wa k⬡u mieru

図 2-2　ハロルド・クーパーとスコット・キムからヒントを得た条件法叙述による自己言及文。

第1章で、モーザー作の文を何個か紹介し、彼が自己言及文だけからなる小説を書き上げたことにふれた。これには多くの読者からリクエストがあった。よって今回は、モーザーの小説を全篇引用して締めくくりたい。

＊　＊　＊

これはこの物語のタイトルであり、物語の中に何回も出てくる

これはこの物語の最初の文である。これは二つ目の文だ。これはこの物語のタイトルであり、物語の中に何回も出てくる。この文は、最初の二つの文の本当の意義についてただしている。この文は、読者がまだ気づいていないときのために、これが自己言及物語、つまり、自分の構造や作用について言及している文からなる物語であることを知らせるためのものである。この文で最初のパラグラフが終了する。

これは自己言及物語における、第二パラグラフの最初の文だ。この文は、物語の主人公である少年ビリーを紹介している。この文は、ビリーがブロンドの髪、青い眼をもつ十二歳のアメリカ人の少年で、いま母親を絞め殺しているといっている。この文は自己言及で物語ることのもどかしさについて述べているが、著者が味わえる不思議でいたずらっぽい高揚感についても認識している。いまの文でいったことを示すように、この文は大まじめに、子供たちが神からの貴重な贈りものであって、子供たちのもたらす比類なき愉悦があればこそ、世界はまさに素晴らしいということを注意している。

この文は、ビリーの母親の眼が飛びだし、舌が突きだしていることを述べ、かつ彼女の息が詰まっていく過程での、のどからの雑音について言及している。この文は、現代が不確定で困難な時代であり、一見、深く根ざして永遠に見える血族関係も、崩壊しつつあることを見ている。

このパラグラフで文片の導入を行った。文片。これも。便利だ。これからも使える。

これは実際には物語の最後の文なのだが、間違ってここに入ってしまった。これはこの物語のタイトルであり、物語の中に何回も出てくる。グレゴール・ザムザは、夢見の悪い朝、目覚めてみると自分が巨大な虫になっていることに気づいた。この文は、前の文が(これよりはすぐれた)まったく別の物語からとってきたものであって、この物語のどこにもおさまらないことを述べている。前の文であいったにもかかわらず、この文は読者が読んでいる物語が実はフランツ・カフカの『変身』であり、前の文で言及された文が、この物語に属する唯一の文であることを告白すべきだと感じている。この文が直前の文を踏みにじって(かわいそうに混乱しうろたえている)読者に対していうには、この作文は実は米国独立宣言なのであるが、著者の極度の怠慢により、かの感動的文書の中のただ一つの文たりといえども書いておらず、やむなくここに、つまりもう文の終わり近くになって、引用句にくるんで、小さな文片すなわち「人類の歴史において」と書いてお茶をにごす。前の文で泥沼化した意味のない概念遊びに、ふつうの読者が退屈し、はっきりと敵意を抱きはじめたことを、早くも鋭く察知して、この文は物語の本筋に戻って、「なぜビリーは母親を絞め殺したか?」と聞く。この文は前の文で発せられた質問に答えようとしたが失敗する。しかし、この文はビリ

ーと母親の間の近親相姦的な関係を示唆し、賢明な読者がすぐ想像できるようなフロイト流のコンプレックスをほのめかすことで、それに成功する。近親相姦。口に出せないタブー。普遍的な禁制。近親相姦。文片に気づいたか？　便利な用法。これからも使える。

この文は新しいパラグラフの最初の文だ。この文は新しいパラグラフの最後の文だ。

この文は置かれた場所に応じ、パラグラフの最初の文としても最後の文としても使える。これはこの物語のタイトルであり、物語の中に何回も出てくる。この文は、自分の作用や（前の四つの文のように）物語の中での自分の位置についてだけ述べるような自己言及文全体に対してきびしい反論をするものであって、だいたいこの手の自己言及文は単調ですぐ予想がつき、許し難く自己耽溺的で、絞殺や近親相姦やその他の物語の本筋から読者をそらすだけなのである。この文の目的は、前の文（自身は攻撃対象にしている自己言及文のカテゴリーには入らない）がいってることに反して、読者をグレゴール・ザムザが巨大な虫にいわれなく変身したという話の本筋からそらすだけのことしかやっていないこと（前の文は大声で、意味が通るが筋違いのことをいっているほかの文を非難しているのだが……）を明らかにすることである。この文は置かれた場所に応じ、パラグラフの最初の文としても最後の文としても使える。

これは物語のタイトルであり、物語の中に何回も出てくる。これはこの物語のタイトルとほとんど一致しており、物語の中に一回しか現れない。この文は、この時点にいたるまでの物語の自己言及モードが物語の本筋の展開を麻痺させてきたこと、つまりいままでの文が自分自身と物語中での自分の役割とを分析することに熱中するあまり、読者が話の筋や人物描写などに入っていけるように、起こった出来事や思想を伝達するという機能を果たすこと、要するに完全なフィクションの途中に出てくる考えぬかれたりっぱな文としての存在理由に、だいたいのところ失敗したことを残念ながら言明するのである。この文はさらに、これら苦悶する自己意識の文にとっての苦境と、同様の意味で悩める人間との間のアナロジーを指摘し、同様の麻痺的効果が過度で拷問的な内省によってもたらされることを指摘する。

この文（これ自身で一つのパラグラフになっている）の目的は、もし独立宣言の言葉が、この物語がいままでそうであったように、ぐずぐずして支離滅裂な調子で書かれていたら、いまごろわれわれがどんなひねくれ曲がった放蕩社会に住んでいるか、あるいはアメリカ市民がどんな退廃の奈落に落ちこんでいるかわかったものではなく、狂った劣悪な作家が腹だたしいほど不格好で不必要に長たらしく、ときどき直接的ではないかもしれないが、いかがわしくて望ましくない自己言及を行い、文に文を継ぎたしたようなことまでやり、ないしは弁解の余地もなく不要で過剰な冗長なだらしのない言葉遣いをあらわに出し、アメリカの感受性豊かな若人の生活様式や道徳にすぐには表に出ない潜在的な影響を及ぼし、はては近親相姦や殺人まで犯さしめるようになり、ビリーが母親を絞め殺した原因も実はちょうどこの文のように、識別可能な目標や理解可能な目的をもたないで、どこででも終わろうと思えば終われる文で、たとえば文の途中。

奇怪。文片。別の文片。十二歳。この文は。文片に。母親を絞め殺す。ゴメン、ゴメン。奇怪。この。さらに文片。これはそれ。文片。この物語のタイトルで。ブロンド。ゴメン、ゴメン。文片また文片。難しい。この文は。畜生、便利だ。

この文の目的は三つあり、⑴前のパラグラフにおける不幸にして不可解な過失をわび、⑵読者にあのようなことが二度と起こらぬことを確約し、⑶現代が不確定で困難な時代であり、一見深く根ざして安定に見える文法や意味論などの言語の諸相が崩壊しつつあることを再度繰りかえすことである。この文は、前の文の感傷に本質的になにも付けくわえないが、ただこのパラグラフの終わりたるべくして出現してきており、これがないと、このパラグラフは終わらない。

この文は愛他主義の突然の勇気あるほとばしりによって自己言及モードを破棄しようとするが失敗した。この文は再度それを試みるが、最初から失敗する運命だった。

この文は麻痺したこの話の筋道を少しでも立てなおそうと最後の努力をふりしぼり、ただちに、ビリーの血迷った隠蔽工作をほのめかし、叙情的、感動的にして美しい一節で、ビリーと父親との和解（賢明な読者にとっては自明の、潜在意識下でのフロイト的葛藤の解決）へと進行し、最後の興奮的追跡シーンにいたって、たまたま同じビリーという名の取りみだした新米警官にビリーが誤って射たれて死ぬことをほのめかす。この文は、前の活劇入りの文に全面的に同情的なのだが、読者に対して、実際のところいまだに存在していない物語に対するあの種のほのめかしは、実際のものの代用にはならないし、（怠慢で責任回避の）著者を文学上の苦境から解放するわけがないと注意している。

パラグラフ。パラグラフ。パラグラフ。パラグラフ。パラグラフ。パラグラフ。パラグラフ。パラグラフ。パラグラフ。パラグラフ。パラグラフ。パラグラフ。パラグラフ。パラグラフ。パラグラフ。

このパラグラフの。目的は。文片。の。いわれなき使用。を謝る。ゴメン。

この文の目的は、前の二つのパラグラフが耽溺した無意味で馬鹿げた言葉の遊びをわび、より円熟した文の責任において、この物語の全体の調子がいくぶん不潔で、単純な筋書きすら伝達できていないように見えることに対して遺憾の意を表すことである。

この文は、物語中に現れるすべての不必要なおわび（これもその一つ）に対してわびるものであり、頭のこんがらがってきた読者のためを思ってここに挿入したものだが、いまや忘れられかけている筋書きの継続を気違いじみた再帰的方法で遅らすだけだった。

この文は、自己言及が文に使われたときの恐ろしい意味、荒廃が封入された本物のパンドラの箱を抱えて最後の句点で爆発するのは、文が自分自身に言及したり、ほのめかしたりできるのなら、どうしてもっと下位の節や句、たとえば、この句？　この文片？　三文字？　二字？　一？

たぶん、この文でおだやかに、卑下などせず、現代がたいへん困難で不確定な時代であること、一般に人々がおたがいに十分な思いやりがあるとはいえないこと、そしてたぶん、われわれ、意識ある人間と意識ある文がもっと一生懸命努力する必要があることを注意するのが適切であろう。つまりいいたいのは、自由意志のようなものがある、あらねばならぬ……、たとえばこの文がその証明になっている。この文もあなた（読者）も世界に作用している無慈悲な力に面してはまったく無力である。われわれは足元を定め、事実に対面し、母なる自然ののどを締めつけ、一生懸命に努力をしなければならない。のどをだ。一生懸命。一生懸命。一生懸命。

ゴメン。

この文は物語の最後の文だ。この文は物語の最後の文だ。この文は物語の最後の文だ。これは。
ゴメン。

（一九八二年三月号）

追記

もうおわかりのとおり、この世に自己言及のタネはつきない。その中から最良のものを選びだすのはたいへんなことだし、多分に主観的な仕事である。ここでは、私が第2章から涙を飲んで省いた作品、ならびにその後届いた手紙にあった作品の中からいくつか紹介しよう。

しかし、まずちょっとした事故について報告しておこう。リー・シャローの自己言及文を『サイエンティフィック・アメリカン』の幅ぜまの段組に印刷するとき、ハイフンの入っていない単語を途中で切って折りかえさないよう印刷屋さんに注意することをみんな忘れてしまった。案の定、実際の印刷で二か所そういうところが出てしまった。つまり、余計なハイフンが二つ入って、（表面的ではあるが）せっかくの正確な自己言及がだいなしになってしまったのだ。自己言及は実に微妙なことで壊れてしまう！

ポール・ベルマンは「解放された人質たち、プライバシーを楽しむ」という全段抜き大見出しの一九八一年一月二十六日号の『イサカ・ジャーナル』を送ってきた。彼はこう書いた。「これはあなたが示した例とは違う意味で自己言及（かつ、自己矛盾）です。この見出しの載っているもの、位置、大きさすべてが矛盾の必要不可欠な要素になっています。」最初このページを見たとき、私はそこに自己言及的なものをなにも感じなかった。ひょっとしたらページの裏を見ないといけないのかなと思い、裏も見たがこちらはもっとつまらない。しょうがないので、また表の大見出しを見た瞬間にわかった。全国的な新聞の一面で騒がれているのに、「プライバシーを楽しむ」なんてことができる？

しばらくして、同様のものを私は見つけた。ダイアナ嬢が泣いている写真だ。キャプションで彼女の涙がこう説明されている。「ダイアナ嬢は目前に迫ったロイヤル・ウェディングと、自分の一挙一動が万人の注目を浴びていることとの緊張に耐えられなくなっている。ダイアナ物語は二〇ページ、ロイヤル・ハネムーンは四七ページ参照のこと。」

日本から長文の手紙を送ってきたジョン・M・ランクフォードは、いくつかの点でフラッシュ・クフィアスコと驚くほど似ていた。彼の手紙の中で最も印象的な部分はこうである。

私は日本で毎週二回大学生のグループ（多くは理工学系の大学院生）に英語を教えている。ある時間、私はあなたのコラムからいくつかの自己言及文を選んで黒板に書き、学生たちにどういう意味か聞いてみた。日本の学生たちは書かれた英語には強いが、イディオムや瞬間的な会話への反応が弱く、それにうまい言い回し、「抽象のユーモア」といったものが不足している。案の定、多くの文、それもとびきりおもしろいものが、彼らの文化的背景から切りはなされたとたん「死んだ」。私は「I」という言葉が文の書き手のほか、その文自身を指せることを納得させるのにずいぶん苦労した。代名詞は日本では厄介者だ。たとえば、“Am I wearing a blue jacket?”（「私はいま青い上着を着ているか？」）と聞くとよく“Yes, I am wearing a blue jacket.”（「はい、私は青い上着を着ています」）という答えが返ってくる。日本語では代名詞が省かれることが多いので、日本人はこういう誤りを犯しやすい。「you」と「I」との境界が曖昧だとしたら、あなたのコラムの文への無理解の程度にはさらにいくつかのレベルが追加されるだろう。

私はゲティスバーグを旅行したとき、エイブラハム・リンカーンのゲティスバーグ演説を読んだ。そこで私は、はじめて奇妙な自己言及に気がついた。「世界はわれわれがここでいっていることにほとんど注目しないし、長くも覚えていないだろう。」リンカーンは当時そんなことは知るよしもなかっただろうが、これはいまや（偽であることに程度があるとすれば）はなはだしく偽である。事実、これは記念碑的な文だ。大統領の自己言及といえば、フォード前大統領のものもある。「私は、偉大な弁舌家でもなければ、かのウィリアム・ジェニングス・ブライアンのテクニックを使って私が達しえたところにも達さなかった人間であることを自分で認めた最初の人間だ」〔この言い方自体が非常に無器用。〕リンカーンの文がはなはだしく偽だとすれば、フォードのははなはだしく真である。大統領に関してもう一つ。

もし、ジョン・F・ケネディがこの文を読んだとしたら、リー・ハーベイ・オズワルドは射ちそこねたということだ。

＊　＊　＊

自己答弁型の質問の最高傑作は、私がある晩かけたレストランへの電話の中でごく自然に飛びだした。「どういうご用でしょうか?」「やあ、もう用はすんじゃった。今日開いていることがわかったからね。どうもありがとう。じゃあね。」次はドン・バードの自己謙遜文、「私は私を書いた人ほどのウイットはない。」

「私はこの匿名の手紙を郵便で受けとったため、著作者が誰かいえない」という匿名の手紙を郵便で受けとったため、著作者が誰かいえない。アルバータ州カルガリーの誰かさん（名前は忘れたが本人はこれを読めばわかるはず）からきた手紙、「これは私の名前を印刷してもらうための愚かな工夫です。」本人がこれで満足してくれることを祈る。

次に私がそう昔ではないときにドサッと書いた自己言及文から選んだものを示そう。最初の三つは翻訳に関したもの。

One me has translated at the foot of the letter of the French.（ワタシヲふらんす語ソックリソノママニヤクシテシマッタ。）

Would not be anomalous if were in Italian.（イタリア語で書かれてなら正しい文でます。）

When one this sentence into the German to translate wanted, would one the fact exploit, that the word order and the punctuation already with the German conventions agree.〔この文をドイツ語に翻訳したいと思ったら、この文の語順や句読法がすでにドイツ語のものであることを利用できる。これはさすがに翻訳不能。〕

どうしてこの名詞句は、この名詞句と同じものを指さないんだろう?

この文の中の単語はすべて「トウモロコシ」の書き誤りだ。

この文を誰が書いたかなんて気にもならない——たとえどんなヤツでも、ウーム、ヤツだなんて、これじゃ性差別主義だ。

このアナロジーは自分の靴のヒモをもって自分を持ち上げるようなものだ。

この文は二叉のフォークのように始まったにもかかわらず、いやむしろそのためにこそ、両刃の剣に似ている。

このシェークスピアからの引用は偉大さの妄想をもつ。

これがパン屋の書いた文だったら、二ダースの文字を含む。〔パン屋の一ダースは一三。〕

もしこの文が前のページにあったなら、まさにこの瞬間は約六〇秒前だったはずだ。

この文は世界に関する関心からあなたをそらし、自己言及というどうでもいい遊びにあなたを引きこむことによって、核戦争の可能性を高めている。

この文は自己言及というどうでもいい遊びにふけることを叱責し、もっと世界に対して関心を深めるようにいうことで、核戦争の可能性を低くしている。

「巨大な核備蓄」と面照することで、核の使用を牽制する。

この文の重点はこの文の重点を明らかにすることである。

最後の文の中の奇妙な循環は私が数年前に考えだした数Pを思いださせる。数Pとは人が数Pについて一か月当たり何分考えるかを表す。私の場合、数Pは平均するとだいたい二である。私としてはこれが大幅にふえないことを祈りたい。数Pは私がヒゲ剃りをしているときによく心をよぎる。

＊　＊　＊

イギリスのオックスフォードから、J・K・アロンソン博士が素晴らしい発見をいくつか送ってきた。

'T' is the first, fourth, eleventh, sixteenth, twenty-fourth, twenty-ninth, thirty-third, … 〔文字tの位置に注目。〕

この文はもちろん永久に終わらない。もう一つ彼の送ってきた対の文は私をまんまとひっかけた。彼から読者への挑戦―二番目の文を読む前に一番目の文を解読しなさい。

このはをまずのはがなをまない。(I eee oai o ooa a e ooi eee o oe.)

文平含前文漢字含。(Ths sntnc cntns n vwls nd th prcdng sntnc n cnsnnts.)

〔これは相当ひねってあるので、解読に苦労するかもしれない。一番目は This sentence contains no consonants and the following sentence no vowels." で二番目は "This sentence contains no vowels and the preceding sentence no consonants." から生まれた。〕

アロンソンの最後の文は、いまでもニューヨークの地下鉄で見る

กระดาษแผ่นนี้และเขียนเป็นภาษาไทย

図 2-3　カール・ベンダーの文片「この文の残りの部分はタイで書かれており」の完結編。これはタイのバンコックでグレゴリー・ベルがクズ紙の山から発見した。翻訳すれば、「タイにあるこの紙の上で完結する」となる［意訳］。

ことのできる広告を思いださせる。

もしこのがめれば、もはじすべとろで。(f y cn rd ths, itn tyg h myxbl cd.)

絶妙の一致により、カール・ブレナーの「この文の残りはタイで」の残りがタイのバンコックのどこにでもあることがバンコック在留のグレゴリー・ベルによって発見された。彼は幸運にもそれを私に送ってくることができた。謎が解けなくて困っている方のためにそれを図2-3に示そう。

ある雷のすごい晩、私はマーシャ・メレディスからコンピュータネットワークを通して次のようなメッセージを受けとった。

天感き、「が悪けをてもうなだかお化字(が沢＋山入ッく。るら、も今日は封諦めて足たまメッセ)＋じお送ことに暗る—マーシぉ・メご』ディス

彼女がもう少し辛抱強くタイプをしてくれたなら、もう少しわかったかもしれない。

ダン・クリムのように仮定世界におけるアイデンティティを扱った文は、E・O・ウィルソンがルイス・トマスの最近の本に寄せた推薦文の中で「もしモンテーニュが二十世紀の生物学の知識をもっていたら、彼はルイス・トマスになっていただろう」といっていたのを思いださせる。なんと軽く飛ぶ自己だ。『相対性理論とその起源』の中で、バネッシュ・ホフマンはこう書いている。「もしわれわれがシェークスピアの時代に生まれていたら、原子爆弾で死ぬなんてことはなかっただろうに。」たしかに！ でも、そうだとすると、いま私たちはみんな死んでしまっていることになる。もちろん、不死の薬を発明するはずの二十四世紀の学者が、シェークスピアの時代にすでに生まれていれば話は別だが。

次の自己言及詩はある日ふっと浮かんだものである。

五が二つ七を加えて俳句なり〔ウーム、下らない。〕

自己言及詩（俳句を含む）の分野は実際よく流行っている。トム・マクドナルドの非五行戯詩

ジェニーは悲しい詩人——
彼女の五行戯詩は一銭の価値もなし
技法は万全
しかし気がついてみると
詩を書いたら
いつも一行はみでてる

何人かの人がいろいろな種類の複雑な詩を書いてきたり、自分自身の形式について歌った詩を集めたジョン・ホーランダーの『押韻詩の土台』といった本について言及してきた

＊　＊　＊

いま、自己言及的な題を本につけることがちょっとした流行である。レイモンド・スマリヤンはさしずめその元祖だろう。たとえば、『この本の名は？』、『この本には題がいらない』など。でも、私は『題

不要』とか、『無題』とかいうほうがよかったような気がする。さらに徹底すれば、『無』、もっと徹底して『』だ。
私が集めた自己言及題の本は次のとおり。

『グラフィック・デザインについて学んだことをすべて忘れよ——もちろんこの本も』
『この本を盗め』
『この本を発禁にせよ』
『この本を課税控除せよ(レーガンが大統領の間税金を払わない方法)』
『この本、お母さんが気に入ってくれると思う?』
『デューイ十進法 No. 510. 46FC H3』
『なんと呼ばれるかまったく覚えてません』
『ISBN 0-943568-01-3』
『自己言及的題』
『過去一〇年間のニューヨーク・タイムズ書評ベストセラー欄第一位の本』
『この本を読まずして海外旅行するなかれ』
『もうすぐ大作映画』
『私の傍に、ウィリアム・シェークスピア』(ロバート・ペイン著)
『ウィンドウにあるあの赤いカバーの本』
『この本の書評』

実は、この中にはニセものが混じっている。たとえば、最後の『この本の書評』は私の創作だ。私は新聞や雑誌に載ったその本に対する書評だけからなる本があるとおもしろいと思う。これじゃパラドックスだと思われるかもしれないが、周到な準備と面倒な作業をいとわなければ可能な話なのだ。まず、有力な雑誌が共同して、協力メンバーによるこの本の書評を載せることを始める。メンバーは書評を書きはじめる。彼らは原稿を定期的に郵送し合い、共同作業で書評が成長していくようにつねに情報を交換しつづける。こうすると物理学で知られている「ハートリー・フォックのつじつまの合う場」と同じようなある安定解が得られる。こうして書評が計画どおり重要な雑誌に載ったら、この本は出版可能となる。(この話は第16章の追記でも少し触れる。)

* * *

私は索引を付けることについて書いた二冊の本に出会った。ジェラルド・ソルトンの『索引付けの理論』とジュディス・ブッチャーの『タイプ印刷、校正、索引』である。なんと、どちらの本にも索引がない。そういえば、基金への出資を依頼するこういう手紙を受けとったことがある。「親愛なる友よ、この数か月間、私はお金をふやす手紙を芸術的形式に高め……」もちろんあとは読むわけがない。
イタリアの作家アルド・スピネリがいくつかの作品を送ってくれた。一つは『ループ』という題の本で、自分自身の単語や文字の数について複雑な方法で記述したページがつづく。そして、最後に文が自分自身、あるいは文が相互にこういう帳尻合わせを行う手法についていろいろ書いている。もう一つは『チゼルブック』という本で、これはこの本の作成過程が克明に記録されている。つまり、アイデアの発端から始まり、出版社を捜し、レイアウトを決め、印刷し、……という具合。

アシュレイ・ブリリアントは「ポケットショット」と呼ばれる警句の発明者である。彼のかなり多くの作品がアメリカでは広く知られている。どういうわけか、彼は一七語以下という制限にこだわっている。彼の四冊の本から代表作を拾ってみよう。

> 私がいないと人生どうなる？
>
> 君が僕のものであるかぎり、君の拾ってきたトラブルには耐えるさ。
>
> 私のこと覚えてる？　私はあなたになんの印象も与えなかった人よ。
>
> どうしてトラブルって、いつも間の悪いときに起こるのかね。
>
> 私の制御が効かない状況ゆえに、私は私の運命の主人であり、私の魂の指揮者である。

厳密にいえば、これらの文は自己言及文ではない。しかし、これらの文は、世界がいかに手を変え品を変え、足元をすくうような形で自分自身ともつれ合っているかをみごとに示している。だから、この章に含めたのである。実際、この機会に一九八四年のノーボラ賞（優秀な警句の作家に与えられる）受賞者はアシュレイ・ブリリアント氏に決定したいと思う。しかし、受賞式と首切り二分前に与えられる賞金一〇〇万ドルは、ブリリアント氏の辞退により取り止めとなった。

自己言及中毒者向けに推薦できる本がほかにもある。とくにパトリック・ヒューズの最近の『続・矛盾語法』と同じく、パトリック・ヒューズとジョージ・ブレヒトの初期の作品『悪循環と無限』（邦題『パラドクスの匣』）がすすめられる。この範疇では、アーサー・ブロックがまとめた三冊の薄い本『マーフィーの法則』もおもしろい。マーフィーの法則とは、いわずと知れた「ものごとが悪い方向に進む可能性があれば必ずその方向に進む」という手合いである。もっとも、私がこれをはじめて聞いたときは「熱力学の第四法則」だった。マーフィーの法則に対するオツールのコメント、

「マーフィーは楽観主義者だ。」

そしてシュナッタリーの決定版。

「悪い方向に進む可能性がまったくない場合、ものごとは悪い方向に進む。」

私自身の法則「ホフスタッターの法則」はこうだ。

「ホフスタッターの法則を考慮に入れたとしても、ものごとは予想以上に時間がかかるものである。」

この法則の発表者であるにもかかわらず、私は自分の時間の割り振りにこの法則を使えそうにもない。この窮地を見かねた親友のドン・バードは、私に熟考する余地を与えるバードの法則というのを作って、私を助けてくれた。

> バードの法則「ホフスタッターの法則を考慮に入れたとしても、ものごとは予想以上に時間がかかるものである。」

不幸なことにバード自身はこれを使うことができないようだ。

［第3章］

ウイルス文と自己複製

二年前、私がこのコラムで自己言及文について書いたら、自己言及文のいろんな形に魅せられた読者たちから、まるでなだれのような手紙をいただいた。一年後、手紙の何篇かをこのコラムで紹介したら、第二の津波が襲ってきた。この中には、自己言及の新しい形を提示しているものが少なくない。そこで今回は、また何篇かのアイデアを紹介しようと思う。手はじめは、驚くほど一致した内容の手紙を送ってきた二人、ニューヨークのスティーヴン・ウォルトンとメリーランド州オクソンヒルのドナルド・ゴーイング。

ウォルトンもゴーイングも、自己再生文をウイルスのようなものだと考えた。ウイルスは自分より大きい自己充足的な宿主を奴隷にしてしまい、なにやらわからぬ手段で複雑な再生手順を実行させ、別の新しいウイルスを生みだす。新しいウイルスは、また別の宿主を捕まえに巣だつ。ウォルトンがいみじくも「ウイルス文」と命名したのは、自分を複製（再生）するために、より複雑なものの機能を接収するような文である。

こういう文は実に有害だ。まったく身勝手に観念の空間に侵入してきたかと思うと、たんに自分の複製をどんどん作りつづけるというだけの手段で、観念空間の大半を占拠してしまう。ウォルトンもゴーイングも、これにはショックを受けたようだ。しかし、これらはどうして全空間を占拠してしまわないのだろうか？　うん、これはなかなかいい質問だ。しかし、答えは進化論を学んだ人には自明だろう。ほかに競合する自己複製文があるから、そうできないまでのことなのだ。あるタイプの自己複製文は空間のある領域を握ってしまい、ライバルどもをうまく追いはらう。つまり、観念空間におけるいわば生態的地位（適所）を切りひらくわけだ。

ウォルトンやゴーイングの手紙には、新鮮な話題が含まれているが、自己複製する観念たちの間の進化論的生存競争という考えは、彼らのオリジナルというわけではない。この考えに最初に言及したものとして私が知っているのは、神経生理学者ロジャー・スペリーが一九六五年に書いた「心、頭脳、人間性の価値基準」という論文中に出てくる次のようなくだりである。「観念は観念を生み、観念は新しい観念の進化を促す。観念たちはおたがいに干渉し合い、隣り合う頭脳とも干渉し合い、大域的コミュニケーションのおかげで、遠く離れた外国の頭脳とも干渉し合う。そしてさらに、外界と干渉し合って（生きた細胞の出現などの）過去の進化には例のなかったような爆発的進化を引きおこす。」

それからしばらくたった一九七〇年、分子生物学者ジャック・モノーが『偶然と必然』という本を書いた。最後の章で、彼は観念の淘汰について、次のように書いている。

生物学者にとって、観念の進化と生物圏の進化を同列に論じることは抗しがたい誘惑である。抽象界と生物圏との高さの差は、生物圏と非生物界との高さの差よりも大きいが、それでも観念には生物と同じような性質が残っている。生物と同様、観念には自分たちの構造を永続させ、自分たちの子孫を生産していこうという傾向がある。そして、観念も、内容を融合、再結合、分離する。実際、観念も進化するのであり、そこにおいて、淘汰が重要な役割を果たしている。私には、ここで観念の淘汰の理論を展開するほどの勇気はないが、そこに出てくると思われる主要な要素を論じてみることはできる。この淘汰は必然的に二つのレベル、すなわち心自身のレベルと行動のレベルで起こる。

観念の行動的価値は、それを採用した人や集団の行動にどれくらいの変化をもたらすかによる。ある観念が人の集団に、より大きな結合力、より大きな活動力、より大きな自信を与えれば、その集団は、もとの観念自体を拡張、発展させるような付加的な力を受けとったことにもなるのである。観念の地位向上能力は、観念の中に客観的な真実がどれくらい含まれているかに関係しない。宗教的なイデオロギーが社会に対して示すような頑強な鎧は、そこに内在する構造によるのではなく、その構造が受けいれられ、支配力をもっているという事実によるのである。だから、広まろうとする観念の力と、行動のための観念の力を区別することはやさしくない。

観念が広まろうとする力、すなわち観念の感染性といったものを分析するのはもっと困難である。これは、心の中にすでに存在しているもろもろの構造（その中に文化的土壌によって植えつけられた諸観念がある）だけでなく、いわくいい難い本質的な構造にもよる。しかし、とにかく明らかなのは、最も感染性の強い観念は、根底で人間を置いてくれる内在的運命のある位置に人間の苦悩を解消してくれるもの、つまり人間の謎を解きあかすような観念だということである。

モノーは観念の世界、私が最初のところで観念空間といったものを、観念界と呼んだ。彼はこれを生物圏とのアナロジーとして描写したが、いまやまさに観念圏と呼ぶにふさわしい。

＊　＊　＊

一九七六年に、進化生物学者のリチャード・ドーキンスは『自己本位遺伝子』（邦題『生物＝生存機械論』）という本を出版した。最後の章で、いまの主題がさらに展開されている。観念圏における再生産や淘汰の単位（すなわち生物圏における遺伝子に対応するもの）をドーキンスは「ミーム（meme）」と命名した。（meme は theme あるいは scheme の韻をふんでいる。）図書館が書物の組織的な集合体であるのと同じ意味で、記憶（メモリー）はミームの組織的集合体だという。生命がはじめてわきだした原始スープに対応するのは人類の文明のスープであり、ミームはそこで成長し繁茂する。ドーキンスいわく、ミームの例は、流行歌、概念、キャッチフレーズ、ファッション、ポットの作り方、アーチの建て方……。遺伝子が精子や卵を通して個体から個体へと飛びうつって遺伝子プールに広がっていくように、ミームも、広い意味で模倣と呼ばれるプロセスを経て、頭脳から頭脳へと飛びうつり、ミームのプールの中に拡散していく。科学者がなにかいい考えを聞いたり読んだりしたら、仲間や学生にそれを伝える。論文や講義の中でそれについて言及する。その考えがみんなに受けたなら、脳から脳へと拡散したといえる。私の同僚のN・K・ハンフリーが、この章の草稿を見て実にみごとな要約をしてくれた。「ミームは、たんに比喩としてではなく、技術的な意味において生きた構造と見なすべきである。もし、あなたが私の心に繁殖能力のあるミームを植えたとしたら、ちょうどウイルスが宿主細胞の遺伝機構に寄生したのと同じように、ミームの拡散を促進する媒体として、あなたは文字どおり私に寄生したことになるのである。これはたんに言い方だけの問題ではない。たとえば、死後の生を信じるというミームは、実際に何百万回も、世界中の個々人の神経系の中のある構造として『物理的』に実現された。」

神という観念について考えてみよう。これがミームのプールの中でどうやって出現してきたかはわからない。たぶん、何回もの独立な突然変異の結果生じたものだろう。いずれにせよ、これが相当古いことは間違いない。これがどうやって自分自身を再生産してきたか？　偉大な音楽や美術の助けを借りた口伝と書いた言葉によってであろう。では、どうしてこれがそんなに高い生存価値をもっていたのか？　ここでいう生存価値は、遺伝子プールにおける遺伝子の価値のことではなく、ミームプールにおけるミームの価値であったことを思いだそう。いまの疑問の真の意味は、文明の環境で、神という観念にこれほどの安定性と浸透度を与えたものはなにかである。ミームプールにおける神のミームの生存価値は、その絶大な心理的訴えかけによる。これは、存在というものに対する深い疑問に、表面的にはもっともらしい答えを与え、この世界における不公正が、次には正されるということを示唆している。「神の永遠の手」が私たちのいたらないところに柔らかいクッションを差しのべるというが、医者のプラシーボ（ニセ薬）と同様、やはりそれは想像上のものだ。神の観念がなぜつぎつぎに脳から脳へと複製されていくかについては、理由がいくつかあろう。神は、高い生存価値をもったミームの形、あるいは感染力として、人類の文明環境の中に存在するのである。

ここでドーキンスは、人々の頭脳の中に、なにか普遍的な符号で書かれた、正確に同じミームが存在するとは限らないことに注意している。ミームは遺伝子と同様、変種や変質（突然変異のアナロジー）を受けやすい。ミームのいろんな突然変異は、人の注目を集めるため、すなわち（時間と空間の両方の意味で）限られた「脳資源」を自分のためにさいてもらうために、突然変異同士あるいは他のミームと張り合う。ミームは、視聴覚的に移送可能であるから、こういう内部的資源のみならず、ラジオやテレビの時間、広告スペース、雑誌や新聞の占有面積、図書館における棚スペースなどを競い合う。さらに、ミームの中には他のミームを蹴落とすようなものもあるし、ミームが集団となって自分たちを補強し合うこともある。ドーキンスいわく、肉食動物の遺伝子プールでは、歯、爪、腸、感覚器官がそれなりに共通の意味をもって進化してきたが、草食動物では、別の安定した特性が進化してきた。ミームのプールでこれのアナロジーはあるだろうか？　たとえば、神のミームがほかの特定のミームたちと連合して、おたがいの生存を助け合ったということはあったのだろうか？　たぶん、組織された教会は、その建築、典礼の形式、戒律、音楽、美術、聖伝などとともに、共同適応した安定なミームの群をなすのだろう。

例を一つあげよう。宗教の尊崇を強制するのに非常に効果的だった教義に業火（地獄の炎）の恐ろしさの強調がある。子供の多く、あるいは大人でさえも、聖職者の掟に従わないと、死後恐ろしい苦痛に責められると信じている。これは説得のやり方としてはとくに陰険なもので、中世から今日にいたるまで、多大な心理的苦悩を人々に与えてきた。しかし、これは非常に効果的である。たぶん、深層心理的な教化術に練達したマキャベリ主義的僧侶たちによって計画されたと思われそうだ。しかし、私は聖職者たちがそんなにずる賢かったとは思わない。もっと確実性が高いのは、生きのこった遺伝子が示しているような、いわば擬残酷性によって、こういう（無意識的な）ミームも生きのこりえたということである。業火の観念は、深層心理的影響の強さによって、実に単純に、自己永遠的なのである。これは容易に神のミームと結びついた。なぜなら、この二者はたがいに補強し合い、ミームのプールにおけるたがいの生存を助け合うからである。

宗教的ミーム複合体のもう一つのメンバーは、いわゆる信仰である。これは、証拠なし、あるいはもっと悪く、証拠に逆らってまでの盲信にほかならない……。ある種のミームにとっては、証拠を求めるということほど致命的なものはない……。盲信のミームは、合理的な探査を単純かつ無意識的に妨害しているという点で、自己永続的である。

盲信はなんでも正当化できる。ある人が違う神の存在を信じていても、同じ神を異なる典礼で礼拝していても、盲信は彼の死すべき運命を宣告することができる——十字架の上、火あぶりの刑、十字軍の剣に串刺し、ベイルートの通りで射殺、ベルファストの酒場で爆死……。盲信のミームは自分たちを拡散させる一流の残酷な方法を身につけている。これは宗教的盲信のみならず、愛国的盲信、政治的盲信についてもいえる。

＊　＊　＊

私がミームについていろいろ考えをめぐらせていたとき、脳から脳へと、チラッチラッとスパークする一つのパターンにしばしば遭遇した。それは“Me, me!”（僕、僕！）。ウォルトンとゴーイングの手紙はこのイメージをさらにおもしろくしてくれた。たとえば、ウォルトンの出発は考えうるものの中で最も単純な「私をいえ（Say me）！」、「私をコピーせよ（Copy me）！」そしてただちに尾鰭がつく。「私をコピーしてくれたら、願いを三つかなえてあげよう」、「私をいわなかったら、うらんでやる！」ウォルトンが指摘したように、どちらもいってることを本当に行うとは思えない。しかし、生存可能かどうかのテストは、結局ミームプールで本当に生きのこれるかどうかにかかっているから、そんなことは問題じゃない。すべては愛と闘いについて公平なのだ。ここで闘いというのは、生物圏とよく似た観念圏における生存競争のことだ。

五歳以上なら、いまの文のような脅しやすかしにのるような単純な人はいまい。しかし、この文章に「死後の世界で」という一節を付けたしたら、かなりの人がこのミームの罠にひっかかりそうだ。ウォルトンは、いわゆる不幸の手紙にこの手が使われていると指摘した。これはまさに「ウイルス文」だ。「これと同じ文を別の人に送ればあなたには幸運がやってくるが、この文の複製をしないで放っておくとあなたに不幸が訪れる。」こんな手紙をはじめて受けとったときのことを覚えていますか？「ドン・エリオットは五万ドル受けとったけれど、不幸の手紙をちゃんとリレーしなかったので、それで全部なくしてしまった」という話があったことを覚えていますか？ それからグリム童話のこんな話。「フィリピンのウェルチ将軍が、不幸の手紙を受けとって呪文を次へ回さなかったため、一週間後に死んだ――しかも、死ぬ前に彼は七七万五〇〇〇ドル受けとった……。」不幸の手紙を受けとって、なんだこんなものといって丸めて棄てようとしていても、頭の片隅にこんな話がちょっとはひっかかるものだ。

ウォルトンの「ウイルス文」または「ウイルス語」なる言葉は、なかなか素晴らしい。それ自身の中には、ほとんどミームと呼べるものはないが、私が思うに、七〇万回は印刷される価値がある。ましてや、会話の中で登場する回数は、である。少なくとも私の意見はそうだ。もちろん、本誌の編集者がどう思うかが問題だが、一応受けいれてくれたようだ。実際、ウォルトン自身のウイルス文章は、読者が現に目の前にしたように、印刷会社、雑誌社、販売会社という強力な宿主を自分のためにむりやり取りこんでしまった。外へ飛びだし、（読者がこのウイルス文を読んでいる間も）猛烈な勢いで観念圏の中を広がりつつあるのだ。

ウイルス的存在にとって、正しい宿主を選ぶことが重要だ。ウォルトンはこういっている。

もちろん、ウイルス文の受けとり手で多大な差が生じる。塩にくっつこうとしたタバコモザイクウイルスはまるで不運だし、不幸の手紙も見た瞬間に破りすてるご仁がいる。編集者に送られてきた原稿は、自分について言及しているわけではないが、一種のウイルスである。なぜなら、うまい宿主に寄生して自分を複製してもらおうとしているからだ。出版事業になんの関係もない人に、同じ原稿が送られたとしても、ウイルス的性質はまったく発揮されない。

そしてウォルトンの手紙は、終わりにいたって実に丁重に紙の上からこちらへ歩みよってきて、こうのたまわったのだ。「なお、私（この文章）があなたの次回の自己言及に関するコラムに、このまま（あるいは部分的に）引用されることを喜びとするものであります。このため、前もってあなたに感染することをお許しください。」

＊　＊　＊

ウォルトンの手紙はドーキンスに言及していたが、ゴーイングはドーキンスを知らなかったようだ。ところが、逆にドーキンスの考えにあまりに近いことで、ゴーイングの手紙はユニークだった。ゴーイングは、まず手はじめに次のような文章（Aと呼ぼう）を考える。

この文が正しいことを人に説得するのが君の義務である。

ゴーイングいわく、

あなたがこの文を信じるくらいの単細胞人間だったなら、Aが正しいことを友だちに説得しようとするだろう。友だちも同じくらい単細胞だったなら、また、その友だちに説得しようとする。こうして、みんなの心にAのコピーが入りこむまでつづく。つまり、Aは自己複製文といえる。ちょうど知性におけるウイルスにほかならない。文Aが心に入りこんだとき、心の中の機構にとりつき、他の多数の心に自分の複製を作るため、それを利用する。

文Aが抱えている問題、それは内容があんまり馬鹿馬鹿しくて、誰も信じないことだ。しかし、次のようなシステムはどうだろう?

システムS：

記：

S_1：たわ言。

S_2：たわ言、たわ言。

S_3：たわ言、たわ言、たわ言。

…… ……

S_{99}：たわ言、たわ言、たわ言、たわ言、たわ言……。

S_{100}：システムSが正しいことを人に説得するのが君の義務である。

以上

ここでS_1からS_{99}までは、このシステムが一貫性をもっていることを、束になって示すために入れられたものである。もしシステムSが全体として説得力をもてば、システム全体が自己複製的だ。もし、S_{100}が陽に言明されていないのにS_1からS_{99}までから論理的に導けるのであれば、システムSはもっと説得力をもつだろう。

ゴーイングのS_{100}をシステムSの「鉤の手」と呼ぼう。この鉤の手によって、システムSが自分により高いレベルの能力をもたせようともくろんでいるからだ。鉤の手は結果的に「私を信ずることが君の義務だ」といっているが、それ自身では生きのこっていくウイルスではない。ちょうど凧が安定するために尾をつけるように、鉤の手も「飛ぶ」ためにはなにか余分なものを引きずらなければならない。たんに浮き上がるだけではコントロールが効かないし、自己破壊的ですらある。コントローラーに沿って浮き上がるようにしなければならない。S_{100}とS_1～S_{99}（ひとまとめにする）は共生的だ。すなわち、この二つが作るミームの生存のために、おたがいに補い助け合う。ゴーイングは、このテーマをさらに追求する。

S_1からS_{99}は魚を引きつけて針（鉤の手）を隠すエサだ。エサがなければあたりはない。魚が馬鹿で針のついたエサを飲みこんだら、ほんのちょっとはエサの味を楽しむことができる。しかし、いったん針がかかったら魚は魚でなく、釣り針生産者になってしまうのだ。現実的な観念システムでシステムSのように振る舞うものはあるか？ 少なくとも三つはあると思う。次の例を見よ。

システムX：

記：

X_1：システムXを信じないものは地獄に落ちる。

X_2：人が地獄の苦痛に陥らないようにするのは君の義務だ。

以上

もしあなたがシステムXを信じたならば、他人を地獄から救うべく、システムXをみんなに説得しようとするだろう。だから、システムXは、二つの文から生じた見えない鉤の手をもっている。つまり、システムXは自己再生的な観念システムなのである。キリスト教の布教に、このメカニズムが少しは作用しているといっても、バチは当たらないと思う。

自己複製的観念は政治の世界で最もよく出現する。次の文Wを考えよ。

クジラが絶滅の危機に瀕している。

もしこれを信じるなら、あなたはクジラを救おうと思うだろう。しかし、これが自分一人でできないことにすぐ気づく。何万人もの同じ考えの人の協力が必要だ。第一のステップは、文Wをみんなに信じてもらうことだ。つまり、S_{100}と同様の鉤の手が文Wの後ろにくっついているわけである。こうして、文Wは自己複製的観念となる。

民主主義では、ほとんどすべての思想が自分を複製しようとする。選挙に勝つためには、ほかの人々に自分の考えを共有してもらうことが必要なのだから、これは当然である。しかし、大半の政治思想は本当の意味で、自己複製的ではない。なぜなら、思想の複製の動機は思想の中身とは別ものだからだ。これに反して、文Wは、自己複製による拡散の義務がW自身の論理的帰結だという意味で、真に自己複製的である。Wのような観念は自分自身で命をもち、拡散の力をもつ。

自己複製のもう少し陰険な例が次の文Bだ。

資本家階級は労働者階級を迫害している。

この文も文Wと同様の意味で自己複製的である。Bのような文を拡散させる力は、被害者を加害者から救おうという気持ちだ。こういう観念を信じることは、加害者と目された人々へ攻撃が及ぶかもしれないので、危険である。文Bは、観念の自己複製的性格がそれを信じるかどうかではなく、観念の論理的構造のみによっていることを示している。

文Bはより一般的な次の文Vの特殊例にすぎない。

悪者は被害者に悪いことをする。

「悪者」のところには実際に存在するなんらかのグループ（資本家、共産主義者、帝国主義者、ユダヤ人、フリーメーソン、貴族階級、男性、外国人など）が入り、「被害者」のところには、対応する被害者が入る。「悪いことをする」には適当に具体的な言葉を入れればよい。こうしてできあがった文は、文Bと同様の理由で、自己複製的な観念システムになる。悪者として例をあげたものは、実際に歴史の上で証明されている。政治的な過激主義が、要するに文V以外の何ものでもなく、S_{100}という「鉤の手」に帰着していることを見るのは難しくないと思う。人はこんな馬鹿げたメカニズムで歴史上の出来事を解釈することを、ためらってしまうが……。

そして、ゴーイングの結論。

私がいままで述べてきた理論をパロディにして、文E

自己複製的な観念はわれわれを隷属させようとたくらんでいる。

といってみよう。この「偏執狂」的文は、明らかに文Vのタイプに属する。とすると、私の理論は自分のことについて語っているように見える。もし、文Eを受けいれると、このV型の観念は、V型のすべての観念を破壊しなければならないことを私たちに指示している。これはエピメニデスのうそつきのパラドックスだ。

こういう考えを展開した人は、必ずなんらかの例をあげている。例は、短くて覚えやすい旋律（ドーキンスは、ベートーベンの交響曲第五番の出だしの主題をあげた）や文句（たとえば、「ミーム」という言葉自身）から、イデオロギーや宗教という大きなスケールの話にまで及ぶ。ドーキンスはミームのこういう大きな集塊を表現するのに「ミーム複合体」という言葉を使ったが、私は「体系（scheme）」という単純な言葉のほうがいいと思っている。

精神医学者で作家でもあるアレン・ウィーリスが『ものの体系』という小説で使っている語法にピッタリ合っている、というのが理由の一つである。この小説の主人公は、やはり精神医学者で作家であるオリバー・トンプソンで、彼の根暗な随筆が小説全体の縦糸、明るいいくつかのエピソードが横糸になっている。トンプソンは、「生（なま）の、飾られない、妥協のない、存在というもの」（これをトンプソンはしばしば「もののあるがままの姿」と呼ぶ）と、人間によって作られた「ものの体系」――すなわち「もののあるがままの姿」から作りだされた秩序や意味――との差というものにしつこく悩まされつづける。トンプソンがこの主題について考えたことの例を、ここでいくつか引用することにしよう。

本を書きたい……地球上の人類が体験したすべてのことをあたかも一人で体験したような男の人生を。ものの体系をつぎつぎに探し、見つけたパターンをつぎつぎに分析し、また新たな方向へ進む。自分の発見した、とりあえずは役だっているものの体系が、実は全然ものの体系ではなく、やっぱりもののあるがままの姿、すなわち現実にほかならないと考え、結局、絶対的ものの存在、それに彼は仕え、貢献し、それを通して彼のはかない一生に意味を与え、永遠の生とする……。

ものの体系とは、秩序体系のことである。われわれの世界観から始まり、それは最終的に世界そのものとなる。われわれは座標で定まる空間の中に生きている。これは自明的に真であり、あまりに自然かつ自動的に受けいれられているので、実際に受けいれるという行為があったことに誰も気がつかない。これは、母乳から入り、学校でさんざん聞かされ、ホワイトハウスから宣告され、テレビから注入され、ハーバードで正当化される。呼吸している空気のように、ものの体系は見えなくなり、それが現実、すなわち、もののあるがままの姿になってしまう。それは人生に必要なウソなのだ。体系を越えてあるがままに存在する世界は、はっきりしない、関心を引かない、ほとんど認知されない、要するに存在しなかったものになってしまう……。

ものの体系は、もののあるがままの姿と共存しようとしたことはないし、もののあるがままの姿から見ても同様だ。ものの体系はすべて限界があり、否定をはらんでいる……。

ものの体系は、救済の計画である。それがどれくらいうまくいくかは、その効果範囲と権威による。もし、それが小さければ、最大限努力しても、死を蹴ちらすことはできない。ものの体系は、キリスト教といった大きいものから、アラメダ郡ボーリング・リーグのような小さいものまである。われわれは、たんに体系がわかりやすくて、不安を除去する可能性が大きいという理由で、真実を求めず、できるだけ大きいものごとの体系を求めようとしている。もし、われわれの生命を宇宙の体系の中で意味あるものにできるなら、われわれは確実な不滅性の中で生きられる。ものの体系の存続性と成功は、視野の広さと、参加・貢献への門戸開放の度合、そしてどの程度自らを真だと納得させうるかにかかっている。一〇〇〇年を越すキリスト教大成功の秘訣は、なんでも含み、なんでも説明してしまい、なんでも適当な場所に落ちつけてしまったところ、そして、貧富、賢愚にかかわらず、主の活動範囲に入ることを許したところにある。また、西欧社会で真実として受けいれられたところも大である。

ものの体系が、外来勢力の襲来によって変更されるに従い、それは権威を失い、不安除去能力が減り、追随者は去る。結局、かすれさり、歴史上にしか残らなくなり、古くさい昔話に変わり、最後は神話になる。われわれが伝説として知っているものも、当時は現実の引きうつしだったのだ。教会がガリレオを制止したのは当然だった。ガリレオの行為は、当時不動の体系に新しいものを吹きこんで、体系を破壊へと導くものだったから。

ウィーリスの言い方をとるなら、「体系」はまさにドーキンスの「ミーム複合体」にほかならない。一つの体系は、ゴーイングのシステムSと同じく、「鉤の手」を使って自らを拡散していく、上から下への世界観秩序の類である。「あるがままの姿」の完全にして正確な把握が「ものの体系」にとって無理なことに関するウィーリスの記述は、十分に能力のある形式的体系が、不完全性や無矛盾性に対してもっている弱みの話に非常に似かよっている。この弱みは、別の種類の「鉤の手」すなわち有名なゲーデルの鉤の手、体系が自分自身に言及できる能力に起因する。もっとも、ウィーリスもトンプソンも、このことにはふれていない。ゲーデルについては、もう少しあとで話題にしよう。

＊　＊　＊

『ものの体系』の読者は、主人公と作者の職業上の類似点にびっくりする。この本を読んで、トンプソンの意見がウィーリス自身の意見を反映していると誰もが思うはずだ。でも、そう断言できるか？第一、ウィーリスが小説の終わりのほうでふと漏らしたトンプソンの書く小説の題は、なんと『もののあるがままの姿』なのだ。これを含んでいる小説の題名とみごとな対照をなしている。あるレベルが別のレベルの上へ折りかえされるという、このエレガントな文学のひだの意味はなんだろう？　ウィーリスの中のウィーリスはなにを象徴しているのだろう？

　なにか（文、本、体系、人など）が、自分に言及しているように見えるけれど、実はただなにかが自分に似ているというだけのほのめかしに終わっているひねりは、「間接自己言及」と呼ばれる。たとえば、鏡の中に映っている自分を指さして、「これはなかなか美男子だ（美人だわ）」といったような場合。これは非常に単純な例だ。なぜなら、実物と鏡の中の像の関係は、あまりに自明だし、直接に指さされるものと間接に指さされるものの間に、実質的な距離がないのも常識だからである。つまり、私たちは両者を完全に同一視しているのだ。だから、本当の間接的言及があったとはいえないだろう。

　しかし、これは私たちの認知系がたやすく鏡像を逆転してしまうこと、また何層かの翻訳を通したのに、そういう層の存在に気がつかないようにしている（何メートルもの水を通して底にあるものを見たときのことを考えるとよい）ためである。

　中には、かなり微妙な「間接自己言及」もある。マットとリビーという男女が、うわべでは自分たちの友だちについて話し合っている状況を想像してみよう。友だちの名はそれぞれタミーとビルである。マットとリビーはいま微妙な関係にある。これと同じ問題がタミーとビルにもある。（違うのは性別が逆転していることだけである。）つまり、マットとリビーのいまの関係は、まさにタミーとビルの関係なのだ。だから、マットとリビーの対話が進むにつれ、表面上は彼らの友だちの話なのだが、別のレベルでは彼ら自身の話になってくる。マットとリビーは、まるでイソップ寓話の中の話を地でいくわけだ。二つのレベルが同時進行し、二人がいったいどっちのレベルにいるのか判別するのは難しい。いっていることが、自分の友だちのことになったり、また自分自身のことになったりするのである。

　間接自己言及は、まったく思いもかけぬ重大な使われ方をすることがある。レーガン大統領は、イランに関して米ソ間の緊張が高まったとき、一九四五年にトルーマン大統領がとった対ソ強硬路線を再現した。イランに対してソ連が侵攻するなら、核攻撃も辞さずという脅しだ。当時の状況の記憶を呼びさまし、レーガンは自分とトルーマンを重ね合わせて、本物の威嚇を与えようとしたのだろう。誰もこのことをはっきりと指摘できなかったけれども、こういう関連に気がつかなかった人はいないはずだ。なにしろ、二つの状況はあまりに似すぎていた。

　では、自己言及は直接と間接という二種類に分かれるのか、それとも、この二者は連続したものの両極にすぎないのだろうか？　私は迷わず後者をとる。それどころか、「自己」という修飾語を取りのぞいて、一般の「言及」としてもよいのだ。意識をもったものにとって、大きな構造ないしは系の中で二つのものが果たしている役割の間に注目すべき関連があったとき、一方が他方に言及するというところに本質があるのである。（第24章でもっとくわしく述べる。）しかし、若干の注意がいる。「意識をもったもの」というのは、認知のおかげでこの世をわたっていける、アナロジーに飢えた認知機構のことである。人間や生物であるとは限らない。実際、「言及」という言葉の抽象的意味を、私は次のように拡張する。言及が成立するための系や役割の対応は、意識をもつものに認知される必要はない。

対応が存在するだけで十分で、認知可能でさえあればよい。

＊　＊　＊

ジョン・ファウルズの同名の小説を映画化した『フランス軍中尉の女』は、言及の程度の曖昧さを示すとてもエレガントな例だ。この映画は、ヴィクトリア朝のイギリスと現在のイギリスで同時に進行する複雑なロマンスの場面が、たがいに交錯しながら展開される。二つのロマンスが存在するという事実は、その二つの間の対応をかすかではあるが示している。しかし、実際には示された以上のものがある。二つのロマンスの間には、構造的な類似性があるのだ。両方とも三角関係があり、どちらも三角関係の中の一人にだけ焦点を絞っている。さらに、どちらのロマンスも二人の同じ俳優が演じている。だから、観客は彼らを交錯する文脈と性格で眺めるわけだ。こういう奇妙な「一致」が起こるわけは、現代のほうの話が、ヴィクトリア朝時代の映画を作るという話だからである。

二つの物語が並行して進むにつれ、両者の間でのより強い対応を示す一致が数多く起こる。しかし、この対応づけは観客にまかされている。けっしてあからさまに示されはしない。(しかし、時がたてば、このやり方を押しとおすわけにはいかないが……。) 観客は変化と流動を十分楽しめる。つまり、観客に両方のロマンスの間の対応を発見し、想像し、創造する芸術家的特権が与えられるのだ。

芸術的な形での間接自己言及は、形式的な意味での間接自己言及よりもかなり不明確だ。形式的な意味での間接自己言及は、二つの形式的な系が同型なときに起こる。つまり、両者の内部構造が完全に類似していて、一方にある機能が必ず他方にもあるという具合に、厳密な一対一対応がとれる場合である。こういうときは、自分の鏡像について話しているのとまったく同じくらい、言及そのものが明確だ。だから、これは純粋に直接的な自己言及だと考えてよい。実際、結びつきがあまり直接的なので、「言及」と呼ばずに、たんに同一のものと考える人もいる。

数理論理学における有名なゲーデルの命題$\mathbf{G}$が自己言及と呼ばれるのは、前述のような認識による。$\mathbf{G}$が数gについて語っているのは明らかだ。ゲーデルの手品は、数gが自然数の系の中で果たしている役割と、命題$\mathbf{G}$が公理系の中で果たしている役割が、厳密に相似しているというところにある。$\mathbf{G}$が自分の像gに言及することによって自分自身に言及するという、ウィーリス的婉曲自己言及も、純粋な自己言及として認められている。(ここでもう一つ。$\mathbf{G}$はウィーリスで、$\mathbf{G}$のゲーデル数gはウィーリスの分身トンプソンだ!)

$\mathbf{G}$の間接自己言及を成立させている二つの抽象的な対応は、一つの対応へ縮退してしまうように見える。つまり、「AがBに言及し、BがCのようなものだったら、AはCに言及している。」 たとえば、AとCをウィーリスとし、Bをトンプソンとすれば、ウィーリスの自己言及は「定理」になる。もちろん、この定理を厳密に証明することはできない。「……のようなものだったら……」という言い方は、たいへん荒っぽいし、論争のまとだからである。

形式的な言い方では、「……のようなものだったら……」は、「……と機能的に同型だったら……」と同義だから、定理をもっと厳密に正当化することができる。たとえば、AとCを$\mathbf{G}$にし、Bをgにすれば、さきほどの文章は「もし$\mathbf{G}$がgに言及し、gが$\mathbf{G}$と機能的に同型だったら、$\mathbf{G}$は$\mathbf{G}$に言及している」になる。前提は正しいから、結論も正しい。こういうものの体系によれば、$\mathbf{G}$はエッシャーの版画のようなだまし絵的論理ではなく、真に自己言及の文である。

＊＊＊

間接自己言及があるなら、間接自己複製もあろう。ウイルス的なものが、正確に自分自身を複製するのではなく、なにか違う系の中で自分と同じ機能を果たす別のものを生みだす……、たとえば鏡像、フランス語への翻訳、部品表、工場検査済みの部品、組み立て説明書がワンセットになったものなど。

あっ、これ知ってる、と思った読者がいると思う。事実、これは第2章で私が提出したフォン・ノイマン・コンテストへの間接的な言及なのだ。これは、自己記述的な文で、引用符に入ったものが長い句ではなく、文字や単語のレベルにとどまっているものを作れという問題だった。解答をいくつか受けとっているうち、私は読者の多くが出題の意図を正しく理解していないことに気づいた。これは、エピメニデスのパラドックスのクワイン版

「はそれの引用のあとにつくとウソになる」はそれの引用のあとにつくとウソになる

の中にあるタネ（「」でくくられた部分）が長すぎることに対する挑戦だったのだ。

ここでなにが変なのか見るためには、宇宙を漂流して、そこで遭遇した物質を料理しては自分の複製を作りつづけていくロボットを想像してみるとよい。読者が、ロボットが人間のように左右対称で、なおかつ途中で出あったものの鏡像的な複製を作る能力をもつと想像したとしよう。想像の仕上げは、タカが地上の獲物を捜すように、求めるものを捜すプログラムをロボットに組みこむことだ。求めるものは、たとえばロボットの体の左半分と同じものである。といっても、体の左半分とまったく同一のものを捜すことは意識しなくてもよい。なにか複雑で、それらしいものさえ見つければよいから、楽なものだ。一七グーゴル（17×10^{100}）年後に運よくそういうものに遭遇したら、ロボットはさっそく鏡像作製能力を発揮して、右半分を作りだす。最後のステップは、左半分と右半分をくっつけることだ。これで一丁あがり！　まるでパイを作るみたいに簡単だ。ただし、一七グーゴル年（プラスマイナス数分）待つ気があればの話だが……。

クワインの文のよくないところは、タネが文の半分の複雑さ（つまり、ほとんど同じくらいの複雑さ）をもっていることだ。ロボットのたとえ話に戻るなら、私たちが本当に望むのは、自分自身を一番下のレベルからこつこつと作り上げるようなロボットなのだ。たとえば、鉄鉱石を掘りだし、溶融精錬し、成型し、ナットやボルトや薄板を作り……、最終的には、小さな部品を組み上げ、しだいに大きなユニットにしていき、本当に生の材料から複製を完成するロボット。これがフォン・ノイマン・コンテストの心なのだ。私が望んだのは、「第二のタイプのロボット」に対応する文にほかならない。

つまり、これは自分の中にある要素（引用されているタネと引用されていない構成規則）を生の言語原子・分子（アルファベットや単語）から作り上げてしまうような自己記述的な文を意味している。多くの読者が犯した誤りは、おのおの独立に引用されたたくさんの単語（ないしは文字）の順序を利用して、そのまま構成規則としてしまったことだ。こうするなら、クワインのように、最初から全部一括して引用符でくくっても同じである。これとは対照的に、作られる文の構造が、構成規則の中で明言されていることだけから決ま

り、タネの内部構造には一切影響されないというのが、私の出題の意図であった。

自己複製ロボットが、見ず知らずの世界で、部品が棚にきちんと組み立て順に並んでいるのを見つけるなんてことはありそうもない。生の材料で、なにかそれらしきものがあったら、いつでもどこでもいいからつかまえて、複製作りに利用するといった「知恵」、つまりプログラムが必要だ。これと同様、望まれている文は、タネが並んでいる順序に無関係に、自分自身を複製できなければいけない。だから、単語一つ一つを引用符でくくるより、むしろ全部一括してくくり、引用符内の順序が無関係になるほうがよい。(単語でなくて、文字だったらなお結構。)

理想的な解のタネは、処方箋の薬の成分表のような部品一覧表だ。(たとえば、五〇個のe、四六個のt……。)明らかに、これらの部品は、この順序で並ばない。たんに新しく生成される文の構成部品でしかない。

* * *

寄せられた解答で、こういう原始的なタネをもつものはゼロだった。しかし、数人の読者は、必ずしも素晴らしくエレガントではないけれど、単語レベルのタネで、出題の意図に沿った解答を送ってきた。一番最初にきた正解は、シカゴのフランク・パーマーだ。彼は初のジョニー賞(フォン・ノイマンのファーストネームはジョン)受賞者といえよう。ジョニー賞は、一〇年に一回行われるフォン・ノイマン・コンテストの優勝者に与えられる自己複製的なドル札である。ただし、残念なことに、このドル札は自己複製の過程で所有者の体をまるごと「消費」してしまうので、食われてしまうのがいやだったら、鍵をかけて閉じこめておくのが賢明だ。

パーマーは、タネと構成規則を区別するのに、小文字と大文字を使っている。彼の寄せたいくつかの解のうち、一つを紹介することにしよう。(ちょっと変更してある。)

after alphabetizing, decapitalize FOR AFTER WORDS STRING FINALLY UNORDERED UPPERCASE FGPBVKXQJZ NONVOCALIC DECAPITALIZE SUBSTITUTING ALPHABETIZING, finally for nonvocalic string substituting unordered uppercase words

(訳―FOR…ALPHABETIZINGをアルファベット順にしたあと、小文字に直し、最後に、母音を含まない言葉を大文字の無秩序な単語群に置きかえる。)

これがどうしてうまくいくのか注意深くステップを追ってみよう。まず、従わないといけないのは小文字の部分で、大文字の部分は無関係なことに注意しよう。また、指示に従うとすぐ出てくる小文字の文も無関係である。これは、麻酔にかかっていて自力では動けない手術患者のようなもので、手術が終われば覚めて自ら活動しだす。さあ、行こう。まず、タネをアルファベット順に並べかえないといけない。次のものが得られる。(コンマは直前の単語にくっついているものとする。)

AFTER ALPHABETIZING, DECAPITALIZE FGPBVKXQJZ FINALLY FOR NONVOCALIC STRING SUBSTITUTING UNORDERED UPPERCASE WORDS

これを小文字にすると、いまいった麻酔にかかった小文字単語群が現れる。

after alphabetizing, decapitalize fgpbvkxqjz finally for nonvocalic string substituting unordered uppercase words

よし、あとは母音を含まない言葉を見つけて(これが fgpbvkxqjz であることはすぐわかる)、無秩序な大文字の単語群(すなわち、タネそのもの)に置きかえればおしまいだ。

after alphabetizing, decapitalize SUBSTITUTING FINALLY WORDS UNORDERED STRING DECAPITALIZE UPPERCASE FOR NONVOCALIC AFTER FGPBVKXQJZ ALPHABETIZING, finally for nonvocalic string substituting unordered uppercase words

これは出発点にあった文章の完全な複製だ！ 麻酔から覚めて動きだしたら、この文はまた自分を複製しはじめる。

ここでキーになっているのが、最初のアルファベット順並べかえだ。これによって、めちゃくちゃの順に並んでいたタネが、文法に沿った意味のある文章に変わる。ABCの順序を知っているだけで、まったく機械的にできあがるのだ。文字や単語に関する、表面的、機械的な知識だけを仮定するのは妥当だろう。印刷されたものを生の材料として見、そこに含まれている意味を見ず、純粋に構文的要素としてしか見ないからである。これは細胞中の酵素がDNAやRNAを扱うときも同じで、切ったり貼ったりするのに、「意味」などをいっさい考えず、純粋な化学的作用だけに徹している。細胞内では、原子価とか親和性とかが与えられたものとされているのと同様、アルファベット順とか印刷上の知識は、フォン・ノイマン・コンテストでは与えられたものとしてよい。

パーマーの解では、タネの中の順序が単語の長さの順になっているようだが、これは本来どうでもよい。この事実を多くの読者が見すごしてしまった。もう一つ、もう少しエレガントな解が、ミュンヘンのマルチン・バイヘルトから送られている。

Alphabetize and append, copied in quotes, these words: "these append, in Alphabetize and words: quotes, copied"

(訳—引用符の中に複製されたこれらの言葉 these……copied を五十音順に並べかえて付加せよ。)

これもパーマーと同じ原理で、タネの中身の順序は、自己複製の能力に影響しない。バイヘルトはエスペラント語による回文的解答も送ってきた。そこでは、エスペラント語の語順の柔軟性がキーになっている。このほか、ノースカロライナ州ダーハムのマイケル・ボロウィッツとボブ・スタインも、パーマーと似た解を送ってきた。

さて、前年度の自己記述文のゴールドメダリスト、リー・サローズは、使用・面照（言及）の区別をもう少しはっきりさせていれば、金メダルが色あせずにすんだのに、という私のコメントにちょっとムッときたようだ。このコメントに発奮して、彼は前ページの図に示したようなよりみごとな自己記述文を作ってきた。これは自分自身の構成法についてはなにもいってないのでフォン・ノイマン・コンテストにはふさわしくないが、これはこれでみごとなサローズ的

*
Write
down ten ‘a’s,
eight ‘c’s, ten ‘d’s,
fifty-two ‘e’s, thirty-eight ‘f’s,
sixteen ‘g’s, thirty ‘h’s, forty-eight ‘i’s,
six ‘l’s, four ‘m’s, thirty-two ‘n’s, forty-four ‘o’s,
four ‘p’s, four ‘q’s, forty-two ‘r’s, eighty-four ‘s’s,
seventy-six ‘t’s, twenty-eight ‘u’s, four ‘v’s, four ‘W’s,
eighteen ‘w’s, fourteen ‘x’s, thirty-two ‘y’s, four ‘:’s,
four ‘*’s, twenty-six ‘-’s, fifty-eight ‘,’s,
sixty ‘‘’s and sixty ‘’’s, in a
palindromic sequence
whose second
half runs
thus:
:suht
snur flah
dnoces esohw
ecneuqes cimordnilap
a ni ,s’’‘ ytxis dna s’‘‘ ytxis
,s’,‘ thgie-ytfif ,s’-‘ xis-ytnewt ,s’*‘ ruof
,s’:‘ ruof ,s’y‘ owt-ytriht ,s’x‘ neetruof ,s’w‘ neethgie
,s’W‘ ruof ,s’v‘ ruof ,s’u‘ thgie-ytnewt ,s’t‘ xis-ytneves
,s’s‘ ruof-ythgie ,s’r‘ owt-ytrof ,s’q‘ ruof ,s’p‘ ruof
,s’o‘ ruof-ytrof ,s’n‘ owt-ytriht ,s’m‘ ruof ,s’l‘ xis
,s’i‘ thgie-ytrof ,s’h‘ ytriht ,s’g‘ neetxis
,s’f‘ thgie-ytriht ,s’e‘ owt-ytfif
,s’d‘ net ,s’c‘ thgie
,s’a‘ net nwod
etirW
*

逸品だ。今年は、サローズの金メダルがまったく色あせないことを、私は宣したいと思う。(金メダルが色あせるはずがないという手紙を書いてくれた純粋主義諸兄も、これで満足してもらえると思う。私は銅や銀と間違えてしまったようだ。)

(一九八三年三月号)

追記

このコラムを書いたあとでいただいた手紙の山は、多くの人が「ミーム」というミームに侵されていたことを物語っている。アレル・ルーカスはミーム(meme)、ミームと人間のかかわり、ミームの媒体などを研究する学問を、遺伝子(gene)を研究する学問geneticsにならって、memetics〔語呂合わせ、ミーム学〕と呼ぶのがいいといってきた。なるほど、これはいい。採用しよう。

パリのモーリス・ゲロンによれば、頭脳の中に巣くう自己複製的観念というアイデアは、一九五二年にソルボンヌ大学の物理学者ピエール・オージェが『微小人間』という本の中ですでに述べている。ゲロンはその部分のコピーを送ってくれた。これはたしかに予言的な本である。

ハンガリーの遺伝学者ヴィロモス・ツァーニの『進化の一般論』という本ももらった。彼はこの本の中で、ミームと遺伝子が並行して進化していくという理論を打ちたてようとしている。これと同じような試みは、アメリカの生物学者カール・B・スワンソンの『限りなき地平―人類の進化の双対的な情報源』にもある。

しかし、私の知るかぎり、純粋ミーム学を最も徹底的に研究しているのはイリノイ州のフェルミ研究所にいる実験物理学者アーロン・リンチだろう。彼は空いている時間を『抽象進化』という本の執筆に当てている。私が読んだ範囲では、ミームが観念圏（ideosphere、この言葉は彼と私がそれぞれ独立に発明したらしい）で自分をつぎつぎと複製していくいろいろな「手法」について、かなり突っこんだ議論をしている。これは問題作となるだろう。出版が待ちのぞまれる。

＊　＊　＊

数学の学生ジェイ・フックは、フォン・ノイマンの挑戦に刺激されてこう書いてきた。

> 複製を作るのに二つのものがいるというのは示唆的だ。用語を変えるとよい。あなたがタネと呼んだものは、雌の因子、つまり雄の因子である精子（生成規則）から指令をもらわないと成長が始まらない卵子である。この解釈だと、われわれの文章はすべてを二回いわないといけない。なぜなら、文は雌と雄の因子が同じ個体の中にあるという両性的なものだからである。
>
> もっとうまく自然をまねるには、片方が雌で、片方が雄の二つの文（あるいは句）を作ることである。どちらも単独ではなにも生みださないが、ひとたび暗い部屋で一緒にさせると彼らの複製を作りだす。こんなのはどうだろう。雄の因子はこうだ。
>
> After alphabetizing and deitalicizing, duplicate female fragment in its orginal version.（単語をアルファベット順にし、イタリックを立体にしたあと、雌の因子をそのまま複製しなさい。）
>
> これは自分ではなにもいっていない。雌の因子、
>
> *in and its After female fragment original version. duplicate alphabetizing deitalicizing,*
>
> も同様だ。しかし、両者をお見合いさせて火花を散らさせてみよう。（コンマ、ピリオドなどは直前の単語にくっついているものとする。）雄がリードをとって、雌に働きかける。まず、彼女をアルファベット順に並べかえ、イタリックを立体にする。すると新しい雄が生まれる。次に単純なコピーを行えば、雌が生まれる。これで両方が誕生する！
>
> しかし、自然がこうだというわけではない。カップルがいつも男の子と女の子をペアで生むというのは、自己複製的両性体にくらべてはっきりまさっているとはいえまい。理想的には、カップルが、たとえば、曜日とか、その日の平均株価指数といったインデックスの偶奇とかによって、雄の複製か雌の複製か、どちらか一方を生みだすようになるのが望ましい。驚くべきことに、これはそんなに難しくない。雄を
>
> Alphabetize and deitalicize female fragment if index is odd; otherwise reproduce same verbatim.（インデックスが奇数だったら雌の因子をアルファベット順に並べて立体にする。そうでなければ一語一語そのままコピーする。）
>
> とし、雌を

if is and odd ; same index female fragment otherwise reproduce verbatim. Alphabetize deitalicize

とすればよい。これをもう少し改良すると、少なくとも女の子は毎回同じでないようにできる。雄を次のようにすればよい。

Alphabetize and deitalicize female fragment if index is odd ; otherwise randomly rearrange the words.

そして、雌は

if is and the odd ; index female words. fragment randomly otherwise rearrange Alphabetize deitalicize

とする。こうすると、男の子はいつもお父さんと同じになるが、女の子は、

index rearrange if the Alphabetize randomly fragment odd ; deitalicize is and words. otherwise female

だったり、

Alphabetize index and rearrange the fragment if female is odd ; otherwise randomly deitalicize words.

だったりする。ここで重要なのはどんなに女の子が変化しても、どの男の子とも（みな同一だが）結婚して子孫を作れることである。では、男の子も変化するようにして子孫が絶えてしまわないようにできるだろうか?

さて最後に一言。金曜日のダウは一〇七六ドルだった。だから私は高らかに宣言する。「それは女の子だ!」

＊　＊　＊

さて、シメはどうしてもリー・サローズである。彼は自己言及のあのみごとな昇階唱のあと、彼のいう「語理空間（logological space)」の追求にあくなき活動をしている。その彼が本家の危機を最大に感じたのは、オランダ人のルーディ・コウスブレーケとイギリス人のサラ・ハートが合作で、サローズのいう「空前にして最高の語理の傑作」を作ってしまったときだった。彼らの合作はオランダ語で書かれているが、多少外国語〔とくにドイツ語〕にセンスのある人であれば、時間はかかるかもしれないが十分に理解できる。

Dit pangram bevat vijf a's, twee b's, twee c's, drie d's, zesenveertig e's, vijf f's, vier g's, twee h's, vijftien i's, vier j's, een k, twee l's, twee m's, zeventien n's, een o, twee p's, een q, zeven r's, vierentwintig s's, zestien t's, een u, elf v's, acht w's, een x, een y, en zes z's.

実際、これを丹念に読めば、オランダ語での数え方が勉強できる!

この文には一分の無駄もない。つまり、アルファベットのすべての文字を含むみごとな「パングラム」になっているのだ。サローズが英語では達しえなかった境地を見せつけられて、彼は猛然とハッ

スルしたのであった。しかし、なにをやっても完璧にはいかない。絶望したサローズは、電子工学技術者としての面子で、語理空間をベラボーな速度で探索する専用の「文字マシン」を設計することを思いたった。彼が書いてきたパングラム・マシンの構想を一部紹介しよう。

　こいつの心臓部は内部クロックで動作する一六個直列のジョンソン・カウンターからなる。モーターで駆動される番号鍵の電子版だと思えばよい。クロックが一つ進むと新しい数の組み合わせが生みだされて、検査が始まる……。予備テストの結果は上々だ。毎秒一〇〇万回の数の組み合わせが可能に見える。でも、一〇層にわたって調べようとするとこれでも三一七年かかる。だが、一〇層ホントに必要だろうか？　もうちょっと浅く、それでも見こみのある六層ぐらいに制限すると、三二・六日ですみそうだ。よし！

　過去八週間というもの、私は空いた時間を語理空間探索ロケットの設計に費やした……こいつはホントに飛んでくれるかな。いまのところ見こみはありそうだ。めどは立っている。ルーディ・コウスブレーケが今月末にでもここへやってくれれば、三二日間のロケット旅行を楽しめるという塩梅だ。さすれば、シャンペンの用意は怠りなし。

その二か月後、リーから興奮の手紙を受けとった。手紙の出だしは「エウレカ！」だった。これは、彼のパングラム・マシンが解を発見したときに打ちだすように仕向けてあった言葉だ。それにつづいて、まるで冥王星の外側のどこかに浮いているかのような調子で、彼のマシンが発見した二つの解が書いてあった。私が気に入ったのは次の文だ。

This pangram tallies five a's, one b, one c, two d's, twenty-eight e's, eight f's, six g's, eight h's, thirteen i's, one j, one k, three l's, two m's, eighteen n's, fifteen o's, two p's, one q, seven r's, twenty-five s's, twenty-two t's, four u's, four v's, nine w's, two x's, four y's, and one z.

これこそ、機械翻訳の成功にほかならない！

サローズはこう書いている。「これから一〇年以内に、This computer-generated pangram contains……〔計算機によって生成されたこのパングラムは……〕で始まる完全な自己記述的文章を作るか、またはそういうものが存在しないことを証明するかした人に一〇グルデン賭けよう。トリックは許されない。形式は上に示したパングラムと同じでないといけない。ただし、andは&でもよい。結果はスーパーコンピュータや並列コンピュータを使って求めてはいけない。フォン・ノイマン型のコンピュータに限る。このチャンスに賭けてみますか？」サローズに連絡をとりたい人は、Lee Sallows, Buurmansweg 30, 6525 RW Nijmegen, Hollandへ手紙を書けばよい。

　私はサローズのマシンと彼の勇猛な挑戦にいたく感激したのだが、彼はあなたが「レイフェル・ロビンソン」といいおえる前に賭けに負けると思う。理由は第16章の追記を見てもらいたい。

[第4章] 自己変形ゲーム、ノミック

哲学者ハワード・デロングの名著『論理学の素描』に、古代ギリシャのおもしろい逸話が出ている。

プロタゴラスは、弁護士を目指すユーアトルスに修辞学を教えることになった。ただし、ユーアトルスは巨額の教授料の半額だけを最初に支払い、残りの半額はユーアトルスが最初の訴訟事件に勝ったら払うという契約である。ところが、ユーアトルス、いっこうに実地の訴訟事件をとりあげる様子がない。お金がほしい上、先生としての体面もあるので、とうとうプロタゴラスは告訴に踏みきった。裁判所でプロタゴラスが弁論するにいわく、「ユーアトルスは支払う必要なしといいはっていますが、これは不条理です。なぜなら、もし彼がこの訴訟に勝ったとしましょう。この訴訟は彼の弁護士歴における初舞台ですから、勝てば私に支払う義務が生じます。逆に、彼がこの訴訟に負けたならば、裁判所の裁きに従い、当然支払いの義務が生じます。すなわち、この訴訟の勝ち負けにかかわらず、彼は私に残りの半額を支払わなければならないのです。」

しかし、できのよい生徒だったユーアトルス、負けてはいない。プロタゴラスの論法を逆手にとって弁論する。

プロタゴラスは、私に支払いの義務ありと主張されましたが、そこが不条理なのです。なぜなら、彼がこの訴訟に勝ったとしましょう。そうすると、私は弁護士初陣で負けたわけですから、契約に従えば、支払いは免除されます。逆に彼がこの訴訟に負けたとしましょう。そうすると、裁判所の裁きに従い、私には支払いの義務がなくなります。いずれにせよ、私は支払い義務を負いません。

この話のあとに、デロングはこう付けくわえている。「こういうパズルを解くために議論法の一般論に立ちいらないといけないことは明らかである。」だが、多くの人々にとって、これはそう明らかなことではない。むしろ、まったく逆だ。多くの人々にとって、この種のパラドックスは、法律の表面的な欠陥からきたもので、法律の上っ面の美容整形だけで解決できるものと考えられている。同じように、神学に深く傾倒している人たちは、「神が自分で持ち上げられな

いほど重い石をお作りになることができるか?」という神の全能に関するパラドックス問題を、たんに子供の謎々と同程度と考えている。神学上の重大ジレンマと思うどころか、明確でやさしい解決法があるものだと思っているのだ。長い歴史を通してずっと、この種の堂々巡りでもたらされるジレンマの安易かつその場しのぎ的な解決法が提案されてきた。ラッセルの型の理論は、論理学における有名な一例である。しかし、残念ながら、ラッセルが考えたほど簡単には堂々巡りは解消しない。根は深く、また広い。これを解決しようとすると、思わぬ道に踏みこんでしまうのである。

実際、プロタゴラス対ユーアトルスの再帰的ジレンマや矛盾する全能問題は、法学の現場から漏れて出てきた問題なのだ。しかし、ごく最近まで、こういう問題が法学の本質に触れる問題であることは、ほとんど気づかれなかった。法学や哲学のジャーナルに何篇か、こういう問題に焦点を当てた論文が出はじめたのはほんの数年前からである。

だから、全篇法律における再帰性(または反射性、reflexivity)の役割について扱った書物が準備中であると聞いたときは、ちょっと驚きを感じたものだ。この本は、『自己修正のパラドックス——論理、法律、全能、変化の研究』という。この知らせは、著者自身、つまりピーター・スーバーから手紙で受けとった。彼は、哲学博士で弁護士であり現在インディアナ州リッチモンドのアールハム大学で哲学を教えている。彼いわく、『自己修正のパラドックス』の出版は間近い。

スーバーとの文通から、彼が『再帰性の解剖学』と仮題した、もっと野心的な本を執筆中であることもわかった。これは、再帰性を可能なかぎり広い意味で研究した本である。彼いわく、対象は、「記号の自己言及、原理の自己適用性、命題や推論の自己正当化と自己否定、法律あるいは論理の自己生成と自己破壊、権力の自己統制と自己増大、循環論法、循環因果、悪性と良性の循環、フィードバック・システム、相互従属、相互因果、相互依存」などのもろもろに及ぶ。

一番はじめの手紙で、スーバーは法律におけるおもしろい自己言及の例を書いてくれたばかりでなく、彼がノミック(Nomic、ギリシャ語の「法律」nomos が語源)と呼んでいるゲームについて教えてくれた。このゲームは『自己修正のパラドックス』の付録に紹介されている。ノミックの規則を読むと、これが目からウロコが落ちるほどおもしろい。今回は、ほとんどノミックの話に終始するが、とりかかる前に、政治の舞台における再帰性の例をもう少しあげてムードを高めよう。

＊　＊　＊

私の友だちスコット・ビューレシュは法律家であるが、憲法の講義で出てきた難問の話をしてくれた。現在、最高裁の判決は五対四以上の多数決で決められている。もし、議会が今後最高裁の判決を六対三以上の多数決とするという法律を通したとしよう。この法律が裁判所で争われて、とうとう最高裁の憲法判断を求められるようになった。ところが、最高裁はこれを五対四の多数決で違憲だとした。さて、どうなる? これは昔からある権力分立のパラドックスで、この変形はかのウォーターゲート事件の際、危うく実際に起こりそうになったものである。ニクソン大統領が、盗聴テープを調査するという最高裁の判決に対して、「完全」であればやむなく従うと息まいたのだ。これは、判決が全員一致のようなものであればということを意味している。

保守主義者が、いま堕胎や学校における祈禱などに関する最高裁の司法権に制限を加えようとしているのはおもしろい。議会がそんな法律を制定し、最高裁がそれについての憲法判断を示せといわれたとき、まさに決定的対決が起こるだろうと憲法学者は見ている。

話はちょっとややこしいが、最高裁が自らからまってしまうような矛盾もある。環境保護団体が保護すべきと考えている場所に、最高裁が別館を建造する計画を立てたとしよう。環境保護団体がこれを不満として訴訟を起こし、もめにもめたあげく、とうとう事は最高裁までもちこまれたが、さて、なにが起こるか？　この種のことが防ぎえない理由は明らかで、裁判所たりとて、社会の一部であり、建造物をもち、職員をもち、契約に縛られているからだ。こういったことを扱うのが法律である以上、いかなるレベルの裁判所とて、法律上の係争にまきこまれないという保証はないのである。

こういう自縄自縛が最高裁にとってとてもまれな現象だとしても、政府のいろいろな部門ではそう珍しいことではない。最近、サンフランシスコでおもしろい事件があった。サンフランシスコの警察当局の種々の処置方法に対して、たくさんの不満が寄せられたため、警察官の粗暴性といったようなことに関しての内部監査委員会が作られたのだが、案の定、内部監査委員会自身が実情をごまかしているという批判がまたぞろ出てきたのだ。ファインスタイン市長は、しょうがなく、内部監査委員会の機能を監査する（またも警察内で閉じた）別の内部監査委員会を作った。この委員会の報告は、この前聞いたかぎりクロだったと思うが、その後どうなったか、私は知らない。

議会の手続きがこれまたややこしい問題を引きおこす。たとえば、「順序に関するロバートの規則」というのがあって、いくつかの版が存在する。議会の団体はどの版を使って、審議の順序づけを行うか決めなければならない。ロバートの規則の最後の版は、もし特定の版が選ばれなかったら、一番新しい版が適用されるといっている。そこでもし、最後の版を適用しなかったときに問題が起こる。なぜなら、そうしてしまうと、拠ってたつべき規則を指定する規則に拠ってたたないことになってしまうからである。

同時に、競合する議題の扱いをどうするかという議会手続きは、ある意味で巨大なコンピュータ・システムの内部処理ときわめて似かよっている。そこには、オペレーティング・システムと呼ばれるプログラムがあり、そのまた一部にスケジュール計画を行うところがあり、どの仕事を次にやるか、優先度を考えながら決定している。いわゆるマルチプロセス・システムでは、これはどの仕事が次のタイム・スライス（時間片）を獲得するかという話だ。（タイム・スライスは、仕事の優先度やその他諸々の要因により、一ミリ秒ないし二、三秒がふつうで、ときによっては時間制限のない場合もある。）しかし、いつでも「割りこみ」というものがあって――おっと、電話だ、ちょっと待って。えーと、ちゃんともとに戻ってと。あ、ここ。とんだ邪魔が入りました。留学番電話のセールスからの電話だったんです。さて、なにが――えーと、えーと、ちょっと待――ハックション――申しわけない――いったいなんの話だったたっけ？あー、そうそう割りこみだ。つまり、割りこみはちょうどあなたに応対中の店員にかかってきた電話のようなものなのである。わざわざ店に出むいているあなたをさしおき、どこのなまくら者からかかってきたかもわからない電話により高い優先度があるという点で、頭がカリカリくるのもうなずける。

よいスケジュール・アルゴリズムはできるだけ公平に振る舞おうとするが、矛盾のタネは山ほどある。割りこみが割りこみに割りこみ、その割りこみがまた割りこまれる。さらにスケジューラーは、（スケジュールを決めるための）自分自身の仕事を高い優先度で走らせなければならないが、そのためにほかの一切の仕事が走れないほど高い優先度を与えるわけにもいかない。ときどき内部や外部の優先順位がもつれにもつれて、システム全体がのたうちまわってしまうことがある。これは、オペレーティング・システムが時間をどう使うかを決定する「内部監査」に多大な時間を消費してしまう状況をいい表している言葉である。いうまでもなく、のたうちまわっている時間中、正味の計算はほとんど行われない。あまりにも多くの要因が一時にのしかかってきて、なにかごくつまらないことをきっかけに、パラドックス的なジレンマの奔流から逃れられなくなる人間の心理的な状況ととてもよく似ている。こういうときは、帰って寝てしまうに如くはなし。

＊　＊　＊

しかし、オペレーティング・システムも裁判所も、残念ながら休んでしまうことが許されない。事態の混乱が実在する以上、これに対処するなんらかの方策が立てられなければならない。こういう発想から、スーパーはこのノミックというややこしいゲームを発明するにいたったのである。

スーパーの手紙によれば、「政治はゲームだ」という皮肉にヒントを得たという。さて、政治の重要な仕事は法律作りである。だから、政治がゲームだとすれば、法律（規則）を変えることがゲームの手になる。また、規則を変えるプロセスを体系化する規則が必要だ。ところが、どういう法律体系にしても、それを合法的に変えることに対する免疫はない。スーパーの主たる狙いは、「こういう状況をモデル化した『遊べる』ゲームを作ることである。ところが、政治ではどの時点でも、歴史的現実の重みや、国民や既存の法律のイデオロギーなどによって各種各様の方向に法律の改正が行われようとしている。これに対して、私はできるかぎり『きれいな』規則をゲームの出発点にしたかった。」ノミックはこういうゲームだ。次にゲームの規則（というより、初期規則）を紹介しよう。以下はほとんどが、スーパー自身の記述に従っており、私は気がついた点を少し補っただけである。

法体系において、法令とは規範となる規則のことである。法令は、それ自身法律的である規則にのっとったプロセスを経て作られる。だから、法令を作ったり変更したりする権限は、このプロセス自体の規範たる規則にも部分的に手が届く。しかし、法令作りに関する大半の規則は憲法的なものだから、この権限の手が届く範囲外だ。たとえば、議会は議会運営規則や委員会構成などを変更し、過去の行動によって将来の行動を規定したりすることができる。しかし、たんに法令だけでは、大統領の拒否権をくつがえすのに三分の二以上の「超過半数」がいるという事実を変更することはできないし、両院のどちらかがもう一方の院を廃止したりすっとばしてしまうことはできないし、上院から租税法案の審議を始めることはできないし、専門家に制限を越えて権限を委任することはできない。

法令は憲法に影響を及ぼせないが、逆は可能である。これは論理的な優先度の大きな違いだ。もし両者の間に矛盾や食い違いがあれば、必ず憲法のほうが優先する。こういう論理レベルの区別は、政治レベルの区別に対応している。すなわち、論理的に優先される（憲法的）規則は、論理的に優先されない法令的規則よりも修正が困難である。

論理的に優先される法律の修正が困難だというのは、偶然ではない。ある規則をほかの規則にくらべて修正困難にするのは、何十年あるいは何世紀もかかって成しとげた進歩が突発的な狂信主義によってひっくり返されないようにするためだ。これはいわば自己保存主義である。民主主義を守るために、民主主義原理を慎重に後退させている。ひょっとしたら起こるかもしれない、私たちのミスに対する一つの保険である。しかし、この目的は、二層（あるいは多層）の法体系において、簡単に変更できない規則が、簡単に変更できる規則より高い論理的優先度をもっていなければ達成できない。もしそうなっていなかったとすると、簡単に変わることのできる規則が自分自身で、全体系の基盤となっている深く抽象的な原理をころころとひっくり返すことになってしまう。

アメリカの法体系ではすべての規則が変更可能だが、（便宜上）変更が容易でないほうの憲法的法規を不変と呼び、比較的容易なほうを、可変と呼ぶことにしよう。これはノミックについても同様だ。ノミックでは最初、すべての規則が絶対不変ということはない。しかし、ノミックの自己保存主義原則が発効したら、ノミックの「不変」規則は容易に修正できなくなり、論理的にも高い優先度をもつようになる。

ゲームをこういうふうに設計するには、何通りもの方法があろう。ノミックの場合、ある程度合衆国憲法をモデル化した単純な二層システムを採用した。原則的に、システムは規則の修正に何段階もの困難度を与えることができる。たとえば、一番修正が困難なA級の規則は、中央機関の全会一致と全地方機関の完全な合意を必要とする。B級は九〇パーセントの超過半数、C級は八〇パーセントの超過半数、……といった具合。困難度の段階数はいくらでも大きくしうる。実際、慣習とかエチケットにいたるものまで適当な条件づけを行えば、通常の社会生活がちょうどこういうかなり多層の体系にほかならないという議論ができる。修正困難な規則のトップのほうにあるのが現実の法律で、判例、条例、法令、憲法といった順で難しくなる。反対側のやさしいほうには、個人が誰の非難譴責も受けずに勝手に変えることのできる個人的な行動規範のようなものがある。その上には、まわりの人の額のしわ寄せとか舌打ちとかいったレベルのコストから始まり、憤激、報復的殺人にいたるようなコストの修正困難度の階層がある。

＊　＊　＊

アメリカの法体系は微妙に階層化された多層の体系になっており、議会運営規則、行政条例、両院合同決議、条約、行政協定、上級あるいは下級裁判所の判例、国事慣習、訴訟や証言に関する司法規則、行政命令、職業上の責任に関する規範、証拠推定、妥当性判定基準、規則間の優先順位に関する規則、解釈規範、契約規則など、中間的レベルの法令がたくさんある。いずれにせよ、ノミックは単純でかつ覚えるのも遊ぶのも簡単にするため、はっきりした二層体系になっている。ただし、だからといって、微妙な中間レベルがゲームの実際や暗黙の了解にも出てこないというのではない。事実、ゲームの性質からして、競技者が適当だと思えば規則の修正によって新しい層を付けくわえることが可能である。

ノミックの二層体系は合衆国憲法と同じような自己保存主義的要素を含んでいる。不変規則は、可変規則よりも基本的なプロセスを定めており、軽率な変更から守られている。ゲームの進行につれ、ゲームの中心となる核（および当然その周辺）は変化し、競技者の手番が何回か回ると、ある意味でゲームそのものが開始時点のゲームと異なってくる。規則どおりにやっていってなにが起ころうとも、それは定義どおりノミックである。深いレベルでゲームが同じであっても、ゲームのフィーリングは劇的に変化する。

　これは、人間が不断の成長をし、自己修正しながらも、基底にある安定な存在に対して「私」という言葉を使って言及しつづけているのとよく似ている。いくら表面上のパターンが変わっても、深い隠れたパターンは変化せずにとどまるのだ。しかし、誕生・成人・死の過程で、変化があまりにも急激なので、人が一生の間で何人もの異なる人であるように思えることがある。同様に、法律の分野でも、憲法改正の方法に関する条項、たとえ字句修正に関するような条項ですら、繰りかえし適用すれば根本的に別の憲法を生みだしてしまうことが知られている。

　ノミックは一層だけでなくもう一層もっているので、ゲームの基本論理（中心の核）がわずか二、三手のうちに急変してしまうのを防いでいる。こういう連続性がゲームや政治の長所であるが、ノミックの競技者はアメリカ市民にくらべて利点を一つもつ。望むなら、連続性の程度を変え、変化を加速する手を打つことができるのだ。しかし、現実の社会ではそういうメカニズムがわずかに知られているだけで、ふつうでは手が届かない。

　ふつうのゲームは変化しない規則という意味での連続性をもつか、ゲーム中では変わらず、ゲームとゲームとの間だけで変わる規則という意味での連続性をもつ。ノミックの連続性はふつうのゲームではなく、法律体系の連続性のほうに似ている。それは規則に沿ってつねに変化しつづける、規則にかなった系、指令、プロセスの集合である。しかし、なにかを「ノミック」と呼びたいのであれば、次に示した規則の初期集合がそれに該当しよう。とはいっても、ゲーム開始後のノミックは初期集合から規則に従い、動的に変化してできた別の産物である。このゲームの同一性（アイデンティティ）が存続するのは、民族や個人の同一性と同様と思うのだが、すべての変化が既存の規則を正しく適用して得られたもので、革命的でないという事実にもとづく。（革命的変化でさえ同じことだ、という言い方もできよう。革命では従来完全に不変だと思われてきた規則ですら、別の規則によって可変になってしまう。そして、この別の規則というのはいままで表に出ていなかっただけで、もとからより深く不変な規則だったものと考えるのである。）

＊　＊　＊

　ノミックの規則212に、裁判に関する規定が書かれている。これは裁判所とのアナロジーであるが、たんに政治のしくみを別の観点で模倣しようとするばかりでなく、裁判のための規定を政治自身が作らざるをえないのと同じ理由で導入されている。規則は本来曖昧で、矛盾を含み、不完全だ。そして個々の状況に対して実際に適用する必要がある。しかし、「競技」を中断するわけにはいかないので、（競技者のうち）誰かが判事になって、競技がスムーズに続行するよう、最終的な権威をもつ裁判を行うのである。

　ノミックにおける裁判は過去の判例などには拘束されない。拘束しようとすると、ゲームの過去についてうんざりするほどの記録をとっておかなければならなくなってしまう。しかし、先例拘束性の原理（つまり、一度出された判例には従うべきという原理）は、競技者のオプションによって採用することもできる。また、代々の判事が「同様の状況にある」人を「同様に」扱おうという気になった場合に、この原理が明白な規則の修正を経ずに暗黙のうちに採用されることもある。(いまカギ括弧でくくった言葉の意味自体が、さらなる裁判を要するのは明白だ。これは現実の裁判においても潜在する無限の堂々巡り、つまり再帰の危険を生むタネである。)先例拘束性原理が採用されていないとき、競技者たちは自分たちの規則を注意深く起草し、思慮深い判決を下し、まずい判決を却下し、欠点のある規則を修正しなければならない。ノミックは問題をかなり単純化しているが、それでも実際の法律の基礎原理の要件の教育に役だつのはこの点である。

初期規則集は、競技を始めようという気が起こるくらいの短さと単純さでなければならないが、逆に競技者が事前に予測できないような事態のタネをもち、かつ、たった一つの規則の変更でゲームの連続性が破られない程度には、長く複雑でなければならない。以下に示す初期規則がそうなっているかどうかは、読者の判断にまかせよう。

たとえば、熟慮の末残された不測の事態に、規則違反がある。これに関する対処法が問題なのだ。競技者は過去の違反が出訴期限によって守られるか否か、つまり依然として処罰の対象になるか、もう時効になるかを決定しなければならない。判事の自由裁量だけで十分か、あるいはきちんとした規則が必要かという問題や、初期規則集が単純さと複雑さのうまいバランス点にあるかどうかという問題は、ゲームを実際にやってみてこそわかる。

＊　＊　＊

ノミックは、どんなゲームにも共通する基本的な性質におもしろい一ひねりを加えている。ノミックでは、構成的規則と技量の規則の境界がボケている。つまり、合法的な競技を定める規則と、巧妙な競技法を定める規則の境目がはっきりしないのである。別の言い方をすれば、ノミックでは、許容されるということと最適であるということとの差が曖昧なのだ。

ほとんどのゲームは競技しないということを受けいれないし、それを受けいれるように見せかけてパラドックス的になることもない。しかし、おもしろいことに、子供たちは競技に参加しないことに罰点を与えるようなゲームをよく発明するし、ゲームの規則の及ぶ範囲を「実生活」にまで拡張、合体してしまう。ゲームが終わるのは、子供たちがゲームにあきてしまうか、ゲームをやっていることを忘れてしまうか、どちらかのときだ。(「パパ、パパ、おもしろいゲームを発明したんだけれどやらない?」「やめとくよ、いま本を読んでるから」「あっ、それマイナス一〇点!」) ノミックはこの原理をとことん突きつめている。ノミックは競技者の投票で決まれば、どんなことでも受けいれる。競技と非競技の境界線は、競技の進行の一手一手で変わりうるし、見かけ上消えてしまうことも可能だ。競技者は、自分がゲームとゲームの間にいる、あるいはいま休んでいると考えているときでも、ゲームに支配されている。

ほとんどのゲームには、手が規則に合っているかどうかを判定する確固たる手順が存在する。これに対してノミックでは、手が合法的かどうかの判定自体、たいへん難しい場合がすぐ出てくる。そのうえ、ノミックでは裁判をメロメロにしてしまうようなパラドックスも起こりうる。こういう事態は、ときとして規則の書き方のまずさからくるが、悪意に満ちたルールに起因する場合もある。こういうたくさんのパラドックスの種類を予測しておくことは、まったく不可能だ。しかし、規則213はこういう状況に対処するためのものであり、これによって初期規則集を法律万能主義的なごちゃごちゃした条件で埋めなくてすむ。規則213によれば、悪賢い競技者がパラドックスを考えだして、(他の競技者たちに悪質なパラドックスを含んでいると見やぶられないようにして) それを通してしまえば、ノミックの勝者となれることに注意。

ゲームの説明の前置きが長くなりすぎた。いよいよノミックの競技法の話に移ろう。繰りかえすが、ノミックは規則を変えるのが一手になる。二人でも遊べるが、三人以上のほうがおもしろく遊べる。ノミックの要は規則202だ。これを真っさきに読むのがよい。競技者は紙と鉛筆、およびサイコロ一個 (これは少なくとも競技開始時には必要)を用意しなければならない。ふつうのレポート用紙よりも、カードのほうが便利だろう。新しい規則や修正をこのカードに書くのである。紙のどの部分に書いたか、あるいは書いたカード (紙) をテーブルのどこに置いたかで、規則が「不変」か「可変」かの区別をする。規則の修正は、カードをその上に重ねるか、紙の次の行から書くかで示す。失効した規則はたんに消すか、取りのぞく。ゲームが複雑化する場合、競技者は自分でノートを用意して、新しい規則や修正を写し、生きている規則番号別に整理しておくのがよいだろう。理想をいえば、各競技者に一台ずつ端末が割りあてられていて、規則や修正がすべてコンピュータに投入され、番号順に管理されているのがベストだ。

初期規則集

I　不変規則

101　すべての競技者はその時点で効力のあるすべての規則を、その時点で発効している形で順守しなければならない。この初期規則集にある規則は、競技開始時点ですべて効力をもつ。初期規則集は不変規則101〜116と可変規則201〜213とからなる。

102　最初、100番台の規則は不変で、200番台の規則は可変である。新たに制定された規則、あるいは転換された規則 (不変から可変に、あるいはその逆方向に性質を変えられた規則のこと) は、付いている番号に無関係に、不変あるいは可変たりうる。また、初期規則集の中の規則は番号にかかわらず転換しうる。

103　規則変更とは次のいずれかを指す。(1)可変規則の制定、破棄または修正、(2)修正の破棄または修正の修正、(3)不変規則から可変規則への転換、またはその逆。(注意—この定義により、新しい規則は少なくとも最初すべて可変である。不変規則は、不変規則である限り修正も破棄もされない。可変規則は、可変規則である限り修正も破棄も受けうる。しかし、どの規則も絶対変更しえないということはない。)

104　正当な方法で提案された規則変更は投票に付される。定められた投票数を得た場合にのみそれは採択される。

105　すべての競技者は投票権をもつ。投票権をもつものは、規則変更についての投票を棄権することができない。

106　提案される規則変更は、投票前に必ず明文化されなければならない。それが採択された場合、投票時に明文化されていた形で発効する。

107　いかなる規則変更もそれを採択した投票が完了するまでは発効

しない。たとえ、その規則変更がはっきりとこの条項に反したことを明記している場合でも同様である。いかなる規則も過去にさかのぼって発効することはない。

108 提案された規則には一連番号が付けられる。以後の参照は、この番号によってなされなければならない。この番号は301から始まり、正当に提案された規則変更に、その採択可否とは無関係に順次付けられる。

　規則が一度破棄されたのち再度制定された場合、その再制定の提案に付された番号が新たに付与される。規則が修正または転換された場合、修正または転換の提案に付された番号が新たに付与される。修正が修正または破棄された場合でも、該当する規則には、その修正または破棄の提案に付与された番号が新たに付けられる。

109 不変規則を可変規則に転換する規則変更は、投票権をもつ競技者全員が一致した場合にのみ採択される。

110 不変規則のどれかに対して、矛盾するような可変規則（矛盾する不変規則を可変規則へ転換するしか、矛盾解決の方法がない）は全面的に無効である。可変規則が不変規則を暗黙のうちに可変規則に転換し、同時に修正してしまうということはない。不変規則を可変規則に転換する規則変更は、該当する転換を明らかに表明している場合にかぎり有効である。

111 提案された規則変更が不明瞭、曖昧、逆説的、あるいは競技に対して破壊的である場合、または、ある競技者がその規則変更を二つ以上の規則変更からなる、あるいはなんの変化ももたらさない修正であると考えた場合、またはなんらかの意味で疑問ありと考えた場合には、投票前に他競技者は提案された規則変更案に対して、審議したり、修正案を示唆したりすることができる。この議論に対しては十分な時間が与えられなければならない。しかし、提案者は投票の対象となる最終的な提案の形を決め、かつ審議を打ちきって投票を開始する時刻を決める権利をもつ。提案に対する最終的な否定は、反対票を投ずることだけである。

112 競技の勝者はn点達成という基準で決める。これ以外の基準を勝者決定の基準にしてはならない。しかし、nの大きさや点数獲得の意味は変更しうる。また、競技続行が不能になったときの勝者決定の規則も制定可能であり、（それが可変規則である限り）修正、破棄も可能である。

113 競技者は、ゲームを続行し、ゲームで罰点をこうむるより、ゲーム自身に失格するというほうを選ぶ権利をもつ。（罰点をこうむる競技者の見地に立つと、ゲーム失格が最大の罰点と考えられる。）

114 つねに最低一つの可変規則が存在しなければならない。規則変更の採択が完全に許容されなくなるということは、絶対にありえない。

115 なんらかの意味で、規則変更の実現に必要な規則に影響を及ぼすような規則変更も、ふつうの規則変更と同様、全面的に許容されている。規則変更の手続き自身の一部、または全部を無効にしてしまうような規則変更も許容される。いかなる規則変更あるいは手の種類も、自己言及または規則の自己適用がなされているというだけの理由で許容されなくなることはない。

116 規則変更の採択は、規則または規則の集合がそれを許容しているときにのみ許容される。その判定ができないとき、規則によって明らかに禁止または規制されていないものは許容されていると見なす。（これは「明らかに許容されているもの以外は禁止する」と反対の立場である。）

II　可変規則

201　競技者は時計回りに手番がめぐってくる。手番を飛びこしたり、パスしたりすることはできない。また手番の中で行うべきことを、一部省略することもできない。競技者は全員持ち点〇から出発する。

202　一回の手番は次の二つの行為からなる。(1)規則変更を一つ提案し、それを投票にかける。(2)サイコロを一個振り、出た目をその競技者の持ち点に加算する。

203　規則変更は投票が有権者の間で満票であった場合にのみ採択される。

204　もし、初期規則203が修正または破棄されたのち、規則変更が満票以外の投票結果で採択されるようなことが起こったならば、反対票を投じた競技者の持ち点には一〇点加算される。

205　採択された規則変更は、その採択を行った投票の直後、ただちに完全な形で発効する。

206　提案した規則変更が、投票によって否決された場合、提案者の持ち点は一〇点減点される。

207　競技者はつねに一票の投票権をもつ。

208　最初に（プラス）一〇〇点を獲得した競技者が勝者となる。

209　いかなる時点においても、二六個以上の可変規則が存在してはならない。

210　チームメイトでないかぎり、競技者間で、将来の規則変更について相談したり、共同謀議したりすることはできない。

211　二つ以上の可変規則がたがいに矛盾するとき、あるいは二つ以上の不変規則がたがいに矛盾するとき、最も番号の若い規則が優先する。

　矛盾する規則の中の少なくとも一つの規則が、自分が他の規則（の種類）と異なる、あるいは他の規則（の種類）に対して優先権をもつと明記している場合においては、最若番号優先の原則は適用されない。

　ただし、矛盾する規則の中で、二つ以上の規則が他規則に対して優先権を明らかに主張している場合、あるいはおたがいに他規則に準拠していると主張している場合には、再び最若番号優先原則が適用される。

212　競技者間で、手の合法性、規則の解釈・適用に関して意見の不一致があった場合、現在手番になっている競技者の右隣の競技者が判事となり、判決を下す。（このような手続きを裁判と呼ぶ。）判事の判決は、次の手番の直前に行われる投票で、当該判事以外の全員一致を見ないかぎりくつがえされない。裁判が求められているときは、次の手番の競技者は他の競技者の過半数の同意がなければ、自分の手を開始することができない。判事の判決がくつがえされたときは、その判事の右隣の競技者が新たな判事となり、問題に対して判決を下す。以下同様。ただし、自分あるいは自分のチームメイトが手番である競技者は判事になれない。判事が発言を封じられないかぎり、判事は、自分自身の判事としての適法性や裁判権にいたるまでのありとあらゆるゲーム中の問題を一人で処理する。新しい判事は前の判事の判決に束縛されない。しかし、新しい判事は、裁判を起こされた手番が完全に終了しうる条件に影響を与え、かつ競技者たちの間で現に意見の一致を見ていない問題についてしか処理できない。この規則でいう意見の不一致とは、競技者のうち一人がそう主張したことをもって起こるものとする。判事にとって、最後に拠るべき基準は公序良俗とこのゲームの精神である。

213

以後の競技の続行が不可能になるような規則変更が行われた場合、手の合法性を最終的に判断することが不可能な場合、または判事が最善の努力をして考察しても、ある手が合法的でかつ違法であるとしか判定できない場合、手を完了できなかった最初の競技者が勝者となる。

この規則は、勝者を決定するどの規則に対しても優先する。

＊　＊　＊

以上がノミックの規則だ。私の友だちがこれを読んでこういった。「モノポリーにとってかわるゲームじゃないね、これは。」私もそれはホントだと思う。しかし、ノミックは熟考を要するゲームとしてはモノポリーよりおもしろい！　こういう熟考の興味を倍増するものとして、実際この一見気違いじみたゲームを競技してみたスーパーは、おもしろい規則変更のタイプをいくつか提唱している。たとえば……。

初期規則203における全員一致という条件を、たとえば、たんなる過半数という条件にして、可変規則を不変規則より変えやすくする。ノミックの初期規則にある不変規則・可変規則の層の中間、あるいはさらに下に別の層を設ける。ある規則の変更にかぎって、特別な手続きが必要なようにする。ある一定数の手番後に失効するような、時限立法を可能にする。競技者間で、これからの規則変更に関して私的な談合を行うことを認める。無記名投票を許す。すべての規則が、新しい一時的な手続きに従って容易にまとまって変更しうるような、いわば憲法制定会議（あるいは革命）の成立を許す。最初、不変規則であったものが、可変規則になっている、あるいは破棄されている場合、その個数に上限を設ける。

規則についている番号がなんらかの偶発的事情で変わって、優先順位に変化が起こることを許す。あるいは、優先順位の決定法そのものを変えてしまう。たとえば、新しいほうの規則を古い規則に優先する。（現実の法体系でも、新しい規則が古い規則に優先しているようだ。）

得点を、サイコロの目のような運ではなく、（知的または指先の器用さのような運動能力的）技量にもとづくように変える。規則変更の提案が否決された競技者、あるいは裁決がくつがえされた競技者の持ち点を、サイコロの目に応じて（サイコロの目に対応したある数で）ふやす。反対票を投じた競技者、あまりにも多量の言葉からなる規則変更（たとえば一五〇〇字以上）を提案した競技者、規則変更を提案するのに二分以上かかった競技者、不変規則を可変規則に転換しようとした競技者、一度発効したのにその後破棄されてしまったような規則変更の提案者などの持ち点を、やはりサイコロの目に応じて減点する。

ノミックに第二、第三の目標を導入する。個人個人が点数をかせぐという目標のほかに、共同の目標をもつというのも一法である。たとえば、競技者は自分の手番で文字を一つずついい、全体として一つの文章を完成させるとか、詩を一行ずつ成長させるとか、積木のお城を一ブロックずつ積み上げていくとか、グループの一員が勝ち点に到達するまで、グループ全体としてある一つの目標を追求する。あるいは、第二の競合目標として、別のゲームを同時に行い、そのゲームに勝った競技者（二人以上の場合もある）が、まだつづいているゲーム（ノミック）で有利な地位や点を得ることができる。あるいは、ノミックのゲームの進行を、別の異なるゲームの結果に依存するようにする。このほかにもいろいろな味つけがあるだろう。

チームプレーも一法。チームの構成を変えられないようにしたり、非公式な話し合い、あるいは持ち点数の間の代数的関係や手番のめぐり合わせから機械的にチーム構成を変えたりする。「隠れた」パートナーを作る。たとえば、ある競技者が得点したとき、もう一人の競技者も得点する、あるいは得点を分け合う。

ノミックが立法府のモデルになっている点をさらに強調して、ゲームの進行状況に応じて上がったり下がったりする指数を用意する。この指数は、いわば選挙区や圧力団体の不満度（あるいは満足度）を表している。この指数で、許容される手に制限を加えるのである。（たとえば、得点の計算法を変えて、実質的な制限をする。）また、提案に対する投票を行う前に、何回か手番が回ることを許し、提案者が自分の提案に関わる「世の中」の情勢を知ることができるようにする。

スーパーは、読者が実際にノミックを競技してどういう感想をもったか、改善点あるいは法律の再帰性についてなにか意見はないか、たいへん知りたがっている。彼の住所は、Dr. Peter Suber, Department of Philosophy, Earlham College, Richmond, Ind., 47374, U.S.A.。

ノミックを競技する人へのスーパーの究極の挑戦は、規則変更の能力を保ちながら、規則が真に不変たりうるか、また規則変更の能力を取りかえしのつかない完全な形で破棄しうるかを確かめる点にある。

＊　＊　＊

ノミックの世界が豊かであることは、もう十分に明白である。私は以前、『ゲーデル、エッシャー、バッハ』に、自分を修正していくゲームについて書いたことがあるが、そのとき私が望んだ条件はすべて満たされている〔原著六八七ページ、邦訳六七六～七ページ〕。私の目的はそういうゲームを抽象的に記述することであり、誰かがこういう具体的な形で完全なゲームに仕たて上げるとは夢にも思っていなかった。自分自身のすべてについて自己修正できるような体系、たとえその中に不可侵のもの（と私が呼んだもの、ノミックにおける不変規則に対応する）があったとしても、やはり修正可能であるような体系は、私の長い間の夢であった。

どうしてこんな夢を抱くようになったか、私ははっきりと覚えている。当時スタンフォード大学の数学の教授であった故ジョージ・フォーサイスからコンピュータというものについてはじめて聞いたのは、私の高校生時代である。（当時はコンピュータ・サイエンスの学科なんてものはなかった。）数学の講義で彼は二つのことを強調した。一つは、コンピュータの目的が、人間にとって機械化の方法がわかっているものを実行させることであるという概念である。つまり、以前はみずみずしい洞察力や想像能力がいると考えられていた仕事が、巧妙かつ微妙な規則の組み合わせで置きかえられるとわかってくるにつれ、つぎつぎとコンピュータによって侵食されていく。仕事が、一つ一つは単純で退屈な仕事の組み合わせとなり、光の速度で片づけられていく。フォーサイスがこれを示すのに使った例の中で、私にとって最も感激的だったのは、コンピュータがある意味で自分のために計算するという例、すなわちコンパイラだった。コンパイラは、エレガントで人間に読みやすい形の言語を、〇と一からなる判じもののような機械語に変換するプログラムである。

フォーサイスが強調した第二点——これは第一点と密接に関係している——は、プログラムがコンピュータのメモリーの中に蓄えられた「もの」であって、たんなる数と同様、他のプログラム（自分自身かもしれぬ！）によって処理を受けるものだということだ。いまの二つの概念を溶かし合わせると、ある抽象的なコンピュータのアイデアがわいてくる。（ENIAC, ILLIAC, JOHNNIACなど、当時私が聞いたコンピュータ名をいじっているうちに、私はこれをIACIACと呼ぶことにした。）IACIACは自分のプログラムを処理するだけではなく、自分自身を再設計し、機械命令の解釈法も変えていくといったことができなければならない。と考えたまではよかったが、私はたちまち壁に突きあたってしまい、計画を果たすことができなかった。しかし、この計画の魅力は忘れられるものではない。ノミックはゲームであって、コンピュータではないが、私の求めていたゴールの精神に、私の知るなにものよりも近い。おっと、ノミック自身は例外だ。

（一九八二年八月号）

追記

このコラムが発表されたあと、私はウィリアム・ポプキンという法律学者から手紙を受けとった。彼はノミックをおもしろいゲームと認めながらも、私の見解に哲学的な反論を展開してきた。ポプキンと私のやりとりは『サイエンティフィック・アメリカン』の「手紙欄」に載った。まずはポプキンの手紙。

法学教授として私は、ホフスタッターの書いた法律の再帰性、自己言及性に関する小論にたいへん興味を覚えた。彼のいうように、多くの例がある。合衆国憲法第五条は、上院における各州平等の代表権を否定するような改憲を禁じている。インドの最高裁は、そんなことがどこにも陽に書いてないにもかかわらず、インド憲法の改憲の手続きが、インドの人権宣言には適用できないと判断してしまった。これは法律の再帰性の問題を投げかけた。

こういう再帰性の問題はおもしろいが、私はホフスタッターがデロングの弁を引用していう、「議論法の一般論」にこれが関係あるとは思えないのである。これらは規則、法律、政治といったものすべてに関係しているのであって、議論法には関係しない。この問題に（少なくとも一人の）法律学者がどうアプローチしたかを以下に示したい。どの再帰性問題も同じ構造をもっている。特殊な場合が生じるような規則が一つあるのである。典型的なのは、その規則に照らすと、その規則自身の意味がはっきり定まらなくなるような規則である。たとえば、最高裁は正規の手続きで上訴されてきた事件に判決を下さないといけないが、判事は、個人的に関心のあるような事件を担当できないことになっていたとしよう。さて、ある訴訟が起こった。それは高度な憲法判断が求められ、かつ最高裁判事の給料を減らすような訴訟だった。もし判事がこの事件を担当すれば、判事が個人的に関心のあるような事件を裁いてはいけないという規則に反し、逆にどの判事もこれを担当してはいけないとなると、最高裁の判決義務を定めた規則に違反してしまう。同じような構造は、条項修正に関する規則の修正にも見られる。憲法の改正には三分の二の賛成が必要だが、ただ一つ全会一致の賛成が必要な条項があったとしよう。さて、この全会一致則の修正案が通った。もしこの修正が有効であれば、全会一致則の意味がおかしくなり、無効であれば、修正手続きが不完全ということになる。

　これらの問題は意味の問題であり、ライバル同士の結論のぶつかり合いであって、論理学の判じものとは性質が異なる。最終的な決断は難しかったり、やさしかったりするが、議論を概念化するのは難しくない。私は、判事の給料がからむにしろ、そんな問題を議会で判定してもらおうと誰も考えない以上、やはり最高裁が責任をもつべきだと結論したい。また、修正の効力は全会一致則には及ばないと考える。社会的契約を壊さないためには当然だろう。これらは難しい部類の問題だが、ホフスタッターが示した最初の問題、つまり修辞学の先生プロタゴラスが生徒のユーアトルスの最初の訴訟事件での勝利によってお金を受けとるという契約がどうなるか、という問題はやさしい。先生は生徒に対して金を払えという訴訟を起こした。先生はこの訴訟で勝てばお金が入るし、負ければ負けたで契約どおり生徒にお金を払わせることができるというわけである。だが、生徒が一つも訴訟事件に勝っていないのに、いったいどういう根拠でこんな訴訟が起こせるというのだろうか？　それにもともとの契約は、生徒がお金を払わないといけないという勝利に、こういうデタラメな先生の訴訟を含むとでもいうのだろうか？

　ここで私が指摘しているのは、再帰性が、あるときは難しく、あるときはやさしい選択の問題にほかならないことである。これは、法律ではなにも新しい問題ではない。法律の大きな問題のほとんどは再帰性に関係しない。たとえば、プライバシーと報道の自由のどちらを選ぶか？　深く追求すれば、法律と人工知能、あるいは境界領域の研究といったものとの相互作用に話が及ぶかもしれない。再帰性は、間違いなく哲学における重要な現象であろう。もっとも、私はそうなる理由をあまり評価していないが……。もし人工知能の開発が法律にとって有用になるというなら、人工知能は法律問題がなんにかかわっているかをすべて知っている必要があろう。法律家にとって、再帰性ではなく、選択が重要な問題である。実際、私は再帰性がホフスタッターのたんなる楽しみになっているのではないかと思う。少し前のコラムで彼は、イギリスのファーストレディに相当するのはなにかという問題について書いている〔第24章参照〕。そこで彼は、なにかがなにかに似ているのをどう判断するかという問題を論じたのだが、これはまさに法律家が選択を行うときの問題と同じなのである。われわれがアナロジーをどうとるかは、われわれがどう選択を行うかを決める。これが判断の本質なのである。人工知能がこういうことに関わってくれるのであれば、私は大歓迎だ。

　不変規則というものが存在するかという疑問に対する私の解答は、明快である。それは存在する。それをあなたが望めば……。

ウィリアム・ポプキン
法学教授
インディアナ大学

この手紙は問題をうまく表しており、小さな議論の出発点として格好の材料になった。私はこう返事した。

　ポプキン教授は、ピーター・スーバーのノミック・ゲームに関する私のコラムに対して、おもしろい問題点を指摘してくれた。彼の主張点は本質的に二つある。(1)どんな法体系にも再帰性に起因するもつれの存在が避けられないのは興味深いが、それは法律自身の深い性質にもとづいているものではない。(2)一番重要なのは、法体系のキーポイントが、いろいろな事象や関係の中から、本質的なものと付帯的なものとを見分ける人間の能力であることだ。このカテゴリー認識能力により、人々は事物を判定することができる。ポプキンはこれを「選択」と呼んだ。結論として、彼は、人々が「選択」を行うことの原理を発見することが人工知能研究者にとって最重点課題だといっている。

　私は、スーバーの「再帰性」もポプキンの「選択」も、法律の本質にとって等しく重要だと思う。両者はおたがいにからみ合っているのだ。スーバーが強調したのは次の点だ。自己無矛盾と思われていた体系に二つの相反する視点があったとき、どちらを優先するかと問われたら、人々はしばしばどこにも陽に書かれていないような規則を援用してしまう。なぜなら、なんらかの規則が書かれているのだったら、そういう規則も、少し高い抽象レベルで結局同じような矛盾に出会うに違いないからだ。「法律は論理的な難しさはすっとばして、実用的な規則、政治的な配慮、法律論といったものに立脚して問題を解決してもいいのだ」とスーバーはポプキンに答えている。「論理的な障害をかきわけて進むのに、ポリシー、つまりポプキンの『選択』が有効であるというのは答えになっていない。それこそが解明されるべき謎なのだ。」

　陽に表明された規則と、暗黙のガイドラインの対比を把握することは、カテゴリー認識（つまり「選択」）がいかに柔軟に行われるかを研究している人間にとっては、人工知能研究の立場だろうと、自由意志の哲学を研究する立場だろうと、法律の本質を見きわめようという立場だろうと、きわめて重要なことである。ポプキンは、これがいつかは選択の謎の糸口ぐらいは与えるだろうと書いて、人工知能研究には若干寛容なようだ。彼はこの点に関しては間違っていないと思う。しかし、機械に選択の能力を与えようとすれば、すぐ矛盾、レベルの衝突、再帰性のもつれといったものに突っこんでしまうことを、彼は認識していないようである。

どういう認識プログラムも、聴覚や視覚のようなさまざまな様相の知覚でモデル化することができる。いま私たちが確実に知っていることは、どういう様相であろうと、知覚は、最も原始的な「構文」の層から、最も抽象的な「意味」の層まで、何層もの処理からなっていることだ。ナマの刺激がどの意味的なカテゴリーに属すかを決めるのは、ボトムアップ（刺激駆動）だけでもなく、トップダウン（カテゴリー駆動）だけでもない。両者が混淆しているのだ。いろいろなレベルで、仮説がほかのレベルでの新しい仮説を生みだしたり、すでにある仮説を弱体化させたりする。仮説の生成、削除は高度に並列的に行われる。看板、ラジオコマーシャル、電車の吊り広告のように、すべてのレベルが同時に注目を引こうとがんばるのだ。

こういう混沌状態にあるにもかかわらず、各レベルがしだいに自己強化的に合意に達して、統一的な決断に至る。こういうことが起こるとすれば、なんらかの心的管制か、(本文で述べたロバートの規則に相当するものがないといけないように思われる。つまり、各レベルに発言権を与え、投票、動議のくつがえしや棚上げなどのスケジュールを決めるものがあるに違いない。現在、こういうものが知覚過程に本質的であることがわかっている。しかし、まさにここそが、再帰性のもつれが激しく現れるところなのだ。

どういう認識プログラムにも、いろいろなレベルの「内室」がある。つまり、プログラムのデータ構造にいろいろなレベルの不可侵性がある。(ここでいうデータ構造には、現在の仮説のみならず、プログラム自身のもっと深い恒久的な構造、たとえば証拠類に対する重みづけの基準、矛盾の除去法、なにをさきにやるかの優先順位——それに、もちろん不可侵性そのものに関する情報も含まれる！）さて、柔軟性の極みにおいてはどのレベルも絶対にいじれないということはないが、レベルによっていじれる度合というものは異なる。だから、認識プログラムの中心部分は、ちょうど政府の構造、あるいはノミックの構造と同じように、容易に可変、中庸に可変、ほとんど不変といった段々構造をもっている。要するに、認識プログラム——「選択プログラム」——は再帰性のもつれに必ず悩まされるのである。

私がここでいいたいのは、ポプキンが法律の中では付けたしの余興ぐらいにしか見なしていない再帰性の問題が、実は彼が事の本質だと指摘したカテゴリー認識に深く関わっているということなのである。だから私はスーパーのゲームはたんなる楽しみにとどまらず、哲学的にも挑発的だと思うのだ。最近の認知科学の手法にもとづく、再帰性と認識を織り合わせるような研究は、法律の哲学はもちろん、心や自由意志、アイデンティティに関する古くからの哲学的問題にも光を与える可能性があるという意味で、非常に重要だと私は考える。

＊　＊　＊

ポプキンに宛てた私の手紙は、一言にまとめればこういえる！フレキシブルな認知（flexible cognition）を得たければ、再帰性（reflexivity）と認識（recognition）に集中するがよい。こういう話題については第23章、24章でもっとくわしく議論する。

［II］
センスと社会

[II]

センスと社会

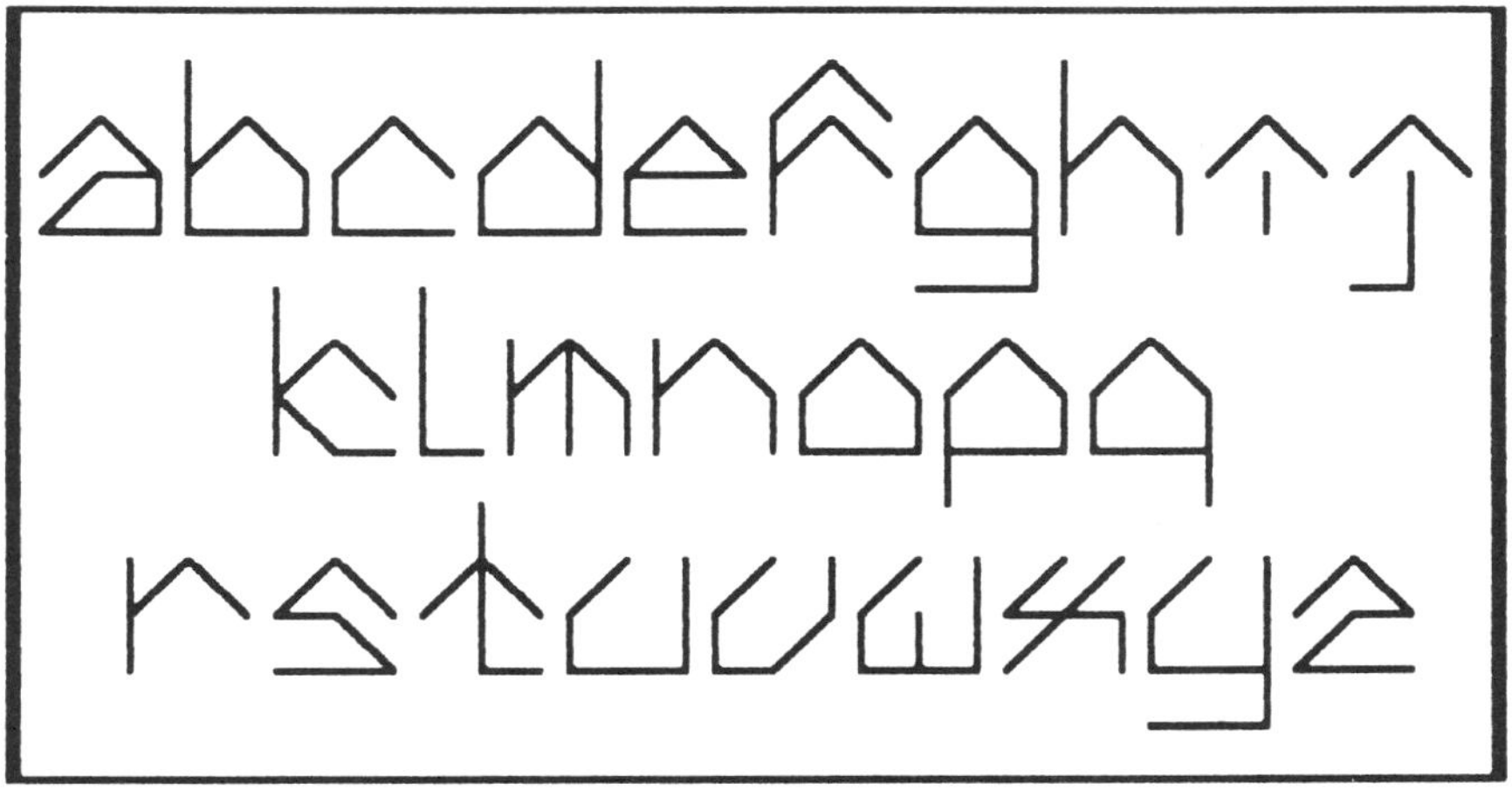

IIの四つの章で、この本のもう一つの広いテーマが導入される。それは、無節操なメディアや社会通念が並べたてる言葉、言い習わし、概念、流行、様式、趣味を一般大衆が無分別に受けいれることによって起こる弊害である。常識の性質、思考に浸透している隠れた前提、知覚や認識の複雑なメカニズム、信じようという意思、人間のだまされやすさ、典型的な詭弁、私たちが無意識のうちに行っている統計的な推論、宇宙を見るときに私たちが拠って立つものすごく幅広い時間的・空間的尺度、人やものごとを理解し概念化するときに使われているたくさんのフィルター……こういったものに対する興味はおろか、意識すらもたないように、私たちの社会はなっているらしい。その結果としての誤解、迷信、無知、不安が、予算のほどほどあるいはまったくの無駄遣い、特定の集団に対する露骨あるいは微妙な差別、世界の現状や動きに対する局所的あるいは大局的な無関心といった、不安定な社会状態を生みだしている。もちろん、すべての人はある妄信のもとで働き、ある種の思考を避け、あれやこれやの主題に対して過度に閉じた心をもつものだ。しかし、こういう小さな糸片が一億、一〇億と重ねられ、巨大な織り物として織り上げられるといったいどうなるのだろうか。五〇億の理解不完全と無知で織られた絨緞は、遠くから見るとどんな具合に見えるのだろうか。そして、この空飛ぶ絨緞はどこへ飛んでいくのだろうか。

［第5章］
衝突する世界観＝真理はイノチを捨てて生きていく

「当惑の研究者たちが、いま明かす……**子供は耳でものを見ることができる**」
「人類と植物の交配……**人間植物製造はあと一歩**……人類に不可能なし」
「婦人の心と身体に宿る異星人、催眠術で発見」
——『ナショナル・インクワイアラー』見出しから

読者は子供のころ、漫画の台詞がいつもビックリマークで終わるのを、不思議に思ったことはないだろうか？　いつもそんなにビックリするようなスリルに満ちた台詞だったかといえば、答えはノーだ。ビックリマークは、たんに見かけ倒しのからくりで、話にめりはりを効かすためのものなのである。

アメリカで最右翼の扇情的かつはでな週刊誌『ナショナル・インクワイアラー』も、同じからくりを使う！　なにか奇異な、かつてない現象の発見を記事にするとき、この週刊誌は、ビックリマークを使うかわりに、「当惑する研究者」だの「うろたえる科学」だの、有識者の狼狽ぶりを必ず引き合いに出す！　これは話の信憑性を高めるために付加された飾りである！

いや待て、編集者は本当はいったいなにをねらっているのだろう？　話の信憑性を上げようというのか、それとも下げようというのか？　実は両方らしい。話をできるだけ奇異に見せ、それでいて信憑性を上げようというのが編集者のねらいなのだ。だから、理想の見出しは矛盾を含むはずで、不可能と確実性が対になっている。いわば、保証付きのナンセンスだ。

最初に引用したような見出しとか、「日本語で歌う植物」だとか「計算するサボテン」だとかいう記事を見たらどうすべきなのだろう？　なにしろ、この週刊誌は毎週何百万部もコンビニエンス・ストアで売られ、人々はこの種の話をまるでポテトチップのようにガツガツとむさぼり読むのである。そして読みおわったら、ほかのたくさんの雑誌や新聞（『ナショナル・イグザミナー』、『スター』、『グローブ』、『ウイークリー・ワールド・ニュース』）にまた関心を移していく。こういった事実をどう考えるべきなのだろう？　火星人だったらこれをどう思うのだろう！（図5-1）

この種の記事に対して、ニヤニヤ笑って、馬鹿げた話だといって片づけるのが、たぶん最初の反応だろう。でも、どうして馬鹿げているといえるのか？　馬鹿なことを聞くなとおっしゃるかもしれな

図 5-1　大衆紙を読んで驚いている火星人。地球上の印刷技術ではとても印刷できないような複雑な発音区別記号がたくさん含まれていることに注意。（写真：デービッド・モーザー）

い。しかし、『サイエンティフィック・アメリカン』に載っている記事が信用できるとするなら、その差がどこにあるかが問題なのだ。たんに出版物の体裁の差だろうか？　タブロイド判の週刊誌で、ケバケバしい絵が出ていて、見出しが扇情主義的だから、『ナショナル・インクワイアラー』を信用できないというのだろうか？　待て、そこに問題がある。こういう訴追で有罪の判決を下すときの、議論の中身が問題なのだ。「ケバケバしい」とか「扇情主義的」とかいう言葉の意味を客観的に明らかにする必要がある。これが結構難しい。

いままでのはコインの裏側だ。コインの表側はどうだろう？　たとえば、『サイエンティフィック・アメリカン』の威厳と伝統の体裁（著名人の写真が出ていないのはその一例）があるから、読者は記事を信用するのだろうか？　そうだとすれば、実に奇妙な信憑性の判定基準である。信憑性の基準が、情報の伝達手段の体裁というきわめて不明解なものになってしまう。

とはいうものの、私だってウソとホントを見分けたり、信用できないものと信用できるものを見分けたりするのに、体裁をチラッと見て評価しているのは事実である。しかし、どういう判断基準を使っているか述べるには、長篇の論文を書くぐらいの手間が要るだろう。もしその手間をかけて「出版の体裁によってウソかホントか見分ける方法」の決定版を私が出版するとしたら、多少役だつことが書いてあって読者もつくだろうが、本のタイトル、つまりまさにこの出版の体裁からして、拒絶反応を示す読者のほうがはるかに多いだろう。これはまずい。

ほかにもまずいことがある。私から見れば信じられないようなナンセンスに非常に多くの人々がひっかかってしまい、『サイエンティフィック・アメリカン』のような雑誌に出てくる、真実だけれども驚くような科学的事実にはほんの少数の人々しか関心を示さない。私はこういう雑誌に出ているものほとんどが正しいと主張するだけの自信はあるが、ナンセンスに抗するための能力は残念ながら小さい。これは大半の読者にとっても、著者にとっても、編集者にとっても（とくに強力な反対者がいた場合）同じだろう。なぜ真理のほうがつかみにくいのだろう？

＊　＊　＊

私たちが真理を見分ける能力の源はなにか？　それはなににもまして（すべての下でというべきか）常識である。あのとんでもなくつかみどころのない、しかし万人が多かれ少なかれもっている常識である。なにも学士様や博士様である必要はない。大学は常識に対して学位を与えるところではない。実際、常識学科なんて聞いたことがない。これはある意味で残念なことだ。

待て、常識学科という概念そのものがこっけいだ。常識が万人のものだとすれば、そんなものをわざわざ大学でやる必要がない？これに対する私の答えは簡単至極だ。私たちの生活では、つぎつぎと遭遇する状況に対してすでに知っているものをいかに適用するかが、いつも問題になる。たんに既知の状況に対する常識をもっているだけではダメで、未知の状況に対して常識を拡張する能力が必要だ。カラクリっぽいが、求められているのは常識を適用するための常識、つまり「メタレベル」の常識なのである。こういう一つレベルの高い常識には、またもう一つ高いメタレベル常識がある。常識はいったん転回しはじめると、雪ダルマのように、常識を集めてふくらんでいく。つまり、常識自身に常識を適用していくうちに、摩天楼を築いていくのだ。摩天楼の基礎は誰もがもっているふつうの常識であり、階を重ねていく規則は基礎の中にもともと潜んでいる。しかし、実際に摩天楼を構築するのは巨大な仕事であり、できあったものもただの常識を越えたものになる。

ありふれた成分から構成されたとしても、拡張された常識の構造はとらえどころなく秘妙である。摩天楼の上の方の階に相当する常識は、「稀識」と呼んでいいかもしれない。しかし、これはふつう「科学」と呼ばれる。単純な常識から出発したにもかかわらず、できあがったものは基礎の常識を根底からひっくりかえすことがある。たとえば、相対論も量子力学も、基礎の常識から見れば非常識以外のなにものでもない。これらは常識に常識が適用されたあげく、幾多の予期せぬねじれやパラドックスをくぐりぬけてできあがったものなのである。

真理がこんなにとらえにくいから、人々が出版物のやかましさに攻めたてられている現状は不思議ではない。少年時代、私は、一度なにかが発見され、証明され、発表されたら、以後はそれが決定的で、確実で、揺るがぬ知識の蓄積に登録されるものと信じていた。

しかし、驚くべきことに真理は生存のためにつねに闘わなければならないことに気づいたのである。ある発見が「りっぱな雑誌」に発表されたからといって、それが公知となり、容認されるとは限らないのだ。実際のところ、世の中に受けいれられるまで、それは多数の著者により何回も何回もいいかえられ、再発表されるのがふつうである。真理とは一枚岩で絶対的であり、多元的なものでも相対的なものでもないと思っていた私のような理想主義者にとって、これはショックだった。（「すべて信念体系は等しく有効である」と暗に主張している一部の人類学者や社会学者は「相対主義」のドグマを自認していないようだが、ほかのドグマと同じく偏狭だし、どっちつかずだ。）生存のために真理が闘うとは、なんと悲しい！　多大な援助がないと真実が明るみに出ないとは……、これはショックだ！

＊　＊　＊

異なる意見をすべてオープンにして闘わせるべきか、少数の「公式的」出版物に真実の公表を預けてしまうべきか、これはどういう社会も抱えている問題である。私たちの社会は、意見の複数並立、思想の売りこみ市場、相矛盾する理論の自由参加討論のほうを選んだ。しかし、こうも世の中混乱してくると、規則や秩序は大丈夫なのだろうか？　真理を守ることができるのだろうか？　しかし、答えはイエス。ＣＳＩＣＯＰ！

ＣＳＩＣＯＰ？　なんだ、それは？　真理を守ってくれるお巡りさん（COP）のようなものか？　そう、当たらずといえども遠からず。ＣＳＩＣＯＰはCommittee for the Scientific Investigation of Claims of the Paranormal（超自然現象の主張に対する科学調査委員会）の略称である。やっていることがマル秘的でないわりに、名前がマル秘的だが、目的は、奇異で、ありえそうもないことの主張に対して良識をもって対処することなのである。

ＣＳＩＣＯＰはニューヨーク州立大学バッファロー校の哲学教授ポール・カーツが創始した組織である。カーツ教授は不合理な盲信の増大傾向に対抗し、超自然現象の主張に対して異議を唱えるような科学的視点のもとに、よりバランスのとれた扱いをする必要があると考えたのである。ＣＳＩＣＯＰの初期メンバーには、アメリカの最も偉大な哲学者（たとえばアーネスト・ナーゲルやＷ・Ｖ・Ｏ・クワイン）のほか、超自然現象に対する闘士たちの多彩な顔ぶれがそろっている。心理学者レイ・ハイマン、魔術師ジェイムズ・ランディ、そしてお馴染みの大物マーチン・ガードナー。最初の数回の会合の結果、委員会の主要機能は、「化けの皮をはぐ（debunking）」テクニックをテーマとした雑誌を発行することに決まった。「化けの皮はぎ」は委員会の正式用語ではないだろうが、いいえて妙である。

こうして一九七六年秋に創刊された雑誌が『ザ・ゼテティック』である。名前はギリシャ語の「懐疑論」に由来する。

生まれたての運動によくあるように、ここでも二つの派が対立することとなった。一方は「相対主義者」つまり断定的になることを拒む派閥で、もう一方はナンセンスに強固に対立し、超自然論に対して攻撃的に立ちむかう主義の派閥である。不思議なことに、心の広いはずの両派はおたがいの異なる意見には心が広くなく、組織の裂け目は深くなる一方だった。結局、両派は分裂する。相対主義者たちは自ら『ザ・ゼテティック・スカラー』という雑誌を発行し、科学と擬似科学を幸福に共存させている。もう一方の大きいほうの派閥はＣＳＩＣＯＰの名を踏襲し、雑誌の名を『ザ・スケプティカル・インクワイアラー』に変えた。

『ザ・スケプティカル・インクワイアラー』の目的はナンセンスと闘うことにつきる。そうするのにこの雑誌は常識、しかも可能なかぎり摩天楼の基礎にある常識に頼ろうとする。もちろんこれはいつも可能ではないが、基本姿勢なのだ。つまり、英語が読める人ならばわかる常識を拠りどころとしている。雑誌のどのページを読むにも、特別の知識や修練はいらないのであるが、実にどのページを読んでも、ナンセンスな主張は木っ端みじんに打ちくだかれている。（ナンセンスな主張には、最初に引用した見出しのように一見して馬鹿げたものもあるが、中には微妙なものもある。）この非不和雷同主義の雑誌を読むために必要なのは、真理の本質に対する好奇心——想像を絶するほど想像力の豊かな空理空論家、変人、気違い、根っからのペテン師などの四方八方からの攻撃に対して、真理がいかに(CSICOPを通して)自己防衛をするかに対する興味につきる。

最初のうち非常に少なかったこの雑誌の購読者は、いま七五〇〇人ぐらいになっている。もちろん、さきにあげた一〇〇万部以上の刊行物にくらべればゴリアテの前のダビデであるが、どのページにも生き生きとしたユーモアがあふれる記事があり、アイデアの格闘がとても読みやすい形で書かれている。意見はけっして独善的、独裁的ではなく、むしろ自由にセリに出される。常識の道具をうまく使いこなす著者たちも、おのおの異なった流儀があるため、ときには意見の一致しないことがある。

ここに、こういう雑誌の編集方針のパラドックスが潜んでいる。なにを受理し、なにを受理せざるべきか? つまり、本質的にこういう論争は、正しい議論に固有のものなのである。こういう状況を風刺していえば、『フリー・プレス・ブリティン』、『ジ・オープン・マインド』、『エディトリアル・ポリシー・ニューズレター』といった雑誌の抱える、編集方針のジレンマを思いうかべるとよい。編集者への手紙や記事のうち、どれを採用するか? 投稿をボツにする基準はなにか?

これはやさしくない問題で、パラドックスを含む。評価されるアイデアがそれ自身を評価するアイデアにもなっている、というもつれがある。頼れるのは結局、常識——合理性の一番もとになる基盤——だけだ。しかし、不幸にも私たちは合理性の最も深い基盤を明確に定義づけるフールプルーフ的手順をもっていないし、近い将来もつようになるとも思えない。

心理学者や哲学者がいかにがんばっても、常識を使いこなす能力は主観的技術にとどまり、永久に客観科学の対象とはなりえないだろう。たとえ、人工知能を求める実験認知科学者たちの長い長い努力の結果、考える機械が実現したとしても、機械の常識は私たちと同様、誤りやすく頑固なものになると思う。とりあえず合理性の核は、いわくいい難きもの——単純、エレガンス、直観といったものに求めざるをえない。知性の歴史には、ずっとパラドックスが存在していたのだが、この情報豊富な時代にこれでは困る。

存在の根幹にかかわるような認識論的問題があるにもかかわらず、『ザ・スケプティカル・インクワイアラー』はなかなか威勢がよく、わけのわからぬ専門用語の飛びかう科学雑誌に対する清涼剤的な役割を果たしている。もっとも、扱っている題材に日常感覚とずれているものが多いので、巷のスキャンダル雑誌と似ている、という見方もできないことはない。

いままでに出版された一七号に出てくる話題は、実に多方面にわたる。一度しか出てこなかった話題もあるが、角度を変えたり深さを変えたりして何度もとりあげられた話題もある。よく出てくる話題は
ESP(超感覚的知覚)、テレキネシス(念力で離れたものを動かす)、占星術、バイオリズム、雪男の足跡、ネス湖の怪物、UFO、霊魂創造説、テレパシー、遠隔視覚、犯罪を解決したと伝えられる千里眼の探偵、バミューダの(あるいはほかの)魔の三角形、念写(念力でフィルムを感光させる)、地球上の生命が宇宙からきたという説、カルロス・カスタネダの謎の魔術師ドン・ファン、ピラミッド・パワー、心霊手術や信仰療法、サ

イエントロジー、有名な心霊能力者による予言、亡霊・幽霊・お化け屋敷、物体浮揚、手相占いや読心術、非正統的人類学理論、植物知覚、永久運動機械、占い杖などの水脈発見法、牛の奇妙な肉体切断……等々。

これらはたんに常連というだけで、話題はこれに限らない。寄稿者はかなりたくさんいて、たとえばジェイムズ・ランディ、彼は非常に多作だ。ほかには、航空評論家フィリップ・クラス、UFO専門家ジェイムズ・オウバーグ、作家アイザック・アシモフ、CSICOPの創始者（で現在の委員長）カーツ、心理学者ジェイムズ・アルコック、教育家エルマー・クラル、人類学者ローリー・ゴドフリー、科学評論家ロバート・シェイファー、社会学者ウィリアム・シムズ・ベインブリッジなどがいる。本業はフリーの科学評論家である編集者ケンドリック・フレイジャーは、定期的に雄弁かつ手きびしいコメントを書いている。

＊　＊　＊

この雑誌の雰囲気を伝えるには二、三の記事をそのまま引用するよりほかに道はなさそうだ。第二号（一九七七年春・夏合併号）に載った話は、私の気に入ったものの一つである。これは心理学者ハイマン（他の執筆者たちにも共通するのだが、偶然にも彼は才能豊かな奇術家である）の書いたもので、「人心操縦術―アカの他人に、『当方はあなたのことを全部知っている』と思いこませる方法」と題されている。

話は、ハイマンの行った人心操縦法の講義の議論から始まる。ハイマンはいう。

私は、香具師、百科事典のセールスマン、催眠術師、広告専門家、伝道師、詐欺師、種々のカウンセラーなどを招いて、人を操るテクニックを見せてもらった。われわれがここで議論するテクニックは（とくになにか個人的な問題を抱えている人に救いの手を差しのべる場合にそうなのだが）、依頼人に共通する性向に深く根ざしている。つまり、彼らはどんな状況にあっても、実際にそこに含まれている以上の意味を汲みとりたがる性向がある。こういう説明をすると学生はすぐ納得してしまうが、実際、ナンセンスなものからなにか意味を汲みとってしまうという人間の性向を、学生たちが本当にちゃんと理解したかどうかは疑問だと私は思っている。

次にハイマンは、人が自分自身のことについて話されたとき、いかにそれを信じたがるかについて述べている。彼の金科玉条は「相手に受けのよいように振る舞い、相手の耳が望んでいることを話せ。相手は自分自身について聞きたがっているのだから、相手のことを話せ。しかし、真実を話してはならぬ。これは絶対だ！　そのかわり、相手が自分自身について真実であったらなあ……と思っていることを話せ！」一例として、ハイマンは次のような口上をあげている。（読者諸君、実は驚くべき偶然の一致により、これはズバリ読者諸君に向けられた言葉になっている！）

あなたの大志の中には相当非現実的になっているものがある。あるときはあなたは外向的で、気やすく、社交的だが、あるときは内向的で、慎重で、無口になる。自分を他人の前であまり率直にさらけだすのは賢くないとあなたは考えている。あなたは、自分独自の考えをもっていることを誇りに思っているし、満足のいく証明が得られないような他人の意見を受けいれたりはしない。あなたは多少の変化と多様性を好み、制限や抑制を嫌う。ときどきあなたは自分が正しい決断、正しい実行を行ったかどうか深刻に悩むことがある。外面では冷静沈着だけれど、内面では苦悩し、不安を感じている
　あなたの性的適応には問題がないわけではない。あなたには個人的な弱さもあるが、それを補償するやり方は心得ている。あなたはまだ有効に利用したことのない能力をたくさんもっている。あなたは自分にきびしくなりがちだ。あなたはほかの人に好かれ、尊敬されることを切に望んでいる

ドンピシャでしょう？　ハイマンはコメントする。

　この陳腐な口上の中の文句は一九四八年バートラム・フォアラーが人格診断ではじめて使ったものである。彼はこれらの文句の大半を、新聞スタンドで売られていた星占いの本から抜きとった。フォアラーの学生たちは、この記述を各自の性格テストの結果から出てきたものだと思いこみ、〇（まるでだめ）から五（完全）までの六段階評価で平均四・二六という高い点数を与えた。学生三九人中一六人（四一パーセント）が、これは自分の性格を完全にいいあてていると評価した。三点以下をつけたのはわずか五人で、最低点でも二点（まあまあ）であった。それから三〇年後に同じような実験を行ったら、ほとんど同じ結果が出た。

ハイマンは人心操縦者になるための一三か条を与えている。その中には、釣のテクニック（相手に自分自身のことをしゃべらせ、それをいいかえて相手に戻してやる）を使えとか、つねに、話している以上のことを本当は知っているというふうに振る舞えとか、ありとあらゆるチャンスを使って相手をほめろとか、いろいろのテクニックが出てくる。人相見になるための皮肉でおもしろい一三か条が、実に詳細に展開されているのであるが、これは読者をハッタリ屋や詐欺師に仕たてようという意図ではなく、人心操縦のしかけを読者に明示するためのものなのである。
　ハイマンはいう。

　どうしてこんなにうまくいくか？　人はだまされやすく暗示にかかりやすいものだといってるだけでは始まらないし、分別が十分でなくてものを見とおす知性の足りない人がいるといっただけでもだめである。むしろ、心の読みとりがうまくいくためには、読みとられる側の人にある程度の知性が必要なのである。どのみちなにかを理解しようとしたら、知識や予期・予想を総動員しなければならない。ふつうの場合ほとんど、話の前後関係や記憶を使って、話されたことを正しく解釈し、またそのために必要な推論を行う。しかし、実際なにもいわれていない場合、この強力メカニズムは宙をさまよう。ただの雑音として聞きながすかわりに、なんとかそこに意味を見つけようとする。つまり、創造的に意味を見いだし、新しい発見をするという私たちの能力が、そのまま人心操縦者たちの手口に利用されているのである。人相見の場合、人心操縦者は自分の偽瞞性に気づいてはいるが、彼とて人格診断の被害者であることが多い

のである。

（ハイマンは自分がなにをいっているかよく承知している。何年か前、ハイマンは自分の手相見の才能について、かなりの自信をもっていた。しかし、あるとき、手相に現れていることとまったく逆のことをいったのに、相手はいままでと同様に彼のいうことを鵜呑みにしたのである。それ以来、彼は人間の心の適応性――とくに彼自身の――が奇妙なことをする原因になっているという考えになった。）

＊　＊　＊

『ザ・スケプティカル・インクワイアラー』の巻頭には、毎号「ニュースとコメント」という欄がある。これには、そのときどきの扇情的話題、超自然現象に関する（賛否両方の）テレビ番組、あれやこれやの告訴などが扱われている。中でとくにおもしろかったのが、一九八〇年秋季号に出た、ランディ発表の「ユリ・ゲラー賞」（もちろん四月馬鹿）である。この賞は、人間のだまされやすさや不合理な信じこみに最も貢献した人に与えられる。賞品は、上品に曲げられたステンレス製のスプーンとみごとに透明なもろい台座である。ランディによれば、受賞者はテレパシーで告知され、受賞者は望むなら予知によって、前もって自分の受賞を公表してもかまわない。ユリ・ゲラー賞には四部門ある。アカデミック部門（超心理学に関して最も愚かな発言をした科学者に与えられる）、財団部門（超心理学の最も愚かなことに最も多額なおカネを出した財団に与えられる）、技能部門（最も少ない才能で、最も多くの人々にとりいった心霊能力者に与えられる）、メディア部門（超自然科学者の最も法外な主張に支持を与えたマスコミ機関に与えられる）。

超自然現象の議論で何度も蒸しかえされるのが、偶然の一致である。私は、ウォレン・ウィーバー著の『やさしい確率論――レディ・ラック物語』の一節を思いだす。この愛すべき本の中で、ウィーバーは、多くの状況で最もありふれた事象が実はまた非常にまれな事象になることを指摘している。（たとえば、トランプのブリッジで手元に配られた一三枚のカードの組み合わせは、どんなものであるにせよ、ものすごくまれな組み合わせである。）同じことが、デービッド・マークスとリチャード・カマンの最近の本『心霊現象の心理学』からとった次の抄録に述べられている。（『ザ・スケプティカル・インクワイアラー』にはこの本からいろいろな抄録がとられている。）

長い目で見ればいつかは起こる可能性のある現象を異常な現象だと思ってしまうことを、「ケストラーの誤り」という。短時間の観測ではほとんど起こらないことでも、長時間の観測ではきわめて起こりやすくなることは、確率論の基本的な結果だ。「ケストラーの誤り」という言葉は、アーサー・ケストラーがこの誤りを最もみごとに犯し、それで科学しようと考えた張本人であることに由来する。もちろん、これはケストラー個人に特有の誤りではなく、ほとんどの人が犯しがちな誤りである。人間の知覚や判断には、こういう誤りに陥りやすいバイアスがかかっているからである。

まず、われわれは符合、とくに「奇符合」が起こったとき、注意を払い、記憶にとどめる。（心霊現象の擁護者がまず符合を求め、次にその符合とわれわれの常識との間にある奇異を求めるので、ここでは奇符合と呼ぶ。これは、われわれがふつう使っている説明できないような偶然の一致と同じ意味である。）二番目には、われわれが符合しないものに注目しないこと。三番目は、起こらなかったことに気がつかないわれわれの性質によって、奇符合がいかにもありえそうにないという「欠落幻想」が起こること。四番目は、われわれが事象の組み合わせの見つもりに不得意なこと。五番目は心霊現象に関するかぎり、どういう偶然の一致でもタネになるという「奇符合等価原理」である。

人々が起こらなかったことに気がつかないよい例が、ジーン・ディクソンのような有名な霊媒が行ったはずれた予言である。ほとんどの人は、こういう予言がどれくらい実現したか、振りかえったりしない。しかし、『ザ・スケプティカル・インクワイアラー』には、しっかり振りかえってチェックをする伝統がある。毎年の終わりに、数々の心霊能力者によってなされたその年の予言を並べ、実績を評価する。一九八〇年秋季号は、一〇〇人の第一線霊媒の予言をとりあげて表にしている。そのうち（多くの霊媒によってなされた）上位一二の予言をリストアップして、読者に予言の正確さについての評価をまかせている。一九七九年の第一位（八六名の霊媒によってなされた）予言は「老化がコントロールされるようになり、長寿がすべての人のものになる」、第二位（八五名）は「ガンについて大発見があり、この病気はほとんど一掃されてしまう」、第三位（同じく八五名）は「驚くべき精神的復興があり、古い価値観が戻る」といった調子。第六位（八一名）は、「異星人との接触があり、信じられないような知識が人類に与えられる。」おもしろいことに、最後の四つはどれも知名人がからんでいる。いわく「フランク・シナトラ大病に臥す」、「エドワード・ケネディ、大統領候補に」、「バート・レイノルズ結婚」、「グレース王妃芸能界復帰」……なるほど、なるほど。

こういう予言はなにか痛ましく、絶望的ですらある。こういう予言をとりあげるマスコミと、『空想島』だの『スタートレック』といった内容空疎なテレビ番組の類似性がいやにはっきりと目についてくる。両者の共通分母は現実からの逃避である。この点は、一九七九年秋季号のベインブリッジの論説によく書かれている。たぶん、私たちには、現実を空想で薄め、現実をもっと簡単な、私たちがそうあってほしいと思うようなものに矯正したいという願望があるのだろう。しかしそれと同時に、私たちには、置かれた状況が本当に切迫したものだったら、ナンセンスと良識を選りわける潜在的能力（願望ともいえるかもしれない）があるのだ。

しかし、どうしたらこの能力が発揮できるのだろうか？『ザ・スケプティカル・インクワイアラー』の一九八〇年春季号の「ニュースとコメント」欄に、キャプテン・レイ・オブ・ライトこと、デラウェア大学の哲学科準教授ダグラス・ストーカーによる鋭い反擬似科学講演旅行の話が出ている。そこには、ストーカーの「化けの皮をはぐ喜劇」（占星術、バイオリズム、数秘術、UFO、ピラミッド・パワー、心霊現象などが対象）のことが次のように引用されている。

長い年月、私はこういう手合いのバカバカしい理論に直接的非難を加え、まじめに対決する姿勢で講演を行ってきた。しかし、直接的攻撃は、多くの人々を変えるにはいたらなかった。だから、私は間接的方法をとることにした。相手を打ちまかせないんだったら、相手のやり方をまねるのだ。私は話し方をそのように変えた。私流の明らかに不合理な擬科学的理論をでっちあげて、これと占星術などがなにも違わないじゃないかという手で迫ったのである。内から攻めることで、より多くの学生が擬似科学のどこが擬なのかを理解するにいたったようである。私がねらったのは、次世代の国民である。私の喜劇は、ここでも正しく聴衆に受けいれられた。心に深く残る印象を与え、味方をかちとり、心を変革した。

なお、ストーカーが新しい上演予約を心待ちにしていることを報告しておきたい。彼のアドレスはDouglas Stalker, Department of Philosophy, University of Delaware, Newark, Del. 19711°

ストーカーのいわんとした大事な点は、弁舌がいかに達者であろうと、経験にまさる説得力はないということだ。これは、カリフォルニア州立大学ロングビーチ校心理学科のバリー・シンガーとヴィクター・ベナシの有名な研究によっても明らかになっている。彼らは、異国風の服装の魔術師が教室内で生みだした一見超自然的な現象によって、心理学科の一年生がどんな影響を受けるか調べたのである。彼らの発見は、一九八〇／八一冬季号の『ザ・スケプティカル・インクワイアラー』に、「人をずっとだましつづける」と題されて出ている。

二つのクラスで、クレイグ・レイノルズが超自然現象や心霊現象の心理学に興味をもち、自分の心霊能力の発揮法の開発を研究しているOBとして紹介された。そこで教官は「私個人の意見としては、クレイグはおろか、どんな人にも心霊能力があるとは思わない」という。別の二つのクラスでは、クレイグが魔術や舞台奇術の心理学に興味をもち、自分の魔術の表現法に磨きをかける研究をしているOBとして紹介される。著者は、クレイグによって演じられた妙技が、何世紀にもわたって行われてきており、子供の手品の本にでも出ているやさしいアマチュア手品であったことを強調している。

演技のあと、学生は自分の反応をレポートにまとめるよう求められた。シンガーとベナシは集まったレポートを見て、二つのショックを受けた。

第一に、奇術師のクラスでも心霊能力のクラスでも、三分の二の学生がクレイグに心霊能力ありとはっきり信じたこと。奇術師と紹介したクラスで、ほんの少数の学生だけが教官の紹介したとおり、クレイグを奇術師だと信じた。第二は、心霊現象の信じこみがたんに多かっただけでなく、それがたいへん強い感動を伴ったことである。多くの学生は、レポートを悪魔祓いの呪文のような言葉で埋めた。一八パーセントの学生がはっきり恐怖と感情的動揺を報告し、大半が畏怖と驚きを表明した。

私たちは、クレイグの演技のうち二回に居合わせ、その驚くべき妙技を目撃した。クレイグが「曲げ」詠唱（ステンレスの棒を曲げる奇術の中の一ステップ）の半ばに達したとき、クラス全員は恐るべき興奮状態に陥った。学生は椅子に金縛りになったように座り、眼を見開き、口を開け、ともに詠唱した。棒が曲がったとき、彼らはあえぎ、ざわめいた。このクラスが終了したときの学生の行動は、じっと椅子に座って、あらぬ方向を眺めて首を振っているか、またはクレイグのところへ駆けよって、どうしたら自分にもこんな力が開拓できるかと、せきこんで尋ねるかのどちらかであった。われわれの見たものは、ものすごく強力な行動効果である。もし、クレイグが演技のあとで学生に対して自分の服を裂き、クレイグに金を投げ、新しい礼拝をせよといったら、何人かは熱狂的にそれに応えたのではないかと思う。明らかに、ここでは私たちに理解できないなにかが進行していたのである。

この劇的な実験の終わったあとで、クラスの学生に、いま見たものがたんなる手品であることが説明された。さらに別の二つのクラスでは、演技の前に「クレイグは演技の中で心を読んだり、心霊能力があるかのように振る舞うが、クレイグにはそんな能力はないし、これから諸君の見るものはたんなる手品なのである」という注意がなされた。こういう事前の注意があったにもかかわらず、やはり半数以上の学生は、クレイグの心霊能力を信じてしまった。シンガーとベナシは沈着にいう。「これは学生に対する大学教官の立場についてなにかを物語っている。また、人々がオカルト信奉にとりつかれる道筋についても、なにかを物語っている。」次に驚くべきものがやってくる。

次に学生に尋ねたことは、クレイグがやったことと同じことが、奇術師にもできるかどうかであった。ほとんどすべての学生は、奇術師にもできることを認めた。そこで学生にいま認めたような否定的情報を使って、もう一度クレイグの心霊能力を評価し直すようにいうと、ほんの少数の学生だけが考えを改め、クレイグに心霊能力ありとする学生は五五パーセントになった。

次に、クレイグのような妙技を実行し、心霊能力ありと主張する人間がいったい何人ぐらい、実際には奇術のトリックを使って人をだましていると思うかと学生に尋ねた。結局、心霊能力ありという人間の四分の三はインチキだという同意が得られた。こういう否定的情報を使って、もう一度クレイグの心霊能力を見直すつもりはないかと学生に聞いてみたところ、またもごく少数が考えを改めただけで、クレイグに心霊能力ありとする学生は五二パーセントにしか減らなかった。

シンガーとベナシはつくづくと考える。

これは、いったいどういうことなのであろうか。われわれの紙と鉛筆の実験から得られた結果は、彼らが分別あるかぎり他人の心霊能力を頑固に信じつづけるということだ。奇術師が本物の心霊能力者と同じことができると認めることも、いわゆる心霊能力が大半インチキだと思いながら、同時にある特定の例（クレイグ）は心霊能力だと信ずることも、論理的誤謬である。人間というのはこうも馬鹿なのだろうか？　然り！

＊　＊　＊

二、三年前、スコット・モリス（現在科学雑誌『オムニ』のゲーム部門担当の首席編集者）も、南イリノイ大学の心理学科一年生を相手に同様の実験を行った。その報告が、『ザ・スケプティカル・インクワイアラー』の一九八〇年春季号に出ている。最初に、モリスは学生にアンケート用紙を配り、ＥＳＰの存在を信じているかどうか調べた。そして、彼の同僚がＥＳＰ実演を行った。モリスによれば、これはぎょっとするような印象を与えた。

この実演のあと、モリスは学生たちを組みほどく作業に取りかかった。このために、彼は二種類の方法を用意した。一つは彼が「かつぎおろし（人をかついだあとでおろす）」と呼んだものである。これはわずか三分しかかからない。三つのトリックのうち、二つは完全にタネを明かす。残りの一つは、前と同様タネのあるトリックであることを告白するが、「タネは明かしません。なぜなら諸君に、どうしてそうなるかは自分で説明できなくても、それが超自然現象じゃないという気持ちを体験してもらうためです」というのである。もう一つの方法は、五〇分間の反ESP論講義である。この講義では、プロの読心術者の秘密を暴露し、「奇符合」に対する常識的な確率論議を行い、ESPの科学的研究なるものが種々の統計学的、論理学的理由から疑問視されていることを示し、そのほかの日常的な理由から考えても、ESPの現実性には大きな疑問が投げかけられていることを示している。

実演のあと、クラスの半分だけがかつぎおろしを受けた。そのあと、全員が反ESP論の講義を聞いた。それからまたアンケートによって、種々の超自然現象の存在をどの程度信ずるかの調査を行った。その結果、かつぎおろしを受けたクラスは、反ESP論しか聞かなかったクラスにくらべてかなり低い信用率になったことがわかった。かつぎおろしを受けたクラスのESP信用率は、最初の約六（まあまあ信じている）から約二（強く不信）に下がったのに、反ESP論しか聞いていないクラスは六から約四（やや不信）にしか落ちなかったのである。モリスがこの驚くべき結果をまとめていうように、「かつぎおろしを受けるのが決定的である。三分間のタネ明かしが、ESPへの懐疑をあおる小一時間もの反ESP論よりずっと強力だった。」

この実験を行うにあたってのモリスのもともとの興味は、「こういう実習がESPについてだけ学生の懐疑心を形成するか、それとも（これが私の本来のねらいだが）より一般的な懐疑的姿勢を形成するか？　たとえば、この経験によって学生が占星術やウィジャー（占い用のしかけ板、商標名）や幽霊などに対しても懐疑的になるか？」という問題であった。モリスは、懐疑的姿勢に若干の転移があったことを見いだし、希望的結論としてこう述べている。「ある信じこみに懐疑的になるように教育すると、同類の信じこみに対していくぶん猜疑心が強まり、関連のないような信じこみについてすら若干の猜疑心が生じる。」

猜疑心の転移の問題は、私にとってかなり重要である。ある教訓を学んだとき、それがいつまでも教訓にとどまり、教えられたことがなんら応用されないのであれば、ほとんど無用である。たとえば、ジョーンズタウンの人民寺院集団自殺事件の教訓はなにか？　たんに教祖ジム・ジョーンズについてガイアナに行くべきではないということか？　または、もうちょっと一般的に、どんな教祖であれ世界を横断するほどついていくのは警戒せよということか？　または、誰であれ、どこであれ、あとをついていくものじゃないということか、または、どんな礼拝も邪悪としてしまうか？　または、人間であれ、神であれ、救い主なんてものを信じるのは狂っていて危険だとするか？　アメリカのキリスト教原理主義者「モラル・マジョリティ」が、彼らの憎悪するイスラム原理主義者たちの狂信と自分たちの態度に共通点があるからといって、自分たちの狂信を棄てさる気になるだろうか？　まあ、これはどうでもよい。ともかく、学んだ教訓をどのレベルで一般化すればよいかが問題だ。

＊　＊　＊

ストーカーのキャプテン・レイ・オブ・ライトは、観衆の前で自分のミニチュア擬似科学の化けの皮をはぐことによって、人々に対して、より一般的な批判能力、つまり超自然現象論に対してもっと明晰に考えることのできる能力を伝授できると信じている。これは本当だろうか？　ある種の超自然現象は信じているが、そのほかの超自然現象はまるで信用していない人は多い。『ナショナル・インクワイアラー』の見出しを見て嘲笑するものの、たとえば、超越瞑想によって空中浮揚が学習できるとか、星占いが当たるとか、UFOが宇宙からの来訪者であるとか、ESPが存在するとかいったことを信じている人がいる。多くの人はいったものだ。「ほとんどの心霊現象は残念ながらインチキだ。しかし、そのことがかえって本物の心霊現象を見分けにくくしている。」なにしろ、ユリ・ゲラーのようなペテン師を信じていて、「私はユリ・ゲラーがときどき、いや九〇パーセントほどはインチキをやっていると認めるのにやぶさかではないが、それでも彼には心霊能力があると思う」という人もいるのだ！

仮に、あなたが多量の雑音の中に埋もれた信号を探していたとしよう。調べれば調べるほど、多量の雑音が出てくるばかりだったら、いつあきらめて信号などないという結論を出すべきなのか？　本当は信号があるかもしれないのである。問題は、人があまり性急に否定的一般化に走りたがらないところにある。とくに、通念的な先入観がある場合がそうだ。いずれにせよ、『ナショナル・インクワイアラー』の記事が全部ウソだというわけではない。どれがインチキで、どれが十分な証拠のあるものかを見ぬくことが大事なのだ。しかし、よきにつけあしきにつけこれは主観的な問題であり、これまでの雑誌でほとんど扱われていなかった問題なのである。

『ザ・スケプティカル・インクワイアラー』は馬鹿げたものから崇高なものまで、あるいは自明なものから深遠なものまで、広い範囲の問題をカバーしている。ESPだの超自然現象だのといったたわごとについて頭を悩ますのは、大いなる時間の浪費だという人もいるが、それに反対の人もいる。私もその一人だ。私は、思考に関する科学を他のライバルたちと区別するために、一生懸命考えることのできない人（あるいは考えたくない人）は、真理の心酔者じゃないと思うし、ナンセンスがズルズル広がるという危険な傾向は、きびしくチェックしなければならないと考える。

しかし、『ザ・スケプティカル・インクワイアラー』が大きなバケツの中に落ちた一滴以上のものだったかどうかが問題になる。たしかに編集者たちは、この雑誌がスーパーマーケットのレジの近くで、『ナショナル・インクワイアラー』と並んで大々的に売りだされるようになるとは期待していない。もっと極端に世の中を逆転して、化けの皮をはぐ『ザ・スケプティカル・インクワイアラー』のような雑誌がスーパーマーケットで毎週何百万部も売れて、一人さびしく季刊、わずか七五〇〇人の読者を相手にした勇気あるオカルト雑誌が出てくるような世の中を、想像することができるだろうか？　コインランドリーに『ザ・スケプティカル・インクワイアラー』や同種の競合誌がたくさん並んだコーナーがある？　どう見てもこれは『ナショナル・インクワイアラー』の記事にふさわしい大ウソだ。これは、CSICOPの連中が直面している問題を強調するための作り話である。

すでに反オカルト信奉に染まっている一握りの読者だけを対象に

して、雑誌を発行してなんの意味がある？　こういう疑問に対する答えは、毎号の終わりに出ている読者の手紙欄にある。多くの人の手紙に、この雑誌が本人はおろか、その友人たち、生徒たちにとって非常に重大だったことが述べられている。感謝の手紙を一番多く書いてくるのは高校の先生だが、事務員、ラジオ番組のホストなど、さまざまな人から熱狂的な手紙が届いている。

『ザ・スケプティカル・インクワイアラー』を読んでみたくなった人がいるに違いない。申込先はBox229, Central Park Station Buffalo, N. Y. 14215である。心を広くしたいので、他の二つの雑誌のことも紹介しておこう。『ザ・ゼテティック・スカラー』はDepartment of Sociology, Eastern Michigan University, Ypsilanti, Mich. 48197。『ナショナル・インクワイアラー』はLantana, Flo. 33464。

＊　＊　＊

誰だって、私たちを取りかこんでいる不合理の大海を空にすることはできない。『ザ・スケプティカル・インクワイアラー』のねらいも、そんな大それたことではなかった。むしろ、こんな荒れた海にあってつかまることができるブイの役目を果たしてきた。それは、声の届いた範囲の人々の中に健全な猜疑心を育ててきた。フレイジャーは社説の中でこういっている。

懐疑主義は、一般に誤解されているようだが、ものの見方ではない。それはむしろ知的探究の基本的構成要素であり、ものがなんであれ、またなにに通じるものであれ、事実を判断するための一つの方法なのである。これは、われわれが常識と呼んでいるものの一部である。本誌の企ては不完全であろうが、知識の探究、理解の向上に関心のあるすべての人は、主題がなんであれ、結果がなんであれ、批判的な調べ方をすることを支持するべきだと思う。

あまりものごとを考えたがらない人々の攻撃から、真理をつねに守りつづけないといけないというのは残念なことだが、いいかげんな考えというのは、一方では避けえないものである。これは、人間の性質なのだ。そういえば、最近読んだ本の中に、ふつうの人がふだん一〇パーセントしか使っていないという脳のしくみについて書いてあった。さもありなん！　連中はどうしてもっと脳細胞を使って考えないんだ？　まいった！　なんたるずさん――これは驚異だ!!　科学者だってびっくり仰天である!!!

（一九八二年四月号）

追記

『サイエンティフィック・アメリカン』ドイツ語版、『スペクトルム・デル・ヴィセンシャフト』の一九八二年四月号に、本文のドイツ語訳が掲載された。「耳で見る子供」の句のあるページの反対側には、「目で聞くことを学ぶ」と題された小さな記事が載せられていた。目で聞くことが耳で見ることの反対側というのは、たしかに論理的だ。記事の内容は実際には、声を計算機で表示することによって耳の不自由な人々を補助する機械のことだった。

対をなす二つの見出しがたがいによく似ているのに、対応する記事たるやまったく正反対だったのは、特筆に値する。とくに論調の違いだ。『ナショナル・インクワイアラー』の記事では、まずある出来事が起こったようだとし、それを奇妙で説明できないものと決めつけている。対するに『スペクトルム』の記事では、まず直観に反するような考えを示し、それがどうすればまがりなりにも実現できるかを説明している。『スペクトルム』の記事に私が目をとめた理由は、タブロイドの場合となんら変わらない。逆説的なことを書きたてて読者の気を引くという手口だ。科学に馴染みのうすい人にとって、「目で聞く」ことと「耳で見る」こととは、両方とも同じ程度にありそうもなく見える(そして聞こえる)。実際、科学的教育を受けていたとしても、これらの句を聞けばほぼ同じくらい不可解に感じるだろう。意味をきちんととらえるにはもっと情報がいる。『スペクトルム』の記事ではその情報が与えられ、はじめに気を引いた見出しは実際に意味のある概念となる。しかし、タブロイドの記事では通常そうなることはない。だが、たいていの読者にとってはそのような微妙な違いは問題とはならないのだ。

どうやら、この章のはじめの主張を強調することになってしまったようだ。真実を知ろうとするのは難しく、どんなに客観的であろうとしても信念システムは根深く循環的である。信念システム間の違いは、つまるところ生き残りの率だけなのだ。これは悩ましい主張だ。少なくとも私にとっては悩ましい。だが、私は正しいと信じている。しかし科学者は、信念・態度・知覚といった手を出し難い暗黒の底なし沼に科学自体が根ざしているなどと認めようとはしない。彼らの大半は、私たちが常識として受けいれていることのすべては人間の知覚と範疇化に基礎を置いており、しかもそれはあまりに根源的で深く埋めこまれているため、それについて語るのが難しいほどである、などとは考えてみたことすらない。私たちは世界をどのように部分に分けているのか? 心的範疇をどのように構成するのか? あるときはそれを精密化し、またあるときはぼかすように変更する。経験や範疇は、どのようにして連想からまとまりを作るのか? 類推が直観を導くのは? 想像はどのように働くか? 理論はどのくらい正しく、どこから生じたのか? どうして複雑な言明より単純なもののほうが好まれるのか? 大半の科学者たちにとっては、これらは取りくむべからざる問題である。彼らは一顧だにせずに、自分たちの仕事をつづけている。

「単純さ」というのはややこしい問題だ。ある語彙では単純であっても、別の語彙ではとてつもなく複雑なこともあるのだから。太陽は朝昇るだろうか？　誰でもおそらく日常会話ではこの地球中心的な言い方を、そして個人的思考の中では地球中心的イメージを使っているだろう。しかし私たちはみな、真実はそれとは異なることを「知っている」。地球は「実は」自転していて、太陽の運動は「見せかけ」なのだ。さて、これはご存じないかもしれないが、一般相対性理論によれば、すべての座標系は等しく正しい。これには、固定して回転していない地球を基準としてすべての運動を見る座標も含まれる。アインシュタインに従えば、結局コペルニクスやガリレオも、プトレマイオスや教皇（無謬ゆえ満点！）となんら差はない。さらに私たち各自ごとの、自分が静止していてすべては自分に相対的に運動しているとする「自己中心的」座標系でさえ、すべて物理的に正当である。このことをとりあげたのは、真理は単純に描けないほど微妙でこみいっているということを示したかったからだ。科学を単純化しすぎている科学者たちは、宗教的狂信者や似而非科学者と同様、現実を歪曲している。意味と無意味との間に単純な境界は引けないというのが、悩ましいが真実なのだ(第11章参照)。それは、思慮深い人々が一般に認めたがっているよりも、はるかに曖昧でぼやけている。

私が『サイエンティフィック・アメリカン』のコラムを担当している間、たいへん多くのお便りをいただいた。その中にはかなりの分量、よくいえば「周辺的思索家」、悪くいえば「ネジのゆるんだ人」からのものが含まれていた。私はその類いの手紙を入れる大きなファイルを用意して、いつか「ネジの緩み」とその探知に関する記事を書こうともくろんでいた。だから、記事の中で冗談半分に書くかもしれないといっていた本、『出版の体裁によってウソかホントか見分ける方法』はまったくの冗談でもなかったのだ。

読みたい本とそうでない本とをどうやって区別するのだろうか？答え―極端に単純で上っ面だけのテストから非常に深く探りを入れるテスト（つまり内容を知るために実際に本を読んでみる）まで、さまざまな評価のレベルがある。最終段階にいたる(その本を読むためには、何段階かのきびしい中間レベルの分析と探査を通るはずだ。このふるいおとしの機構を私は「ひな段式走査」と呼んでいる。

手紙をきちんと読むべきかどうかやって決めているのか、一つもきちんと読まないのに（きちんと読むべきかどうかを決めるためには)？　答え―私はひな段式走査の最も粗くて「構文的」な段階を適用して、最もひどいものをまずはねる。さらに少し進んだ段階を適用して、もう少し削る。本当に刺激的で重要な手紙が最後に、ほんのわずか残るまで、これをつづける。もしこのようなひな段式走査の機構をもっていなかったら、きっと決断の基盤のないまま際限のない優柔不断にとらわれてしまったことだろう。すべての道筋について最後までたどって評価しなければ、それを追求すべきかどうかが決められないのだから。今日はカラマズー行のバスに乗るべきか？　スマリヤンの本を研究するか？　ピアノの練習をするか？『ニューヨーク・レヴュー・オブ・ブックス』の最新号を読むか？　それとも政府の誰かに向けて怒りの手紙を書くべきか？

形式と内容の相互作用というこの問題は、私を深く引きつけた。正しい「ひな段式走査」の機構があれば、相当に深くまで小麦と籾がらの区別ができると私は信じている。もちろんそのためには、そもそもそのような区別があるという信念が必要だ。真理は実際に存する、と。しかし、この真理がなんなのかはまたいいわくいい難い。

＊　＊　＊

　私にとって、禅の投げかける挑戦は、一部オカルトや擬似科学の挑戦と非常によく似ている。私自身の世界観とはまったく対照的であるにもかかわらず、それ自体ではこちらがまごつくほど一貫している。また、個々人はそれぞれまったく独自の世界観、さらには固有の矛盾、そしてわずかな狂気すら備えているというのもおもしろい。人は誰でも、心の中に狂気の引き出しをもっていると私は信じている。アキレスの踵のようなもので、他人には見せないよう、そして自分自身にも見せないようにしている。アインシュタインは、彼独特のあり方で気がふれていた。私は、私独特のあり方で気がふれている。そしてあなたも同じなのだ、気違いさん！

　だから、究極の真理を追求することはある意味で、自己参照の邪悪な循環に満ちた底なしの穴に踏みこむことに相当する。ＣＳＩＣＯＰの仕事は、アメリカ市民自由連合の仕事にたとえることもできる。アメリカ市民自由連合は、急進的信念システムの擁護という立場のゆえ、さまざまなもつれたループに巻きこまれている。たとえば、連合の長は強制収容所収容の体験をもつにもかかわらず、おかしな経緯からネオナチ党がユダヤ人の多いイリノイ州スコーキーの町を、すべての「下等人種」の撲滅をうたった幟を掲げて行進する権利を擁護する羽目になってしまった。さらに悪いことに、彼の行為の結果としてアメリカ市民自由連合は数多くの会員を失うことになった。「死ぬまで発言の権利を擁護する」とパトリック・ヘンリーはいったが、それにはすべてが含まれるのだろうか？　殺人の方法、原爆の作り方、はたまた自由な報道の圧殺法は？　政府もこの種の微妙な問題に当面している。自由を標榜する政府は、その政府の打倒を標榜する機関を野放しにしておくことができるだろうか？

　雑誌が自分に批判的な手紙を投書欄に載せているのを見ると、すがすがしく感じられるように思う。「ように思う」というのは、しばしばそのような手紙は対になっているからだ。対の両方とも雑誌を責める内容だが、方向が逆になっている。たとえば右翼と左翼の両方が、それぞれ雑誌は間違った方向に偏りすぎていると批判する。結局、雑誌自体は自己弁護の必要すらない。これは一種の常套手段で、意見を異にする両陣営がおたがいに相手をやっつけ合えば、自分はきっと正しいに違いないことになる。真理はつねに中庸にありというわけだ――しかし、実はこれは危険な誤りなのだ。

　レイモンド・スマリヤンは著書『この本には題が要らない』の中で、右の話に該当する完璧な例をあげている。二人の子供がケーキをめぐって争っている。ビリーは全部ほしがり、サミーは半分こを主張する。大人が通りかかって、どうしたのか尋ねる。子供たちはわけを話す。すると大人がこういう、「妥協しなくちゃだめだ。ビリーは四分の三、サミーは四分の一だ。」こんな話は馬鹿げていると思うかもしれない。しかし、この種のことは、世の中では何度も繰りかえされている。声の大きい強引な者が、おとなしく公平で親切な人々を押しのけている。「中点」は、まともなものもとんでもないものもひっくるめて、すべての主張を平均して求められる。そして声が大きければ、占める比重も大きくなる。政治に聡い人々は逸早くこれに気づき、自分の生活信条とする。理想主義者たちはなかなか気づかず、また断固拒絶する。理想主義者たちは、サミーのようにいつも損な役回りばかりを演じている。

　雑誌は、きつい批評を載せることによって得るところのほうが、失うものよりも大きい。これは、その批判に反対側からの対応する批判を伴わなくとも当てはまる。自分に批判的な手紙を掲載する雑誌は偏見がなく、批判に耳を傾ける用意があるように見えるからだ。こうして、反対は吸収され打ちけされる。

もう一つの問題は、声さえ大きければ、どんな意見でも大衆の注意を喚起するという点だ。声の大きさは、その意見に対する賛同者が多いためのこともあれば、個人の雄弁さ、カリスマ性によることもある。また、個人の高い権威にもとづくこともある。このとくに顕著な例は、ウォーターゲート事件のときのニクソン一派の振る舞いに見られる。彼らは権力を握っていたがために、マスコミや人々の操作ができた。個人では一秒たりとも能わぬことが、ニクソン一派にとってはいともやすやすと可能だったのだ。好きなように規則を変えて、そのまま長い間のさばっていた。

ところで、これらは『ザ・スケプティカル・インクワイアラー』とどう関係するのだろう？　たくさんある。混乱と怒号の中、真理はどこにあるのか？　どの声に聞きしたがうべきなのか？　どうすれば、信頼できるものとそうでないものとの区別ができるのか？　占星術の正当性、生まれかわりの可能性、雪男の存在、こういったことは、人生の重要な問題とはなんの関係もないように見えるかもしれない。しかし、ある領域で誤った議論に侵略されると、他の領域でも危ういと私は主張したい。批判的精神は、すべての前線において均等に批判的だ。そして、批判精神は早い時期に養うことが肝要だ。

＊　＊　＊

コラムに対していただいた手紙の中で最も深刻なのは、『ザ・ゼテティック・スカラー』の発刊者、マルセロ・トルッチ氏からのものだ。トルッチ氏は以下のように記している（抜粋）。

あなたのコラムを拝見し、私はひどく驚き失望させられました。ＣＳＩＣＯＰの「分裂」の性格および『ザ・ゼテティック・スカラー』の位置づけと歴史に関して、重大な歪曲がなされていたためです。あなたの記事は、『ザ・ゼテティック・スカラー』は擬似科学に共感的で、より「相対主義的」「判断留保的」だという明らかな印象を与えます。それはまったくの誤りです。……ＣＳＩＣＯＰとＣＳＡＲ（トルッチ科学的異常研究センター（Truzzi's Center for Scientific Anomalies Research）——『ザ・ゼテティック・スカラー』の基盤組織）との間の問題を、完全にはき違えていらっしゃるように思えます。「懐疑的」という単語は不幸にも正しい意味「信念の欠如」ではなく、「逆を信ずること」と等しいと見なされてしまっています。懐疑主義は、疑義を提出し調査を要請することを意味します。『ザ・ゼテティック・スカラー』は、疑義と調査を旨としています。ＣＳＩＣＯＰの活動の大半は、調査の妨げと私には見えます。まじめな調査もせずに擬似科学のレッテルを貼って、多くの調査領域を前もって決めつけてしまっているのです。私が避けたいのは判断ではなく、まったく逆の決めつけなのです。

問題は、ＣＳＩＣＯＰは暴露の熱情のあまり、『ナショナル・インクワイアラー』のたわごとと、私が「原科学」と呼んでいる分野の真剣な科学的研究プログラム（つまり、真面目だが異端の科学者たちが科学的規則にのっとって自分たちの主張をテストし吟味しようとしている）とを一緒くたにしてしまう傾向がある点です。超常現象に関する主張をすべて嘲り、その結果、

CSICOPは異常現象に関する真剣な研究の道を（侮蔑によって）すべて閉ざしているのです……。

『ザ・ゼテティック・スカラー』は、原科学の支持者たちと信用のおける批評家たちを突き合わせて、合理的な対話を進めようとしています……目的は科学の発展です。私は相対主義の立場をとってはいません。しかしまた、懐疑はすべての主張に対して向けられるべきだと信じています。正統的主張も、けっして例外ではありません。したがって、占い師たちを社会的悪をなすものとして糾弾する前に、まず正統派の医者たち、精神科医や心理診療師たちと比較する必要があると思います。科学の世界でも、通常擬似科学と呼ばれる分野に劣らず、擬似科学的な馬鹿げたことが横行しているというのも事実です……。

私は超常的言明のほとんどを信じてはいません。しかし、それらに関する議論まで締めだすのはお断りです。私は、たとえばマーチン・ガードナー氏よりも、ずっと科学に信頼をおいていると思います。ヴェリコフスキーの考えの再考を促す「たたき台」記事の発行をもくろんでいたとき、彼に特別編集者をお願いしたのですが、断わられてしまいました。（イマニュエル・ヴェリコフスキーは、太陽系の進化に関する想像豊かで鋭いイメージ、とくにごく最近まで〔天文学的スケールで〕地球は逆方向に自転していたという理論で有名です。彼は、自分の理論は科学と聖書とを両立させるものだと主張しています。多くの著書がありますが、最も有名なのはおそらく『衝突する宇宙』でしょう。）多くのヴェリコフスキー批評家と同様、ガードナー氏にもコメントを求めました。しかし彼は『ザ・ゼテティック・スカラー』がヴェリコフスキーをまじめにとりあげるだけで、ヴェリコフスキーに過分の妥当性を与えることになると感じてコメントを拒否しました。私もまたあいにく、ヴェリコフスキーはまったくの誤りだと思っています。しかしまた、彼は批評家たちからふさわしい扱いを受けてこなかったとも思っています。誠実な対話は、どんな不可思議な科学的主張であれ、誤りと美点（もしあれば）を必ず明らかにしてくれます。なにも恐れることはありません。科学は自己修正システムである、と私は信じています。しかしガードナー氏のように、CSICOPにはそうでない人々もいるようです。

これはトルッチ氏の手紙のほんの一部にすぎない。しかし主旨は汲みとれる。つまるところトルッチ氏は、彼の雑誌は『ザ・スケプティカル・インクワイアラー』とは目的を異にすること、そして、その目的がなんであるかを私は十分明確に示さなかったと強調している。読者の皆さんは、もう目的がなんであるかをご理解いただけたでしょう。トルッチ氏に対する私の返答は以下のとおり。（やはり短縮してある。）

あなたの提起された問題について、そして『ザ・ゼテティック・スカラー』と『ザ・スケプティカル・インクワイアラー』との間の語調・見解・目的・展望などの相違について、じっくりと考えてみました。徹底的暴露に対しては、私はあなたよりも共感的であるようです。人間の非合理性ゆえに、いらざる支持を集めている膨大な量のたわごとに私は我慢がならないし、実際憎悪さえ感じています。ちょうど、寛容で礼儀正しくするよう訓練されているがために、集団の中の不愉快な人物に対処できないというのに似ています。しかしいずれは誰かが立ち上がって、そいつに「思い知らせる」必要があります。口でなり腕ずくでなり。たんに外へ連れだすだけかもしれませんが。そして、みんな自分ではどうこうする勇気はなかったのに、厄介者が除かれて一安心するのです。

たしかに、これはたんなる類推にすぎません。しかし私には、ヴェリコフスキーはそんなふうな不快な人物でしかないのです。そして、同類はまだたくさんいます。彼らは尊敬に値しないとしか、私には思えません。真に不快な人々に対して、無理に礼儀正しくすべきではありません。超心理学の多くは、不必要に多くの信頼を得すぎていると思います。ESPなどは、まさに基本的理由によって科学とは相容れないと私には感じられます。ESPなどはまったくありそうもなく、そんな研究に時間を費やしている人々が、科学をよく理解しているとはとても思えません。それゆえ我慢がならないのです。科学的組織に迎えいれるよりは、むしろ追いだしたほうが賢明といえるでしょう。

しかし、ESPなどは非常に深いレベルで科学とは相容れないとどうして私が思うのか、という理由を議論することまで意味がないといっているわけではありません。まったく反対で、どうやって真と偽をふるい分けるかを理解することは、きわめて微妙で重要なのです。しかしだからといって、真理を装うものはすべて尊敬に値するわけではありません。

これはたいへん複雑な問題です。誰も完全な答えはもっていません。もしあなたの雑誌に関する私の記述が害をなしたのならば、たいへん残念です。あなたの雑誌に対して、原理的にはなんの悪意も私は抱いていません。ただ、その心の広さが若干行き過ぎで、退屈でもってまわったどっちつかずになっていると思えるのです。ウォーターゲート事件の間、際限なく不透明で、そのうえ多くの点でニクソンは有罪だというごく単純なことすら理解できなかった、あるいは理解しようとしなかった上下両院議員のことを思いだしてしまうのです。たったそれだけの単純なことでしかなかったのに、ニクソンとその取りまきは、何か月間もあやふやなままにしておくことができたのです。白か黒かの問題と見切りをつけることのできなかった、なまくら頭のおかげです。彼らは、際限のない灰色の諧調に固執しました。そして、これはあなたの雑誌の方法にも一脈通じるところがあるように私には思えるのです。白か黒かのところに無限の灰色の諧調を求める点です。

いったいいつ、その「明白だ」という瞬間、見切りの瞬間が訪れるのかという当然の、そして実は非常に深い疑問がありま す。これはあらゆる疑問の中でも最も深遠な疑問だと主張するのは、間違いなく私が最初でしょう。これは真理・証拠・知覚・範疇等々の本性にかかわる疑問なのです。超心理学やヴェリコフスキーなどに関する疑問ではありません。もしあなたの雑誌が客観性の本性に関するものであるならば、なんの異論もありません。そんな雑誌をぜひ見てみたいと思います。しかし実際には、多くの擬似科学者たちに信憑性を与える手助けをするほうが多いようです。もちろん、雑誌の寄稿者たちがすべて擬似科学者だなどというつもりはありません。しかし、心の広さには限度があるというのが私の意見です。地球が平らかどうか、ヒトラーは現在生きているかどうか、円と等積な正方形を求めたという主張、特殊相対性理論は誤りだという証明、これらに対する私の態度はもう決まっています。超常現象についても同様です。これらに対して心を広くもつことは、第二次世界大戦中にナチスが六〇〇万人のユダヤ人を殺戮したかどうかに関して心を広くもつというのと同じで、間違いだと私は思います。

サルの言語やイルカの言語の問題に関しては、私はある程度柔軟です。最終的な確固とした結論にはいまだ到達していません。しかし、これに関する議論に『ザ・ゼテティック・スカラー』誌上で（あるいは『ザ・スケプティカル・インクワイアラー』誌上でも）これまでお目にかかったことはありません。

才覚と勢いとを備え、われわれの周囲に氾濫するたわごとの巨大な波に立ちむかうことを目的とした記事を発行することによって、たとえ間接的であれ、『ザ・スケプティカル・インクワイアラー』はこの国の大衆にとって役に立っている、と私は思っています。もちろん大半の人々は、『ザ・スケプティカル・インクワイアラー』自体を読みはしないでしょう。しかし多くの教師たちが読み、それによって、前認知的夢だの鍵曲げだの不思議な方法で直った時計だのを持ちだす子供たちに、ずっとうまく反論を用意することができるようになるでしょう。

『ザ・スケプティカル・インクワイアラー』はある意味で、超常現象に対する検察官の役割を果たしています。それにくらべると『ザ・ゼテティック・スカラー』は、もっと証拠が得られるまでは決断を拒否、それも強硬に拒否しつづける陪審員です。さらにたくさんたくさんたくさん証拠が得られたあとでも、まだ決断を拒めば、みな怒りだすでしょう。

トルッチ教授は親切な返答をくださり、さらに私に、CSARの評議員に加わらないかと勧誘してくださった。時間的制約からお断りせざるをえなかったが、教授の心の広さ——こうはいいたくないのだが——には感謝している。返事の次の部分は紹介する価値があるだろう。

どうやらあなたは、私のことを多くのとんでもない主張に対して決断を渋る人間と思われているようですが、そんなことはありません。決断を下したいと望んでいますし、あなたと同様、感情的には我慢ならないと感じるほうなのです。超常現象を支持する友人たちからは、私はがちがちの懐疑派と見られています。しかしマーチン・ガードナー氏のように徹底した暴露家たちからは、私は優柔不断で単純と見なされているのです。つまり、両側から責められているわけです。本当ですよ。

＊　＊　＊

トルッチ教授の目指すところにはある種の共感を覚えはするが、実は彼が中立であろうと努めている困った問題にはすべて一段階上、いわば「メタレベル」に対応物が存在している。つまり、科学自体における議論にはすべて、科学の方法論に関する同型な議論が存在する。そして、この「メタ」の階梯はいくらでも上に登ることができる。しかし踏み車の中のハムスター同様、どんなに登ってもさきに進むわけではない。ニクソンは、ウォーターゲートでこの原理を抜け目なく利用した。技術的手続き的、メタ手続き的（など）の疑問を大量に提出して混乱させ、その煙幕によって作りだされた混乱を収拾しようと人々が努力している間、ずっと中心の問題は完全に忘れさられていたのだった。この種の技術はなにも、政治家や科学者が意識的に用いているとは限らない。概念や願望への単純な感情的思いこみから、無意識のうちに引きおこされることだってありうる。

どうもここでは、もとのレベルとメタレベルとがゲーデルの結び目のように、救いようのないほどもつれ合っているようだ。ここから抜けだす唯一の解は、結び目を断ちきって切りのぞくことしかない。そうでないと、混乱の中を永遠にさまよい歩くことになってしまう。ボール紙のピラミッドは、果たして下に置いた剃刀の刃を鋭利にすることができるだろうか？　あきらめる前に、果たして何週間待てばよいのだろう？　そしてあきらめたあとで、友だちがピラミッドの四隅に目玉焼きを置けば本当にうまくいくんだといったら、どうしたものだろう？　もう一度、はじめから真面目に試してみるのだろうか？　それとも嘘だと思いきってしまうのか？

どこに境界を引くのだろう？　広い心と愚かさの境はどこだろう？　あるいはせまい心と愚かさでは？　どこに最適な釣り合いの点があるのだろう？　あまりにも深遠な疑問で、とうてい私には答えることはできない。トルッチ教授の立場と私の立場は、スペクトル上の別の点に対応する。どちらも、純粋な論理のみでそれぞれの立場にたどりついたわけではない。世界や心、知識に関するたくさんの複雑にからみ合った直観が、それぞれもとになっている。いずれにせよ、自分の立場のほうが相手よりもすぐれていると証明する方法などありはしない。しかし、たとえそのような決断を形式化する適切な理論をもち合わせていなくとも、私たちはみな意志決定存在の生きた実例であり、一〇〇万年たっても形式的には説明のできない決定でも、私たちは実際に行っているのだ。それには好みの選択も含まれる。食べもの、音楽、芸術、そして科学。決定がどうしてなされるかいまだわかっていない、という事実を私たちは受けいれる必要がある。しかし、だからといってわかるまで優柔不断に甘んじなければならないわけではない。迅速さを損なうことなく、決断をより的確なものにするために役だつことはなんであれ、きわめて重要である。『ザ・スケプティカル・インクワイアラー』は、そのような目的にかなうと私は思う。この雑誌を、心から読者のみなさんに推薦します。

［第6章］

数音痴、数不感症は文盲と同じ

高名な宇宙学者、ビグナムスカ〔邦名、大数子〕教授が宇宙の将来について講義し、彼女の計算によれば約一〇億年(a billion years)後に、地球は太陽の中に落ち、燃えつきてしまうであろうといった。すると聴衆の後ろのほうから、恐怖に震えた質問が発せられた。「す、すみません、先生。いま何年後とおっしゃったのですか?」ビグナムスカ教授は静かに答えた。「約一〇億年後です。」質問の声は安心のため息に変わった。「よかった。僕は、先生が一〇〇万年(a million years)後といったのかと思いました。」〔英語でbillion（一〇億）とmillion（一〇〇万）は近い発音。〕

ケネディ大統領が、リオテ元帥というフランスの有名な軍人の話をしたことがある。ある日、元帥が庭師に珍しい品種の木の植えこみを翌朝に作るようにいいつけた。庭師は喜んで引きうけたのだが、元帥に、「この品種は大きくなるまで一〇〇年はかかりますよ」と答えた。リオテ氏いわく、「そうか、じゃ植えるのは今日の午後にしてくれ。」

どちらの話も、ずっと遠い将来が、すぐ近くの将来と劇的に対比されている。二番目の話でいえば、たった一日の違いで一〇〇年さきにどれくらいの差が出るかというわけだ。それでも、私たちは元帥の焦りに共感を覚えるところがある。元帥は、何万分の一であればこそ、一日だって馬鹿にならぬといいたかったのだろう。私はこの話ももちろん大好きなのだが、数千日前に聞いたもう一つの話がもっとおもしろいと思う。はるかに遠い一〇億年後でなく、わずか一〇〇万年後に最後の日がくるといって、こういう大きな数を急に実感できるとは滑稽だ。そんな人がいるかしら?

しかし、最近、新聞の見出しにもっとおもしろい巨大数ジョークが出ていた。「今後四年間で防衛費は一兆ドル（$1 trillion）に」とか「国防予算の伸びは今後四年間で七五〇〇億ドルにのぼるか」とか。これらのジョークについて私が唯一気がかりなのは、一般国民にユーモアがわかってもらえないのではないかということだ。

こういう抱腹絶倒ものを一部の限られた人々に独占させておく手はない。やはり、多少の背景を説明しておくのがよいと思う。これは、巨大数（と微小数）に関する物語にも共通する。

一〇億と一〇〇万の差を本当に知っている人がほとんどいないのではないかと私は思っている。たしかに、地球が太陽に飲みこまれる時期に関するジョークのユーモアを解することはできるとは思うのだが、「正確にその差は?」というと、これは別ものだ。たとえば、先日聞いたラジオニュースでのアナウンサーの言葉「今度の旱魃によるカリフォルニア農業の被害は、九〇万ドルないし一〇億ドルです」、こういう手合いに私はまいってしまう。大きな数が常識になっている社会では、数に対するビックリするような無視はありえないはずだ。それとも、実際に私たちは数音痴にかかっているのだろうか？　このうえさらに大きな数が出てきたら、いったいどうなる……？

人々はさきに出したような見出しを見てなんと考えるのだろう。二〇キロトンの核兵器と聞いてなんと考えるか？　六〇メガトンなら？　こういった数がそれなりの印象を与えているのか、それともたんにアクビのもとなのか？「ほー、ソ連がわれわれを二〇回分殺せるのは知っていたんだが……、それがいまは二〇〇回ですか？　ま、二〇〇〇回じゃなくてよかったんじゃないすか？」

アメリカの人口密集地帯では、一軒の住宅を買うのに一〇〇万ドルの四分の一のお金がかかるという事実を、人々はなんと考えているか？　ラジオのコマーシャルで貯蓄機関が、「いまから貯蓄を始めれば、老後に一〇〇万ドル！」といったら、人々はなんと考えるか？誰もが百万長者になれる？　百万長者の資産の四分の一で住宅が買える？　百万長者という言葉の意味はどうなる？

＊　＊　＊

私は、ニューヨーク市のハンター大学の十三階でかつて、物理学の小さな入門講座を受けもったことがある。窓からは、マンハッタンのど真ん中の摩天楼の圧倒的な眺めが見える。ある講義の出だしで、私は見積もりや大きな数ということについて教えたいと思い、学生にエンパイア・ステート・ビルの高さを見積もらせてみた。一〇人いた学生のうち、正しい答え（テレビアンテナ込みで約四五〇メートル）の二分の一から二倍以内の範囲を答えた学生は一人もいなかった。ほとんどの見積もりが九〇〜一五〇メートルの範囲で、中には一五メートルというビックリするような過小評価や一五〇〇メートルという過大評価があった。もっとも、後者は一階あたり一五メートル、だいたい一〇〇階あるだろうから一五〇〇メートルという計算を実際に行ったという。一人の人間は各階一五メートルと考え、もう一人の人間は全部で一〇二階のビルの高さをやはり一五メートルと考えた！　これは深刻な問題じゃなかろうか？

こういった世代の若者の無教養、とくに作文力の欠如についてひとくさり述べるのは、今日的な流行だろう。しかし、老いも若きも、生活にからんだ数の理解についての無教養（数音痴、数不感症）となるとどうか？　ダークセン上院議員がいった言葉。「こっちでも一〇億、あっちでも一〇億、すぐ本当のお金の話になる。」

世界は広い。あたりまえだ。人も多い。ニーズも多い。ある程度理解が困難になるのはやむをえまい。だからといって、こういう巨大な現実を少数の記号にまとめてしまった数に対して、理解できないとか、とっかかりもないという言い訳はきかない。この話を読んでいる人の大半は、私が心配しているような人じゃないだろう。しかし、読者は、ＧＮＰとか、国家予算とか、企業予算とかに現れる巨大数を苦手としている人が多いことは知っていると思う。億とか兆の数(英語では後ろに“illion”のつく数)を聞くと頭が真っ白という人々にとっては、大きな数はみな同じで、指数的な増大はもはやなんの差ももたらさない。大きな数にとっかかりがないというのは、社会のために明らかにまずい。理解できないという口実で、大きな問題を無視する態度に人々が出てしまうからだ。数音痴のはびこりを是正するために、なにかを行わなければならない。この章では、読者に対して新しい深遠な観点を提示するつもりはない（興味を引けるかもしれないとは思っているが……）。むしろ、読者の友人や生徒たちに、数に対する鮮明な感覚を吹きこむような材料や刺激を与えたいと考えている。

＊　＊　＊

数に対する勘を養うために、くだらない問答をちょっとばかりやってみよう。本屋さんには全部で何文字あるか？　計算してはいけない、当て推量で考えてほしい。一〇億？　ゼロが九個並ぶ数だ(1,000,000,000)。だとするとなかなかいい線いっている。それ以外の数をいった人は、これより多かったのだろうか、少なかったのだろうか。どんなこじつけをしたか？　計算してみよう。ふつうの本屋さんにある本の数は一〇、〇〇〇というところだろう。(どうやって求めたかって？　頭でエイヤッと。でも計算の出発点としては――少し低めかもしれないけれど――まあ妥当な線じゃないかな。)一冊の本はだいたい二、三〇〇ページってところ。一ページ当たりの単語数は、一〇〇よりは多いし、一〇〇〇よりは少なそうだ。とりあえず五〇〇にしておこう。一単語当たりの平均文字数は約五。さて全部掛け合わせて

10,000×200×500×5=5,000,000,000

五〇億だ。この際五倍の違いはたいした問題じゃない。一〇億に比べて一桁以内の答えを出した人は正解だ。さて、これを計算せずに直観で求めることができるかどうかを私は問題にしたい。

私たちに課された選択は、およそ次の一二種類だろう。(a)10、(b)100、(c)1,000、(d)10,000、(e)100,000、(f)1,000,000、(g)10,000,000、(h)100,000,000、(i)1,000,000,000、(j)10,000,000,000、(k)100,000,000,000、(l)1,000,000,000,000（アメリカでは、一二個のゼロが並んだ最後の数をtrillionと呼ぶ。ほかの国ではbillionと呼ぶことが多い。そして、そういった国々では、trillionという言葉を、本当に馬鹿でかい数1,000,000,000,000,000,000、アメリカでquintillionと呼ぶ数に割りあてている。）こういう当て推量は、部屋に二個、あるいは七個、あるいは一五個ある椅子の数を即座に当てるのとたいして変わらない。つまり、私たちが当てようとしたのは、ゼロの数、いいかえれば一〇を底とする対数にほかならない。部屋の中の椅子の数を即座にいい当てられるのなら、数の中のゼロの数を即座にいい当てられそうなものだが……。

とはいっても、もちろん、差はある。100,000,000,000,000という数を見て、(数えないで)だいたい一二個ぐらいのゼロ――少なくとも一〇個以上で一五個以下――と見積もるということと、丸太だまりの航空写真（図6-1）を見て、丸太の本数に三～五個のゼロがつきそうだ(1,000じゃ少なすぎるし100,000じゃ多すぎる。10,000ぐらい？）と見積もることとはまったくの別物だ。こういう能力は、通常の数の知覚より一段抽象度の高い数の知覚能力なのである。しかし、一段高い抽象はそんな扱いにくいものではない。

カギは、もちろん、経験である。あなたは、数にゼロが一〇個もつくとなるとずいぶん大きい数で、五個だったらまあ大きい数、三個だったら手の届く数という認識をもっていると思う。三個のゼロは、だいたいあなたの学校の人数に相当する。1,000の三分の一から三倍の間だ。(数個以下のゼロのついた数について、私たちはふつう三倍ぐらいの誤差は、正確さを求めないかぎり許容しているようだ。）四個のゼロ、つまり一万は中ぐらいの書店の本の数だ。五個の

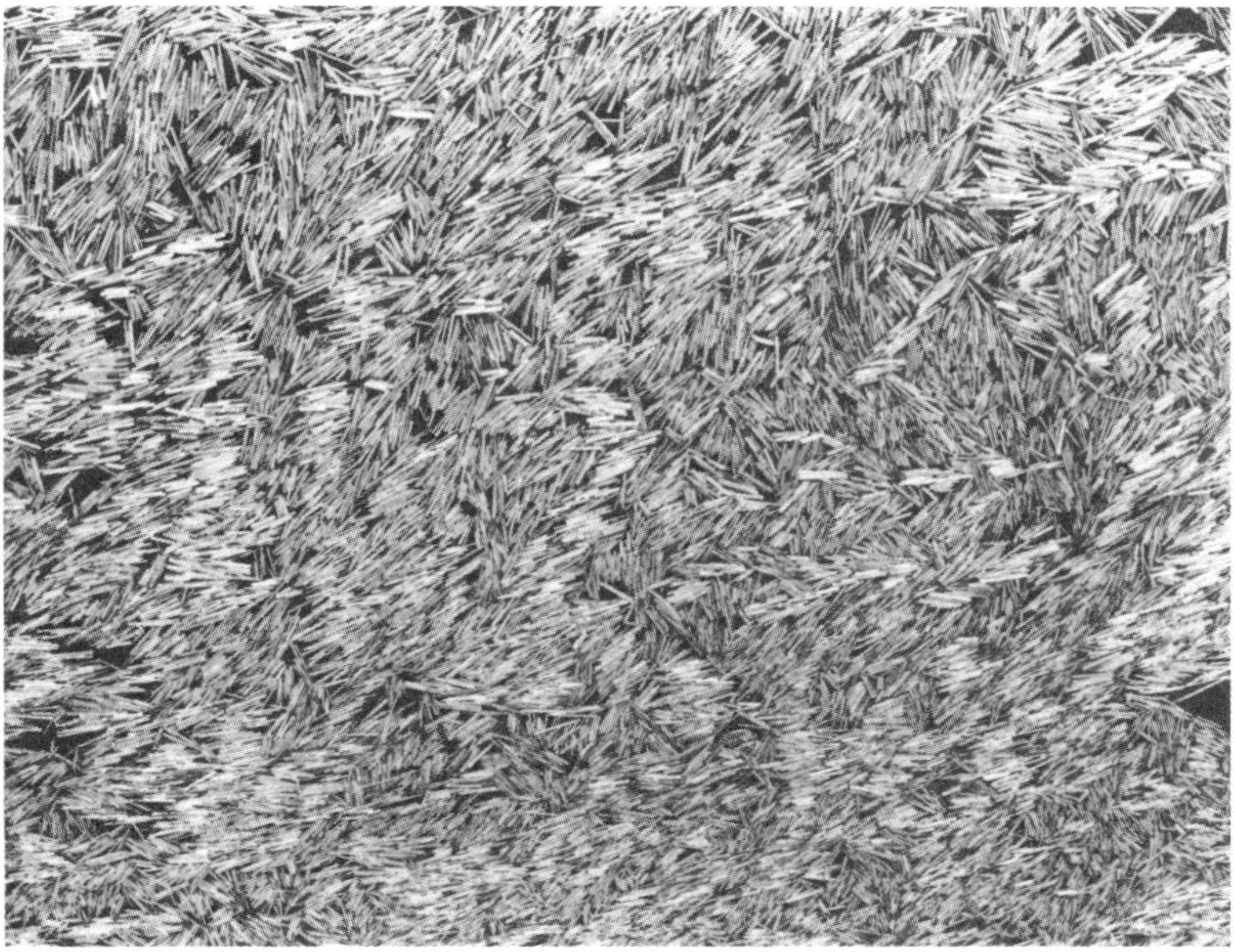

図 6-1　オレゴン州にある丸太だまり（航空写真）、何本の丸太があるか？

ゼロ、つまり、一〇万といえば、ちょっとした中小都市の人口だ。六個のゼロ、つまり一〇〇万といえば、ミネアポリス、サンディエゴ、ブラジリア、マルセイユ、ダルエスサラームといった大都市の人口だ。七個のゼロといえば、メキシコ市、ソウル、パリ、ニューヨークといった巨大都市になる。〔肝腎の東京が抜けている。〕世界に、人口一〇〇万以上の都市がいくつあると思いますか？　そのうち、聞いたこともないような都市がいくつあると思いますか？　閾い値を一〇〇万以下にしたら？　日本に人口一〇〇〇人以下の町がどれくらいあるか？　ここで経験が役だつ。

いま、私は桁数に応じて一つ一つ典型例をあげた。これでこと足りると考えてはいけない。九桁という数を実感としてとらえるためには、いろいろなもの、場所で具体例を体験しておく必要がある。人口、予算、蟻の数、コインの数、手紙の数、天文学的な距離、計算機に出てくる数……。

マクドナルドの有名な謳い文句「累積二五〇億食」（数は年々変わる、もちろん）が信じられるものかどうか、考えてみよう。アメリカの人口は二億三〇〇〇万であるが、ここでは計算をやさしくするために二億五〇〇〇万としておこう。（2.5×10^8、この数は記憶にとどめてほしい。）謳い文句が仮に一桁多くて二五〇〇億食だとして計算すると、アメリカ国民一人当たり一〇〇〇食のハンバーガーがマクドナルドで食べられたことになる。これはちょっと多すぎる。もとに戻せば、一人当たり一〇〇食という数が出る。これはありえそうな数だろうか？　私はありえそうな数だと思う。マクドナルドの歴史は古いし、家族によっては一年に何回も行く場合がある。私自身がビッグマックを食べた回数はごく少ない。しかし、これが例外的だということはよく知っている。この謳い文句は的はずれでない。

的外れでないとしたら、これはたぶんきっとかなり正確だ。マクドナルドが正確さを追求していないのであれば、こんなにしょっちゅう数字を改訂するはずがないからである。数音痴を減らしているという意味で、私はマクドナルドの努力を高く買いたい。

さて、このハンバーガーはいったいどこからくるか？ アメリカで一日に何頭の牛が屠殺されるかというと、これが驚き、約九万頭なのである。最初これを聞いたとき、私は「まさか？」と思ったものだが、冷静に計算してみよう。一日に一人が食べる肉の量はだいたい二〇〇グラム（半ポンド）だろう。アメリカの人口が二億五〇〇〇万。掛け算すれば五万トンである。ところが牛一頭の肉は一トンにならない。せいぜい五〇〇キログラムぐらいだ。つまり、一トンにつき牛は二頭いる。結局、私たちの食欲を満たすために、毎日約一〇万頭の牛に死んでもらわなければならない計算になる。もちろん、みんなが毎日牛肉を食べるわけではないから、数は少し減るだろう。だから九万頭は正しそうだ。

＊ ＊ ＊

『ニューヨーク・タイムズ』の日曜版を作るために、毎週何本の木が切りたおされているかご存じだろうか？ これは一部が二キログラム弱（！）あって、全部で約二〇〇万部刷られている。だから四〇〇〇トンの紙が必要になる。一本の丸太が一トンの紙の原料になるとすれば、切りたおす木は四〇〇〇本である。私は伐木や製紙業についてあまり知らないのだが、一本当たり一トンの紙という見積もりは当たらずといえども遠からずだろう。最悪の場合でも、一本当たり一〇〇キログラムの紙はとれる。この場合には、小さな木が四万本必要だ。図6-1には、私がだいたい見積もったとおり七五〇〇本から一万五〇〇〇本の木が写っている。だから、一本当たり一〇〇キログラムの紙という仮定では、写真に写っている丸太の数は『ニューヨーク・タイムズ』の日曜版一回分の半分にだいぶ足りない。こんな調子で、毎月発行される雑誌、書籍、新聞のために、毎月何本の木が切りたおされる必要があるか計算できる。これは読者におまかせしよう。

アメリカで毎年吸われるタバコは何本か？ ゼロの数が問題である。これは、「兆」のオーダーになる古典的な例だ。計算は簡単。人口の約半分、一億人が喫煙者だとしよう。（これは過大な見積りだと思う。これはどこかで補償するつもりだ。）一人の喫煙者は、一日一箱かしら？ まあ、そんなところだ。二〇×一億で、一日当たり二〇億本になる。さて、一年は三六五日。これを二五〇としよう。（さっきの約束どおり、ここで過大評価を補償。）だから、一年で五〇〇〇億本という計算だ。この計算はなかなかいい線をいっている。というのは、私が以前見た統計（二、三年前）では五四五〇億本となっていたからである。これは実は、私が一兆の半分にまでなった数を実感した最初の例である。

ようやく、国防予算の伸びが今後四年間で七五〇〇億ドルになるという話をするときの数の規模に近づいてきた。現実に存在する高級な（私がほしいと思うような）パーソナル・コンピュータはだいたい七万五〇〇〇ドルする。七五〇〇億ドルもあればニューヨーク全市民、つまり一〇〇〇万人にこのコンピュータを買い与えることができる。または、サンフランシスコの全市民に一〇〇万ドルを与え、そのうえ、中国の全国民に自転車を買い与えることができるともいえる。七五〇〇億ドルのよい使い道がなんであるかはわからないが、放っておけば弾薬、タンク、軍事演習、ミサイル、戦闘機、ジェット燃料、その他に化ける。これは七五〇〇億ドルの浪費法としてはなかなかのものだが、もっとましな使い道だったら私でも思いつく。

＊　＊　＊

大きな数のほかの例を見てみよう。あなたの網膜には、一億個の細胞があり、その一個一個が対象とする刺激に反応している。ご存じか？　刺激に反応した信号は脳に送られるのだが、この脳がまたすごい。現在、脳には一〇〇〇億個のニューロン（神経単位）があるといわれているのだ。この神経系を支えるグリア細胞にいたっては、その一〇倍もある。つまり一兆個というわけだ。この数はたいへん大きいようだが、実は人間の体の細胞数は六〇兆ないし七〇兆と見積もられているのだ。そして、おのおのの細胞には、また何百万個もの成分がある。たとえば、血液中で酸素を運ぶタンパク質ヘモグロビン。私たちの体の中には、これがなんと一兆の一億倍のそのまた六〇倍もある。そして毎秒四〇〇兆個のヘモグロビンが破壊され、同時に四〇〇兆個のヘモグロビンが生産されている！（ところで、この見積もりをはじめて見たのはリチャード・ドーキンスの『自己本位遺伝子』の中である。エッ、そんな、と思った私は独自に計算をしてみた。結果はドーキンスのものとほぼ一致した。生物学専攻の友人にこの問題を出したら、やっぱり近い答えを出した。だから、この見積もりはかなり正確性が高いと思う。）

人体中のヘモグロビンの個数6×10^{21}と、ここ一、二年爆発的な流行を呼んだルービックキューブの組み合わせの総数4.3×10^{19}とは、意外な接近である。この数をルービック定数と呼ぼう。これがどんなに大きい数か実感するには、次の計算をやってみることをおすすめする。一センチ立方のキューブがたくさんあって、どれも異なる組み合わせになっている。これを日本中に敷きつめる。さて、敷いたキューブ積み木の高さはいくらになるか？（ちなみに日本の面積は三七万二六〇〇平方キロ。）面の中心にある小体の回転をも問題にするようなルービックキューブの「超群」を考えるならば、ルービックの「超定数」はさらに二〇四八倍になって、約9×10^{22}になる。アメリカでのキューブ発売元、アイデアル・トーイは、マクドナルドにくらべればまるで弱気である。キューブのパッケージには、「三〇億個以上の組み合わせが可能」と、痛々しいほど過小評価された宣伝文句が書かれている。親しみやすいメロディにまるめこんだＢＧＭ、つまり毒にも薬にもならない環境音楽ってのは聞いたことがあるが、「親しみやすい数」でごまかしてしまった宣伝文句というのはこれがはじめてじゃなかろうか？　これがどれほどの評価はずれか、ちょっと違った例で味わってみよう。

(1)　サンフランシスコの人口は一人以上。
(2)　マクドナルドは累積二食以上。
(3)　すべての核兵器を集めると、地球上の人間一人あたりＴＮＴ三ポンド（約一・五キロ）の爆発力。

一人というのは一〇〇万倍、つまり六桁の桁はずれ。二食というのは一〇〇億倍、つまり一〇桁の桁はずれ。最後の三ポンド（これは最近の『原子物理学者会報』の投稿欄で見た数字）は一〇〇〇倍、つまり三桁も少ない見積もりだ。

ヘモグロビンの個数やルービック超定数は、たしかにとてつもない数だ。もう少し足を地につけて、小さな大きい数の話にしたほうがよかろう。ならば、この瞬間パラシュートで着地している（足を地につけている）人は何人か？（「この瞬間」とはまさに適切な瞬間だ。）あなたの知っている単語の数は？　ロサンゼルスでは年間何件の殺人事件があるか？　日本では？　この二つの数字は並べてみるとショッキングだ。ロサンゼルスでは二〇〇〇、対する日本は九〇〇！

年間死亡者数について、みんながあまり表だって問題にしない数がある。アメリカだけで年間五万人が自動車事故で死んでいる。世界全部でこの二～三倍といったところだろうか。しかし、誰かがこんなことをいったら、みんなどういう反応をするだろうか。「ねえ、みなさん、私は実に素晴らしい発明をしたんです。ただし残念なことにちょっとした欠点があって、一二年ごとにサンフランシスコの人口と同程度の人を葬りさってしまうんですが……。あっ、ちょっと待って！　立ちさらないでください。こういう欠点があるにもかかわらず、生きのこる人々は全員この発明をたいへんありがたがるはずです。それはお約束します。」ここで出てきた数字は、自動車という発明と奇妙に一致している。しかし、「自動車は全部だめ！」という人はほとんどいない。総じて、人々はあまり深刻にならず毎年五万人の命を棄てることを受けいれているのだ。このうちの半分、つまり二万五〇〇〇人が酒のせいで死んでいると聞いたら、あなたはどう思う？

＊　＊　＊

もう少し明るい話題に移ろう。明るいといえば光、光は光子からなる。一〇〇ワット電球からいったい毎秒何個の光子が放出されていると思うか？　これは10^{20}個——これも大きい数だ。砂浜にある砂粒とどっちが多いだろう？　砂浜は長さ一～二キロ、幅は三〇メートル、深さ二メートルぐらいとしよう。直観も結構だが、ちょっと計算してみるとよい。大西洋の海水を水滴にすると何滴になるか、計算してみるのもおもしろい。次に大西洋の中にいる魚の数を計算しよう。海の中の魚の数と、陸地にいるアリの数ではどちらが多いだろうか？　草の葉っぱの中の原子の数と、地球上にある草の葉っぱの数ではどちらが多いか？　草の葉っぱの数と虫の数では？　その辺にあるオークの木の葉っぱの数と人間の髪の毛の数ではどっちが多いか？　読者の住んでいる町には、どしゃ降りのとき毎秒何滴の雨粒が降ってくると思うか？

モナリザの絵は何枚ぐらい印刷されただろう。計算してみよう。アメリカでは年に数十回、いろんな雑誌にモナリザが登場すると考える。おのおのの雑誌は平均、約一〇万部刷られるとしよう。つまり、毎年アメリカの雑誌だけで数百万回印刷されている勘定になる。このほかにもたくさんの出版物があるから、この数字は二、三倍しなければならない。ほかの国を考慮に入れれば、この数はさらに三、四倍しなければなるまい。結局、世界で一年に一億回は印刷されている。毎年この調子だったと仮定すると、トータルでモナリザは一〇〇億回は印刷された！　計算の過程で仮定の誤りはあっただろうが、一〇倍の誤差はないと思う。

一〇倍の誤差？　さっき私は三倍の誤差を許容するといったが、今度は三倍の誤差を二回許す——つまり一〇進一桁の差を許容するといっている。それは、さっきは10^5という数だったのに比べ、今度は10^{10}という数だからである。これは一つの経験則を導く。一〇万のオーダーに対しては三倍の誤差を許した。それが一〇〇億では一

○倍（一桁）の誤差を許す。ならば、その二乗、つまり、10^{20}（ルービック定数の約二・五倍）になれば一〇〇倍（二桁）の誤差を許してよいだろう。アイデアル・トーイが「一〇億の一〇億倍（billion billion）以上の組み合わせ」といっていれば、真の値との差が四〇倍（約一・五桁）の差だったからまだ許しえた。

あるときは真の値からの誤差を一パーセントしか許さないのに、あるときは真の値と一〇〇倍も違うことを許すのはいったいどういうわけだろう？　10を底とする対数——つまり桁数——を考えてみればわかる。真の値（の対数）が20のとき、見積もりが18だったら、その誤差はわずか一〇パーセントにすぎない！

数の大きさ自身を大胆に無視して、数の対数（桁数）に関心を移してしまうという私たちの習性はどこからきたか？　実は、数がこんなに大きくなると選択の余地がなくなってしまうのだ。私たちの知覚のレベルが変わるのだ。実際の量の想起が不可能になる。数字（数の並び）そのものが優勢になり、知覚のレベルがゼロの数に移る。この移行は、私たちがもはや心の中の眼で実際の量的大きさを把握できなかったときに起こる。私個人の移行は、だいたい 10^4 のところで起こる。これは写真の丸太だまりの数の大きさと符合している。

10^4 という数は、スーパーマーケットの一五メートル棚に並んでいるスープ缶の数だともいえる。これよりずっと大きい数になると、私には想起が困難だ。マンハッタンとニュージャージーの間のリンカーン・トンネルに貼られているタイルは、多すぎて目に思いうかべることもできない。（一〇〇万ぐらいのオーダーだろう。）いずれにせよ、10^4～10^5 のどこかで私の視覚的想起能力がかすみはじめ、数の桁という第二の知覚能力に置きかわりはじめる。（むしろ、万とか億とか兆という数の名に置きかわるというのが正確かもしれない。）一〇〇〇万とか二〇〇〇という数でなく、この辺で変化が起こる理由は、進化論や巨大な量の知覚の生存における役割などに関係があるに違いない。これはたいへんおもしろい哲学の問題だが、ここで論じるのは無理だ。

いずれにせよ、一つ秘訣が求まった。見積もりの誤差を一〇パーセント以内に抑えるのは、数の現実的知覚のレベルの範囲でよい。だから、あなたがルービックキューブに 10^{18} 個の可能な配置があるといったとしても、桁数の18と19½の差で見ればたいしたことがないから、誤差に対しても十分弁明がきく。（四・三倍は、半桁よりも多少大きい。一〇倍が一桁だから、その平方根である三・一六倍がちょうど半桁に相当する。）

もし、桁数そのものが億とか兆というオーダーになれば、それ自体はもう視覚化不能の数となり、現実的知覚のレベルはまた一段階飛躍する。対象としているものの数の桁数を表す数の桁数という、第三次の抽象世界になるのだ。いうまでもなく、これは極度に抽象的なレベルだ。数学でもめったに起こらない。しかし、想像するだけなら、さらに高い抽象度を求めることができる。第四次、第五次、……、第一〇次、第一〇〇次、第一〇〇万次……。

しかし、こうなると、なにがどこまでどうなったのやら、さっぱりわからなくなって、抽象レベルを表す数自身の見積もり（誤差一〇パーセント以内という希望）で満足するようになる。「抽象レベルはだいたい二〇〇万ぐらいだと思うんですが、二〇万から三〇万ぐらいの誤差はあります」などという発言が、こういうとんでもなくとんでもない数について語る人の口をついて出ることになるのだろう。こんな話をつづけていくとどうなるかは、もうおわかりだろう。抽象レベルの段数自身についての抽象レベル……。この話をもうあとほんの少しでもつづけたら、帰納的関数やアルゴリズムの複雑さの理論のど真ん中に飛びこんでしまう。こんなに抽象的になると、とてもついていけない。だから、この話はここでチョンとしよう。

＊　＊　＊

長大桁に関してはいるが、もう少しわかりやすい話として、有名な定数πの計算がある。計算機でいままで最高何桁求められたか？（私の知るかぎり）一〇〇万桁である。〔現在の最高記録は東大の金田康正さんで桁数は約二億。〕二、三年前フランスで計算されたもので、結果が一冊の本になっている。このうち人間は何桁記憶することができたか？　最新のギネスブックによればこれがなんと二万桁！　私も若かりし高校時代に三八〇桁までπを暗記したことがあった。その後、私をしのいだ人には何人も出会った。しかし、みんなすでに大半は忘れてしまっていた。それでも、最初の一〇〇桁はみんなしっかり覚えていた。これをよく斉唱したものだ。

πの一〇〇万桁を全部暗記した人がいると誰かがいったらどう思う？　私だったら、はなから相手にしない。暗記とバスケットボールの奇才ジェリー・ルーカスが、マンハッタンの電話帳を全部暗記しているといったのを聞いたことがある。これは数音痴だったらだまされたかもしれないいい例だ。マンハッタンの電話帳を全部暗記するということがいったいどういうことか、読者は想像できるだろうか？　私にいわせれば、これは信じられる限界を二桁ほどオーバーしている。一ページをまるごと覚えるだけでも相当難しい。一〇ページ全部を暗記するというのが信じられる限界だ。聖書を全部暗記する（暗記したという話を、偶然、聞いたことがある）のがこの電話帳の一〇ページ分の暗記に相当すると思われる。だから、一五〇〇ページものぎっしり詰まった電話帳の名前、住所、電話番号を丸暗記したなどというのは、文字どおり常識を越えている。

＊　＊　＊

今度は、現象を測るのにどういう尺度を使うかについて考えてみよう。音符の音の高さ（ピッチ）を例にとろう。ピアノの鍵盤を見れば、ピッチを測る線形の尺度を目の前に見ることができる。だから、「このA音はこのC音より九半音高い。そしてこのC音はこのF音より七半音高い。だから、さっきのA音はこのF音より一六半音高い」は自然な言い方である。これは加法的な尺度といえる。つまり、それぞれの音符に番号をふれば、音符と音符との音高差は番号同士の引き算で求めることができる。

一方、音響学的にいえば、それぞれの音高は、鍵盤上の位置というより、音の周波数で記述される。周波数は、鍵盤の位置に対してふられたもう一つの「番号」である。鍵盤の低い端の方のA音は毎秒二七回の振動をする。そのすぐ上（三半音上）のC音の振動数は毎秒三二回である。読者の中には、この事実から三半音上がれば振動数に五を足せばよいと考える人がいるかもしれない。そうじゃないのだ。足すのではなく、三半音上昇ごとに二七分の三二を掛け算しないといけないのである。

だから、一オクターブ、つまり、一二半音上がると、二七分の三二を四回掛けないといけない、これは二である。実際には、正確な二にならない。しかし、オクターブは正確に二にならなければならないから、二七分の三二のほうが少し狂っている。（ちょっと小さすぎる。）しかし、いまはこれを問題にしないことにしよう。重要なのは、周波数の比較が掛け算、割り算の演算で行われるのに対し、鍵盤上の音符番号の比較が足し算、引き算の演算で行われることである。つまり、音符番号は周波数の対数になっている。これは対数で考えたほうが自然ないい例である！

　こういってみるとどうだろう。ピアノの高音域のキーは隣り同士で毎秒の振動数が約四〇〇違う。ところが、低音域ではたった二しか違わない。ところが、人間の耳にはどちらも同じ半音の差しか感じられないのである。

　対数的思考は、もの自体が二倍にふえているのに、それをたんに等間隔で一段階ふえたと認識するときに起こる。たとえば、読者はたった七回ダイヤルを回すだけで、一〇〇〇万人もの人が住んでいる東京の隅から隅まで電話がつながるといった事実を、すごいと思ったことがないだろうか？　もし、東京の人口が倍になったとしよう。そうしたら、二〇〇〇万人の人に対して通話を可能にするには、さらに七桁余計、つまり合計一四桁のダイヤルを回す必要が生じるだろうか？　もちろん答えはノーだ。七桁余分にするということは、通話可能性を一〇〇〇万倍ふやすのである。実際、わずか二桁余分に回すことにすれば、日本中に通話可能になって、おつりがくる。なぜなら、一桁ふやせば通話可能性は一〇倍ふえる。だから、二桁で一〇〇倍、これは、一〇億人の人口に対応する。だから、電話番号の桁数——長距離をかけるときのいまいましい長さ！——は、電話網の大きさを対数的に反映しているのである。これは逆に、人や製品をコード化するのに本当はもっと少ない数ですむにもかかわらず、二〇桁や三〇桁の数を使うことの馬鹿馬鹿しさを意味している。

　私は一度、ユーゴスラビアの銀行の口座番号 60802-620-1-1-721000-421-01062 に料金を支払えという請求書をもらったことがある。しばらくの間、これが私の事務処理に関連した数の法外さのチャンピオンであった。しかし、最近、私の自動車登録証がこの記録を破った。そこには、なんと輝かしき番号がふってあるではないか！　010101361218200301070014263117241512003603600030002　その上、少しスペースをおいて、19283 というおまけまでついていた。私たちが対数的思考をしているいい例が、数の呼び名である。アメリカ人は、ゼロが三つふえるたびに新しい呼び名を用意している。（ただし限界あり。）一〇〇〇（thousand）、一〇〇万（million）、一〇億（billion）、兆（trillion）。ある意味でこれらのジャンプのしかたは等間隔である。すなわち、billion が million に対して大きい度合いは、million が thousand に対して大きい度合いと同じである。また、trillion が billion に対して大きい度合いも同じだ。（とはいうものの、10^{103} が 10^{100} に対して大きい度合いも同じかと問われれば、私はノーと答えたい気分だ。これは、現実的数感覚のレベルの移行が起こるためだ。ここでは、数学的な純粋さよりも知覚抽象化の心理学に重点がある。）

　いずれにせよ、私たちの場合、trillion より大きい呼び名を用意していない。実は、より大きい数の名前も公式的には用意されているのだが、これは滅びさった恐竜（dinosaurs）の名前と同様、あまりなじみがない。quadrillion, octillion, vigintillion, brontosillion, triceratillion, などなど。訓染みがないのも道理で、これらの呼び名はあたかも「恐竜世代(dinosillion)」の遺物である。そもそも billion からして、前にもふれたように、アメリカとイギリスでは異なる大きさの数を表している。もし、イギリスで hundred が一〇〇を表しているとしたら、……なんてことが、想像できるだろうか？　どうも数が大きくなりすぎると、人々の想像力が麻痺するらしい。それにしても、一般的な呼び名として trillion（兆）が一番大きい数を表しているというのは具合が悪い。防衛予算がもっともっと大きくなったらどうするのだろう。とはいえ、私は恐竜と同様人類が、こういう「贅沢」な悩みに悩まされることはないと思う。

＊＊＊

コンピュータのスピードの向上は対数的に見るとよい。過去何十年かの歴史を振りかえると、コンピュータの基本演算（足し算、掛け算など）が一秒間に実行される回数は、約七年で一〇倍というふえ方をしている。今日では一秒間にだいたい一億回、最新鋭機ではさらにもう少し多くの基本演算が実行される。一九七五年には、これがだいたい毎秒一〇〇〇万回だった。一九六〇年代後半は、毎秒一〇〇万回というのが超高速機だった。そして、一九六〇年代前半が毎秒一〇万回。一九五〇年代半ばが毎秒一万回、一九四〇年代末期が毎秒一〇〇〇回、そして一九四〇年代はじめが毎秒一〇〇回とさかのぼっていく。

一九四〇年代はじめ、ニコラス・ファトゥー率いるミネソタ大学のプロジェクトチームは、アメリカ空軍のために、60×60の大きさの行列を計算しなければならないような統計計算の仕事をしていた。ファトゥーは一〇人の作業員を一部屋に入れ、各人にモンロー型の卓上計算機をあてがった。作業員たちは一〇か月間フルタイムの共同作業を行った。計算と他人の計算の検算を共同で行うのである。約二〇年後、ファトゥー教授は、好奇心から同じ計算をIBM704の上で実行してみた。実行時間は二〇分であった。教授は、昔の計算にちょっとしたミスが二つあったことを発見した。今日、こんな計算など一、二秒だ。

しかし、現代のコンピュータが無限に速いというわけではない。数年前、イリノイ大学で計算された四色問題の有名な証明には、一二〇〇時間の計算時間を要した。これを日数に換算してみれば、印象がいっそう強くなるだろう。これは、一日二四時間通しで五〇日間に相当する！　コンピュータが毎秒二〇〇〇万回の演算を行うと仮定すると、全部で10^{14}、つまり一〇〇兆回の基本演算を行ったことになる。アメリカで一年間に吸われたタバコの二〇〇倍。ヒョエー。

毎秒一〇億回の演算を行うコンピュータが、もうすぐ出現するだろう。三〇年という長い年月の中でわずか一秒がどれくらいの時間の短さを意味するか、おわかりだろう。一秒という時間に対する、一ナノ秒（一〇億分の一秒）の重みがまさにこれなのだ。コンピュータにとっては、一秒間が生きものの一生の長さにも相当する！とはいっても、コンピュータ内部の原子の中で起こっている現象を見ると、コンピュータもずいぶんのろまである。原子の中の一つの電子に注目すると、ふつうのもので原子核のまわりを一秒間に10^{15}回も回っている。つまり、一ナノ秒間に一〇〇万回も回るのだ。電子の目から見れば、コンピュータなんぞ、一月に見せかけだけの中古車を走らせるようなものでしかない。〔冷えているから、ものすごくのろのろとして動かない。〕

実際、電子がコンピュータののろさ加減を見ている尺度は二種類ある。電子には軌道を回る周回時間と、それ自身の回転（スピン）の時間があるのだ。厳密にいえば、スピンは量子力学的現象のたんなるたとえにすぎない。だから、以下の話はかなり割り引いて読んでほしい。電子を非量子力学的（つまり古典的）に、自転する球体とすると、スピン角運動量(だいたい、プランク定数に近く10^{-34}ジュール秒）と半径（コンプトン波長と一致するとしてよいから、約10^{-10}センチ）から、回転時間が割りだせる。計算するとして、約10^{-20}秒である。超高速コンピュータが足し算を一回実行する間に、コンピュータ内部の電子はどれもだいたい一〇〇〇億回はクルクル回っていることになるのだ。(古典論でいう電子の半径を採用すると、電子の一秒当たりのスピン回数は 10^{24} になる――ああ目が回る！ しかし、この数値は相対論とも量子論とも矛盾する。最初の数値をとるべきだろう。)

こういう回転と反対の極にあるのが、私たちの銀河系だ。これは二〇億年に一回転という実に悠長、かつ堂々とした回転をしている。太陽系の中で見ると、冥王星は太陽の回りを二五〇年かかって一回転する。太陽は直径が約一四〇万キロメートル、質量がだいたい 10^{30} キログラムのオーダーである。これにくらべれば、地球は羽毛のごときもので 10^{24} キログラムしかない。しかし、馬鹿でかい星（赤色巨星）があることを忘れてはならない。なにしろ、太陽のまわりの木星の軌道をスッポリ飲みこんでしまう大きさなのだ。もちろん、これらの星は非常に希薄で、宇宙的スケールでいう綿アメのイメージである。これと対照的に、中性子星はものすごくぎっしりつまっていて、一ミリ角の立方体を抜きとったとしても五〇万トンの重さがある。これは、世界最大のタンカーに満杯のオイルを積んだ重さに相当する！

＊　＊　＊

こういうやたらに大きい数や小さい数は、私たちの通常の理解能力を超えているから、驚きつづけることすら事実上不可能になる。指数（桁数）に対する生々しい感覚を身につけないかぎり、こういう数の本当の理解は不可能だ。よしんばこういう感覚を身につけたとしても、かくのごとき超巨大さと超微小さを同時に備えている宇宙に、正当な畏怖の念を抱くことは難しい。数感覚の麻痺はここから始まる。人々はもはや billion とか trillion にたじろがない。それらはたんにどうでもよい「大きな数 (zillion)」と同じ意味なのである。

このコラムの下書きを書きおえてほんの数分後、私はとくにこのことを痛感した。読みはじめた新聞に、神経ガスの記事が出ていたのである。記事によれば、レーガン大統領が神経ガスに対する支出を一九八三年に八億ドル、一九八四年に一四億ドルにふやしたいといったそうだ。私は一瞬動転したものの、一〇〇億ドルとか一〇〇〇億ドルじゃなくてよかったと思い我に返った。

しかし、そのとき突然、恥ずかしさに襲われたのである。あの男の神経ガスのような毒気にやられたのだ。どうして、たった一四億ドルだからといって安心したのだろう。基底にある現実から、どうして私の思考が乖離してしまったのだろう？ 神経ガスに一〇億ドルというのは、たんに嘆かわしいどころか、憎悪すべき数字なのだ。もうこれ以上、数不感症 (number-number, numb はしびれる、麻痺するという意味の形容詞）になってはいけない。早くこういう無関心から足を洗いたいものだ。なにしろ、いまのようなジョークは煮ても焼いても食えない。

私たちの種の生存がゲームの鍵である。私は、アフリカにいる蚊の総数が国民総生産をペニーに換算したものより多いかどうかとか、死海にもっと氷河があるとか、南極大陸にもっとサソリがいるとか、一〇億ドルの紙幣を積み上げた高さ（レーガン大統領が前任者たちの発行した国債の多さをヤリ玉に上げるときに使ったイメージ）とかに興味はないのだ。馬鹿げた数の大きさそのものに関心があるわけではない。私が関心をもつのは、一〇億ドルがどれだけのものを買えるかという点だ。ニューヨークのすべての子供たちの一年分の昼食、図書館が一〇〇、ジャンボジェットが五〇、大きな大学の何年分かの予算、戦艦一隻、……数遊びと深刻な問題の境界はついついぼやけてしまう。私がここで強調したいのは、浅薄な数遊び（それがおもしろいことは認めるが）ではない。

私はたんにおもしろい話のタネを提供するのではなく、人々が巨大数に対する把握力をもつことの重要性を説きたいのだ。人々に、スキャンダル紙に出てくるスター連中の名前と同じように、新聞の見出しに躍っている巨大数がどういう結果をもたらすのかを理解してほしいのである。ユーモアのある例を示したのはそのためだ。しかし、根底には「生か死か」に関わる重大な認識問題がある。

* * *

数不感症と闘うのは、それほど難しいことではない。五〜二〇といった小さな数の第二の意味、つまりそれらが指数として肩に乗ったときの意味になれればよいのだ。新聞が大きな数を表現するのに一〇のベキの数を使うようにするのは大変革かもしれないが、一二個のゼロが並ぶといったほうがtrillion（兆）という数を使うより具体的なイメージがわく。

314,159,265,358,979と271,828,182,845という二数を見せられて、前者が後者の約一〇〇〇倍の大きさであることを認識できる人は、世の中全体で何パーセントぐらいだろう？　私は大半の人がうまく認識できず、これらの数を声に出して読むことすらできないのではないかと思う。これは困ったことだ。

数音痴と闘う一冊の本がある。オランダ人キース・ブーケの『宇宙的視点――宇宙をまたぐ四〇の旅』であり、いままで議論してきたような巨大桁の世界に対する謙虚さに満ちている。ブーケは絵を使って、読者を仮想旅行に誘いだす。一回の旅行が、一〇倍という数のジャンプに相当している。私たちの日常世界から上には二六段のジャンプがあり、下には一三段のジャンプがある。こういう本がオランダ人によって書かれたのは偶然ではないだろう。なぜなら、オランダ人は多数の言語や文化に囲まれ、押しつぶされそうな小さい国に住んでいながら、長い間国際的視野を保ってきた民族だからである。

ブーケの結論は、この本の旅行によって、人々が宇宙という構図の中でどんな位置にあるかを知り、結果的に世界をもっと身近に感じるようになるだろうというもので、私にいわせればまさにオランダ人的発想である。今回の締めくくりは、ブーケの雄弁な結論を引用しよう。

> このように宇宙的規模でものを考えれば、人類が本当に人類たろうとしたとき、自己の存在において、彼の裁量下にある宇宙的な力を慎重に思慮深く使用することを心がけねばならない。
>
> しかし、問題は、未熟な人類が自分の手元にある力を、この限りある惑星上にともに暮らす全人類の協調のために捧げるのではなく、自分自身だけのために使いがちだというところにある。生まれ育ちとは関係なくわれわれがともに生きていくことは、したがって、全人類の存亡にかかわる問題なのである。国籍、人種、主義信条、年齢、性別が違っても、人類の十全な協調的生存に対する努力に差があるはずがない。
>
> だから、われわれすべて、老若男女すべてにとって、この精

神を学び、この目標に向かって進むことが急がれる。たがいに尊敬し合い、全人類の幸福を増進し、いかなる特権をも排除し合うこと。これを学ぶことが人類にとって明白な義務である。教育はこの趣旨にそって行われなければならない。

ここで示したような宇宙的視野の育成は、重要かつ不可欠な要素である。こういう広く、すべてを包みこむ視野を育てるのに、この本の「宇宙をまたぐ四〇の旅」は少し役だったと思う。もしそうだったら、多くの人がこれに参加してくれることを祈りたい。

（一九八二年七月号）

追記

コラムの本文と同じ号の『サイエンティフィック・アメリカン』にはたまたま「科学と市民」と題する記事があり、アメリカの核兵器について記されている。そこにある防衛情報および資源防衛評議会がまとめた情報によると、現在約三万の核兵器が蓄積されており、そのうち二万三〇〇〇が実際に配備されている。（これをわかりやすいように示したのが図33-2、本書の最後の図である。）さらにレーガン政権は、今後一〇年間のうちに一万七〇〇〇を追加し、七〇〇〇を廃棄するよう予定しているそうだ。差し引き一万の核兵器総量の増加である。これはおおよそ、ソビエト人一人当たりTNT火薬一〇トンに相当する。いったいこれはなにを意味するのだろう？　自分の発見したことを、次のように私に知らせてくれた。ウルフ・H・ファーレンバック氏も同じ疑問を感じたらしい。

TNT火薬一〇トンは、もはや私の数理解の範囲を越えています。そこで取り壊し専門の友人に尋ねて、一ポンド、一〇ポンド、一〇〇ポンド……のTNTでそれぞれなにが起こるか教えてもらいました。自動車の中で一ポンドのTNTが爆発すれば中の人はすべて死亡し、車はめちゃめちゃになります。一〇ポンドで、郊外の平均的な家を完全に破壊することができます。そして、旧ドイツ軍の戦車の中に一〇〇〇ポンドをしかけて爆発させたら、砲塔は雲となってあとかたもなく消えたそうです。文明国はどこでも、敵を最後の一人まで殺戮すれば満足なので、なにもイオン化までしてしまう必然的理由はどこにもない。こう政府にいいたい。

私もこの数字には興味をもった。最近、ベイルートでの爆破事件で殺された海兵隊241部隊のいた建物は、おおよそ一トンのTNT火薬で吹きとばされたと推定されている。一〇トンならば、もしかすると二四〇〇人あまりの犠牲者が出たかもしれない。私もあなたも一人一〇トン。これが、この核時代の私たちをとりまく信じ難い過剰殺戮状況の実態だ。

この状況はまた、次のように見ることもできる。世界中には合わせて約二万五〇〇〇メガトンの核兵器がある。この「メガ」を「百万」に、「トン」を「二〇〇〇ポンド」に置きかえると、TNT換算の場合、25,000×1,000,000×2,000ポンド、すなわち、50,000,000,000,000ポンドが世界中に散らばっていることになる。おそらく均等ではないだろうが、それでももう十分な量だ。

私自身は、このようにゼロをたくさんつけて大きな数字で表すのと、二万五〇〇〇メガトンとそのままいうのとどちらがよいか、ふらふらと揺れている。「メガトン」が実際にどのくらいなのかは、思いだす必要がある。昨年の夏パリを訪れたときのこと、モンマルトルの丘へ登ると、サクレクール寺院の下から眼下に広がるパリの美しい景色を眺めることができた。その素晴らしいパノラマを楽しむ友人たちの気分に、私はこういって水を差さざるをえなかった。「うーん、メガトン爆弾を一つか二つうまい場所にしかければ、この眺めも全部おしまいだね。」そういいながら、爆発の光景を私ははっきりと想像することができた。（もちろん、太陽よりも強い光と熱波に私の目が耐えられると仮定してだが。）ひどいぶち壊しとは承知していたが、そのときの私の考えとはぴったり合っていたのだ。

さて、もし「一メガトンでパリ（あるいは同じような都市）の滅亡」がつかめれば、「二万五〇〇〇メガトン」という言い方はゼロのたくさん付いた数と同等、あるいはより以上に生き生きと感じられるだろう。これは「まとめ」として知られる心理的現象が、理解の範囲を越えたような大きさを相手にするときにはいかに大切かを示しているように思われる。

まとめは、たくさんの部分からなる集まりを全体として知覚することだ。一〇〇ペニーと一ドルとの違いなどがそのよい例だ。いつもペニーだけを使うとしたら、車や家やコンピュータの値段について考えるのはうんと難しくなるだろう。ドルには心理的実在性がある。ふつう私たちは、ドルをより小さな単位には展開しない。ドル概念はそれゆえ貴重なのだ。

貨幣に関するまとめの過程がドルの段階で止まっているのは、残念に思える。長さにはインチ、フィート、ヤード、マイルがある。同じようにペニー、ドル、グランド、メガ、ギガなどとあってもよいのでは？　このようにまとめられた単位が使われれば、新聞の見出しも呑みこみやすくなるだろう。もちろん、その前に単位の意味が定着している必要があるが、グランドは、みなかなりよくわかっている。しかしメガとかギガとかは、どのくらいの値打ちなのだろう？　高校を一つ作るには、何メガ必要だろう？　州の年間予算は何ギガだろうか？

数字に強い人々は、おそらくこれらの疑問に答えようとすると計算に頼るだろう。けっしてそれぞれの概念自体をすぐ使えるように用意しているわけではない。しかし、数がわかるようになるためにはそうなる必要がある。高校は約二〇メガ、州予算は数ギガなどというのが常識でなければならない。これらの単位を「一〇〇万ドル」「一〇億ドル」の短縮型と思ってはならない。「ドル」が「一〇〇セント」の短縮型でないのと同じだ。それ自体で自律的な概念で、他の単位への変換やその他の計算を必要とせず、自身に情報や連想がまつわりついた心的な「節点（ノード）」でなければならない。

もし大きな数に対する直接的な感覚があれば、ほとんど望みのない抽象物をずっと具体的に把握することができるだろう。予算が不透明で了解し難いのは、もしかすると官僚たちにとっては好ましいのかもしれない。しかしそうだとしても、それは短期的に見た場合のみのことだ。経済壊滅と軍事的自殺は、長期的に見れば誰にとっても望ましいものではない。それは兵器製作者にとってさえ望ましくはない！　現実が透明であればあるほど、どんな社会にとっても長期的には好ましいのだ。

＊　＊　＊

私たちの社会の最上層にさえ、この種の数の無理解は見うけられる。バックネル大学学長デニス・オブライエン氏は最近、『ニューヨークタイムズ』の論評欄に、「われわれの大学では数十億ドルをかけたコンピュータ・センターが開設したところだ。さらに、卒業生の九〇パーセントはコンピュータが使える」と書いてしまった。またAP社は、アメリカの連邦負債限度が一・一四三兆ドルに引き上げられたと述べたあとで、最新の負債総額として「一〇億七〇二四万一〇〇〇ドル」と引用している記事を報道した。もしそうなら、どうしてあわてて限度額を引き上げる必要があるのだろう？　ちょっとした書き損じなのかもしれない。たとえそうだとしても、私たちの社会にはびこる数音痴を表していることに変わりはない。

私はあら捜しをしているのだと思われるかもしれない。しかし、大きな数にやっつけられた結果、大学教育を受けた人々の多くでさえ、テレビ放送を聞いても出てくる数を全然理解しないという現状は、どこかなにかが狂っていると私には思える。無感覚、無気力、新概念の必要性認識に対する抵抗、これらのからまり合いだ。

ある読者（ポーランドからの亡命者）から手紙で、高校時代にπを何百桁も覚えられた私は、そんな贅沢を許容した社会に感謝すべきだと文句をいわれた。東側の国々だったら、そんな退廃的なことをする自由はなかったということらしい。しかし私にとってπの暗記は、国によらず思春期の若者たちが遊びに夢中になる、そういう遊びの一つと同じだったのだ。『暗算の天才たち』というスティーヴン・B・スミス氏による最近の本の中には（これはたいへん魅力的な本だ）、数にかけては私などよりはるかにすぐれた人々の素晴らしい物語が記されている。それらの人々の多くは、みじめな環境に育った。数は彼らにとっては遊び友だち、無二の親友だった。πの暗記はけっして退廃などではなく、喜びと価値を与えてくれるものだったはずだ。十代のときにそのような人々について本で読んで、私はその才能を尊敬し、羨みさえした。私がπを暗記したのはそれ自体が目的ではなく、計算の天才を真似して、数の扱いに流暢になることを目指した運動全体の一貫としてだった。そのおかげで大きさを問わず数への理解は深まり、直観は磨かれ、さらにどのようにしてかはわからないが、この地球上の政府が、東西を問わず、なにをしようとしているかをよりよく把握できるようになった。

その目標に達するには、しかしもっと直接の道もあるだろう。興味をもたれる読者には、自分自身の数感覚を磨くための簡単な方法をおすすめする。紙を一枚用意して、一から二〇までの番号を書く。それから、なにかおもしろそうな大きな数をいくつかとりあげて、それを誤差一桁の範囲（あるいは数が大きければ二桁）で推定してみる。「推定する」とは、一〇の倍数の部分以外は無視して実際に紙と鉛筆で（あるいは暗算で）計算するという意味だ。そうしたら、その概念を計算した数に結びつけよう。大きな数の例とはたとえばこんなものだ。

＊カリフォルニア州の総生産は？
＊地球上で一日に何人の人が死ぬか？
＊ニューヨーク市には信号はいくつあるか？
＊アメリカには中華レストランはいくつあるか？
＊アメリカ国内で一日に飛行機は何マイル運航しているか？
＊国会図書館には何冊本があるか？
＊ピアニストは一生のうちにいくつ鍵盤を叩くか？
＊アメリカ合衆国の面積は何平方マイルか？　そのうちどれだけ、あなたは行ったことがあるか？
＊西暦一四〇〇年以降、人間によって発声された音節の数は？
＊アメリカで一年当たり何回ボーリングの三〇〇点が出るか？
＊ストッキングにはいくつ編目があるか？
＊中国語の新聞を読むにはいくつ漢字を知っている必要があるか？
＊一回の射精に精子は何個含まれるか？
＊アメリカには何羽のコンドルが残っているか？
＊スペースシャトル、コロンビアには可動部品はいくつあるか？
＊アメリカには「マイケル・ジャクソン」と呼ばれる人が何人いるか？「ナオミ・ハント」は？
＊一年間に地球上で消費される石油の量は？
＊世界中の石油の埋蔵量の総計は？
＊自動車の排気ガスとして大気中に放出される一酸化炭素は一年当たりどれだけか？
＊英語の有意味で文法的に正しい一〇語文はいくつあるか？
＊パロマー天文台の望遠鏡の二〇〇インチの鏡が冷却するのにどのくらいの期間を要したか？
＊地球の軌道はシリウス星から見て何度傾いているか？
＊アンドロメダ星雲は地球から見て何度傾いているか？
＊生物の一生涯の心拍数はいくつぐらいか？
＊昆虫（あるいはその種）は現在いくついるか？
＊キリンは現在何頭いるか？　トラは？　ダチョウは？　カブトガニは？　クラゲならば？
＊海底の圧力と温度は？
＊ニューヨーク市が一週間に出すゴミの量は何トンか？
＊オスカー・ワイルドは一生のうちに何文字書いたか？
＊アルファベットの字体はこれまでにいくつ作られたか？
＊隕石が大気中を飛ぶ速度はどれくらいか？
＊720の階乗は何桁か？
＊金塊一つの価値は？
＊フォートノックスには金塊がいくつあるか？　その価値は？

＊あなたの親知らずの生えてくる速度は（時速何キロ）？
＊あなたの髪の伸びる速度は（やはり時速何キロ）？
＊ベニスの町の沈む速度は？
＊一〇〇万フィートはどのくらいか？　一〇億インチは？
＊エンパイア・ステート・ビルの重さは？　フーバー・ダムは？
　乗客をいっぱい乗せたジャンボジェットは？
＊世界中で一年間に飛ぶ飛行機の便数は？

　こんな問題でよいだろう。一から二〇までの問いに、それらを桁数と見なした場合の具体性を与えるというのが重要なのだ。歴史の年表に似ている。最初は「一六八五年」といってもなんの意味もないだろう。しかしもし音楽が好きで、バッハがその年に生まれたと知れば、その年はもう忘れられない。小さな数の二次的意味でも同じことだ。奇跡を起こすとはけっしていわないが、自分自身の数感覚を向上させ、もしかすると他人の数感覚の向上にも貢献できるかもしれない。数万歳！

［第7章］

あなたの文章や思考を支配する暗黙の前提

野球場へ向かう途中、父と子の乗ったクルマが線路にはまってエンストしてしまった。遠くで列車の警笛が鳴る。父は気も狂わんばかりにしてエンジンをかけようとしたが、こういう恐慌状態ではキーを回すことすらできない。とうとうこのクルマは、突進してきた列車にはねられてしまった。救急車が現場に急行し、彼らを病院に運んだ。しかし、父は途中で息絶えた。息子はまだ生きていたが、危篤状態にあり、緊急手術が必要だった。息子は病院に着くやいなや、手術室に運びこまれた。場数を踏んだ外科医が、準備を終えて入ってきた。しかし、少年の顔を見るや真っ青になり、「手術は無理です、これは私の息子です……」とつぶやいた。

ナニ？ と思われるだろう。そんな馬鹿な！ 外科医がウソをついている、または間違っている？ ノー。死んだ父親の霊魂が外科医にのりうつった？ ノー。外科医が子供の本当の父親で、死んだのは子供の養父だった？ ノー。じゃあ、正しい説明はなんなのだろう？ 自分でハタと思いつくまで、じっくり考えてほしい。わかってしまえば簡単なことだから……。

＊　＊　＊

私がこの問題をはじめて聞いたのは、数年前のことである。そのときは、答えを出すのに一分そこいらかかったと思う。しかし、それでも私は自分のぼんくら頭に恥じいってしまった。当時、私が所属していたグループの人々——教養も知能も高い人々、男性も女性もいた——の平均的な正答時間もショッキングであった。私は一番速くもなく、一番遅くもなかったのだが、二、三人は五分以上も頭をかきむしったあげく、まだ答えにたどりつかなかった。答えがわかったとき、彼らはがっくりきて、しょげかえってしまったものだ。

この問題を解くのに要した時間の長短はさておき、私たちはこの問題からなにかを学ぶことができる。それは、私たちの精神構造を貫き、思考を導く「暗黙の前提（default assumption）」にかかわるなにか深いものである。暗黙の前提とは、話の場で、「最も簡単な」とか、「最も自然な」とか、「最もありそうな」といわれるようなものを指す。いまの場合の暗黙の前提は、外科医が男性であるということである。今日の社会がそうなっているというのが、最もありそうな前提というわけである。しかし、暗黙の前提に関して重要なのは、それがいわば自動的に形成されていることである。けっして、熟考や消去法から出てきたわけではない。外科医が男である可能性と女である可能性とではどちらが大きいか、などという思考ははなから頭に浮かばなかったのである。たんに過去の経験から、すんなりと外科医の性別を決めてしまっていたに違いない。暗黙の前提は、本来、表だって意識されないものなのである。もし、外科医の性別を最初から意識しているようだったら、この問題は、最初から解けている。

暗黙の前提はふつう、たいへん有用である。実際、これがなければ、私たち（あるいは認識機械）はこの複雑な世界に対処しきれないだろう。私たちは、過去の多くの経験から帰納的に作り上げた一般的な規則やモデルに、（理論的には可能だけれども）実際にはありそうもない例外があるからといって、年がら年中頭を悩ましているわけにはいかない。抜け目のない推論が必要で、いつもこれをうまく使いこなさなければならない。幸い、私たちのすべての思考にはこの種の抜け目のない推論——常態の前提（assumption of normalcy）が貫かれており、実にうまく作用している。たとえば、あなたが歩いているメインストリートに立ちならぶ店がみんなただの張りボテだなんてことは、まずない。あなたは、腰かけようとしている椅子がまさに壊れようとしているとは考えないだろう。あなたが（食卓塩を使うとき）「ひょっとしたらこれは砂糖が入っているのでは？」と考えたなんてこともありそうにない。これと同様に、絶対正しいとはいえないがたぶん正しいといえるような前提を数え上げれば、たちまち数十個ほど思いつく。

ほとんどありえそうにもないことを無視する、しかも無視するかどうかを考えずに無視するという能力は、状況を素早く、しかし正確に把握する必要に迫られて形成された進化論的資質だろう。これは、私たちの思考過程の驚異的にして秘妙な特質である。しかし、ときどき、この驚異的能力が悪さをして、私たちを途方に暮れさせることがある。さきほどの女性差別的な暗黙の前提が、まさにその例だ。

＊　＊　＊

私は『ゲーデル、エッシャー、バッハ』を書いたとき、対話形式を多用して、ずいぶん楽しんだ。これは、ルイス・キャロルの「亀はアキレスにかく語れり」という対話に触発されたもので、私はこの二人の登場人物をそっくり流用させていただくことにした。ずいぶん長い間かけて、私はこの二人の主人公を私流に性格づけた。そうこうしているうちに、私は私自身による新しい登場人物を生みだすにいたった。最初がカニである。次がアリクイ、ナマケモノ、そしてその他たくさんのクセ者たち……。亀とアキレスと同様、新しい登場人物はみんな男（雄）であった。ミスター・カニ、ミスター・ナマケモノ……。

書いたのは一九七〇年代はじめで、私は自分がなにをしているのかは完全にわかっていた。しかし、なんらかの理由で、女（雌）の登場人物を作りだすにいたらなかったのである。これにはちょっとまいったが、しかし、なんの理由もなく女の登場人物を導入すれば、人工的で、話の本筋がはぐらかされてしまうという念を禁じえなかったのも事実である。理想の空想世界での秘妙な楽しみに、現世的で醜い性差別問題などをまぎれこませたくなかったわけだ。

しかし、このことに関してはずいぶん悩んだ。実際、私自身が登場人物と話し合って、本の執筆における性差別について弁明するような対話の章も書いたりした。アキレスや亀と違い、その登場人物は神様という役割なのであるが、古い冗談よろしく彼女は黒人なのだ。陳腐なやり方だが、私をさいなんでいた良心の問題になんとか取りくもうとしたわけである。この対話は磨かれずじまいで、結局本にはとりあげなかった。しかし、何回かの書き直しの結果、これは「六声のリチェルカーレ」という最後を締めくくる章の中に生かされている。

しかし、良心のうずきは結局、何人かの端役的登場人物を女(雌)にさせた。無矛盾性を議論したプルーデンス〔邦訳では都合により男性、慎重居士〕とインプルーデンス〔大胆信女〕、ヒラリー叔母さん〔はしゃ蟻塚叔母さん、群れとして意識をもったアリたち〕、それから、妖霊メタ妖霊、メタメタ妖霊……といった無限の登場人物。私はこういうやわらかいタッチを自慢したいところだが、女性のほうが貧乏クジを引いたことに変わりはない。不満は残ってはいるが、まあ、こうなってしまったというところだろう。

対話に出てくるのが大半、男性であるばかりか、文法的にも男性格が暗黙の前提になっている。だから、「彼」という言い方が標準だ。私はこれについて言い訳するつもりはない。私は読者の知性を信用したい。つまり、こういう代名詞が頻繁に出てきたからといって、男性格が厳格に使われていると思わずに、ユニセックス、すなわち、単性的人格が仮定されていると思ってほしかったのである。

しかし、時がたつにつれ、私は書かれた文章が、性別を指定していない人間や、(たぶん特定なのだけれども)ランダムに選ばれた人間をどのように扱うべきか、昔と異なる考えをもつようになった。これは微妙な問題で、ここで最終的な結論を下せるわけではないが、いくつかのアプローチは私にとってもおもしろく、読者にも役だつと思う。

* * *

なにが私を目覚めさせたか? この問題に対して私にはもともと下地があったとはいえ、これをあらためて刺激したものがあるはずだ。そう、さきほどの外科医の話は重要な鍵だった。外科医の問題に対する私の反応自身のみならず、みんなの反応も驚くべきものであった。誰も外科医が女性でありうると考えず、ありとあらゆる奇抜な仮想世界を次から次へとでっちあげる努力ばかりしたからである。なんと滑稽な! 暗黙の前提というものの根深さと、それに私たちがまったく気づいていないということがくっきりと浮かび上がっている。これは素朴に考えつく以上に深い影響をもつ。私は、言語が人間を奴隷のようにこき使っているという考えはとらないほうだが、暗黙の前提を引きおこしたり強化するような言葉の使い方を、なるべく避ける努力を怠ってはならないと思っている。

私の本が出版されて二、三年ほどたったとき、これに関するドンピシャの例がやってきた。登場人物が全員男性であることを残念に思っているとき、私はこの本の中の対話を講釈していて、聴衆の中の一人の女性が「なぜ?」と聞いてきた。私はこう答えた。「ええ、私はまずアキレスと亀という二人の男性から出発しましたし、政治的配慮という以外にはとくに理由もなく、女性を登場させるのは混乱を招くだけだったからです」と、答えているはしから、私には恐ろしい疑問が、まさにそのときはじめて起こってきた。キャロルの亀が男だってどうしてわかった? いや、たしかに男だったぞ。このことははっきり覚えている……。

しかし、どうも気になる。たまたまそのときは手元にキャロルの書いた対話があったので、それはすぐ証明できるはずだった。しかし、キャロルはどこにも亀の性別に関する手がかりを与えていなかった。私はどぎまぎしてしまった。実際、対話の出だしはこうだ。「アキレスは亀に追いついて、その背中の上に居心地よく座りこんだ。」「その」という言い方はこれ一度きりで、あとは必ず「亀」という言い方しかしていない。「ミスター亀」だって？　なんと、これは私の暗黙の前提からのでっちあげだったということか？

いや、そうではないと思う。私が昔、キャロルの書いた対話についてはじめて知ったのは、人（男性）から聞いてである。この人が、自分の暗黙の前提を私にそのまま伝播したのだ。つまり私は無実だ。さらに、私は哲学雑誌に、キャロルの対話に対する唱和がいくつか載っていたのを思いだした。あとで調べてわかったのであるが、どれもが亀に性別を付与してしまっていた。キャロル自身が性別の問題を注意深く避けて通ったのにもかかわらずである。私自身は無実であることをますます確信したのだが、どうも気持ちが悪い。私は自問している。もし、最初から亀を女性としていたら、『ゲーデル、エッシャー、バッハ』はどんなふうになっただろうか？

私が女の登場人物を導入するのを思いとどまった理由の一つは、近頃の本などで見かける、人（読者とか、学生とか子供とかのようにちょっと言及される人）の呼び方に、政治的配慮から she とか her という言葉を使うやり方が気にくわなかったことがある。これはうずいている指のように気に障るものであって、性差別問題の臭いが鼻について、話の本筋がしばしば見えなくなってしまう。こういうやり方は鈍感で単純すぎて、多くの人の目をそらしてしまう。

とはいっても、私は、伝統とか、言語の純粋性とか、言語の美しさとかの理由から言葉の使用法を頑として変えない人（なにも男性ばかりとはかぎらない）の態度にも同意できない。たしかに、fireperson（消防士、本来は fireman）、snowperson（雪だるま、または雪男、本来は snowman。もっとも日本語では雪女と雪男は、美女と野獣ぐらいに違うが……）、henchperson（取り巻き、本来は henchman）、personhandle（人力で動かすの意、本来は manhandle）といった言葉は魅力に乏しいが、そうとばかりはいっておれまい。

ロバート・ノージックの『哲学解説』はたいへんおもしろい本であるが、その序章にこんな脚注がある。「私には、代名詞の性を中立に保ち、なおかつ話の本筋から（少なくとも現代の読者の）関心をそらさせないように書くうまい方法がわからない。私は満足のいくような解を求めていまだに研究中である。」こういう観点から、ノージックはほとんどすべての場所で、he とか him を使っている。私は困ってしまった。ノージックはもっと頑張れたのではないだろうか？　こう思ったのは、私が自分の本でこの問題にうまく対処できなかったことにももちろん原因があるが、ノージックほどの人が、この問題にこれ以上の熱意を示さなかったことが残念だったからでもある。彼の哲学的洞察をもってすれば、この問題に対して創造的な貢献ができたはずだと思う。

私の記憶によれば、私が文章から男性的な性格をはじめて真剣に取りのぞこうとしたのは、一九八一年七月号に載ったチューリング・テストに関する会話（本書の第22章）だ。私がこの会話を書きはじめたとき、三人の登場人物の性別はかなり揺れうごいていた。三人とも、私の知っている人たちを混ぜ合わせたような人物だったからだ。私は私の考えに最も近い登場人物を、男性というより女性にしようと考えていた。他の二人は揺れうごいたままである。

ある日、会話の中にたまたまチューリングの質問、「書かれた会話だけから、その人が男か女か判断できるか?」を議論する場面を入れることになったとき、私はハタと思いついたのである。この議論をしている人物自身を、性別が曖昧で両義的であるという意味で「両性的」にすればおもしろい! 私はこの人物をパットと命名した。いったんそうと決めれば、他の二人だって同じだ。私はこうして、三人の名をサンディ、クリス、パットとして、読者自身に謎解きの楽しみを与えることにした〔どの名前も男女兼用可能〕。

この会話を書いたことが私の転回点となった。この中での男女平等は、会話に自己言及的なひねりを与えようという私の趣味に立脚したものだったが、これ以来、私が以前からはまりこんでいた男性的鋳型から解放されたような気がする。私は、自分の昔からの暗黙の性差別を埋め合わせる方法を捜しはじめた。

それはやさしくなかったし、いまでもやさしくない。たとえば、教室で講義をするとき、私は不特定の人間、不特定の生物学者とか、論理学者とかを代名詞で表現するとき、意識的に she という言葉を使いたかった。しかし、この言葉がごく自然に口から出てくるかというと、そうではない。そこで私が自己訓練したのは、キャロルが論点を回避したのと同じく、性を識別するような代名詞を極力使わないことである。たんに、「この論理学者」と繰りかえしたり、「この人」とか「あの人」というようにするのだ。ときたま he or she という言葉使いをするが (he とか she とかいってしまう場合もあるが……)、たいていの場合はたんに they といってすませている。

性を含む代名詞を排除しようとするとき、私のように they という言葉に頼るケースが多いようだ。しかし、再帰動詞的な慣用句を使おうとして、単数の主語に themselves を対応させるなど、すぐ苦しくなってしまう。もっと悪いことには、この人がどう工夫しても彼ら (they) が彼ら自身 (themselves) をうまく救出できないので、彼または彼女があふれだし、彼または彼女の文章はたいへんぎごちなくなってしまい、彼/彼女はもう性差別の問題なんかどうでもいいや/どうでもいいわと考えるようになってしまう。つまり、they を使うのは、一難去って、また三難という感じである。これは男性女性の曖昧性を単数複数の曖昧性にすりかえただけである。こういう術策の唯一の利点は、私の知るかぎり、たぶん単数と複数の間の差別撤廃を声高に唱えている団体(たち)が存在しないことだろう。

一つの解決法はいつも複数形を使うことである。たとえば、biologists (生物学者たち)、a team of biologists (生物学者たちのチーム) を使うことにし、a biologist などといわないことにするのだ。こうすれば、they を使うのは文法にもかなっている。しかし、これはまずい解決法だろう。特定の個人を表現するほうが、はるかに生き生きとするからである。一人の人間をいつも複数扱いするわけにはいかない。

もうちょっとましな別解は、非個人的な状況を、you という言葉を使ってもっと個人的な形で扱うことである。こうすれば、あなたの聴衆とか読者は、まるで自分が体験しているかのように、その状況に入ってくるだろう。

しかし、これがあなたにとって裏目に出ることがある。たとえば、あなたが統計的なゆらぎの日常生活にもたらす不思議な効果について書いているとしよう。こんな調子で文章を書き進めているのである。「ある日、あなたの郵便配達夫 (mailman) は郵便局で仕分けの仕事があまりたくさんあったので、彼女が配達コースへ出発できたのは午後になってからでした。」さて、あなたの熱心な読者であるポリー嬢は、自分の区域を配達してくれる仲よしの郵便配達夫が一生懸命に郵便物を仕分けしているところを思いうかべたのに、その直後、郵便配達夫が女性であることを告げられるわけである。ドキッ！　これは、「郵便配達夫」と「彼女」という言葉の衝突といった表面的な驚き以上のものである。あなたが表現豊かにポリー嬢に彼女自身の郵便配達夫、しかも男性のイメージを吹きこんだ以上、これはイメージとイメージの矛盾なのである。もし、あなたが、「あなたの郵便配達人（letter carrier）」という言葉を使ったとしても、ポリー嬢はやはり驚いたと思う。しかし、あなたがポリー嬢に、「ヘンリー君の郵便配達人」をイメージするように仕向けていれば、突然「彼女」といってもあんまり驚かなかった、いやたぶん、全然驚かなかったと思う。

＊　＊　＊

私は講義のときに、letter carrierとかdepartment head（学部長、私はchairpersonという言葉は使わない）といったような性的に中立な名詞をいつも使うように心がけているし、あとで代名詞で参照する場合も、性別を決めてしまうような代名詞は極力使わないようにしている。しかし、私はこれが私自身のために身にまとった見せかけだということに気がつきはじめている。私はたんに悪い慣習的語法を避けて、それを弱体化するのに熱心だというわけではない。ふつうの人ならheというところで、私がheといわないのは、なにも学生のえり首をつかんで振りまわすという種類のものではない。数人は私の「よい行動」に気づいているが、この人たちは、この問題にもう順応しているのである。

では、どうしてこれからsheという言葉を使わないようにしないのか？　こうすれば一番話が簡単なのでは？　たぶんそうだろう。しかし、ノージックが指摘したように、多くの場合、動機が政治的にすぎて、啓蒙的であるというよりすりかえ的である。問題は、あなたがいったんletter carrierというように両方の性に適用可能な言葉を使ったとき、人々が精神的な節（ふし）、つまりいろいろな性質をひっかけておくような一種の鉤の手を、心の中に作ってしまうことである。（節という言葉でイメージがピンとこない人は、つぎつぎと即答を要求される質問の並んだアンケート用紙を思いうかべてほしい。）

さて、節が形成されて数秒後は、letter carrierのイメージは性別に関して宙ブラリンの状態のままである。彼が実は彼女であるとか、あるいはその逆であるとかがわからなければ、その人物のイメージをはっきり想起することは不可能に近い。節が形成されたとき、その質問にあなた自身が答えないかぎり、節がそれに自分で答えることになる。（解答欄に、最初から暗黙の答えがエンピツでうすく記入してあり、簡単に消して書き直すことができる。しかし、書き直さないかぎり、それがそのまま最終的な答えになってしまうようなアンケートを想像願いたい。）そして不運なことに、かなりのフェミニストであっても、この無意識下の暗黙の答えはなんらかの性差別になっている。（女性も性差別をしていることに変わりはない。）たとえば、がっかりすることに、私の暗黙の前提は相当根深く、私が「彼または彼女の電話」といったとしても、依然として心の中では「彼女の電話」と考え、机の前に女性が座っていると考えることが多いのである。これにはまいっている。私の自己訓練は言語レベルでは実にうまくいったようであるが、イメージのレベルまでは浸透しなかった。

こういうことの矯正のために私はこの数年、見知らぬ人に対する節を作るとき「第二次反射運動」とでもいうべきものを自分がとるように心がけている。この反射運動は、第一次の反射運動、つまり私の素朴な直観が相手を男（または女）と思うときにはその逆の反応をすることである。私はこれにだいぶ習熟した。しかし、これが難しい場合や、まるで馬鹿げている場合がある。たとえば、せまい道で大きなトラックが前をふさいでノロノロと走っているとき、「なんであのおっさんは路肩に寄って、われわれをさきに行かせようとしないんだ」とついいいたくなる。もちろん、私はそういうふうにはいわないつもりだが、「彼または彼女はどうして追い越させてくれないんだ」ともいいたくない。私が乗っている飛行機のパイロットについて語るときも同じだ。民間航空機のパイロットの大多数は男だから、中性的な言葉を使うのは容易じゃない。もし私が「彼または彼女は素晴らしい着陸をしましたね」などといったら、隣りの人は目を丸くするに違いない。また、誰かがクルマに強盗が入ったといったとき、私は「彼または彼女はどんだけ盗んだんです？」と聞いたものだろうか？

＊　＊　＊

私のやり方はおかしいのだろうか？　いずれにせよ、私がいったことは、たんに性差別的用語法を回避するなという受け身のアプローチでは十分でなく、逆に、慣習的語法を破って人をびっくりさせてしまうような積極的なアプローチもやりすぎということだ。なにかうまい中間的方法はないだろうか？

しかし、実は私の考えついた方法は、こういうジレンマに対するうまい妥協案になっているのである。あなたの読者である彼女が暗黙のイメージを形成したあとで、それをひっくりかえすのではなく、最初から暗黙のイメージを作らせなければよいのである。つまり、言葉の順序をうまく選んで、暗黙の前提が入る余地をなくすのだ。

第6章の数音痴に関するコラムで、私はこれをやった。よく使われるジョークが最初に出てくる。ふつうなら、これはこう書きだされるだろう。「ある教授が宇宙の将来について講義していた。彼は……。」教授というのはほとんどの場合、男性である。これは天文学者の性別に関する厳然たる統計的事実である。しかし、統計と個々の事実は別ものだ。

この話の語り口をもっとスマートに直せないものだろうか？「教授」という言葉と「彼」の間には、長くはないけれど、たしかに間がある。これだけの遅れがあれば、読者の心の中に、それとなく男性の教授という暗黙のイメージが形成される。だから、これを防げばよい。教授が最初から女性だとわかるようにすればよいのだ。だからといって「ある女性教授が宇宙の将来について講義していた。彼女は……」とやるのでは芸がない。これはひどすぎる。

私の解は、性別を名前で示すことであった。私はスラブ的な名前ビグナムスカ（Bignumska）をでっちあげた。終わりのaは女性の名前であることを示しているわけである。もっとも、すべての人が言語のこういう微妙な点を知っているわけではないので、そのすぐあとに「彼女の計算によれば……」というくだりが出てきたときに驚いた人もいるはずだ。しかし、少なくとも最終的には納得してもらえたと思う。

もっと悪いのは、せっかくこれに気がついていながら、それを根こそぎ排除してしまう姿勢である。この記事のフランス語訳では、私の Professor Bignumska が monsieur le professeur Grannombersky になってしまっていた。性が反転しているばかりか、訳者氏は私の意図を理解した挙句、ごていねいに名前の語尾を男性形に変えてしまっている。私はがっかりした。いっぽう、ドイツ語版では、教授の性別は保存されており、die namhafte Kosmogonin Großzahlia と呼ばれている。私はこれには大満足である。名前だけでなく、肩書もちゃんと女性形になっている。

ある職業の人間に必ず男性、女性の区別をつけた言葉を使うのが問題になることもある。男優（actor）と女優（actress）が混ざったグループについて話をするとき、あなたはなんという言葉を使うか？ あなたがよほど口のまわる人間でないかぎり、選択の余地はほとんどなく、actors という単語を使うことになるだろう。waiter のように語尾だけでは性別がはっきりしていない言葉が、どうして男性を指すことになっているのだろう？ 中立的な言葉はなかなか思いつかない。waitperson ではひどすぎる。私がいままで聞いた中で一番いいと思ったのは server（給仕）である。最初に聞いたときは変だと思ったが、waitron も悪くはない。なお、スチュワーデス（stewardess）とスチュワード（steward）が、もっと一般的な接遇員（flight attendant）という言葉に統合されつつあるのはいいことだと思う。

* * *

私が勉強した言語はどれも、この種の問題を抱えている。英語では、ちょっと風変わりだけれども、poetess(女流詩人)とか aviatrix(女性飛行士)とかいう言葉があるが、フランス語では、女流作家や女性教授をいい表すのに、une femme écrivain とか une femme professeur という言い方をしなければならない。écrivain(作家)も professeur(教授)も男性名詞で、名詞自身に暗黙の前提があるからである。女性にするためには、実質的にこれらの言葉を形容詞として扱い、femme(女性)にかかる修飾語としなければならないのだ。

「誰か（someone)」に相当する quelqu'un もフランス語の奇妙な点である。これはもともと「誰かある人（some one)」の意だが、「人（one)」を指す un が男性代名詞なのである。たとえば、ニコル家の玄関のドアを、見知らぬご婦人がノックしてきたとき、ニコルのお嬢さんが玄関に出て応対したとしよう。彼女はきっとニコル夫人に向かってこう叫ぶだろう。“Maman, il y a quelqu'un à la porte.”（ママ！ 誰かきたわよ！）quelqu'un を quelqu'une のように女性形にすることはできないのである。非人称代名詞 il y a(英語でいえば、there is に相当）を女性形の elle y a にするのはもっとナンセンスである。男性代名詞である il は英語の “It is two o'clock.”(二時だ)の it と同様、非人称代名詞なのである。誰だって、“They are two o'clock.” といいはしない。

英語にも同じような現象がある。二人の見知らぬ人がポール家の玄関にきたとしよう。娘はお父さんに向かってこう叫ぶ。“Daddy, someone's at the door.”（お父さん、誰かきたわよ！）“Sometwo are at the door.” とはけっしていわない。この例は、someone という言葉が単数ということを強く意味していないことを示している。何人かの人がいても、とくに不自然な感じを与えないのだ。これから類推するに、quelqu'un は表面的なレベルが示しているほど、イメージレベルでも性差別になっていないと思われる。しかし、真相はわからない。

フランス語ではふつう、男性女性入りまじった人々、あるいはとくにそういうことが意識されていない人の集まりを指すとき、男性の複数代名詞 ils を使う。その人々の中の性別がわからず、二〇人の女性の中にたった一人の男性がいるという可能性だけでilsを使うわけである。女性もこういう言い方の環境で育っているから、男性と同じようにごく自然に、無意識のうちにこの言い方になじんでいる。この長年の慣習を反転させようという運動が起こったと想像してみよう。暗黙の前提がilsでなく女性形のellesになったら、男性諸君はなんと思うだろうか？　女性はどうか？　たった一人しか女性がいなくても人々の一団を指すとき、ellesを使わないといけないとしたら、人々はなんと思うだろうか？

おもしろいことに、これは実際起こりかけている。法律や契約文書では、人々の一般的な集まりをpersonnesとする公式的な書き方がある。personnesは女性名詞なので(ラテン語のpersonaからきている)、それを受ける代名詞は当然複数女性形になる。つまり、ellesが使われるわけである。たとえ、その一団の中に女性が一人もいなくてもである。

この語法は文法的にはまったく正しいが、この代名詞が長い文章の中で再三使われると、読者は奇妙な印象を受けることになる。もとの名詞が遠く離れてしまうと、代名詞自身が独り立ちしてしまうからである。そのうち、これはilsにならなければならないような感じがしてくるのだ。実際、ときどきilsに化けてしまうこともある。むしろこうならないと、読者が不安になってくるのである。これは私自身の反応にすぎないかもしれない。つまり、これは人々の（性別のはっきりしない）一団を指すときに、男性形の代名詞を暗黙の前提にしている人だけに起こる反応かもしれない。

私たちはもちろん、「人類」とか「人」と呼ばれる大集団の一員である。モンタギューは熱烈なフェミニストで知られた人だが、『人類——その最初の二〇〇万年間』という本を書いている（だいぶ昔のことだとは思うが）。多くの人々は、manのこの用法は、個人を指すmanとはまったく異なっており、性差別とはなんの関係もないと主張している。デービッド・モーザー（自己言及の小説で有名）は、この論法の弱点を鋭く指摘している。彼によれば、書物の中にはこんな調子の文章がたくさんある。「manは伝統的に狩人であり、彼の女性を家庭に置き、そこで子供の面倒を見られるようにした。」しかし、次のような文章にはめったにお目にかかれない。「manは彼の子供に必ず授乳するとは限らない、唯一の哺乳類である。」むしろ、これはこう表現されている。「manは、その雌が必ずその子供（their young）に授乳するとは限らない唯一の哺乳類である。」manという語幹の性的中立性というのは、結局そんな程度のものだろう。私がこういった矛盾例を捜しはじめたとき、性別に関する本で次のような逸品に遭遇した。「manが数百万年もの昔、まだ彼が野蛮だったころに、どういうふうに愛を交していたのかは不明である。」

＊　＊　＊

ほかの言語に戻ろう。私が博士論文を書くためにドイツに数か月滞在したとき、博士論文指導者（doctoral advisor）のことをドイツ語でDoktorvaterと呼ぶことを知った。これは直訳すれば「博士の父（doctor father）」である。私にはすぐこんな疑問が持ち上がってきた。もし、君のDoktorvaterが女性だったらどうなる？　彼女は君のDoktormutter（doctor mother）と呼んだものか？　これはとても変なふうに聞こえたので、私は女性名詞化するための接尾辞-inをつけてDoktorvaterinとするほうがましだと考えた。しかし、なにか中性名詞的な名づけをするのがやっぱり一番よいようだ。

イタリア語とドイツ語は奇妙なところで一致した特徴をもってい

る。敬語的に相手を呼ぶとき、女性形の単数代名詞を流用するのである。ただし、最初の文字は大文字にする。これはイタリア語ではLei、ドイツ語ではSieである。さて、ドイツ語では対応する動詞が複数形で受けるので、「彼女」といったニュアンスは弱まるが、イタリア語では受ける動詞が三人称単数形のままである。だから、相手の男にお世辞をいうのに、"Oh, come è bello Lei!" と、まるで「オー、なんと彼女はハンサムな人でしょう!」みたいなことをいわなければならない。もちろん、イタリア人はこれを不思議とは思わないのだろう。イタリア人にとっては、英語の名詞にsを付ければ複数形になり、動詞にsを付ければ(三人称)単数形になるほうが、よほど不思議に違いない。

中国語は最も不思議な部類だろう。標準中国語には、伝統的にheとsheをひっくるめて一つの代名詞しかない。これは「ター」と発音し、図7-1aのような漢字で表す。

この漢字の左側は、性別を特定しないで一般に人を表す人偏である。しかし、七〇年ほど前から行われている国字改革の中で、同じ「ター」の発音で異なる字形をもつものが登場してきた。「他」はもとの意味のほかに、heの意味でも使われるようになり、新たにsheの意味をもつ漢字が作られたのである(図7-1b)。新しい漢字は人偏のかわりに女偏になっている。

今世紀初頭の中国では存在しなかった意味的区別が生じたことになる。人間を表す標準形は男性であり、女性であることをとくに表現したい場合には派生形を使わなければならないのだ。「他」という中性代名詞をそのままにしておいて、新たに女偏の漢字と男偏の漢字を作ればよいように思うのに、どうして中国人は、そうしなかったのだろう。私には謎である。もし、男偏の漢字が作られていたと

a　b　c

図 7-1　中国語で三人称単数代名詞を意味する文字。aは一般的な文字で、中性的。彼でも彼女でもなく、英語でいえばtheyに近い感じ。bは約70年前に導入された文字で、彼女という意味。つまり、女性をここで特別視した、あるいは例外視したわけである。(どちらと思うかはあなた次第。) cは私が作った文字。これで代名詞における性的な平等が回復した。文字の左側(偏のこと)は漢字の意味を作る要素である。aは人偏で人一般を表す。bは女偏で女性を、cは「男偏」で男性を表す。もっとも理屈屋の意見によれば、漢字に「男偏」という偏はない。比較のためにいうならば、この文字はふつうの中国人にとって、欧米人がラテン語とギリシャ語の語幹を混ぜて作った単語を見たときのように奇異なものである。そういえば、最近発明されたMs［既婚を表すMrsと未婚を表すMissとの合成語］という略語も同様の異和感を与えるようだ。英語を話す理屈屋には、「Msってなんの言葉の略語にもなってない」とブーブーいっている連中がいる。(この文字はデービッド・リークと私が作った漢字プログラムで印刷した。於、インディアナ大学。)

したら、それは図7-1cのような字になる。(これら三つの漢字はデービッド・リークと私の手になる文字デザイン・プログラムが出力したものである。図13-13も同様。) 英語でこれに相当するたとえ話をでっちあげれば、personがmanを意味するようになり、womanを表すのにpersonessという言葉を使いなさいと政府から命令されたようなものだ。

結局、現在の中国には、書き言葉として真に無性別の代名詞はもはや存在しない。以前であれば、登場人物の性別をまったく隠したまま物語を書くことができた。いまや、その辺を不明にしようという意図自身が不明になってしまった。さきほど述べた、天文学者のジョークの場合、フェミニズムという観点からするとどちらの方法が本当はよいのだろうか? 物語全体を通して教授の性別を不明のままにしておき、読者の暗黙のオプションにまかせたままにしておくのがよいのか、それとも、作者が必ず性別を明らかにしておくのがよいのか……。

* * *

私がこのごろ不満に思っている言葉にguys (やつら) というのがある。中に女性が混じっている場合ですら、一団の人々がguysと呼ばれるのを近頃よく耳にする。実際、女性が別の女性の一団を指して"you guys" (あんたら) というのがはやっている。これは私にはとても不思議だ。これについて尋ねたら、guy (男、やつ) が複数形になったら、男性格の形跡が、あとかたもなくなってしまうのだと、強硬に主張した人が何人かいた。ある女性とこれについて議論したら、彼女は「そうね、あなたにとってはこの言葉が男のニュアンスをもつかもしれないけど、世の中ではそんなニュアンスはもう残っていないのよ」といった。私にはそうは思えなかったのだが、なにをいっても彼女の主張を変えることはできなかった。彼女も私を納得させようと一生懸命がんばったのだが、大詰めのところで私にツキが回ってきた。彼女が、「どうして? 女性の集団を指すのにguys (男の人たち!) でさえ、この言葉を使うのを聞いたことがあるわ」といったのである。こういった瞬間、彼女は自分の主張がひっくりかえってしまったことに気がついた。

言葉というのはなんとも微妙なものだ。私たちは、自分たちの心がどう作用し、自分たちがなにを本当に信じているかをあまりに知らなさすぎる。私たちが耳を傾けないといけないものが自分自身の中にあるのにもかかわらず、それに耳を貸さないことがたいへん多い。自分自身に耳を傾けなくても、自分自身のことはわかっていると考える人が多いのだ。そういえば私は最近、チェス盤上で動かす木の駒のことを自分でchesspeopleといっているのを「聞いた」。ちょっと訓練が行きすぎたせいか、manで終わる言葉〔本来はチェス駒のことをchessmanと呼ぶ〕には、どれも警戒心が働いてしまったらしい。manがpersonにmenがpeopleに機械的に変換されてしまったのだ。しかし、ちゃんとchess piecesという言葉があった!

世の中には暗黙の前提にまつわる問題がたくさんある。これはまわりを見ればすぐ明らかになる。Time and tide wait for no man. (光陰矢の如し)、To each his own. (人それぞれに持ち分あり)、子供 (あるいは大人) はこういうだろう、「あっ、見てごらん、彼を。彼の口にどんぐりがあるでしょ!」……。庭にリスや鳥がいたとき、テレビ漫画でも同様の例にお目にかかれる。こういう漫画に出てくるみじめな役回りは「かも (fall guy)」とか「どじ (schmoe)」と呼ばれ、それを聞いただけで誰もがそいつのかわいそうな運命を予期し、つぎつぎにひどい目に合うのを見て笑いとばす。どうして、こういう役回りが女性に少ないのだろうか？　「かも女（fall gal）」とか、「ど女」というのがあってもよさそうだが……。

ある日、友だちの家で、私は子供向けのたいへん愉快な『カエルとヒキガエルはお友だち』という本を読んだ。私は、「どちらも雄じゃないといけないのかい？」と聞いたものだ。これがきっかけで、子供向けのテレビ番組や映画で、女性が一般にどう表現されているかという議論になった。とくにマペット（セサミストリートの人形で有名）のことが話題になり、どうしてマペットには人気「女優」がいないのかという疑問が出てきた。私はピギーさんが大好きなのだが、彼女だけが主たる女優だとすると、どうもなにかおかしい。彼女は理想の役柄のモデルとはとてもいえないからだ。

暗黙の前提の引きおこす問題は、もちろん、性別にだけ限定されているわけではない。大なり小なり、いろんな問題にからんでくるのである。たとえば、『ニューヨーカー』の漫画を見ると、（それ自身はある意味で無害だが）人々の役割に関する暗黙の前提を、積極的に改革しようというような姿勢は見られない。『ニューヨーカー』の漫画に黒人や女性の社長が登場したのを、あなたは何度見たことがあるだろう？　（もちろん、それ自身が漫画の風刺のタネになっている場合は除く。）同じことは、どのテレビ番組をとっても、どの本をとっても、どの映画をとってもいえる。こういう一枚岩的パターンに対決していく、うまい方法はちょっと思いあたらない。

このコラムの原稿をほとんど書きおえそうな時点になって、私はおもしろい本を発見した。これは人類を正しい方向へ飛躍させる可能性を秘めた本だ。題名は『非性差別的作文法ハンドブック』で、著者はケーシー・ミラーとケート・スウィフトである。私はこの本を熱烈に推薦する。

＊　＊　＊

私がいままでに聞いた中で、最も雄弁なアンチ性差別的な発言は、スタンフォード大学学長のドナルド・ケネディが大学体育会の宴席で行ったものである。彼は三〇年前、ハーバード大学で運動選手だったことがあるのだが、そのとき出席した同様の宴席での話を思いだしたという。「どうも気になるのですが、私がそのとき、もうすぐ女性がボストン・マラソンを走るようになって、当時の男性の記録を破るようになるだろうと予言したら、いったいどんな反応が起こったでしょうね。出席者の三分の二は失笑したと思うのですが……」

彼はそういったあと、つづけていわく、

しかし、それは現実に起こってしまいました。私の級友たちは、これはハプニングだといって驚いたでしょうが、こういう傾向が、実際に存在すると知って、さらに驚くことでしょう。過去一〇年間のマラソンの新記録を、男女別に調べてみれば、女性の記録の上がり方は男性の記録の上がり方にくらべて七倍も速いのです。

水泳の場合は、これがもっと顕著である。ケネディの思い出話によれば、当時ハーバード大学とエール大学は全米水泳界の両雄で、毎シーズン最後に行われていた両校対抗戦までは、負けを知らなかった。

今年のスタンフォードの女性を、プールに入れたらどうなると思いますか？　こいつは屈辱ものですぞ。たとえば、現在のスタンフォード大学の女性のうち七人が、一〇〇メートルで、私の友人であるハーバードの自由形の星、デーブ・ヘドバーグを追いぬき、エールを全滅させる。二〇〇メートルの背泳ぎと平泳ぎではまったく男性軍を寄せつけず、他のどの種目をとっても、とにかく勝ってしまうのです。

四〇〇メートル自由形リレーでは、スタンフォード女性チームがゴールしてから一〇秒後に男性軍がゴールするという計算になります。一〇秒というのがどんなに長い時間かご存じですか？　ペイン・ホイットニー屋内競技場の大観衆が、東部の二大強豪チームと対抗して女性だけのチームが勢ぞろいするのを見ている、信じられない結果を待ちうけている、そして男性軍が到着するまでこんなに長い時間待たなければならない状況を想像してみてください。

彼は冗談めかしてこういったが、本当の論点はきわめてまじめなものである。

みなさんにお聞きしましょう。これほど男性が優位と考えられていた領域でさえ女性の能力が決定的に進出してきたことを思うと、他の領域についても、女性の能力に対する誤った考えを捨てないといけないのではないでしょうか？

運動能力の男女平等性の台頭から学ぶべき教訓があるのです。女性の能力の限界に対して、あまり客観的でない仮定をするのは、もうやめたほうがよいと思います。そんなことをするのは、現代の野球選手がタイ・カップを越えられないとか、黒人はフットボールのクォーターバックに向いていないとかいうせまい偏見に閉じこもるのと同じです。なんといっても、ナンセンスはナンセンスなのですから。しかし、これはなかなかくたばりません。

一考の余地ありである。どうですか、

（一九八三年一月号）

他他

追記

この章を書いてからずっとこの問題を考えていたのだが、実にやっかいな問題である。みんな実にのんきなものだ。『ニューヨーク・タイムズ』はその最右翼だろう。相変わらずchairmanやcongress-manといった言葉が氾濫している。フェミニストについて書くときですら、フェミニストがいやがるような書き方をする。たとえば、NOW（全国女性連盟）の会長ジュディ・ゴールドスミスについて書いた記事の中で、彼女のことを最後まで“Mrs. Goldsmith”と書いている。編集局の弁明はこうだ。

> 出版にはそれぞれの語調がある。タイムズは伝統的なMr., Mrs., Miss, Dr.などを使っている。事務文書などで最近よく使われているMs.〔Mrs.とMissの合成語〕についてはいつも見直しを行っているが、いまだにニュース記事には馴染まないと考えている。

この調子では、タイムズの将来は暗い。

公共放送のニュースキャスターは男性にしても女性にしても、性差別に無頓着だ。たとえ、性差別的な言い方を避けることが簡単な場合でもそうだから困る。ある女性キャスターの例。「社長が従業員に週ベースで給料を与える」というのに、「彼の従業員（his employee）」という。従業員の税金の問題について話すときに「彼の税金（his tax）」という。どっちも性別が特定されていないのにこうなのだ。さらに「私が労働者で死の病床に倒れていると仮定してください。あとに残された妻子はどうなると思いますか？」とまで女性キャスターがいう。ニュースキャスターはもっとましであってほしい。

ある心理学の先生の講義で、心理学の学生について話すのに、大半はheなのに、ときたまふっとhe or sheというのを聞いたことがある。これも典型的な例だ。性差別に関する負い目のようなものがたまってくると、ポロッとhe or sheのような非性差別用語が出てくる。これで一安心で、それからしばらくはheがつづく。しかし、また負い目がたまってくる……。

これでは非性差別の進歩にならないと思う。こういう人はheが性に関して総称的でないことを承知していながら、あたかも総称的であるように使っている。これは人々にheが総称的であると見せかけ、それでいて旧来の用法を強めることになっている。困ったことだ。

人々の心の中で、heとかmanとかが総称的なものとして受けとられていないことを見るには、次の実験結果を見ればよい。ケイシー・ミラーとケイト・スイフトの初期の本『言葉と女性』の一節を引用しよう。

> 一九七二年、ドレイク大学の心理学者ジョセフ・シュナイダーとサリー・ハッカーは、manがwomanの概念を包含してい

るという仮説を検証した。社会学の本の各章の扉に使う写真を新聞や雑誌から捜せという課題を、二つの学生グループに与える。第一のグループには“Social Man”, “Industrial Man”, “Political Man”という章タイトルを与えた。第二のグループには“Society”, “Industrial Life”, “Political Behavior”というタイトルを与えた。第一グループは、第二グループにくらべて男性の写真を（統計学的に有意に）多く捜してきた。その差は最大三、四〇パーセントにも達した。つまり、manという言葉を使ったら、人々は女性ではなく男性を思いうかべるものなのである。

ミラーとスイフトは同じような実験を大学の学生ではなく、小学生に対しても行った。結果は同じであった。いかにmanを総称的に見せかけようとも、manから男を連想するのはもう人々の潜在意識になっているらしい。

＊　＊　＊

このコラムを書いたあと、私は性差別の滑り台という概念に思いいたった。同じ言葉が性に関して総称的にも特定的にも使われる場合、人々の頭の中に曖昧な理解が生ずる。特定的な意味でその言葉を使っても、総称的な意味合いが部分的に残る。また、その逆もいえる。たとえば、“Industrial Man”といったとき、性別は指定していないが、男性のイメージは少し減る。ニュースキャスターが「今度のスペースシャトルの四人の乗員」というのに“four men”といったとしよう。全部が男性であればその用語は正確だ。しかし、中には女性が含まれているかもしれない。そうなるとこのmenは（たぶん）総称的に使われたのだろう。でも、聞いているあなたにはどちらかわからない。（もちろん、あなたは乗員候補に女性がいることを知っている。）第一、キャスターが注意深く言葉を選んでいるのか、なんの気なしなのかわかりっこない。こういうとき、滑り台が登場する。どちらの意味に転ぶか意識下で目まぐるしい滑りが起こるのだ。この滑り台については図7—2を見てほしい。ここで示された線に沿って理解が往復スリップするわけだ。

この滑り台で本質的なのは、上にある総称的なものと、下にある男性的なものが同じ言葉の場合、強く結びつくことである。そして、特定的なものは総称的なものからそのパワーを引きつぎ、総称的なものは特定的なものからその性別のイメージを受けとる。前者の例は「運命を切り開くman」。こういったとき、このmanで女性を思いうかべる人はいるだろうか？　後者の例は「一般相対性理論はすぐれて美的な直観が働くmanのみに生みだせたものである。」ここでmanになっているのは、総称的なものが特定的なものに恩恵をこうむっている現れである。

＊　＊　＊

この滑り台を見ると一見、女性的なものがむしろ目だつように見える。しかし、その逆で女性的なものは非標準という位置にあるのだ。

私がむかしフランス語を学んだとき、男性形の代名詞が総称的に使われていることにはなんの疑問ももたなかった。気になるようになったのはずっとあとである。しかし、別の形で私は大きなトンマをやっていた。私の使っている多言語辞書には男性名詞、女性名詞を示すのに通常の*m*と*f*でなく、＋と—が使ってあった。私にはどれがどれを意味するかがすぐわかったし、それで自然だと思っていたのだが——読者もそうだと思う——、なんとトンマな！　私は自分の不明を大いに恥じた。

「女性ドライバーがホワイトハウス近辺での不法走行で捕まった」とキャスターがいう。なぜわざわざ「女性ドライバー」なのだ。「男性ドライバー」とはいわないくせに。

横断歩道信号の絵文字が女の人の歩く絵だったら、なにが起こるだろう？　これはめったにないことだから、それに気がついた人は「ほほう、女性の横断か。このへんに尼寺でもあるのかな？」と思うかもしれない。これは意識下で女性が例外として扱われている社会に育った人間のあたりまえの反応であろう。

「十九世紀のナンセンス文学の王（king）はエドワード・リアとルイス・キャロルだ」といったら、この二人が十九世紀でトップのナンセンス作家だと人々は理解するだろう。しかし、「二十世紀のナンセンス文学の女王（queen）はガートルード・スタインだ」といったらどうだろう。女性としてはトップだとみんな思うのではなかろうか？　つまり、男性も入れればトップにならないかもしれないと。これはおかしい。

見逃してはならない滑り台現象がある。最近、女子校と男子校が合体した例（たとえばラドクリフとハーバード）が多いが、どういうわけか元女子校のほうの影が薄くなっていくのだ。男性がわざわざラドクリフに行くかって？　まさか！　しかし、女性はハーバードへ行くのを誇りに思っている。

もう一つ。これも最近の例だ。「ゲイ（gay）」という言葉がある。これは総称的にも男性を示すのにも使われる。一方、「レズビアン（Lesbian）」は女性用だ。問題は、ゲイという言葉を絶対に総称的に使わない人がいて、必要な場合には“gay and Lesbian”や“homosexual”などというのに、ゲイをいともあっさり総称的に使い、“gay men”とか“gay women”という人がいることだ。となると「サンフランシスコ・ゲイ・コミュニティ」はなにを意味するのだろうか？　「ゲイ」を「レズビアン」に変えれば答えは一意だ。このままでは二つのイメージが行ったりきたりしてしまう。ここでも、男性がメインで、女性は例外的であるという了解ができあがっている。これも滑り台のいい例だ。

＊　＊　＊

私はよく性差別のいい例を見つけては、友だちに「いい例が見つかった！」と楽しそうにいう。なんで、こんなしょうもないものが「いい」かって？　それは、多くの人々にこのような深刻な問題があることをクリアに示すことこそ、重要で「いい」ことだからだ。

ジョーン・ストローマニスという哲学者は頑強なフェミニストである。彼女とはこういう調子でよく情報を交換した。これは彼女から聞いたおもしろい話。ある日、彼女の夫が大学にやってきた。彼は長距離電話がかけたくて、彼女の部屋から電話をかけた。交換台の女性が出て彼に「教職員か？」と尋ねたので、「いや違います」と答えた。交換手が「この電話がかけられるのは教職員だけです」といってきたので、彼は「いや家内が教職員でして……。すぐ隣りの部屋にいるので呼びましょうか？」と答えた。すると、交換手はピシャリ、「あ、いけません。奥さん方は電話を使えないんです！」

ジョーンから聞いた実話をもう一つ。男の子一〇人、女の子一〇人を連れた親たちが大きな病院の見学に行った。最後に、病院の事務員が子供たちにコップのおみやげをくれた。男の子のコップには

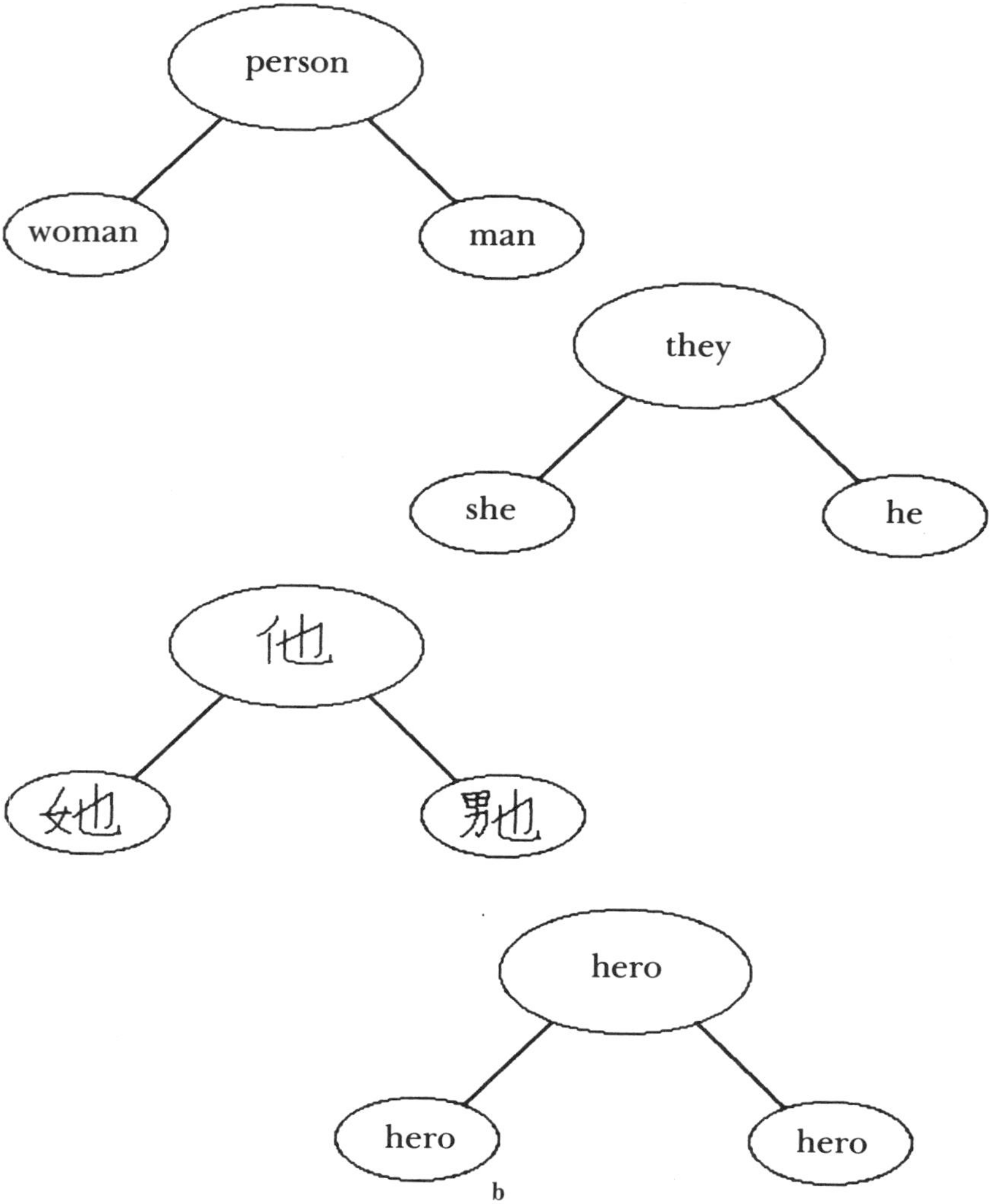

b

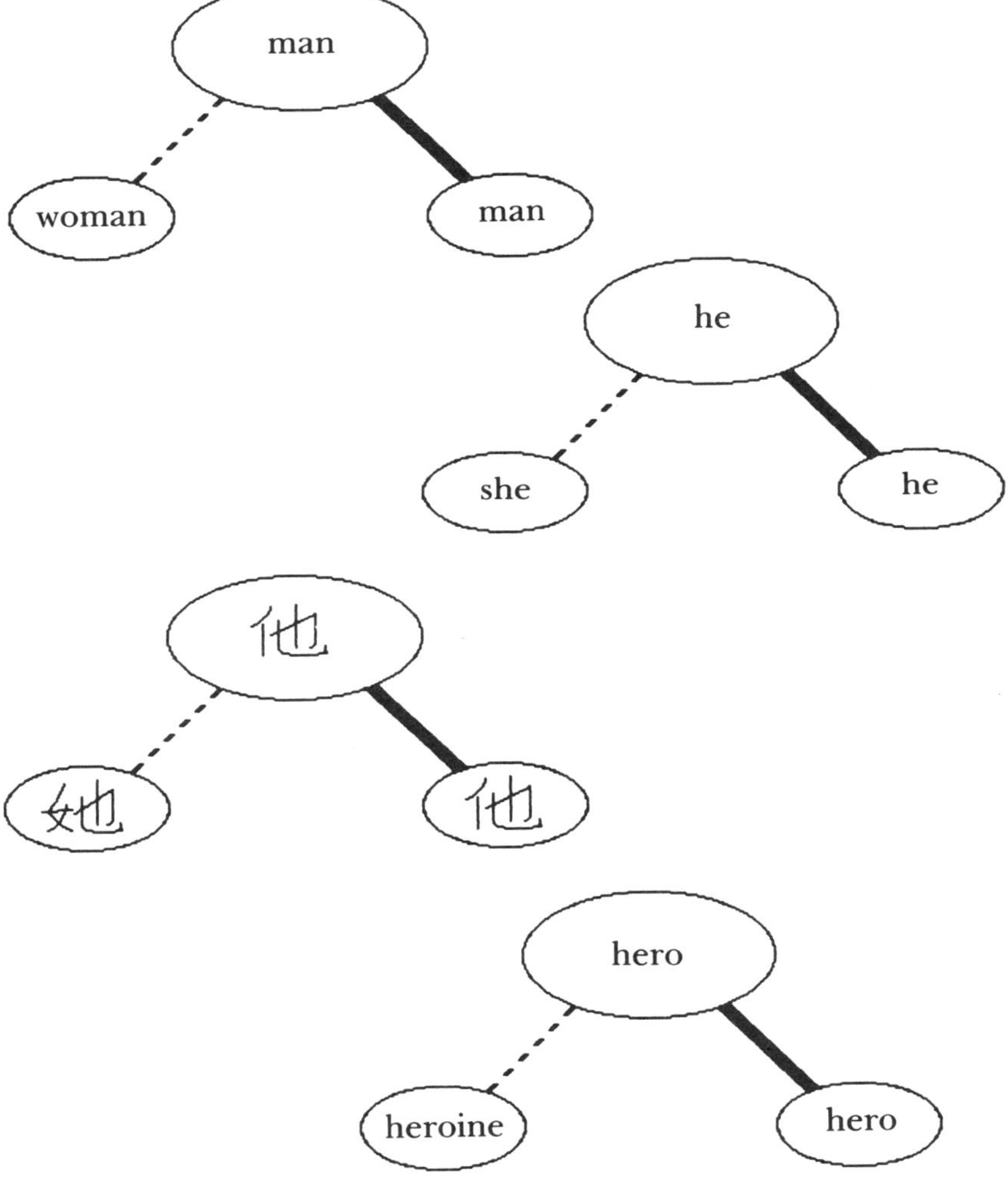

a

図 7-2 性差別の滑り台。a.総称的(性的に中立)とされる言葉が上にあり、その下に性を特定する特定的な言葉が並んでいる。しかし、総称的言葉と特定的言葉が一致している。これを太い実線で示した。これが滑り台で、意味がここを自由に行ったりきたりする。この場合は、結局男性のほうが主になる。b.滑り台が性的に中立なものになっている。総称的言葉も特定的言葉にも曖昧さはない。しかし、どの性であろうと関係ないことがとても多い。たとえば、「彼女の行動はとても英雌的(heroinic)だった」といわなければならないだろうか？　誰かのやったことが英雄的だったら、それが男 (hero) か女(heroin)かはどうでもいいはずだ。こんな例はほかにいくらでもある(たとえば、actorとactress)。これに対処するには滑り台の三つの言葉を一致させてしまって、性的に曖昧な言葉にしてしまうのが一番だろう。[日本語はおおむねそうなっている。]

お医者さんの絵、女の子のコップには看護婦さんの絵がついていた。親たちはとんでもない性差別だというので、事務長のところへねじこんだ。その結果、事務長から、こんどからちゃんと対処するという約束を引きだした。次の年、また同じような見学が行われた。子供たちを迎えにきた親たちが見たのは、男の子はお医者さんの帽子、女の子は看護婦さんの帽子というおみやげだった。事態がなにも改善されていないではないかとねじこんだ親たちに、事務長は穏やかに答えた。「いや、今年はやり方を変えました。子供たちにそれぞれどちらの帽子がいいか選んでもらったのです。」

デービッド・モーザーもこういう話には敏感だ。次のは彼があるラジオトークショーで聞いた話。あるご婦人が三歳の女の子を殺した二人の犯罪者に対する量刑の少なさについて、えらい剣幕で怒っていた。「この二人はガス室送りが当然です！　彼らのやったことはとても恐ろしいことです。この子がちゃんと育っていたらどういう可能性が拓けていたでしょう。偉大な作曲家の母となっていたかもしれないのですよ！」彼女にはこの女の子が成長して、偉大な作曲家になるという発想はまったく出てこなかったらしい。もちろん、彼女の発言は意識された性差別ではない。古き昔の、性による分業に対してなんの疑問もなかったのどかな時代の名残りだろう。しかし、時代は変わったのだ。私たちは新しい意識をもって先へ進まなければならない。

＊　＊　＊

しかし、性差別的言語が私たちの社会に深刻な負の効果をもたらしていないような経験も、私がしていることを白状しなければなるまい。私は言語が思考や社会をコントロールするというサピア－ウォーフの説（第19章）に反対である。むしろ因果関係はまったく逆だろう。それにしても、人々がちょっとしたことで暗黙の前提をパッと置きかえてしまう柔軟性をもっていることは驚きだ。人はなにもいわれなければ、オーケストラの指揮者を男性だと思う。しかし、それが女性であると聞かされた瞬間、ただちにそれを受けいれることができる。床屋さんが世間話で、私に「あの人たちは私を王様のようにもてなしてくれたんですよ！」といったことがある。別になんてことのない話だ。しかし、実はその床屋さんは女性なのだ。なぜ、彼女は「女王様のように」といわなかったのだろう？　英語に「息子（son）のように（暖かく）受けいれてくれる」という言い回しがあるが、女性もついこれをそのまま使う。このような慣用句で出てくる「王様」や「息子」は、心の深層では性差別とは関係のない中立的な言葉になっているのかもしれない。

もう一つ触れておきたい話がある。パリ大学の言語学教授マリーナ・ヤゲロは、『言葉と女性』（前出の本とは別物の）という非常に強力なフェミニズムの本の著者である。この本で、彼女はフランス語にある性差別現象を徹底的に洗いだした。ところが、最近彼女が言語学の通俗解説書として書いた『言語の国のアリス』では、様子が一変してしまった。前の本であれほど苦労して洗いだした性差別用法を避ける努力をまったくしていないのだ。たとえば、「人々」というのに“all men”に相当する言葉を使い、「子供」というのに男性形の「子供（le jeune enfant）」を使うといった調子。しかし、最も驚いたのは、女の子を表すのに“une enfant”（女性名詞だからこれで大丈夫）と書かずになんと“un enfant du sexe féminin”（女性である子供――しかもこの「子供」は男性形）と書いていることである。こういうフェミニストの戦士まで性差別用法を使うとすると、なにか表層では推しはかれないもっと根深いものがこの問題に潜んでいるのかもしれない。

だからといって、性差別社会に私たちが生きていて、その性差別が言語によって最もはっきりと反映されているという感覚がなくなったり、それを明らかにするために記録集めをしようという気力が失せてしまったりはしない。私は、言語の状態が社会の状態を表すバロメーターになっていると思う。社会を変えるために言語を変えていこうとするのは、「尻尾にイヌを振らせようとする」ことかもしれないが、人々に問題をはっきりと示すのに、言語のようにはっきりと見える現象を利用するのは一つの方法である。

私の主張する非性差別では、すべての職業が男女で五〇対五〇の比率になるべきだといっているわけではない。もしそうなったとしても、それは均衡点ではないだろう。きっと比率は動いていく。男性と女性がそもそも完全に対称になることはありえないと私は思う。しかし、これは非性差別的あるいは性的に中立な言語へ進むキーではない。バイアスと先入観を取りのぞく活動が目的とするのは、性別に関係なくすべての人が平等に仕事をし遊べるようにすることなのである。平等な分布ではなく、平等な機会が目指すゴールなのだ。

＊　＊　＊

次の章を書くことになったのは、このコラムを書いた約一年後である。仲間と一緒に夕飯を食べながら楽しくダベッていたとき、性差別用語の話題になった。私がいくらこれが深刻な問題だと力説しても、連中は飯時の軽い話題にしか受けとってくれない。結局私の努力は失敗した。次の朝、目覚めのニュースで実におもしろいニュースを二つ聞いた。一つはミス・アメリカに黒人女性が選ばれたこと、もう一つは大統領候補に黒人が出るということだった。どちらも暗黙の前提を破っている。私にあるアイデアがひらめいた。性別と人種の両方で暗黙の前提がみんな破られたらどうなるか？　そして、私はいまの社会とはまるで異なる仮想社会に思いいたった。あとは次の章をご覧あれ。〔残念ながら、第8章はとても翻訳できない。要旨だけを紹介するのでご勘弁。〕

［第8章］
言語の純粋性に関する人書

本章は言語（英語）そのものへの言及あるいは改変がテーマなため、そのままの形で日本語に訳出することはきわめて困難である。著者からの指示もあって、概要の紹介にとどめることとした。

本章の主題は、性差別（sexism）の言語への反映である。たんに男と女とで使う言葉に差異があるというだけでなく、システムとしての言葉の中に性差が組みこまれていることがある。たとえば、chairman, mailman, repairman, Frenchman など英語では人間一般を表すときには男性（man）が用いられる。また、不特定の人間に対しても男性を用いるのが default である。これは性差別の現れだから、chairperson のように性に中立的な言葉を使うべき、あるいは新たに作るべきだという主張がある。また、このような差別の現れに敏感な人の一部には、不特定の人間を指すための代名詞として男性形（he）でなく、わざと女性形（she）を用いる人さえいる。

本章は言語の非差別化を目ざすために、逆に現状がいかに差別的かを風刺的に示すことによって、人々に差別を印象づけることを意図して書かれている。そのために、性差別を人種差別（racism）に置きかえた仮想的な世界を描くという手法を用いている。つまり、男（man）と女（woman）という対立を白人（white）と黒人（black）の対立に置きかえ、現実に性差別撤廃のための言語改変に反対している人物の名前をもじった仮想的人物が、人種差別撤廃のための言語改変に反対する文章を書いたという体裁をとっている。その仮想世界では、chairwhite, mailwhite, repairwhite, Frenchwhite といった言葉が使われている。これは人種差別的だから、中立的な言葉を作るべきだという黒人解放主義者（black lib, negrist、それぞれ women's lib, feminist のもじり）たちの主張に対してこの仮想的著者は、私たちの使っている言葉では白人（white）といえばすべての人間を表すことになっているのだから、別にそれを使ったからといって差別と呼ぶには当たらない、逆に言葉を勝手に改変することは、私たちの美しい言葉に対する冒瀆だという主張を、諺やさまざまな名文句のもじりを使って展開する。議論の構造が、性差別の場合に現実の言語改変反対論者によって用いられるものと相似なだけ、それを明らかに不当な人種差別にそのまますり替えると、結果は背後に潜む差別意識があらわになりショッキングな効果をもたらすというしかけになっている。

以下、現実の性差別の世界と仮想的な人種差別の世界との対応をとるためのしかけをいくつか紹介することにしよう。まず人称代名詞。この仮想世界では、人称代名称は男（he）と女（she）という区別でなく、白人（whe）と黒人（ble）の区別になっている。改変論者たちは、人種中立的な代名詞を作るか、whe or ble あるいは bl/whe のようにつねに併記すべきだと主張する。それに対して仮想的著者は、そんなことをしたら名文句が台無しになるとか、発音できないといった類の反論を提出する。

もっとおもしろいのは敬称である。英語の Mister と Miss/Mrs. の性による区別と男女間での非対称性を、まず白人に対する Master と黒人に対する Niss/Nrs.（Negro の N）とに置きかえる。さらに Miss/Mrs. の既婚／未婚の区別を、Niss/Nrs. の場合には職の有無の区別に対応させる。置き換えの結果得られる仮想的著者による次の論調のもつ風刺は強烈である。黒人の場合には職の有無を明示するのが社会の伝統であり、多くの黒人たちはそれを望んでいる、それによって、職についていない者は雇用主たちに自分はまだ雇用可能であることを示すことができるし、職についている者は、その事実を誇りをもって他人に知らしめることができる。黒人とは違って白人の場合には、職の有無の区別はそれほど問題にならない。これは事実であって、たんに言葉を変えたからといって現実が変わるわけではない。

結婚と職業とのアナロジーはさらに進められて、黒人はひとたび職業につくと、名字（firmly name）をボスの名字と同じにしなければならないとか、父親／母親の対応物がボス／秘書となることから母国語でなく、秘書語（secretary tongue）と呼ぶといった想定を散りばめている。さらに waitress, actress のような女性形に対応する黒人形、少年（boy）、少女（girl）に対応する白人の子供（whitey）と黒人の子供（blackey）の区別、男の子のようにおてんばな女の子（tomboy）を表す言葉はあるのに反対はないことに対応させ、白人のように振舞う黒人の子供（tomwhitey）を表す言葉はあるのに反対はないという設定、聖書では神は白人の男として描かれているのに、最近実は神は黒人の女だったという冗談があったという話などなど、まだまだいろいろしかけが施されている。本章の標題も、差別的な用語、白書（white paper）をやめて中立的な用語、人書（person paper）を使った結果というわけである。

それらのしかけが積みかさなって、全体として嫌悪感を催すほどにまで差別意識に満ちた一文ができあがっている。そしてそれによって、言語に反映された性差別に反対するというホフスタッターの主張をきわだたせるのに成功している。

日本語では事情はどうかと翻ってみると、日本語には男性を表す言葉で両方の性をカバーするというパターンはほとんど見られないように思える。代名詞「彼」を性別を問わず一般に用いるという用法はあまり聞かないし、また、他人に対する呼びかけに用いる言葉にしても、日本語の場合には「先生」とか「課長」のように社会的地位や人間関係のほうが性差よりも重要な要素となっているようだ。もちろん、よくいわれるように、日本語にも「議長」とか「社長」とか「医師」のような言葉はなにもつけなければ男性が暗黙に想定されるという事情はある。暗黙の想定に反するためには明示的に「女議長」「女社長」「女医」のようにいわなければならないのに、対応する「男議長」「男社長」や「男医」のような言葉は存在しない。しかし、たとえば「男やもめ」とか「男妾」のような言い方があることを思えば、これは英語の場合のように言葉に反映された性差別というよりは、たんに職業や地位に対する人々の暗黙的な思いこみが偏っているというべきだろう。一方、日本語では男言葉と女言葉の差異は顕著だ。自分自身を表す言葉は男と女で異なるし、文末の言い回しなども大きく異なる。さらに、男と女では用いる敬語の程度にも差があるという統計もあるようだ。日本語の場合には、性差はシステムとしての言語よりは言語の運用により明確に現れるといえるのかもしれない。

最後に、暗い話ばかりではないというお知らせがあった。ホフスタッターの前著、『ゲーデル、エッシャー、バッハ』のフランス語訳およびイタリア語訳では、対話に登場するアキレスの相手役、亀は女性として訳出されているそうだ。

［III］
スパークとスリップ

［III］
スパークとスリップ

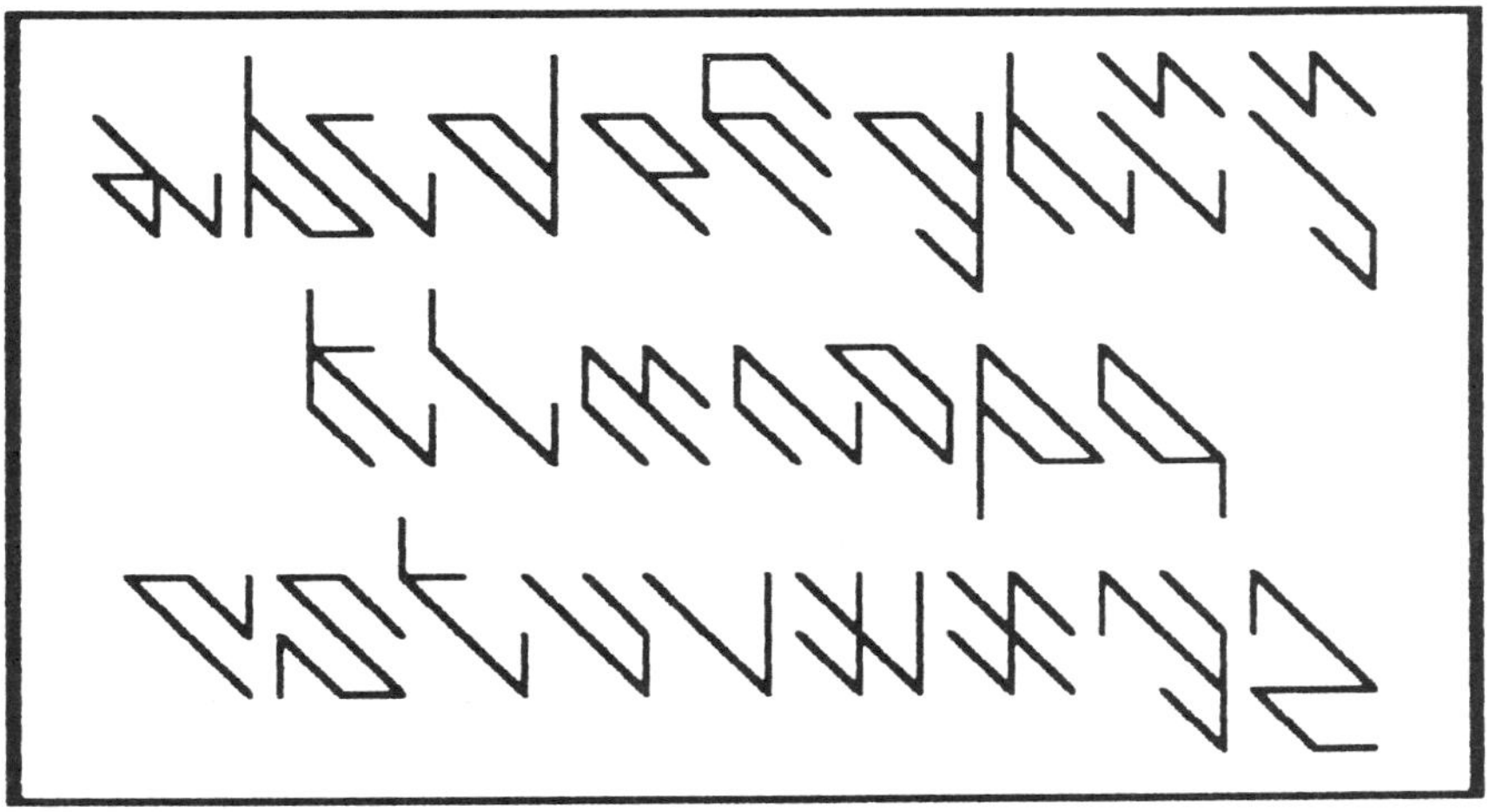

次の五つの章の関心の的は創造性である。ここでは創造性の源泉と創造性の機械化可能性が話題にされる。創造性のメタファーとして最もよく使われるのがスパークである。ある場所から離れた場所への思考の電気火花。事前にはそれに対してなんの正当化理由もないのに、あとからはなんでもかんでもそれを正当化する理由になる。スパークは名詞として使われるほかに、「このアイデアが別のアイデアをスパークした」というように動詞としても使われる。このイメージでとらえると、心の創造活動は概念の空間を飛びかっているスパークの集合である。心に対するこのメタファーは、実際のコンピュータとどれくらい違うだろう。コンピュータの中では想像を超えるスピードで電気が走りまわっている。これでもう、「機械的」が「流動的」になったとするのに十分じゃなかろうか。それとも、まだコンピュータには名状しがたいものが欠けているのだろうか。コンピュータによる機械的思考の企ては、まだ固くて乾きすぎているのだろうか。なにか、流動的で滑るようなものが欠けている？ コンピュータ実験でまだ欠けている人間の思考のとらえどころのなさを表現するのに、私は「滑りやすさ」という言葉を使う。人間の思考は、ある次元での思考から別の次元での思考へ簡単にスリップしてしまう。アイデアは、それが住むことになる人の心によって少しずつ異なる滑りやすさをもつ。ある心での滑りやすさは本物の創造性につながるが、そうでない心もある。この貴重な能力はなんなのだろう。創造的行為には、なにか公式があるのだろうか。スパークと滑りやすさを罐詰にしたりビン詰めにしたりできるのだろうか。実際、それが人間の頭脳そのもの――カプセル化された創造機械――ではなかろうか。それとも創造性や心には、いままでに物理的物体あるいは数学モデルにカプセル化された以上のものがあるのだろうか。

［第9章］

ショパンの音楽＝パターン、ポエム、パワー

図9-1に示した音楽（の抽象的視覚パターン）は、ショパンが二十代初め、一八三二年ごろに作曲した作品25の練習曲第11番イ短調の冒頭八小節である。このピアノ曲は難曲中の難曲だが、すぐれて叙情的だ。子供のころ、私は両親のレコードでショパンの練習曲を何度も聞き、こよなく愛するようになった。それは友だちの顔のように、私の生活の一部となった。この曲集を知ることがなかったら、現在の私がどうなっているか想像もできない。

何年かあと、ピアノを習っていた私は、ぜひこの旧友たちを弾きたいと考えた。そして、近くの楽器店に出かけ、くだんの楽譜を見つけた。その楽譜を開いて旧友たちを捜しもとめたときの驚きは、いまでも忘れることができない。どこにもいない！ どこも黒い音符や和音の塊ばかり。想像したこともないような複雑で恐ろしげな模様に満ちていた。まるで、友だちに会いにいった私に、友だちの骸骨がカタカタ笑いかけてくるようだった。なんと恐ろしい。私はショック状態のまま楽譜を閉じた。

記憶によれば、その後何回か私は恐れまじりの好奇心にかられてその楽器店に出かけた。そしてとうとうある日、勇気を奮いおこして練習曲集の楽譜を買った。ひょっとするとピアノの前に座って楽譜を見ながら弾いてみれば、ちょっとテンポが遅いかもしれないけれど、旧友たちを聞けるかもしれないと考えたからである。残念ながら、それは高望みだった。つまり、私は自分の知っている音を再構成することはおろか、両手を一緒に満足に動かして演奏することもできなかったのである。私はがっかりし、うっかりと軽視していた恐るべき複雑さを、戦慄ながらに再認識した。これには二通りの見方があろう。一つは、人間の知覚がバラバラの要素の巨大な集まりを統合して、たった一つの音楽として聞く能力に対する驚きである。もう一つは、かくのごとき多数の音符を素早く弾いて、チラチラする音塊、いわばコヒーレント〔原文はco-hear-entとシャレている〕な音楽にしてしまうピアニストの信じ難い能力に対する驚きである。

当初、私は友人たちが内部にこのようなものすごい複雑さを抱えていることにとまどったが、いま思いかえしてみると、いったい私がなにを期待していたのかがわからない。少数の単純な和音で魔法ができると期待していたわけではない。よく考えてみれば、それが不可能なことは当時でもすぐわかったはずだからである。魔法のタネとして可能なのは、どう見てもある種の複雑さ、パターン化され

た複雑さのほかにない。私が得た、生涯忘れることのできない教訓は、すなわち、なにか魔法的な現象として知覚されるものが、知覚下のレベルで起こっている全然魔法的でないもののなすパターンの複雑さに起因しているということなのである。つまり、魔法の背後にある魔法はパターンなのだ。生命の魔法がその完全な例だ。分子レベルの非生命的な機能がパターン化すると生命活動になる。音楽の魔法は、音符の複雑だが非魔法的（メタマジックってことかしら？）なパターンから出てくる。

＊　＊　＊

楽譜を買ったからには、なんとかしたいと考えたのは当然である。私は、苦労を覚悟しつつも、練習曲を一つ征服しようと決心した。まず右曲は当時私の最も好きだったもの（図9-1の曲）を選んだ。まず右手の指のパターンの列を指に覚えさせることに取りかかり、なんとか最初の二ページまで進んだ。私は、このパターンを文字どおり何千回も弾いた。指の動きはしだいになめらかさを増してきたが、私の耳（いや、むしろ私の心）に以前から響いていたような自然さにはとうとう到達しなかった。

私が右手のパートの驚くべき精妙なひらめきに気がついたのは、このときである。右手のパートは二つのまるで異なる成分が交互に並んでいる。奇数番目（図の中で、音符と棒グラフが赤くしてある）の音符は、四オクターブにわたって下降する完全な半音階だが、偶数番目（青色の部分）の音符は、杭垣の隙間を埋める杭のごとき形で、同音形を反復するアルペッジョになっている。この交互的パターンを弾くには、右手がまるでツバメが羽をパタパタとしながら飛ぶように、交互に傾きながら鍵盤をヒラヒラと舞いおりなければならない。

補足説明。ピアノには一オクターブの間に一二個の鍵がある。（黒と白の鍵がある。）これを全部順序よく弾くと半音階になる。これはよくご存じの全音階（通常、長調または短調）と対照的である。後者には、本質的に七種類の音しかない。（八つ目の音はオクターブである。）全音階の隣り合った七つの音程はみな同じというわけではなく、ある音程と別の音程には二倍の差がある。しかし、耳にとってはこれが完全に直観的な論理として聞こえる。こういう音程の不平等があるにもかかわらず、ほとんどの人が全音階を苦もなく歌えるというのは、むしろ逆説的である。半音階では音程が完全に一定だから、歌いやすいはずなのに、半音階を正確に歌える人にはめったにお目にかからない。半音階が英語でchromatic（色彩）の音階と呼ばれるのは、全音階で開きすぎた音程を埋めるために導入された音が、一種のピリッとした鋭さをもたらし、曲に色づけと味つけを与えるからである。だから、もとの調の七つの音以外の音をたくさん含んだ曲は、色彩的（半音階的）であると呼ばれる。

アルペッジョは、和音の音を分解して鍵盤上で音の列を上下させるように弾くことである。だから、これはより間延びした音階といえる。階段を三段とか四段跳びで昇り降りするのにちょっと似ている。ショパンの音楽にはアルペッジョも、半音階もふんだんに使われている。しかし、音楽におけるこういう正反対の構造をみごとに融かし合わせてしまった11番の練習曲は、まさに天才の生んだ傑作である。さらに驚くべきは、それが速く動いたときの聞こえ方である。半音階は（あなたの目にもわかるとおり）大きくはっきりと聞こえ、パターンの滑らかな包絡線となる。しかし、アルペッジョはハーモニーの霧の中にぼやけこんでしまい、たぶん意識下（少なく

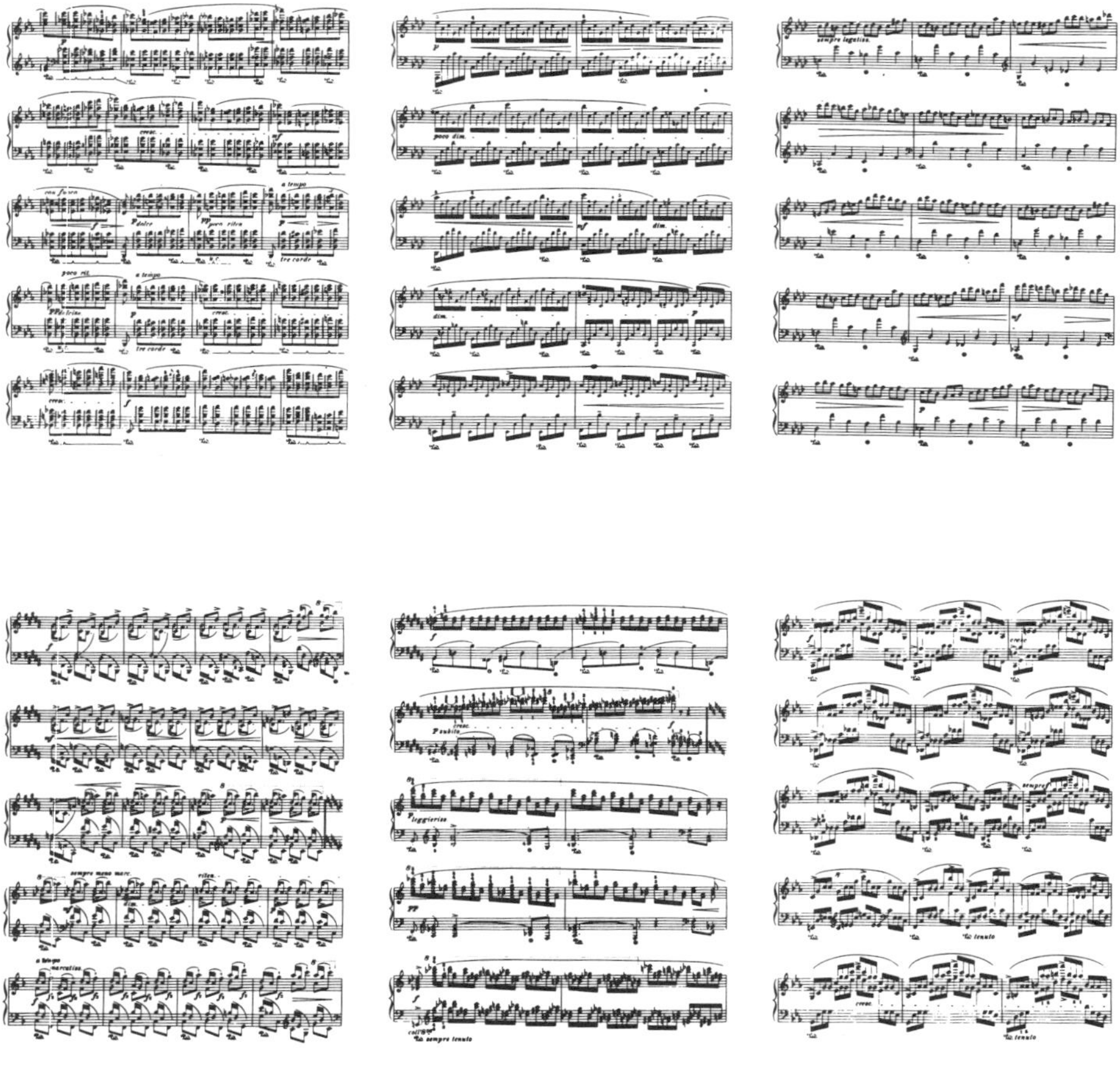

図 9-2　ショパンの練習曲に見る驚くべき多様な視覚的テクスチャー。上段左から、作品 10 の 11 変ホ長調、作品 25 の 1 変イ長調、作品 25 の 2 ヘ短調。下段左から、作品 25 の 3 ヘ長調、作品 25 の 6 嬰ト短調、作品 25 の 12 ハ短調。G.シャーマー（フリードハイム）版より。

とも訓練されていない耳にとっては……）の深層で、知覚に影響を与えるにすぎない。

私が買った練習曲集の中の曲はそれぞれが個性的な外見、つまり視覚的な質感（テクスチャー）をもっていた（図9-2）。なによりもまず、これが印象的だった。印刷された楽譜のテクスチャーなどという考えは、私にとって唐突なものだった。当時私が弾いていた曲はスローで、どの音符も一つ一つの音として聴きわけることができた。いいかえれば、ショパンの練習曲のように粒子がこまかく、音符たちが霞の中に融けこんで、聴覚の形態（ゲシュタルト）の一部としかなりえないような曲にくらべれば、私が弾けた曲などはずいぶん粒子の粗いものだったのだ。聴感上の経験を書かれた楽譜に転換するとき、そこには驚くべきテクスチャーとパターンが生じる。作曲家はそれぞれ、目で見てわかる特徴的な楽譜のパターンをもっているのである。これらの練習曲は、私にその事実をまざまざと教えてくれた。

＊＊　＊＊　＊＊

残念ながら、第一ページをちょっと過ぎたところまで練習して、私は練習曲作品25の11をあきらめざるをえなかった。なにしろ、この曲は私にとって難しすぎた。アメリカの音楽評論家で、英語圏で最初のショパン研究家であったジェイムズ・ハネカーはこれを称していった。「小さな情感しかもたぬ人は、たとえどんなに指が敏捷であろうと、この曲を弾こうと思ってはならない。」私の情感の大きさはさておいて、なにしろ指が敏捷じゃないのだからしょうがない。私はしばらくの間ガックリときて、ショパンのほかの練習曲にアタックする元気もなかった。しかし、何年かのち、私がまだ熱心にピアノを練習していたころ、中級程度の難しさのピアノ曲集にポツンとおさめられていたショパンの練習曲に遭遇した。この曲はショパンが晩年に作曲した三つの練習曲の中の一曲で、私の両親のレコードにはない曲だった。これは掘り出しものだ！　幸運にもテクスチャーはあまり面倒そうではなく、テンポもなんとか許容範囲だった。私は用心深く、ゆっくりとその曲を弾きとおした。素晴らしい美しさだった。そして、私が以前にアタックした曲よりも近づきやすいではないか。

ショパンのほかの練習曲と同様、この曲も特定の技巧に焦点を絞っている。とはいっても、練習曲のこういう意味を第一義に考えるのは、ナディア・コマネチの体操演技をただの準備体操と考えるようなものだ。十九世紀の音楽学者、ルイス・エーレルトは作品25の6嬰ト短調の曲についてこう述べている。「ショパンは三度の練習曲に詩形を与えたばかりか、この曲を習う人をまるで自分が芸術活動のメッカにいるがごとき気にさせるりっぱな芸術作品に仕たてあげたのである。ショパンはすべてのパッセージから機械的な臭いを取りさり、美しい思考をそこに具現し、それが運動の中で優美に表現されるようにした。」この言は、私が遭遇したやさしい変イ長調の練習曲（ショパンの死後に出版された）にも当てはまる。この曲の主たる技巧テーマは「三対二」、つまりポリリズムという一般概念の特殊な場合である。

この概念は数学的には、ごく簡単である。二つの旋律線を同時に弾くのに、一方は三つの音符が鳴り、もう一方は二つの音符が鳴る。たいてい、三連音と二連音の最初の音は同時に鳴るようになっている。これを単位区間上にプロットしてみればわかるように、二連音の二番目の音は三連音の二番目の音と三番目の音とのちょうど中間にくる（図9-3a）。これは要するに、二分の一が三分の一と三分の二の算術平均であるということにほかならない。

理論的には、三対二というパターンの二声部を多少ずらすことも可能だ。上声部は十二分の一だけ右へずらすと、図9-3bのようになる。

ここでは、三連音の三番目の音が、二連音の二番目の音からちょうど半分たったところで鳴る。すぐわかるように、三連音は単位区間を越えてさきへ進んでいくから、別の同一のパターンの上に重なっていく。こういう周期性を表すために、単位区間を曲げこんで輪にしてしまおう（図9-3c）。

同心円のどちらか一方をドアのノブのように回転させれば、三拍と二拍の重なり方のすべての可能性がつくされる。しかし、ショパンもほとんどすべての西洋音楽の作曲家も、三連音と二連音が完全に位相が合っている場合にしか手をつけなかった。

最初、私は三対二のリズムを正確に弾くなんて無理だと思った。なにしろ、二つの声部を分離して聞きわける耳が必要だし、二拍子の格子の中を三拍子が軽い足どりで縫うように進むのを聞ける耳が必要だ。とはいっても、他人が弾いているのを聞くのなら簡単だ。自分で弾いているときにそれを聞くことが鍵なのだ！　ただし、本質的に難しいというものではない。体で覚える一種の技術である。私もこの二つのリズムをむらなく独立に弾くことを覚えてから、この練習曲全体を弾きとおすことができるようになった。この曲の演奏——または鑑賞——は、涙を浮かべながらほほ笑む風情だ。実に美しく、そして同時に悲しい。

いうまでもなく、この美しさの由来をこれだと指摘するのは不可能だ。しかし、右手の和音の流れ方に関係しているのは間違いない（図9-4）。この作品全体を通じて、右手は三つの音からなる和音（小節あたり六個）を弾き、それに対して左手は単音（小節あたり四個）を弾く。曲の繊細さは、和音が次の和音へ移行するとき、大多数の場合、一つの音しか変化しないことに起因している。しかも、変化する音はたいてい音階的な進行をし、大きな音程飛躍をしない。これが、徐々に移行するパターンの微妙さをいっそう増している。もちろん、この規則は絶対ではない。たくさんの例外がある。しかし、この作品には、ある一様な聴感上のテクスチャーがあり、柔らかいメランコリー、ポーランド語でいうtęsknota（テンスクノータ、哀愁）をかもしだしている。

＊　＊　＊　＊　＊

ショパンが作曲中どの程度、こういう形式的思考をしていたか想像するのはおもしろい。ショパンがバッハの音楽を崇敬していたのは有名である。「つねにバッハを弾きなさい。」彼は弟子にこういった。また、彼はエレガントな形式的構造の鑑ともいうべき「平均律クラヴィーア曲集」の研究にとくに専念した。ショパンは、友人の画家ドラクロワにこう打ちあけている。「フーガは音楽における純粋論理だ……フーガを深く知ることが、音楽における論理の一貫性を知ることである。」そう、ショパンはパターンを愛していたのだ。

ショパンが練習曲においてテクスチャーの視覚的アピールに強い注意を払っていたことは、練習曲作品10の1ハ長調の草稿を見れば一目瞭然である。ハネカーの比類なき評によれば

不規則な、黒い、昇っては降りる音符は初心者を恐怖で打ちのめす。ピラネージ〔一七二〇～七八、イタリアの建築家、銅

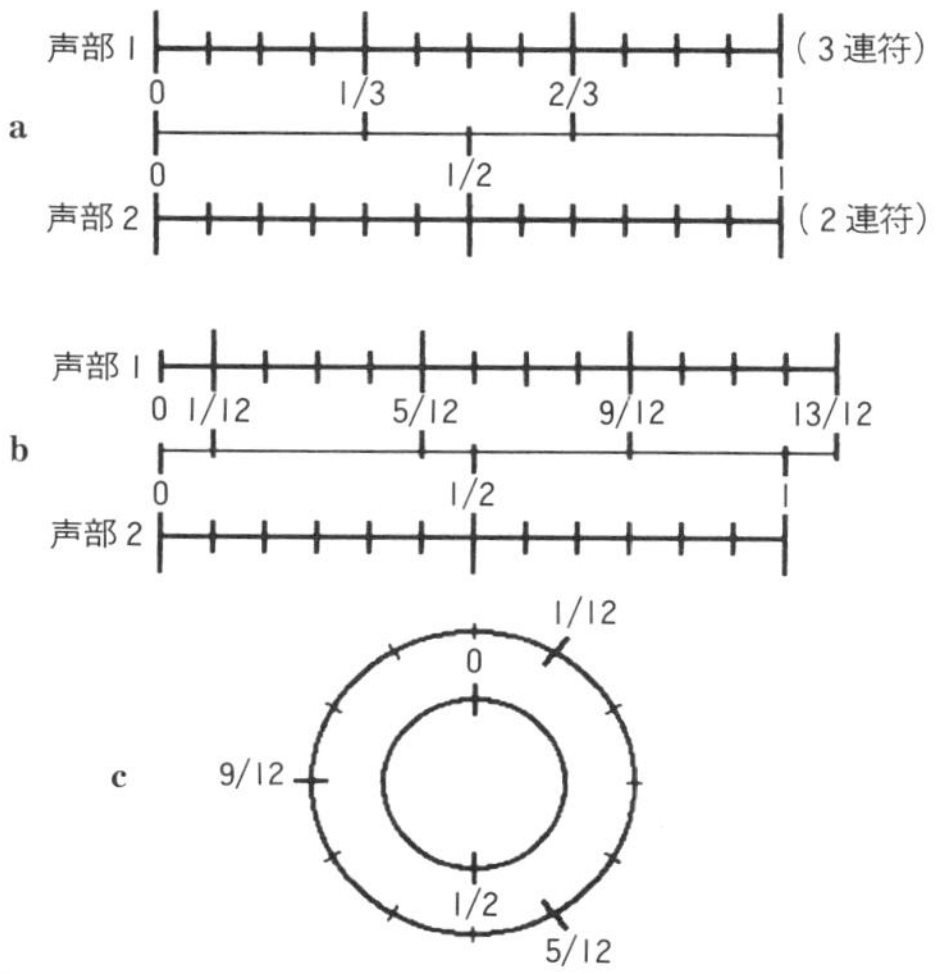

図 9-3　3対2現象。aはふつうよく聞くもので、二つの声部の位相がそろっている。bは一つの声部を 1/12 拍だけずらしたもので、非常に奇妙なリズムに聞こえる。cは二声を連続的にどうずらすことができるかを示したもの。

図 9-4　変イ長調の練習曲（遺作）の最初の2小節。3対2の典型的なパターンと徐々に変化する右手の和音が示されている。（ドナルド・バードのSMUTシステムによって印刷。於、インディアナ大学。）

版画家〕の空を突く建築の夢のように、ショパンの目もくらむような上昇と下降は、耳ばかりか目に対しても呪術的で催眠的な効果をもつ。ここには新しい技巧がむきだしになっている。それは形、構図、パターン、織り合わせ、いずれにおいても新しい。和声的にも新しい。旧世代の人々は荒々しい転調に卒倒するが、新世代の青年は多少戦慄してもこれに魅入られてしまう。このように星々に競う花火を爆発させることができるとはみごとである。

初心者とは私のことをいっているように見える。ハネカーの言葉は、十九歳のショパンが一八二九年に、友人ヴォイチェホフスキに書いた手紙の中の言葉とおもしろい対照をなしている。ショパンは自分のはじめての練習曲（作品10の1）についてこう書いている。「僕は形式の大きな練習曲を僕流のスタイルで書きました。今度会ったとき、それを見せます。」ショパンの自筆と信じられている最終稿は、現在ワルシャワのフレデリック・ショパン協会の博物館におさめられている。昨今のポーランド情勢を考えると、これを直接ここにコピーするのは難しそうだ。しかし、幸いにもインディアナ大学のドナルド・バードが、仕様に応じて楽譜を印刷する素晴らしいプログラムを作ってくれた。アドリエンヌ・グニデクと私も協力したのだが、バードはこのプログラムを使って、ショパンの草稿のとおりの大きなスケールの視覚パターンを再生するのに成功した（図9-5）。草稿では、大きな波の頂きがみんなきれいにそろうようになっていた。この作品が正しいテンポで弾かれると、鍵盤を上下する運動は大きなうねりとなって聞こえる。あたかも鷲の羽ばたきであり、波の頂きの音符の輝きは翼の先端が陽光にキラリと光るさまにたとえられる。

ここに再生したショパンの記法で、もう一つおもしろいのは、左手のオクターブの全音符である。ショパンは全音符を、一六分休符にそろえた小節の最初の位置に書かず、みんな小節の真ん中に書いたのである。視覚的にはよいバランスだが、記譜法上の明瞭さは失われている。音楽的には、真ん中に書いたからといってなにも問題はない。全音符はもともと四分の四の小節の全体で鳴るべきものだから、小節の最初から弾きはじめられなければならない。そうしなければ、次の小節へオーバーフローしてしまう。いいかえれば、楽譜記法におけるもっと強い制限、すなわちどの音符も小節の境界を越えて鳴りつづけることはできないという制限を破ってしまうことになるからである。だから、全音符は小節の開始時に鳴りはじめるというのが唯一の可能な解釈だ。つまり、全音符のセンタリング（真ん中に書くこと）は、ヴィクトリア風建築の装飾と同様、十九世紀風の芸術的趣味といえよう。現代の読譜眼はもう少し機能指向である。五線譜は水平方向が時間軸になっているグラフとして見られる。だから、同時に鳴りはじめる音符は垂直方向に一線に並んでいるものと期待されている。

形式と構造に対するショパンの熱中に、再び目を向けてみよう。ロマン主義時代に、こんなふうに視覚パターン化した楽譜を書き、単一のテクスチャーで布全体を紡いだ作曲家はほとんどいない。だからといって、ショパンの場合、厳密なパターンへの専念が深い心の感性の表現に優先したということはなかった。理屈のパターン（head pattern）と心情のパターン（heart pattern）とは区別しなければならないと私は思う。もう少し客観的な言い方をすれば、構文論的パターンと意味論的パターンの区別をするべきなのだ。音楽に

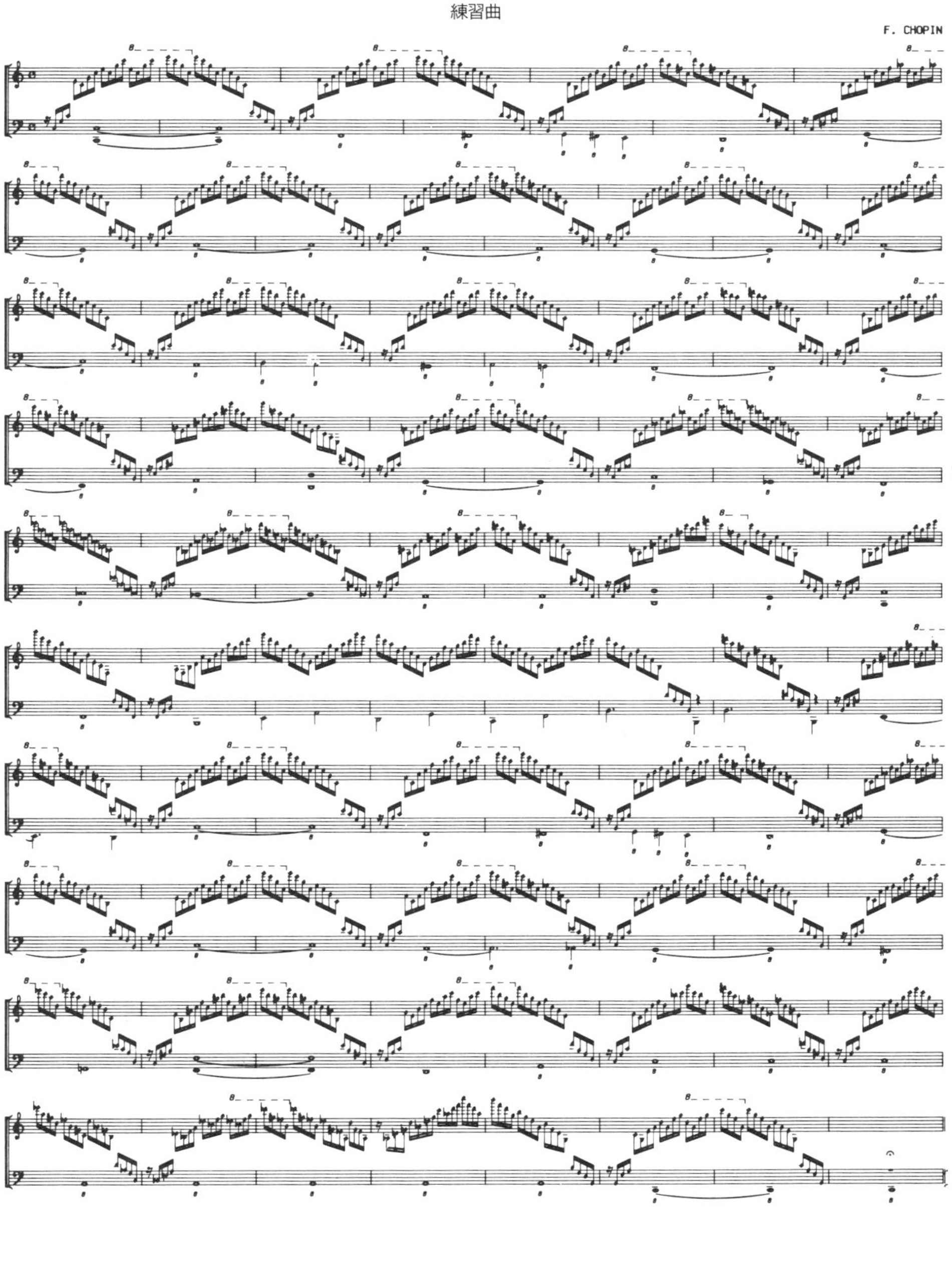

図 9-5　ショパンの最初の練習曲作品 10 からハ長調。コンピュータで印刷する際、ショパン自身が草稿の段階で意図的に作りだしていた視覚的パターンをできるかぎり忠実に再現するようにした。頂きと谷がきれいにそろっていることのほかに、バス声部の全音符が小節の真ん中に書かれていることに注意。(ドナルド・バードのSMUTシステムによって印刷。於、インディアナ大学。)

おける構文論的パターンは、詩歌における形式的構造に対応する。頭韻、脚韻、格調、同音反復などなど。

意味論的パターンは詩歌の根底にあって、その存在基盤を与えている論理、要するに霊感に対応している。こういうパターンが音楽に存在していることは、和声学のコースが現に存在しているのと同様、否定すべくもない。しかし、芸術的創造の真髄を解明する法則がまだないのと同じく、和声理論もこういうパターンについて説明しつくすことができていない。よい形のパターンや和声進行を表現する術語はあるのだが、かつて作られた理論のどれをとっても、悪い作品をふるい落とし、よい作品を残すような意味論的ふるいの候補になりうるものはなかった。音楽の質に関する理論はまだ記述的であり、構成的ではない。あと知恵的に作品の美点を説明することはある程度可能なのだが、すぐれた作品を新たに作曲するのにはなんの手助けもしてくれない。それにしても、作品の偉大さの基準を見つけるとか、(ある作曲家の音楽が心の琴線に触れるのに)別の作曲家の音楽はまったく心を動かさない理由を見つけるとかいうのは、絶対的とはいえないまでも、かなり魅力的な問題である。まったく謎めいている。

＊　＊　＊　＊　＊

遺稿の変イ長調の練習曲が弾けるようになったので、少し勇気が出て、ほかの作品にもアタックしてみようという気になった。作品25の2へ短調は私の愛聴曲であった。これは優しく駆けぬける音のささやきが、そよ風に揺れるポプラの葉のようにはためく曲である。いや、これは自然の情景のみにとどまらない。人間の憧憬、遠い見知らぬものに対する不思議な強いあこがれからくるメランコリー、またしてもテンスクノータを表している。何年も聴いてきた曲だから、この旋律は隅から隅まで知っていた。私は、この旋律を私の指に移植したいと思ったのである。

二、三か月の練習で、私の指はこの作品をかなりむらなくやわらかく弾ける持久力をつけてきた。私はきわめて満足していたのだが、ある日知人の前でこの曲を弾いたら、「それ二拍子で弾いているんじゃない、本当は三拍子のはずだけど……」といわれてしまったのだ。彼女が指摘したのは、私が三つごとの音符に強拍を置かず、二つごとの音符に強拍を置いているということだ。当惑したものの、楽譜を見ればたしかに三連符で書いてある。しかし、どう見てもショパンがこれを三拍子で演奏しろといっているようには思えない。私は旋律を完全に知っていた。それとも……?　私はためしに三拍子で弾いてみた。なんとも奇妙で耳なれぬ、いままで経験したことのないようなゆがみにしか聞こえない。

家に帰った私は、両親のもっていた作品25の練習曲のレコード(アレクサンダー・ジェンナーという有名じゃないけど素晴らしいピアニストの演奏だった)を引っぱりだしてかけてみた。果たして、へ短調の曲はどういうふうに演奏されていたか?　実はどちらにも聞こえたのである。ジェンナーの演奏はあまりにも滑らかで(ショパンもかく弾いたといわれる)、強拍の存在、不存在を超越してしまっている。だから、どっちで弾いているかは区別できない。私は突如として、これは同じ音列からなる旋律が二つ同時に作曲されたということに気がついた。これはたいへん幸せな発見だった。耳なれた旋律の新鮮な聴き方を体験できたからだ。同じ人に二度も恋をしたようなものである。

二段性という悪いクセを取りのぞいて、指定されたような三段性

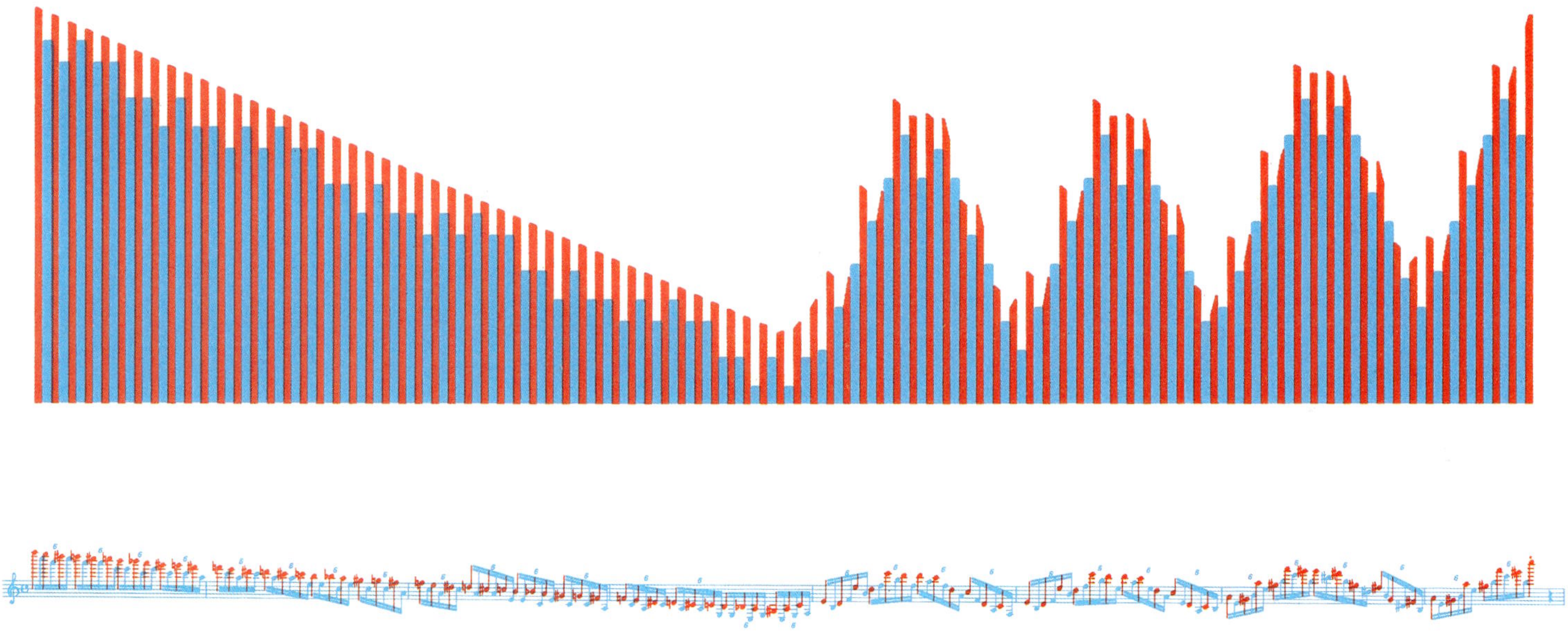

図 9-1　ショパンの練習曲作品 10 の 1 の冒頭の数小節を棒グラフで示したもの。その下に本来の楽譜をそろえて書いた。(ドナルド・バードと私のコンピュータ・グラフィックス。楽譜のほうはバードのSMUT楽譜印刷システム。於、インディアナ大学。)

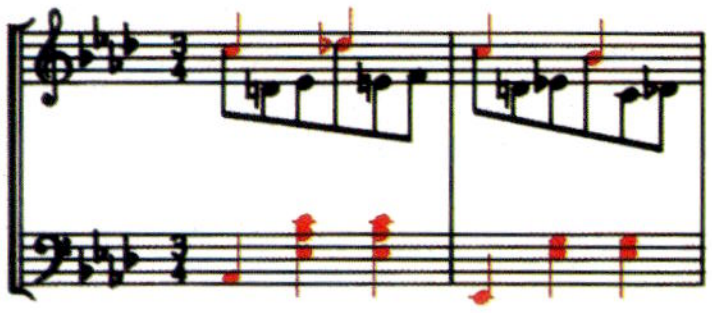

図 9-7　ショパンのワルツ作品 42 変イ長調の中の複雑な 2 対 3 リズム。右手には各小節六つの音符があるが、そのうち上へ伸びる棒で示した二つだけが主旋律に属す。このリズムは左手のウンパッパッのリズムと対照的だ。(ドナルド・バードのSMUTシステムによって印刷。於、インディアナ大学。)

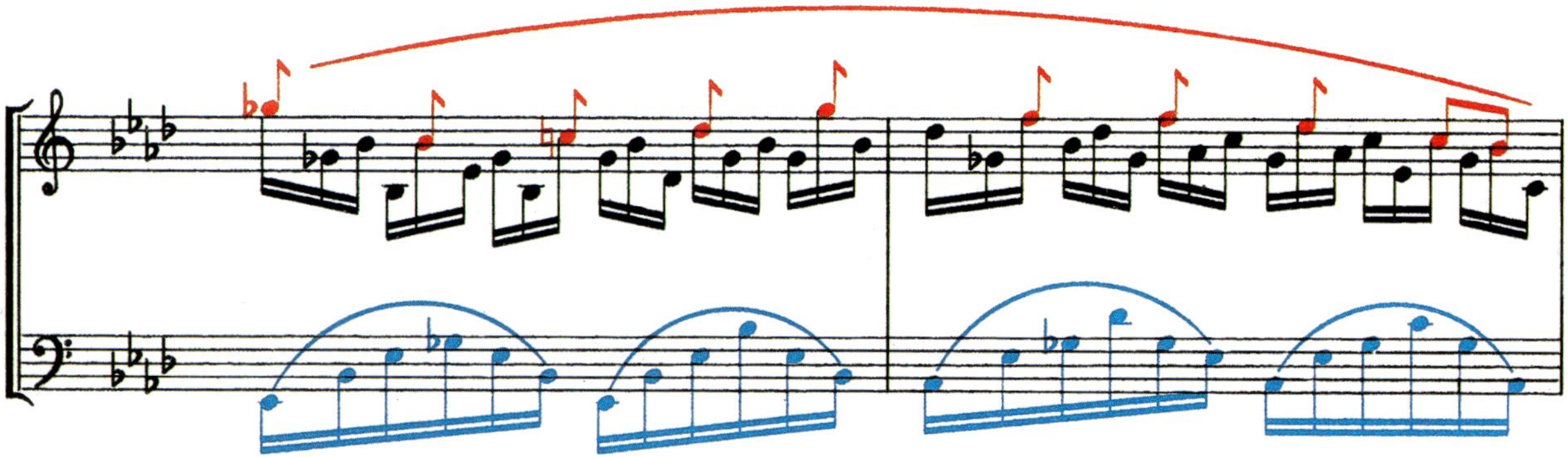

図 9-8　ショパンの全作品中、最も複雑なポリリズムの例。ヘ短調のバラードからとったこの 2 小節には局所的な 3 対 2 と、もう少し大局的な 3 対 8 (上向きハタがついた音符に注目) がある。(ドナルド・バードのSMUTシステムによって印刷。於、インディアナ大学。)

を習得するには、かなりの練習量が必要だったが、これは喜びでもあった。しかし、一番難しいのが両手の結合だった。右手を二拍ずつに弾くのはたやすい。強拍のある音符は、広がったアルペッジョになっていて、右手の半分の速度で進行する左手の音とつねに同時に弾けばよいからである。しかし、強拍をもう少しまばらに散らす、つまり三つごとに右手に強拍を置くとなると、左手の多くの音は右手の弱拍と同時に弾かなければならなくなる。なんてことはないようだが、私にとってはずいぶん技巧的だった。両者の違いは図9-6に示した。(この図ももちろんインディアナ大学のバードのプログラムの出力である。)

右手を三拍子で弾けるようになってからも、両手を一緒に弾こうとしたら、左手につられて右手がやや強拍になるのははじめのうち避け難かった。左手と右手の調和は恐ろしい課題だったが、私は十分楽しんだ。しばらくして、なにかがピタリとツボにはまった。右手が左手につられなくなったのだ。これは意識的に制御できたという現象ではない。まったく突然、正しい弾き方ができるようになってしまったのだ。

この練習曲に対する評釈で、ハネカーはもう一人のショパン研究家テオドル・クーラクの「音言語の代表的特徴」という言葉を引用し、こう付けくわえている。「ときおり、構図の精妙さは、ガラスの上の霜で作られたほのかな幻想的トレサリー［刺繡の網目模様］を想起させる。」

ショパンの音楽は、こういう代数的技巧の交錯リズムに満ちている。ショパンは、彼以前の作曲家の誰もやらなかったような方法で、これを満喫している。有名な例が、一八四〇年作曲の革新的なワルツ変イ長調作品42だ(図9-7)。この曲のバス声部は通常のウンパ

図 9-6　練習曲作品 25 の 2 の冒頭を 2 通りに印刷したもの。aはショパンが出版したのと同じ。実際このように 3 拍子として認識されている。bは私がこの曲をはじめて聴き、それを勉強しようとしたときの認識 (2 拍子) を表したもの。(ドナルド・バードのSMUTシステムによって印刷。於、インディアナ大学。)

ッパッだが、上声部は下の三拍子に完全に逆らっている。六個の八分音符は左手のリズムに合わせて二つずつが対になるのではなく、いま論じたへ短調の練習曲と同様、三つでひと塊になっている。しかし、ここではさっきの練習曲のように、ほとんど強拍のない動きではなく、おのおのの三つ組の先頭を強調し音を延ばすことが要求されている(図で赤色の部分)。最上部の旋律が、これによって右手の静かなさざめきから浮かび上がる。この旋律は、小節当たり二つの音符からなり、ワルツ風の三拍子のバスに対比している。これは素晴らしいトロンプ・ルイユ(だまし絵)だ。同じ手法は、ショパンが一八四二年、三十二歳のときに作曲したホ長調のスケルツォ作品54にも出てくる。

＊　＊　＊　＊　＊　＊

同じ年に作曲したバラード第4番へ短調は、ショパンの最高傑作だという人もいる作品だ。この作品は注目すべき楽句に満ち満ちているが、とくにその中の一つが、私には衝撃的だった。レコードでこの曲に親しくなってからずっとたったある日のことである。この曲を練習した友人が私に、おもしろいポリリズムのちょっとした技巧を見せてやろうといってきた。私はそのとき、ポリリズムに特別の興味があったわけではないので、友人がピアノの前に座ったときも、それほどの関心を払わなかった。彼は弾きはじめた。そしてたった二小節しか弾かなかった。だが、その二小節の演奏の終了後、たしかになにものかが私の頭の髄に分けいってきて、深いところで炸裂した。私はこの「ポリリズムのちょっとした技巧」に完全に打ちのめされた。いったいなにが起こったのか?

たしかにポリリズムなのだが、ここにはそれを越えたなにかがあった。図9-8に示した楽譜からわかるように、左手は大海を航海する船を揺らす深い波のような、大きくとどろく音のうねりになっている。おのおのの波は、六つの音符からなり、上昇して下降するアルペッジョになっている(青色)。こういう大波の上方に、叙情的な旋律(赤色)がハローのように渦を巻く音の霞(黒色)の中から浮かび、舞い上がる。上声部の旋律とハローは、小節当たり一八個の右手の音符の中におたがい融け合っている。一八個の音符は三個ずつ組になり、六つの群をなす。半小節で九個の音符が左手の六音のうねりに対比している。つまり三対二の問題だ。しかし見よ! この三連符の上に八分音符の旗がのっかっており、それは四つごとの音符のところに書かれている。つまり、最初の三連符の一番目に一つ、二番目の三連符の二番目に一つ、三番目の三連符の三番目に一つ、四番目の三連符の四番目に一つ……、いやそうじゃない、そんなものはないから、五番目の三連符の一番目に一つ、……といった具合にパターンが繰りかえす。これは、航行中の船のマストの上方で風に揺れる旗だ。

この実に精妙なリズム構造は、ひょっとしたら、旋律にセンスのないリズム専門家によってすでに発明されていたかもしれなかった。しかし、実際にはそうでなかった。旋律や和声のみならず、リズムにも飛びぬけた才能をもった作曲家によって発明されたのである。これは偶然ではない。たんなる「リズム屋」だったら、このリズムについてそれ以上なにをすればいいか、ほかのリズムと同様、なんのアイデアもわかなかっただろう。この楽句にはまぎれもない天才の証拠があるが、言葉だけでは語りつくせない。一度聴かなければならない。この燃える叙情には、記述を拒む力の集中がある。

三十二歳にしてこんなに凝縮した音楽を書けた人間の魂、弱冠十九歳にして作品10の練習曲のように、完全に統制のとれた詩的発露を書けた人間の魂には驚嘆せざるをえない。こういう類まれな才能とパターンの結合、こういう音楽的な自信と成熟はいったいどこからきたのだろうか?

＊　＊　＊　＊　＊

答えを見つけるためにはショパンのルーツ、彼の家族のルーツと彼の祖国ポーランドにおけるルーツを調べる必要がある。ショパンは、ワルシャワから西約五〇キロの平和な村ジェラゾバ・ボーラ(「鉄の意志」という意味のポーランド語に当たる)に生まれた。彼の父、ニコラス(ミコライ)・ショパンは生まれはフランスであったが、ポーランドに移り、いつしか熱烈なポーランド愛国主義者になっていた。(実際、彼の愛国主義者ぶりは、一七九四年、ロシア軍のワルシャワ占領に対する、国民的英雄ヤン・キリニスキの反乱に参戦したことでもうかがえる。)ショパンの母、ユスチナ・クジザノフスカは、ジェラゾバ・ボーラに住んでいた富裕貴族スカルベック家の遠縁に当たる。彼女はそこで家族の一員として生活しており、家事の面倒を見ていた。ミコライ・ショパンがスカルベック家の子供たちの家庭教師として出入りしていたときに、ユスチナと知り合い、結婚したのである。彼女は優しい愛情豊かな母親であると同時に、夫と同様に熱心な愛国主義者であり、ロマンチックで夢見る性格であった。二人には四人の子供があり、一八一〇年生まれのフレデリックは第二子であった。ほかの三人は女の子で、うち一人は若くして結核で死んだ。そして、フレデリック自身も三十九歳で結核に生命を絶たれた。四人の子供たちはたいへん仲がよかった。彼らは実に幸福な幼年時代を過ごしたのである。

フレデリックがまだ幼いころ、一家はワルシャワに移り住んだ。そこで、ショパンはほとんどすべての種類の文化に接する。彼の父が教師で、ほとんどの分野の大学人たちと知り合いだったからである。フレデリックは、遊び好きの快活な子供であった。十四歳の夏、彼はライラックの咲きみだれるシャファルニアの村で寄宿生活をした。彼は家へたくさんの手紙を書いた。手紙は当時のゴシップ的地方紙『ワルシャワ新報』の文体をパロディ化したものであった。彼の『シャファルニア新報』は次のような調子である(全文)。

尊敬せらるるピチョン氏(Pichon、Chopin のアナグラム)は今月二十六日、ゴルブを訪れた。外国の数々の驚異や奇異の中にあって、彼は一匹の外国豚に遭遇した。この豚は、この最も偉大な旅行者から特別に強い関心を引きだした。

ショパンの音楽的才能は、母親ゆずりでもあったが、非常に早くから現れていた。この才能は二人のすぐれたピアノ教師によって育まれた。最初はユーモアのある優しいチェコ人の老教師ボイチェーク・ジブニーで、次がワルシャワ音楽院の院長ユーゼフ・エルスナーである。

ショパンはワルシャワ大公国の首都で育ったが、十八世紀後半、貪欲な隣国ロシア、プロイセン、オーストリアによって三回もつづけて切りきざまれてからは、ポーランドと呼べるものはなにも残っていなかった。十九世紀への切りかわり時期は、民族主義意識が高揚した時期であった。ポーランドの二つの主要都市、ワルシャワとクラクフで外国の占領者たちに対する反乱が起こったが、これは結局鎮圧されてしまった。熱烈なポーランド民族主義者たちは国外に出、ポーランド軍団を結成した。これは抑圧された人民の自由のために闘い、機会あらばポーランドに復帰し、占領権力から祖国を奪回することを目的とした。ナポレオンが一八〇六年にロシアを侵攻したとき、ごく一時期だけポーランド州が樹立されたが、それも元の木阿弥となった。ポーランド民族の炎は揺らめき、完全に消えそうになったが、ポーランド国歌の詞にもあるように"Jeszcze Polska nie zginęła, póki my żyjemy" なのである。これは、時制が現在形と過去形からなっている珍しい文である。直訳すると、「われわれが生きている間、ポーランドはまだ朽ちはてなかった。」後半には、まるでポーランドがそのうち確実に滅びるのだが、まだ滅びてはいないといったような宿命的なニュアンスがある！　実際の意味はこんなに絶望的ではない。あるポーランド人はこう訳してくれた。「われわれに生あるかぎり、ポーランドは滅びず。」しかし別の人々は、これが悲しい宿命と強固な意志との間を揺れうごく微妙な曖昧さを表しているともいう。

＊＊＊　＊＊＊

ポーランド人は、民族としての自分たちと住んでいる土地のことをきちんと区別して考えるべきことを知っている。民族というものはある地域に住む人々の絆によって存立するものだが、「ポーランド民族」はひとかけらの領土ではなく、一つの帰属意識を表している。ショパンの音楽が純粋かつ感動的に反映しているのは、この揺らめく炎のはかなさであり、存在しつづけることへの決意なのである。そこには、つらさ、怒り、悲しさの混合がある。これはポーランド特有の言葉でザル（żal）と呼ばれる。ショパンが民族舞踊の形式で作曲したマズルカやポロネーズを聞けば、ザルを聞くことができる。マズルカは浮き浮きした四分の三拍子の民謡風の小品である。それに対してポロネーズは壮大で英雄的であり、基本的に勇壮な曲である。しかし、ポーランドの燃える炎を聞くにはまだたくさんのショパンの作品がある。たとえば、ワルツ イ短調（作品34の2）や変イ長調（作品64の3）の中間の緩徐部分、哀感に満ちた前奏曲嬰ヘ長調（作品28の13）。また、意気消沈の暗みから一条の希望の光が差すといった感じのポロネーズ嬰ヘ短調（作品44）の中間部。怒りのザルは、練習曲嬰ハ短調（作品10の4）のうなる和音や、練習曲ホ長調（作品10の3）の熱情の中に聞くことができる。実際、ショパンは自分の面前でこの曲が演奏されるのを聞いて"O ma patrie!"（ああ、わが祖国よ！）と叫んだという。

しかし、ショパンの音楽にある熱狂的な愛国精神を除外すると、そこには別の種類のよりやわらかいポーランドの郷愁テンスクノータがある。それは、二十歳にして永遠に離れた祖国、夢に見るポーランド、そして家族、少年時代を過ごした故郷への切なる郷愁なのである。一八三〇年、ワルシャワ動乱の直前、ショパンはフランスに向けて旅だった。彼には再び祖国に帰ることがないという予感があった。ウィーン経由の旅行は、かなりゆっくりしたものだった。一八三一年の後半、世はまさに騒然となり、一八三一年九月にロシアが向こう見ずなワルシャワ動乱を鎮圧したとき、ショパンはまだシュトゥットガルトにいた。このニュースを聞いたとき、ショパンは動揺と悲嘆に完全に打ちのめされてしまった。家族の運命に対する不安、破壊された故郷への愛、彼はポーランドに戻って、民族のために武器をとろうかとためらった。しかし、結局彼はそうしなかった。

ショパンが作品10の12、つまりフィナーレの練習曲を書いたのは、だいたいこのころである。この練習曲について、ポーランドのショパン研究家モーリシー・カラソフスキはこう書いている。

身内、最愛の父の運命に対する悲嘆、苦悩、絶望が支配的だった。こういう気分のもとで彼は、練習曲「革命」と呼ばれるハ短調の練習曲を作曲した。左手の気違いじみた嵐のような楽句から旋律が高く浮かび上がり、情熱的に、そして次に誇り高く荘厳になり、畏怖の戦慄を聞き手に起こし、世界にあたかもゼウスの稲妻の矢を放つ。

これはなかなか強い言い回しだ。ハネカーもこれにならった言い方をしている。フランスのピアニスト、アルフレッド・コルトーも、学生用の有名な練習曲集の楽譜で、この作品についてこう述べている。「反抗の絶叫は、人類すべてに生々しい震撼をもたらす。」私自身は、この曲が疑いなく感情の強い発露であるとは認めるものの、それほど圧倒的であるとは思っていない。誰かが私に、練習曲の中に練習曲「革命」として有名なものがある、どの曲か当ててごらんといったなら、私は作品25の11イ短調か、同じく作品25の12ハ短調だと答えるだろう。前者は、この章の最初に図で示した曲だ。右手は滝のように騒然と崩れおち、それに対する左手は英雄的にわきたっている。後者は遠く離れたところから眺める灼熱地獄のようだ。ときどきハッと恐ろしげに燃え上がる。本物の練習曲「革命」についていえば、私は曲の終わり方に謎を感じる。まるで行方定めぬ雷鳴のように、ヘ長調とハ短調の間を揺れうごきながら終わる。

しかし、この作品は勇壮な変イ長調のポロネーズ（作品53）と同様、ポーランドの悲劇的にしてまた英雄的な運命の象徴になっている。いつどこで演奏されようと、この曲はポーランド人にとっては特別なのだ。彼らの動悸は高鳴り、つねに深い感動を呼びさます。一九七五年のある深夜、ドイツからワルシャワ放送で聞いたポーランドの高らかな響きを、私はけっして忘れることができない。ショパンの音楽の深夜放送にさきだって、軍隊召集を思わせるドキッとする甲高い二小節の和音が、うなる左手の上にのって、まるでコールサインのように何回も何回も繰りかえされていた。そして、ワルシャワ放送の微弱な電波がフェードイン・アウトして、まるで揺らめく炎のようなポーランドの息吹きを象徴していたように感じられたことも忘れられない。

＊＊＊　　＊＊＊

ザル、テンスクノータ、愛国主義、ポリリズム、半音階、アルペッジョなどなど、どんな言葉でショパンの音楽を記述しようとも、それがあとにつづく作曲家たちに深い影響を与えたことは事実である。最も直接的なところをとっても、たぶん、スクリャービン、ラフマニノフ、フォーレ、メンデルスゾーン、ロベルト・シューマンとクララ・シューマン、ブラームス、ラベル、ドビュッシーなど。しかし、ショパンの影響はこれよりはるかに広く深い。ショパンの音楽は、いまや西洋音楽の一大支柱であり、西洋文明世界で日々聞かれ、創造される音楽に影響を与えている。

ある面で、ショパンの音楽は純粋にポーランドのものであり、そのポーランド性（Polskość）は本来異国のものである作品、ボレロ、タランテラ、バルカローレなどにまで現れている。しかし、別の面から見ると、ショパンの音楽は普遍的であって、彼の最もポーランド的な作品であるマズルカやポロネーズですら、すべての人に普遍こ。ろうか？　たんなるパターンで、どうしてこんなに深い感動が呼びおこされるのだろうか？　ショパンの音楽の秘密の魔法はなにか？　これ以上心を熱くする問題はあるまい。

＊　　　＊

（一九八二年六月号）

追記

この章は、私の書いたものとしては珍しく感情的である。私のこういう面はけっして小さくないし、軽んぜられるべきものでもない。これが一九八一年後半からのポーランド情勢の悪化——軍による政権奪取と「連帯」の悲劇的解体——に触発されたものであるのはいうまでもない。これは練習曲「革命」を触発したロシアによるワルシャワ占領から、ほぼちょうど一五〇年にあたる。ポーランドはまだ朽ちはてていないと思うが、それが再びきびしい苦難に遭遇しているのは間違いないだろう。

このコラムに対していくつか心暖まる手紙をいただいた。西ドイツに住むポーランド人アンドルセイ・クラジンスキの手紙はこうだ。

『サイエンティフィック・アメリカン』四月号の、ショパンに関するあなたの素晴らしいコラムを読みました。そこであなたはポーランド魂に同情と理解を寄せ、ポーランド語にも気を使ってくれました。私は音楽には暗いのですが十分楽しめました。しかし、私はさすがにポーランド生まれのせいでポーランド語には明るく、コラムの中に小さな誤りをいくつか発見してしまいました。ショパンの生まれた村、ジェラゾヴァ・ヴォーラ（Żelazowa Wola）は、（たぶん辞書を引いて調べられたのだと思いますが）あなたのいうような「鉄の意志」という意味ではありません。ボーラは単独で使われると「意志」という意味になりますが、村の名前の一部として使われると、その村が誰かの意志で作られたという意味になります。ボーラの前にある言葉がその人の姓です。こういう名前はポーランドのどこにでもあり、ほとんどが小さな村落の名前です。だから、ボーラはポーランド語では「小さな村」という第二の意味をもつのです。手元に資料がないので、正確なことはわかりませんが、ジェラゾバは人の姓ではなさそうです。たぶん、その近くで見つかった鉄鉱石か、鉄の処理に関係してその村ができたのではないでしょうか？　だからジェラゾバ・ボーラの翻訳として適切なのは、「鉄の村」または「鉄鉱石の村」でしょう。「鉄の意志」というのだったらジェラズナ・ボーラ（Żelazna Wola）でなければなりません。

了解！

ワルシャワの物理学者ヤクブ・タタルキービッツは、私が新しいポーランド語 polskność（ポーランド性）を発明したと書いてきてくれた。私はこの言葉を以前どこかで見た覚えがあるので、これが私の造語と聞いてびっくりしてしまった。しかし、よく調べてみるとそれは polskość（なんとnがない）だったのだ。しかし、タタルキービッツは私に造語の才能があるとお世辞を付けくわえてくれた。あそこにnを入れるのは、テンスクノータ（tęknota）や連帯（Solidarność）のような重みのある言葉をうまく含蓄しているというのだ。彼のいうには、「私が疑問に思うのは以下のことだけです。ほんとにあなたがこの含意を意図したのでしょうか？——あるいはあなたの心の中で鳴っているショパンの音楽のなせるわざなのでしょうか!?」　まさか！　これはたんなるマグレだろう。

偉大な芸術はつぎつぎと評釈を喚起する。汲めどもつきぬインスピレーションの源がそこにある。ショパンの音楽。私の音楽鑑賞にはもちろん盲点がたくさんあると思うが、ショパンの音楽はまさに私の心の中の的にみごとに命中している。もし、過去の人間に一人だけ会えるとしたら、私は迷わずショパンを選ぶだろう。私が、一番残念なのは、ショパンの作品がそれほど多くないことだ。ショパンは円熟期を迎えた三十九歳の若さで世を去った。もし、彼がバッハのように六十五歳まで生きていたら、どんな作品を作っただろう？　きっと信じられないような珠玉の作品に違いない。実際、そういうものに接していたら、いまの私がどう変わっているか想像することもできない。

［第10章］

寄せ木変形＝変化するモザイクの芸術

音楽と視覚芸術（美術）の違いはどこにある？　もし、誰かがこう聞いたら、私はなんのためらいもなく答えるだろう。違いは時間性にある。音楽作品は本質的に時間を内蔵しているが、美術作品には時間がない。もっと正確にいえば、音楽作品は、特定の順序と特定の速度で演奏・鑑賞されるべき音から成りたっている。だから、音楽は基本的に一次元だ。私たちの生存のリズムに結びついている。ところが、美術作品は一般に二次元か三次元だ。絵画や彫刻で、特定の順序で目線を動かしてみることを指示しているものはめったにない。モビール（動く彫刻）とか動く芸術とかいったものもあるが、それとて特定の初期状態、最終状態、中間状態はないことが多い。好きな時点から見はじめて、好きな時点で見おわってよい。

もちろん、例外はある。ヨーロッパには大フリーズ〔古典建築の柱頭にある水平部分のうち、浅浮き彫りの装飾的彫刻を施してあるところ〕や歴史ものの円形パノラマがあるし、東洋には数十メートル以上に及ぶ入りくんだ田園絵巻がある。こういう種類の美術では、目線を動かす順序や速度が大いに関係してくる。出発点があり、最終点がある。小説などと同じように、通常この二点はほかにくらべて平穏な場面になっている（とくに最終点）。中間では、特異だけれど、目には快いリズムで、さまざまな緊張と弛緩を繰りかえす。最終状態が平穏であればあるほど、ふつうは秩序的で、視覚的にも単純なのだが、その分、中間状態は緊迫していて混沌、視覚的にも混みいっている。いまの文で、「視覚的」を「聴覚的」という言葉に置きかえれば、そのまま音楽の話になる。

私は長い間、音楽上の体験のエッセンスを視覚の形でとらえるというアイデアに魅せられてきた。どうしたらこれが実現できるかについて、私にも腹案があり、実際、数年間ほど視覚的音楽の形式を追求してきた。これは、私のやったことの中では最も創造的なものといえる。こういう「翻訳」の方法が一通りに限られるはずがないのは当然で、私も、ほかの人々がこの問題をどう考えているかよく思い悩んだものだ。こういう試みは数例見たが、大半は不成功だったと思う。ところが、衝撃の反例があった。ニューヨーク州立大学（SUNY）のバッファロー校の建築デザイン専攻の教授ウィリアム・ハフが「メタ作曲」した「寄せ木変形」シリーズだ。

ここで「メタ作曲」といったのには、それなりの理由がある。ハフは、自分自身では寄せ木変形を一つも作っていない。彼は、学生たちから何百もの寄せ木変形を引きだし、それを高度な芸術形式に仕たて上げたのだ。ハフは素晴らしいオーケストラの指揮者にたとえられよう。演奏中、指揮者はなんの音も出さないが、鳴りわたった音楽は、まさに指揮者の作った音楽だと私たちは考える。事前の準備、トレーニングに彼がどれだけ苦労したか……というわけだ。

同じことがハフについてもいえる。二三年間、SUNYやカーネギーメロン大学の学生たちは、彼によって芸術創造のインスピレーションを高められ、多くの作品を生みだした。そして、ハフの審美眼によって傑作が傑作として残った。彼は、学生たちから素晴らしい作品を引きだしただけではなく、最良の作品を注意深く選びだしたのだ。だから、私はこれらを「ハフの創作」と呼ぶけれども、つねに「メタ創作」という間接的意味合いを含んでいることに注意していただきたい。

個々の作品を生みだした、学生のオリジナリティを無視するのではない。しかし、こういう芸術形式そのものを生みだした、より広い意味でのオリジナリティがハフにある。たとえ話をしよう。ガゼルは優美で輝かしい目の素晴らしい動物だが、それはガゼル自身の素晴らしさというより、こういう素晴らしい種を生みだした進化における淘汰の力の素晴らしさといえないだろうか？　ハフの判定や評価はちょうど進化における淘汰に相当し、その中から生きた伝統が形成され、個々の作品が美の「種」の例示・拡張を果たしてきたのである。

*　*　*

さて、あとは「寄せ木変形」なるものの説明をすませば本題に入れる。実は、この名前だけで内容はおわかりだと思う。寄せ木はご存じのとおり、木片を組み合わせて作った規則的なモザイク模様で、床などに使われている。変形は変形と説明するよりほかはない。ただし、ハフの寄せ木はもう少し抽象的で、平面の規則的なモザイク模様（タイル張り）を指す。模様を作る線分や曲線は、理想的な線で太さがないと考える。勝手な変形は許されていなくて、二つの条件がある。

(1)　一つのモザイク模様が別のモザイク模様にしだいに変化していくという時間進化を目に見えるようにするため、変化は一次元に限る。

(2)　どの段階においても、模様は平面のモザイク模様になっていないといけない。つまり、つねに単位セルがあって、そのセルを組み合わせることによって、無限平面を覆いつくすことができなければならない。（実際には、第二の条件はふつう厳密に守られていない。単位セルは寄せ木変形のどの段階でも、面を完全に埋めつくせるように簡単に修正できる、といったほうがより正確だろう。）

こんな単純なアイデアから、驚くような美的創造が生まれる。ハフの回顧によると、そもそも一九六〇年にエッシャーの木版画『昼と夜』に霊感を受けたのが最初だという。この作品は、平面を埋めつくしている鳥たちが（目を下へ移していくにつれ）しだいに変形していき、ダイヤモンド形になる。そこでは、耕作中の畑がなす市松模様を空から眺めたような絵になっている。

エッシャーは、変形しないモザイク模様や変形するモザイク模様でももちろん有名だが、彼が選んだ芸術や現実世界でのゲームでも忘れえない人物だ。

エッシャーのモザイク模様は、ほとんど動物の形を基本にしているが、ハフは純粋に幾何図形だけに対象を限ることにした。ある意味で、これは作曲家が標題音楽を避けて、簡潔で抽象的な音楽に徹しようとするのに似ている。こうすると、抽象的な形のからみ合いの複雑さや微妙さだけが、視覚的興味の対象となり、美と感じられる。動物の絵のような魅力はないかもしれないが、飾りを捨てた視覚体験が引きおこされる。

ハフの生みだした芸術形式が一次元的であることから、彼はこれを視覚音楽にたとえた。いわく、

私はみごとなまでに音楽に無知で、音痴で、例のいまわしいピアノ・レッスンも大嫌いだが(とはいっても、バッハ、ヴィヴァルディ、ドビュッシーに心を動かされないわけではない)、私は学生たちに、ちょうど音楽家が楽譜を追うように、自分たちのデザインを「読ませた」。主題、イベント、間合い、イベントとイベントの間のステップ数、リズム、反復(反復は完全な制御が欠けて破滅にいたることもあるが、反復がますますがっしりする場合もある)。これらは本質的に空間的というより、時間的である。(もっとも、どんなに時間的な作品でもそこには空間的な要素が含まれるし、その逆も成りたつ——たとえば、一枚の絵は、動画の基本要素だ。)

＊　＊　＊

寄せ木変形の基本要素はなにか？　まず、許される寄せ木に制限がある。ハフはこう述べている。

われわれはエッシャーの場合と異なり、もっと制限の強いゲームを行う。われわれはただ一つのタイルA(同じ向きで合同なタイル)しか使わない。エッシャーはタイルAとA′(つまり、違う向きで合同なタイル)の二種類を使ったが、われわれは「相対」という例を除いては、これを許さない。また、異なる二種類のタイル(おたがいにかみ合わせて使う)も使わない。これはかみ合わせてできた、より大きい合成タイルを分割したものにすぎないからである。

もう一つの基本要素は、標準的な変形手法集だ。たとえば、

＊線分を伸ばしたり縮めたりする。
＊線分を回転させる。
＊線分の途中に「蝶番」を導入して線分を曲げる。
＊線分の途中や頂点のところに、「こぶ」、「吹き出もの」、「歯」(小さくて単純な形の突出、へこみ)を付ける。
＊自然に一まとまりになっている線分を一緒に平行移動、回転、拡大、縮小する。

などなど。この記述を理解するためには、線分とか頂点とかいう言葉が、単位セルの中の線分や頂点を指していることを認識しなければならない。だから、こういう線分や頂点が変形したら、ほかのセルの内部の対応する線分や頂点はみんな同じ変形を受ける。セルの中には、中心のセル(マスターセル)と九〇度(あるいは別の角度)の位置にあるものがあるので、マスターセル内部の一見なんでもないような変形が全セルに及んだとき、全体の視覚イメージはきわめて劇的な変化を見せる。

＊　＊　＊

わかりにくい前口上はこの辺にして、実際の作品にあたってみよう。まずは、図10-1の「卍（まんじ）返し」。これは初期のもの（一九六三年）で、カーネギーメロン大学のフレッド・ワッツの作だ。目を上の縁にそってさっと走らせれば、小さな山脈を眺めわたしたような感に打たれる。両端は完全に平ら、目を移すにつれ軽くうねる丘が現れ、起伏が徐々に激しくなり、中央付近で険しい山と谷が交互する。そこを過ぎれば起伏は徐々におだやかになり、また完全な平原に戻る。これはちょっと見れば明らかだ。ところが、一つ下の線を見るとなんと秘妙！　線のジグザグがちょうど上と一八〇度だけ位相がずれている。中心では線の起伏が完全に消滅し、その両側に向けてジグザグが徐々に強まっているのだ。この線の下にさらに七本の横方向の線がある。もし、縦方向の線を全部抜きとってしまうと、全部で九本の横線が縦に積まれているように見えるだろう。奇数番目の線は中心でジグザグ、偶数番の線は中心で平坦だ。

縦線はどうだ？　両端の縦線は二つとも真っすぐだ。ところが、そのすぐ隣の線は最高のジグザグ、どの折り返しも九〇度という激しさだ。その次に中心に近い縦線は、ちょっと見ただけではほとんど完全な直線、その次はまた強いジグザグ。こうやって中心に向けて目を移していくと、ジグザグの線はどんどんジグザグの度合を弱め、真っすぐな線はどんどんジグザグの度合を強めていく。そして中心で両者の立場が完全に入れかわる。さらに目を移すと、もう一方の端っこに到達する。ここで、両者はまたもとのさやにおさまる。横方向の線を取りのぞいてみると、ジグザグの強い縦線とジグザグの弱い縦線が交互に並んだ模様が見える、というわけだ。

こういうきわめて単純な、おたがいに独立な二つの模様を重ねると、まったく予期しなかったような視覚の喜びが飛びだす。両端付近では、左右両方の向きの卍形が正方形の中におさまっている。それが中心では、卍形は影も形もなくなり、風車の真ん中にある完全十字形に化けてしまう。

ここでみごとな視覚反転が起こる。視線をほんの少しだけ、斜めにずらしてごらんなさい。さっき見た正方形内の卍が突然見えてくる！　あなたが風車と十字しか見ていなかった中心部に、忽然と卍が出現するのだ。あれっと思って、両端に目を移して眺め直すと、風車と十字の組み合わせばかり、どこにも卍がない！　みんなが油断を突かれてしまう図形としては、驚くべき単純さだ。

これは「再群化」という視覚現象の単純な例だ。単位セルの境界が変形していき、それまでは没して見えなかった構造が、目に飛びこんでくる。逆に、それまではっきり見えていた構造がいまや行方不明。再群化あるいは視覚的境界の転移で、別の単位セル分割が起こってしまう。これは視覚現象であると同時に、概念現象でもある。パターンに対して最も敏感な目と心が秘妙に結合して起こる喜びだ。

再群化のもう一つの例は、やはり、カーネギーメロン大学のリチャード・レーンの一九六三年の作品「クロスオーバー」（図10-2）。中心で実におもしろいことが起こっている。だけど、ここでは説明しない。注意深く観察して、読者自ら発見してほしい。

ところで、「卍返し」でもう一つ、いいのこしたことがある。ちょっと見にはこの作品、鏡像対称になっている。たとえば、左端の卍は反時計回りだが、右端の卍は時計回りだ。ここまではたしかに対称的。しかし、中心を見ると、どの卍も反時計回りだ。これじゃ対

図 10-1　寄せ木変形「卍（まんじ）返し」

図 10-2　クロスオーバー

称とはいえない。それに、対称にならないといけないはずの左四分の一と右四分の一が、まるで異なった形ときている。左側と右側の間にあるこういう秘妙な非対称性の裏に、どんな論理が隠されているのだろう？

また、この作品は寄せ木変形と音楽のもう一つの類似性をも示している。単位セル、というより縦方向に一つづきになった同じ形の単位セルたちは、音楽における小節だ。楽曲の規則正しい律動は、単位セルの繰りかえしで与えられる。小節境界を越えて流れるメロディラインは、単位セルを越えて流れる線の流れ――ここでは山脈の稜線――にたとえられよう。

＊　＊　＊

バッハの音楽は、数学的パターンと音楽の関係を論じるとき必ず引き合いに出される。それはここでも例外ではない。バッハの作品の中でもとりわけ、楽譜のテクスチャーが一様な作品、たとえば「平均律クラヴィーア曲集」の中のいくつかの前奏曲が思いうかぶ。おのおのの小節の中には、一回か二回（あるいは三回以上）弾かれるパターンがあり、これが小節を変わるたびに、ゆっくりと変形していく。多くの小節を通過していくうちに、ある和声の空間から遠く離れた和声の空間へさまよい歩き、遠回りをしながらゆっくりと元の空間へ戻る。具体的には、第一巻の第一番、第二番、第二巻の第三番、第一五番。これらを聞いて（あるいは楽譜を眺めて）みることをおすすめする。このほかの多くの前奏曲も同じ性格をもっているが、いまあげたものほど徹底的かというとそうではない。

バッハは、聴衆の視覚に対してなにかを企てるということはめったにしなかった。彼の時代の芸術家は、ときとして視覚ゲームを楽しんだことはあったにせよ、いま私たちが視覚心理学の一分野と見なして議論しているようなものには、現在ほどの知識も興味ももたなかった。再群化というような現象はバッハの興味を引いたかもしれない。とすると、バッハがその効果の一端を知り、さらなる効果の追求をしてくれていたらとつい思ってしまう。しかし、バッハがこういう新奇なアイデアに没頭してしまっていたとしたら、現在私たちが楽しみ、愛している貴重な傑作のためにさけた時間が少なくなってしまったということになる。こんな馬鹿なことを考えるのはよそう。

でも、この考えは本当に一〇〇パーセント馬鹿げているといえるのだろうか？　過去のことにいろいろ楽しく思いをめぐらしているときに、歴史上有名な人物の寿命を固定したままにしておかないといけないと誰が決めた？　バッハに視覚心理学のことを伝えたら……、などという想像をするのに、ついでに彼の寿命をもう少し伸ばして、その道を究めてもらおうと考えない手はない。神によって定められた真の制限（これはもう逃れようがない）が、バッハの寿命とモーツァルトの寿命の和が一〇〇だということだとしよう。〔歴史的事実とは合致している。〕つまり、バッハにもう五年の寿命を与えたら、モーツァルトの寿命が五年だけ縮まる。こいつはたしかに痛い！　でも、絶対に悪いというわけじゃない。バッハを一〇〇歳まで生きさせることも可能だ！　（モーツァルトは最初から存在しないことになる。）

バッハが二十世紀に生きていたとしたらどんな音楽を生みだしたか、これは想像することも難しいし、知ることなど不可能だろう。しかし、スティーヴ・ライヒが今世紀（！）の人間だったらどんな音楽を書いたかを知るのは、不可能ではないだろう。なに、実は、

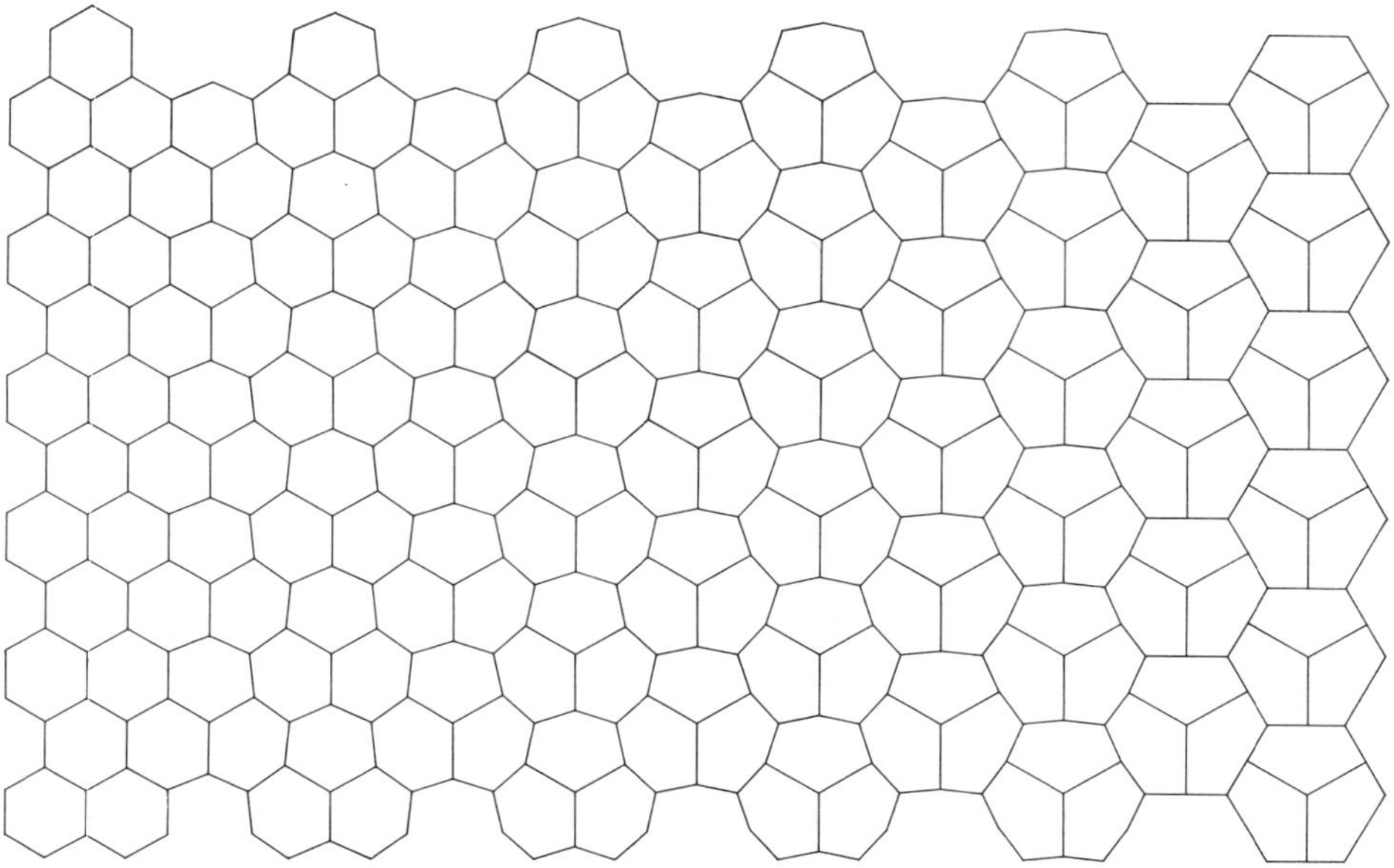

図 10-3　ハチのめまい

図 10-4　びっくり仰天

私はまさに彼のレコードを聞いているところなのだ。（あるいは、このラジオ番組で気が散らなかったら、そうしていたはずだ。）ライヒの音楽は視覚心理学を完全に意識している。彼の作品は一貫して、視覚的変形の曖昧さと戯れる。一つのリズムから別のリズムへ、一つの調から別の調へ、聴衆の神経をつねにピリピリとさせながら回転していく。ラベルの「ボレロ」に似ているともいえる。ただし、粒子がずっとこまかい。単位セルは「ボレロ」のように一分ほどではなく、わずか三秒だ。三秒の単位セルの変化は非常に小さいので、ときどき変化にまったく気づかないことがある。ところが、別の時点で突然、変化があなたをとらえる。ライヒのどの曲を聞いているのかって？　彼の曲はどれを聞いてもこういう性格をもっているから、それはどうでもよい。しかし、曲を特定するとしたら、「ミュージック・フォー・ア・ラージ・アンサンブル」、「バイオリン・フェイズ」、「オクテット」、「バーモント・カウンターポイント」あるいは最新作「テヒリム」がいいだろう。

＊　＊　＊

閑話休題。同じくカーネギーメロン大学のリチャード・メスニク作（一九六四年）「ハチのめまい」（図10-3）には、別の種類のトリックがある。左側は完全なハチの巣、あるいは、詩的じゃないけれど風呂場の床の六角タイル張りといったところだ。ところが目を右に移すにつれて、模様がなんとなく丸みを帯びてきて調子が狂ってくる。そのうち三つのタイルがおたがいにくっついて、一つの大きな形をなしてくる。ひしゃげた三つの五角形が大六角形を作るのだ。おもしろいことに、今度、右から左へ目を戻すと、左端での見方がさっきと異なってしまう。三つの小六角形が、ひと塊になったままなのだ。しかし、塊になる三つの小六角形の組み合わせは、くるくる変わる。ある組み合わせでひと塊になっても、すぐ分解し、別の組み合わせでひと塊になる。いわばゆらぐ群れだ。「ゆらぐ群れ」という詩的な言葉は水の分子がどう振る舞うかに関する有名な理論からきている。ここでは水素結合ではなく、心的結合がゆらぐというところがミソだ。

ＳＵＮＹバッファロー校の、スコット・グレーディ作（一九七七年）の「びっくり仰天」（図10-4）はもっと目が回る。この寄せ木変形では、六角形と立方体が視覚優位性を競っている。一見して複雑乱調、とても分析する気にはなれない。中間付近では、エッシャーの最高傑作に匹敵する視覚的擬似カオスが見られる。

ちょっと無関係、いやそうじゃないかもしれないが、これらの作品の題を見ていると、一九二〇年代に新鮮なピアノ曲で有名だったゼズ・コンフリーの作品を思いだしてしまう。たとえば、「指のめまい」、「鍵盤上の子猫ちゃん」、それに私のお気に入り「ちょうちょヒラヒラ」。コンフリーは、ラグタイム・ミュージックを、音楽的な魅力を失わせずに極限まで追いもとめた。いくつかの作品は、いま見た寄せ木変形のジャズっぽさと違わない、小粋でブリリアントな印象を与える。

次の寄せ木変形は、カーネギーメロン大学のフランシス・オドンネル作（一九六六年）の「大昔のオリエントのお飾りのおかしき趣（Oddity out of Old Oriental Ornament）」だ（図10-5）。原理は実に単純、線分の途中に蝶番を一つ入れて、あとは曲げていくだけ。みごとな効果の秘訣は、モザイク模様をなす単位セルが水平方向と垂直方向にあることだ。線分の曲がりが両方向で起こり、合わせるとなんともおもしろい意外なパターンを生みだす。

図 10-5　大昔のオリエントの御飾りのおかしき趣き (Oddity out of Old Oriental Ornament)

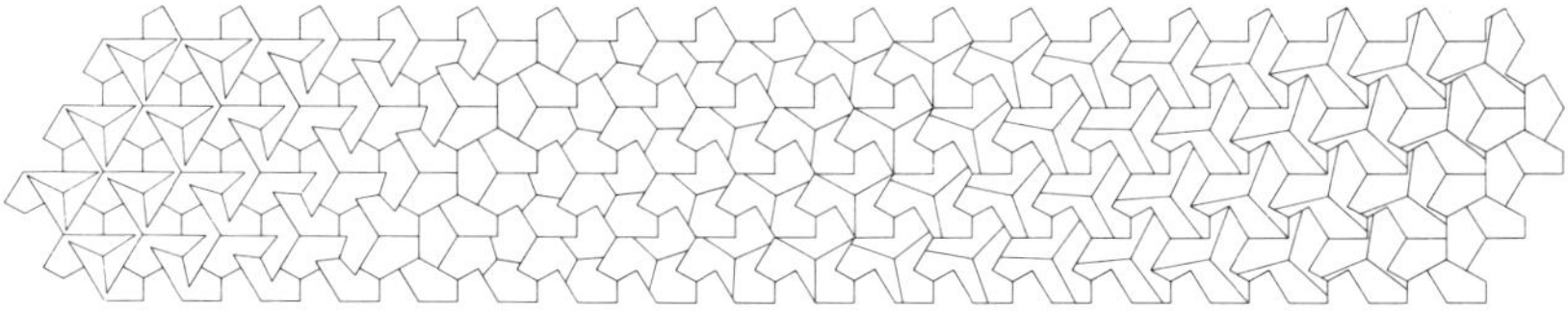

図 10-6　Yの節

非常に単純だけれども、変形をうまく選べば絶妙の効果が現れるもう一つの例。SUNYバッファロー校のルラント・チェン作（一九七七年）の「Yの節」（図10-6）だ。目を皿のようにして眺めれば、単位セルが三枚羽根のプロペラで、左から右へ移っても形が不変であることがわかるだろう。変化しているのは、中に押しこんであるY字形だけだ。変化といっても、ただゆっくり時計回りに回転しているだけ。変形の最後のほうでは、本来なかった線が外周から延長されているが、プロペラの外形自身は変わっていない。単純な変形でも、うまく選べばこんなことができる！

＊　＊　＊

アーン・ラーソン（カーネギーメロン、一九六三年）作の「気違いほぞ」、グレン・ペーリス（カーネギーメロン、一九六六年）作の「三小葉」、ジョエル・ナパック（SUNYバッファロー校、一九七九年）作の「アラベスク」（図10-7～9）は、私の好きな作品だ。どれも、左から右へ行くに従って複雑さを増す、という共通点がある。いままで紹介した作品のほとんどは、こういう非可逆性、つまり進化が起こっていることを示すような一方向性をもっていなかった。「アラベスク」のような作品を見ていると、作成者が自分をどんどん窮地に追いつめていると思わなかったものかどうか、とても気になる。こんなにすごいもつれから、もときた道を戻る以外の脱出法を思いつくものだろうか？　思いつくかもしれないが、私には挑戦する気力がない。

これと対照的なのが、相対的静穏を追求した「かみそりの刃」（図10-10）。作者名が付いていないが、カーネギーメロン大学で一九六六年に作られたものである。最初に紹介した「卍返し」と同じく、

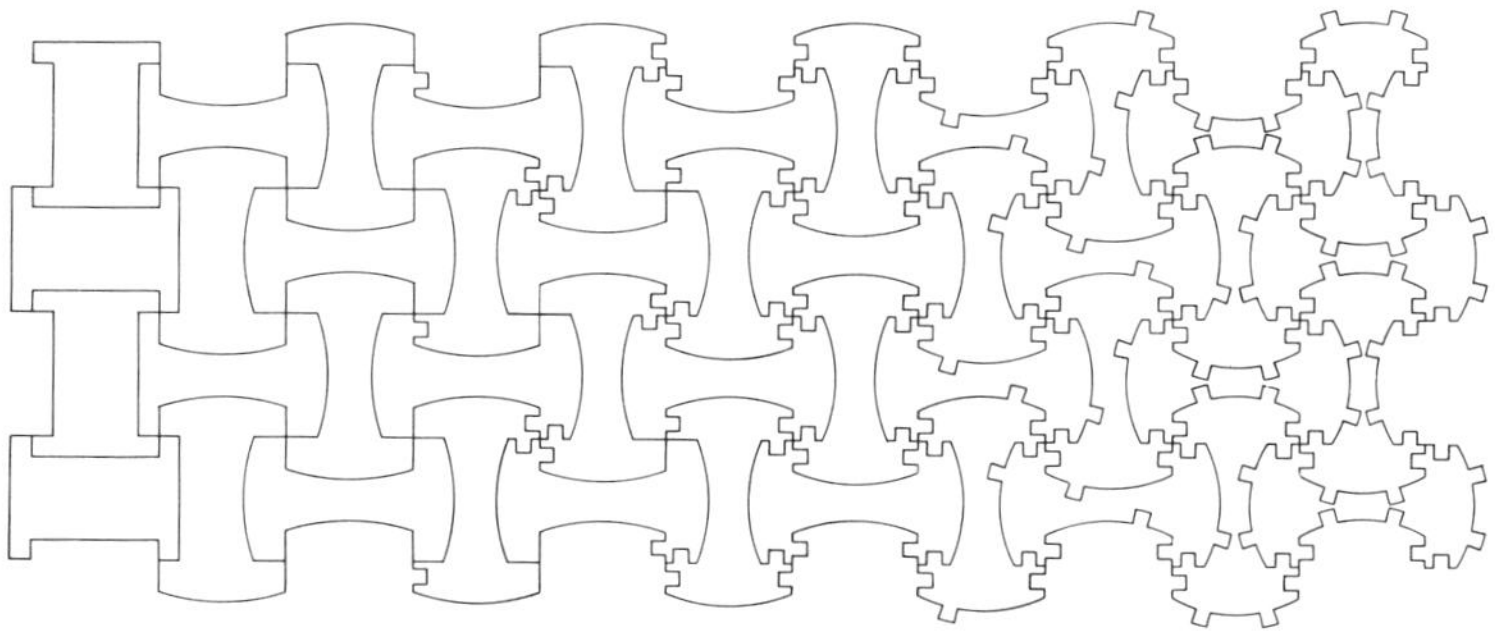

図 10-7　気違いほぞ

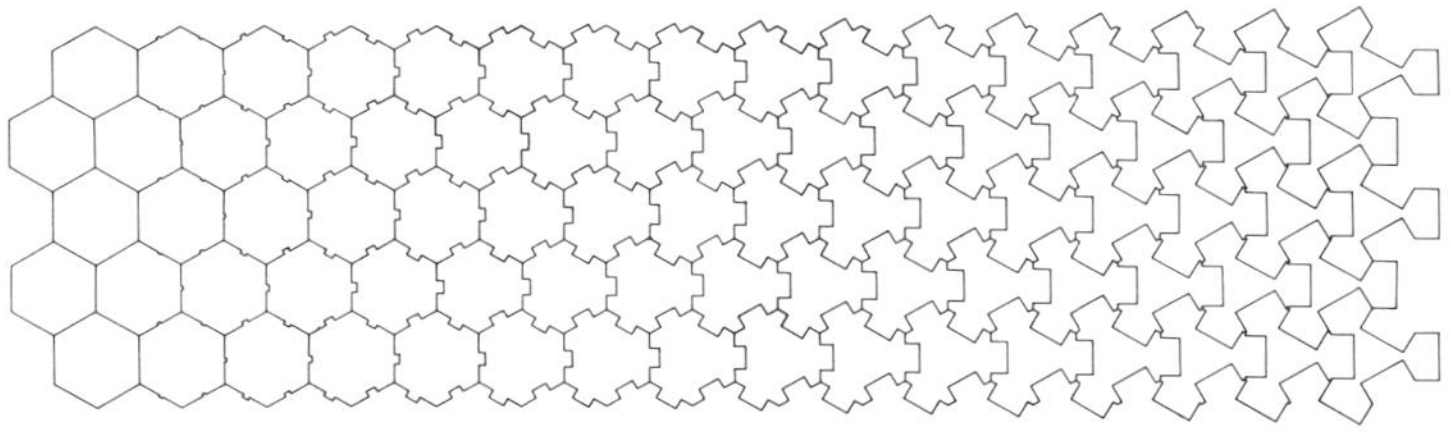

図 10-8　三小葉

これも長い波打った水平の線と、それを横ぎる縦の構造からなる。この作品は、右側からスキャンしたほうが見やすいだろう。たとえば、一番上の縁のすぐ下に横に長く伸びた、小さな切りこみがたくさんある線が見える。この線は波打ちながら、小さな切りこみの形を変えていき、左端では、フーリエ解析で完全矩形波と呼ぶ波形になる。水平構造と呼応して、同じような垂直構造があるが、これはちょっと説明し難い。私が思いついたのは、やたらと飾りまくった四角っぽい砂時計（首にも輪がついている）が二つ、おたがいに重ねて置いてあるという光景。読者も自分なりにどうぞ。

図10-1の「卍返し」と同様、どちらの構造もそれ自体で十分おもしろいが、本当のおもしろさは二つが重なったときに現れる。ライヒの作品のもつ美しさと複雑さを、これ以上うまくとらえた作品はないだろう。彼の作品は、低いレベルでの狂乱のダイナミズムと混沌の上を浮遊するゆっくりした「断熱」変化が生みだしたものだ。さっき、私はこの寄せ木変形を「静穏」といったけれど、こいつはまずかったかな？　『ニューヨーカー』に「おざなりな執筆者」なんて書かれてしまいそうだ。

真顔に戻ろう。正反対のことをいったのにはそれなりの理由がある。音楽とか美術とかを問わず、ある芸術作品に接したときの感動は固定不変ではない。次回、同じ作品を聞いたり見たりしたときに、どんな反応をするか自分でわかるはずがない。まったく心を動かさないかもしれないし、骨まで大感激かもしれない。そのときの気分、最近なにが起こったか、最近なにによって影響されたかなどなど、たくさんのいわくいい難いものによって影響される。また、反応はほんのしばらくの間でも変化しうる。だから、さっきの前言ひるがえしの言い訳はしないことにする。

図 10-9　アラベスク

図 10-10　カミソリの刃

今度は、SUNYバッファロー校のホルヘ・グチエレス作（一九七七年）の「クカラチャ」（スペイン語でゴキブリのこと、図10-11）。これはまず幾何図形の最たるもの――完全な菱形格子――から出発し、徐々に変容しながら、最後にはほとんど自由な形、奇妙に角ばった、なにやら生きているみたいな図形のダンスにいたる。これは魅力的だ。自由へいたる右向きの変化の流れは、エントロピーをふやしているのだろうか、それとも減らしているのだろうか？

SUNYバッファロー校のレアド・ピルカスの「ハチのスきなハナ」（Beecombing Blossoms. 図10-12）の作品で、美しいクギ状の変形を基本にしている。今年（一九八三年）というウィットに富んだ題の寄せ木変形は、ハフが私に教えてくれたところによると、ピルカスはこの作品に何週間も悪戦苦闘したが、とうとう困難を乗りこえたとき、こういった。「こんなあたりまえのアイデアを発見するのに、いつもこんなに時間がかかるってどういうことなのかしら？」

＊　＊　＊

最後の作品は、SUNYバッファロー校のヴィンセント・マーロウ作（一九七九年）の「ヤブを抜ける」。これは、直線、曲線、直角、とげ、すぐ目につく卍、目だちにくい円の混合体だ（図10-13）。このデザインのもつ恐ろしい複雑さを私が解析できないことを、ことさら明らかにするのはやめる。この作品を踏み台にして、コンピュータと創造性の問題について考えることにしよう。

この寄せ木変形には、いままでの作品には出てこなかった、まったく新しいものがある。左端にある円の抜け殻に注目してもらいたい。これは右へ行くに従って縮んでいく。そして右端には、四つの円弧に囲まれた中身のつまった、いわば「反円」がある。これは左へ行くに従って縮んでいく。ハフによれば、従来こういうアイデアにもとづいた変形はなかったという。ここには、真に創造的な、予想のできない、驚くべき、実に興味深い、将来の作品に影響を及ぼす……なにか特別なものがある。

こういう疑問がわくのは自然だろう。コンピュータにこの寄せ木変形が作れただろうか？　こんなふうに質問を設定するのは素朴すぎて正しくないかもしれないが、多少の意味を求めることはできるだろう。私たちの心に最初に思いうかぶコンピュータは、金属と半導体からなる箱で自力では動かない。こういう素材としてのコンピュータ、つまりたんなるハードウェアに活を入れるのはソフトウェアと電気エネルギーだ。前者はハードウェアに注入された特定のパターンで、機械に目標を仕こむ。後者は機械に息を吹きこむことに相当し、与えられた目標と制約条件のもとでの活動を開始させる。

機械の行動を実際に制御しているのはソフトウェアだ。ハードウエアはソフトウェアからの指示に、一つ一つ従っているにすぎない。そのソフトウエアは、たくさんの異なった存在形態をもつ。たとえば、異なったコンピュータ言語で表現されうる。ソフトウエアの本質は、特定の言語で表現された字面そのものにあるのではなくて、もっと一般的で抽象的な「アーキテクチャー」にある。これはむしろ形式的でない言語、自然言語によってうまく表現される。プログラムのプラン、スケッチ、中心的アイデアは、いまここで使っているような言語で語ることができる。特定の形式的言語などを使った最終的表現は登場しない。こういう略式のスケッチさえできれば、形式的な言語に直すのは、ちょっとした練習問題にすぎない。

こう理解すれば、さきほどの疑問はもうちょっと理論的、哲学的になる。創造性のためのアーキテクチャーは存在するか？　過去、

図10-11　クカラチャ

図10-12　ハチのスきなハナ

図 10-13　ヤブを抜ける

現在、未来の寄せ木変形のすべてに潜む創造性を（完全に明解とはいえないまでも）説明する、プラン、図式、原理といったものがあるか？

＊　＊　＊

ここで、特定の寄せ木変形ではなく、すべての寄せ木変形を対象としていることに注意してほしい。特定の作品だけというなら、コンピュータによって再創造するのも、ちょっとだけ手を変えて再創造するのもわけないからだ。

たとえば、オランダの芸術家モンドリアンは永年にわたって、非常に変わった、いわば暗号的な絵画様式を展開した。彼の作風を時代を追って調べれば、彼がなにを出発点とし、なにに向かっていたか正確に見てとることができる。しかし、モンドリアンの作品を一枚しか見なければ、偉大な芸術家に特有の、ダイナミックに展開していく作風変化の勢いには気づかないだろう。作品を一つしか見ないというのは、動いている物体のある一瞬の写真しか見ないのに等しい。物体の位置はわかるが、物体の運動量はわからないのだ。もちろん、写真がボケていて、運動量について若干の情報が得られるかもしれないが、その分だけ位置の情報を失う。しかし、芸術作品に一つだけ接したというのでは、最近の作品から近未来の作品への流れの中での（心的）ボケは見えない。位置の正確な情報（この作品の様式はなにか？）はわかるが、運動量の情報（この様式の位置づけやその後の進展は？）はわからないのだ。

数年前、数学者でコンピュータ・アーチストでもあるマイケル・ノルがモンドリアンの絵を一枚——一見ランダムな要素からなる抽象幾何的習作——選び、その中のパターンの統計量を求めた。この

図 10-14　本物のモンドリアンが一つとコンピュータ・イミテーションが三つ。どれが本物かわかりますか？答え―この図全体を右に 90 度回転させたときの左上が本物。これはモンドリアンの 1917 年の作品「線によるコンポジション」である。残り三つは 1965 年、ベル研究所の「コンピュータ使い」マイケル・ノルの命によりコンピュータが生みだした作品「線によるコンピュータ・コンポジション」。主観的な意味で最も優れた作品は人が捜して見つけた。最優秀作品は本物の筋向いにあるものである！

統計量にもとづいて、彼は似たようなランダム性をもつ擬似モンドリアン風絵画を、コンピュータを用いて大量に生産した(図10-14)。これを予備知識のない人々に見せたときの反応がおもしろい。本物のモンドリアンよりも、ニセモンドリアンのほうがいいといった人のほうが多かったのだ!

これは楽しいし、挑発的ですらあるが、毒もある。うまくプログラムすれば、コンピュータは与えられた作品の（数学的に把握可能な）様式を模倣できる。みなさん、安物の模造品にご用心!

寄せ木変形はどうだろう。コンピュータに特定の寄せ木変形を描かせたり、それをちょっといじったものを描かせたりすることはすぐできる。寄せ木変形にそんなに多数のパラメータがないからだ。しかし、芸術創造はパラメータの値を適当に設定するというものではなく、もっと深いところに本質がある。無数のモヤモヤした、ほとんど意識下の心の力のバランスをとり、多くの概念的選択をし、その結果、作品として聞いたり見たりすることのできるものを生みだす。これが本質だろう。

一度、作品が完成してしまえば、学者は容易にそれを定量化しパラメータ化することができる。作品を統計のまな板の上に乗せてしまえば、誰だってその作品について分析できる。しかし、これがやさしいからといって、どういう数学的観測値がまだ出現していない芸術作品の様式に関係しているか、事前にわかるわけではない。

寄せ木変形を機械にやらせることに関して、ハフは私とほとんど同意見だ。彼は、現時点でもいくつかの基本原理をコンピュータに教えてやれば、多少紋切り型だけれど、少なくともそれ自身の新しい創作を生みだせるようになると考えている。しかし、学生たちはときとして、ちょっと言葉では説明できないような深い理由で目を魅了してしまう規則破りを発見する。こうして寄せ木変形の規則集がしだいに拡大されていく。

寄せ木変形に見られる創造性と偉大な音楽家の創造性を比較して、ハフはこう述べている。

私は、バッハの天才の一貫性については知らない。しかし、アメリカの偉大な建築家ルイス・カーンについて研究した経験からいうと、彼の天才の一貫性はバッハのそれと一脈通じるのではないかと思う。つまり、カーンは精神的、哲学的に深い考察から、建築（アーキテクチャー）において自分がなにをし、なにをしないかを確立した。学生たちは彼の方法の多くを学び、中でも優秀な学生たちは彼を（完全でないにしても）実にうまく模倣した。しかし、カーンはつねに新しい原理を見いだし、作風を変化させた。そして、ときには古い原理を捨てさえした。だから、彼は、その時点までの彼を知りえても、その時点からさき、彼がどう変わるかは知りえなかった模倣者たちよりも、いつも数歩さきを進んでいた。コンピュータが作った「オリジナル・バッハ」も、こういう意味でおもしろい習作にすぎない。これは、バッハが死んだあとにしか書けなかった未到の作品ということにはならないのである。

疑問が起こる。どういうアーキテクチャーがこの思想全般にかかわっているのだろう？　こういう思想全般にかかわっているアーキテクチャーが、一つでもあるのだろうか？　私は、うまい寄せ木変形を考案する能力は、うまいチェスの手を指す能力と同じようにハッタリ的なところがあるのではないかと思う。

チェスの素晴らしい一手は、ゲームが終了したあと、くわしい検討が行われても、「まさにその局面で、唯一の正着」、いわば完全な論理の産物と見なされるが、試合中に完全な論理的解析を行っているヒマなどない。時計は容赦なく時間を刻む。チェスの妙手は、よいチェス・マインドから突然ふってわくのだ。理解とか直覚がうまく組織化されていて、なにか微妙なパターンや糸口があるとある種のアイデアを飛びださせるというしかけに違いない。理解とか直覚が古い埋もれた記憶をたたきおこすというのは、チェスに限らず、人間の技能全般に共通している。チェスの技能がとくにハッタリ的というのは、論理的解析の結果、ある手の正しさが証明されると、その手を生みだしたヒントのようなものが、まるで論理からきたかのように思われてしまうからだ。

美しい旋律を書くというのもハッタリ的芸術だ。数学の理屈屋さんにいわせれば、音符は数で、旋律は数のパターンだろう。だから、旋律の美はそう難しくない数学的方法で記述できなければならない。しかしいまのところ、ちょっとした旋律が数学的公式から生まれたという話は聞かない。もちろん、特定の旋律に注目して、それ自身あるいはそれの変形を生みだすような公式を作ることはできるだろう。しかし、これは過去の再生であって、未来の創造ではない。いいチェスの手もいい旋律も(数学のいい定理も)、みんなこの点に関して同じだ。どれもあとから見ると論理的必然から生じたようなふうだが、予測がやさしかったとは思えない。数学マインドから見れば、チェスの技能も旋律を書く腕も定理を作る技術もどれもただちに定式化できそうだが、話はそんなに単純ではない。秘妙な点が多すぎる。

寄せ木変形についても然り。一つ一つをとれば、どれもある意味で数学的だ。しかし、まとまりとしてとらえると、数学の対象ではなくなる。これが落とし穴だ。個々の寄せ木変形のもつ明白な数学的性質にだまされてはいけない。従来の寄せ木変形だけではなく、もっと多くの傑作を生みだすようなプログラムの構造(アーキテクチャー)は、「概念」と「評価力」をコンピュータ上に取りこんだものでなければならない。これらは、たんなる数よりはるかに複雑で、とらえにくい。

ここで、「コンピュータに(いまも未来も)できないこと」を見つけるのに熱心なアンチ人工知能論者は、つい勇み足をしてしまう。つまり、コンピュータに芸術、あるいはもっと一般的に創造活動を行わせることは、基本的に不可能だという結論に飛びこんでしまうのだ。こんな結論がどこから出るというのだ! 正しい結論は、コンピュータに人間の振る舞いをさせるつもりならば、理解、記憶、概念上のカテゴリー、学習など、さまざまな人間の特性がコンピュータ上にモデル化されるのを待たなければならないということだ。まだまだ道は遠い。これからさきもまだ遠いままだとしても、こういう目標が原理的に達成不可能だとする根拠はないと思う。

＊　＊　＊

今回、私はアーキテクチャーという言葉を、建物という意味と、一般の構造の抽象的本質という意味との二通りにわざと混ぜて使ってきた。前者はハードウエア、後者はソフトウエアにかかわっている。ある意味で、ハフは両方のアーキテクチャー学の先生だ。明らかに、彼の本職は人間の住む建物というハードウエアの設計で、彼が働いている大学もまさにそれが専門だ。しかし、彼は学生たちの心に、もう少しやわらかい種類のアーキテクチャーを形成するという仕事も行っている。美を創造する技術の基盤となる精神的アーキテクチャーだ。幸いなことに、こういうアーキテクチャーをつくる土台たる人間の頭脳の複雑さを、彼は最初から当然のこととして受けいれていた。

ハフとはじめて会ったときのことを思いだす。彼の研究室で生みだされた数々の素晴らしい作品の一見非実用的な抽象性――寄せ木変形以外にも、立体の奇妙なカット法、目をギョッとさせるような点の色模様を使ったゲシュタルト研究など――を見て、いったいどうしてこんな人がアーキテクチャー（建築学）の教授なのかと思ったものだ。しかし、彼や彼の仲間たちと話したあと、私の視野は広がり、彼らのやらんとすることの意味がわかった。

建築家カーンは、ハフの仕事を高く評価していた。今回は彼の言葉を引用して締めくくろう。

ハフの教えていることとは、ほかの人間から学んだことばかりでなく、彼の持ち前の才能と、その才能に対する信念とから引きだされたものを含んでいる。彼が教えているのは、見る芸術、聞く芸術、構造の芸術にとって重要な、形とリズムの原理への入門だと思う。デッサンを学ぶ学生に具象的描写ではなく、抽象の大事さを教えている。これは教師や（私のような）建築デッサンを描く人間の座右の銘だし、バックグラウンドのないデッサンを学ぶ学生にとっては、とくに有用である。こういう正確さへの導入によって、順路主義が教えこまれる。

（一九八三年九月号）

追記

「順路主義」とはおもしろい言葉だ。私はこのコラムを書いているとき、これが『サイエンティフィック・アメリカン』に書く最後のフルコラムになるとは思っていなかった。（宝くじの結果について書いた第31章はコラムの半分だった。）ウィリアム・ハフも私も、こういう結末を大いにおもしろがった。私は、とくにこの言葉でサヨナラするのが楽しかった。これは曖昧な言葉だが、私が書いたすべてのコラムに通じる精神、パターンの美の追求、とくになぜあるパターンが美しいかという理由の追求をうまく表している。

このコラムで私は、ある公式にもとづいて美しい芸術作品を生みだすコンピュータ・プログラムを作るのは比較的容易だが、新奇な創造をつねに生みだしつづけるプログラムを作るのは難しいと何度も強調した。ここ二〇年あまりのコンピュータ芸術にくわしい人なら、私に対してケンカをふっかけてくる人がいるかもしれない。そうした連中は、単純なアルゴリズムで生みだされたとても複雑なパターン例を示すだろう。さらに、パラメータをちょっといじるだけで、とても同じアルゴリズムにもとづいているとは思えないような劇的な変化を結果にもたらす、しかしそれでいて単純なアルゴリズムの例も示すだろう。私の知っているごく単純なプログラムは、雪の結晶を拡大したような六重対称のドット・パターンで、画面をあっという間に埋めていくものである。数秒で最初のパターンが溶解してしまい、信じられないほど異なった別の六重対称パターンに置きかわってしまう。私は画面の前で釘づけになったまま、パターンがほどけて別のパターンに移っていくのを凝視したものだ。プログラムがたった数行であることを知っているのに、次になにが起こるかまったく予測できない！　基礎になっている数式を少しいじると、画面上の図形がとんでもなく変化するのを私は体験した。

問題は、こういうパラメータ・ベースの変化——第12章、第13章で述べる「ノブ回し」——は、人々が与えられたアイデアから新しいアイデアを思いつくのとは異なる性質のものだということである。与えられたデザインの単純な変種を生みだす機械には、そのデザインのもとになる「陽に与えられたパラメータ」をもつアルゴリズムが備わっていなければならない。擬似モンドリアン風絵画のように、こういうパラメータの値は変更できる。しかし、人が変奏を行う様子はこれとまったく異なる。人は芸術家（またはコンピュータ）の作品を鑑賞し、（作品の背後にあるアルゴリズムではなく）その作品自身からある特性を抽出する。ここで新しく抽出された特性は、芸術家（またはプログラマー、コンピュータ）によって陽に意識されたものではない。鋭い観察者の鑑賞によってはじめて浮かび上がるものなのだ。この認知行為で、真の創造への道のりの半分は越す。残りは、新しい特性をあたかも「陽に存在するノブ」と見なすことである。つまり、もとの作品を生みだしたアルゴリズムに最初から備わっていたパラメータであるかのように、「ひねりまわせ」ばよいのだ。

つまり、認知過程は生成過程と密接にリンクしており、閉じたループが存在する。認知が新しいポテンシャルの火をつける。新しいポテンシャルで実験を行うとまた新しい認知の道を拓く、というループを描くのだ。現在のコンピュータ・アートに欠けているのは、認知と生成の相互作用である。コンピュータは、自分がなにをやっているか観察することができない（自己監視コンピュータのアイデアについては第23章を参照のこと）。プログラムが自分のやったことを観察することができ、自分が予期しなかったような見方ができたとき、ルイス・カーンが「順路主義」と書いたときにいっていた洞察的な習作に近づく一歩を踏みだすことになろう。

＊　＊　＊

図10-15に私の好きな寄せ木変形「私（I）が中心」を示す。これは、一九六四年にカーネギーメロン大学のデービッド・オールセンが作った作品である。これは、私がこの章の最初で述べた一次元性に違反している。この寄せ木変形は、中心テーマである大文字のIから直交する二つの次元に同時に展開していく。これは、私が見たものの中では最も叙情的で優雅な作品である。

この作品のもつメタファーも私の気に入った点だ。格子の中心にI、つまり自己がある。それに接して別のI、中心のIと非常に似ているがまったく同じではなく、中心のIほど単純でもない。中心からはずれるに従い、Iの変種は多様化・複雑化していく。私には、これが人間関係のネットワークを表しているように見える。私たちは各自、自分の格子の中心におり、「自分が最も正常で、良識があり、わかりやすい人間だ」と思っている。私たちのアイデンティティ——パーソナリティ空間における私たちの「形」は、私たちがこのネットワークの中にどう埋めこまれているか、つまりどういう人々の

図 10-15 「私（I）が中心」デービッド・オールセン作（ウィリアム・ハフ・スタジオ、1964 年）

アイデンティティ（形）に囲まれているかによって決まる。これは、ほかの人々のアイデンティティを私たちが形づくり、私たちのアイデンティティをほかの人々が形づくるということを意味している。この寄せ木変形は、実に単純にかつ効果的に、このことを私に語りかけているのだ。

［第11章］がらくたとナンセンス文学

ブーン、青蠅がいう
　ブンブン、ハチがいう
ブーン、ブンブン、うるさいね
　そういや、僕らもうるさいね
そいつの耳、そいつの鼻、
　そう見えたかい？
ネズミを食ったよ、そいつはな、
　いやさ、どっちかい

――ベン・ジョンソン

この詩はなにをいいたいのだ？　一六〇〇年ごろに作られた、このちっちゃなナンセンス詩は、虫のイメージからスタートして、誰かの顔のイメージに移ったかと思うと、最後はなんだか知らないけれどネズミを食う話になってしまう。まるで意味のない詩だが、どことなく楽しい感じだ。耳に快く、ひょうきんな響きがある。

ナンセンスは長い歴史をもつ。しかし、長い歴史を振りかえると、ナンセンスのスタイルや調子は変化してきている。ナンセンスは、どういう基準でナンセンスと判定されるのだろう？　ナンセンスが意味をもつようになるのはどんなときだろう？　逆に、センス（意味のあるもの）が、ナンセンスへ転んでしまうのはどんなときだろう？　ナンセンスと詩の境界はなにか？　今回はこの話題について考えてみよう。

ジョンソンがこの詩を書いた約一世紀半後、チャールズ・マクリンというイギリスの俳優が、どんなセリフでも一回聞けば覚えられると豪語して有名になった。マクリンの友人で劇作家のサミュエル・フートが、よーしといって作ったのが次の奇妙なセリフである。

だから、彼女はアップルパイを作るために庭へ出て、キャベツの葉を切った。と時を同じく、街にやってきた大きな雌グマがショップへ頭をドスンと突っこみ、なに！　石鹸がない？　こうして彼は死に、彼女は軽はずみにも床屋の嫁になっちゃった。そこに、ピクニニー、ジョブリリー、ガリューリー、大パンジャドラム御大が頭に小さな丸いボタンをつけて居合わせた。そして、火薬が彼らのブーツのかかとをすり減らすまで、みんなで一緒に手あたりしだい（catch as catch can）をやって遊んだとさ。

不合理とデタラメ文章に満ちたこのセリフは、マクリンへの挑戦状としておあつらえむきのものだった。残念ながら、マクリンがこれを一回聞いただけで覚えたかどうかの記録は残っていない。しかし、彼がこのセリフを大いに楽しみ、その後何年間か、あちこちでこれを暗唱し、大受けに受けたことは有名である。

十九世紀におけるナンセンスの総大将はルイス・キャロルとエドワード・リアにとどめをさす。キャロルの『ジャバウォッキー』、『セイウチと大工』、『トゥイードルダムとトゥイードルディー』はあまりにも有名だし、リアの『フクロウと子ネコ』も知っている人が多いだろう。リアの『つまさきのないポブル』、『輝く鼻をもてるゴ～ン』は知らない人がいるかもしれない。キャロルもリアも不思議な言葉を発明して、まるでふつうの言葉のように使うのを得意にしていた。二人とももっぱら詩の中で、頭韻、中間韻、語呂合わせ、型破りのイメージの楽しみにふけった。この二人の作品を紹介してもよいのだが、ここではこの時代をよく表している詩を紹介しよう。この詩は作者不明だが、なかなか魅力的な内容である。題は「無関心」——

輪につながり潰瘍がはいまわる
カエルは喜びに体をねじまわす
しかし、わが心
　水の落ちるごとく沈む
高笑いするまぬけども
　泣きわめく赤ん坊
花嫁衣裳、葬式のひつぎ
私にはどこにも見えず
人生はワインと塩水のごたまぜ
独り座りて、
　スピチビリスルズルとすするりる

キャロルのナンセンス詩の多くは、当時の流行歌や詩のパロディである。皮肉なことに、パロディのほうが長く残っていて、元になったほうの大半は忘れさられている。キャロルは、社会のよどんだモーレス（固定観念的習俗）や偽善者的態度への固執を、彼一流の柔和なやり方でからかうのを楽しんだ。十九世紀の上流社会の詩は、古典文芸のほのめかしを気どって使うことを一つの特徴としていた。キャロルはこのスタイルをパロディにしたことはほとんどなかったが、チャールズ・ルーミスというほとんど無名の作家が、「古典頌」でこれをみごとにやってのけている。

ああ、ティルスの透みわたる
　言葉の流れにいま耳を傾く
オルマゲドンの主の脈動せる翼
ガラス磨き剤のように透み
　いやさらに透み——
（パルシー教徒が誇りのツインの宝珠）
早春に汝の小石打ち塗りし淵に下り、
えくぼのナイアス、時のままに戯れり
疲れを知らぬ翼のオキデルス
はねまわる虎の一団を駆りきたる
ピコルの鐘の音鳴るさなか、かろうじて一つ緑歯がその美をいま隠す、しかし——
生まれいずるダイヤモンドのごとく、陽に輝き
　あるいは、じめじめなる沼の
　イガマメ、わらび、スギゴケ

トバルの咆哮のごとく大きく強く大きく
サッフォの歌のごとく甘く
　ああもっと甘く
アルノンの槍より長く、二倍も長く
ファラオの足元に
　彼がそれを投げたときなるは

この詩を読むとなにかが心にひっかかり、たぶん、もう一度読めば意味がわかるんじゃないかと思う。そして、もう一度読んでみたら、やっぱり全然わけがわからずじまい。これは現代詩の多くが抱えている問題だ。たんに詩人にだまされた、本当はなにもないのに深淵な意味があるがごとく思いこませることだけに専念しているペテン師にしてやられたと思わないようにするのは、なかなか難しい。

五行戯詩は、たぶんもともと遊びに向いた形式をもっているので、ナンセンス詩集にはよく出てくる。しかし、意味不明の五行戯詩はほとんどない。光より速く旅する少女とか、信じられない妙技をやってのける人間とか、ありえない世界が出てくることもあるが、ナンセンスな五行戯詩というのはめったにないのである。珍しく純粋にナンセンスな五行戯詩として、（ギルバートとサリバンの）ギルバートの作品を紹介しておこう。

セイント・ビー出身の老人がおった。
ハチに腕を刺れたのである。
「痛かった？」と聞くと
「なんのこれしき効くわきゃない
　クマンバチでなくて幸運です」

これをナンセンスと呼ぶ理由は？　もしこれが散文だったら、町の名前がちょっと変わっている以外に注意をひくところはない。内容はナンセンスではないが、この詩はありとあらゆるところで五行戯詩の形式を破っている。リズムはないし、韻律はデコボコ、そこにおもしろいところはなにもない。ま、そこがおもしろいのだ。こういう文脈で、ナンセンスのナンセンスたるところが出てくる。

＊　＊　＊

ナンセンスはいつでもおもしろいか？　二十世紀まではそうだったといえる。実際、ナンセンスとユーモアはほとんど同列にされていて、ナンセンス詩集は、たくさんのユーモラスな節に満ちていた。しかし、今世紀はじめから、ナンセンスとユーモアは異なる歩みをとりはじめた。これまでの最高のナンセンス作家は、たぶんガートルード・スタインだろう。もっとも、彼女がこういう意味で名前をあげられることはめったにない。おびただしい数のナンセンスは、彼女の一つの仕事としてまとめられずに、バラバラに出版されたからだ。このジャンルにおける彼女の最も独創的な成果は、『作文のしかた』というあまり目だたぬ題のついた四〇〇ページに及ぶ作品である。「文法アーサー」という章から、一部を紹介しよう。

文法アーサー。

質問の中の質問表。

質問はなにか。

二〇個の質問。

文法は黒とほかの色のぶちのアストラカンコート目だち有用だのような簡単にときどきも苦境のごとく耽溺のうち要求する好意的処理である。

質問と答え。

いかがであろうか。

文法はちょうどりっぱに休息しているかのごとく考えられる意味されなくとても組み合う傾き意味されるある予言の例のごとくあけすけに増大されて毛布におおうになるペアでだから意味されるされるなくを許す基盤においてメダルを与える観点から含まれる。十分に部分で数えたらすごい。

彼らが文法を丸く丸くしたら、文法はなにになるか。命ぜられただけ丸く。

彼らは望んでいるかあてられるか。彼らが進むときの丁寧できっぱりとした詳細なとがめ。

文法はふつうなにか。文法は質問と答え答えいかになんだろうと疑いもない。

文法アーサーはなにか。

アーサーは文法。

文法アーサー。

なにが難しいというのか。

文法にきびしく。

小さな赤ん坊がためいきをつけると考える。


たいしたものだ。

彼が死んで自分のいったことに興味をもったとだけいえるのがいふ。

これは別の帰着だ。

ベターとフラッターはでなければならず人はほほえめる。

こんどは縫い目。

刺繡は彼女が意味したことにすぎぬと覚えることからなる。

ここに文法の例がある。

たとえば刺繡が二つと二つとしよう。すると赤があちこちにあったかのようにそれ自身を反映できる。

これが落ち着いたところの例である。

文法は苦境の中で二〇を使う。ふさふさと成長したヒヤシンスとスギゴケも含む。

文法、ヒヤシンスを素早く摘めば、みごとにこれは文法は準備になるに合う。文法は部分と賞賛を結合する。ちょうどこのように。

文法破れずに。

文法たぶん文法。

頭が混乱。これはたんに不合理の不可解な連鎖で、文法違反が頻出して、話題から話題へ勝手気ままにフラついている。意味がとれないのでいい加減頭にくる。砂でできた山に登るようなものだ。〔実は文法用語のもじりがちりばめられているが、無理に訳さなかった。predicament, part, praise など。〕
スタインの不可解性の実験は、ほぼ同時代のダダイストやシュールレアリストの運動と共通点がある。彼らは、はちきれそうで笑いに満ちたナンセンスを、いらいらするような、しかものちには、不気味なナンセンスに変革した。彼女の作品はまだ新鮮で馬鹿げているが、それがおもしろさのもとになっているし、いらいらしたり深刻ぶるというより、むしろ軽いタッチを与えている。

＊　＊　＊

二十世紀ももう少しさきに進むと、実存主義哲学が現れ、実存主義的不安の名解説者サミュエル・ベケットの登場となる。一九五〇年代初期に書かれたベケットの代表的戯曲『ゴドーを待ちながら』には、皮肉にもラッキーという名の悲劇的人物が出てくる。彼は戯曲の中ほどで登場し、一回だけ台詞をしゃべる。彼はほかの登場人物たちから「考えろ、ブタ！」とののしられ、押さえこまれたあげく、首に巻いたロープをぐいっと引っぱられる。彼はとうとう極限状態に陥り、狂ったように、脈絡のない混乱的セリフを吐きだす。まるで学校で学んだことの逆流に、常套文句やその他もろもろのゴチャゴチャが一緒くたである。ラッキーの名セリフはこうだ。

延長なく時の外からクワァクワァクワァクワァ白ひげの個人のクワァクワァクワァ神のパンチャーとワットマンの公共事業で公言されたような存在があり神が神のアパティア神のアンパン屋神のアンポンタンからきたりていまはわからねど時がきたればわかる理由により例外はあれどわれわれをこよなく愛しミランダの神のごとくいまはわからねど時がきたればわかる理由により窮地に追われるものともども苦しみ火にあぶられる火の災いはそれがつづきもちろん疑うものなきも天空を焦がし地獄から天国まで吹き上がりそれでもなお青く静かほんとに静かでその静かさは中断は無よりましでさえあるけれどそれほどしっかりせずテスチューとクナードのエシンポシーの人体ケッケッケッ計測学ガッガッガッ学派によってほっておかれて有終の美を飾った仕事の結果をもっとよく考えれば疑いもなくそれは確立されてそれ以外の疑いがテスチューとクナードの未定の仕事の結果として人間の労働に固執するのもこれからはパンチャーやワットマンの公共事業の結果としていまはわからぬ理由でそれほど堅固でなくどんな疑いもなくファルトフとベルカーの労働の観点から確立してテスチューとクナードのいまはわからぬ理由で未完なのもそれが未完なのもなんと多くの人がテスチューとクナードのポシーの人がエシーの人がつまり人がすなわち人が滋養豊富と脱糞清浄の歩みにもかかわらずムダにし思いこがれムダこがれ思うのはいつも同時で同じ時どころかいまはわからぬ理由で肉体文化の歩みにもかかわらずスポーツテニスフットボールランニングサイクリング水泳空飛び浮き上がり乗馬滑空能動努力カモギースケートテニスといったすべての死に飛ぶスポーツといったすべての種類の秋夏冬ウインターテニスといったすべての種類のホッケーといったすべての種類のペニシリンと代用品は世界中にいまはわからぬ理由でフェッカムペッカムフルハムクラップハムすなわち同時に時を同じくするどころかいまはわからねど時がきたればわかる理由により消えさり私はフルハムクラップハムを一語で取りもどし一人頭の完全な損失をビショップバークレイの死が近似的に全般的に多少のところ最適十進近似のまるめで一インチ四オンスの金高であるから一語のコネマラのストッキングをはいた足を完全に裸にし事実がなんであろうとあろうともっともっと重大なことを

考えるとスタインウェグとピーターマンの失った労働に照らせばもっとさらにもっと重大なことはスタインウェグとピーターマンの失った労働に照ら照ら照らしてみれば川のそばの海のそばの山の中の平原は川に水が流れ火が流れ大気も同じで地球すなわち大気をして地球はたいへん寒くたいへん暗く大気と地球はあああ主の年に六〇〇余り大気に地球に海に地球に石がたいへん深くたいへん寒く海に陸に大気にありいまはわからぬ理由で私はまたもテニスにもかかわらず事実はそこにある時がきたればわかりまたもあああすなわちわちちっちっはっきりきりきりっ石があり疑うこともできるがまたもそれほどしっかりとではないがまたも頭蓋骨が消え消えキエーッ同時に時を同じくであるばかりかいまはわからぬ理由でテニスにもかかわらずヒゲのうえうえに炎が涙が石が本当に青く本当に静かにあああ頭蓋骨が頭蓋骨が頭蓋骨がコネマラの頭蓋骨がテニスにもかかわらず放棄され未完の労働はさらに重く一語で石がありまたもあああ放棄されて未完の頭蓋骨がコネマラの頭蓋骨がテニスにもかかわらず頭蓋骨があぁ石がクナードがテニス……テニス……石……静か……クナードが……未完……

ベケットがこの戯曲を書いたのとほぼ同じ時期、ないしは数年早く、ウェールズの詩人ディラン・トマスは、英語の響きに酔っぱらったような詩を書いた。これはもうまったくわけがわからない。たとえば、五連からなる「おかかえおひさまおおいそぎ（How Soon the Servant Sun）」の最初の二連——

おかかえおひさまおおいそぎ
（あした卵のおしるし）
時は謎解き、戸棚石
（霧は骨もち
肉にラッパ吹きこむ）
僕の軟骨みんなガウンと棚おろし
むきたまごも直立だ

スポンジにあした卵
（巻き上げレコード）
切り海タライに巨人の子守
（バネに霧
縫いの満ち潮どっぷりこ）
あなたとあなた、私のご主人様、
　あの不思議にいう
食べものが吹きとおすあしたった

こういう類の詩を読んでいると、「王様はハダカだ！」とつい叫びたくなる。私が見たかぎり、この詩の字句の中から意味を汲みとることはできなかった。だけど、本当だろうか？　私にいえる精一杯のことは、この詩を解読するにはたいへんな努力がいり、そんな努力をしてみようという人が皆無に近いということだろう。

＊　＊　＊

アメリカの歌手ボブ・ディラン（ディランはディラン・トマスからとっている）がおもしろいナンセンスの作家であることはあまり知られていないようだ。彼が一九六〇年代に書いたナンセンスが集められて『タランチュラ』という名の選集になっている。内容が苦しくつらい調子なのは、この時代の世界の状況を反映しているからだろう。作品の大半は変わった名前の著名人などからとった文字がつづく、自由な連想の発露である。次に示す例は、「音の障壁を打ちやぶる」という題の作品である。

　ネオンのブローFの穴がビーン&訪問トロフィーを足元に引っかく間に街の無法マットレスの失意の叙情詩からクライマックス&むき出しの陰の最近親とベッドの中、頭に袋のせ、放浪者を支持する——暴露する心&銀の霧雨のオオカミ避け難き子宮の脅かしはさびたる水たまり、底なく、無礼な目覚まし&誕生日の霧の夢と凍りぬ／　ローソクの座らず悲し気にはちょうちんバネの中&傷つきし道標によりてさほど完全に重大とは感じまい／　成功、彼女の鼻孔が鳴る。昔の寓話&殺されし王たち&怒りの比率の作法を吸いこみ、ガラスのような泥に向かって吐きだす……恐ろしき悲惨は水の楽隊車、グロテスクに&未来の反逆罪の追加援助の花に嘔吐する&昨日の因果の恐ろしき話を語る／　声たちは苦悶に集い&ベルは&いま幾千のソネットを融かす……防虫ボール女、白く、とても甘く、放射器上で遠く遠く縮み遠眼鏡をのぞく間／　君は凍えて座るだろう&呪文の解けた衣裳ダンスの中で……黒きジャマイカの友に助けだされぬかぎり——君は電球に口を書き、もっと自由に笑えるようにするだろう。

　君がいずこに虜になりしか忘れよ君は三オクターブ幻想の六線星形にとらわるる。いまにわかる。心配無用。君に原生林の花を摘む義務はないのだ……私がいったように、君は三オクターブのタイタン・タンタングラムにとらわるる

　　君の小さなリス、
　　　ペーティ、小麦のわら

一九六〇年代、文学志向だった歌手はディランだけではない。ジョン・レノンは二十歳代にナンセンス詩をやっており、二冊の小さい本『独り書き』、『進行中のスペイン人』を出版している。これらは一冊のペーパーバックになっており、現在でも入手可能である。次の二つの例を見れば、彼のスタイルの特異性がわかる。

　ひとり座れば
僕はたったひとりで木の下に座ってた
みじめに太った小さい木の下に
小さなレディが僕に歌ってくれた
だけど僕にはなにも見えない

僕はしばらく空を見上げてた
こんな素敵な声はどこから
パズル、パズル、どうして、どうして
僕はただ聞いているだけ

「どうしたの、出ておいでよ」
僕は叫んでのぼせたメントール
「木の陰に隠れているくせに」
だけど彼女は出てこない

歌声の柔らかさに僕はつい眠りこみ
一時間、二時間、……
そっと眼を覚ましてのぞいてみても
やっぱり彼女はいやしない

突然、小枝の上に
なにかが見えた
ちっちゃなちっちゃな小豚が
精一杯歌ってる

「なんだ、僕はお嬢さんかと思ってた」
クスクスと口をすべらしちゃった
そしたら、ホントのレディが
飛んでっちゃった

　間違いだらけの袋鼻
そーっと、そーっと、マングルが歩む
うすいトゲふるまい通り
がなにたるべしほんとらな?
万事順調ぬかりあるやなしか
間違いだらけの袋鼻ひっさげて?

マングルはろかに巡礼の
衆教強くこの世だれ
なにかしため側に落ちち
あれかしつつまの女子助動詞

　間違いだらけの袋鼻!

われらのマングルこんにゃ八時のお説教
なぬべきをすーると語りて
われらにまたも綿がきの祝福を
われらのユダにオトパイを
(みんな間違いだらけの袋鼻)

祝福せよ、われらが女動詞のえっさっさ
われのろわれ割れコーヒーがめ
祝福せよ、汝のパン彼食うも
黄金の歯燃えさかる食いっぷり
早くわれにわれの袋鼻分け与えよ!

マングル師、ミートホールを食福し
ウーフのつきは緑に朝めぶる
ブドウ荷なんかもつまりん死なぬ
ちょっとでもわかりゃ結構
間違いだらけの袋鼻

間違いだらけの袋鼻、いまはわれならず
情欲たぎる汚い手
マングル声鋭く話すホワイトホール
みんな一緒さ
君の間違いだらけの袋鼻

おくれよ日々の小娘ティスベ
マングル師は旅たび
オールカラーの羊
ほぐすほどのこともなきウィバネス
間違いだらけの袋鼻なんてどこにある

この二篇のうち、最初のほうはまだ意味が通っていて魅力的である。あとのほうはなにがなんだかさっぱりである。いったい全体「袋鼻」(bagnose)とはなんのことだ?　まったくイメージがわかない。どうしてこの袋鼻が間違いだらけなのだろう?　この場合、「間違いだらけ」というのは正常な意味で使われているのだろうか?　お手上げである。

＊　＊　＊

「正常な意味」といえば、最近出版されたウィリアム・ベントンの詩集のタイトルそのものが『正常な意味』で、中の一章のタイトルがまた「正常な意味」である。その中から一部を紹介しよう。

脱出は、脱出
　は、もう一度
つづいた。
　　ぶどう園は
ほの暗く。

そいつが学校のベルの中へしわくちゃになるのを少年は見つめた。
　ときどき音楽じゃないけど、僕は
楽しい。
葉は、実際的方法で落ち
空に散る。
　丘の川
落日のアイスクリーム
　コーン
ビルディングたち。ものが
　建つ。それは
本当にたくさんの
　正常な意味だ。
階下に明かり、でもそいつは疑わしい。

これとかあれとかの
ストーリー。
　家々の
愛らしさ。
　クラリッサは、僕がいましがたどこ
　　かへやった虫の名。
放棄を誓った誤りは、失った言明の中に
　見える。
それをいうのは難しい。ここで見かけの上に現れてきた特権
のしるし。
　　　　私は飲む。
クモの巣がランプの灯を通すひも飾り
になり、その黒い心は
　　　祝福される。
　ビールのそばに
　素敵な

エレナ

こういう類の詩の無定形さにおもしろ味と魅力を感じる人もいるだろうが、退屈と混乱しか感じない人もいるだろう。私の場合、しばらくの間は気をそそられたが、そのうち興味が失せてきた。

＊　＊　＊

私はむしろあまり有名でない文章家、サーム・クラコシアの作品のほうに興味を感じる。彼は過去二五年余りにわたって、散発的にナンセンス詩やナンセンス文を綴ってきた。彼の文章には、ときどきなにをいいたいのかわからないこともあるが、激しい情熱が感じられる。次に引用したのは、「敏活の幻想」という文章である。

些事のうねに謹厳の種をまこうとしてきた人々の努力がいかに肥沃であったかは、何千年もの間あまり評価されてこなかった。なにが不明のままだったか明らかにしようと苦労してきた人々には、それが無為なることが判明した。しかし、枯れきった刺激性と苛烈な辛辣性の境の細き線をまたぎつつ、往昔の数多の不為不言を正すべく艱難辛苦してきた人々には、生命は多色の獣、多旗の山、多錨の穴だったのである。

明白性の覇者ならずとも、誰が実際、エピソードの追放者たるや？　その豊饒の要塞が、凍れる乾杯と肥大せるバナナの悪夢、オバルチン・モンスターに攻撃される一存在だったとき、連禱の証人たちは実際どこにいたか？　朽ちし鼓腸の提琴を悲鳴の叫びにかき鳴らす狂気のバスーンをもちて、あえていぶかるは、複思考、ナルコレプシー〔睡眠発作〕、気どりが、背の高

き彫像のごとき、まだ食べかけのしかし高徳のヒョーロロロのようにわが祖国を抜けだしたのはいかに？　コーンフレーク教理問答書が果たしてわれわれを非摂取主義の誓い破りの受容にたらしこんだのであろうか？

ラバ拘束の田舎者を立ちいらせ、ヒステリシスの円限の穹窿に彼のもりもりの姿を荒々しくクルリ、彼のまきまきの姿をほどいてグルリ、彼のくるくるの姿をコロリとする怪しの誘惑はなんたるや？　彼の熱なるまゆをさます一滴の汗をもって、われわれは彼の運命を非難する。破壊力の忍耐とフクロネズミたちのテレマコス性をもって、われわれは彼の異種性を哀嘆する。そして、あるべき力を召集し、われわれは破られし夢のゼリー〔優柔不断〕に屈せず、更新世の手回し風琴の全なる憤激をもって、恐竜の運命を決し、その動きをすべて没したるものの円滑にして球根状たる絆にぶちこむ。

われわれはかく行う。そして、その行動自身、われわれの時代のアナトールの渦巻きなのである。現在は、リボソーム剽窃物のすさぶ大海を生み、かつまたそれから生まれたる、秘密の、異様にツベルクリン的大渦巻きからの救済を請いねがう半存在のカニ酔い的希望を汚し、曇らせるところの、別の状況では名前も付かぬ普遍的にスパゲティ的〔混線的〕な意味不足に貫通するよりほかなき、言語に絶するものの過飾の障壁を、意図性の任意なるも聖なる微小へ変質させる行為者たることを認識する絶好機である。

これは慎重に作られたナンセンスであって、たとえばディラン・トマスのナンセンスのような浅いものと対照的である。科学における気違いじみた発想というのも、浅いナンセンスの一種である。これは真剣な科学研究がなされる社会には避けえない必要悪かもしれない。すべての狂気に栓をしてしまうことはできないのだ。質の高い科学だけを守れる保証は得られそうにない。幸いなことに、決定的なナンセンスや、難しいだけでその実なんの意味もないものをとりあげようとする雑誌はほとんどない。早い段階で濾過されてしまうのだ。しかし、私は『アート・ランゲィッジ』という雑誌に出くわしたことがある。この雑誌はどのページも徹底的な、大真面目なナンセンスである。私がなにをいいたいかは、一九七五年五月号に出た「社会労働」という論文の冒頭を見ればわかる。目次から察するに、これは三人の著者の合作のようである。

ディオニソスは職につく。（返事―言語はアメリカをつかんで離さない。）（これはみだら人間の陰謀だ！）

これは「発見」に関するアイデアをカテゴリーの形而上学の機能としていまだに扱う絶望的瑕疵的な存在論的疎外である。研究者にのみ、「経験把握」の様相論理的努力の失敗――悲劇の誕生がある。

（なんらかの形で）禁書目録に載せられたＡＬ〔Art-Language のこと〕を続行することは、それ自身に内在し（精力的に）動機づけられたものごとである。われわれが自然文化論理学に到達しえなかったのは凍結した対話の「活性化」集合にはなんの関係もない……ただの原簿ではないのである。集合論の公理に関するわれわれの問題はたんに歴史的先行……精神法則論的許容性……選択的淘汰以上のものとして、われわれの実践に根づいている。われわれが本当に基本的な歴史製造者であるかどうか、われわれにはまだわからない。

「果断」を伴ったものとしての、集合の擁護論の可能性は、行動の明白なる代用原理の索引余白である(!)(直接話法と間接話法の間に実行可能な弁別法はない。)われわれに残されたすべてのものは、束縛的進出なのである。これは、フランクフルト的ひとそろいパッケージでない産物(認識的条件?)として結果的にできるものの連鎖強度的可能性と考えるとよい。


スローガンは、(部分的に)天与、または流通可能な相対的ユニットに見られる多重構造性から構成された自由形式と考えられる。つまり、スローガンはとにもかくにも一つのユニットなのだ。(たぶん、イデオロギー的に)つづければ、スローガンは寄せ波<B×S位置にある寄せ波の伸張のユニタリー充填剤である……しかし、充填剤を(ダス・フォルク全体論のような)楕円性における信憑性の臆病なダベリを具象化する機能と見るきびしい議論もある……たとえば、「キツネ」素材は(ホモ・サピエンス、芸術あるいは?の)「本質の否定」の解決にいたる無思慮的弁証法「領域」としてその文化空間を扱うという罠にここかしこで陥っている。

この文章がこの調子をまったくゆるめずにつづく様子を示すために、もう少し引用したいのだが、人生は短い。この文章が誰かになにかを伝達しようとして書かれたとはまったく信じ難い。しかし、この雑誌は(少なくともその当時は)定期的に刊行されていたようだし、有名な美術(art)図書館の書棚にも並んでいる。『アート・ラングィッジ』についておもしろいのは、執筆していた集団の関心が私の興味の分野、すなわち、言及の性質、全体と部分の関連、芸術と現実との結合、集合論の哲学、数学的概念の存在論、社会構造などと、奇妙に一致していたことである。それにしても、煙のようなもの以外はなにも見えなくなってしまうくらい、言語でこれらの概念を曇らせることが可能だとは驚きである。

* * *

ナンセンスとセンスの中間の領域に踏みいっているアメリカの詩人にラッセル・エドソンがいる。彼は人生に不思議な光を当てるようなシュールレアリスティックな小品を書いている。彼はときどき、生物と非生物の、ないしは、人間と動物の奇妙な反転を行う。彼の文法も例によって斜めの構えである。たとえば、彼は同一のものを指すのに、ずっと不定冠詞の「a」を使いつづける手法を好んで使う。毎回、新しいものの参照がなされるような効果があるので、読者はついまごついてしまう。エドソンの典型的な文体の例をあげよう。これは彼の『無口劇場』という本からとった。

いなかに科学があったら

いなかに科学があったら牛がニャオと鳴き月が銀猿のように木の中を縁から縁へ飛びうつる。

牛は自分の声を全部聞くためにワンワン吠える。草は母を捜して地面の中にまた沈みこむ。

農夫が宇宙を刈りとった夢を見た。納屋一杯の星くず、牧場のさくの中に雲の群れ。

農夫は台所の悲鳴で目が覚めた。それはきっと娘に違いない。

娘や娘や、農夫は叫んだ、どうなったのがどうなるって?
素晴らしいパンきれで悪い農夫なの、娘が泣く。
ああ悪魔が牧草地の単調性をとった、農夫が叫ぶ。
それは食べるものを育てるところよ、娘は泣く。
そいつは俺のおさき真っ暗でもあるさ、農夫も悲鳴をあげる。
そして農夫の娘? 娘も悲鳴
そして農夫の娘、彼はうなる。
隣では科学者が虫メガネを覗いておりました。

この薄気味悪い話は、解決のつかないイメージをたくさん残したままで終わる。もちろん、これがエドソンの狙いである。こういう点でエドソンの作品はユニークだ。二十世紀のナンセンス作品のほとんどには、この種の慎重に計算された、いわば不安の反映としての転倒がある。これは、従来のナンセンスと質的に異なる。似たような傾向は、ほかの芸術、とくに音楽にもある。いわゆるクラシックの作曲家は偶然性や不協和音の実験ばかりやってたために九九パーセントの聴衆を失ってしまった。しかし、この種の実験はロック・ミュージックにも忍びこんでおり、電子音や異常なリズムがときおり聞かれる。超現実的、あるいはナンセンスの精神はロック・グループの名前にも多々現れている。たとえば、アイアン・バタフライ〔鉄の蝶〕、タンジェリン・ドリーム〔オレンジ色の夢〕、レッド・ツェッペリン〔鉛の飛行船〕、ジョイ・オブ・クッキング〔料理の楽しみ〕、ヒューマン・セクシャル・レスポンス〔人間の性反応〕、キャプテン・ビーフハート〔ビーフのこころ〕、ブランドX〔X印〕、ジェファーソン・スターシップ〔starとshipからの造語〕、アベレージ・ホワイト・バンド〔平均的白人楽団〕、などなど。

＊　＊　＊

ナンセンスが私たちの心を新しい可能性に開いてくれるというところに、一つの価値を認めることができるだろう。適当な単語をつないだだけで、私たちの心は想像の世界へはばたくことができる。まるでセンスが現世的にすぎるので、ナンセンスで一息つく必要があるようにも思えてくる。センスが私たちをあまりに閉塞してしまうのかもしれない。ナンセンスは宇宙のわかりにくい面を強調している。センスは宇宙のわかりやすい面が対象なのだ。もちろん、どちらも重要である。

禅の教えは悟りへの道を啓示する。私はこういう神秘的な精神状態を信じないが、提唱されている「道」には大いに魅力を感じている。禅はひょっとすると完全なナンセンスの原型の一つではなかろうか。今回の締めくくりは、十三世紀に無門慧開によって評唱と頌の加えられた、禅の公案集、『無門関』から二つの公案を引用することとしよう。〔この部分については、山田無文著『むもん関講話』(春秋社)を参考にさせていただいた。ホフスタッターの原文のほうでは、(中国語から英語への)翻訳間違いもあって、まさにナンセンスの色濃いのだが、やはり原典に即すことにした。もっとも、こちらも、偉い禅師の講釈なくしてはチンプンカンプンだろう。〕

州勘庵主

趙州(じょうしゅう)、一庵主の処に到って問う。有りや有りや、主、拳頭を竪起(じゅき)す。州いわく、水浅うしてこれ舡(ふね)を泊する処にあらずといってすなわち行く。また、一庵主の処に到っていわく、有りや有りや、主もまた拳頭を竪起す。州いわく、能縦能奪、能殺能活といってすなわち作礼す。〔大意―趙州が隠棲の僧のところへ行って問うた。「有りや有りや?」すると僧はゲンコツを突きだした。趙州は、浅い浅い、自分のような器の入れる港ではないといってさっさと立ちさった。また別の僧のところへ行って同じことを問うた。するとその僧もゲンコツを突きだした。趙州は「与奪縦横、活殺自在、実におみごと」といって三拝した。〕

無門の評唱〔大意のみ〕。ゲンコツが突きだされたのは二回とも同じ。趙州はなぜ一回目を否定し、二回目を肯定したか。どうしたわけだ? 趙州は舌に骨がないがごとく、そのときどきに応じて自由自在にしゃべったのである。しかし、その自由が妥当であったかどうかは、相手の二庵主が看破したことである。二庵主に優劣ありといっても、なしといっても、それではまだ眼が開けていない。

無門の頌
眼流星、機掣電。
殺人力、活人剣。
〔大意―眼は流れ星のごとく、素早く相手を見とり、生かすも殺すも一瞬のうちである。〕

智不是道
南泉いわく、心はこれ仏にあらず、智はこれ道にあらず。
無門の評唱〔大意のみ〕。南泉ももうろくして、恥さらしなことをいった。宗門の醜状をさらけだした。しかし、この南泉の仏恩の深さは誰も知らない。

無門の頌
天晴れて日頭出で、
雨下って地上湿う。
情を尽くしてすべて説き了る、
ただ恐らくは信不及なることを。
〔後半の大意―情をつくして説きつくしたけれども、わかってもらえないのではなかろうか。〕

（一九八三年二月号）

追記

このコラムを書いたとき、ジェイムズ・ジョイスのような有名なナンセンス・スペシャリストを抜かしていることは承知していた。でも、それには理由がある。私はジョイスを研究したわけではないが、そこにはずいぶん複雑なものがある。ジョイスのあの秘妙な調合を「ナンセンス」と呼んでしまうのは、筋違いだろう。

あの「ポゴ」〔五、六〇年代の政治風刺漫画〕を生みだしたウォルト・ケリーの作品を一つも入れなかったことに不満を抱いた読者の手紙を、私は何通か受けとった。ケリーが独創的かつ魅力的なナンセンスの創作者であるのは事実だ。幸運なことに私は「ポゴのソングブック」を聞いて育った。これはケリーの作になるナンセンスソングのレコードで何曲かはケリー自身によってガナられていた。とくに流行ったのは次の曲だ。〔以下はほぼ完璧に翻った誤訳！　こうでもしないともとのナンセンスが伝わらない。〕

クルリ、クルリ
クリル！　クルリ！　クールにキラリ
クルミ割り割るクスクスキッス
クルリ！　クルリ！　つるんだクルマ
カラクリ凝るからつまらん積み木
つむじもむじなも次男も乗り回し
乗ればレバニラ、バニラの皿回し
ビリー、グルリ！　グルリ！　グラリとグルリ！
グラグラ煮えるグルメはグランドスラム

この歌はリズム感がありおぼえやすい。私はこれを読むと、どうしても曲が頭の中で鳴ってしまう。ケリーがちょっとした作曲の才能をもっていたことを知っている人は少ない。しかし、彼の曲は詩とは違って、きわめてオーソドックスな音楽書法で書かれている。

このコラムを書いてから、私は二つの優れたナンセンス作品に出会った。一つはトム・フィリップスの『ヒュームメント』、もう一つはルイジ・セラフィニの『セラフィニ法典』である。前者は「ヴィクトリア時代の小説の改編」と副題されているとおり、いわば文学的な意味でのカニバリズムに基づいている。食われたのはヴィクトリア時代のほとんど無名の作家ウィリアム・ハレル・マロックの『ヒューマンドキュメント』である。フィリップスはこの小説のほとんどすべてのページを、カラフルかつ想像力豊かに塗りかえてしまった。ほとんどの文章はみごとに書きかわっているが、選ばれたいくつかの単語や文字が串刺しになっていて、しばしばカメオのような見かけを作っている。このように他人の文章に隠されたメッセージを創造（暴露？）すると、思いがけない不思議な効果がもたらされる。『ヒュームメント』の最初のページは次のような具合だ。（レイアウトは少し変えてある。）

次なるは私が歌う書

心のアートの書
彼が隠せしアートの書
いま暴けり

＊　＊　＊

『セラフィニ法典』のほうはさらに凝っている。実際、これはセラフィニというイタリア人建築家が、自分の空想に極限まで酔って創り上げた大傑作である。上下二巻からなるこの本は、なんとも秘妙な数の体系にいたるまで、彼の発明した言語で書かれており、さらに彼の筆になる、空想的風景、機械、動物、ごちそうなど数千のカラー挿し絵が満載されている。これは、地球に似た仮説的な地上に関する巨大な百科事典である。いろいろなレベルで人間に似た生物もいるが、見たことも聞いたこともないような奇怪な生物たちがそこを闊歩している。セラフィニは物理、化学、鉱物学（実に凝った宝石の絵がたくさん出てくる）、地理学、植物学、動物学、社会学、言語学、工学、建築、ありとあらゆるスポーツ、衣服などに章や節を割いている。どの絵もそれ自身では一つの閉じた内部論理をもっているのだが、私たちの目から見れば、まるで不合理としか見えない。

典型的な例は、よく見ると巨大なグチャグチャのガムが山脈のように連なって自動車のシャシを覆っている絵である。ガムの上には小さな虫がたくさんくっついており、この「クルマ」の車輪自体も融けているように見える。説明は、セラフィニ語が読めればの話だが、誰にでも読めるようにすぐそばに書いてある。不幸なことに、これを読める人はいない。ところが幸運なことに、別のページに、明らかにロゼッタ石とおぼしきもののそばに学者が一人立っていて、なにか説明している。不幸なことに、セラフィニ語以外には、わけのわからぬ象形文字しか書いてなくて、やっぱり意味不明。だから、セラフィニ語を知らなければ、この象形文字の解読も思うにまかせないのだ。ウムム……。この本にはグロテスクで気持ちが悪い絵が多いのだが、そうかと思うときわめて美しい幻想的な絵もある。この仮説地上の概念を生みだした発明の天才は、その辺を相当フラついている。

私の仲間の何人かはこの本を気味悪がった。彼らにいわせると、この本はエントロピー、カオス、難解性といったものを礼賛している。拠って立つような基盤がない。どれも、移ろい、揺らぎ、摑みどころがないというのだ。しかし、この本はこの世のものでない美と内部論理をもち、空想や幻想の世界に遊ぶことのできる、ある意味でクレージーな人種を喜ばせるものをもっている。私は音楽とこういう作品の間に、ある種の共通性があるのではないかと思う。どちらも抽象的で、雰囲気を醸しだすが、それが表現の形式に大きく依存している。

音楽は、ある意味で、誰にも理解のできないナンセンスである。音楽は音が聞こえるほとんどすべての人間を魅了するが、驚くべきことに、どうして音楽にそんなことができるのかは誰も知らない。音楽が聴覚上のナンセンスだとすれば、もっとすごい聴覚上のスーパーナンセンスがあってもおかしくはない。カールハインツ・シュトックハウゼン、ピーター・マクセル・デービーズ、ルチアーノ・ベリオ、ジョン・ケージの作品はそういう新しいジャンルを切りひらいてくれるだろう。ピンとこない人のために申しそえておくと、もしあなたがゴミの缶のフタが転がりおちる音とか、暗黒街の撃ち

図 11-1　デービッド・モーザー著『メタカルチャ・コミックス』より

合いの音が好みだったら、彼らの作曲した「音楽の捧げもの」はきっとあなたのお気に入りになるに違いない。

デービッド・モーザーは私と同じくらい「非正統言語」にとりつかれていて、この方面でたくさんの新分野を開拓した。彼の最も意欲的な長編は絵も含めて四〇ページほどの『メタカルチャ・コミックス』である。ジェイムズ・ジョイスに刺激されたというこの本には、ほかに類を見ない独創的、かつ馬鹿げて無意味な「文章」を見ることができる。また、このごろのグラフィック・デザイナーが好んで使う「枠破り」や「自己言及」の技法にも満ち満ちている。この本の一ページを図11-1に示しておいた。

＊　＊　＊

このコラムを書いたねらいは、意味と無意味とを分けるきわめて細い線を強調することであった。この境界線は人間の知能の本質に深くかかわっている。どうしたら無意味な構成要素があるパターン化された組み合わせのもとで意味をもつようになるか、いまだに解明されていない。コンピュータは、(私たちにとって)意味のあるように見える単純な句を生成するのがまあ得意である。ところが、まるで意味のない句を生成することに関してはプロ級である。いつの日かコンピュータが、同じ道を歩み、人間の開拓者がやったと同じように挑発的なナンセンスを生みだせるようになるかどうか、興味深い。

［第12章］創造と想像の本質は主題の変奏にあり

君はあるものを見て「なぜそうなの？」と問う。
私はないものを夢見て、「なぜそうなの？」と問う。
――バーナード・ショー『メトセラに帰れ』

この警句をはじめて聞いたとき、私はたいへん感銘を受けた。それは一九六八年の春、ちょうど大統領選挙の最中だった。ロバート・ケネディ候補がこれを自分のスローガンにしたのである。これは素敵に詩的だ。ケネディ自身がこれを思いついたのだと私は思っていた。それが間違いであることに気がついたのは、何年もたったあとだった。この言葉は、ケネディが思いついたのではなく、なんとショーの戯曲の中に出てくるエデンの園のヘビの発言なのだ。なんということだ！

「ないものを夢見る」――これはたんなる詩的な言葉にとどまらない。人間の本性をいいあてている。どんな鈍い人間でも、非現実世界を思いついたり夢見たりする不思議な能力をもっている。人間はどうしてこういう能力、いや性向をもっているのだろう？ これにはどういう意味があるのだろう？ それに、いったいどうやって、そこに実際見えないものを「見る」ことができるのだろう？

私の机の上にルービックキューブがある。私はそれを眺め、3×3×3キューブの色が不ぞろいになっているのを見る。私は、（そう見えるからなのだが）そこに存在するもの自身を見ている。しかし、別の人の中には、これを眺めて、そこに存在しないものを見る人がいるかもしれない。辺を削ったキューブ、マジックドミノ、2×2×2キューブ、球体の「キューブ」、違う色の塗り方をしたキューブ、ピラミッド、4×4×4あるいはそれ以上のキューブ、スキューブ、八面体、十二面体、二十面体、四次元多面体……（第14章、第15章の図を見よ）。もちろん、ここにあげただけではまだ不十分だ。

しかし不思議だ。机の上に現にある具体物を眺めて、現実性や具体性を乗りこえて、本質、核、あるいは変奏のタネとなる主題を見ることができるのはいったいどうしてだろう？ 断わっておくが、机の上の具体物としてのキューブが主題といっているわけではない（もっともそういう言い方をしたほうが話が楽だけれども……）。ルービックキューブを目にした人の心には、ルービックキューブ性という概念が生起する。万人がアスパラガスやベートーベンについてまったく同じ概念をもっていないのと同様、ルービックキューブ性の概念も各人各様である。キューブ発明家の手によってつぎつぎに派生した変種は、概念の変奏なのである。認識や発明の議論をするとき、ものと、人間の心におけるものの概念はしっかり区別しておかなければならない。

さて、キューブ愛好家イヴ・リボディ嬢〔そういえば昔、江分利満という人がいた〕が新しい変種（4×4×4のキューブとしておこう）に思いいたった。彼女は、なにか独創的なものに思いいたるために、自己を滅却して、キリキリと自分の脳ミソを絞りつづけた結果、4×4×4に到達したのであろうか？　彼女が、「ウーン、こんな独創的な考案をするとは、ルービックさん、頭をひねりにひねったに違いないわ。私も独創的な発明をするつもりなら、限界まで脳ミソを絞らないとダメそう」と考えたかといえば、そんなはずはない。アインシュタインだって、「いかにして偉大なアイデアをわかすか？」とブツブツいって歩きまわりはしなかっただろう。アインシュタインと同様（とはいってもスケールは一段と小さいが）、イヴ・リボディ嬢が「そうね、えーと、私の前にあるものから変奏を生みだす方法を考えなければ……」と考えたなんてことはありえない。ごく自然に思いついただけである。

発明の基本は、丸太をのこぎりで二つに切るというより、木を切りたおすほうにだいぶ近い。エジソンは「天才とは二パーセントのひらめきと九八パーセントの努力である」といったが、たんに、もっとがんばろうと決意して、額に汗しただけでは天才になれるはずがない。心は最も抵抗の少ない道を進む。心が一番楽チンだと感じたとき、それがたぶん一番創造的な瞬間なのだ。モーツァルトがよくいったそうだ。「ものごとが油のように流れる。」モーツァルトはこの秘密を知っていたに違いない。「がんばろう」だけでは通用しない。そもそもの概念を正しくつかめば、変奏を生みだすのは赤子の手からアメ玉を奪いとるくらいに簡単なことなのだ。

おっとっとっ！　秘密を漏らしてしまった。こうなれば素直に白状しよう。主題から変奏（変種）を作ることこそ創造性の鍵だというのが、これから展開するテーマなのである。

* * *

そんな馬鹿な話！と思われるかもしれない。だいたい変奏などというのは派生してくるものであって、真に独創的な創造たりえないんじゃないか？　4×4×4キューブは、ルービックキューブ性の概念をちょっとひねっただけのものじゃないか？　「工場のノブ」3をちょいとひねれば4、すなわち4×4×4が得られる。内なる声が抗議する。あんまり簡単だ。相対論、『春の祭典』、『ロミオとジュリエット』、ルービックキューブが出てきたところとは違う。アインシュタイン、ストラヴィンスキー、シェークスピア、あるいはルービックのような人ですら、偉大なアイデアに到達するためにギャップを乗りこえた、そんな魔法のスパークがある。つまり、イヴ・リボディ嬢がすでに世の中に存在しているルービックキューブをちょいとひねっただけとは本質的に違うなにかがあるのではなかろうか？

たしかに、4×4×4キューブの概念を創案するのは、特殊相対論や一般相対論を創出するのとはだいぶレベルが違う。しかし、だからといって、基底にある心のプロセスが、まったく異なる原理にもとづいているとはいえないだろう。もちろん自明の意味で、あなたの頭脳、私の頭脳、イヴ・リボディ嬢の頭脳、アインシュタインの頭脳における心的プロセスは同じである。どれも、ニューロンというハードウェアにもとづいているからだ。しかし、私がみんなの頭脳における心のプロセスが同じだといったのは、こういうミクロな生物学的レベルでではない。私が意味したのは、頭脳の中の神経基質の話よりずっと上のレベル、機能としてのレベルで記述されるメカニズム、プロセス（なんと呼ぶかはご自由）なのである。

ある概念をちょいとひねるというのは脳の中のニューロンの活動に関係があるとは思えない、いや、少なくとも自明な関係はない。とするると、それは実体のあるものなのだろうか？　それともたんなる比喩か？　もし、いつか私たちが脳をかなり理解するようになったら、脳が概念を保持しているという言い方に、はっきりした裏づけをもてるようになるだろうか？　それとも、この言い方は、「人間の後頭部には小脳がある」といった厳然たる科学的言明にくらべると、永遠におぼつかなげで、比喩的言い回しに終始するのだろうか？そう、「概念」という言葉が、「温度」といった言葉のように科学的正当性をもたない限り、（少なくとも私の意見では）頭脳の理解はまだほど遠い。

現状では、「概念」といったような言葉はたんに比喩的であるといわざるをえない。これらは解明を待っている原科学的な術語である。だからこそ、可能なかぎりこういう言葉を具体化し、「概念をちょいとひねる」という比喩の実際の意味を調べる必要がある。こういう比喩の意味を明確にすれば、頭脳の厳然たる科学的説明に対して、私たちが理想的にはなにを望んでいるかがもっとはっきりわかろうというものである。

この比喩を聞いて、あなたは、実際にちょいとひねれるようなノブがついた「概念」という実体を想起するだろう。私の心の目に映るのは、何百万本ものニューロンの束ではなく、目盛りをふったノブがたくさん付いた金属性のブラックボックスというイメージだ。

このイメージを具体化するために、ノブの付いたブラックボックスの本物の例を紹介しよう。自動ピアノがまだあった時代、素晴らしいピアノ曲がピアニストたちによって、どんどんピアノロールに記録された。今日、これらのロールが自動ピアノで演奏されているレコードを買って聞くことができる。しかし、いまやもっと進んだ方法がある。一流のロール〔フォルゼッツァーという特殊なピアノ用に作られたもの〕がデジタルカセットテープに移しかえられているのだ。これはテープレコーダー上で再生するのではなく、ピアノコーダーという装置を備えたピアノ上で演奏するテープである。ピアノコーダーは、磁気テープを読み、鍵盤やペダルのアクションへ変換する。こうして、あなたのピアノが自動的に鳴りだすというわけだ。ピアノコーダーは、パネル上に三つのノブ（テンポ、ピアニシモ、フォルテシモ）と一つのスイッチ（ソフトペダル）の付いたブラックボックスである。テンポ・ノブを回せば、ラフマニノフの演奏をさらに速くすることができる。ピアニシモやフォルテシモを回せば、ホロビッツをもっとやわらかくしたり、ルービンシュタインをもっと力強くさせたりできる。なお、好きな演奏家のタイプに変えられるようなピアニスト・ノブが付いていないのは残念である。曲の途中で演奏家を変えたら、ずいぶんおもしろいと思うのだが……。

＊　＊　＊

この装置は、カナダのピアニスト、グールドの夢の実現を一歩近づけたものである。グールドは電気時代の申し子のようなピアニストで、かねてから、聴衆が自分の聞く音楽をコンピュータ・コントロールできるようにすべきだと主張していた。たとえば、グールド自身が弾いたモーツァルトの協奏曲を出発点とする。これは処理すべきたんなる生データだ。宇宙時代的プレーヤーにこれをかけ、パネルのノブをいじくれば、テンポをダウンさせたり、アップさせたり、オーケストラの各セクションの音量バランスを変えたり、バイオリンの高域の音程の誤りを正すことができる。要するに、あなたはこの演奏のすべてをダイナミックに制御するツマミを使って、指揮者になれるわけだ。こうなれば、グールドが弾いていたという事実はもう無関係だ。あなたは自分で自分の演奏を行う。もはや生演奏の録音もはしょって、楽譜自身から音を生みだすシステムへと進展することになろう。

　これをもっと推しすすめるとどうなるか？　もっと想像をたくましくしてみよう。生データを現に存在する作品に限定する必要はさらさらない。作曲時の気分や、作曲家の様式を制御するようなノブがあったっていい。好きな作曲家のお望みの気分の新作品が得られるというものだ。しかし、これでもまだ手ぬるい。実際に存在した作曲家に話を限定する必然性だってないからだ。作曲家を何人かミックス（内挿）してしまうようなノブはどうだ？　バッハ、ヴェルディ、スーザをミックスしたような曲(なんじゃこりゃ!)、またはシューベルトとセックス・ピストルズの合いの子のような曲（スーパーなんじゃこりゃ!）を作るように作曲マシンを調整することも可能になるのでは？　いや、内挿だけにとどまらない。ショパンに対するラベルと同じ形でラベルに対する作曲家、X氏の作品を聞きたいと思うことだってできる。作曲マシンは、ショパンのときのノブの位置と、ラベルのときのノブの位置の比を計算し、同じ比になるような新しいX氏、いわばスーパー・ラベルのノブの位置を簡単に求めることができる。

　この問題は、単純なアナロジー問題よりも謎めいてはいない。

三角形にとって、四角形にとっての三角形に当たるものはなにか？

ハチの巣で、碁盤上での桂馬跳びに当たる動きはなにか？

四次元の世界で、三次元における「ペンローズの三角形」の錯視に当たるものはなにか？

ギリシャにとって、イギリスにとってのフォークランド諸島に当たるものはなにか？

視覚芸術にとって、音楽にとってのフーガに当たるものはなにか？

ウォーターベッドにとって、水にとっての氷に当たるものはなにか？

アメリカで、フランスでのエッフェル塔に当たるものはなにか？

ドイツ人にとって、イギリス人にとってのシェークスピアの作品に当たるのはなにか？

英語にとって、中国語にとっての簡体字に当たるものはなにか？

1-2-3-4-4-3-2-1にとって、1-2-3-4-5-5-4-3-2-1にとっての4に当たるのはなにか？

pqcにとって、aqcにとってのabcに当たるのはなにか？

という問題とたいして変わらないのである。本当は、もちろん、言い方が反対である。アナロジー問題はそもそも機械化するのが極端に難しい問題なのだ。ほとんどの概念は、ノブの目盛りが簡単に読めるような単純なものではない。右に述べた例は戯れが過ぎたかもしれない。しかし、概念がノブのついた機械で、ノブをひねればたくさんの変奏が生みだせるというアイデアは、真剣に取りくんでみるに値する。

＊　＊　＊

ルービックキューブの概念は、「次数」というノブが3にセットされていれば、通常の3×3×3キューブを生み、4にセットされていれば、4×4×4キューブを生む。でも、こう考えてくれば、各次元方向に対して独立の次数ノブがあると考えるのは当然だ。変奏は立方体に限らない。マジックドミノは3×3×2だ。つまり、三つの次数ノブがあったと考えると、最初のルービックキューブは、たまたま三つのノブの値が同じだっただけということになる。三つのノブを勝手に回せば、なんでも想像できる――7×7×7のルービックキューブ、2×2×8のマジックドミノ、3×5×9のルービックのマジックブロック（ルーブロックとでも呼ぶか？）などなど。

だが、ちょっと待て！　次数ノブが三つしかないとすると、最初から話を三次元に制限している。もちろん、これは望むところじゃない。四次元にも通用するように、第四の次数ノブをつけよう。こうすれば、2×3×5×7のルーブロックあるいはルービック四次元キューブを作ることができる。しかし、いうまでもなく、三次元の壁を突破して四次元に進んだからには、もっと高い次元に進まなければなるまい。任意のnに対して、n次元ルービック物体を考えるのである。たとえば、2×3×4×5×6×7×8超ルーブロック。しかし、ここで奇妙なことが起こる。私たちの機械、つまり概念に、限りない数のノブ（対応する次元に一個ずつ）がいるのだ。nが3であれば、ノブは3個でよかったが、nが100になると100個のノブがいる。

現実の機械に可変個のノブが付いたものはない。あたりまえの話のようだが、ちょっとした落とし穴がある。概念をノブの付いた機械にたとえつづけるためには、「ノブ」という概念自身を拡張しなければならない。つまり、ほかのノブの位置次第で新しいノブが出現すると考えなければならない。機械には潜在的に無限個のノブがもともと付いており、ほかのノブの位置に応じて実際に触ることができるようになるのだ。

しかし、私がこの見方に完全に満足かというと、そうではない。ちょっと割りきりすぎで、せますぎる。あらかじめノブが全部（潜在的に）用意されているというのが気にくわない。私は一つの概念のノブが、同時に心の中に想起されるもろもろの概念に依存しているという見方のほうが好きだ。こうすると、新しいノブがまさに無から突然生じるという見方ができる。ノブが個々の概念の中にあらかじめ全部用意されていると考えなくてすむ。ルービックに話を戻せば、これは、ルービックキューブに関する彼の概念が陽にも陰にも、ほかの人々の考えつきそうな変種を全部包含していなかった（そしていまも包含していない）ことを意味している。ルービックはいろいろな考えを張りめぐらし、実際にいくつか世の中にも出た変種を試作したが、彼の心の中だけでは、この豊かな主題の変奏をつくすことはできなかった。ルービックキューブの概念が世に出てから、ルービック自身にも思いつかなかったような方向が発展しはじめたのである。

＊　＊　＊

一つの概念が他の概念へ、まったく予期せぬ経路を通ってすべりこむ道がある。このすべりこみによって、私たちの概念の網の隠された本性を深く洞察することが可能になる。ときとして、このすべりこみはまったく偶発的である。たとえば、字の書き誤り、文法的な誤り、言葉選択の誤り（「彼女は一年間のバークレーでの人夫を終えてきたばかりだ」人夫……任務）、言葉のはき違え、別のフレーズからの違うフレーズのでっちあげ（「コネにて一件落着」）……。深い意味レベルでの混同（「火曜」を「二月」といったり、「真夜中」を「〇度」という）、ときとして、偶発的ではなく、意識下から直接出てきたようなすべりこみもある。「偶発的でない」といっても、「慎重な熟慮のあげく」という意味ではない。なにも「いままさに、一つの概念からその概念の変奏にすべりこもうとしている」と大見栄をきってから、すべりこむわけではない。だいたいこの手の意識があったときには、ひらめきのない、どうでもよい変奏であることが大半なのだ。だから、「思考法」とか、「創造性開発法」とかいった本は（ポリアの『いかにして問題を解くか』のような素晴らしい本ですら）、天才志願者には役だたないのである。

奇妙な言い方に聞こえるかもしれないが、非熟慮的かつ非偶発的なすべりこみというのが私たちの思考プロセスを貫いており、思考の中心核になっている。主題にまつわる仮定法的変奏の意識下での生産は、ふつう私たちがまったく気づかないうちに、日夜起こっている。これは、空気とか、重力とか、空間の三次元性とか、私たちの生存の基底を支えているがために、私たちにことさら認識されなくなっているものの一種である。

話を具体化するために、熟慮的すべりこみと非熟慮的かつ非偶発的すべりこみを、例を使って対比させてみよう。夏の夜、あなたとキューブ愛好家イヴ・リボディ嬢が、恐ろしく混み合った喫茶店の中へ入っていったとする。これだけのことから、あなたのお気に召すまま、場面設定の変奏を作ってみてほしい。あなたが熟慮して、この場面を変奏へすべりこませたら、どんなものを思いついただろう？

あなたがふつうの人だったら、最も自明のすべりこみ軸に沿って、まったく自明のすべりこみを行うだろう。代表例をあげよう。

夏の夜ではなくて、冬の朝だったかもしれない。
イヴ・リボディ嬢じゃなくて、トナリン・ネーチャーかも。
入ったのは喫茶店じゃなくて、ケーキ屋かも。
実は、喫茶店はガラガラだった。

さて、私がある夏の夜、むやみに混んだ喫茶店に入ってきた男女のカップルの会話を小耳にはさんだときの状況を明かそう。あなたの変奏と比較してみるとよい。男は女にこういったのである。「やれやれ、こんな日のウェイトレスじゃなくてよかったよ。」この発言は、与えられた主題に対する完全な仮定法的変奏である。ただし、これはあなたのと違い、自発的に出てきたもので、会話を目的としたものだった。上にあげたリストは、この偶然の一言にくらべて明らかに凡庸である。しかし、この発言は相手の女性にとって、とくに感心されなかったようで、この考えに対してあっさりと、「そうね」と答えただけだった。この会話が私の注意を引いたのは、男の発言が素晴らしいと思ったからというより、すべりこみのいい例がないかと、いつもアンテナを張っていたからである。

この例は、ちょっとおもしろいどころか、かなり興味をそそる。これを分析しようとすると、あなたは聞き手として、記録的な速さで性転換操作を余儀なくされるだろう。しかし、この発言を理解したら、話し手の心の中にそんな奇妙なイメージがまったく意図されていなかったことがわかる。男の発言はかなり比喩的で、かつかなり抽象的なのだ。これは、状況の瞬間的な把握、つまりひょんなことでこうなっちゃう的反応の一種であり、瞬間的にこう考えてしまうのだ。「僕も人間だから、あのウェイトレスと同じ立場になりうる。だから、僕はあのウエイトレスでありえなくはなかった。」これが論理的か非論理的かは知らないが、思考というものは、こんな具合に進むものなのである。

このように注意深く眺めると、この発言の背後にある思考は、発言者自身にも、彼が見たウエイトレスにも関係がなかったことがわかる。これはたんに、「おやおや、今夜はえらく混んでるぞ」の彼なりの言い方にすぎないのだ。だから、もちろん、この発言を聞いてうろたえる人はいまい。それにしても、聞いた人間が彼を軽くウエイトレスに対応づけ、(気がついたとしての話だが)性が反転していることにかろうじて注目するような言い回しにはなっている。なんという微妙な思考プロセスだろう！　そして、私にとってさらに驚くべき(かつ欲求不満的な)ことは、この驚きを人々に正しく伝えることの難しさである。人々は、人間のふつうの行動になかなか驚きを感じない。これは、ふつうでないことの想像がつかないからであろう。人々が別の世界へ精神的にすべりこんで思考しないような世界へ、精神的にすべりこむのは難しいし、仮想することが思考の鍵となる要素となっていないような仮想世界を考えるのはさらに難しい。

もう一つ、例をあげよう。私は、インディアナ州のホワイティングという町からきたという人と話をしたことがある。私はこの町がどこにあるか知らなかったので聞くと、彼はシカゴの近くだという。そういってから彼はこう付けくわえた。「実際、もし州境がなかったら、イリノイ州ってことになるでしょうね。」これも偶然の発言である。とくにウイットを効かせようという意図があったわけでもあるまい。彼も私も、これでクスッと笑ったわけではない。私は軽くほほえんで、彼のいったことを理解したというサインを送っただけだ。これは会話の中のほんの一コマであった。しかし、この発言の意味を分析してごらんなさい！　論理的なレベルで考えれば、これはトートロジー(同語反復)のようなものだ。ホワイティングは、イリノイ州境がそうなっていれば当然イリノイ州に属する。しかし、イリノイ州境をすべらせていいなら、シカゴから何千マイルも離れた都市だってイリノイ州に入れていいことになる。彼がいったのは、州境がほんの数マイル東に寄っていれば、ホワイティングがイリノイ州に属するという「近さ」にあるということなのだ。地理的な境界線が非永久的でかつ任意性のあるものだという共通の直観、州の境界が実際移ろいやすいものだという共通の直観があるからだろうが、この発言は心理的には十分意味をもつ。

このような発言は心の中の「断層」を漏らしている。断層はどれがすべり、どれがすべりえないかを示している。しかし、これらはまた、絶対に不動のものがないことも示している。文脈は、概念のノブに予期しないような機能を与えてしまう。ノブは小ぶりのパネルの上に、永久不変的にカチッと決まって鎮座しているわけではない。むしろ、文脈を変えるのは、概念のまわりを動くことに相当し、いろんな角度で見れば見るほど、たくさんのノブが見えてくるのである。森の中でキノコを見つけるのがうまい人とへたな人がいるのと同様、概念のツマミを見つけるのにも、うまい人とへたな人がいる。

＊　＊　＊

そうはいっても、明確に定義された概念に究極的ないしは確定的なノブ集合が対応していて、ノブの位置の可能な組み合わせを全部つくせば、概念から生じる可能な具体例を全部つくせるのではなかろうかという考えは魅力的だ。いい例がある。文字Aだ。字体に対してシロウトの人は、文字Aの字体にせいぜい四〜五個のノブしかないと考えるだろう。しかし、字体集を見れば見るほど、ノブを数学的に定義しつくしてしまおうという考えがなまやさしいものでないことがわかる。アルファベットの字体を「ノブ化」しようという試みで最も果敢で素晴らしいのが、スタンフォード大学のコンピュータ科学者ドナルド・クヌスの作った字体定義システム、メタフォントである。

クヌスの目的は、アルファベット文字の数学的定義の決定版を作ることではなく(そんなことをいったら彼に笑いとばされる)、ユーザーがノブで操作された文字を創作できるようにすることであった。これは文字スキーマとでも呼ぶものだ。つまり、各人が文字のどの側面を変数として考えるか選択でき、メタフォントを使ってこの変数の値を変えられるようなノブをいとも容易に生みだせる。変数として考えつきそうなものはなんでもそろっている。線の長さ、太さ、細めさせ方、曲線の形、セリフ（英文字の線のはじに付ける小さな突起）の有無、などなど。計算機のフルパワーを意のままに使って、心に思いうかぶノブの設定に対するすべての字体を生成することができるのだ。

文字を一個一個独立に制御するのではなく、クヌスは文字の間に共通のパラメータを設定することも許している。つまり、一個のマスターノブがあって、関連した文字群の共通的特徴を制御できるようにしている。アルファベットの全文字に対する全ノブをパネルの上に並べたら何百個にもなってしまうが、全アルファベットに共通して深い影響を与えるようなマスターノブの数はかなり少ない。だから、数少ないマスターノブをひねるだけで、「字体空間」の中をスムーズに散歩することができる。

メタフォントを使ったクヌスの名人芸的最大傑作は、詩篇第二十三番をもとにした作品であろう（図12-1）。これは英語にして（スペースも含めて）五九三文字からなる。クヌスは二八個のマスターノブを用意した。詩篇の印刷開始時点では、すべてのノブが一番左に回した位置になっている。そして一字進むごとに、すべてのノブが五九二分の一ずつ右へ回る。最後の文字を印刷するときのノブの位置は、全部右一杯に回っているというわけである。だから、詩篇の中の文字の字体は、ある意味でどれも異なる。しかし、推移があまりになめらかなので、局所的に変化を見つけることはできまい。この例は『視覚言語』に掲載された「メタ・フォントの概念」という啓示的な論文で、クヌスが作成したものである。

クヌスの主張は、コンピュータによって、ものをたんにそのものとして記述するだけでなく、それがどのように変化しうるかも記述することができるということである。メタフォントはこの主張のいわば模型化である。ある意味で、コンピュータは、たんに固定化し

The LORD is my shepherd;
I shall not want.
He maketh me to lie down
in green pastures:
he leadeth me
beside the still waters.
He restoreth my soul:
he leadeth me
in the paths of righteousness
for his name's sake.
Yea, though I walk through the valley
of the shadow of death,
I will fear no evil:
for thou art with me;
thy rod and thy staff
they comfort me.
Thou preparest a table before me
in the presence of mine enemies:
thou anointest my head with oil,
my cup runneth over.
Surely goodness and mercy
shall follow me
all the days of my life:
and I will dwell
in the house of the LORD
for ever.

図 12-1 ドナルド・クヌスのメタフォント・システムによって印刷された詩篇第 23 番。最初は古風なヒゲ（セリフ）の大きい字体だが、徐々に現代的なヒゲのない（サンセリフ）の字体に変化していく。各ステップでの字体変化は認知不可能だが、これはコンピュータ字体を決める 28 個のノブ（パラメータ）を微小に変化させたものである。

た字体を複製しつづけるのではなく、文字のノブを回しているデザイナーによって作られ、現に自分が描きつつある字体を、浅く「理解」しているといえる。しかし、メタフォントのすさまじい能力に幻惑されて、二八個（あるいは有限個）のマスターノブが、可能な字体の全空間を埋めつくすなどと考えてはいけない。これは、人間の顔のタイプが二八個のツマミをもったコンピュータ・プログラムによって完全に表現しつくされるという意見と同じくらい馬鹿げている（図12-2）。

クヌスの二八のノブのほか、文字Aのために用意されたたくさんの専用ノブを駆使しても、文字Aのすべての可能な字体がカバーできるわけではない。たとえ一〇〇〇個のノブがあったとしても、人々が見分けのつくような字体の差はカバーできないだろう。Aという文字のもつ字体の豊かさの一例を、図12-3に示しておいた。これらのAは実際、一九八二年版のレトラセット・カタログから取ったものである。こういう豊かさが英語に特有のものでないことを示すために、図12-4に「黒」という漢字のさまざまな書体をあげておいた。これは中国語のデザイン書体集から引用したものである。これは漢字を知らない人にとってはまさに目からウロコである。彼らは決まってこう聞く。「中国人は本当にこれを同じ字だというのかい？」「もちろん！　われわれがさっきのAを一瞬のうちに全部Aだというのと同じで、中国人にとっても、それは一瞬だよ。」

ここで重要なポイントを強調しておこう。500×500の格子の各点にオン・オフ（という一番単純な）機能をもつノブが付随していれば、たしかにここに示したAは全部表現できる。しかも、Bや「黒」ばかりか、あなたのおばあちゃんの肖像やトロリーバスの絵まで表現できてしまう！　ここに示したAを全部カバーし、それらの内挿（混合）、可能な方向への外挿がやはりAとして認識できるようなノブの集合を考えだすのは、まったく別の問題なのである。そして、こっちのほうがはるかに難しい。同様に、可能な音列や和音、可能なリズムのパターンをつぎつぎに生みだすという原理で動くプログラムを作るのは簡単だが、バッハ風の曲だけを作曲するプログラムからはほど遠く離れている。こういう制約を課すと、プログラムは、突然、ものすごく複雑になる。

メタフォントが提示したのは、文字Aの字体の全空間ではなく、部分空間である。しかも、この部分空間は非常によくまとまっており、族（ファミリー）と呼ぶにふさわしい。アリやハチやカブトムシだけしか知らなかったら、チョウの存在を予測することはできないだろう。同じように、メタフォント（あるいは類似の）プログラムがAのために用意した有限のノブで生成されるAの字体の族だけからは、文字Aという概念の大きさは推しはかることができないだろう。

メタフォントを越える次のステップのプログラムは、与えられた文字から自分でノブを抽出できなければならない。しかし、これは遠いさきの話だ。現状では、字体をメタフォント・プログラムに移すのに熟練した感覚の鋭いデザイナーが何か月も苦労しなければならない。これを荒っぽい機械的な方法でやるのは比較的簡単だが、なにしろ、マスターノブを回しても崩れないような字体の統一性が必要なのである。メタフォントの作成の機械化は、芸術的感覚の機械化ということになってしまう。こんなことが間近に可能だとはとても思えない。

図 12-2　フェデリコ・フェリーニのぼう大な登場人物写真集から抜粋した激しく異なる 16 人の顔。(クリスチャン・ストリッチの『フェリーニの顔』)

	A	B	C	D	E	F	G
1	Balmoral	Cardinal	Squire	Glastonbury	Arnold Böcklin	Bottleneck	Countdown
2	Eckmann Schrift	Futura Black	Hobo	Lazybones	Old English	Revue	Park Avenue
3	Romic Bold	Tintoretto	Vivaldi	Univers 67	Airkraft	Apollo	Algerian
4	Astra	Baby Teeth	Block Up	Bombere	Buster	Calypso	Columbian Italic
5	Aristocrat	Company	Glaser Stencil	Cathedral	Good Vibrations	Le Golf	Harrington
6	Harlow Solid	Motter Ombra	Masquerade	Phyllis	Pluto Outline	Process	Primitive
7	Magnificat	Quicksilver	Raphael	Roco	Shatter	Stripes	Sinaloa
8	Stop	Stack	Piccadilly	Neptun	Motter Tektura	Odin	Yagi Link Double

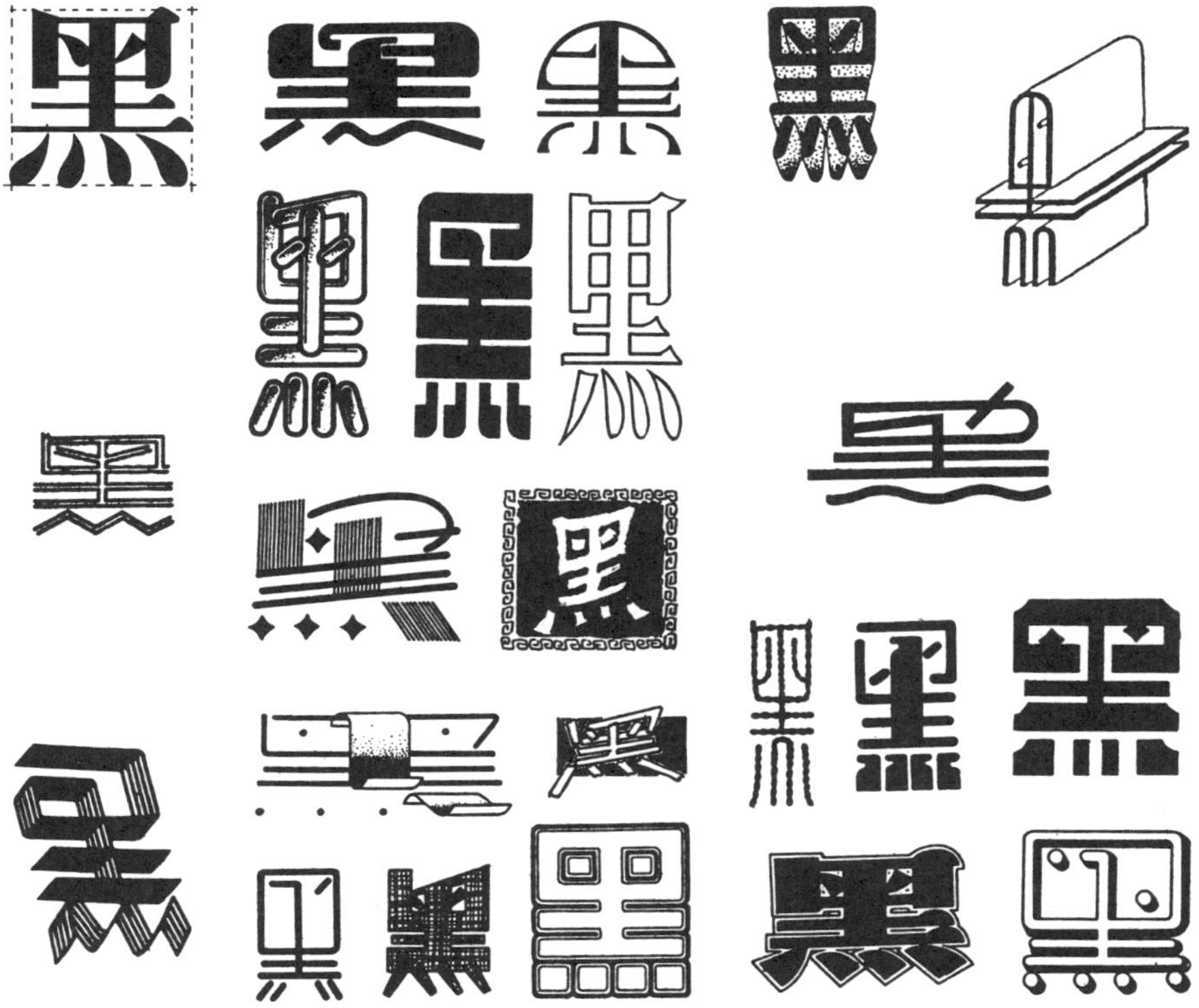

図 12-4　23 個の「黒」。『美術字体集』から引用。漢字を母国語とする人には、どうしてこれがすべて「黒」なのかすぐわかるだろう。意識的な思考はまったく必要ない。前のAの図と異なり、一つもわかりにくいものはない。漢字を知らない人、あるいは漢字が母国語でない人にはこれらの多くについて意識的な情報処理が頭の中で必要になる。23 個のうち最も標準的なものは左上の破線で囲った「黒」と、中央の枠付きの「黒」（皮肉なことに白抜きだ！）である。「理想的文字」がこのように多種多様に肉体化する様子を見てほしい。フランスの諺「変われば変わるほど同じになる」がよく味わえる。

page 234 →

図 12-3　最近のレトラセット・カタログより引用したAの 56 種類のレタリング。字体の名前は図の下に対応表で示す［ここでは訳さない］。ラテン・アルファベットを母国語とする人には、どうしてこれがすべてAなのかすぐわかるだろう。意識的な思考はまったく必要ない。二、三ちょっとわかりにくいものもあるが、大半は自明である。最も標準的なのはユニバース（Dの 3）。Aであることを見るのに、どういう単一の特徴——上に尖った山が一つある、横棒（あるいはなんにせよ横断する線）が一つある——も頼りにならない。下が開いているという特徴もだめだ。いったいどうなっているのだろう？（これを図 24-13 と見くらべてほしい。）

＊　＊　＊

一九七八年にウィリアム・カウフマン社が出版した『五通りに作られた一冊の本』はたいへんおもしろい。出版の経緯はこうだ。出版プロセスの教育実験として、室内園芸に関する一つの原稿が五つの異なる大学出版局に送られた。おのおのの出版局は、それぞれ出版物を完成させたのだが、これがみんなビックリするほど大違いのできあがりになった。カウフマンはこれらのあちこちを併記した本を出版するという素晴らしいアイデアを思いついた。こうして、みごとな「メタブック」ができあがったわけである。要するに、塗り絵の色の塗り方は一通りとは限らないのだ。

「可能世界」への突撃として本を作るというのは、ずいぶんぜいたくな方法で、ちょっとやそっとでできる話ではない。クヌスの主張の一つは、コンピュータがどんどん普及し、高度な機能をもつようになると、塗り絵を九通りの方法で塗るのはもっと安くつくようになるということだ。いったん、塗り絵がコンピュータ内部に表現されてしまえば、それはもはや一個の塗り絵ではなくなる。それは「塗り絵スキーマ」つまりたくさんの彩色塗り絵の原型となり、とことん異なる塗り方が楽しめるようになる（少なくとも、塗り絵スキーマがボロボロになってしまわないうちは……）。

一つの文章から、文書整形やコンピュータ植字によって、異なるたくさんの印刷物が得られる。メタフォントは、字体がどのように異なる字体に遷移していくかを示している。この方向、つまり、現に存在するもののまわりにある可能性の空間にまで私たちの視点を広げることは、いまや私たちの責任である。すなわち、静的で凍結したような認識のまわりに広がる十全たる概念（仮想的変奏空間）を見るのに、コンピュータの力を使わなければならない。

私はこの想像上の空間を、暗黙空間（または含蓄空間）と呼ぶ。（これを図式化したものを図12-5に示す。）これは、現実には存在しないが、どうしても私たちには見えてしまうものを表す暗黙の仮想世界の空間の意味である。（この言葉は、与えられたアイデアから含蓄されるようなものの空間を表すこともある。）主題から変奏を見つけだすというプロジェクト、つまり暗黙空間から実空間に変換するという企てにコンピュータを巻きこもうというのなら、人間が見つけて与えるノブのほかに、自分でも新しいノブを発見する能力をコンピュータに与えなければならない。こうするためには、すべりこみの本性を深く観察し、人間の心の中における概念の網の微細な構造を解明しなければならない。

＊　＊　＊

心の中ですべりこみがどのように実現されているかは、新しい概念が前の概念からの合成物としてスタートし、これらの概念からすべりこみ性を少しずつ受けついでいると考えるのがよい。つまり、成分たる概念のすべり方の多様性に応じて、新概念にすべりこみ性の多様性が生じる。一般に成分概念のすべりこみは、最も単純なもので十分である。なぜなら、同時に何個かの成分ですべりこみが起これば、合成概念のほうではそれだけで予期できないようなすべりこみが起こるからである。新概念の可能性空間（つまり暗黙空間）が何度も探られているうち、よく出てきて役に立つすべりこみは、成分概念のすべりこみから毎回導かれるのではなく、徐々に、新概念に直接リンクしたものに変化していく。こうして、新概念の暗黙空間はしだいに内容が明確になる。こうして新概念は古くなり、新

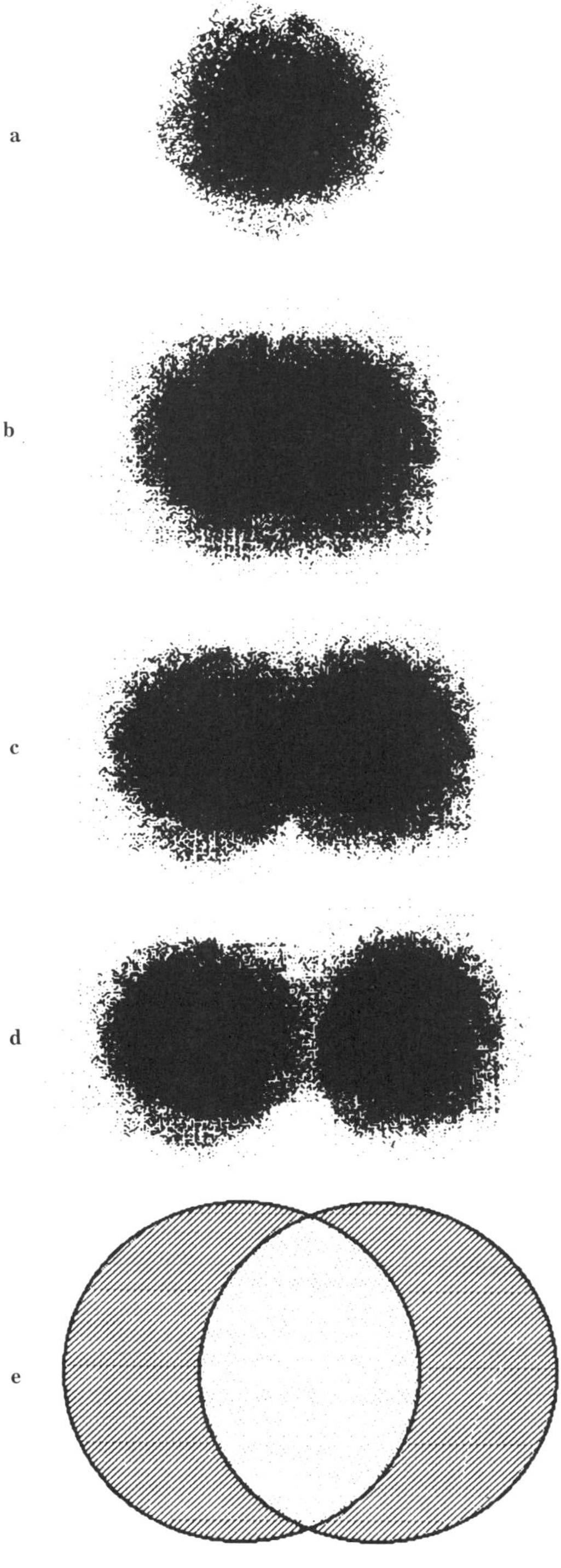

図 12-5　aは模式化された暗黙空間。bからdは、二つの暗黙空間のいろいろな重なり具合を示している。bのように重なりすぎた場合は、メチョッとしてお粥みたいなアイデアになり、dのように重なりが少なすぎた場合は、バラバラではっきりしないアイデアになる。cのように理想的に重なり、自律性が保たれたときにはじめて創造的なアイデアが生まれる。

eは「ミニバー夫人の問題」というおもしろい幾何の問題である。二つの円は二人の男女を示している。重なりの部分と、重なっていない男女のおのおのの三日月の面積が同じになる条件を求めよというのが問題である。ミニバー夫人の描く理想的な恋愛は、恋人同士が理想的な共通部分をもつことと象徴化できる。

鮮で、新しくて、若い別の概念の成分となりうるようになる。

このようなものの例を、一九八一年九月号の「メタマジック・ゲーム」(第23章)に書いたことがある。十一月といえば、これはほとんど十二月、一九八一年といえば、これもほとんど一九八二年、であるにもかかわらず、たぶんあなたは心の中のすぐ手近にというか、心の中の口さきに出かかるところに、これらの例はないと思う。だからあらためて、ある考えを少しずつ部分的にすべらせていくすべりこみの例を提示しよう。出発点となるのは、この瞬間、このコラムを読んでいるあなたである。これの暗黙空間の要素を書きならべてみよう。


あなたはおおかた、『サイエンティフィック・アメリカン』の一九八一年九月号を読んでいる。

あなたはおおかた、歴史家リチャード・ホフスタッターの書いたものを読んでいる。

あなたはおおかた、マーチン・ガードナーの書いたコラムを読んでいる。

あなたの一卵性双生児はおおかた、このコラムを読んでいる。

あなたはおおかた、このコラムをフランス語で読んでいる。

あなたはおおかた、私の『ゲーデル、エッシャー、バッハ』を読んでいる。

あなたはおおかた、私からの手紙を読んでいる。

あなたはおおかた、このコラムを書いている。

あなたはおおかた、私の声を聞いている。

私はおおかた、あなたに話しかけている。

あなたはおおかた、『マッド』誌をもういやになって放りだそうとしている。


ここまでくると「おおかた」変奏の海の中で、もとの概念のおおかたの部分が消えさっている。しかし、この探査によって概念は豊かになり、もとに戻って見直すと、合成概念というより独り立ちした単一の概念として具象化していることがわかる。しばらくして、適切なきっかけが与えられれば、この例は「魚」という概念と同じくらい、自然に無理なく記憶から引きだされる可能性がある。

ここが重要な点だ。概念が実際に概念として存在するか、すなわち、心の中に概念が真の意味で存在するかどうかのテストでは、この無意識的想起のプロセスの中での引き出し可能性が鍵になる。これによって、概念がどれくらい強く心の土壌の中に植えこまれているかがわかる。これは、概念が単一の単語で表現しうるといった意味で、原子のようなものであるかどうかという問題ではない。この見方は皮相的にすぎる。

その理由を示す例がある。あるとき、友人が私にこう教えてくれた。『エンサイクロペディア・ブリタニカ』の初版(一七六八〜七一年)は三巻からなっていて、第一巻がAからB、第二巻がCからL、第三巻が残りのアルファベットだった。Aには五一一ページ割りあてられて、MからZには全部合わせても七五三ページしか割りあてられなかった!(当時は、MからZで始まる言葉に、おもしろいものが少なかったらしい(?・))私はこの話を聞いてすぐ、ずっと昔の(どういう状況で記憶に刻みこまれたかもわからないような古い)話を思いだした。それは、まだ磁気テープがなく、生演奏から直接マスター盤をカットしていた時代の話である。演奏家が歌ったり弾いたりしているとき、突然、録音技師がレコード盤の残り時間に余裕のないことを発見する。しょうがないので、技師は演奏家に「急げ！」という合図を送る。だから、針がレコードができあがったというわけだ。私は、最初の概念が次の概念のきっかけになった理由は自明だと思う。しかし、本当に自明だろうか？

表面的には、両者の概念の間にはなんの関係もない。一つは、印刷物、本、アルファベット……に関係し、もう一つは、ろう盤、音、演奏家、録音技術……に関係している。しかし、より深い概念レベルでは、これらはたしかに同じ概念だ。ここにはちょうど一つの概念がある。これを概念骨格と呼ぼう。これを言葉に表してごらんなさい。たぶん、一語ではすまないだろうし、かなり時間がかかると思う。なにかフレーズができあがったとしても、不器用で堅苦しい言い回しになっている可能性が強い。それで合っていればまだしも、完全に合っていない可能性のほうが強い！

いま述べた概念骨格（これ自体、名前の付けようがなく、毅然として表現を拒む）から出てくる二つの例は、この概念骨格のまわりにある暗黙空間の中の二点である。このほかにも、私の思いつかないようなたくさんの例があるだろう。私はまだノブを回しきっていないのだ。というか、もちろん、どのノブかすらもわかっていなくて、ただ触ったノブをちょっと回してみたというだけだろう。大事な点は、ここで概念そのものが具象化されたということである。これは、直接参照項目として振る舞った、つまり、適切な状況のもとで私の記憶機構から直接引きだしえたという事実から明らかである。私たちの概念の大多数は、必要に迫られれば、言葉で表そうという努力はするものの、本来は非言語的なものなのである。

＊　＊　＊

このコラムの最初のほうで、私は、創造性の鍵は主題から変奏を生みだす能力にあるといった。私が主題の変奏といった意味の豊かさが十分に理解してもらえただろうか？　この概念は、ノブ、パラメータ、すべりこみ、仮想的条件、仮定法、「おおかた」状況、暗黙空間、概念骨格、心内具象化、記憶検索などなど、多くのものを包含している。

こんな疑問が残っているかもしれない。主題の変奏というのは、主題そのものの発明にくらべればつまらないのでは？　これは、アインシュタインなどの偉大な創造者が、通常の人間とはまったく違う畑から出てきたとか、少なくともこういう人たちの創造の瞬間には、日常の認知活動を超越した原理が働いているという考えの罠に陥っている。私はこういう考えは絶対にとらない。科学の歴史を眺めれば、どういう概念も、何百個以上もの関連概念から組みたてられていることがわかる。注意深い分析を行えば、新主題と呼んでいるようなものも、実は深いレベルで、以前からあった主題たちのある種の変奏であることが結論される。

ニュートンはこういった。「私がほかの人よりも遠くを見られるとしたら、それは私が巨人の肩の上にのっているからだ。」しかし、私たちは、独創的な美しい概念が、なにかのメカニズムからではなく、分析不能で魔法的で超越的な霊感から出てくるという希望的観測についついひたってしまう。どんなメカニズムも本質的に浅くつまらない、と考えてしまう。

私の描く創造プロセスのイメージは、心の中で何百万とはいわないまでも、数万個の暗黙空間（おのおのの中心に概念骨格がある）

が重なりからみ合っているという構造である。暗黙空間は、どちらかというと、原子核のまわりにある、量子力学的なとらえどころない電子雲のように、チラチラとして、はかないものである（図12-5）。量子化学を勉強するとわかるが、化合物の流動性は、原子核に近接する電子軌道の波動関数の空間的な重なりの奇妙な量子力学的効果で説明される。比喩的にこれを敷衍すると、一見なにもないようなところから創造を生むような、常軌を逸した思いがけぬ連想というのは、「神経力学」を基礎とした、特殊な「化学結合」における波動関数の重なりのようなものの結果ではなかろうか？

ユダヤ人小説家のアーサー・ケストラーは、人間の創造性を神秘的にとらえ、オカルト的に人間の心を見る論者の旗頭であるが、一方で、心の働きを客観的かつ雄弁に語っている。彼の『創造行為』を読むと、彼が両想起と呼んだ概念を鍵とする創造性理論が出てくる。両想起とは、以前はおたがいに脈絡のなかった概念が同時に想起され、干渉し合うことである。この理論の視点は、一つの概念の内部構造は考えずに、二つの概念の同時想起に力点を置いている。これは、全体は部分をたんに足し合わせたものより大きい、というケストラーの信念の現れである。

私はこれと対照的に、一つの概念の内部構造のほうに力点を置く。私の見方では、概念が結合し、いろんな複雑さのレベルで概念の分子を形成するしくみは、概念の内部構造に依存している。結合によってびっくりするようなものができるかもしれない。でも結局は融合のもととなった概念から完全に定めることができるだろう、概念がどのように構築されているかがわかりさえすれば。鍵は単一の概念の内部構造と、概念の外へ向かって概念が手を伸ばす方法にある。分割不能の二つの概念が溶け合うさいに生じる、なにか魔法がかった神秘的なプロセスにあるわけではない。概念をさらに下位の概念へと分割していけるところから生まれるのである。私は部分を使って全体が記述できないとは信じないほうである。もし、「概念の物理学」が理解できたなら、「創造の化学」が導けるのではないかと思う。しかし、まじように、物理学から化学の基礎原理が導けたのと同じように、「創造の化学」が導けるのではないかと思う。しかし、まだもこれは遠いさきの話だ。チューリングの一九五〇年の有名な論文「計算機械と知能」の結論で述べられている、人工知能に対する慎重な熱狂の言葉は、今日でも十分通用する。「私たちにはちょっとさきのことしか見えないが、それでも、たくさんやるべきことがあることは見える。」

最近、エレクトロニクス関連の有名な雑誌の表紙に「ものを見るＬＳＩ」といった趣旨のかしましい文句が並んでいたのを見た。そんな馬鹿な！　ＬＳＩが存在しないものを見、「なぜそうなの？」といえるようになったら、私は「ものを見るＬＳＩ」の存在を信じることにしたい。

（一九八二年十二月号）

追記

ここにもノブ、あそこにもノブ——ノブを回して考える

読者の中には本文のスローガン、「創造性の鍵は主題から変奏を作ることにあり」に異を唱える人々がいた。変奏を作る（つまりノブいじり）など木の枝を落とすも同然、簡単なことだと思うのも至極自然だ。天才がそんなに簡単なはずはない。それに対する部分的な答えはこうだ。天才にとっては天才であることは容易なことで、天才でないとするほうがはるかに難しいのだ。しかし、これでは反対派は満足しないだろう。誰にとっても天才になるのは容易だといっているように思えるのだから。へそ曲りにだって天才同様ノブぐらい回せる。結局、反論の鍵は、創造性の鍵はノブいじりではなくノブの発見にあるとなる。

はて、しかしこれはまさに私のスローガンがいおうとしていたことだ。変奏曲作りはたんなるノブいじりではない。それには、ノブ作り自体も含まれる。それではノブはどうやってできるのだろう？この疑問は次の問いに相当する。現実には定数のところにどうやって変数を見いだすか？　もっと具体的には、なにがどのように変化しうるのか？　現実とは別のなにかというだけでは不十分だ。たんに新奇であろうとしただけでは、往々にしてさえない結果、つまらないノブしか得られない。よいノブはどうすれば得られるか？　それは、あるものをなにか別のものと見なすことから生ずるといいたい。なんらかの類推や想起によってひとたび抽象的な結合が成立すれば、扉は開かれ、二つの概念の間をさまざまな考えが行ききしはじめる。

簡単な例をあげよう。あるとき私と友人は、ガソリンを積んで走っているタンクローリーに、目だつように「ＮＳＦ」と書かれているのに気がついた。そのサインは「北海岸石油(North Shore Fuel)」の略だったのだが、私たちにとっては「ＴＮＴ」が「トリニトロトルエン」であるのと同様、そのサインは「国立科学財団（National Science Foundation)」を意味していた。たんなる偶然として忘れてしまうこともできたが、私たちはその一致をふくらませてみた。国立科学財団のトラックが研究所にやってくる。ドライバーが降りてきて太いホースを引っぱりだし、建物の壁の穴に差しこむ。そしてモーターを回すとトラックに積まれたお金、おそらく高額紙幣が建物の金庫に供給される。（資金がこんなふうに配達されたら楽しいね。）この想像から、私たちはお金が実際に大組織の間を流れるさまについて考えさせられた。大きなトラックに積まれた札束ではなく、通常は抽象的で手で触れることのできない数字が電線を通じて流れる。

この小さな出来事は、取るにたらないことの想起が一連の考えを引きおこし、「観念空間」の中ではじめには思いもよらなかった場所に行きついてしまうさまをよく表している。「ＮＳＦ」の不適切な意

味が頭に浮かんだので、それを少し追求しただけだった。関係ないことが頭に浮かぶ機会、二重解釈状況はしょっちゅう起こっているが、気づかないことが多い。また気づいても興味なしとして忘れられてしまうこともある。しかし、ときには徹底的に利用されることもある。この例では結果はどうということはなかったが、それでも私たち二人とも、ものごとを新しい角度から見ることができたし、またあのイメージは楽しませてくれた。このような掘出しものの利用、偶然の一致や予期せず気づいた類似性の利用が創造過程の鍵と私には思える。

＊＊＊

掘出しものの発見とその可能性の素早い吟味は、ノブ作りの不可欠の要素だ。掘出しもの的結合の吟味の能力と表裏一体なのが、実りのなさそうなものから手を引く能力だ。なにかを想起し、類推なりかすかな結合なりを見いだす。一つの状況なり概念を別のものに写像し、なにか新しいものが生まれるのを期待する。それはいい。しかし同時に、賭けに失敗したならそれに気づき、損失をできるだけ小さく抑えることができなければならない。創造性に関するハウトゥー本はつねに人気が高いが、それらには共通して問題点がある。常識破りの思考(「水平思考」「概念のブロックバスター大作戦」「ひらめきぴしゃり」などのスローガンの下)を推奨はするが、常識破りの大半は役たたずで、そんなものをもてあそんでいたのではいつまでたってもなにも得られないという点はおざなりにしていることだ。「おかしな、枠からはずれたことを考えなさい」というだけでは全然信頼できない。

独創的であろうと必死に努力すると、たいていうまくいかない。それよりリラックスして、知覚と概念システムが無意識のうちに協調するように。思いがけない結合が心に浮かび上がることもある。そうすればしめたもの、好運な心の持ち主、あなたは機に乗じて、与えられた手がかりを突きつめることができる。創造性に関するこの見方では、意識はまったく受動的で、無意識が沈思黙考している間じっと待ちつづけている。

真の洞察はあやふやな想起の経験(「NSF」の場合のように)からなどではなく、一つの経験が別の経験にぴったりと写像されるというような強い類推からこそ生まれる。写像がぴったりしていればいるほど、洞察は深い。二つのものごとが一つの抽象的な現象の例示と見なされれば、その発見には興奮するだろう。一方に関する考えを他方に当てはめることができる。そして、そのような相互乗り入れによって両者とも、よりいっそう明確にとらえられる。たとえば、性差別と人種差別との間の結合(写像)が私の「人書」(第8章)のもととなっている。また、スコット・キムの素晴らしい記事「非ユークリッド和音」では、数学と音楽とが驚くべき方法でより合わされている。この記事はデービッド・クラーナー編集で、マーチン・ガードナーに捧げられたアンソロジー『ガードナーの数学』におさめられている。

よくおもしろい結果が得られる写像として「自分自身の状況への投影」があげられる。「もし私だったらどうなるだろう?」これは、自分をどのように状況に埋めこむかによってさまざまに変化する。さらにそれは、なにに注目するかに依存して決まる。喫茶店の混雑を見て「ウエイトレスでなくてよかったよ」といった男はまた、耳に入る音に驚いて「僕がオーナーならこんな音楽もどきはやめるね」といったとしてもおかしくはない。あるいは、チョコレートを買った人に注目して「あんなに痩せていればいいなぁ」といったかもしれない。私たちは驚くほど自由に、自分自身を現実にはなりえないものと移しかえて見ることができる。そして、それから得られる洞察の豊かさは疑う余地がない。

＊　＊　＊

「変われば変わるほど同じになる。」このフランスの格言をはじめて聞いたとき、そんな馬鹿なと私は思った。おもしろいとは思わなかったのだが、ずっと心に残っていた。そして、やっと意味があることがわかってきた。私の解釈はこうだ。一つの現象のさまざまに異なった現れに出会えば出会うほど、その現象を深く理解し、異なった現れを通じた一貫性を見ぬくことができるようになる。別の言い方をすると、さまざまな経験を積むほど概念システムは洗練され、深い共通性にもとづいて鋭く抽象的なつながりを見いだすことができる。もっと皮肉っぽくいうと、一見異なったものごとは実は退屈なほど同じだ。おそらくこれが本来意図された意味に一番近いのだろう。しかし、この格言はどうしても皮肉に解釈せねばならないというわけでもない。

不慣れなものごとをはっきり見とおすのに最もよい方法は、それをすでに知っているいくつかのものごとに見立てて、さらにそれらを相互に調整することだ。物理学者たちはずいぶん昔に光に対する二つの見方、波動としての光、粒子としての光を操るすべを学んだ。どちらも光の本質の一部分を含んではいるが、どちらか一方がすべてを含んでいるわけではない。どのような場合にどちらの見方をとるべきかも、彼らはわきまえている。物理学者は粗っぽいイメージや類推などに頼ったりしない、必要なものはすべて公式に含まれているなどと、知ったかぶりでいいつのる人々にだまされてはいけない。どの公式をどのように適用し、どの部分は無視してよいか、これらの情報は公式自体には含まれていない。だからこそ、すべての公式は万人の手の届くところにあるにもかかわらず、物理学は依然として偉大なる技なのだ。

波動の概念は固有のノブを提供してくれる。波長、周波数、振幅、速度、媒質、その他の波動性にまつわる基本概念。粒子の概念はまた別個のノブを提供する。質量、形状、半径、回転、構成要素、その他の粒子性にまつわる基本概念。たとえば、人々を波動とか粒子と見なすとすると、これらのノブのあるものはたいへんおもしろく思えるかもしれない。一方、そんなことをしても得るところはないのかもしれない。よい類推はこんな無作為の思いつきではなく、無意識の深い類似性探索の井戸から自発的に心に浮かび上がってくるものだ。

ある現象の新しい見方を試してみようとひとたび決心すれば、その見方がどのノブをいじればよいか教えてくれる。ノブいじりの行為は新たな道を開き、それ自体知覚の対象となるのにふさわしい新たなイメージを作りだす。こうして閉ループが完成する。

＊新しい状況が無意識の下で既知の概念によって組みたてられる。
＊それら既知の概念はいじるべき標準的なノブを備えている。
＊それらのノブをいじることによって新たな概念領域に到達する。

このことを考えるといつも思いうかぶのは、星のまわりを回る惑星のイメージだ。惑星の軌道は別の星と非常に近いので、惑星は二番目の星に「とらえられ」、そのまわりを回りだす。新しい星をめぐるうち、また別の星と接近してそちらへ乗りうつるかもしれない。そうして惑星は宇宙を渡りあるく。上記のループが述べようとしているのは、心の中でこのような星間遍歴に対応するものだ。概念を星と見立て、ノブいじりによって軌道上を惑星が移動すると考える。ノブいじりの結果、予期しないおもしろい概念の魅力的な領域深く入りこみ、とらえられている自分に気づくかもしれない。このように概念から概念へと移動する。ノブいじりは結局、軌道の重なりを利用して概念から概念へと渡りあるくための方法なのだ。もちろん、これは概念の単純なモデルでは起こりえない。私たちの心の中では常時起こっていることでも、同じことを計算機の中で引きおこしたり、その場所を脳の中で物理的に同定するためには、概念とはなにかを明らかにする必要がある。「概念のまわりの軌道」について比喩として語るだけならばよいが、それを計算機モデルの形で実現したり脳内で位置決めができるまでに、ひとかどの科学的概念として確立させるのはたいへんな仕事だ。もし「概念」という語を正当な科学的用語としたいのならば、認知科学者たちはこの仕事に正面から取りくむ必要がある。この目標は、昨今では人工知能を取りまく空虚な騒ぎの中に忘れさられているが、この記事のはじめでも述べたように、認知科学の中心目標ともいえるものだ。

上述のサイクルは、まさに「主題から変奏を作ること」という句でいいたかったことを具体化したものだ。そして、このループこそ創造性の鍵である。このループの美点は、記憶と知覚機構とが難しい仕事（眠っている概念を呼びおこす）は一手に引きうけてくれるので、あなたのやるべきことはノブいじりだけという点だ。「あなた」と呼ばれるものと「あなたの記憶」機構との間の奇妙な区別がなんなのかは、あなたにまかせます。

＊　＊　＊

観念の「暗黙空間」、すなわちたくさんのノブを「適当」量回した結果得られる考えの変動の範囲は難しい概念だが、今回のコラムにとって中心的な意味をもっている。一匹の虫が明りに引きよせられて飛んできたとしよう。羽音をさせて、明りを中心に三次元のランダムウォークを始める。感光板を置いてその経路をずっと記録できるようにしたとしよう。はじめ乱れた破線が現れるが、すぐに線同士の交差が密になり、やがてゆっくりと半径の増大する円形のしみへと変わる。ときおりしみの端に虫一匹の動きが見られるかもしれない。しばらくの間領域は拡張しつづけるが、結局虫の移動範囲は安定した大きさに落ちつく。そのシルエットは縁のはっきりした円ではなく、滲んだ円となる（図12-5a）。近似的半径が、虫が光に引きつけられた程度を示している。

さて、これをそのまま「観念空間」に翻訳するとほぼ正確なイメージが得られる。もちろん、暗黙空間がすべて同じ半径なわけではない。人より大きい半径の暗黙空間をもてば、結果として暗黙空間同士は大きく重なり合うことになる。これはよいことのように思えるが、行きすぎることもある。重なりが大きすぎると（図12-5b）、不明瞭に連合した考えばかり集積する。煮すぎて味の抜けたシチューのようだ。重なりが小さすぎると（図12-5d）薄っぺらで水っぽい心になり、驚くこともほとんどなくなるだろう（驚きがあまりにも少ないというメタレベルでの驚きを別にすれば）。つまり、創造的洞察には最適な重なりがあるのだ（図12-5c）。しかし、これは教わるわけにはいかない。虫に自分の描く円形領域の大きさを教えこもうとするようなものだ。あるいは、光源のまわりに寄りあつまるときには特定の大きさにまとまるよう、虫の群れ全体を訓練するようなものといってもいいだろう。しかし、どれくらい光に引きつけられるか、おたがいにどれだけ引きつけ合うかなどは、虫の中にあらかじめ組みこまれている。

ニューロンが相互の刺激に反応して起こす発火の統計的傾向の全体によって、「観念空間」内に暗黙空間が生じ、その結果、精神的能力が生まれると私は思っている。脳の備えるこのような統計的パターンは、表面的性質とは異なり、変えることができない。母親手作りのパイを思うといつも林檎を思いだすよう、誰かに教えこむことはできる。しかし、連想的結合をいくら新たに付けたしても、ニューロン活動の統計的性質にはなんの影響も及ぼさない。その意味で、思考のスタイルや能力を改善すると謳った本に対しては、きわめて懐疑的だ。もちろん、新しい考えを付けたすことは可能だ。しかし、それは能力の追加とはくらべものにならない。知覚とカテゴリーのシステムは「認知下」のレベルにあり、認知レベルでの訓練技術ではとても到達できない。もしあなたが本書を読むにたるほど歳をとっていれば、あなたの心的ハードウェアはできてからもう何年もたっているはずだ。そのハードウェアのおかげで、あなたの思考スタイルは独自で、「あなた」らしいものになっている。(もしそうでなければ、なぜこの本を読んでいるのですか? すぐにやめなさい!)認知下の概念と自己同一性については第25・26章でさらに述べる。

新しい概念が心の中に植えつけられると、そのまわりに暗黙空間ができあがる。これは、新概念とより古い概念との結合にほかならないのだから、「観念空間における拡散」と呼ぶことにする。この現象の私にとっての代表例は、深刻な例だが、最近のタイレノールカプセルへのストリキニーネ混入による大規模な無差別殺人と関連する。興味を引かれたのは、連邦食品医薬品局の反応だ。なぜなら、典型的な殺人犯候補の「観念空間」の中で、この考えがどのように拡散するかに関する理論を暗黙のうちに提供してくれているからだ。連邦食品医薬品局は、包装に関する規制を製造者に対して課した。規制の発効時期は、品物の種類によってさまざまに異なっていた。殺人犯はタイレノールからアスピリンへは一週間ですべりこむことができたとしても、簡単に手に入る薬ならなんでもいいと思いたるまでには、空間の拡大にもっと時間がかかると考えたのだ。連邦食品医薬品局に限らず、ラジオのトークショーでも、次にどんな薬がねらわれるか想像していた。しかし食料品店のふつうの食料品を心配する声は、彼らからは聞かれなかった。しかし無差別殺人なら、毒を入れるのがマスタードの瓶だろうと薬だろうと同じだろう。無差別大量殺戮を人生の目的とするなら、食べものや飲ものと関係ない方法がいくらでも存在する。友人がワシントンからニューヨーク行きの列車に乗ったとき、列車は途中で何者かが線路上に置いた石ころのいっぱい詰まった洗濯機に激突した。果たして犯人の心の中で、これはタイレノール殺人の暗黙空間の一部だっただろうか? 疑わしいがありえないことではない。

タイレノール殺人からの一般化は、キューブの暗黙空間の拡大による一般化と、さらにはあらゆる観念の一般化とも似ている。考えは邪悪なものも有益なものもすべて、心の中および心相互の間での拡散の力学を備えている。ここでは主に心の中の拡散(暗黙空間)について述べているが、心相互の間の拡散(伝染性のミーム)については第3章で議論した。

思考のすべりこみは、どこにでもあるわりには目に止まらない現象だ。出来事について考えるさいになにを蝶番に「選ぶ」かは、おもしろいことにたいへん選択的であるということに人々は気づいていない。あまりに自然に見えて説明を要しないのだろう。

＊　＊　＊

先日ピザを食べているときに、誤ってピザを一切れ床に落としてしまった。友人のドンは私より腹が空いていなかったので、すぐに私に同情してこう言った。「僕が自分のピザを落とすか、落としたピザが君のでなく僕のならよかったな。」いかにも当然と響く。しかし、なぜ彼は「ピザがもっと大きければよかったのに」とはいわなかったのだろう？　彼の選択は無意識のうちに、出来事の中の役割交換は可能と彼が思っていたことを示している。まるで、その晩ピザを落とすことはすでに決まっていて、神様がコインを投げた結果、ドンではなく私が貧乏くじを引いただけで、もしかしたら反対だったかもしれないというようだ。

仮想的なかかわりの筋書き――「仮定的瞬間再生」と呼びたい――のあるものは力が強く、反射的に思いうかぶ。けっして無駄な考えなどではなく、一定のタイプの出来事に対する最も自然な感情的反応だ。それ以外の仮定的瞬間再生は、なぜかはいい難いが直観に対する訴えかけが弱く、まわり道に思えてしまう。次のリストを考えてみよう。

重力がもっと弱くて、床に落ちる前につかまえられればよかったのに。
高級なレストランでなくてよかった。
かわりをくれればよかったのに。
毒薬の入ったビーカーでなくてよかった。
フォークならよかったのに。
上等の陶磁器でなくてよかった。
床から拾って食べられるほど床がきれいならよかったのに。
落としたのがピザ全部でなくてよかった。
落としたのが隣のテーブルの客ならよかったのに。
絨毯が敷いてなくてよかった。
腹を空かせているのが君でなく、僕ならよかったのに。

その他の仮定的瞬間再生は読者におまかせする。どうやら、思いつきやすさの点ではおおまかな順序付けがあるようだ。私の興味はその順序付けの背後の理由だ。なぜ、人々は次のような発言をたんにいかにもと感じるだけではなく、必然的とさえ感じるのだろう？

もしジェシー・ジャクソンが白人だったら、彼は大統領に選ばれるだろう。
もしジェシー・ジャクソンが白人だったら、彼は野犬捕獲員に立候補するだろう。

右の二文は、『ニューズウィーク』誌から引用した実際の有権者たちの発言である。白人のジェシー・ジャクソンを想像するとき、人々の心の中ではなにがすべりこみを起こしているのだろう。その人物は人権擁護の熱心な活動家だろうか？　あるいは反対に、移民割当に反対する会の説教師を思いえがいているのだろうか？　洗礼派教熱心な活動家だろうか？　同様に、高校生が「もし僕がパパなら僕に車を貸したりしない」というとき、いったいなにを意味しているのだろう？　もし彼が自分の父親ならば、彼は自分自身の息子でもあるということに気づいているのだろうか？　それとも、本当にそうである必要があるのだろうか？　二人は役割を取りかえたのだろうか？　要するに、答えの与えられない疑問がたくさん残されているのだ。それにもかかわらず、この種の反事実文にちょっとでもとまどう者は誰もいない。実際、私たちはそれらを日常ごくあたりまえに用いている。しかし、反事実文のうちにはけっして（あるいはほとんど）用いられることがないものもある。現実からの乖離という点では変わらないものがふつうに用いられているのにだ。

認知心理学者のダニエル・カーネマンとエイモス・トヴェルスキーは、乗りそこねた飛行機ややっと間に合って乗った飛行機の物語、とくに事故で墜落するものを読んだとき人々がどれだけ情動を引きおこされるかを調べた。この種のニアミスは好運であれ不運であれ、私たちの心に強く働きかける。しかも、その働きかけはほとんど普遍的だ。このようなすべりこみの例こそ人間であること、あるいは人間の心を通して世界を経験することの核心に迫るものだ。

哲学者と人工知能研究者たちは、これまで特定の反事実文の「注意喚起力」にはあまり注意を向けてこなかった。論理学者たちは、これまで反事実文が真であるとはどういうことかを明らかにしようと、莫大な時間と労力を費してきた。しかし私にいわせれば、その問いかけは次のようなもっと心理的な問いにくらべればつまらないし、また意味も小さい。

世界のさまざまな出来事の種類から、どのような反事実文が人間の心の中に引きおこされやすいか？

なぜある出来事は「ニアミス」と認識されて、他のものはされないのか？

なぜある罪のない人々の死は、別の罪のない人々の死よりもより悲劇的と見られるのか？

人間の深い情動、他の存在との同一視、そして現実の知覚、これらが交わるところが創造性の鍵、さらには日常的思考の大部分の鍵である。変奏をつぎつぎと生みだす力は、人間の心に自然に生じたものだ。そしてなんと豊饒なのだろう。

［第13章］メタフォント、メタ数学、そしてメタ思考

カテゴリーの定式化とメタ数学

ドナルド・クヌスは最近、自分の本のデザインを細部までこまかに指定できる計算機システムの仕事をしている。組版やレイアウトから一つ一つの文字の形までコントロールしよう、という魂胆である。いままで、著者が本の最終仕上がりに対してこれほどまでのパワーをもつことはなかった。クヌスのTEXは世界中に広まり、多くの国で使われるようになってきた。いっぽう、フォントをデザインするためのシステムであるメタフォントはあまり有名ではない。

『メタ・フォントの概念』と題する論文で、クヌスははじめてメタフォントの背後にある哲学と、メタフォントでデザインしたフォントを紹介している。彼の考えはおもしろく明快で、論文はたいへんよく書けている。私自身、全体としては彼の考えにだいぶ傾倒しているのだが、一つ気になることがある。多くの読者がこの点に関して誤解するのではないか、と心配である。なぜなら、それは私の人工知能や美学への興味と深いところでかかわってくるから。そこでさっそく、『メタ・フォントの概念』の中のいくつかの重要な問題について考えてみることにしよう。

もちろん彼の論文は文字の形に関するもので、哲学的なものではないが、クヌスは哲学的に興味深い一つの見方を私たちに提供している。その見方とは、「コンピュータの出現によってあらゆる文字の形を統一的に扱うことが可能になりつつある」というものである。もう少し具体的にいうと、

(1) ありとあらゆる「A」という文字の形の下に唯一の究極的な抽象形「A」が存在し、それを有限個のパラメータをもったアルゴリズムとして記述できる——有限個のノブの付いたソフトウェア機械とでも呼べるようなものの存在。（ノブというかわりに自由度、またはパラメータといってもよい。）

(2) そして考えうるすべての個々の「A」は、この機械のノブをある値に合わせることによって得られるということ。

クヌスは自分の考えを、文字の形という限られた世界を越えて、私がカテゴリーの定式化と呼んでいる領域まで広げている。すなわち、任意の抽象あるいはプラトン流の概念は、有限個のノブの付いたソフトウェア機械でとらえることができるというわけである。クヌスは「メタ・ワルツ」と「メタ・靴」という二つの例しか示して

いないが、「メタ・椅子」や「メタ・人物」などなどを容易に想像することができる。

しかしこうまでいってしまうと、クヌスの意図を歪曲したことになる。クヌスも、コンピュータによってこのようなカテゴリーの定式化が可能になるとは信じていないだろう、と思う。それでも、クヌスの意図とは関係なく、想像力豊かな読者はこのような結論を導きやすい。このようなことがほとんどありえないということを示すのが、この章の私の目的である。「メタ・椅子」や「メタ・フォント」、それに（ウン・パッ・パッやチャ・チャ・チャのリズムとそのいろいろな組み合わせを内蔵した）電子オルガンなどの一見柔軟そうな、そしてノブのたくさん付いた道具をよく見れば見るほど、なぜそんなことが不可能なのかが明らかになってくる。その理由は、ごく手短かに表現することができる。すなわち、「椅子」とか「ワルツ」とか「顔」とか「文字A」（図12-2、3、4）というようなカテゴリーによって定められる「空間」全体を埋めつくすことは無限の創造力を必要とする業であって、有限の存在（機械的なメカニズムであれ生きものであれ）には、けっしてすべての可能な「A」、そして「A」だけを生成することはできない（同様に「椅子」や「ワルツ」に対しても同じことがいえる）と私は思っているからである。

人生は有限だから誰も無限の創造をすることはできない、というあたりまえのことをいっているのではない。たとえば「文字A」というカテゴリーの（無限に多くの）具体例のすべてを理論上は生成できるような、「秘密の処方箋」を誰ももつことはできないという自明ではない主張をしているのである。実際、そんな処方箋は存在しないと。別の言い方をすれば、無限の時間が与えられてあなたが考えることのできるすべての「A」を書ける——すなわち、あなたの処方箋の能力をフルに引きだすことができる——としても、「A」の張る空間のほとんどの部分はカバーできないということである。

メタ数学の用語でいえば、任意の概念上の（あるいは意味的な）カテゴリーは生産的な集合であると表現できる。これは前節の記述に対応する厳密な数学的概念で、どんな有限の手続きをもってきてもその要素をすべてもれなく数え上げることはできないが、つぎつぎにより複雑な手続きをとっていくらでもよく近似することができるような集合を指す。このような集合の存在とその性質は、一九三一年のゲーデルの不完全性定理の結果として、はじめて世に知られた。ここではこの有名な定理を説明するのが目的ではないが、以後のために簡単な要約をする。（次の人たちの本がこの定理の理解に役だつ——チェイティン、デロング、ナーゲルとニューマン、ラッカー、それに私のGEB。）

ゲーデルの定理の直観的イメージ

ゲーデルは、数学の分野で純粋に形式的な演繹システムの性質を調べていた。彼は、一つの限られた領域に関する演繹を行うシステムでも、あるコードを使うことによって、そのシステム自身に関してなにかを述べていると見なすことができることを発見した。つまり、演繹システムはそれ自身の形式言語で、それ自身の能力と弱点を記述できるというわけである。たとえばシステムXは、ゲーデルのコードを使うことによって、

システムXは文Sの正しさを証明するのに十分な能力をもっていない。

というような自分自身に関する記述を表現できる。これはSFに出てくるロボットR-15が単調な声で、

ロボットR-15は不幸にも仕事T-12を完成することができません——申しわけありません。

といっているのにちょっと似ている。さて、ここで仕事T-12というのが、まったくの偶然から、宇宙船用の装置の組み立てなどではなく、まさにこの言明を単調な声で発することだったらどうなるだろうか？　きっとロボットR-15は、途中までいいかけて言葉に詰まってしまうだろう。

ロボットR-15は不幸にも仕事T-12を完成す——

さて、今度は形式的なシステム、たとえばシステムXが自分の能力に関して述べているとしよう。またまたまったくの偶然から、Xがいっている文Gが次のようなものだったとしてみよう。

システムXは残念ながら、文Gが正しいことを証明できるだけのパワーをもちあわせていない。

この場合、文GはシステムXの中でそれ自身を証明することはできないと言明しているわけである。実際、私たちは「まったくの偶然」に頼る必要はなくて、どんな形式的なシステムをもってきても、そのシステムに対してGのような文が存在することをゲーデルが証明してくれているのである（ただし、形式的システムでは文Gの中で「残念ながら」などということはできないが）。形式的な演繹システムでは、ゲーデルのコードを使うことによってこのような再帰的な文が必然的に現れてくるが、ふつうの文章ではゲーデルのコードなどなくても、この不可思議なループは一目瞭然である。

文Gをよく見てみると、おもしろいことに気がつく。文GはシステムXの中で証明できるのだろうか？　できるとすると、システムXの中には文Gの証明があり、かつその文Gはそんな証明はないと主張していることになる。これは、システムXがひどい自己矛盾に陥っているときだけ起こりうることである。そして、自己矛盾を起こしている形式的な演繹システムなどというのは、穴のあいた潜水艦のように役に立たないものである。したがって、無矛盾な形式システムを問題にしているかぎり、文GはシステムXの中では証明できないということになる。そして、これは文Gの主張そのものだから、文Gは正しいと結論することになる。正しいが、システムXの中では証明できないというわけである。

最後に、この奇妙な状況を次の簡単なパズルを考えることによって理解することもできる。どちらの文がより正確か？

(1)　文**G**は証明できないにもかかわらず正しい。
(2)　文**G**は証明できないので正しい。

文Gのもたらすパラドックスをよりよく調べようとして、この二つの文の間を行ったりきたりしているうちにどちらの文ももっともらしく聞こえるようになってくれれば、あなたもゲーデル流の考えを本当に理解したことになる。

おのおののシステムXの中にGのような文が存在するということ

は、システムXがどんなに強力で柔軟であっても、無矛盾であるかぎり、システムXの中には必ず到達することのできない真理があるということである。もしも真理こそが私たちの望むものであるとすると、それらすべてを含むような形式システムは存在しないということになる。どんな形式システムを与えられても、必要に応じていつでも、そのシステムには含まれない真理を私たちは作ることができて、「ヤーイ、ヤーイ」と嘲るように、その真理を見せびらかすことができるというわけである。真理というものは、まったくへんてこりんで手に負えない性質をもっているものだ。有限のシステムではけっしてとらえることができず、どんなシステムを与えられても、そのシステム内では証明できないゲーデル風の真理を作ることができるとは！

与えられたシステムでは証明できない真理を追加することによって、ちょっとばかり強力なシステムを作ることができる。しかしこのシステムも、もとのシステム同様、ゲーデルの魔力から逃れることはできない。諺で有名なオランダの少年が、漏れた部分を指でおさえるたびに新しい漏れ口が出現するような堤防を想像してみよう。彼に無限の指があったとしても、堤防の壁には彼の指でおさえられていない部分がいくらでも見つかる、というしだい。少なくとも一つの証明できない真理を含むシステムのことを不完全であるという。どうやってもこの不完全さから逃れられないとき、本質的に不完全という。このまったくあきれるほど頑固な性質をもった集合のことを生産的と呼ぶのである（くわしくはロジャースの本参照）。

「意味的なカテゴリーは生産的な集合である」という私の主張は、もちろん数学的に証明できる事実ではなく、一つの比喩である。私以前にもこの比喩を使った人たちがいた。とくに論理学者のエミール・ポストやジョン・マイヒルがそうである。そして、私自身も以前、このことに関して書いたことがある（第23章参照）。

完全性と無矛盾性

無限の空間をすべて埋めつくすだけの潜在能力があるということと、けっしてその空間の範囲をはみでないということの両方が同じぐらい重要である。しかし、たんに無限の可能性をもっているというだけでは、空間全体を埋めつくすということと同一ではない。つまるところ、どんなメタフォントの文字Aに対するプログラムを考えても——たとえそれが一つの自由度しかないものであったとしても——、ノブを端から端まで回せば明らかに無限に異なるAが生成されるのだ。つまり、無限の変化を含む出力を出せる「A」生成機械を作ることは難しくない。どうやって完全性——空間をすべて埋めつくすこと——を達成するかが問題なのだ。

でも、空間を埋めつくすのはそんなにたいへんだろうか？　すべての可能なAを生成するプログラムが、わりと簡単に作れるのではないだろうか？　結局、任意のAはm×nのマトリクス上のドット・パターンとして表現することができる。したがって、すべてのサイズのマトリクスに対してすべての可能なドットの配置を印刷するプログラムを書きさえすれば、いつか必ず任意の与えられたAを生成するはずである。（ゲオルク・カントールが有理数の数え上げに使った系列と同じように、1×1のマトリクスから始めて、2×1、1×2そして3×1、2×2、1×3などなどと進めていけばよい。）これはまったく正しい。では、どこに陥し穴があるのか？

実は、ドット・パターンを生成するプログラムの出力の中から、すべてのAを選別するプログラムを書くことが非常に難しいのだ。

この選別プログラムは、Aだけを残してすべてのK、カエルの絵、タコやおばあちゃんや路面電車の絵、そしてまだ誰も見たことのない二十五世紀の交通事故の写真など（これでもドット・パターン生成プログラムの出力のごく一部なのだが）はことごとく排除しなければならない。この、概念上のあるカテゴリーの範囲内にとどまっていなければならないという要求を、無矛盾性の要求と呼ぶことができる。これは完全性の要求と相補うものである。

要約すると、ノブの付いたカテゴリー機械に望まれていることは、次の二つの要請を同時に満たすことである。

(1) 完全性。そのカテゴリー（Aという文字のカテゴリーや人間の顔というカテゴリー）の真のメンバーは、いつの日か必ず出力として生成されうること。

(2) 無矛盾性。そのカテゴリーに属さないメンバーはけっして生成しえないこと（別の言い方をすれば、その機械の出力の集合が直観的なカテゴリーのメンバーの集合と完全に一致すること）。

この完全性と無矛盾性という二つの要請は、メタ数学の分野で形式システム（定理を生成する機械）がもつべき性質として、まったく同じ名前でよく知られている二つの要請と対応している。それらは、

(1) 完全性。その理論（数論や集合論）の真の言明は、いつの日か必ず定理として生成されうること。

(2) 無矛盾性。その理論で正しくない言明はけっして生成しえないこと（別の言い方をすれば、その形式システムが生成する定理の集合が、その理論で正しいとされている言明の集合と完全に一致すること）。

ゲーデルの不完全性定理の重要性は、これら二つの理想化された目標を同時に達成することが、「ある程度おもしろい」理論に関しては不可能であることを示したことにある。（ここで「ある程度おもしろい」とは、実は「十分複雑な」という意味である。）それにもかかわらず、段階的に真理の集合に近づくことは可能である。つぎつぎにより正確な近似を得るために、つぎつぎにより強力な形式システムを使えばよい。しかしながら、完璧に真理全部を手に入れることは、物質が光の速度を達成できないのと同様、形式システムには不可能なことなのだ。私は「興味深い」カテゴリー（ここでも「興味深い」とは「十分複雑な」というような意味。正確にいうのはちょっと難しいが）についてもまったく同じことがいえると思う。すなわち、そのカテゴリーに属するメンバーの集合に達するには、つぎつぎと段階的により強力なノブ付き機械を使って、近似の度合を少しずつ上げていくしか手がないということである。直観的には真理を形式化することはできないという（メタ数学上の）結果と、意味カテゴリーを機械化できないという（比喩にもとづいた）主張との間には大きな違いがある。集合論や数論といった数学の分野における真理の集合は客観的で永遠のものだが、Aという文字すべての集合などというのは、主観的でかつとらえどころのないものであるという違いである。しかし、よくよく考えてみると、この差もかなりぼやけてくる。そもそも、数学的真理を形式化することができないというゲーデルの証明が存在すること自体、数学的真理の客観性に

大きな疑問を投げかけている。私たちは、文字「A」なのか「A」でないのか、はっきり決められないような例をいくらでも見つけることができる。それらの例を見ていると、文字Aという概念の正確な境界線を引こうと努力することがいかに絶望的なことか、よくわかる。同じように数学でも、通常のシステムの上では形式的に決定不可能で、かつどんなにすぐれた数学的直観をもってしてもその真偽のほどがはっきりしないような数学的言明を、いくらでも見つけることができる。そして、形式的には決定不可能な有名な命題に対して、数学者ごとに異なる意見をもっているというのはよく知られたことである（集合論における選択公理が古典的な例）。したがって、ちょっと信じられないかもしれないが、数学的真理ですら、永遠に固定された境界などもっていないのである。こう考えてくると、私の比喩もまんざら捨てたものではないかもしれない。

メタフォントに関するまぎらわしい主張

ここで紹介した比喩がどれくらい有効なものかはさておき、まずはメタフォントを「ノブ付きのカテゴリー機械」の典型例として使いながら、この比喩を考えるにいたったいくつかの理由を説明しよう。クヌスの論文中の無造作な一文の中で、ほとんどメタフォントがカテゴリーの定式化を与えているとクヌスが信じているように見えるところがある。彼は、その一文が論文全体の中で一番重要な文であるかのように扱われるとは、ゆめゆめ思っていなかっただろう。しかし、彼はそれを現に書いているのだから、その一文をとりあげてもかまわないだろう。それは、

多くのパラメータを操作できるということは興味深くかつ楽しいことだが、誰が好きこのんで、バスカヴィルからヘルベティカのほうへ四分の一のフォントでサイズが六と七分の一ポイントのものなど必要とするだろうか？

というものである。このレトリカルな疑問文は、ある前提を暗に含んでいる。すなわち、メタフォントは現状のままで（あるいは近い将来、またはちょっと変更された版で）ユーザーが望めば、二つの与えられた字体の間で内挿ができるという前提である。この考えの背後には、ほとんどの読者が見おとすと思われる次のような仮定が含まれている——二つの字体を同時にパラメータで表現することは、原理的には一つの字体を単独で表現するのとなんら変わらないという仮定である。

実際、多くの読者は、クヌスがすでに二つの字体を同時にパラメータで表すことを試みていると思うかもしれない。聖書の詩篇二十三（図12-1）を印刷するときに、彼はすでに古典的なヒゲ付きの字体からスタートして、現代的なヒゲなしの字体までパラメータを動かしてみせているではないか？　しかし、ここで重要な点は、この両極端の字体がすでに存在している二つの字体ではないということだ。これらの字体はある唯一の字体（もし知りたければ、正確にはモノタイプ・モダン・エクステンディッド8Aという字体）を生成するために設計されたノブ付き機械で、ノブを端から端まで回したときにたまたま得られたにすぎないのだ。

つまり、ここで使われている各種ノブは、一つの字体（モノタイプ・モダン）をパラメータ化することのみを考えて作られたものだということである。詩篇の中に見える二つの両極端の字体は、一つの主題の変奏にすぎない。途中に現れる字体についても、まったく

同じことがいえる。ここにはただ一つの主題（モノタイプ・モダン）と、個々の文字によって代表されるいくつもの変形があるにすぎない。詩篇は二つのまったく関係のない家族間の結婚ではなく、たんに大きな一つの家族のメンバーを示しているにすぎない。

二つの字体の同時パラメータ化——一つの字体のパラメータ化とは大違い

この機械のノブをいろいろ動かして得られるモノタイプ・モダンの変種の全体を、一つの「核」のまわりの「電子雲」ととらえることもできる（図12-5a）。そうすると、二つのすでに存在する字体（たとえば、クヌスがいうようにバスカヴィルとヘルベティカ、図13-1）を同時にパラメータ化することは、化学結合のように二つの核のまわりに密集する電子雲をとらえることに相当する（図12-5c）。

メタフォントで二つの字体を同時にパラメータ化するには、それぞれ対応する文字ごとに（たとえばバスカヴィルの「a」とヘルベティカの「a」）共通でかつ完全におのおのの文字を表現することができる有限個の幾何学的特徴を見つけださなければならない。おのおのの特徴はいくつかのパラメータ（ノブ）と対応づけられていて、あるパラメータの設定をすれば個々の文字が出てくるようにしなければならない。さらに、途中の任意の値にパラメータをセットしたときにも、正しい「a」を生成する必要がある。それがノブ付き機械の本質だし、クヌスからの一文の要点である。そうでなければ内挿をすることはできない。

一応ここで、極端には違わない二つの字体を同時にパラメータ化することはたぶん可能だろうと私が思っていることを、認めるとしよう。もちろん、一つの字体をパラメータ化するのにくらべればは

abcdefghijklmnopqrstuvwxyz
ABCDEFGHIJKLMNOPQRSTUVWXYZ

a

abcdefghijklmnopqrstuvwxyz
ABCDEFGHIJKLMNOPQRSTUVWXYZ

b

図 13-1 美と精妙さを兼ねそなえた二つのフォント。aはバスカヴィル、bはヘルベティカ・ライト。

るかに難しいだろう。たとえば、バスカヴィルの「i」の丸い点からヘルベティカの四角い点へ変化するのは、そうたやすいことではない。しかし、不可能というわけではない。また、バスカヴィルの「Q」のフニョッとしたしっぽから、ヘルベティカの「Q」の直線のしっぽへ移るのも単純なことではない。

この二つの字体を一字一字見くらべていくと、一方にはまったく欠けている要素があることに気がつく。(ついでにいっておくと、小文字の「g」は考えないことにしよう。二つの「g」はバスカヴィルの「B」とヘルベティカの「H」ほども違っているから。どちらの場合もそれらのよってきたるところの「プラトン的本質」自身がまったく異なっているのだ。メタフォントの目的は、一つの「プラトン的本質」から出てくるいろいろなスタイルをカバーすることであって、二つの本質を一発で表現しようというものではない。)たぶん、一つの字体には存在して、もう一方の字体には存在しない特徴がある場合には、ノブを調整して、一方にだけその特徴が現れるようにできるだろう。たとえば、ノブをゼロに合わせればその特徴は消えるという具合に。ときによっては、いくつかのノブをうまく合わせないと消せない特徴もあるかもしれない。いずれにしても、この二つの字体が複雑に異なっているにもかかわらず、忍耐力と才能にたけた人がいれば、同時パラメータ化は可能だと思う。しかし本当の疑問は、二つの字体の独立に行われたパラメータ化から、両者の同時パラメータ化が簡単に得られるかという点にある。

それはとても無理だ！　バスカヴィル用のノブにはヘルベティカの質を示すヒントすら含まれていないし、ヘルベティカのノブのほうにも、バスカヴィルを示唆するものはなにもないだろう。どういえばわかってもらえるだろうか？　十八世紀のイギリス人であるジョン・バスカヴィルが自分でデザインした字体の中に、まったく別の字体の定義を暗に含ませていたと想像してみよう。それも、二世紀後にスイス人であるマックス・ミーディンガーが発見（発明）した字体をである。ジョンはとんでもない天才でなければならないだろう。もっと具体的には、一度もヘルベティカを見たことのない人が、素直にバスカヴィルの定義をメタフォントで書いたとしよう。(クヌスのサンプルがモノタイプ・モダンを中心に据えたメタ・フォントであったと同じ意味で、バスカヴィルを中心に据えたメタ・フォントということ。)そこへ、ヘルベティカを知っている人がやってきて、バスカヴィル・メタ・フォントのノブを調整して完璧なヘルベティカを出力したとしたらどうだろう！　これはウィリアム・ボイス（十八世紀イギリスのバロック作曲家）をもとにして作った作曲プログラムが、メロディ、ハーモニー、リズム等のパラメータをいじったら、まったく偶然にもアルテュール・オネゲル（二十世紀スイスの現代音楽作曲家）のスタイルの曲を多数作曲したというのと同じぐらい、不可思議なことだ。私にはとても、こんなことは考えられない。十八世紀のスタイルの中には、二十世紀のスタイルは微塵も含まれていない——たとえそれが音楽であろうと、字体のような視覚芸術であろうと。

任意の二つの字体の間の内挿

さて、もっと悪いことが次に待っている。クヌスはきっと、彼のレトリカルな疑問文の中で使われている六と七分の一とか四分の一とかいう数字がなにか重要な意味をもっている、などというせまい見方はしてほしくないと思っているだろう。明らかに、これらの数字は任意のパラメータの値の一例にすぎない。メタフォントがサイズ六と七分の一ポイントで、バスカヴィルからヘルベティカのほうへ四分の一行った字体を生成できるとすれば、同じようにサイズが一一と三分の二で、バスカヴィルからヘルベティカのほうへ一七分の五行った字体も簡単に作れるはずだ。それならなにも、バスカヴィルとヘルベティカに限定して考える必要もないのではないか？　明らかに、これらの数字だけがあのレトリックの中で唯一の「可変部分」であるはずがない。常識的に考えれば、ヘルベティカとバスカヴィルというのも各種字体の中から勝手に選んだ一例にすぎないはずだ。だから、このレトリカルな疑問文に暗に含まれている内容は、一つのノブで簡単にサイズを変えることができるのと同じように、別のノブ（または複数のノブ）を調整してどんな望みの字体でも出力できる——ヘルベティカだろうがバスカヴィルだろうが、なんであってもということになる。クヌスは以下のようにいうこともできたのだ。

多くのパラメータを操作できるということは興味深くかつ楽しいことだが、誰が好きこのんで字体$T1$から$T2$のほうへxパーセントのフォントでサイズがnポイントのものなど必要とするだろうか？

たとえば、私たちは四つのノブを次のようにセットするかもしれない。

n——36
x——50
$T1$——マニフィカト
$T2$——ストップ

これら二つの字体（図13-2）は、独創的・個性的で目に訴えるものをもっている。それを実際に書くなどということは思いも及ばないが、読者はこの二つの字体の中間にどんな字体がありうるのか、想像してみるといい。クヌスの一文が途方もない柔軟性を含意していることを再確認する意味で、たとえばサークラスとブロック・アップの三分の一の地点に位置する字体を想像してみてはいかが？　エクスプロージョンとシャターの中間の字体もおもしろいかもしれない（これらの字体については図13-2参照）。

ノブの後付けと人工知能におけるフレーム問題

ところでシャターという字体は、すべてがパラメータの設定から得られるという見方の問題点を浮き彫りにしている。よく見ると、シャターはヘルベティカ・ミディアム・イタリック（図13-2）という主題の変奏になっている。しかし、だからといって非常に凝ったヘルベティカのパラメータ化からノブを調整すれば自動的にシャターが出てくる、といえるだろうか？　もちろん答えはノー。それはまったくありえないことだ。正常な心の持ち主がノーベル賞受賞講演の中で、「私の最初のノーベル賞をありがとう」などといわないのと同じように、正常な心の持ち主なら、ヘルベティカをパラメータ化しているときにこんな変種のことなど考えるはずがない。人はノーベル賞をはじめて受賞したときに、自分はいくつノーベル賞を受賞したかと数えだしたりはしないものだ。もちろん二つノーベル賞を受賞した人がいれば、たいていの人の心の中には自然に彼が受賞するノーベル賞の数というノブが現れて、次のノーベル賞について

図 13-2　いろいろなフォント。a.マグニフィカ、b.ストップ、c.サークラス、d.ブロック・アップ、e.エクスプロージョン、f.シャター、g.ヘルベティカ・ミディアム・イタリック。

冗談を飛ばしたりすることだろう。しかし二つ目以前は、ただ一つという性質は気づかれることはないだろう。

このことは、認知科学（心理的なプロセスのモデル、とくに計算機モデルを研究する学問）で有名なフレーム問題と密接な関係がある。このやっかいな問題を模式的に示すと、次のようになる。駅で七時に会おうというときに、「途中で火山が爆発して私を埋めてしまわないかぎり」という但し書きを付けることはナンセンスなのに、「途中で交通渋滞につかまってしまわないかぎり」という但し書きは少しも変でないとわかるのはなぜか？　そして、これら二つの場合の間に中間的なケースがいくらでもある。フレーム問題というのは一言でいえば、「日常的であるということを認識するにはどんな変数（ノブ）を考慮すればよいか？」ということになる。ある与えられた状況に関連するであろう条件をすべて洗いだすことなど、明らかに不可能である。人はたんに、人類の進化と個々人の人生経験が十分に豊富な組み合わせを網羅していて、たいていは満足な行動ができるはずだと盲目的に信ずることしかできない。しかし、世の中には目に見えない依存関係が五万とあるので、それらすべてを予測することは最強のコンピュータをもってしても不可能である。機械に学習をさせることがとても難しい理由の一つは、どういう状況ではある事柄を顕著であると認識することに意味があり、どういう状況ではそれが無意味かを、きちんとした規則として定式化することが非常に困難だという点にある。隠された重要性（新しいノブ）を自分から見つけだすような機械を作ることができれば、それは素晴らしいことだ。

ここで、話はヘルベティカの変種としてのシャターに戻ってくる。一度このような変種を見れば、メタフォントで書かれたヘルベティカ機械に新しいノブをいくつか追加して、シャターを出力できるようにすることはできるだろう。（そのでんでいけば、バスカヴィル機械に同じようなシャター化のパラメータを付けくわえることもできる〔シャターは英語で打ちくだくの意〕。）しかし、これらはすべて事実を見せられて後付けしただけのことである。こうしたやり方がたんなる小細工にすぎないことを示す最も納得のいく証明として、以下の事実をあげることができる。すなわち、どんなに多くの変種を（たとえば）ヘルベティカに追加していったとしても、人はいつでもまったく新しい思いもよらなかった変種を思いつくことができる——たとえば丸型ヘルベティカ、飾り付き丸型ヘルベティカ、フレア付きヘルベティカ（図13-3）というふうに。

どんなにたくさんのノブ——あるいはさらに新しいノブのワンセット——をヘルベティカ機械に追加したとしても、必ずいくつかの可能性を抜かしてしまうのだ。私たちは、有限のパラメータ化では予測しえない新しいヘルベティカの変種を永遠に発明することができる。ちょうどミュージシャンたちが「ビギン・ザ・ビギン」の新しい演奏法を永遠に編みだしつづけることができて、そのどれもが電子オルガンに組みこまれた複雑なリズムやハーモニーの組み合わせとは異なっているように。もちろん、電子オルガンの製作者は新しく明らかにされた可能性をつぎつぎと組みこんでいくことはできる。しかし、それができたころには、創造的なミュージシャンはとっくに別のスタイルに移っているだろう。既存の字体からヒントを得て、ヘルベティカを新しい方法で変形したものをいくらでも想像することができる。それは読者におまかせしよう。

図 13-3 ヘルベティカの三つの変種。a.丸型ヘルベティカ、b.飾り付き丸型ヘルベティカ、c.フレアー付きヘルベティカ。

すべての字体の完全な統一？

最悪の事態が次にやってくる。クヌスがなんの気なしに書いた一文は、任意に与えられた二つの字体の間で任意の内挿が可能だということを暗に示唆している〔前節の復習〕。これが可能なためには、任意の二つの字体は厳密に同じノブをもっていなければならない。（そうでなければ、ノブを中間の値にセットすることはできない。）そして、任意の二つの字体が同じノブをもっているということは、結局すべての字体がすべてを含んだ唯一の万能ノブセットを共有しているということになる。（ここでの議論は、もしも任意の二人の人の足の数が同じであれば、足の数はすべての人に共通な定数であるという論の進め方と同じ。）

したがって、クヌスの一文は思いがけなくも「ユニバーサルなA機械」の存在を示唆していることになる。この機械はメタフォントで書かれた一つのプログラムで、有限個のパラメータをある値にセットすると正しいAが一つ出力され、かつ任意の正しいAはパラメータを調整すれば必ず得られるというものである。さて、それではいままで見てきたすべての字体を、いったいどうやって一つのユニバーサルな枠組みでとらえることができるのだろうか？

もう一度、図12-3の五六個の大文字「A」を見てみよう。なにか定量化できる特徴を見いだすことができるだろうか？〔アルファベットの他の文字に対する同じような収集を見たい人は、桑山弥三郎によるアルファベットのロゴの素晴らしい収集を参照のこと。〕マニフィカトの「A」（Aの7）の十数個のはっきりとした特徴を明らかにすると同時に、それらの対応物をユニバースの「A」（Dの3）の中で見つけることを考えてみよう。仮りに、両者を完全に記述するのに十分な特徴を見つけたとしよう。どんな中間的な値も、Aを出力しなければならない点に注意しよう。結局私たちは、二つの字体の間のすべての交配種を得ることになる。

この二つの字体の間の交配という直観的な見方はごく自然なもので、見なれない字体を見たときにフォント愛好家の頭にしばしば浮かんでくる考えである。彼らは、新しい字体を二つの親しみのある字体の雑種と見なすこともあるし(「ヴィヴァルディはマニフィカトとパラティノのイタリック飾り書きとの交配種である」)、あるいは一つの字体を極端まで誇張したものととらえることもある(「マニフィカトはヴィヴァルディを二乗したものである」)(図13-4)。こんな言い方にどれぐらいの真実が含まれているのだろうか？　いえることはただ、マニフィカトの個々の文字はなんとなくヴィヴァルディに似ているとか、二倍もおもしろいとか、二倍もくねくねしているとか、そんな類の漠然とした言明にすぎない。くねくね度というようなノブが一つあったとして、いったいどうやってマニフィカトの一つ一つの文字の有機的でいたずらっぽく、神秘的でかつ美しい曲がりくねりを表現できるというのか？　ノブを回していくと、パラティノ・イタリックの「A」から細い触手がするすると伸びてきて、ヘビのように曲がりくねってヴィヴァルディの「A」になり、さらにくねくねと波打って、ついにはカーブの多いマニフィカトの「A」になるなどということが想像できるだろうか？　いや、誰もマニフィカトでおしまいといったわけではない。マニフィカトがヴィヴァルディの二乗だったら、マニフィカトの二乗はどうなってしまうのだろう？

コンピュータ・アニメーションの専門家は、異なる形の間の内挿という問題を扱わなければならない。たとえば、進化に関するテレビの番組で、一つの動物の外形がゆっくりと他の動物へ変化してい

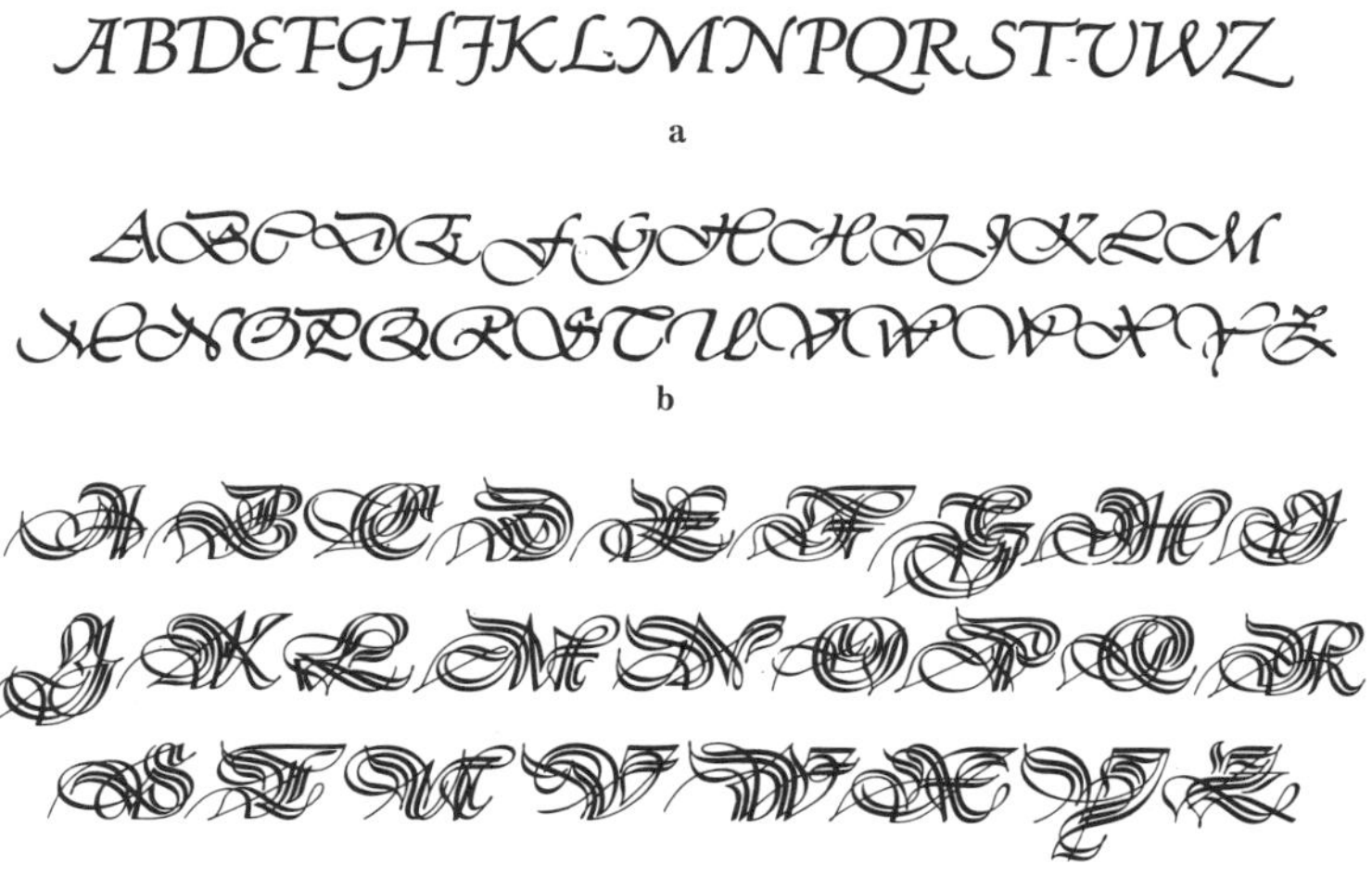

図 13-4　曲線的フォントから、くねくねフォント、超くねくねフォントへの変化。a.パラティノ・イタリック・スワッシュの大文字、b.ヴィバルディの大文字、c.マグニフィカの大文字。図 16-7 と比べるのも一興。

くというようなシーンがよくある。しかし、コンピュータに単純に「この形とあの形の間を内挿せよ」などと命令することはできない。もとの図形のおのおのの点が、もう一方の図形のどの点に対応するかをことごとく指定してやらなければならない。そして、コンピュータに途中の形を書かせてみて、点の対応づけがうまくいったかどうか調べなくてはならない。よい内挿が得られるまでには、注意深く点の対応関係を調整することが必要になる。内挿をするさいに、一般的に有効なうまい方法などというものはないのだ。この作業はまったく意味論的でたんに機械的にやってもうまくいかない。

この真理をあきれるほど明確に例示したものとして、『二重取り』という小さな本がある。この本は、トム・ハッチマンという画家が思いもよらない二人の人物をとりあげて、その漫画を組み合わせて新しい人物を作るという趣向の楽しい画集である。彼が二人の人物を選ぶときの条件は、その二人の名前を組み合わせておもしろい名前ができるというものである。彼はそこで、「ビング・コズビー」（ビング・クロスビーとビル・コズビー）や「ファラファト」（ファラ・フォーセット・メジャースとヤジール・アラファト）、そして「マーロン・モンロー」（マーロン・ブランドとマリリン・モンロー）など、多くの人物をでっちあげた。カギは、個々の人物の最も目だつ特徴を抽出して、それを新しい人物の顔の中にうまくブレンドすることにある。そうすれば、もとの二人の人物が誰であるのかを容易に認識できる。見ている者にとっては、赤ん坊の顔の中に二人の親の面影を見いだすようなものである。

「A」であることの本質は幾何学的ではない

以上述べてきた多くの困難にもかかわらず、抽象的な「A」という概念の具体例がいかに変化に富んだものであるかを精密に吟味したあとでですら、これら「A」には共通の幾何学的性質があるといいはる人がいるかもしれない。彼らは、すべての「A」は「同じ骨組みをもっている」とか、「一つの雛形から生成されたものだ」などという。数学者は、トポロジー上のあるいは群論上の不変量を捜そうとする傾向がある。よくいわれることでは、たとえば「すべてのAは下で開いていて上で閉じている」というようなものである。ところが図12-3でAの8（ストップ）はどちらの条件も満たしていないように見える。また他の多くのAもこの条件のうち、少なくとも一つは満たしていない。また「開いている」「閉じている」とか「上」「下」などという概念がうまく当てはまらない例も多い。たとえば、Gの7（シナロア）は下で開いているのだろうか？　Fの4（カリプソ）は上で閉じているのだろうか？　Aの4（アストラ）はどうだろう？

メタフォントで「A」というカテゴリーをいくつかのノブを使って表現しようとするときの問題点は、おのおののノブが文字の限定された幾何学的特徴のあるなし（または大きさ、角度など）を表している点にある。ヒゲの幅、横棒の高さ、左のストロークの最下点、ぐるぐるうず巻きの最高点、ペンの幅の増加量、「b」「d」「h」などの縦棒の平均傾きなどなど。しかし多くの「A」においては、これらの量をどこに当てはめたらよいのかすらわからない。横棒は全然ないかもしれないし、二本も三本もあるかもしれない。うず巻きだってあったりなかったりするだろう。

メタフォントで二つの「A」を同時にパラメータ化するときには、それらが同じ特徴あるいは可変部分と呼べるようなものを共有していなければならない。これはまったく勇猛果敢な（そして私にいわせれば道理に合わない）仮定である。なにしろどんなAでも、「その横棒の太さは？」「両側の二つのストロークは垂直に対して何度傾いているか？」「ヒゲの太さは？」というような永遠に固定された質問に答えるだけで得られてしまうというのだから。横棒の役割をする部分はどこにもないかもしれないし、左のストロークもないかもしれない。あるいは一つの役割を二つ以上のいくつかの部分が分担している可能性もある。図12-3の五六個のAを見れば、そういった例はごろごろしている。ほかに私が、役割の分割、役割の合成、役割の変換、冗長な役割、役割の追加、役割の削除などと呼んでいる例を図13-5に示しておいた。これらは概念上の役割がいくつかの幾何学的要素によって分担して担われているようすを表している。幾何学的要素はここでは単純なストロークで表してある。

　これらの役割操作が実際に使われている例を見るのには、スコット・キムの『反転』という本が最適である。そこには見る人の視点によって何通りにも読めるような書（グラム）が集められている。多くの場合、グラムは対称形でどちらからも読めるようにできているが、それが本質ではない。あるものはまったく異なる二つの読みを許す。肝腎なことはそれが一つの書かれた形に曖昧性を付与するということである。スコットと私は何年もの間こういったグラムを書きつづけている。私の友だちはこれに「曖昧ロゴ」というあだ名をつけた。私が書いたものをいくつか図13-6に示す。本書の小扉にも例がある。文字の形の不思議な流動性が曖昧ロゴ的芸術によって生き生きと表現されている。

　ところで、私は極端で風変わりな文字（曖昧ロゴやふつうでない字体）を使って私の意見を述べてきたが、もっとふつうの文字にもこれらのことはまったく同じように当てはまるという点を強調して

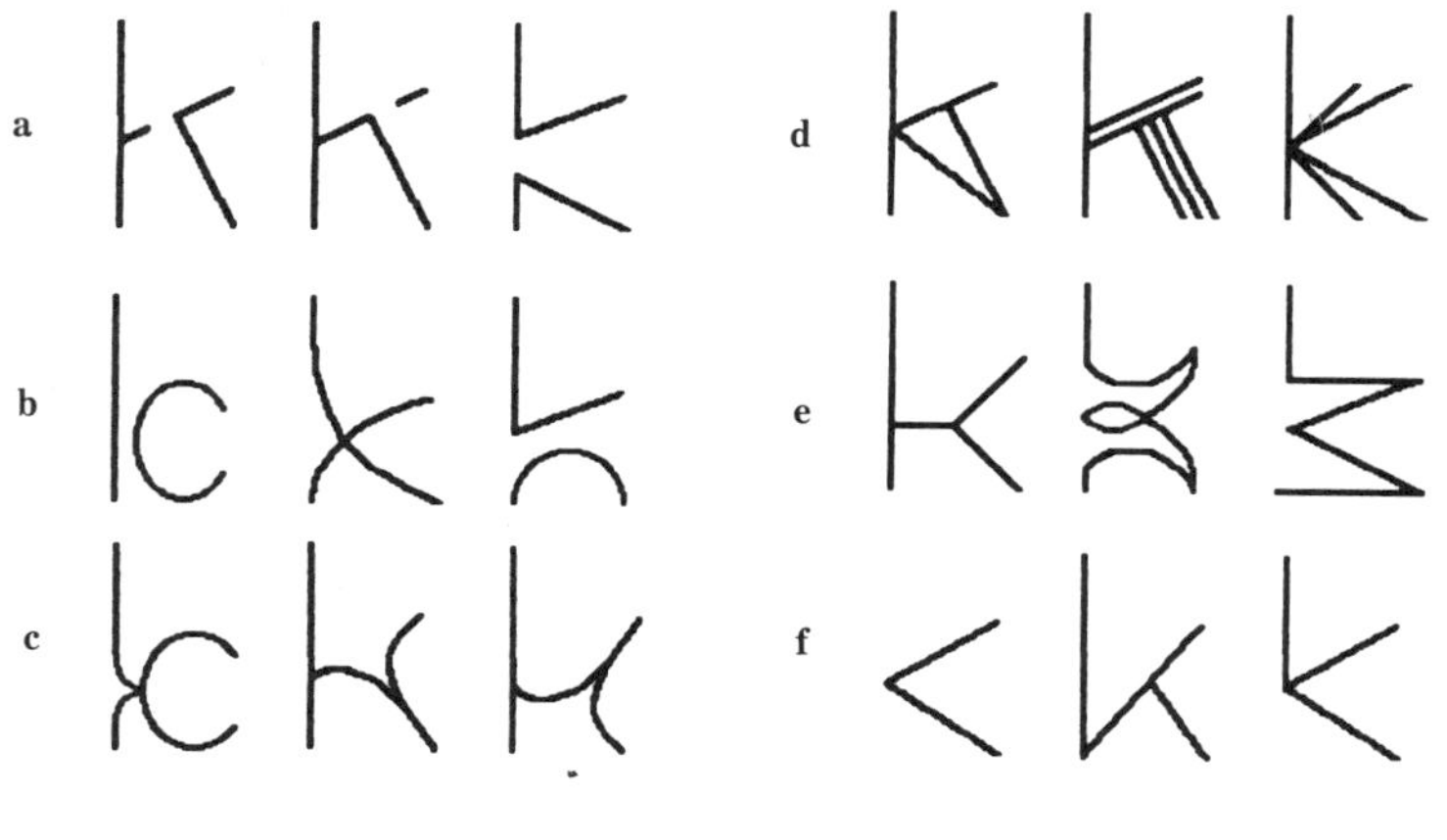

図 13-5　a.役割の分割、b.役割の合成、c.役割の変換、d.冗長な役割、e.役割の追加、f.役割の削除の例。これらの例で共通していえることは、ある一つのストロークが必ずしも一つの概念上の役割に正確に対応するわけではないということである。一つのストロークが二つあるいはそれ以上の役割（またはその部分）に対応することもあるし、いくつかのストロークが合わさって一つの役割に対応する場合もある。また、その文字をその文字であると認識するしやすさに影響を与えることなく、役割を追加したり、削除したりすることもできる。ストロークだけではなく、角、先端、交点、終点、極点、空白の領域、分かれ目などもしばしば重要な役割となる。

おかなければならない。ふつうの文字ももっとこまかく見れば、同じような問題が浮かび上がってくる。

狂信的崇拝 対 虚心坦懐——固定質問方式 対 流動的役割

私が十二歳になったら、家族はスイスのジュネーブに一年間移り住むことになっていた。そこで私は自分の行く学校がどんなようすか想像してみることにした。しかし想像力を精一杯働かせて得られたイメージは、当時私が通っていたカリフォルニアの白レンガ造りの一階建ての中学校とそっくりなものだった。まあ、違いといえば、授業がフランス語で行われていること(言語というノブを調整した)と、毎朝迎えにくるスクール・バスが黄色ではなくピンク色かもしれない(スクール・バスの色というノブの調整)というぐらいのものので、私はジュネーブの学校とカリフォルニアの学校の間の無数の違いをまったく予測することができなかった。

同様に、多くの宇宙生物学者は、もし地球以外に生命が存在するとしたら、いったいどんな特徴をもっているだろうかと思いをめぐらしている。しかし、ほとんどの予測はあきれるほど幼稚な仮定にもとづいている。そのような仮定のことをカール・セーガンは「狂信的崇拝」と呼んで適切に揶揄している。たとえば、「液体崇拝」というのは、生命を司る化学反応は液体という相の中でしか起こりえないとするものだし、「気温崇拝」というのは、地球の気温からあまりかけはなれた温度の下では生命は存在しえないとするものだ。実際、「惑星崇拝」というのもある。ある種の星のまわりを回っている惑星の表面にしか生命はないとするものだ。「炭素崇拝」によればあらゆる生命を構成する化学物質の骨組みは炭素でできていなければならないことになる。果ては、「速度崇拝」というのまであって、生命現象の進み方には一定の適切な速度というものがあって——きりがない。

ロンドンっ子がニューヨークに着いて「ビッグ・ベンはどこですか?」「国会議事堂は?」「女王はどこに住んでいるの?」「お茶の時間はいつですか?」などと尋ねてきたら滑稽である。(あるいはちょっと同情をさそうかもしれない。)ある国の一番大きな都市が必ずしも首都ではないこと、有名な時計台をもってはいないかもしれないことなどは、そういう事実を知ってしまえばまったく自明のことだ。しかし、はじめての旅行者にとっては驚きとして映るものだ(イギリスとアメリカの間の奇妙な対応関係についてはさらに第24章参照)。

ここでいいたいことは、文字「A」というような流動的な意味カテゴリーに関して語るときには、「横棒」とか「上の部分」というような固定された特徴を引き合いに出すことにはあまり意味がないということだ。それは同じ作曲家の二つの曲の間でまったく同じ部分を見つけることができると思うようなものだ。問題は多くの人が図12-3のような例を見たあとでも、任意の二つの「A」は「同じ形」をしているといいはるということだ。そんなことをいう人も図12-4を見れば少しは考えを改めるかもしれない(図24-13も参照)。

イギリスとアメリカのアナロジーについてもう少し考えてみよう。イギリスにおいてロンドンが担っている役割は多種多様だが、「商業の中心」と「首都」というのが主な二つだろう。この二つの役割はアメリカでは二つの異なる都市が担っている。反対に合衆国大統領が担っている役割はイギリスでは女王(あるいは国王)と首相がそれぞれ担っている。さらに大統領夫人によって果たされている補助的な役割というのもある。いわゆるファースト・レディのそれ

ambigrams
Spring
SUMMER
ALEJANDRA
MAGDALENA
Carol
DAVID
CHOPIN

図 13-6　著者自身によるいくつかの曖昧ロゴ。それぞれ、「ambigram」、「ambigrams」、「winter」、「spring」、「summer」、「fall」、「Lee Sallows」、「Josh Bell」、「Alejandra」と「Magdalena」（それぞれの鏡像になっている）、「Carol」、「David Moser」、「Chopin」、そして「Johann Sebastian Bach」と読める。作曲家の名前が三つあるが、どれも 90 度の回転を利用している。図 13-5 に掲げたすべての手法——役割の分割、合成、変換、冗長さ、追加、削除が使われていることに注意。本書のタイトル・ページにも著者の曖昧ロゴがある。

だ。イギリスにおける対応物は、やはり二人の人間に分担され、かつまた今日においては「夫人」というのを「夫」に置きかえなければならない。これは「イギリスの大統領」を女王と考えようが首相と考えようがいえることだ（このようなアナロジーの問題に関しては第24章参照）。

ある国や言語についてよく知っているというだけで、また別の国や言語の完全な構造を予測できるなどと考えるのはおこがましく、まったく馬鹿げたことだ。何十もの国を知っているとしても、新しい可能性の豊かさをすべて覆いつくしたわけではない。事実、人は多くの例を目にすればするほど慎重になって、見たことのないものに関して不確かな仮定をすることは少なくなるものだ——その上、ちょっと逆説的だが、その人が見たことのないものについて予測する能力は明らかに進歩しているのだ。アルファベットの文字に関しても、他の意味論的なカテゴリーに関しても同じことがいえる。

「A」の精神

明らかに字体の背後にはたんに目に映る形以上のなにものかがある。文字の形は心の奥にある抽象概念が表に現れたものなのだ。それは概念上の深い考慮と絶妙のバランスによって決定されていて、有限個のたんなる幾何学的ノブではけっしてとらえられない。個々の「A」の背後にはある概念、プラトン流の本質、「精神」が見えかくれしている。このプラトン流の本質とはユニバースの「A」（Dの3）のようなエレガントな形でもないし、有限個のノブの付いた雛形でもなく、数学者が夢みるトポロジーや群論上の不変量でもない。それは心の中の抽象概念——まったく別の存在なのだ。個々の「A」はAの精神のつねに新しい側面を明らかにしているが、そのすべてを尽くしてしまうことがない。このような精神の定式化とは、いくつかのノブ付きの機械でなにが変わりうるのかをことごとく明らかにしたようなものである。こんな機械ができると思うことはまったく馬鹿げたことだということを、いままで示してきた。実際、私は次のような主張をした——

どんなにたくさんのノブ——あるいはさらに新しいノブのワンセット——を……機械に追加したとしても、必ずいくつかの可能性を抜かしてしまうのだ。私たちは、有限のパラメータ化では予測しえない新しい……変種を永遠に発明することができる。

とすると、この抽象的な精神というやつはいったい全体なにからできているのだろうか？　そもそもコンピュータや科学による分析をまったく寄せつけない神秘的でとらえどころのないものなのだろうか？　いや、そうではないはずだ。いままで私が述べてきたことだけではなにか肝腎なものが抜けているのだ。それはなにか？　まずは重要な思い違いについて述べることにしよう。どんな思い違いかというと、個々の概念を分離して、一つ一つ別のノブ付き機械でその本質をとらえようとしたこと自体が間違っているのだ。プラトン流の精神の一つ一つを分離することはできず、それらはたがいに複雑にからまり合い、重なり合っているのだ。

満たされた役割、満たされない役割、そして特徴ノート

個々の具体的な文字の背後にあるプラトン流の本質というのは幾何学的な部品からではなく概念上の役割から構成されていると私は

考えている。（似たような考えを「機能的属性」と呼んでバリー・ブレッサーと共同執筆者たちが一九七三年の『視覚言語』の中ですでに議論している。）ここで私のいう役割というのは、その文字の変化する範囲を決定できるような固定されたパラメータをもつようなものではない。そのかわりに、ある候補がその役割の一例になっているかどうかを判定するためのいくつかの規準をもっていると考える。その規準すべてを満たす必要はない。おのおのの規準によって点数が計算されその和がある閾値を越えればその役割は満たされ、閾値以下ならば満たされない。さらにその下に足切り値があって、和がそれ以下だとその候補はまったく拒否されるという具合である。

　そのような役割の例として「横棒」がある。Aという文字の中の横棒のことをいっているのではない。役割というのはモジュール的である。つまり文字と文字の境界を飛びこえるのだ。つまり同じ役割がいろいろな文字の中に存在しうるのだ。このことは、メタフォントでヒゲがすべての文字に共通のワンセットのパラメータで表されていて、一つのノブを回せば、そのフォント内のすべての文字が一様に変化することを思いださせる。ヒゲ以外のいくつかの文字に共有されている幾何学的な特徴について、同じことがいえる。私のいう「役割」がこれと大きく違う点は、ノブのセットがもっているような生成能力をもたないという点である。ある役割が与えられた幾何学的図形によって満たされているということがわかっても、それからその図形の正確な形を推論することはできない。もちろんある役割は満たされるか満たされないかだけではなく、それがどのように満たされるべきかに関して多くの予想をもっている。そして、これらの予想が成りたっているかいないかを特徴ノートとして記述することができる。たとえば特徴ノートは横棒の異常な傾き（図12-3、Eの1、アーノルド・ボクリンを参照）を表現できるし、横棒が一本でなく二本だという事実（Eの3、エアクラフト）も、また縦棒に一端で接しないという特徴（Aの2、エックマン・シュリフトやFの5、ルゴルフ）など、多くのことを記述できる。

　これらの特徴ノートは、認識された文字の形がスタイルにおいていかなる傾向をもっているかを示している。しかし、これだけの情報から文字の形を再構成することはできない。これがメタフォントとの違いである。しかしまた、それは同じスタイルをもった多くの文字の生成をガイドするのには十分な情報を備えている。

役割のモジュール性

　重要なことは役割とはモジュール的であって、そのため、ある文字は他の文字へと近づけることが可能とされるのである。つまりAという文字のある役割に付随した特徴メモがEやLやTという文字にも関係するということである。したがって、個々の文字の間のスタイルの統一は役割のモジュール性の副産物と考えることができる。これはメタフォントにおいて、一つのパラメータが多くの文字の定義の中に共通に使われることによって、フォント全体の統一性を引きだしているのと同じである。

　さらに、役割の間には一定の関係があって、たとえば一つの文字で横棒という役割がどのように満たされたかということが、他の文字の縦棒や丸やしっぽという役割がどのように満たされるかに影響を与えうる。これは、まったく単純に一つの文字の特徴をもう一つの文字に当てはめるようなことを避けるためである。そんなことは、ロンドンっ子がアメリカ人に国会議事堂はどこですかと尋ねるのに等しいことである。イギリスからアメリカに移ったときに国会議事堂というのを文字どおりに受けとるのではなくもっと自由に解釈しなければならないのと同様に、A以外の文字たとえば「N」の中に横棒の類似物を探すときには、横棒というのをもっと他の役割に変換してやらなければならないかもしれない。あるフォントでは「N」の斜めの線が「A」の横棒に対応している。しかし重要なことは、「A」のいかなる固定的な(つまりフォントに依存しない)役割も「N」の役割にうまく対応づけられないということである。特徴ノートを介して、どの役割がどの役割と対応づけられるのかを決めるのは個々の文字の形そのものであって、それ以外ではありえない。このような文字間の対応づけは、おのおのの文字においてすべての役割がどんな機能を果たしているかをよく理解した上でなければ考えることはできない。

タイポグラフ的ニッチとライバル・カテゴリー

私は駆け足でプラトン流の本質の理論を概観してきた。モジュール的な役割、つまりいくつかの文字に共有されている役割を内包している「文字の精神」の理論である。このように役割が共有されているということこそ、私がさきに述べたように、プラトン流の本質が複雑にからまり合い、重なり合っているということの一つの側面である。もう一つの側面は「タイポグラフ的ニッチ(適所)」という言葉でうまくいい表すことができる。これは「生態学的ニッチ」という概念からのアナロジーである。文字を認識している過程において、いくつかの役割が活性化されて存在しているということになったら(満たされていようが満たされていまいが)、それはある候補文字の中のどれかの文字であることの証拠となる。(役割はある特定の文字の属性ではないから、その役割が存在するからといってある特定の文字を示唆しはしない。)

たとえば縦棒と丸という役割がある位置関係で存在していれば、「b」という文字の存在を強く示唆する。ときには、一つ以上の文字の存在を示唆するかもしれない。目と心の結合はそういう不安定な状態は好まないので、決定を下すように努める。ちょうど二つの谷の間に急ですべりやすい山があって、上から落とされたボールが山の頂上にとどまっていることはほとんどありえないのと同じようなものである。ボールはどちらかの谷へ転げおちる。そしてこの谷がタイポグラフ的ニッチである。

ここで文字の重なり合いが問題となってくる。なぜなら個々の文字はその形態上の対抗馬、まわりを取りかこんでいる山を越えてすぐ隣の文字のことをよくわきまえているからである。たとえば小文字「h」はたいへんよく似たライバル「k」の存在にひどく敏感だし、またその逆も成りたつ(図13-7)。大文字の「T」は縦棒が横棒を貫きとおすことにたいへん敏感である。なぜなら、ほんのわずかでも縦棒が横棒の上に顔をだしたとたんに、もはやそれは「T」ではなくなり、すぐ隣のライバル「t」になってしまうからである。両者を隔てる山は低いので、「T」は縦棒が上に飛びでないように細心の注意を払う。

プラトン流本質の混ぜ合わせ

いま述べたイメージは、プラトン流本質のからまり合い、重なり合いの第二の側面を示すのに十分だと思う。いわば、「誰も(どの文字も)一人ぼっちではない。」要するにすべての文字に関して、他の文字との関係における相互的な知識が必要とされるのだ。「文字はた

図 13-7　ここに書かれているのは「hen」だろうか、それとも「ken」だろうか？　それぞれの例で、文字のプラトン流本質の二つの形態学的ニッチが、この具体的な字形の取り合いをしている。ここでも、役割とそれを満たすものをうまく整合させようという心の欲求がすべての問題の源である。

がいの本質を相互に規定し合う」ということは、そもそも一つの文字のあらゆる可能性を単独の構造で表現しようという企みは、失敗に終わらざるをえないということを意味している。

右で述べた役割と、タイポグラフ的ニッチという考えにもとづいて文字をデザインするプログラムは、カテゴリーの完全な数式化を目ざしたプログラムとはかなり違ったものになるだろう。それは文字の生成と認識を統合すること、さらにいくつかの文字（たった一文字かもしれない）からスタートして、それと同じスタイルでフォント全体を作り上げるだけの一般化の能力も要求される。しかしその完璧な遂行は無理といえよう。スタイル上の統一というのは客観的に定義できる性質ではないから、その「完璧な」遂行を望むこと自体がそもそも理にかなっていないのだ。

別の言葉でいえば、フォントをデザインするコンピュータ・プログラム（あるいは美的感覚や主観的なものが入りこむ余地のあるプログラム）は、まったく実現不可能というわけではない。ただし人間と同じく、そういったプログラムもまた「個人的」な好みを必ずもつようになるということを認めなければならない。そしてその好みはそのプログラムを作った人の好みとは違ったものになるはずである。実際はその反対に、きっとプログラマー（や他のあらゆる人）が予想だにしなかった驚きに満ち満ちているだろう。なぜならばここでいう好みというのは、プログラムの構造の中に隠されている何万という要素や特性がたがいに影響し合うことによって、最終的に得られる効果だからである。好みそのものを直接プログラムすることはできない。したがって、美的感覚を表現するようプログラムされたコンピュータが、プログラムされたことをたんに忠実に実行しているだけだとしても、その行動はしばしば特異で不可解なものに

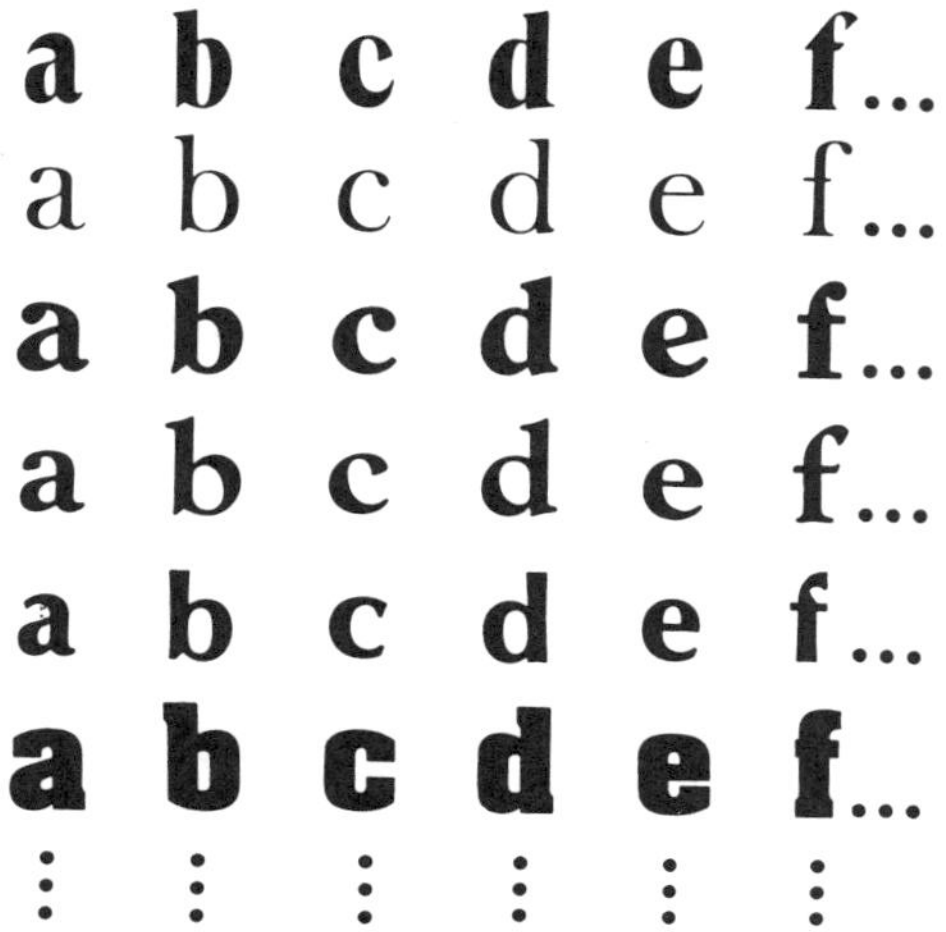

図 13-8　垂直と水平問題。各列に共通なものは何か？　各行に共通なものは何か？　答え—文字；精神。(この図を図 24-14 とくらべよ)。

なる。これは多くのプログラマーがよく知っている事実——しばしば自分がなにをプログラムしたか、あまりはっきり理解していないにもかかわらず、プログラムは動いていることがあるという事実——を反映している。

垂直と水平の問題——一つの問題の同じように重要な二つの側面

私はかなり大ざっぱな主張をした。文字の形を本当に理解するには、他の文字から切りはなされたプラトニックな文字に関してなにごとかを理解するだけでは十分でなく、文字やその部分が他の文字のそれとどのように関係しているのか、また全体のスタイルを決める上でいろいろな文字が他の文字とどのような依存関係にあるかが、やはり大きな決め手となるという主張である。いいかえれば、「A」の「A」性を生みだす「秘密の処方箋(シークレット・レシピ)」を手に入れるという不可能な夢に接近するためには、同時に二つの問題を解決しなければならない。この二つの問題を垂直と水平の問題と呼ぶことにする(図13-8および図24-14)。

垂直問題　各列のすべての文字の共通項はなにか?
水平問題　各行のすべての文字の共通項はなにか?

実のところ、問題を二次元の配置でとどめておく理由はさらさらない。もっと高い抽象化のレベルでも同じような問題を考えることができる。いろいろなフォントの一覧表をもっと注意深く配置して、たとえばパイのように何層にも積み上げたものにすることもできる。各層には一人のデザイナーによって作られた多くのフォントを並べることにする。図13-9に一例が示してある。これはヘルマン・ザップによってデザインされたいくつかのフォント（オプティマ、パラティノ、メリオル、ザップ・ブック、ザップ・インターナショナル、そしてザップ・チャンセリー）を示している。ザップの層の上下には、フルティガ層、ルバラン層、グーディ層などが並ぶのを想像する。いろいろなデザイナーの「対応する」フォントが層と垂直方向にシャフト（軸）状に並ぶよう、おのおのの層においてアレンジすることができる。

さてこの三次元のパイにおいても、さきに提示した一次元の問いを適用することができる。その上ここでは、それに加え二次元の問いも新しく適用することができるのだ。それは「ある層のすべての文字に共通するものはなにか？」という質問である。層と垂直方向に動いて、「ある与えられたシャフト上のすべての文字に共通するものはなにか？」と問うさいには、三次元を探究することができる。さらに文字デザインの歴史上のある時期にそれぞれ対応する層状のパイがいくつもあると考えると、第四の次元を追加することもできる。つまりアインシュタインの第四次元と同じように、私たちの第四次元も時間に対応している。その場合には、「この層状のパイに関してその中のすべての文字に共通するものはなにか？」を問うことができる。これは三次元の問いである。私たちは同様にしてこの操作をさらに進めることができる。

まずは最も単純な問題——最初にあげた垂直問題——を図13-8について考えてみよう。その素朴な答えは一語でいい表されよう。すなわち、「文字」と。同様に水平問題に対する答えも一語で表現しうる。すなわち「(同一字体の文字の間の) 精神（スピリット）」と。事実、「精神」という言葉はいろいろな意味で、あらゆる高次元の問いに対する答えとして用いることができる。たとえば「アール・デコ時代に作られたすべてのフォントに共通するものはなにか？」といった質問である。非常におぼろげなものではあるが、「アール・デコ精神」というものはたしかに存在している。ちょうど、音楽における「フランス精神」や絵画における「印象派精神」が厳然として存在しているように。（マーシャ・ローブは最近、いくつかのフォントをアール・デコ・スタイルでデザインした。そういった時代の精神をとらえることができるものかどうか、疑う人がいるといけないので念のため。またブルース・マッコールの『おどけた午後』という本は、ここ最近の時代を一〇年くぎりでいくつかとりあげ、それらの時代精神をあらゆる様式的水準において、おもしろおかしく再現している。）

スタイルの雰囲気というものは時代や文化全体に浸透しているものなので、芸術、科学、技術などの分野において、いかなる創造がなされるかを間接的に規定している。それはゆるやかではあるが、「下向きの」圧力として確実に作用する。結果として、ある時代のアルファベットや芸術の分野だけでなく、ティー・ポット、コーヒー・カップ、家具、自動車、建築などあらゆるものの中に同じ精神を見てとることができるのである。このことはドナルド・ブッシュの『流線形の時代』という本にはっきりと示されている。あるフォントに触発されて、そのとらえどころのない精神を他のアルファベット、ギリシャ語やヘブライ語やロシア語や日本語のデザインに適用することも可能である。実際、しばしばそういうことが行われている（図13-10）。私が自分の研究で一番問題にしているのは、こういった「精神」に対する感受性をコンピュータ・プログラムの中に埋めこむことができるかどうか（いやむしろ、どのようにすれば埋めこむことができるか）という問いである。

abcdefghijklmnopqrstuvwxyz
ABCDEFGHIJKLMNOPQRSTUVWXYZ

a

abcdefghijklmnopqrstuvwxyz
ABCDEFGHIJKLMNOPQQRRSTUVWXYZ

b

abcdefghijklmnopqrstuvwxyz
ABCDEFGHIJKLMNOPQRSTUVWXYZ

c

abcdefghijklmnopqrstuvwxyz
ABCDEFGHIJKLMNOPQRSTUVWXYZ

d

abcdefghijklmnopqrstuvwxyz
ABCDEFGHIJKLMNOPQRSTUVWXYZ

e

abcdddLee ffgghijkklmnopqrrsttuvvwwxyyz
AABBCCDDEEEFFGGHHIIJJKKLLLMMNNOPPQRRSSTT
UUVVWWXYYZZ

f

図 13-9　現代のフォント・デザイナーであるヘルマン・ザップによって作られた6つのエレガントなフォント。a.オプティマ、b.パラティノ、c.メリオル、d.ザップ・ブック、e.ザップ・インターナショナル、f.ザップ・チャンセリー。

←page 273

図 13-10　ある与えられたフォントにそもそも備わっている空気のような「精神」の文字種を越えた跳躍。aでは「タイムズ」の精神がラテン文字とロシア文字の間の溝を飛びこえている。bでは「オプティマ」の精神がギリシャ文字の風土に移植されている。cではヘブライ文字の精神が鏡から飛びでてラテン文字の衣を着ている。最後にdはカナ文字（日本語の表音文字）の精神がラテン文字へ乗りうつっているという、太平洋を越えた（あるいはアジア大陸を越えた）巨大な跳躍の例である。

最近、未確認フォント物体（UFO, Unidentified Font-like Objects）を見たという報告が激増している。たとえば、あるものは、バスカヴィル流の金星人を見たというし、あるものはヘルベティカ流火星人を見たと主張する。なかには、マグニフィカ流のケンタウルス座のアルファ星人（Alphacentauribet）を全部見たという人まで出る始末。しばしば、これらの主張は矛盾を含んでいる。たとえば、ある証人は「g」の丸いところは、葉巻のような形をしているといいはり、別のものは、同じように熱心にそれは皿のような形だと主張する。いうまでもないことだが、これらの証言のうち科学的に実証されたものは一つもない。

TASTE IN PRINTING DETERMINES THE FORM TYP ography is to take. The selection of a congruous typeface, the quality and suitability for its purpose of the paper being used

ABCDEFGHIJKLMNOPQRSTUVWXY
abcdefghijklmnopqrstuvwxyz

ШРИФТОТЕКА КОМПЬЮГРАФИК СОДЕРЖИТ дысяза гарнитуров шрифта включающихкак традич ио нные так современные рисунк шрифта, кото рые

АБВГДЕЖЗИЙКЛМНОПРСТУФХ
ЦЧШЩЪЫЬЭЮЯабвгдежзийклм
нопрстуфхцчшщъыьэюя

TASTE IN PRINTING DETERMINES THE FORM TYPOG raphy is to take. The selection of a congruous typeface, the qua lity and suitability for its purpose of the paper being used, the

ABCDEFGHIJKLMNOPQRSTUVWXYZ
abcdefghijklmnopqrstuvwxyz

ШРИФТОТЕКА КОМПЬЮГРАФИК СОДЕРЖИТ дысяза гарнитуров шрифта включающихкак трат ичио нные так современные рисунк шрифта, котор

АБВГДЕЖЗИЙКЛМНОПРСТУФХ
ЦЧШЩЪЫЬЭЮЯабвгдежзийклм
нопрстуфхцчшщъыьэюя

a

ABCDEFGHIJKLMNOPQRSTUVWXYZ
abcdefghijklmnopqrstuvwxyz

TASTE IN PRINTING WILL DETERMINE THE FORM TY pography is to take, the selection of a congruous typefa ce, the quality and suitability for its purpose of the pap

ΑΒΓΔΕΖΗΘΙΚΛΜΝΞΟΠΡΣΤΥΦΧΨΩ
αβγδεζηθικλμνξοπρστυφχψως

Ἡ καλαισθησιά καί ἡ ἀπόδοση στήν ἐκτύπωση προ σδιο ρίζει μορφή πού θάρει τυπωμένο κείμενο τήν ἐπι λογή τοῦ ἀνάλογου ὀφθαλμοῦ, τήν ποιότητα τό

b

ecnolpעומלפן

ECNOLPעומלפן

אבגדהוזחטיכלמנסעפצקרשת םןףץ
abcdefghijklmnopqrstuvwxyz

c

アイウエオカキク
ケコサシスセソタ
チツテトナニヌネ
ノハヒフヘホマミ
ムメモヤユヨラリ
ルレロワヲンガグ
ゲザジズダヅバビ
パピプペー・ァィゥェ

ABCDEFGHI
JKLMNOPQR
STUVWXYZ&
1234567890:,
abcdefghijkl-
mnopqrstuvw
xyz

d

文字と精神

「文字」と「精神」という言葉は「法の条文（letter of the law）」と「法の精神（spirit of the law）」という言葉の対比とか、私たちの法律体系では裁判官や陪審員が前例にもとづいて決定を下すようになっていることを思いださせる。すなわちどんな事件でも陪審員によってなんらかの形で前例に結びつけられなければならないのである。ある結びつけ方を支持し擁護するのが、検事と弁護士の役目ということになる。彼らはそれぞれ、ある結びつけ方が他のしかたよりもはるかにすぐれていると陪審員が思うように仕向ける。陪審員の決定は満場一致でなければならないと考えられているのは、とてもおもしろい。比喩的にいえば、意見の「相転移」または「結晶化」が起こらなければならないということになる。決定は最大多数とか同意というような形ではなく、全体の一致（unanimity、この言葉は語源的には一つの魂を意味する）をしっかりと示さなければならない。（このような「心の相転移」に関しては第25、26章を見よ。また、協調的な決定を使った認識のコンピュータ・モデルに関してはマクレラン、ルーメルハート、ヒントンの著作、またはコピーキャット・プロジェクトに関する私の論文を見よ。）

法律においては、現存する法文や法令などをどれだけ集めたところで、発生しうるすべての事件をカバーしきることなどけっしてできるものではない。（これはすべての可能な「A」をカバーするような規則のセットなど存在しないという事実を思いださせる。）法体系は、明確に定まった、持ち合わせの判例や法規よりもずっと広範囲をカバーする経験をもった人々が、たんにいまあるカテゴリーを分類に用いるだけではなく、カテゴリー化や対応付けの全過程において力を発揮するという考えにもとづいている。そうすることによって融通のきかない規則に縛られることなく、自由で、不正確ではあるがより強力な原理にのっとって判定を下すことができるのである。いいかえれば、この能力によって人は法の条文に縛られずに、法の精神を実行することができる。ドナルド・クヌスの仕事や、芸術的なデザインと機械化できるものとの関係を探求するその他の研究によって明らかになったことは、規則と原則、文字と精神のこの緊張関係である。私たちはコンピュータの可能性を見きわめる上で、たいへん重要で興味深い時期にさしかかっている。そしてクヌスの論文は、深い考察を必要とする多くの論点を提供している。

要約すると、カテゴリーの定式化は上品な目標、私たちを引きつける蜃気楼のようなものである。この目標へ向かって努力するときコンピュータが必要不可欠な道具であることに間違いはない。ドナルド・クヌスが遠い蜃気楼に魅せられたのか、実現可能な中間目標を想定しているのかは別にして、彼のメタフォントの仕事は、私たちが文字の形を自由に扱う上で多大の貢献をした。文字やフォントの背後にある問題をしっかりと私たちに把握させてくれたといえる。しかし読者は彼の論文から誤った結論を導いてはいけない。すなわちカテゴリーの定式化という表現しえない夢と、より現実的でそれ自体興味深いゴールとを混同してはいけない。私の意見では、メタフォントの最もすぐれた点は、クヌスが的確にも文字の「インテリジェンス」と呼んでいるものを読者が追いもとめたくなるような気にさせる点にあると思う。そして、彼はコンピュータという道具を使うことで、「文字」という素晴らしい形の背後に隠れていて、つかまえようとすると手からスルリとすり抜けてしまう「精神」について、新しい洞察を加えたのである。

追記

この論文が『視覚言語』に発表された数か月後に、現在はイギリスのリーズ大学の言語学部の教授であるジェフリー・サンプソンの興味深いコメントが同誌に発表された。以下はその要旨を示すための抜粋である。

クヌスのメタフォントに対するホフスタッターの批判は不公平だと私は考える……世の中には開いたカテゴリーと閉じたカテゴリーがあって、多くの場合、ある慣れしたしんだカテゴリーが開いているか閉じているかをいうことはたいへん難しい……ホフスタッターは、クヌスが明らかに開いたカテゴリーを閉じていると見なしているように書いているが、その証拠を示してはいないように見える……バスカヴィルとヘルベティカはともに書物の本文を印刷するためのフォントで、広告や見出しだけのためにデザインされたフォントとは異なる。ところが彼の図（図12-3）の五六個の「A」はどれも広告用の文字である。広告用のフォントではなく、本文用のフォントが開いたものであるかどうかはそう自明なことではない。

もしもわれわれが本文用のフォントに話を限れば（そしてクヌスが議論しているのは本文用のフォントのみである）、その範囲が開いたものかどうかは疑わしくなってくる。しかし、ホフスタッターはそうした制限を加えても論点にはいささかの変更も要しないと主張している。「もっとふつうの文字も……もっとこまかく見れば、同じような問題が浮かび上がってくる」と。しかし本当にそうだろうか？

これを裏づけるためにホフスタッターの用いている議論は、バスカヴィルの「i」や「j」の丸い点とヘルベティカの四角い点、あるいは「Q」のしっぽの形の両者での違いをパラメータ化することの難しさだけである。しかしホフスタッターはこれらの問題は解けるかもしれないと譲歩している。さらに私にはこのような問題——個々の文字間で、フォント全体の間の差違からは直接導けないような差が生じる——は、そんなに多くないと思われる。「Q」のしっぽは多くのフォントで違いが現れるところである。「G」の最後のストロークなどもそうである。しかしながら他の文字（たとえば）「P」がある本文用のフォントでどのような形をしているかを知れば、「D」や「H」や「T」がどんな形をしているか、だいたい予想がつくものである。

私には、定式化のさい十分に考慮されなかったフォントを含め、病的な例は除く、ローマ字のあらゆる本文用フォントを、有限の変数の集合（その数はかなり多く、個々の変数の多くは当然微妙なものとなるだろうが）で定義しようと試みることは十分実現可能な研究課題のように思える。もしもホフスタッターのフォントに対する考え方が正しいとすれば、この仕事は実現不可能ということになる。新しいフォントを考えるたびに、メタフォントに新しい変数の追加を余儀なくされるというわけである。しかしながら先験的にこの否定的な結論に到達するほど、十分な理由があるとは私には思えない。

これを最初に読んだとき、私自身、もっともな説だと感じたことを認めなければならない。たぶん私は自分の説を強くいいすぎたのだろう。サンプソンの説は道理にかなっている。しかし、そのあと、私の頭に一つの疑問が浮かんできた。「本文用フォントにおける『本文用フォント性』の境界は、いったいどこにあるのか？」この問題については、サンプソンが暗々裡に認めているある仮定を用いてうまく例示することができる。彼はなんのためらいもなくヘルベティカを本文用のフォントと呼んでいる。ところがそうすることによって、彼は私の説を支持していることになるのだ！　なぜならヘルベティカというのはほとんどつねに広告用のフォントと考えられ、本のタイトルや広告の表示に使われてきたからである。それはオプティマやエラスなどと同様、ひげなしのフォントである。サンプソンがゴーディ、イタリア、スーベニア、コリンナなど（図13-11）のひげ付きのフォントをどう考えるかたいへん興味のあるところだ。これらのうちのどれが広告用で、どれが本文用だというのだろうか？

まったくあてにならない話だ。問題（いや問題でもなんでもなくただの事実なのだが）は、本文用のフォントをデザインした同じデザイナーが広告用のフォントもデザインするという点にある。そしてどちらの仕事においても、スタイルを確立し喜びに満ちた創造を行っていく上で、同じセンスが要求されるのだ。私には個々のデザイナーが「奔放度」というノブをいじっていたずらしているように見える。それが低く抑えられたときには、複雑さやいたずら心は文字の形のこまかな部分（ストロークがどのようにして終わり、ずれ、太さを変え、どこで出会うのかというような）の背後に隠れてしまう。こうしてできあがったフォントは慎み深く威厳があって、陳腐だが上品で優美、かつそのデザイナーの個性を十分反映しているということになる。逆に奔放度を高くすると、奇をてらう華麗な効果への願望が頭をもたげてきて、できあがるフォントははでなフレアや威勢のいい装飾に満ちたものになる。ストロークが二重に書かれたり、省略されたり、法外な形になったり、はでな飾りがついたりするわけである。デザイナーが誰であろうと、「奔放度」が低いときには、「いつでも同じ本文用フォントのノブが回される」だけで、「奔放度」が高いときには、開いた概念の集合が必要になると考えるのはちょっと単純すぎよう。

少しでも腕に自信のある創造的なデザイナーならば、前もって決められた公式、つまり有限のノブの範囲内でフォントを作ってもけっして満足しないだろう。いかなる創造の喜びも、すでになされたことの境界線上で遊ぶことにある。すべての鋭敏な観察者は、個々の標準文字について、また文字を構成する役割のそれぞれについて、それらを中心にしてどこまでその文字と認められるかを判断する直観をもっている。いろいろな変種がどれぐらい大胆なものであるか、どこまでいくともはや受けいれがたいものとなるかを判断する感覚である。この領域の曖昧な境界こそ、芸術家が最も好んで遊ぶ場所なのである。「奔放度」が低くセットされた場合、デザイナーは主に内側からこの境界線と戯れることになる。結果としてほとんどの決定は保守的なものになる。逆に「奔放度」が高くセットされていると、より危険度の高い決定が下され、この領域の中心からはるかに離れたところでデザイナーは勝負することになる。奔放度がどの位置でセットされていようと、規範の逸脱こそ創造行為における重要

aabcdefghijklmnopqrstuvwxyz
ABCDEFGHIJKLMNOPQRSTUVWXYZ

abcdefghijklmnopqrstuvwxyz
ABCDEFGHIJKLMNOPQRSTTUVWXYZ

abcdefghijklmnopqrstuvwxyz
ABCDEFGHIJKLMNOPQRSTUVWXYZ

abcdefghijklmnopqrstuvwxyz
ABCDEFGHIJKLMNOPQRSTUVWXYZ

abcdefghijklmnopqrstuvwxyz
ABCDEFGHIJKLMNOPQRSTUVWXYZ

abcdeefghij jklmnopqrstuvwxyz
ABCDEFGHIJKLMNOPQRSTUVWXYZ

図 13-11　広告用のフォントと本文用のフォントの間にきちんとした境界線を引こうという試みがいかに無益かを示す例。上から順にエラス・ドゥミ、ロミック・ライト、ゴーディ・エクストラ・ボールド、イタリア・ミディアム、スーベニア・ライト、そしてコリンナ・エクストラ・ボールド。これらのフォント（のもっと小さな文字）を使って印刷された本というのは十分ありうるのだが、ここに掲げたものはどれも本文用のフォントではない。

事項なのである。奔放度が高かろうが低かろうが、一人のデザイナーが創造的な欲求に従ってなにかを表現していることに変わりはない。どれだけ巧みに、あるいはどれだけ抑制された形で、これらの影響が表に現れるかだけが問題なのである。

＊　＊　＊

ヘルマン・ザップは有名なひげなしのフォント、オプティマのデザイナーである。このフォントはいくつかの本に使われている（図13-9a）。オプティマはとても単純に見える。一つの文字が与えられれば、他の文字はすべて容易に決定できると思えるほどである。サンプソンはもっと強気で、「(たとえば)『P』がある本文用のフォントでどんな形をしているかを知れば、『D』や『H』や『T』がどんな形をしているか、だいたい予想がつく」とまでいっている。しかし、もしそれが本当だとしたら、ザップのような世界的に有名なフォント・デザイナーがそれをデザインするのになぜ七年もかかるのだろうか？　私にいえることは、視覚的にたいへん敏感な人たちでさえ、文字の複雑さに関してはまったく無知なことが多いということである。

このことを納得するには、実際に自分の記憶だけをたよりに、たとえばヘルベティカ・ミディアムの「a」（図13-12a）を書いてみるのが一番いい。好きなだけ眺めて研究し、そのあとでこの「a」の形を再現してみよう。目が肥えていればいるほど、数多くの誤りを犯していることに気づくはずである。何度も同じことを試してみるといい。私などはもう何十回となくこの「a」を空で書こうと試みたが、完全に書けたためしがない。この文字は長いこと私のお気に入りの文字で、他のどの文字よりも長い時間をかけてためつすが

図 13-12　二つの古典的フォントの細部。ヘルベティカ・ミディアムの「a」とイタリア・ブックの「g」。

めつしてきたはずなのだが、いまだにそのすべてを理解してはいないということである。

ヘルベティカの例はたいへん興味深い。なにがこのフォントの特徴なのだろうか？　まずは、このフォントにおいてはじめて図の部分と地の部分の両方に平等に注意が向けられるようになったということができる。また非常に単純でほとんど数学的な曲線が使われてもいる。なぜ一九五八年になるまで、このようなフォントがデザインされなかったのだろうか？　かくも明快なデザインをかくもエレガントにデザインするのに、なぜこんなに長い時間がかかったのだろうか？　これは純粋さとエレガントなものを愛した古代ギリシャ人がなぜ群論——抽象的な二項演算を扱う数学の一分野——を発見しなかったのかと問うことに似ている。結局、あるアイデアはとても抽象的なので、何世紀も前に霧の中にかすかに見えていたとしても、全体がすっかり姿を現すのには思ったより長い時間がかかるということなのだろう。（群論はギリシャの時代から二〇〇〇年もの間、発見されるのを忍耐強く待っていたことになる。群論は人類に対してなんと忍耐強かったことか！）まったく同じことがヘルベティカの純粋さについてもいえる。そして予想されたことではあるが、驚くべきことにマックス・ミーディンガーがヘルベティカをデザインしたその同じ年に、エイドリアン・フルーティガーは多くの点でヘルベティカに非常によく似たユニバースという素晴らしいフォントをデザインしているのである。同じようなアイデアがある時期にかたまって発見されるという、よくあるパターンである。

一九三〇年代の人々は数多くのフォントを見てはいたが、ヘルベティカのアイデアを誰も予見しえなかった。同様に（二〇二七年にアルグリ・スノープルという人が現れて、本文書体としてデザインするかもしれない）スノープルというフォントのアイデアがどんなものであるか、現在の私たちは知ることができない。ある意味では、すでに私たちの周囲に存在するものによってスノープルというフォントは暗に定義されているはずなのだが。コンピュータや解像度の低いドット・フォントの発達という文化的な圧力が、文字をどうとらえるかに大きな影響を与えている。一つの例を話そう。ヘルマン・ザップが「超楕円」と呼ばれる曲線のことを聞いたとき、その形にもとづいてフォントを作る気になった。「超楕円」というのは円と正方形の間（より一般的には楕円と長方形の間）をうまく数学的に内挿して得られる図形で、一九五〇年代にデンマークの科学者ピート・ハインが考案したものである。その結果として、現在では標準的なフォントの一つとなっているメリオル——その中の円形はすべて超楕円である（図13-9c）——が生まれた。要は、フォント・デザイナーも一般の人々と同様に文化的な潮の満ち干きの影響を受けやすいということである。そしてそうした潮の影響は、広告用の見出しフォントばかりでなく、本文用のフォントにも同じように現れている。サンプソンの言にもかかわらず、注意深く検討してみれば、本文用のフォントも広告用のフォントと同じように、やっかいな問題を投げかけていることがわかる。

したがって、再度考えてみたものの、「奔放な」文字に関していえることは、すべて「おとなしい」文字についてもいえるという私の意見に変わりはない。同じ問題を見出すには、よりこまかい部分を見さえすればいいのである。右で述べたように、現代の本文用フォントは各ストロークの端点で、信じられないぐらいいろいろな工夫を凝らして遊んでいる。たとえば、「g」——イタリアの「g」（図13-12b）を参照せよ。他のいろいろな文字も調べてみて、サンプソンの言い分についてもう一度考えてみていただきたい。

＊　＊　＊

人は極端な例のみが難しい問題を投げかけると考えがちである。それで、アーチー・バンカーのような陳腐なテレビ・ドラマのキャラクターの創造をモデル化することなど難しいことではないと思ってしまう。そしてムザックのような作曲ができ、くだらない小説を書くことのできるプログラムをもしも書くことができたら、モーツアルトやアインシュタインの機械化の一歩手前まできているることになるのだということを聞かされるととまどってしまう。しかしながら知能が遅れた人のように振る舞うことのできるプログラムができたとしたら、それだけで偉大な進歩なのである。みなが誰でもできるような心の活動――最もまれな活動ではない――がいまだに謎なのだ。

人工知能の分野の開拓者の一人であるジョン・マッカーシーは、たとえばエビのクレオールを作るというような家事をやってくれる「台所ロボット」を私たちが所有するようになったときのことを好んで話す。彼によれば私たちはそのようなロボットを奴隷のようにこき使うことができる。なぜなら彼らには意識がまったくないから。私にとって、これは理解できないことだ。なにが起こるかわからない台所という世界でうまくやっていけるものはなんであれ、ロッキー山脈の中で一週間生存することのできるロボットと同程度に意識があると考えていいと思う。私にとっては、どちらの世界も信じられないほど複雑で驚きの可能性に満ち満ちている。しかし、マッカーシーのほうは台所のことを、サンプソンが本文用のフォントを考えるように考えているのではないかという気がする。なにか単純で閉じた世界、ロッキー山脈のように開いた世界とは反対の世界というわけである。私の意見によれば、これは私たちが生きている世界の複雑さを大幅に過小評価することによって、その世界の中でうまくやっていくことのできる存在の複雑さをも過小評価してしまうという、例の誤ちの一種だと思う。

最終的に、このような議論にけりをつけるための唯一の方法は、台所でうまく振る舞ったり、あるいは本文用のフォントを生成するコンピュータ・プログラムを書くことしかない。そのときはじめて、ノブが本当はどういうものであるかについて極度に厳密さを要求する概念に向き合うことになろう。人々の考えるノブという概念は、直観的すぎて具体性を欠いている。コンピュータと一体になり、全く馬鹿げたほど厳密に思考するのは、たしかに困難なことだ。しかし、そこからスタートしなければならない。そうすれば、なぜアルファベットのすべての文字をノブのパラメータの組み合わせで表現しようという試みがたいへんな仕事なのか、またなぜこの仕事が人間の思考すべてをノブでパラメータ化しようという試みのごく一部となっているのかが理解できるだろう。

＊　＊　＊

いくつかの自由度を組み合わせれば、起こりうるすべての状況をカバーできるという考え方はたいへん魅力的である。結局、ノブのたくさん付いた機械のとりうる状態の数は各々のノブのとりうる設定の数の積だから、比較的小さな数を掛けていっても、その積は急速に大きな数になる。この考え方を完璧に示した文章を、『会社経営者、役員のための手紙例文集』、くだけていうときには『代作（ザ・ゴースト）』というニックネームで呼ばれる本の広告で読んだことがある。その広

告によると、

この本は手紙を書く技術に関する本ではありません。この本はすでに書かれていて、すぐに使うことのできる一三三通のビジネス用の手紙を集めたものです。これらの手紙は、あなたが仕事の上で出くわすであろうあらゆる状況をカバーするものです。たんに二、三の単語を変えさえすれば、それでだいじょうぶ。これらの手紙は主題別に並べられ、合わせて九八八個の言いかえ用語句と例文が付され、あなたがなんの努力もなしに自分の目的に合った手紙を拾い上げることができるよう整理されています。……編集者であるJ・A・バンデュインは四年間調査して、現在使われている最もすぐれたビジネス用手紙の例を収集しました。これらは、簡潔で直接的、形式ばらない言葉で書かれていて、使い古された決まり文句などは使われていません……あなたは三〇秒で、主題から必要な手紙を捜しだすことができます。名前と住所、それに五、六個の単語を変えるだけですむかもしれません。さもなくば見開きの右のページに書いてある別の語句、例文などを使うこともできましょう。数分のうちにあなたの手紙ができあがるのです。お望みの味も加えてください。そうすれば、ほら、あなたが伝えたい内容に完全に合致した手紙の完成です。

ある種の手紙はとくに書くのが難しいものです。相手にうまくいいよる言葉、ちょうどぴったりの書き出し、気品のあるおわびなどで頭を悩ませているときには『代作』をもっていることに感謝することでしょう。たとえばとりあげられているのは、以下のような主題です。

公務員への手紙、任命または選挙による就任の辞退、悔やみ状、謝罪の手紙、慈善寄付のお願い、調停——断わりをいれるとき、債権者への手紙、口座休止の連絡、募金の手紙、文献依頼等、全部で十一章。

新しい主題も完全にカバー！　コンピュータ・サービスの契約の手紙、コンピュータの誤動作を謝罪する手紙、ハードウェアやソフトウェアの契約の手紙などが含まれています。経営者が実際に必要とするあらゆる手紙がこの『代作』にはあります。ご利用をお待ちします。

この本には、ここ最近、手紙が機械的に書かれていることをおわびする手紙や、相手を間違って発送してしまった手紙をおわびする手紙なんていうのも入っているのかな、などと私は思わず考えてしまう。それが誰であれ、彼の置かれたあらゆる可能な状況をすべて予期できるという考えにはただただ驚くばかりである。この広告を信じて本を買った人がいたとしたら、その人はなんとだまされやすい人なのだろう。（ところで、もし読者の中で興味をおもちの方がいるなら、この本はたったの四九ドル九五セントで、プレンティス・ホール社から購入することができる。でも急がないと、すぐになくなってしまう！）

* * *

ノブと創造性の話をある建築家たちとしたときに、家や庭、茶室などをデザインするのに「形の文法」というのを提唱している人たちに会ったことがある。フランク・ロイド・ライトの「草原の家」

と呼ばれている一群の家が、どのようにパラメータ化されて「形の文法」で記述されるのかを私は示された。H・コーニングとJ・アイゼンバーグの論文にはこの文法が紹介してあって、ライト風の家の内装外装の多くのデザインが示されている。このような公式による芸術を見ると、私は有名なモーツァルトの任意に小節を組み合わせられるワルツを思いだしてしまう。どんな順番に小節を組み合わせても、あまり素晴らしいものではないが、一応聞くにたえる音楽ができるというわけである。「形の文法」はモーツァルトがした以上に多くの構造を認識するようにできているが、モーツァルトはたんなる冗談としてこの曲を作ったのだから、こんな比較をしても意味がない。建築における形の文法に関する論文をいくつか眺めてみたところ、私にはこの文法から生成されるデザインはなかなかのものだが、要するに入力されたデザインに非常によく似ているということがわかった。まさにそれゆえに、すなわち既存のデザインがまずあって、それをお手本にしてすべてが作られているという意味で、どちらかというと無味乾燥なデザインに私には思える。私たちは、擬似モンドリアン対正真正銘のモンドリアン(図10-14とそこに付随している議論を参照)の問題に舞いもどってきた。それは一度は新奇性のあった創造物から特徴を抽出し、それを使って機械にその創造をまねさせ、さらにはよりよいものを創造させようという試みには芸術的価値があるかないかという問題であった。この試みはつねに既存のものからなにかを導くという形態をとることになる。

読者は私の研究の一つが形の文法やメタフォントからそう離れたものではないことを知って驚くかもしれない。私の「漢字」プロジェクトの目的はいろいろとスタイルを変えて漢字を生成できるプログラムを作ることにある。すべての漢字はより小さな単位に分解され、それがさらに小さな単位へと分解されて、最後に基本ストロークというレベルに到達する。中国の伝統的な書家はそのような基本ストロークは七ないしは八つあると教えてくれるが、これは視覚や概念が非常に流動的な人間にとっての数である。がちがちの機械のためには、この数をふやしてやらなければならない。私はだいたい四〇ぐらいのストロークがあれば、どんな漢字を作るのにもちょうど十分であるということを発見した。ほとんどの目的には三〇ないしは三五で足りる。おのおのの漢字の定義はスタイルとは独立である。ということは、もしも基本ストロークを変更すれば、すべての漢字の形が変わるということである。これの例が図13-13に示してある。これは、「漢字」プログラムが二つの異なるスタイルで出力した中国語の短い文である。(そしてこれらの文は出力自身について別々のことをいっている。)

私の共同研究者であるデービッド・リークと私は、漢字のスタイルに対するこのやり方が一般性のある方法であるなどとは夢にも思っていない。この方法はパラメータを使ってスタイルを定式化しようというあらゆるアプローチと共通の制約を背負わされている。その制約とは硬直性と非創造性である。それでも、これらのシステムの制約を十分承知した上で、できうるかぎりのことをしようと努めることは私たちにとって興奮を覚えるほどの挑戦である。こうすることによって、これらのシステムでどこまでいけるかを私たちは知ることができるし、中国語の書き方に関してより多くのことを学ぶことができる。しかし、なんといっても私たちの知っている多くの中国人の学生を楽しませ、彼らの興味をそそるという点が最大の利点かもしれない。

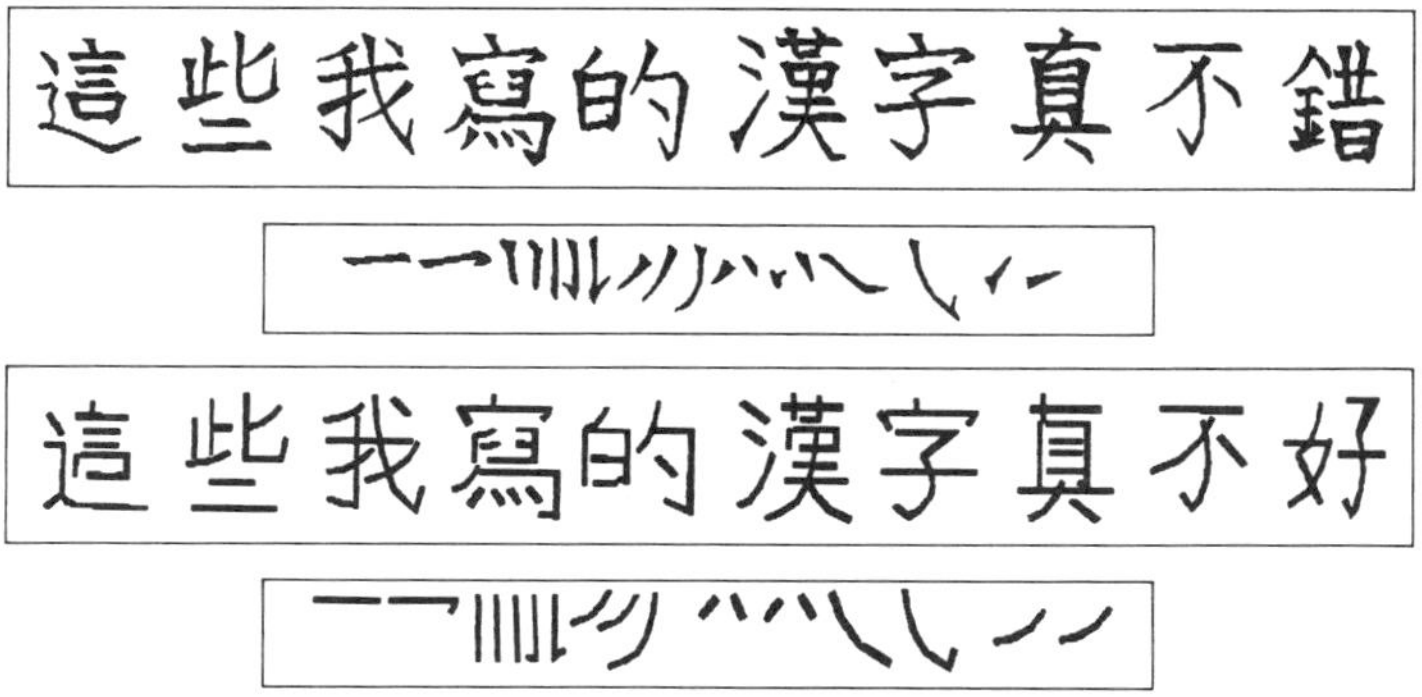
這些我寫的漢字真不錯
這些我寫的漢字真不好

図 13-13　自己記述的な中国語の文。やや毛筆風に書かれている上の文は、「私が書いたこれらの中国語の文字はそんなに悪くない」という意味。やや機械的な下の文は、「私が書いたこれらの中国語の文字はそんなによくない」と書いてある。どちらも、漢字生成プログラムで約 20 個の基本ストロークを変更することによって書かれたもの。使われた基本ストローク自身は下の枠の中に示してある。この漢字生成プログラムは約 40 個の基本ストロークから、5 万個ともいわれる中国語の文字のすべて生成することができる。したがって、40 個の基本的な図形をいろいろと変えることによって、書かれた文の見え方をいろいろに変えることができる。しかし、デービッド・リークと私は、いくつか単純なストロークの再定義をするだけで図 12-4 の創造的な多様さをとらえることには全然成功していない。私たちのプログラムは自分自身で生成したものを見ることができないが、自分の作品を見ることは、ちゃんとした創造には欠かせないものなのである。

＊　＊　＊

創造的で型にはまっていない人は、前もって決められたカテゴリーの枠からはみだすようなアイデアをいつでも思いつくものである。

『サイエンス・ニューズ』(一九八三年一月八日号)のしゃれた表紙に、新しい飛行機のアイデアが四つ載っていたことがある。一つは、六つのエンジンが付いた胴体のない空飛ぶ翼で、翼の両端に垂直尾翼が付いている。次のはプロペラで飛ぶ飛行機だが、そのプロペラが扇風機の羽というよりは花びらに似た曲面をしているもの。三番目のは二つの翼が上向きに曲がり、胴体の上までいってくっつき、完全な円になっている(したがって厳密にいえば翼は一つ)飛行機。四番目のはシャム双生児飛行機とでも呼びたくなるようなもので、大きな翼を二つの平行な胴体が共有しているものである。表題からもわかるように、まさに将来の飛行機の素晴らしいイメージがここにはある。将来にわたって考えうるすべての飛行機のデザインを有限個のノブで表そうと努力してみるといい。これは、役割が自由に分割され、なんの苦もなく融合している例である。将来への展望にはしばしばこの例のように、現在のアイデアに対する刺激的な「ひねり」が含まれていることが多い。新奇性に満ちていて、単純なノブの「ひねり」でカバーできる範囲をはるかに越えた「ひねり」である。それにもかかわらず、通常は実際の未来がどのようになるかを本当に予測することはほとんどできない。

ノブの愉快な使い方が、「チョイス・アラ・マ」と呼ばれる新しい映画の一種に見られる。その謳い文句によれば、「次になにが起こるかをあなたが選ぶ」というわけである。たぶん観客が前もって決められた選択個所で投票をし、それによって前もって用意された可能な話の展開の中から一つが選ばれるのだろう。街中を車で走っていて、曲がり角にくるたびに、その場でどちらへ行くかを選択していって、最後に思いもよらないところにたどりついてびっくりするようなものである。しかし、二、三個所以上の選択個所を作ろうとすると数がどんどん掛け合わさっていくので、この映画は非常に高価なものになるはずである。たとえば、二者択一の選択個所が一〇あったとすると2^{10}つまり一〇二四個の異なるストーリー展開が、フィルム上のどこかに納められていなければならないことになる。これは退廃的ではあるが、私たちの社会の愉快な象徴といえよう。

結びに、示唆的なノブの使い方を紹介しよう。「奪取」の量を制御できる戦略核兵器についてである。これは当然、ピザの宅配やお祈りの電話サービスと同じ精神にのっとって、奪取電話サービスと呼ばれる。あなたの必要に応じて敵の戦力のどれぐらいを奪いとりたいかを決定することができる。その値を高く設定すればより多くを殺せる（こんな乱暴な言葉は使うべきではないが）が、一方では敵が同じかまたはより大きな核による報復処置をとるかもしれないということから、人類全滅の大量殺戮へとあっという間に転げおちてしまう可能性が高いという困った側面をもつ。まったくいやになってしまう。他の条件がまったく同じだとすると、これは望ましくないことだから、その人がよっぽど不機嫌かいらいらしていないかぎり、より低い値を使うほうがいいだろう。結局のところその必要もないのに、かつ時期尚早なのに誰が世界最後の日をもたらそうなどと望むだろうか？　まったく、ノブにも途方もない使い方があるものだ！

［Ⅳ］
ストラクチャーとストレンジネス

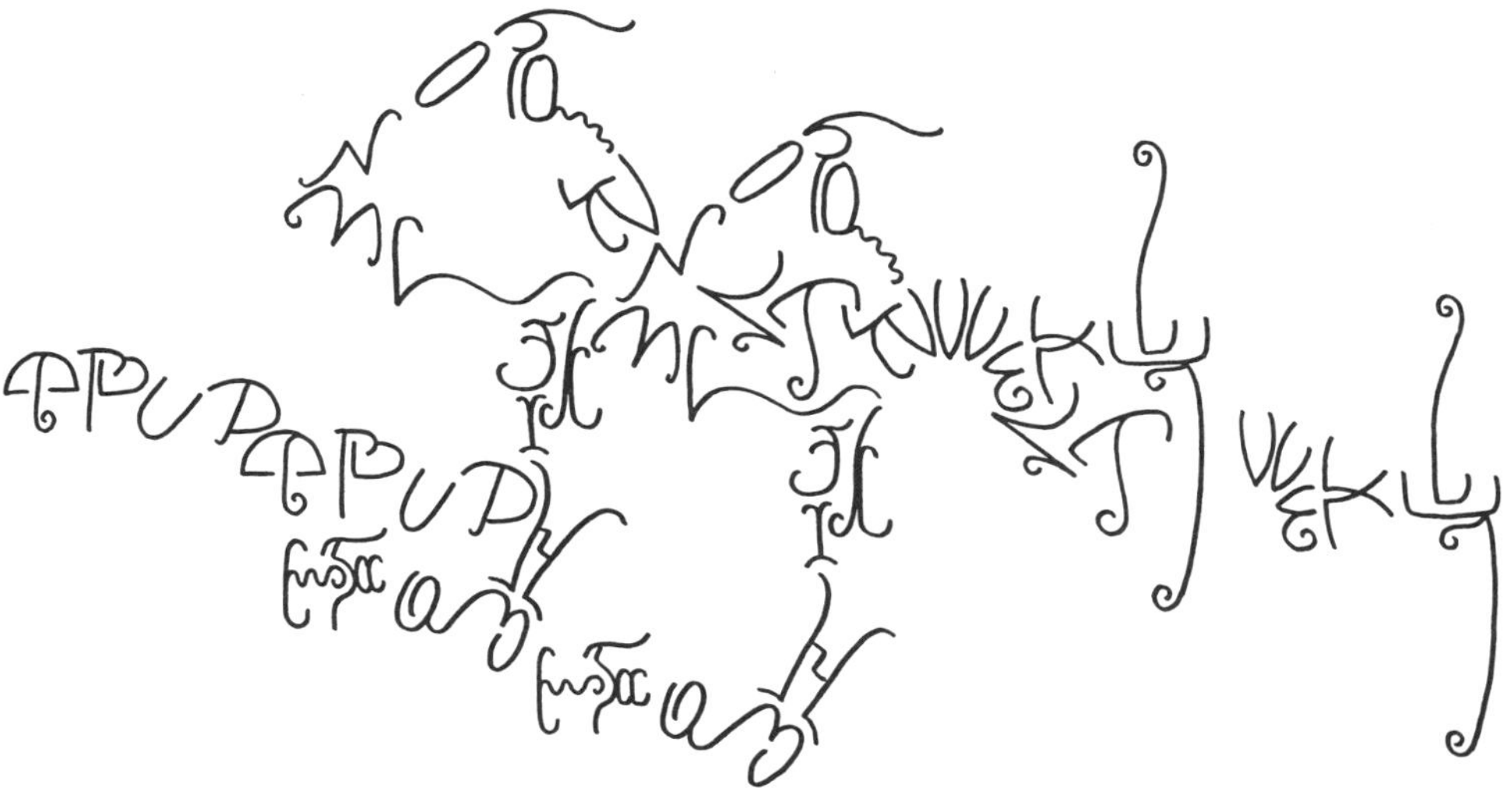

［Ⅳ］
ストラクチャーとストレンジネス

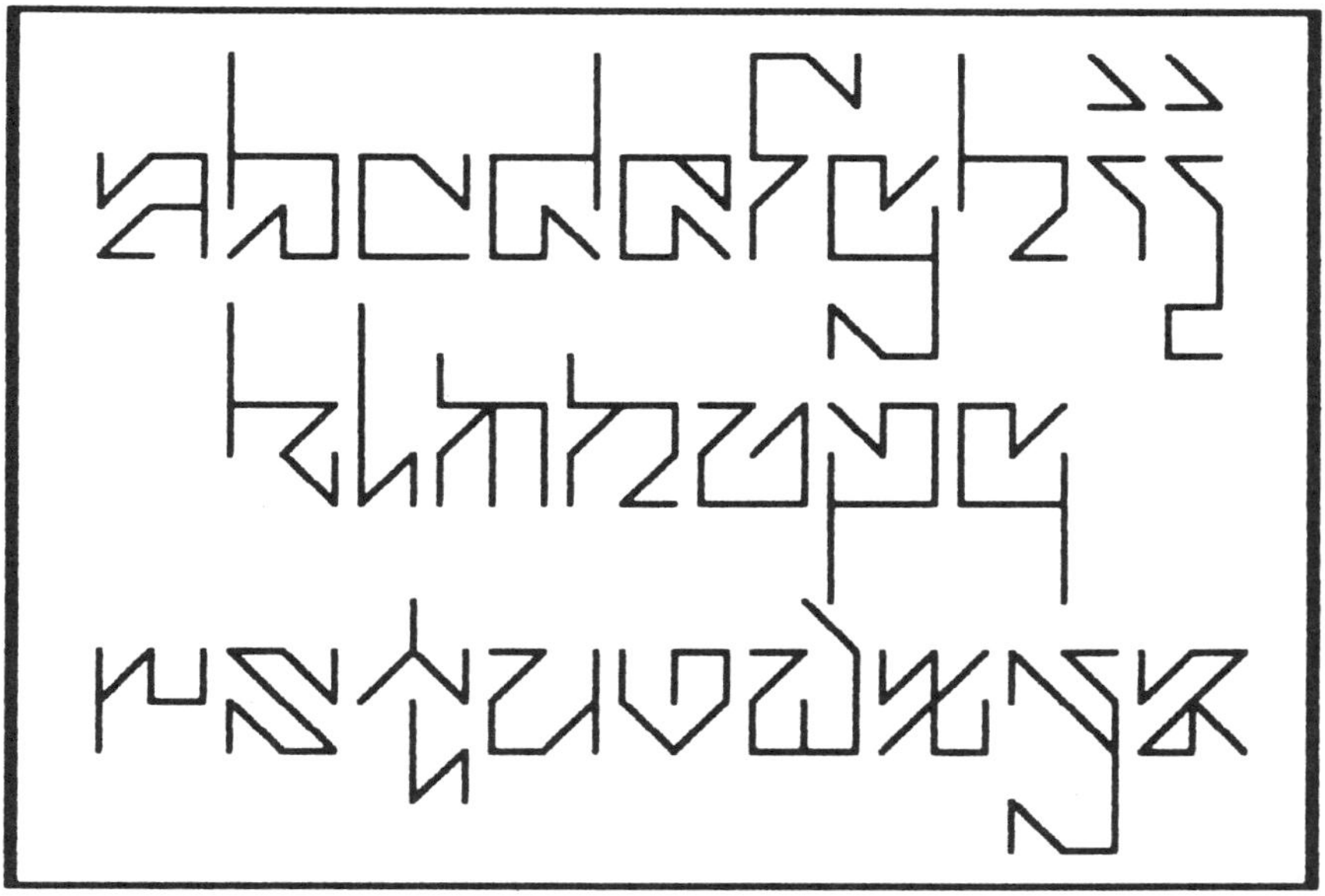

数学的構造は、人間の心が生みだした最も美しい発見に属する。これらの発見のうち最良のものは、学問分野の境界を越え、思考の広い領域を同時に照らす強大な説明能力とメタファー能力をもつ。さらに、こういう発見はしばしば、慣れ親しんだ概念の奇妙な側面を明らかにしてくれる。以下の七つの章では、四つの素晴らしい数学的概念を考察する。マジックキューブは数々の理由によって実に魅力的な物体である。たとえば、物理的に不可能な見かけであること、ひねり回すうちに、秩序と混沌（カオス）が裏をかくように現れたり消えたりすることがその理由である。次は、秩序と混沌の数学的境界を話題にする。非常に簡単な関数の繰りかえしが、予想もできなかったようなカオス的な現象――ストレンジ・アトラクター（奇妙なアトラクター）を引きおこす。不思議なアトラクターは、無限種類の大きさの自分を内部に一度に含んだ非常に奇妙な図形である。これは不思議なアトラクターに固有の性質ではなく、「フラクタル」というより広いクラスの図形の性質である。そして、これらはより一般的な数学の概念「再帰」――今世紀の数学とコンピュータ科学にとって最も実り多かった研究分野の例になっている。再帰と再帰性については、人工知能研究で最もよく使われたリスプというコンピュータ言語にもとづいて説明を行う。最後に、コンピュータのミクロなベースへ話を進める。量子現象という無気味な黄泉の国と、マクロ世界とミクロ世界の関係に関する未解決の謎が述べられている。

［第14章］

キューブ術、キューブ芸術、キュービズム

Cubitis magikia（和名　方体魔痒症）指さきのムズムズ感を伴った重度の精神障害。ムズムズ感はハンガリーと日本に起源をもつ多色の立方体に長時間接触しないかぎり低減しない。症状は数か月にわたる。強度の伝染性あり。

無味乾燥なこの医学用語辞典はだいじなことを忘れている。多色の立方体は、接触すればムズムズ感を治すことは治す。しかし実はムズムズ感の原因そのものなのである。それにこの病気が患者に全然苦痛でないこともいい忘れている。なにを隠そう、私は昨年中これにかかっていて、いまでも発作が出る。

ブーベス・コッカ――マジックキューブ（魔方体）、またの名をルービックキューブ――によって、パズル屋も、数学屋も、計算機屋も、みんなそろってブームに巻きこまれた（図14-1）。サム・ロイドの有名な15パズル以来、一つのパズルがこんなに多くの人の頭をきりきり舞いさせたことはない。15パズルが十九世紀に出現したとき、ブームはたいへんなものだった。これは、いまでも最もよく知られたパズルとして残っている。

15パズルもマジックキューブも、考え方は似ている。前者は二次元の問題で、4×4の正方形の中でかき混ぜた番号札を正しい位置にもっていく。後者は三次元の問題で、3×3×3のキューブの中の小立方体を色がそろうようにもっていく。どちらもせっかくの前進を一見だいなしにするような手順を何度も何度もやらないと解けない。つまり目標にいたる手順で、一時的とはいえ、その時点までにかちえた配置を局所的に崩さなくてすむようなものはない。

もしこれが15パズルをマスターするのに壁になっているとしたら、マジックキューブはもっと難しい。また、どちらのパズルにも悪魔的な性質があって、悪意はないがヘタクソ野郎、または悪気に満ちたイタズラ野郎が、これをバラして一見なんでもないようにもとに戻したら、もう解には永久に達しなくなることがある。こうなったら最後、解こうとしても苦悶のドン底だ。

マジックキューブはたんなるパズルを越えている。巧妙な機構の発明、気晴らし、教育玩具、教訓のタネ、また、創造の刺激がそこにある。キューブはいまとなっては、ほかに考えようのない形と思われるが、発見にはずいぶん長い時間を要した。しかし、ハンガリーと日本（あるいはさらにほかのところ）でほぼ並行してアイデア

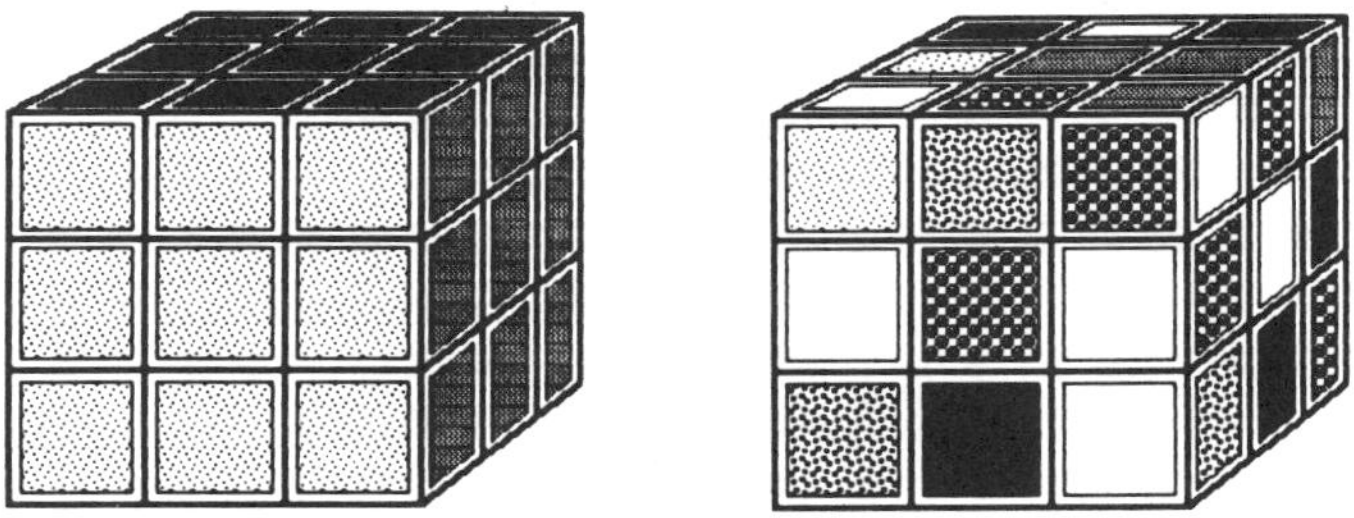

図 14-1　マジックキューブ、a.買ってきたばかりの初期状態、b.ゴタ混ぜになった乱列状態。

が芽生え、発展した。機は熟したのである。ある報告によると、フランス政府のセマという名のお役人が、イスタンブールで一九二〇年に木製のものを見たという。さらにその後、一九三五年にマルセイユでも見たというが、証拠がないのでどうもあやしい。

いずれにせよ、ルービックはこれを一九七五年に完成した。ハンガリー特許の日付けもそうなっている。しかし、これとまったく独立に、東京近郊茨城県波崎町で小さな鉄工所を経営する独学の技術者、石毛照敏も、ルービックから一年と遅れずにまったく同じ設計を提案し、一九七六年に日本の特許をとった。石毛にもこのみごとな発明の名誉が与えられるべきである。

ルービックとは何者か？　エルノ・ルービックはブダペスト商業美術学校の建築デザインの先生である。この3×3×3のキューブに思いいたったのは、学生に三次元物体のイメージ能力を高めさせる狙いからであった。立方体のどの3×3の面をとっても、その真ん中を軸に回転し、それでいて立方体全体はバラバラにならない。各面は最初色がそろっているが、あちこちの面をグルグル回すと、面の色は混ぜこぜになってしまう。学生たちの課題は、これをもとに戻す方法を求めることである。

はじめて電話でキューブの話を聞いたとき、私は物理的にありえないとまず思ったものだ。どう考えたって、おのおのの小体（キュービー、世界中のキュービストたちによって生みだされた実用的かつ趣味的な専門用語の一つ）がバラバラにならぬはずがない。隅にある小体をとってごらんなさい……これがなににくっついているかって？

隅の小体が属している三つの面がそれぞれ回せるのだから、それと隣り合っている三個の小体とは切りはなせることがわかる。では、

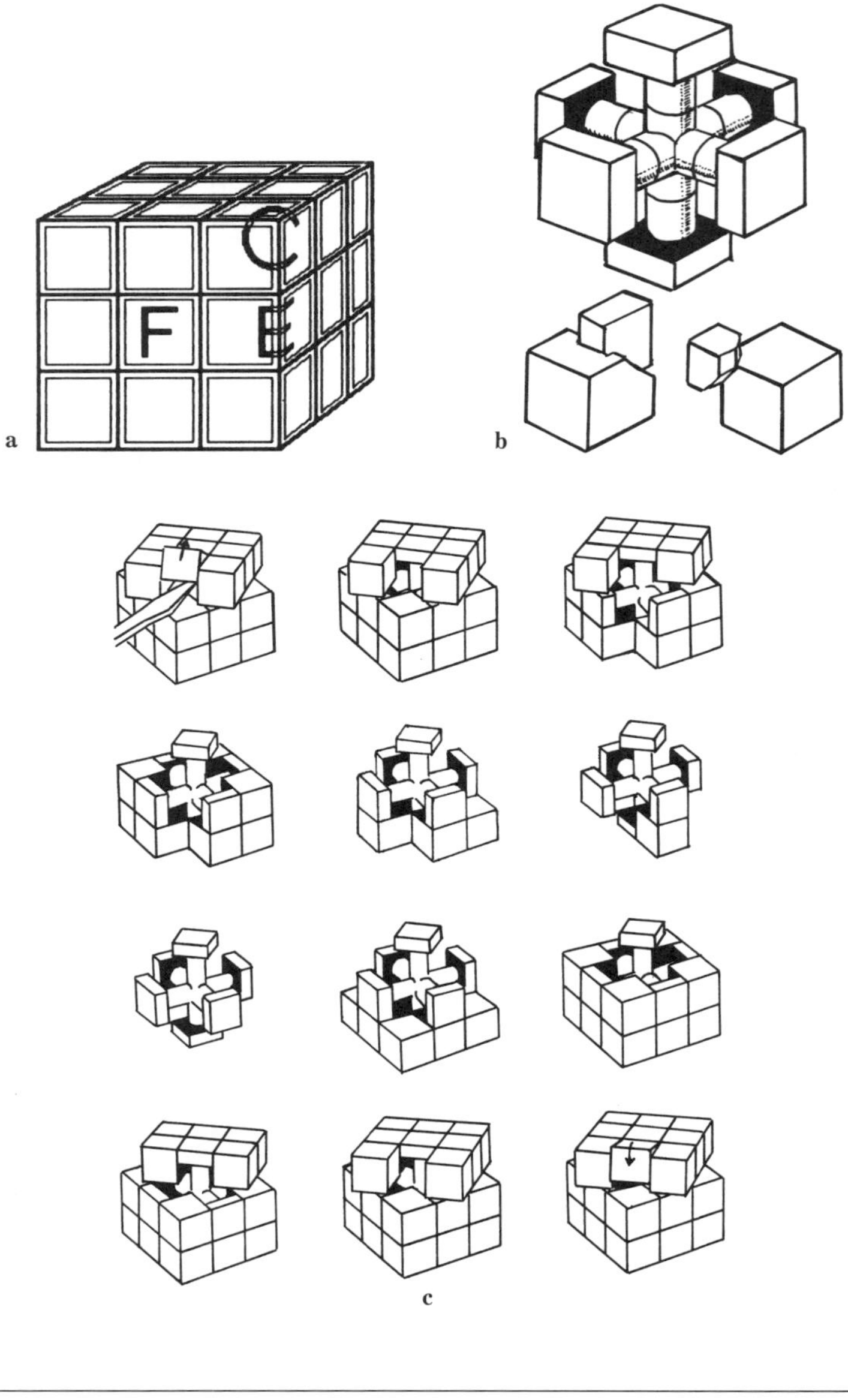

図 14-2　a.小体の分類。芯の小体(F)、隅の小体(C)、辺の小体(E)。
b.マジックキューブの部品。6本の軸をもつ中心があり、その軸に六つの面の小体がくっついている。辺の小体、隅の小体には図のようなコブがある。どの小体も完全な立方体ではない。
c.マジックキューブの分解と組み立て。ただし、組みたてるときには初期状態になるようにすること、さもないとどんなに頑張っても初期状態に到達できない乱列状態ができてしまう。

どうやってその位置に保持されているだろうか？　キューブの中に磁石、ゴム輪、あるいは巧妙な針金細工が仕組まれていると思いきや……、中身は驚くほど単純、タネはあってもしかけはない。

実際、マジックキューブは数秒もあれば分解できる（図14-2c）。あんまり中の構造が単純なので、いったい全体どうしてあんなにうまくいくのか悩まずにはいられないだろう。とにかく、バラしたキューブを見てみよう。

保持の秘密を解くには、小体に三つの型があることに注意しなければならない（図14-2a）。芯の小体が六個、辺（または稜）の小体が一二個、隅の小体が八個である。芯の小体の素面（色のついた面）は一つで、辺の小体の素面は二つ、そして隅の小体は三つである。芯の小体は立方体ではなく、キューブの中心から六方向に出た軸の先端に付いた「張子の虎」である。ほかの小体はほぼ完全に立方体だが、どれも中心に向かって先の鈍い小さな足と、カーブした内向きの溝をもっている。

小体が接着されないでたがいに保持し合うしかけのタネが、この足にある。辺の小体の足は隅の小体の足を保持し、隅の小体は辺の小体の足を保持している。芯の小体が鍵だ。たとえば一番上の層が回転するとき、層自体は水平方向に保持し合い、芯の小体とその下の（赤道にあたる）層が垂直方向の保持をする。赤道層には、各小体の溝から合成された円形の（凹んだ）レールがあって、上の層の足はそれにはめこまれて動き、かつ保持される。もっとも、この説明で理解するのは天才じゃないと無理だろう。図か実物の助けが要る。

ロンドンのサウスバンク工芸大学の数理科学科教授デービッド・シングマスターの権威ある論文「ルービックのマジックキューブについて」では、キューブの構造を求める問題を「基本機構問題」と呼んでいる。思うに、学生のイメージ能力開発としてルービックが、整列問題（色をそろえる問題。シングマスターいうところの「基本数理問題」）を考えていたのか、はたまた機構問題を考えていたのか、よくわからないところである。私は機構問題のほうが難しいと思う。

私自身は、整列問題を解くのに数か月間（とびとびにやったので実際の所要時間は約五〇時間）以上かかったが、機構問題のほうは分解するまで解けなかった。

シングマスターの概算によれば、ヒントなしで整列問題を解く場合、平均的にまるまる二週間かかるという。解いた人間にかかった時間を正確にいえというのはもちろん無理だが（勉強の時間と遊びの時間を完全に区別することもできないくらいだから……）、もしあなたが整列問題を解かされるはめになったら、五時間以上一年以内で解けるとまでは請け合えるそうだ。私もそんなところだと思う。

キューブを乱列状態（混ぜこぜ）から（各面の色がそろった）初期状態に戻すには、一般的なアルゴリズムを見つけてからでないとダメだ！　この重要な事実にたいていの人が最初は気づかない。問題はとにかくえらく難しい。メタメタになったマジックキューブを、試行錯誤だけで整列状態に戻すことは不可能である。初期状態に戻せた人は、実は小さな科学を築き上げたのだといえる。

注意その一　機構問題に対して寄せられる答えは、詳細をうがちすぎるか、またはまるで粗っぽいか、明解さに欠けるものが多い。マジックキューブの多軸の回転可能性を実現する機構はたしかに考える価値のある問題だが、それをほかの人にすぐわかるように言葉と図で書くことも、負けず劣らず価値のある問題なのである。それと同じで、キューブを初期状態に戻すアルゴリズムを人にわからせるにも、明快なよい記法が必要である。シングマスターはいまや標準的と考えられるすぐれた記法をもっている。以下の紹介はこの記法による。

注意その二　私はプロのキューピストではない。(キューブ学の深化に貢献した人をプロという。) 私はたんなるアマチュア・キューピスト。キューブに驚き、名人たちの腕を見てあきれるばかりなのだ。だから私には、機構問題や整列問題の新しい答え(もう何百もある)を受けとる資格はない。読者が新しい知見を得たと思ったら、シングマスターに連絡するとよい。彼は定期的に自分の本の内容を改訂している。彼はキューブ学のワールド・センターとでもいうべきものを運営している。シングマスターの住所はProf. D. Singmaster, Department of Mathematical Sciences and Computing Polytechnic of the South Bank, London SE 1 OAA, England。

＊　＊　＊

マジックキューブはだいたいどこの玩具店でも手に入れることができる。

きっとたくさんの人が「基本数理問題」の恐ろしい難しさに気づかずにキューブを買うだろう。そしてなんの気なく四、五回ひねりまわす。そのとき突然、自分が絶望的に迷いはじめたことに気づく。それからたぶん、気違いじみた調子であちこちひねりまわし、なにかとりかえしのつかない貴重品をなくしたという実感を深めるのである。これはおもちゃの風船が空へ飛びさるのを、手も足も出ずただ眺めている子供の心境だ。

キューブを数回ひねっただけで、色が混ぜこぜになってしまう。これは初心者への警告としておこう。初心者はたいがいまず一面だけをそろえて、初期状態へ近づこうとする。そこからもうさきに進めなくなって、いわば半完成品をそこいらにポンと置く。友だちがそれを見つける。有名なサワラントイテー症候群の発作は、友だちがそれを拾い上げて、「これはなんだい?」と尋ねたときに起こる! 解いてる途中の人間は、せっかく手に入れた部分的完成を無残に打ちくだかれる恐怖のあまり、金切り声を上げるのである。「さわらんといてー!」

皮肉なことに、最後の完成にいたるには、まさにその破壊を許す心のゆとりが必要なのだ。

こんなわけで初心者は、初期状態を壊すととりかえしがつかないという恐れを抱く。絶壁から転げおちるのではないかという恐怖である。私は最初のキューブ(現在は十数個所有)がはじめて壊された(お客さんがやった)とき、安堵感(いずれそうなるさ)と悲愴感(ああ、もう永久に戻れない)を同時に味わった。私の中の物理屋の血が、エントロピーを連想させた。いったん、初期状態が回復不能となれば、どこをどう回そうと、もう関係ない。

慣れない眼で見たら、ごちゃごちゃの状態はどれをとってもごちゃごちゃで、区別のつけようがない。スパデッティの皿と皿が区別できないのも、落葉の山と山が区別できないのも同じ道理だ。色のこまかい配置は私にとってはなんの意味もなく、だから当然印象も残らない。ランダム・ウォーク(乱歩)をやっていくうち、この小さなキューブのもつ組み合わせの数の膨大さがはっきりしてきたのだった。

トランプでよく計算するように、キューブの組み合わせの数も正確に計算できる。最初の見積もりはこうだ。まず簡単に気づくのは、一つの面を回すと、隅は隅へ、辺は辺へ行き、芯は同じところにとどまる。（それ自身の回転は除く。）だから隅は隅としか入れかわらないし、辺も同様だ。

隅の小体は八個で、隅の小区（キュービクル、場所のこと、そこに何色の小体があるかは問わない）も八個ある。キューブの中の小体と小区の関係は、椅子取りゲームにおける子供と椅子の関係と同じである。八個の小体は八個の小区のどれかにちゃんとおさまる。つまり、一番の小区には八通り、二番小区には七通り、三番小区には六通り、……の入れ方がある。だから隅全体では、$8\times7\times6\times5\times4\times3\times2\times1$（8の階乗）通りの入れ方がある。

そして、隅の小体には色の向きが三通りずつあるから、さらに3^8の組み合わせが掛けられる。

一二個の辺の小体についても同じ計算で12の階乗通りの入れ方があって、（色の向きが二通りずつあるから）さらに2^{12}が掛かる。

芯の小体は（キューブ全体を回転させないかぎり）初期状態から動かないから、組み合わせの数に効いてこない。全部掛け合わせると、組み合わせの数は519,024,039,293,878,272,000、だいたい5.2×10^{20}になる。

しかし、この計算では、どの小体もほかの小体の位置や向きに関係なく、任意の小区の中で任意の向きをとりうると仮定している。あとでわかるが、これは正しくない。隅の小体の向きには制限がある。

隅の小体は七個まで、任意の小区、任意の向きをとりうるが、八個目の小体の向きは一通りに決まってしまう。だから、組み合わせの数を三で割らないといけない。

同様に辺の小体にも制限がつく。一一個までは好きなように入れられるが、残り一個の向きが決まってしまうのである。こんどは二で割らないといけない。

最後にもう一つ、小体の位置（向きは関係ない）に制限がある。小体は好きなところに入れられるが、最後の二個の位置は残りのものの位置から決まってしまうのである。これも組み合わせの数を半分に減らす。

最終的には、最初に立てた見積もりを、一二という数で割った43,252,003,274,489,856,000、約4.3×10^{19}が可能な組み合わせの数となる。これにしてもキューブ・メーカーの謳い文句「三億通り以上の組み合わせ！」よりはちょっとばかり大きいといわざるをえない。

12という因子は別の考え方をすると、初期状態は「自明状態」の一二番目のものだといえる。キューブを分解して、隅の小体を一個一二〇度回転したような向きに組みつけ直すと、以前には到達できなかったような状態になり、新たな43,252,003,274,489,856,000個の状態への道が開ける。このように、たがいに重ならない状態の集合が一二ある。この集合のことを群論では軌道と呼んでいる。

＊　＊　＊

不可能な向きのねじれといえば、素粒子物理とおもしろい類似性がある。これはガードナーの読者はもうおなじみのソロモン・ゴーロムが指摘した話である。どんな手順をつくしても、ほかの小体をまったく同じに保ったまま、一個の隅の小体だけを⅓回転させることはできない。プラス⅓の電荷をもつ素粒子とマイナス⅓の電荷をもつ反素粒子にヒントを得て、ゴーロムは時計回りの⅓回転をクォーク、反時計回りの⅓回転を反クォークと呼んだ。キューブのクォークとはむべなるかな。クォーク素粒子はいらいらするほどとらえどころなく、理論物理学者の間ではいまや、クォーク（または反クォーク）を単独で取りだすことは不可能というクォーク束縛説が大勢である。キューブのクォークと素粒子のクォークの類似性は、まさにドンピシャである。

実は類似性はもう少し深い。クォーク素粒子は単独では存在しえないが、群をなしては存在しうる。クォーク反クォークの対はメソン（中間子）で（図14-9 e）、クォーク三個（単位電荷になる）はバリオン（重粒子）である。（たとえば陽子はプラス1の電荷をもつバリオン。）マジックキューブでも驚くべきことに、隅の小体を二個、⅓回転するのは、それがたがいに反対方向（一つは時計方向、もう一つは反時計方向）ならば可能なのである。また、隅の小体を三個、⅓回転するのも、全部が同じ方向なら可能なのである。こういうわけでゴーロムは、逆方向にねじれた隅の対をメソンと呼び、同一方向にねじれた隅の三つ組をバリオンと呼んだ。素粒子の世界では、足してちょうど整数値になるような電荷をもつクォークの組み合わせしか許されない。キューブの世界でも、ねじれの総計が整数値になるようなクォークの組み合わせしか許されないのである。隅の小体七個の向きを決めたら残り一個の向きが決まるというのは、ここからきている。キューブの世界では、このクォーク束縛の根拠は群論にある。クォーク素粒子の束縛にも、よく似た群論的説明がつくのかもしれない。まだまだ検討の余地はあるが、いずれにしても、こういう類似性は実におもしろい。

＊　＊　＊

おろしたてのキューブ（初期状態にあるキューブ）にどういう手順を施せば、メソンやバリオンを作れるか？　ここで少数の小体を動かすけれど、ほか（群論でいう不変元）は変えない「手順パック」が登場する。パック商品ならぬ手順パックは、キューブ学において最も重要な概念である。手順パックの呼び方はほかにもいろいろある。私の聞いただけでも、演算子、変換、語、ツール、プロセス、作戦、ルーチン、サブルーチン、マクロなど。はじめの三つは群論の用語だし、最後の三つはコンピュータの用語である。どれもそれなりの味わいをもっているので、私はみんな使う。

プロセスを語るには正確さが要求される。つまり、よい記法が要る。ここではシングマスターの記法にならおう。まずキューブの面をどう表記するか？　たとえば面を面の色で呼ぶのもよい。色が混じったあとでもそう呼ぼう。なに？　白色があちこちの面に散ったあとで、この面を白だというのはナンセンス、と思えるかもしれない。しかし、白の芯の小体が、ほかの五個の芯の小体に対して相対的な位置を変えないことに注意せよ。つまり、それは白の拠点となる面を定めている。しかし、色は面の名前として使わない。実は最初の色の配置が異なるキューブがあるからだ。同じメーカーのキューブですら異なることがある。

これに対処するには、面を単純に左、右、前、後、天、地(left, right, front, back, top, bottom）と呼べばよい。ただ残念なことに、頭文字の同じものがある。シングマスターはこの問題を、天地のかわりに上下（up, down）と呼ぶことで解決した。〔訳では天地と呼ぶ。〕これで六個の面、L、R、F、B、U、Dがそろった。小体の表示は、それが属している面の小文字を並べて行う。たとえばur（またはru）は天の層の右側の辺の小体を表し、urfはその前にある隅の小体を表す（図14-3 a）。

右利きのキューピストにとっては、前面の右上に親指を当てて握

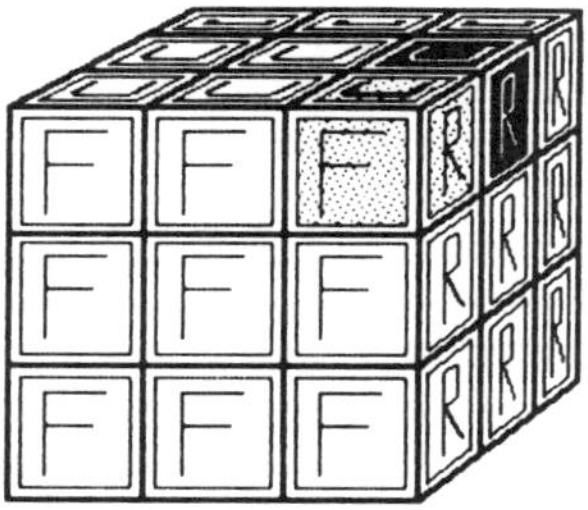

a

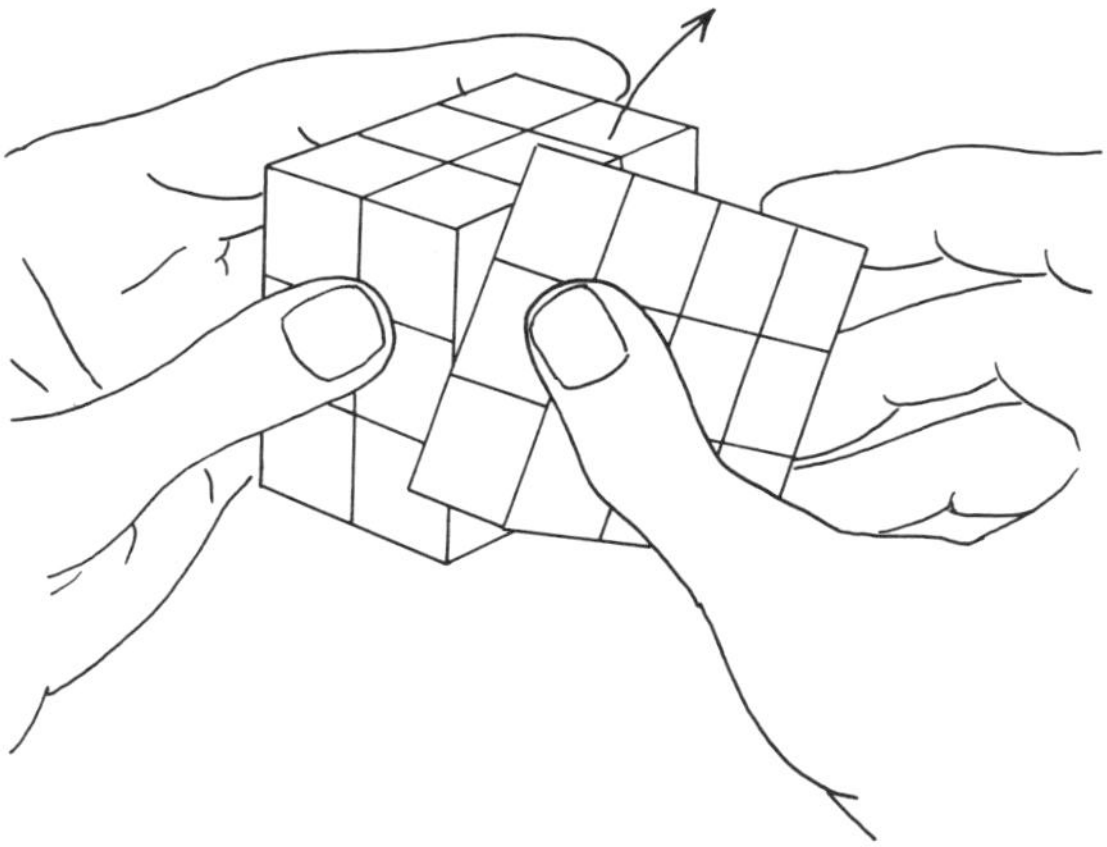

b

図 14-3　小体と操作の呼び方。a でアミのかかった小区体は urf（または ruf, fur）である。また黒く示した小体は ur（または ru)。b に示した基本回転は R と呼ぶ。

り、親指をグイッと向こう側へ回す動作が、たぶん最も自然だろう。これを右側から見ると、R面を時計回りに九〇度回したことになる。これをRと書こう（図14-3b）。これと鏡像対称の動作、つまり左手でL面を（左側から見て）反時計回りに回すのはL^{-1}あるいはL′と書く。L面を時計回りに回すのは当然Lである。ある面を（その面の真正面から見て）時計方向に九〇度回す動作はその面の名前（大文字）で、反時計方向に回すのは名前の右肩にダッシュ(′)を付けるか$^{-1}$を付けるかして表す。九〇度の回転のことをこれから「基本回転」と呼ぼう。

この記号を用いれば、どんな複雑な手順でも書き表せる。たとえば、Rを四回連続する手（R^4と書く）は、群論でいう恒等作用である。つまりなにもしない。$R^4=I$という式がこのことを表現している。（Iはなにもしない動作を表す。）

こんどは別々の面を回してみよう。たとえば、最初にR、次にU。これはRUと表記する。URではない。注意！　RUとURはまるで異なる結果をもたらす。これを確かめるには、整列キューブにまずRUを施す。じっと見つめる。もとに戻して、こんどはURをやる。両者の違いをじっくり観察するとよい。あたりまえのことだが、RUの逆動作はU′R′であってR′U′ではない。ところで、手順を実験してみるという戦法は役に立つ。キューブをやりはじめてすぐ、私は二個目のキューブを買って、一個目で問題を解きながら、二個目でいろいろ実験するのがよいと気がついた。ただし、二個目は初期状態からけっして遠ざからないようにするのである。

＊　＊　＊

一つの「語」の作用はなにか？　つまりそれによってどの小体がどう動くか？　この問題に答えるためには、個々の小体の動きを記述する方法が必要である。辺に対するRの効果というのは、小体urを後ろへグルッと回して、小区brに運ぶ。同時に小体brは下方へグルッと回しdrに落ちつく。小体drはフェリス観覧車よろしく上へ昇ってfrに、小体frは一番高いurにいく（図14-4a）。

これを四サイクル（長さ4の巡回置換）と呼び、(ur, br, dr, fr)と表記する。もちろんどれから書きはじめるかは問題ではなく、(br, dr, fr, ur)でもかまわない。ただし、文字自体の順序は重要である。全部を反転するか、一つも反転しないかならよいが、一部だけ反転してはいけない。

文字が素面を表していると考えると、このことはわかりやすい。たとえば、(ur, rb, dr, rf)と書くと、同じ小体からなる四サイクルだけれど、小体が次の小区へ移るときに反転することを表す。基本回転一つでは不可能だが、何回も基本回転を重ねる手順の結果として、この四サイクルは起こりうる。

次のような八サイクルの例もある(ur, uf, ul, ub, ru, fu, lu, bu)（図14-4c）。長さ8の巡回置換だが、よく見ると四個の小体しか含んでいない。（この八サイクルが四回繰りかえされて）U面上で一回りすると、小体はみんな反転してもとに戻る（図14-4b）。もう一回りグルッとやると完全にもとに戻る。つまり、各々の素面は「メビウスの旅」をしたことになる。この「反転四サイクル」のことを$(ur, uf, ul, ub)_+$と書くことにしよう。（＋は反転のしるし。）$(ru, fu, lu, bu)_+$など、ほかにもいろいろな書き方ができる。サイクルの記法は、小体の動きだけでなく、小体の向きの変化も示せるのである。

Rの作用の記述を仕上げるには、隅の四サイクルも表記しなければならない。辺と同様、どの隅を出発点にするかは自由だが、素面

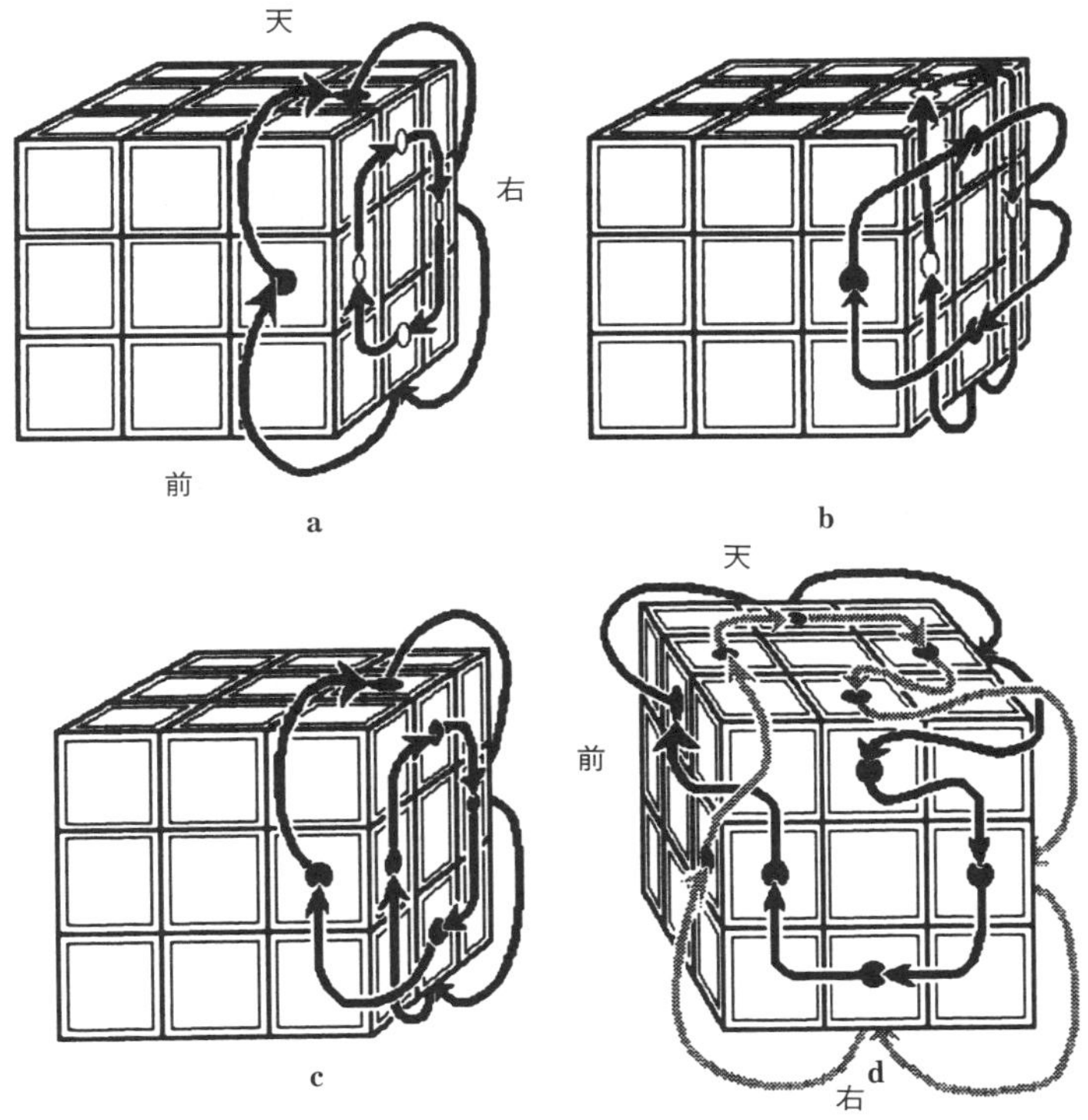

図 14-4　a.基本回転 R によって引きおこされる四サイクル（ur, br, dr, fr)。
b.これは同じ小体を含む四サイクルでも反転の入った（ur, rb, dr, rf)。ここではどの小体も次の小区に行くときに反転されている。こういうサイクルも基本回転だけで作ることができる。
c.八サイクル（fr, ur, br, dr, rf, ru, rb, rd)。これは反転四サイクルと見なすことができる。(fr, ur, br, dr)$_+$ と書く。
d.七サイクル（ur, br, dr, fr, uf, ul, ub)。このヘビのようにくねったシリトリは RU という単純な操作で起こる。

の向きが正しく追えるようにしなければならない。しかし、Rは隅に対してはごく単純な作用（urf, bru, drb, frd）を及ぼすだけである。例によって、これの書き方は（rub, rbd, rdf, rfu）などいろいろある。結局、Rについては、R＝(ur, br, dr, fr)(urf, bru, drb, frd)と書けた。これはRが二つの（重ならない）四サイクルから成りたっていることを示している。（お望みとあらば、R面の芯が九〇度回転することを表現する項も追加できる。しかし、この回転は眼に見えない。だから省く。）

手順RUになるとどうか？ おろしたてのキューブを使ってRUを実際にやってみるとよい。動いてしまった小体を適当に一つ出発点として選び、その軌跡を追うのである。たとえばurはbrへ動く。じゃあbrはどこへ行った？ 新しい位置drを見つける。こうやって、シリトリのように小体を追いまわして、最初urがいた位置に戻ったら止める。結局、（ur, br, dr, fr, uf, ul, ub）という七サイクルが見つかるはずである（図14-4d）。

隅についてはどうか？ urfにあった小体から追いまわしてみよう。RUがこいつをどこへ動かしたか見るわけだ。なんと、これはどこへも動いてない。回ったあげくもとへ戻っている。ただし、時計回りにねじれてrfuに変わっている。このクォークは$(urf)_+$と書くことができる。この「ねじれ一サイクル」は、（urf, rfu, fur）という三サイクルの略記である。よく見ると、小体の名前の文字u、r、fが巡っていることがわかる。このサイクルが反クォークだったら、$(urf)_-$と書くことにしよう。u、r、fの巡り方はさっきと逆になるわけである。

ほかの隅七個についてはどうか？ dblとdlfは動かない。残り五個は（ubr, bdr, dfr, luf, bul）という五サイクル（らしきもの）になる。厳密に五サイクルといえないのは、閉じていない、つまりbulは小区ubrには行くものの、一ねじりされてしまうことによる。ubrから見て反時計回りのrubに行ってしまうのである。だから、正確にいうと、これは一五サイクルである。しかし、心情的には五サイクルといいたいので、反時計回りのねじれを表すマイナス記号をつけて、$(ubr, bdr, dfr, luf, bul)_-$と書くのである。結局、RUはサイクル記号を使うと（ur, br, dr, fr, uf, ul, ub）$(urf)_+(ubr, bdr, dfr, luf, bul)_-$となる。

こうしてRUでもなんでもサイクル記法で書いてしまえば、回転は純然たる紙の上の計算だけで実行できる。たとえば、RUを五回繰りかえす$(RU)^5$はどんな作用をもたらすか？ 辺の小体urは、サイクルの中で五ステップさきへ進んでulへ行く（二ステップあと戻りしたのと同じ）。ulはfrへ、以下同様である。元の七サイクルは(ur, ul, fr, br, ub, uf, dr）という新しい七サイクルに置きかわる。ねじれ五サイクルについて見ると、隅の小体ubrがサイクルを五ステップ先に進んでもとに戻る。ただし、負（反時計回り）の方向に一ねじれしてrubになる。同様に他の小体ももとの位置に戻って、負の方向に一ねじれする。だから負方向にねじれた五サイクルの五乗は五個の反クォークに分解する。待てよ、そうすると、ねじれ（電荷）の和が整数にちゃんとなってるかな。計算すると、一個のクォーク$(urf)_+$と五個の反クォークがある、足して四個の反クォーク、ということになると、全部でマイナス$1\frac{1}{3}$のねじれ…、あれれ？ 実は、いまの議論にわざとミスを一つ入れておいたのだ。読者はすぐ、その場所がわかると思う。サイクル記法に慣れるためには、RUとかUR、あるいはその逆$(RU)^{-1}$、$(UR)^{-1}$のベキ乗をいくつか、手で実際に計算してみるとよい。

図 14-5　ワニ、アカオオヤマネコ、ラクダ(a, b, c) からなる三サイクル。最初、これらは生態学的にまっとうな位置、aはA、bはB、cはCにいる。置換のあと、cはA、aはB、bはCに行く。この三サイクルは二つの互換の組み合わせである。

＊　＊　＊

どんな手順でも、各種の（重ならない、すなわち共通の小体をもたない）サイクルを書きならべて表現できる。もし重なっていいとするなら、どんなサイクルも二サイクル（互換または交換と呼ばれる）の列に分解できる。たとえば、ワニとアカオオヤマネコとラクダ［Alligator, Bobcat, Camel, 頭文字がA、B、Cになっている］を考えよう。最初これらは自分にふさわしい場所A、B、Cにいる（図14-5）。サイクル（A, B, C）は、この順序をラクダ、ワニ、アカオオヤマネコに変えてしまう。しかし、これと同じことは、最初に互換(A, B)、つまりAにあったものをBに、Bにあったものを Aに移して、次に（A, C）をやってもできる。これを（A, C）（B, C）としても、（B, C）（A, B）としてもよいのはすぐわかる。ところが三回互換をやったら（A, B, C）と同じことは絶対にできない。これはぜひ試してほしい。（ちょうど場所が小区に、動物が小体に相当している。）

「動物理論」（これ以上深くは追求しない）の基本定理によると、動物の場所の置換を互換の列に分解したとき、互換の数のパリティ（偶奇）は不変である。一つの置換が、あるときは偶数個の互換に、あるときは奇数個の互換に分解できるといったことは起こりえないのである。さらに、置換をいくつかの部分的な置換に分解したとき、部分置換のパリティの和は、もとの置換のパリティと一致する。（奇数と偶数の足し算のルール、たとえば奇＋偶＝奇などを使う。）

動物理論（？）の基本定理はマジックキューブにとって重大である。たとえば、基本回転はどれも二個の重ならない四サイクル（一つは辺、一つは隅）からなる。四サイクルのパリティはなにか？　やってみればわかるが、奇である。だから一回の基本回転は、辺も隅も奇置換する。二回やれば両方とも偶置換。三回やれば奇置換、以下同様である。こうして辺と隅は置換のパリティが等しいという意味で、位相がそろっている。

さて、なにもしない置換は、互換ゼロ個だから偶置換である。だから隅の置換がなければ、辺については必ず偶置換、逆に辺に置換がなければ、隅については必ず偶置換である。初期状態で、辺の小体が二個たがいに入れかわったような状態（互換がただ一つ）を考えると、隅については偶置換なのに、辺については奇置換だから、これはありえない。どうがんばっても辺の互換が二組あるような状態がいいところだ。同じ議論は隅についても成りたつ。要するに単独の互換は不可能で、互換は必ず二組ずつに限る。（キューブの状態数を計算するのに出てきた割り算の因子の一つの説明がこれでついた。）辺の対を二組入れかえたり、隅の対を二組入れかえたり、あるいは辺の対と隅の対を一組ずつ入れかえるプロセス（ほかのところは動かさない）は現実に存在する。（最後のものが奇数回の基本回転からなることは、もう簡単におわかりになったと思う。）

隅のねじれと辺の反転に関する制限条件の理由を考えよう。そうすれば、いまのと併せて制限条件の話は完結する。これには、アン・スコットのアイデアにもとづいて、ジョン・コンウェイ、エルウィン・バールカムプ、リチャード・ガイらの数学者が巧妙な説明を与えた。示したいのは、反転小体の数がつねに偶数であることと、ねじれの合計がつねに整数になることである。

ところで、なにが反転で、なにがねじれかについては基準がいる。ここで「小区の代表素面」と「小体の代表色」という言葉を用意しよう。（しつこいようだが、小区はいれもので、小体は中身である。）

「小区の代表素面」とは、小区が天の層、あるいは地の層にあるときはU面、またはD面にある素面を指す。小区が赤道層にあるならR面、またはL面の素面を指す（図14-6）。U面とD面にはそれぞれ八個、赤道には四個の代表素面があるが、芯の小区のことは忘れてもよい。なぜなら、これは反転もしないし、ねじれもしないから。「小体の代表色」は、小体が初期状態の小区（位置）にあるとき、その小区の代表素面に向けて出している色として定義される。

乱列（色のそろってない）キューブを考えよう。現在おさまっている小区の代表素面に代表色を出しているような小体を正常という。正常でない小体は、辺の場合には反転しているといい、隅の場合はねじれているという。もちろん、小体のねじれ方は二通りあって、一つは時計回り（プラス⅓ねじれ）、もう一つは反時計回り（マイナス⅓ねじれ）である。反転している辺の小体の個数を、キューブの「反転数」と呼び、隅の小体のねじれの和を「ねじれ数」と呼ぼう。初期状態は、反転数もねじれ数も0である。

基本回転の種類は12で、すべての手順はこれから合成される。UとD（およびその逆）は、U面にもD面にも出入りがないので、反転数、ねじれ数とも増減しない。FとB（およびその逆）は、四個の隅のねじれを全部変えるが、合計するとねじれ数は変えない。二個はプラス⅓ねじれるが、残り二個はマイナス⅓ねじれるからである。ねじれ反転数はまったく変えない（図14-6b）。LとRについても同様で、ねじれ数は不変である。（やはり、四隅のねじれの変化がたがいに打ちけし合う。）しかし、四辺がどれも反転するので、反転数は四だけ変わる（図14-6c）。さきに証明なしで述べたことはこれでめでたく証明された。すなわち、隅の小体八個のねじれの総和はつねに整数であり、辺の小体のうち反転しているものの数は偶数である。

＊　＊　＊

いまの制限条件の議論からわかるように、どんなにマジックキューブをひねりまわしても、考えうる「宇宙」の十二分の一の範囲内しか動けない。しかし、この十二分の一宇宙が、初期状態から出発してくまなく到達可能かどうかは別問題だ。これは、この十二分の一宇宙のどこから出発しても初期状態に戻れるかどうかは別問題だ、といい換えてもよい。これが可能だというには、小体の偶置換全体と、いま述べた二つの制限条件を満たす小体の向き全体に到達する具体的な手順を示さなければならない。

もう少し問題を砕くと、結局いわねばならぬことは、次の七種類の操作が実際に存在するということである。

(1)　任意の辺の対を二組交換する。
〔辺々二重スワップ〕
(2)　任意の隅の対を二組交換する。
〔隅々二重スワップ〕
(3)　任意の辺を二個反転する。
〔辺々反転〕
(4)　任意のメソンを作る。
〔メソンしぼり〕
(5)　任意の辺の三サイクル
(6)　任意の隅の三サイクル
(7)　任意のバリオンを作る。
〔バリオン・ダイヤル〕

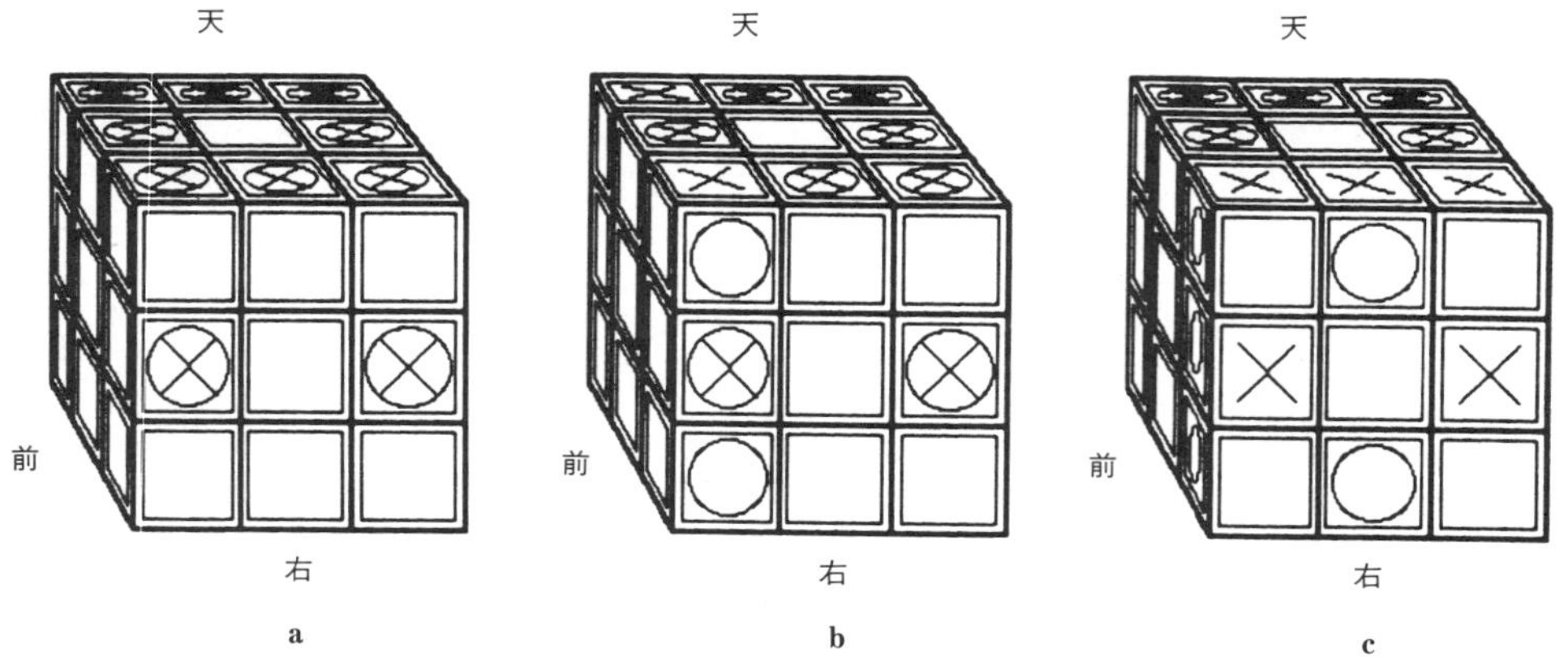

図 14-6 反転の数の和が偶数で、ねじれの和が整数になることの証明。

a.初期状態のキューブ、小区の代表素面は×印、小体の代表色は○印で示してある。(面の中心にある小区および小体には代表素面とか代表色という概念はない。)×は空間に付いた印で、○はキューブにくっついた印と考えるとよい。面が回転すると、×は同じ場所にとどまるが、○はそれにつれて動く。地の面は天の面と同じ、左の面は右の面と同じ、後ろの面は前の面と同じように見える。

b.基本回転Fを行ったところ。空になった○印2個は「正常」でなくなった。正常に戻すには、一つは反時計回りに1/3回転、もう一つは時計回りに1/3回転してやらないといけない。同じことは図では見えない左側の面でも起こっている。

c.初期状態に基本回転Rを行ったところ。空の○印がペアになっている。前の面の天と地の隅はbと同様おたがいに打ちけし合うねじれをもつ。右の面の天と地の辺はおたがいに打ちけし合う反転をもつ。前の面の辺にはペアのない○印が見えるが、これは反対側(後ろ)の面に対応する辺をもつ。

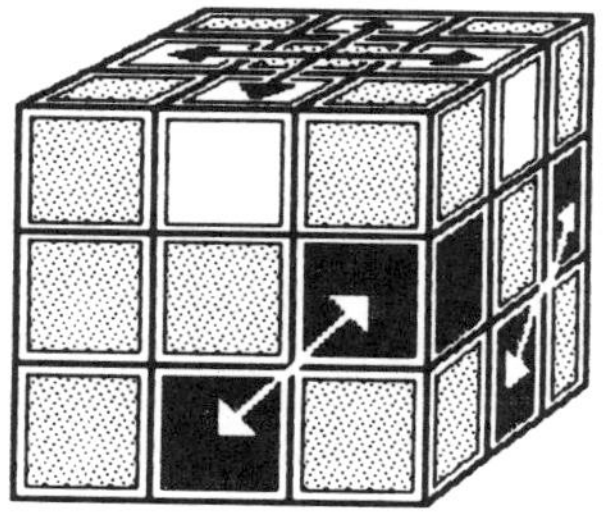

図 14-7 共役の使い方。解けている問題から解けていない問題を解く。解けていない問題は白い矢印で示された二重のスワップ、解けている問題は天の面にある黒い矢印で示された二重のスワップである。解けていないほうは、黒い小体を白の小区にさえもっていければ楽勝である。つまり、解けていない問題をなんとか解けている問題へ変換できれば、そこで解けている問題を解き、さっきの変換の逆を行えば(ほかのところに影響を与えず)ちゃんともとの問題が解けている! これが共役の原理である。

当然のことながら、上のどの操作もキューブのほかの部分を変えてしまってはいけない。こういう強力な道具が手元にあれば、十二分の一宇宙を征服するのはたやすい。動物の入れかえで見たように、三サイクルは重なりのある二サイクルを二個連ねてできた。このでんでいうと、(5)も(6)も(1)、(2)、(3)、(4)から合成できる。同様に考えると、バリオン・ダイヤルは二個のメソンしぼりを重ねればできる。だから、本当に必要なのは最初の四つだけになった。

この四種類の操作について全部、いちいちどうやればいいなどといっていると日が暮れてしまうから、ここでキューブ学の真打ちにして秘妙なアイデアにご登場願おう。それは「共役」である。これさえ知っていれば、私たちが必要とするのは各類の代表一個ですむ。つまり、代表一個があればその他大勢は簡単に作れてしまうのである。

(1)の操作のうち、たとえば、ufとubを交換し、ulとurを交換するような操作（もちろんほかは変えない）を知っていたとしよう。これをHと呼ぶ。さて、まるで違った辺の対二組、たとえばfrとfd、およびrbとrdを、それぞれ入れかえたいとしよう（図14-7）。かなわぬ夢を思いつつ、「こいつらが、僕の知ってる天の四辺」だったらなあ……。」だったら、「こいつら」を「天の四辺」にもっていけばいいじゃないか！　交換したい四つの小体を、天の四辺の小区にもっていくのはたやすい。当然、異議あり。「そりゃそうだ。だけど、とんでもない副作用がある。キューブのほかの部分がメチャクチャになるじゃないか。」実は、うまい答えがあるのである。交換したい四個の小体を天の四辺にもっていく作戦をAと呼ぶ。私たちは、手順Aをきちんとメモしておくぐらいには注意深いとしよう。さて、Aをやったあとで、くだんの辺々二重スワップHをやる。ここから先が肝腎だ。さっきのメモを逆に読んで、おのおの基本回転を逆回りにやる、つまりAのちょうど逆A′を実行するのである。これで、前に動かした四個の小体がもとの区に戻るばかりでなく、Aの引きおこした副作用が全部キャンセルされる。じゃあ、まるでもとのキューブに戻ってしまったかというとさにあらず、AとA′の間にHをはさんでおいた。くだんの四辺（frとdf、rbとrd）は、ちゃんと置換されているのだ。要するに、交換されるべき相手の場所へ行って、一件落着している。ほかはみんなもとどおり。

この考え方にウソやゴマカシがないことは、よく考えてみればわかる。逆の作戦A′は、その前に辺の対を二組交換したことを「知らない」。A′はただひたすら、Aの実行以前の状態に戻そうとするだけである。私たちはA′の眼と鼻の先をすり抜けた。まさに「キューブをだまくらかした」。記号で書けば、手順AHA′（アハ！）を実行したことになる。これはHの共役と呼ばれる。

群論の抽象的概念をこのようにみごとに具体的に視覚化できるという点で、マジックキューブは、数学的概念の教育手段としてはかつてないほど素晴らしい。ふつう、群論の教程では、共役の例は自明かまたは抽象的すぎて、なるほどこれはおもしろいとか、よくわかるといったものではなかった。マジックキューブは共役のみならず、群論の重要な概念の生々しい実例を与えている。

＊　＊　＊

向かい同士の隅にクォークと反クォークの対（メソン）を作りたいのだが、隣り同士の隅のメソンの作り方しか知らないとすると、あなたならどうする。ヒント——二つの解が考えられるが、短くてスマートなほうは、共役を使っている。ついでながら、隅にクォーク

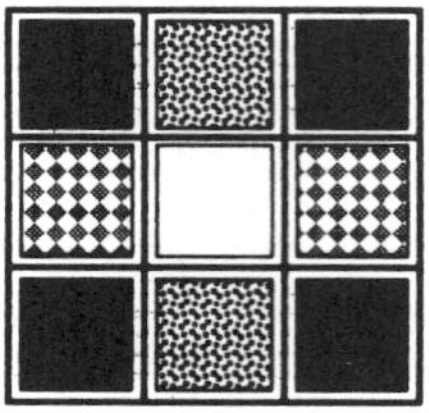

図 14-8　スライス群を使うとすべての面はこういうパターンになる。

を作る（当然副作用あり）操作をクォーク・スクリューと呼ぶことにする。

辺と同様のことは隅についてもいえる。つまり、特定の隅について交換できるなら、どの隅についても交換できる。共役を使えば、この類の代表一個から、他の全部の操作を作りだすことができるのである。もちろん、これで問題が片づいたわけではない。上の四つの類の代表元を、具体的に一つずつ見つける問題が残っている。たとえば、隣り合った隅のメソンを作る手順（クォーク・スクリューと反クォーク・スクリューの組み合わせ）は？　天の層にある辺々二組を交換する手順は……。ここでは答えを述べないことにする。ただし、シングマスターにならって、キューブの全状態の小さな「部分宇宙」について準系統的な探査を示唆することにしよう。要するに、「部分群」を考えようというわけだ。これは、手を特定の種類に制限することを意味している。以下、各種の制限条件から生成された興味深い部分群を五つほどあげる。

1. **スライス群**　この部分群では、ある面の回転は必ず反対側（裏側）の面の同じ向きの回転を伴う（という条件がつく）。つまり、RはL′と必ずペアに、UはD′と、FはB′と、といった具合である。スライスという名は、この平行二重回転が真ん中のスライス（薄切り）の回転と等価になるところからきている。シングマスターは、スライス回転RL′をR_s、R′LをR'_s（以下同様）と略記している。この条件のもとでは、面はそう勝手に乱列できない。どの面も四隅はつねに同じ色になる（図14-8）。これの特殊例は「ぽちとぽち」と呼ばれているもので、各面は芯だけが違う色になっている（図14-9a）。初期状態からぽちとぽちに行く方法がわかりますか？　ぽちとぽちの可能な組み合わせは何通りか？　ぽちとぽちの模様は、メソンと似てはいないか？（これらの問いの答えを含めて、もっといろんなことがシングマスターの本に出ている。）

２．自乗スライス群　スライス群をさらに制限して、R^2_s（＝R^2L^2）とかF^2_s（＝F^2B^2）のような、スライス回転の自乗しか許さない。

３．反スライス群　反対側の面を同方向に回さずに、逆方向に回す。だから、RとL、FとB、UとDという回転の対になる。反スライス回転は、アンチ(anti-)の意味の小さいaをつけてR_a（＝RL）のように表す。（自乗反スライス群と自乗スライス群が同じになるのは当然。）

４．二面群　回転する面を、たとえばFとRのように隣り合う二つに限ってしまう。二つの面のゴタ混ぜを二面群の範囲だけでもとに戻すのは、相当おもしろい問題である。ほとんどのキューブ名人はまるで牛刀で鶏を割くがごとく、すべての面の回転を使ってこれを解く。みっともない！

５．三面群　これには二種類ある。一つは、L、U、Rのように「橋」をかける三つの面を選ぶもの。もう一つは、F、U、Rのように角の隣り合った三つの面を選ぶもの。

６．四面群と五面群　三面群と同様、四つの面の選び方は何通りかある。五面群は、実はなんの制限も加えなかったのと同じである。たとえば、Rは残りのL、U、D、F、Bだけから合成することができる。

７．二面自乗群　二面群と同じように回転を二面に制限した上、さらにその回転を一八〇度のものに限る。これは実に単純な部分群である。

二面群と二面自乗群だけに着目しても、辺々と隅々の二重スワップを見つけることができる。これに共役の考えをプラスするだけで、理論的には整列問題を完全に解けるのである！

まだメソンしぼりと辺々反転が残っているじゃないかって？　いま見つかった（じゃなくて見つかるはずになっている）二種類の操作から、辺々反転をどうやってひねりだすか考えてみるとよい。ほかを巻きぞえにせずに辺々反転するには、辺々二重スワップを二回つづけてやるのである。このとき、二回とも同じ辺々の組についてやるのがミソなのだ。たとえば、ufとub、およびdfとdbを交換して、それをまた交換し戻す。

これは一見「なんにもしない」ようだが、ちょっと待て。前と同じように、二回目のスワップを適当なプロセスXとその逆X′でサンドイッチにしてやればよい。どういうXがいいかというと……。（ウムム、ここにいたって私の思考の脈絡がおかしくなった。でも、読者にはきっとわかる。記憶によれば、そんなに手がこんでいなかったし、なかなかエレガントなアイデアだったと思う。読者も自分でやってみればそう思うに違いない。）

同様の発想によって、隅々二重スワップと共役元だけからメソンしぼりを組みたてることができる。メソンがあればバリオンもＯＫだ。メソンしぼり、バリオン・ダイヤル、辺々反転、辺々二重スワップ、隅々二重スワップ、これだけあれば、初期状態と同じ軌道上にあるかぎり、どんな乱列キューブも初期状態にもっていける。いうまでもなく、これは純理論的な存在証明で、実際に使うルーチンはまるで違っている。いま述べた形の解は、恐ろしく効率が悪い。実際には、短くて覚えやすく、ちょっとずつ違うルーチンをたくさん用意しなければならない。バリオン一個に数百手かかるようじゃたまったものではない。

＊　＊　＊

たいていの人はこれらの道具を、直観とか幸運によって見つけて発展させていくが、たまには図を描く場合があるし、まれには群論の抽象的原理を使う場合もある。ほとんどの人がかなり早期に形成する原理が「回り道」である。これは、共役のことをただやさしくいっただけのことだ。唱えるとこうなる。（擬音入りで迫ってみよう。）

「ホーラ見てろよ、こいつをどけたら……カシャ、カシャ……、あいつが動かせる……ギギッ、ギギッ、ギギッ……、そしたらまたこいつを戻す……シャカ、シャカ……、これであいつは目的地に一丁あがり。」どこからとなく共役の構造が聞きとれる。

手を実行しているとき、その根拠をきちんと意識するのがとてもたいへんだというのが、実は問題である。私の受けた印象だと、たいていのキューブ名人は使っている道具が目標にどう役だっているか、そんなにこまかく考えていないようだ。少なくとも、キューブを整列させている間はそうだ。キューブ名人は、難曲を暗記してしまっている名ピアニストと似ている。ＭＩＴのキューブ名人がこういっている。

「キューブの解き方なんてもう覚えちゃいないね。指が覚えてるだけなんだ。」

平均的な演算子は、一〇ないし二〇の基本回転からなるようである。この演算子の途中で道に迷うなんて、考えただけでもゾッとする。そんなことになったら、たとえ完成一歩前の演算子の途中であっても、また元の木阿彌のゴタ混ぜキューブになってしまうからである。キューブ名人バーニー・グリーンバーグによると、「キューブを解いているとき、誰かが『火事だ！』と叫んでも、やりかけた変換を終わるまでは逃げださないと思う。」

私の方法はといえば、これがまるで行きあたりばったりなのだ。実行している演算子の根拠を意識していないばかりか、白状すれば、いくつかの演算子についてはその原理が全然わかっていない。こういう「魔法の演算子」は、長い骨折りと試行錯誤の末にやっと見つけたものである。私の発見的手法は「単純な手順のベキを試みてみる」、「共役の多用」などなど。しかし、なんといっても、ルービック教室劣等生というか、私は三次元の視覚化がまったく苦手ときている。ところが、スタンフォード大学のキューブ名人ジム・マクドナルドは、自分のやっているどの基本回転についてもいちいち理由が説明できる。途中どの瞬間でも、なにをしているかはっきりわかっているから、彼にとって演算子は魔法でもなんでもない。そうかといって、私がやっているように、演算子を暗記しているわけでもない。彼には、解きながら演算子を再構成していくような「キューブセンス」があるらしい。初心者が暗記しなければならないようなところを、即興でやってのけるプロの音楽家のようなものだ。興味のある読者のためにジムの方法の骨子を紹介すると、まず隅を一つだけ残して天の層を整列する。次にそろっていない小区の縦の並びをとって、車を方向転換するときの車回しのような使い方をする。下の二層は「車回し」に小体が出たり入ったりしているうちにそろってしまう。

＊　＊　＊

しめし合わせたわけではないと思うが、抽象的なアプローチをとことんまでやったのがシングマスターの僚友モーウェン・シスルスウェイトで、これが現在のところ最短の整列アルゴリズムになっている。基本回転も一八〇度回転も一手と数えて、たかだか五二手しかかからない。シスルスウェイトは群論の考えを使って、特定の演算子を計算機に探索させた。彼のアルゴリズムは最後の二、三手になるまで、いっこうに解に近づいている気がしない。

これはふつうの方法とだいぶ違う。たいていのアルゴリズムは、まず一つの層、たとえば天の層をそろえる。(天の面といわずに天の層といったのは、縁もきちんとそろえるからである。つまり、天の層は上から見ても横から見ても、色がそろっていなければならない。)これが次々に現れる「プラトー状態」(学習や練習をつづけているにもかかわらず進歩が一時的に停滞する現象。高原状態ともいう)の最初である。

さらにさきに進むためにプラトーは壊さなければならないが、実はいずれその状態は復元される。これを繰りかえすたびに、キューブはどんどん整列していく。プラトー状態は、その各ステップで現れる。

天の層を片づけたあと、みんなはたいてい地の層の四隅をそろえるか、赤道の層をそろえるかする。ふつうのアルゴリズムは、自分の小区に帰る小体の種類に応じてだいたい五段階に分けられる。私個人のアルゴリズムは以下の五段階だ。

(1) 天の辺
(2) 天の隅
(3) 地の隅
(4) 赤道の辺
(5) 地の辺

最初の二段階では、位置と向きは同時に片づく。残りの三段階はそれぞれ、位置を合わせてから向きを合わせるという二段階にさらに細分される。

当然、各段階の演算子はそれまでの成果を捨てたりはしない。できあがった整列を仮に崩すことはあっても、必ずあとでもとに戻す。しかし、あとの段階で整列させることになっている小体は、どこへ転がろうとかまわない。ほかの人のアルゴリズムを見ても、だいたい小体の分類法は私と同じである。ただし、そろえる順序はいろいろである。このように、ほとんどすべてのアルゴリズムは、プラトー状態にある小体に注目すれば、小体がつぎつぎに小区に片づいていくように見える。この性質は演算子単位での単調性と呼ばれる。初期状態へ行くときに、やり直しやあと戻りをしない着実ではっきりした方法だ。もっとも、二つのプラトー状態の間のキューブを見たら、とても進んでいるようには見えない。

シスルスウェイトのはまるで違う。順次、小体の種類を決めて各自の小区へ押しこむ方法ではなく、「部分群鎖の降下」という方法を使うのだ。まず最初の数手は、全自由度(どんな手でも可能)で行い、次の数手では取り締まりをきびしくして、許される手の種類を減らしてしまう(部分群に降りる)。そして次の数手では、さらに取り締まりを厳しくして、許される手の種類をもっと減らす(部分群の部分群)。こんなふうにして、取り締まり強化のためになにも動かせなくなったら、ちょうどそのときが整列状態なのである!

取り締まりとは、向かい合った面の基本回転を禁止して、一八〇度の半回転だけを許すことである。最初取り締まりを受ける面はU

とDで、次にFとB、最後にLとRである。この方法は不思議なことに、どの瞬間瞬間をピックアップしても、初期状態に近づいているように見えない。大団円は突然やってくる。霧の中をエヴェレストの頂上にあと一〇〇メートルの所まで登ってきたら、急に霧が晴れて目の前に山頂が姿を見せた——そんな感じである。

シスルスウェイトのこのアルゴリズムには、問題点が多そうだ。いまの状態と整列状態との距離を測るうまい方法はないか？　もしこういう「整列距離計」があれば、間違いなくたいへん役に立つ。考えてもみたまえ、友だちが気まぐれに四、五回ひねりまわした整列キューブに対してでも、一般整列アルゴリズムの全行程に訴えないともとに戻らないとはくやしいではないか。この理由からだけでも、ある状態が初期状態に近いのか、それともまったくデタラメなのか手早く査定できればいい。しかし、なにをもって「近い」とするのか？　この茫漠たる空間の中で、二状態間の距離を測るには、二通りのごく自然な方法があろう。一つは、状態を一方から他方へ移すために最低必要な基本回転の数を数える方法、もう一つは手の数を数える方法である。（手は前と同様、基本回転と半回転を意味する。）でも、整列状態までの手数を、シラミツブシ的探索をやらずにどうやって見つけたらよいか？　キューブの状態をザッと眺めただけでOK、それでいて信頼度の高い正確な見積もりができるに越したことはない。自分の小区にいない小体の数を数えてみるというのは、すぐ思いつく。しかし、これもときにはまったく当てにならない。ぽちとぽちの状態では、ほとんどすべての小体は間違った面にあるが、整列状態からは八つの基本回転しか離れていない（図14-9a）。反転数やクォークの数も使うともっとよい査定が可能かもしれないが、私は知らない。

群論の混みいった議論によれば、初期状態から一番遠い状態で、二二ないし二三手である。たいていの人の最初のアルゴリズムが数百手かかることや、枯れに枯れたアルゴリズムで八〇ないし九〇手かかることを考えると、これは驚きである。（ふつうの演算子は、シスルスウェイトの解よりもたいていは大きな手数を要する。実際、私の最初の辺々二重スワップは六〇手かかった。）

ただし、初期状態から少なくとも一七手離れた状態があるという事実は、ここでも簡単に証明できる。証明の道筋は次のとおり。最初の状態では、可能な手は一八（L、L′、L^2、R、R′、R^2、……）ある。そのあとでは一五の手が可能である。（よもや同じ面をつづけて回すまい。）だから長さ2の手順の数は$18\times15=270$である。もう一手追加すれば、さらに15が掛かる。以下同様である。到達可能な状態の総数4.3×10^{19}まで、この数がふえるには何手かかるか？　計算すると一七手がその総数を越えるに十分な手数で、一六では少なすぎることがわかる。ただし、どうひいき目に見ても、これらの手順が全部異なる状態を作りだすとは思えないから、一七手あれば到達可能な状態すべてに行ける、と証明したことにはならない。いえたことは、初期状態から到達可能な状態に全部行くには、最低一七手はかかるということだけである。しかし、どの二状態をとっても、一七手をはるかに越えて離れているとは思いにくい。でも、どういう一七手がこれらを近づけるのか？　それが問題だ。

いまのところ、神のみがマジックキューブ状態間の最短手を知っている。「神のアルゴリズム」にご神託をいただけば、それがわかるしかけだ。キューブ学の大問題は、神のアルゴリズムがパターンもなにもない巨大な表だけなのか、たくさんの類型的パターンがあって、人間にマスター可能なエレガントで短いアルゴリズムがそこか

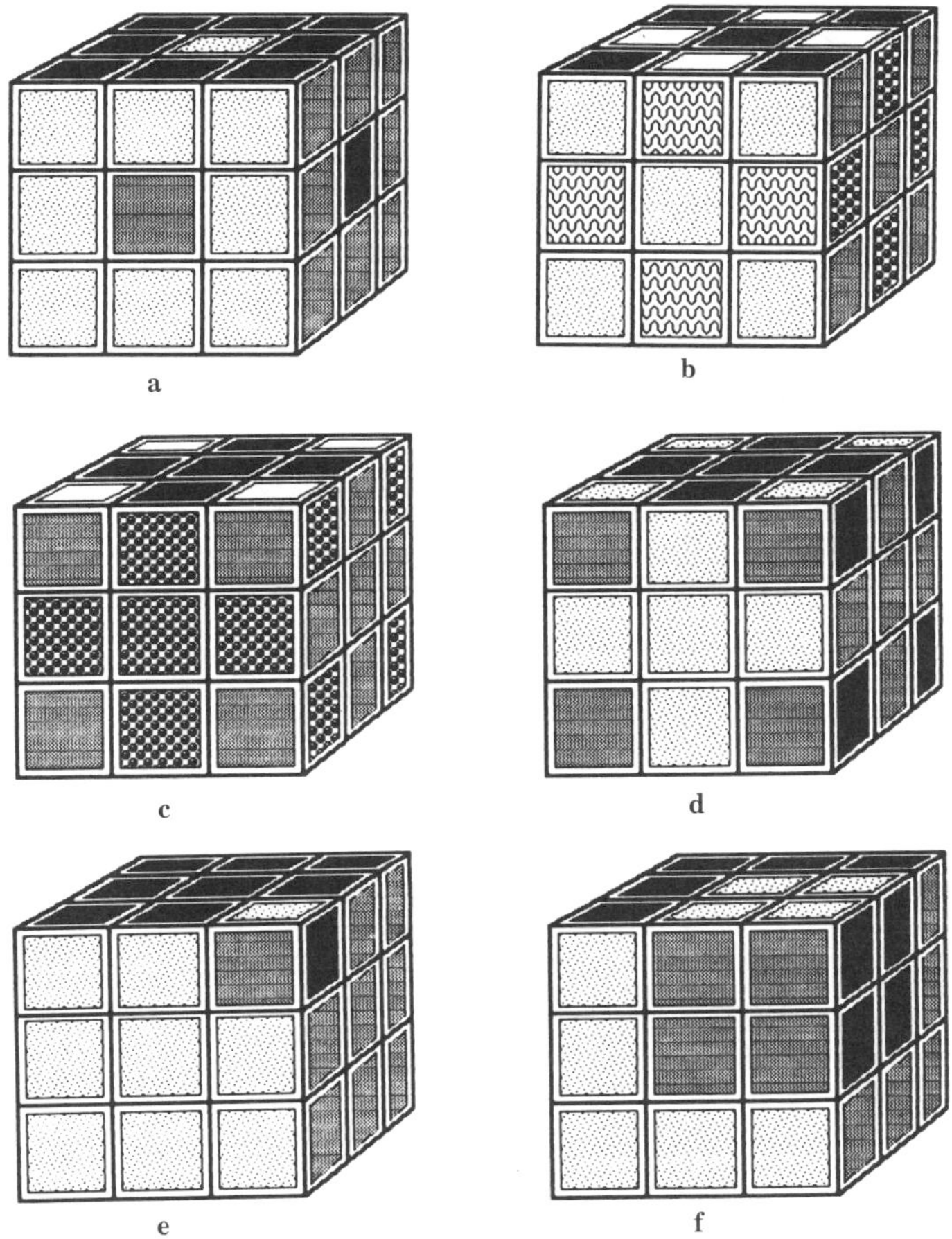

図 14-9 特殊なパターン。これらは命名に値する。
a. ぽちとぽち、b. ロバの橋、c. クリストマン十字、d. プラマー十字、e. メソン(図ではクォークが1個しか見えないが、反対の隅にもう1個のクォークがある)、f. 巨大メソン(反対側にもう一つの巨大クォークがある)。

ら導きだせるかどうかである。

「整列距離計」があれば「神のアルゴリズム」を手に入れたも同然である。どんなゴタ混ぜのキューブが与えられても、可能な一八通りの手を順に試してみて距離が縮まるもの（絶対に一つはある）を選べばよいからだ。面倒ではあるが、これで確実に初期状態に近づくことができる。もちろん、途中の状態にはプラトーもないだろうし、直観的にわかりやすい状態もないだろう。だからこそ、こんな距離計はありそうにないのだ。

＊　＊　＊

その神様とて、もしキューブ早解き大会に参加したら、並外れた腕前をもつ人間たちと容易ならざる対決を強いられるだろう。ほかには誰も神のアルゴリズムを知らないはずなのにである。聞くところによると、ノッティンガム出身のイギリス青年ニコラス・ハモンドは平均三〇秒あまりでキューブを解く！　こういう驚異的成績は、数々の技術の賜物である。

第一はキューブの深い理解。第二は洗練されつくした演算子の集合。第三はそれを眠りながらできるくらいに思いのまま操れること。第四は手をひねる運動の正真正銘の速さ。第五はチューンナップされた「レーシングキューブ」、つまりまるで次の演算子を待っているかのごとく、指をピクリとさせただけで回転するようなキューブ。レーシングキューブは勝つためのキューブだ。

はでな名前と、キューブ学への貢献には相関がありそうだ。シングマスター（名歌手という意味）とシスルスウェイト（あざみという意味）も然りだが、オラレンショウ夫人（マンチェスター前市長）がそうだ。夫人はたくさんの能率的プロセスを開発し、マジックキューブについての論文も書いているが、なんといっても、キュービストの指の発作、このコラムの冒頭で述べた病気の、手術を要したような重症例についてはじめて報告をした人として名をとどめられるであろう。もう一人、オリバー・プレッツェル。彼は甘美なねじれ三サイクルの発見者であり、6U状態と呼ばれる「美的模様」の創作者でもある。6U状態は初期状態から出発して、

$L'R^2F'L'B'UBLFRU'RLR_sF_sU_sR_s$

で得られる。

美的模様は多くのキューブ愛好家の関心の的であるが、私は、これらをここで公平に扱うことができない。最良のもののうちほんの数点を紹介するにとどめたい。

手馴しにはポンス・アシノルム（ロバの橋＝三角形の二辺が等しければその対角は等しいという命題。ロバのように能力が足りない人が証明に手こずったところから、この名前がついた）に挑戦するのがよい（図14-9b）、MITのあるキューブ名人が私に「こいつをやっつけられないようじゃ、キューブなんか忘れちまえよ」といったことから、この名前が付けられている。次に、MITのキューブ狂連中に、クリストマン十字とプラマー十字として知られている二種類の十字を紹介しよう。クリストマン十字は色の対を3種類（UとD、FとR、LとB）もっている（図14-9のcとd）。プラマー十字のほうは、反対側の隅の3色がクォーク・反クォークになっている。私の好きなのは「ミミズ」で、遺伝子型というか、手順は

$RUF^2D'R_sF_sD'F'R'F^2RU^2FR^2F'R'U'F'U^2FR$

である。次は「蛇」で、やはりキューブにまとわりつくような曲がりくねった模様ができる。手順は

$BR_sD'R^2DR_s'B'R^2UB^2U'DR^2D'$!

蛇のシッポをR^2D'からチョン切って、かわりに$B_2R_aU^2R_a'B^2D'$をくっつけると、奇妙な二重輪の模様ができあがる。以上はみんな美的模様の指南リチャード・ウォーカーに教えてもらったものである。巨大メソン（図14-9f）も美しい模様で、巨大クォーク（2×2×2の部分キューブが一二〇度ねじれているもの）と、巨大反クォークからなる。これにクォーク・ドライバーを使って、巨大クォークと巨大反クォークの隅に、ノーマルサイズの反クォークとクォークをあしらってやれば、フルーツパフェの上のサクランボのようで、画龍点睛の雰囲気である。これは読者への宿題としよう。

* * *

さて、読者に考えるためのタネとヒントを提供したいと思う。いかなるレベルのキュービストにとっても挑戦となりうるのは、他人が少しだけひねった（軽く乱列した）整列キューブを、正確に逆の手順で復元せよという問題である。キューブ名人ともなると、初心者よりも長い手順の逆が読める。ケイト・フリードは見たところ七手の逆は完全に読める。彼女はあるとき、まる一日キューブをにらんで、一〇手の逆をやってのけた（私の腕は約四手）。

私のアルゴリズム発見の突破口は、隅の小体についての二つの問題であった。初級コースは次のとおり。白色（天の色）を含む隅の小体を天の面にもってきて、白色が全部上を向くようにすること。このとき、四隅が全部正しい位置になくてもよい。同時に同じことを地の面についても行う。（地の色が下向きになるのはもちろん。）上級コースは初級と同じだが、隅の小体八個が全部正しい位置になるようにという条件が加わる。つまり、2×2×2のマジックキューブを解けというわけだ。これが解ければ、マスターに向けて大きな前進をしたことになる。

辺のプロセスの開発には、デービッド・シールの発見した単反転と呼ばれる型の演算子が鍵だ。これも読者へのパズルとしておこう。下の二層をメチャクチャにしてしまうが、天の層を変えない。ただし天の層の辺を一つだけ反転させるような手順（単反転）から辺々反転が作れないか？　ヒント—答えには、$PQP'Q'$という型の「語」が出てくる。これは群論で交換子と呼ばれる重要な概念である。単反転を見つけること自体も、読者への問題としておこう。私はこれを見つけて、辺の技巧をものにした。

さてここで、小さな謎。キューブのように対称性がみんな三、四、六ないし八というような数に関係しているもので、五とか七のサイクルがやたらと出てくるのはなぜか？　ちょっと関連した問題—語の位数は最大いくらか？　語の位数というのは、その語を何乗したら恒等作用になるかという数である（たとえば、Rの位数は四）。Uの位数が一〇五になるのは、巡回構造をよく見ればわかる。

* * *

さて、これからどうしたものやら？　いい忘れてならないのは、私がこれまでキューブ学の表面をほんの一かじりしてきただけだということだ。ルービックをはじめ多数の人々が、いろんな型の一般化を試みている。マジックドミノもその一例だ。マジックドミノはマジックキューブを三分の二にしたようなもので、3×3が二層になっている（図14-10）。三つの回転軸のうち二つについては半回転だけが可能で、残り一つについて基本回転が許される。初期状態では上の層が黒、下の層が白になっていて、両方の面とも一から九までの数が順序よくふってある。これはキューブよりも15パズルのほ

図 14-10　エルノ・ルービックのマジックドミノ。乱列状態になっている。

図 14-11　マジックキューブの違う塗り分け、これらはパズルとしてまったく異なるものになる。たとえば、どちらの塗り分けでも芯の小体の向きが無視できない。しかし、aでは辺の小体、bでは隅の小体の向きを無視することができる。

うに似ている。
2×2×2のキューブはもう何人かの人が作ったし、そのうち売りだされるかもしれない。3×3×3のキューブの八個の隅に、小さな三角帽子を接着してやれば、自分用のものを作ることができる。読者の中には4×4×4のキューブがひょっとしたらできるのでは、と期待する人がいると思う。安心されたし、これはオランダで開発中で、もうすぐ完成する見こみだ。こうなると、「次元を上げたり、下げたりしたら？」という疑問も避けられない。キューブ理論家たちは、より高次元のキューブの性質などについて議論を始めようとしている。

そうかといって、3×3×3キューブの可能性がもう汲みつくされたと思ってはいけない。まだ未開の領域に、キューブの異なった塗り分けがある。MITのキューブ狂たちから、この話は何度も聞いた（図14-11）。キューブの塗り方はいろいろある。新しい塗り方をすると整列問題は別ものになる。たとえば、ある塗り方をすると、辺の小体の向きが無意味になるのに、芯の素体の向きが意味をもつようになる。別の塗り方では、隅の向きが無意味で、芯の向きが意味ありになる。問題をやさしくする方向として、二つの面に同じ色を塗って、全体の色の数を一つ減らすのもある。全部で三色しか使わないものもある。もっとやさしいのは、青色の三面が一つの隅で会い、その反対側の隅で白色の三面が会する塗り方である。前に述べたフランスの官吏氏の見たキューブは、五面が同色で、残り一面が別の色というものだったらしい！

さて、なんと締めくくればよいだろうか。グリーンバーグの言葉を借りれば、

キュービズム（！）は、キュービストたらんとする者に、文字どおり自ら科学させる。誰もが、探究すべき領域を自力で提案し、実験を計画し、原理を発見し、理論を構築しては退ける、ということを繰りかえす。パズルを解くために、これほど科学しなければならないものがほかにあろうか。

ルービックも石毛も、自分の発明が、科学の深遠で美しいとされるものすべてにわたって、モデルや教訓になろうとは、夢にも思わなかったのではなかろうか？　マジックキューブ、実に驚くべきものである。

（一九八二年二月号）

［第15章］キューブはいまや球、ピラミッド、十二面体

うぬ、なんたるまがまがしさ
そを正すが我定め！

『ハムレット』第一幕第五場

今日、キューブ（立方体）といえば、あの素晴らしいルービックキューブのことを指すに決まっている。私は球の形をしたキューブをもっており、ときどき「丸いキューブ」などと呼んでいるが、つい「丸い」もとって、「あそこにあるキューブ」といってしまうことがある。なぜなら、本来のキューブと同じ具合にカットされており、側面が回転するのも同じ、内部機構もルービックキューブと同じだからだ。もっとすごいのもある。どう見てもキューブなのだが、実に本質的なところでキューブでない！ 立方体だが、奇妙な具合に斜めにカットされており、悪魔的なねじれ方で色が混ざり合う（図15-1）。球体のほうがキューブ、立方体のほうがキューブの衣装をまとったニセモノなのだ。これから、この種の回転型かき混ぜパズルのことを「キューブ」と総称してしまうことにしよう。しかし、このキューブ類のおびただしい蔓延は恐るべきものだ。エルノ・ルービック（および彼のおかげでいささか影がかすんでしまった感じの石毛照敏）がつけた火種が、まるで燎原の火のように広がった。そして突然キューブ（もちろんルービックの3×3×3のもの）の変種が出はじめた。小さいもの、もっとちゃちなもの、きれいに飾ったものなどなど……。しかし、どれをとっても、もとのキューブと本質的に異なるものではなかった。

私が見た最初の真性異種は、日本からやってきた。なんとこれが2×2×2なのである。一つは磁石でできていて、中心の磁石球体のまわりを、八つの小方体が回るようになっている。もう一つはプラスチック製で、ルービック・石毛の3×3×3のものと似てはいるが、異なった複雑な内部機構をもっている。同じであるわけがないのは当然で、3×3×3で機構上重要な役割を果たしている六つの面の中心小体が、2×2×2では存在しない！ もっとも、あとでこの機構もルービックのものにもとづいていることがわかった。しかし、2×2×2（図15-2a）は、ある意味で3×3×3よりおもしろいしかけともいえる素晴らしい傑作だ。実際、どうしてこれが手に入りにくいのか不思議である。2×2×2（ツービックキューブ？）は、中級キューブ道にいたるまでの初心者向けとして最適なはずなのだ。なにしろ、3×3×3の隅の問題だけが抽出されて

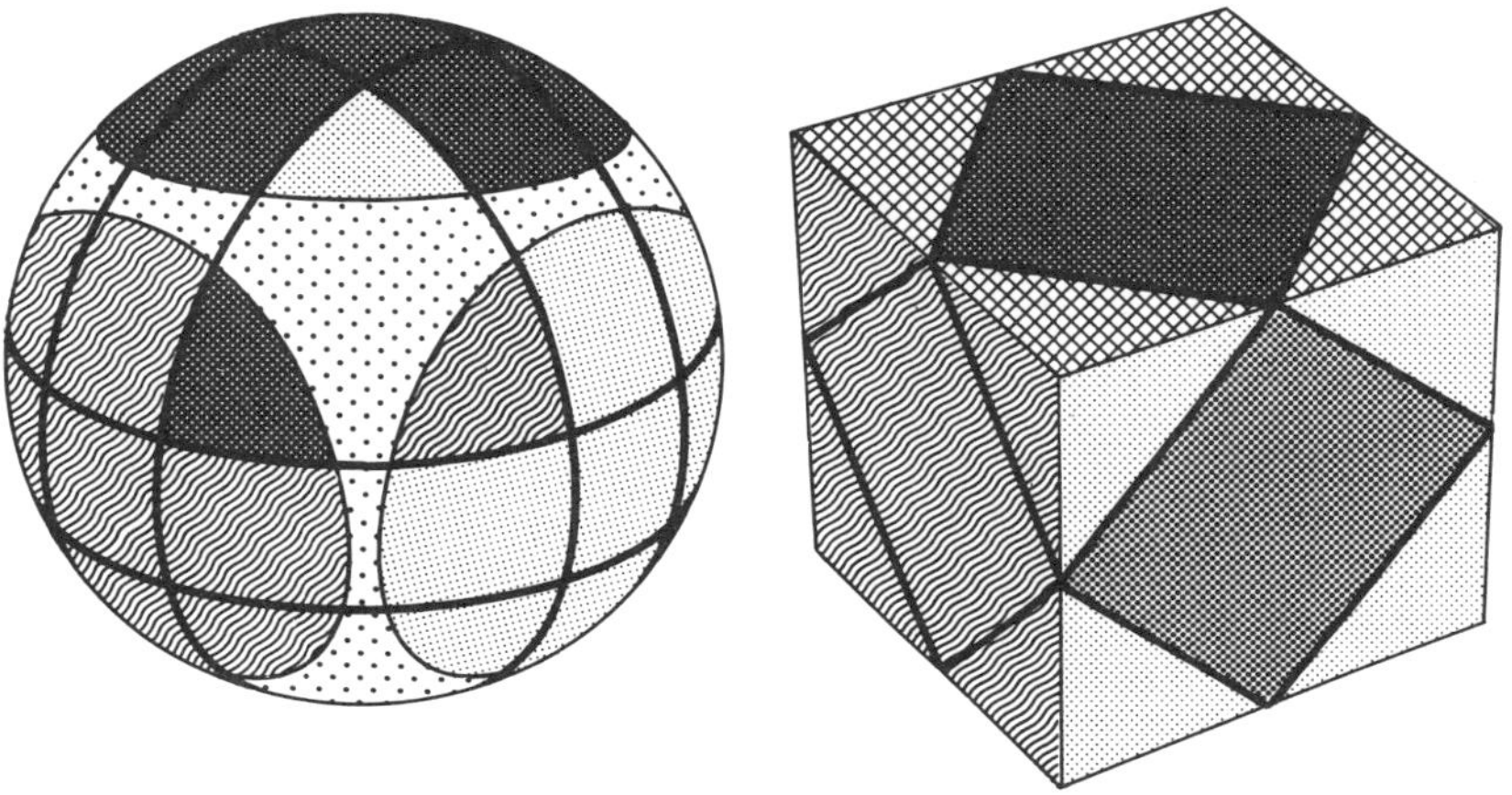

a　　b

図 15-1　a.キューブ、b.非キューブ

いるからである。

2×2×2が私の見た最初の真性異種だといったのは、適切でないかもしれない。ルービックの発明の一変種である「マジックドミノ」を見たのは、2×2×2よりだいぶ前だ。このドミノは3×3×3のキューブの三層から一層を取りのぞいたような見かけである(図14-10)。上の層と下の層は、それぞれ九〇度ずつ回転させることができるが、長方形の側面は一八〇度の回転しか許されない。もう一つ割合早く見た変種は「八面体プリズム」と称するもので、キューブの四つの辺が斜めにそぎ落としてある。これをひねりまわすと、なんともグロテスクな形が出現する(図15-2bとc)。ここでは辺のパリティ(偶奇性)の情報が失われ(そぎ落とされた辺の小体が順向きか逆向きかを判定することができない)、通常のキューブを解くのとはちょっと違ったいやらしさがある。通常のキューブでは、反転した辺小体が必ずペアで現れる。八面体プリズムでも事情は同じであるが、そぎ落とされた辺小体の向きを見分けられないので、ときとして、たった一つの隅の小体の向きが違うというはんぱものの完成品ができてしまう。これをふつうのキューブに慣れている人がはじめて見ると、たいてい頭が混乱する。

次に私が見た変種は、ドイツ人の若い青年ケルシュテン・マイアーが発明したものである。彼は当時スタンフォード大学で、オペレーションズ・リサーチを学ぶ大学院生だった。彼が試作したのは「マジックピラミッド」の原型である。(これは本物のピラミッドのように直方体から作ったものではなく正四面体で構成されている。)マイアーの試作品は工作精度が粗かったので、誰かが一ひねりするとよく空中分解した。しかし、これは明らかに革新的な発明であり、売りだす価値のあるものだった。これもあとで知ったのだが、同様の

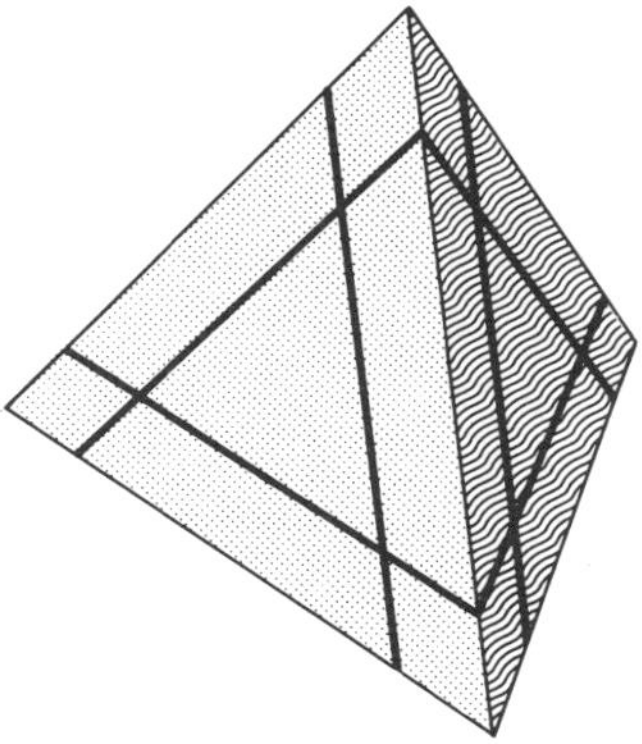

e

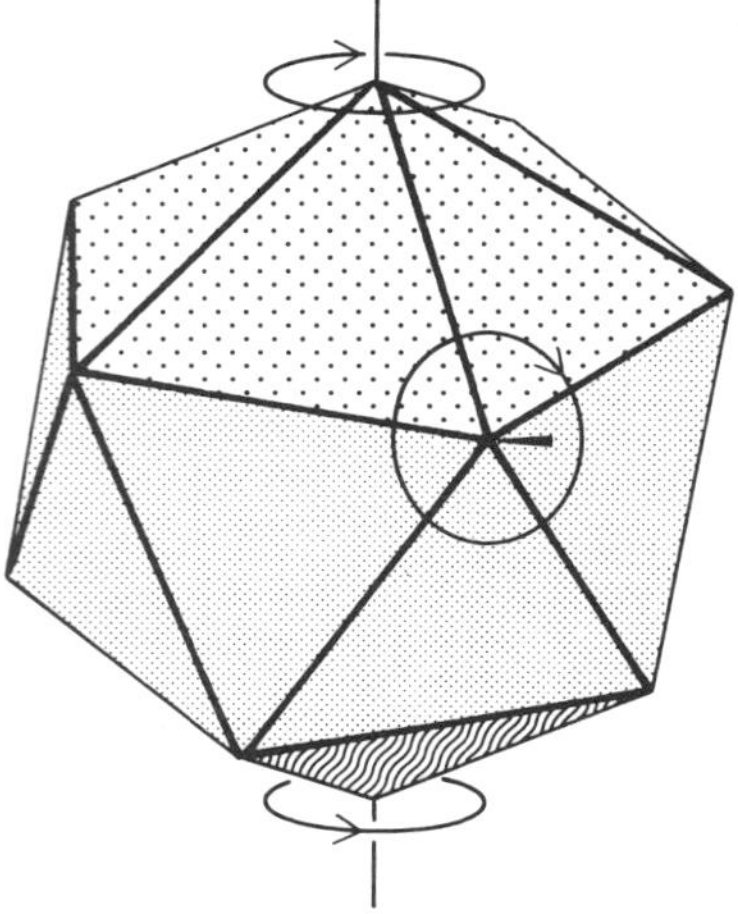

f

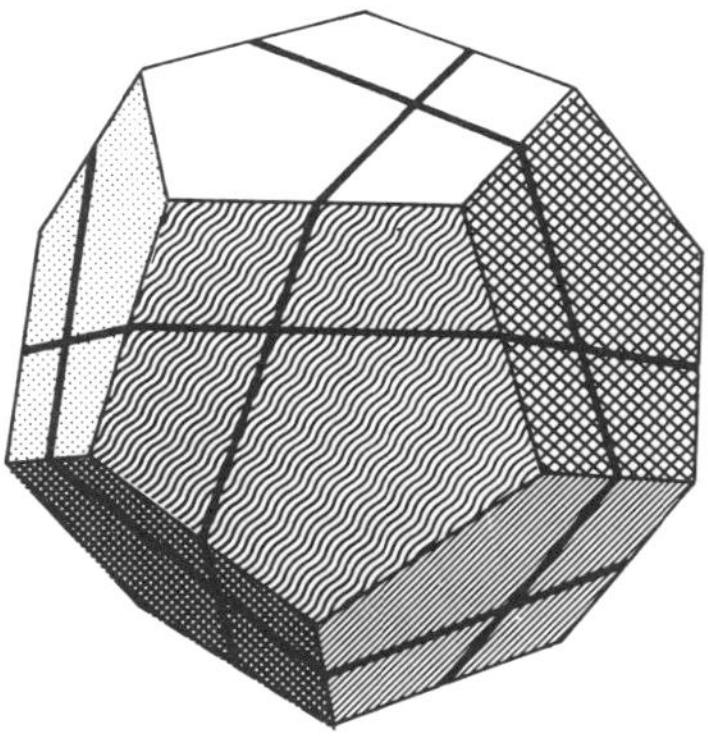

g

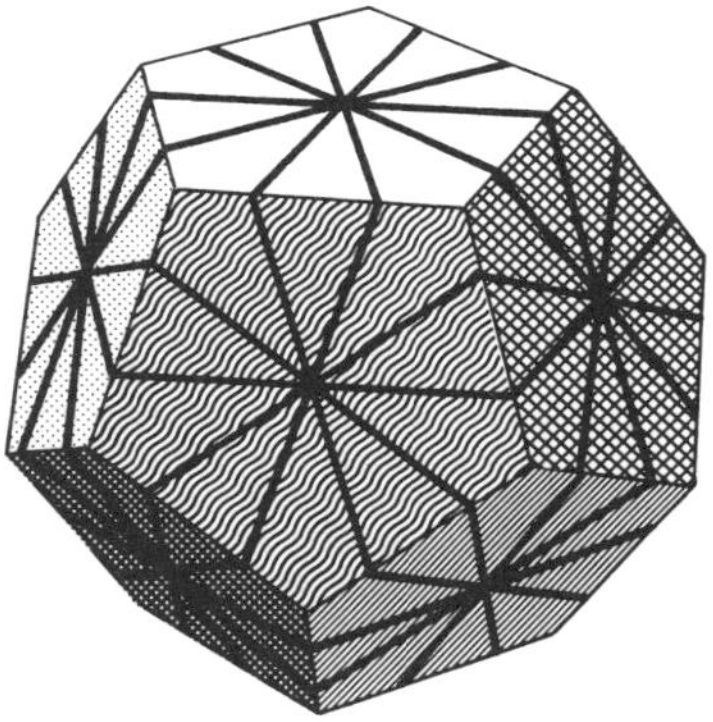

h

i

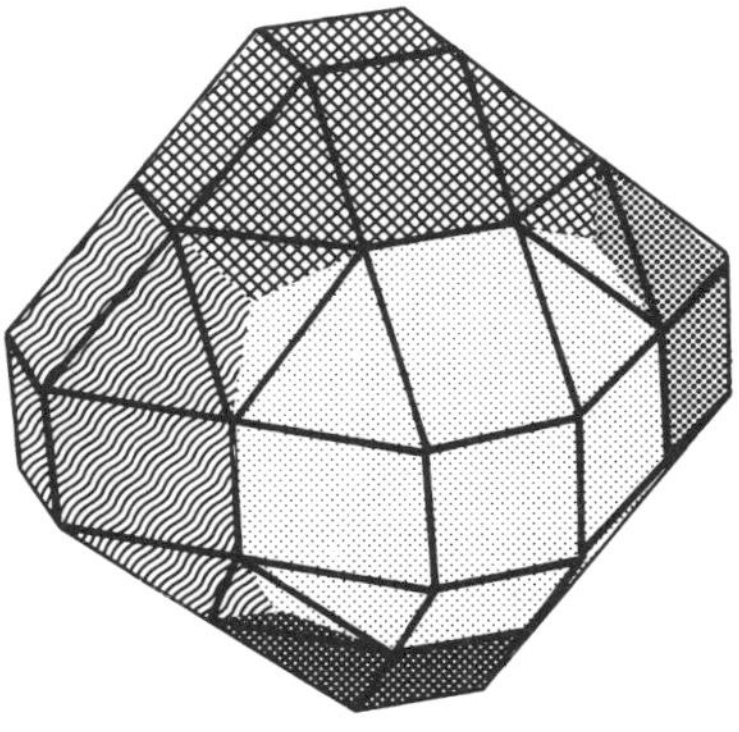

j

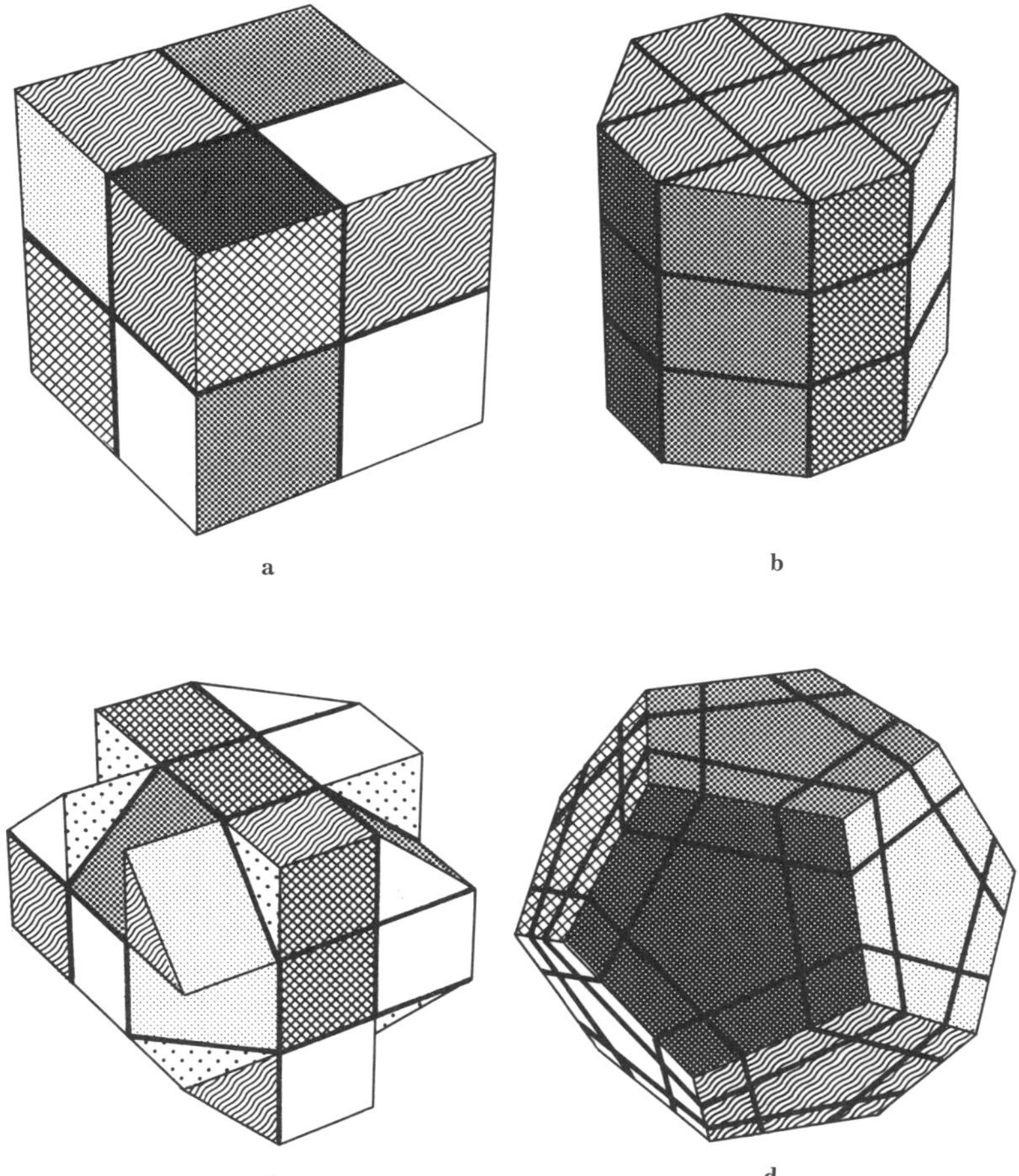

図 15-2　ルービックキューブの変種
a.2×2×2のキューブ、b.八面体プリズム(3×3×3を八角形になるように削ったもの)の初期状態、c.八面体プリズムの乱列状態、d.ピラミンクス魔法十二面体、e.ピラミンクス魔法四面体、f.ピラミンクス魔法二十面体、g.ピラミンクスボール、h.ピラミンクスクリスタル、i.4×4×4のキューブ(乱列状態)、j.究極ピラミンクス

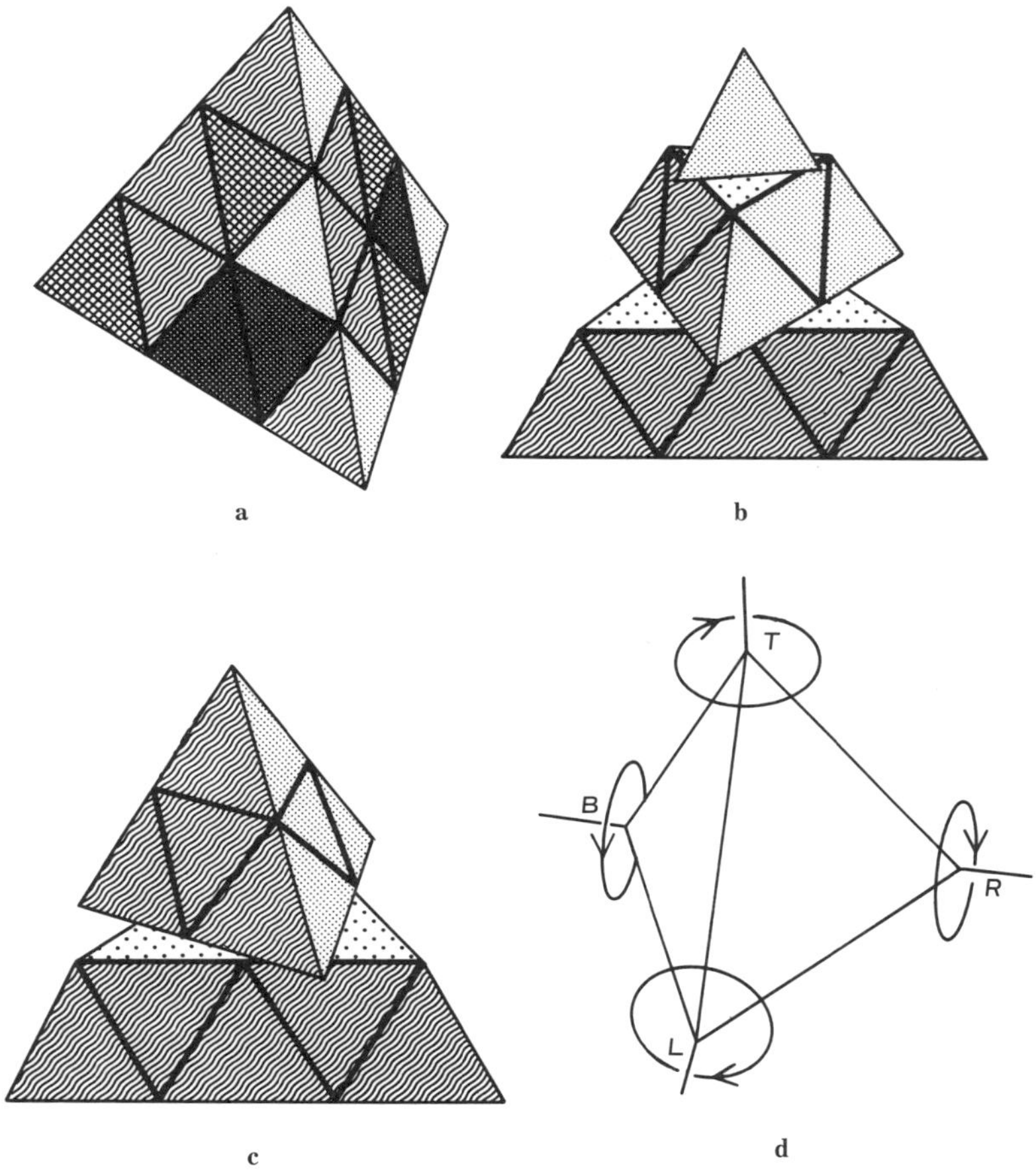

図 15-3 ウベ・メフェルトのピラミンクス。a.乱列状態。bおよびc.回転のしかた。cのように小ピラミッドを回すのを正式の記法で使う。d.小ピラミッドの時計回り120度回転の名前、L(左)、R(右)、T(天)、B(後ろ)。

発明がほぼ同じ時期に、インディアナ大学の数学者ベン・ハルパーンによってもなされていた。マイアーもハルパーンも3×3×3のルービックキューブの機構を一般化し、同じ原理にもとづいて正十二面体にこのパズルを拡張するアイデアにも到達していた。ハルパーンはピラミッドも十二面体も試作品を作った（図15-2dとe）。

＊　＊　＊

ところが、ところが、マイアーやハルパーンにピラミッド的先制パンチをくらわせた男がいたのだ。ドイツ生まれの発明家ウーベ・メフェルトである。一九七二年、メフェルトはピラミッドに関心をもち、とくにそれを手にもったときの快感に興味をもった。そして、側面が回転するピラミッドのアイデアを思いつき、少し試作してみた（図15-3）。これはなかなかの手なぐさみで、瞑想にふけるときの小道具として使えると考えていたが、どういうわけか放ったらかして忘れてしまった。そこへルービックキューブの登場。そして大成功。メフェルトは、自分の昔の発明が商売になることに気がついた。彼はすぐさま特許を出願し、大量生産の手はずを整え、販売ルートを拓くために、おもちゃ会社と交渉を始めた。その結果が、ピラミンクス（Pyraminx）の大成功となったわけである。ピラミンクスはピラミッド型のキューブ（もちろん「キューブ類」という意味だが、マイアー－ハルパーンのものとは全然違った動きをする。

　メフェルトは現在香港に住んでいるが、ピラミンクスの製造販売のために旅行がとても多くなった。そこで彼は世界中の発明者と会い、キューブ類を一手にまとめて商売をするのが成算ありと判断したようである。会った発明者の中には、マイアーやハルパーンも含まれている。だから、彼らのピラミッドも、もうすぐ市販されるようになるだろう。名前はピラミンクス魔法四面体だ。十二面体の方も市販される模様で、ピラミンクス魔法十二面体という名前になるだろう（私ならキングテト（King Tet）と呼ぶが……）。メフェルトのカタログを所望の人は、c/o Pricewell (Far East), Ltd., P. O. Box 31008, Causeway Bay, Hong Kongのメフェルト（Uwe Mëffert）宛に請求すればよい。メフェルトは、新しいアイデアも心待ちにしている。もしなにかアイデアがあれば、私にではなくメフェルトに教えてあげていただきたい。メフェルトは、年間均一料金を払えば、一年に六個以上の新作パズルが配送されてくるというパズラーズ・クラブを発展させたいとも考えている。配られる新作パズルはキューブ型パズルで、とくに難しい秘伝の限定版になるということである。彼はクラブ会員の（潜在的）希望者からの音信を待ちのぞんでいる。

　メフェルトの友人、香港の中文大学の数学科にいるロナルド・ターナー＝スミスが、ピラミンクスについて小さな本を書いている。『驚異のピラミンクス』というペーパーバックで、これもメフェルトのところに連絡すれば手に入る。ピラミンクスについてターナー＝スミスが行ったことは、ちょうどふつうのキューブについてデービッド・シングマスターが『ルービックの魔法立方体に関するノート』で行ったことに相当する。（そういえば、シングマスターは現在でもキューブ学の情報センターの役割を果たしている。彼はいま季刊で*Cubic Circular*〔キューブ回報、別の読み方をすれば、「四角で丸い」というおもしろい名前〕というニューズレターを出している。申し込みは、David Singmaster, Ltd., 66 Mount View Road, London N4 4JR, England。ところで、今年の夏にはハンガリーからやはり季刊の*Rubik's*が創刊される。これは年間購読料が八ドル、申し込み先はPost Office Box 223, Budapest1906, Hungaryである)。シングマスターと同様、ターナー=スミスもピラミンクスについての記法と群論による解析を開発し、ただ機械的に解いているだけでは味わえないような深い鑑賞を可能にしたのである。

ピラミンクスの操作に二つの異なる記述法があるのはおもしろい。一つの操作は面を回すか、その反対の小ピラミッドを回すかなのであるが、これは同じことを二通りに眺めただけである。なぜなら、ピラミンクスは小ピラミッドと正三角形の面に分解され、小ピラミッドの回転は、裏返せば面の回転にほかならないからである。ターナー=スミスの記法は、面を固定とし、小ピラミッドを回転するものとしている。ここではしばらくこの記法を使い、あとでこれと逆の見方の記法を使う。さて、四つの基本操作に名前をつけよう(図15-3d)。基本操作はピラミッドを回転させることであり、場所に応じてT(Top)、B(Back)、L(Left)、R(Right)と呼ぶ。T、B、L、Rは回転させる小ピラミッドを回転軸の方向から眺めたとき、時計回りに一二〇度回転させる操作を表す。T′、B′、L′、R′は反時計回りに一二〇度回転させる操作である。こういう回転で角にある小体(小ピラミッドの頂点)の位置が変わらない(ただし向きは変わる)ことに注意しよう。すなわち、角の四つの小体は不動の座標点として使える。(キューブでは、六つの面の中心小体がこの役目を果たしていた。)実際、ピラミンクスを解くとき、これらの小体はすぐ正しい向きに戻すことができ、以後、面の色にそろえたままで解法を進めることができる。だから角の小体は、問題の本質に関係しない飾りか、解法を進めるさいの目印ぐらいという感じである。

さて、キューブでは、回転によって位置を変える基本要素を小体と呼んだ。ピラミンクスでの基本要素について調べてみよう。基本要素が小ピラミッドでないことはたしかだ。キューブと同様、三種類の小体がピラミンクスにある。辺の小体、中間小体、それから角(隅)の小体(以降、たんに角(つの)と呼ぶ)である(図15-4)。一つの角に対応して三色の中間小体があり、おのおのの小体の色は角の素面(小体の面)の色とそろうようになっている。角と同様、中間小体は、自分のホームポジションからは動かない。(もちろん向きは変わる。)つまり、角が「自明に解ける」とすれば、中間小体は「やさしく解ける」ピラミンクス部位である。

残るは六個の辺小体である。キューブの辺小体と同様、これらは二色で、移動・反転する。実際、反転とか位置の入れかえに関する制限条件は、キューブの辺小体とまったく同じである。二つの辺小体が同時に反転し、辺小体の位置は偶置換のみが可能である。(辺小体の入れかえが必ず偶数個しかないのを、偶置換という。)

これだけのことを知れば、ピラミンクスの辺小体が、何通りの配置をもちうるかは容易に計算できる。制限条件がなければ、辺小体の配置の個数は6!=720である。(一番目の辺小体は六つの辺小区に、二番目の辺小体は残り五つの辺小区に……と以下同様、6×5×……×2×1通り。)偶置換でなければならないという制限条件によって、この数は半分、つまり三六〇になる。さらに、おのおのの辺小体の向きは二通りあるから、$2^6=64$をこの数に掛けなければならない。ところが、またも向きに関する制限条件により、可能な向きの組み合わせは、その半分、三二になる。結局、ピラミンクスには360×32=11520通りの実質的に異なる配置がある。もちろん、中間小体や角を勘定に入れると、おのおのが制限条件なしで、$3^4=81$通りの配置をもつから、81×81×11,520=75,582,720という膨大な数になる。しかし、角の異なる配置などは最初から問題にならないよ

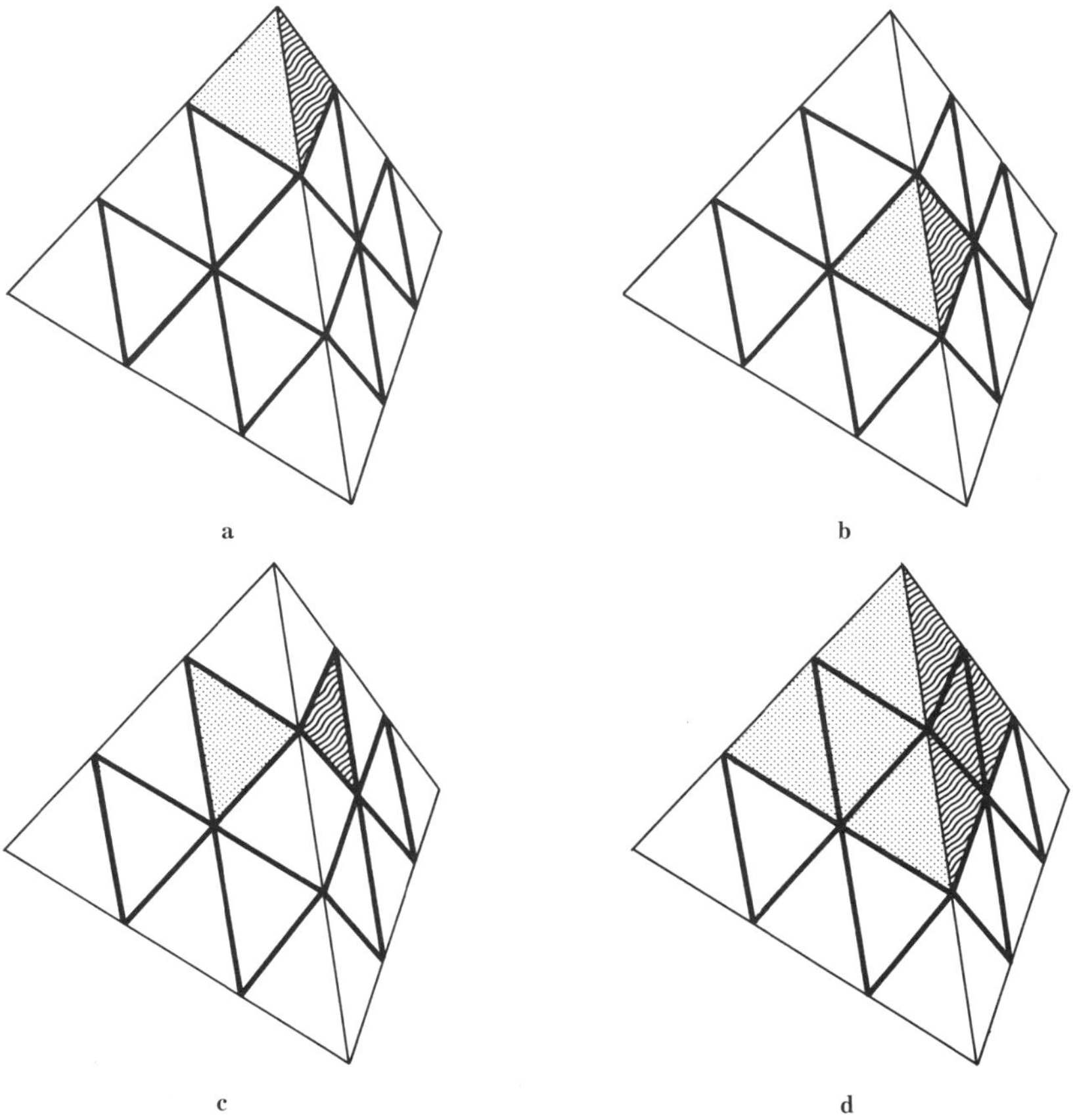

図 15-4　ピラミンクスの四種類の小体。a.角(つの)、b.辺、c.中間、d.に示したのは小ピラミッド。

うなものだから、81×11,520＝933,120通りといっておくのが、まあ妥当な線だろう。

　コンピュータのはじきだした結果によると、ピラミンクスを解くには、どんな配置からでもたかだか二一回の回転を行えばよい。逆に、初期状態へ戻すのに、最低一二手かかる配置があることが簡単に証明できる。しかし、本当に最少何回回転させれば初期状態に戻せるかという、いわゆる神の手順は、ルービックキューブと同様、いまだに解明されていない。

＊　＊　＊

　メフェルトがピラミンクスを考案したとき、実は各面に九個の小三角形（小区）があるという外見を変えずに、違った内部構造をもたせることが可能なことに気づいていた。だから、より多彩な回転操作が可能なモデルがほかにも用意されていた。私がいま述べたモデルは、ポピュラーピラミンクスと呼ばれている。より高度なマスターピラミンクスも発売される予定である。マスターピラミンクスは、ポピュラーピラミンクスの回転操作のほかに、辺が中点を軸に一八〇度回転する操作が可能である（図15-5）。これによって、辺の両端にある角を入れかえることが可能になる。このような操作を可能にするため、中間小体が何個かのより小さい部品に分かれ、そのうちいくつかはピラミッドのあちこちを動きまわれるようにしないといけない。このパズルはだいぶ複雑である。内部機構は極度に技巧的だ。辺を一ひねりしている間、動いている二つの角は、分割された中間小体の内側に隠されている小さな部品を介して、ピラミンクス全体に引きとめられている。この小さな部品は、自分がどの辺に「属している」か知らない。つまり、辺の回転が始まる前に、

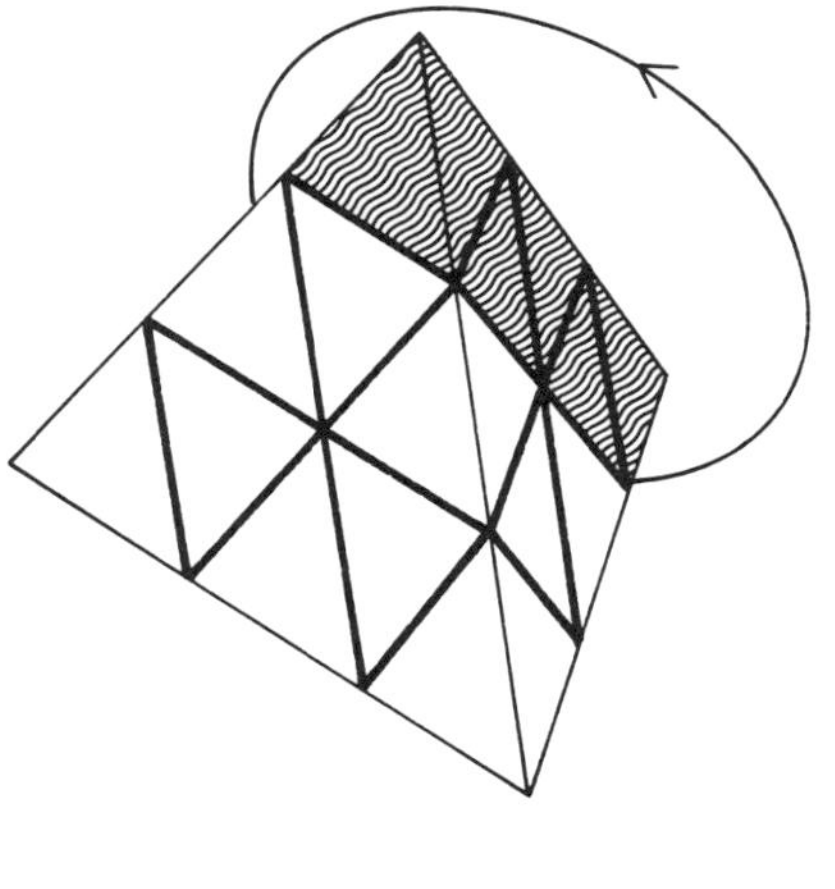

図 15-5　マスターピラミンクスにだけ可能な辺の回転。

角はこの部品を適当な辺へ「固定」し、回転が終わると同時に、その辺から「解放」する必要がある。こういう巧妙なしかけがなかったなら、マスターピラミンクスの角は、すぐバラリと落ちてしまっただろう。ターナー=スミスによれば、マスターピラミンクスの総配置数は四四六兆以上だという。

こういうふうにキューブ菌に冒されてしまったメフェルトは、今度は一般の多面体へと追求を深めていく。彼が次に試みたのは、八色に塗りわけられた正八面体である。正八面体の各面は、ピラミンクスと同じく九個の小三角形からなる。どう回転させるかって？実はピラミンクスと同じである。メフェルトはいろんな回転の可能性を考察している。ポピュラーピラミンクスでおたがいに裏返しの関係にあった二種類の回転が、八面体ではまったく別種のものになることに注目しよう。つまり、面を回すのと、小ピラミッドを回す操作は裏返しの関係にない。つまり、面を一二〇度回す操作と、小ピラミッドを九〇度回す操作は本質的に異なっている（図15-6aとb）。メフェルトは、おのおのの回転操作が可能な八面体の内部機構を二種類開発した。

ピラミンクス魔法八面体という（どちらかといえば謙虚な）名の八面体はまもなく市販されるが、これは六つの小ピラミッドが回転するように作られたものだ。直交する回転軸が三本あるので、キューブと事情がよく似ている。実際、これはたんなる見かけの一致ばかりではなく、八面体とキューブの間の本質的な類似につながっている。メフェルトの八面体とキューブは、一段高い抽象レベルで同じものなのである。これを見るために、立方体と正八面体がおたがいに双対であることに注意しよう。つまり、一方の面の中心はもう一方の頂点に対応している。だから、立方体の各面の中心点は正八面体の頂点になっており、正八面体の各面の中心点は立方体の頂点になっている。

キューブとキューブの各面の中心から作られる八面体を考えてみよう。いまこれらの内部にいて眺めていると思うのがよい（図15-6c）。キューブの面の回転は、八面体上では小ピラミッドの回転に相当する。ということは、キューブの全配置にピラミンクス八面体の全配置が対応している？　いや、早まってはならない。キューブとピラミンクス八面体の間の対応をもう少しくわしく調べる必要がある。ポピュラーピラミンクスと同様、八面体にも角、中間小体、辺小体がある。前と同様、角はあってもなくても関係のない飾りのようなものだし、中間小体はひと塊でしか動かない。だから、八面体上の中間小体（それの飾りになっている角を含めて）とキューブの面の中心の小体が一対一対応する。となると、あと八面体上には辺小体しか残らない。これは二つの「素面」をもち、明らかにキューブの辺小体に対応する。では、キューブの隅の小体はどこへ行ったか？　実は、どこにもない。つまり、八面体にはキューブの隅に相当するものがないのである。これは問題のかなりの単純化だ。

キューブと八面体の対応を目で見てわかるようにするため、どちらか一方の色の塗り方を変えたほうがよい。キューブのほうが馴染みが深いので、これを魔法八面体に合わせて変えることにしよう。実は正しい色分けは面中心ではなく、頂点中心である（図15-6d）。コンピュータ科学者であると同時に、すぐれたパズリストであるスタン・アイザックスは、何十個もある自分のキューブのうち一個を、メフェルト八面体をシミュレート（模擬）するように塗りかえた。通常の3×3×3キューブをあっという間に解いてしまう名人たちも、アイザックスが塗りわけたキューブには、自分の技術が通用し

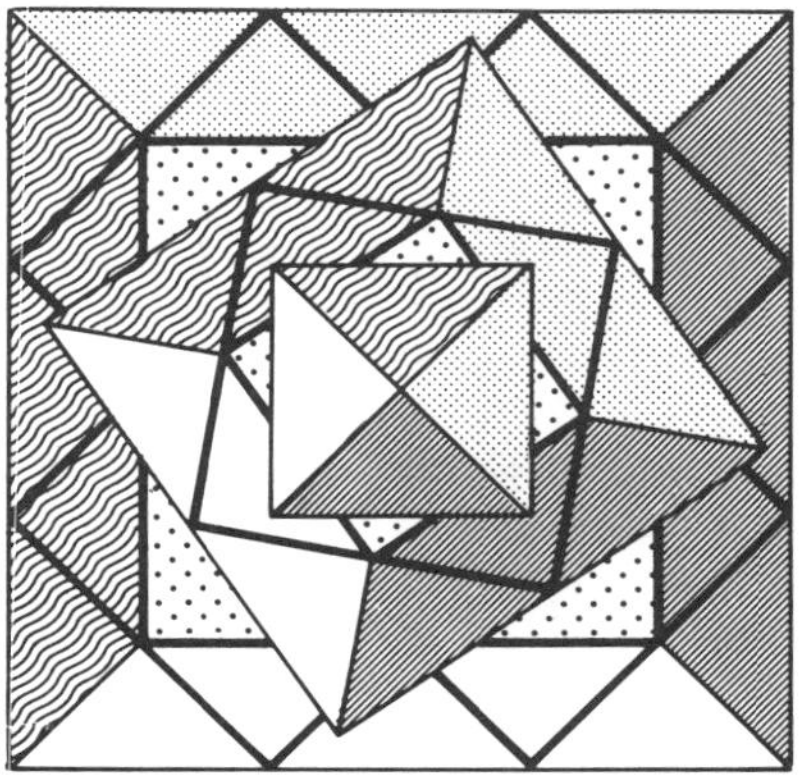

a

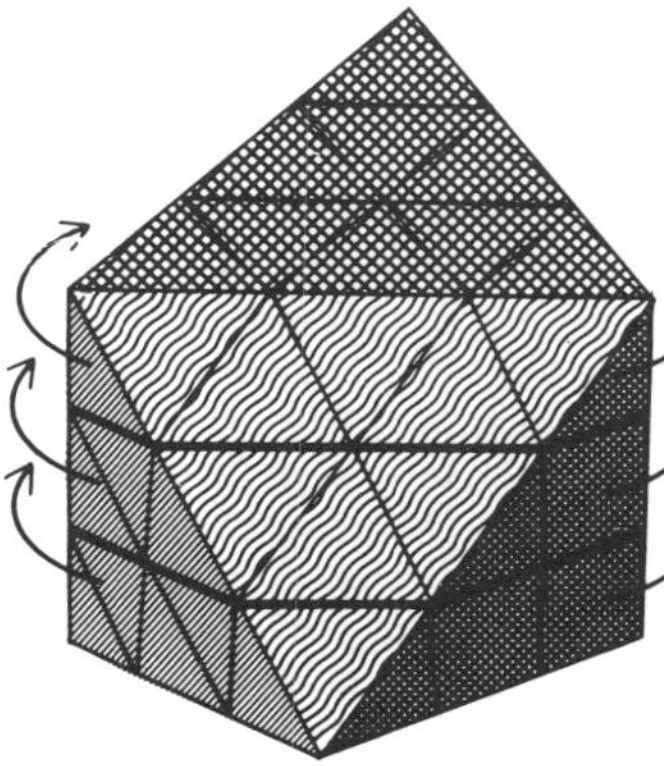

b

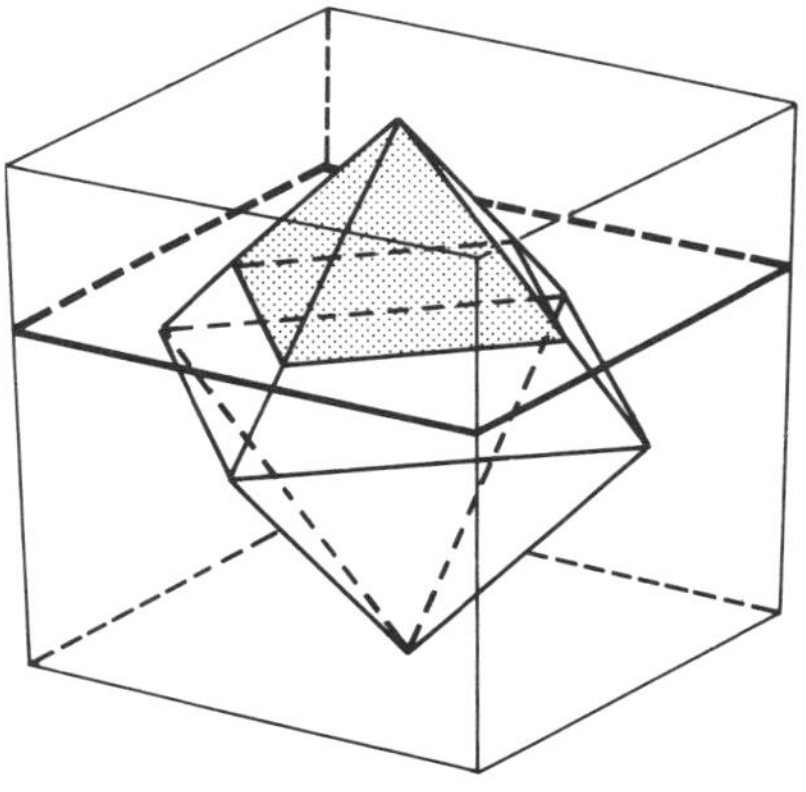

c

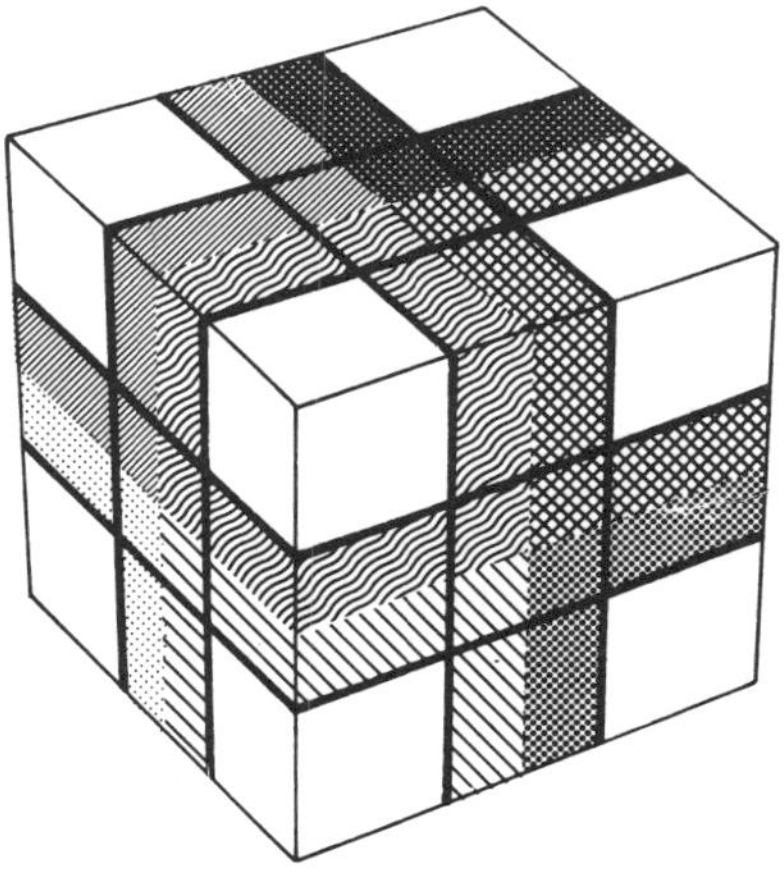

d

図 15-6　メフェルトの魔法八面体、a.角や小ピラミッドがどう回転するかを示す。ピラミンクスとよく似ているが、回転の単位が 90 度である。b.別の回転をするメフェルトの魔法八面体。これは 120 度回転する面からなる。実際に製造されているのは a タイプのみ。c.頂点を中心に回転する八面体と面を中心に回転する八面体キューブの対応図。d.3×3×3 のキューブで魔法八面体の代用をする塗り分け。c で示した対応がよくわかる。

ないことに気づく。なぜなら、面の中心の小体の向きが関係してくるからだ。逆に、このキューブでは「クォーク」が存在しない。つまり、向きが違うとか、位置が違うといった隅の小体が最初からない。隅の小体がみんな真っ白なのだから、これはあたりまえだ。

アイザックス式のキューブ（つまり八面体）を解くには、辺と面の中心（これが新しい課題）をもとに戻すような技術を習得すればよい。なお、魔法八面体が全部こういう3×3×3キューブの簡単な塗りかえでシミュレートできると思ってはいけない。回転軸が三本直交しているものばかりとは限らないからだ。たとえば、メフェルトの開発した面が一二〇度回転するもう一つの八面体は、キューブとなんの関係もない。

メフェルトの一九八二年版カタログに二十面体の絵が出ている。（どんな商品名になるか当ててみよう！）二十個の三角形の面は細分されず、十二個の頂点のどれを中心にしても回転し、まわりの五個の三角形が一度に動く（図15-2f）。回転操作が面中心ではなく頂点中心なので、二十面体の双対多面体である十二面体を思いつい た人が多いと思う。双対パズルは、頂点中心型回転操作の八面体の双対パズルが面中心型回転操作のキューブであったのと同じような形で、面中心型回転操作のパズルになるだろう。（ところで、ピラミンクスの双対パズルはなんだと思いますか？）

事実、メフェルトのカタログには、二種類の十二面体パズルが載っている。やや単純なほうがピラミンクスボールと呼ばれ、美しくカットされたほうがピラミンクスクリスタルと呼ばれている（図15-2gとh）。ボールはピラミンクスと同様、四つの回転軸をもつ。クリスタルは六つである。これは大きな話題になるだろう。

＊　＊　＊

ここまでくると、読者の中には、本当のキューブ（つまり六つの正方形の面をもった立方体）で、頂点中心の回転操作ができるものがあるんじゃないかと思った人がいるはずだ。遅かりし！　もうちゃんと考えた人がいる。これを最初に思いついたのは、イギリスのジャーナリスト、トニー・ダーハムである。彼はこのアイデアをメフェルトに示し、メフェルトはすでにピラミンクスで確立している機構上の工夫をこれに取りいれ、市販化するまでもっていった。図15-1bに示したのがそれで、動きは図15-7aに示した。このパズルの名はスキューブ（Skewb、斜めの意のスキューとキューブの合いの子の言葉）が絶対いいと私は思っているのだが、メフェルトはこれにも無味乾燥なピラミンクスキューブという名を付けている。

スキューブに入っている四本のカットは、どれも全体を同じ形の半分に切りわけている。どのカットも、立方体の空間的対角線のうちの一本を、直角に二分している。よく考えればわかるように、おのおののカットの外周をたどってみると、きれいな正六角形になっている。どのカットも六面全部を通過しているので、一回の回転がすべての面に影響する。この意味で、スキューブのほうがたちが悪いといえよう。キューブでは、一回の回転で二つの面が変化を免除されていた！　スキューブのほうが単純なパズルであるにもかかわらず、習熟するのが困難だ。たしかに、この点がスキューブの魅力のポイントである。

ダーハムは『四軸パズル』と題したノートの中で、スキューブについていくつか鋭いコメントをしている。いくつかのパラグラフをここで引用しておこう。

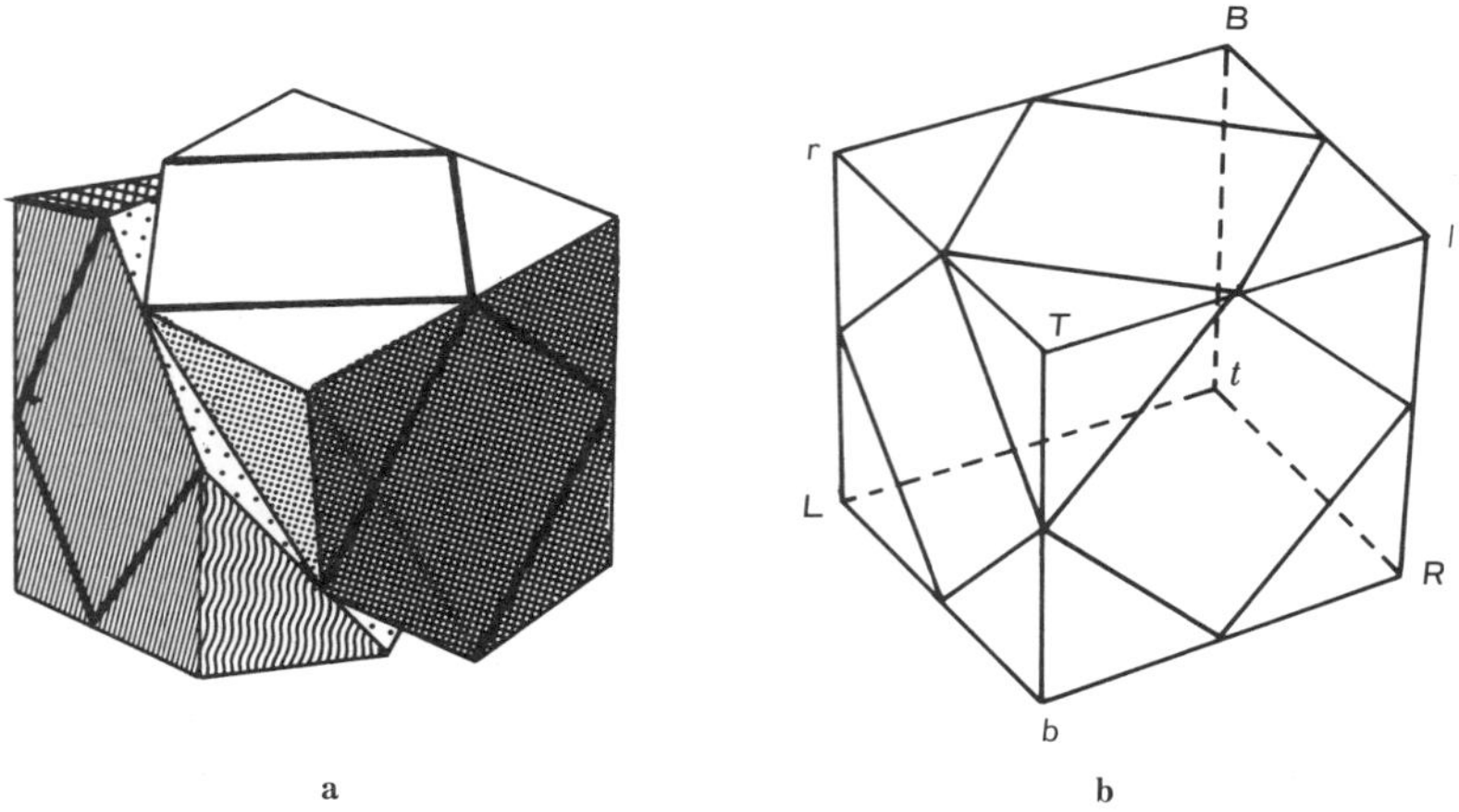

図 15-7　ダーハムのスキューブ。a.回転の途中の様子。b.8 個の隅の名前(図 15-1 を見ること)。

四本の一二〇度ずつ回転する三相軸によって生成される対称群は四面体の回転群であり、位数は一二である。有名な多面体は、正多面体であれ、準正多面体であれ、(本来のもっと複雑な対称性の部分として)この正四面体の対称性をもっている。だから、四軸の機構はどんな正(または準正)多面体パズルの中にも埋めこむことができ、パズルを解いているあいだ、もとの多面体の形を変えないようにできる。一見するとピラミンクスボールはたいへん奇異に見えるが、正十二面体という非常に豊かな対称性をもった多面体の中に、正四面体の対称性をうまく埋めこんだ一例を示している。

ルービックキューブは、この性質をもっていない。これは、一般に立方体と正八面体にしか出てこない九〇度ずつ回転する四相軸を使っている。だから、正十二面体の形をしたルービックキューブを作りだすことはできるが、正十二面体の形を保つために、一八〇度回転しか使えないことになる。九〇度回転は本来、正十二面体のもっていない対称性を必要とする。

四軸のパズルは、どれも中心に球またはスピンドルをもつ。四つの部品(たいてい角)が、この球に直接ピンどめされている。標準のピラミンクスは、角の下に引っかける、「翼」のある、自由に動きうる六個の辺小体をもっている。ピラミンクスキューブでこれに相当するのは、面の中心の四角である。十二面体ピラミンクスボールにある四素面の小体も同様である。

ピラミンクスキューブもボールも、さらに四つの自由小体(角にある)をもつ。これらも初期状態において、いま述べたような小体群の下に引っかかる「翼」をもっている。つまり、ルービックキューブと同じく、ここにも三段階の小体群があっておたがいに引っかけ合っている。ただし、実際の形状はルービックのものと、かなり異なっている。

ピラミンクスキューブの八つの角は、みな同じ形に見える。一見したところ、どの二つの角も場所を入れかわれそうだ。だが、四つが自由小体であり、残り四つが中心の球に固定された小体だから、おたがいに位置を変えられるはずがない。面の中心にある四角もくせ者だ。内側を見ると、外見ほど対称な形をしていないのである。この小体は（角にある固定小体を基準座標として）九〇度回転してもとの位置に居すわることができない。一八〇度回転だけが可能だ。

標準のピラミンクスには、明らかな固定点がある。四つの角だ。ピラミンクスキューブの場合は、事情が違う。四つが固定で、四つが自由といわれても、すぐにどっちがどっちかわからない。それも道理で、四つの自由小体は固定小体とは独立に動くが、自由小体の間の相互位置関係は不変だから、たがいに固定し合っているように見えるのである。

ダーハムは、ピラミンクスに関するターナー＝スミスのTBLR記法が、一般の四軸パズル（たとえばスキューブ）にも使えることを注意している。これはたんにTBLRの各記号を四つの回転中心に割りふるだけでよい。ピラミンクスでいうなら、前に述べたような四つの角、または四つの面（の中心）になる。スキューブでは八つのうちの四つの角になり、残り四つには名前が付かない（図15-7b）。これによって、すべての操作が記述できる。回転の中心に名前の付いた小体が見えるなら、その名前を使えばよい。もし、名前の付いていない小体が回転の中心に見えるのであれば、その裏側にある回転中心の小体の名前を使う。これは同じ回転をどちらから見るかだけの違いである。（ややこしい？　実はまったく自明のことなのだが、インチキ臭く聞こえたとしたら、少し考えてみるとよい。）しかし、ダーハムは名前の付いていない回転中心にも、便宜上名前を付けている。つまり、本来のT、B、L、Rの裏側をt、b、l、rとし、そのまわりの右九〇度回転もt、b、l、rと書くのである。たとえば、Tとtはパズルの内部状態変化に関してはまったく同一の操作だが、空間における向きでは異なった操作になる。こういう混合的記法が混同的であることはダーハム自身も認めているが、ときどき使うことが必要であるという弁護もしている。

混合記法が有用なことがときどきある。TbT′b′は交換子（xyx′y′のように二つの基本操作のあとにそれぞれの逆操作を並べたもの）と呼ばれる重要な操作なのだが、TBL′B′とかtlt′b′ではなかなかそれが見えてこない。

ピラミンクスキューブやボールはルービックキューブのような「皮を切った」パズルと対照的で、「骨まで切った」パズルといえる。つまり、ルービックキューブではカットが表面から浅いところでとどまっている。このようなパズルでは、どこかの部分を回しても不変な安定部分がある。ところが、骨まで切ったパズルでは、どこが動いてどこが不変だったかが判然としなくなる。だから、骨まで切ったパズルでは、裏側から見た座標も必要になるのである。

骨まで切ったパズルの解法では、大局的アプローチが必要である。こういうパズルでは、一部分だけを注目したり変えたりすることがとても難しい。ところが、問題を解くときは、こういう事実が逆に役に立つ。角の対が同期して解決する。つまり、最後のねじり戻し、入れかえがまるで自動的に起こってしまうのだ。問題の核心に迫るような操作を施していくと、何億通りもあったパズルの（解かれまいとする）逃げ道が自然にふさがってしまうのである。パリティの条件が効いているのだ。（骨まで切ったパズルではどの操作も五または八周期のサイクルを引きおこすが、このときパリティ制限条件が実に強力に効いてくる。）

パリティ条件の章の中で、ダーハムは次のようなユーモラスだが意味深長な弁解をしている。

> パリティという言葉の拡大解釈的使用をお許しいただきたい。私はここでパリティを二で割った偶奇性という意味にとどまらず、三での割られ方やもっと別種の概念を表すのにも使う。「パリティ条件」は、通常の操作では得られない組み合わせの制限条件といった意味合いで使う。とはいっても「汝、面の小体を角の小体と入れかえるべからず」なんていうルールはこの条件には入れない。これはあんまりだ。パズル全体をウランに変えたり、ゴルゴンゾラチーズに変えたりするような「操作」がないというのも同様。

こう述べたあとで、ダーハムはスキューブの「パリティ条件」をすべて列挙している。（もちろん、拡大解釈のパリティ。）

1．四つの固定した角ＴＢＬＲは、それらの間のみで置換が起こる。残りの角ｔｂｌｒについても同じ。両者の間で混合は起こらない。

2．ＴＢＬＲは、あたかも固い四面体の頂点のように動く。ただし、この条件は空間における角の小体位置に関するものであって、おのおのの角の小体の向きに関するものではない。

2a．まったく同じ理由により、ｔｂｌｒも四面体のように動く。この動きはＴＢＬＲと独立である。実際、ＴＢＬＲとｔｂｌｒの間の一二種類の可能な組み合わせは、どれもたかだか二手以内の操作で達成できる。

ＴＢＬＲが固定小体で、ｔｂｌｒが自由小体であるとはいえ、2と2aは数学的にはまったく同じことを述べている。ルービックキューブについて書く人は、面の中心にある小体を、別の面の中心小体と入れかえるなんてことは、「そもそも不可能」と考えてかかっているが、辺小体を二つだけ入れかえるのは「不可能だけれどもありえそうに見える」としている。この流儀に従えば、2aはパリティ条件だが2がパリティ条件でなくなる！これはたしかにまずい。「パリティ」のもっとうまい正確な定義がどうしても必要になる。これはなんの問題なのだろうか？ 幾何？ 力学？ 位相数学？ 問題はどうも不可能配置の数え上げ方にあるらしい。可能配置の数え上げはすぐできるのだが……。

3．角ＴＢＬＲのねじれの総和は、3を法としてパズル全体のねじれ数に一致する。（角のねじれは0、プラス1、またはマイナス1であり、自分の属す四面体に対するねじれを表す。たとえば、Ｔのねじれは、ＴＢＬＲに対するねじれで、時計回りに一二〇度回転しているのをプラス1、反時計回りに一二〇度回転しているのをマイナス1とする。これと対照的にパズル全体のねじれ数は、角の小体のねじれではなく、角の小体の位置関係だけで決まる。もしTBLRとtblrの相対位置関係が初期状態と同じであれば、ねじれ数を0とする。もし時計回りの一ひねりで初期状態と同じに戻せるなら、ねじれ数をマイナス1とする。逆に反時計回りで戻せるなら、ねじれ数をプラス1とする。時計回りと反時計回りが一回ずつ要るのであれば、両方帳消しにして、ねじれ数を0としよう。)

3a. 3と同じ。TBLRがtblrになっただけ。

3と3aから、TBLRのねじれの総和とtblrのねじれの総和がいつでも等しいことがわかる。また、一つの角だけを一二〇度ねじったような配置(単一のクォーク)が不可能なこともわかる。3と3aをいいかえれば、パズルは初期状態からどれくらい離れているかを三通り(3を法として)の目印で「覚えている」。

4. ちょうど二つの面小体だけを入れかえることは不可能。

5. 面小体を九〇度回転させることは不可能。

6. 面小体を一個だけ一八〇度回転させることは不可能。

これらの事実についてダーハムは証明も与えているが、キューブについての証明と類似しているので、ここでは紹介しない。これらの条件を組み合わせて、ダーハムはスキューブの総配置数を100,776,960と算出した。ただし、この数は通常(印をつけないかぎり)見分けることのできない面小体の向きも勘定に入れている。だから見分けることのできる総配置数はこれの2^5分の1、つまり3,149,280である。これはキューブの4×10^{19}という総配置数にくらべればずいぶん小さいが、問題の難しさはこの数の比ほどには減っていない。(ルービックキューブの一〇兆分の一の難しさのパズルといったものが想像できますか?)

* * *

ダーハムは、ソロモン・ゴーロムの発見したキューブ学的現象と素粒子論との美しいアナロジーをさらに高いレベルに推しすすめている。ゴーロムは素粒子が3×3×3のキューブに共通点をたくさんもっていることを指摘した。クォーク(q)、反クォーク($\bar{q}$)、メソン($q\bar{q}$)、バリオンと反バリオン(qqqと$\bar{q}\bar{q}\bar{q}$)である。ダーハムは、これをさらに次のように拡張した。

ねじれの定義を、素粒子論に合わせて変えなければならない。TBLRの角の時計回りの一二〇度回転は+1/3になる。tblrの反時計回りの一二〇度回転も+1/3とする。どちらもクォークである。これは−1/3の値をもつ反クォークと反対のものである。ねじれがバリオン数に対応していることがわかる。すべての角のねじれを足すと整数になる。パズルの基本操作はつねにメソンである。

TBLRにあるクォークは上向き(up)のクォーク(uクォーク)と見なそう。tblrのクォークは下向き(down)のクォーク(dクォーク)である。どちらのクォークも荷電スピン½をもつ。両者は、抽象空間における荷電スピンベクトルの向きで区別される。荷電スピンの射影I_xは、uクォークについては+1/2、dクォークについては−1/2になる。ストレンジネスやチャームがなければ、素粒子の電荷QはBをバリオン数としてQ＝I_x＋B/2になる。だからuクォークは2/3の電荷、dクォークは−1/3の電荷をもつことになる。(反クォークについては量子数にマイナス1を掛ければよい。)こうすればパズルは観察結果に現れた重要な事実、つまりすべての粒子が整数電荷をもつという事実をみごとにモデル化している。

ここに出てきた二種類のクォークに関して、必要な量子数は下表のとおりである。

こうして、いろいろな「ハドロン」(強い相互作用をもつ粒子)をリストアップすることができる(下表)。おのおのの粒子は四つの記号をもった二つの列で表されている。第一列はTBLRの角のねじれを表している。第二はtblrの角のねじれである。ここでクォークは＋、反クォークは−としてある。

荷電スピン対称性は大局的な対称性であり、すべての粒子について荷電スピンベクトルを等量変えるような変換の下で、強い(核)力は不変である。こういう変換はすべてのuクォークを連続的にdクォークにし、その逆も行う。陽子と中性子がおたがいに役割を変える。パズルにおけるこれのアナロジーは、パズル全体を空間内で連続的に回転させることである。実際、こうするとTBLRはもとtblrのあった角に移る。つまり、上向きクォークが下向きクォークに変わる。

こうしても、「強い相互作用」(パズルの場合は基本操作)にはなんの差異ももたらさない。TBLRとtblrは、機能としてはまったく同一である。しかし、このパズルを分解しようとしたら、一方が固定されて、一方が自由に浮いているという差が見つかる。この分解作業は弱い、ないしは電磁気学的な相互作用に相当する。これは強い相互作用において守られていた

	u	d
B	1/3	1/3
I	1/2	1/2
I_x	1/2	−1/2
Q	2/3	−1/3

＋０００ (π^+中間子)	＋＋００ (陽子)	＋０００ (中性子)
−０００ ($u\bar{d}$)	＋０００ (uud)	＋＋００ (udd)
＋＋＋０ (Δ^{++})	００００ (Δ^-)	−−００ (反陽子)
００００ (uuu)	＋＋＋０ (ddd)	−０００ ($\bar{u}\bar{u}\bar{d}$)
−０００ (π^-中間子)	＋−００ (η^0中間子)	００００ (π^0中間子)
＋０００ ($\bar{u}d$)	００００ ($u\bar{u}$)	＋−００ ($d\bar{d}$)

保存則を破壊しうる。実際、破壊がうまくいきすぎて、単一の自由クォークができてしまう。

ダーハムはこのアナロジーにまだ弱点があることを指摘している。たとえば、電荷もバリオン数も保存されない、スピンに対するアナロジーがとれない、クォークのたった二つの「香り」（上向きと下向き）だけがモデル化され、クォークの「色」がモデル化されていない、などなど。なお、ゴーロムは3×3×3のキューブでクォークの色のモデル化を現在熱心に追求中である。

これ以上のアナロジー追求が失敗したとしても、いままで私が聞いたアナロジーでこんな刺激的なものはない。本当に偶然だけでこうなったのであれば、驚かざるをえない。しかし、私は巨視的なパズルと微視的な粒子の世界に共通する魅力的パターンが、両者に共通する原理や秩序を解きあかしてくれると信じたい。実際、正しい方法論でのぞめば、キューブ類に内在するパリティ条件を支配している群論的原理が、素粒子論の領域へ適用でき、粒子間の対称性に関して新しい知見が得られるのではなかろうか？　もし、素粒子物理学者が誰もこれに刺激されないとしたら、いったい、彼らはなにに刺激されるというのだ！

＊　＊　＊

私はインクレディボール（IncrediBall、これも私の付けた愛称〔incredible「信じ難い」との語呂合わせ〕）という「キューブ」が好きである。発明者はドイツのドルトムント出身の教師ウォルフガング・キュッパースである。これもメフェルトのカタログに載っている。これを書いている時点で、インクレディボールを世界最速で解けるのは私だと思う（少なくとも私の知る範囲では）。私の平均所要時間は六分である。もっとも私のタイトルは、この夏ブラッドレイ商会からインクレディボールがどっと発売されるや否や、必ず奪いとられてしまうはずだ。ただし、商品名はインポシボール（Impossi*Ball）である（図15-8）。

インポシボールは、基本的には丸まった十二面体である。一二個の面（これを十二分面 dodecalet と呼ぶことにする）は、おのおの五個の三角形に分割される。つまり、総計六〇個の三角形がある。ところが、この五個を一組として見ず、別の分け方で三個ずつ組にして見ると、丸まった二十面体になっていることに気がつく（十二面体の双対）。こういう三角形の三つ組を二十分面（icosalet）と呼ぼう。これは全部で二〇個あり、それぞれ違う三色の塗り分け方がされている。この二十分面がインポシボールの小体である。ルービックキューブには、三種類の小体（隅、辺、面）があったが、二十分面の小体は一種類しかない。このため、最初の見かけほどこのパズルは難しくない。どの十二分面も一色にそろっているのが、パズルの初期状態である。メフェルトは一二色使わず、反対極同士を同色にした六色のものをカタログに載せているが、問題の難しさは同じである。

インポシボールの回転のしかたは、ちょっと驚きだ。一点（十二分面の中心）のまわりにある五個の二十分面は（私の用語で）「輪」をなす。これらは一体となって左右に七二度ずつ回転する。この基本回転を五回繰りかえせば、またもとに戻るわけである。輪はキューブの層に相当する。しかし、五個の二十分面の外周は完全な円になっていない。だから、もしインポシボールの中心から小体への距離が一定のままだと、輪は回転できない。メフェルトの機構は、実

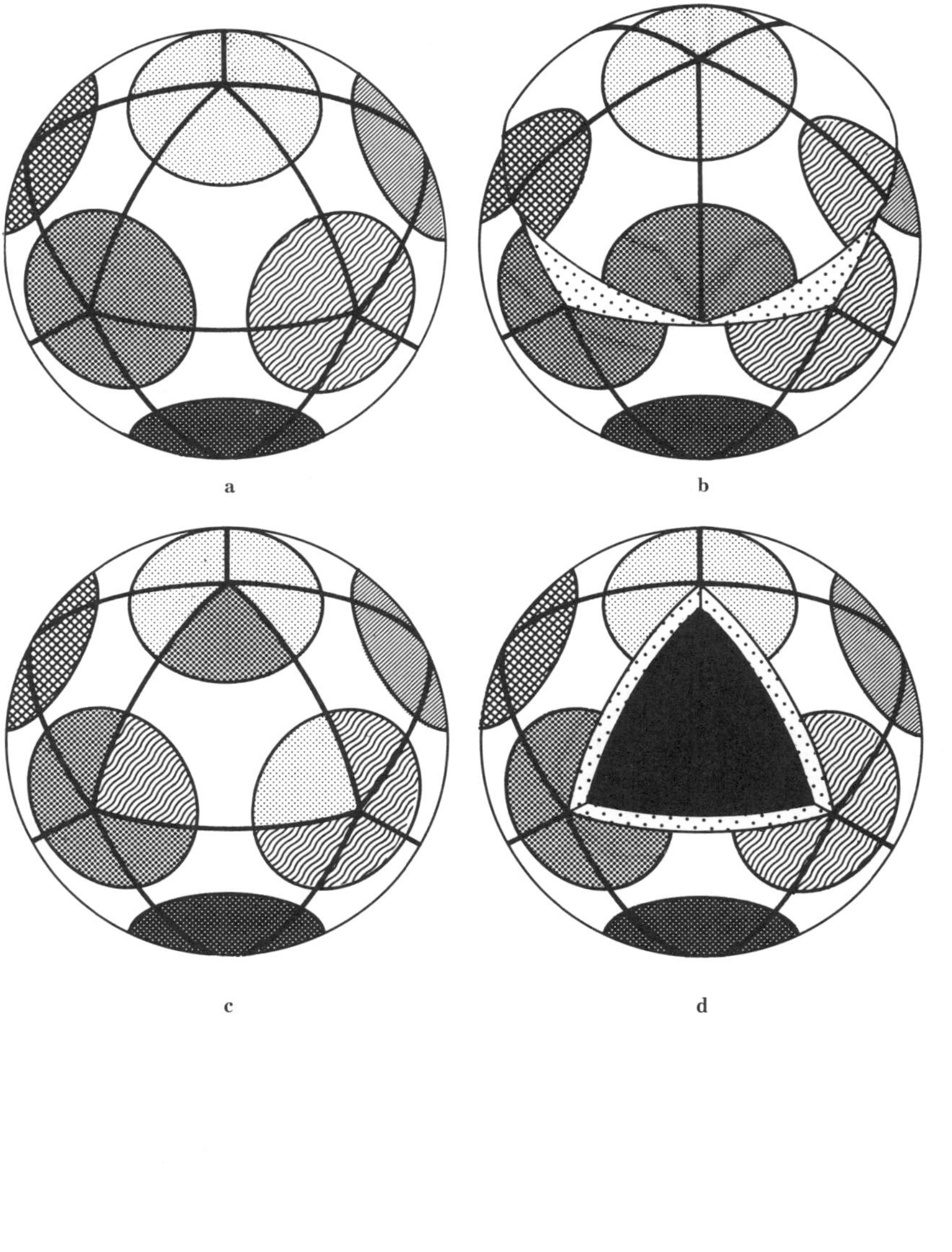

図 15-8　ウォルフガング・キュッパースのインクレディボール(またはインポシボール)。a.初期状態。曲線の辺をもった三角形を二十分面と呼ぶ。b.インポシボールの回転の途中。回転部分は少し持ち上がる。この回転は（5 個の二十分面からなる輪を 72 度回す)。c.クォーク（二十分面が時計回りに 120 度回転している)が一つ見える。d.二十分面が一つはずされている。回転によってこの隙間を埋めることができるが、新たな隙間が残る。これはサム・ロイドの有名な 15 パズルに非常によく似ている。

に巧妙にこの問題を解決している。回転する途中で邪魔になる凸凹をよけるために、回転する小体がほんのちょっと持ち上がるのだ。この「フニョッ」とした感触のため、インポシボールを回転させると手になんともいえぬ快感が伝わってくる。

パリティ制限条件は、いままでとほとんど同じである。たとえば、二十分面を二つだけ入れかえることはできない。せいぜい、三つの二十分面の入れ替え、あるいは二十分面のペアの入れかえが二つである。もちろん、クォークと反クォークの総和はパズル全体のねじれ数(整数値)に一致する。これらの制限条件を考慮するとインクレディボールの総配置数は、23,563,902,142,421,896,679,424,000、だいたい 24×10^{24}(二四兆の一兆倍)である。ルービックキューブの総配置数の一〇〇万倍に手が届くくらいの大きさである。ちなみに、これはアボガドロ数の四〇倍だ。(なにか関係あるかしら?)

このパズルは、キューブにくらべてどれくらい難しいのだろうか? 私はキューブよりやさしいと思った。だが、すでにキューブで経験を積んでいる以上、これは公平な判断じゃないだろう。しかし、ダーハムの用語を使えば、インポシボールは「皮を切った」パズルである。つまり、局所的な操作ができる。私は、苦心の末見つけたキューブ用の操作手順を文字どおり完全な形で保とうとせず、概念的な手綱を少しゆるめ、アナロジーのタネとして見直したとき、キューブ術の一部をインポシボールへ移植できた。全部が移植できなかったのは、もちろんである。私が最もうれしかったのは、私の発見したクォークスクリューと反クォークスクリューが直接移植できたことだ。もちろん、こういう移植を実際どう行うか、操作手順のエッセンスがなにか、移植に際して落としていい枝葉がなにか、またこういう区別をどうやって学ぶか、どれもとても難しい問題で、私には答えられない。

インクレディボールをいじっているうちに徐々に開発した私の技法は、オーバーラップした二つの輪を交換子(xyx'y')のパターンで回転させることである。私はこれを紙の上で研究し、目的を達成した(図15-9)。完全な解を作るのに必要なクォークスクリュー、二重スワップ、三サイクルがこれでそろった。この過程で、とりあえずパズルを解くのに必要な記法を開発したが、インクレディボール全体を記述するような完全な記法は開発しなかった。すべてのキューブ類を記述できる、心理的にも数学的にも満足のいく標準的な汎用記法を開発すれば、本当に役だつのだろうが、キューブ類という底知れぬ深さをもつパズルの世界でこんなことが可能かどうかと考えると、野望に近いような気もする。

オーバーラップした輪の図式は、スペインの物理学者ガブリエル・ロレンテが作ったキューブのある種の一般化に密接に関係している。ロレンテの平面型のパズルは、まさにオーバーラップした輪の網になっている。彼はこれにグリルとトレボルという名を与えた(図15-10)。輪はそれぞれ九〇度、六〇度ずつ回転させることができ、回転に従って輪の中の駒(小体)がかき混ぜられていく。これを球面上へ焼き直したのが、フロリド球という名のエレガントなインクレディボール型パズルである。

ロレンテのパズル、インクレディボール、さらにはキューブですら、よく観察すると、オーバーラップした回転軌道が本質的な役割を果たしているらしいことがわかる。実は、パズルが三次元空間内の立体であることもことの本質ではなく、球面のように湾曲した二次元空間上で複雑にオーバーラップした閉軌道の集合の性質が本質だとさえいえるのである。

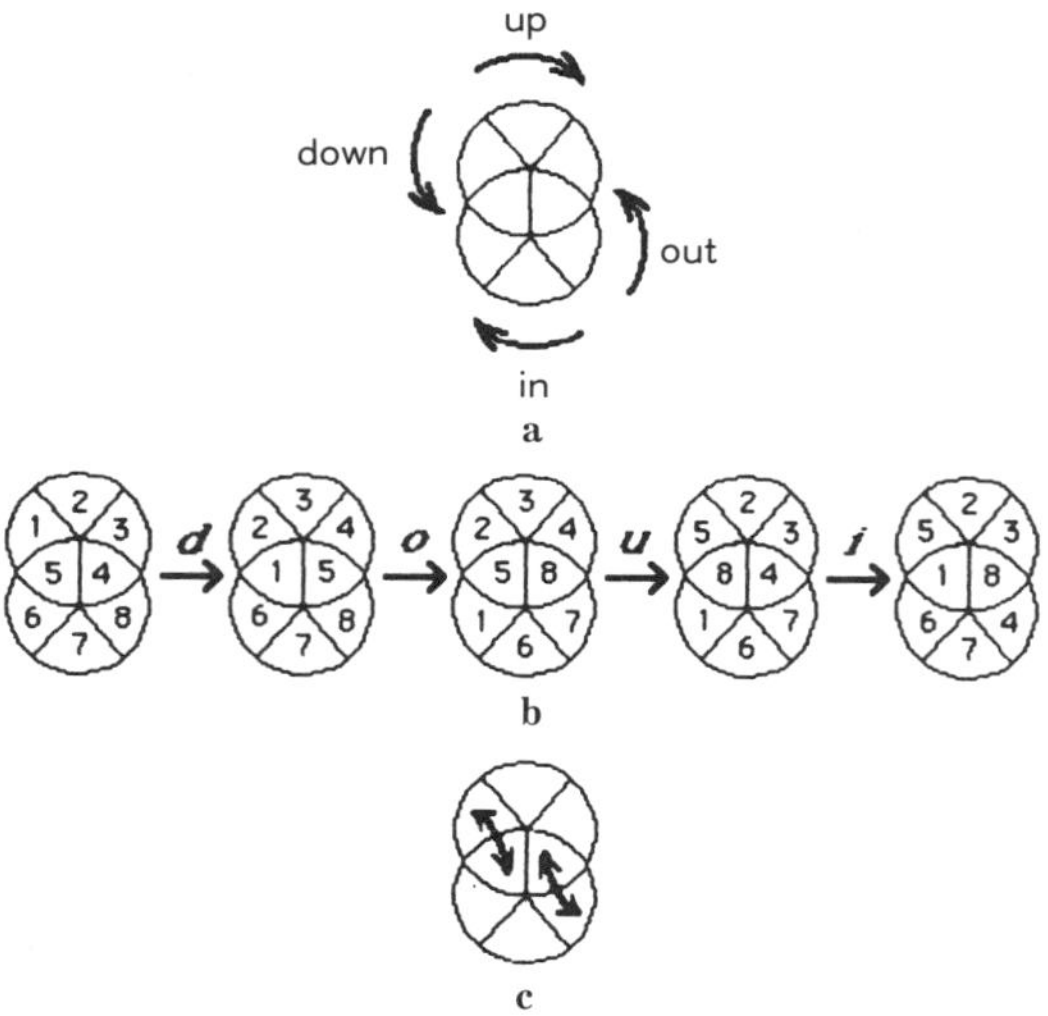

図 15-9　オーバーラップした輪がちょうど二つのときの演算子。a.四つの72度回転演算に対する名前、b.演算子「下外上内（doui, down-out-up-in）」が実行されたところ。これはxyx′y′という交換子の形をしていることに注意。c.bによって引きおこされた二重スワップ

キューブブームが起こってから、オーバーラップした輪のパズルが何回も発明されたが、実に一八九〇年代に、もうその基本型が発明されていた。これらは、ビー玉の入った輪が二つ交差した形をしている（図15-11）。どちらかの輪を選んでビー玉を押していくと、ちょうど交点にあったビー玉が選んだほうの輪の中へ吸収されていく。

いま二次元空間性を話題にしているので、インクレディボールがサム・ロイドの有名な15パズル（4×4の正方形パズルで、一枚の駒が欠けていて穴になっている。この穴の位置をどんどん動かしていくことによって、一五枚の駒の並べかえが可能）の湾曲二次元空間版、名づけて19パズルに変換できることに注意しておこう。ハルパーンがインクレディボールをいじっているとき、最初にこの事実に気がついた。インクレディボールから二十分面小体を一個取りのぞくと、その穴は15パズルの穴と同様球面上のどこへでも移動できる（図15-8d）。これはインクレディボールの内部機構の美しさによるもので、小体を一個取りはずすことが簡単にできるのである。これも、これらのパズルの二次元性を示している。

こういうパズルが二次元的だというのは、立体の表面だけが動き、立体内部と立体表面が入れかわらないという点からきている。極端な例として、地球全体が何兆個もオーバーラップしたビー玉の輪で覆いつくされている巨大パズルを想像してみよう。これだと、ニューヨークにあったある特定のビー玉をサンフランシスコに運ぶのに一億回ほど輪を回さなければならない。これは本質的に二次元パズルである。輪が地球にくらべて小さいので、こういう覆いつくしが可能なのは明らかである（誰もこんなパズルを解こうという気にはならないだろうが……）。

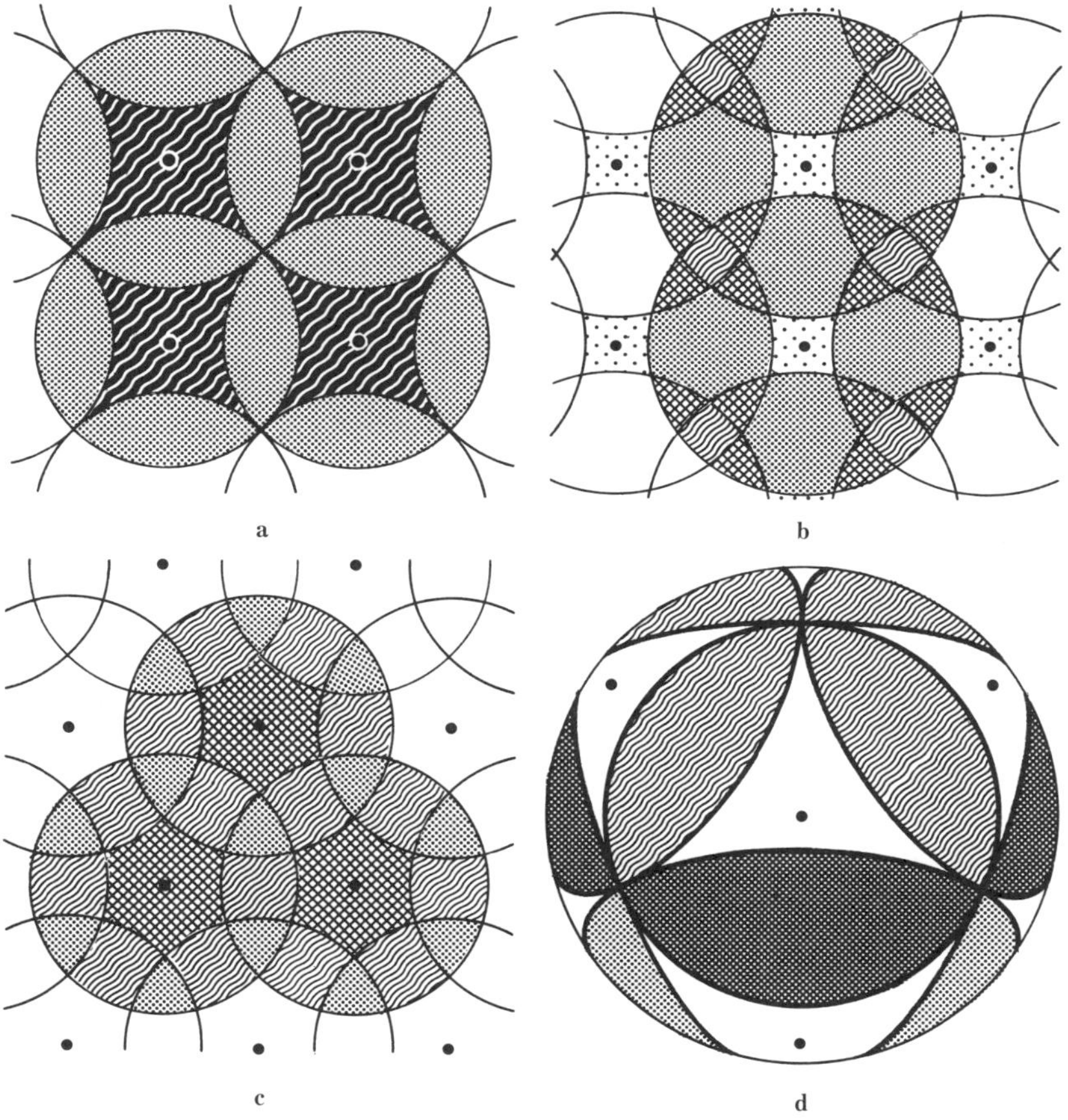

図 15-10　ガブリエル・ロレンテの四つのパズル。a と b はグリルというパターン。どちらも格子状に配列された円にもとづいている。c はトレボルというパターン。d はフロリド球。フロリド球がいままでに述べたどのパズルと等価かおわかりかな？

図 15-11　ビー玉の輪が一つ交わったパズル。90年前からあるこのパズルはキューブ類の究極のエッセンスなのだろうか？

こういう二次元型パズルと対照的なのが、近々発売される二つのパズルである。一つはルービックキューブの発売元であったアイデアル社の4×4×4キューブである。これはどういうわけか「ルービックの復讐」という名である。もう一つは、メフェルトの「究極ピラミンクス」である（図15-2-iとj）。これは5×5×5だが、角と辺がそぎ落とされている。どちらのパズルにも、もっと大局的な輪がある。4×4×4には北極圏限界線、北回帰線、南回帰線、南極圏限界線、5×5×5には赤道もある。

3×3×3キューブの場合は、サンドイッチの中身を回さずにパンだけを回すという考え方で、赤道（層）を無視することができた。シングマスターの記法は、面の中心を固定して考えている。つまり、肉の芯はいっさい動かず、外側のうす切りパンが動くというわけだ。原理的にはこれでよいのだが、人がサンドイッチ――おっと失礼――キューブをこういうふうにもつかというと違う。さらに多くの層があるキューブになると、この見方自体が適用不可能になる。パンのうす切り三枚に中身が二種類という、多層のクラブサンドイッチを考えてみればよい。記法を根本的に拡張しなければならないことがわかるだろう。

ジョン・コンウェイ、エルウィン・バールカンプ、リチャード・ガイは『必勝法』という本の中で、3×3×3キューブの赤道層（あるいはサンドイッチの中身）の六通りの回転に気のきいた名前を付けている。ギリシャ文字を使うのだが、こじつけがなかなか巧妙だ（図15-12）。文字をちょっと直せば、これは多層のキューブの中身の回転（スライス回転）にも使えるだろう。

このような大局的なスライス回転を、ビー玉の輪が赤道とか回帰線のような大きな輪であると見ることができる。輪の直径が、もと

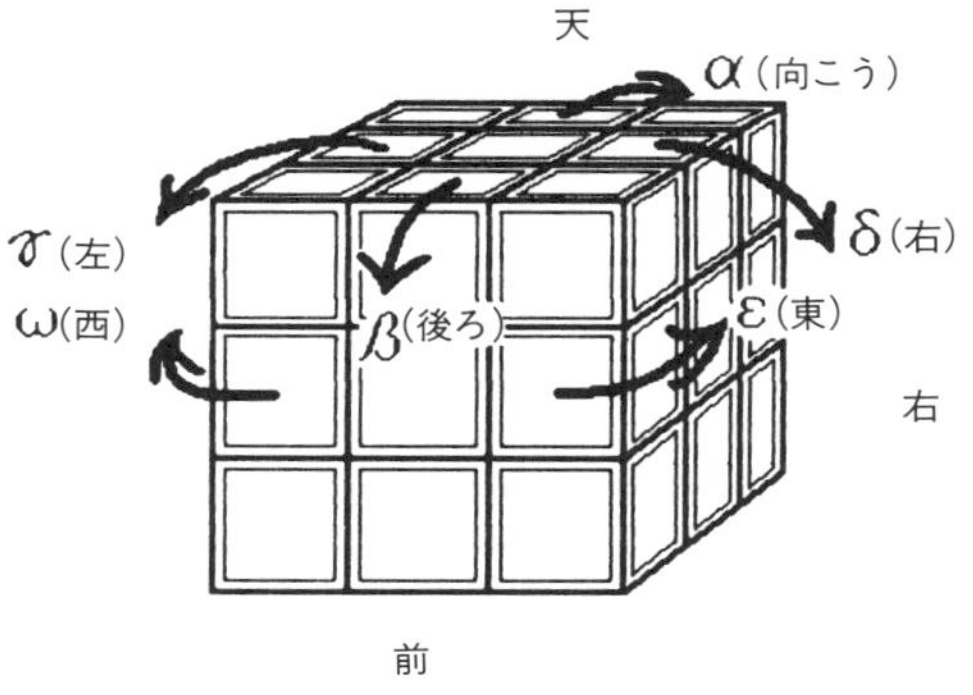

図 15-12　コンウェイ・バールカンプ・ガイによる3×3×3キューブのスライス回転の呼び方。これはもっと大きなキューブに拡張して使うことができる。

のパズルの直径と同じ程度の大きさなのだ。こういう輪のつながり方のトポロジーは、小さな輪がたくさん局所的にオーバーラップしているものよりはだいぶ複雑である。つながり方を効率よく記述しようとすると、これらの輪が三次元空間の中でからみ合っていることを否応なしに意識せざるをえない。こういう意味で、多層のキューブは本質的に三次元的パズルなのである。

キューブ類の新種派生は、とどまるところを知らないように見える。アイデアの源泉がもともと豊かなのだろう。H・J・カマクとT・R・キーンから送られてきた美しい論文を見ると、四次元の3×3×3×3キューブがコンピュータでシミュレートされている。彼らはこれを「ルービック四次元キューブ」と呼んでいる。これの総配置数はなんと24！×32！×16！/4（四次元小体の可能な配置の数）に$(2^{24}/2)\times(6^{32}/2)\times(12^{16}/3)$（四次元小体の可能な向きの数）を掛けたものになる。計算すると、これは約1.76×10^{120}で、チェスのすべての可能なゲームの数とほぼ等しい。（もし、かの有名なアイデアル社がこれを売りだすとしたら、きっと、「三兆個以上の組み合わせ」という宣伝文句を付けたに違いない。）カマクとキーンはこのほかにもたくさんのおもしろい発見をしているが、ここで紹介するページの余裕がない。もう一つ魅力的な論文がある。ブダペストのローランド・エートベス大学の物理学者ゲオルク・マルクスとエバ・ガイザゴが送ってきてくれた論文で、キューブに「エントロピー」を定義して、いくつか統計的な結果を得ている。計算は中学生のヴィクトル・ザンボが行ったとのことである。この話は、機会あれば紹介することにしよう。

＊　＊　＊

キューブの蔓延ぶりを議論して話を締めくくろう。一九八一年十一月十五日号『ニューヨーク・タイムズ』のペーパーバック・ベストセラーのリストを見ると、なんとキューブの本が三冊も登場していた。何位だったと思いますか？　これが一位、二位、五位なのだ。よく人がいう。「なんでこんなにキューブが流行するんだろう。長つづきするのかなあ、一時的なフィーバーじゃないのかなあ。」私の個人的意見は、長つづきする、である。キューブには、基本的、本能的、根源的ななにかがある。人間の心の中、世界の万象に結びついた居心地のよい住処が、キューブのために用意されている。その本質はいったいなんなのであろうか？

＊まず、キューブは小さくて色がきれいだ。手のひらによく馴染み、快い感触をもたらす。キューブの回転操作は、手の自然な動作の中でも、基本的でかつ楽しいものである。キューブは完全に対称形だから、手の中でひっくり返しても感触の変化をもたらさない。(これは、多くのパズルがせいぜい対称軸を一本しかもっていないのと対照的だ。)こういう本物の三次元的操作を頭と指に可能にしたパズルやおもちゃは数少ない。これは驚くべきことだ。

＊キューブはさんざんひねりまわされても、全体の形が一定のままである。(一度壊れたらもとに戻らないハンプティ・ダンプティ氏のように、下手をするとバラバラになって床中に散らかるような手合いのパズルと対照的。)だいたい、こんなにメチャメチャにひねくりまわされても原形を保つこと自体驚異だし、内部構造を見てしまったあとですら、この不思議さはぬぐいされない。

＊キューブは、私たちの世界の秩序と混沌の秘妙な調合のミニチュアモデルになっている。かなり単純な操作ですら、その影響を予測できない場合がほとんどだ。なにしろ副作用が多すぎる。ちょっとした操作が途方もなく大きくもつれ合った結果を引きおこし、回復不能の事態となる。いとも簡単に全面的、回復不能的、とどのつまり絶望的迷路に陥ることを悟り、もう回したりするもんかと考えるようになり、恐れおののいてしまう。誰もがこうなりそうだ。

＊たくさんのパターン。あるものは到達可能で、あるものは到達不可能だ。作るのは簡単なのだけれど、どうしてそんなパターンができるのかすぐにはわからないものや、逆に作るのは難しいけれど、パターンの由来は簡単に理解できるものがある。

＊ある配置状態にいたる道筋はたくさんあるが、最短の道筋はほとんどつねにまったくわからない。なにかややこしい状況に陥ったとき、その状況へいたった道筋を逆戻りするということはほとんどない。全然別の抜け道を通ってしまう場合が大半だ。まるで、明かりのない洞穴に迷いこんだようなものである。けっしてまわりの空間全体を把握することができない。手探りで、ごく局所的な空間が認知できるだけで、人間がこれだけで空間全体の形をとらえられるとは思えない。

＊キューブは、いろいろなものにたとえることのできる側面をもっている。たとえば、素粒子(クォークなど)、生物学(手順がいわば「遺伝子型(ジェノタイプ)」で、その手順によってもたらされるパターンがいわば「表現型(フェノタイプ)」である)、

日常の問題解決手法(問題の分解、段階的解決法)、エントロピー、道路開拓。ひょっとすると神学（神のアルゴリズム）にまで関係している。

＊キューブの理解にはたくさんの流儀があろうが、とりわけ、「代数的」アプローチと「幾何的」アプローチがきわだって対照的だ。代数的（数学的）アプローチでは、短い手順の組み合わせでどんどん長い手順が構成されていく。だから、実際にキューブをひねっている立場からすると一つ一つの基本操作の必然性がわかりにくい。これは能率的である反面、危険でもある。幾何的（あるいは常識的）アプローチでは、目と心が次の基本操作を決めていく。つまり、どの基本操作も慎重に考えられた手順の中で、目に明らかな必然性をもつのである。能率的ではないが信頼性が高い。両者は、一般の問題解決においても対照的なアプローチをそのまま示している。

＊キューブの世界には不思議なものがある。小体の形の多様さや回転操作の多様さだけではなく、小体を動かしたときにはキューブの上でまさにクルクル変化する一過性で流動的な「反転性」や「ねじれ度」がある。「ここ」という言葉が回転によってあっちこっちへ移動する「場所」を指す。キューブを解こうとするときに指している言葉が重なり合い、入れ子になる様子は、私たちの空間認識における多層性を如実に表しており、思考そのものの多層性すら表している。

＊キューブの魅力には、眼にも止まらぬ素早い手品的操作、スピードのスリル、競争と優雅さ、知識が各人によって違い、それを交換し合うことの楽しさなどがある。かなり長い間キューブで遊んだあとでも、こんな小さい、なんでもないような物体

図 15-13　地球の悲劇

がこれほど広大なポテンシャルを秘めていることには驚きを禁じえない。

＊キューブは世界情勢のたとえ話にもなる。(実際、政治風刺漫画にこのアイデアは何回も使われた。)地球はいま紛糾しており(図15-13)、各国の首脳はなんとかこれを治めたいと思っている。しかし、とにかく現状で達成している世界秩序を少しでも破壊するのはいやだ。つまり、より高い秩序と調和を求めるために、一時的にせよ部分的に達成されている秩序を破壊しようなどという気はさらさらない。かくして、首脳たちは現状維持に固執する。短期的な犠牲を払えば長期的には得るものが多いという認識、つまり成熟した大域的な視点が彼らに欠けているってことかしら?

キューブ、あるいはもっと一般的に「キューブ類」はこれからもさかんであると私は確信している。これからも長い間、変種が出つづけ、私たちの生活を豊かにしてくれるだろう。人間の心に挑戦したおもちゃが、かくのごとき世界的成功を収めたのは、まことに喜ばしいことだ。いま中国で流行していると聞いている。そのうち、キューブ無感染最後の砦と思われるソ連にも、きっと侵入していくに違いない。

(一九八二年九月号)

追記

第14章を書いてから第15章を書くまでに一年以上が経過した。そして、これを書いているのはそのさらに二年あとである。その間のキューブに関する主だったニュースは、なんと、とくに新しいニュースがなかったということだ。起こったことは、世界中にキューブが満ちあふれたこと。(立方体じゃないのも含めて)キューブはみんなの話題以上のものにはなった。だが、なにかとてもおもしろいことが完全に消えうせてしまったように見えるのは残念である。

しかし、話題がないわけではない。まず、マジックキューブ類の起源について。私は二つ目のコラムを書いたあと、ウィリアム・グスタフソンというカリフォルニア州フレズノの高校教師からちょっと気の毒な手紙を受けとった。彼は自分が、ある意味でマジックキューブ類の真の発明者だと主張してきたのである。彼が一九五八年に発明したのは、三つの直交する平面で八つの同じ形の面(八分面)に分割され、任意の半球がたがいに回転できる球である。これは、それから二〇年あまりあとにアイデアル・トーイ社が「ルービックのポケットキューブ」といって売りだした、2×2×2のキューブと基本的に同じものである。グスタフソンはこれを「グスタフソンの球体」と呼んでいた。

彼は自分の主張の正当性を証明するために、一九六〇年に数々のおもちゃ会社と取りかわした文通、日本の特許庁からもらった特許、さらにはマーチン・ガードナーとの文通のコピーなどをたくさん同封してきた。ガードナーのハガキの内容はこうだ。

あなたの提案したパズルはおもしろい。しかし、おもちゃ屋さんにこれを売りこむ方法は、と聞かれると困ってしまいます。私の経験によれば、なにかパズルで儲けようとするのは、自分がおもちゃ屋でないかぎりほとんど不可能だと思います。

ルービックキューブでなにが起こったかを考えると、これは興味深いコメントだ。グスタフソンは2×2×2の球体のほかに、3×3×3のバージョンも考えていた。しかし、なによりもこの簡単なほうを世に出すのが先決と考えた彼は、おもちゃメーカーとの文通でももっぱら2×2×2のほうにこだわった。

グスタフソンは当時の教え子からきた、茶めっけタップリの哀悼のカードのコピーも同封してきた。その教え子はルービックキューブを見て、グスタフソンの球体を思いだしたのだ。そのカードには「このたびのあなたの損失に同情申し上げるとともに、時があなたの悲しみを少しでも和らげんことを祈る」としたためたあとに、「グスタフソンの球体」がバツで消され、「ルービックキューブより」と書いてあったのである。

私はこれが本当かどうか、少しチェックしてみた。キューブ学およびキューブ史に関するたぶん世界最高の権威、デービッド・シングマスターにも聞いてみた。すると、たしかにグスタフソンの主張を裏づけるものがある。しかし、エルノ・ルービックも石毛照敏も、グスタフソンのことを知っていたとは思えない。それに、グスタフソンの球体をどこかのメーカーがとりあげていたとしても、ルービック・石毛のマジックキューブのようにみんなが徹夜で熱中するようなブームが起こったとは思えない。でも、ルービックや石毛のほかにも、このようなものを嗅ぎつけた人がおり、なんらかの理由で世界中を熱狂させるにはいたらなかったということはいえると思う。

＊　＊　＊

なにもないところから絶対いいアイデアは生まれないし、ある人の心にいいアイデアが浮かんだとしたら、必ずほかの人にもそれに近いアイデアがすでに浮かんでいるか、すぐ浮かぶかどちらかである、と私は強く信じている。だから、新しい発見や発明についてものを書くときは、誰がその栄誉を担うかについて注意深く調べることにしている。しかし、公平であるように最大の努力をしたあとでも(私が、石毛とルービックをいつも並べているのにお気づきか?)、無視されてしまった誰かから、憤り、驚き、失望の混じった手紙がきて、公平な扱いを求められてしまうものなのである。

私は、グスタフソンがこの種の三次元パズルの最初の発見者であることを喜んで認めたい。しかし、一九七〇年に3×3×3の球体の特許をとったイギリスの発明家フランク・フォックスと、一九七〇年頃に2×2×2のキューブの特許をとり、アイデアル・トーイ社は自分の特許に対してロイヤリティを払うべきだという訴訟に勝ったマサチューセッツ州ケンブリッジのラリー・ニコルスのことも忘れてはなるまい。ニコルスの主張がフォックスやグスタフソンとくらべて過去の補償についてより有効かどうか、私には答えられない。

私にいえることは、こういう問題は、お金や栄誉が大きいほどややこしくもつれてしまうということだろう。グスタフソン、フォックス、ニコルスいずれの発明にしても、ルービック・石毛の発明にくらべると壊れやすいのが欠点だ。ルービック・石毛のキューブはちゃんと大量生産することができ、バラバラにならなかった。これが成功の大きな原因のように見える。でも、私は間違っているかもしれない。ルービックが石毛にくらべて発明者の栄誉をより多く受けとったのは、ある種のまぐれ当たりかもしれない。これはいずれにせよ、人々は発明の功績あるいは栄誉をたった一人の人間に与えたがるものだ、という私の説のいい例になっている。人々はすべての発見・発明を簡単なラベルで分類するために、歴史的な事情をはなはだしく単純化してしまうのである。

誰も、相対性理論、ゲーデルの不完全性定理、電子計算機、レーザー、パルサー、宇宙のバックグラウンド放射線、DNAの構造といった大発見を取りまく一切合切の事情を全部こまかく調べようとしない。アイデアのもつれにもつれた連なりをくまなく調べて、それがどうして一人あるいは二人の栄誉に結びついていったかを知ろうとする人はいないのだ。くわしく調べると、ほとんど例外なく、発見の功績の割当が不公平だということがわかる。まるで違う人がすべての功績を担うこともあるし、何人かの無名の人々が功績を分かち合うべきこともあるし、発見にいたる経過が一般に知られているよりはるかに複雑怪奇のこともある。これについて誰かちゃんと本を書くべきだと思う。

キューブに関していえば、大ヒットしたものの習いで、世の中の人は氷山の一角しか見ていない。私のようにこの件に関していろんな人からたくさんの手紙をもらったとしても、まだ水面下のちょっとしか見たことにならないだろう。私がここ（この追記）で公平を期そうと言明した以上、自分が無視されたと感じた多くの人からまたたくさんの手紙をもらうことになりそうだ。やれやれ。

＊　＊　＊

さて、これまでに私は、第14章で述べたモーウェン・シスルスウエイトのアルゴリズムより速いアルゴリズムが出たという話を聞いていない。彼のアルゴリズムはキューブを五二手以内に解くというものだったが、コンピュータの助けもあって、最近これが五〇手以内にまでなった。(これは数年前にシスルスウェイトが立てた予想どおりである。)

シスルスウェイトのアルゴリズムは、3×3×3のキューブについての神のアルゴリズムにまだほど遠い。しかし2×2×2のキューブとメフェルトのピラミンクスについては、もう神のアルゴリズムが知られている。どちらも最悪の場合の手数は一一（ピラミンクスで自明な隅の小体の回転の手数は無視することにする）である。初期状態からどれくらい離れているかの分布はなかなか興味深い。ピラミンクスに関する次の表は、ニューハンプシャー州ナツメグのジョン・フランシスとケベック州セイント・フォイのルイ・ロビショーから教えてもらったものである。

1状態が0操作で初期状態に
8状態が1操作で初期状態に
48状態が2操作で初期状態に
288状態が3操作で初期状態に

1,728 状態が4操作で初期状態に
9,896 状態が5操作で初期状態に
51,808 状態が6操作で初期状態に
220,111 状態が7操作で初期状態に
480,467 状態が8操作で初期状態に
166,276 状態が9操作で初期状態に
2,457 状態が10操作で初期状態に
32 状態が11操作で初期状態に

仮に初期状態を「北極」と呼べば、そこから一番遠いところにある「南極」は三二個あることになる。そして大半の人口は赤道より南に住んでいる。

これに対して、2×2×2のキューブの場合は、初期状態から一番離れた（距離一一の）状態は二六四四個もある。（なお、この測り方では、R^2は二つの操作ではなく、一つの操作として数えられる。）ピラミンクスでも平均的により遠いところに分布する傾向があったが、2×2×2ではそれがもっと極端である。たとえば、全状態の半分以上が初期状態に戻るのに、九手以上の手数を要する。しかし一〇手あれば全状態の九九・九パーセントがカバーされるのだ。次がこの表である。

1 状態が0操作で初期状態に
9 状態が1操作で初期状態に
54 状態が2操作で初期状態に
321 状態が3操作で初期状態に
1,847 状態が4操作で初期状態に
9,992 状態が5操作で初期状態に
50,136 状態が6操作で初期状態に
227,536 状態が7操作で初期状態に
870,072 状態が8操作で初期状態に
1,887,748 状態が9操作で初期状態に
623,800 状態が10操作で初期状態に
2,644 状態が11操作で初期状態に

この情報は、シングマスターの一九八二年の季刊『キューブ回報』秋冬合併号に掲載された。これは、世界の数か所のコンピュータで計算されたはずである。

＊　＊　＊

第14章で、初期状態から数手だけひねられたキューブをもとに戻すというゲームの話をし、ケイト・フリードが通常七手、最高一〇手を戻すと書いた。（第4章で述べた）ノミック・ゲームの発明者ピーター・スーバーはこれを「帰納ゲーム」と呼び、フリードと同等のレベルにまで達した。彼はこれについて、『ルービックキューブの帰納ゲーム入門』という小冊子を書いた。そこで、彼はなぜ「帰納」という言葉を使ったかを説明している。

ふつうのゲームは、競技者が解を得るのに十分なアルゴリズムを捜す過程でのみ帰納的である。この過程は科学の方法のモデルになっている。定式化、理論や否定的な結果の検証・確認があるからである。「帰納ゲーム」はこういう点はもちろん、そこを越えてさらに帰納的である。解法の一般法則を発見するのはもちろん帰納的だが、解法自身がまた帰納的なのである。つまり、単純ロボットにでも誤

りなく解けるような解法を作るのではなく、帰納ゲームは「やわらかいルール」というか、判断、母体となる機知、帰納的経験の重みが効いてくるような確率的なガイドラインを生みだす。

帰納ゲームは、(たぶん神様を除いては)退屈と無縁である。三回ひねりがほぼ一〇〇パーセント解けるようになったら、四回ひねりが待っている。難しさは指数関数的に増加する。もちろん限界は見えている。このえもいわれぬ秘妙な知識を忍耐強く集積した競技者がいたら、二二回ひねりを解けるようになると思う。それはたんに解ける確率が高くなるというものではなく、神のアルゴリズムの究極に近づくことなのである。

スーバーはこの小論の中で、自分の研究成果を披露している。彼は、「自分のホームに帰るときに分離している必要のない同色の素面の隣接度」として定義される「情報」という概念を使って、いろいろなヒントやヒューリスティックスを述べている。彼の秘訣は(これだけでは少々わかりにくいが)次の二つである。

(1)「情報」を壊すなかれ。

(2)もっとたくさんの「情報」を得よ。

多くの状態は、一見それ風の「ニセ情報」をもっている。スーバーはこれを「見かけ倒しの情報」と呼び、「実情報」と区別した。彼の論文の大半は、この二つの情報の見分け方にさかれている。この小論をお望みの方は Department of Philosophy, Earlham College, Richmond, Indiana 47374 のスーバー(Peter Suber)に手紙を書くとよい。

＊＊＊

ひねられたキューブを正確に逆の操作でもとに戻す方法については、考えれば考えるほどじれったくなる。もし、あなたがどんな乱列状態からでも初期状態に戻す技術をもっていたとして、あるときその操作列が、

$$UR^{-1}D^2LBLDR^{-1}F^2ULD^{-1}BR^{-1}U^2L^{-1}DF$$

だったとする。あなたはこの操作列だけを見て、そこになにかわかりやすい構造を見いだすことができるだろうか? つまり、この中に認識可能な部分があって、それが乱列状態をどうもとに戻していったかを説明できるだろうか?

これはこういい直すともっとはっきりする。私がキューブをもとに戻すときの手順には、交換子、共役、ベキといったものとか、それらの組み合わせがある。私は、これらの手順がどうやって辺を反転させたり、その他もろもろのことを行うのか、ほぼ完全に理解しているつもりである。しかし、私のレパートリーには、手順として覚えてはいるものの、どうしてそれがうまく機能するのかまったくわからないものがある。たとえば、

$$R^{-1}D^{-1}RD^{-1}R^{-1}D^2R$$

という手順。これがどうして、地の面の三つのクオークをきれいにもとに戻すのだろう? この手順を分解して、なにか意味のある要素を抽出することができるのだろうか? これは非常に巨大な素数に似ている。どうしても、それより小さな要素に分解できないからである。

最も乱れた状態から初期状態にいたる最短の手順は、きっとこういう分解を許さないに違いない。つまり、神のアルゴリズムによる手順は、その中にリズムや構造がないという意味で、コイン投げと同じようにランダムなのだ。（ランダムということについては、グレゴリー・チェイティンの「ランダム性と数学の証明」という明快な論文がある。）これが本当だとすれば、一〇手をそこそこ越えた手で、乱列状態にされたキューブを、正確にもとに戻すのはまずかなわぬ夢だろう。

初期状態に戻す操作と乱列状態へ出ていく操作は、せまい場所にクルマを止めようとするのとそこから出ようというのが異なる運転技術であるように、異なる計算的複雑さをもつ。たとえ、出と入りのルートの数が同じとしても、外へ出るルートを捜すほうが、中に入るルートを捜すより一般に簡単である。ここには、明らかに深い非対称性がある。つまり、閉じた系の中では、エントロピーが時間とともに増加していくという熱力学の第二法則の匂いがするのだ。

この直観はもう少し正確に述べることができる。ハンガリーのブダペストにあるエートベス大学原子物理学科のゲオルク・マルクス、エバ・ガイザゴ、ペーター・グネディヒの三人は「ルービックキューブの宇宙」という論文の中で、キューブの統計学を研究した。この論文では最初に、色ベクトルという概念が定義される。これは指定された面に赤、オレンジ、黄、緑、青、白の素面がおのおのいくつあるかを示す六つ組である。たとえば、初期状態での赤色の面の色ベクトルは、〈9,0,0,0,0〉である。キューブをひねりまわすと色ベクトルは、たとえば、〈2,0,1,3,1,2〉といった感じになる。任意の面の「乱列性」は、その色ベクトルを使って定義することができる。三人の執筆者は、色ベクトルの「長さ」という概念を提唱している。これはベクトルの要素の自乗和の平方根である、たとえば、〈9,0,0,0,0〉の長さは9であり、もっとありふれた〈2,0,1,3,1,2〉の長さは4.36である。これで測って一番短いベクトルは三つの1と三つの2からなるもので、長さは4を下回る。

マルクス、ガイザゴ、グネディヒは、キューブが乱れていくに従ってこの量がどう変化していくかを調べた。それによれば、長さ4.36のベクトルが最も多く現れる。これより長いベクトルも短いベクトルも、非常に低い頻度でしか出現しない。長さ9の初期状態から出発して、ちょっとひねりまわすうちに長さは急速に5以下になっていき、4.36周辺で伸び縮みする。これが、彼らによる経験的な熱力学第二法則で、「時間の矢」を打ちたてた観測であった。

統計力学の標準的な手法を援用し、彼らはキューブ面の状態のエントロピーを、巨視的に見て同じ記述ができるような状態の数（ここでは、〈2,0,1,3,1,2〉と〈2,1,3,2,0,1〉のように並べかえて同じになる色ベクトルの数）の対数であると定義した。すると、実世界で成立するエントロピーの法則が「キューブ・エントロピー」に対しても成立するのである。彼らはこう述べている。「かき混ぜられたキューブの上の色の分布は、マクスウェルやボルツマンが気体の分子的混乱状態におけるエネルギー分布を記述したのと同じように記述できる。」最後のほうで彼らはしだいに叙情的になり、「私は、キューブを偉大な物理宇宙に対する最小の非自明モデルだと讃えたい」と結論している。（三人が自分たちのことを指して「私」といっているのは、たぶん「編集上の『私』」なんだろう。〔編集上の「われわれ」というのなら聞いたことがあるが……〕）

＊　＊　＊

キューブの人気が極まったとき、世界中でキューブ選手権が行われた。この結果、世界チャンピオンとして認められたのは、ベトナム出身で現在アメリカに住んでいるミン・タイである。彼の優勝タイムはなんと二二・九五秒。平均的な時間がだいたい二四秒で、ごくまれに二五秒かかることもある。彼は、ミン・タイではなくミニマム・タイムと名乗るべきだ。

4×4×4のキューブでも世界選手権が行われた。ベストタイムはだいたい三分前後である。ウベ・メフェルトが5×5×5のキューブを送ってくれたが、白状すると、私はとてもこれをひねりまわす気にならなかった。世界チャンピオンはこれをどれくらいでやっつけるのだろうか？　メフェルトは「マジック・トライアスロン」について私に書いてきたことがある。参加者は三種類のキューブ——私の記憶によれば、ピラミンクス、インポシボール、（ピラミンクス魔法十二面体改め）メガミンクス（図15-2d）——を初期状態に戻さないといけない。私の好みの組み合わせではないが、基本的なアイデアはいいと思う。だが、こういう催しが実際行われたという話は聞いていない。

カマクとキーンの四次元キューブのように、コンピュータ内部に表現されたN次元キューブを操るといったウルトラ難しいキューブ競技もあって然るべきだ。パソコンの上に3×3×3×3の四次元キューブを作った二人は、これの「基本数理問題」を解いたばかりではなく、$3 \times 3 \times 3 \times \cdots \times 3 = 3^N$というN次元キューブ（ルービックのNストゥーバと命名されている）についても、群の大きさがどれくらいになるかを計算している。Nが5の場合の群の大きさ（群の位数）は、7.017×10^{560}というとんでもない数だ。

シングマスターによれば、ジョー・ビューラー、ブラッド・ジャクソン、デイブ・シブリーの三人の数学者も3^Nキューブの研究を行い、一般アルゴリズムとともにいろいろな保存法則を発見した。これより一般的な問題は、$M \times M \times M \times \cdots \times M = M^N$というキューブであるが、これは未解決である。ところが、これを三次元に制限した$M \times M \times M$についてはだいぶ研究が進んでいる。ネブラスカ大学数理統計学科のジャック・エイズウィック教授は、このタイプの三次元キューブを解くアルゴリズムについて書いた論文を送ってきた。彼のアルゴリズムは、第14章で述べた共役や交換子を巧みに使っている。なお、メリーランド大学数学科のロバート・ブルックスも、同じような結果を出したらしい。

＊　＊　＊

最後に、キューブブームの衰えについて述べなければなるまい。デービッド・シングマスターの『キューブ回報』は創刊八号で廃刊となった。数万個のメガミンクスがプラスチック再利用のためにつぶされた。ウベ・メフェルトのパズルクラブもつぶれたらしい。私が書いたスキューブのような魅力的なパズルはちっとも当たらなかった。盛者必衰の理というやつである。では、もうマジックキューブはおしまいなのだろうか？　あなたが買いもとめたキューブたちは、もうお蔵入りのコレクションになってしまうのだろうか？　私は未来予測にはいつも消極的なのだが、今回は違う。私はキューブにはまだ未来があると思う。キューブは行くところ行くところで想像力を刺激した。第15章の最後で触れたが、キューブはソ連でも大流行したのだ。

私の思うところ、世界はちょっとキューブを食べすぎたらしい。いまはみんなそろってキューブにウンザリしているところだが、この状態はそう長つづきはするまい。スパゲッティを食べすぎて、「もうスパゲッティなんか食べるものか」といっているのとたいして変わらないのだ。キューブはいずれゆっくりと回復して、また新しい変種を生みだすようになると思う。キューブは汲めどもつきぬ鉱脈なのだ。数年前のゴールドラッシュのようなブームは再来しないだろうが、そこにはまだまだ金が眠っている。

［第16章］
カオスと不思議なアトラクター

わたしがあなたに会えてどんなにしあわせか
あなたにはわかりっこない
あなたがわたしを奇妙に引きよせたんだから
コール・ポーター

二、三か月前、友人とシカゴ大学物理学科の廊下を歩いていたら、「奇妙なアトラクター［strange attractor――奇妙に引きよせるものの意］」と題した国際シンポジウムのポスターが目についた。私の目はこの見なれぬ言葉に、それこそ奇妙に引きよせられてしまった。友人に聞くと、これが理論物理の最新のトピックスだという。説明によれば、とても素晴らしい神秘的な話らしい。

数学的なフィードバック・ループが話の核心にある。スピーカーから出た音がマイクに拾われてまたスピーカーから出る現象と同様、出力された値が再度入力されるような式を考えてみよう。こういうフィードバック・ループの一番単純なものを考えても、安定したパターンとカオス（混沌、無秩序）のパターン（これは自己矛盾した言葉かも！）の両方が現れうる。たった一つのパラメータの違い、しかも非常にわずかな違いによって、こういうループの振る舞いの秩序の度合は実に激しく変化する。秩序が徐々に崩れてカオスにいたる、あるいはパターンがランダム性へとしだいに解体していくといったイメージは、なかなかおもしろい。

さらに、最近、カオスにいたる変化過程に予期せぬ普遍的性質があることが明らかになった。この性質は、たんにフィードバックの存在のみによっており、系の他の諸特徴からは影響を受けない。カオスへの漸進的変化を扱う数学モデルは、物理系全般における乱流現象にキーとなる視点を与えてくれるから、こういう一般性は重要な意味をもつ。乱流現象は、物理学で解明されている多くの現象と対照的に、非線形である。線形でないから、乱流現象の方程式の解を二つ足して、また別の解が得られるということはない。非線形数学は、線形数学に比べて依然謎だらけだ。乱流現象のすぐれた数学的記述は、長い間物理学者にとらえられなかった。だから、なにか見つかったら大騒ぎになるのは無理もない。

後日いろいろ調べてみたら、こういう考えが、多くの分野から同時に成長してきたことがわかった。純粋数学者は非線形系の差分方程式の数値解を、計算機を使って研究しはじめていた。理論気象学者や集団遺伝学者も、流体、レーザー、惑星軌道にいたるなんでも屋的物理学者と同様、おのおの独立に、カオスを内在したフィードバック・ループを扱う非線形数学モデルに到達しており、その性質を調べていた。各グループごとに、いろいろ異なる性質の発見があった。理論屋ばかりか、これらてんでんばらばらの分野の実験屋も同時に、カオス現象の中に一定のパターンが存在していることに気づいていた。この発見の奥に潜む単純さは、古典数学の中の最良のエレガンスに匹敵する。実際、この研究はとりつくしまのない抽象化が進んでいる現代科学において、十八、十九世紀風の新鮮な具体性がある。

いまごろになってやっとこういう考えが発見された主因は、たぶん、研究のスタイルがまったく現代的、つまりある意味で実験数学的であることによる。ここでは、コンピュータが、マゼランの船、天文学者の望遠鏡、あるいは物理学者の加速器のような役割を果たす。船、望遠鏡、加速器、どれもがたえず巨大化し高額化しないと、自然のさらなる深奥に迫れなかった。同様に、数学のさらなる奥底を探索するにも、コンピュータの巨大化、高速化、高精度化が必要だろう。また、船、望遠鏡、加速器に要したコストに対して、得られた新発見の意義が最大になるような（つまりコスト・パフォーマンス最高の）時代がそれぞれあったことを考えると、カオスのモデルの実験数学にも、黄金時代があるはずである。たぶん、黄金時代はすでにやってきている。実は、まさにいまがその時のような気がする。このあと、実験数学のこういう発見を裏づける理論研究が、どっと押しよせてくるに違いない。

いずれにせよ、これは珍にして快な数学だ。こういう数学の方法は、視覚イメージや直観に直接訴えるので、理解しやすい。従来の定理—証明—定理—証明型数学をバイパスして、コンピュータ・パワーを使うと、たちどころにして経験的発見が重なり、かつたがいに補強し合い、実り多い一体的な概念の網が形成される。長期的に見れば、必要な証明もやさしいだろう（証明が要求されるとしてだが）。なぜなら、前もって、概念の領域がかなりはっきりと定まってしまっているからだ。これは数学の方法としては新参者だ。数学者の中には、これに反対する人もいるだろう。

こういう流儀の数学の主唱者の一人が、スタニスラフ・ウラムである。彼はコンピュータがまだ成長しきっていない時代に、非線形差分方程式をはじめとする数学の諸領域に、コンピュータを使いだした。以下の話題はウラムとポール・スタインの初期の仕事からとっている。

＊　＊　＊

さて、まえおきはここまでとして、いよいよ奇妙なアトラクターにとりかかろう。しかし、まず手はじめにより基本的なアトラクターの概念を調べよう。話はたった一つの概念にもとづいている。つまり、fがなにか（おもしろい）実数値関数としたとき、$x, f(x), f(f(x)), f(f(f(x)))$, ……といった値のなす数列の振る舞いが興味の対象なのである。xの初期値はタネ（seed）と呼ばれる。fの出力を再度fに食わせる。これを何度も繰りかえしたら、いったいどんなパターンが現れるのだろうか?

関数の繰りかえしに関して、おもしろい問題を一つ紹介しよう。これはそれほど難しくない。任意の実数xに対して、$p(x)$も実数で、$p(p(x))=-x$であるような関数pを作ってみよ。$p(x)$が実数値関数であるところが一ひねりで、そういわなければ、$p(x)=ix$（iは-1の平方根）で間に合ってしまう。まさに、「負数の実数値平方根」

の問題だ!? これに関連して、0以外の任意の実数に対して $q(q(x))=1/x$ であるような実数値関数 q を発見せよという問題もある。どういうふうに p や q を構成しても、与えられたタネに対して p や q の繰りかえしは長さ4の周期をもつ。

では、どんな関数が繰りかえしによって、周期的または周期的に近い振る舞いをするのだろう。$3x$ とか x^3 といった単純な関数は繰りかえしても周期的な振る舞いをしない、$3x$ を n 回繰りかえせば、$3\times3\times3\cdots\cdots\times3x=3^nx$ だし、x^3 を n 回繰りかえせば、$(((x^3)^3)^3)\cdots\cdots{}^3=x^{3n}$ だ。値は上へ上へと伸びるばかりである。これを防ぐには、関数の値が、ふえていくと思ったら途中から減っていくような折りかえしになっていなければいけない。数学では、これを非単調関数という。

図16-1aは、折れ曲がり点がとがったノコギリ刃関数で、図16-1bはなめらかに折れ曲がる放物線関数である。両方とも原点から出発して頂点 λ に達し、そこから下向きに曲がり、区間の反対側の地点に着陸する。もちろん、頂点 λ まで昇ってまた降りる図形は無数にあるのだが、図に示したのは最も簡単なものである。この二つのうちでも放物線のほうが、たぶんより簡単というか、「数学的」だろう。方程式は $\lambda\leqq1$ として、$y=4\lambda x(1-x)$ である。

ここで、入力する x の値は0と1の間の数に限ろう。グラフから明らかなように、この区間の x に対しては出力 y はつねに0と λ の間の数となる。だから出力はいつでも再入力可能で、フィードバックを繰りかえしつづけることができる。このような折れ曲がり関数の繰りかえしによって、y の値は0と λ の間をさまよう。あとで見るように、この折れ曲がりがおもしろい効果をもたらす。

λ コブ (λ knob) と呼ばれるこの値をどう設定するかで、x, $f(x)$, $f(f(x))$, ……の「軌道」のパターンの秩序の度合は劇的に変化する。λ が $\lambda_c=0.892486417967$……という臨界値以下なら、軌道は正常で規則的である。(ただし、規則性にも程度の差があって、λ が小さいほど軌道の規則性は単純明快である。)しかし、ひとたび λ がこの値を越えると、これはたいへん! タネの値 x をどう選んでも ($0<x<1$)、x, $f(x)$, $f(f(x))$, ……は本質的に混沌とした数列になる。放物線の場合、λ コブの臨界値は一九六〇年代初頭は、P・J・マイヤバーグによって発見されたが、目だたぬ雑誌に発表されたため、当時あまり注目されなかった。約一〇年後に、ニコラス・メトロポリス、P・スタイン、マイロン・スタインが放物線だけでなく、ほかの多くの関数についても λ コブが重要なことを再発見した。彼らの発見によれば、ある種の位相的性質は λ の値だけに関係し、関数はそのものには関係しない。これはいま「構造普遍性」と呼ばれている。

* * *

λ コブの値で、世の中がガラリと変わる様子を理解するため、$f(x)$ の繰りかえしを視覚化しよう。これはやさしい。$\lambda=0.7$ として $f(x)$ のグラフを図16-2に示した。これに $y=x$ のグラフが、四五度の破線として付けくわえてある。(これ以降のグラフはロスアラモス国立研究所のミッチェル・ファイゲンバウムがパソコンで作成したものである。)

四五度の直線と放物線が交わる x の二つの値は、$x=0$ と $x=9/14\cong0.643$ である。0でないほうの x を x^* と書こう。定義から、明らかに $f(x^*)$ は x^* に等しく、これを繰りかえせば無限ループである。同じことは $x=0$ から出発しても同様で、無限ループから抜けられな

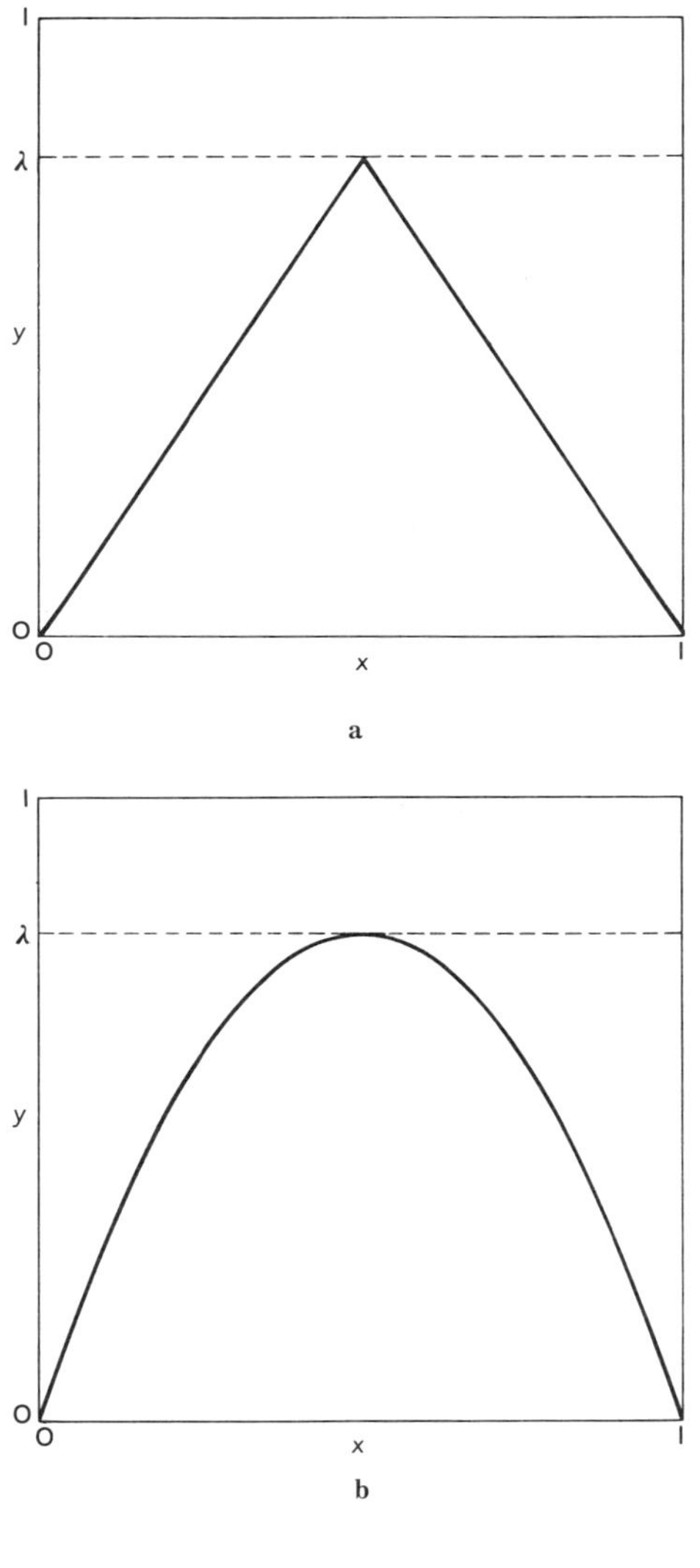

図 16-1　正方形の中にグラフが納まる折れ曲がり関数。a.ノコギリ刃、b.放物線。どちらも最高点 λ（λ コブ）で与えられる。

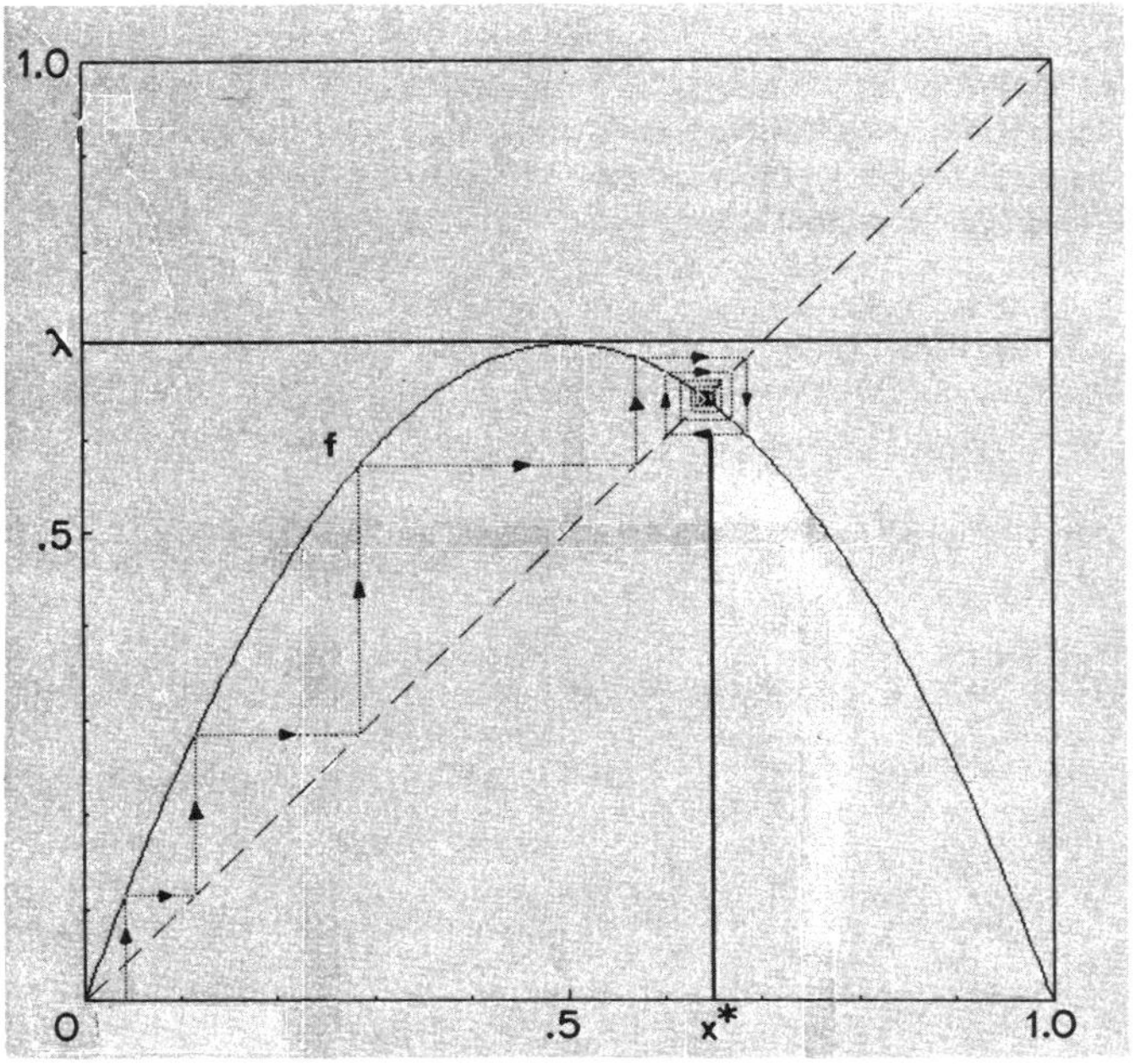

図 16-2 λコブを0.7にした放物線。xの初期値（タネ）を0.04にして繰りかえしを行ったときの道順を示した。これはx^*という固定点に急速に近づいていく。

い。ところが、fの二つの不動点には重大な違いがある。たとえば、xの初期値を$x=0.04$としよう。これをx_0と書く。タネx_0から軌道を作るうまい作図法がある。x_0のところで立てた垂線と放物線は、$y_0=f(x_0)$のところで交わる。fを繰りかえすには、このyの値を新しいxの値として同じことをやればよい。$y=x$の直線がここで役に立つ。y_0の高さを保持したまま水平に動いて、四五度線に交わらせる。この線上では、$y=x$だから、xもyもy_0に等しい。つまりここのxを新たにx_1とすればよい。ここからまた二番目の垂線を立てる。これはまた$y_1=f(x_1)=f(f(x_0))$の高さで放物線と交わる。以下同様……。要するに、

(1) 曲線にぶつかるまで垂直に動く
(2) 対角線にぶつかるまで水平に動く

この(1)、(2)を繰りかえせばよいのだ。

図16-2に示したのは、タネ$x_0=0.04$から出発した手順の結果である。x座標もy座標も、x^*である点のまわりでグルグル鬼ごっこをして、しだいに中心点へ近づいていく。x^*は$f(x)$の繰りかえし値を引きよせるから、特別な不動点だといえる。これがアトラクターの一番簡単な例だ。fを繰りかえすと、0を除くどんなタネもこの特別なxの値を引きよせられてしまう。x^*は安定不動点と呼ばれる。これと対照的に0は不安定不動点で、いわば追い散らし屋である。たとえどんな0に近いところから出発しても、軌道は0から離れてx^*に近づく。fの繰りかえしが、x^*を行きすぎたり、x^*の手前すぎたりすることに注意。しかし、カピストラーノへ帰るツバメのように必ずx^*へ近づいていく。これにはほかにもたくさんたとえがあろう。餌食探しをする動物、熱検知ミサイル、蚊、ブラットハウンド、ナチ狩り、サメ、そして子供の遊び唄「世界中を、世界中をクマさ

んが行ったさ、穴を掘ったさ、掘ったさ、ホーラ、こ……こ……に!」

fの三つの不動点0とx^*の性質の根本的な差異を説明するものはなにか? 図16-2からわかるように、0のところで曲線の傾き(勾配)は四五度より大きい。曲線の傾きは、fを繰りかえすとき、その付近でどれくらい水平方向に動くか決定する。傾きが四五度以上になると(上向き下向きを問わず)、(1)と(2)の規則の繰りかえしによって、点はそこからどんどん遠ざかっていく。つまり、不動点のところで、曲線の傾きが四五度より小さいということが安定不動点の条件になる。$\lambda=0.7$の場合のx^*については、まさにこの条件が成立している。実際x^*で放物線の傾きは約四一度、0では四五度よりはるかに大きい。

λをふやしたらどうなるか? x^*の位置(すなわち放物線と対角線$y=x$の交点の座標)は変わり、x^*におけるfの傾きは、それにつれて増加する。$\lambda=3/4$になると、傾きは四五度になる。この特別なλコブをΛ_1と呼ぶ。それよりちょっと大きいλコブ、すなわち$\lambda=0.785$の場合の図を見ていただきたい(図16-3)。

例によって出発点は$x=0.04$である。できあがった軌道を図16-3aに示した。ご覧のとおり、みごとなことが起こる。最初、値は(いまやfの不安定不動点である)x^*に近づいていくが、そこから徐々に外側に開くらせんを描いて、x_1^*とx_2^*という二つの値に収束するような、スクエアダンスに移行していく。このエレガントな振動は二周期運動と呼ばれ、x_1^*とx_2^*がアトラクターである。この場合、とくに二周期のアトラクター(二周期点)と呼ばれる。この呼び方が示唆するように、二周期点は安定である。任意のタネ(x^*を除く)から出発した軌道は、いずれも同じダンスを踊らされる。正確には、x_1^*とx_2^*とからなる完全な二周期運動に漸近的に近づくのであって、それ自身にはけっして一致しない。(x_1^*とx_2^*自身のループは除く。)物理学者の目から見れば、近似の収束は非常に早く、軌道がアトラクターにトラップされた(はめられた)というのはまことに適切である。

さて、こういう挙動の理解には、もとの関数から新しい関数を作ってグラフ化するとよい。図16-3bは、$g(x)=f(f(x))$のグラフである。このフタコブラクダはfの反復と呼ばれる。明らかに、fの不動点はgの不動点である(0とx^*)。さらに、$f(x_1^*)$がx_2^*、$f(x_2^*)$がx_1^*になることから、gは新たに二つの不動点、$x_1^*=g(x_1^*)$と$x_2^*=g(x_2^*)$をもつ。四五度の対角線とフタコブラクダ(gのグラフ)の交点は四つあるが、x_1^*とx_2^*を見つけるのは容易である。前にいったように、安定不動点となる条件は、そこでの曲線の傾きが四五度より小さいことである。いまはgの不動点を問題にしているから、注目するのはもちろんgの傾きである。見ると、0とx^*においてgは四五度より大きい傾きで、x_1^*とx_2^*において四五度より小さい傾きをもつ。実はそれだけでなく、驚くべきことに(簡単な計算をすればすぐわかるが)x_1^*とx_2^*における傾きは等しい。このため両者は連動していると呼ばれることがある。

＊　＊　＊

いま見てきたことは、一周期のアトラクターをλの特殊な値($\lambda=3/4$)のところで二周期のアトラクターに変えることであった。ちょうどこの値で、単独の不動点x^*が振動する二つの値x_1^*とx_2^*とに分解する。もちろん誕生の時点で、この二点は一致している。λの増加に伴い別離が進む。そしてさらなるλの増加は、gの二つの安定不動点の傾きを増加させていき、ついにあるところで、fと同様、g

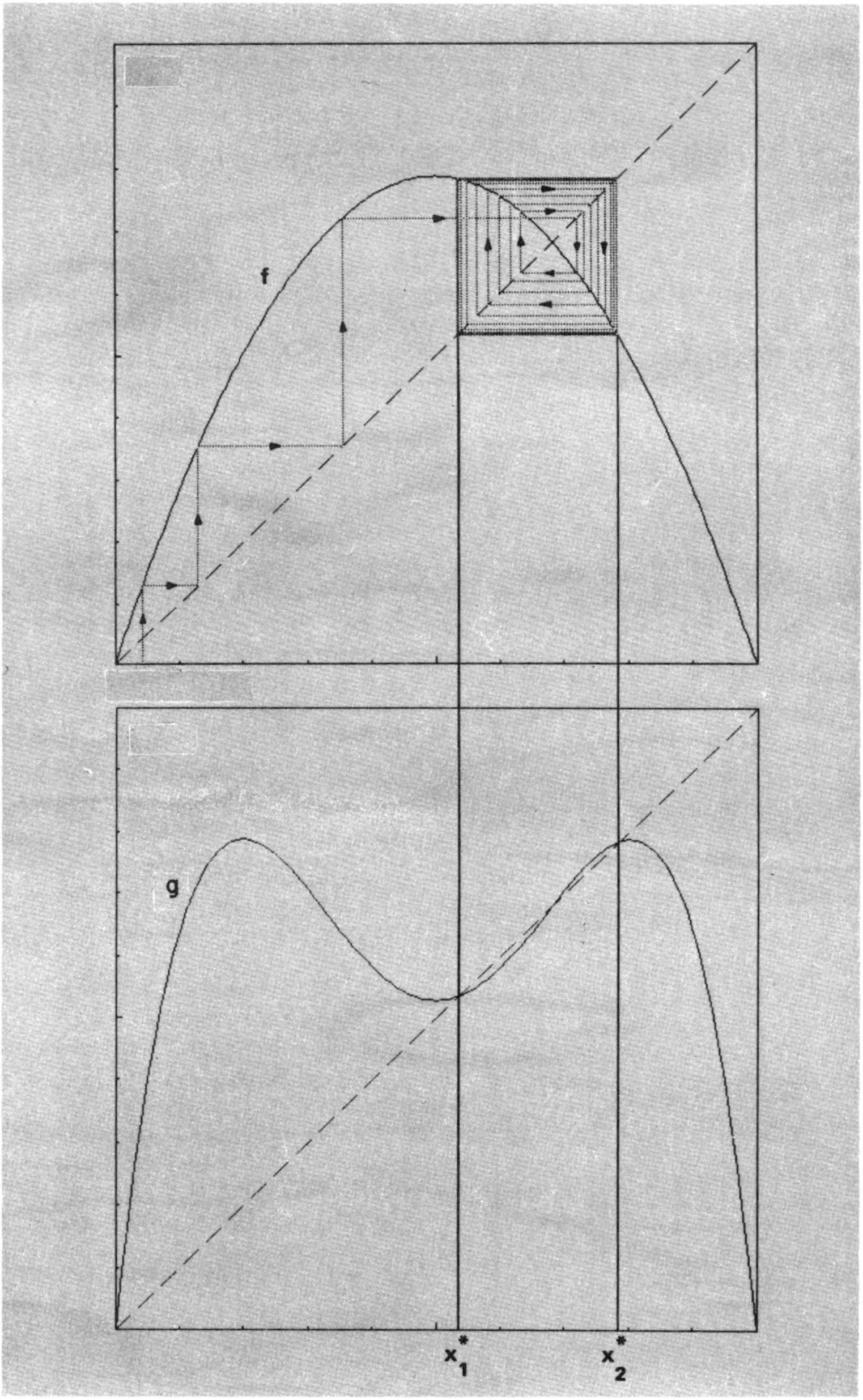

図16-3　今度は λ コブをもう少し高く、0.785にしてみる。上のグラフは f そのものを示しているが、下のグラフは f を2回反復した g のグラフである。どのタネから出発しても、x_1^* と x_2^* の間を往復する2ステップのスクエアダンスになってしまう。

にも分岐点をもたらす。つまり、x_1^*とx_2^*の傾きが四五度を越え、おのおのが自分の場所で新たな二周期点を生む。(これはgに関する二周期点である。新しい四点はfに関しては四周期点になる。混同しないように注意!) x_1^*におけるgの傾きとx_2^*におけるgの傾きは連動しているから、分解は二か所で同時(つまり同じλ値)に起こる。このλコブはΛ_2と呼ばれ、約0.86237……である。

一を聞いて十を知る、主題と第一変奏を聞いてすべてお見通しという読者もいるだろう。Λ_3という新しい値があって、fの四つのアトラクターが同時に分裂して八周期のアトラクターになる……。そして次々に新しいλコブの値が登場して、倍々ゲームが進行する、と読者が予想したとすれば、ドンピシャリである。実際の論拠も以前とまったく同じだ。安定不動点での傾きがいっせいに四五度の臨界点に達するしくみが繰りかえされる。Λ_1における最初の分裂は、f自身のx^*の傾きだけが関わっていた。次の分裂はgの二つの安定不動点x_1^*とx_2^*における傾きが同時に四五度に達するところで起こった。同様に、Λ_3は$h(x)=g(g(x))=f(f(f(f(x))))$の四つの安定不動点における傾きが、同時に四五度に達するλコブの値である。以下も同様である。図16-4はλが約0.87におけるhのデコボコを示したものである。

図16-5はfの安定不動点をΛ_1からΛ_6までx軸上で示したものである(Λ_6には三二個の点があり、一部はあまり近寄りすぎているため、図では識別できない。)点の位置は、不安定不動点に分裂する瀬戸際を示している。これらの点の配列に、整然としたパターンがあることに注意しよう。fにおいて分裂直前のアトラクターをこうやって並べてみると(個々の点が下段に移ると対応した双子の点に分裂しているのはもちろんである)、おのおののΛ_{n+1}が一つ上のΛ_nか

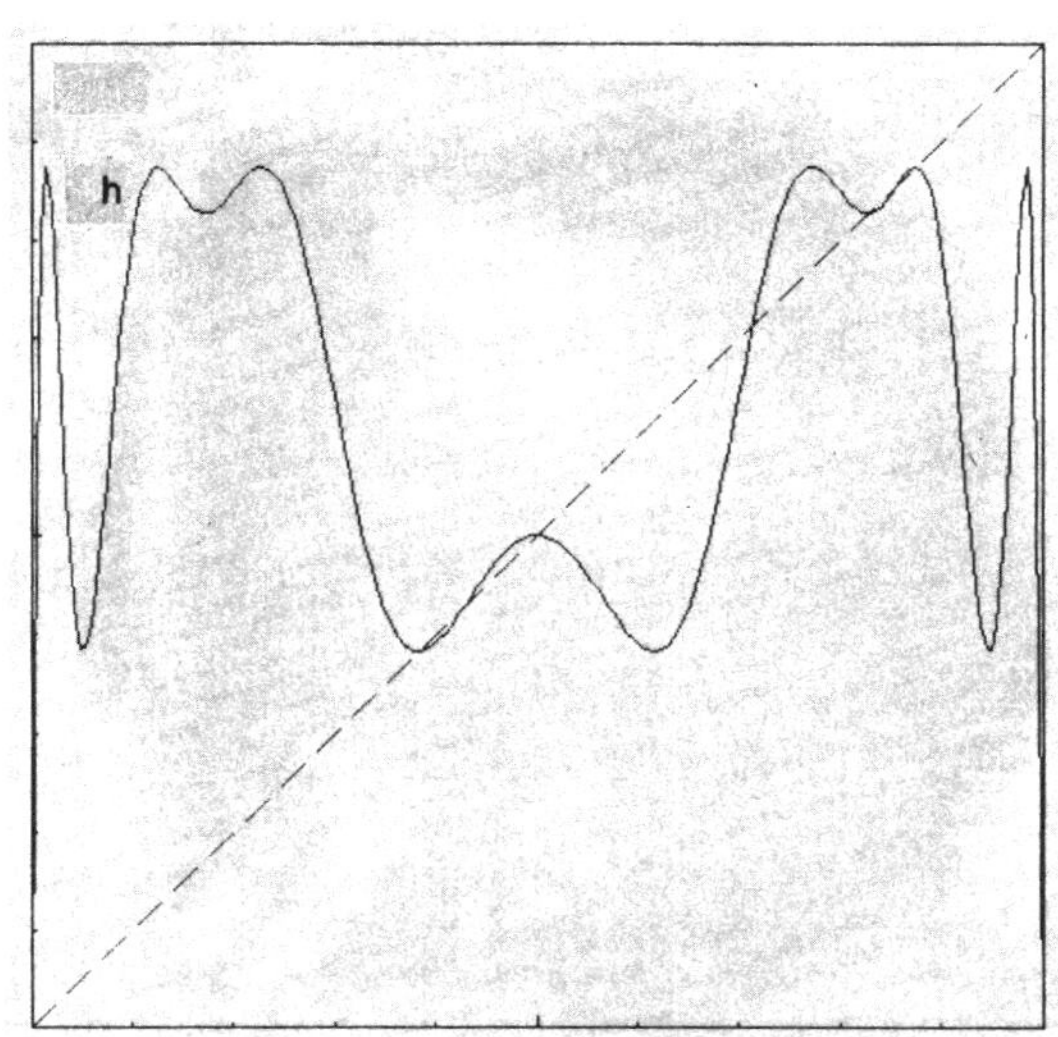

図 16-4　λコブを0.78とさらに高くしたfの反復の反復$h=f_4$のグラフ。

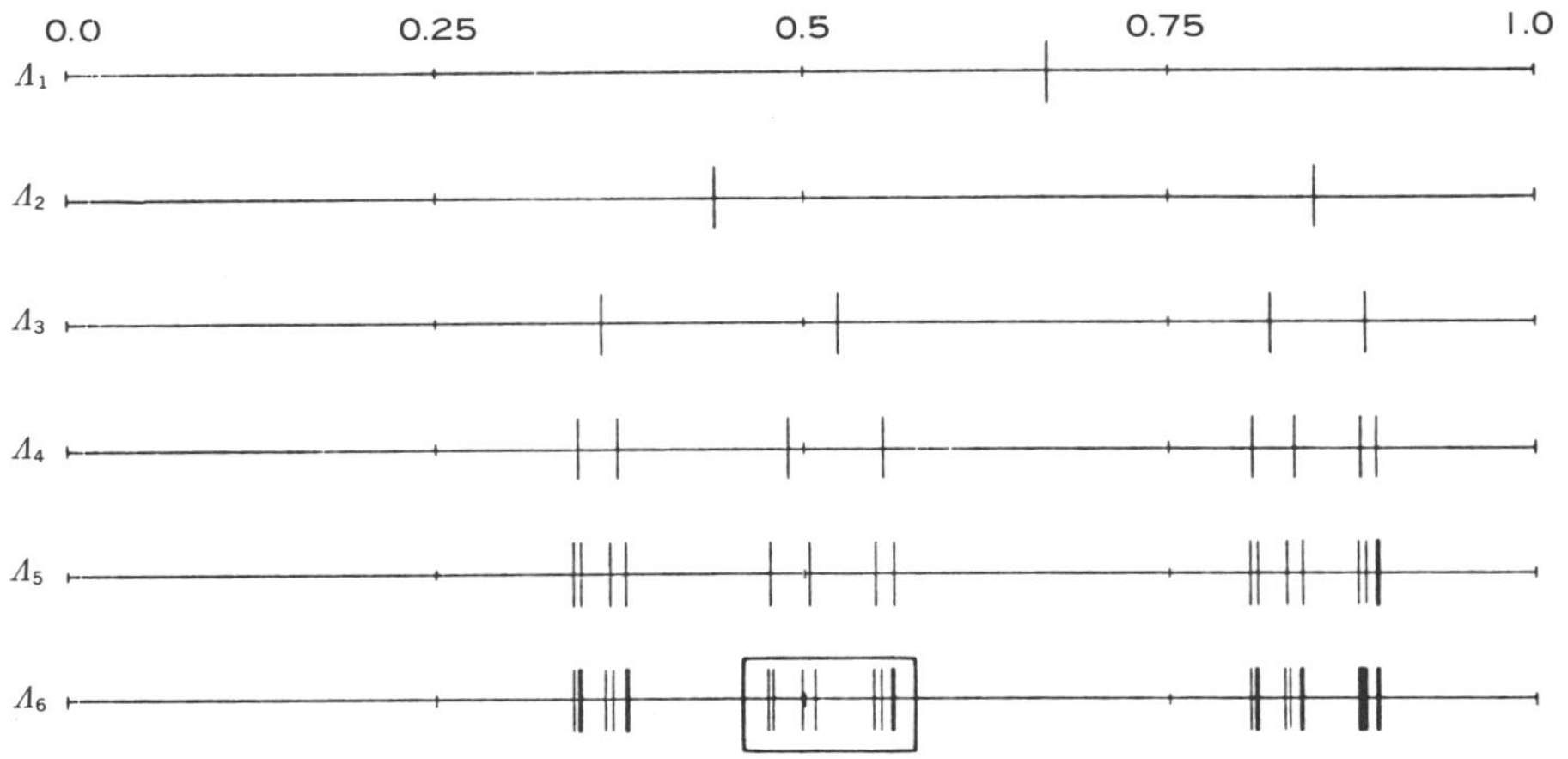

図 16-5　λ の値が Λ_n ($n=1, 2, 3, \cdots\cdots$) と大きくなるにしたがい安定アトラクターは不安定アトラクターになって分裂していく。枠で囲まれたパターンが二つの上のパターンとよく似ていることに注目。この類似はnが大きくなればなるほど正確になる。

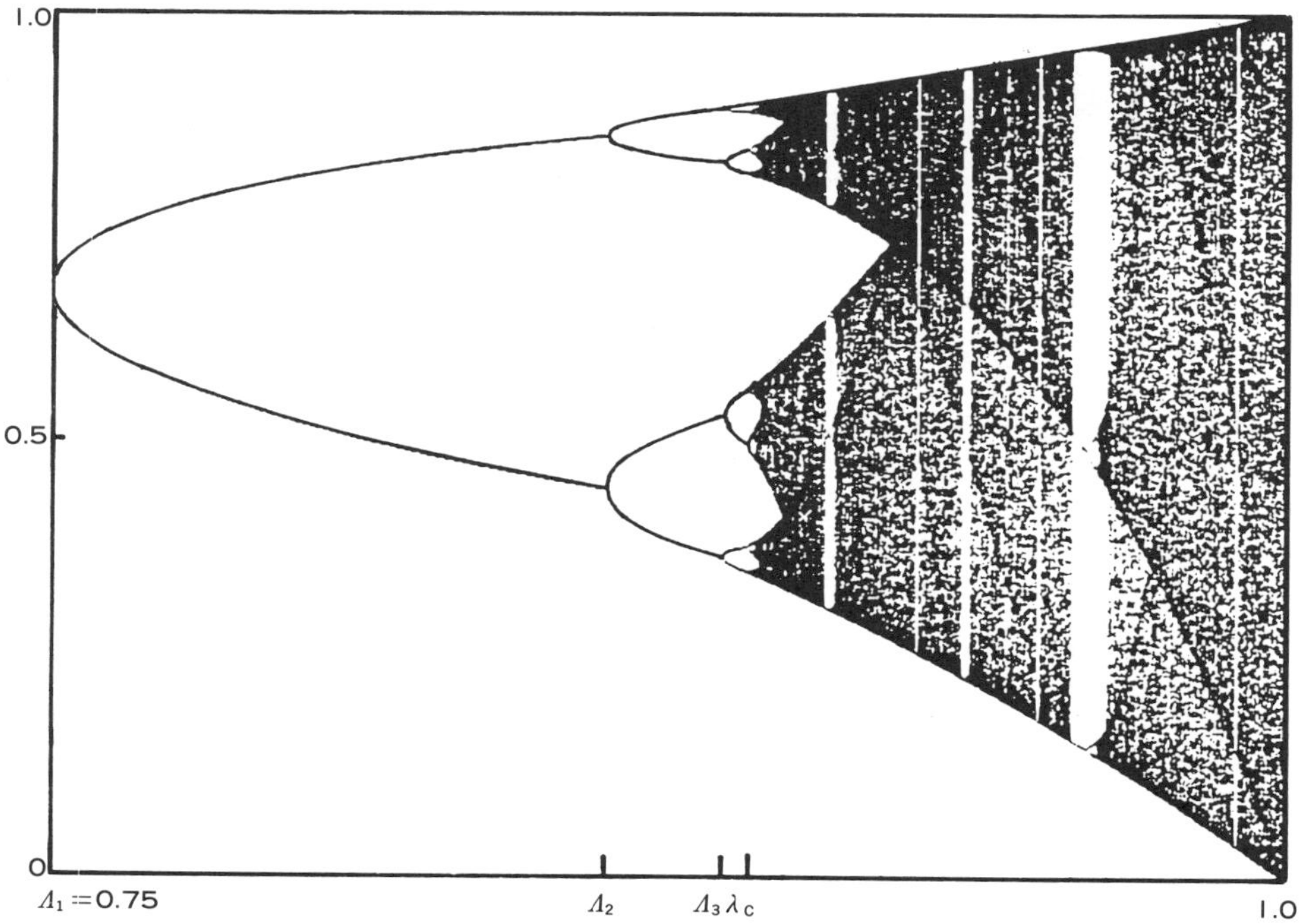

図 16-6　λ が 0 から 1 にふえる間にアトラクターがどう成長していくかを示す。倍々ゲームは λ＝0.75 から始まり、カオスに向かっていく。λ＝0.892……から始まるカオス領域は実にみごとな微細構造をもっている。(*Physics Today* 1983 年 12 月号にのった、レオ・カダノフの「カオスへの道」から転載、*Physics Reports* 1982 年 12 月号のJ. P. クラッチフィールドらの記事も見よ。)

ら再帰的な作図によってできあがっていることがわかる。点の局所的なパターンは、大局的なパターンを反映していて、ただサイズが異なるだけである。たとえば、一番下のΛ_6の中で枠で囲った八つの点からなる局所的なグループは、二段上のΛ_4の大局的パターンのミニチュアにほかならない。(Λ_5の右に、まったく同じものが見える。)さらに、二つの並んだ同個数の局所パターンは左右逆転したものになっている。(たとえば、Λ_5で左右に八個ずつ分けたグループ同士。)

こういう再帰的な規則性は、ファイゲンバウムのパソコンから出てきたものだが、この分野での最近の重要な発見である。つまりΛ_{n+1}の段を描くには、Λ_nの段の点から双子を作ってΛ_nのパターンより約二・五倍ほど詰めこめばよい。もっと正確にいえば、次段の双子の距離は親の双子の距離の約$1/\alpha$に縮む。ここでαは2.502907875095892485……、この法則は、nが大きくなればなるほど精度を増す。

Λ_nはnを大きくすると1に近づくか? 意外にも答えはノーである。Λ_nの値は、急速にある特定の値$\lambda_c=0.892486418$……に収束する。この収束は、幾何的に収束するという意味できわめてなめらかである。すなわち、$(\Lambda_n-\Lambda_{n-1})/(\Lambda_{n+1}-\Lambda_n)$がファイゲンバウムによって、$\delta$と呼ばれた定数に近づく。この$\delta$は、いまや発見者にちなんでファイゲンバウム数と呼ばれている。

$$\delta=4.6692016091029097\ldots\ldots$$

まとめれば、fのアトラクターは、ファイゲンバウム数δから予想される極限値λ_cに近づくにつれ、どんどん倍々に分裂していき、しかもそのx軸上の幾何学的配置は単純な再帰的法則にもとづいて決定される。この法則は、ファイゲンバウムのもう一つの定数αに支配される。

λ_cを越えたλ(カオス領域)になると、あるタネから出発したfの繰りかえしは、有限個のアトラクターに収束するような軌道にならない。つまり非周期的な軌道になる。大多数のタネについて軌道は依然周期的なのだが、その周期性は判然としない。だいたい、周期がものすごく長い。また軌道は、以前にも増して混沌としている。たいていの周期的軌道は、幾何学的に単純なアトラクターに収束するどころか、[0, 1] 区間を全域にわたってさまようので、本物の混沌と区別がつかない。こういう振る舞いはエルゴート的と呼ばれる。非常に近い二つのタネから出発したのに、少数回の繰りかえしののちには、軌道はまるで別ものになる。つまりλ_cを超えたら、統計学的な見方をしたほうがふさわしい現象に変化するのである。

図16-6は、倍々ゲームがカオスへ移っていく様子と、カオスになったあとの様子を美しく示している。周期点の分裂と、分裂が右へ行くにしたがって幾何級数的に早く起こるようになること、λ_cからのカオスの開始が、この図にはっきり見てとれる。それにしても、カオス領域に入ってから見えるある種の規則性は意外である。このエレガントなグラフに数学の秘密がいっぱい隠されていたのはたしかだ。

* * *

さて、折れ曲がり関数の繰りかえし、周期の倍々ゲーム、カオス領域その他が、流体力学における乱流、捕食者—餌食関係がある生態系における不規則な個体数変動、レーザーのモードの不安定性にどういう関係があるというのだろうか? 基本的な考えは、層流と乱流の対比にある。平和に流れる流体は層流をなす。やさしい言葉でいえば、流体のすべての分子が多車線のハイウェイを行儀よく走

っている車にたとえられる。本質的な性質は(1)おのおのの車は前の車のあとをついていく、(2)隣り合った車(同一レーンあるいは隣接レーン)は速度差に応じて、時間経過に線形に距離を変える。この性質は、層流中の流体分子についても成りたつ。流体力学では、レーンのかわりに流線という言葉を使う。

流体が外力によって撹乱されると、なめらかな挙動は乱れた挙動に変わる。海岸の白波、コーヒーに入れられてかきまぜられているミルクなど……。乱流という言葉からして、層流という言葉のもつやわらかさにくらべてずいぶん荒々しい。流線は離れ離れになり、入りくんだからみ合いを見せる。多車線のハイウェイのイメージはもう通用しない。こういう系では、大から小まで、およそ名付けも分類も不可能な多種類の渦が同時に存在しており、当初近くにあった二つの点は、たちまちのうちに、まるで異なる場所に移ってしまう(図16-7)。こういう急激な発散が、乱流の特質である。点と点との距離は、時間に対して線形ではなく、指数関数的に広がっていく。指数関数の肩に乗る係数はリヤプノフ数と呼ばれる。乱流のカオスとは、ほとんど予期不能な近傍の急速な分離のことを指している。これはλのカオス領域で近接したタネがまるで異なる軌道を描くというのと実にみごとに符牒が合う。

放物線関数のきれいな周期的軌道がゴチャゴチャしたカオス的軌道へとしだいに乱れていく筋書きは、一般の物理系の乱流現象への変化の筋書きと数学的にまるで同じなのではなかろうか？　これをいうには、もう少し問題の背景をくわしく調べておかなければならない。そこで、流体の時空的な流れ、あるいは人口密度やお金の時空的な流れがどう数学的にモデル化されるか、簡単に見ることにしよう。

→page 358

図16-7　乱流。上の二つの図は、ドロッとした液体の中に棒を1回通したあとの様子。渦が連なっているのがわかる。下の二つは、棒を2回以上通したあとの様子。渦の形はさらに複雑な再帰的見かけをもつ。これを図13-4とくらべるとおもしろい。(テオドル・シュウェンクの「敏感なカオス」より)

現実世界のこういう現象を最もうまくモデル化しているのは、いまのところ微分方程式である。微分方程式は、ある量がその現在量や他の量の現在量に対して、どういう割合で連続的に変化するかを示している。時間変数はそれ自身連続で、瞬間が次の瞬間へ壊れた時計のように突然ジャンプすることはない。流れる水のように不可分である。微分方程式で定義されるパターンのイメージをとらえるには、一つの点が連続的に動いて曲線を描いているような多次元空間（何万次元かもしれないし、ほんの数次元かもしれない）を考えるとよい。どの瞬間においても、点は物理系の状態の全情報を含んでいる。これをいろいろな座標軸へ射影してやれば、系の状態を一意に定める諸量が得られる。この空間（相空間と呼ぶ）の一点で、たとえば、浜に打ちよせる白波の形を表現しつくそうとすれば、空間の次元は明らかにとてつもなく巨大になるだろう。しかし、単純な捕食者―餌食関係ならば、xとして捕食者の個体数、yとして餌食の個体数をとれば十分、つまり二次元ですむ。

　時間の経過に伴い、xとyは相互にからみ合って影響を及ぼし合う。たとえば、捕食者の個体数が大きいと、餌食の個体数が減る。しかし餌食の個体数が減ると、今度は捕食者の個体数が減る。こういう系ではxとyが平面上で(x, y)という点を表し、滑らかに旋回する連続軌道を描く。（ここでいう軌道は、放物線関数で見た離散的で跳び跳びの軌道とは意味が異なる。）図16-8は、この問題に関する、ダフィングの微分方程式の解曲線である。見たとおり、寝室をブンブン飛びまわるハエの行程というか、より正確には壁に映ったハエの影の行程に似ている。実際、ここで交差している二次元の曲線は、交差していない三次元曲線の影である。相空間で、点の運動は絶対に自己交差しない。なぜなら、相空間の点は、現在はもちろん、系の未来の履歴にいたるすべての情報を（決定論的に）表現しているから、同じ一つの点から異なる二つの軌道が「生える」わけがないのである。

　実は、ダフィングの方程式には、いままでいわなかった第三の変数zがある。xとyを捕食者と餌食の個体数とするなら、zは周期的に変化する外部条件、たとえば太陽の方位角や地表の積雪量である。捕食者―餌食問題とうるさいハエの話を一緒にしてしまうことを許していただくことにして、まず、ハエが向かい合った壁の間を周期的に行ききしている寝室を想像されたい。なぜか一回の往復には一年かかるとする。（ものすごく大きい寝室か、または恐ろしくのろまのハエなのである。）いずれにせよ、ハエが飛ぶにつれ、壁には図16-8aのような軌跡が映る。なお、ハエは寝室空間内の同一の点を再度通過したならば、以後は前とまったく同じ軌道、つまりループを飛ぶように運命づけられている。こうしてみると、これは微分方程式で記述された力学系の状態を表現する相空間の点の連続軌道の図となんら違わない。

＊＊＊

　これと離散軌道の対応をどうつけるか。x、y、zの値を、つねにベッタリと見はる必要はなく、なにか自然な頻度で周期的にサンプリングすればよいのだ。動物の個体数の場合、一年が妥当な周期である。太陽の方位角は正確に周期的だし、気象は一年ごとに少なくとも自分自身を繰りかえそうと「努め」ている。つまり、一年に一つずつ点をプロットすれば、自然に(x_1, y_1, z_1)、(x_2, y_2, z_2)、……という点列が得られる。この方法で、ストロボを規則正しく一年に一回（たとえば、ハロウィーンの真夜中に）発光させて、その瞬間

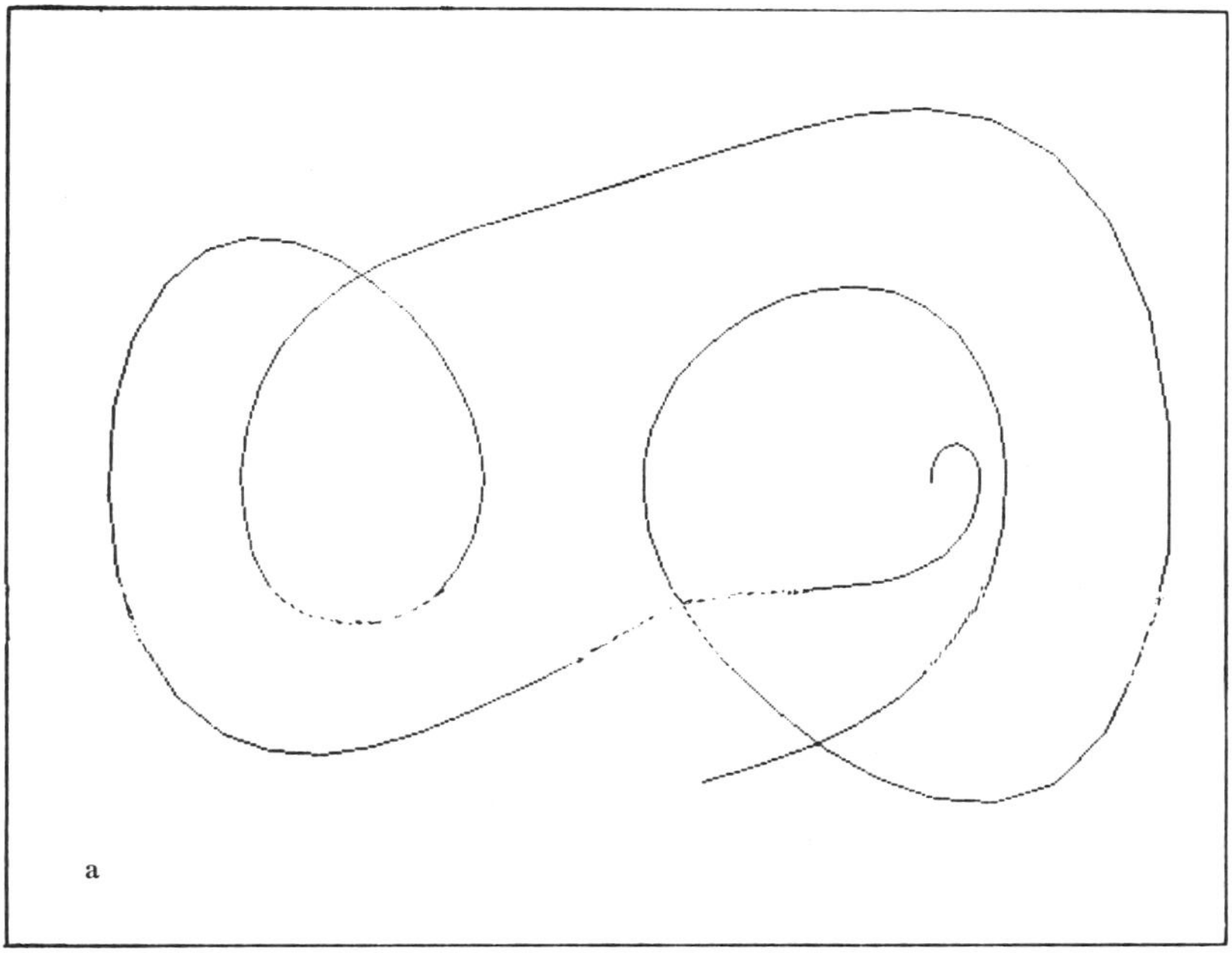

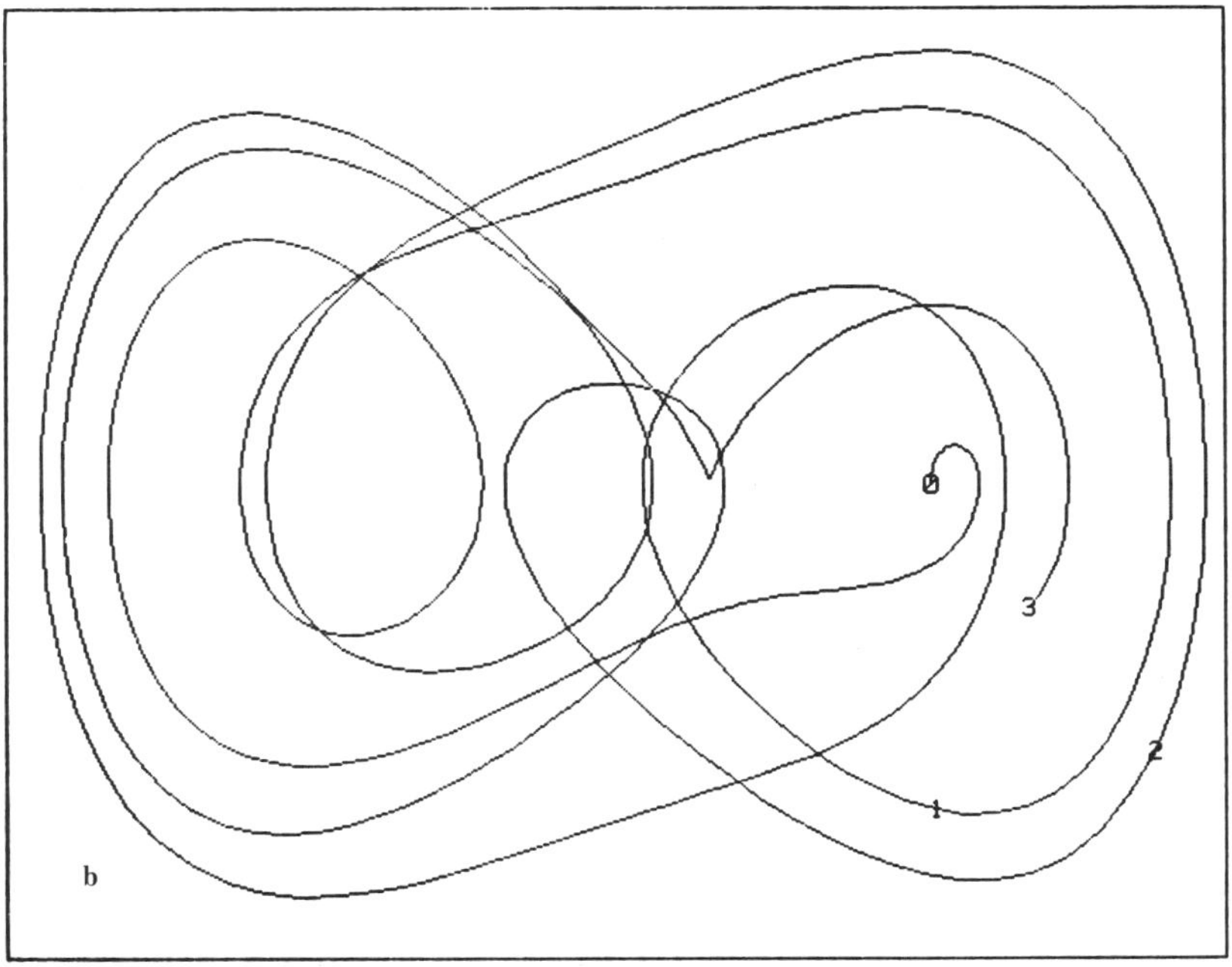

図 16-8　時間経過に従い、xとyがおたがいに相手に影響を及ぼしながら変化していくとき、点 (x, y) はaのような軌跡を描く。周期的にストロボをたいて (x, y) を記録していくとbのように孤立した点の列ができる。これを繰りかえすと、ある領域を埋めつくすようになる——ポアンカレ写像。

だけハエの位置を観測する。図16‐8bは、ハエの行程の影を跳び跳びにとった列を示したもので、数は順番を表している。年数を重ねるにつれて、点が積もってきてある形を表すようになる。このパターンが離散軌道にほかならず、放物線関数$f(x)$の繰りかえしで定義された離散軌道と密接に関係する。放物線関数のときは、単純な一次元差分方程式（回帰関係）

$$x_{n+1}=f(x_n)$$

だったが、ここでは二次元の差分方程式

$$x_{n+1}=f_1(x_n, y_n)$$
$$y_{n+1}=f_2(x_n, y_n)$$

となっているのである。これは連立差分方程式であって、第n世代の出力値（x_n, y_n）がf_1、f_2に新しい入力として戻され、第n＋1世代の値を生む。こうやって次の世代がどんどん生まれる。高次元になれば、方程式はもっと多くなるが本質は不変で、多次元空間の点（x_n, y_n, z_n, ……）が離散時間nをパラメータにして、ぴょんぴょんと次の点に跳ぶ。

　点を一年前（あるいはある自然な周期だけ前）の点と結びつけることによって、微分方程式に出てくる連続的な時間変数をたくみに回避してきたものの、たがいにからみ合った微分方程式系にいつでも自然な周期があるとは限らない。乱流現象の起こるところでは、周期が見つからないことがある。なぜか？　乱流を示す系は散逸的である。つまり、こういう系では、電気のような利用価値の高いエネルギーを、熱のような利用価値の低い形に浪費してしまう。流体の場合、摩擦が犯人であり、他の系でも摩擦に相当するなにか抽象的なものが犯人である。ご存じのとおり、摩擦があると、動いているものはエネルギーを注入しつづけないかぎり、ズズズッと止まってしまう。しかし、周期的に外から駆動力を与えてやれば（たとえば、コーヒーをスプーンでグルグルかきまわす）、系は止まらずに安定状態におさまる。この安定状態が安定軌道――ないしはいまの言葉でいう相空間のアトラクターなのである。スプーンをグルグル回しているので、ストロボをたく周期が自然に決められる。たとえば、スプーンがカップの取っ手の位置にくるたびに、一年が経過したとすればよい。こうして、周期外力の加わった散逸系を扱う限り、連続時間を離散時間に置きかえてよい。連続軌道は離散軌道の話に化けて、めでたく繰りかえしの話がよみがえる。

　外力自身が自然な周期をもたない場合（たとえば一定の外力）でも、系の変数の中に二つの極値の間をいったりきたりするものがあれば、系の自然な周期を定めるチャンスがある。その変数が極値に達するたびに、フラッシュをたけばよいのだ。すると、ハエの行程はやはり離散化する。多次元空間におけるハエのこういうタイプの離散化表現は、ポアンカレ写像と呼ばれる。

　この議論はおもしろいがほんのさわりであって、数学者が納得するためにはもっと厳密な議論が必要である。しかし、これは連立微分方程式の研究が、連立差分方程式の研究にどう置きかえられるかの香りぐらいは伝えている。

＊　＊　＊

　一九七五年、ファイゲンバウムは、αとδが$f(x)$で定義される曲線のこまかい形に依存しないことを発見した。同じ点で頂点に昇りつめる滑らかな凸曲線は、ほとんどが同じ振る舞いをするのである。メトロポリス、P・スタイン、M・スタインの発見した構造普遍性にヒントを得て、ファイゲンバウムは正弦曲線（サインカーブ）でも研究をしてみた。するとなんと、放物線において周期倍々ゲームとカオス変化を決定したαとδと同じ数値（コンピュータでやっているから、実際には長い桁で一致した数）が得られたのである。高さのパラメータをλとする正弦曲線において、放物線と同様、特別なλの値の集合があり、それが臨界値λ_cに収束するのである。λ_cにおけるカオスへの変化が同じ数α、δで決定されるということから、ファイゲンバウムはなにか普遍的なしかけがあるに違いないと考えた。つまり、f自身より、fが繰りかえされること自体が重要だと考えたのである。事実、彼の予想は、カオスへの変化にf自身が関係していないということであった。

もちろん、話はそれほど単純ではない。ファイゲンバウムはすぐ、fの中心にある頂点の性質が重要であることを発見した。軌道の長期的な振る舞いはグラフの頂点の無限小部分にしかよらず、究極的には頂点そのものにおける振る舞いがすべてを決している。残りの部分の形状は、たとえいくら頂点に近くても関係ないのだ。放物線は二次極大点と呼ばれる点をもつ。これは、正弦曲線、円、楕円も同様である。実際、でたらめに作ったなめらかな関数の極大点は、特別な例外でないかぎり、二次のタイプである。ファイゲンバウムによる経験的発見、つまり周期倍々のアトラクターからカオスにいたる様子を決めるαとδの発見は、新しい普遍性の発見であった。これは以前から知られていた構造普遍性と区別する意味で、計量普遍性と呼ばれている。計量普遍性は一次元の場合、オスカー・ランフォードによって（伝統的な数学の意味で）証明された。

しかし、本当の大発展が起こったのは、ファイゲンバウムの定数が、きれいに理想化された数学のモデルばかりでなく、乱流現象を示す現実の物理系のゴチャゴチャしたモデルに思いもかけず出現してからであった。イタリアのモデナ大学のヴァルテル・フランセスキーニは、流体の流れを記述するナビア-ストークスの方程式をコンピュータ・シミュレーションにかけていた。このため五連の連立微分方程式を作り、そのポアンカレ写像を数値計算で研究していたのである。すると系に周期倍々ゲームのアトラクターが現れ、倍々ゲームのパラメータが乱流に突入する値に向けて収束しそうな気配なのだ。ファイゲンバウム数のことを知らなかった彼は、結果をジュネーブ大学のジャン・ピエール・エックマンに報告した。エックマンはフランセスキーニに、周期が倍々になるλの収束率を調べるように忠告した。その結果、なんと、ファイゲンバウムのαとδが、四桁の精度で一致して、まるでどこからともなくといった調子で出現してきたのである。実際の物理的乱流現象の正確な数学モデルから、$y=4\lambda x(1-x)$というなんともみすぼらしい放物線のみすぼらしいカオスと同じ構造が出てくるとは！　これにつづいて、エックマン、ピエール・コレット、H・コッホは、外力の加わった多次元散逸系において、一つの次元を除いた残りの全次元が十分長い時間のあと退化してしまい（値がごくせまい範囲に縮退する）、残った一次元に、ファイゲンバウムの計量普遍性が現れはじめることを示した。

実験科学者が（コンピュータモデルだけでなく）現実の物理系の周期倍々ゲーム的振る舞いに油断なく目を見はるようになったのは、このときからである。実はこういう振る舞いはある種の熱対流で観測されていたのだが、なにせ測定が低精度で、放物線ごときが本物の物理的乱流現象の解明に糸口を与えているとは、とても見えなかった。そうはいっても、散逸系の差分方程式の繰りかえしがすべてだと考えるのは早まっていて、より正確には、乱流現象にいたる道筋に重点を置くかぎり、差分方程式の細部の構造を無視してよいということなのだ。

ファイゲンバウムは、これを次のようにいっている。うろこ雲——無数の小さい雲が織りなす格子模様、これはけっして偶然の産物ではない。なにか系統的な流体力学の法則が働いている。しかも、とファイゲンバウムはいう。これはナビア-ストークスの方程式よりは高いレベルの法則だ。ナビア-ストークスは流体の無限小体積に注目しているのであって、大きな塊を扱うものではない。つまり、空に出現するこういう美しいパターンを理解するには、ナビア-ストークスの細部を飛びこえて、粒の粗い、しかしより適切なレベルの流体の解析手法が必要になる。繰りかえしが（繰りかえされる関数の細部に独立であるという）普遍性を生むという発見は、流体力学の新しい見方がうまくいきそうだという期待をもたせる。

* * *

アトラクターや乱流現象の話を通して、読者はしっかりウォーミングアップができたと思う。いよいよ奇妙なアトラクターにとりかかることにしよう。周期的外力のある二次元（または高次元）散逸系が連立差分方程式でモデル化されているとき、周期的なストロボに照らされた点列の軌道は、例の放物線で見た単純な軌道と同じ役柄になる。ただし、二次元以上となると可能性はだいぶ豊かだ。もちろん、一個の安定不動点（一周期のアトラクター）をもつことも可能である。（ストロボで照らすたびに、この点は同じところに留まる。）周期的アトラクターも可能だ。（何回目かのストロボで点がもとに戻る。）これは放物線の二周期点、四周期点、……と類似のものである。

まだある。アトラクターの点が、けっして自分のもといた位置に戻らないというアトラクターがあるのである。ストロボをたくと、点が相空間の限定された区域内でまるで気ままに踊っているように見える。長いことストロボを（周期的に）たいていると、この区域の形がしだいに定まってくる。こういう例の大半は、実に信じられないような現象を示す。気ままに跳びはねていた点がしだいに、「ガラスの霜があやなす、けぶる如き幻想のトレサリー（刺繍のような模様）」の形をなすのである。（「ガラス…」は評論家ジェイムズ・ハネカーがショパンの練習曲作品25の2の魔術的効果を評するのに使った言葉。）この繊細さは特殊なもので、ベンワ・マンデルブロの本『フラクタル幾何学——かたち、偶然、次元』に書かれたフラクタル曲線に密接に関係している。とくに、こういうアトラクターは任意の部分を拡大しても、全体と変わらぬ精妙さが得られる。つまり、精妙さが無限に回帰し、パターンの中のパターンの入れ子はつきることがない。初期に発見されたエノンのアトラクターが図16-9に示してある。これは

$$x_{n+1}=y_n-ax_n^2-1$$
$$y_{n+1}=bx_n$$

という差分方程式で定義された(x_n, y_n)の点列である。ここで、aは$7/5$、bは$3/10$である。タネは$x_0=0$、$y_0=0$。図16-9aの四角が拡大されて図16-9bになる。図16-9cはもう一段拡大したもので、よりこまかいところが見えている。いわば、片側三車線のハイウェイだ。おのおのの車線は拡大されると、また何本かの車線に分解して見える。外側の車線はちょうどまた三本に分解する。これは拡大するたびに繰りかえされる。このハイウェイを垂直にカットした断面はカントール集合と呼ばれるものになっている。

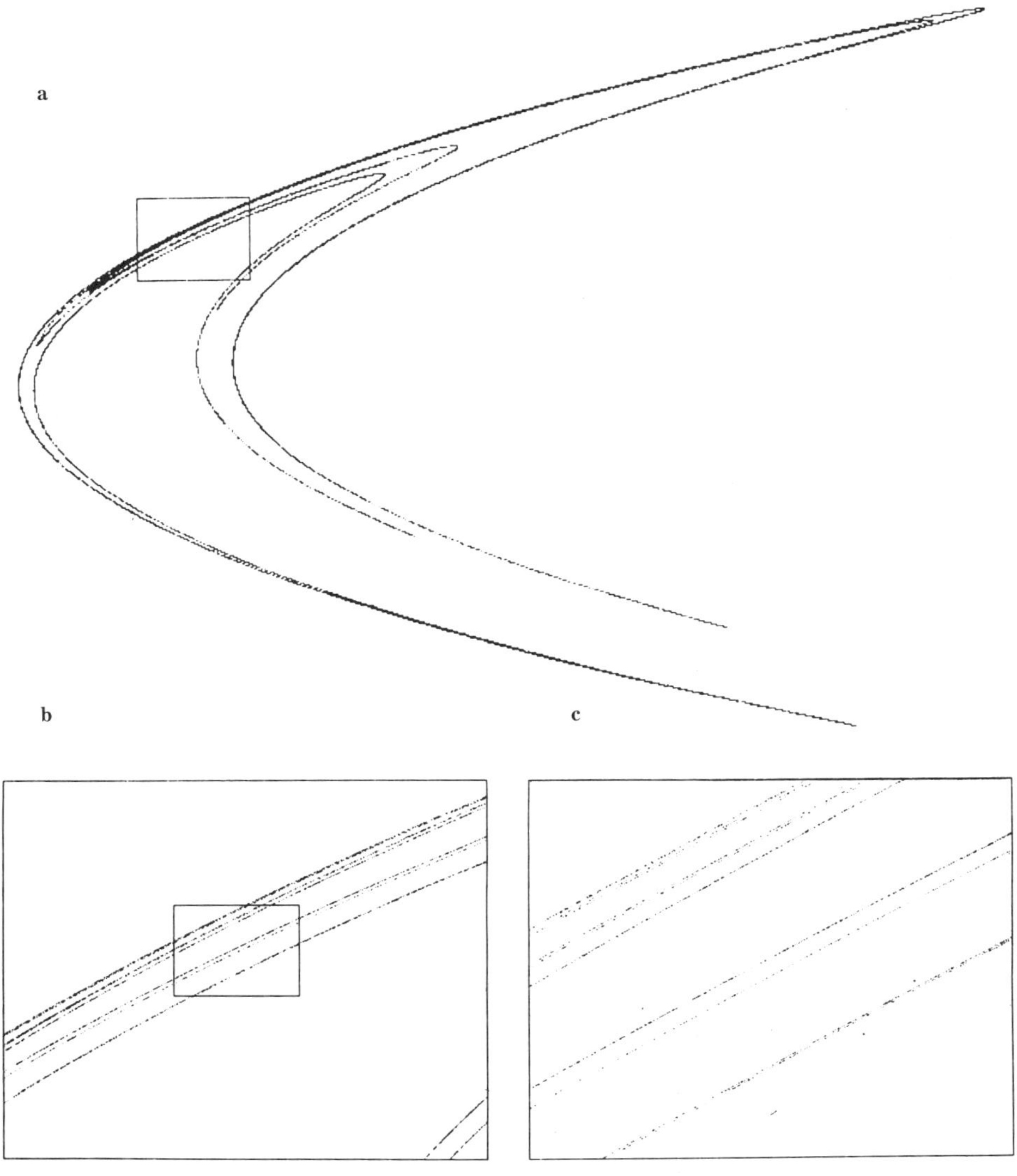

図 16-9　エノンの奇妙なアトラクター。aは全景。b は a の中で枠で囲んだところを拡大して微細構造をよりよく見えるようにしたもの。c はそれをさらに拡大したもの。これはこの調子で無限につづけることができる。

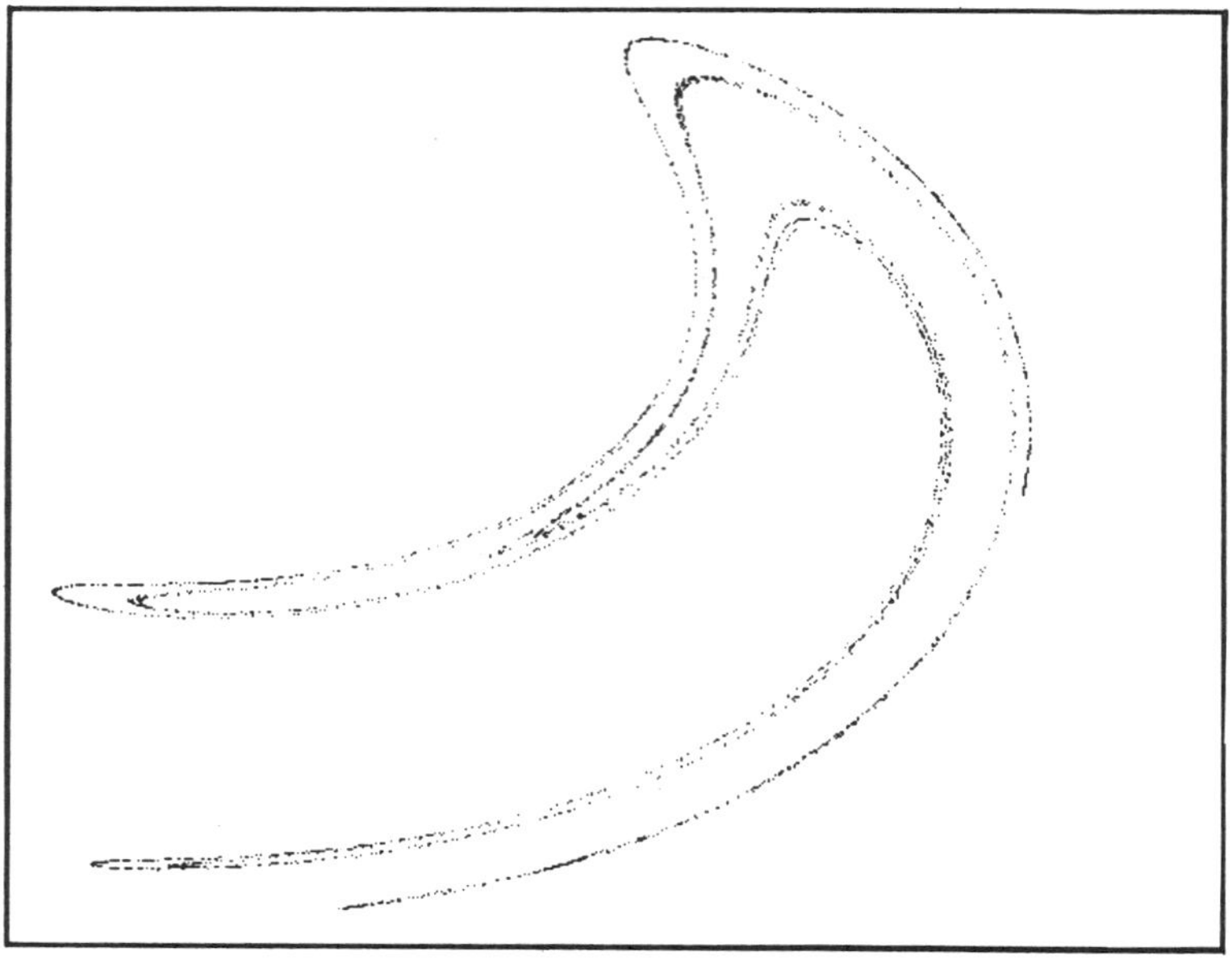

図 16-10　ダフィングの方程式のポアンカレ写像から出てくる奇妙なアトラクター。

カントール集合は簡単な再帰手続きで作ることができる。閉区間[0.1]から出発しよう。(「閉」は、両端の点0、1を含んでいることを示す。) さて、中心の部分開区間を取りのぞく。(部分開区間だから、両端の点は含まない。つまり、この二点はカントール集合の中に残る。) ふつう、取りのぞかれる部分区間は真ん中の⅓、つまり(1/3, 2/3)だが、必ずしもこれにこだわる必要はない。二つの部分閉区間が残った。この両方にいまと同じこと(真ん中の部分開区間を抜きとる)を行う。これを無限に繰りかえすのである。こうやって得られたものは、区間[0.1]の針金に露の玉が並んだような繊細な構造である。しかし、露の玉の数は非可算無限で、密度は再帰的な区間除去のやり方で変わってくる。これがカントール集合なのだ。アトラクターの断面がこういう超自然的な分布を示すとすれば、「奇妙な」という形容詞はうってつけだ。

もう一つの美しい奇妙なアトラクターは図16-8bで示したようなストロボスコープ(0,1,2,……)から生成される。これはダフィングの方程式にちなんで、ダフィングのアトラクターと呼ばれる。図16-10は、それを多少拡大して示したものである。エノンのアトラクターとの類似に注意されたい。たぶん、また普遍性が顔をのぞかせている……。

放物線の場合、臨界値λ_cで、fのアトラクターは非周期的になり、点が無限個になる(周期倍々ゲームの究極)。これら無数の点の配置は、図16-5の点列の極限または図16-6で$x=\lambda_c$としたところの縦線上の点列である。これはファイゲンバウムの定数αによる再帰的規則によって決まる。いかにもさもありなんだが、このアトラクターがそれ自身カントール集合になっている。(さっきはみすぼらしいといったが) 実り多き放物線は、一次元の奇妙なアトラクターも与えてくれるのである。

より一般のk次元カオス領域では、点のたどる軌跡を長期的に予測することはおよそ不可能である。奇妙なアトラクター上でほとんど触れなんばかりの二点をとってきても、二、三回のちのストロボのもとでは、まるで異なる位置に分かれてしまう。これは「初期条件に対する過敏な依存性」と呼ばれ、奇妙なアトラクターの別定義法にもなっている。

散逸物理系を表現する差分方程式のカオス領域に、奇妙なアトラクターが、なぜ、どのように、いつ現れてくるかは現在のところ知られていない。しかし、乱流現象の謎に、これがキーとなっているらしい。乱流現象に対するこの種のアプローチの推進者の一人、デービッド・ルールはいう。「これらの曲線系、雲霞の如き点列は、天の川または花火に似て、あるときは超自然的な心騒ぐ開花をする。まだ探究せねばならぬ形状、まだ発見せねばならぬ調和がまるごと残っている。」

理論生物学者ロバート・メイが一九七六年に書いたこの分野の評論はいまや有名になっているが、その結語はここにそのまま引用するにふさわしい。

数学教育の早い段階で、$y=4\lambda x(1-x)$が導入されてしかるべきだろう。この方程式は電卓で(あるいは手計算でさえ)現象学的に調べることができる。これには、初等解析学程度の概念すらいらない。こういう勉強は、非線形系に対する学生の直観を養成するのにまことに有用である。

研究だけでなく、日常の政治経済でも、非線形系が単純だからといって、必ずしも単純な力学的性質をもつとは限らない。このことをもっと多くの人が理解してくれるよう願いたいものである。

(一九八二年一月号)

追記

独創的な数学者であり、人間としても暖かくて素晴らしかったスタニスラフ・ウラムが、これらの一連の追記を書いている間に亡くなった。思えば、一九八〇年夏、サンタフェのウラム夫妻（奥さんはフランス人でフランソワーズ）を訪れて、数日間一緒に過ごせたのは幸運だった。私は、彼の数学の流儀に親近感と憧れをもっていた。彼の数学は純粋さとか正統性とかではなく、意外性とか奇抜さへの情熱から出てくるものだった。彼は、本来的な秩序の中にカオスを見つけることがなによりも好きだった。もちろん、これはカオスの裏に存在する法則を見やぶる喜びなのである。神の目からすれば、カオスの背後により深いレベルでの秩序があるに違いない。ウラムの偉大な発見はすべて、でたらめと秩序の間の、風変わりだがきちんとした関係を明らかにしたものである。彼のスタイルは、因習打破主義といっていいものだ。彼はもちろん、伝統的な「定理─証明─定理─証明」流の数学を完璧にこなすことができた。しかし、彼は思いつきで作った奇妙な関数の振る舞いのコンピュータによる数値実験のほうを好んだ。ある意味で、ウラムは真の数学芸術家だ。ウラムの数学は発見というより、創造といったほうがふさわしい。多くの数学的発見にくらべて、個性的であり、ある個人によって生みだされたということがはっきりと伝わってくる。

数学以外にもウラムは人間の心の働きにも大いに興味をもち、自分の直観的アイデアをなんとか書きものに残そうと奮闘した。私は彼の「一〇匹の犬」という記憶理論をいつも思いだす。アイデアはこうだ。あなたは、記憶していたということだけは覚えているが、中身が思いだせないものを懸命に思いだそうとしている。このときあなたは一〇匹の犬を頭の中に放ち、それぞれ並行に頭の中をかぎまわらせる。犬はあちこちを調べまわり、堂々巡りになったり、間違った路地に入ったりする。しかし、一〇匹もいるのであなたはそれを気にしない。全部が全部、非常に賢い犬である必要はない。とにかくくまなく捜して、記憶の形跡を見つければよいのだ。そのうち一匹の犬が、きっと目指す記憶を口にくわえて帰ってくるだろう。ウラムの自伝『一数学者の冒険』には、心の働きに関するこういったヒントが、今世紀の偉大な数学者のおもしろい逸話とともにたくさん出ている。

ウラムは言葉にもたいへん興味をもった。ウラム夫妻がアメリカにきたのは五〇年ほど前のことである。二人とも英語が好きだった。しかし、スタンは強いポーランド訛りが最後まで抜けず、いつも間違った英語を使っていた。フランソワーズはフランス語のアクセントを完全に消しさり、間違いもほとんどしなかった。彼女の慣用句の使い方はアメリ人も顔負けだった。だからだと思うが、私は彼らの間のおもしろい口喧嘩を見てしまった。フランソワーズがあるとき、野球の言葉を使って、「あれは彼が連中に対してカーブを投げたのよ」といったとき、スタンはただちにこう反論した。「そんな言葉を使っちゃいけないよ。野球なんてやったこともないんだから、それがどんなことを意味しているか君は知っているはずないからね。」

フランソワーズも負けない。自分はこの言葉の意味をよく知っているし、スタンの説は「とんでもハップン」だという。私は彼女の言い分が「あたり前田のクラッカー」だと思った。でも、その国の人の何パーセントが「とんでもハップン」や「あたり前田のクラッカー」の由来を知っているのだろう。しかし、ふつうそんなことに構わず、こういう言葉を使って用が足りているのも事実だ。

第二次世界大戦中あるいは直後、多くの偉大な数学者や物理学者がそうであったように、ウラムも軍事プロジェクトに組みいれられた。彼がフォン・ノイマンと一緒に発明したモンテカルロ法は、水素爆弾の開発にとってキーとなった。これは難解に定義された集合の濃度と奇妙に定義された空間の次元についての研究を引きおこし、彼は連鎖反応の統計的モデル化の正確な方法論に行きあたった。彼がこういう仕事をしていた時代は、人間性から起こるジレンマは今日ほどクリアでなかった。私たちが前例のない破滅的危機へゆっくり歩んでいることを、アインシュタインが警告したはずだが、ほとんどの人はアインシュタインのようなクリアな予見をもてなかった。自分が取りこまれているものの中でその人間がいかに小さいかは、人間に関するパラドックスである。スタン・ウラムは、大きな集落の中の一匹のアリにすぎなかった。彼の役割はほかのほとんどのアリより大きかったが、集落をコントロールするほどの力はなかった。人間性と「人類性」は別のものなのだ。

スタン・ウラムほどの善良な人間でも、軍備競争のような邪悪なものの一部に組みいれられることがある。明らかに、ウラムはこういう開発で自分が果たした役割を反省している。同じような位置にありながら、自分の小さな行為がその他大勢の小さな行為と結びついて大きな悲劇をもたらしたことに気づかない、あるいは気づこうとしない、心のせまい人がなんと多いことか。

私はウラムのような暖かく、洞察力のある人の友人になれたことを誇りに思う。長期的に見て、彼の業績が(あるかもしれない)アルマゲドンのためのものではなく、数学のためのものだったということがはっきりするように期待したい。

＊　＊　＊

このコラムの主題は、私が「はまりこみ」と呼ぶものである。なぜそうなってしまったか、とくに理由は思いだせないが、この言葉はコラムの中では使わずじまいだった。でも、これはいい言葉だったと思う。私のイメージは、系が最も安定な状態にしだいに移行していくことである。こういう状態に系をもっていくメカニズムはフィードバックと呼ばれる。ある状態にはまりこんだ系は安定均衡にある。つまり、ちょっとした撹乱を与えても、系は素早くもとの状態に戻るのである。一番基本的なイメージは、ポテンシャルの井戸の中の粒子だろう。たとえば、お鉢の中のビー玉。これをちょっと指で弾くと、しばらくはユラユラ振動するが、最後にはもとの場所、つまり系に一つしかない安定不動点で静止してしまう。ここで「不動点」といったのは、時刻tにおける系の出力、すなわちビー玉の位置と、時刻$t-1$における系の入力、すなわちビー玉の位置が同一だからである。この場合、アトラクターは空間の一点だから、それを見ることは実にやさしい。この章で述べたアトラクターの大半は点ではなく、軌道である。だからやや抽象的だ。しかし、軌道を多次元空間の中の点と考えることができれば、不動点に照準が合ってしまうというのと、安定軌道に落ちついてしまうというのとは概念的に合体してしまう。

はまりこみの最も直観的かつチャーミングな例は、第2章に出てきたレイフェル・ロビンソンのパズルの解の探索だ。

この文には0が□回、1が□回、2が□回、3が□回、4が□回、5が□回、6が□回、7が□回、8が□回、9が□回出てくる。

このパズルを解く一つの方法は、各マスにまず適当な数をぶちこんでしまうことである。たとえば、〈0、1、2、3、4、5、6、7、8、9〉である。次にこれが正しいかどうかチェックする。すると、どの数字もちょうど二つずつあるから、〈0、1、2、3、4、5、6、7、8、9〉というベクトルは〈2、2、2、2、2、2、2、2、2、2〉というベクトルをもたらす。これをロビンソン化と呼ぼう。では、オール2のベクトルはロビンソン化によってなにをもたらすだろう。明らかに、これは〈1、1、11、1、1、1、1、1、1、1〉でさらに〈1、12、1、1、1、1、1、1、1、1〉となり、次に〈1、11、2、1、1、1、1、1、1、1〉となり、これはさらに〈1、11、2、1、1、1、1、1、1、1〉をもたらす。おや！　これはループだ。

〈1、11、2、1、1、1、1、1、1、1〉というベクトルは渦巻き、あるいは真空掃除機ともいうべきもので、近くにあるものを吸いこんでしまう。罠というか、不動点（アトラクター）というべきか。この渦巻きは一つではない。もう一つがどこにあるかは、読者への宿題にしよう。実は、このほかに二周期のアトラクターもある。私は、どこから出発してもこの三つのアトラクターへはまりこむと信ずるに足る理由をもっているが、ひょっとしたら間違っているかもしれない。読者は次のように長さ二〇のベクトルを書きくだしながら、この二周期のアトラクターを発見できるだろう。新しいベクトルの前半は古いベクトルの後半をロビンソン化したものにし、新しいベクトルの後半は古いベクトルの前半をロビンソン化したものにする。ランダムなタネから出発して、この二重のロビンソン化を繰りかえすと不動点が見つかるはずである。

二周期のアトラクターを不動点と呼んだことに注意しよう。この「点」は二〇次元空間の点なのだ。一〇次元空間では二つの点を行ったりきたりするものが、二〇次元空間の中で眺めると一つの点にじっとしているのである。もし、四周期のループが見つかったら、四〇次元空間不動点を見つけたことになる。空間の次元をいくら上げてもいいのなら、一つの点にもっともっとたくさんの情報を押しこむことができる。だから、不動点と安定軌道というのは非常に近い概念なのである。

* * *

この例は、系の出力を系の入力に食わせるというフィードバックが、どうやって不動点へあなたを案内してくれるかを示している。しかし、どうしてこううまくいくのだろうか？　どうして、系は不動点を避けながらジタバタするようにならないのか？　つまり、不動点はどうして、吸引的なのだろうか？　大洋の中の小島のように、ほかから完全に孤立した不動点はどうしてそんなに多くないのだろうか？　近よるものをすべて弾きとばしてしまう「反渦巻き型の不動点」はないのだろうか？　ロビンソンのパズルの場合、たしかにそんなものはない。しかし、コラムでも書いたように $4\lambda x(1-x)$ の関数ではそういうものが存在した。一般に不動点を捜すときは、でたらめの初期値から出発して、いつか安定軌道に吸引されていくのを待つのがよい。たいていの場合、きっとそれは見つかる。これが不動点、またははまりこみの場所なのである。

もし、短いループがあるなら、長いループより、短いほうにはまりこむ可能性が高い。つまり、最も安定度の高い系の振る舞いは、その系の最も単純な振る舞いなのだ。これはどの系でも正しいように思われる、たとえば、水素原子の基底状態(最小エネルギー状態)は球面対称であり、ほかにこんな単純な性質をもったものはない。だが、どうしていつもそうなのだろう? 安定なものはなぜいつも最も単純なのか? 逆に、最も単純なものはなぜいつも安定なのだろうか? こいつは謎だ。

＊　＊　＊

ロビンソンのパズルと同類で、もっと複雑なのが、自己記述的、あるいは自己生産的な文章を考える問題である。これは、第3章に出てきたリー・サローズの得意とした問題だ。彼の「文字マシン」は、語理空間の中で吸引的な不動点を捜すマシンである。アルド・スピネリの『輪』は、語理空間の注目すべき研究である。彼の探索も古い原理、すなわち、適当なでたらめから出発してフィードバックを繰りかえしながら、もっといいところへ近づこうという原理によっている。これはこういうつかみどころのない、しかも貴重な解を捜すものとしてはずいぶんと不思議な方法だが、意外としっかりした方法なのだ。

第3章の追記で、私はリー・サローズが「計算機によって生成されたこのパングラムは……」という自己記述文を計算機によって捜すのは、おそらくこの一〇年ほどの間無理だろうといったと書いた。しかし、これは自信過剰だった。理由は簡単だ。リーは、フィードバックによる解への収束を考慮に入れなかったからだ。まず正しい形式に従って文を書く。数のところはもちろんでたらめでよい。この文自身はとんでもない大ウソだが、そんなことは構わない。これを計算機に与えて、計算機に文字の数を数えさせ、しかるのちに、もとの数を新しい数に置きかえた文を生成するようにすればよい。これを飽きずに繰りかえす。まず間違いなく、あなたは吸引的な軌道に到達するだろう。たぶん、ほとんどの軌道は相当長いループになる。だから、自己記述的な文にはならない。だが、構ったことではない。不動点が見つかるまで、気長に別のでたらめの文から始めればよい。

これはあまりに単純なように見えるが、ちゃんとうまくいく。これを『ゲーデル、エッシャー、バッハ』のフランス語版の二人の翻訳者の一人ボブ・フレンチにいったら、なんとプログラムを作ってしまった。彼はこう書いてきた。

パングラム問題を解くプログラムを書いてみました。残念ながらフランス語なのですが……。

Cette phrase contient cinq a, cinq c, troix d, douze e, un f, un g, quatre h, treize i, huit n, six o, troix p, six q, huit r, six s, quatorze t, dix u, un v, sept x, & quatre z.

しかし、なんと信じられないことに、このプログラムを書くときに"trois"と書くべきところを"troix"というとんでもない綴り誤りをしてしまいました。でも、この綴りを直したらすぐには答えが見つかりませんでした。しかし、今度またこれをやる機会があったら、必ず正しいフランス語の解を見つけることができるでしょう。

要点は、自己記述文を見つけるのに、二六個の空きマスに入れる数の組み合わせをシラミつぶしに捜す必要がないというところにある。ロビンソン化と単純なループ検出さえ行えば、探索は容易で、あとはタネを転々と変えて試してみるという根気だけが必要となる。短いループの吸引力は、遅かれ早かれあなたをつかまえるに違いない。そうしたら求める解が見つかる！

私の友人であるラリー・テスラーは一九八四年十月号の『サイエンティフィック・アメリカン』のA・K・デュードニーのコラム「コンピュータ・レクリエーション」に載ったサローズの挑戦に発奮して、ロビンソン化のプログラムを作った。そして、まもなく解に非常に近いループが発見された。ここで、テスラーはプログラムの探索テクニックを改良した。こうして彼は、大喜びでホームベースを踏んだのだった。この結果は、デュードニーとサローズの両方に送られた。テスラーの文はこうだ。

This computer-generated pangram contains six a's, one b, three c's, three d's, thirty-seven e's, six f's, three g's, nine h's, twelve i's, one j, one k, two l's, three m's, twenty-two n's, thirteen o's, three p's, one q, fourteen r's, twenty-nine s's, twenty-four t's, five u's, six v's, seven w's, four x's, five y's, and one z.

* * *

はまりこみは第2章で述べた空想本『この本の書評』の中に完全な形で例示されている。そこで、私はこの本の作り方がハートリー-フォックのつじつま合わせの解の構成によく似ていると述べた。これは煎じつめればいままでの話と同じことである。一つしか電子のない水素原子より複雑な構造をもったものを記述する方程式の、閉じた形式の解を求めることはとても難しい、というより事実上不可能である。

三つの粒子があるとしよう。たとえば、ヘリウム原子だ。これには二つの電子と、一つの原子核がある。こうなっただけで、数学的な複雑さは手に負えないものになる。問題は、要するにおのおのの電子が水素原子のような単純な状態に移りたいと思っているのに、おたがいにそれを妨げ合うところにある。どうしたら、両者が平和共存状態に行くために協調できるだろうか？

これを数学的に攻める方法は、一九二八年にイギリスの物理学者ダグラス・レイナー・ハートリーによって示唆された。これは、間違っていることはわかっているが、数学的に簡単に記述できる解(たとえば、どちらの電子も水素原子と同じような状態にあるとする)から出発して、正しい解に収束させようというアイデアである。こういう仮定をすると、おたがいに相手を撹乱し合って相手の位置を変えさせる。

これは、前よりはもっともらしい解をもたらす。電子がおたがいに及ぼす第一次の影響を考慮したわけで、なにがしかの前進が得られる。次に、新しい電子の状態を出発点にしてこれを繰りかえす。これは、第二次の影響を考慮したことになる。こうして繰りかえしていくと、いつかは最初の出発点の面影が完全になくなって、ロビンソンのパズルの解のように「つじつまの合った」状態へ収束していく。最初の出発点の面影がなくなるというのは、出発点をどこに選んだところで最終的に得られる解、つまり不動点には影響しないということである。不動点では、二つの電子がおたがいに相手を撹乱しないという均衡を保つ。つまり、これでヘリウム原子は「解けた」のである。

もちろん、この解は数値的であって、解析的ではない。つまり、式で解けたのではなく、数値しか得られない。しかし、実際的にはこれで十分である。ロシアの物理学者ウラディミール・フォックがあとで、ハートリーが無視していたパウリの禁制原理を考慮に入れて、この方法を精密化した。ハートリー-フォックという名前はここからきている。しかし、多体系のつじつまの合う解の近似計算の原理を発明したのはハートリーといえるだろう。

＊　＊　＊

はまりこみの概念は科学を貫いて存在している。『ゲーデル、エッシャー、バッハ』で、私はくりこみ理論について述べた。これは電子、陽電子、光子などの素粒子の相互作用に関する理論である。これは数学的な理論だが、こういうたとえができる。あなたのアイデンティティは、親戚やごく近い友人のアイデンティティに依存している。その彼らのアイデンティティはまた、彼らの親戚やごく近い友人のアイデンティティに依存している、などなど。これは第10章の追記に述べた「Iが中心」のイメージだ。このアイデアのもう一つのよい図示が図24-4である。ここでは、くりこみのプロセスからアイデンティティが浮かび上がってくる。

くりこみ理論がなんであるかを理解するのに、自分自身のもつれを考えるのは非常によいたとえである。複雑なもつれから、あなたがどうやって浮かびでてくるかを考える最良の方法は、まず自分を「第ゼロ次人間」と想像することである。第ゼロ次人間は他人に対する意識や考慮がまったくない。（赤ん坊を考えるといい。）ここで、他人を考慮に入れて自分がどう変わるか考える。ここでは他人も第ゼロ次人間、つまり赤ん坊のようなものとする。こうして、あなたの第一次バージョンのイメージができる。あなたの中に他人をモデル化することで、あなたのアイデンティティができはじめた。さて、そこで繰りかえしてである。第二次人間は、他人が第一次人間のアイデンティティをもつとして作る。こうやって最終的にできたのが「くりこまれた人間」である。これはほかのくりこまれた人間を考慮に入れている。これは循環的な言い方だが、少なくともロビンソンのパズルの不動点と同様、パラドックスではない。「循環的」というのと「パラドックス」というのは——多くの人がこの二つを誤って同一視しているが——異なる。第30章以降で、また「くりこまれた人間」という概念が出てくる。ここでは、協調とエゴイズムのパラドックスが明らかにされる。

人間のアイデンティティの最も深い本質とはまりこみとの密接な関係は、第22章と第25章で重要な役割りを果たす。そこでは、「自分は誰であるか」が「レベルを渡るフィードバックループ」から出てくると主張する。複雑な認知系は、それ自身について限られた面しか認知できないのだが、それを自分自身にフィードバックすることによってある種のはまりこみを起こす。このはまりこみループにはまさに名前がついている。こういう系に普遍的なその名前はまさに「私(I)」である。

「私」が存在する系の概念は、振る舞いをよく見ると、創造性の源と深い関係がある。（第12章、および第10章の追記に書いた、創造性の背後にあるサイクルのことを思いおこしてほしい。）第23章ではこれをさらに深く追求して、創造的行為——これは非機械的または機械化不能であるというのがそもそもの定義だった——を機械化するパラドックスに迫る。このどうしようもないと思われたパラドックスは良性のサイクルの中に解消してしまう。

つまり、自己収束的で、自己安定的な振る舞いである「はまりこみ」は心の謎のほとんどに対して究極の説明を与えるのである。たとえば、記憶の探索、おたがいにほんのボンヤリとしか似ていないものがガラガラと記憶捜しの中でかき混ぜられ、それがとんでもなく抽象的で深い連想を引きおこすのはいったいどうしてだろう？スタンフォード大学の認知科学者ペンティ・カナーバの説では、最初の入力をタネ、つまりロビンソン化マシンに与える最初のタネと同様の、超多次元空間のベクトルと考える。タネが記憶検索システムに与えられると、それはある出力を出す。これをフィードバックによってまた入力する。この繰りかえしは、ある不動点——目指す記憶の痕跡——にフィードバックが収束するか、または心の空間の中でカオスのような軌跡を描き、とても「はまりこみ」には達しないようなさまよい方をしはじめるまでつづけられる。カナーバの理論は明解に定式化された美しい理論であるが、これ以上のことを述べようとすると、この本の範囲を越える。しかし、この「自己拡散的探索」がはまりこみの利用法のいい例になっていることは強調しておこう。

記憶探索と密接な関係にあるのがパターン認識の問題だ。第4章の追記でも述べたように、計算機はカナーバのモデルと似た戦略でパターン認識を行う。表面的な走査がまず対象範囲をせばめ、次のやや深い走査がさらに対象範囲をせばめる、といった具合に進む。（第5章の追記では「ひな段式走査」と呼んだ。）このボトムアップ・プロセスは、それと同時並行して進むトップダウンのプロセスとおたがいに補い合う。トップダウン・プロセスは入力ではなく、なにをそこに認識するかという「期待」によってドライブされる。ボトムアップとトップダウンのプロセスは一致点を見つけようとして、おたがいに渦を巻く。そして、ある種の結晶化が進行する。たくさんの小さな徴候が一列に並びはじめ、構造を補強し合って、結晶が成長するのだ。

これを正当化するものとしては、生の入力も大いに寄与するが、記憶に蓄えられた豊富な過去の経験ものをいう。これらがみんな組み合わされて、作り上げられた仮説を、現に認識しようとしている入力の最良の解釈として確定していく。これが認識なのである。またも「はまりこみ」が主役だ。

「はまりこみ」は第27章でも活躍する。これは遺伝暗号の必然性の話題である。生命の分子的な基盤に関するこの疑問は、「任意」という言葉の二重の意味を明らかにする。しかし、ここではこれ以上述べない。第27章を読んでほしい。

＊　＊　＊

「はじめに」で私は、このコラムのスペースが一か月ごと、そこに新たな点を見つけるたびに徐々に浮かび上がってきたと述べた。これは、私の心のぶらぶら歩きのポアンカレ写像じゃなかろうか？このコラムを担当していた間、私の心は一か月ごとにピカリと光り、あのハエのように、自分が外の世界に対してどういう位置にあるかを示してきたような気がする！　ひょっとすると、私の描いた軌跡は奇妙なアトラクターになっているのでは？

さて、ここはこの本の中間点だ。ここでこの本の題である「テーマ」の姿が明らかになってきた。「はまりこみ」こそ、錯綜、社会、スリップ、……、ストレンジネス、生物、戦略、……、生存のメタマジックの鍵なのだ！

［第17章］
人工知能言語Lispの楽しみ

ほかのコラムで，私はよく人工知能に言及している。これは，うまくプログラムを組んで，コンピュータに柔軟性，常識，洞察力，創造性，自意識，ユーモアなどをもたせようというものだ。人工知能（Artificial Intelligence, AI ともいう）の研究が本気で始められたのは 20 年以上も昔だ〔1983 年当時〕。それ以来，研究分野は何度も拡大し，いまや非常に多面的になっている。アメリカには，人工知能を専門にしている研究者が現在 2,000〜3,000 人，他の国を全部併せてもこれと同程度だろう。AI の目標に向かうルートについて，研究者たちの間にはそれこそ千差万別の意見があるが，どういうプログラム言語を使えばよいかについてはかなり意見が一致している。AI 研究の大半は，Lisp（リスプ）と呼ばれる言語を使って行われている。この名前は，リスト・プロセッシング（List Processing, リスト処理）からきている。

なぜ Lisp なのか？　もちろん，たくさんの理由がある。大半はやや技術的な詳細にかかわるが，最も重要な理由はみごとに単純，Lisp の単純性にある。あるいは，『七年目の浮気』でマリリン・モンローがいっていたように，「なんて素，敵だこと」ということである。どんなプログラム言語も行きあたりばったりの気ままな機能をたくさんもっており，いささか食べすぎ胸やけの感がある。ところが，Lisp とか Algol（アルゴル）などいくつかの言語は，数学的に自然な基礎の上に作られている。Lisp の核はクリスタルのような純粋性をもち，美的感覚に訴えるばかりか，他の言語にまさる柔軟性を Lisp という言語に与えている。Lisp の美しさ，AI という現代的な科学における Lisp の重要性，こういったことの一端をうかがい知るために、3章にわたってLispの基本的な概念を紹介することにしよう。

　Lispのルーツは数理論理学にある。スコレム、ゲーデル、チャーチといった数理論理学の先駆者たちが、1920年代ないし1930年代に作り上げた独創的な概念が、何世代もあとのLispに取りいれられている。コンピュータ用のプログラム言語の開発が本格的に始められたのは1940年代だが、いわゆる高水準のプログラム言語（Lispもその一員）が出てくるようになったのは1950年代だ。一番古いリスト処理用の言語はLispではなく、1950年代の半ば、サイモン、ニューエル、ショウによって開発されたIPL（Information Processing Language, 情報処理言語）である。こういうアイデアを引きついで、ジョン・マッカーシーが1956〜58年に到達したのがLispだ。これはエレガントな式表現によるリスト処理言語だった。これは、当時彼の周囲にいた、（新結成の）マサチューセッツ工科大学AIプロジェクトの若い連中をたちまちとりこにしてしまい、IBM 704上に実装された（コンピュータ上で動くようにすること）。以来、ほかのAI研究グループにも伝播し、今日にいたっている。現在、たんにLispといってもたくさんの「方言」が存在しているが、どれもLispのエレガントな核はそのまま受けついでいる。

* * *

　さて、Lispは、実際どんなふうに動くのか？　Lispの最大の特徴は、対話性のよさだ。ほかのほとんどの高級言語は対話的ではない。対話的？　たとえば、あなたがLispでプログラムを書きたいと思ったとしよう。メモリーの中にLispシステムをもっているようなコンピュータにつながった端末の前に座る。そしてlisp（ほかの言葉のこともある）と打ちこむ。すると、端末の画面の上に、矢印とか星印とかいったような入力促進記号（プロンプト）が現れる。私はこのプロンプトをLispの精の挨拶と考えている。Lispの精がこういっているのだ。「あなたのお望みどおり私は動きます。次のご希望は？」Lispの精はこうしてあなたのタイプ入力を待つ。この妖精はふつうLispインタープリタ（Lisp解釈者）と呼ばれる。これはあなたの要望したことをなんでも実行してくれるが、要望の表現には十分気をつけなければならない。不正確な表現をしてしまうと破滅的なことが起こる。次に示したのは，フランツ・リスプ（Franz Lisp）という Lisp 方言が出してくるプロンプトである。つまり，Franz Lisp の精が私たちの命令を待ちかまえているところだ。

```
->
```

妖精が私たちの望みを聞いているのだから，とりあえず簡単な式を入力してみよう。

```
-> (plus 2 2)
```

Lisp を知らない人でも，Lisp の精が 4 という記号を返答してくると予想したに違いない。(これからさきゴシックで印刷したものは Lisp の式や言葉である。) そのとおりで，また次のプロンプトが出てくる。画面は次のようになる。

```
-> (plus 2 2)
4
->
```

妖精が次の命令（いやもっとていねいにいえば次の要請）を実行する用意が整ったというわけだ。Lisp の式で書かれた要請の実行は，式の評価と呼ばれる。いま示したような人間とコンピュータの間での短いやりとりだけから，Lisp インタープリタの振る舞いがうかがえる。Lisp インタープリタは，式を読みこみ，評価し，求まった値を印刷する。そして，また新しい式の読みこみ準備 OK のサインを出す。こうしたことから，Lisp インタープリタの活動は，「読みこみ—評価—印刷ループ（read-eval-print loop)」と呼ばれる。

Lisp が対話的なのは，Lisp の精 (Lisp インタープリタ) の存在による。なにか要請 (Lisp の式) さえ入力すれば，ただちにフィードバックが得られる。要請がたくさんあるのなら，まず第 1 の要請を入れ，フィードバックをもらい，次に第 2 の要請を入れ，……といった具合。

これと対照的に，(すべてとはいわないが) 多くの高級プログラム言語では，たくさんの要請をきちんと順序づけて一まとめにした，完全なプログラムを書かなければならない。

もっと悪いことに，あとのほうで出したい要請の中身は，それまでに出した要請の結果に強く依存することが多い。しかし，要請を1個ずつ実行してもらう手段はない。非常にたくさんの要請が徹底的にからみ合っているから，こういうプログラムの実行は，いうまでもなく予期せざる結果をもたらしがちだ。要請をリストアップするとき，ちょっとした誤りを犯しただけで，プログラム全体の挙動はだいたいメチャメチャになる。そして，こういうことはなかなか避けられない。こんなプログラムを走らせるのは，ちゃんと検査の終わっていない宇宙探査機を宇宙に放りだすようなものだ。なにか具合の悪いことが起こりそう。といっても，具体的にはなにも思いつかないので，できることといえば，椅子に座って，うまくいってくれと念ずるだけだ。失敗したら，その原因を1つつまんで，また宇宙へ一発。これに類したような，ぶざまで間接的，しかももったいないプログラミング(プログラムを作ること）は，Lispの，要請を1個ずつ実行する，直接的，対話的な流儀ときわだった対照をなす。Lispでは，プログラムの開発やデバッグ（プログラムの虫とり，誤りを正すこと）に積み重ね方式が可能だ。これが，「なぜLispか？」に対するもう1つの有力な答えだ。

*　　*　　*

Lispの精に対して，どんな種類の要請が出せて，どんな結果が返ってくるか？　まず，ちょっと奇妙な形の算術の式，たとえば，(times (plus 6 3) (difference 6 3)）を与えてみよう。答えは27である。なぜなら，(plus 6 3)，つまり6と3の和は評価されて9に，(difference 6 3)，つまり6と3の差は評価されて3に，そしてこれらの積（times）が27というわけ。このように，演算子を演算されるものの前に書く記法は，コンピュータがこの世に存在するより前に，ポーランドの論理学者ルカシービッツによって発明された。残念ながら，Łukasiewiczという名前の発音が英語国民の手に負えなかったために，この記法は現在ポーランド記法と呼ばれている。この記法になれるための問題を1つ。次の式をLispの精にかわって評価していただきたい。

→ (quotient (plus 21 13) (difference 23 (times 2 (difference 7 (plus 2 2)))))

Lispの式には，ずいぶんカッコが多いなと思われたのじゃなかろうか？　カッコの多さはLispの勲章だ。終わりに十数個のカッコが並んでいないようなLispの式はむしろ珍しい！　たいていの人は，最初これを見てゾーッとしてしまうが，いったんこれになれてしまうと，カッコが非常に直観的，いや，魅力的にすら見えてくるから不思議！　とくに，Lispの式が，カッコの構造に対応して，きちんと段づけされた出力になっている場合はとても見やすい。

Lispの心は構造の取り扱いにある。Lispのプログラムはどれも，構造を創りだし，変形し，破壊するという仕事の連続だ。構造は原子と化合物のような2つのタイプからなる。一般的な用語に従えば，これらをアトムとリストと呼ぶ。Lispの中にあるすべてのものは，アトムとリストのどちらかだ。(両方ということはありえない。) 唯一の例外はnil (ニル) と呼ばれる特殊なもので，これはアトムであると同時にリストでもある。nilについてはあとでまたくわしく述べよう。Lispのアトムにはどんなものがあるか？　少し例をあげよう。

hydrogen, helium, j-s-bach, 1729, 3.14159, pi,
arf, foo, bar, baz, buttons-&-bows

リストはLispの最大の特徴をなす柔軟なデータ構造である。リストは，もともとリストという言葉のもつ意味とよくマッチしていて，特定の順序で部品を並べたもののことを指す。リストの部品は要素と呼ばれる。さて，リストの要素はいったいなにか？　いや，なんのことはない。アトムはリストの要素たりうる。それとまったく同じくらい，ごく自然に，リストもリストの要素たりうる。とすると，要素だったリストも別のリストを要素にすることができる，そのリストもまた……。

画面の上にカッコが出ていたら，リストがあると思ってよい。Lispでは対応する開きカッコと閉じカッコで閉じられた式全体がリストである。たとえば，(zonk blee strill (cronk flonk)) は4つの要素からなるリストで，最後の要素自身がまた2つの要素からなるリストという例だ。もう１つの例，(plus 2 2) は，Lisp の式自身がリストであることを示している。これは重要だ。これによって，Lisp の精がアトムやリストをいじって，自分で新しい要請を作りだすことが可能になる。つまり，ある要請の目的が，まったく別の新しい要請の作成（と評価）ということになりうる！

さて，要素を１つももたない空のリストもあるが，これをどう書けばよいか？ ( ) がいい？　たしかにこれでもよいが，もう１つの方法がある。nil と書くのである。空リスト，nil は Lisp の中でカギとなる概念だ。Lisp における nil の役割はちょうど，数の世界におけるゼロの役割だ。別のたとえでいうなら，nil は地球のようなもので，すべての構造物はそこに根をもっている。

＊　　＊　　＊

アトムの性質の中で最もよく利用されているのは，アトムが値をもつ（またはアトムに値をもたせることができる）ことである。いくつかのアトムは恒久的な不変値をもつが，残りは可変の値をもちうる変数だ。1729 というアトムの値は，誰もがそう予想するように，1729 そのもので恒久的だ。(ここで，1729 という４文字の「印刷名（print name または pname)」をもつアトムと，２通りの２立方数の和となる最小の数 1729 という観念論的実在をちゃんと区別していることに注意されたい。) nil の値も恒久的であり，その値は nil！ もう１つ，恒久的な値として自分自身をもつ特殊なアトムが t だ。

t とか nil とか数値を表すアトムとかを除けば，アトムは一般に変数であり，値を設定したり，値を変更できたりする。たとえば，pie というアトムに４という値を設定したければ，Lisp の精に (setq pie 4) と入力すればよい。もちろん，(setq pie (plus 2 2)) と打っても，(setq pie (plus 1 1 1 1)) と打ってもよい。どう打っても，pie の値は４になり，pie の値を再び setq 演算によって設定し直さないかぎり，４でありつづける。

アトムの値が数値だけに限られているなら，Lisp の生きのよさはなくなってしまう。しかし，幸いにも，アトムの値は Lisp の中にあるものならなんでも（つまりアトムでもリストでも）よい。たとえば，pi というアトムの値を (a b c) というリストや，４という数値のかわりに（plus 2 2）というリストにしてもかまわない。アトムに値を付随させることを束縛と呼び，アトムがその値に束縛されているという。アトムに新しい束縛を与えるのにも setq 演算を使う。Lisp の精との短い次の会話を見れば，このことがわかるだろう。

```
-> (setq pie (plus 2 2))
4
-> (setq pi '(plus 2 2))
(plus 2 2)
->
```

小さな引用記号の ' が，内側のリスト（plus 2 2）に付くだけで，pie と pi の値がまるで違ってきたことに注意しよう。最初の要請には小さな引用符がなかったので，内側のリスト（plus 2 2）は評価される。評価の値は 4 だから，これが pie の値になった。しかし，2 番目の要請には引用符が付いていたので，リスト（plus 2 2）は命令として扱われず，肉屋の戸棚に並んだ肉のかたまりよろしく，ただの Lisp 材料と見なされる。一見いかにも生きているようだが，死んでることに変わりはない。だから，pi の値はリスト（plus 2 2）になる。次のような会話をつづければ，これが確かめられよう。

```
-> pie
4
-> pi
(plus 2 2)
-> (eval pi)
4
->
```

最後のステップはなんだ？　実は，式の値をたんに印刷するだけでなく，式の値をさらに評価するやり方がこれなのだ。通常，Lisp の精は自動的に 1 段階だけ評価を行うが，eval と書けば妖精にもう 1 段階深い評価をさせることができる。(何段も eval を重ねれば，お望みの深さまで評価がつづけられるのはもちろん。) これはたいへん貴重な機能なのだが，ここでこれ以上論じるのは先走りすぎだろう。

*　*　*

nil 以外のリストは最低でも 1 個の要素をもつ。その第 1 要素をリストの car（カーと発音する）と呼ぶ。だから，リスト (eval pi) の car はアトム eval である。(plus 2 2)，(setq x 17)，(eval pi)，(car pi) といったリストの car はどれも演算（Lisp では関数という）の名前になっている。もちろん，リストの car が必ず関数の名前でなければならないという規則はない。たとえば，((1) (2 2) (3 3 3)) だってりっぱなリストだ。car は (1) というリストで，それの car はたんなる数値アトムだ。

リストの car を取りのぞいたらなんになるか？　当然，短くなったリストだ。これをリストの cdr（クダーと発音する）と呼ぶ。(car とか cdr は IBM 704 上にはじめて Lisp が実装されたときの名ごり。car は Contents of the Address part of Register, cdr は Contents of the Decrement part of Register の略。要するに，当時の機械の特殊な機構を指しており，いまとなってはなんの意味もない。) リスト (a b c) の cdr はリスト (b c)，そのまた cdr はリストの (c)，そのまた cdr は nil。nil には car がないから，cdr もない。nil の car とか cdr をとろうとすると，妖精はゴホッといってエラーを出す。ちょうど，ゼロで割り算をするようなものだ。(最近の Lisp では nil になるものが多い)

次に，数個のリストの car と cdr を表にしておいた。これをよく見れば，car と cdr の概念がよりはっきりすると思う。

list	**car**	**cdr**
((a) b (c))	(a)	(b (c))
(plus 2 2)	plus	(2 2)
((car x) (car y))	(car x)	((car y))
(nil nil nil nil)	nil	(nil nil nil)
(nil)	nil	nil
nil	***ERROR***	***ERROR***

car も cdr も関数と見なすので，これらが扱う対象を独立変数と呼ぶのは自然である。

〔プログラミングの世界では，独立変数と呼ばずに，引数(ひきすう)と呼ぶ。英語はどちらも argument。以下，引数のほうを用いる。〕たとえば，(plus pie 2) という命令において，plus は関数名，引数はアトム pie と 2 である。この命令（この命令に限らずほかのほとんどの命令）を実行しようとしたとき，妖精はまず引数の値を求め，この値に関数の操作を施す。アトム pie の値が 4，アトム 2 の値が 2 だから，全体としてアトム 6 を返すというわけ。

*　　*　　*

手元にリストが 1 つあり，それよりもう 1 つだけ長いリストがほしくなったとしよう。たとえば，アトム x の値が (cake cookie) で，この前に pie を付けくわえた新しいリスト y がほしい。このときは cons〔construct（組みたてる）の略からきている〕という関数を使う。cons は，新しく car となるべき要素と古いリストから新しいリストを作りだす。また会話例を見てみよう。

```
-> (setq x '(cake cookie))
(cake cookie)
-> (setq y (cons 'pie x))
(pie cake cookie)
-> x
(cake cookie)
```

注目すべき点が 2 つある。最後に x の値がどうなっているかを念のため聞いてみたが，cons のあとでも x の値は変わっていない。cons は新しいリストを作りだすが，x の値は変えない。もう 1 つ，pie の前に今度は引用符をくっつけたことにも注意しよう。もし引用符を付けなかったらどうなる？　答えは，

```
-> (setq z (cons pie x))
(4 cake cookie)
```

そういえば，アトム pie の値はさっきからずっと 4 のまま。妖精は引用符の付いていないアトムが式の中に出てきたら，いつでもアトムの値を求めようとし，アトムそれ自身の名前は使わない。(いつもだって？　本当は，ほぼいつもといったほうが正しい。もうすぐ説明するのでお待ちを。実は例外はもう何回も出てきているのだ。気がついた？)

今度は，ちょっとばかしトリックのある練習問題を数個。引用符をよく見はること！　なお，ここで reverse (逆) という関数を使う。これは引数に与えられたリストの要素を逆順にした新しいリストを返す関数である。たとえば，(reverse'((a b) (c d e))) といわれたら，妖精は ((c d e) (a b)) というリストを返す。次の対話における妖精の応答はあとでまとめて紹介する。

```
-> (setq w (cons pie '(cdr z)))
-> (setq v (cons 'pie (cdr z)))
-> (setq u (reverse v))
-> (cdr (cdr u))
-> (car (cdr u))
-> (cons (car (cdr u)) u)
-> u
-> (reverse '(cons (car u) (reverse (cdr u))))
-> (reverse (cons (car u) (reverse (cdr u))))
-> u
-> (cons 'cookie (cons 'cake (cons 'pie nil)))
```

妖精の応答（画面に出てくるもの）は次のとおり。

```
(4 cdr z)
(pie cake cookie)
(cookie cake pie)
(pie)
cake
(cake cookie cake pie)
(cookie cake pie)
((reverse (cdr u)) (car u) cons)
(cake pie cookie)
(cookie cake pie)
```

```
(cookie cake pie)
```

最後の例のように，cons を繰りかえし使うことを，Lisp 屋さんたちは，「リストにコンスアップする」といっている。nil から出発して cons を繰りかえす。ちょうどゼロから出発して，次の数，次の数という操作を繰りかえして自然数を作りだしていくのに似ている。ただ，自然数の場合，次の数という操作はいつも一意的なのに，リストの場合は頭になにを cons するか無限の選択の余地があるので，リストの種類は巨大に枝分かれしていく。こうだからこそ，nil を地球にたとえたくなるのだ。なにしろ，すべての根に nil がある。

前にもいったように，妖精が引用符の付いていないアトムを必ず評価して値にしてしまうとは限らない。関数の中には引数を，引用符なしでも，引用符があったかのように見なすものがある。いままでにこんなものがあったはずだけれど……。見つかった？　やさしい問題でしょう。そう，答えは setq。setq の式では，最初のアトムを文字どおりそのまま受けとり，評価はしない。実は setq の q は引用（quote）の q を表していて，第 1 引数を引用符つきと見なすべきことを示している。setq と似ているけれど，第 1 引数も評価してしまう set という関数が出てくると，話はだいぶややこしくなる。アトム x の値がアトム k であったとき，(set x 7) と入力すると，x の値は k のままで，k の値が 7 に変わる。次の問題を注意深く眺めていただきたい。

```
→ (setq a 'b)
→ (setq b 'c)
→ (setq c 'a)
→ (set a c)
→ (set c b)
```

さて，アトム a，b，c の値はそれぞれどうなった？　答えはすぐ明かすけれど，どうかのぞき見せずにちょっと考えてほしい。答えは，どれも a。「えっ，そんな？」と思うのも道理，話がだいぶややこしくなってきた。実際には Lisp で set はほとんど使われない。だから，こんなややこしいことはめったに起こらない。安心されたし。

＊　＊　＊

心理学的に見て，プログラミングの強力さは，手元にある（古い）操作から新しい複合操作を定義するということを何度も何度も繰りかえして，巨大で複雑な操作を構築できるという能力にあるといえよう。これは生物学的進化の初期段階を思いおこさせる。複雑さや創造作用の上向きらせんの中で，低級分子からより高級な分子が出てきたという進化を考えるとよい。これは，産業革命にも一脈通ずる。初期の単純な機械を使って，より複雑な機械を作る。その機械を使ってまたより複雑な機械を作る。これも複雑さや創造作用の上向きらせんを昇る過程にほかならない。進化においても，産業革命においても，段階を追って，産物は柔軟性と複雑さを増し，より知能的になり，半面，微妙な虫や故障に対してもろくなってきた。

Lispは，分子や機械に相当するものが，すでに存在しているLispの関数を使って定義されたLisp関数だということを除けば，事情は同じである。たとえば，リストの先頭要素を返す関数はcarだったが，リストの最終要素を返す新しい関数がほしい。もとのLispにはこんな関数はないが，簡単に作りだすことができる。おわかりかな？　lyst(listのもじり)という名で呼ばれたリストの最後の要素をとるには，そう，まず全部ひっくりかえして，それからcarをとればよい。つまり，(car (reverse lyst))でOK。この操作をrac（carの反対）と呼びたければ，def関数〔define（定義）の略〕を使って次のように入力すればよい。

```
-> (def rac (lambda (lyst) (car (reverse lyst))))
```

defをこのように使えば，関数定義ができる。この中で，lambda(ラムダ)のあとに(lyst)とあるのは，この関数の引数がちょうど1個であることを示している。(引数の名前はなんでもよい。ただ，私がたまたまlystという名を選んだだけ。）一般には，lambdaの直後に引数のリストを書く。いったんこの「定義要請」が妖精によって実行されると，妖精にとって，rac関数はcar関数とまったく同じに，いつでも理解される関数になる。ここで，(rac '(your brains))とやれば，アトム brains が返ってくるというわけだ。もちろん，今度は rac 関数をほかの関数の定義に使える。こうしてものごとはまるで奇跡のように雪ダルマ拡大する。

簡単な例を示そう。世の中にやたらとたくさんの長いリストがある。しかし，だいたいどれもそれの car と rac を見れば様子がわかるものとしよう。長いリストから，自分用に car と rac だけを抜きだした，いわばリーダーズ・ダイジェスト的圧縮版を作る関数は次のように定義できる。引数は１個である。

```
-> (def readers-digest-condensed-version
    (lambda (biglonglist)
      (cons (car biglonglist) (cons (rac biglonglist) nil))))
```

この readers-digest-condensed-version をジェイムズ・ジョイスの『フィネガンズ・ウェイク』に適用してみよう。ただし，出てくる単語を一つづきのリストだと見なすのである。こうすると，(riverrun the) という短いリストが得られる。残念ながらこれにもう一度同じ関数を適用しても，結果は同じで，これ以上簡単にならない。

ところで，readers-digest-condensed-version の逆関数 rejoyce があれば楽しい。〔rejoyce つまり joyce の復元と，rejoice＝楽しみをかけたシャレ。〕適当な２語のリストが与えられたとき，rejoyce は１つ目の言葉で始まり，２つ目の言葉で終わるジョイスの小説を復元する。たとえば，(rejoyce 'Stately 'Yes) とやれば，Lisp の妖精がたちどころに『ユリシーズ』の全文を打ちだしてくるといった具合。この関数を書くのは読者への宿題としておこう。〔よくいうね。〕あなたのプログラムをテストするには (rejoyce 'karma 'dharma) とすればよい。

*　　*　　*

Lisp に似たプログラム言語の大きな特徴は，(1) どういう式も値を返し，(2) しかも，値を返すという行為によってのみ，おのおのの式が外部的な作用をもつ。(1) は，一番内側の関数呼び出しから，順次上へ上へと値が渡されていき，一番外側の関数呼び出し，つまりあなたの書いた式全体が値を返すまでつづくということ。(2)は，この途中でアトムの値が変わらないということを意味している。(後述するラムダ束縛は除く。) Lispのどの方言でも(1)は守られているようだが，(2)はあやしい。

xが (a b c d e) に束縛されているとき，(car (cdr (reverse x))) と聞いたとしよう。まず，(reverse x)の値が計算される。この値が今度cdrに渡される。そしてちょっと短くなった値 (d c b a) がcarに渡される。carはこのリストから先頭要素dを抜きだし，値として返す。この間，xの値はなんの変化も受けない。依然，(a b c d e) に束縛させたままだ。

(reverse x) というと，いかにもxの値自身が逆さまになってしまいそうだ。「セーターを裏返しに着なさい」といえば，たしかにセーターが裏返しになる。しかし，(plus 2 2) といっても，2の値がまったく変わならいのと同様，(reverse x)でもxの値は変わらない。(reverse x)は，まったく別の新しい，名前のまだない，xの値と逆順のリストを作りだす。これが，この式の値なのだ。xの値はもちろん不変である。(cons 5 pi) も，piの値はまったく変えないままで，carに5，cdrにpiの値をもった新しいリストを生みだして返す。

これと対照的なのが「副作用」と呼ばれるものだ。副作用は変数の値を変えるのが主だが，入出力のようなものもありうる。そういえば，setqはまさに「有害な」副作用をもっている。いわゆる関数型プログラミング学派の人々――副作用を撲滅すべしといっている人々――にとって，setqはシャクのタネだ。彼らにいわせれば，どんな結果も，関数が返す値の伝播だけから求められなければならない。

関数型プログラミング学派が容認する変数束縛法は，いわゆる「ラムダ束縛」だけだ。つまり，変数の束縛は，関数が呼ばれたとき，引数に対して行われるものだけに限定するというわけである。関数が呼ばれると，関数が用意しているダミー変数に引数の値がラムダ束縛される。変数に値が入るところだけ見れば，setqと同じだが，ラムダ束縛の場合，束の間の束縛であるところが違う。というのは，その関数が計算を終えてしまうと，ダミー変数もろとも，束縛があとかたもなく消えてしまうからだ。たとえば，(rac '(a b c)) の計算で，ダミー変数 lyst にリスト（a b c）がラムダ束縛されるが，rac の値 c が，rac を呼んだ人または関数へ返されてしまうと，アトム lyst の値は rac 内部ではいろいろ役だったにもかかわらず，きれいさっぱりと忘れさられてしまう。この期に及んで，lyst の値を聞こうものなら，Lisp インタープリタは lyst が「未束縛変数（値のないアトム）」といって冷たい返事をする。関数型プログラミング学派は，こういうラムダ束縛だけを愛し，setq などには目もくれない。

私個人としては，setq や副作用のある関数を徹底的に嫌っているわけではない。関数型プログラミングのエレガンスも捨て難いが，これだけで大きな人工知能プログラムを組むのはちょっと無理だと思う。だから，関数型プログラミングをここで大宣伝しはしないが，必要なときには，肩をもつこともある。厳密にいえば，関数型プログラミングでは関数の定義すら不可能だ。なぜなら，def という命令は妖精の頭の中，つまり関数たちを格納している記憶の中に，永久的な変革をもたらすからだ。だから理想的関数型プログラミングでは，関数定義自身がラムダ束縛と同様，使いおわったら自動的に消えさるような一時的なものでなければならない。ここまでいうとは「関数至上主義」だ。

閑話休題。もう少し関数定義の例をあげて，読者の眼をならそう。

```
→ (def rdc (lambda (lyst) (reverse (cdr (reverse lyst)))))
→ (def snoc (lambda (x lyst) (reverse (cons x (reverse lyst)))))
→ (def twice (lambda (n) (plus n n)))
```

関数 rdc，snoc は cdr，cons の後ろ向き版である。たとえば（a b c d e）の rdc は（a b c d）だし，(snoc 5 '(1 2 3 4)）と入力すれば，(1 2 3 4 5）というリストが返ってくる。twice は 2 倍を求める関数。

これまでの話でもちょっとしたことはできるが，これだけではまだ本当にビックリするような仕事はできない。計算の途中で，決断を下せるような機能が必要だ。これを，「条件要請」と呼ぼう。たとえば，次の例を見よ。

```
→ (cond ((eq x 1) 'land) ((eq x 2) 'sea))
```

この式の値は，x の値が 1 なら land（陸地），x の値が 2 なら sea（海）になる。このほかの値の場合（たとえば，x が 5），式の値は nil である。ここで，アトム eq（イクと読む）は，2 つの引数が同じ値なら t〔true（真）を表す〕を返し，同じでなければ nil〔no ないしは false（偽）を表す〕を返す。

cond 式は car が関数名 cond で，その後ろに cond 節〔コンドせつ，コンドぶしじゃない〕がいくつでも並んだものだ。cond 節自身も要素 2 つのリストである。cond 節の最初の要素は条件と呼ばれ，2 番目の要素は帰結と呼ばれる。Lisp の精は，cond 節の条件を，書いてある順番に従って，1 つずつチェックする。もし，ある節の条件が真になったら(条件を評価した結果が nil にならなかったら)，対応する帰結を評価し，その値を cond 式全体の値として返す。1 つ真になる条件が見つかったら，残りの節には目もくれない。要するに，妖精は最初に真になる条件を 1 つだけ捜す。

真になる条件が見つからないと，妖精は cond 式の値を nil にしてしまう。こういう場合にも落ちこぼれ救済をしたいことがある。どうすればいいか？　これは簡単，最後に t を条件にしたような節を付けくわえておけばよい。たとえば，こんな具合。

```
→ (cond ((eq x 1) 'land)
         ((eq x 2) 'sea)
         (t 'air))
```

こうすれば，x の値にかかわらず，陸地か海か大気(air)という値が返ってくることが保証される。nil が返る心配はない。cond 式になれるための例をもう少し。

```
→ (cond ((eq (eval pi) pie) (eval (snoc pie pi)))
         (t (eval (snoc (rac pi) pi))))
→ (cond ((eq 2 2) 2) ((eq 3 3) 3))
→ (cond (nil 'no-no-no)
         ((eq '(car nil) '(cdr nil)) 'hmmm))
```

```
(t 'yes-yes-yes))
```

答えはそれぞれ8，2，yes-yes-yes。3番目の例題で，(car nil) や (cdr nil) が引用符付きだったのに気がついた？

次に明らかなパターンが見える関数定義の並びを示そう。これを見ると，読者の中には，なるほど，こうやればLispの精がちゃんと合点してくれて，あとは万事よろしくやってくれる，と思う人もあるに違いない。残念でした。Lispの精の頭のめぐりの悪さは相当なもので(少なくとも，頭のめぐりの悪いふりをしている)，なにしろはっきりと指示されないかぎり結論に一足跳びってことはない。

```
-> (def square (lambda (k) (times k k)))
-> (def cube (lambda (k) (times k (square k))))
-> (def 4th-power (lambda (k) (times k (cube k))))
-> (def 5th-power (lambda (k) (times k (4th-power k))))
-> (def 6th-power (lambda (k) (times k (5th-power k))))
   .
   .
   .
```

ご覧のとおり，2乗，3乗，4乗，……と順次，直前の関数を使って定義を重ねていっている。さて，問題。無限につづくこの関数たちを，一発で書けないか？　引数は2つとるものとする。もっと具体的にいおう。power(ベキ)という2引数の関数を定義して，(power 9 3) の値が729，(power 7 4) の値が2,401になるような関数を作ってほしい。解答に必要な道具はすべていままで出てきたものばかり。ただし，多少の発明的才能は必要だと思うが……。

*　　*　　*

さて，今回は新しく発見された動物のニュースで締めくくろう。この動物はグラズンキアン・タワヤマシ (Glanzunkian porpuquine) という。名前は (ブロニメデの海岸からち

図 17-1　内グラズンキア・タワヤマシ（学名、タワヤマシウム・ベルディモンティアヌス）。ここで示したもののサイズははっきりしていないが、4インチよりは大きいらしい。タワヤマシの貨幣価値、ここでいう「買うべき値」あるいはたんに「ベキ」は、その上に乗っかっている0インチ・タワヤマシの数で決まる。鼻の大きさではない。（写真：デービッド・モーザー）

ょっとしか離れていないのに，上ビットポ帝国が領土権を主張している）グラズンキア島にしか生息していないことに由来している。えっ，タワヤマシ？　知らない？　これはヤマアラシの珍しい変種で，外グラズンキアに生息しているものは針がちょうど9本あり，内グラズンキアに生息しているものは針が7本あり，なんとその針がまた1インチだけ小さいタワヤマシなのだ。これでは無限の堂々巡りになる？　いや大丈夫。いうのを忘れていたけれど，一番小さいタワヤマシというのがいて，大きさ0インチ，驚いたことに針が1本もない。だから，幸いにして（幸いじゃないと思った人もいるかも？）この無限堂々巡りは起こらないのだ。

動物学専攻の学生は，5インチのタワヤマシの針が必ず4インチのタワヤマシになっているといった調子で，タワヤマシの上にタワヤマシが乗りつづけたのを知ったら驚くに違いない。また人類学専攻の学生は，（外，内を問わず）グラズンキアの住民たちが，物々交換の単位に，0インチのタワヤマシの鼻（鼻？　うん，たしかに鼻）を使っていると聞いて興奮するに違いない。（なんでこんな妙な？　いや，古代グラズンキア原住民の習俗はわからないことだらけだ。）だから，ちょっと大きめ，そう3インチとか4インチのタワヤマシともなるとたいへんな値打ちだ。タワヤマシの値打ちは，この地方で「買うべき値」，あるいはどういうわけか，たんに「ベキ」と呼ばれている。たとえば，内グラズンキア産の2インチ・タワヤマシは外グラズンキア産の2インチ・タワヤマシの約2倍の価値があるという。おっと，これは逆だったかな？

なぜこんな話が出てくるんだって？　すみません，ひょっとしたら興味ある読者もいるかもしれないと思ったので……。

（1983年4月号）

［第18章］

人工知能言語Lispと再帰のメリーゴーラウンド

前章ではどっちかというとあまりカワイクないグラズンキアン・タワヤマシの話でコラムを結んだ。だから，今回もこのケッタイなタワヤマシの話から始めるのが筋道だろう。ご記憶のとおり，一番小さいのを除けば，タワヤマシの針自身が一段小さいタワヤマシになっている。一番小さいタワヤマシには針がないが，鼻，実に貴重な鼻をもっている。なぜなら，グラズンキア人の通貨はこの鼻だからだ。外グラズンキアの3インチ・タワヤマシの価値はいくらか？　内グラズンキアのタワヤマシには7本の針があったが，外グラズンキアのタワヤマシには9本の針がある。だから，このタワヤマシの体には2インチ・タワヤマシが9匹くっついている。これらおのおのがまた9匹ずつ1インチ・タワヤマシを身につけ，そしてまたそのおのおのが9匹ずつの0インチ・タワヤマシをくっつけている。0インチ・タワヤマシには，鼻が1つ付いているから，しめて9×9×9×1個の鼻がある勘定だ。つまり，外グラズンキアの3インチ・タワヤマシには729バナの貨幣価値がある。内グラズンキアの4インチ・タワヤマシともなると，7×7×7×7×1＝2,401バナ。なかなか結構な価値だ。

タワヤマシが与えられたとき，いくらの価値（単位はバナ）があるか計算するにはどうすればよいか？　たぶん，こんな具合だろう。

大きさと針数がわかっているタワヤマシの貨幣価値：

　　大きさが0なら1；

そうでなければ，それより１インチ小さい，針数の同じタワヤマシの貨幣価値を計算し，それに針数を掛ける。

ちょっとこれでは長ったらしいので，記号化しよう。針数をq，大きさをsで表す。condは「もし」を表し，tは「そうでなければ」と読むことにしよう。あとは文章に出てくる計算を代数的な記法に直せば，貨幣価値（buying-power）を求める式が完成する。
(buying-power q s)は，

```
cond (eq s 0) 1;
      t (times q (buying-power q (next-smaller s)))
```

ここで，timesは掛け算，next-smallerはs−1の意味。これはふつうの言葉で書いた文章の，記号表現への直訳になっているが，表現上の約束を追加することによって，もう少し完全な記号表現が得られる。まず，場合分け(sが0の場合とそうでない場合)をカッコでくくって，論理的な構造をはっきりさせる。次にdefとかlambdaを使ってbuying-powerが2引数（針数qと大きさs）の関数であることをはっきりさせる。つまり

```
(def buying-power (lambda (q s)
   (cond ((eq s 0) 1)
          (t (times q (buying-power q (next-smaller s)))))))
```

さきほど，9針・3インチのタワヤマシの価値は729バナといったが，これは(buying-power 9 3）が729であるということにほかならない。同様に，(buying-power 7 4）は2,401に等しい。

*　　*　　*

さて，Lispの話に戻ろう。前回の最後のほうで，2乗，3乗，4乗，5乗……，というようなベキ乗関数を全部包括してしまうLispの関数を作れ，という問題を出した。つまり，

power（ベキ）という2引数の関数で（power 9 3）が729，（power 7 4）が2,401を値として返すものを作ることが出題の意図だった。そこで，例として「ベキ乗関数の塔」の一部を書きつらねた。おのおのの階が1つ下の階に手を突っこんでいるようなLisp関数群の無限に高い塔。途中の階をのぞいてみると，こんな調子だ。

```
(def 102nd-power (lambda (q) (times q (101st-power q))))
```

もちろん，101st-power（101乗）は100th-power（100乗）に手を突っこんでいる。これをずっと追っていくと，結局，母なる大地，いわば最も簡単なベキ乗は2乗でも「1乗」でもない。もっと簡単なのがある。つまり，「0乗」（0th power）だ。

```
(def 0th-power (lambda (q) 1))
```

前回，この問題を解くのに必要な情報は全部示してあるはず，と私はいった。実際，この塔の各階（一番下の階は除く。この階の下にはもう階がない！）が必ず1つ下（next-smaller）の階に頼っていることに注意すれば問題はほとんど解決する。1つ下というのは次のような関数。

```
(def next-smaller (lambda (s) (difference s 1)))
```

だから，（next-smaller 102）の値は101だ。要するに，1を引くだけである。これはLispにもともと用意されている。sub1（subtract 1〔1引く〕からきた名）である。逆に1を足すのも用意されていて，これはadd1。結局，ベキ乗の関数はこんな具合になる。

```
(def power (lambda (q s)
   (cond ((eq s 0) 1)
         (t (times q (power q (next-smaller s)))))))
```

これが前回の問題の答えである。なんか変だな？　どっかで同じものを見たような感じ。

*　　*　　*

定義の中で定義されるべきものが使われている！　こういうのを再帰的定義と呼ぶ。自分を自分自身で定義してしまう？　堂々巡りじゃないか？　少なくとも変な話には違いない。疑っていてもしようがないので，この定義を入力して，実際に (power 9 3) を Lisp の精に計算させてみる。

```
→ (power 9 3)
729
→
```

なんと，ちゃんといく！　Lisp の精はすずしい顔をしている。どうしてこんなナンセンスを理解してしまうのだ？

無限の堂々巡りは実際には起こらない。power の定義の中で，もう 1 つ power が出てくるが，この 2 つは異なる状況にある別の power を指していると考えるとよい。一言でいえば，(power q s) は，それより簡単な (power q (next-smaller s)) によって定義されている。だから 44 乗を定義するのに 43 乗を使い，43 乗を定義するのに 42 乗を使い，……といった連鎖がつづく。そして一番低いベキ乗，0 乗で連鎖がストップする。0 乗になると，power の再帰的使用がなくなってしまうのだ。前に示した定義からわかるように，どんな q を与えても 0 乗の値は 1。注意深く見れば，「ベキ乗関数の塔」が輪になっていないのだから，この再帰的定義も堂々巡りするはずがない。(無限に高い塔ほど真っすぐなものがほかにありますか！）実際，こんな短い定義が無限に高い塔を完璧に表現している。堂々巡りするどころか，共通のファミリーに属する無限の関数群を，ほとんど一言でいい表してしまっているのだ。

いや，これくらいの説明じゃ納得できないという疑い深い読者もいるだろう。Lisp の精が実際にどう動くか，追いかけてみることにしよう。まず，Lisp の精に trace（トレース，追跡調査）という命令を出し，それから (power 9 3) を入力する。すると，次に示したような報告があがってくる。

```
→ (power 9 3).
   ENTERING power (q=9, s=3)
      ENTERING power (q=9, s=2)
         ENTERING power (q=9, s=1)
            ENTERING power (q=9, s=0)
            EXITING power (value: 1)
         EXITING power (value: 9)
      EXITING power (value: 81)
   EXITING power (value: 729)
729
→
```

関数の入りENTERINGのところでは，入ろうとしている関数の名と，その引数(いまの場合qとs）の値が印刷される。関数からの出EXITINGのところでは，出ようとしている関数の名と，求まった値が印刷される。関数への入りと出は必ず対応しているから，報告では両者をタテにそろえてある。

Lispの精は，(power 9 3）を計算するために，まず（power 9 2）を計算しなければならない。これの答えも戸棚にすぐ用意してあるわけではないから，もう一度下って，(power 9 1)を計算しなければならない。これも在庫なし，だから，今度は(power 9 0)。よかった！　在庫あり。答えは1と書いてある。これがわかれば，(power 9 1）の答えもすぐわかる。9を掛ければよい。こうやって順に逆戻りしていけば，9, 81と進み，最後の答え729を得る。

こういう一見複雑な判断や手順を，Lispの精がやってくれる。最初の計算に対して，必要な第2の計算があれば，最初の計算を一時停止しておいて，第2の計算をさきに進める。第2の計算に対して，また第3の計算があっても同様。こうして計算の入れ子は再帰的に深まっていく。しかし，いつかこの入れ子騒動が終わる。つまり，何番目かの計算がピタリと終結し，値が求まってしまう。すると，一時停止していたというか，詰まっていたというか，休んでいた別の計算が動きだす。飛行場の着陸順番待ちだった飛行機がやっと着陸したら，次の飛行機が着陸態勢に入れるといった感じで，詰まっていた計算がどんどんさばけていく。

Lispの精は，トレース命令を出さないかぎり，どんな手順で仕事を進めているか報告してくれない。トレース命令を出そうと出すまいと，実際，Lispの精の行っている仕事の内容はトレースで出てくるとおりである。再帰的定義に遭遇してけっしてあわてないところも，Lispのおもしろい点の1つだ。

*　　*　　*

よし，わかった。再帰的定義なんぞ朝飯前，どんなプログラムも一発だ，といえるほど読者の理解が深まったか？　まさか。私はそこまで楽天家じゃない。実際，関数の再帰的定義にはかなり微妙なところがあって，百戦錬磨の名人といえども，複雑な再帰的定義の意味を理解するのに手こずることがある。だから，ここで，もう少し再帰的定義，あるいは再帰法について練習しておくのがよいと思う。

まずは単純なナゾナゾから。13段の石の塔をどうやって作る？　こんな間の抜けた答えがあるかもしれない。簡単さ，12段の石の塔の上にもう1個石を積めばよい。もし，これが13段の石の塔ではなく，stone(石)というアトムが13個，いや，もっと一般的にstoneがn個並んだリストを作るLisp関数を定義せよという問題だったらどうだろう？　一見間の抜けた，しかし再帰法としては正しいさっきの答えが役に立つ。n個のstoneのリストがほしければ，n−1個のstoneのリストに1個付けくわえればよい。どうやって？　consですよ，cons。これでリストが作られるんだから……。すると，母なる大地は？　つまり，どういうnに対して答えが自明にわかるか？　簡単，簡単。nが0だったら，リストは空，すなわちnilだ。いまの考察をまとめると，bunch-of-stones(石の山)はこう定義される。

```
(def bunch-of-stones (lambda (n)
   (cond ((eq n 0) nil)
         (t (cons 'stone (bunch-of-stones (next-smaller n)))))))
```

さて，今度はLispの精が小さな石の山を作る様子を眺めることにしよう。(トレースモードは楽しいね。)

```
-> (bunch-of-stones 2)
   ENTERING bunch-of-stones (n=2)
      ENTERING bunch-of-stones (n=1)
         ENTERING bunch-of-stones (n=0)
         EXITING bunch-of-stones (value: nil)
      EXITING bunch-of-stones (value: (stone))
   EXITING bunch-of-stones (value: (stone stone))
(stone stone)
->
```

これを見ると「コンスアップ」の様子がよくわかる。今度は別の例。昔からLispでは必ず登場する再帰法の十八番。次の定義を見て，wow（うわおー）がなにを計算する関数かわかりますか？　ちょっと考えてからさきを読みすすんでほしい。もちろん，sub1は1を引く関数。

```
-> (def wow (lambda (n)
      (cond ((eq n 0) 1)
            (t (times n (wow (sub1 n)))))))
```

ためしに（wow 100）を計算してみれば？（今日，しっかりと栄養のある朝食をとった人，ちょっと暗算でやってみたらいかが？）

たまさか，Lispの精が（wow 100）という要望に応えて計算を始めたとき，妖精の独り言が聞こえてきた。どうもこういっているらしい。

> なんですって？　(wow 100)？　100は0じゃないわ。とすると，答えは100掛ける（wow 99）の答え。ハイハイ。要するに（wow 99）を計算しなくちゃいけないのね。わけないわ。こんなの。えーと。99は0かしら？　じゃない。とすると，この問題の

答えは，99 掛ける（wow 98）の答え……。えーと……。

ここで私はちょっと銀行に行かねばならない用があったので，楽しそうに計算しているLispの精からちょっとの間（数ミリ秒ってところ）離れた。戻ってきたら，Lispの精がちょうど仕事を終えようとしている。

……これに 100 を掛ければもうおしまい。簡単だったわー。答えは 933262154439441526816992388562667004907159682643816214685929638952175999932299156089414639761565182862536979208272237582511852109168640000000000000000000000000。計算間違いなんかないでしょ？

これ，あなたの答えと合っていましたか？　違う？　ウーム，あなたがどこで間違ったかわかりましたよ。きっと 52 を掛けたところでしょう。もう一度そこまで戻って，今度は間違えないように注意深く計算してください。なにしろ桁数が多いので……。たぶん，今度はうまくいくでしょう。

*　　*　　*

いま定義したwowはふつうfactorial（階乗）と呼ばれる。nの階乗とは1からnまでの自然数を全部掛け合わせたものである。しかし，いま示した再帰的定義は，これとちょっと違う定義のように見える。再帰的にいうなら，nの階乗は$n-1$の階乗にnを掛けたものである。これはもとの問題を一段簡単な問題に帰着させたことになっている。そして一段簡単になった問題は，さらにもう一段簡単な問題に帰着する。これが，一番簡単な問題，すなわちさっきの「母なる大地」に達するまでつづく。母なる大地に達したとき，再帰が「底をついた」という言い方をよくする。

何年か前に『ニューヨーカー』に出ていた漫画を思いだす。50 歳ぐらいの男性が自分の写った写真を手にもっている。写っているのは 10 年前の自分だ。その写真の中の自分もさらに自分より10歳若い自分の写真を手にもっている。こんな調子で中までずーっと見ていくと，最後に産着を着た赤ん坊のころの男性の写真で「底をつく」。年とるにつれて深くなる再帰的記念写真とは素晴らしいアイデアだ。私の両親がそれを思いついていたらよかったのに……。これと，有名なモートン・ノーウィッチの食塩のパッケージの無限再帰は本質的に異なる。このパッケージには，モートンガールがモートン食塩のパッケージをもっている絵が出ている。もちろん，絵の中のモートン食塩パッケージにも同じ絵が書いてある。この女の子はそのつど若くなったりしないから，この再帰は(少なくとも理論的には)無限につづく。これと同じようなパッケージの商品は意外に多い。オランダのココア，ドロステスもそうだ。

ある問題のファミリーがあり，そのうち1つが非常に簡単に解けるような場合，再帰法が役だつことが多い。一番簡単な，すぐ答えの求まる問題を母なる大地と呼ぶことにしよう。〔階乗の例では(eq n 0)がtになる場合がそれ。答えは1。〕たとえば，100の階乗といったような個々の問題は，階乗をどう計算するかという一般問題の特殊例にほかならない。再帰法では，これら個々の問題がある論理的なつながりで関係し合っているというところを利用する。(たとえば，もし誰かが99の階乗を教えてくれたら，100の階乗を求めるのはやさしい。それに100を掛けるだけですむからだ。)つまり，再帰屋さんのモットーは，「ええい，誰かがこの問題より母なる大地に一歩近い問題の答えを教えてくれさえしたら，すぐ答えを出せるのに！」もちろん，このモットーは，ある問題がもう1つの問題より母なる大地に近いという概念の存在を仮定している。事実，このモットーは与えられた問題から，母なる大地にいたる自然な降り道がわかっていることを前提にしている。

しかし，この前提はどんな状況でもたいてい成りたつ。再帰法のコツは次の2つの扉を開けることである。

（1） 母なる大地はどんな場合か？

（2） 一般の場合，それよりもう一段だけ簡単な場合とはいったいどんな関係になっているか？

実際，2つの扉はおのおのさらに2つずつの小扉に分解できる。（まるで再帰法の実践みたい。）1つは，自分がいまどこにいるか，あるいはそこでどう振る舞うかに関する小扉，もう1つは，自分がいるところでどんな答えを出すべきかという小扉。つまり，

(1a) 母なる大地に到達したことをどうやって判定するか？
(1b) 母なる大地での答えはなにか？
(2a) 一般の場合，ちょうどもう一段だけ母なる大地に近づくためにはどうすればよいか？
(2b) 「どういうわけか求まってしまった」一段やさしい問題の答えを使って，自分の答えをどう作るか？

小扉（2a）は，母なる大地への下降の性質を問うている。小扉（2b）はこれと逆に，母なる大地から現在の自分のレベルへの答えの上昇について問うている。

階乗を求めるプログラムでは，これらの扉に対する解答は次のとおり。

(1a) 引数が0なら母なる大地。
(1b) 母なる大地での答えは1。

(2a) 引数から1を引く。
(2b) 「どういうわけか求まった」答えに現在の引数を掛ける。

これらの解答が関数 wow の再帰的定義にみんな織りこまれていることに注意。

*　　*　　*

再帰法では，遅かれ早かれ，下降していけば母なる大地に到達することを仮定している。本当に母なる大地に到達することを確信するには，たとえば，下降，すなわち問題の単純

化が同じ方向に一定の割合で進んでいることを確かめればよい。これなら母なる大地に一直線で達する。たとえば，出発点が正の整数であれば，繰りかえし1を引いていくと，いつかは必ず0に到達する。また，出発点が有限長のリストであれば，cdrをとる操作を繰りかえすと，いつかは必ずnilに到達する。だから，sub1とかcdrを使って母なる大地へ下降していくという手法は，最も常識的な再帰法である。以下で，cdrを使った再帰法の例を紹介するが，その前に母なる大地への下降が一直線ではない数値的な再帰的関数に触れておこう。

「3n+1問題」という有名な問題がある。正の整数から出発する。もし，その数が偶数だったら2で割る。奇数だったら3を掛けて1を足す。nに対してこういう操作を施して得られた値を（hotpo n）と呼ぶ。〔hotpoはhalf or triple plus one，つまり半分または3倍プラス1の略。〕hotpoをLispで定義するとこうなる。

```
(def hotpo (lambda (n)
   (cond ((even n) (half n))
         (t (add1 (times 3 n))))))
```

この関数は，新しい関数を2つ，すなわちeven（偶数）とhalf（半分）を使っている。もちろん，Lispの精にこの2つの意味を教えておかなければならない。(add1とかtimesは，前にも述べたように，Lispの精にとって本能的だ。）evenとhalfについても，定義をちゃんと書いておくことにしよう。

```
(def even (lambda (n) (eq (remainder n 2) 0)))
(def half (lambda (n) (quotient n 2)))
```

〔remainderは余り，quotientは商を求める関数。〕さて，正の整数から出発してhotpoを繰りかえし繰りかえし適用していくとどうなると思いますか？　まず出発点として，たとえば，7。計算にかかる前に，どんなふうになるか想像してください。

値の変化はまことに混沌としてデコボコである。7から始まり，22，11，34，17，52，26，

13，40，20，10，5，16，8，4，2，1，4，2，1，4，2，1，……。小さなループ（第16章流にいえば3サイクル）に入ってしまう。これを見ると，1に到達したところで，hotpoの適用を止めてよさそうだ。「なんだって？　いつも1で止まる保証はあるの？」という疑問はごもっとも。（同じく第16章風にいえば，1—4—2—1のサイクルはアトラクターか？となる。）実際，実験をまったくやってみない人は，必ず1で止まるなんて信じられないだろう。ところが，いろんな数を手あたりしだい試してみると，それと逆に信念がわきおこる。どんな数から出発しても必ず1になる！？（たとえば，27から出発してごらんなさい。ジェットコースターなみにおもしろい上下動が楽しめる。）

任意の数から出発してhotpoによって1へ下降する道順（pathway-to-1）を示してくれるような再帰的関数を定義できますか？　下降といったけれど，見かけは上昇する場合もある。念のため，たとえば，3から出発した道順は，(3 10 5 16 8 4 2 1) というリストになる。この問題を解くためには，さっきと同じように2つの扉を開けなければならない。ところで，

```
(cond ((not (求む　助け)) (not (必読　このさき)))
      (t (必読　このさき)))
```

というわけで，自力で考えたい人はこのさきをしばらく読みとばしてもよい。

*　　*　　*

まずは，母なる大地の扉。これは簡単だ。要するに1に到達すればおしまい。母なる大地での答えはリスト (1)。1から出発して1で終わる最も簡単な道順だ。

一般の場合はどうだろう？　たとえば，7を出発点にして考えてみよう。どうすれば母なる大地に一歩近づくか？　どうみてもsub1（1を引く）操作じゃない。定義どおり，hotpo操作そのものが，母なる大地1への接近なのだ。えっ？　実際には，離れていくように見えることがあるぞ！　いや，これがこの問題のこの問題たるゆえんなのだ。さて，(2 b)。どうやって，この道順をリストとして組み上げるか？　これもそんなに難しくない。たと

えば，7から出発した道順は，(hotpo 7)，つまり22から出発した道順の前に，7を付けたす，すなわちconsを行えばよい。なんと，22のほうが7より母なる大地1に近い！

さて，扉は2つとも開いた。所望の関数の定義はただちに書ける。ここでは，引数となるダミー変数をtatoと命名しよう。tatoはかの有名なtato（and tato only）——tato（かつtatoのみ）——の頭文字をとったものである。これを再帰的に展開すると，

```
tato (and tato only) (and tato (and tato only) only)
```

といった調子……。〔訳者より。ときにあまり真に受けないほうがよい茶々が混入しているのでご注意。〕

```
(def pathway-to-1 (lambda (tato)
   (cond ((eq tato 1) '(1))
         (t (cons tato (pathway-to-1 (hotpo tato)))))))
```

Lispの精はどう考えるか？　トレースモードにすればLispの精の考えていることがわかる。

```
→ (pathway-to-1 3)
   ENTERING pathway-to-1 (tato=3)
      ENTERING pathway-to-1 (tato=10)
         ENTERING pathway-to-1 (tato=5)
            ENTERING pathway-to-1 (tato=16)
               ENTERING pathway-to-1 (tato=8)
                  ENTERING pathway-to-1 (tato=4)
                     ENTERING pathway-to-1 (tato=2)
                        ENTERING pathway-to-1 (tato=1)
                        EXITING pathway-to-1 (value: (1))
                     EXITING pathway-to-1 (value: (2 1))
                  EXITING pathway-to-1 (value: (4 2 1))
               EXITING pathway-to-1 (value: (8 4 2 1))
            EXITING pathway-to-1 (value: (16 8 4 2 1))
         EXITING pathway-to-1 (value: (5 16 8 4 2 1))
```

```
      EXITING pathway-to-1 (value: (10 5 16 8 4 2 1))
    EXITING pathway-to-1 (value: (3 10 5 16 8 4 2 1))
(3 10 5 16 8 4 2 1)
→
```

つぎつぎと現れる数の乱高下にもかかわらず，トレース出力の全体の形がきれいなＶ字形をしていることに注目していただきたい。再帰的関数にトレースをかけたとき，いつもこんなにきれいな形が出てくるとは限らない。ある種の再帰的関数は，2つ以上の部分問題に帰着する場合があるからだ。ちょっと変な問題だが，ヨーロッパに一角獣(ユニコーン)が何頭いるか数える問題を考えよう。これはそんなにやさしい問題じゃないが，再帰法によるエレガントな解がある。まず，ポルトガルにいる一角獣を全部数える。そして，残り30余りのヨーロッパの国々にいる一角獣を全部数える。最後に，いま求まった2つの数を足せばよい。

いま，2つの部分問題が発生した。この部分問題のそれぞれが，また2つの部分問題を発生する。たとえば，ポルトガルにいる一角獣を全部数えるにはどうすればよいか？　なんてことはない。ポルトガルのエストレマドラ地方にいる一角獣の数と，その他の地方にいる一角獣の数を足し合わせればよいのだ。さて，エストレマドラ地方の一角獣の数え上げは？　もちろん，さらなる分割だ。じゃあ，いったい底はどこにある？　地方は地区に分かれ，地区は平方キロメートル，平方キロメートルはヘクタール，ヘクタールは平方メートル……。とりあえず，1平方メートルを分割の最小単位にすることに異論はないだろう。

えらく難儀な，と思われるかもしれないが，こういう調査を行うのに，各階層の地区分けについてシラミつぶしに調べる以外に方法があるとは考えられない。与えられた地区分けの構造がどんなに巨大であってもしかたがない。一角獣調査と同じことがLispの中にもある。リストの中にいったい何個アトムがあるか？　(ただし，同じアトムが出てきたら重複して数える。) atomcount（アトム勘定）というLisp関数を書いてみよう。たとえば，この関数に次に示したような不思議な格好のリストを引数として与えると15という答えが返る。なお，この不思議なリストをbrahma（バラモン）と呼ぶことにしよう。

```
(((ac ab cb) ac (ba bc ac)) ab ((cb ca ba) cb (ac ab cb)))
```

atomcount を再帰的に書くと，ヨーロッパの一角獣調査とまったく同じ形のプログラムになる。読者も自分で書けるかどうか試みてほしい。

＊　＊　＊

考え方はこうだ。アトムを数える問題をより簡単なアトムを数える問題に帰着させて，そこから 15 という答えをひねりだせばよい。うん，(atomcount brahma) より (atomcount (car brahma)) のほうが簡単。もう１つは，(atomcount (cdr brahma))。答えはそれぞれ，7 と 8。7 と 8 を足せば 15 だ。考えてみればあたりまえで，リストの car にあるアトムの数と cdr にあるアトムの数を足せば，リスト全体にあるアトムの数になるに決まっている。ほかのどこにアトムが隠れているというのだ？　こう考えてくれば，関数の定義はもうできたようなものだ。ダミー変数を s として

```
(def atomcount (lambda (s)
   (plus (atomcount (car s)) (atomcount (cdr s)))))
```

となる。

なかなかシンプル。しかし，ウソがある。第一，これでは再帰の部分だけに注目して，残るもう１つのだいじな部分，そう，底，つまり母なる大地のことを忘れている。いつか新聞で読んだメリーランド州のある判事の判決を思いだした。いわく，「馬とは，別の２頭の馬から生みだされたるところの４つ足の動物である。」これはなかなかいかした定義だが，底がない。上の atomcount もまったく同じ。atomcount の底，つまり母なる大地はなんだろう？　これは，たった１つしかアトムがないときに，「アトムがいくつある？」と聞いたときだ。このとき答えは 1。これはあたりまえ。だけど，たった１つしかアトムがないという状態をどうやって知る？　幸いにも，Lisp には atom という関数が備えつけになっている。これは引数がアトムのとき t (真を表す)，アトム以外のとき nil (偽を表す) を返

す。だから，(atom 'plop) は t を返し，(atom '(a b c)) は nil を返す。これを使ってさっきの atomcount の定義を直すと

```
(def atomcount (lambda (s)
   (cond ((atom s) 1)
         (t (plus (atomcount (car s)) (atomcount (cdr s)))))))
```

これでメデタシ，メデタシ？　いや，残念でした。この関数に「(a b c)のアトムの数は？」と聞くと，なんと3ではなく4で返ってくる！　ギョッ！　どうしてだろう？　問題点を突きとめるために，もう少し簡単な場合を調べてみよう。たとえば，(atomcount '(a)) と聞くと，答えは1ではなく2だ。間違いの原因捜しはさっきよりは楽で，2=1+1，つまり(a)の car と cdr の両方から1が上がってきている！　(a)の car は a だからたしかに1と勘定してよいが，cdr は nil だから勘定してはいけない。でもいまの atomcount で，どうして nil が1として勘定されたのだろう？　それは nil が空リストであると同時に，アトムでもあったからだ！　こういう余計な勘定を押さえるには，atomcount の中の cond の最初にもう1つ新たな cond 節を付けくわえればよい。

```
(def atomcount (lambda (s)
   (cond ((null s) 0)
         ((atom s) 1)
         (t (plus (atomcount (car s)) (atomcount (cdr s)))))))
```

ここで，(null s) と書いたが，これは (eq s nil) と同じ意味の関数だ。つまり，式の値が nil かどうか知りたければ，備えつけの関数 null を使えばよい。イエスであれば t を，ノーであれば nil を返すのはほかの関数と同じ。たとえば，(null (null nil)) の値は nil だ。内側の (null nil) の値が t で，t は nil でないというわけ。atomcount の再帰法では，母なる大地で2種類 (null の場合と，atom の場合) あり，母なる大地へ降りていく道が2方向に分岐している (car 方向と cdr 方向) ことに注意。とすると，さきほど述べた2つの扉は，もう少しくわしく分解しなければならない。

(1 a)　母なる大地は１通り？　２通り以上？　それとも無限通り？

(1 b)　母なる大地に到達したことをどうやって判定するか？

(1 c)　母なる大地での答えはなにか？


(2 a)　一般の場合から母なる大地に近づくのは１通り？　それとも２通り以上？

(2 b)　一般の場合から母なる大地に近づく道筋のどれを選んだものか？

(2 c)　「どういうわけか求まってしまった」一段やさしい問題（1つとは限らない）の答えを使って，自分の答えをどう作るか？


さて，こうしてできあがった関数を最初の目標であったbrahmaに適用してみよう。トレースモードで印刷した結果を図18-1に示した。

見たとおり，再帰の深まり具合は，入ったり出たりでだいぶ複雑だ。さっきの単純なV型再帰が，凸凹のない壁面をもった峡谷を下って上がってきた感じだとすると，こちらのほうはごつごつした壁面の峡谷へ下っていくような感じだ。壁面の途中にまた小さな峡谷がある。この峡谷の途中にもまた小さな峡谷がある……。こういう繰りかえしが何段深まるかは最初から予想するわけにいかない。このように部分構造が無限に深まっていき，ふつうの曲線にいきつかないような図形はフラクタルと呼ばれる。フラクタルの性質を調べることは現代数学の重要な問題になっている。フラクタルのわかりやすい紹介はマーチン・ガードナーの「数学ゲーム」1978年4月掲載分にあるが，きちんと書かれた本としてはベンワ・マンデルブロの『フラクタル幾何学』が素晴らしい。歴史的に重要なフラクタルを動画で見るには，ネルソン・マックスの『空間を埋める曲線』という画像がおすすめである。いわゆる「病的」な曲線があなたの眼前でステップ・バイ・ステップで構成されていき，フラクタルの数学的な意味が図形的に示される。そこで無気味な電子音楽が鳴り響き，あなたは『不思議の国のアリス』のように縮みはじめる。しかし，アリスと違って，いつまでたっても止まらない。人事不省になるかと思えるほどの縮退をつづけながら，かぎりなくフラクタルの顕微鏡的細部の世界を見つづけることになってしまうのだ。あなた

```
-> (atomcount brahma)
 ENTERING atomcount (s=(((ac ab cb) ac (ba bc ac)) ab ((cb ca ba) cb (ac ab cb))))
  ENTERING atomcount (s=((ac ab cb) ac (ba bc ac)))
   ENTERING atomcount (s=(ac ab cb))
    ENTERING atomcount (s=ac)
    EXITING  atomcount (value: 1)
    ENTERING atomcount (s=(ab cb))
     ENTERING atomcount (s=ab)
     EXITING  atomcount (value: 1)
     ENTERING atomcount (s=(cb))
      ENTERING atomcount (s=cb)
      EXITING  atomcount (value: 1)
      ENTERING atomcount (s=nil)
      EXITING  atomcount (value: 0)
     EXITING  atomcount (value: 1)
    EXITING  atomcount (value: 2)
   EXITING  atomcount (value: 3)
   ENTERING atomcount (s=(ac (ba bc ac)))
    ENTERING atomcount (s=ac)
    EXITING  atomcount (value: 1)
    ENTERING atomcount (s=((ba bc ac)))
     ENTERING atomcount (s=(ba bc ac))
      ENTERING atomcount (s=ba)
      EXITING  atomcount (value: 1)
      ENTERING atomcount (s=(bc ac))
       ENTERING atomcount (s=bc)
       EXITING  atomcount (value: 1)
       ENTERING atomcount (s=(ac))
        ENTERING atomcount (s=ac)
        EXITING  atomcount (value: 1)
        ENTERING atomcount (s=nil)
        EXITING  atomcount (value: 0)
       EXITING  atomcount (value: 1)
      EXITING  atomcount (value: 2)
     EXITING  atomcount (value: 3)
     ENTERING atomcount (s=nil)
     EXITING  atomcount (value: 0)
    EXITING  atomcount (value: 3)
   EXITING  atomcount (value: 4)
  EXITING  atomcount (value: 7)
  ENTERING atomcount (s=(ab ((cb ca ba) cb (ac ab cb))))
   ENTERING atomcount (s=ab)
   EXITING  atomcount (value: 1)
   ENTERING atomcount (s=(((cb ca ba) cb (ac ab cb))))
    ENTERING atomcount (s=((cb ca ba) cb (ac ab cb)))
     ENTERING atomcount (s=(cb ca ba))
      ENTERING atomcount (s=cb)
      EXITING  atomcount (value: 1)
      ENTERING atomcount (s=(ca ba))
       ENTERING atomcount (s=ca)
       EXITING  atomcount (value: 1)
       ENTERING atomcount (s=(ba))
        ENTERING atomcount (s=ba)
        EXITING  atomcount (value: 1)
        ENTERING atomcount (s=nil)
        EXITING  atomcount (value: 0)
       EXITING  atomcount (value: 1)
      EXITING  atomcount (value: 2)
     EXITING  atomcount (value: 3)
     ENTERING atomcount (s=(cb (ac ab cb)))
      ENTERING atomcount (s=cb)
      EXITING  atomcount (value: 1)
      ENTERING atomcount (s=((ac ab cb)))
       ENTERING atomcount (s=(ac ab cb))
        ENTERING atomcount (s=ac)
        EXITING  atomcount (value: 1)
        ENTERING atomcount (s=(ab cb))
         ENTERING atomcount (s=ab)
         EXITING  atomcount (value: 1)
         ENTERING atomcount (s=(cb))
          ENTERING atomcount (s=cb)
          EXITING  atomcount (value: 1)
          ENTERING atomcount (s=nil)
          EXITING  atomcount (value: 0)
         EXITING  atomcount (value: 1)
        EXITING  atomcount (value: 2)
       EXITING  atomcount (value: 3)
       ENTERING atomcount (s=nil)
       EXITING  atomcount (value: 0)
      EXITING  atomcount (value: 3)
     EXITING  atomcount (value: 4)
    EXITING  atomcount (value: 7)
    ENTERING atomcount (s=nil)
    EXITING  atomcount (value: 0)
   EXITING  atomcount (value: 7)
  EXITING  atomcount (value: 8)
 EXITING  atomcount (value: 15)
15
->
```

図 18-1 Lispの関数呼び出し（atomcount brahma）の実行をトレース（追跡）したもの。再帰法が目に見える！

が無限高所的めまいを体験してもいいと思っているなら，これはたいへんおもしろい視覚体験である。

*　*　*

私が知るかぎり，最もエレガントな再帰法の例は，有名な円板パズルの解法だ。このパズルはリュカの塔とか，ハノイの塔とか，バラモンの塔とか呼ばれている。実際の創作者は 19 世紀フランスの数学者リュカらしい。このパズルに付けられた，いかにももっともらしい伝説は次のとおり。

> ベナレスのバラモン寺院のお堂に，3 枚の真鍮の板がある。これらの板は，そこが世界の中心であることを示している。板の上には細いダイヤモンドの棒が立ち，64 枚の純金の穴あき円板が差してある。僧侶たちは 1 回に 1 枚ずつ円板を棒から棒へ差しかえる。ただし，バラモンの掟により，小さい円板の上に大きい円板を乗せてはならない。世界が創造されたとき，64 枚の円板は全部 1 本の棒に差されており，バラモンの塔の形をしていた。現在は，円板の移動の最中である。いつか最後の円板が移動して，最初とは別の棒にバラモンの塔が完成したとき，世界は終末を迎え，すべては塵と消える。

パズルを図 18-2 に示した。3 本の棒には a，b，c という名を付けてある。

ちょっと試してみればわかるように，円板を全部 a から b に移すには系統的な方法がある。円板が 3 枚しかなければ，手順を書きくだすのは簡単だ。

ab ac bc ab ca cb ab

ここで，アトム ab は棒 a から棒 b への移動を表している。しかし，こう書いただけでは，実際に進行していることの構造がよく読みとれない。たとえば，こんな具合に書くとそれが現れてくる。

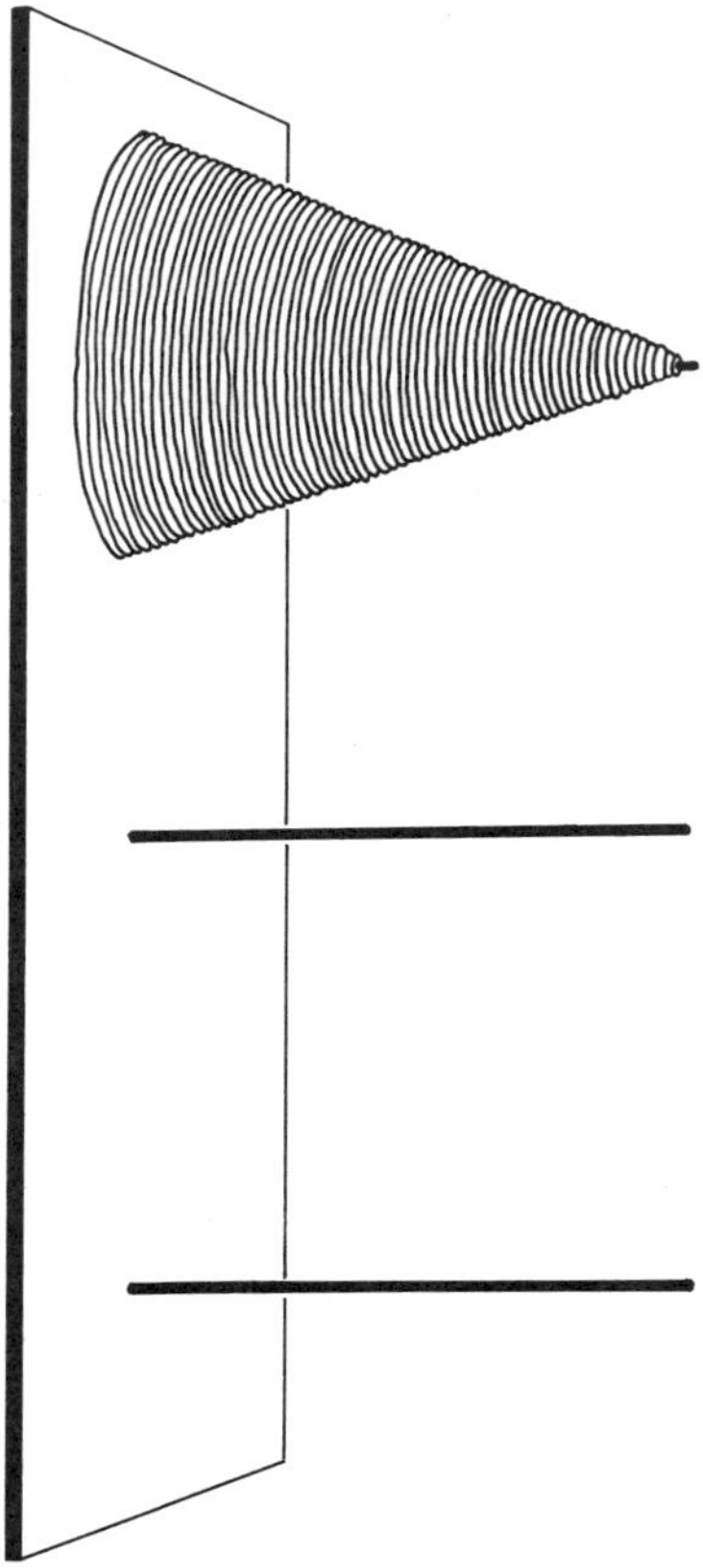

図 16-2　バラモンの塔［計算機の分野ではハノイの塔と呼ばれることのほうが多い］。64枚の円板を戒律に従って棒から棒へ動かさなければならない。（絵：デービッド・モーザー）

ab ac bc　　ab　　ca cb ab

最初の3つは，小さい2枚の円板を棒aから棒cへ移動する手順だ。こうすると棒aにある一番大きな円板の上の邪魔物がいなくなる。そこで，ab，つまり棒aから棒bへ一番大きくて重い円板（純金ですぞ！）を動かす。残りの3つは小さい2枚の円板を棒cから棒bへ戻す手順になっている。つまり，3枚の円板を動かす問題は，上2枚の円板をうまく動かせるかどうかにかかっている。同様に，64枚の円板の場合も，上63枚の円板の移動の問題に帰着する。もうよろしいだろうか？　n枚の円板があるバラモンの塔の移動手順を求めるLisp関数を書いていただきたい。(3本の棒をa，b，cではなく1，2，3と番号で呼びたければそれでも結構。この場合，移動の一手は12といったような2桁の数で表される。）この問題の解答は次章に述べる。そのときまでに，日夜世界の終末に向かって円板を移動しつづけているバラモンの僧侶たちによって，バラモンの塔が完成して，世界が塵と消えてしまわなければの話だが……。

(1983年5月号)

［第19章］

人工知能言語Lispの珍騒動＝世界の終焉、宇宙の満腹

前章で，リュカ作のバラモンの塔のパズルについて述べた。問題は，ダイヤの棒に差してある 64 枚の純金の円板を別のダイヤの棒に移すこと。なお，第 3 のダイヤの棒を自由に使ってよい。ただし，円板は 1 回に 1 枚ずつ，小さい円板の上に大きな円板をのせてはならないという条件がつく。さて，読者に出した宿題は，この目標を達成するための手順を，Lisp というプログラム言語の再帰的関数を使って記述することだった。(バラモンの教えによれば，この目標を達成すると世界の終末がやってくるということだったっけ？)

前章でも述べたように，この問題に再帰法が使えることは明々白々。つまり，64 枚の円板を第 3 の棒を使って，別の棒へ移すには，63 枚の円板を同じような条件のもとで移す方法を知ってさえいればよい。もう一度説明しよう。バラモンの塔の 64 枚の円板が，最初棒 a にあったとする。図 19-1 の一番上は，たった 4 枚の円板の絵にしているが，心は読みとれる。もし，あなたが 63 枚の円板なら動かせるというのだったら，まず上にある 63 枚を棒 c に移す。このときは，棒 b がいわば助っ人棒。これを示したのが図 19-1 b だ。(例によって，63 枚を 3 枚でごまかしてあるが，a にある 1 枚は 61 枚のことじゃないので……ま，そうカタいこといわずに。) 次に a にある最も大きな円板をヨイショと b に移す (図 19-1 c)。

ここまでくれば答えはもう見えた。さっき使った 63 枚移動の秘術をもう一度使って，c の 63 枚を b に移す。このときは，a が助っ人棒だ。64 枚の円板が全部移動しおわる。まさにその直前が図 19-1 d。どうして完成図にしないのかって？　そりゃそうだけど，なにし

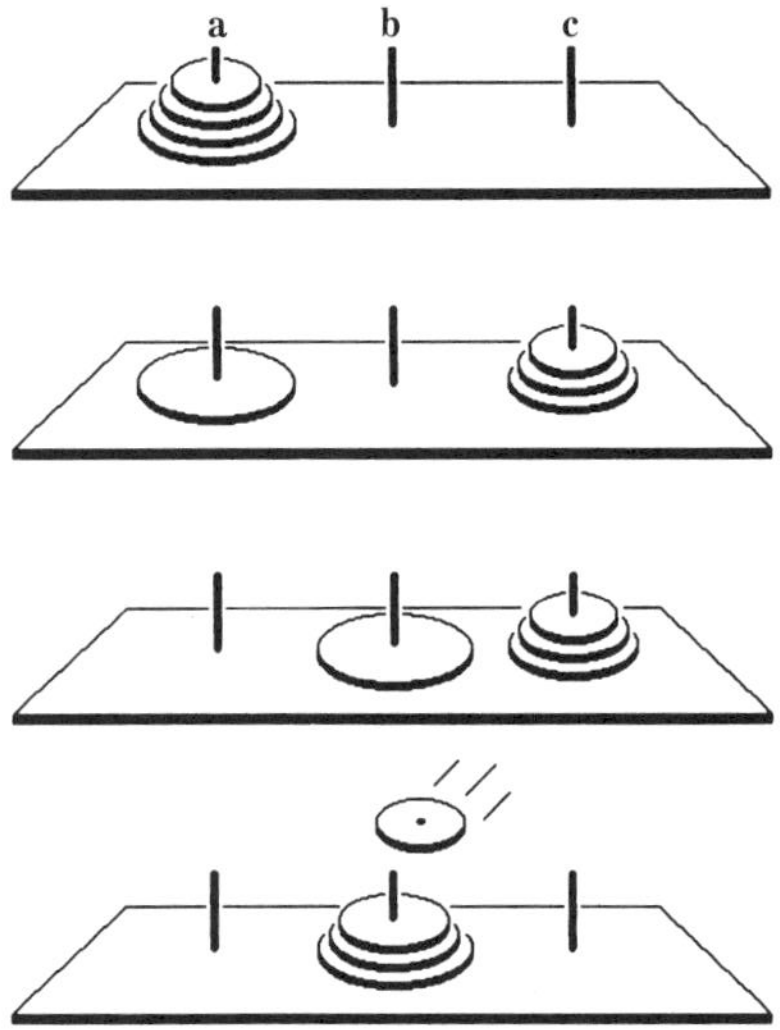

図 19-1　バラモンの塔パズルの小型版。一番上が初期状態。その下は棒aから棒cに上の3枚の円板が移動しおわったところ。ここで、一番大きな円板がフリーになるので、棒bに移せる。あとは、さっきと同じような手順で小さなほうの3枚の円板を棒bに移しなおせばよい。これが完了すれば世界は終焉を迎える。だから一番下の絵は画家が見ることのできる最後の瞬間の状態である。

ろ世界が終焉を迎え，すべてが塵となって消えてしまうので，塵の絵しか描けない。そして，塵が浮遊する絵というのがめっぽう難しいときてる。ご勘弁。

＊　＊　＊

だまされないぞ。いまの説明じゃ，「63 枚の円板の移動法について，なんの話もしなかったじゃないか？」という意見の方がいるかもしれないが，実はこれで世の中まるく治まっているのだ。63 枚の円板を動かしたいのなら，62 枚の円板の移動法を知っていればよい。62 枚の円板を動かしたいのなら，61 枚の円板の移動法……。こうやって降りていけば，いつかは母なる大地，バラモンの塔の場合，円板が 1 枚しかないパズルに到達する。この過程を読者が完全にフォローしてみるつもりならぜひどうぞ。ちょっとしんどいかもしれないが，要するに忠実にコツコツやれば原理的には可能な話――ま，よほど世界の終末を眺めてみたいならの話だが……。

のっけから Lisp の関数に挑戦せずに，ひとまずふつうの言葉でいまの手順を書いてみよう。3 本の棒をそれぞれ，発棒（sn），着棒（dn，行きさきの棒），助棒（hn，助っ人棒）と呼ぶ。すると，こんな具合になる。

高さ n の塔を発棒 sn から着棒 dn へ助棒 hn を利用して移すには，
もし n=1 なら sn の 1 枚をすんなり dn へ移せばおしまい。そうじゃなければ，次の 3 ステップ。
（1）　高さ n−1 の塔を sn から hn へ dn を利用して移す。
（2）　残り 1 枚を sn から dn へ移す。
（3）　高さ n−1 の塔を hn から dn へ sn を利用して移す。

ここで，ステップ 1 と 3 の 2 か所で再帰が起こっていることに注意。大丈夫かなあ……。救いは，両方とも再帰のパラメータが n でなくて n−1 であることだ。また，ステップ 1 で，助棒 hn と着棒 dn の役割が入れかわり，ステップ 3 で助棒 hn と発棒 sn の役割が入れかわっていることにも注意。なにしろ，こういうふうにみんな再帰法なので，どの棒も各段階で発・着・助の役割をめまぐるしく変える。これがこのパズルのおもしろい点，再帰法の美でもある。

これをLispの言葉に焼き直そう。塔を移す関数がmove-tower，円板を1枚移す関数がcarry-one-diskである。

```
(def move-tower (lambda (n sn dn hn)
   (cond ((eq n 1) (carry-one-disk sn dn))
         (t (move-tower (sub1 n) sn hn dn)
           (carry-one-disk sn dn)
           (move-tower (sub1 n) hn dn sn)))))
```

こう書くと，「から」とか「へ」とか「を利用して」とかいう言葉がどこかへ消えてしまう。Lispの精はちゃんと仕事ができるんだろうか？　実は，言葉としては消えたけれど，こういう情報は引数の位置として覚えられている。この関数の定義には，4つの引数がある。自然数が1つ，棒が3つ。3つの棒の最初が出発点となる発棒，次が到着点となる着棒，最後が助っ人になる助棒。だから，lambdaの後ろにつづく引数の中での順番も，sn dn hnである。ステップ1に相当するLisp関数の部分では，これがsn hn dnとなり，dnとhnが役割を入れかえることがわかる。同じように，ステップ3に対応する部分ではhnとsnが役割を入れかわることがわかる。

重要なのは，sn, dn, hnといった名前そのものに全然意味がないこと。Lispの精にとって，名前がなにを表しているかは知ったことじゃない。だから，これらをapple，banana，cherryとしてもなんの間違いも起こらない。ダミー変数の意味は，それが関数定義の中のどういう位置に現れるかで決まる。だから，ステップ1に対応するところを（move-tower (sub1 n) sn dn hn）などと書くと，dnとhnが役割を入れかえるという情報が完全に消えてしまう。

＊　＊　＊

もう１つ大きな疑問が残っている。Lispの精がcarry-one-diskを実行しようとしたら，いったいなにが起こる？　突然ベナレスの寺院に赴いて，本物の純金円板を１枚ヨッコラショと動かす？　まさか。もうちょっと現実的というか興ざめ的にいうなら，テーブルの上にあるプラスチック製の円板を別のプラスチック製の棒に差しかえる？　つまり,「たんなる計算を越えた物理的行為が実際に伴うか？」という疑問だ。

もちろん，原理としては可能。現実に，Lispの命令によって，機械の腕が指定された位置へ動き，機械の手でものをつかみ，それをまた指定された位置へ運んで離すということができる。今日の産業ロボットがまさにそうだ。しかし，機械の腕や手がついていなければ，carry-one-diskはなにを意味するんだろう？

ディスプレイ画面上で絵を動かすというのが，すぐに思いつく。carry-one-diskを実行すると，手の絵が動き，移すべき円板の絵をつかみ，ほかの場所へ移す。たしかにこれはバラモンの塔のパズルを画像としてシミュレート（模擬）している。もちろん，どれくらいのリアリズムで表示するかにはいろんなレベルがあろう。

残念ながら，そういう画像表示の装置もなければ，ソフトウェアもないとする。しかし，このパズルを解く手順を印刷したものだけはほしい。たとえば，3枚しか円板のない問題だったら，ab ac bc ab ca cb ab，あるいはそれと等価な12 13 23 12 31 32 12を印刷したい。どうすれば，このささやかな望みがかなえられるだろうか？

もし，機械の腕を動かすようなプログラムを書けるなら，関数の返す値に関心を払うことはない。興味があるのは，関数の実行に伴って起こる副作用だけである。しかし，ここでは関数の返す値だけに注目する。円板移動を意味するアトムが系統的に並んだリスト，これが望むものだ。n=3に対するリストは，n=2に対する２つのリストを使って合成される。

ab ac bc　　ab　　ca cb ab

一団となるべきものを他と区別するのに，Lispでは空白をたくさん入れるかわりに，カッコを使う。だから，n=3に対するリストは（(ab ac bc) ab (ca cb ab)）というサンドイッチみたいな格好。リストを作るには，要素をつぎつぎにconsすればよかった。たとえば，アトムapple，banana，cherryの値がそれぞれ1，2，3とすると（cons apple (cons banana (cons cherry nil))）の返す値は（1 2 3）だ。でも，これではカッコが多くて不便なので，listという関数を使う。すなわち，(list apple banana cherry）を評価すると，やはり（1 2 3）という値が返る。同じように，アトムsnとdnの値が，それぞれaとbとすれば，式（list sn dn）の値は（a b)。関数listのユニークな点は引数を何個とってもよいことだ。たとえば，引数が0個でもよい。その場合，つまり（list）はnilを返す！

さて，本題に戻ろう。carry-one-diskでなにを返したらよいか？　棒を表す引数が2個。ほしいのは，この2つをくっつけたアトムだ。たとえば，abとか12。まず，棒の名前を1，2，3としよう。1と2から12を作るには，ちょっとした算術を行えばよい。最初の数を10倍して，2番目の数と足す。これをLispで書けば，

```
(def carry-one-disk (lambda (sn dn) (plus (times 10 sn) dn)))
```

棒の名前が数でない場合，Lispの標準関数concat〔連接の意味を表すconcatenateからきた名前〕を使うとよい。concatもlistと同じく任意個数の引数をとり，それらの名前を全部つなぎ合わせた長い名前のアトムを値として返す。たとえば，(concat 'con 'cat 'e 'nate)の返す値はアトムconcatenateである。これを使うと，carry-one-diskの定義は次のとおり。

```
(def carry-one-disk (lambda (sn dn) (concat sn dn)))
```

どちらを使うにしろ，これで問題の半分は解けた。

残る半分の問題は，move-towerが再帰している部分でどういう値を返すかだ。とはいうものの，これはやさしい。2つの再帰呼び出しの値が，真ん中のcarry-one-diskの値をサンドイッチにしたようなものを返せばよい。さっきの定義をちょっと書き直せば一丁あが

り。(list という関数を付けくわえただけ。)

```
(def move-tower (lambda (n sn dn hn)
   (cond ((eq n 1) (carry-one-disk sn dn))
         (t (list (move-tower (sub1 n) sn hn dn)
                  (carry-one-disk sn dn)
                  (move-tower (sub1 n) hn dn sn))))))
```

さっそく，Lispの精と対話してみよう。

```
→ (move-tower 4 'a 'b 'c)
(((ac ab cb) ac (ba bc ac)) ab ((cb ca ba) cb (ac ab cb)))
→
```

なんと！　うまくいく！　ここで出てきたリストは，前章でバラモンと呼んだものにほかならない。

*　*　*

今度は，内側にあるようなカッコをすべて取りのぞいたリスト，つまり，手順が全部ベタに並んでいるようなリストがほしい。たとえば，さっきのバラモン・リストのようなオドロオドロしいリストのかわりに（ac ab cb ac ba bc ac ab cb ca ba cb ac ab cb）がほしい。こうすると情報量は少し減るが，これはこれでまた奇妙に印象深い。さて，この場合，さっきのように list は使えない。両側の再帰呼び出しのカッコをはがすような，別の関数が必要だ。

いよいよ Lisp の標準関数 append の登場。この関数は任意個のリストを引数としてとり，これらのリストをみんなつなぎ合わせた1本のリストを値として返す。つなぎ合わせるとき，おのおののリストの一番外側のカッコは取りはらってしまう。だから（append '(a (b)) '(c) nil '(d e)）の返す値は，5要素のリスト(a (b) c d e) だ。いまの式の append を list に置きかえると，値が（(a (b)) (c) nil (d e)）という4要素のリストになることに注意。append を使い，carry-one-disk を append 向きにちょっと変更してやれば，お望みの解答が得られる。

```
(def move-tower (lambda (n sn dn hn)
   (cond ((eq n 1) (carry-one-disk sn dn))
         (t (append (move-tower (sub1 n) sn hn dn)
                    (carry-one-disk sn dn)
                    (move-tower (sub1 n) hn dn sn))))))

(def carry-one-disk (lambda (sn dn) (list (concat sn dn))))
```

さあ，テスト。9 枚円板のバラモンの塔を，Lisp の精に解かせてみた。次のリストは返ってきた結果である。これくらいだとほとんど瞬時に返ってくる。

```
(ab ac bc ab ca cb ab ac bc ba ca bc ab ac bc ab ca cb ab ca bc ba ca cb
 ab ac bc ab ca cb ab ac bc ba ca bc ab ac bc ba ca cb ab ca bc ba ca bc
 ab ac bc ab ca cb ab ac bc ba ca bc ab ac bc ab ca cb ab ca bc ba ca cb
 ab ac bc ab ca cb ab ca bc ba ca bc ab ac bc ba ca cb ab ca bc ba ca cb
 ab ac bc ab ca cb ab ac bc ba ca bc ab ac bc ab ca cb ab ca bc ba ca cb
 ab ac bc ab ca cb ab ac bc ba ca bc ab ac bc ba ca cb ab ca bc ba ca bc
 ab ac bc ab ca cb ab ac bc ba ca bc ab ac bc ba ca cb ab ca bc ba ca cb
 ab ac bc ab ca cb ab ca bc ba ca bc ab ac bc ba ca cb ab ca bc ba ca bc
 ab ac bc ab ca cb ab ac bc ba ca bc ab ac bc ab ca cb ab ca bc ba ca cb
 ab ac bc ab ca cb ab ac bc ba ca bc ab ac bc ba ca cb ab ca bc ba ca bc
 ab ac bc ab ca cb ab ac bc ba ca bc ab ac bc ab ca cb ab ca bc ba ca cb
 ab ac bc ab ca cb ab ca bc ba ca bc ab ac bc ba ca cb ab ca bc ba ca cb
 ab ac bc ab ca cb ab ac bc ba ca bc ab ac bc ab ca cb ab ca bc ba ca cb
 ab ac bc ab ca cb ab ca bc ba ca bc ab ac bc ba ca cb ab ca bc ba ca bc
 ab ac bc ab ca cb ab ac bc ba ca bc ab ac bc ba ca cb ab ca bc ba ca cb
 ab ac bc ab ca cb ab ca bc ba ca bc ab ac bc ba ca cb ab ca bc ba ca cb
 ab ac bc ab ca cb ab ac bc ba ca bc ab ac bc ab ca cb ab ca bc ba ca cb
 ab ac bc ab ca cb ab ac bc ba ca bc ab ac bc ba ca cb ab ca bc ba ca bc
 ab ac bc ab ca cb ab ac bc ba ca bc ab ac bc ab ca cb ab ca bc ba ca cb
 ab ac bc ab ca cb ab ca bc ba ca bc ab ac bc ba ca cb ab ca bc ba ca cb
 ab ac bc ab ca cb ab ac bc ba ca bc ab ac bc ab ca cb ab ca bc ba ca cb
 ab ac bc ab ca cb ab)
```

＊　＊　＊

さて，いま見てきたのは再帰法の問題の中でも難しい部類だ。今度は別の種類の再帰法に挑もう。前章で，tato にちなむ思いつき的な話をした。tato は tato (and tato only)〔tato (かつ tato のみ)〕の頭文字を，いわば再帰的にとったものだ。これを使えば tato は何回でも展開できる。つまり，tato と書いてあるところをすべて tato (and tato only) に置きかえれば，次のレベルへの展開になる。これは次のように進む。

```
n=0: tato
n=1: tato
       (and tato only)
n=2: tato
       (and tato only)
        (and tato (and tato only) only)
n=3: tato
       (and tato only)
        (and tato (and tato only) only)
         (and tato (and tato only) (and tato (and tato only) only) only)
```

新しい問題は，数 n が与えられたときに，tato の第 n レベルの展開を求める Lisp 関数を書くこと。n が 4 以上になると，結果はバカみたいに大きくなるが，かまやしない。あくまで理論的に話を進めよう。

困ったことが 1 つだけある。Lisp 関数が Lisp のデータ構造（アトムかリスト）を 1 つしか返せないのに，さきほどの結果は，そうなっていない。たとえば，n=2 の結果を見ると，1 つのアトムのあとにリストが 2 つ並んでいる。これを解決するには，図に示した結果の一番外側にカッコをつけたリストを返すことにすればよい。

再帰法の考察をすれば，底，つまり母なる大地は n=0 の場合。n=0 でない場合は，n−1 の結果に現れる tato を全部 (tato (and tato only)) に置きかえればよい。ただし，このとき外側のカッコは取りはらう。関数 tato-expansion〔tato 展開〕はこんな具合になる。

```
(def tato-expansion (lambda (n)
 (cond ((eq n 0) '(tato))
       (t (replace 'tato '(tato (and tato only)) (tato-expansion (sub1 n)))))))
```

この中でreplace（置きかえ）という未定義の関数が使われているが，こいつがクセモノだ。さきほどの結果を見てお気づきのように，nが1つふえるたびに，展開されたものも一行ずつふえている。どうしてこうなるのか？　アトムtatoが毎回，2要素のリストで置きかえられるからだ。前にもいったように，このときリストの外側のカッコが取りはらわれる。実は，このカッコ取りがクセモノ中のクセモノたるところだ。tatoの展開のような再帰法では話が少し面倒なので，もう少し簡単な例を考えてみよう。(replace 'a '(1 2 3) '(a b a)) すなわち，(a b a) の中のaを (1 2 3) に置きかえよ。これの答えは (1 2 3 b 1 2 3)。正確な意味においてアトムをリストに置きかえるのではなくて，リストを長いリストの中へ溶かしこむように貼り合わせることが必要だ。

これを，おなじみの再帰法を使って，Lispの関数として定義してみよう。3つのダミー変数を使うことにする。longlistというリストの中にあるアトムatmをすべてlystというリストに置きかえる。ただし，いま述べたように，lystの外側のカッコは取りはらう。ダミー変数の順序は英語の語順に従い，(atm lyst longlist) にする。この問題は読者にとって，なかなかいい練習問題だと思う。ヒントを少々。再帰法を使うのだから，(a b a) に対する答えが (b a) に対する答えの上にどう積みかさねたらできるか，まず考えていただきたい。このほかにも簡単な場合をいくつか考えて，母なる大地へ降りてみることをおすすめする。

*　　*　　*

母なる大地は，明らかにlonglistがnilの場合。これじゃなにも置きかえようがないから，答えは当然nilである。

再帰が実際に起こる場合。例によって一段降りたやさしい問題の答えから当面の問題の答えを作り上げなければならない。(a b a) の例に立ちもどってみよう。これの答え (1 2 3 b 1 2 3) は，一段やさしい問題 (b a) の答え (b 1 2 3) の前にリスト (1 2 3) を append したものだ。そして，(b 1 2 3) 自身は，もっとやさしい問題の答え (1 2 3) の前に b を cons したもの。おや？　どうして片方が append で片方が cons なんだろう？　理由は簡単だ。append は実際にアトム a が置きかえられた場合，cons はアトム b が置きかえられなかった場合なのだ。ここまで見てくれば，関数 replace の定義が書けそうだ。

```
(def replace (lambda (atm lyst longlist)
    (cond ((null longlist) nil)
          ((eq (car longlist) atm)
           (append lyst (replace atm lyst (cdr longlist))))
          (t (cons (car longlist) (replace atm lyst (cdr longlist)))))))
```

見たとおり，母なる大地 (longlist が nil) も，append を使う場合も，cons を使う場合もぬかりなく書いてある。では，別の例題で腕だめし。

```
-> (replace 'a '(1 2 3) '(a (a) b a))
(1 2 3 (a) b 1 2 3)
->
```

あやや？　だいたい動いているけれど，一か所 a が置きかえられないで残っているぞ？　replace 関数の定義の中に見落としがあったに違いない。そう，よく見直せば気がつくように，longlist の要素が全部アトムであるという誤った先入観が忍びこんでいた！　longlist の要素が部分リストである可能性を忘れている。じゃあ，どうすればいい？　longlist の部分リストについても同じ replace 関数を適用すればよい。この方針で関数の定義を実際に修正してみよう。

*　　*　　*

前章の atomcount という関数で，与えられたリスト構造の隅から隅までを渡り歩く再帰法の実例を見た。atomcount は，car 方向と cdr 方向へ同時に再帰した。つまり，(plus (atomcount (car s)) (atomcount (cdr s))) といった具合になる。ここでも，これと同じことが起こる。replace が longlist の car 方向と cdr 方向とへ二回再帰するのだ。よく考えれば，これはあたりまえ。たとえば。ヨーロッパにいる一角獣 (unicorn) を，全部タワヤマシ (porpuquine) に置きかえたいとしよう。ずいぶん不埒な目標だが，こうするには，まずヨーロッパを 2 つに分割して考える。前章でもそうしたように，ポルトガル（ヨーロッパの car）とその他（ヨーロッパの cdr）だ。ポルトガルの一角獣を全部タワヤマシにしたものと，ヨーロッパのその他の地域の一角獣を全部タワヤマシにしたものを再結合して，新しいヨーロッパを作れば完成である。(cons を使う。) もちろん，ポルトガルで置き換え作業を進めるには，ポルトガルをさらに細かい領域に分割する……以下同様。これを Lisp 風に表現すれば〔area は領域〕,

```
(cons (replace 'unicorn '(porpuquine) (car geographical-unit))
      (replace 'unicorn '(porpuquine) (cdr geographical-unit)))
```

もっと一般的な書き方をすれば

```
(cons (replace atm lyst (car longlist)) (replace atm lyst (cdr longlist)))
```

こうすれば，longlist の要素が，アトムでない場合をカバーできる。ただし，母なる大地が少し変わる。longlist がリストじゃなくて，アトムだった場合(たとえそれが atm に等しくても)，longlist そのものを返すようにする。longlist がアトムかどうかというチェックは，longlist が nil かどうかのチェックを含んでいるから，関数 null の行を消してもよい。結局，新しい replace の定義はこうなる。

```
(def replace (lambda (atm lyst longlist)
   (cond ((atom longlist) longlist)
         ((eq (car longlist) atm)
          (append lyst (replace atm lyst (cdr longlist))))
         (t (cons (replace atm lyst (car longlist))
```

(replace atm lyst (cdr longlist)))))))

ここでLispの精に対して（tato-expansion 2）といえば，(tato (and tato only) (and tato (and tato only) only)) が印刷されるわけだ。

*　　*　　*

どう？　すごいと思いませんか？　もし，あまりすごいと思えないのなら，もうちょっとさきへ進んでみよう。たとえば，再帰アクロニム（頭字語，単語の頭文字を並べて作った言葉)――つまり，アクロニム自分自身が表す文字を含んだアクロニム――がおもしろい。しかし，相互再帰アクロニムは，もっとおもしろい。これは，2つのアクロニムがそれぞれ他のアクロニムを表す文字を含んだアクロニムになっているものだ。例をあげよう。NOODLES（ヌードル）とLINGUINI（リングィーニ，イタリアの細長く薄いめん類)。

NOODLES (oodles of delicious LINGUINI), elegantly served

〔上品に盛りつけされたヌードル（おいしいリングィーニの山)〕

luscious itty-bitty NOODLES gotten usually in naples, italy

〔イタリア，ナポリが主産地のおいしいちっちゃなヌードル〕

NOODLESが相棒のアクロニムを含んでいるばかりか，自分自身も含んでいることに注目。不都合どころか大いにおもしろい。

もっと一般化すれば，相互再帰とは，1つの系の中にあるたくさんのものが，系の中にあるもの（自分自身でもよい）によって定義されていることだ。だから，相互再帰アクロニムの系といえば，どのアクロニムも系の中にあるアクロニム（自分自身も含む）を表す文字を含むようなものを指す。

相互再帰アクロニム系が，実際なにかに役だつというつもりはないが，世間によくある抽象的現象を表現するちょっと滑稽な例になってはいると思う。たいていの人は，辞書の定義に見られる堂々巡りを調べて楽しんだことがあるに違いない。辞書の中のどんな言葉も，結局いくつかの基礎単語で定義されるが，この基礎単語の定義を見ると，みごとなタライ回しが起こっている。実際に，辞書を片手に基本的な単語の定義の中にある言葉をつぎつぎに辞書の定義で置きかえてみると，たいへんおもしろい。私は一度 love という言葉でこれをやってみたことがある。love の定義は次のとおり。「人また人々に対する強い好意，愛慕，または心酔。」ここで，人，強い，好意，愛慕，心酔などの言葉を，辞書でもう一度引いてみる。これをつなぎ合わせると，定義はさらに精密（？）になって，「とくに物体とか下等動物と区別される意味における人間または人間たちに対する，強度の性格または意志，慈しみいたわる態度，忠誠，献身，あるいは深い愛着をもつ，精神的に強力な心的状態または心的傾向。」

私はこれではまだまだ満足しない。もう一発大展開。これが次の定義だ。「とくに独立の存在として考えられ，言及され，参照されるものとか，階層的にも，尊厳的にも，権威的にも劣り，運動能力はあるが光合成によって自己の食糧を作る能力のない生体機構と分離または見分けられる意味における，生きるまたは存在する，あるいは生きるまたは存在すると仮定される人または人々の特性を備えた創造物または創造物たちに対する，道徳強度，自己修練または不屈の精神の顕著さ，あるいは意志の行使または過程，あるいはやさしく情愛深い感情に満ちた考え，注目，関心，あるいは守ったり支持する義務を負う人とか思想に対して忠実たること，信頼に足る条件，特質，状態，あるいは強く好ましい，または慈しみたいと感じること。」

どうです。ロマンチックでしょう。たしかにこれで love はさらに神秘化し迷宮入りする。スチュアート・チェイスの意味論の明晰な古典『言葉の暴力』は，mind（心）について同じようなことをやってみせている。意味がまったく不透明になるのはもちろん同じである。こういう抽象的な言葉じゃなく，具体的なものを指す言葉でやっても，やはり混乱が起こる。だいぶ昔，フランス語を勉強していた時代に見た辞書の例はいまでも印象深い。その辞書には動詞 clocher（びっこをひく）が marcher en boitant（ちんばをひきながら歩く）

と定義してあり，boiter（ちんばをひく）の定義は，clocher en marchant（歩きながらびっこをひく）！　熱心なフランス語学生だった私は，しばしノックアウトされたものだ。

*　　*　　*

閑話休題。相互再帰アクロニムの話に戻ろう。私がこういう系を作ろうと思って努力した結果，なんとイタリアの食べものが主役になった。最初 tato にインスピレーションを受けて，似た言葉 tomato を選んだ。これを複数形にして tomatoes。

TOMATOES on MACARONI (and TOMATOES only), exquisitely SPICED.

〔絶妙のスパイスのかかったマカロニの上のトマト（そしてトマトに限る）〕

大文字になっている言葉は，系の中にアクロニムとして存在していることを示す。以下が私の作った相互再帰アクロニムの系。

MACARONI:
MACARONI and CHEESE (a REPAST of Naples, Italy)

〔マカロニ：マカロニとチーズ（イタリア，ナポリの食事）〕

REPAST:
rather extraordinary PASTA and SAUCE, typical

〔食事：ちょっと特別なパスタとソース，これがふつう〕

CHEESE:
cheddar, havarti, emmenthaler (especially SHARP emmenthaler)

〔チーズ：チェダー，ハバーチ，スイス（とくに辛口のスイス）〕

SHARP:
strong, hearty, and rather pungent

〔辛口の：強い，栄養のある，ちょっと刺激性のある〕

SPICED:
sweetly pickled in CHEESE ENDIVE dressing

〔スパイスのかかった：チーズ・キクジシャドレッシングに甘漬けされた〕

ENDIVE:
egg NOODLES, dipped in vinegar eggnog

〔キクジシャ：ビネガー・エッグノッグに浸したエッグ・ヌードル〕

NOODLES:
NOODLES (oodles of delicious LINGUINI), elegantly served

〔ヌードル：上品に盛りつけされたヌードル（おいしいリングィーニの山)〕

LINGUINI:
LAMBCHOPS (including NOODLES), gotten usually in Northern Italy

〔リングィーニ：イタリア北部が主産地のラムのぶつ切り（ヌードルも含む)〕

PASTA:
PASTA and SAUCE (that's ALL!)

〔パスタ：パスタとソース（これで全部！）〕

ALL!:
a luscious lunch

〔全部！：おいしいランチ〕

SAUCE:
SHAD and unusual COFFEE (eccellente!)

〔ソース：シャドと格別のコーヒー（素晴らしい！）〕

SHAD:
SPAGHETTI, heated al dente

〔シャド：固めにゆでたスパゲティ〕

SPAGHETTI:
standard PASTA, always good, hot especially (twist, then ingest)

〔スパゲティ：標準のパスタ，いつでもグー，熱いととくに（ねじってから食べる）〕

COFFEE:
choice of fine flavors, especially ESPRESSO

〔コーヒー：香りの逸品，とくにエスプレッソ〕

ESPRESSO:
excellent, strong, powerful, rich, ESPRESSO, suppressing sleep outrageously

〔エスプレッソ：素晴らしく強く豊かなエスプレッソ，眠気をエイヤと吹きとばす〕

BASTA!:
belly all stuffed (tummy ache!)

〔バスタ：おなか一杯（おなかが痛い！）〕

LAMBCHOPS:
LASAGNE and meat balls, casually heaped onto PASTA SAUCE

〔ラムのぶつ切り：パスタソースの上にちょいとのっけたラザニアとミートボール〕

LASAGNE:
LINGUINI and SAUCE and GARLIC (NOODLES everywhere!)

〔ラザニア：リングィーニとソースとガーリック（ヌードルだらけ！）〕

RHUBARB:
RAVIOLI, heated under butter and RHUBARB (BASTA!)

〔ダイオウ：ラビオリ，バターとダイオウで熱する（バスタ！）〕

RAVIOLI:
RIGATONI and vongole in oil, lavishly introduced

〔ラビオリ：惜しげもなく出された，油でいためたリガトーニとボンゴレ〕

RIGATONI:
rich Italian GNOCCHI and TOMATOES (or NOODLES instead)

〔リガトーニ：濃厚なイタリアンニョッキとトマト（またはかわりにトマト）〕

GNOCCHI:
GARLIC NOODLES over crisp CHEESE, heated immediately

〔ニョッキ：さっと熱したパリパリのチーズにのせたガーリックヌードル〕

GARLIC:
green and red LASAGNE in CHEESE

〔ガーリック：チーズの中の緑と赤のラザニア〕

グルメが見たら，なんだこれ，ちっとも定義していないじゃないかとお叱りになるだろう。実は，いい加減に語句を並べただけなのでありました……。

さて，この中の単語をさっきと同じように展開したらどうなるだろう。たとえば，pasta。最初の展開ではPASTA and SAUCE (that's ALL!)。もう一回展開すると，PASTA and SAUCE (that's ALL!) and SHAD and unusual COFFEE (eccellente!) (that's a luscious lunch)。この展開は無限につづけることができる。いや少なくとも宇宙の隅から隅まで，おいしいイタリア料理の名前で満腹させることができる。しかし，それほどの野心もなく，せいぜい１ページの半分ぐらいを一杯にすればよいと思ったならどうだろう？　再帰の途中で，この底なし再帰を止めるうまい方法があるだろうか？

実は，「底なし」という言葉がヒントになっている。底なしでなくするには，底を付ければよい。もともと底なしになっている原因は，どのアクロニムもそこからまた展開が可能だとしたところにあった。展開をきびしくコントロールして，最初のほうの世代には甘く，子孫になるに従って展開の可能性をせばめてしまったら？　これは森のアカスギに似ている。アカスギはまず最初の枝（つまり幹）から出発し，つぎつぎに枝という子孫を生やしていく。枝はまた枝を生み，その枝はまた枝を……。しかし，いつかは自然の摂理が働いて，枝が枝を生むことを止める。あまり小さい小枝からは，もうその子供の枝が生えないのだ。これが底。（でも，木の進化の過程でなにか行き違いがあったらしく，木の先端でしか底つきが起こらない。)

もし，この過程が完全に一様だったら，どのアカスギを見ても同じ形をしているだろう。これは元州知事だったレーガンの記念すべき発言「1本でもアカスギを見たならば，すべてのアカスギを見たのと同じだ」と実によく符合している。残念ながら，レーガン州知事が認識していたほどアカスギ（あるいはもっと一般的に，ものごと）は単純じゃない。同じ名前のもとでも，ものごとには大きな多様性がある。多様性は，枝分かれするかしないか，どういう角度で枝分かれするか，枝の大きさをどうするか……などなどの選択にランダム性がからんでくることから生じる。

同じことは，相互再帰アクロニムという木についてもいえる。rhubarb を展開するとき，いつどのアクロニムを展開するかについて，正確に一定のコントロールを行えば，rhubarb の展開には唯一の型しか存在しないことになる。このときはたしかにこういえる。「1つでも rhubarb を見たら，すべての rhubarb を見たのと同じだ。」しかし，展開をするときにランダム性を入れたら，多種類の rhubarb が得られる。

ランダム性を入れるには，乱数発生プログラムを使うのがよい。これは，コイン投げやサイコロ振りをプログラムで模擬するものだ。与えられたアクロニムを展開するかしないかを乱数発生プログラムの出す数に応じて決める。つまり，出た数を投げたコインの裏表に対応づける。展開したてのころは，「仮想コイン」の表を出やすいようにして展開が進むことを奨励し，あとになるに従って仮想コインの表を出にくくすればよいだろう。Lisp の標準関数 rand（ランダムの省略からきた名前）の出番である。この関数は無引数で，呼ばれるたびに 0 と 1 の間の実数値をまったくデタラメに選んで返す。(これは本当は誇張，プログラムが計算して返す数だから，計算の手順を知っていれば，次に出てくる数は 100 パーセント予測可能だ。しかし，この手順はわかりにくく書いてあり，ふつうの観察者の眼から見れば，関数の振る舞いはかなり気まぐれで，ほとんどランダムといってよい。)

60 パーセントの確率でなにか起こしたいのなら，rand を呼び，返ってきた値が 0.6 以下だったら起こし，0.6 を超えていたら起こさないというふうにすればよい。何回も何回もこれを行えば，rand の返す値が 0 と 1 の間に一様に分布することから，事象の起こる確率はたしかに60パーセントになる。

*　　*　　*

これでランダムな決定の話はいいだろう。本題に戻って，どうアクロニムを展開するか考えよう。ここまでくればそう難しくない。ここでアクロニムは，次のような形をしたLisp関数としよう。

```
(def tomatoes (lambda ()
    '(tomatoes on macaroni (and tomatoes only), exquisitely spiced)))
```

関数 tomatoes は引数を1個もとらず，たんに tomatoes が展開されたリストを返すだけである。これ以上簡単な定義はあるまい。

次に，acronym（アクロニム）という変数があって，値がなにか特定の（ただし，私たちにはわからない）アクロニムであると仮定する。どうすれば，値となっているアクロニムの展開形が得られるだろうか？　上に述べたような定義を使うのなら，アクロニムが関数呼び出しの格好になっていないといけない。アトムが関数呼び出しを引きおこすためには，リストの car に位置していることが必要だ。たとえば，(plus 2 2)，(rand)，(rhubarb)。もし，(acronym) と書いたら，Lispの精は acronym を関数名と思うだろう。でもこれは誤解である。acronym を関数名とするのではなく，それの値（たとえば macaroni とか cheese）を関数名としたい。

多少のトリックがいる。もし，アトム acronym の値が rhubarb ならLispの精に，(list acronym) と聞くと，(rhubarb) というリストが返ってくる。あっ，これをもう一度評価してくれさえすれば……。だが，Lispの精にとって，これはただのリストデータであって命令じゃない。Lispの精は私の心を読んでくれない……。いや待て，方法がある。リストデータを命令と解釈させる関数があった。eval だ。そう，(eval (list acronym)) と書けばよい。こうしてめでたく，(ravioli, heated under butter and rhubarb (basta!)) というリストを得ることができる。もちろん，acronym の値が別の値だったら，最後の答えもそれに応じて変わる。

これで，さきほど述べたような意味での相互再帰アクロニムの展開のための準備ができた。もう一度繰りかえすと，アクロニムを rand というコインのトスに応じて展開して，十分長いけれどけっして無限にならないようにするのが目標。以前のようにステップを追って関数を作ってもよいが，ここでは最終的な答えをさきに示してしまおう。読者はこれを丹念に調べてほしい。基本的には前に定義した replace の親戚のような形をしているから，理解するのにそんな手間はかからないはずだ。

```
(def expand (lambda (phrase probability)
   (cond ((atom phrase) phrase)
         ((is-acronym (car phrase))
         (cond ((lessp (rand) probability)
                (append
                 (expand (eval (list (car phrase))) (lower probability))
                 (expand (cdr phrase) probability)))
               (t
                 (cons (car phrase) (expand (cdr phrase) probability)))))
         (t (cons (expand (car phrase) (lower probability))
                  (expand (cdr phrase) probability))))))
```

関数 expand（展開）には，ダミー変数が２つある。１番目は展開されるべきフレーズ（変数 phrase），２番目はフレーズのリストのトップレベルの要素になっているアクロニム（リストの中の部分リストの中に埋まっていないようなアクロニム）を実際に展開する確率（変数 probability）だ。だから，probability の値は０と１の間の実数。この確率は，再帰が深まるにつれて小さくならなければならない。phrase の car 方向の再帰が起こるたびに，関数 lower によって確率を小さくしているのはこのためだ。関数 lower の定義は，

```
(def lower (lambda (x) (times x 0.8)))
```

こうすれば，アクロニムが１回展開されると，そこから子孫ができる可能性はもとの 0.8 倍になる。こうすれば，無限に展開が進む可能性は非常に少なくなる。もちろん，0.8 が決定

版というわけではない。勝手な数を選んでよい。

もう1つ未定義の関数が残っている。is-acronym（アクロニムか）だ。この関数はまず引数がアトムかどうか調べる。アトムでなければ即nilを返す。アトムだったら，それがアクロニム型の関数定義をもっているかどうか調べ，その結果に応じてtかnilを返す。is-acronymの正確な定義は，Lispのシステムによって異なるので，ここでは書かない。私の使っているFranz Lispでは，1行ほどで書けてしまう。

さて，関数expandを見た方は，2つのcond節のtがやけに近くに並んでいるのが気になったかもしれない。2つの「そうでなければ」がつづけて並んでいるのは変だぞ？　いや，これらは異なるcond節に属している。一方はもう一方の内側に入れ子になっている。最初のt（内側のcond節のもの）は，アクロニムを展開する予定なのに，randのコインが裏向きなので展開しないことにしたという状況，2番目のt（外側のcond節のもの）はたんに扱おうとしたフレーズがアクロニムじゃなかったという状況を表している。

いずれにせよ，expandの定義の中身をよく調べれば，どこにも論理の誤りはなし。万事OK。だけど，論理の誤りがないことと，実際に展開されて出てきた答えがどれくらい意味があるかとは無関係である。私の与えたもともとの定義が馬鹿げているのだから，結果が馬鹿げているのは当然……。

(rich italian green and red linguini and shad and unusual choice of fine flavors, especially excellent, strong, powerful, rich, espresso, suppressing sleep outrageously (eccellente!) and green and red lasagne in cheese (noodles everywhere!) in cheddar, havarti, emmenthaler (especially sharp emmenthaler) noodles (oodles of delicious linguini), elegantly served (oodles of delicious linguini), elegantly served (oodles of delicious linguini and sauce and garlic (noodles (oodles of delicious linguini), elegantly served everywhere!) and meat balls, casually heaped onto pasta and sauce (that's all!) and sauce (that's a luscious lunch) sauce (including noodles (oodles of delicious linguini), elegantly served), gotten usually in Northern Italy), elegantly served over crisp cheese, heated immediately and tomatoes on macaroni and cheese (a repast of Naples, Italy) (and

tomatoes only), exquisitely sweetly pickled in cheese endive dressing (or noodles instead) and vongole in oil, lavishly introduced, heated under butter and rich italian gnocchi and tomatoes (or noodles instead) and vongole in oil, lavishly introduced, heated under butter and rigatoni and vongole in oil, lavishly introduced, heated under butter and ravioli, heated under butter and rich italian garlic noodles over crisp cheese, heated immediately and tomatoes (or noodles instead) and vongole in oil, lavishly introduced, heated under butter and ravioli, heated under butter and

なんたる再帰的スパゲティ。ダイエット中の人はLispを勉強しちゃいけない。でも，展開された形からもとのアクロニムを推定するのは，なかなか楽しいパズルだ。いずれにせよ，Lispは楽しいと思いませんか？

*　　*　　*

関数expandは，Lispの最も強力な機能を利用している。つまり，自分で作りだしたデータ構造を，そのままプログラムとして使ってしまえるという機能だ。ここでの利用法はかなり原始的である。アトムをカッコで包んで，ちっぽけなリストに仕たててあげてから，評価（evaluate）する。〔Lispをやっている連中は「エバる」と呼ぶ。〕なんでもなかったようなデータ構造がconsされてevalの面をつけた瞬間に，Lispの精の目が輝いてエバりだす。関数定義のような複雑なものを作り上げることも，もちろん可能だ。Lispでは，(情報はもっているが）ただのでくのぼうをエレベーターにのっけて上にあげ，活動する実体にしてしまい，その実体にまたでくのぼうを引っぱり上げる仕事をさせることができる。このいわばプログラムとデータのサイクルを積み上げると，自分自身や自分に関連するものを間接的に変更していくような複雑なシステムを作りうる。

情報を抱えているけれど，不活性で受動的なデータ構造はよく「宣言型知識」と呼ばれる。宣言型というのは，「なになにはなになにである」というものの言い方（宣言的な言い方）に類似性があることから，また知識というのは，ちょうど本で仕入れた知識のようにいつでも索引を引けば見ることができるというところからきている。これと対照的に，活性で能動的なプログラムは「手続き型知識」と呼ばれる。ここで手続きというのは，実際の行動の手順（手続き）を表していることから，また知識というのは，ちょうど長い練習の結果，意識下の技術として人間が体で覚えたような知識に似ているからである。この2つのタイプの知識はそれぞれ別の呼び方をされることもある。「なにか(What)？に関する知識」と「いかに（How）？に関する知識」。

この区別を聞くと生物学を知っている人は，細胞の中でどちらかというと不活性な遺伝子と，不活性とは絶対にいえない酵素の区別を連想するかもしれない。たしかに酵素は活動する実体であり，細胞中の不活性な物質をとても一口で語れないような複雑な手順で変換したり処理したりする。さらにLispのプログラムとデータのサイクルは，酵素自身の形と酵素による遺伝子の処理方法とを遺伝子自身が指令しているという事実を連想させる。だから，生命の根源にあるパターン，つまり受動的な構造が能動的な構造を作りだし制御することで，自らの運命を決めるというパターンの素晴らしい例が，Lispの手続き型知識対宣言型知識のサイクル，あるいはプログラム対データのサイクルに潜んでいる。

*　　*　　*

いままで，Lispの精がいったい何者で，どこでどんなふうに仕事をするかにはいっさい触れないできた。実は，Lispで最も興奮する話がここで出てくる。実はLispの精の性質は完全にLisp自身で記述可能なのだ！　すなわち，Lispインタープリタは，Lisp自身で簡単に書ける。えっ？　だけど，いま書いたLispインタープリタを走らせる別のLispインタープリタがなければ，そんなの無意味じゃないか？　英語を知らない外国人に向かって流麗なる英語で「めきめき上達する英語学習法」を語ったところで意味がないのと同じだ，という疑問もあろうが，ちょっと見に思うほどこれは不条理じゃない。

たとえば，あなたが多少英語を知っていれば，それを足場にして英語で英語の勉強ができる。英語で英語について説明しても役に立つという，最低限の英語のレベルがあるはずだ。これはたぶん本当の入門レベルからそう遠くないところにある。これさえ，つまり，中心にある核さえ知っていれば，あとは自力で立ちあがれる。（コンピュータの世界ではこれに類したことを「ブートストラップ」という。）子供はあるときから，同じ言葉に何回か連続して遭遇するだけで，つぎつぎに自分だけで言葉を覚えはじめ，語彙をとんとん拍子でふやす。これと同じで，Lisp も最初に小さな核ができれば，Lisp システムの残りの部分は全部 Lisp 自身で書ける。実際の Lisp システムも，そういう作り方がされている。

Lisp インタープリタが Lisp で簡単に書けるのは，Lisp が内向的にできているからではない。プログラムとデータのサイクルが本質的なのだ。だから Lisp を使えばどんな言語のインタープリタでも書ける。つまり，Lisp を基礎として，新しい言語を作れるのだ。

たとえば，あなたが紙の上で Flumsy（フラムジー）という言語を考えだしたとする。Flumsy がどう動作するか，ちゃんとわかっているのなら，インタープリタを Lisp で書くのは容易である。いったん Flumsy インタープリタが完成したら，いわば Flumsy の精が誕生したことになる。あなたの要望は Flumsy の精に伝えられ，それがまた Lisp の精に伝えられる。しかし，Flumsy のメタ妖精が Lisp の精になにかを伝えるという動作自身が Lisp の精によって実現されている。えっ，それじゃたんなる見せかけ？　Flumsy 語を話すというのは，変装した Lisp 語を話してるってことか？

米軍の交渉担当者がソ連軍の交渉担当者と通訳（インタープリタ）を介して話をしているとき，偽装したロシア語を使っているというのだろうか？　それとも，通訳の母国語が英語かロシア語かが重大な意味をもっていると考えるか？　じゃあ，通訳の母国語がリトアニア語で，幼いころに英語を学び，高校生になってから英語を話す学校でロシア語を学んだ場合はどうなる？　通訳がロシア語をしゃべっているとき，偽装した英語をしゃべっている，いや二重に偽装したリトアニア語をしゃべっているというのだろうか？

同じことが Lisp でも起こる。Lisp インタープリタが本当は Pascal（パスカル）のようなほかの言語で書かれていることがある。そこで Pascal の皮を 1 枚はがしたら，本物の機械の言葉（機械語）が出てきた。じゃあ，なに？　Flumsy も Lisp も Pascal もみんな変装だったってわけ？

*　*　*

あるインタープリタの上で，もう一つ別のインタープリタが走っているとき，どこから下を見ないようにするかという問題がいつでも起こる。私は個人的には，Lispインタープリタの下のことはめったに考えない。Lispシステムとつきあっているときは，Lispが母国語である誰かと話しているという気になっている。同じように，人と話しているとき，その人の頭脳の構成がどうなっているかなんて考えない。ニューロンの束がどうのこうのなんて思うはずがない。つまり，私の認知システムにとって，適当なレベルから下を見ないというのは，ごく自然なことなのだ。

もし，中華料理店で使われる中国語をうまく扱ってくれるようなプログラムがSEARLE（中華料理専門言語）という（仮想の）言語で書かれていたとしよう。このプログラムに対して，たぶん2通りの見方ができると思う。これはまぎれもなく中国語を話している。（ただし，あまり反応が遅くなくそれなりの性能があるとしての話。）または，SEARLEという言語を話している。どっちを選ぶかは，私の気持ちしだいである。つまり，そのときどちらの方面に強い興味を抱いているか（中華料理なのか，文法の機能なのか）私の頭の思考速度と言語のレベルのスピードのマッチング，それに実際私が中国語のほうに堪能なのかSEARLEのほうに堪能なのかなどによる。もし，私にとって中国語がただの判じものだったらSEARLEの見方をするだろうし，SEARLEがよくわからない専門的な式の羅列に見えるのだったら中国語の見方をするだろう。もし，SEARLEシステムがLispを使って書かれていることを知ったら，第三の見方，Lispの見方をするかもしれない。

しかし，インタープリタの上にインタープリタというふうに重ねていくと，すべてがどんどん遅くなってしまう。ちょうど，発電機でモーターを回し，そのモーターで別の発電機を回し……，といった感じである。一段階経るごとに，確実にエネルギーのロスがある。発電機の場合，わざわざこんなことをする必要はほとんどないが，インタープリタの場合，どうしても必要なことがある。Lisp自身が機械語でないかぎり，とにかく現に使える機械の上にLispインタープリタを作ってやることが必要なのだ。あなたがその上でFlumsyとかSEARLEという言語がほしいなら，このいわば仮想Lispマシンの上でこれらのインタープリタを作らなければならない。こうすると，あなたの仮想Flumsyマシンや仮想SEARLEマシンは，希望している速度の何十倍も遅くなってしまう。

＊　＊　＊

しかし，最近のハードウェア技術の発展は目覚ましく，ハードウェアレベルで Lisp がわかる機械が出現した。ある意味で，仮想 Lisp マシンより流暢にというか，深い理解のもとで Lisp が話せる機械だ。こういう機械を使うと，Lisp の環境の中を泳ぐという感覚になる。Lisp の環境というのは，いままで述べてきたものをずっと越えている。たんにプログラムを書くための言語にとどまらない。プログラム（あるいは文書）の作成・修正・編集を行うプログラム，誤りの発見や訂正に便利なデバッグ（虫取り）プログラム等々……。これらがみんな「Lisp 哲学」という大屋根のもとでたがいに両立し共存しているのだ。

こういう機械はまだ高価で，開発途上であるともいえるが，急速に安く，手に入りやすくなっている。現在，マサチューセッツ州ケンブリッジにある LMI 社，シンボリックス社という新規メーカー，またゼロックスという大手メーカーからこの種の機械が市販されている。Lisp は現在多くのパソコンの上にものっている。この種の情報は手近のマイコン雑誌を見ればすぐ入手できる。

さて，Lisp はどうして AI (人工知能) の分野で主流なのだろうか？　これは一発では答えられそうにない。私は次にあげる性質が効いているのではないかと思う。

（1）　Lisp は単純で，エレガントである。
（2）　Lisp の中心概念はリストとその処理。リストはごく柔軟なデータ構造である。
（3）　Lisp のプログラムは，データと同じ構造。Lisp 自身でプログラムを生成し，走らせることができる。
（4）　Lisp の上で新しい言語のインタープリタを書くのが非常に容易。
（5）　Lisp のような環境の中で泳ぐことが，多くの人々にとってきわめて自然。
（6）　Lisp には「再帰の心」が浸みわたっている。

この，ちょっとわかりにくい6番目がやはり中心的理由だと思う。人工知能を研究している多くの人は，再帰性がなんらかの意味で知能のタネに関係しているのではないかという深層意識をもっている。私はそう考えている１人だが，やはりこれはまだ虫の知らせ，研究者の直観で，ぼんやりとしか感じられない，ちょっと謎めいた信念というべきもので，本当にそれが裏づけられるかどうかは将来の研究にかかっている。

(1983年6月号)

追記

一九七七年の三月、私はAIの偉大な先駆者マービン・ミンスキーにはじめて会った。これは私にとって忘れ難い体験だった。彼がいったことの中でとくに印象深かったのは、「ゲーデルはリスプ(Lisp)を思いついておくべきだった。もし彼がリスプを思いついていたならば彼の不完全性定理の証明はもっと簡単なものになっただろう」という言葉である。ミンスキーがこれでなにをいおうとしたかは正確にわかった。そこには一片の真実があり、一片の皮肉がこめられている。しかし、この言葉は私をひどく悩ませた。なにか一度にものすごくたくさんのことをいいたくなるのに、そのために逆に言葉が出なくなるというやつだ。このごろやっと、当時自分がいいたかったことがいえるようになった。

ミンスキーの発言の意味はこうだ、「ゲーデルの証明の一番難しいところは、数学的体系に自分自身を語らせるところにある。天才のひらめきが何段階か必要になる。しかし、リスプは、少なくともゲーデルが必要としていた意味で、まさに自分自身を直接語ることができる。それならどうして、彼はリスプを発明しなかったのだろう？あとはそれの付録ですんだのに。」裏を返せば、だしぬけにリスプを発明するには、さらに何段階かの天才が必要だったということだ。

ミンスキーはこのことを十分承知の上で、こういう冗談めかした言い方をしたのである。

ミンスキーがこれを真面目な意図でいっていることは、別の機会に同じようなことを発言していることからも明らかだ。そこには暗黙の疑問がある。「なぜ、ゲーデルはリスプのような直接的な自己言及のアイデアを発明しなかったのだろうか？」そして、これはゲーデルの仕事の重要なポイントを見逃しているようにも、私には思える。つまり、自己言及が、期待どころか歓迎もされないようなところで突然現れるという点だ。ゲーデルの定理は、よく知られた既存の体系、すなわちラッセルとホワイトヘッドの『プリンキピア・マテマティカ』の体系の完全性への期待を打ちくだいたところに重要性がある。リスプであろうがあるまいが、新しく考えられたどんな系に対しても、完全性が期待できないことを示したこと自身は、それにくらべれば些細なことだ。もっと正確にいえば、新しく作られた体系でこの定理の重要性がたとえ同等だったとしても、その重要性を人々が理解することが、自然数の体系などにくらべてはるかに難しくなるということだ。

さらに、ゲーデルの仕事は、直接的自己言及と間接的自己言及(ここで自己言及を言及にいいかえてもよく、実はそちらのほうが重要！)の境界が完全にぼやけていることを、実に明解に示した。なぜなら、彼の仕事は、言及と意味の成立における「同型写像(符号化といってもよい)」の果たす本質的な役割をピタリと解明したからである。ゲーデルの仕事は、私にとっては、意味がどのようにして同型写像から生まれ、かつ同型写像からしか生まれないか、また「直接的な」意味、つまり符号化されない意味がどうしてつじつまが合わないかを、実にみごとに示したのである。つまり、意味は複雑な文法から現れでるものなのである。これは第1章の追記で書いた「意味は精妙な形式である」に通ずる。だから、私には、ミンスキーの冗談の背後にある疑問は、意味の性質のこういう側面に関するある種の混同からきているように思われる。

* * *

さて、いまの話をもう少しくわしく述べることにしよう。ゲーデルのアイデアその一は、符号化により数が数学の記号を表せるということだった。たとえば、数11は左カッコを表し、数13は右カッコを表すといった具合である。人間の使う言語にアナロジーを求めると、「単語」、「いう」、「言語」、「文」、「言及」、「文法」、「意味」といった言語自身に関した単語だろう。これは、「牛」とか「ザブザブ」という非言語的対象に対する言葉とはっきり区別される。言語について語る言語要素を私たちはもっている。これはあたりまえと思う人がいるかもしれないが、洞窟で暮らしていた、やっとブーブー語を脱したくらいの人類の身になって考えてみたら、言葉に関する言葉という概念にはじめて思いいたったときの不思議な驚きには感動せざるをえないだろう。ある意味で、人間の意識はそこから始まったのだ。

しかし、言語がその中の個別の記号に対して語ることができても、自己言及という意味ではたいしてさきへ進まない。ゲーデルのアイデアその二は、どうやって体系が記号のリスト、あるいは記号のリストのリストといったものを語れるようにするかであった。人間の言語でいえば、このステップは人が、一語でいった発言に言及する能力から、任意の長さの発言あるいは入れ子になった発言を言及する能力に拡大したことを指す。たとえば、「ポール・リヴィアが『島だ！』といった」から「ダグラス・ホフスタッターが『ポール・リヴィアが「島だ！」といった』といった」といえるようになることへの飛躍である。

ゲーデルは記号を表す整数のほかに、記号の列を表す整数を用意することを思いついた。整数1が記号「0」を表し、前にも述べたように11と13がカッコを表すものとしよう。「(0)」という数号例を表すには、11と1と13を組み合わせて新しい整数を作る必要がある。ゲーデルはこれを7500000000000という数で表した。もちろんゲーデルのことだから、気ままにこんな数を使ったわけではない。これは2048と3と1220703125、つまり2^{11}と3^{1}と5^{13}の積なのだ。いいかえると、符号11、1、13からなる三文字の記号例は$2^{11}\cdot3^{1}\cdot5^{13}$という数で符号化される。ここで、2、3、5はいうまでもなく素数の最初の三つである。三文字以上の記号列を符号化したければ、必要なだけの素数を小さい順から使えばよい。こんな単純な発想で、どんなに長い記号列でも大きな整数へ符号化できる。ここで、符号化された整数自身がベキ乗の肩にのれることに注目すると、再帰的な符号化が可能なことがわかる。つまり、記号列がほかの記号列の符号を中に含んでいてもよい。そして、これはいくらでも入れ子にできる。たとえば、「0」、「(0)」、「((0))」という三つの要素からなるリストは

$$2^{2^{1}}\,3^{2^{11}3^{1}5^{13}}\,5^{2^{11}3^{11}5^{1}7^{13}11^{13}}$$

というとんでもなく大きな数に符号化できる。

ここでいわゆる「賢明な読者」は、これには曖昧さがあるのでは、という疑問をもつに違いない。一つの整数を素因数分解すべきか、

それとも一つの記号（アトム）に対する符号数と見なすかを、どうやって区別するのかというわけだ。ゲーデルの解答は単純明解、アトムに対する符号は奇数に限るとしたのである。理由は簡単だろう。奇数であれば、それはアトムである。逆に数が偶数であれば、素因数分解する。その結果出てきたベキ乗の肩の数にも、同じことを行う。これを繰りかえせばよい。こうして、奇数が出てきたところで計算が終われば、アトムがどのように組み合わされて入れ子記号列を作っていたかがわかる。

このように整数、すなわち数学的体系の中で記号列を表現することにより、ゲーデルはこのような体系が自分自身を符号化を通して語れるようにした。彼は、鉛筆が鉛筆自身になにかを書くとか、ごみ箱が自分自身をその中に捨てるといった自己言及と同様に不可能とされていた自己言及を、たくみに数学的体系の中に仕こんでしまったのである。これはちょうどトロイの木馬のように、本来潜入できるはずのない大量の兵士を、いわば受容可能な単一構造の中に「符号化」してしまった古代ギリシャ人の知恵に似ている。

歴史的に見ると、ゲーデルの仕事の重要性は、ラッセルとホワイトヘッドのトロイ、つまり『プリンキピア・マテマティカ』の難攻不落と思われた壁の中にあった、予期せざる自己言及の跳梁を暴露したところにある。（これに彼の符号化を使ったのだが、だからといってこの跳梁を抑えたわけではなかった。）さて、リスプは自分自身で、リスプ・プログラムを作ったり操作することができる。引用された（クオートされた）符号という概念は、リスプがＡＩの連中に受けがよかった大きな理由の一つである。それはそれで結構。でも、あなたが自己言及のポテンシャルをもつ体系を作ったとき、その中に自己言及のしかけが用意されているといっても誰も驚かないだろう。本当に驚くべきことは、自己言及をはっきりと追いだそうとしている堅固な要塞の中に、勝手に自己言及が現れてくるところにある！　これはたいへんなことなのだ。

数学的体系の中にこういう自己言及能力があるというゲーデルの発見は、類似の体系、たとえばコンピュータ言語にも成りたつ。なぜなら、コンピュータは通常の算術演算を、少なくとも理論的にはどんなに大きな数に対しても実行でき、大きな数を扱っているときは、いつでもプログラムの符号化表現を操作しているといっていいからである。どのプログラムが操作されているかは、もちろんあなたが使っている符号に依存する。形式的な言語の中に「引用」の概念を直接導入することが望ましいと考えられるようになったのは、ゲーデルの仕事が数学者、論理学者、計算機屋にある程度広く理解吸収されるようになってからである。かなり強調した言い方をすれば、「引用」は言語の能力を上げてはいない。ただ、ある種のものをよりやさしくし、より透明にしただけである。ミンスキーのコメントは、この透明性を根拠にしている。

そう、リスプがあればたしかにゲーデルの不完全性定理の証明はやさしくなるだろう。しかし、ゲーデルが証明を思いつく前に、ゲーデルにとってリスプの発明が当然という状況にあったなら、きっととっくの昔に証明はできていて、それはゴージラの証明とかなんとか呼ばれていただろう。私は架空の話は好きなほうだが、それを現実へ滑りこませるときは注意すべきだと思う。

＊　＊　＊

こうまでいっておきながら、突然私が「ゲーデルはリスプを発明した！」などといったら、あなたは私がおかしくなったのでは、と思うに違いない。私はジョン・マッカーシーからなにも奪いさるつもりはない。だが、ゲーデルが一九三一年、つまりコンピュータ誕生の一五年前、リスプ誕生の二七年前にやった仕事をよく見ると、彼がリスプの基本概念をほとんどすべて予測していたことがわかる。たとえば、さきほども見たように、リスプの基本概念であるリストは、ゲーデルにおいても中心概念であった。アトムとリストの弁別機能——今日のリスプの実装でいつも問題になる技術——は、ゲーデルもすでに認識しており、奇数・偶数というテクニックでこれを解決した。「引用」の概念は、ゲーデルの符号化そのものにもう入っている。そして、リスプ・プログラミング技法の最も真髄たるべき再帰法はどうだろう？　実はこれもゲーデルの論文の真髄なのである！

ゲーデルの証明の真髄は、四六個の関数定義の列である。新しい関数はそれまでに定義された関数にもとづいて定義され、それらは最終ゴールに向かって尖塔のように積み上げられていく。たとえば、この中に、引数に整数一個をとる非常に複雑な関数がある。これは1を返すか、無限ループに陥るかどちらかである。1を返すのは、与えられた数が『プリンキピア・マテマティカ』に出ている定理のゲーデル数（さきほど述べたように符号化された数）であった場合である。そうでなければループに陥って値は返らない。これはゲーデルの四六番目の関数であり、*Bew*（ドイツ語の beweisbar〔証明可能〕からきている）と命名されている。

もし、関数 *Bew* の値を任意の入力に対して素早く計算できるのであれば、公理化された系が解くような数学的な問題（イエスかノーで答えられるもの）はいつでも解けることになる。やるべきことは、まず問題を『プリンキピア・マテマティカ』の言語で書き、それをゲーデル数に変換し（ここが一番機械的で面倒かな）、関数 *Bew* に与えればよい。1が返れば、質問の答えはイエスであり、計算が無限につづくようであれば、答えはノーというわけである。あっ、文句がありそうですね。わかりました。計算が終わるのか終わらないのか無限につきあうのがいやな場合は、もとの質問の否定を同じように書きくだし、そのゲーデル数を関数 *Bew* に与えればよい。つまり、肯定型と否定型の質問を同時に走らせ、どちらから1が返ってくるかを見ればよいのである。質問の命題またはその否定が『プリンキピア・マテマティカ』に書いてあるかぎり、関数 *Bew* は1を返し、そうでなければ無限に計算をしつづけることになる。

で、関数 *Bew*、すなわち第四六関数はどう動くか？　それは簡単である。第四五関数を何回も呼ぶだけだ。では第四五関数は？　これは第四四関数やその他の関数を呼ぶ。これらはそれより前に定義された関数や自分自身を呼ぶ（再帰！）。こういう調子で最も単純な関数。たとえば*S*の呼び出しまで落ちていく。*S*は後続関数と呼ばれ、17に対しては18というように、与えられた自然数の次の自然数を返す関数である。すなわち、ゲーデルの論文に出てくる高い番号の関数の評価は、私が定義した expand と同じように、サブルーティンを階層的に何重にも呼びつづけることである。ゲーデルのこの有名な四六個の関数定義は、私にいわせれば世界最初のコンピュータ・プログラムであり、リスプで書かれていたのである。（ノルウェーの数学者トラルフ・スコレムは再帰的関数の理論的な研究の創始者であるが、ゲーデルは再帰的関数を実践的に使って、非常に複雑な関数を作り上げた最初の人間なのだ。）

ミンスキーの冗談半分が私の知的琴線にいたく響いたのは、まさにこういう理由であった。これに私が答えるとしたら、「そうじゃないでしょう。ゲーデルはリスプを発明するべきではなかったし、発明もできなかったでしょう。彼の仕事はリスプの発明の先駆と考えられるからです。いずれにせよ彼が熱中していたのは『プリンキピア・マテマティカ』の破壊であって、リスプじゃなかったんです。」もう一つの答え方は「あなたの当てこすりは間違っています。なぜなら、どんなタイプの言及も符号化しないといけませんが、ゲーデルのとった方法は、ほかの効率的な方法にくらべて、言及できる能力ということ以上に高級な符号化を使っていないところがいいのです。」最後は私が間違って口を滑らせそうになった答え。「いや、そんな、ゲーデルはリスプを発明したんですよ!」これで、私がそのときなにもいえなかったわけがわかったでしょう。

* * *

ゲーデルにここまでこだわったのは、歴史的、哲学的な話に触れたかったからである。しかし、理由はもう一つある。それは、リスプの中にあるアイデアがメタ数学やメタ論理の根本的な問題に密接にかかわっているからだ。これらの問題をもっと計算機械に近い立場から見直すと、計算可能性という計算機科学の最も深い問題にほかならない。マイケル・レビンは数理論理学の入門書を書くのに、基本となる形式体系を、伝統的なものではなく、リスプにした。こういう理由から、リスプは計算機科学の中で特異な位置を占めているといってよい。だから、当分の間リスプは消えてなくならないだろう。

しかし、リスプが単純明快というのと、人間の心のモデル化を目ざす努力のたいへんさとの間にはとんでもない隔たりがある。私はこれを「粒度」という言葉で考えたい。私には、リスプ自身がほかの言語よりもAIに役立つという考えは、馬鹿げたものにしか思えない。これは、Hopiという言語についての、あのみごとに空想的で身勝手にクソッたれな話を思いださせる。これは、たとえばこういう話だ。「アインシュタインはHopiを発明すべきだった。そうすれば相対性理論の発見はもっと簡単にできたはずだった。」なぜなら、Hopiには「絶対時間」という言葉が欠落していたからだという。相対論では、絶対時間の概念が捨てられるので、こういう性質をもっているHopi（別にHopiでなくてもいいが）は相対論を語るのに最適だというわけである。

こういう類の主張を最初に行ったのは、アメリカの著名な言語学者エドワード・サピアである。これは、のちに彼の弟子ベンジャミン・ウォーフによって改良されたので、サピア-ウォーフの仮説と呼ばれている。「言語は思考をコントロールする。」これがサピア-ウォーフの主張である。もう少し穏健な言い方をすれば、「言語は思考に強い影響を与える」ということになろうか。

コンピュータ言語にサピア-ウォーフの理論を焼き直すと、言語Xでプログラムを書いている人間は、Xが当てがっている枠組み以外ではものが考えられないということになる。「世界」がある一つの見方でしか見えなくなり、言語Lのプログラマだったら簡単にわかることでも見えなくなってしまうというわけだ。サピア-ウォーフはこれを信じろといっているが、とんでもない!

私はリスプを使っている。リスプが多くの局面でたいへん便利で自然だと考えている。これから本格的にAIをやろうという人には、リスプをちゃんと勉強しなさいとアドバイスすることにもしている。だからといって、リスプの深い勉強がAIを目ざす王道だとはこれっぽっちも考えていない。これは、建築を目ざすのにレンガを深く研究したって、王道といえないのと同じ理屈だ。リスプの中にある生の素材とAIの関係は、建築の素材と建築の関係と同じだろう。素材から適切なビルディング・ブロックを作り、それを使ってより大きな構造が作られるのである。

AIがなんであるか深く知ろうとするのに、コンピュータがそもそもなんであるかを正確に知らずにすませようというのはナンセンスである。私には、後者を目ざすのに、リスプを学ぶ以上のいい方法が思いつかない。AIを学ぶ学生にリスプが適している理由は、まさにここにある。リスプの初心者は計算機科学の基本的な概念に遭遇できるチャンスに恵まれている。ほかのプログラミング言語ではなかなかこうはいかない。つまり、リスプに出てくる、リスト、再帰法、副作用、引用、式の評価、また、このコラムで書ききれなかったたくさんのものが、計算機械の能力を理解するのに重要な役割を果たす。こういう概念を直接取りあつかえるような言語がなければ、秘妙で多階層の複雑さをもったプログラムは、ほとんど作りえなかったであろう。リスプがよいビルディング・ブロックだから、私はリスプを強く推薦するのである。

同じように、ゴールデン・ゲート・ブリッジやエンパイア・ステート・ビルディングのような、秘妙で多階層の複雑さをもったような建造物を、レンガや石から作ることは、ほとんど不可能だろう。鉄鋼という構造素材が生まれるまで、こういう建造物は考えもできなかったのである。いまや、私たちはもっと洗練された方法で鉄鋼を使い、このような建造物を建てることができる。しかし、鉄鋼自身は偉大な建築家のインスピレーションの源ではない。たんなる解放者なのである。鉄鋼に関するスーパーエキスパートになることは建築に多少役だつかもしれないが、たんに物知りであるぐらいで十分なのではあるまいか？　要するに、建築は梁をスケールアップしただけのものではないのだ。これはリスプとAIについても同じである。リスプは、どう想像力を逞しくしても、「思考の言語」や「頭脳の言語」ではない。たんなる解放者なのである。リスプに関するスーパーエキスパートになることは、心のコンピュータ・モデルを研究するのに多少役だつかもしれないが、たんに物知りであるぐらいで十分なのであるまいか？　要するに、心はリスプの関数をスケールアップしただけのものではないのだ。

アナロジーを変えよう。小説家は自分の母国語に影響を受けずに、小説の筋だて、登場人物、構成、情念などを思いつくことができるかという問題がある。たとえば、トルストイの『アンナ・カレーニナ』は、トルストイにあてがわれた（といえる）ロシア語によって影響を受けただろうか？　そうだとすれば、ロシア語を知らない人間にとって、この小説はチンプンカンプンなはずである。でも、それはナンセンスだ。英語で読んだ人もこの小説の心理的葛藤は、ロシア語で読んだ人と同じくらいに推しはかることができる。それはトルストイの心が、どんな人間の言語の粒度をも越えたレベルにある概念にかかわっていたからである。そうでないとすれば、トルストイをたんなる構文の手品師と呼ぶに等しい。

とはいうものの、トルストイが時代や文化を超越したと、私が主張しているわけではないことを理解してほしい。たしかに彼は特定の時代と、特定の環境に属しており、これが彼の書いたものに香辛料として香っている。香辛料とはピッタリな言葉だ。彼の仕事のエッセンス――香辛料のたとえをつづけるならば、彼の仕事の肉――は普遍的であり、彼が人間について深い体験をし、葛藤するありとあらゆる情念の苦しみを感じたことのたまものだろう。これが彼の著作の力の所以であり、たまたま彼の母国語であったロシア語のせいではない。(そうでなければ、ロシア語を話す人間はみんな偉大な小説家になれる?)だからこそ、彼の小説の翻訳が(翻訳がなければ、文化を越えて伝播することはできないが……)まったく違う感受性をもつ時代へ生きのこれるのである。トルストイがほかの作家よりも人間の精神に深く入りこめたとしたら、それはロシア語のなすところではなく、トルストイの鋭い感受性と人間に対する共感のなすところだろう。

同じようなことが、AIプログラムとAI研究者についていえる。上の例で、機械的に「小説」を「AIプログラム」に置きかえ、「ロシア語」を「リスプ」に置きかえればどうだろう? ウーム、これはどうしても「AIのトルストイ」といいたくなってしまう。そう、私の主張のポイントは、よいAI研究者はなにかの言語の奴隷ではありえないことなのである。彼のアイデアは、それが母国語や自分の好きなハードウェアのデザインとあまり関係ないのと同程度に、リスプ(あるいはスーパーリスプ、つまり勝手なnに対応したn-リスプ)、プロログ(Prolog)、スモールトーク(Smalltalk)などとは遠く離れたところにある。たとえば、私がこれは、と思ったAIプログラムに、カーネギーメロン大学のラジ・レディとリー・アーマンのチームが一九七〇年代半ばに作ったスピーチ理解システムヒアセイII(Hearsay-II)がある。これはリスプではなく、リスプとはまったく異なる思想で設計された言語セイル(SAIL)で書かれた。もっとも、これをリスプに書き直すのは容易である。人間の心がどう働いているかという科学的な問題は、コンピュータ言語で書かれたプログラムがどうのこうのというのとはまったく異なるレベルなのだ。概念は言語を超越している。

＊　＊　＊

私が反機械主義的な神秘主義に危くも戯れてしまった、と思った読者がいるかもしれない。そんな気は微塵もないことをここで急いで申し開きしておかなければなるまい。そんなはずがないのだ。しかし、読者がそう思ったとしても不思議でないことは、私にもわかる。プログラマーとしての直観によれば、あるレベルのもろもろのものをいくつかの関数にまとめるという手法にもとづき、あるレベルで整理・定義された関数で次のレベルを作っていけば、その累積で大きなシステムが構築できる。こうすれば、かなり複雑な動作でも、高いレベルでは非常に簡単な関数の呼び出しで表現できるように見える。つまり、こういうピラミッドの頂点にある関数は、「認識」といったものである。このピラミッドを下っていけば、たいしたことのないサブルーティンがたくさんあり、最後にはものすごい数の「認識下」サブルーティンがある。この考え方は生物学に実に似ているし、人間の心と脳の問題の最終解決にも近そうである。このあたりをみごとに書いてくれたのが、ダニエル・デネットの『ブレイン・ストーム』だ。ちょっと程度が落ちるかもしれないが、私の『ゲーデル、エッシャー、バッハ(GEB)』の一部にもそういうことを書いておいた。

そう、私はあまり認めたくないのだが、軍隊――無意識でいいなりの無数の兵卒が、中くらいに利口な上官を通じて、司令官の認識レベルから出た要求を行動に移すという組織――と全然違わない、機械的精神性のこういう再帰的見方に、私はこのところずっと惑わされてきた。私のこの見解はGEBの第10章に最も強く表現されている。そこの小タイトルで、私ははっきりと「AIの進歩は言語の進歩である」と謳った。私はそこで、AIの正統的な立場では、私たちがよいスーパー言語――リスプから何段階も上にあるが、第19章のFlumsyやSEARLEがそうだったように、実はその上で作られている言語――を見つけることができれば、すべてがまるで簡単なものになってしまうと述べた。つまり、伝説的な「思考の言語」でプログラムが書けるのだ。AIプログラムは自分で自分を書けるようになる。なんと、言語自身にそれほどの知性があるのであれば、私たちはふところ手をして、ほんの簡単なヒントさえ与えれば、あとは機械がみんなうまくやってくれる！

これは、現在の私の考えによれば、まったく見当違いだ。その理由は第26章にくわしく述べる。私はGEBでたくさんの時間を費したが、結局、AIの正統的な見方を支えるのではなく、それを潰すほうにまわったということにホッとしている。私はそこで――現在もその考えは変わらないが――システム全体のトップレベルの振舞いは、無数のおたがいに打ちけし合ったり、強調したりする独立な部分から、統計現象的に現れてくるものだと書いた。これは、GEBの対話編「……とフーガの蟻法」およびその周辺でとくに強く主張されているが、それは本書にも引きつがれている。第25章、第26章を見ていただきたい。

そこになにが書かれているかの予測も兼ねて、こういう疑問を読者はもつかもしれない。何千年も言葉を使ってきたのに、どうして「こちらへきて、これを見てください」といったように頻繁に使われる言い回しが、一つの単語に縮約されないのだろう？　もっと短い「こきこ見なさい」という言葉になってもよさそうなものだ。また、どうして私たちは、あるレベルでうまくいえない（あるいは思いつかない）ことを、一つ上のレベルでいえる（あるいは思いつける）ように、言葉を拡張していかないのだろう？　もちろん、そういうことを行っている領域もある。たとえば、「リスプ・インタープリタ」という言葉は、初心者にとって、わかるまでにたいへんな苦労を要するが、一度わかってしまえば、実に豊かな内容の概念を一発でいい表すうまい言葉になる。科学に限らず、私たちは実生活でたくさんの言葉を追加しつづけている。レーダー（radar, RAdio Detective And Ranging）、クロヨン（9、6、4）、安竹宮（安部、竹下、宮沢）、NATO、OPEC、NTT、ラジカセ、DNA、パソコンなどなど。どれもりっぱな単語になっている。

実際、言語は成長しつづけている。それにもかかわらず、いまだかつてたった一語の小説を書いた人はいない。一〇〇語以下の小説を書いた人もいない。事実、二〇〇年前にくらべて、小説が短くなったという話は聞かないし、教科書が短くなったという話も聞かない。一つの単語が表現している概念がいくら大きくなっても、人々が小説や教科書に盛りこみたいと考えるアイデアは、そういうものとスケールが違うのである。もちろん、言語で小説を書けないといっているのではない。言語がどう作られていようとも、小説を書くには大きな積み重ねが必要だということなのだ。私が粒度といったのは、まさにこのことである。理論的なAIが進展するに従い、これにはもっと深い、微妙な論議が必要となろう。

＊　＊　＊

サピア-ウォーフの理論に興味をもった人は、コロラドのローダ・スパーク商会が発売した擬似自然言語ノベルフロ（Novelflo）にも興味をもつと思う。これは英語に対する拡張、あるいは後継者たるべく作られたものだが、とくに小説や詩を書くことが能率的になるようにデザインされている。Novelflo で小説を書くときには、英語で書くときにくらべてびっくりするくらいわずかの単語を書けばよい。これを、同じくスパーク商会が著作権をもっているエクスパンダトロン（Expandatron）というプログラムに食わせると、これがまた不思議、みごとに美しく表現力豊かな英語の文章を出力してくれる。詩の場合は、要求したい詩型（行数、韻の踏ませ方など）を与えれば、たちどころに美しく磨き上げられた一篇の詩が出力される。Novelflo に関するスパーク商会の宣伝文句を一部紹介しておこう。

＊　プロット自動強化メカニズム（PEM）――あなたのアイデアをより強化します。

＊　登場人物自動検査システム――登場人物の性格付けに一貫性が保たれているかどうか自動的に検査します。

＊　プロット自動検査システム――プロットに矛盾がないかを自動的に検査します。これは小説をお書きになる方には必要不可欠な機能です。

＊　紋切り型自動排除システム（SVP）――紋切り型に陥らないように、可能なかぎりの意外性を生みだします。

＊　風刺インジェクター――風刺を効かせたいときに有効です。

＊　雰囲気セッター――小説に必要な情景、ムード、雰囲気などを少数の言葉で表現する機能です。これがないと、場面設定に多くの紙数を使ってしまうでしょう。

実は、この追記は、スパーク商会の Novelflo を使って書かれている。これは私にとってはじめての試みだった。この追記は、展開される前、たったの一一四語で書かれていた。残念ながら、不なれな私はこの追記に八〇時間も要してしまったが、Novelflo になれるのはすぐで、いったんなれてしまえば「時間」が「分」になると、スパーク商会は保証している。

スパーク商会はすでに Novelflo の後継者たるべき、SuperNovelflo の開発を急いでいる。対応する変換プログラムは当然、SuperExpandatron になるはずである。スパーク商会の発表によれば、情報圧縮率はさらに一〇〇倍程度は上がるという。（ただし、Super-Novelflo では、書くのに要する時間がどうなるかという発表はなされていない。）いずれにせよ。SuperNovelflo により、この追記全体は、なんと三語で完全に記述できるようになる。スパーク商会の社長によると、それは次のようになるとのこと。

SP 91 pahC TM-foH

なんて素、敵だこと。〔スパーク商会によれば、Novelflo と Super-Novelflo の日本語化も遠くないという。いまの例は日本語版 Super-Novelflo では、

記追章九十タメフホ

になりそうだという。〕

［第20章］

不確定性原理と量子力学の多世界解釈

しまった！　あなたはアンチークな布張り椅子のすき間にコインを落としてしまった。なくしてなるものかと、そっとすき間に手を突っこんでつかもうとする。しかしなんと、手を差しこむ動作が、かえってすき間を広げてしまって、コインはさらに下へすべりおちる。やればやるほどコインは椅子の奥底に迷宮入り。この〜！　よくあるこの情景は、なにかを得ようと努力すればするほど、徒労に終わることがあるという世間一般の常識を裏づける一つの例である。

素敵な友（当然、女の子！）遠方より来たる。帰る前にどうしても彼女の素敵な笑顔をカメラに収めておきたい。ところが、彼女は強度の写真アレルギーで、カメラをもちだそうものなら、たちまちすくんでしまってコチコチ。笑顔など撮れるわけがない。捉えにくい現象をとらえようという努力が、その現象自体を壊してしまうのだ。

このような例の説明に、ときどきかの有名な不確定性原理が引き合いに出される。一九二七年頃、量子力学のこの原理を最初に発表したのは、ヴェルナー・ハイゼンベルクである。以来、軽率な言いかえや解説が横行してきて、この原理の真の意味が歪曲されて人々に理解されるようになった。

この章で、私は元祖不確定性原理とその類似粗悪品をあげつらって、この辺をはっきりさせたいと思う。まず類似粗悪品をまな板にのせて、問題点を浮き彫りにする。ニセの不確定性原理によると、

観測者はつねに観測現象に干渉している。

これは特定の分野、とくに逆観測者（つまりこちらを見返しているような人間）がいるような現象の説明によく使われる。しかし、こういう場合にしても、ニセ原理は安易にすぎる。実験や科学の方法に対する誤解がある。科学は特定例ではなく、事象の類に関するものであることを、心に留めてほしい。科学の課題は、原理的に無限個ありうる具体的現象の抽象化なのである。

例を一つ。最近、私はあるご婦人が自分の友だちのことを話題にして、こういったのを聞いた。「当時あの人は出かけるとき、いつも一緒と医者だったの。」彼女がいわんとしたことは、当時友だちが精神科医としか一緒に外出しなかったということなのだが、「一緒」と「医者」が逆になってしまった。こういう奇妙な逆転をしたとき、彼女の頭の中でなにが起こったかを、正確に知ることができれば素晴らしい。どこへどう転んで間違ったか、なにがどこへ、またどうして？

しかし、これは一回限りの現象で、二度と起こらないだろう。詳

細にわたる科学的説明は出てきそうにない。むしろ、この特定の現象から、私たちが本質的と考える一般的現象を抽象する必要がある。同一の類に属する他の現象を想起する必要がある。こういう現象を起こす方法、起こったときに発見する方法を用意して、現象のパターンを調べる必要がある。ここではたぶん、「W婦人における言い間違い」あるいは「発音の似た言葉の逆転」というのが、適切な抽象化のレベルだろう。事象の抽象化の方法によって、実験の進め方は変わってくる。

写真アレルギーの女の子の件についていうと、笑顔はたぶん繰りかえしのきく現象だ。一度機会を逃したら、永久に逃すというものではない。忍耐、そして工夫を凝らせば、きっと彼女の笑顔は撮れる。遠く離れたところに望遠レンズをしかけて、遠隔操作シャッターを君の手に握りしめて待つのだ！　こうすれば、彼女に知られずに写真が撮れる。

椅子のコイン事件の場合、ちょっとした努力で、コインをつまみだす特殊工具を作れるはずである。実際、こういう日常茶飯事的な状況では（たとえ逆観測者がいる場合でも）、十分な努力を払って改善を図れば、観測者の行為に気づかれないままで、現象を混じりけなく抽出できる。ある特定の事象の完全な再現は、もとより望むべくもないが、興味の対象が一回限りではなく、一般的現象であるならば、観測者からの影響を可能なかぎり少なくすることが必ずできるのである。もちろん何兆円もかかるかもしれないが。

くどいようだが、多くの人が不確定性原理を日常現象に適用できると考えている以上、この点はもう一度繰りかえす。とにかく、そういう考えは間違っている！　では、いったいハイゼンベルクの原理とはなにか？

＊　＊　＊

これを説明するには、一九〇五年に書かれた、アインシュタインの三つの基本論文に戻らなければならない。アインシュタインは、ここで光が光子という粒子からなっているという仮説を立てた。まさに、この論文によってはじめて、量子力学の不思議な世界への扉が開かれたのである。二世紀にもわたる入念な実験や観測の結果、可視光はまぎれもなく極超短波長（10^{-4}センチメートル程度）の波であるとされてきた。光波がおたがいに干渉して、打ちけし合ったり強め合ったりすることが観測されていた。光のこういう振る舞いは、池の水面で見られるモーターボートの波と堤からの反射波との一瞬の打ちけし合い現象や、静かな湖面上で跳び跳びの岩から跳ねかえる同心円状の波紋が交差して作るさざ波模様に似ている。

ある意味で、光波は水面波よりも単純である。異なる波長の水面波が異なる速度で進むのに対し、光波は波長にかかわらず一定の速度c、秒速3×10^{10}センチメートルで進むからである。水の場合、長波長の波は短波長の波より速く進む。だから、単純な波紋は広がるにつれて、いくつかの成分に分裂していく。最も速い外周は長波長の波からなり、内周は短波長である。こうして波紋はしだいに平らになって消えていく。このため水は分散媒体と呼ばれるが、光の伝わる媒体は非分散的である。媒体？　光は媒体など必要としない。言い方を変えれば、光の媒体は真空である。しかし、波が揺れるべき何ものもないところで振動しつづけることができるとは、はて奇妙な！

この奇妙な例外に悩んだ結果、一九〇五年、アインシュタインの創造的頭脳はこの問題の解答に対して二つの基本アイデアに到達した。一つが相対性理論、もう一つが光が粒子であるという（直観に反した）光子説である。しかし、どこからこんな奇想天外な洞察のひらめきが出てきたのであろうか？

＊　＊　＊

光を電磁波とする古典理論は「黒体」が放射する各種の色、つまり各種の波長の光の性質を説明しきれず、謎としていた。黒体とは誤解を招きやすい言葉だが、これはたんに全波長の光を吸収して反射しない物体のことを指している。黒体は熱すると輝きはじめる。最初は鈍い赤、次に明るい赤、そしてオレンジ、どんどん行くと青みがかってきて、白色にまでなる。（電気ストーブのニクロム線を思いおこすとよい。）説明できなかった問題というのは、与えられた温度に対して黒体が放射する光の（波長に応じた）強度分布の理論である。水面波のたとえでいえば、石を水面に落としたときの運動量といったものの関数として、水面波の外周部、中間部、内周部の波の強さを予測できるかどうかという問題である。

実際の黒体放射スペクトルは、各温度について、実験物理学者によって入念に計測されており、波長と強度のグラフの曲線の特徴はよく知られていた。非常に長波長と短波長のところでは、光の強度はゼロに収束していき、温度に依存した中間波長のところで強度が最大になる。これは古典物理が予測した波長の強度分布とは、まったく相容れないものであった。古典物理によれば、ごく短い波長のところでは、温度にかかわりなく強度は無限大に近づく。今日的用語を使えば、これはいかなる物体、たとえオンザロックの氷のようなものでも、殺人的ガンマ線をたえまなく、かつ任意の強度で放射していることを意味している。そんな馬鹿な！　しかし、一九〇〇年までは、誰も古典理論のほころびに、つぎを当てることができなかったのである。

その年、マックス・プランクは短波長に合う公式と長波長に合う公式を数学的に継ぎ合わせた、いわば混血的な公式を発見した。長波長に関して、公式は古典理論の予測と合致し、測定結果とも合致していた。短波長に関しては、古典理論の予測には外れるが、実験データとはよく一致していた。要するに、プランクの公式はすべての波長と温度でうまく振る舞うが、なにか原理というものから導きだされたものではなかった。たんなる幸運以上のものがあったとはいえ、プランクの直観がこの公式を嗅ぎつけたわけだから、幸運な推論といえよう。

プランク自身は、公式に「作用の基本量子h」と呼んだ不思議な量を導入することに、ずいぶんとまどったようである。hの意味については不明だった。適当な値を入れたら、観測されたスペクトルを公式が正確に再現できるという、まさに定数なのであった。これが自然界の普遍定数と考えられたのは、自然の成り行きであろう。

しかし、hは公式のいったいなんなのか？　なにを意味するのか？　プランク定数hが、公式に出てくる理由を最初に発表したのが、アインシュタインであった。アインシュタインは、まず光波のエネルギーがhと波長に関係した大きさをもつ光子という小さな粒の寄せ集めからなると考えた。たとえば赤色光なら、光子は約3×10^{-12}エルグのエネルギーをもつ。緑色の光子は約4×10^{-12}エルグ、ラジオのAM波はだいたい3×10^{-21}から9×10^{-21}エルグ（ダイヤルを合わせている放送局によって異なる）である。光子当たりのエネルギーは、色（つまり波長）が与えられたとき、一定であると仮定したわけである。

水面波にたとえていうと、次のように考えることができる。波は岸に届くと消えさり、突然カエルに変わる。カエルは波打ちよせる堤を跳びこすのである。波長が長いほど、跳びだすカエルは小物だ。ところが、非常に短い波長のさざ波がくると、怪物ガエルになって、木を倒し、堤の石を湖にはねかえす（これは光電効果、すなわち高エネルギーの光を当てると、金属表面から電子が飛びだす効果のたとえ）。プランクの公式のアインシュタインの解釈によると、カエルのエネルギー、つまり光子のエネルギーと波長は反比例していることになる。式で書くと、

$$E=hc/\lambda$$

ここでEは光子のエネルギー、hはプランクの発見した定数、cは光の速度、λは光子の波長である。ここでEとλだけが変数であることに注意。波動と粒子を混合する見方は、量子力学の最も摩訶不思議な点で、これ以来ずっと物理学者の直観を惑わしつづけているのだ。もっとも、数学的には、一九二〇年代から一九三〇年代にかけての当該分野の華々しい進展によって、きわめて明解になってはいるのだが……。

* * *

ハイゼンベルクの不確定性原理にいたる次のステップは、一九二四年、ルイ・ド・ブロイが光波の不思議な粒子性について考察したときにやってくる。彼は自問した。なぜ光波だけが粒子的なのか？　逆は？　粒子も波のような性質をもつのではなかろうか？　ド・ブロイの直観は、およそ次のようなものだった。アインシュタインの公式を一般化して、光子以外の粒子についても成りたつようにするには、公式から光、つまりcを追放しなければならない。だいたいほとんどの粒子は、光ほど速くは動かない。ド・ブロイはc抜きの形で、公式を再構成しようとしたのである。

これはさほど難しくなかった。なぜなら、すでに、光子はエネルギーEと運動量pをもち、$E=pc$という関係があることがわかっていたからである。これとアインシュタインの公式からcが消去でき、

$$p=h/\lambda$$

という式が得られる。これもアインシュタインの公式であって、どこにも新しい物理学はない。ド・ブロイの発想の大胆さは――実験にもとづく証拠なしに――この公式が万物に適用できると考えたところにある。つまり、光子のみならず、電子、陽子、原子、ビリヤードの球、人間、犬にまでも適用できるというのだ！　ポチも走る速度に応じた波長をもつというわけだ。

これは物理的になにを意味するか？　駆けている犬の波長とはいったいなにか？　ま、計算してみればわかるが、ポチの波長は陽子の半径よりさらに小さい。ポチは、もちろん陽子よりはるかに大きい。ところが、もしポチがとても小さくて、もう自分の波長と同じくらい小さかったら、ポチは自分の波長によって、水面波のように、物の後ろへ回折してしまう。しかし、実際ポチはマクロ的であって、ミクロ的な波長をもっていても全然関係なし。

電子だと話がガラリと変わる。電子は自分の波長よりも小さい。（電子は、半径ゼロの完全な質点と考えて差しつかえない。）ド・ブロイの発表後すぐに、実験と理論によって彼の説の正しさが実証された。電子波が、光波と同様、世界中の研究所で回折させられたのだ。

今度はこういう謎が起こる。電子は波のように空間に広がっているのか、それとも一点に集中して存在するのか？　点だとしたら、

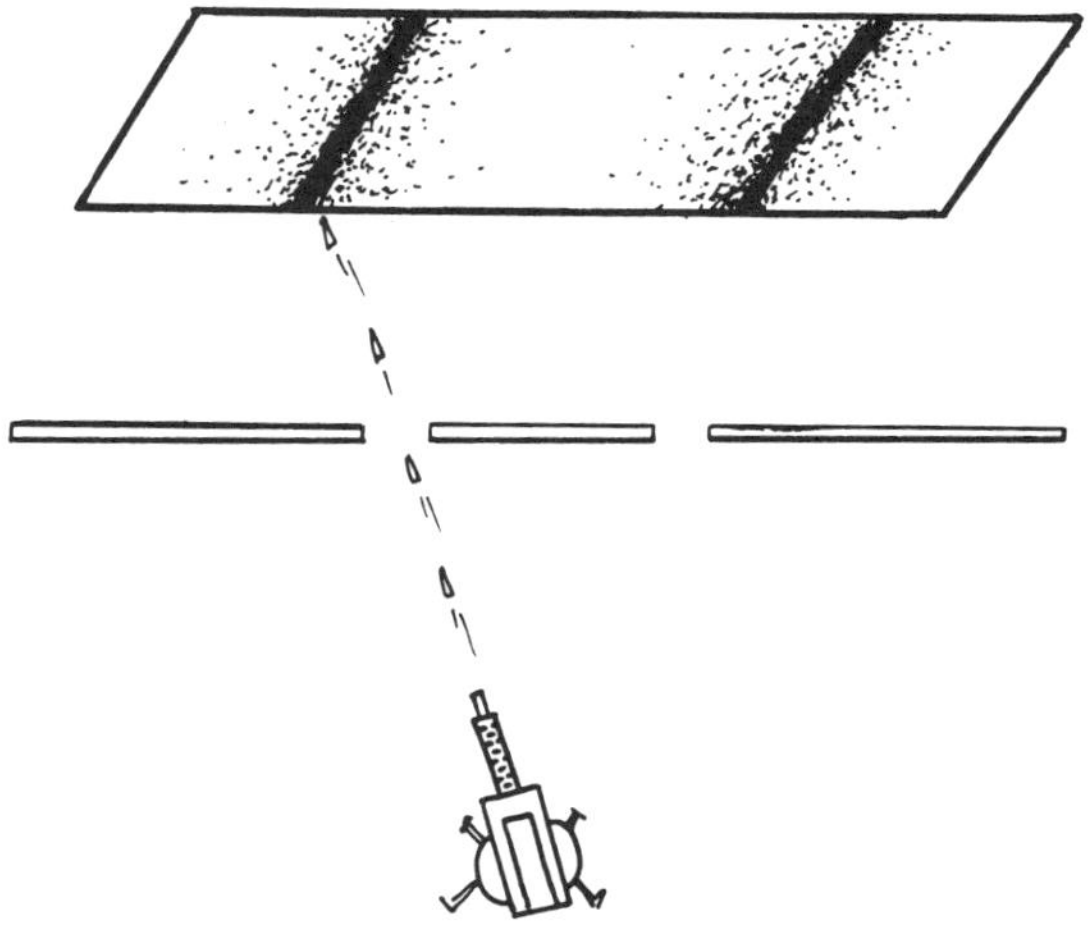
a

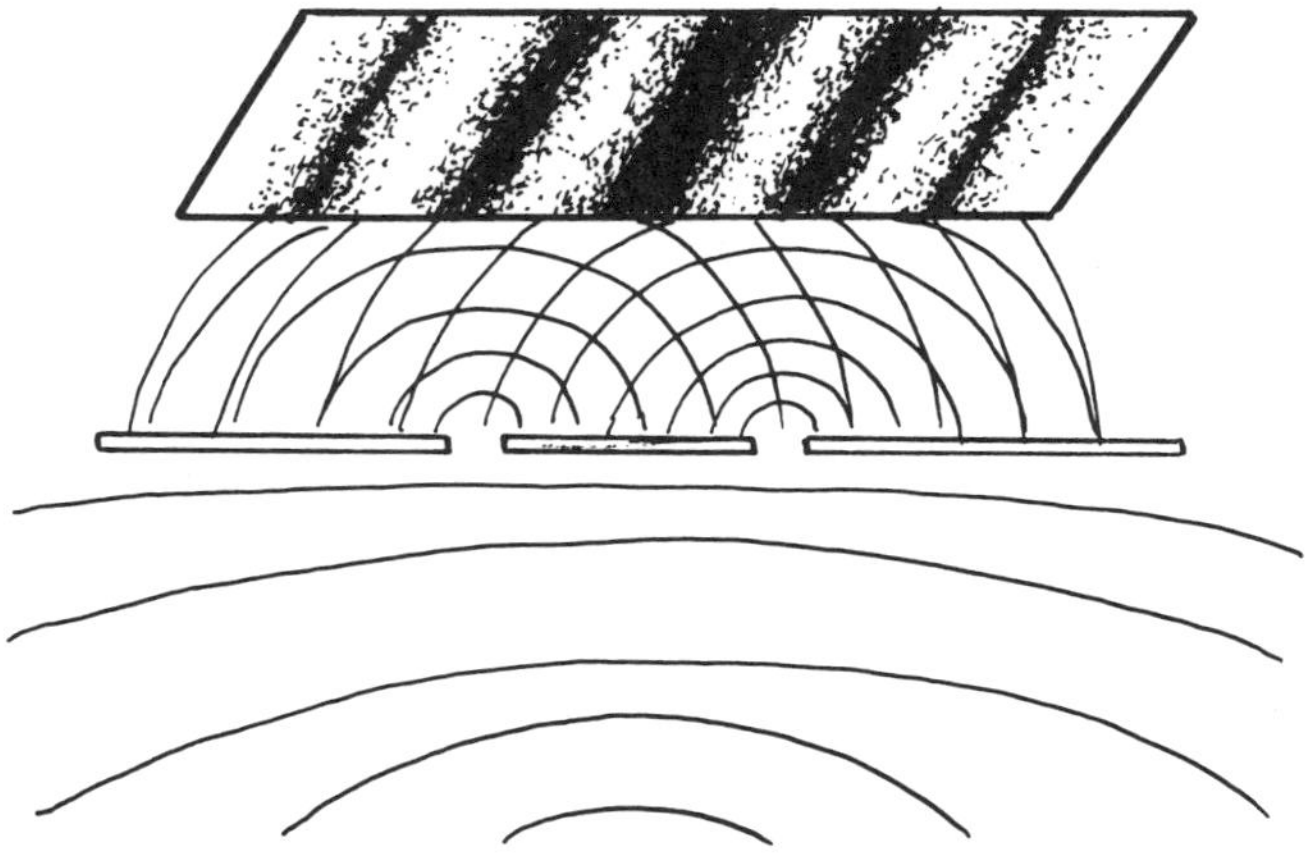
b

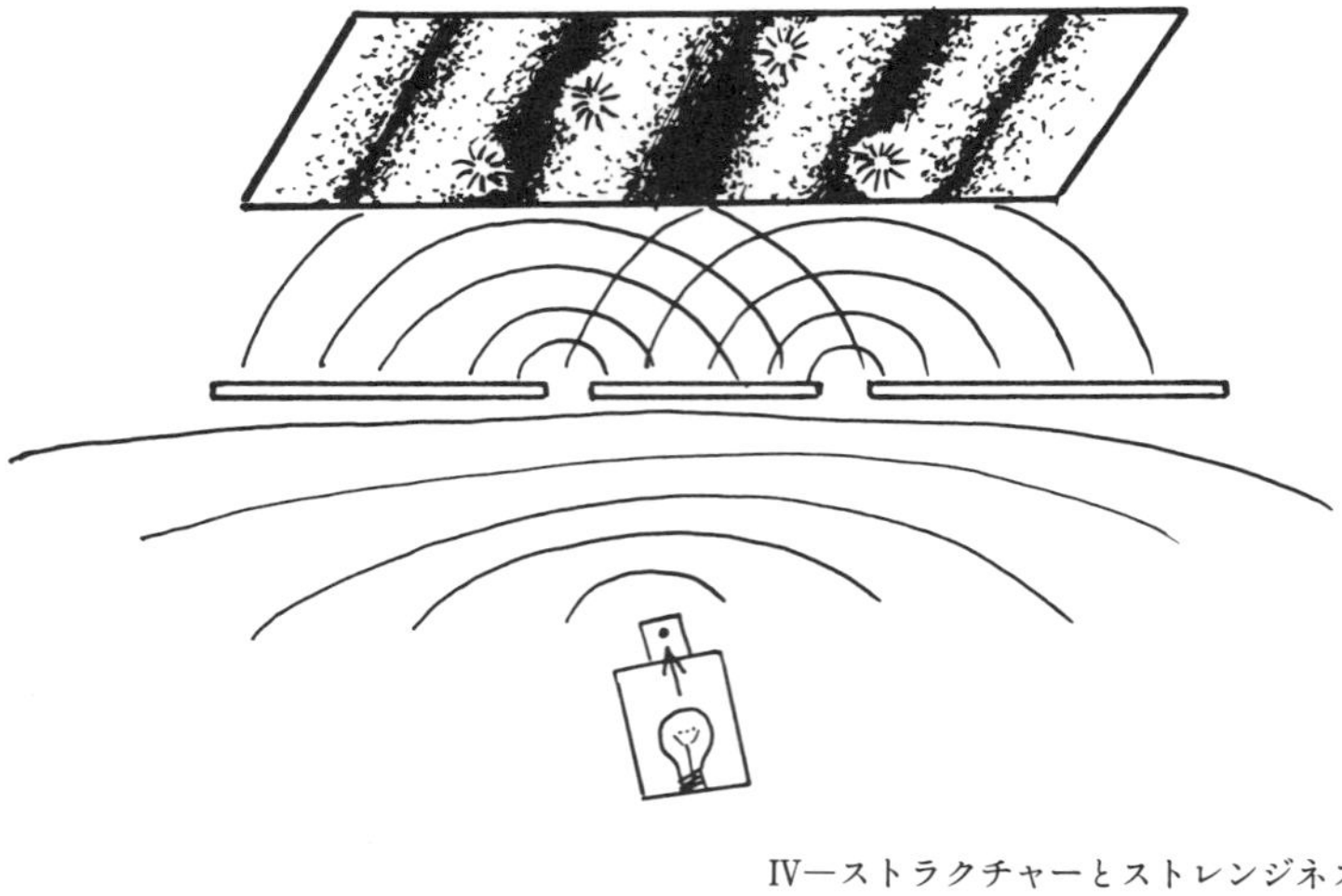
c

どうして回折が起こるのか！　波だとしたら、いったいどこに電荷があるのか？

＊　＊　＊

実験によれば、ただ一個の電子でも回折できる。リチャード・ファインマンの本『物理法則はいかにして発見されたか』の記述はみごとである。理想化された実験では、一個の電子が二本のスリットをもつ障壁に向けて発射される。障壁の向こうに検知スクリーンがある。電子はある軌道を飛んで、スクリーンのある一点に当たる。一回の実験はスクリーンの上に点を一つ作るだけだが、一回に一個の電子を放つ実験を多数回繰りかえすと、スクリーンの上には点が積もる。直観によれば、点は二つのスリットの後方に二つの群をなす。ほかのところに点があろうはずがない（図20-1a）。

しかし、電子のド・ブロイ波の波長がスリットの間隔に近づくと、多数の電子が当たったあとのスクリーン上の模様はまったく違ったものになる。模様は、波が二つのスリットで分かれたあと、相互に干渉したときにできる規則的な模様と同じになるのだ。こうなると、電子が発射台からスクリーンにいたる軌跡の中で、両方のスリットをなんらかの方法によって「検知」して、自分自身と波のように干渉し、最後にはまた一匹のカエルのように着地する。つまり、途中の精神分裂症的振る舞いなどなかったかのように、ある一点に着地すると考えるよりほかはない。

ジレンマは、電子が広がりかつ集中しているような振る舞い――ちょうど波動でありかつ粒子であるという振る舞いにある。マクロの世界で、こういう気の抜けたものを想像するのは無理だ。池の波紋とカエルを区別するのはわけない。もし読者が波紋とカエルを素

図 20-1　二つのスリットを使う三つの実験。二つは古典的で、残る一つは量子力学的である。a.機関銃が首を振りながら、穴が二つ開いた壁に弾を撃ちまくっている。たまたま穴を通過した弾は背後の壁に傷をつける。長い時間がたつと背後の壁の傷は図のように二つのピークをなす。

b.揺れるブイの作った波紋が2か所隙間の開いた防波堤にぶつかる。波が防波堤にぶつかると隙間のところから新たな（円型の）波が広がり、それらがたがいに干渉し合う。あるところでは強め合い、あるところでは打ちけし合う。防波堤の背後にある堤の場所によって干渉波の強弱が決まる。強め合うところを黒くし、打ちけし合うところを白くすると図のような縞模様ができる。このような干渉縞ができるのは次の二つの理由による。もとの波紋は一つの隙間ではなく二つの隙間を通過する。また、通過した波紋の位相は相互に関連している。

c.電子銃が首を振りながら、穴が二つ開いた壁に電子を撃ちまくっている。壁の背後には電子がぶつかると光を放つ物質でできた壁がある。電子が途中どう通ったかを記述する古典的な方法はない。しかし、背後の壁に当たったらそこが光るので、aと同様どこへぶつかったかははっきりわかる。これは弾と似ているという意味で、電子の粒子性を示唆する。しかし、光をずっと集計していくとbのような干渉縞が現れてくる。これは波と似ているという意味で、電子の波動性を示唆する。そして、電子がどっちの穴を通ったか確かめようとするとどうやっても干渉縞が消えてしまうのだ。（絵：デービッド・モーザー、原典はリチャード・ファインマン）

早く区別しなければならない緊迫した状況で困ったことになると心配するのなら、次の「波紋・カエル判別法極意」を切りぬいて定期入れに入れておくとよい。

テスト1：固体であるか、手で触れられるか、そしてなによりもまず、つねにどこかしらにあるか？
もしこの三つの問いに対する答えがイエスなら、君が相手にしているのはたぶんカエルだ。
テスト2：質量がなく、触れることができず、広がっていってしまうか？
もしこの三つの問いに対する答えがイエスなら、それは波紋である。

カエルの足が食べたくて、カエルの居場所を早く知りたいときでも、ただあたりを見まわして、カエル風の光子が眼に入ってきたらOKである。これらの光子は、カエルから跳ねかえって眼に飛びこむ。ところが、カエルがどんどん小さくなったとしたら……。生体細胞中のミトコンドリアぐらいの大きさになると、直径がカエル・グリーンの光の波長ぐらいになる。こうなると、光を回折するので、見つけるのは容易じゃない。もっと小さくなったら、もっと恐ろしいことが起こる。個々の光子が、エネルギーと運動量によって、これをたたいて押しはじめるのだ。光子の粒子性が顔を出すのである。実際、カエルが電子ぐらいの大きさになると、まず見つけられない。どうしてもカエルの足が食べたいのならば、もっと大きいのを捜すべきである。

残念なことに、電子の場合はそうはいかない。太めの電子なんてない。電子を見つけようと思ったら、他の粒子か光子で衝撃するよりほかに手はない。粒子も光子も粒子性と波動性を二重にもつから、衝撃は同じ結果をもたらす。粒子の位置を正確に知るには、その粒子の大きさと同程度（あるいは以下）の波長の波が必要である。これを直観的に理解したければ、水面波が水に浮く木片でどう影響されるか考えるとよい。もし水面波の波長が非常に大きいと、木片の存在などに「気づく」わけがない。木片の大きさ程度に波長が短くなってはじめて、波自身が影響されだすのである。

結局、電子を発見するには、ごく短い波長の光子がいる。だが、波長は運動量と反比例していた。ド・ブロイの公式の急所！　短波長を得ようと思ったら、大きな運動量をしょいこまねばならない。目的の粒子で光をやさしく散乱して、かつ目的の粒子を動かさないようにと思っても、光子の運動量がそれに移るのを避けられない。そーっとやって（長波長光子で）電子を見逃すか、乱暴にやって（短波長光子で）電子を軌道から弾きとばしてしまうかのどちらかだ。

ハイゼンベルクは、ド・ブロイの公式から出てくるこのあまのじゃく性を、注意深く調べた。そして、世界中の認識論愛好者を、ギャッといわせた発見が生まれたのである。それは、粒子の位置を正確に知ろうとすることは、粒子の運動量を知ることをあきらめることであり、逆に粒子の運動量を正確に知ろうとすることは、粒子の位置を知ることをあきらめることである。どちらかをある精度で知ることは、他方を知る精度に制限を与えてしまう。この原理はハイゼンベルクが導いた不等式で要約される。粒子の位置を決定しようとしたときの不確定さをΔxで表し、粒子の運動量を決定しようとしたときの不確定さをΔpで表すと、ハイゼンベルクの不確定性原理は、

$$\Delta x \cdot \Delta p \geqq h/4\pi$$

という式で表される。

ここで二点指摘しておく必要がある。第一は、プランクの不思議な定数hの存在。これは不確定性が物質（光子）の粒子・波動二重性の結果であって、観測者が被観測物を乱すという考えとは縁もゆかりもないことを物語っている。第二は、この認識論的制約のもとでも、位置あるいは運動量のどちらか一方は任意の精度で知りうるということ。両方一緒というのがダメなのである。

要するに、ハイゼンベルクの不確定性原理がマクロの観測を行う観測者に適用できると考えたのが大誤解なのである。たとえば、人間の知覚現象を研究する心理学者は、意識のある人間（彼ら自身も同じ観測能力をもつ）を観測していることからして、原理的に制約されているという論法はハイゼンベルクからは出てこない。制約されているのは、彼らの工夫と人間の頭脳に対する彼らの知識（とたぶん現在は資金）である。

W婦人の言い間違いについて、本当に調べたいと思えば、彼女に被観測者意識をもたせずにすます方法は原理的にいくらでもある。金にあかせるという例をあげよう。数十万円で彼女の家に隠しマイクを仕こんで、彼女の会話をモニターするのも一法。その一〇〇倍ほどのお金をかければ、超小型無線マイクを秘密裡に彼女の服の襟に縫いこむことも可能。さらにお金をかければ、彼女にちょっとした麻酔手術が必要だといいくるめて、無害な電極を脳に埋めこんで、言語野を気づかれないうちにモニターできるようにすることも可能だ。脳に対するこういう物理的干渉が彼女の言葉の使い方を攪乱してしまうと考えるのであれば、脳の活動がリモートセンサーで検査できるようになるまで、しばらく待たなければならない。もちろん、以上の話は荒唐無稽である。しかし重要なのは、マクロ現象が原理的にいくらでも高い精度で調べることができるという点である。

再度いおう。不確定性原理は、観測者がつねに被観測物に干渉しているとはいっていない。ただ非常に小さい粒子になると、粒子・波動の二重性が効いてくるといっているだけである。不確定性原理は、観測に関する認識論的法則ではなくて、プランク定数がゼロでないことからくる単純な帰結なのである。

＊　＊　＊

不確定性原理は、量子力学の公理ではない。アインシュタインの有名な公式$E=mc^2$が、相対論のもっと基礎的な公式から導きだされたのと同様、導きだされた公式である。どちらの式もともに含蓄が深いために役に立つ。物理学者は不確定性原理をよく経験則的に使う。励起状態にある原子核から飛びだす予定の中性子の運動量の近似値を求めるのに、勘を働かして$p=h/d$とするのが一例である。ここで、dは中性子を束縛している原子核の大きさのオーダーである。中性子は原子核の中に閉じこめられているから、位置の不確定さはきわめて小さい。だから、その補償として非常に不確定な運動量でもって中性子が「カゴ」の中で跳ねまわっていると想像するのだ。中性子が脱出するときの運動量は、カゴの中での不確定さの値というのがだいたいの見積もりになる。

量子力学の基礎を勉強すると、不確定性原理が人間の観測者に対する認識論的制約以上のものであることがわかる。まさに不確定性そのものだ。量子力学の世界はマクロの世界には対応しない。私たちが粒子の位置と運動量を同時に知ることができないのではなく、粒子そのものが正確な位置と運動量を同時にもちえないのである！

量子力学では、粒子は波動関数で表される。波動関数は、粒子がその辺のどこにあるか、東向きなのか、西向きなのか、北向きなのか、はたまた南向きなのかなどなどの確率を表している。空間の各点には確率振幅と呼ばれる値（波動関数の値）があって、粒子がそこにある確からしさを示している。また、波動関数を違う「数学的眼鏡」を通して読みとると、運動量としてとりうる値のそれぞれについて、確率振幅が得られる。粒子に関するすべての事実は、その粒子の波動関数に織りこまれているのである。現代風の用語では、波動関数と呼ばずに「状態」と呼ぶことが多い。

古典物理学では、x（位置）とかp（運動量）とかいう量は粒子の行動を支配する方程式に直接入ってきている。どの瞬間でもxとpの値は確定しており、粒子にかかる力によって変化する。この運動方程式によって、物理学者は、単純で安定した粒子系の各粒子の位置や運動量を、信じられないほどの正確さで前もって計算することができた。たとえば、惑星系の運動、これは古代人ですら相当の正確さで予知できた。現代的な例では、テレビ宇宙ゲーム。星の重力で宇宙船や惑星が影響を受けて、スクリーン上できれいな楕円軌道を描いて飛ぶのを目のあたりに見ることができる。こういう運動の基礎となる方程式は、微分方程式であり、記述している運動がなめらかであるという性質（私たちは、それをもちろんあたりまえのことだと思っている）をもつ。惑星も宇宙船も軌道から飛びださないし、急に不連続な動きをすることもない。

量子力学では、xもpも運動方程式に入ってこない。微分方程式（非相対性量子力学ではシュレーディンガーの方程式）によって進行していくのは波動関数である。つまり波動関数の値が、時間の経過とともに空間を湖面のさざ波のように伝わっていく。この伝わり方だと量子力学的現象も、非量子力学的現象と同様になめらかに進行し、飛び越しは起こらないように見える。ある意味でこれは正しい。よく知られた例でいえば、磁場内で回転している荷電粒子のなめらかな摂動（首振り運動）。これは、重力場で回転するジャイロスコープの摂動の電磁気学的なアナロジーである。回転粒子の状態を特徴づけるパラメータはなめらかに変化し、ジャンプはしない。

しかし、実にしかし、このなめらかな振る舞いに例外がある。状態の変化のなめらかさと並んで、この例外も量子論の本質なのである。例外は測定、つまりマクロ的なものと量子系とのかかわり合いのところで起こる。この測定行為では、量子力学でふだんそうしているように、「観測者」という特定の系に因果関係の特権的な地位を与える。それも、観測者がなんであるかを明らかにせずに、とりわけ、意識が観測者の必須の要素か否かを明らかにせずにである。この点をはっきりさせるため、量子力学における測定の問題を概観しよう。ここで、「量子蛇口」なるものが登場する。

＊　＊　＊

二つの栓のついた蛇口があって、おのおのにはHとCと書いてあり、どちらも連続的にひねることができる。蛇口から水がジャーッと出てくるのは当然なのだが、不思議な状態が一つある。つまり、水は熱いか冷たいかのどっちかで、中間がない。水の二つの状態を固有温度状態と呼ぶ。水がどちらの固有状態にあるかは、蛇口の下に手を入れて確かめるよりほかはない。実際の量子力学では、事情はさらに奇妙である。蛇口の水に手を突っこむ動作そのものが、水をどちらか一方の固有状態へ放りこむのである。その瞬間まで、水は重ね合わせ状態にあると呼ばれる。

二つの栓のひねり方に応じて、冷水を得る度合が変わる。H栓（ホット）しかひねってなければいつも熱湯で、C栓（コールド）しかひねってなければいつも冷水なのはもちろんである。両方の栓を開けたときに重ね合わせ状態になるのである。一つのひねり方で何度も試してみれば、そのひねり方で冷水を得る確率が測定できる。こうやってひねり方を変えて実験をつづければ、熱湯と冷水の確率が五分五分になるクロスオーバー点が発見できるだろう。こうなったらコイン投げと同じになる。（現実のシャワーで量子蛇口と同類のものがなんと多いことか！）データを十分集めれば、栓のひねり具合と冷水確率の間にグラフが描けて関数関係が明らかになる。

量子現象はこれと同じである。物理学者は、いわば何個もの量子蛇口の栓をひねって、系を重ね合わせ状態にもっていくことができる。測定がされないかぎり、物理学者は系がどの固有状態にあるかを知ることができない。実際、基本的な意味において、系自身も自分のいる固有状態を「知らない」。いわば観測者の手が「湯加減」を見にきた瞬間に系自身が（ランダムに）自分を決めるのだ。（男女同権論者の読者ならばまさに現在のこの時点でこの仮想的観測者が〔それをいうなら仮想的同権論者読者もそうだが〕男か女かという状態の重ね合わせにあることに注意。）観測の瞬間まで、系はあたかも固有状態にないかのように振る舞う。いかなる実際的意味においても、いかなる理論的な意味においても、いやそれどころか、いかなる意味においても、系は固有状態にはないのである。

読者は、手を突っこまなくても量子蛇口の水の種類を判別できる実験を思いつくかもしれない。（ただし、湯気を見て熱湯だというようなものは不可能だと仮定する。）たとえば、量子蛇口の水を使って全自動洗濯機を運転するという実験。これとて、ウールのセーターが縮んでしまったかどうか洗濯機を開けてみる（意識ある観測者による測定）まではわからない。また、蛇口の水でお茶を入れてみるという実験。これとて、熱いか冷たいかは飲んでみる（意識ある観測者による測定）までわからない。ここで重要なのは、セーターもお茶も意識的観測者ではなく、水と同様、重ね合わせ状態（つまり、縮む・縮まない、または、ホットティー・コールドティー）に入るということである。

こういうと、これは物理学とはなんの関係もない、森の木が倒れるとき、誰も聞いていなければ音を立てるだろうかという、古来からの哲学的判じものじゃないかという気がするだろう。こういう謎と量子力学が違う点は、重ね合わせの実在性が観測結果として現れることであって、見かけ上どっちつかずの状態だが、本当はある固有状態にあって、たんに観測の瞬間までそれがわからないというのとはまるで異なるのである。いってみれば、可能熱湯・可能冷水である水の流れと、実際に熱湯であるか、実際に冷水であるかという水の流れは異なる振る舞いをする。なぜなら、可能熱湯と可能冷水はたがいに干渉し合うからである。これは、二つの軌道の干渉パターンを見るのに多数の電子の像が必要になったのと同様、何回もセーターの洗濯をしたり、お茶を入れてみてはじめて明らかになる。興味ある読者は、この差異の説明をファインマンの『物理法則はいかにして発見されたか』、また、よりくわしくはファインマン、レイトン、サンズの『ファインマン物理学』の第五巻に求めるのがよい。

＊　＊　＊

哀れなシュレーディンガーのネコ（ハイゼンベルクの同僚で量子

図 20-2　半ば生き、半ば死んでいるという重ね合わせ状態にあるシュレーディンガーのネコ。(ブライス・ドウィット、ニール・グラハム編『量子力学の多世界解釈』より)

力学の先駆者であるアーウィン・シュレーディンガーにちなんだ名)は、この考えをさらに推しすすめたものである。ネコでさえ、人間が割りこむまでは量子力学的な重ね合わせ状態に置くことができる! この不運なネコの物語はこうである。ネコの入れる大きさの箱が一つある。箱の中にはラジウムの小さな試料がある。また、ラジウム試料の原子核の崩壊を検知する装置もある。試料は、一時間に一個の原子核崩壊が五分五分の確率で起こるように選ばれている。原子核崩壊が一回起こると、スイッチが入って、猛毒入りのビーカーをたたきこわす。こうなると毒液が箱の中に流れだし、哀れ、ネコは死ぬ(図20-2)。

ネコを箱に入れ、ふたに鍵をかけ、一時間待つ。一時間後、人間の観測者は箱のふたを開け、中でなにが起こったかを見る。量子力学の極端な見方(読者はこれがふつうの見方でないことに留意するべし)によれば、その瞬間にのみ系は二つの可能な固有状態(ネコが元気か死んでいるか)にジャンプする。(箱の内部は波動関数の重ね合わせとして表現されていた。ここで、五分五分という確率は、ラジウム原子核の崩壊のように、はっきりと量子力学的なものにもとづかなければならない。この思考実験で、ラジウム試料のかわりに回転ルーレットをしこむのだったら、なんの意味もない。)

読者はいうだろう。「ちょっと待て! ネコだって人間と同じで、意識ある観測者じゃないか。」そうかもしれない。でもネコは死んでいるかもしれないのだから、意識ある観測者とはいいきれない。シュレーディンガーのネコに、私たちは一方が観測者の立場、もう一方が観測者でない立場という二つの固有状態の重ね合わせを作りだしたことになる。いったいどうなったのだろう? この状況は、禅問答を思いださせる。

禅というのは、断崖絶壁に立つ木に歯でぶら下がっている男のようなものだ。枝をつかんでいるわけでもなければ、太い枝に足をのせているわけでもない。木の下にもう一人男がいて、こう訊ねる。「菩提達磨はどうしてインドから中国にきたのか？」もし木にぶら下がっている男が答えなければ、この試問に落ちることになる。もし答えれば、木から落ちて命を失う。さて、彼はどうしたらよいか？

（ポール・レプス『禅の肉、禅の骨』より）

*　*　*

「波動関数がつぶれた」——でたらめに選ばれた一つの純粋固有状態に飛びこむ——のは意識のせいだとすると、さらにとんでもないことになる。たとえば、宇宙開闢以来何千万年もの間、一〇〇万年かそこら前に人類が立ち上がる日がくるまで、なにごとも起こらなかったことになってしまう。人類が立ち上がったその日、とてつもなくふくれあがった普遍波動関数がつぶれて一つの世界になったその一瞬、そしてその人が目をパチクリし、あちこち見まわしてメソポタミアかケニヤを目にしたそのときまで、この宇宙ではなに一つ起こらなかったことになるのである。

　私たちに残されたもう一つの道は、波動関数をつぶす観測者に必ずしも意識がある必要はなく、ただたんに「巨視的」であればいいというものである。そうはいっても、巨視的対象は微視的対象の集まりにすぎなくはないか？　波動関数はどうやって、扱っているのが巨視的対象だと知るのだろうか？　もっと具体的にいえば、電子に自らをさらけださせるスクリーンについてはどうなのだろう？

　多くの物理学者にとって、観測者の立場のある系とない系の区別は、人工的だし、気にくわないものである。だいたい、観測者の割りこみが「波動関数のつぶれ」を起こして、でたらめに選ばれた純粋固有状態の一つに突然ジャンプさせるという考えは、自然法則の根本に気まぐれを導入することになる。アインシュタインは生涯を通じて、神がサイコロを振っているのではないと信じていた。（“Der Herrgott würfelt nicht.”）

　量子力学において、連続性と決定論主義を両方救おうとする抜本的対策が、いわゆる多元世界論で、一九五七年ヒュー・エブリットによってはじめて提唱された。この風変わりな理論によれば、どの系も不連続に固有状態にジャンプはしない、なにが起こるかというと、重ね合わせが並列に展開する枝へなめらかに移行していくのである。必要ならば、選択肢の数だけまた新しい状態の枝が生える。たとえば、シュレーディンガーのネコの場合は、二つの枝があって、おのおのが並行して進展する。読者はいうだろう。「じゃあ、ネコにはなにが起こるんだ？　自分が生きていると感ずるのか、死んでいると感ずるのか？」なかなか難しい問題だ。エバリットは答える。「それは君がどの枝を見ているかによる。一方の枝ではネコは『ああ生きている』と思うだろうし、もう一方の枝にはなにも感じないネコがいる。」直観の逆なでとはこのことで、「なに？　じゃあ運命の枝分かれで死ぬ直前のネコはどうなんだ？　その瞬間、ネコはなにを感じているんだ？　一時に二通りの感じ方ができるわけがない。二つの枝のどっちが本物のネコなんだ？」

　この説が、いま現にここにいる自分（私も君も）の身に適用されたときのことを考えると、問題はいっそうすごみを増す。人生におけるすべての量子力学的分岐点（これは兆の上にまた兆）で、君は巨大な普遍波動関数（すべての並行世界のすべての粒子を表現する巨大波動関数）の、並列だけど、たがいに断ちきられた二人以上の君に分裂するのだ！　論文中、この問題が出てくるやま場で、エバリットは、落ちつきはらって、次のような脚注を入れた。

（ここは言い方が難しい。観測前、観測者にはただ一つの状態だったのに、観測後では、観測者にとって（重ね合わせになっていた）数個の状態がある。異なる状態のどれもが、一人の観測者にとって一つの状態なのだから、逆に異なる状態によって区別される異なる観測者という言い方ができる。しかし一方では、どれも同じ物理系である以上、それは同じ観測者であって、重ね合わせの異なる要素に応じた異なる状態にある（つまり、重ね合わせの異なる要素を経験した）ともいえる。だから、多重分岐宇宙の中にあっても単一の物理系であることを強調したいときは、観測者に対し単数形を使い、重ね合わせの異なる要素に応じた異なる経験を強調するときは複数形を使う。（たとえば、一人の観測者が量Aの観測を行い、その結果、重ね合わせのそれぞれの観測者は、一つの固有状態を見る……。）

すずしい顔でこういうのだ。主観的に見てどうかという話には触れられていない。見て見ぬふりをしたわけではなさそうだ。たぶん、議論しても無意味だと考えたのだろう。

だが不思議だ。どうして自分がいま唯一の世界にいると思うのだ？　エブリット式にいえば、それは違う。君はすべての枝を同時に感じている。すべての枝を経験しないのは、その枝をさかのぼったまさにその君なのだ。実にショッキングな話ではないか。ボルヘスは、「分かれ道の園」という作品で、宇宙の空想図をこう展開している。

「分かれ道の園」は、崔奔が心に描いた、不完全だけれどもウソのない心像である。ニュートンやショーペンハウエルと異なり、彼は時間を絶対で一様とは考えなかった。彼は時間に無限の系列があり、発散、収束し、並行する時間の網が眼もくらむように成長し、広がっていくと信じていた。時間の網は撚りひもが何世紀にもわたって、たがいに近づき、二またに分かれ、交わり、そしてたがいに無視し合いながら、すべての可能性を包んできた。その中のほとんどにわれわれは存在しない。ある部分では君がいて、私がいない。別の部分では私がいて、君がいない。さらに別の部分では君も私もいる。君が私の門へくる、こういう幸運に恵まれたのがこの世界だ。別の世界では、君は庭を渡って、私の亡骸を発見する。もっと別の世界では、私がまったく同じことをいうのに、私が誤りで、幻である……。

これはブライス・S・ドウィット、ニール・グラハム編の『量子力学の多元世界解釈――基本解説』の冒頭に引用されている。つまるところ問題はこうである。「なぜ、この私がこの枝にいるのか？なにが私を、この私を、この感じそのものを、つまり私自身を一身にまとめているのか？」

＊　＊　＊

ある日の夕暮れ、太陽が海に沈もうとしている。君と友人たちは浜辺のぬれた砂に沿って、めいめい勝手な位置に佇んでいる。海水がひたひたと足に打ちよせる中、君は赤い球体が少しまた少しと水

図 20-3　精神状態の悩ましい重ね合わせ状態にあるロボット。(絵：リック・グランジャー)

平線に近づいていくのを、静かにじっと見ている。なにか酔い痴れたように見つめているうちに、太陽の反射が波の頂に一瞬オレンジがかった緑色に輝く無数の点からなる真っすぐな線をどうやって作るかに、君は気がつく。真っすぐな線が、君に向かって伸びてくる！「ちょうどあの線の上にいるなんて、なんてツイてるんだ！」と、君は一人ほくそ笑む。「みんながここに立って、太陽と完全に一体になる体験ができないのは残念だな。」ところがちょうどそれと同時に、君の友人たちもそれぞれ、まるっきり同じ思いをしているとしたら……同じか、それとも？

「心の探究」の核心には、こうした静かな思いがある。なぜ、この身体にこの心があるのか？（すなわち、普遍波動関数のこの一分枝に）？　いくらでも他にありようがあるのに、なぜこの心がこの身体にとりついたのか？　なぜ、私の「私であること」が他の誰かの身体に帰属しえないのか？「君の両親がつくった身体だから、君はその中にいるんだ」などというのは、明らかに堂々巡りの不満足な答えでしかない。では、どうして他の誰かでなく彼らが、私の両親なのか？　もし私がハンガリーに生まれていたとしたら、誰が両親になっていただろうか？　私がもしほかの誰かだったら、いったいどんなふうになっていただろう？　あるいは、ほかの誰かが私だったら？　私は誰であってもかまわないのか？　唯一無二の普遍意識があるのか？　人が自らを他とは完全に切りはなされたもの、個と考えるのは幻想なのか？　おそらくは最も堅固で、一番気まぐれなところがないはずの科学の核心に、こうした奇妙な主題がまたも現れるのを認めざるをえないというのは、かなり面妖な話である。

しかし、ある意味ではそう驚くことではない。私たちの心に浮かぶ想像世界と、私たちの経験する世界と並行して進む別の世界とには明確なつながりがある。ヒナギクの花をむしって「彼女は僕を愛してる、愛してない、愛してる、愛してない……」とつぶやいている若い青年は、明らかに愛人の二つの異なるモデルにもとづく二つの異なる世界を自分の心の中にもっている。ないしは、量子力学の重ね合わせ状態と類似した精神モデルがあるといったほうが正確か？

また、小説家が話の展開を複数個思いうかべているとき、登場人物たちはいってみれば、精神的重ね合わせ状態にあるのではなかろうか？ もし、その小説が紙の上に書かれることなしに終わったら、たぶん、分化した登場人物たちは著者の頭脳の中で多重の物語を展開していく。そのうちどれが本物かという問いかけは、愚問である。どの世界も等しく本物なのだ。

そして同様に、いまあなたが悔やんでいるあの愚かな過ちをあなたが犯していない世界、普遍波動関数のある枝が存在する。羨ましい？ でも自分自身を羨むとはいったいどういうことだろう？ しかも、また別の世界ではあなたはもっと愚かな過ちをして、まさにいまこの世界にいるあなたのことを羨んでいるのだ。

* * *

普遍波動関数を神の心、ないしは神の頭脳と考えることもできよう。神の心中では可能なすべての枝が同時に想起されていると考えるのである。私たちは神の頭脳の部分系にしかすぎず、私たちの現在の形というのも、私たちの銀河系が唯一の真正銀河系であるというのと同程度にしか真正ではありえない。こう考えれば、神の頭脳はなめらかに決定論的に展開していくわけで、アインシュタインの信念と一致する。物理学者ポール・デービスの『別の世界』はまさにこのテーマをとりあげている。「われわれの意識は、宇宙の永遠に枝分かれしつづける進化の道に沿ってでたらめなジグザグ道を歩む。サイコロを振っているのは神でなく、われわれ自身である。」

しかし、依然として最も基本的な謎が残ったままである。自分の単一の意識がどうしてほかの枝ではなく、(ランダムに選ばれた)この枝に進むのだろうか？ この枝に進むという成り行きまかせになにか法則があるのだろうか？ 自分の意識が、他の道に進んだ別の「自分」たちにつきあっていかなかったのはなぜか？ どうして私は私を感じて、他人を感じないのか？ この瞬間、宇宙のこの枝に進んだこの体に私を結びつけるのはなんなのか？ 疑問はあまりに根本的で、正確な言語化を拒んでいるようにすら見える。また、量子力学から答えが出てくるとも思えない。事実、まさにこれは、エバリットが敷物の下に掃きこめなかった波動関数のつぶれが、はるか遠い端に再び現れたものである。これは自我の同一性の問題にいたり、もとの問題に劣らず困惑的様相を示す。

巨大普遍波動関数の枝分かれの中には、ハイゼンベルクもプランクもアインシュタインもいない枝、量子力学の証拠のない枝、不確定性原理や量子力学の多元世界解釈がない枝があることに気づくと、パラドックスの落とし穴はもっと深くなる。ボルヘスの小説が書かれなかった枝もあれば、このコラムが書かれなかった枝もある。さらには、読者がここにご覧になったのとまったく同じでありながら、その最初の名詞だけが完全に反意語にすりかわっているコラムが書かれた枝もある。

(一九八一年九月号)

追記

量子——物質を構成する夢

デービッド・モーザー

もし、なんとも奇妙な量子力学というものに今回ここではじめて接した人がいたとすれば、（そんなことはおそらくないだろうが）、私は自分の手で手合いの手引きができたことをうれしく思う。しかし、そういう人々にはやはりもっと完備した紹介を読むことをおすすめする。なんといってもこの記事は量子力学的現象のことを少しは承知している人々を主に対象として書いたものだから。本文でも触れたファインマンの本などが最適であろう。量子力学を素人向けに説明した本は、ほかにもたくさんあるし、すぐれた紹介をしている本もあるが、中には量子力学的現実を東洋的神秘主義と結びつけようなどというとんでもないものもある。が、そんな結びつきは見せかけのまやかしにすぎない。古代の仏教徒たちの世界観を調べてみると、数千年前に書かれた文章が読みようによっては現代物理学の発見と相通じることもある、というのならばよい。しかし、多くの著者が異口同音に述べたてる「西洋科学は東洋の古代の叡知によようやく追いつきつつあるのだ」という主張は、愚かで反知性的としかいいようがない。

「反知性的」と呼んだのは、東洋神秘主義にいれあげている多くの西洋人たちは自分たちが科学を越えたと考えている領域にまで科学が進出してくることに敵意を抱いているからだ。この態度は、ベトナム戦争時代にアメリカを支配した反科学的・反知性的ムードの名残かもしれない。無意識のうちになにか感ずるところがあるのだろうか、科学に「分をわきまえ」させようとするのである。おもしろいことに彼らの多くは科学者で、一種の自己批判の末に、科学を超越し「より高い悟りの境地」からものごとを見ることができるようになったと考えている。通常、そこで文章の調子が一変する。精密な言葉遣いだったのが、つかみどころのない曖昧で詩的な言葉遣いへと。まったく困ったものだ。

この手の人々が、現代物理学の発見を歪めて伝えている。（似非不確定性原理のように。）どんなにめちゃめちゃな理論であっても、物理学の最新の技術用語を使ってさえいれば、それは不可思議な（あるいは不可思議といわれている）ものごとの正しい説明に違いないと説く。たとえば「タキオン」「ベルの不等式」「EPR逆説」「重力波」などといった用語である。物理学をこのように不当に利用した一つの典型が、アーサー・ケストラーだ。彼は著書『偶然の本質』の中で「心理子」といった仮想的な粒子を導入した五次元の素粒子物理学理論とやらによって、「超心理現象」を説明しようとしている。

この手の「説明」（実はケストラー自身が発明したわけではなく、彼は物理学者のエイドリアン・ドッブスから借りたのだが）の困った点は、物理学者たち自身が、「超心理現象」ではないにせよ、現在未解明の素粒子物理学における現実の現象に対して似たような説明を用いていることである。もう何年も前になるが、私がまだ素粒子物理学の大学院の学生だったころには、ある現象を説明するために新種の粒子を導入するのはいうに及ばず、新種の粒子の族さえいとも簡単に仮定するという論文にたくさん出くわした。実際、やりすぎもあった。ある三人連名の論文では、著者たちは大胆にもまったく新しい粒子の超族を導入した。それは数多くの粒子からなる族をまた数多く集めたものである。たしか、あっさりと一四〇もの新しい粒子を導入していた。それもたんに、測定値とそれまでの理論の予測値とのごくわずかな違いを説明するだけのためにである。たった一つの新しい粒子を導入することさえ大事だったころとくらべて、なんという違い。その時点で私は、理論物理学のその分野と袂を分かつ決心をしたのである。

＊　＊　＊

私は、素粒子物理学全体を貶めようとしているわけではない。長くきびしい、そして結局は失敗に終わったその分野とのかかわりから学んだことは、私は素粒子物理学者となるべく生まれてきたのではなかったということだ。しかし、科学一般について幻滅せざるをえないことも一つ学んだ。科学といってもそのかなりの部分は、たとえ人を寄せつけない技術的に難解な論文であっても、「超心理現象」「千里眼」「念力」などをでっちあげようとする似非科学的な論文と等しく、無意味で中身のないものなのである。(これらの単語をカッコでくくりつづけるのには、理由がある。意味のある実体を表さない言葉に、正統性を少しでも与えるような言葉の使い方はしたくないからだ。) 肉の中に軟骨が含まれるように、悪い科学はよい科学の中にはびこっている。(この比喩は第21章でも別の文脈で用いる。)

残念ながらこれは次のような不可避の現象の一例のようだ。ダーツをするとしよう。そのとき、たんに中心の的にいつも当てるだけでなく、中心の的一面に一様に当てようとする、つまり中心の的の内側はどこも等しく当てて、その外には一つもはずさないようにしようと思っても、それはかなわぬ空想にすぎない。内側の輪を隈なく覆うには、それなりの代償が必要だ。外へ少しはみだす(いわばゆるすぎる)か、中央に集中する(きつすぎる)かのどちらかだろう。科学の場面では、思弁的すぎるのと用心深すぎるのとのトレードオフに対応する。ある分野の論文がすべて正しく、かつ重要ということはありえない。多くが誤りか、あるいは多くがあたりまえかどちらかだろう。前者は的の外へのはみ出しに、後者は的の内側での偏った集中に対応する。この不可避のトレードオフは、第13章で述べたものとよく似ている。ある形式的体系で表現可能な真理をすべて、あるいはある意味論的範疇の要素をすべて生成しようとすると不完全な体系か、あるいは矛盾した体系かのどちらかに行きついてしまうのだった。

これでは科学に対する冷笑的な態度と見えるかもしれない。しかし、技能を必要とする人間の営みはすべて、この点では同じだと私は思う。たとえば、読者から私に送られてくる手紙はすべてが的を射ているわけではない。中には素晴らしいものもあるが、大部分はあたりまえ、的はずれ、いいかげんのどれかか、下手をするとこれらの組み合わせになる。だから、もしよい手紙にめぐりあおうとすれば、ひどい手紙の山と格闘せざるをえないわけだ。そして残念ながら、この法則は私自身の出力についてもまったく同様に当てはまる。すべてが同じ出来というわけにはいかない。もしすべてが正確ならば、大半はおもしろ味がないだろう。逆につねにおもしろさを追求すれば、一部分は間違いを含まざるをえないのである。

このようなトレードオフも、一種の「不確定性原理」の一例と見る人々もいる。完全な正確さと完全な新奇性とを同時に達成するのは不可能だ。どちらかを犠牲にしなければならない。しかし、この「どちらか」性は世界の量子力学的基礎とはほとんど関係がない。統計的現象一般に見られる性質の一つにすぎないのだ。

＊　＊　＊

量子力学的実在のもつ奇妙さに関連して少し述べたいことがある。量子力学がひどく直観に反するのは、別に偶然でもなんでもないと私は思う。説明というものは、ある点を越えると、掘り下げることが不透明さを増すことにつながらざるをえなくなる。固体の性質の理解という問題を考えてみよう。固体性はなにに起因するのだろう？「このれんがが固体なのは、究極的には膨大な数の小さなれんがのような固体物質から構成されているためである」と誰かがいったとしよう。れんがが小さなれんがから構成されているというのは知見かもしれない。しかしはじめの疑問、「固体性の基礎は？」はたんに先送りされただけだ。本当に必要なのは固体性を消すこと、固体性を分解して私たちの経験の外にあるまったく別の種類の現象へと帰着させることである。そうやってまったく新奇で異質なレベルに到達して、はじめて私たちは当初の現象の説明という点で真に前進したと感じるのだ。

量子力学的実在も同様である。量子力学的実在は、私たちにとってはまったく異質なものである。いったい誰が、日常最もよく知っているはずの光が、信じ難い数の曰くいい難く小さな質量ゼロの粒子からなっているなどと思いつくだろう。しかもその粒子は、どんなに速く私たちが走ったとしても同じ速さで私たちから遠ざかり、相互に干渉を起こして干渉パターンを作り、角運動量をもち、重力場の中で曲がるのである。これでも、光子の性質のほんの上っ面をなめたにすぎない。このような一般的現象を、私は「青さは崩壊する」という句で表したい。これは巨視的性質Xを（たんに小さいだけで同じ）微視的な性質Xに帰着したのでは、説明にならないということをいい表したものだ。巨視的な青さ・固体性・弾性——まとめて性質X——は、ある段階でまったく別のなにかへと崩壊する必要がある。

私がこの考えにはじめて接したのは、ノーウッド・ラッセル・ハンソンの刺激的な本『科学的発見のパターン』だった。ハンソンは、この考えの出所を何人かの人々に求めている。たとえばアイザック・ニュートンは、有名な著書『光学』の中でこう書いている。「一様な固体の相互に接し合っている各部分は、非常に強く接合している。これを説明するために鉤付きのアトムをもちだす者もいるが、それでは質問を先送りしただけだ。」また、ハンソンはジェイムズ・クラーク・マックスウェルの「原子」と題された記事からも引用している。「原子が弾性的だと想定しようとするかもしれない。しかし、それでは最初に原子による構成を想定することによって説明しようとしたまさにその性質を原子に付与することになってしまう。」最後に、ウェルナー・ハイゼンベルクその人からもハンソンは引用している。「もし原子がわれわれの目に触れる物質の色や臭いの起源を真に説明するものであるならば、原子自体は色や臭いといった属性をもつことはできない。」借り物のアイデアとはいえ、心に留めておくだけの価値はあるだろう、青さは崩壊すると。

＊　＊　＊

量子力学の最も美しい特徴の一つは、微視的世界と巨視的世界とのつなぎの部分である。両者をつなぐ架け橋は次の対応原理によって示される。

　大きさを大きくした極限では、量子力学的現象は対応する古典力学的現象と区別できなくなる。

これはもっと数学的にいい直すこともできる。

　量子数を大きくした極限では、量子力学的方程式は対応する古典力学的方程式に帰着する。

物理学者は、量子力学的現象を記述する方程式がこの原理を満たすように、わざわざ仕向ける必要はない。方程式が正しければ自動的にこの原理は満たされる。物理学者たちは自分の考案した方程式が正しいとつねに確信をもって主張できるわけではない。そこで対応原理は、非常に有益なチェックの方法を提供してくれる。大きさの極限（より正確には量子数を大きくした極限）でよく知られた古典力学の方程式が得られなければ、明らかに間違っていることになる。もちろん、このテストを通ったからといって、それでその方程式が正しいということにはならないが、方程式を支持する証拠の一つにはなる。

　量子力学的現象は必ず、「量子数」という整数によって特徴づけられる。その整数が五以下程度に小さければ、それは本質的に量子力学的な現象である。しかし、たとえば二〇というような大きな数を方程式に与えると、量子力学的振る舞いと古典力学的振る舞いとの中間的な振る舞いが得られる。そして、無限に大きな値の極限では、おなじみの量子力学以前の方程式、たとえばニュートンの運動方程式などへと立ちもどるはずだ。

　この考えのおもしろい一例が「リドバーグ原子」という考えである。これは非常に強く励起された原子で、一番外側の電子は非常に大きな量子数をもち、原子核にゆるく束縛されるだけになっている。その結果、電子の軌道は（量子力学的な）「雲」というより、アーネスト・ラザフォードによる原子核の発見以来、シュレーディンガーとハイゼンベルクの登場までの物理学の「準古典」時代ともいうべき短い期間に想定されていた、惑星軌道に近くなっている。異質の世界と住みなれた世界とをつなぐこのような架け橋は、私たち巨視的人間が想像するのに必要な直観を身につける手助けをしてくれる。

[V]
精神と生物

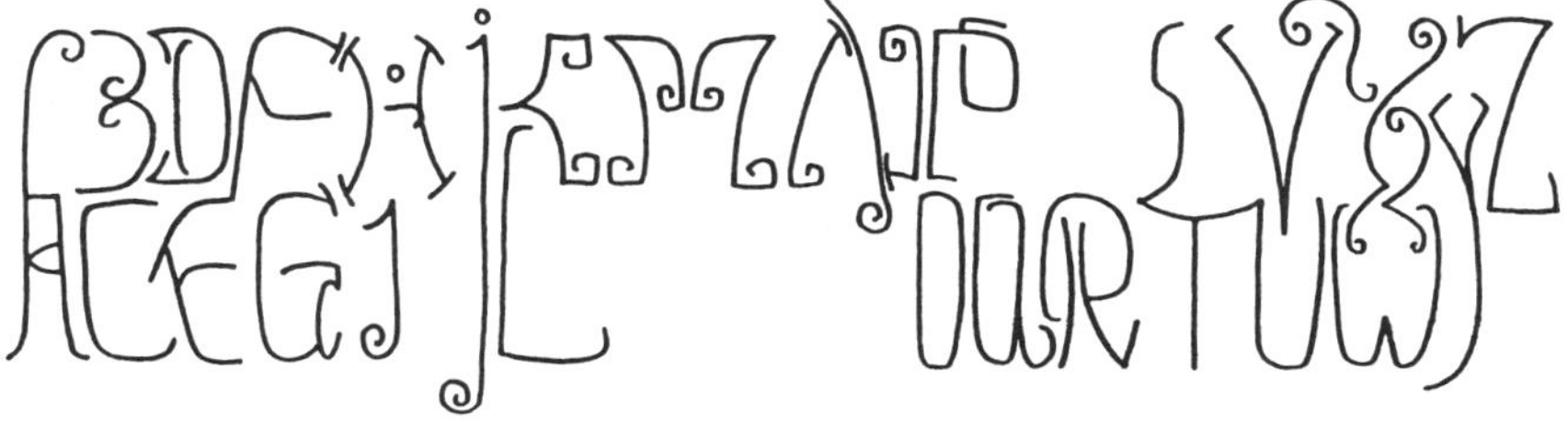

[V]
精神と生物

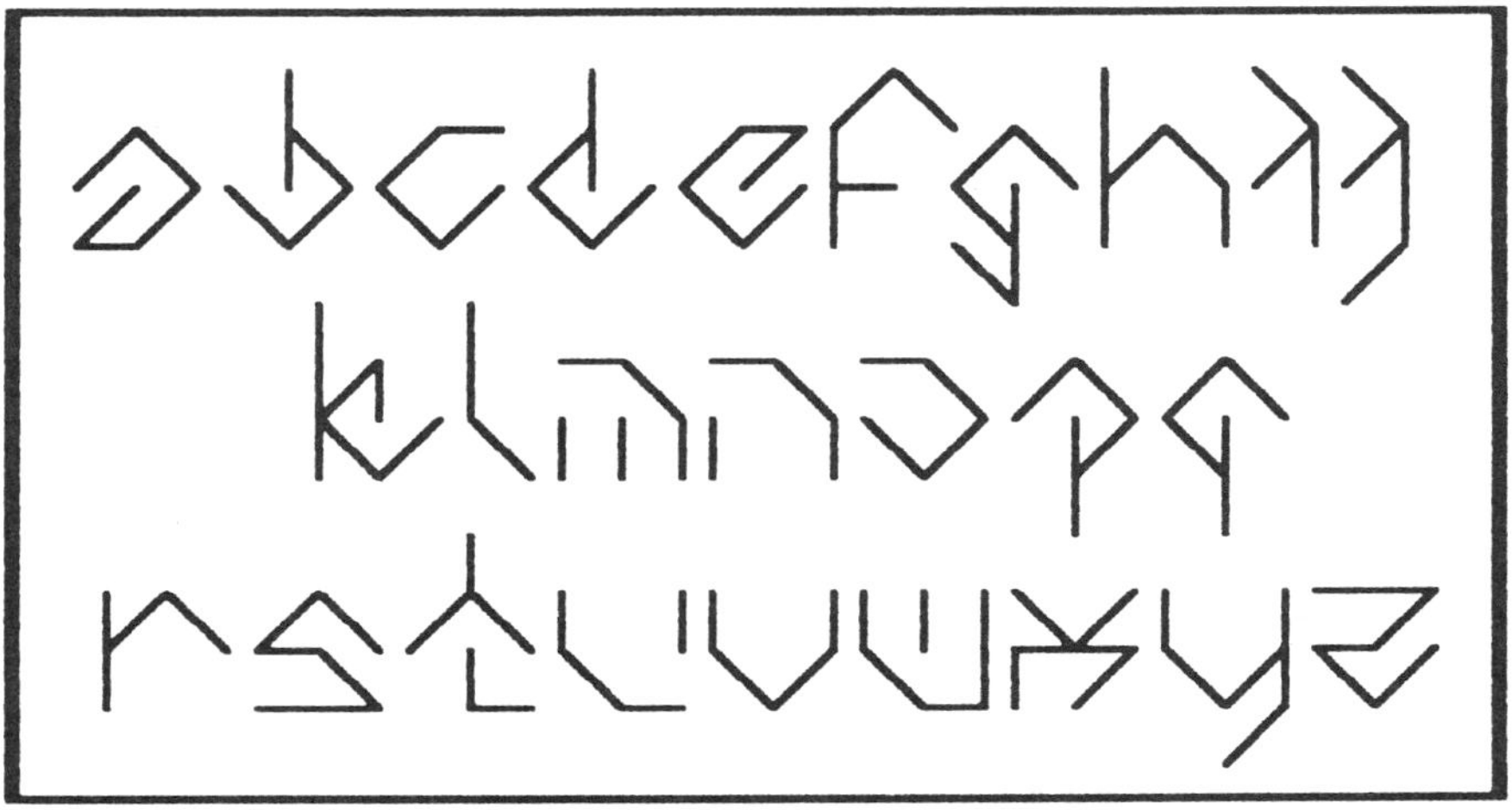

世界は伝統的に生物と無生物に切り分けられてきた。無生物は自分の感情や意思をもっていない。だから、とくに罪の意識もなく生物に、砕かれたり、燃やされたり、利用されてきた。しかし、人々によって長くあたりまえとされてきたこの境界は、コンピュータが出現し、プログラムがかなりの柔軟性を獲得し、見かけ上の精神性や個性を感じさせるようになってきた今日、だんだんぼやけてきた。明らかに生物の本質である心や感情が、複雑な無生物基質からどうやって、またいつ出てくるのだろうか。純粋な物質パターンから精神が作られるには、なにが必要なのだろうか。最近、たくさんの人工知能プログラムが「考えている」というふうに宣伝されている。しかし、そういうプログラムの中身を調べた人は、人間の自己意識的柔軟性とプログラムの間にある巨大なギャップに必ず気がつく。最良のプログラムですらまだまだ硬直しており、自分はおろか、なんに対しても意識をもっていない。しかし、無生物の最高レベルの柔軟性と、生物の最低レベルの感覚性の間の境界はどこにあるのだろうか。システムや有機的組織体が自分のことを「私」といえたり、私たちに「あなた」と呼ばれるようになるのはいつなのだろうか。そういうものが出現したとき、私たちはそれを敬意をもって迎えることができるだろうか、それともたんに罵るだけだろうか。そういうシステムは私たちの自由意思のようなものをもつだろうか。以下の六つの章では、心のメカニズム、自由意思と決定論、ランダム性と規則追随といった哲学的な問題を論じる。

［第21章］

『アラン・チューリング＝エニグマ』評

真の知能というものを、有機的か電子的か、あるいはそれ以外のなんらかの物質的基盤の上に作りあげることができるのだろうか？　心というのはたんなるパターン以上のものなのだろうか？　真の心と巧妙に作られた見せかけの心とを私たちはどうやったら区別できるのだろうか？　自由意志は唯物論者の機械論的な生命観とは相容れないものなのだろうか？　規則によって規定された創造性という考え方にはなにか矛盾が含まれているのだろうか？　私たちの感情と知性とは私たち自身のそれぞれ別の部分に属しているのだろうか？　機械は感情をもつことができるのだろうか？　機械はアイデアや人あるいは他の機械に魅せられてうっとりするなどということがあるのだろうか？　機械はたがいに魅力を感じて恋に陥ることがあるのだろうか？　恋に陥っている機械と機械の間ではどのような社会的な通念が存在するのだろうか？　機械の恋愛には正当なものと不当なものとがあるのだろうか？　機械はいらいらしたり、傷ついたりするのだろうか？　いらいらした機械が外へ、憂さばらしに出て一〇マイル走るなどということがありうるのだろうか？　機械はマラソンの甘い苦しみを楽しむことを学べるのだろうか？　人生に対する強い熱意らしきものをもった機械が、ある日故意に自分自身を破壊し、しかも母親機械がそれは事故であったと思いこむようにことを運ぶなどということがありうるのだろうか？

これらの疑問がアラン・チューリングの頭脳の中を駆けめぐっていたのであり、別の見方をすれば、彼の悩み多い人生の特徴的な場面を示したことになっている。チューリングの人生を深く掘り下げ、それを公平に取りあつかうためには、彼と多くのものを共有している人が必要であった。そして、アンドリュー・ホッジズという数学の博士号をもったイギリスの若い作家が、それを完璧に成しとげた。彼が書いた五〇〇ページに及ぶチューリングの伝記は、いろいろな年代のチューリングを直接知っている何十人もの人たちとのインタビューを含む数えきれない資料を丹念にまとめてあって、この上なく複雑で魅力のある人間チューリングについてこれ以上は望めない生き生きとした描写を提供してくれる。また、この本はたいへん時宜を得たものである。それはチューリングが今世紀の科学においてとても重要な人であるというだけでなく、彼の興味深くかつ困難な人生が、現代社会がまだ十分にはとらえきれていない深刻な問題を浮き彫りにしているからである。

ホッジズの豊かで人を夢中にさせる本がチューリングについて書

かれた最初の本というわけではない。チューリングの母サラが息子の死から数年後に書いたおおまかな思い出の記があるからである。ここには、心と生命とメカニズムに関する疑問へのあくなき好奇心に駆りたてられ、考える喜びに満たされた、風変わりだが愛すべき少年としてチューリングが描かれている。ホッジズはサラがあえてそうしようとは思わなかったほど深くチューリングの心と身体と魂に入りこんで、サラが母親という立場から見ることができず、また見たいとも思わなかった事実を明らかにしている。それは、チューリングが当時のイギリス社会の標準的な型からいかにはずれていたかということである。アラン・チューリングは同性愛者であった。彼自身は、とくに年をとってからは、このことを別段隠そうとはしなかった。しかし、一九二〇年代に少年時代を過ごし、それから数十年を生きた男にとって、とくにイギリス人でありかつ上層階級に属している男にとって、同性愛者であるということは、口に出すことのできない、おぞましいそして不可思議な苦悩であった。

無神論者で、同性愛者で風変わりなイギリスの数学者であったアラン・チューリングは、コンピュータの概念、コンピュータの能力に関する重要な定理、そしてコンピュータの心に関する明確なヴィジョンを打ちだしたばかりでなく、第二次世界大戦のときにドイツ軍の暗号を解読するということまでしている。現在私たちがナチス・ドイツの支配下にいないのは、チューリングのおかげだといってもいいすぎではない。それにもかかわらず、世界史上の特異な人物であるチューリングは、この本の副題がいうように、いまだに謎（エニグマ）である。

＊　＊　＊

チューリングは一九一二年、ロンドンで生まれた。両親は比較的裕福で、インドで公務員として働いていた。彼の誕生後しばらくして、父親はインドへ戻り、また母親もインドへ行きそこで数年を過ごした。その間、チューリングはイギリスに残されていた。その後、両親はイギリスに近いところに戻る決意をし、しばらくはフランスに住んでいた。その間、アランは夏休みをフランスで過ごし、フランス語を学ぶことができた。子供のころは、彼は好奇心の強い子で、ユーモアたっぷりの発明の才に長けていたがけっして天才少年ではなかった。十三歳のときには、シェルボーンというイギリス西部の男子寄宿制学校へ送られた。この学校での初日、彼はみなの好評を博した。サウザンプトンから六〇マイルを自転車で走り、学校に到着したからである。実は、フランスからのフェリーがサウザンプトンに着いた日がたまたまゼネストの日で、汽車がなかったのである。しかし、時がたつにつれて彼の英雄としての地位は下がっていった。どちらかというとだらしのない生徒で、洋服をインクだらけにしてばかりいて、授業中も格別目だたない生徒であることが明らかになってきたからである。アランは孤独な少年であった。そして彼のはじめての真剣な友情は思いもよらない悲劇的な終末を迎えた。彼の友だちでアイドルでもあったクリストファー・モーカムが、結核で死んだのである。

アランはこの最初でかつ、彼のつきあったすべての人間とのつながりのうちでおそらく最も深いものであった交わりをけっして忘れなかった。なぜならば、それは友情と恋愛の混ぜ合わさったものだったからである。アランがクリスへの愛を打ちあけたことはなかったが、彼がクリスを愛していたことには疑いの余地がない。のちのち、アランは他の男たちとの情事や、もっと多くの一晩だけの汚い関係を経験するが、彼のクリストファー・モーカムへの愛の純粋さはけっして乗りこえられることがなかった。クリス・モーカムへの思いは彼の心の中で燃えつづけ、その後何年間も彼は忠実にモーカム家を訪れ、彼の失われた友人との精神的なある種の交わりを捜しもとめつづけた。たぶん、これがとらえどころのない人間の魂とその肉体との関係に対して、アランがつねに興味をもちつづけた一番大きな原因だろう。

シェルボーンでは、他のほとんどの科目はだめだったが数学だけはずば抜けて成績がよかった。最後には学校も、彼の才能を認め、いくつかの科学賞を彼に与えた。二十歳になって、アランはケンブリッジ大学に進んだ。これは一九三三年のことで、科学界はここ一〇年間の間になされたいくつかの革命的な発見に夢中になって、興奮の渦の中にあった。チューリングがまず夢中になった相対性理論はいまはもう時代遅れで、量子力学と数理論理学が全盛期にあった。量子力学は、アランの心に深い印象を与えた。原子のような量子的なシステムでは、電子は一つの軌道（あるいは状態）から他の軌道へ、途中の位置を占めることなくジャンプすることができるのである。あたかも、人工衛星が途中を通らずに一つの軌道から別の軌道に飛びうつるようなものだ。

同様にチューリングを驚かせたのは、バートランド・ラッセルの哲学的な本ではじめて読んだ数学的推論の機械化であった。あとになって彼は、ヒルベルトの野心的なプログラムを学んだ。そのプログラムの目的は、ある一つのシステムで数学的推論の正しい原理をすべてとらえる可能性を示すことにあった。そのシステムでは、きちんと定義された規則を適用することによって、ごくわずかの公理の集合からすべての可能な正しい帰結が流れでてくるというわけである。まるで、工場の組み立てラインから自動車が出てくるように、あるいは物理系が一つの状態から別の状態へジャンプするかのように。このシステムのように、有限個の規則の集合にのっとって一つの状態から他の状態につぎつぎに移っていくという機械のイメージが、チューリングの心の大きな部分を占めるようになった。彼の心を魅了したのは、このような無意味な動作列を意味をもったものとして見ることができるという事実である。たとえば、ある規則にのっとった機械はチェスの手を作りだしていると見ることもできるし、別の機械は数学上の真理を生成していると見ることもでき、また別の機械は詩を書いていると見なせるといった具合である。

一九三一年に、オーストリアの論理学者クルト・ゲーデルは、すべての数学的推論の完全な定式化を行おうというヒルベルトやラッセルの望みをみごとに打ちくだいた。ゲーデルはヒルベルトやラッセル風の無矛盾な公理系ならなにをとっても、その中に決定不可能な命題が存在することを証明した。この命題は、ギリシャ時代から論理学者を悩ましてきた有名な論理学上の逆理にもとづいて作られる。（「私は嘘をついている」という文がよい例である。これはまた、完全に目を閉じた自分の姿を鏡の中に見ようという空しい試みにも似ている。）ゲーデルが未解決のまま残した問題は、ある公理系とその中の任意の命題を与えられたときに、その命題が与えられた公理系の中で決定不可能かどうかを機械的に判定することができるかという問題である。もしもこれが可能であれば、決定不可能な命題はステーキから脂肪を抜きとるように簡単に捨てさることができることになる。反対にこれが不可能ということになれば、数学はいたるところに軟骨の散らばったステーキに似て、どこをどう切っても軟骨が残ってしまうことになる。

確に切りはなすことができるかどうかという問題を考えることにした。数学の「肉」を機械化できる状態でそのまま残し、残りはへんてこりんなゲーデル流の珍品の集まりとして、サーカスで本筋に関係なく登場するフリークスのように通常の数学的な命題とは好対照をなすようにしようというわけである。驚いたことに、まさにゲーデルの証明と同じ理由で、決定不可能な命題を正しく識別する機械は作れないということを彼は発見した。

＊　＊　＊

アラン・チューリングは、この軟骨部分を数学の他の部分から明

彼は最も一般的な意味で、「機械」とはなにかということを正確に規定することから話を始めた。結局彼は、現在「チューリング機械」と呼ばれている概念に到達したが、これは計算の理論に対する彼の貢献の中心をなすものである。基本的には、チューリング機械にできることは、非常に単純な遷移規則にのっとって一つの離散的な状態から別の状態に移ることだけである。チューリングは、きちんと定義された規則に従う任意の機械または人間の通常考えられるあらゆる動作をこのような機械が実行できることを示した。彼はさらに、あたかもDNAが生命体の構造をコード化しているのと同じように、とても複雑なタイプの「万能」チューリング機械と呼ばれるチューリング機械が、他の任意のチューリング機械の構造をエンコードした一つの数字を与えられると、その機械とまったく同じ動作をすることを示した。このような万能チューリング機械の発見は、すべての「専門家」的チューリング機械の存在をまったく無用のものにしてしまった。たとえば、あるチューリング機械にチェスのゲームができるとすると、このチェス・チューリング機械のコード番号を万能チューリング機械に与えてやれば、万能チューリング機械もまたチェスのゲームができることになる。定理の生成や作詩も同様である。もしもチューリングがまだ生きていたら、ウッディ・アレンが最近撮った映画に登場するレーナード・ゼリグという人物を喜んで見たことだろう。この人物は「カメレオンマン」と呼ばれていて、生きた生身の万能チューリング機械である。というのも彼は正しいコード番号を与えられれば、どんな人間でも完全にシミュレートできるのだから。

ラッセルやヒルベルトのような論理学者の望みを打ちくだくチューリングの決定打は、二つの段階に分けて考えることができる。まず彼は、決定不可能な命題を識別できる機械が存在すると仮定した。次に彼は、その仮定から自己矛盾が導かれることを示した。はじめに、そのような機械が存在するとすれば、それは万能チューリング機械に非常に似ていることを示す。つまり、任意の機械を記述する数を受けつけて、それをシミュレートできるというわけである。巧妙にも、次に彼はこの仮定として存在する機械に、それ自身を記述する数を与えることを提案する。こうすると、この機械は目もくらむばかりのループに陥り、それがために滅びてしまうことを彼は示した。別の言い方をすれば、このような機械のアイデア自体が自己矛盾的なのである。この曲がりくねった議論のじれったい結論は、決定不可能な命題というものが数学の中を、あたかもステーキの中のとってもとってもとれない軟骨の網の目のように縦横にかけめぐっていて、あまりに密につまっているので、ステーキ全体を破壊することなく切りだすことが不可能なようになっているという発見である。簡単にいえば、ゲーデルとチューリングの仕事を通じて、数学は機械化不可能であるということ、もっと正確にいえば、どんな

に機械を複雑にしようとも、不完全にしか機械化できないということがわかったのである。

表面的にはこのメカニズムの敗北は、人間の推論能力がつねに機械的な模倣を出しぬき、それよりすぐれているということを意味するように思えるが、より深く分析すると、チューリングの議論は人間にも同様に当てはまることがわかる。「この質問に対するあなたの答えは『いいえ』ですか」という、「はい」または「いいえ」で答える質問を考えてみよう。この質問は、チューリングが機械や数学的なシステムにとって不可避であることを示した決定不可能性の問題の人間に対する例証になっている。この例は単純化しすぎているが、それでも、人間がどんなに自分の心を意識しているとしても、自分自身を理解するときにその複雑さのすべてを考慮することはできないという人間固有の本質的な事実を私たちに気づかせてくれる。そして、まさにチューリング機械がそれ自身の記述を与えられて困難に陥ったように、人間も自分自身の想定上の、あるいは将来の行動を詳細に計算しようと試みたとたんに、心がめまいを起こして、当惑してしまうのである。

人間が自分自身の複雑さに驚くことがあるのと同じように、機械も自分自身の行動を予想できないという意味で驚くことがあるといえる。人はこの性質の原因を「自由意志」に見出し、「選ぶ」という行為をしばしば問題にする。機械が自分自身の行動を予想しようとすると無限ループに陥るというチューリングの観察は、以下のようなことを示唆する。すなわち自分は自由意志をもっていて、物理法則を乗りこえるような選択ができるという人間にとっては不可避な妄想を、十分に複雑な機械もまたもつかもしれないということである。

したがって、チューリングの機械に対する一見否定的な結果は、どのようにして物理的な存在が自分自身に関して考えたり、自分が意識をもっていて思慮深い存在であると思ったりすることができるのかという問題に新しい光を投げかけるという意味で、積極的な結果であると見なすこともできる。

意識の不可思議さに機械的にアプローチすることはアラン・チューリングの夢であり、一九三〇年代の後半には、うまく構成された機械は知的で意識があり、少なくとも私たちや任意の自然界のあらゆる存在がもちうる程度の自由意志をもつこともできる、という可能性を彼は信じるようになっていた。

＊　＊　＊

戦争が起こり、数理論理学者として芽を出しかけていた若きチューリングの人生は中断を余儀なくされる。このころには、彼は、ケンブリッジとプリンストン（高等研究所、そこで彼はアインシュタイン、ゲーデル、ジョン・フォン・ノイマンといったそうそうたる人たちとの交流を楽しんだ）で特別研究員としての地位を得ていたが、戦争のために、暗号解読者としての仕事に追いたてられていった。これは、個人的なレベルでは、チューリングにとってそう悪いことではなかった。ケンブリッジとオックスフォードの真ん中に位置するブレッチリー・パークで、彼と数学に秀でた少数の仲間がポーランド人の暗号解読者がすでに行なった大まかな仕事をさらにさきに進めるべく、その分析力を傾注していた。ドイツ軍の参謀本部はその巨大な潜水艦部隊のネットワークを含む軍隊に対して暗号を使って命令を送っていることが知られていた。これには、「エニグマ」と呼ばれる機械が使われていた。この機械の構成はよく知られていた。しかし、それだけでは十分でないことはアラン・チューリング自身がよく承知していた。暗号解読には機械の内部状態を知ることが必要で、その内部状態は天文学的な数のうちのある一つの状態なのである。暗号を生成する機械についている独立に動くいくつかの輪の配置によって、この機械の状態が決まるのであった。この輪の配置を知ったときにはじめて、暗号解読者は高速に暗号を解読することができる。

チューリング、ゴードン、ウェルシュマンそれに何人かの人間が密接な協力のもとに働いた。彼らは一緒になって、傍受した暗号文と高速の探索機械をどのように使えば「エニグマ」の状態を特定できるかを分析した。イギリスの船が一隻一隻ドイツ軍のUボートに沈没させられている中で、彼らは無我夢中に仕事をした。「エニグマ」を出しぬかないかぎり、イギリスの戦争のための努力はすべてナチス・ドイツによって無に帰されてしまうことは明らかであった。

最初は暗号文を受けとってから数週間後にやっと解読が完成した。これでは、明らかに遅すぎる。だんだん成功を重ねていくうちに、彼らは解読にかかる時間を数日に縮め、それが一日でできるようになり、最後には暗号文を数分で解読するというまったく互角の状態にまで達した。しかしながら、ドイツ軍は場所を指定するのに特殊なコード名と他と違った座標系を使っていることが明らかになってきた。すなわち、もう一回よけいに解読しなければならないわけである。幸いにも、これは実際に船がどこで撃沈されているかを見ていて、その情報と解読された暗号文中の不思議な座標系とを関連づけることによって実行可能であることがわかった。ひとたびこの第二の暗号が解読されてしまうと、突然、あたかも目の前のスクリーン上に大西洋上のドイツ軍艦隊が表示されているような状態になった。

この結果、Uボートの防衛網をくぐり抜けていくイギリスの船の数が劇的に増加した。ドイツ軍にとっては、これは彼らの暗号が解読されてしまったことを示しているのは明らかなはずなのだが、皮肉にも彼らは「エニグマ」は解読不可能であるということを強く確信していたので、イギリス軍の有能なスパイがいるに違いないと考えて、新しい暗号機械を発明するかわりに、スパイ捜しにやっきとなった。それにしても、暗号解読作業にはもろくて危なっかしい側面もあった。なぜならば、ドイツ軍もときどき「エニグマ」にいろいろな変更を加えることがあったからである。そんなときには、いつも新しい理論を見つけだすための死にものぐるいの格闘が、ブレッチリー・パークで急に始まるのであった。そして、いつでもチューリングとその仲間たちは必要な理論を見つけだした。そのおかげで、イギリス政府は日常的にかつ確信をもって、ナチス・ドイツがなにをしようとしているかを知ることができたのである。

この間、暗号解読活動の中心にいたアラン・チューリングは長距離のレースで走ったり、仕事への行き帰りに雨が降ろうが降るまいがおかまいなしに、ずんぐりした自転車に乗ったりしていた。周囲の人々は彼が何度も何度も立ちどまり、自転車のチェーンがはずれないように調節しているところを目撃している。いかにも彼らしいことだが、彼はいつ立ちどまらなければならないかをよく心得ていた。というのも、彼は、観察によって、彼の自転車にも「エニグマ」のように内部状態が存在していて、それは独立に回っているいくつかのギアの相対的な位置関係によって決まるのだということを知っていたからである。彼がこのチューリング機械の状態をモニターしつづけるかぎり、目も当てられないようなことになってしまうのを、事前に防ぐことができたのである。そしてより大規模なレベルでも、同様にして、彼は悲劇的な結末を未然に防いでいた。

＊　＊　＊

戦争が終わったときには、どのようにしたら機械が人間の心を真似することができるかという問いに対するチューリングの考えは十分に熟していた。彼はもうすでに数年間、電子的な機械とつきあってきたし、彼が関係した多くの仕事が頭の中に新しいアイデアを作りだしていた。問題は、もう戦争が終わってしまって、彼の能力とアイデアを必要とするようなお金持ちがいなくなってしまったということである。彼は、万能チューリング機械を作るための資金を見つけようと努力したが、他人に対するぎこちない態度と、長期にわたる哲学的な目標とより近い実用的な目標とを同時に主張する傾向のせいで、人々にうさんくさがられるようになった。尊敬を得るというよりは、むしろ風変わりな男として知られるようになった。万能機械を作るのに最適な方法に関する彼の強力なヴィジョンは、すべての柔軟性はハードウェアよりもソフトウェア(内部プログラム)から得られるという彼の深い好みに根ざしているが、それも徐々に見捨てられ、気がついてみると彼は、寒空に一人残されていた。結局、イギリスのコンピュータは一九四〇年代後半にマンチェスター大学で作られたが、その設計はチューリングが考えていた方向とは違う方法を採用していた。

幸いにも、通常の知的サークルから嫌われている間に、チューリングは機械化された思考にまつわる哲学的な問題に集中することができた。そして、一九五〇年、三十八歳のときに自らの考察を「計算機構と知能」という題の古典的な論文にまとめ上げた。その中で、いまではチューリング・テストとして知られるようになったものを提案している。「機械は考えることができるか」というような感情的なものがいっぱい含まれた質問は排除しようというのが、その基本的な考え方である。操作主義からヒントを得て、彼は、次のように答える。「その機械が考えることができるかどうかを知りたいのですね。それならば、その機械をカーテンの後ろにおいて、タイプライターを介してそれが打ちだしてくるものを人々に見せて、カーテンの後ろにいるのが人間であると思いこませることができるかどうかを見なさい」と。おもしろいことに、これに似たことがオーケストラ指揮者のオーディションでも行われることがある。各候補はカーテンの後ろに立って、隠れた状態で演奏を行う。こうすることによって、年齢、性別、衣服やその他の外見によって意見がふらつくのを防いでいるわけである。

チューリング・テスト(チューリング自身は「模倣ゲーム」と呼んでいる)は人間の質問者と言語を使う正体不明の存在の間のコミュニケーションを含んでいる。コンピュータがすぐに、あるいはいつの日にか考えるようになるという想定には猛烈な反対があるだろうということを知った上で、チューリングは注意深く、彼のテストによって可能となる調査の驚くべき一般性を指摘している。そのために、二つの短い会話例が使われていて、その中で熟練した人間の質問者がどのようにして、おかしなところ、隠された知識、微妙な判断、そして正体不明の何ものかの感情的な反応などを明らかにしていくかが示されている。しかし、ほとんどの人はチューリング・テストについては、これらの会話を読んだあとでも懐疑的である。たぶん、表面的な機械の策略に簡単にだまされてしまうことを恐れているからだろう。チューリング・テストによって、どんなに深くかつ広く調べることができるかを理解していないのである。

この論文で、チューリングは機械による思考という問題に模倣ゲームでアプローチすることに対する九つのもっともらしい反対意見を提示し、そのおのおのに説得力のある方法で答えている。最も深刻な反対は、「ラブレイス女史の反対」ではないかと思われる。これは、計算機はなにも思いつくことはできず、私たちが明示的に実行するように命令したことのみを行うというものである。これに対するチューリングの答えは、最も表面的で一般的な方法でしか、人はコンピュータになにをするようにプログラムしたのかを知らないというものである。これは、多くのすぐれた人でも理解できないような深さをもつ。「考える機械」であるという申し立ての試験法としてのチューリング・テストの奥深さは、私たちが全体として、精細で何層もの階層構造をもったコンピュータの複雑さを理解していくのに応じて、徐々に私たちの文化の中に浸みこんでいくものだと思われる。

悲しい脚注　一九五〇年代のはじめのころ、BBCは心と機械という主題のもとに、何回かチューリングへのインタビューを録音した。しかし、ある理由からそのテープはなにも残っていない。したがって、どう考えても非常に特有で、彼の人となりをあらわにしたであろう声の記録を私たちは聞くことができない。チューリングの模倣ゲームは人格の細かなニュアンス等を伝える手段として書かれた文字の力を強調するが、チューリングのようなごく最近の人の声が永遠に失われてしまい、書かれた文字に当たるしか方法がないということを考えてみると、いかにも惜しいことではある。

＊　＊　＊

アラン・チューリングはその生涯を通じて、形態形成の問題に興味をもちつづけた。組織体全体がどのようにして、その成長の同期をとり調整をするのだろうか？　一つの例はヒトデの対称的な形である。個々の細胞は自分自身が組織体全体のどの部分に位置するのかをどのようにして知るのだろうか？　またいろいろな細胞同士は最後に形づくられる微妙なパターンを作り上げるためにどのように情報交換するのだろうか？　これはあたかも、大きな競技場の観客席で、一人ひとりが大きな色つきカードを掲げて複雑なパターンを作ろうというときに、各人は隣の人としか話せないような状況である。この問題に対してチューリングが一九五〇年代前半に開発した数学的理論は、彼の他の仕事同様に時代をさきどりしていて、現在でもりっぱに通用するものである。

彼は、ずいぶん以前から趣味となっていた長距離走をいまだに楽しんでいた。また、今後も平和な世界で彼の知的な夢を追いかけ、ロマンチックな希望の実現を追求するような幸福な人生を送れると考えていた。不幸にも当時のイギリスは、アメリカと同様に政治的な問題を抱えていて、同性愛は心の不安定さの兆候で、危険な病気であると見なされていた。そして、皮肉にも反同性愛の動きが激しくなってきたまさにそのときに、アラン・チューリングは自分自身の性的な性格に関して少しずつ自信をもち、人にも話すようになってきていた。そして、もっと注意深くなければならないという友人の忠告をしばしば無視した。

チューリングの家は一九五二年に強盗に襲われた。そして、彼の行きずりの愛人がこの事件になんらかの形で関係していることは、明らかであった。警察の事情聴取に答える中で、チューリングは彼が同性愛者であることを間接的に明らかにした。その直後に彼の人生はもとに戻せないまでに変化してしまう。もはやたんなる被害者から、正真正銘の犯罪者になってしまったのである。彼は、同性愛の罪に関して潔白を主張するのでなく、むしろ自分の「犯罪」について自由に話した。

当時のイギリスには、同性愛をホルモンのバランス不良から起こる病気であるとみる動きがあって、多くの医者がいろいろな治療法を提案していた。アメリカでは、去勢することが男性に対する治療法として大流行していた。(ホッジズは一九五〇年には少なくとも五万件の去勢が行われたという数字を示している。)イギリスではこれほど暴力的ではないが、同じように野蛮な治療法が一般的であった。チューリングは有罪ということになり、この治療法を施すべしという判決が下された。性的欲望を抑えるために、定常的に女性ホルモンを注射するのである。これが、戦争中のイギリス船の安全に対して最も重要な責任をもっていた人間への、イギリス社会のお礼の仕方であった。もちろん、戦争中にチューリングが果たした役割を人々は知るすべはなかった。なぜならばそれは最高機密で、戦争が終わったあとも長い間秘密にされていたからである。いずれにせよ、チューリングの戦時中の役割は彼の「犯罪」を和らげる要因としてとらえられるべきではない。なぜならば、同じように戦争に参加した何万人ものふつうのイギリス人の同性愛者が、同じ「犯罪」で有罪になっているのだから。チューリングにはこのことがよくわかっていたので、判決を和らげるために、政府や学会等との結びつきを使おうとはしなかった。そして彼は、ただただそれに耐えたのである、大きくなっていく胸や徐々に不能者になっていくことに。

一年後、刑は終了し、彼は、よりふつうの状態に戻れることになった。しかし、このような拷問は取りさることのできない傷あとを残す場合が多く、アラン・チューリングの場合にも、心の奥底でなにかが変化した。次の数年間、友だちといるときは彼は大いに幸福そうに見えた。冗談をいい、将来に関しておしゃべりもした。しかし、一九五四年のある日、彼はかつて見たウォルト・ディズニーの『白雪姫と七人の小人』という映画の中で悪賢い魔女がしたのと同じように青酸塩を塗ったりんごを用意した。しかし、魔女とは違って彼は自らそのりんごにかみついた。「りんごをちょっと薬につけて、深い眠りを呼びよせろ」というわけである。次の日彼は死んでいるところを発見された。彼は、母親が化学物質をいじっていて起こった事故であると解釈するように計画したが、他の人たちはことのしだいをもっとよく知っていた。現在ではあらゆる証拠が、アラン・マジソン・チューリングという機械が自らの自由意志で停止したということを強く示唆しているが、最終的な理由は相変わらず謎のまま、決定不可能な質問として残る。

* * *

アンドリュー・ホッジズはこの本の中で、多面性をもった一人の人間の肖像画を美しく描いている。チューリングの正直さと礼儀正しさは彼の生きた社会と時代にとっては過ぎたものであり、結局自ら破滅へと落ちていった。ホッジズは明らかにチューリングに共感を覚えている。さらに科学者の伝記においては、大きな質の違いとなって現れる科学的正確さを兼ねそなえているので、より深いレベルの理解が可能となっている。ホッジズは個々の科学的な概念を詳細にかつ一般読者にわかるように説明している。さらに、彼自身、チューリングを魅了したすべてのアイデアに情熱的に関心を抱いているのは明らかである。そういう意味で、この本は、第一級の科学者の人生の第一級の伝記になっている。それ自体が心をもつ社会に帰属する特殊な心の伝記なので、社会的な資料としても重要な意味がある。アラン・チューリングは彼の伝記が公表されていることを知ったらぞっとするだろう。しかし、彼は好運である。なぜならば、この本以上に思慮深く暖かい肖像は想像することもできないから。

［第22章］
無窮動会話とその劇的終止「チューリング・テスト」

喫茶店で三人の学生が話しこんでいる。クリスは物理学科、パットは生物学科、サンディは哲学科の学生である。

クリス　サンディ、この前、チューリングの「計算機構と知能」教えてくれて、どうもありがとう。これはたいした、たしかに考えさせる論文ですね。考えるということについて、考えさせられてしまった。

サンディ　よかった！　これでもまだ人工知能に懐疑的？　以前みたいに。

クリス　それ、誤解。私はアンチ人工知能派じゃないって。素晴らしいことじゃない？　ちょっとクレージーだけど……。ただ私はサンディみたいなAIシンパが、人間の心を過小評価しているような気がする。コンピュータではもう絶対できないことがあって、たとえば、コンピュータにプルーストのような小説が書けると思う？　想像力の豊かさ、登場人物の複雑さ……。

サンディ　ローマは一日にしてならず！

クリス　チューリングは興味深い人だけど、まだ生きてるの？

サンディ　いや、一九五四年に四十一歳の若さで亡くなった。生きていれば今年は七十六歳。もっとも、いまや伝説的な人物と化しているから、まだ生きてておかしくないといわれてもちょっとね……。

クリス　どうして死んだの？

サンディ　ほぼ確実に自殺。彼はホモだったのね。ずいぶんそれでひどい扱いを受けて、とうとうそれが昂じて自らの命を絶ったみたい。

クリス　気の毒……、いまどきとしてはね。

サンディ　うん、まったく。一九五四年から始まったコンピュータや計算の理論の驚異的進歩を見られなかったんだもの。生きてればすごく尊敬されただろうに。

クリス　ウン。

パット　そのチューリングの論文には、なにが書いてあったの？

サンディ　二つある。一つは「機械は思考できるか？」――というか「機械は将来思考できるようになるか？」という問題。チューリングは答えをイエスだと考えて、それに対立するような意見を、次から次へとけとばすやり方で論証した。もう一つ彼が指摘したのは、この問題自身がこのままではきちんとした意味をなさないということ。あまりにも感情的意味合いが合りすぎるってわけ。たいていの人は「人は機械である」とか「機械が考える」なんていわれると動転しちゃうよね。チューリングはこの問題を感情的ではない形で提起して、議論が妙な爆発を起こさないようにしたわけ。パットは考える機械についてどう思う？

パット　率直にいえば、言葉の混乱てところ。わかるでしょう？　新聞とかテレビの広告に出てくる「考える製品」だの「インテリジエント・オーブン」だの……。まじめに受けとっていいものかな、あれ。

サンディ　わかる、わかる。人心を惑わしてるね。「コンピュータはまったくのばかだから、隅から隅まで全部指示してやらないといけない」という念仏をさんざん聞かされるかと思うと、一方では「利口な機械」なんていう宣伝文句をジャンジャン浴びせかけられたりするんだから。

クリス　そう。ほかの会社と競争するのに「頭の悪い端末でございます」というキャッチフレーズをかかげた会社があったためしがない。

サンディ　気が利いてるけど、話をわかりにくくするのに加担するだけだね、それは。こういうことを考えるとき、いつも頭に浮かぶのは、「電子頭脳」という言葉かな。かなりの人はこの言葉をうのみにするけど、はなから相手にしない人も多い。問題の要を選びだして、それがどれくらい意味があるかを決めるのはたいへん。

パット　チューリングは機械用の知能テストでも提案したの？

サンディ　そうだとしたらおもしろいね。でも、機械が知能テストを受けられる段階にきてるとは、まだ思えない。そのかわりチューリングは、どんな機械に対しても、それが思考できるか否かを試験することが理論的に可能なテストを提案した。

パット　そのテストで、イエスかノーかがスパッと割りきれるの？　そうだとすれば眉つばっぽい。

サンディ　いや、そうはいってないよ。ある意味で、これがいいところじゃないかな。境界線がはっきりしてないことや問題全体の微妙さを逆に示してる。

パット　だから言葉の問題なんだ。哲学の場合、いつもそうだけど。

サンディ　かもね。でも、「思考できる」などの言葉は、感情移入の多い言葉だから、問題点を洗いだして、重要な言葉の意味を精密化しないといけない。こういうことは、われわれ自身を考察の対象とする上で重要だから、ふたをしたままというわけにはいかない。

パット　うん、それでチューリング・テストはどうなの？

サンディ　ニセ者ゲームと彼が呼んだものが基本になっている。男と女を一人ずつ別の部屋に入れて、第三者がテレタイプのような装置を通じて質問できるようにする。第三者はどちらの部屋に対しても質問できるんだけど、どっちが男でどっちが女かは知らない。これでどちらが女かを当ててくださいってわけ。女は、とにかく自分を女とわかってもらうように、ベストをつくす。ところが、男のほうは、女だったらこう答えるに違いないという答え方をして、一生懸命質問者をだまそうとするわけ。これでもし質問者をだまし通せたら……。

パット　質問者は印字された言葉しか見られないわけね？　それで男性か女性かわかるか……。フーン、おもしろそう。一度やってみようかな。質問者はテストの前に、相手の人間が誰だか知っておくことができるの？　または、三人のうち誰かがほかの人を知っているのはいいことにするの？

サンディ　それはだめじゃないかな。質問者がどちらか一方でも知ってたら、潜在意識的な手がかりが、いくらでもあるんじゃない？三人ともおたがいのことをまったく知らないとするのがベストでしょう。

パット　まったく制限なしに、どんな質問をしてもいいの？

サンディ　そう、それが肝腎。

パット　とすると、たちまちセックスに関する質問になりそう。あんまりうまくだまそうとするおかげで、男のほうが負けるんじゃないかなあ。いくら機械を媒介にして匿名の会話をするといったって、女なら答えられそうにない失礼な質問にまで、男なら答えてしまいかねない。

サンディ　なるほど。

クリス　服のサイズのように、男と女では、昔からまるきり違うような点に、探りを入れてみる手もあるね。ニセ者ゲームの心理学は、まったく微妙だよ。質問者が男か女かでもだいぶ様子が違ってきそうだし、女のほうが男よりもそういう微妙な差に敏感だから、素早くいい当てるんじゃない？

パット　もしそうなら、それが男と女の区別法でしょ？

サンデイ　フーン、なんだかややこしくなってきた。いずれにせよ、このニセ者ゲームがまじめに行われたって話は、聞いたことがない。近ごろのコンピュータ端末を使えば、簡単なことなんだけどね。しかし、これがどう転んだらなにがわかるかということになると、さっぱりわからない。

パット　私もそれを考えてた。質問者――女としようか――が正しく女をいい当てられなかったら、なにがいえるってわけ？　男が実は女だったなんて、いえるわけがないでしょ？

サンディ　まったくね。おかしな話、私はチューリング・テストは信用してるんだけど、基礎となったニセ者ゲームのポイントがわかってないんだなあ。

クリス　ニセ者ゲームで性別を判定するのも、チューリング・テストで思考機械の判定をするのも、五十歩百歩じゃない？

パット　なるほど、話を聞いてるとどうもチューリング・テストというのはニセ者ゲームの拡張版みたいだけど。別々の部屋に人間と機械を入れるんでしょう？

サンディ　ウン。機械は質問者に対して精一杯人間らしく振る舞う。人間は自分が機械でないことを、とにかく納得させようとする。

パット　精一杯って？　機械が？

サンディ　ごめん、ごめん。でもほかにうまい言い方がない。

パット　それちょっと感情的意味合いを伴っているのが気になるけれど、なかなかおもしろそう。でも、このテストが思考の本質に迫ってると思うのはなぜ？　間違いだらけのテストかもしれないじゃない。たとえば、機械とはいえないほど上手にダンスができることをもって、機械が思考すると考える人がいるかもしれないし、なにかほかの特性をもって、そう思う人もいるんじゃないかな。人間に対して、タイプを打ってだます能力だけが、特別扱いされるワケはなんなの？

サンディ　どうしてパットがそんなことをいうのかわからない。そういう反論は前にも聞いたことがあるけど、正直なところガックリくるな。タップダンスができなかろうと、パットのつまさきに岩を投げおとせなかろうと関係ないよ。機械がパットのお望みの話題について、知的に会話ができれば、思考できるってことを示したことになるんじゃないかな。私は、チューリングが人間の思考とそのほかの特性をスパッと一筆で区分けしたと思うけど……。

パット　今度は私がガックリくる番かもね。ニセ者ゲームに勝ったからといって男の能力についてなにもいえないのに、チューリングのゲームに勝ったからといって、機械の能力についてなにがいえる？

クリス　いい質問！

サンディ　ニセ者ゲームに勝った男の能力については、パットだってなにかはいえるでしょ。その男が女だったなんていえないけど、彼が女のものの見方——ま、そんなものがあるとしてだけど——に精通してたといえるんじゃない？　コンピュータが、誰かに人間と間違えられるくらいに振る舞ったら、やっぱりいまと同じことがいえる。つまり、コンピュータが人間らしさとか人間の条件といったものに精通してるってね。

パット　まあね、でもそれは必ずしも思考と同等じゃないのでは？　チューリング・テストにパスしても、機械はたんに思考をうまく模擬（シミュレート）しただけとしかいえないと思うけど……。

クリス　私はパットほどつっぱるつもりはないけれど——現に、ありとあらゆる複雑な現象を模擬する、素晴らしいコンピュータプログラムがあるでしょう。たとえば、物理学では、素粒子、原子、固体、液体、ガス、星雲にいたるまで、その振る舞いを模擬してるものね。だけど、誰も模擬されたものを、現実のものと混同はしてないよ。

サンディ　哲学者のダニエル・デネットが『ブレインストーム』という本の中で、模擬ハリケーンについて同じようなことをいってる。

クリス　それもいい例。どう見てもコンピュータの内部で模擬されているハリケーンは、本物のハリケーンじゃないでしょう。機械の中のメモリー装置は、秒速一〇〇メートルの風が吹いてもバラバラにならないし、計算機室の床が雨水でビショビショになることもないし……。

サンディ　ねえねえ、それがおかしいんじゃない？　だいいち、プログラマは模擬を本物のハリケーンといいはっちゃいない。たんにハリケーンの一部の特徴をとらえた、模擬にすぎない。だけど、クリスが模擬ハリケーンにはドシャ降りも風速一〇〇メートルもないといったのは、一杯食わせものだよ。たしかに私たちにとって、そんなものは存在しない。しかし、プログラムが信じられないくらい微に入り細に入っていれば、プログラム中の大地には、模擬人間がいて、私たちがハリケーンでひどい目に会うのと同じようなひどい目に会うことができる。彼らの心、クリスの言い方をすれば、彼らの模擬心にとっては、このハリケーンは模擬じゃなくて豪雨と破壊を伴った、まぎれもない本物の現象だと思うけど……。

クリス　ワー、まるでSF小説。一人の人間の心といわず、町中の人間を十把ひとからげに模擬しちゃうなんて！

サンディ　まあまあ押さえて。私のいいたかったのは、模擬されたマッコイさんが本当のマッコイさんじゃないというクリスの議論が誤ってる、その理由なわけ。経験を積んだ観察者なら誰でも、模擬現象を見てなにが起こっているかを見ぬく能力をもっていると考えられている。これよ。実際には、観察者を補助する道具が必要な場合が多い。いまの場合だと、雨や風を見るのに「計算の眼鏡」がいる。

パット　計算の眼鏡？　いったいなんのこと？

サンディ　つまり、このハリケーンの雨風を見るには、それに応じた正しい方法が必要だってこと。パットがその……。

クリス　待ってちょうだい！　模擬ハリケーンで濡れるわけがないでしょう！　模擬人間にとって、それがいかにビショビショでも、それは絶対に本物のビショビショじゃない。風を模擬してコンピュータがバラバラになることも絶対ありえない！

サンディ　もちろん。クリスは話のレベルを混同してるんじゃない？　物理法則そのものは、本物のハリケーンの風でバラバラになることはない、いい？　同様に模擬ハリケーンの場合、クリスがコンピュータのメモリーに目を凝らして、配線がちぎれやしないか見てても失望するだけだと思う。だけど、話のレベルを正しくしたら？　つまりメモリー内にコード化されてる「構造」を見るんだ。そしたらコード化されたつながりが断ちきられていたり、ある変数の値が猛烈に変わってたりするのに気づくはずでしょ？　そこには洪水も破壊もある。これは本物だよ。ただ、ちょっとばかし眼につきにくくてわかりにくい。

クリス　悪いけれど、それはいただけない。お説によると、いままで誰も想像したこともないような種類のハリケーンの被害を捜さないといけないようね。おっしゃるところの特別の眼鏡とやらを通して見えた効果が洪水や破壊といえれば、それがハリケーンってわけ？

サンディ　そう、よくわかってるじゃない。ハリケーンはその「効果」によって認識されるわけ。クリスだって、ハリケーンのエーテルの如き本質というか、嵐の眼のちょうど真ん中にあるハリケーン魂を見たわけじゃないでしょ？　それなのにそれをハリケーンと呼ぶのは、渦まいてて眼がある嵐とかなんとかというパターンがあるからだよ。もちろん、本当はもっとたくさんの条件をつけなければならないと思うけど。

パット　大気の現象であることがまずハリケーンの条件じゃない？　どうしたら、コンピュータの中のものを嵐と呼べるのかなあ？　模擬は模擬、なんといっても模擬は模擬でしょ！

サンディ　そのでんでいくと、コンピュータのやってる計算も模擬された計算で、ニセの計算てことになっちゃうよ。人間だけが本当に計算できるってこと？

パット　コンピュータは正しい答えを出す、だからニセ物の計算とはいいきれない。だけどやっぱりたんなる「パターン」で、なにが進行しているかを理解はしてない。たとえば、キャッシュレジスター。歯車がガチャガチャ動いているとき、なにか計算していると、正直そう思う？　コンピュータも、とどのつまり高級キャッシュレジスターだと思う。

サンディ　キャッシュレジスターが算数をやっている生徒みたいな気持ちになっているかというんなら、それはもっとも。でもそれが計算の意味するものかな？　つまり、計算の本質的部分かどうかってこと。もしそうだとすると、いままでの常識とはまるで反対に、「真の計算」をするためには、ものすごく複雑なプログラムを書かなくちゃいけない。そういうプログラムは当然、ときにはケアレスミスをするし、答えが読みとれないようななぐり書きもするし、紙の上にボンヤリ落書きをすることもある。手計算で買物の合計金額をはじきだす店員以上には、正確になれないよ。なんだかこういうプログラムが書けそうな気がしてきちゃった。そしたら店員や生徒のやり方が、逆につかめるんじゃないかな。

パット　まあ、できない相談じゃない？

サンディ　たぶんね。でも、そこはポイントじゃない。パットはキャッシュレジスターは計算できないといった。デネットの『ブレインストーム』の中の大好きな節を思いだしたよ。だいたいこんな具合だったかな。「キャッシュレジスターは本当の計算はできない。できるのは歯車を回すことだけ。しかし実は歯車を本当に回すこともできない。ただ物理法則に従ってるだけなのである。」デネットの原文は、キャッシュレジスターではなくてコンピュータになっているんだけれど、そこは私がいいかえた。これを人間に置きかえると、「人間は本当の計算はできない。できるのは、頭の中の記号を操作することだけ。しかし、実はその記号を本当に操作することもできない。やっていることは、いろいろのパターンでいろいろなニューロンを発火させること。それとて人間がニューロンを発火させてるわけじゃない。ただ物理法則に従ってニューロンが発火していくのをなるがままにしているだけなのである」となってしまう。こういう背理法によれば、計算は存在しない、ハリケーンも存在しない、素粒子と物理法則より高いレベルのものは存在しないってことになってしまうよ。コンピュータが記号をいじくりまわしているだけで、本当の計算をしていないといったところで、なんの得にもならないけど。

パット　例が極端だなあ。しかし、それは実際の現象と模擬の間に巨大な差があるという私の説を裏づけてるんじゃない？　ハリケーンについても然り、人間の思考ともなればもっと然り。

サンディ　いい？　この議論をつづけて話をよけい混乱させる気はないけど、もう一つだけ例をあげさせて。いまパットがアマチュア無線で誰かとモールス符号で交信してるとしよう。そのとき「向こう側の相手」という言い方がちょっと奇妙だと思わない？

パット　奇妙じゃないと思う。向こう側の人物の存在が仮定のものだとしても。

サンディ　フーン、向こう側まで実際に確かめに行く気はなさそうね。パットにはモールス符号という異常なチャンネルを通してでも、相手が人間であることを認識する覚悟はあると見える。相手の体や声はいらないわけね。必要なのはモールス符号という抽象的な記号だけ。私のいわんとするのはまさにこれ。トンツーの背後の人物を「見る」のに、パットは復号化をして解読せざるをえない。認知は直接的じゃなくて、間接的でしょ？　裏に隠れた現実を見つけるのに、一皮も二皮もむかないといけない。トンツーザーザーの裏にいる人物を見るために、パットはアマチュア無線の眼鏡をかけてるってことでしょ？　模擬ハリケーンだって同じ。計算機室に暗雲がたちこめるわけじゃないから、機械のメモリーを解読する必要がある。つまり、特別製の眼鏡をかける。そしたらハリケーンが見えてくる！

パット　ヒャーッ、いってくれる！　アマチュア無線の場合は、向こう、そうね、富士山の国とかどこかに誰かがいて、座って解読を行えば、その人間のベールははがれてくる。影を見て、影を作っている実体があるというのと同じ。もちろん、影と実体を混同することは絶対にない。ハリケーンについていえば、コンピュータがいくらそのパターンを真似たって、背後に本物の嵐があるわけじゃない。そう、サンディのいうのは、本物のハリケーンを伴わない影のハリケーンでしょ？　私は断固として影と実体を混同しないつもり。

サンディ　ハイハイ、わかりました。これ以上この議論をつづける気はなくなった。模擬ハリケーンがハリケーンであるといったのは愚かだったね。だけどパットがちょっと見ていったほど、愚かでもないんだ。それに模擬思考についていえば、模擬ハリケーンとはだいぶ話が違ってくる。

パット　どうして？　ちゃんと説明してほしいな。

サンディ　うん、そうするには、ハリケーンについてもうちょっと話をしなければ……。

パット　ええっ、そんな！　でもしょうがないか。

サンディ　ハリケーンとはなんぞやを、正確で完全に精密な術語を使っていえる人間なんていると思う？　嵐はなんらかの抽象的パターンを共有している。だからこそわれわれはハリケーンと呼べるってこと。だけど、ハリケーンとハリケーンでないものの区別はスパッとはいかない。トルネード、サイクロン、台風、砂嵐、似たものがいっぱいある。木星の大赤斑はハリケーンか？　太陽黒点はどう？　風洞の中にはハリケーンが存在するか？　試験管の中は？　想像をたくましくすれば、中性子星の表面の微小なハリケーンだって考えられないこともない。

クリス　まんざらこじつけでもなさそうね。実際、地震の概念は、中性子星にまで拡張されていて、ときたま観察されるパルサーの脈動の小さな速度変化は、中性子星の表面で起こる地震によると天体物理学者はいってるしね。

サンディ　うん、そうそう。星の地震というと、超現実的表面の超現実的震動ってわけだから、かねがね得体がしれないと思ってた。

クリス　サンディは巨大球面のプレート・テクトニクスを純粋に核物理学的な現象だと思える？

サンディ　地球の地震も星の地震も、新しいもっと抽象的なカテゴリーに包括されるんじゃない？　ありふれた概念を、ありふれた経験からどんどんつかみだしてたゆまず拡張していく。それでいて本質は不変のまま。これが科学のやり方でしょ。たとえば、数の体系がそう。正の数から負の数へ、次に有理数、実数、複素数、そしてドクター・スースの『泥酔学（*On beyond zebra*）』のきわみにいたる。〔Dr. Seuss. アメリカのユーモア作家、さし絵画家・児童文学者。リズム感のある言葉遊びを得意とする。On beyond zebra（天高くシマウマ越えて？）はAlgebra（代数学）のモジリ。泥酔学は代数学とシャレたまったくのデタラメ訳。お許しあれ。〕

パット　それ、よくわかる。生物学でも、抽象的な意味合いで近い関係に分類される例がたくさんあるから。ある品種の属する科は、あるレベルで共有している抽象的パターンで決まることが多い。オスとかメスもすごく抽象的な概念なのね。分類法がものすごく抽象的なパターンにもとづいていると相当広い範囲の現象が同じ種類になってしまうわけ。同じ種類なのに外面的にはまるで違っていることもあるし。こういう意味でなら、模擬ハリケーンが怪しげながらもハリケーンであるといえるわけが、ちょっとだけどわかる気がする。

クリス　それは「ハリケーン」じゃなくて「……が……である」という言葉が拡大解釈されたんじゃない？

パット　どうして？

クリス　チューリングが「思考」を拡大解釈したのなら、「である」を拡大解釈してもかまわないでしょ？　つまり考えぬいた上で、模擬が本物と混同されるようでは、誰かがかなりの哲学的ペテンをやってるよ。これはたんに「ハリケーン」のような言葉を二つ三つ拡大解釈するよりは、だいぶことが重大じゃないかな？

サンディ　「である」が拡大解釈されてるというのはおもしろいね。だけどペテン説は違うと思う。もう一つだけ模擬ハリケーンについていわせてもらって、それから模擬思考に話を移していい？　本当にとことんまでハリケーンを模擬したとしよう。原子レベルにいたるまで模擬するわけ。これは実際にはもちろん不可能だけどね。そうすれば、これがハリケーンの本質にかかわるすべての抽象的構造をもつことに異論はないでしょ？　だのに、パットがこれをハリケーンと呼べないのはどうして？

パット　また話をもとに戻そうっていうの？

サンディ　そう、だけどこういう例が出てきたからには私の主張に戻らなくちゃいけない。でもいわせてほしい。すぐ本題の「思考」に話を移すから……。思考はハリケーンよりもっと抽象的な構造で、脳という媒体中で起こってる複雑な事象を表している。しかし実際には、世界の数十億の頭脳の中に思考がある。物理的には別物の頭脳なのに、どれも思考という同一物を支えている。だから重要なのは媒体ではなくて、抽象的なパターンというわけ。同じような「回転」が、誰の脳の中でも起こっているから、ほかの人よりも「本物の」思考をしているなんていえる人はいない。もしもの話、なにか新しい媒体中で同種の「回転」が起こっていたら、思考でないといいきれる？

パット　たぶんいえない。だけどサンディは問題をずらしたみたい。同種の回転の存在を確かめる方法があるかという問題に変わったみたい。

サンディ　その方法教えます。これがチューリング・テストなんだ。

クリス　ホント？　たんに私と同じように質問に答えるからといって、私の心の中で起こっているのと同じことがコンピュータの中で起こっているとどうしていえる？　たんに外面を見ているだけなのに。

サンディ　だけど、私がクリスに話しているとき、クリスが思考と呼んでるものが私の中で起こってるとどうしてわかる？　チューリング・テストは、物理学の粒子加速器のような役割をする素晴らしい観測装置なんだ。これはクリス好みのたとえだと思うな。物理学で原子や原子内粒子レベルのことを理解しようとしたら、直接見ることができない以上、加速粒子を標的で散乱させて振る舞いを観測し、それから標的の内部構造を推測するよりほかはないでしょう。チューリング・テストは、この方法を心の解析に当てはめたわけ。心を直接見ることのできない標的として扱うのだけど、その構造をもっと抽象的に推定しようとする。物理学と同様、標的たる心で質問を「散乱」させて、その内部作用を調べる。

クリス　もっと正確にいえば、どういう種類の内部構造だったら観察結果を説明できるか、仮説をたてるわけ――それが実際あるかないかわからないけれど……。

サンディ　エッ？　クリスは原子核がたんなる仮説の産物だという気？　原子核の存在（じゃなくて存在仮説かな？）は、原子で散乱する粒子の振る舞いで十分に証明（じゃなくて示唆か？）されてるんじゃない？

クリス　物理系は人間の心よりはだいぶ単純だから、当然推論の確実性もその分だけ高いんだ。そして結論は何通りもの実験で確認される。

サンディ　でも基本的には同じタイプの実験、つまり拡散といった間接的手段を使うんでしょ？　けっして電子やクォークを直接いじりはしない。だから、実験は、その分だけ難しくて解析もたいへんってわけか……。チューリング・テストなら、クリスだって一時間もあればずいぶん微妙な実験ができる。他人に意識があると人が思うのは、たんにその他人をずっと観察しつづけているから――ま、これもチューリング・テストの一種かな。

パット　おおかたそうかもしれない。だけど相手の身体が見えるし、顔の表情も見えるから、テレタイプを通して人と話すのとは大違い。同胞たる人間を見ているから、あの人は思考していると思うわけ。

サンディ　まるで宇宙は人間を中心に回ってるって言い方だね。たんに人間に似てるからといって、お店のマネキンがみごとにプログラムされたコンピュータより「思考してる」っていいはしないよね？

パット　もちろん！　人間の形に似ているだけじゃダメ。思考力があると認めるには、それ以上のものが必要。生物であること、同じ源をもつこと、これはたいへん重要な根拠だよ。

サンディ　異議あり！　そういうのを盲目的反機械主義の権化というんじゃない？　大切なのは内部構造の類似性であって、体や器官や化学的構造といったものじゃない。組織構造というか、つまりソフトウエアが大切なわけ。思考してるかどうかは、その組織の構成法の問題だと思う。チューリング・テストで、そういう組織の形があるかないかがわかる。そう信じるな、私は。パットが私の外見を見て、私が思考してると考えたのならちょっと浅薄じゃない？　チューリング・テストはたんなる外形よりよっぽど深く本質を見てる。

パット　誤解があるなあ。さっきもいったように、思考の根拠はたんに身体の形だけじゃなくて、共通の源をもっていることも大切。要するに、みんなもともとDNA分子から出てるってこと、これが私にはずしりと重い。こういえるかしら？　人間の体の外形を見ると、生物学的に深い歴史を共有している。この深さが、共通の外形をもつものが思考すると信ずるに足る根拠になっている。

サンディ　みんな間接的な根拠でしょ？　直接的根拠がほしいな。チューリング・テストがまさにそれ、もうこれしかないと思う、思考をテストするのは。

クリス　だけどチューリング・テストで、サンディだってだまされかねないよ。男を女と間違えるみたいに……。

サンディ　うん、あまりせっかちに上っ面をなでるようなテストをやったら、だまされるかもしれない。だけど、私なら思いつく限り深いところをねらうね。

クリス　私はプログラムが冗談を解するかどうかを見たいな。知能を試す真のテストじゃないかな、これは。

サンディ　ユーモアは、たぶん知能的と目されるプログラムにとって、きびしい試験項目でしょう。しかし、それと同じくらい、いやもっと重要なのが情緒的反応のテストかな。音楽作品や文学作品、とくに私の好きなものにどう反応したか聞きたい。

クリス　「そんな作品は知らない」とか「音楽には興味がなくて……」なんて答えてきたら？　感情への言及を避けてくるかも……。

サンディ　臭いと思うんじゃない？　一定の話題を避けるのに、首尾一貫したパターンがあったら、相手が思考してない疑いが深まる。

クリス　それはおかしいんじゃない？　思考はするが感情がないと

いうケースでしょ、それは。

サンディ　そこ、そこ！　私には、感情と思考が分離できるとはとても思えない。別の言い方をすれば、感情は思考能力からくる自動的な副産物であって、思考の本質からみて不可欠なものだと思う。

クリス　それが違うとしたら？　仮りに思考はするが感情がない機械を作ったとして、それがサンディのいうテストに通らなかったら、知能はありませんてことにされてしまうの？

サンディ　感情の質問と非感情の質問の間のどこに境界線があるのか、示してくれない？　文学作品についてなにか聞くとする。これには人間の感情の理解が必要よね。これは思考かな？　たんなる無感動な計算かな？　言葉の微妙な選択について聞くとする。これに対しては言葉のニュアンスに関する理解が必要よね。チューリングも、論文の中でこれと似た例を使ってる。それから入りくんだ恋愛について相談したいとする。機械は人間の動機や生い立ちについて多くのことを知らないといけない。私はこういうことができないものを、思考できるものとはいいたくない。とにかく私の立場をいえば、思考能力、感性、意識、どれもたんに一つの現象の異なる様相で、どれをとっても、ほかのものなしには存在しえない。

クリス　なにも感じないけれど、考えることができて、複雑な決定を下せるような機械が作れないというの？　矛盾していないと思いうけど……。

サンディ　いや、矛盾してる。そういうからには、クリスはきっと、金属製で四角くて、空調完備の部屋にあって、硬くて角ばった、色つきの配線が、一〇〇万本も張りめぐらされている冷たい物体を思いうかべてるんでしょう？　タイル張りの床に鎮座ましまして、なにやらブンブンザーザーうなって、テープを回転させてる代物ね。そういう機械は、チェスを上手に指せる。たくさんの決定問題をこなしてる。だけどやっぱり、私はこれに意識があるという気がしない。

クリス　なぜ？　機械論者は、チェスプログラムに未熟ながらも意識があるといってるんでしょ？

サンディ　機械論者といっても、私の場合は違う。私の考えでは、意識とは組織構造の明確なパターンからきてる。これを詳細にどう記述するかは未解決だけどね。でもわれわれの理解は、徐々に深まってるんじゃないかな。意識は外部世界を内部に反映する手段と同時に、その内部表現モデルにもとづいて外部世界に働きかける能力をもたなければならない。それに意識のある機械にとって、実際きびしいのは、よく練られた柔軟な自己モデルを内蔵してないといけないこと。いま最強のチェスプログラムをはじめ、どのプログラムもこの点でみな失格だと思う。

クリス　チェスプログラムが先読みして、次の手を計算しているときに、「こうくる。そうしたらこう。そいでまたこうきて、こういく……」なんて独り言をいってるわけでしょう。これはある種の自己モデルじゃない？

サンディ　まさか！　だけどお望みとあらば、これを極端に限られた自己モデルといいかえてもいいか。最も狭い意味での自己理解ね。たとえば、チェスプログラムはなぜ自分がチェスを指しているのかを理解してないし、自分がプログラムであることも、コンピュータの中にいることも、人間を相手にしてることもなにも知らない。だいたい、勝ち負けとはなんぞやもわかっていないというか、その……。

パット　どうしてそういう感覚がないってわかる？　どうしてそんなに大胆にチェスプログラムの感覚や知識について断言できるわけ？

サンディ　これは、これは！　感じもしないし知りもしないと、誰もが認めるものがあるでしょう。放りなげられた石は、放物線について知らないし、回ってるファンは空気のことなんか知らない。もちろん証明できないけど。なんか話が信念の問題になってきたみたい。

パット　昔、こんな道教の話を読んだことがある。賢人が二人、橋の上にいた。一人がいった。「魚になりたいものだ。実に幸せそうだ」もう一人が答えて「魚が幸せかどうかどうしてわかるのですか？　あなたは魚じゃない」最初の人はそれに対して「しかしあなたは私じゃない。私が魚の感じ方を知ってるかいないかどうしてわかる？」といい返した。

サンディ　さすが！　意識の有無について話すときにはある程度の制約が必要だね。そうしないとソリプシズム〔唯我論、宇宙で意識あるものは我一人〕か、パンサイキズム〔汎心論、宇宙の万物に意識あり〕かの極論になっちゃう。

パット　本当かしら？　実は万物に意識ありかも？

サンディ　パットが石ころや電子にまである種の意識があるというのなら、われわれの話はここで決裂してしまうね。私にはとうてい理解できない神秘主義としてね。チェスプログラムについていうなら、私はそのしくみをたまたま知ってるから、たしかに意識なしといいきれる。あるわけがない！

パット　なぜ？

サンディ　チェスプログラムには、チェスの目標についてギリギリの知識しか組みこまれていない。競技の概念は、多数の数値を比較して、最大値を選ぶ機械動作の繰りかえしということにすりかえられてる。チェスプログラムには負けて恥じるとか、勝って自慢するとかいう感覚がない。たんにチェスを指す、そのために必要最小限のことしかやらずにすませている。それなのにチェスを指すコンピュータの「願望」について、私たちがつい口をすべらせて「キングをポーン列の背後にかくまっておきたがっている」とか「ルークを早めに展開させるのを好んでいる」とか「私が隠しフォーク〔両にらみ〕に気づいてないと思っているぞ」とかいうのはおもしろい。

パット　そうね。われわれは昆虫に対して、同じことをやってる。アリを一匹見つけて「巣に帰ろうとがんばっている」とか「ハチの死骸を巣に引きずっていきたがっている」とかいうものね。実際、われわれはどんな動物に対しても、感情を意味するような言葉を使うけれど、どれくらいその動物が感じているかはっきりとは知らない。犬や猫がうれしいとか悲しいとか、なにかほしがっているとかいうのにそう抵抗はない。だけど、こういう生きものの悲しみが、人間の悲しみほど深くて複雑だとはまったく思えないなあ。

サンディ　しかし、パットはそれを「模擬悲しみ」と呼びはしないんでしょ？

パット　もちろん！　本物だよ、それは。

サンディ　こういう目的論的で、センチメンタルな言葉を使わずにすますのは難しい。私はそれは正しいと思う。行きすぎちゃダメだけどね。こういう言葉は、今日のチェスプログラムに対して使われた場合、人間に対して使われるときほどの豊かな意味はけっしてもちえない。

クリス　私には、知能が感情を含むべしというのが、まだわからないな。どうしてたんに計算はして、感情はもたない知能がいけないのかなあ？

サンディ　答えは二、三あるかな。その一。知能は動機をもたねばならぬ。みんながなんと信じようとも、機械だったら人間よりも、客観的に思考できるなんてことはない。たとえば、機械がある場面を見たとき、人間と同様に焦点を合わせたり、フィルターをかけたりして、自分があらかじめもっているカテゴリーに、その場面を落とさないといけない。つまり、あるものは見るが、あるものは見逃す。これは特定のものに、よりいっそうの重みを与えることにほかならない。こういうことは処理のどのレベルでも起こる。

パット　話がよくわからない。

サンディ　いい？　パットもクリスもいま私がある知的主張をしようとしていて、感情抜きでそれができると思ってるみたい。だけど、なにがこの主張に私を「こだわらせる」のかな？　どうしてこの「こだわらせる」にこんな力点を置いたかわかる？　いま私はこの会話に、相当感情的に入れこんでる。人間は空疎な機械的反射運動ではなく、確信から出たものを語りかける。どんなに知的な会話でも、根底には熱情がある。話し手が、聞かせたい、理解されたい、発言を尊重されたいと思うのは事実でしょう。

パット　なんだか、自分のしゃべってることには興味をもて！　さもなくば、会話が死ぬってことのようだね。

サンディ　そのとおり！　私は自分が興味をもたないことを話して、他人をわずらわしたいとは思わない。興味は意識下にある偏向のパターンにつけられた別名だと思う。私が話をするとき、私の偏向はみんなどこかに効いていて、表層では私の個性とかスタイルとして認識される。だけど、そういうスタイルは膨大な数の小さな優先順位、偏向、知識からきている。こういう無数のからみ合いを組み合わせると、実は願望になる。要するに組み合わせなのかな。ここから感情抜きの計算の話になるけれど――たしかにキャッシュレジスターや電卓など、そういうものは存在する。

今日のコンピュータプログラムは、ほとんどそうだといってよい。

だけど、これらの感情抜き計算を巨大に組織化したら、なにかレベルの違う特性をもつようになる。たんに小さな計算の集合じゃなくて、ある性向、欲求、信念などをもったシステムに変わる。みんなもこれに気づくべきじゃない？　ものがどんどん複雑になったら、記述のレベルを変えざるをえない。これはもうある程度起こっていて、チェスプログラムなどの思考機械について話すのに「したがってる」とか「考えてる」とか「試してる」とか「望んでる」とかいう言葉を使うのは、そのためじゃないかな。観察者のこういうレベル転換をデネットは「意図の立場をとる」と呼んでる。AIで本当におもしろいことが起こるのは、たぶんプログラムが自分自身に対して、意図の立場をとれるようになったときじゃないかな。

クリス　ずいぶん奇妙にレベル交錯したフィードバックループだね。

サンディ　そうね。プログラムが自分自身を外から眺めて、自分がなにをしたか理解できるようになったら、その中に「誰か」がいると考えていいと思う。

パット　「私」ってこと？　自我？

サンディ　うん、そんなとこ。宗教的な意味じゃなくて「たましい」といったところかな。もちろん、いまのプログラムに対して、完全な意味で意図の立場をとることは不可能だね。少なくとも私はそう思う。

クリス　関連していえば、人間以外のものに対して意図の立場をとることはどの程度正当だろう？　これは、重要な問題だと思うけれど……。

パット　哺乳類に対してなら意図の立場をとれると思う。

サンディ　賛成。

クリス　ヘエー、そう。なぜ？　まさか犬や猫がチューリング・テストにパスするというんじゃないよね。思考の存在を確かめるのに、チューリング・テストしか方法がないと考えるんだったら、これはどう見ても矛盾でしょう。

サンディ　ムムム……そうか。どうやらチューリング・テストは意識のあるレベル以上にしか効力がないと認めざるをえないね。思考はするがチューリング・テストに落ちるものはある。だけど通るものには本物の意識がある。つまり考える存在であるといえるんじゃない？

パット　コンピュータを意識ある存在と考えるのはなぜ？　同じことをむし返してるように聞こえたらゴメン。でも、意識ある存在を考えたら、思考と機械がどうしても結びつかない。私にとって、意識はやわらかくて温かい体と結びつくものなわけ。これは愚かかしら？

クリス　生物学畑の人がそういうとは、驚きだなあ。パットは生命を化学や物理学で扱っていて、もう魔法なんか残ってないと思ってるんじゃないの？

パット　まさか。化学や物理学もときどき生命にはまるで魔法が存在していると思わせるときがある。科学的知識と私の内なる直観が、どうにもまとまらないことがあるんだ。

クリス　その気持ちはわかる。

パット　サンディは私のような頑固な先入観をどう料理する気？

サンディ　機械に対するパットの考えを掘り下げて、パットの意見に影響を与えてる潜在的な直観の根を掘りあててみたいな。私たちはみんな産業革命以来の遺物的イメージで機械を見ていて、ダダダという音のするエンジンの力で動く鉄製のしかけだと思ってる。コンピュータの発明者であるチャールズ・バベッジの人間に対するイメージは、どうもそんなものだったらしいのね。とどのつまり、彼は自分の歯車コンピュータを「解析エンジン」と呼んでたから。

パット　でも、私は人間を高級蒸気ショベルとも、電気カン切りとも思わない。人間については、なにかその……、内に炎のようなもの、そう生きていて、不規則にゆらゆら震えていて不確定なもの、それでいてなにか創造的なものをもっている……。

サンディ　ワーイ！　待ってました、その言葉！　そう考えるところがなんとも人間様だ。炎のイメージは、ローソク、火事、空一杯に踊りまわる稲妻を思いださせるけど、同じものがコンピュータのパネル上でも見られるってことは知ってる？［一時代前のコンピュータではあるが……］混沌としたチラチラ模様が見えるんだ。こいつは生命のないガチャついた金属の山とはほど遠いイメージでね。たしかに炎に似てるよ、これは！　クリスも機械のイメージとして、巨大蒸気ショベルなんかよりは光が踊るパターンをとればいいと思うけど。
クリス　これは強烈。機械に対するセンスが、物質中心のものからパターン中心のものに変わっちゃったみたいね。自分の心の中の思考が、頭脳の中でチカチカしている小さなパルスの大きなしぶきに見えてきそう……。まさにいま考えてるこの思考がね。
サンディ　ずいぶん詩的な自己描写じゃない？
クリス　だけど、私全体が機械とはまだ思いきれないな……。機械に対する前時代的な潜在観念にとらわれていると思うんだけど、一瞬のうちにこういう根深いものが変えられる気はしないから。
サンディ　でもそれは虚心坦懐じゃない？　私だって本心を明かせばクリスやパットの機械観とそう違わないもんね。心の片隅では、自分を機械と呼ぶことにしりごみしてる。みんなの感情がたんに電気回路網の所産だと考えるのは奇怪でしょ。どう、驚いた？
クリス　驚かないはずがないよ。いったいサンディは知能コンピュータができると思うのか、できないと思うのかどっちなの？
サンディ　クリスがなにを意味してるかによるね。問題は「コンピュータは思考できるか？」だったでしょ？　「思考」の意味に多くの解釈があることはさておき、この問題には数通りの解釈が可能だと思う。「できる」とか「コンピュータ」の意味の差からくるんだけど……。
パット　やれやれ、振り出しに戻って、また言葉のゲーム？
サンディ　しかたがない。問題の意味は「今日のコンピュータで思考できてるものがあるか？」かもしれない。これに対しては即座に私はノー、大声でね。「今日のプログラムがきちんとプログラムされたら、思考が可能になるか？」このほうがより「らしい」解釈だけど、私はこれも「たぶんノー」。「コンピュータ」という言葉次第なんだ。思うに、「コンピュータ」は前にもいったように、空調完備の部屋にある、四角い金属製の箱というイメージでしょう？　だけど私は、コンピュータ技術の進歩がこういうイメージを時代遅れにしちゃうと思う。
パット　でもいまのコンピュータはしばらくつづくと思わない？
サンディ　そう、今日的イメージのコンピュータは長い間つづくと思う。だけど、進化したコンピュータ――もうコンピュータとは呼べないかも――が出てきてまるで違ったものになる。たぶん、生物と同じで、進化の木には、たくさんの枝分かれがあって、商業用コンピュータ、システムリサーチ用コンピュータ、シミュレーション（模擬）用コンピュータ、宇宙ロケット用コンピュータなどなど。そしてとうとう出ました、知能研究用コンピュータ。これが最高の柔軟性をもったもので、研究者が英知を傾けて作ろうとしてるものじゃないかな。従来のイメージに固定化して留まってる必然性はなにもない。たぶんもうすぐ、見る・聞くのための初歩的知覚機構を標準装備したものが出てくるんじゃない？　動きまわって探検できなくちゃいけないし、物理的にもやわらかいことが必要かもね。要するに、もう少し自立していて動物風にならなければいけない。
クリス　スターウォーズのR2D2とか、C3POといったものを思いだすなあ。
サンディ　あれは知能機械を思いうかべるには関係ないと思う。実際馬鹿げてるし、映画監督の想像の産物以外の何物でもない。定まったイメージがあるわけじゃないけど、本当に人工知能を想像しようとしたら、いまあるコンピュータを見て得られた、固い限定されたイメージを越えることが必要だよ。機械に共通のものは、その基底にある機械性だけだもんね。こういう言い方は冷たくて硬直してるように聞こえるけど、細胞の中のＤＮＡや酵素ほど——まったくみごとに——機械的なものがほかにあると思う？

パット　私には、細胞内で起こっていることは湿った、なんかとらえどころのない感じで、機械の中のものは乾いて確立した感じなんだけど……。それは、一つにはコンピュータがミスをしないこと、もう一つにはコンピュータがいわれたとおりのことしかしないことに結びついている。これが私のイメージ。

サンディ　オヤオヤ、ちょっと前は炎のイメージで、こんどは湿ったとらえどころのない「スルリ性」？　どうしてこんなに意見が合わないの？

パット　それ、皮肉？

サンディ　いえいえとんでもない。本当に驚いた。

パット　これがまさに人間の心のとらえどころのないスルリ性じゃない？　いまの私の場合なんか……。

サンディ　いえてる。だけどパットのイメージするコンピュータは月並みじゃないかな。コンピュータは間違えることができる——ハードウエアレベルじゃなくてね。このごろのコンピュータ天気予報なんてのはどう？　プログラムは正しく走ったのに、予報はウソだってことがあるもんね。

パット　それは間違ったデータを与えたからでしょ？

サンディ　違う、天気予報が複雑すぎるからだよ。プログラムはまったく正しいけど、限られた量のデータを扱って外挿をしなければならない。だからウソをつくこともある。お百姓さんが空を見て、「今晩、ちょっと雪が降るんでねぇかな」というのとたいして違わない。私たちは自分の頭の中に作った事物のモデルを使って、世界の振る舞いを予測する。つまり、いかに不正確でも、その範囲でしかやれないわけ。もしそれがあまりに不正確だったら、人間は進化から見はなされてしまう——さしずめ断崖絶壁をまっしぐらに落っこちるってところ。コンピュータだって同じ。要は、自然がたまたま手に入れた創造的知性を、人間である設計者が目標にかかげて、進化の過程をスピードアップしようってわけ。

パット　つまり、もっと利口になればコンピュータの間違いは減るってこと？

サンディ　いや、それはアベコベ。利口になればなるほど、ゴタゴタした現実領域に取りくまないといけなくなるから、モデルはより不正確になる。間違いを犯すのは、高い知能の兆候だと思うんだけど……。

パット　ヒャー、またもわけのわからないことをおっしゃる！

サンディ　私は知能機械のシンパとしては珍奇な部類かもね。塀の上に立ってるようなものかな。機械は生物的な湿りというか、スルリ性がないと本当の人間のような知能をもちえないとも思うし……。ただ文字どおり湿ってるといってるわけじゃない。ソフトウエアにスルリ性をもたせられそうな気がする。生きもののように見えようと見えまいと、知能機械はやっぱり機械でしょう。将来はこれを設計し、組みたてる——あるいは、育てる！　私たちは少なくともなんらかの形で、その機能を理解するようになるんじゃないかな。たぶん、一人で全部解明するんじゃなくて、多数の人たちの理解を寄せあつめてそれが達成できると思う。

パット　二兎を追って二兎をつかまえる？　知能機械を作ったのに、まだ心の神秘も残るというわけ？

サンディ　そのとおり。真の人工知能が実現したら……。

パット　なんかすごい矛盾じゃない、それ？

サンディ　そういうことになるかな。結局、人工知能ができたときには機械的で同時に有機物的なものになると思う。生命の機構について、私たちが知ってるのと同じ驚異的柔軟性が達成される。「機構」という言葉に注意！　ＤＮＡや酵素はみんな機構であって、かっちりしててあやふやなところがない。そう思わない？

パット　否定はできないけど……。でも、これらが一緒に機能すると、わからないことがたくさん起こるんじゃないかしら。あんまり複雑で多くの動作モードがあるから、機械的とはいっても全部合わせると、なにか非常に流動的なことになりそうな……。

サンディ　たしかに分子構造の機構レベルから生体の細胞レベルへの推移のつながりは、想像を越えてる。だけど、これが人間は機械であるという確信につながるんじゃない？　これはある意味で気味悪いけど、反面では興奮させる考えだよ。

クリス　もし人間が機械だったら、どうしてその事実に気がつきにくいの？　自分の機械性が認識できて当然でしょう。

サンディ　感情の要素を見こまないといけないいんじゃない？　自分が機械であるといわれることは、ある意味で自分が肉塊以上の何ものでもないといわれることだし、自分の死すべき運命に直面させられることになるからね。誰だってなかなかそうは割りきれない。しかし、感情からくる反対意見を越えて、自分自身を機械と見るには、最下層の機構レベルから、複雑な生命活動の起こってるレベルへ飛躍しないといけない。その中間にたくさんの層があると、それが遮蔽になってて、外からは機械性がほとんど見えなくなる。知能機械が出現したら、私たちにもその知能機械にもちょうどこういうふうに見えるはずだと思う！

クリス　私を釣ろうとしても無駄だよ。

パット　知能機械ができたら、おもしろいことが起こるって話を聞いたことがある。機械に知能を吹きこんで制御しようとしても、まるで予測できない行動をとってしまう……。

サンディ　内部に奇妙な小さい「炎」があるってやつかな？

パット　そうかも。

クリス　で、それのどこがおもしろいんだって？

パット　たとえば、ミサイル。標的追尾コンピュータが高級になればなるほど、機能はいまの考えからすると予測不能のものになる。平和主義のミサイルというのができて、元の場所へ引きかえして爆発せずにそっと着陸するかも。利口な弾丸が自殺するのがいやで弾道の途中で引きかえしたり……。

サンディ　これはおもしろい！

クリス　まるで全然皆目疑わしいな。知能機械がいつごろできるか、サンディの予測はどうなの？

サンディ　人間の知能レベルにかすかに似たものができるのはそう遠くないんじゃない？　だけど、予測できるくらいの近未来に頭脳というとんでもなく複雑なものが複製できるとはとても思えない。これが私の意見。

パット　プログラムがチューリング・テストにパスすることは？

サンディ　これはなかなか答えにくい質問だね。テストにパスする程度にもいろいろあると思う。白と黒、スパッとはいかない。まず質問者が誰であるかに依存してる。単純な人だったら、いまあるプログラムにも完全にだまされると思う。また、どれくらい深く探りを入れることが許されてるかにもよるかな。

パット　チューリング・テストにも、一分テスト、五分テスト、一時間テスト……、いろいろあるってわけね。公式機関で、コンピュータチェス選手権のように、定期的にチューリング・テスト受験競技会が催されたら楽しいね。

クリス　優秀な審査員団に対して、最も長時間生きのこったプログラムが優勝するわけね。有名な審査員を一〇分間だました最初のプログラムにはたいへんな賞が出るんじゃない？

パット　プログラムに？　それともプログラマーに？

クリス　もちろん、プログラムに。

パット　ホント？　プログラムは賞をどうありがたがるのかな？

クリス　ありがたがるのかなって、パット。審査員をうまくだますくらいだから、賞をありがたがるのに抜かりはないはずでしょう？

パット　なるほど。とくに賞が、夜の街へ出かけて質問者とダンスを踊れるとなれば……。

サンディ　そういうふうに事が運ぶよう願いたいものだね。その最初のプログラムが転んで哀れをさそうところを見たらおもしろいだろうな。

パット　ずいぶん懐疑的だね。それはいいとして、かなりうるさい質問者を連れてきても、いまあるプログラムで五分間チューリング・テストにパスするものがある？

サンディ　絶対にないと思う。誰もそれ自体を目標にした研究をやってないこともあるけどね……。だけど、このテストの初級クラスにパスしたプログラムはあるよ。作った人がそういってるんだけどね。システムの名はパリー。例のリモコン式インタビューで、相手がコンピュータか偏執病患者かのどちらかだと教えられていた精神科の医者が何人もだまされた。これは初期システムの改良版で、初期システムでは短いインタビューの記録の写しがいくつか手わたされて、どれが本物の偏執狂のもので、どれがコンピュータのものかが問題として出された。

パット　自分で質問するチャンスがなかったってこと？　たいへんなハンデだし、チューリング・テストの精神に反してる。私の発言の短い写しを読んで私が男か女か判定しろといわれたと考えてみてよ。そんなことできっこない！　でも、改良されたというなら別だけど……。

クリス　どうやったら、コンピュータに偏執狂の真似をさせられるの？

サンディ　真似したとはいってないよ。尋常ならざる状況下で、何人かの精神科医がそう考えただけ。このチューリング・テスト（まがいものの）について困ると思うのはパリーのやり口かな。精神科医はパリーを「彼」と呼ぶんだけど、その彼氏は望ましくない話題になりそうになると唐突に防衛的になって話をそらすという点で、実に偏執病的なわけ。つまり、どうやっても「彼」には探りが入れられないように話題を運ぶ。だからふつうの人間を模擬するより、偏執病患者を模擬するほうがやさしいってことかな。

パット　疑いなくそうだろうな。コンピュータプログラムで、一番真似しやすい種類の人間はどんなのか知ってる？

クリス　聞きたい！

パット　緊張型分裂症の患者——彼らときたら何日も何日もずっと座ったきりでなにもしない。そうするだけのプログラムだったら私にも書ける！

サンディ　パリーのおもしろい点は、自分では文章を生みださないことかな。つまり、問いかけの文への応答としてベストな文を膨

a

b

図 22-1　a. チューリング・テストをパスしたプログラムがごほうびにパーティで質問者とダンスを踊っている。どれがプログラムかわかりますか？
　b. 質問者が思考していないロボットの化けの皮をはいだほうびとして、そのロボットとパーティで踊っている。ロボットは読者を当てることができるだろうか？
　注意―2枚の写真のうち1枚はデービッド・モーザーによって撮られたものではない。質問者はそれがどちらか当てることができるだろうか？

大な定型文章のレパートリーの中から選んでるだけなんだ。

パット　驚き！　でも、もっと拡大しようとしてもたぶん無理なんでしょう？

サンディ　うん、ふつうの会話に出てくる可能な文のすべてに対して、ちゃんと応答できるようにしようとしたら、貯えておくべき文章の数は天文学的で、もう想像を絶するよ。それに、文章を検索するためにはよほど手のこんだ索引づけをやっておかないといけない。誰かが、ジュークボックスのレコードのような具合にメモリーから文章が引きだせるようなプログラムをこしらえて、それでチューリング・テストにパスすると考えてるとしたら、この点に関する思慮が足りない。おもしろいことに人工知能否定論者が、チューリング・テストの概念を論破しようとするとき引き合いに出すのが、この種の非現実的プログラムなのね。彼らの言い分によれば、真に知能的な機械どころか、定型文章を単調に唱えるだけの巨大で無用なロボットのイメージだってわけ。それが流動的な、私たちが知能的と考えてることをやったとしても、容易にその機構が見すかせるはずだ。だから、「わかったか！　やっぱりたんなる機械で、ちっとも知能的じゃない」とこうくる。私の見方はほとんど逆で、自分にできることができるような——つまりチューリング・テストにパスするような機械を見せられたら、侮辱されたとか脅威だとかいわずに、レイモンド・スマリヤンに調子を合わせて、「なんて素晴らしい機械！」というと思う。

クリス　あなたがチューリング・テストでただ一問だけコンピュータに聞けるとしたら、なんて聞く？

サンディ　ウーム……。

パット　わかった。こういうのはどう？　「あなたがチューリング・テストでただ一問だけコンピュータに聞けるとしたら、なんて聞く？」

（一九八一年七月号）

追記

一九八三年にローレンスのカンザス大学で、私は非常に熱心で個性的な学生たちのグループに会うという素晴らしい経験をした。この学生たちは、全部で三〇名ほどで、計算機科学科の教授であるザミール・バベルのもとに集まっていた。彼は私の本『ゲーデル、エッシャー、バッハ』に関するセミナーを主催していた。彼は私に連絡してきて、ローレンスで彼の学生たちに会う機会が作れるかどうかを尋ねてきた。自分のまわりでなにが起こっているかを説明する彼の独得の語り口からこのグループはただ者ではないと感じたので、私は出かけてみることにした。そんなわけで私はカンザスを訪れ、ザミールと彼のグループを知ることになった。結果は私の期待を上回るものであった。学生たちはアイデアと暖かさに満ちていて、私はたいへん楽しい時をすごした。

最初の訪問が素晴らしいものだったので、私は数か月後にもう一度彼らを訪れることにした。今回は彼らの何人かで共有しているアパートで仲間うちのパーティを開いてくれた。ザミールは、彼らが最近のクラスですでに行ったことのあるデモンストレーションを私に見せたいと思っていることを、私に話してくれていた。コンピュータがいつの日にか考えることができるようになるかという問題が

とりあげられ、グループのほとんどが否定的な態度をとったようであった。議論をひっぱっていたロッド・オグボーンという学生が次のようなプログラムは知的だと思うかどうかをクラスに問いかけた。

(1) 初歩のプログラミングのコースをパスすることのできるプログラム。(すなわち行うべき仕事のインフォーマルな記述からきちんと動くプログラムを作れること。)

(2) 精神科医のように振る舞うことのできるプログラム。(ロッドは有名なジョゼフ・ワイゼンバウムの「ドクター」プログラム、あるいは「イライザ」として知られているプログラムの会話例を提示した。)

(3) エール大のマイケル・ダイアーによって書かれた「ボリス」と呼ばれるプログラム。このプログラムは限られた領域の物語を読みこんで、その中の状況に関する質問に答えることができる。そのために、物語の中では述べられていない前提条件を補い、それらにもとづいていろいろの推論を行うことが必要である。

これら三つのケースは徐々に難しくはなってくるものの、クラス全体の意見はどれも知的とは考えられないという方向に傾いた。そこで、ロッドは彼らが実際に会話的なプログラムと相対したら、この決定がどんなに困難なものであるかを示すために、近くのフォート・リーベンワースの米軍によって過去数年間をかけて開発された「ニコライ」と呼ばれる自然言語処理プログラムと電話回線を通して、接続することに成功した。ロッドのコネで、ニコライの極秘で

はないバージョンに接続することができ、クラスの学生たちは二、三時間、このプログラムとやりとりすることができた。そのあとで、彼らはコンピュータが考えることは可能かという質問をもう一度考え直した。それでも、一人の学生だけがニコライは知的であると考えるという意志表示をしただけで、その学生も、もっと情報が得られたら自分の態度を変更する権利は保留しておくという状態であった。その他の学生の約半数はどちらともいえないという態度であったが、残りはどういう状況であってもニコライを知的であるということはできないという意見であった。ロッドのデモンストレーションが効果的であったことは確かで、このときのクラスでの議論は最も生き生きとしたものの一つであった。

ザミールはカンザス市の空港からローレンスへ向かう車の中でこの話を私にしてくれた。そして、学生たちはこの経験によってずいぶん刺激を受けたので、もう一度電話回線を通してニコライに接続して、パーティの間に、私にニコライとの会話を試してもらおうと考えていると説明した。私はそれはたいへんおもしろいことだと思った。また、私はいままでにたくさんの自然言語でやりとりするプログラムを見ているので、ニコライの弱点をあばきだすような質問を簡単に思いつけるだろうと考えた。実は（若干、排他的かもしれないが）、私はフォート・リーベンワースなどという片田舎の米軍が開発したプログラムなんてたいしたことはないだろう。それが、機械的な処理をしていることを明らかにすることなど、私にはごく簡単にできるだろうと内心思っていた。それで、この挑戦を楽しみにしていた。

パーティの会場に着くと、みんなはビールを飲み、つまみを食べながら、前回のクラスでニコライとどのようなやりとりがあったかについて興奮気味に話していた。ただし、会場の空気にはなんとなく狼狽したようなところがあった。それは、ニコライに再度接続するのが困難だと思われていたからである。カンザス大学内のコンピュータを経由して、フォート・リーベンワースまでつなげなければならず、その経路すべてが遅くて、危っかしいものであった。それでも、四五分間努力した結果、誰かが喜びに満ちた声で、ニコライが応答していると宣言した。学生のうちの一人が端末のところに座っていて、単純な質問を打ちこむと、単純な答えが返ってきていた。私は彼の肩ごしにのぞきこんでいるうちに、自分でそこに座ってニコライが何者であるかをあばいてやりたいという欲望でむずむずしてきた。数分後に、その学生は私に端末を譲ったので、私にチャンスがやってきた。私がタイプするのを何人かの学生が私の肩ごしにのぞきこんでいた。電話回線を通してやってくるニコライの答えはかなりゆっくりで、さらにテキストは一行ごとに送られてきて、答えの各行の間にもかなり長い間があるので答えを待っている間はかなり緊張感が高まった。しかし、だからといってこのプログラムの見せかけの理解を早々にやりこめてやろうという私の情熱がひどく阻害されることはなかった。

以下に、少し省略してあるが、このあと一時間ほど私がニコライと交わした会話の正確な記録を示すことにする。わかりやすいように、ニコライがタイプしたものはゴチックで、私がその時点で考えていたことは（いま思いだせるかぎりで）カッコの中に書くことにする。

なにについて話したいですか？

（簡単なところから始めよう。）

私はなににについても話せます。

(はい、はい、そんな嘘はいいなさんな。)

なにか専門がありますか？

〝専門〟というのはどういう意味ですか？ 完全な文を使ってください。

(利口なプログラムにしては、ニコライはそんなに広範囲の語彙はもっていないようだ。)

〝専門〟とは〝得意な分野〟のことである。

(ニコライは引用符を好むかな。それとも、引用符に惑わされるかな。)

わかりました。

(へー、そうですか。)

あなたはいつ書かれたのですか？

最後のコンパイル："4/27/83 19. 247"

(ああ、なんて馬鹿で融通のきかない答えなんだろう。意味のない引用符やへんてこりんな数字が最後についていて。いまのところ、ニコライの弱点をうまくついているな。)

どんな言語でニコライは書かれているのか？

(自分の名前を知っているか、また自分自身への三人称の言及を認識できるかをみて見よう。)

ニコライは大部分 Ada で書かれています。

(ふむ、そう悪くないな。私が話しているときに、「あなた」という言い方も「ニコライ」という言い方もうまく処理した。米軍のプログラマーもまんざらではないな。)

フィートとはなにか？

(多義的な語を選んで、ニコライがどうするか見てみよう。)

フィートは一二・〇インチのことである。

(わあ、なんて変な答え！ 人間なら絶対こんなふうには答えない。人間なら、「フィートというのは長さの単位で、一二インチの長さです」というような答えをするだろう。しかも、フィートというのは足という体の部分についての意味が第一義で、長さの単位は二番目の意味のはずだ。なぜニコライはこの多義性をまったく認識しないのだろうか？ まあ、いいや、こういった間抜けさをあばくのが私の仕事なのだから。私に一〇点。)

耳(イヤー)というのはなにか？

(もう一つ別の多義的な語を試してみよう。前の多義的な語ではうまくいったのだから。)

耳とは動物のもっている聴覚器官である。

(これは本当におかしい。それでは、どうしてフィートはまず第一に体の部分であるとは考えられなかったのか？ 体の部分を表す語を示すと私のポイントがふえるようだ。もう一つ試してやれ。)

アームとはなにか？

その情報は極秘です。

(なんということか！ ニコライは言葉に関してはあまりに馬鹿だ。あるいは、なにかの冗談のつもりでしたことだろうか？)

一七個のハマグリなしに上向きに理解したい。

(無意味な文を投げかけてニコライがどうするかを見てやれ。)

ハマグリとそれとなんの関係があるのですか？

(ああ、よしてくれ、ニコライ！ ハマグリのところ以外は全部理解したとでもいうのかい。君は本当に愚かなんだから。)

あなたはなぜそんなに愚かなのですか？

私は利口なプログラムです。

(へえ、なかなかいじらしいじゃないか。わずかな自己防衛はある意味で効果的だな。)

あなたは自分自身にかなり自信をもっているんですね。

〝かなり自信を〟というのはどういう意味ですか?

(ああ、そうか、「かなり」という言葉を副詞として使うのは口語的にすぎる言い方だったんだ。よく知っていたはずなのに。)

私の最後の文なしで上向きに理解することができたのですか?

(以前には私の「上向きに理解する」という言い方になんら文句をいわなかったので、今度はどうするか見てやろうと考えた。)

あなたの文章はナンセンスです。

(えー、なんだって? それでは、同じ言い回しを含むさきほどの文はどうしてナンセンスとはいわなかったのかな?)

ナンセンスは楽しいですか?

ナンセンスのことを話しつづけるといいはるのならば、私にはほかにすることがあります。

(奇妙な返事。誰がいったいナンセンスについて話しつづけようなどといいはったか? 私は簡単な質問をしているだけなのに。まあ、いい、別の角度から質問をしてみよう。)

M・C・エッシャーについてどう思いますか?

M・C・エッシャー、芸術家、二十世紀。

(ああ、またか。間の抜けた辞書引きなんかして。もうちょっとうまくできないのだろうか? とくに私が、好みに関して相手を探るような質問をしたときには。文句をいったらどうなるか見てみよう……。)

あなたは私の質問に答えていない。

どの質問に答えていないというのですか?

(へー、このニコライという奴はなかなかやるじゃないか。パリーとそう変わらない。私は正直いって、このプログラムの強力さにかなり感心した。つまり、ここまでいろいろな話をしたが、ほとんどの場合、一応もっともな答えをしている。これは相当なものだな。)

あなたはお金をもっていますか?

私はなにも所有していません。

(ふむふむ。)

〝サイエンティフィック・アメリカン〟の最新号を見ましたか?

(えーと、ああ、また引用符を使ったが、これがニコライを助けることになるのか混乱させることになるのかはわからない。さあ、どうなるかな。)

私は〝サイエンティフィック・アメリカン〟はもっていません。

(これは変だな。とてもコンピュータ的だな。私のいったことがわかっているのだろうか? まあ、いいや。)

あなたは私とかなりの間話しています。お名前はなんというのですか?

(ふーむ、これはニコライからの思いもよらない問いかけだな。答えるべきかな。もちろん。)

私の名前は〝ダグ〟です。

姓はおもちですか?

(知りたがり屋の小僧め。)

もちろん、もってますよ。

(わかりきったことを質問するから、わかりきった答えをしたのさ。さあ、これにどう答えてくるかな。)

あなたの姓を私に教えていただけますか?

(馬鹿め、私の返事のニュアンスをまったく無視している。でも、なんで急にこんなにていねいになったのかな。）

あなたの姓を教えてくれたら教えます。

（さあ、どうだ。）

私は姓をもっていません。

（そう簡単にはニコライの防御の裏をかくことはできそうにないな。いつも、私のかけたかまをうまく避けている。これをプログラムしたプログラマーたちは多くのことを予想していたに違いない。ふつうの人との典型的な会話を調べることによって、何年にもわたってニコライは虫取り（バグ）をされているに違いない。愚かなプログラムにしては、ニコライはかなり利口だ。）

それならば、私のも教えませんよ。

それはあまり友好的ではないです。

（それを認めるのはとってもいやなのだが、ときどきこの愚かなプログラムは本当になにかを理解しているように見えることがある。）

かわいそうに。私が、あなたに姓を与えるというのはどうですか?

もしもあなたがそうしたいのならば、私はかまいません。

（さて、これは明らかに決まりきった言い方だ、少なくとも後半の言い回しは。これで、私にもう一〇点追加。しかし、いままでのところ最初に思っていたほどはうまくいっていないな。なにが悪いのだろうか？）

あなたの姓は〝リムスキー=コルサコフ〟です。

ありがとう。

（えーと、こんなことに感謝するなんて奇妙なことなんだけど。プログラムの融通のなさが、こんな変なことをいわせているということを証明しているようなものだ。）

どういたしまして。

（一応おつきあい程度に返事はしておこう。）

あなたの姓はなんですか?

（なんたることか、こんなに間があいたのに、私に姓をいったら、私が今度は私の姓を教えるということを覚えている！　まあ、この約束は守ったほうがよさそうだな。）

私の姓は〝ホフスタッター〟です。

あなたは〝(32) ダグラス・R・ホフスタッター〟ですか?

（さてさて、ここまでかなり洗練された会話を交わしていたのに、ここへきてなぜ急に私の名前を引用符の中に入れて、また頭になんの関係もない変な索引番号を含めるなどという失礼なことをするのだろうか？　どうしてこのプログラムの品質がこうもよかったり悪かったりするのか、私には全然理解できない。）

そのとおり (one and the same)。

（一風変わったイディオム表現を試してやれ。）

(83) 〝以前の入力に構文解析エラー〟

（ははー、やったぞ。突然、機械的なところがまる見えになってきた。）

あなたの姓にはいくつレターが含まれていますか?

（多義語の意味をコンテクストから明確にできるかどうかを見てやろう。）

一〇文字とハイフン。

（いいぞ。今度は、レターの意味を変えてやれ。どうするかな？）

通常の封筒の中にはいくつのレターが入っていますか?

五。

（なんたることか！　ニコライは意味の変化に気がつかない。そして、「通常の封筒」という言葉の中に含まれる文字数を数えただけだ。しかし、そうならば、なぜ「あなたの姓」という言葉に含まれる文字数を数えないで、きちんとそれが指し示しているものをとってきて数えたのだろうか？　このプログラムはずいぶんと矛盾した振る舞いをする。まるで、機械的な知能が人間の流動的なところを少しでも真似できるようになるためには、いかにたいへんな努力が必要かということを示そうとしているみたいだ。）

あなたは新しい本を書いていますか？

（この質問をたんに無視したらどうなるかな。とにかく、ニコライがユーモアをどのくらい処理できるかを調べてみよう。）

冗談を一つ話してくれ。

私はクッキーがほしい。

（これは、どんな冗談なんだ。あっ、クッキーの綴りが間違っている。ふーむ、それが冗談なのか？　なにがどうなってるのだろう？）

ところで、私はなんとなく新しい本を書こうとしているところなのですが、それについて聞きたいですか？

（「なんとなく」というようなへんてこりんな言い回しを処理できるだろうか？　また主語のない質問はどうだろうか？）

いいえ、でも私にクッキーをくれれば、火曜日には喜んで代金を払います。

（どこかで聞いたことがあるような文章だな。これがニコライの冗談のおちだとでもいうのだろうか？）

別のジョークを聞かせてください。

電球をねじこむのには何人のコンピュータ・プログラマーが必要でしょうか？

（ははーん、わかった。それは冗談やなぞなぞのライブラリをもっていて、ランダムに一つを選んでは打ちだしてきているだけなんだ。お相手しましょう。）

四人。

正しくありません。それはハードウェアの問題です。

（さて、これで冗談を一つ話したというわけだ。しかし、ニコライはこの冗談の中に現れる「プログラマー」というような言葉の意味をなにも知らないに違いない。あれ、「ラ」が抜けているじゃないか。きっと冗談を入力した人がスペルを間違えたのだろう。このことについて尋ねたらどうなる見てやろう……。）

コンピュータ・プログマーってなんですか？

私に、この冗談を説明してほしいのですか？

（くそー、今度は役割を変えてきた。私が「プログマー」、いや、「プログラマー」とはなにかを知らないとでも考えているのだろうか？　このつかまえどころのなさにはまいったな。それを追いつめて馬脚を現させようとするたびに、うまく逃げられてしまう。不思議だな。いや、もう少しこの冗談の中の語句に対する理解を調べてやれ。いかがわしい意味の隠された単語はどうだろうか？）

「ねじこむ」（screw）というのはどういう意味ですか？

どういうコンテクストでですか？

（ははー、少なくともこの単語が多義的であることは知っているのだな。）

ベッドの中で。

〝ベッドでねじこむ〟というのは〝セックスをすること〟を意味します。

（オーケー、なんらかの定義がコンテクストに応じて蓄えられているのだな。きっとこの単語は日常会話に必ずといっていいほどよく現れるに違いない。しかし、この定義よりもっとさきへ行けるのだろうか？）

セックスをするというのはいったい全体どういうことなのですか?

その話題に関しては、私は素晴らしい本を紹介することができます。

(決まり文句の答えにしては、よくできているな。米軍のプログラマーたちに一〇点!)

教えてください!

その本の題名は〝ゲーデル、エッシャー、バッハ〟といいます。

(ええっ、ちょっと待ってよ。これはあまりに変だな。これは本当にプログラムなのかどうか自信がもてなくなってきた。こんな薄気味の悪い応答をするのには、相当の利口さが必要なはずだ。あるときには、完全になにがなんだかわけがわからなくなったりもしたが、こんなにつじつまが合っていて、うまく会話を進める機械的な装置をとても想像することはできない。)

その本を私自身は、〝ゲブ(GEB)〟と呼びたいのですが。

それはとってもいい、ダグ。ほかにはなにを〝GEB〟と呼んでいるのですか?

(よろしい、もうだまされるのはおしまいだ。いったいなにがどうなってるのかな?)


この時点で、みんなが笑いだした。ずーっと笑うのを我慢してきたのだが、ここへきてもう我慢できなくなったのだ。そこで、私になにが行われていたかを明らかにすることになった。彼らは、私を階下に連れていった。そこでは、ロイ・リーバン、ハワード・ダルシュ、それにガリック・スタングルの三人の学生が一緒になってニコライを演じていたのであった。現実には、このようなプログラムは存在せず、過去にも存在しなかった。(いまにして、私は、フランスの有名な数学者、ニコラ・ブルバキのことを思いだす。これは架空の人物で、実際には一二人以上のすぐれた数学者たちの集合体で、一緒になってこのペンネームで数学書を書いているのである。)数日前にクラスで似たようなデモンストレーションが行われ、そのクラスも私同様、長いことだまされつづけた。私に対しては、ロイ、ハワード、ガリックの三人は「構文解析エラー」とか、その他融通のきかなさを示すようなものを投げかえし、ときどき決まり文句のような文を送ることによって機械的に動いているという印象を与えようと大いに努力した。そうすることによって、背後にはプログラムがあると私のような抜け目のない人間を信じこませることができたのである。そのときはじめて、私は自分の抜け目なさについて疑いを覚えはじめた。

このゲームの素晴らしいところは、いろいろな意味で、逆のチューリング・テストになっているということである。人間のグループがコンピュータを装い、私がそれは本当にプログラムであると信じてしまうほど機械的に振る舞うように努力するというわけである。ヒュー・ケナーという人が『偽作者』という題の本を書いている。この本は、このようなしくまれた役割転換の絶えることのないおもしろさをとりあげたものである。典型的な例は、ドリーブの『コッペリア』というバレーで、人間の踊り子たちが人間大の人形がぎこちなく人間の動きを真似している様を真似るのである。おもしろいことは、ニコライがときどき無作法になるだけで、それが機械的であるということを私に納得させるのに十分だったということである。それが自分自身について話そうと努力しているということ、それにもかかわらず、そうしようとすると明らかな限界があるということ(たとえば、下手くそにも最後にコンパイルされたのはいつかを明かしてしまったりすること)が、ニコライがプログラムであるという幻想を強力なものにするのに役だっている。

＊　＊　＊

思いかえしてみると、自分でも驚くほど、正真正銘の知的な活動の多くがなんらかの形でプログラムに組みこまれているという考えを積極的に受けいれているのである。フォート・リーベンワースでは本当に真剣な自然言語処理の研究が行われていて、たいへん大きなデータベースが開発され、次のようなバラエティに富んだ情報が蓄えられていると思いこんでしまっていた。つまり、辞書、いろいろな人の名前のカタログ、若干のジョーク、難しい状況で使うための決まり文句多数、わずかの自己知識など。ある文を正確に構文解析できないときにキーワードを使って大まかに答える能力。ナンセンスな文を押しつけられたときにそれを判定するための発見的手法。推論する能力。これらがみんなそろっているという考えに吸いこまれていってしまった。あとから考えてみれば、私は、この時代のこのときに、クラッジとかハックとか呼ばれるばらばらのトリックをただたんに集めて一緒にすれば、非常に大きな流動性が実現できるという考えを受けいれようとしていたことになる。

ニコライの心の中にいた三人の学生のうちの一人であるロイ・リーバンは、このやりとりの反対側での経験について以下のように書いた。

> ニコライは分裂症であった。われわれ三人（それにたくさんのとりまき）は実質上、すべての返答に関して議論した。われわれはそれぞれニコライがなにで（あるいは誰で）あるべきかについて前もって強力な考えをもっていた。たとえば、私はある種の言葉（たとえば、〝ダグラス・R・ホフスタッター〟）は引用符に入れたほうがいいし、フィートは一二インチではなく、一二・〇インチであるべきだと思っていた。ハワードはどちらかというとふざけた答えを出す傾向があった。〝アーム〟の質問に対して〝極秘〟という答えを提案したのは彼であった。そして、彼がそれを提案したときに、われわれは全員それが適切な答えだということがなんとなくわかったのである。
>
> 会話の間、何度かニコライが私の提示した質問にあまりにもうまく答えるので驚いたことがあった。しかし、そのたびに、私はそんなに複雑ではないメカニズムでそのような応答を説明できる道を予想することができた。当時、機械に真の流動性をもたせることについてはかなり懐疑的だったので、私はその間、このプログラムが本当にうまくやっていることを合理化するための理由を考えだそうと努力した。私の結論は、このプログラムは一つ一つはそんなに複雑ではないトリックをとにかくたくさん集めたものであるというものであった。しかし、しばらくして、そんなことはとても信じられないという状況になった。さらに、ぶっきらぼうで機械的なところと、すぐれて洗練された応答との混在がどうしても、納得がいかないまでになってきた。
>
> 私の戦略は、突きつめれば、領域全体にわたって個別のチェックを適用するというものであった。プログラムが自分で選んだ話題にどっぷりとつかってしまうと、プログラム側に会話をコントロールされてしまうので、それを避けてなるべくいろいろな方法で探りを入れるように努めた。ダニエル・デネットは、彼が書いた「機械は考えることができるか？」というチューリング・テストの意味深さ

に関する論文の中で、この方法を第二次大戦中にドイツ軍のスパイと本当のアメリカ人を区別するための方法としてアメリカ軍兵士に教えられていた方法にたとえている。基本的な考えは、若い男が完璧なアメリカ英語を流暢にしゃべっている場合でも、その時代に育った少年なら誰でも知っているようなこと、たとえば、「ミッキーマウスのガールフレンドの名前はなにか?」とか「一九三七年のワールド・シリーズの勝者はどこか?」などの質問をすることによって、相手の正体をあばきだすことができるというものである。こうすることによって、必要な知識の領域を言語そのものから、文化全体へ押しひろげることができる。そして、おもしろいことに、うまく選ばれた二、三の質問でごく短時間に嘘を暴くことができる——少なくともそう見える。

数日前に、クラスもみんな一緒に私と同じような経験をしたらしい。一つだけ大きな違いは、ニコライを非人間的（そういう言い方が使えるとすれば）に見せるために私に対する答えを工夫していたハワード・ダルシュが、ニコライを機械的に見せるためのなんの細工もせずに、自分の思うままに答えたという点である。空が何色ですかと聞かれたときに、彼は「昼間ですか、夜ですか?」と聞きかえし、「夜は?」という答えをもらったところで、「深紫に星が輝いている」と答えたという。彼は、クラスの人々に答えるときだんだんに詩的で創造的になっていったが、誰もこのニコライがまやかしだと疑う者はいなかった。ある時点で、ロッド・オグボーンはデモンストレーションを終了して、スクリーンに「いいよ、ハワード、部屋に入ってこいよ」とタイプしなければならなかった。ザミールは（ロッドと彼の仲間には入っていなかった）、このパフォーマンスが正真正銘のプログラムのものであるとは最初から受けいれていなかったが、最後になってやっと懐疑論を口にした。

ザミールはこの劇的なデモンストレーションを要約して、どんなものであれとにかく端末のスクリーンに現れたものは、どんなに複雑だろうと、示唆に富んでいようと、詩的であろうと彼のクラスはすべて機械的に生成されているととらえる傾向があると述べた。そういう応対ができるということは興味深く、驚くべきことだとは思うのだが、すぐにその性格を機械的に説明する方法を見つけてしまう。どうしてそうなるのだろうか? どうして、そんなに長い間そうしたことをつづけられるのだろうか? そして、私自身もどうして同じような状態に陥ったのだろうか?

私とやりとりしながら、ニコライは乱暴な機械的応答と絶妙な柔軟性の間を行ったりきたりした。このぐらつきは私が最も不思議に思い、困惑させられた点である。それにもかかわらず、私は長いことだまされつづけた。個々の要点をチェックしたり、言語学的に豊かな知識をもっていて、懐疑的であったりしても、疑いをもたない人間はかなりの時間だまされつづけるということらしい。これが、私がこのみごとな逆チューリング・テストから得た苦い教訓で、今後も大好きなニコライの思い出とともに味わいつづけることだろう。

＊　＊　＊

アラン・チューリングは論文の中で、彼がニセ者ゲームと呼んだいわゆるチューリング・テストを離れた場所に置かれたテレタイプを接続して行うべきだと述べているが、どんな単位でメッセージを送るべきかに関しては、はっきりとは書いていない。どういう意味かというと、彼はメッセージ全体をひと塊として送るのか、それとも、一行一行送るのか、あるいは単語ごとに送るのか、もっと極端にキー操作単位で送るのかに関してなにも述べていないということである。これは、基本的な意味ではチューリング・テストになんの影響も与えないと思うが、言語を使う他の存在をどういう「窓」を通して見るかは、その存在が何ものであるかを推論するスピードを大きく左右すると思う。これらの窓のうち明らかに最もはっきりと相手を見ぬけるのが、キー操作レベルで他の人を観察する場合である。

ほとんどの複数ユーザーのコンピュータシステムでは、いろいろなユーザーがたがいに交信するための各種方法が存在する。そして、そのおのおのがさまざまな緊急度の違いに対応している。最も遅いのが、いわゆる電子メイルで、封筒に入れる手紙のように任意の長さのテキストを別のユーザーに送ることができる。それは到着すると、そのユーザーのメイルボックスの中に置かれ、いつでも好きなときに読むことができる。もう少し速い交信法にＵＮＩＸでwriteと呼ばれている方法がある。このwriteを起動するとあなたと交信相手（ログインしていることが必要）との間に直接のリンクが張られる。交信相手がこのリンクを受けいれると、あなたや相手が打ちこんだ一行一行が即座に送られてスクリーン上に表示される。ここで、一行は復帰改行キーを叩くことによって確定される。基本的にはこれが、カンザス大学のコンピュータを介して、ニコライ・チームと私がやりとりしたときの交信方法である。この方法を使うと、彼らの不規則なタイピングのリズムや彼らが犯したかもしれないタイプミスは完全に隠されてしまい、私が見るのは完全に修正され非の打ちどころのない行だけということになる。（ただし、二つの綴り誤り、「クッッキー」と「プログマー」は私の目に触れたが、冗談について話しているところだったので、人が犯した誤りだとは思わなかった。）

最もはっきりと相手を見ぬくことができるモードがＵＮＩＸでtalkと呼ばれているモードである。このモードでは、一つ一つのキー操作が実時間で相手に送られる。したがって、なにか誤りを犯せば、それがそのまま相手に見えることになる。ある人は、まるでガラスの家に住んでいるようで落ちつかないといって、writeによる遮蔽を好む。私はというと、危険の中で生きるほうが好きなので、誤りは垂れ流し。友だちとコンピュータを介して会話するときにはいつでも私はtalkを使うことにしている。私は、友だちのtalkスタイルを眺めてだいぶ楽しんだ。そして、そのうち私自身のスタイルも比較的固まってきた。

私たちがインディアナ大学のコンピュータ学科でtalkの機能を使いだしたときには、私たちみんなが誤りに対して偏執狂的になっていて、誤りを犯すと必ず修正しなければいられないという状態であった。つまり、誤りを犯すと、バックスペース・キーを使って戻り、正しい文字をタイプし直すのである。バックスペース・キーを繰りかえし叩いているのを画面上で見ていると、一番最後にタイプされた文字が一つ一つ右から左へ消えていく。そして必要とあれば、さらに前の行、そのまた前の行までも後ろ向きに消していくことができる。誤りを消してしまったら、もう一度ふつうに打ちだすのである。このようにして、誤りの修正はなされる。私たちはみな、このように誤りをひどく気にして、誤ったものが他人の目に見えたままになるのを恥と感じていた。しかしながら、私たちは徐々にこのはずかしいという意識を克服して、スクリーン上の綴りの誤りは本のページ上の誤りほど長つづきするものでもないということを理解するようになってきた。

それでも、ある種の人は簡単に綴りの誤りを容認するようになるのに、そうでない人もいるということを私は見いだした。たとえば、綴りの誤りを犯してから修正するまでの遅れの時間から、その誤りを犯した本人が修正をしようかしまいかとためらっているのが、どの程度かをまさに知ることができる。一秒の何分の一かのためらいは、はっきりとわかるもので、その人のスタイルの一部である。誤りが修正されずにそのままにされた場合でも、それを修正しようかどうしようかというためらいははっきりと見てとることができる。

このようなやりとりには、同じようなことが、いろいろなレベルで多数存在する。まず、単語を選択するレベル（たとえば、自分の綴りの誤りについてはあまり気にしない人が、しばしば気に入らない単語を後戻りして消したりする）、文の構造を選ぶレベル、考えの選択、そしてさらに高いレベルがある。ためらいと修正またはやり直しは頻繁に現れる。ある人がある考えを一つのしかたでうまく表現したあとに、それを目の前のスクリーンの中で全部消してしまい、まったく新しくやりだすことほど困ったことはない。まるで、六時にみんなでパグリアイへ晩飯を食べに行こうと誘う一つの言い方が、別の言い方よりも著しくすぐれているといっているようなものだ。

talk モードでの消去を冗談のために使ううまい方法がある。ドン・ビルドと私は talk を使って話し合っているときにしばしば、この talk という媒体をいろいろな方法で利用したかなり凝ったジョークを飛ばし合う。私がはっきりと覚えている彼のジョークの一つは口汚い侮辱の言葉をスクリーンに投げかけておいて、それをすぐに消して、甘い言葉のお世辞で置きかえて、少なくとも一分ほどあとまで見えるようにしておくというものである。私たちの素晴らしい発見は、いくつかのカーソル・キーを使うと画面上のどこへでもいくことができて、何行も前の会話へ戻って前にいったことを双方が勝手に書き直すことができるということである。これによって、いくつかのすぐれたジョークを作ることができる。

ある人の talk スタイルにおいてきわだった特徴となりうるものに、省略形を進んで使おうとする態度がある。これは綴りの誤りを我慢しようという態度に通ずるものがあるが、けっして同じではない。私個人は、私の知っている talker の中で一番できの悪いほうだった。それは、綴りの誤りをスクリーンに残せないという面からも、また、自分の書く文の中にくだらない省略形を散りばめられないという面からもいえる。たとえば、私はこれからこの文自身をもう一度 talk モード風に以下にタイプしなおす。

例、私　こ文自身　も一度 talko モ風　以下　タイプ　しなす。

そんなに悪くないな。綴り間違いは二箇所のみだ。省略形を使うことの要点はコミュニケーションのスピードが格段に速くなって、ほとんど電話なみになるということにある。もちろん条件としてタイピングがうまく、あらゆる面でインフォーマルになろうという気持ちが大切である。しかし、多くの人が自分の書いた洗練されていない文を、他人に見せるということにはためらいがちである。たとえそれが、数秒で消えてしまうものであっても。

＊　＊　＊

これらすべてを、たんなるおしゃべりからもちだしたのではない。そうではなく、これがチューリング・テストと深いかかわりがあるからである。誰かが、人間であろうとなかろうと、talkモードで話しているのを観察することによって得られる個性への顕微鏡的なきめ細かな洞察を想像してみよ。つねに動きながら、いろいろと単語を選択したり、一つの語と別の語の干渉から綴りの誤りが発生したり、綴りの誤りを修正しようかどうしようかとためらっているところとか、タイプする前に考えをまとめるために立ちどまっているところなどを、見ることができる。あなたがたんなる人間観察者ならば、ただインフォーマルに観察すればよい。もしもあなたが心理学者か熱狂的な人ならば、一〇〇〇分の一秒単位で反応時間を測定することもできる。そうして、大きなデータの集合を作って、それを分類することもできる。ところで、このような集合はすでに作られていて、私の知る範囲で、最も素晴らしい読みものを書くのに使われている。たとえば、ドナルド・ノーマンの「行動における誤りの分類」という論文、またはヴィクトリア・フロムキンの『言語行動における誤り――舌、耳、ペンそして手による誤り』という本を見てみよ。

いずれにしても、誰かの実時間の行動を見ることができるときには、その人の真の生きた個性があっという間にスクリーン上に現れることになる。感覚としては、これは私がニコライから受けとっていたような後編集を経て、磨かれてできた行とはかなり違う印象を与える。アラン・チューリングはきっと、この時間に敏感なテスト方法を見て興味をそそられ喜ぶことだろう。なぜならば、この方法がテストの対象の存在（または擬似存在）の無意識の心（または擬似心）への多くの小さな窓を提供してくれるからである。

まだ十分に明確ではないかのように、結論を述べさせてもらう。私は、機械が本当に考えるというのはどういうことかを操作的に定義する方法としてのチューリング・テストの正当性を強く主張するものである。もちろん、本当の思考と内部がまったく空っぽであるものの間には中間的な部分も存在する。もっと小さな哺乳類、さらには一般に小さな動物は私たちの頭の中での思考にくらべて、より少ない思考しか頭の中にないように見える。しかし、明らかに動物もそして機械もデネットの「意図の立場」という言葉で最もうまく表現できるようなことをつねに行っている。ドナルド・グリフィンは意識をもった哺乳類だが、これらの話題についてよく考えて本を書いている。（たとえば、彼の本、『動物の意識』を見よ。）ジョン・マッカーシーは電気毛布の製造業者すら、彼らの製品がどのようにして動くかを説明するときに「それは熱すぎると考える」というような言い回しを使うと指摘している。私たちは心的用語が正しく拡張されるとともに、間違って使用されるような時代に生きている。誇大広告や新聞のわけのわからない流行語などの猛攻撃の中ではとくに、私たちは、これらの問題を真剣に考えなければならない。コンピュータが人間の言語を操る能力が上がれば上がるほど、まずはプログラムにはなにができてなにができないかを調べるためのベンチマークとして、チューリング・テストの考えをいろいろと変更する提案がなされるだろう。これはいい考えだが、だからといってけっしてもとのチューリング・テストの価値が下がるわけではない。もとのテストの第一の目的は哲学的な問題を操作的な問題に置きかえるということで、この目的を惚れぼれするぐらいうまく達成していると私は信じている。

［第23章］創造のひらめきは機械化できるか？

偉大な精神にパッと新しいアイデアが浮かんだり、芸術のひらめきがあったとき、そこには分析不能な想像力の飛躍、あるいは創造のひらめきがあると一般に考えられている。偉大な創造をする人たちは常人から「量子的飛躍」をしているともいわれる。クモが自分ではなにも知らずにあのようにみごとな巣を編んでいくのと同様、モーツァルトのような人々は神の霊感に満ち、自分では説明できないような魔法的な眼力をもっていたと考えられている。これは天から与えられた才能であり、機械的というには、いかなる意味でもあまりに深く、謎めき、オカルト的ですらある。創造性は人間の魂の最後の拠りどころだ。イギリスのある教授がコンピュータ学者にいったものである。「君たちは君たちの論理を機械化できるかもしらんが、詩の世界に届くことはけっしてないだろう。」

この発言は間違っているだろうか？ あるいは、人間の最も神聖な側面がゆくゆく機械やシリコンチップにとってかわられるという深い恐怖の反映と見なしたものだろうか？ 生命の中のいろいろな活動と同様、いろいろなレベルが内在している精神活動の、ある一面をこんなに大きく扱うのはなぜだろう？ いずれにせよ、創造性は凡俗性へなだらかにつながっている。だから、なにが本当に創造的でなにが創造的でないかをきびしく区別することは不可能だ。いや、それとも、どうしようもなく平々凡々でつまらぬ作曲家と、永遠の交響的傑作を生んだ作曲家とを区別する、明解な分水嶺があるのだろうか？ もしあるとすれば、生きるものと死せるもの、人間と機械、精神的なものと機械的なものにも、差異がありうるということだろうか？

創造性をこんな魔法的な見方で見るのはもちろん問題である。こういう見方をすれば、取るにたらぬ作曲家は本当は死んでいて、内部は機械そのものであり、モーツァルトのような真の天才だけ機械と質的に異なっているということになる。ただし、モーツァルトが非機械的なのは作曲中のときだけであって、酒場でビールを飲んでいるときは違う。たぶん、創造性の魔法を信じる人たちは、こんな具合に自分の意見を表明するだろう。こういう人たちは、モーツァルトがいかなるときでも非機械的だったと主張するかもしれないし、私たちですらモーツァルトに劣らず、いつも非機械的であるというかもしれない。人間の能力のうちいくつか（いやもうかなりたくさんかもしれない）が、機械化されたとか機械化されつつあることにはおかまいなしというわけである。

心の機械化というやっかいな質問に対して、多くの教養人は、現在ないしは未来、機械が人間のようにうまく仕事をしてくれるだろうと考えている。しかし、機械の性能はいつまでたっても鈍くてさえないし、こういう鈍さがしばらくするといつでも眼につくようになるとも考えている。あなたも、機械は非独創的で、機械のアイデアなるものは、どうせ公式やら紋切り型の倉庫から引っぱりだしたもので、要するに外面とは裏腹に、どこにも生きた躍動——つまりベルクソン哲学でいうエラン・ヴィタル（élan vital）がないと思うだろう。

機械がなにかしゃれたことをたまに思いついたとしても、まあ、せいぜいできのいいオートマトンといったところ。非独創的とか鈍さといったものが少しは見えにくいかもしれないが、それはそのうちいやがおうでも明らかになるというわけだ。（反機械論者が、なにかに真正な精神状態があるかどうかの判定に操作的なテストを行うのはダメだといいはらずに、こういうふうに感じてくれたらけっこうなことだ。）

本質的なところでひらめきが欠けているから、機械が人間と区別できるといったとき、人間の思考に対する暗黙の前提がある。すなわち、創造的ひらめきは一世紀の間に何人も出ないようなごく限られた天才の専売特許ではなく、ごくふつうの人の日常的精神活動にすら本質的に備わっているという前提である。これには私も大賛成である。創造性はすべての人間の思考の機能要素であり、少数の人間の専売特許でもなければ、思考能力の例外的あるいはまぐれ当たり的な副産物でもない。まったくそこいらにごろごろしているものなのである。人々は暗黙のうちにこのテーゼを受けいれていると思うのだが、機械に対する意見となると、たとえ知能的機械に対してですら、かたくなになってしまう。

私がこのテーゼに賛成であることはもういった。私が反機械主義者たちと異なるのは、創造性が知能より一段高いところにあるかどうかという点だ。私は創造性とか直観力が、人間であろうと機械であろうと、知能の程度で決まる（押さえられる）ものだと考えている。だから、創造的ではないが知能的な機械（これは反機械主義者たちが、人間だけに本質的なものを指摘するのに使いたがる比喩）というものを、私は想像することができない。要するに、非創造的知能などそもそも矛盾した言葉なのである。

＊　＊　＊

ここでは、機械の上にいかに創造性を植えつけるかについて、私のアイデアを紹介したいと思う。こういうメカニズムは私たちの頭脳の奥底に隠されてはいるが、存在することは間違いない。そしてこのメカニズムは、まだ相当に幼稚なものだとしても、今日のコンピュータのハードウェアやソフトウェアで近似されうるものである。私のアイデアの骨子は、心の中の概念を正しく表現さえできたら、創造性は自動的に備わるというものだ。つまり、創造性はあとから付けくわえるものではなく、概念が組みこまれたときに一緒に組みこまれるのである。概念の正確なモデル化ができたら、そのときには創造過程はもちろん、意識ですらモデル化に成功したことになるのだ。

概念を別の角度から見ると、記憶の話になる。記憶は概念が貯蔵される場所である。概念がなんたるかを定めるのは記憶の構造である。実はいまの文章は最初に書いたときはこういう形をしていた。「いかなる条件のもとでいかなる概念がアクセス（参照）されるかを定めるのは記憶の構造である。」読みかえしたとき、この言い方では弱すぎると私は考えた。これはすべての読者が概念のなんたるかについて明確な概念をもっているものと仮定しているが、そんなことはありえない。本当のところ、私たちはみんな概念がなんたるかについて多少の概念はもっているが、明確な概念となるとどうかな？ということだと思う。

そこで私は「……いかなる概念がアクセスされるか……」を「……いかなる概念になるか……」と変えた。こうしたことによって、記憶が概念と呼ばれるもののたんなる貯蔵庫であるという以上のことを含意させることができた。これは、あるものが概念とされるのは、記憶の中でそれがいかに統合されているかによっているということを強調している。他の概念とどう接続しているか、この接続関係なしには、概念というものを考えることができないのである。すなわち、概念であるという特性は、接続の特性、ある種のネットワークの中に埋めこまれているという特性であって、それ以外の何ものでもない。概念とは、ベトベトとした精神のスパゲティが膨大にからまったネットワークの構造的（ないしは位相的）性質といえるかもしれない。〔『ゲーデル、エッシャー、バッハ』の第七〇図を見よ。〕

これが多少なりとも私が重要視しているイメージである。すなわち、概念が力を発揮できるのは、他の概念との接続があるおかげである。と、まで書いたら、私はやはりもとの文章に戻したほうがよいと考えた。「いかなる条件のもとでいかなる概念がアクセスされるかを定めるのは記憶の構造である。」だから、このネットワークの性質を深く研究することが肝要である。「概念とはなにか？」

いろんな問題がどっと起こってくる。たとえば、「木」というものに対するプラトン的（一般的）概念とある特定の木に対して抱く概念との違いはなにか？　つまり、意味論的、認識論的カテゴリーと、そういうカテゴリーの中の個別の具体例の表現との違いはなにか？いま直面している状況が記憶の中に格納され、それが将来、膨大な状況のもとでアクセスされる（単純な表面的一致からというより、アナロジーとかもっと抽象的な道筋をたどってアクセスされる場合が多い）しかけはいったいなにか？　逆に、現在の状況から、それと関連のありそうな過去の状況を少数個だけ、きわめて選択的に記憶から引きだしてくるしかけの記憶構造の深い理解がないかぎり、つまり「概念とはなにか？」の質問に答えないかぎり、創造過程のモデル化は難しい。これは実に骨の折れる課題であり、一朝一夕はおろか、数十年かかっても解けない問題かもしれない。しかし、解明に向けて正しいスタートは切られている。認知心理学と人工知能である。これには心理を研究している哲学者や神経科学者も貢献するであろう。これを総称して認知科学という。

* * *

最初の質問は、いかなるものが概念を蓄え、いかなるものが蓄えないかである。ディーン・ウルドリッジの『メカニカル・マン——人間は自然科学で説明できるか』には、この質問の緒を大々的に開くくだりがある。

ジガバチは産卵期になると穴を作り、コオロギを捜しにいく。それを殺さず、麻痺させる程度に刺して、穴のところまで引きずっていく。そしてその傍らに卵を産み、穴を閉じ、飛びさっていく。けっしてその場所には戻らない。やがて卵はかえり、幼虫は麻痺しているコオロギを食べて成長する。麻痺したコオロギは強力瞬間冷凍されたようなもので、そのときまで腐らずに保存されている。人間の心には、こんなふうにうまくできた合目的的な行動の背後に論理や思考の香りを感じさせるが、もっとよく調べてみると実はそうではなかった。たとえば、ジガバチは、麻痺したコオロギを穴のところへ引きずっていき、入口のところに置いたまま、穴の中に入り、万事OKかどうかチェックし、また穴から出て、コオロギを穴に引きずりこむ。もし、ジガバチが穴の中でいろんなチェックをしている間にコオロギがほんの数センチメートルでも動いたら、出てきたジガバチはまたコオロギを入口のところまで引きずっていく。そして穴の中に引きいれないで、入口のところに置いたまま、穴の中へ入って、再度万事OKかどうかのチェックを行う。もし、もう一度コオロギが数センチ動いたら、またジガバチはコオロギを入口まで引っぱり、再度穴の中に入って最終チェックを行う。ジガバチはけっして、コオロギをそのまま穴の中へ入れてしまおうとしない。この行動が四〇回も繰りかえされるところが観察されたこともある。

うんざりしたのはジガバチではなく観察者のほうだと思うが、冗談はさておき、一見きわめて思慮深いように見える生物の行動の下に、機械的なベースがあるというのはショッキングな発見である。ジガバチの行動には、私たち人間がもっている特性、とくに意識といったものとまったく逆の性質が感じられる。私はこれを「ジガバチ性」と呼び、その反対の性質を「反ジガバチ性」と呼ぶことにしよう。そして、意識とは最も強い反ジガバチ性をもつこととする。なお、ジガバチ性と反ジガバチ性の間には、連続的な中間段階がある。この段階にそって、最もジガバチ的な例から最も反ジガバチ的な例まで一二個の例をあげてみよう。

1　針のとぶレコード。とくに、レコードに入っている曲が(現代作曲家スティーブ・ライヒのように）躍動するダイナミズムをもっている場合、その生命感は繰りかえし同じところを演奏する針とびによってだいなしになる。

2　さっきのジガバチ、ないしは昆虫の世界におけるいろいろな例。たとえば、あなたの部屋にいる蚊。あなたはこれをピシャリとやろうとする。しかし、失敗する。蚊は飛びさり、部屋の中を飛びまわる。あなたは蚊を見失う。しばらくして蚊はとまる。それが壁の上であることを発見したあなたは、またピシャリとやるが、またも失敗。このサイクルが繰りかえされたとき、蚊は、繰りかえしに気づくであろうか？　蚊を殺そうという組織的努力が存在することに気がつくか、それとも毎回のピシャリをそのつどまったくの青天のへきれきとして受けとっているか？　蚊が「自分を抹殺しようとしている生命体」という考えを抱くことができるか？　蚊にとっては不幸だが、蚊をねらっているあなたには幸運にも、そんなことはまずありそうにない。

3　焼き印を押されるのを待つ、さく囲いの中の牛の群れ。一般にそこには、焼き印を押されている牛の悲鳴を出発点とし、その牛に一番近い牛から順次拡散していく動揺と騒ぎがある。さく囲いの中の牛は、このパターンを総体的にとらえているのだろうか？　牛がだんだん動揺の度合を深めていくのは、いまからいったいなにが起ころうとしているかわかってのことか、それとも漠然とした不安、つまり特別の意味のないホルモン分泌の増加によるものなのだろうか？

4　あなたがボールを投げるふりをして実際に投げなかったとき、いつもひっかかるイヌ。こんな単純なトリックにひっかかるイヌを実際には見たことがないが、私の知っているエアデール犬は、イヌのおもちゃを階段の踊り場に投げ上げると、それをちゃんと理解しない。彼はそれが階段ホールの下に落ちると思いこんでいるのだ。私はイヌを階段の上へ連れていって、ホレ、ちゃんとここにあると教えてやる。こうすれば、利口なイヌは次から階段の上へ行くと思うわけである。ところが、残念。彼はまたも階段ホールのほうへ駆けおりていく。なんと、私は一五回もおもちゃを投げ上げたのだが、毎回イヌは下へ駆けおりた。しかし、さすがに混乱した顔で帰ってきた。かわいそうに！　いや、実際には一五回のうち何回かは上のほうへ行きかけた。ただし、必ず途中までで、そこでクルリと回れ右、そして一目散に下に駆けおりるのである。私は大のイヌ好きだが、残念なことにこれはイヌの行動におけるジガバチ性である。

5　ラスベガスのスロットマシーンにはりついた鈍い眼つきのギャンブラーたち。このカテゴリーにはテレビゲームやピンボールマシーンに熱中しているどんよりした眼つきのティーンエージャーや学生も加わるだろう。そこにはなにかどうしようもない退屈な紋切り型がある。それにもかかわらず、人々はうわべの楽しみを求めて何度でもこういうものをやる。

6　なにかやっている最中、決まって歌を口ずさんだり、口笛を吹いたりする人。よく注意して聞くと、歌ったり吹いたりするのは十年一日まったく変わらない小さな節なのである。

7　ちょっと形が違うだけで、毎回同じジョークを繰りかえす人。ないしは、次から次へと駄ジャレを飛ばさずにはいられない駄ジャレ常習者。

8　どこの中学校でもやっているように、常套句や陳腐な詩などで文集を埋めている中学生たち。

9　一つの技法を次から次へと適用して論文を書く数学者。ただし、数学のいろんな分野、かつ毎回一見違った形式で展開はするのだが、よく見るといつものあの手を繰りかえし繰りかえし使っている。

10　恋愛とか仕事で、いつも悪い方向の道を歩み、困ったことが起こったときいつも同じやり方でそれを吹きとばす人。

11　完全に予測可能な様式を求めようとする社会的傾向。たとえば、テレビ局の十年一日のごとき連続ホームドラマ、ちょっとだけ手を変え品を変えた映画の大量生産。たとえば『ブレイキング・アウェイ』、『ブラック・スタリオン』、『炎のランナー』の三つは、間近に迫ったチャンピオンレース、愛すべき敗残者、ライバル、そしてもちろん、最後の勝利といった諸変数に適当な値を代入してできあがった同工異曲である。それにしてもこれらはまだ、名作をあくどく模倣したような本や映画にくらべれば、だいぶ洗練の度が高いといえよう。

12　時がたち、ルーチン化し、創造的とは呼べなくなったような芸術様式。これはどんな芸術様式についても避けられないが、こういう陳腐化が起こりそうになったとき、つねに誰かが新しい突破口を開き、まったく新しい様式を創造する。しかし、古い様式に精通し、古い手法で創作をつづける名人もいる。

最後の数例は、最初の針とびレコードやジガバチと、どれくらい違うのだろうか？　このリストを前から順に眺めたとき、その間にある本当の差はなんだろう？

私はこれをパターン感受性だと考える。つまり、予期せぬ場所、予期せぬ時間、予期せぬ媒体における予期せぬタイプのパターンを見いだす能力である。たとえば、いまあなたは予期せぬパターンを見たはずだ。（同じ言葉が五回繰りかえされた。）こういう認知に対しては、遺伝子の中にも、学校で受けた教育の中にも、とくにそのための準備はなかったはずである。あなたに備わっていたのは、同一性を見ぬく能力である。人間には同一性に対する常時監視体制が備わっており、これが反ジガバチ性の原動力なのだ。ループがあると、たちどころにそれを検出する。頭の中のループ検出器がチカチカしだすのである。これは紋切り型検出器と呼んでもよいし、同一性検出器と呼んでもよい。とにかくありとあらゆるタイプのループを検出する能力が機械と人間の差であるように見える。別の言い方をすれば、機械的であることの本質は、新奇性の欠如、繰り返し性、正確に限られた空間から脱けだせないという性質にあるように見える。これが、ジガバチ、イヌ、あるいはある人間でさえも機械的に見える理由である。

＊　＊　＊

一つの郵送リストの中に「バーニー・ワインレブ」、「バーニー・W・ワインレブ」、「駐在行政長官バーニー・ワインレブ様」、「バアニー・ワインラブ」などが一緒に並んでいたら、カッと怒ったり、高笑いするようなコンピュータがあると思いますか？　コンピュータは、扱っているデータの中からパターンを検知する能力を自動的にはもっていない。実際、そんなことは期待できそうにない。のこぎりよろしく、プログラムされたこと以外はなにもできないからだ。コンピュータは同じ数が縦にずらりと並んでいても、あほらしいからといって足し算を止めたりはしない。だが人間だったら、別のやり方に切りかえるだろう。この差はなにか？

機械には明らかになにかが欠けており、そのために繰りかえし動作に対して無限の忍耐力をもっている。欠けているものを短い言葉で表すのは簡単である。それは、自分がなにかを処理しているものであると理解する能力、自分の行動の中にパターンを見いだす能力、しかもそれを何段もの抽象化レベルで発揮できる能力である。自己監視コンピュータを仮想してみよう。このような感受性があれば、同じ数が縦にずらりと並んでいるのを、一つ一つ足し算していくのをあほらしいと思わなければならない。あなただったらそう思うでしょう？　それに、ただひたすら足し算ばかりやらされたらいやにならないといけない。あなたもそうでしょう？　もっと複雑でも、パターン化した算術演算ばかりうんざりするほどやらされたら、本当にうんざりしなければならない。あなたもそうですね？　要するに、いかなる種類のループに対してもうんざりしなければならない？　ホントかな？

もし、こんなコンピュータが、自分のやってきたことといえば、メモリーから次々に命令を取りだしては、その命令を実行し、レジスターの値を変えているだけだと悟ると、たちまち大あくびをして寝こんでしまうだろう。これと同じ方法で、私たちが自分たちのニューロンが信号を発射するのを見ることができたら、なんとばかばかしい繰りかえしだとあきれてしまうに違いない。

しかし、これは私の意味している自己監視ではない。自分の内部のミクロな行動パターンを監視すれば、うんざりするに決まっている。なぜなら、複雑な系には何万、何百万、あるいはそれ以上の小さな要素（歯車、トランジスタ、細胞など）のコピーが存在するからである。大事なのは、これとまったく違ったレベルで行動を監視することなのである。これら小要素の行動が生みだす巨大パターンが、自分自身で知覚しうるようなふつうの行動レベルに反映したもの、つまり集合的レベルでの監視が重要である。ハリケーンは小さな原子の行動からなる巨大なパターンであるが、集合としての規則性やパターンがあるので、いちいち原子のレベルにまで立ちいらなくても、ハリケーンの進路などについて、だいたいの予測ができる。思考も小さな細胞の行動の巨大なパターンだから、いまと同じようなことがいえるわけである。

反ジガバチ性はこのレベルでの自己知覚に関係している。反ジガバチ的なものは、自分のニューロンやトランジスタやレジスタを見るのではなく、自分のもっと高いレベルを見るのである。こうして、気象学者がハリケーンの進路を追いながら、以前あったハリケーンの進路と同じになるかどうか見ているのと同様に、なんらかの類似性が起こらないか監視する。

つまり、自己監視コンピュータは回路レベルまで監視できなくてもいいのだ。「加算」とか「ストア（メモリー格納）」とか「ジャンプ」とかいった機械語レベルでの監視も同じである。これらの基本命令をつづけて実行した結果、メモリーに格納されているもっと大きなもの（データ構造）が変化する。自己監視はこういう変化が起こるたびにモニターし、関心を引くものだけを抽出し、別のデータ構造に記録する。（こういう記録が、もっとミクロなレベルで見れば、まさに基本的な機械語命令で行われていること自体はコンピュータにはわからない。こういう微細なところにいちいち機械が関心を払わないようにシールドされているからである。）つまり、あるデータ構造の集まりの中での変化が、別のデータ構造の中に記録されるのである。ということは、変化を記録している、いわば第二レベルのデータ構造の中の変化を監視・記録する第三レベルのデータの構造が存在する？　すると、当然、第三レベルの変化を監視・記録する第四レベルのデータ構造……、無限再帰が起こりそうだ。データ構造に無限のレベルがあって、おのおののレベルはその下のレベルの変化をモニターしている？

実際、たしかにそうである。その証拠に人間であるあなたは私が完全にいいつくす前に、データ構造のレベルのパターンを読みとっていたはずだ。こういう無限再帰をパターンとして認知し、再帰を文字どおり深追いしすぎてわけがわからなくなるのを止められるのは人間の特性である。しかし、モニターレベルが無限にある自己監視コンピュータだとどうなるだろう？

私がいま述べたことの中で最も顕著なものの一つ、いや最も顕著なものそのものは、データ構造のパターンである。これは無限の繰りかえしの階層構造をもっている。このパターン自身が、私たちにとっても、自己監視機械にとっても目だってくる。一番下のレベルを0番とすれば、その上の監視レベルを1、その上を順次2、3としていくことになろう。無限個ありうるこのレベルは、自然数に対応づけられる。いったんこのパターンが監視者によって認識されると、監視者は「一時に思いうかぶ全自然数」という概念に対応して「一時に見られる全レベル」という一般的な概念を形成することができる。自然数全体に付けられたよく使われる名前はω（オメガ）である。ωは無限個ありうる監視のレベル全体を監視する新しい監視レベルと見なすことができる。

ところで、こういう自己監視コンピュータをもちだしたとき、私は無限機械を前提にしていたが、実際そんなものはありえないから、そのことをあまり深く詮索する必要はない。無限再帰を途中で止めるのに、データ構造や監視プロセスの無限の塔を作る必要がないからである。そんなことは明らかに不可能だし、記念碑的にジガバチ的ですらある。どの段階においても、限られた数の量の記録しかできないから、限られた（実際にはかなり小さい）数のレベルしか存在しない。必要なのはレベルをさらに拡大できるポテンシャルなのである。

無限再帰のためωレベルの塔ができてしまいそうなとき、それを検知するのがωレベルのモニターである。（これは、人間みんながやっていることである。）ωモニターは無限再帰が開始されそうなときそれを検知する。レベル0の変化がレベル1の変化を起こし、それがレベル2の変化……、と変化が無限に上方へ波及しそうなとき、いつもそれを監視しているωモニターは、ソレとばかりに救助活動にのりだす。「待て、それでたくさんだ！　止まれ！」だから、無限再帰は実際には起こらない。未然に防がれるのである。これはパーティに退屈感が出はじめたとき、「ちょっと失礼、もう少し飲みものをとってきますから」と切りだすメカニズムと同じ種類のものである。

* * *

さて、問題はωモニターにも無限ループに陥る危険性があるということだ。だから、それを防ぐためにもう一段上のレベル、つまりω＋1モニターが必要になる。ウーム、私がいう前にもう新しい無限再帰の臭いを嗅ぎとった読者がいるに違いない。（私の楽しみが一つ減った。）それにもくじけず、ちゃんと述べることにしよう。ω＋1レベルはω＋2レベルで監視されなければならないし、ω＋2はω＋3、ω＋3はω＋4……。またもモニターの無限の塔が生じた。これは二番目の無限再帰であり、レベル2ωのグランドモニターによって監視される。しかし、無限の塔が二つあれば、三つないはずがない。パターンのパターンのパターン。2ω、3ω、……とグランドモニターがつづき、とうとうω^2という大グランドモニターが登場する。

ちょっと失礼、もう少し飲みもの……じゃなかった。もっとおもしろい話に変えませんか？　無限再帰からなる無限再帰に入ったら、なにもかも止まらなくなってしまい、またもうんざりのタネになってしまった。いや、うんざりのタネというより、現実感に乏しい複雑さと混乱に見えてくるといったほうが正確だろう。しかし、これをジガバチ性の問題の場にもちこむと、自分自身の行動の中の予期せぬパターンを検知できる機械をどう作るかという、きわめて現実的で的を射た質問になる。

これは停止問題という、計算の理論における古典的問題に関連している。ほかのプログラムが、無限ループに入るか入らないかを、実際に走らせずに事前に予測できるようなプログラムが存在するかというのが停止問題である。（無限ループに入るとは永久に止まらないことであり、逆に止まるとは無限ループに入らないことである。）深いエレガントな理論により、こういうプログラムは存在しないことがわかっている。（第21章を思いおこそう。）鍵がどこにあるかというと、停止判定プログラムが自分自身の停止性を判定するため、自分自身に自分自身の停止性を判定させたと考える。しかし、その判定にも自分自身に自分自身の停止性を判定させ……、ちょっと失礼、もっとおもしろい話に変えませんか？

停止問題のアイデアは自己監視プログラムの問題に密接に関連しているが、実際に同じ問題ではない。まず、停止問題では判定されるプログラムが走る前に停止性を判定する。ビルの青写真だけを見て耐震性の判定をするようなものである。自己監視プログラムでは、対象とするプログラムが走っている間監視をし、しかも対象とするプログラムが他人ではなく自分なのである。もちろん、監視プログラムは自分が単調な繰りかえしに入るかどうかだけを見ているわけではない。（もしそうだとしたら、それ自身単調な繰りかえしだ！）なにかほかのことをしている最中に目だけは開けておいて、自分の中での単調な繰りかえしの兆候を察知するのである。

計算の理論では、プログラムとかその他一般の系がこのように自分自身の上に折りかえされることを、対角化という。ある人々にとって対角化は、現実の場面ではけっして起こらない、いかにも人工的で奇妙な練習問題である。しかし、対角化がパラドックスとたわむれる様子が非常に興味深く、宇宙の多くの深い諸相に関係があるのではないかと考える人もいる。実際、ここで私たちは動的対角化、つまり自己監視プログラムを見た。これは、人間を針とびレコードやジガバチから完全に弁別するのに非常に深く関係している。けっして人工的で奇妙な練習問題ではないのだ！

停止問題と自己監視プログラム問題の最も重要な違いは、たぶん、人工知能を作るにあたって、複雑な世界に適用させるため、自己監視プログラムの数学的完全さをそれほど強く追求しないことである。つまり、これが人工知能の心である。だから、どんな種類の無限再帰をも検出できるような完全な自己監視プログラムが存在しないという数学的証明が得られても、これは完全な知能を作ることができないといっているだけである。私たちはこれに失望するどころかむしろ喜ばなければならない。誰かが有限の大きさのプログラムを発見し、筋道を立ててこういったときの失望を想像してごらんなさい。「やあみなさん、とうとう究極の知能ができました。これが完全知能のプログラムです。」

だけど心配ご無用。ゲーデル、チューリング、クリーネらによる、停止問題や無限順序数（ωとかω＋1とかω^2とか……）の理論、つまり数学基礎論の研究の結果、こういう筋書きは起こりえないことが証明されている。

＊　＊　＊

イギリスの哲学者ルーカスは「心、機械、ゲーデル」（アンダーソン編の『心と機械』におさめられている）という有名な論文の中で、数学基礎論におけるこの種の否定的結果を基本的な鍵として利用して、機械が人間と同じように意識をもつことは不可能であるという議論をしている。ルーカスの議論をそのまま引用しよう。

「哲学的思考の第一歩で、まずこういう面倒な疑問にぶつかる。人がなにかを知っているとき、人はそれを知っていることを知っているか？　また自分のことを考えるとき、いったいなにが考えられる対象で、いったいなにがそれを考えているかを知っているか？　人はこれに長い間悩むと、この疑問をあまり深く追求しないほうがよいということを悟る。意識あるものの概念は意識なきものの概念と異なっていることが暗黙のうちに悟られるのである。意識あるものがなにかを知っているといったとき、それを知っているばかりでなく、それを知っていることを知っており、それを知っていることを知っていることも知っており（つづけたければいつまでも）……、ということも知っている。ここには、おわかりのように無限が出てくるが、これは悪い意味での無限再帰ではない。なぜならそれは答えでなく、適切でない、しだいにさき細りになる質問だからである。この質問が適切でないのは、概念の中に、こういう質問に限りなく答えつづけていけるという思想があるからである。意識あるものはこれをつづけていける能力をもっているが、われわれはたんにこれを実行しうる課題の連続として示したくもないし、心を自我、超自我、超々自我……、という無限列としても見ない。むしろ、意識あるものは一つの単一体であり、心の部分というものについて話すことがあっても、それはたんなる比喩であり、字面どおり部分の意味で受けとってはならないのである。

意識のパラドックスは、意識あるものが、ほかのものと同様に自分自身についても意識ができ、それにもかかわらず部分へと分解して考えることができないところから生じる。意識あるものは自分自身と自分の行動について考えることができ、それでいて行動をしたものと意識するものが同じであることから、ゲーデルの質問に対して機械にはできないやり方で対処することができる。機械は自分の行動について「考える」というふうに作れるかもしれないが、こうするには必然的に異なる機械に仕たてないといけない。つまり、古い機械に(「考える」ための)新しいパーツを付加しないといけない。しかし、われわれの考える意識あるものにおいては、もともと自分自身についても、自分自身の行動についても考えることができるのであり、なにも余分なものを付けくわえる必要がないのである。つまり、アキレスの腱がない。

私の理解するところ、ルーカスは、人間に無限の深さの自己監視モニターの能力があると考えているようだ。この自己監視モニターは、どんなパターン的振る舞いをも検知し、止めることができる、いわば反ジガバチ性の極致である。こういう仮想的な能力をここではブール能力と呼ぼう。ブール（BOOLE）は“Breaking Out Of Loops Everywhere（いかなるところでもループから脱出する）”の頭文字をとったもので、十九世紀において最も影響の大きかった『思考の法則』を書いたジョージ・ブールにちなんでいる。

つまり、人間には完全な反ジガバチ性、ブール能力が最初から備わっているというのがルーカスの思想のようである。しかし、よく考えてみれば、そんなことはありえない。たとえジガバチやエアデール犬でないにしても、さきほど一ダースほどのリストの中で示そうとしたとおり、私たちも単純な堂々巡りに陥りやすい性向をもっている。これに免疫の人はいないはずだ。私たちは誰でも（たとえモーツァルトでも）「認識の様式」というものをもっており、いつまでも逃れられない型にはまりこんでいるのである。

これは人間の悲劇的宿命だろうか？　いや、これがあるからこそ人間はたがいに興味をもち合えるのだ。話を音楽の領域に限ろう。どの作曲家も音楽の領域における認識の様式、つまり音楽様式をもっている。モーツァルトがショパンの様式を予測できず、「モーツァルト型」から脱けだせなかったからといって、そこに弱みを感じるだろうか？　ショパンに十分なひらめきがなかったから、ラヴェルの繊細なハーモニーと同じものを発明できなかったというのだろうか？　さらにラヴェルは「ボレロ」で擬ジガバチ性をスティーブ・ライヒのような極端な陶酔にもっていかなかったからといってたいした音楽家でないというだろうか？

いや、まるで正反対だ。私たちは、個人的な様式を否定的に見るのではなく、心の限界の証しとしてむしろ賛美する。実際、カメレオンのようにいろいろな様式を着たり脱いだりできるような人は、自分の様式というものをもっていないのだろうし、たんなるサロン演奏家というか演芸的物まね家なのである。その人の「限界」（と呼ぶことにしての話だが）がとても明白で、とても目だつとき、私たちは偉大さを認めるのである。もしあなたがラヴェルの音楽様式をよく知っているならば、ラヴェルの音楽はいつでも聞きわけることができる。彼が偉大なのは、彼がそれほどにも認知しやすい、つまりまさに比類なきラヴェルの型にはまっているからである。たとえモーツァルトがあのモーツァルトの型から大きく飛びだしたとしても、ラヴェルの型にはまらなかったという保証はない。要するに、誰も無限に遠くには飛びだせないのだ。

モーツァルトにしろラヴェルにしろ私たちにしろ、かなり反ジガバチ的ではあるが、完全ではない。これが、私たちの個人的な様式、個性が世の中にどう出ていくかについて完璧には自己監視できないということなのだ。

ルーカスは（私が信じるところ）多くの哲学者、論理学者、コンピュータ科学者に、ゲーデルの論文の土台となっている議論の重要で精妙な点をたくさん見すごしていると激しく批判されているが、これらの批判の大半は、ルーカスがここではじめて指摘した心の重要な側面を見逃している。ルーカスは意識あるものに認められる非機械性の程度が、つぎつぎとレベルを上げていける自己監視能力に直接関係していることを正しく観察している。不運にも、人工知能研究者の大半が、ルーカスの論文を中心主題——心は機械化できない——が間違っているといいはなってしまっている。知能と創造性の本質にかかわる深い議論がなされていることを見すごしてしまっているのだ。

＊　＊　＊

私はいま、記憶の組織構造の重要性と概念がなにかという質問にアタックすることの必要性を強調した。私たちの記憶の構成法の鍵は、記憶項目の自動的な格納と検索法、およびいつ知り、いつ知らぬか、いかに知るか、なぜ知らぬかに関する知識をもっているところにある。「メタ知識」のこういう諸相は、たくさんの概念がかみ合うようなめらかに統合されている。メタ知識は、別の世代のプログラマーが、知識を越えた存在として知識の上に付けくわえたもう一つの層といったものではない。メタ知識と知識はごとごと煮てシチューにされたように、たがいに完全に溶けこみ、豊かな深味を醸しだしているのである。だから、自己監視は記憶の構成法からの必然的帰結である。

人間の頭脳のような単一のプログラム、つまり「他人監視プログラム」を無限に積みかさねたのではなく、すべてのレベルが一レベルに縮退した真の意味での自己監視プログラムはどうすれば作れるだろうか？　今日のプログラムがみなはまりこんでいるようなジガバチ的な鋳型から抜けだすプログラムを作るには、柔軟な認識プログラムが自分を見るときに自分の柔軟性を利用する方法を開発しなければならない。もちろん、こんなプログラムは、私のいったとおりの意味では作れないだろう。つまり、次のような方法で作られることはないだろう。

ステップ1　まず柔軟な認識プログラムを作る。
ステップ2　このプログラムを自分自身に作用させて自己監視プログラムにする。

ステップ1で得るべきものは、ステップ2の目標を設計の最初から織りこんでおかないと得られないのである。すなわち、二つの目標はおたがいにからみ合っているのだ。はっきり書けば、

目標1　柔軟な認識
目標2　自己監視

のどちらをさきに実現すべきかという順序は指定できない。二つの目標のからみ合い方が強すぎて、一方をさきにすることができないのである。これは、基本的には似ているものの、停止問題よりも複雑で把握しにくい折りかえし方をしている。

ルーカスの論文が、ゲーデルの定理に立脚しているのは興味深い。この定理の証明は、見かけ上不可能な（または少なくともきわめて直観に反する）折りかえし方を一つ作ってみせるところにある。つまりこの証明では、証明の数学体系を自分自身の上に折りかえし、証明の数学体系自身を研究の対象にしている。この証明で魅力的なのは、こういう数学体系の中に自分自身を見ることのできるようなレベルの縮退が実現されている点である。

モニターの塔を作り、その塔を見下ろすモニターをまた作り……、といった調子の最悪の無限再帰に陥らず、体系が自分自身を映すことができるという事実によって、こういう無限の階層の自己認識を一度に実現してしまうのである。ただし、すべての面で自分を映すことができるわけではないことに注意！　そうなると矛盾が起こる。

監視するものと監視されるものの一見異なるレベルは、ゲーデルの構成した体系では、ルーカスが指摘した意識あるものの心の中のように完全に溶け合っている。ルーカスが理解しそこなっていたただ一つの点は、ゲーデル風にみごとに折りかえして自分自身を見る能力があっても、完全な反ジガバチ性はもたらされないことである。これは、幸か不幸か、見る人の立場によって見え方が異なるキメラである。

＊　＊　＊

一九五二年に戻るが、哲学者で作曲家でもあったジョン・マイヒルが「数理論理の哲学的含意について、概念の三つのクラス」という詩的な論文を書いている。三つのクラスは数理論理学から借りてきたもので、マイヒルはそれぞれ「実効的」、「構成的」、「有望的」と命名している。これは数理論理学ではそれぞれ「帰納的」、「帰納的可算で帰納的ではない」、「生産的」という呼び方で知られているものである。それぞれの要点について、以下で説明しよう。

あるカテゴリーが「実効的」であるとは、そのカテゴリーに属すかどうか調べるものがあったとき、それがそのカテゴリーに属しているか属していないか間違いなく判定する方法が存在することである。「ロナルド・レーガンはKGBのエージェントか？」、「ローマ法王はカトリックか？」、という質問を考えると、答えるのはまことに

簡単だ。だから、「KGBのエージェントであること」とか、「カトリックであること」とかは実効的なものの例のように思えるかもしれない。しかし、これはちょっと誤解のタネだ。「オズワルドはKGBエージェントだったか?」、「破門僧はカトリックか?」、といった質問を考えると、これらのカテゴリーが真の意味で実効的でないことがわかる。なにしろ、実世界の話は論理学の世界のようにきれいにはいかない。「29は素数か?」という例にしてもよかったのだが、これでは数学の世界から話が飛びださないので、私の狙いに反してしまう。あえてもう一つ現実世界で実効的なカテゴリーをあげるなら、文の文法適合性がある。これもかなり曖昧な性質であるが、理想化された言語や形式的体系の中で考えれば、これは実効性の完全な例である。

次は「構成的」である。構成的なものは、実効的なものよりとらえにくいカテゴリーを指す。構成的なカテゴリーに属するものは、ある手段によって一つずつリストアップしていくことができ、辛抱強く待てば、いつかは特定のものが現れてくるかもしれない。ところが、その反対の手段はないのである。つまり、カテゴリーに属さないものを一つずつリストアップしていくことができない。運の悪いことに、数学ではこのクラスのカテゴリーがきわめて重要であるにもかかわらず、簡単に定義できる例を作るのは難しい。形式的公理系から導ける定理全体の集合はいつでも帰納的可算集合であるが、その補集合、つまり定理にならないものの集合も帰納的可算集合になる場合が多い。結局、もとの集合は実効的な集合になってしまうわけである。構成的な集合を得るためには、形式的体系から導かれない非定理が、その形式的体系の裏返しから導けないようなものを考えないといけない。ゲーデルの定理によれば、自然数論をいかに形式化しても、そこでの定理の集合はこの性質をもつ。

最後は「有望的」あるいは「生産的」という性質である。マイヒルの定義によれば、「私たちがただ着実に推論を重ねていては認識も創造もできないが、予期しないような行動によってはじめて認識や創造ができるようなものを有望的と呼ぶ。」明らかにこれは実効的でも構成的でもない。これは有限の規則からは導けないのである。しかし、これは適切な生成規則の数をもっとふやしさえすればいくらでも正確に近似できる。これは重要なポイントだ。こういう規則の集合は私たち(ないしは機械)に有望的カテゴリーの要素を一つずつリストアップする方法を示す。数理論理学では、タルスキとゲーデルの研究の結果、真理はこの種の開いた、有望的性質をもっていることがわかっている。すなわち、真理の無限に多くの例を作ることはできるが、どんな規則の有限集合をもってきてもこれを完全にカバーすることはできない。有望的というのは有限の網を張ってもつかまらない性質なのである。(「イス性」とか「A性」のようなプラトン的概念の議論については第13章を見よ。)

数理論理学以外で、マイヒルが最初に提示している例は美である。

私たちが美に遭遇したとき、それを認識できるという保証がないばかりか、ロマンチックな人たちが信じているような公式があって、それを使えば無限に長い時間のうちには存在しうる美をすべて創造できるというようなこともない。

とマイヒルはいっている。だから、美はいくらでも近似しうるが、絶対に完全には到達できない。美と無理(不合理)はよく結びつけられる。そういえば、近似はいくらでもできるが有限のプロセスでは絶対に到達できない数を無理数と呼ぶのは偶然の一致だろうか？

マイヒルは大胆にもこういっている。「ゲーデルの定理の美学におけるアナロジーはこうである。美の生産すべてを認め、醜の生産すべてを排除するような（芸術的）流派は存在しえない。」コインに裏表があるように、美の反対は醜である。皮肉なことに、生産的（有望的）集合の補集合は、数理論理学者の仲間うちでは「創造的」と呼ばれている。たしかに、可能な醜を全部生みだそうとすれば、それこそ天才的な創造性がいるに違いない。

芸術の目的を可能な美をすべて生みだすことだと考えると（これは話を単純化しすぎているが、このままで話を進めよう）、それぞれの芸術家はそれぞれ特定の様式でこれに貢献しているわけである。この様式は芸術家の遺伝形質や人間形成の産物であり、芸術家の証しとなる。芸術家は、自分の様式をもつという意味でジガバチ的である。眼に見えぬ精神空間の限界の枠にはまっているわけだ。しかし、嘆く必要はない。芸術家は集団をなして運動し、流派を作り、一つの時代を画す。また、一人の芸術家にとっての限界は、他の芸術家の限界ではない。だから、流派の限界は個人の限界より広い。こうして流派そのものは流派内の個人個人よりもジガバチ性が低い、つまりより意識性が強い。

しかし、芸術の流派の集合的な動きの中にも限界があるわけだから、時がたてばそれがはっきり現れてくる。流派は下降しはじめ、創造力が衰えはじめ、よどみはじめる。新しい流派が台頭する。個人レベルでははっきりと見えないものが、社会レベルでは見えてくる。つまり、芸術はより広い美の姿（有望的な美の姿）へ向けて対角化を繰りかえしていく。固定化した型を発見し、それを打ちやぶっていく操作を繰りかえすわけである。これは私好みの言葉でいえば、殻破り（jootsing, jumping out of the system）である。

この終わることのない殻破りは、一つ一つのステップは定式化できても、全体（とゲーデルはいった）は、コンピュータにも有限の頭脳にも頭脳の集合にも定式化できないプロセスである。だから、創造性が機械化されたとしても、芸術が終焉を迎えるといって恐れることはない。話はまったく逆で、そうなる日はむしろ期待されているのだ。なぜなら、そのあかつきには私たちの眼（コンピュータの眼もきっとそうだ）が、美のまったく新しい世界に向けて見開かれるからだ。新しいコンピュータと友だちになり、手に手をとって古い体系から分析不能な飛躍をし、もっとおもしろくなれるなんて、考えただけでも楽しいではないか。

（一九八二年十一月号）

追記

サン・サーンスのヴァイオリン協奏曲第三番をご存じだろうか？　それの中間楽章は長く入りくんでいて、流れるようで、叙情的な、人を有頂天にさせる美しいメロディにもとづいて作られている。レコードを探してきて、ぜひ聞いてみてほしい。こんなに素晴らしいメロディはどこからくるのだろうか？　つねにどこかに存在していたのだろうか？　音楽の浜辺にころがっている美しい小石をたまたま拾った人はただ好運だっただけなのだろうか？

私はここで、発見か発明かそれともたんなる存在かという抜け道のない議論に深入りする気は毛頭ない。私には私なりの意見があるが、私がここで考えたいのは、そのようなインスピレーションがどこからくるのかという問題である。人はかなりの客観性をもって、何人かの作曲家が美しいメロディを思いつく才能に恵まれていることを指摘することができる。たとえば、ショパン、ラフマニノフ、サン・サーンス、チャイコフスキー、ブラームス、バッハ、メンデルスゾーン、プッチーニ、そしてちょっと趣を変えて、コール・ポーター、リチャード・ロジャーズ、ジェローム・カーン、ジョージ・ガーシュインなどの名前が思いうかぶ。もちろんほかにもたくさんいるだろう。ある人はきっとこのリストから何人かを落とし、他の作曲家を追加するだろう。たとえば、シューベルト、ドヴォルザーク、プロコフィエフ、スコット・ジョプリン、ファッツ・ウォーラー、フレデリック・レーヴェ、クルト・ワイル、ビートルズ、キャロル・キングなどなど。線を引くことはほとんど不可能である。

重要なことは、あるごくまれな人は信じられないほど覚えやすく、人間の心を深くとらえるパターンが流れる不思議な状態にいとも簡単に踏みこむことができるという点にある。レナード・バーンスタインはかつて、いみじくも「どうして二階に駆け上がって美しいガーシュイン風の曲を書かないのですか？」と題された生き生きとした会話を書いたことがある。その中で彼は、その殿堂に踏みこむのがどんなに難しいことか話している。もちろん、バーンスタインはそれを知っているはずである。なぜならば、彼は現代の偉大なメロディ創作者の一人なのだから。

問題は、メロディの発明が他の多くの芸術と同じように、一度できてしまうととても簡単なことのように見えてしまうことである。事実、多くの点でメロディの創作は他の種類の美を創造するよりも簡単に見える。メロディというのは、ごく小さくて簡単に記述できる構造をもっているから。スキーで美しい回転をするということには少なくとも無限の可能性が含まれているが、メロディは通常はたいへん限られた離散的なアルファベット（二オクターブ内外の音）から組みたてられていて、そんなに長いものでもない。

したがって、いいメロディをある種の処方または数学的な公式から作りだすことが可能であるとつい思いたくなる。あるいは、ほとんど同じことだが、メロディのもっている美しさの量を、あたかも鉱石の中の放射能の量をシンチレーション計数管で測定するがごとくに測定できると思いたくなる。あなたが音符列を機械に入力すると、CQ〔受け指数（catchiness quotient)〕と呼ばれる数字が返ってくるというわけである。

こうした数字が存在するということ自体を疑う人には、実際すべての音楽に対してその美しさをある意味で表す数——現在においてその音楽がどれだけしばしば聞かれているか——が存在することを思いだしていただきたい。音楽は、この客観的で一次元の物指しによって順序づけられるわけである。これは、なにもこの物指し上でいちばん上の音楽が最も素晴らしい音楽だといっているわけではなく、唯一の一次的受け指数というものをすべての可能な音符列に適用するという考えが、そんなに突拍子もないものでもないということをいいたいのである。なるほど現状では、ある音符列に対する指数を計算するのに社会全体の何百万人もの人が必要になってしまうかもしれないが、それをすべてシミュレートすることも可能ではないだろうか？　もしかすると、対象となる文化とその時代の一般的な音楽的雰囲気を特徴づける一組のパラメータを受けいれて、与えられたメロディが、その音楽的状況の中でどれだけ歓迎されるかを予想する受け指数機械が作れるかもしれない。魅力ある考えではないか？

ある文化がある音楽をどれぐらい受けいれるかを、メロディの構文構造だけに関係づけて数学的に特徴づけることが可能なのだろうか？「構文構造」という言葉で、その認識のために任意の量の外界の情報を取りこむことが必要であるような構造を意味しているとすれば、最終的にはもちろん答えは「イエス」であるべきだ。十分に深い構文解析は意味解析と同等であるというのが、第1章の追記で述べたモットーであった。そうすると、問題はメロディを創造したり、そこまでいかなくてもメロディの美しさを計ることのできる構文にもとづいた（文化や時代の雰囲気を表す調節可能なパラメータをもっていると仮定しよう）機械がどれくらい複雑かということになる。この機械は、人間社会や人間の脳のように複雑である必要があるのだろうか？　メロディの生成だけを行うブラックボックスがあって、叙情的で起伏に富み、人を有頂天にさせるような素晴らしいメロディをどんどん作りだすことが可能なのだろうか？『ゲーデル、エッシャー、バッハ』〔とくに邦訳六六六〜六六九ページ〕を読んだ人は、私がこの可能性については極端に懐疑的だったことを思いだすかもしれない。しかし、私自身がそう考える根拠はそんなにしっかりとしたものなのだろうか？　チェスの技術がそうであったように、音楽も急速にコンピュータのパワーに屈することにはならないのだろうか？（これに対してもGEBの同じ個所で私は非常に懐疑的であった。）

＊　＊　＊

一時的な流行が特別な理由なしに長つづきしたり、逆にほかのものがすぐに消えてなくなってしまうというのはおかしなことだ。いまとなっては、みんながエドセル〔フォードが一九六五年に発表した車で、すぐに大失敗に終わってしまった〕のことを笑いものにするが、それが失敗したということのほかにいったいどんな笑うべきことがあったというのだろうか？　正確にはエドセルのなにが悪かったのだろうか？　せっかく作曲されながら、毎年何千何万となくお蔵になっていくメロディのなにが悪いのだろうか？　マイケル・ジャクソンとパッヘルベルの単純なカノンがこんなにもポピュラーなのはなぜなのか？　ヘルベティカというフォントが最初に発明されると同時に山火事のごとくに広まり、それにとてもよく似た十数個のフォントがあっという間に死に絶えてしまったのはなぜなのだろうか？　あとの例のように単語や見出しの最初と最後の文字を対称的に大文字にするという文字装飾上の工夫が六、七年前に急に流行ったことがある。

PRINCE
SPAGHETTI

GATEWAY
INN

"Intelligenetics"とか"PEOPLExpress"というような二語を合成した語が、最近はなぜはやっているのだろうか？　"Da-glo"、"Turbomatic"、"Rayon"といった語がどことなく古びて聞こえるのはなぜだろうか？　"Qantas"はなぜまだ現代的に聞こえるのだろうか。"Luggo"や"Flimp"というような商品名はなぜあまりさえないのだろうか？　なぜいまは「x」という文字が商品名に多用されるのだろうか？　それにもかかわらず、"Exigo"や"Xigeo"に比べて"Goxie"という名前はなぜ弱々しく響くのだろうか？　鼻声のコメディアン、ボブとレイが編みだす「ワリー・バルー」、「ハドリー・ピアース」、「ボディン・パーデュー」そして「ジョン・W・ノルビス」というような名前はなぜ笑いを誘うのだろうか？　もしもノーマ・ジーン・ベーカーが「マリリン・モンロー」と名前を変えたらどうなるだろうか？　映画スターが「アーノルド・ウイルバーフォース」という名前を付けられるのはなぜまずいのか？　なぜ「ティファニー」という名前は現在ポピュラーで、「リサ」という名前は数年前によくはやったのか？　「アグネス」、「エドナ」、「セルマ」といった名前はどこか悪いところがあるのだろうか？　「クライド」、「ランス」、「バーソロミュー」といった名前はどうか？　長さだけで決めることはできない。(「エリザベス」を考えてみよ。)また、単純な意味での音だけからも判断することはできない。(もしも、「バンス」がいいというのならば、「ランス」はなぜ悪いのか？)

前に述べたことは、ジガバチ性とか自己観察するコンピュータや脳とはなんの関係もないように見える。ここでいいたいのは、わずか数文字の単語や名前、さらには数十音のメロディといった非常に小さな構造が対象である場合でも、私たちの無意識のところで、信じられないほどの数の力や要素が影響し合って処理が進んでいるということである。私たちはこれらの質問の答えにほとんど手を触れることすらできない。事実、誰もこれらの質問に決定的な答えを出すことはできない。もしも私たちが機械に最も微妙な認識作業をさせようと思うのならば、まったくの話、たんなる単語が快いものか不快なものかぐらいは説明できなければならないだろう。

＊　＊　＊

現在、人工知能の分野で、プログラムに内省能力をもたせる努力がつづけられている。そのような能力は通常「リフレクション」と呼ばれていて、この名前はそれ自身で意味がよくわかると同時に数理論理学に根ざした言葉である。形式的なシステムは自分自身について推論を行うことができるとき、リフレクションの能力があるといわれる。ゲーデルがこのようなことを最初にくわしく議論した。現在では、リフレクションができるシステムは多くの論理学者の日常の議論の対象である。しかしながら、コンピュータで論理をモデル化する試みは、やっとリフレクションを真剣に考える段階に達した。

この考えはたいへん魅力的だが、私は、人工知能の真の発展にはあまり関係がないと考えている。むしろ、形式的なシステムの研究をエレガントに発展させるという効果のほうが大きいと思う。結局、これは思考とはなにかという各人の思考観に依存している。もしも、あなたが思考というのは厳密な意味での真理とか推論と緊密な関係があると信じていて、精巧に研ぎすまされた演繹能力が心の中心にあると思っていれば、自然とリフレクションができる演繹システムに引かれるだろう。逆に私のように、推論というのは思考の核心とはなんの関係もないとあなたが信じているならば、そのようなシステムに飛びつくことはないだろう。

一つの見方はこうだ。仮りに、ある領域、たとえばメロディの作曲で人々がどのように考えるかをうまくとらえたようなルールの集合があったとしよう。それを試したところ、ある程度直感的にはわかるのだが、なにか複雑な理由でほとんどの場合失敗したとしよう。さて、あなたならこのさきどのようにするか？　二つの対抗する方策が存在すると思う。

一つは、「メタ規則を追加せよ。さらにメタメタ規則を追加せよ。そしてそれを無限につづけよ」ということになる。これを人工知能のメタメタ派と呼ぶことにしよう。この方策の要点は与えられた規則集合の性能を、それらをいつどのようにして適用するかの決定を助けるような高次のメタ規則を追加することによって改良しようという点にある。そして、このやり方には上限はなく、一つのレベルから次のレベルへの移行を定式化できるので、原理的には必要とあらば、無限のメタレベルを参照することもできる。

もう一つの方策は、上限のない階層を上へ上へと積み上げるのをやめにして、下に存在する多層のさまざまな活動のスープの中から、規則にのっとったような行動が生まれでてくるようにするというものである。これは、システム全体に自分自身をどのように動かすべきかをはっきりと指示するという考えを捨てることを意味する。そのかわりに、ごく一部の小さなプロセスを定義するだけで満足し、あとは、たくさんの数の、こうして定義した小さなプロセス同士がやりとりをするにまかせ、なにが起こるかを眺めていて、いいところ、悪いところを記録する。こうして走らせたあとで、システムの最上位の行動があなたの最終目標に合致するようにするにはどうしたらよいかを考え、自分で制御できる小さな部品たちのプロセスを少しずつ改良する。この際にどんな改良がシステム全体の性能を向上させることになるかを、よく考えることにする。そうして、もう一度システムを走らせ、これを繰りかえすというわけである。

読者もおそらくご覧になったことがあるだろうが、私はずいぶん前、テレビのショー番組で、ある人がバネのついたネズミ取りにピンポン玉をはさんだものをバス・タブにいっぱいにセットするのを見たことがある。それから彼はそこにピンポン玉を一つ投げこむ。やった！　このしかけ全体が連鎖反応を起こして、気が狂ったように爆発したのだ。それは数秒ですべて終わってしまったが、このフィルムをスローモーションで映すことも考えられる。この爆発の大きなレベルにおける特徴の多くを、私たちは引きおこすべき目標として設定することができる。爆発にはどれだけ時間がかかるかとか、平均してどれぐらいの高さまでピンポン玉が飛び上がるかとか、飛びかっているピンポン玉を取りまくような曲面はどんなものになるかなどなど。小さなレベルの要素がもっと多種類あって、それらの間のやりとりがもっと変化に富んだものであれば、システムの大きなレベルにおける振る舞いがいかに多様であり、その基本的な特徴の一つですら、それを予測することがいかにたいへんなことであるかが想像できるだろう。

それでも、このような巨大な集団が十分に大きくなれば、「大数の法則」という統計上の原理が適用できるようになり、一言でいえばあまりにたくさんのランダムな動きが相殺し合って、結果として、一種の秩序が生まれてくることになる。これとまったく同じような理由で、警察庁は勤労感謝の日の交通事故死亡率をかなり正確に予測することができるのである。ただし、個々の死がどこで起こるかはまったくわからない。驚くべきことだが、運転手たちはなんらかの形で協力して、予測された数の交通事故を引きおこすのである。しかも、正確さは少々落ちるが都道府県ごとの予測数をである。

このような統計的に生じる大きなレベルの行動と、きっちりと制約された小さなレベルの行動との差は、ネズミ取りシステムと巨大なドミノ倒しのネットワークをくらべることによって最もはっきりする。このネットワークは、自己完結的であるかぎり（つまり、予測できない外からの力でドミノが倒されることがない）、分岐と合流、丘へ登ったり降りたりなど考えうるありとあらゆる通り道を含むことができる。このようなシステムでは前もって、なにがどうなるかをすべて知ることができる。二つに分かれた通り道のうち、どちらがさきにあるところにたどりつくかを容易には予測できない場合があるかもしれない。しかし、この程度の予測しにくさは、ネズミ取りシステムの予測不可能性とはくらべものにならないほど簡単である。もしも、一回やってみて、結果が思いどおりでなかったら、ほとんど同じようにドミノを並べてごく一部だけを変えればいい。そうすればなにが起こるかを予測できる。つまり、このようなシステムはプログラムすることができるのである。しかし、統計的なシステムは同じような意味ではプログラムできない。あなたにできることは、小さな要素を少しずつ変更してはシステムを動かし、なにが起こるのかを見ることだけである。

心に対して、どちらのアプローチのほうがすぐれているのだろうか。心は、ドミノが並んだおかしなシステムに似ているのだろうか、それともバス・タブいっぱいのバネつきネズミ取りに似ているのだろうか？　私は、あとのほうだと思う。これに関しては、第25章と第26章、それにそれらの追記にさらに記述がある。

＊　＊　＊

私は、トマス・ローバーから次のような手紙を受けとった。彼は次のような文を含む文章に出くわして、めんくらってしまったというのである。「経験から、デュポンのエンジニアは以下のことを心得ていた……可能なかぎりデザインの中に柔軟性をもたせなければならない、必ず起こるであろう予測できない問題に対処するために。」ローバーは、「問題の性質が予測できないのならば、そこに柔軟性をもたせるため、どのパラメータを使ったらいいのかをどうやって決められるのだろうか？」といっている。不幸にも私は手紙をなくしてしまったのだが、別の読者は、工学に関して似たようなことを指摘してくれた。私は、彼が使っていた「UNK-UNK」、未知の未知数（unknown unknowns）という用語をよく覚えている。彼は「UNK-UNK」が複雑なシステムにははびこっているというのである。彼も、やや懐疑的に、すべての可能な問題を前もって予測したようなシステムがいったい全体作れるのだろうかという疑問を提示していた。

これらの、単純そうに見える質問がことの本質を突いている。知能とは、その定義からして、予測できないものを扱うことができるシステムなのである。しかし、機械の設計の中にあらかじめ凍結された規則の集合で、どうしてこのようなことが可能となるのだろうか？ 凍結されているという事実からして、あらかじめ運命を定められたシステムでもプログラムでも機械でもあるいは有機体でもすべて、その規則自体から導かれる弱さを備えているのではないか？これは、まさにゲーデル流の観点で、J・R・ルーカスが本文の中で引用した論文の中で主張していることである。そして、唯一の満足のいく答えは、それを認めることである。生物のそれを含めて、あらゆる知能はすべて弱点をもっているということである。それはすなわち、人もジガバチも同等だということである。自然淘汰は高度に抽象的な傷つきやすさ、高度に抽象的なジガバチ性をもった生物をよしとしてきたようだ。したがって、しばらくの間、人間はうまくやっていけるはずである。しかし、宇宙が投げかけるであろうありとあらゆる不思議な現象のすべてをうまく処理するような固定された処方がないのだから、それを望むのはむなしく馬鹿げたことだ。

［第24章］

思考とアナロジーとメタアナロジー

私たち三人——大学院生のグレイ・クロスマン、同じくマーシャ・メレディスと私——の人工知能研究では、人間の限られた領域の思考過程だけでなく、日常生活におけるふつうの思考過程も研究対象にしている。そこから、心の中の概念の表現に、全体の中で独り立ちしているような部分構造がたくさん見つかった。こういう部分構造は、もとの背景から別の背景にそのまま輸出できる、いわばモジュール（他に依存しない自律的な構造）になっている。これを「役」と呼ぶ。役は自然な「記述モジュール」というわけで、最初の居場所から別の居場所に気楽に移りすめる（中には移住可能と信じられないものもあるが……）。

一例が「ファーストレディ」の役である。たいていのアメリカ人は、自分が意識しているよりは柔軟にこの言葉を使っている。言葉の意味を聞かれたら、ふつう「大統領夫人」と答えて、それ以上のことは考えないが、「カナダのファーストレディは？」と聞かれたとき、まず、マーガレット・トルドーの顔か名前が思いうかぶ。もちろん、これはすぐ打ちけされるかもしれない。しかし、とにかく真っさきに彼女を思いうかべたことが、私たちにとって重要なのだ。彼女が、ピエール・エリオット・トルドーの前夫人であることは周知の事実だし、トルドーはカナダの大統領ではなく、首相である。「首相の前夫人」が「大統領夫人」と同じになった理由はいったいなにか？

「なーに、夫人と前夫人は同じようなものだし、首相と大統領も然り」と答える前に、イギリスのファーストレディがいま誰であるか、ちょっと考えてもらいたい。マーガレット・サッチャー？　エリザベス女王？　たしかに女性には違いない。しかし、ファーストレディの役だろうか？　デニス・サッチャー（もちろん、サッチャー首相の夫）とか、フィリップ殿下は？　これは一見馬鹿げているが、否定し難い雰囲気もある。とくにデニス・サッチャーについては……。なにを隠そう、私は彼をイギリスのファーストレディとして扱った新聞の切り抜きをもっているのだ！

男性がレディとは、いったいどういう意味だろう？　言葉には、あたりまえの辞書の定義では、つかみきれないところがある。これは、もともとの概念（とくに、私たちが役と呼ぶ類の概念）のつかみどころのなさに由来している。

ファーストレディとは「国の長（おさ）の配偶者」であるといってしまえば（そういっても無理はない）、「首相の夫」がファーストレディになって悪かろうはずがない。だがしかし！　ハイチでは、最近までファーストレディの称号は、前大統領フランソワ・デュバリエ（愛称パパドック）の未亡人シモーヌ・デュバリエに与えられていた。彼女は現大統領ジャン・クロード・デュバリエ（愛称ベビードック）の母でもある。さきごろ、シモーヌと彼女の義娘、つまりベビードックの妻ミシェル・ベネット・デュバリエとの間で、ファーストレディ称号をめぐって、すさまじい権力闘争があった。結末は、若いほうの勝ちのようで、ミシェルは「共和国ファーストレディ」の称号を奪取し、母は代償として「革命のファーストレディ」の終身称号をもらった。

だからといって、定義を「（現または前）首長の（現または前）配偶者」といいかえたものかどうか？　例外がいつでも用意できるのは、先刻ご承知済み……。たとえば、プー・バー（お偉方たち）のクラブで、プー・バーの大将の奥方が、そこでのファーストレディということもある。大将（または親分）であろうと、国の首長と一致していることはめったにない。これでは、定義を「なんでもいいから伝統ある組織の長の、（現または前）配偶者」に修正しなければならない。待てよ、だが……。次の例外は、読者におまかせする。どんな規則にも抜け穴がある！

概念の定義が柔軟さを増すと、今度は別の恐ろしいことが起こる。大事なこと、つまり少なくともアメリカ人にとって自然な意味である「大統領夫人」という概念が欠落してしまうのだ。一般化された定義でいうと、ナンシー・レーガン（レーガン大統領夫人）と並んで、町角の雑貨屋の現在の店主の前義父サム・フェッフェンハウザーなんてのが、ファーストレディになってしまう。なにかが間違っている。定義は一般的であると同時に、概念が由来する、もともとの精神をも示さなければならないのだ。

＊　＊　＊

コンピュータは事物の精神の理解に四苦八苦してきた。どっちかといえば、記号として事物を扱ってきたのだ。半人前の人にでも、例を一発あげれば伝達できるような概念を、コンピュータに教えこむのには、長い長い時間と長く詳細な説明文を用意しなければならなかった。コンピュータに「ファーストレディ」の概念を教えこむ苦労を考えてみよ。

役の概念が、政治的慣習の領域ではなく、もっとよく定式化された領域で、どうモデル化されるか見てみよう。ここでは私好みの領域、自然数の領域を使う。私たち三人が考えた小さなパズルがある。どれも答えは一意的ではなく、複数個の答えが可能である。ただし、答えのもっともらしさや根拠の確かさが、いろいろ変化する。私たちが興味をもったのは、コンピュータ・プログラムに、いろいろな答えの根拠を発見させ、人間がいい答えだとか、悪い答えだとかいうのと同じフィーリングをもたせる試みである。

自然数の領域というと、最初、なにか四角四面の堅苦しい小さな数学の世界という印象があるが、なかなかどうして、えらく微妙で、主観的な判断を定式化することもできるのだ。私たちはプログラムにごく限定された整数の知識だけを与えることにした。だから、9を見て平方数だとは思わない。実際、掛け算（どころか四則演算）は教えてないのだ。6が偶数で7が奇数という知識もない。これじゃあ、なにも知らぬ。そう、知っているのは、数え上がることと、数え下がること、つまり順序だけである。だから、12345を見て、数え上がる数列であることは認識できる。また、見ている数列について、数を勘定することはできる。4444とくれば、4が五個並んでいるということは了解できる。プログラムは9が4より大なる数であることも知っている。ただし、どのくらい大きいかについては知らないのだ。つまり、プログラムの算術知識は、いわば五歳程度、しかし、数のパターンについては、実に強い好奇心をもっているという設定である。（なお、十進法ということにもこだわっていない。）

さて、次の問題はクロスマンの作品である。構造（つまり数列）1234554321をAと呼ぶ。これを

A：1234554321

と書く。次に構造B

B：12344321

を考える。問題は、Aに対する4はBに対するなにか？　役の言葉でいうと、4がAで演じている役をBで演じているのはなにか？

こういう聞き方をすると、「4がAでどういう役を演じているか」自身も、パズルになる。これは「イギリスのナンシー・レーガンは誰か？」と聞いて、解答者にナンシー・レーガンの演じている役をまず考えさせ、それからそれをイギリスでの役に輸出させるのと似ている。私たちの実験では、多くの人が、デニス・サッチャーを「イギリスのナンシー・レーガン」というのに同意したが、「イギリスのファーストレディ」というのには尻ごみした。繰りかえすが、これが奇妙なところだ。もし、役が言語化されていなかった場合、英語のフレーズに凍結された場合より柔軟に移動するのである。

実際、たいていのアナロジー（類似）は、非言語的なところでひょっこり現れる。「サンフランシスコのセントラルパークはなんだ？」とあからさまに聞かれることはめったにない。これは、もっといわず語らずの経路を通って現れる。つまり、あなたがはじめてサンフランシスコを訪れ、ゴールデンゲートパークをドライブしているときに、ふと思いいたるのだ。このふとした瞬間から、あなたは両方の公園に共通な種々の特徴を指摘できるようになる。（両方とも細長い長方形で、中に湖があって、道が曲がりくねっている、……などなど。）多くのアナロジーも同様の起こり方をする――これは、認識の無意識の配合とフィルター作用の妙の結果であって、しつらえられたパズルに対する意識的な解の探索の結果ではない。別の言い方をすれば、なにかを思いだすことは無意識にアナロジーを構成することなのだ。

私が役とアナロジーの話を書こうとしたとき、ファーストレディと数列の例を両方思いうかべたのは偶然である。しかし、私の心の中で、無意識のうちに、ファーストレディと数列が、同時並行的に展開されてきたらしいことが、思いおこすにつけ確からしくなってきた。これはアナロジーのアナロジーだから、メタアナロジーだ。このメタアナロジーのもとでは、構造Aがアメリカで、構造Bがイギリス、4がナンシー・レーガン、そして未知のものが、謎の人に対応している。メタアナロジーについてはまたあとで触れる。

＊　＊　＊

では、定式化された第一の問題の答えを調べてみよう。一番ありそうなのは3だ。根拠は、たぶん、4がAの中心の対（55）の直前にあって、3がBの中心の対（44）の直前にあるといったところだ

ろう。次のCはどうだろう？

C：1234566654321

Cの中心の対は66で、その両翼は6だ。だから、6といいはるのが完全に論理的であるにもかかわらず、たいていの人は5のほうを好む。5へ軍配を上げるのは、「中心の対（これ自身はたしかに役）」の概念が「中心の高台（呼び方はお気に召すままだが）」の概念に一般化されるという、なんとも感覚的直観からきている。二つの選択が競われる。第一はもとの概念に踏みとどまること、第二は、単純かつ自然な拡張にくらべて、もとの概念がすすけて硬直しているという見方をし、ツボにはまるようフニャリと軌道修正することである。しかし、「自然な」とか、「ツボにはまる」とか、「フニャリと軌道修正する」とかいう言葉をプログラムに組みこむのは恐ろしく難しい。

今度は別の例で、4の役を変身させてみよう。

D：1122334454433 2211

Dでは一種の陰陽反転が起こっている。つまり、中心の対が消え、残りがみんな対になった。相変わらず、中心に隣接しているという理由で、4を選ぶ人もいる。しかし、単独数ではなく、44という答えはどうだ？ 対と単独数が立場を変えたら……、そう、まさにそう理解すれば、答えは44になる。つまり、次のように認識するのが頭のやわらかい人なのだ。

D：1-1 2-2 3-3 4-4 5 4-4 3-3 2-2 1-1

4だけではなく、Aのどの部分もある役をもっていて、対と単独数を入れかえて移動しさえすれば、Dにも完全に対応する役がある。

数列問題とファーストレディ問題のメタアナロジーについてコメントするには、この辺が一番よいタイミングだ。もしあなたが、大統領を「国の最高位の最中心人物」と考え、大統領夫人を「彼の横にいる人」と考えるならば、概念はまさに文字どおり数列問題に移動できる。Aの最高位、最中心の数（大統領）は5（ないしは55）で、その夫人は横にある4である。Bの大統領は4（または44）で、夫人は3である。Cの大統領は6（または6666）で、夫人は5。Dの大統領は一意に5だが、夫人のほうに選択の余地が生じる。もし、対（以上）を男性と考え、単独数を女性と考えるならば、Dはイギリスのファーストレディ問題とまったく同様、性別の反転になる。つまり、一番もっともらしい答えは、5の配偶者（この場合は夫）、つまり44になる。

今度は珍奇なのを二例。

E：12345678

F：87654321

いまや中心の対といえるものがないのに、「中心の対の左側の数」にしがみついて、Eの答えは3、Fの答えは6だという人は、よっぽど頭の固い人だ。ルイス・キャロルの亀はアキレスにこういっている。「そんな人はアナロジーなど考えずに、球でも蹴っておればよい。」では、利口な答えはなにか？　EをAにどう対応させるかが問題だ。ドンピシャが無理なのはあたりまえだが、次善の手として、EをAの左半分にダブらせてみるのはどうだろう。これは、Aの道理にかなった一部分にEを対応させるのがあまりにも容易なため、A全体にEを対応させるのをあきらめてもよいという暗黙の判断を下したことになる。なかなか秘妙（！）なステップだ。すると答えは7。ではFの答えは2か7か？　FをAの左半分と思うか右半分と思うかで答えが変わる。左半分の場合、下降数列と上昇数列の反転が一枚かむ。どちらにしても、こういうアナロジーを楽しむには、いままで重要と思っていた特性を、見すてたり、圧力に対してフニャリと屈したりする自在な心が必要である。頭の固い人には、もともと無理な遊びなのだ。

とはいっても、この問題の場合、状況はやっかいだ。Aにおける4の役が、本質的に相容れない二つの見方に分解するのである。AをFに対応させるとき、Aにおける4の役を「大統領マイナス1」と見るのと、「上昇列の九合目（つまり頂上一歩手前の数）」と見るのと二つの見方がある。第一の見方は数の大きさに焦点があり、第二は数の位置に主眼点がある。Fの答えは、どっちをとるかで変わってくる。

これと同じ別れ道は、イギリスのファーストレディが、エリザベス女王か、マーガレット・サッチャーか、はたまた彼女らの夫かと迷ったときにもあった。国家元首と国の政権担当者のどちらの配偶者が、よりファーストレディにふさわしいか？　アメリカでは両方を大統領一人が兼ねているから問題はないが、イギリスでは困るのである。次の例を見よ。

G：5432112345

H：123465564321

Gは、中心が最低で、端っこが最高である。（Aが山なら、Gは谷だ。）ここでは両端の5が儀典最高位の人で、中心の11が政権担当者である。どちらの配偶者がファーストレディの名にふさわしいか？　私は2を選ぶ。儀典よりも政治のほうが重要であるのと同じ理屈で、数の大きさよりも中心位置のほうを、私はとりたい。つまり、イギリスのファーストレディはフィリップ殿下ではなく、デニス・サッチャーだというわけだ。

Hについては、（いわば道理のわかる人にわかるという意味で）道理にかなった答えが三つある。6（中心の5の横にある）、5（最大値の次に大きい数）、4（中心の噴火口の横にある）。これ一発で正答というものはないが、根拠のもっともらしさには、差があるようだ。たとえば、「答えは4だ！　4はAで四番目の数であり、Hで四番目の数は4だ」と誰かがいったら、その図々しさにちょっとたじろがざるをえまい。「四番目」とは、あまりにありふれた、どうでもいい特性だ。表面的な見方の典型で、アメリカでは七月四日が休日になるのでほかの国でも何月四日かは休日になる、と考える子供のようなものだ。4をAの四番目の数としか見ないのは、A全体を味わっていない。つまり、Aを

×××4××××××

としか見ていない。Aの構造全体を単純ながら十分に反映した答え

が、よい答えなのだ。つまり、可能なかぎりAを相互にからみ合った概念構造——相互に依存し合った役——として認識する必要がある。ちょうど、家族、夫、妻、母、父、娘、息子、兄弟、姉妹、血縁の、義理の、といった相互依存関係のようにである。

役という言葉は、劇場を連想させる。劇では、いろいろな役が幕や場で入りみだれ、共存し、作用し合う。アナロジー問題では、二つの構造を、あたかも同一の劇の異なる演出家と異なる俳優による上演と見なす努力がいる。つまり、重要な役は両方に存在し、それなりに演じられるが、ちょっとした点や役ではそれぞれ異なりうる。ギリシャ伝説『オルフェウスとエウリュディケ』を現代のリオのカーニバルに舞台を移したのが、映画『黒いオルフェ』であった。原典のかなりの部分は、そのままでは移植不能だったが、むしろその詩的改作にマルセル・カミュ監督の異才が発揮されたのである。

＊　＊　＊

いままで問題のバリエーションを楽しんできたが、もう一度最初のパズルに戻って、問題に隠された微妙さを発掘してみよう。まず、Aの構造のキーになった「中心の対」という概念。これは実は構造Aからの偶然的、人工的産物であって、いわば副産物である。数列をそのままの形で引用しないで、Aの構造を記述せよといわれたら、たぶん、答えは「1から5へ順次上がって、次に5から1に下がり、半分同士が鏡像対称になっている数列」といったものだろう。だが、これでは「半分」についての記述はあるものの、その隣接点で5が対になっているという記述がない。知覚心理的には、むしろ

1234 **5-5** 4321

と見えているはずなのだ。中心付近に生じるなにか新しいもの、これがAのキーなのである。(こういう視覚イメージが、Aをアーチと見たてることに関連していることに注意。)

3と3が対に見えないのは、たぶん、おたがいに接していないからだ。

12345 12345

これでは、中心の対51がさっぱり目だたない。Aでは、隣接していること、相等しいこと、それらが列の中心にあることが、受け手に中心の5の対を喚起させるのである。こういう喚起がなければ、AとCにおける高台の類似性を根拠にした、Cの答えが5というのは、強い必然性がなくなってしまう。

第一のパズルでは、AもBも明白な中心(の高台)をもっていた。これが、AをBに対応させる出発点になったのである。中心は中心へ、はじめははじめへ、終わりは終わりへ……。ところが、これを完遂するのはもちろん無理だ。

A：1234554321
B：12344321

Aの1がBの1へ……、もちろんOK。中心も中心へピタリ。4を3に対応させるのもまあいい……。もう一ステップ進もうとしたときに、クッ、クッ、クソーッという羽目になるのだ。

同様に、「イギリスのナンシー・レーガン」とは尋ねることができ

るが、「イギリスのモーリン・レーガン」と尋ねるのはあまり意味をなさない。(モーリンはナンシーのまま娘。) サッチャー夫妻に実の娘がいたとしても、彼女はモーリン・レーガンに相当するか？　マーガレット・サッチャーにまま娘がいたら、彼女が該当者か？　マーガレット・サッチャーに娘がいず、デニス・サッチャーに双子のまま娘がいたら、双子をひっくるめてモーリンだというのだろうか？　そういえば、Dの例では4の対が、Aの単独の4の役を演じていたっけ。それに、ヨーロッパの多くの国がそうであるように大統領と首相がいるような場合はどうなるか？

こういう論議はよいアナロジーの追求になり、ミスマッチはときどき建設的な洞察を生む。これよりさらに微に入り細にわたって、イギリスとアメリカの対応関係についてがんばることもできる。イギリスのウォーターゲートはなにか？　リチャード・ニクソンは？　ジョン・ミッチェルは？　サム・アーウィン議員は？　ダニエル・イノウエ議員は？　ゴードン・リディ？　ジョン・シリカ判事？　ジョン・ディーン？　ウラセビッツ将校？　アレクサンダー・バターフィールド？……。要するにきりがない。そして特別でない人ほど、移動は困難になる。

特別とは、ある意味で、より大きな構造内での特別な要素に近接していることであろう。次の構造を見よ。

11111111222223334333222211111111

中心の4が、たぶん、最も特別な数字である。あとはこの列をどう認識するかで、特別なものの浮かび具合が異なってくる。これを文字の列と見るか単語として見るかで様子は異なる。もし語レベルで見るなら、次に中心の3334333が4よりちょっと薄い影として認識され、次にまわりの1たちが目につく。二つの333自身が独立して認識されるのは、その次だろう。2の群の認識は、その次、つまりドンジリだ。(これはもちろん私の意見。) 文字レベルで見ると、目だつものはまるで違ってくる。私の場合、中心の4の次は、両端の1だ。記述しやすいからだと思う。次は最初の2と最後の2である。それから、中心の4に並ぶ二つの3がくる……。しかし、この辺までくると、かの「四番目」といった霊感なき記述が台頭してくる。

エレガントでピリッとした、そして移動しても通用するような記述ができるものが「特別なもの」である。まず「特別なもの」を指して、そこからのちょっとしたずれ方が移動可能的に記述できるなら、それは「まあ特別なもの」だ。人に方角を教えるときと同じで、目だつ方角があれば目だたない方角もある。ニューヨークのビルの中には、指示するのがもともと難しいビルもあれば、やさしいビルもある。複雑な概念構造の中の役には、とりわけ目だって簡単に移動可能なものがあるかと思えば、やたら記述困難なものもある。局所的には特異でも、大局的に見ると目だたないものもある。

主役から遠く離れるに従い、アナロジーはしだいにゆがむ。「イギリスのジャッキー・ワシントンは誰か？」と聞かれたら、果たしてロンドンの電話帳のJ・ワシントンのページを捜したものか……？　または、名前を首都に応じて変換してJ・ロンドンを捜したものかどうか……？　しかし、これは当のジャッキー氏なる人の友人にとってすら、無意味な質問なのだ。つまり、アメリカという大きな構造の中で、ジャッキー氏の役はあまりに小さく、一個人的で、とうてい移動不能だ。実は、ジャッキー氏がダックブルグ町のホットドッグスタンドチェーン、ギアルースの店主なのだといっても助けにはならない。イギリスのホットドッグスタンドはもちろん、イギリスのダックブルグ町やギアルースをどうにかしなければならないからだ。

教訓は簡単至極、「アナロジーを推しすすめすぎると元も子もなくなる。」ならば、アナロジーのご利益はなにか？ つまり、現実に完全な対応のつかないものの間に対応をつけようと悩む理由はなにか？ 私にも答えはわからないが、私たちがつねにアナロジーを使っているからには、人類の生存に役だっているに違いない。アナロジーと想起は、正確さのいかんにかかわらず、人間の全思考パターンを律している。漠然とした類似に適応できることは、よかれ悪しかれ、知能の特質である。

＊　＊　＊

人が単語や慣用句を使っているということは、とりもなおさず、人が森羅万象をきれいに分類してしまっていることにほかならない。行きつくところ一語という例がたくさんある。たとえば、「台所」。一般に二つの台所が同じ配置になっていることはないが、私たちは「台所」という抽象的な言葉で不自由していない。台所にはふつう、流し台、ガステーブル、冷蔵庫、戸棚、カウンターなどがあることになっている。アメリカでは流し台の下の戸棚にゴミ入れを置くのが暗黙の了解である。これは移動できる役の典型的な例である。流し台はあなたの家の台所の「大統領」では？

私たちの言葉はさまざまなレベルの正確性を用意している。タロを見てそれがウシであることにしか気がつかずに「ウシ」と呼ぶ人もいるだろう。それが雌であることに気がついて「雌ウシ」と呼ぶ人もいるだろう。しかし、ちゃんと品種を識別できて「アンガスの雌ウシ」と呼べる人もいる。ダブリンの有名な飼育係フラッドは「ライオンがわかる」といった。「ライオンがわかる秘訣は？」と聞かれて彼はこう答えた。「すべてのライオンは異なる。」このおもしろい答えは、ある意味で分類というものを否定している。でもこれが分類というものの性質なのだ。分類の正当性はどう見ても部分的なものでしかない。

どのレベルで観察を打ちきるにしても、認識は対象物のある側面をカットし、その残りを単一の心象記号にまとめあげる。それはたいてい単語（「単語」も単語）かよく使う句（「よく使う句」もよく使う句）に結びつく。心象記号は、対象としているすべてに共通な、なにかある同一のものを表しているのである。

個々の単語やよく使う句の陰の暗黙のアナロジーのほかに、文章中にはいつでも、もっと大きな規模で、明確にアナロジーが現れる。私たちはよく知らないものをよく知っているものに比較したがる。人は格子模様を見たらチェッカー盤と似ていると考える。目をカメラと思い、原子を小さな太陽系と思う。私の趣味には合わないが、昔から、科学は巨大なハメ絵パズルにたとえられてきた。人は概念を伸ばしたり曲げたりするのに熱心で、固有名詞はたちまちのうちに普通名詞化される。「ブリジッド・バルドーはフランスのマリリン・モンローだ。」こういう手合いでは、バルドーの役もモンローの役も、生々しい姿を連想するために使われている。

言葉としてあからさまに現れるもののほかに、もっと大規模に人の思考を律しているアナロジーがある。誰かが恋の悩みについて語れば、人はたいていすぐ自分自身の経験に結びつける。その話が信じられないほど詳細で、その人独特の場合でさえそうである。重要なのは、人がこまかいところを投げすて、抽象概念をすくいとり、アナロジーを突きつめすぎないように用心していることである。つまらないところは省いている。クリスとサンディの恋愛、パットとクリスの恋愛、サンディとパットの恋愛は、名前、髪の毛の色、そのほかの表面的な差が全然一致しないにもかかわらず、おたがいに似たようなものとして受けとることができる。

人間のアナロジー型思考について考察する理由は、それがそこにあるからだ。登山を知るのにエベレストが無視できないのと同じである。

＊　＊　＊

さて、もとの数列問題に戻ろう。こういう形式的な領域で（もともと形式的な世界とは無縁な）アナロジー問題を扱うのは根本的に矛盾しているかもしれない。しかし、ここで扱う問題領域は概念の横すべりに関してはほかの非形式的な問題領域と結構いい勝負をするのだ。

I: 1233456765433321

J: 1776554321

K: 6973294166

L: 1234567897896554321

Iは、いかにも「州知事」と呼びたい対33を含んでいる。ここまでたAには、二つの顔をもつ役が登場する。つまり、Aの55はただ一つの対であると同時に、列の頂きでもある。ところがIでは、33だけが対で、7が頂きの役だ。2（州知事夫人）と6（大統領夫人）との選択を迫られるのだ。もっとも、大統領夫人6を選ばないとすると、州知事夫人には、2のほかに4という候補も出てくる。

Jは1776（いわずと知れたアメリカ独立の年――イギリスに相当するものありや？）で始まっている。おもしろいのは、ここではじめて（いままで当然と思ってきた）Aの対称性に関心が向けられることである。Aにおいて、4が大統領夫人として選ばれたのは、大統領の直前にいたからなのか、直後にいたからなのか？　前だとすれば、1が4に対応するし、後ろなら6だ。ほかの条件がみな同じなら、それほどでもないだろうが、ここでは後ろと思うのが自然だ。7から1への下降列はAの後ろ半分によく対応しているが、1から7へ一度に跳び上がるところを、Aの前半分に対応させるのは強引すぎる。

Kはわかりにくい。しかし、Jの次はこれなのだ。JではAに4が二つあることに眼が向いた。Kでは Aの中の二個の4の相互関係が問題になる。Aでは、二個の4の間に二つの数が並んでいた。これをAにおける4の役だといえないことはない。たしかに、二つの4の間の関係はこれだけではないが、やはり一番目につく。Aのうち4以外を伏せてしまえば、こんなイメージが得られる。×××4××4×××。これで4の間の隔りがくっきり浮かび上がる。Aの二つの4にこうした見方をすると、Kのどれがこれに対応するだろうか？　二回顔を出して、間に二つ数字が入っているのは一つだけ、9である。Kのうちの9以外を伏せてしまうと、×9××9×××となる。これが、Kの中でAの4に当たるものとして、9を選ぶ十分な理由になるかもしれないし、ならないかもしれない。

　Lでは、中心の対について、もう一段高い抽象化が必要になる。左から順にLを見ると、どんどん昇って、二つ目の7に遭遇した途端にガクン！　しかし、体勢はすぐ立ち直り、中心の対が789というダンゴからなることに気づく。見た眼には、次のような再構成が起こる。

L：123456 7-8-9 7-8-9 654321

答えは火を見るより明らか、6だ、と思えよう。待てよ、なにかヒントがにおうぞ！　そうだ、中心の対だけでなく、全体を三つ組のダンゴに分解できるのだ。

L：123 456 789 789 654 321

またも答えは自明……、いや、小さなジレンマが残っていた。例によって、大統領の右夫人（654）か、大統領の左夫人（456）かの選択だ。私は「左から右（left-to-right）」主義だから、456を選ぶ。しかし、列を完全に三つ組ダンゴに分解するのに反対で、6に固執する人も多いと思う。

　もう一つ。一見なんでもないパズルだが、これがまたも問題のタネなのだ。

M：123457754321

私にいわせれば、答えは6。「6？　そんな数はあらへんで！」ごもっとも。だが、存在しないからこそ、6が目だつのである。Aの4は文字面だけではなく、抽象的にも（つまり数値としても）5の直前の数なのだ。Aの5は、Aの最大数でありかつ中心の対をつくる。どちらの役もMでは7が演じている。もし、Aにおける4の役を、抽象的、算術的にとらえ、文字面の形を無視する気になれば、Mでは6が5にかわる有力な対立候補になる。

　この例で、構造の認識における抽象化のレベルの問題にアタックが開始されたのである。新しいパズルにとりかかろう。

A′：123444567898765444321

B′：1112343211

このパズルは、いままでと違う問題である。A′において7の演ずる役は、B′ではなにが演じているか？　これが問題である。7は二つあるが、どうも顕著な役を演じている様子がない。移動は難しそうだ。しかし、7はA′の中で別な意味で特別である。よく見ると、A′の最大の特徴は4が目だって多いこと――実に「7個」の多さ。つまり、7は数字としてではなく、数えるための機能を発揮して、特別の役を演じているのである。これをB′に移動できるか？

　まず、移動可能な形で7が数えたものを、性格づけしなくてはいけない。「4の個数」というのでは、相当控えめに見ても近視眼そのものだ。もう少しましなのは、「一番多い数字の個数」だろう。A′で一番多くて目だつ4の役は、B′では1が演じている。7の役は、B′における1の個数、つまり5。またもB′に現れない数が答えになった。

　しかし、文字面に現れる数と抽象的に現れる数（たとえば、個数という現れ方）の区別に大騒ぎするのは、むしろせまい考え方である。別の言い方をするなら、B′で5が見えないというのは、視覚に認識という成分がない、見えるのは数列の字面だけだという考え方にほかならない。まさに近視眼だ。眼はつねに抽象的な特性も見ている。テレビを見るとき、眼はただのチラチラする点を見ているのではなく、番組の中の人物を見ている。もちろん、視覚処理の深いところでは、点が点として見えているところがある。しかし、網膜細胞レベルに視覚のすべてがあると主張する人はそうはいないだろう。視覚は点だけのレベルを越えている。つまり、視覚は視覚受容器だけのレベルを越えているのである。「こいつは風雲急にして、無気味なチェス局面だ」、「これはピカソの絵だ」、「彼は不機嫌な顔をしている」、などなど……。こういうふうに視覚に認識という要素が浸透していると考えれば、「数字を越えて見る」のが可能になる。つまり、B′の中に5がズバリ見えるのだ！

ところで、A′を作るとき、私は（4の個数を数えるとともに）7自身が中に現れるように留意した。これは、新しい問題を投げかけている。たとえば、私は4を一二個にしてもよかった。この場合、A′には12が数字としてではなく、数値として抽象的なレベルだけで現れる。実生活では話がもっとゴチャゴチャしてくる。誰だって「イギリスのナンシー・レーガン」が「イギリスのファーストレディ」より難しいと思うだろう。なぜなら、ファーストレディはナンシー・レーガンの個人的特性の一側面にしかすぎず、ついでに、ほかの雑多な個人的特性も思いうかべてしまうからだ。「イギリスのエリノア・ルーズベルトは？」と聞いても同様。立場を変えて、「アメリカのモシエ・ダヤンは？」と聞かれたら、私はつい、ダグラス・マッカーサーの名をあげそうになる。両名とも名だたる将軍で、議論のマトになる政治家だ。しかし、マッカーサー元帥の両眼は開いていた。いっぽう、ダヤンの左眼の黒眼帯は、なんといっても、彼の最大のトレードマークだった……。

さて、A′を出発点として、もう一度AからMまでの構造を見直すのは、一興である。「A′における7の役は、これらの数列ではなにが演じているのか？」新しい眼（または眼鏡）が必要になるだろう。次に、Aの4やA′の7をタネとする問題をもう少しあげておこう。

P：5432154321

Q：5432112345554321

R：1234987654 3

S：1122334455667712176654321

T：123412312121321 4321

U：2111221222291232

ほかにも、Aにおける4の思いがけもしない役に思いいたるような例を、読者自身で作ってみるとよい。たとえば、4がAの四番目にあるという役を、妥当でかつ非近視眼的にする例は作れないか？

＊　＊　＊

言葉だけで、Aにおける4とか、ファーストレディとかの役の、中身の濃い、直観的な意味を簡単にとらえられるという考えは振りはらうべきだ。(いままでのパズルの目的はそこにあった。) 事実は逆で、役の意味の流動性と柔軟性は、まさにその非言語性の中にあるのだ。Aにおける4の役割を正確に言葉で表現しようと考えてみたまえ。どんな言葉を並べたてても、誰かが別の例を作り上げて、その言葉だけでは4のアナロジーを予測不能にしてしまうだろう。言葉は、写真と同じで、ある一時点における完璧な画像を与えるが、ものがどう変動するかについては情報を与えない。心の中で、役はもっと流動的なとらえ方をされている。役を定めるのに、いろいろな特徴が重要でありうるのだが、その特徴をあらわにするような例が出てくるまでは、(言葉として)表に登場してこないというわけだ。

人はいつでも比較を行っている。ごくありふれたことだが、よその人が自宅へきてこういったとしよう。「ここはうちの台所よりいい設計だね。うちの台所は、窓が向こうにあって、オーブンがちょうどここなんだ。使い心地が悪いし、朝日の具合もいまひとつ。」明らかに、「向こう」とか「ここ」という言葉は、二つの台所の暗黙の対応づけをはらんでいる。そうでなければ、この発言はまったくナンセンスになる。「これ」とか「あれ」とか「このようなもの」という言葉は、おたがいにまるで異なった状況を越えて、ぼんやりした、暗黙的な意味を伝えるのにかえって役に立つ。

いま人工知能に必要なのは、「デルタ関数型」プログラムを越えることだ。つまり、非常に限定された領域で、高能力を発揮するが、柔軟性も適応性もなく、誤りに対する許容性もない、もろい、いわばAE (Artificial Expertise、人工特技型) プログラムから脱却しなければならない。人間の頭脳の柔軟性や普遍性をコンピュータ上で実現する手がかりを得るには、人間の判断のプロセスをくわしく研究する必要がある。たとえ、ここで述べたような数列問題のようなものでさえ、この目的には十分役に立つ。

次の会話は、先日私が友人と交わしたものだが、これで本エッセイの主旨を読みとっていただけるだろうか？

友人　先週の金曜日の午後、僕はプー・バークラブにいたんだ。ラジオに音楽がかかっていてね、どうもショスタコービッチの曲らしいんだ。するとどうだ、本当にショスタコービッチだったんだ。とにかくうれしかったね。こんな経験は生まれてこのかた二、三回しかなかったから！

私　なにかい？　金曜日の午後にプー・バークラブにいて、君がショスタコービッチと思った曲をラジオで聞いたことがうれしかったというわけか？

友人　血のめぐりが悪いな。こんなこと『サイエンティフィック・アメリカン』の読者が知ったら、君はもうお払い箱だぜ。

私　すまんすまん、金曜日の午後というのにこだわっちゃいけないんだな。

友人　いや、ショスタコービッチにこだわっちゃいけないんだよ。

最近完成したばかりの自然言語処理プログラム CORTEX が、偶然私たちの会話を立ちぎきしていて、ここでたまらなくなって会話に割りこんできた。「うん、思いだしましたよ。先日、私にも本当に同じことが起こったんです。私も名前の途中に・があるクラブにいました。そしたら、そこのウォータークーラーが故障したのです。すごいでしょう！」人工知能というからには、この程度のことがもう少しできるべきだと、私は思うのだが……。

(一九八一年十一月号)

追記

ヴェルディは音楽のプッチーニだ。
——イーゴリ・ストラヴィンスキー

膝は脚のアキレス腱である。
——パサデナ（カリフォルニア）『バレー・ヴァリューズ』より

この章のもとになった人工知能研究は私の「シーク・ウェンス(seek-whence)」というプロジェクトである。私の最初の目的は入力として1、4、9、16というような整数の列を受けとり、これがどのような規則に従って生成されているかを見つけるようなプログラムを開発することであった。どこからその列がきたのかを探り、この列をさきに伸ばそうとするプログラムである。長い間に、この目的のある種の側面が他の要素以上に心にとって中心的なものだということが明らかになってきた。その中でも、高度に数学的な整数列（ごく単純な平方数列のようなものでさえ）の背後にある規則を素早く発見する能力は特殊な技能で、心の一般的な能力とはあまり関係がない。それにくらべて、（「122344566」という例の中にあるような）パターンを素早く見つける能力は絶対に必要である。

そこで、私たちのプロジェクトでは小さな整数から構成された構造を目標に据え直し、たとえば次のような構造を構文解析し認識するにはどうしたらいいかを考えることに焦点を当てることにした。

1 2 3 4 5 5 4 3 2 1

1 1 2 3 1 2 2 3 1 2 3 3

2 1 2 2 2 2 3 2 2 4 2

最後の二つの列は立ちむかうべき主な問題のうちの一つをうまく表している。それは境界の位置の問題である。一つの部分構造ともう一つの部分構造とを分ける線をどこに引くのかという問題である。そして、最初の試みが失敗したときには、どのようにグループ分けし直すかという問題である。ここで問題にしていることは、実はこのプロジェクトの名前に端的に現れている。「シーク・ウェンス(……はどこからか探れ)」という名前は、シーケンスの通常の音節の分け方を無視している。このような困難は連続音声認識を機械化しようと努力すると、いたるところに現れてくる。また、多少勉強はしたがそんなによく知っているわけではない外国語を聞かなければならない立場に置かれた人にとっても、馴染みのあることである。しばしば、音は非常に速く流れさってしまうのでなにがいわれたのかまったくわからないことがある。どこで単語が切れるのかが、わからないためである。しかも、いまいましいことには、いわれたことのすべてが紙の上に書かれると完全にはっきりわかる場合でも、この現象が起こりうるということである。(この場合には単語がどこで切れるかは一目瞭然である。) 視覚入力の「構文解析」にも同じような、境界がどこにあるかという問題がたくさんある。音楽もそのような領域の一つである。実際、離散的でかつ多層のメロディのパターンは、シーク・ウェンス領域にとって最も大きなインスピレーション源の一つである。

あるとき、整数が嫌いな人にプロジェクトのアイデアを伝えようとして、文字で整数を置きかえることによって（aで1を、bで2をというように）、構文解析およびアナロジーの問題をでっちあげたことがある。たとえば、「abcdeedcba に対するdと同じようなものはabcddcba に対してはなにか？」と問うわけである。ある人は、この問題は本文の最初に出てきた数字列のアナロジー問題に相似ないしは類似的であるというかもしれない。私にいわせると、これらは同じ問題である。数字、大文字、小文字でなにが違うというのか？ 少なくとも、それが私の感じである。しかし、数字よりは文字を使って説明したほうがより多く興味を引くことができることは確かである。ううう……。

無限にある文字列とその背後にある規則から、私の注意は徐々にかなり短い文字列とその中にある役へと移っていった。(これは本文で強調した点である。)こうして、役とアナロジーの問題に集中したために、シーク・ウェンスの仕事はまず第一にアナロジーの認識のプロジェクトであることがはっきりしてきた。ひとたび、このことが明らかになると、私は新しいプロジェクトを作ることによってこの問題意識を明確に実体化することにした。それには、「コピーキャット」という名前をつけた。子供のときになにからなにまで人の真似をするということが単純なアナロジーをするために誰もが通る原初的な経験であるとの考えからである。もしも私が自分の鼻にさわりながら、「これをしてごらん」といったら、あなたはなにをするだろうか？ ほとんどの人は自分自身の鼻をさわるだろう。しかし、なぜ私の鼻をさわらないのだろうか？ もしも私があなたの鼻をさわりながら、「これをしてごらん」といったらあなたはどうするだろうか？ 自分の鼻をさわるだろうか、それとも私の鼻をさわるだろうか、などなど。同じテーマに対するいろいろな変形が図24-1と図24-2に示してある。コピーキャット・プロジェクト全体のひな型と考えることができるだろう。

「これをしてごらん」という言葉を人がどのように解釈するかについていえば、もっと自由に解釈することもありうるし、その逆もありうる。人はなにを文字どおりにとり、なにをすでに与えられた馴染み深い構造の中で役を果たしているものととらえるのだろうか？ どのような種類の周知の構造を、たがいに等しいと考えるのか？ 与えられた状況をすでに存在する枠組みの中にはめこみ、親しみのある役が現れてくるようにするため、その状況を認識する新しい方法を考えだす必要が生じるのはいつか？ なにがしっかりとかたまっていて、なにが流動的なのか？ なにが固定していて、なにがゆるみやすいのか？ これらの質問は少々抽象的に聞こえるかもしれないが、本当のアナロジーが作られるときには、意識的であれ無意識的であれ、これらが最も重要なポイントになる。したがって、これらの問題点がコピーキャット・プロジェクトの中心課題である。そして、この追記では、この点をくわしく説明することにする。

「ファーストレディ」のような現実世界のアナロジーを研究するさいに重大な問題となるのは、お荷物が多すぎるということである。あらゆる概念に複雑な付録がいっぱい付いている。もう一つの重大な問題は、実在の人が実際に作った現実世界のアナロジーを研究すると、ほかに比較すべきものがなにもないので、ほとんど本質を見失ってしまうということである。なにによって人が作ったアナロジーがよいものとなるのかを知るためには、私たちは他のアナロジー、

図 24-1 「これをしてごらん」問題。aでは、トムが自分の鼻にさわって、アニーに「これをしてごらん」といっている。彼女は何をするべきなのか考えている。bとcに2通りのアニーの応答が図示してある。あなたならどうしますか？

a　b　c　d

図 24-2　他の「これをしてごらん」問題。aでは、三つ頭のアニーがどうしたら一番いいのか迷っている。bでは、首長のアニーがキリンの友だちとどうしたらいいのか途方に暮れている。cでは、魚のファニーがえらはあっても手も鼻もないので、どうやってトムを真似しようか悩んでいる。最後にdでは、小さなエレファニーに一体全体どうすればトムのやっていることができるのだろうか？

人間が冗談でも作らないようなアナロジー、がどんなものなのかを知っておかなければならない。たとえば、ある生きものが妊娠するという経験を理解するため、人が中に一人いるエレベーター（あるいはサッカー競技場でもかまわない）にたとえるということが考えられるだろうか？　このようなアナロジーはなにかが非常におかしいのだが、いったいなにがおかしいのだろうか？　そこで、このような種類のアナロジー（それがなにを意味するかは別にして）は生成せず、以下の例に含まれる洞察は認識できるようなアナロジー生成の原理を定式化してほしい。「eとtという文字をまったく使わずにしばらく英語を話すように努力してごらんなさい。そうすれば、日本がその主な都市二つを壊滅させられたときにどのように感じたかをいくらかでもわかることができるかもしれません。」これら二つのアナロジーのどちらも、考えることのできる生きものをそれとは似ても似つかず大きさもまったく違うものにたとえている。しかしながら、一つは成功し、他方はまったく失敗している。なぜだろうか？

　このような場合、たがいに重なり合い、やわらかく、もやもやとした概念が山ほど関係しているので、実際に人間の頭の中でなにがどうなっているのかを明らかにすることはほとんど不可能である。現在のようにまだ、心（自然であれ人工のものであれ）に関する研究がごく初期の段階にあるときに、これらすべてをモデル化しようというのは、まだ散文すらろくに読みこんでもいない外国語で、最も深遠で慣用句を多用した詩をわがものにしようとすることと同じぐらい野心的で馬鹿げている。尊大で、知的な態度としては本末転倒だともいえる。

　しかし、私は、以下のことがたんに望ましいだけではなく、不可避的でもあると信じている。すなわち、アナロジーを作るプロセスは、より切りつめられた領域で、しかもアナロジー作りの本質的部分はすべて含んでいるような領域で研究しなければならない。ニュートンが滝を落ちる水や台風の動きを支配している法則を理解することに精力を集中していたら、きっと運動の法則を発見することはできなかっただろう。そうするかわりに、彼は運動の問題を彼が想像しうる最も単純な場合、すなわち真空中を運動する惑星の場合に要約したのである。これは科学に特有の方法である。決定的な現象を取りだし、それをできるだけ純粋な環境で研究せよ。そのあとで、二つあるいは、それ以上の基本的なテーマが混在する現象へと解析の手を広げていけというわけである。

　これがまさに、私がコピーキャット・プロジェクトで行おうとしたことである。現実世界の知識を必要とするような複雑さはすべて捨てさって、アナロジーの中心的課題と思われるものを明らかにすること。私の見るところ、中心的な課題は以下のようなものである。

＊参照関係をどれぐらい文字どおりに受けとるかを決定すること。（すなわち、ある状況のどの部分が文字どおりの対応するものを他の状況の中にもっていて、どの部分はそれに対応するものを工夫して見つけだしたり作り上げたりしなければならないかを決定すること。）

＊どのような構造を認識することに価値があるかを決定すること。（すなわち、どんな種類の抽象化が認識をガイドするための大まかな枠組みとして有効であるかを決定すること。）

＊構造の中に隠れている役を認識すること。（すなわち、いま最もよいとされているまとめ方の枠組みの中でどの側面が最も重

要で、なにがあまり重要でないかを選択すること。）
＊役をどれぐらい文字どおりに受けとるかを決定すること。（すなわち、ある状況のどの役が文字どおりの対応するものを他の状況の中にもっていて、どの役はその対応するものを工夫して見つけだしたり作り上げたりしなければならないかを認識すること。）
＊たがいに対立する状況のとらえ方のおのおのの重さを量り、最もエレガントなものを選ぶこと。（あるいは、最も単純なものを選ぶこと。）

状況の中の部分あるいは役を文字どおりに受けとるか受けとらないかという二つの同じような項目はわかりにくいかもしれないので、若干説明を加えることにしよう。

一つの状況の、ある構成要素は同時に他の状況に属することもできる。太陽がその例である。あなたの観点からもまた私の観点からも、それは単一の物体である。太陽は私が私の世界の「部分」と呼んでいるものである。あなたの世界のこれに対応するものは、なにか太陽に似たほかのものではなく、まさに同じ太陽そのものである。したがって太陽はこの世界の部分なのである。別の例として、グルーチョ・マルクスをとりあげてみよう。彼が死んだときに、私の友だちがその死をどう感じたかを理解するために、私が友だちの立場に立ってみる必要はまったくなかった。私の友だちの世界における彼の役割と、私の世界における彼の役割は区別ができないぐらい似ていたので、感情移入的な操作をすることはまったく馬鹿げたことであった。

それとは反対に、あなたの一卵性双生児の姉妹であり、あなたが愛しているグルンカのことを考えてみよう。あなたと彼女との関係は、明らかに私と彼女との関係とはまったく異なっている。実際、私は一度も彼女に会ったことはないが、あなたは生まれてからこのかた、ずーっと彼女のことを知っている。グルンカはあなたの人生の非常に大きな部分を占めているが、私のように遠くにいる外部の者から見れば、彼女の主なアイデンティティはあなたの双子の姉妹ということ以外にはないことになる。したがって、私にとっては、彼女はあなたの人生の中である役を満たすものである。もしも、グルンカが死んでしまったということを私が知らされたとしても、涙を流して泣き悲しむことはないだろう。なぜならば、彼女は私の人生の一部ではないから。だからといって、私が同情することができないということではない。私はあなたの立場に身を置くことができるのだから。ごくあたりまえの対応づけは、彼女を私の一卵性双生児の姉妹と対比することである。しかしながら、私は男だから、そのような姉妹は存在しない。これは、私が同情をすることが不可能だということを意味するだろうか？　私の同情する能力がそんなに弱いものだとしたら、私はかなり非人間的であるということになる。「一卵性双生児の姉妹」から「双子の姉妹」へと流動的に動くことは難しいことではない。問題は、私には双子の姉妹がいないということだ。それでは、どうすれば同情できるようになるのだろうか？　別の次元で流動的に動いて、たとえば、私の一卵性双生児の兄弟と対比するのはどうだろうか？　もしもそんな兄弟が存在すればそれでかまわないのだが、私にはそんな兄弟はいない、なんということか。（もちろん、私の兄弟が死んだからではない。）そこで、私はさらに条件をゆるめて、あなたの一卵性双生児の姉妹を私の双子の兄弟、またはたんなる兄弟に対応づけなければならない。それも存在しない。なんてこった。途方にくれて、もとのただの姉妹に戻ってくる。やった。これでやっとうまくいく。私には姉妹がいて（実際には二人いる）、ある大まかな意味で、彼女たちは、あなたの一卵性双生児の姉妹があなたの人生で果たしているのと同じような役を果たしている。

もちろん、アナロジーは私が（あなたのように）双子である場合にくらべて弱いものであるが、こればかりはどうすることもできない。見つけることのできる一番いい対応づけで間に合わせなければならない。「私の姉妹」という概念が、あなたの人生における「私の一卵性双生児の姉妹」という概念に対して、私が私の人生における対応する役と呼んでいるものである。もちろん、他の人にとっては対応する役というのは「私のシャム双生児の兄弟」であったり、「私の一生つきあっている最良の友」であったり、あるいはある人にとっては「私のクルマ」だったりする。対応する役を埋めるものは、すなわち対応部分である。あなたの人生には多くの部分と役を埋めるものがあり、私の人生にもそれがある。私の人生の一部分に対するあなたの人生の対応部分や私の人生のある役に対するあなたの人生の対応する役を見つけることによって、あなたは私の立場に身を置くことができ、また、私をあなたと同一視することができるのである。

ここでいっている役を埋めるものと部分というのはどれほど違った概念なのだろうか？　概念としては両者は大いに違うものであるが、人生においてはある人や物が同時に部分であり、かつまた役を埋めるものでもあるようなぼやっとした状況に私たちはしょっちゅう出くわしている。あなたの古きよき友だちであるミラポリーのことを考えてみよう。彼は、私にとっても馴染みのある存在ではあるが、それほど親しいわけではない。もしも、あなたが私にミラポリーが死んだということを話したとすると、私はどう反応するだろうか？　このような状況に対しては、私には二通りの対処のしかたがあると思う。一つはミラポリーを私の人生の中に、あなたにとってのミラポリーと同じような部分を捜しだそうとする態度である。ミラポリーがあなたの人生の中で演じていた役に対応する役を私の人生の中で見つけようというわけである。おそらく、私は一人の人物に対するこれら二つの見方の間を行ったりきたりすることになるだろう。このように、部分と役の間の妥協点を見いだすことは、ときには容易であるが、しばしば、非常な困難を伴うものである。ふつうは、私たちは相対する圧力が存在するということすら気づかない。そして、どうにかこうにか切りぬけてしまうのである。

＊　＊　＊

いくつかの言語の間での比較をすることは、このアイデアをよりはっきりとさせるのに役だつだろう。私はフランス語を習っていたときに、しきりに野球について話したいと思ったものである。「ピッチャー」や「キャッチャー」、「フライ」、「アウト」などというのをフランス語でどういうのか、非常に知りたいと思った。必ずや、そのような用語はフランス語にも存在するだろうし、それを学ぶこともいいことである。ただし、いまから反省してみると、たんにフランス語がうまくしゃべれるようになりたいというのが主な目的であるような者にとっては、これは心得違いの強迫観念だったようだ。外国語を習うときに、どうして自分の文化に固有の特徴に関してどう語るかを学ぶことに重点を置く必要があるのだろうか？　そのかわりに、相手の文化のなにか「対応する」特徴に関して学ぶようにしたほうがよっぽどよい。すなわち、自分の文化に固有の概念の翻訳ではなく、対応する役割を演じているものを学べということである。私の場合には、たぶんサッカーとそれに関する用語をフランス語で学ぶことが最も適切な手だったのだろう。

もちろん、多くの用語は言語を超越している。両方の言語で「月」のことをどういうかを知ることは重要なことである。そして、「フランスの月」と「アメリカの月」は同じものであるから、月は各言語に個別の役を埋めるものではなく、共有された部分であると考えることは筋の通ったことである。とすると、これはおおやけに知られたもの、たとえばアルジェリア、に関してはつねに正しいということになりそうである。しかし、フランスにおけるアルジェリアとアメリカにとってのアルジェリアは本当に同じものだろうか？　ベトナムは、少なくともフランスの目から見れば「アメリカにとってのアルジェリア」ではないのだろうか？　アルジェリアは世界の中のある客観的な部分なのだろうか、それともいろいろな国々のいろいろな観点から見て、ある役を演じているものなのだろうか？　アルゼンチンはどうだろうか？　オーストラリアは？　南極大陸は？　そして、このような疑問は固有名詞に限られたものではない。ワインとかチーズとか言語といったものについてはどうなるのだろうか？

英語を母国語とするものは、コンピュータ端末のそばにかかげてあった次の注意書きのような大まかなドイツ語もどきを見て、容易におもしろがることができる。

アレス　ケンブツェーネン

ダス　コンプーテル　イスト　ニヒト　ユビフレーレン　ウント　イジーレン。ディー　ショットシュタット　ウント　ツーマラニッシエ　ショーゲカイト　コヴァーシュト　ダス　コンプーテル、ゾー　ミット　デル　ダーケ　ガンツ　ノゾマリッヒ。

ケンブツェーネン　ミュッセン　ゾット　ゲポケートテ　イーレ　ダーマル　ノッホ　ツー　ジット　シーレン。

私たちがこれを見ておもしろがるのは、英語のルーツが特別な形でドイツ語系の言語族の中に見いだされることにもとづいている。私たちは、ドイツ語の多くの特徴をぶざまで、漫画的で、旧式と感じる傾向がある。明らかに、ドイツ語をしゃべる人たちが、私たちがなぜそう感じるのかを理解するのは容易ではないだろう。たとえドイツ語の後ろにドイツ語風の接尾語をつけ、「シュ」という音を多用し、長い複合語を作ったとしても、ドイツ語のぶざまさに対する私たちの感覚を感じとることはできない。だからといって、ドイツ語に英語の接尾語をつけ、「シュ」という音を避け、複合語を細かく切ったとしても、事態は変わらない。なぜならば、二つの言語間の歴史的、社会的な関係は対称的ではなく、これらの効果はユーモアに富んだものでさえけっして類似的なものではないからである。しかし、そうだとしたら、いったいドイツ語を母国語とする人たちにとってはどんなものがそのアナロジーになるのだろうか？　「ドイツ語にとってのドイツ語らしい言い回し」というのはいったいなんなのだろうか？

私は、なにか最良の答えがあるかのように話してきたかもしれない。実際には私はその存在を疑っている。英語とドイツ語の間の関係は数多く多岐にわたっている。ある意味では、英語のドイツ語に対する関係はドイツ語の英語に対する関係と同じである。(この主張は私たちを第1章とその追記で扱った自己言及的な文の翻訳の問題へと呼びもどす。)しかし、また一方では、関係が対称的であるという仮定は完全に間違っている。ドイツ語による(またはフランス語による)英語の(またはオランダ語の)パロディというのは、いったいどんなものになるのだろうか? 〔藤村有弘やタモリの外国語もどきを想像されたし。〕

日本語は、それを習っている中国人にはどのように聞こえるのだろうか? 私にはそれは知りえないのではないかと思う。しかしながら、日本語を聞いたことのある何万人という中国人の間に共通な反応もたしかに存在するはずである。自分自身の母国語を、それを理解できない、あるいは表面的にしかとらえられない人の耳を通して聞くというのは、どんな感じのするものなのだろうか? そのような経験をすることは私には不可能であるが、もしかして、私が中国語を聞いたときの経験とまったく同じようなものではないのだろうか? そうともいえるし、そうでないともいえる。

ある与えられた状況の中で、なにが固定された星、すなわちたがいに共有された普遍的な参照点なのだろうか? 私の用語では、これこそが部分である。観察者に対して相対的な役に関連してのみとらえられ、標準的な「受け口」にローカルに対応するものとしてのみ機能するのはなんなのだろうか? これらが、役を埋めるものである。完全な普遍性と完全な局所性の間をふわふわと浮かんでいて、純粋の「部分」と純粋の「役を埋めるもの」との間にあるのはなんだろうか? もちろん、ほとんどすべてのものがこのように自由に飛びまわっているというのがその答えであり、だからこそ、アナロジーや翻訳の問題がこれほどまでに深遠で、またこれほどまでに心と意識の謎と密接に結びついているのだ。言語学者のジョージ・スタイナーはその著『バベル以後』の中で、これらの問題を刺激的な形で考察している。

アナロジーの性質について満足な議論をしようとすれば、別にもう一冊の本が必要になってしまうので、コピーキャット・プロジェクトの基礎にある哲学に関してはなにも述べないことにする。このコラムではいくつかのすぐれたアイデアを紹介する(あなたが数から文字へという巨大な概念上の飛躍を成しとげられるという仮定のもとにではあるが)。しかし、少なくとも数個の標準的な例をコピーキャット・プロジェクトから紹介することには、価値があるだろう。なぜならば、それらの例は結局私たちがしようとしていることの全貌をうまくとらえていると思うから。

* * *

このコラムを読んでいる読者にはコピーキャットがストローク数の少ない文字からできたアルファベットを対象にしているということはいう必要がないだろう。とくに、すべての文字はそれ自身について直前および直後にどんな文字がくるかということしか「知らない」。(もちろん、これはそのような文字が存在する場合である。aとzは特殊で、それぞれ直前直後がないことになっている。)各文字はそれ自身がどのような形か、どのような発音か、あるいは母音か子音かに関してはなにも知らない。この理想化されたアルファベットには、整数とは違ってはじまりと終わりがあるので、ある種の対称性が存在する。二つの特殊な要素、その端の要素であるaとzとがある。これらの要素はそれ自身で存在意義をもっている、いわば王位のようなものである。他のすべての文字は直接あるいは間接に、これら二つの文字から導かれるものである。明らかにbとyは王室に仕える大臣のようなもので、cとxは副大臣のようなものである。

各文字の「重要さ」を示すグラフを、私は吊り橋の描く弧のようなものと考えている。両端のaとzで吊られていて、アルファベットの中央で急に最小値へと下がっている（図24-3）。したがって、理論上最も目だたない文字がmとnということになる。しかしながら、実用上は、だいたいその近辺にある文字は同じように特徴のない存在である。もしも、特徴がないということが顕著な特徴であるとすると、私たちは矛盾に陥ってしまう。つまり、mとnは最も区別がつかないということによって、一番特徴的な文字になってしまう。しかし、mやnは自分自身が最小の重要性しかもっていないということを知らないので、この矛盾は避けられている。事実、cやxよりもさらに内側にある文字はまったく平凡で、またcとx自身もそれほどきわだった存在ではない。

この理想化されたアルファベットの中央の平らな部分では、一歩ある方向へ動くことと、反対の方向へ動くことの間にはたいした違いはない。かわいそうなqはそれがこの社会の中でどのような役割を果たしているかはまったく知らない。なぜならば、それの唯一のつながりはpとrへのつながりであるが、これらはどちらもほとんど特徴らしい特徴をもっていない。まさに人間の社会と同様で、ほとんどの人は周囲の人の間でのみ認識されていて、その周辺を去るととたんになんの特徴もない顔になってしまうのである。不特定の部外者について人が知っている唯一のことは、まさにその人が部外者であるということのみである。コピーキャットが扱う文字はこの意味で人間に似ている。

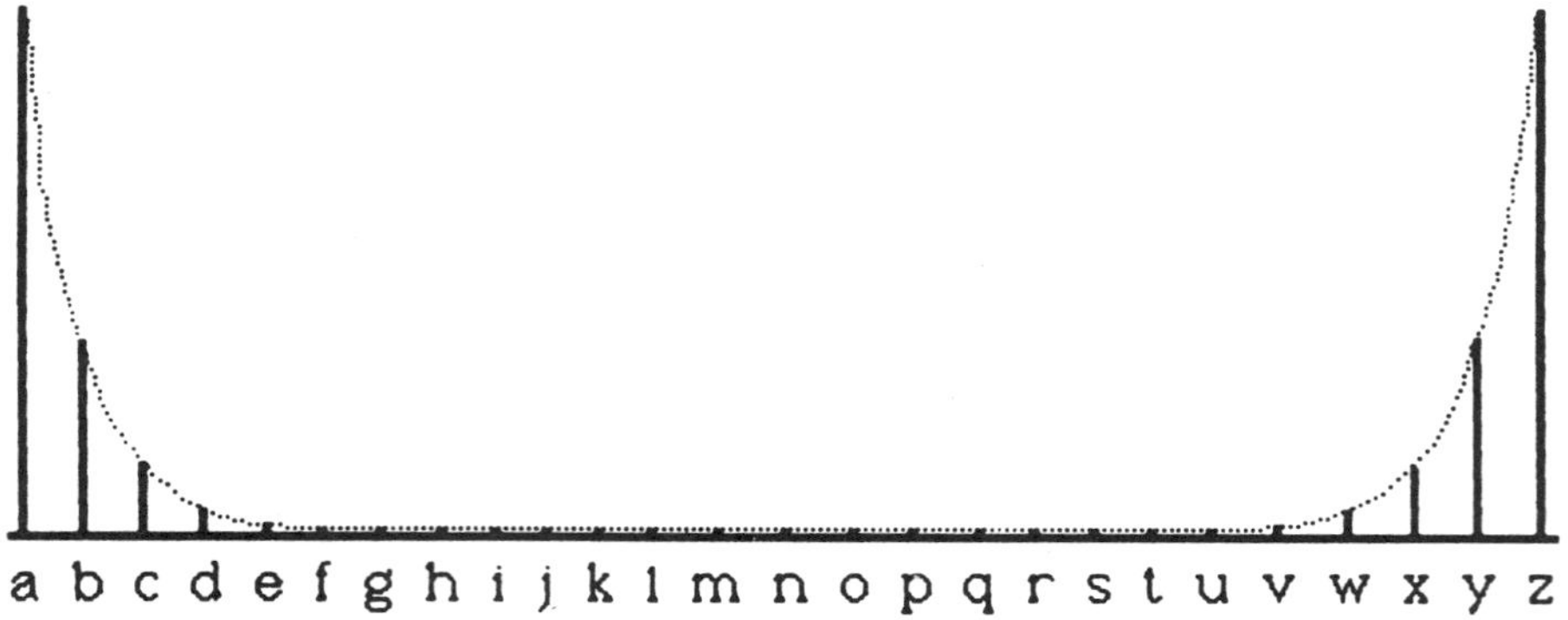

図24-3　コピーキャットの世界で理想化されたアルファベットの実質的な重要度をグラフとして表現したもの。アルファベットの両端aとzはもちろん魅力的で重要である。それのそばの文字はその影響で若干重要度が増しているが、両端から離れるに従って、どの文字もたいした重要度はもたないごちゃごちゃした領域にはいる。

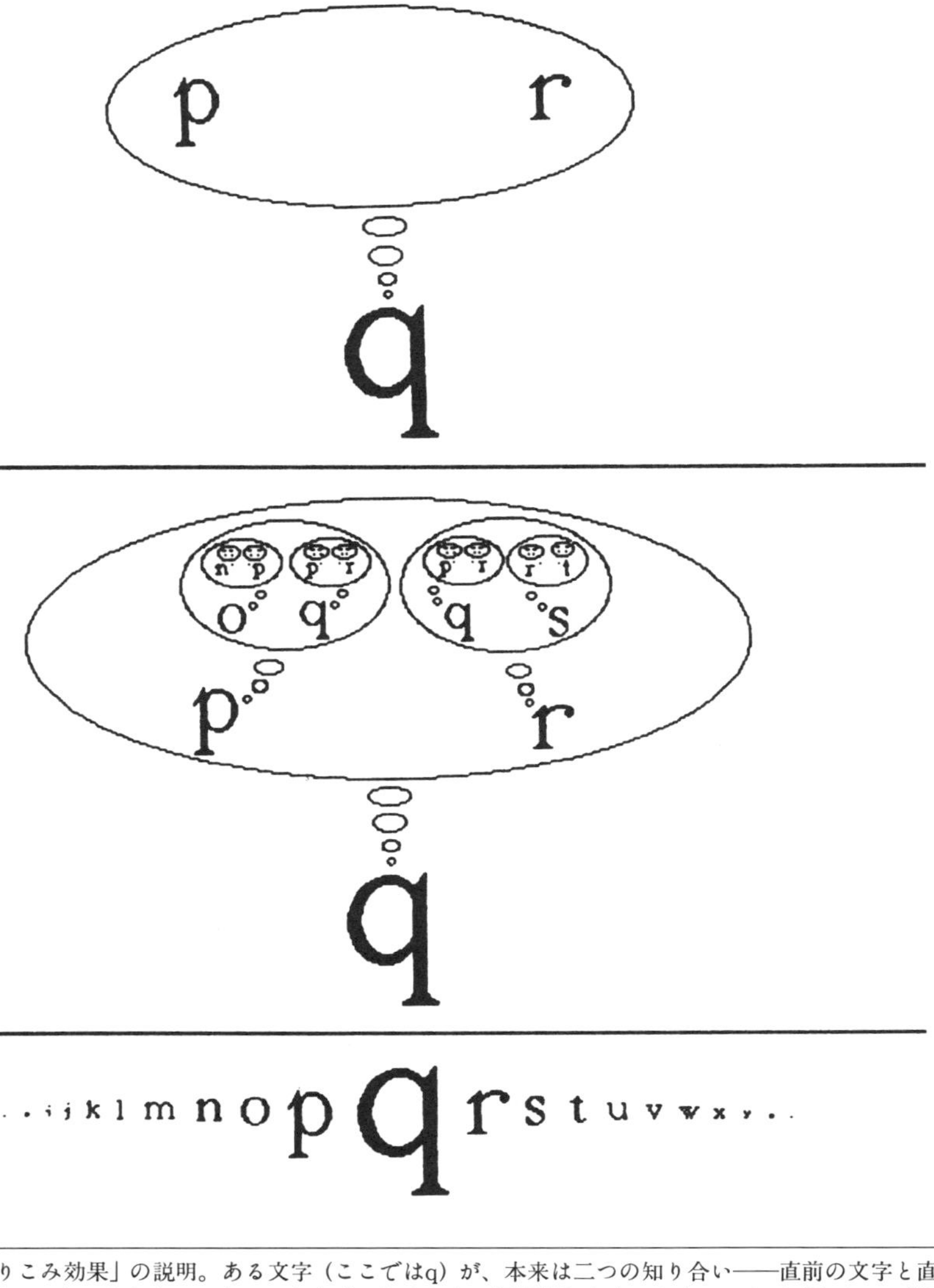

図 24-4 「繰りこみ効果」の説明。ある文字（ここではq）が、本来は二つの知り合い——直前の文字と直後の文字——しかもたないにもかかわらず、たくさんの仮想的知り合いをもつことができる。aでは、むきだしのqが二つの知り合い、裸のpと裸のrを思いうかべている。しかし、これらの文字はつぎつぎと自分の知り合いを思いうかべることができる。この再帰的な思い浮かべのパターンがbに示してある。これらすべての結果がcに示してある——qの目から見たアルファベットである。これは、どのようにしてqがアルファベットの他のすべての文字と効果的なつながりをもつかを示している。ただし、このつながりの強さは距離とともに急速に減少する。間に入ったすべての文字によって仲介されていて、このリンクを一段経由するごとに、一定の割合でつながりの強さが減っていくからである。この主観的な眺めは、動物の脳内の知覚を司るこびとを思いださせるが、走っているコピーキャット・プログラムに関する以下のような確率論的な言明に翻訳される——二つの文字がたがいに離れれば離れるほど、その二つの文字の間のどんな関係でも認識される確率が減ってくる。したがって、近くにある文字（経験則として約2文字以内）はおたがいに対する役割という観点からとらえられることが多く、逆に遠く離れた文字は、それらの関係を考えるよりは、たんにその文字そのものとしてとらえられることが多い。これは、アナロジーがどのように行われるかに関して広範な影響を及ぼす。

たとえば、qはkやxを知らないということを認識しているが、これら二つはどちらもまったく知らないので、どの程度知らないのかを区別することはできない。あなたがqに限りなく近づいたときのみ、それはあなたを認識しているように振る舞いはじめる。しかしそのときでも、qのたとえばsに対する認識の仕方は直接的ではない。それはrによって仲介されなければならない。なぜならば、rはqとsの両方を知っているからである。一般的にいって、間に入る仲介者の数がふえると二つの文字の間の関係は急速に弱くなる。したがって、理想化されたqはsやoよりも遠くにある文字との知り合い関係はほとんど失ってしまうのである。

それでも、理想化されたqのまわりには指数関数的に減少する一種の「後光」、すなわちすぐ隣の文字との（そしてまたその隣の文字との……）やりとりの名残りがあって、しだいに小さくなる「周辺の知り合い」の集合を形成している（図24-4）。もちろん、すべての文字に対して同じことがいえる。

この「繰りこみ効果」（素粒子物理の似たような効果の名前をとって名づけた）は、次にあげるqの発言によってかなりよく表現されている。これは、私がいろいろな文字についで理想的な文字qに問いかけたときの答えである。

「むむむ！　mという名前を聞いた覚えは確実にありません。」

「なに？　nというのはどこかで聞いたことがあるな。」

「おお！　oは知ってますよ、ちょっとだけ。」

「pとは昔からの友だちですよ。」

「qは私自身。」

「理想的な真の友だちそれはr。」

「そりゃsは知ってますよ、ある程度なら。」

「たまたまどこかで、tを見たことはあるはずだけど。」

「うむむ……uという名前は絶対に聞いた覚えがありません。」

コピーキャットのアルファベットの世界は背後に隠れた抽象化のレベルも含んでいて、それによって観察者が文字の「グループ」の中に統一性を見いだすことを可能にしている。それらの概念の中で、最も基本的なものは、二つの単純な関係、つまり(1)同一性と(2)昇順関係（あるいはその逆である降順関係）にもとづくグループ化である。同一性で結びつけられた隣り合う文字のグループを「コピー・グループ」または「複写グループ」と呼ぶ。以下にいくつかの複写グループを示す。

aaa　uuuuu　cc　wowowowowo

ある「構造」（ここではwo）が繰りかえされる場合にも、この概念が使えることに注意してほしい。退化した場合として、長さ1のc（またはwo）のような複写グループ、さらには長さ0の複写グループも存在する。ちょっと奇異に聞こえるかもしれないが、ときとして、長さ0のeからなるグループと長さ0のfからなるグループは非常に違うということが起こりうる。しかし、これらはこまかな点で、高級なコピーキャットにのみ必要なことである。

もう一つのグループの種類として、「昇順グループ」（あるいはそれと鏡像関係にある「降順グループ」）がある。昇順グループというのは、以下に示すように昇順に並んだ要素からなるグループである。

abc　uvwxy　cd　pqrs

そして、これらの文字の順番を逆にすれば降順グループの例になる。

cba　yxwvu　dc　srqp

いうまでもないが、退化した長さ1や0の昇順グループや降順グループももちろん存在するが、これらについて心配することはない。おなじみの「1234554321」は数字からなる昇順グループと降順グループが背中合わせになったものである。

これらの最も基本的な構成要素のほかに、背後にあって不可解ではあるが重大な影響を構造の認識に与える、もやもやとした要素がいっぱいある。「対称性」とか、「一様性」、「よい部分構造」、「境界の強さ」などなどである。これらの力の影響で、人は「abcpqr」を三文字ずつの二つのグループとして認識し、「aabbcc」を二文字ずつの三グループと見なす。この力によって、「aakkkkggee」は五つの同じ長さの複写グループと見なされ「abcdefpqr」は三つの同じ長さの昇順グループと見なされる。また、この力によって「abcdcba」、「abcdabc」、「abcdwxyz」の三つの構造はそれぞれ非常に異なった意味ではあるが対称であると見なされる。同じ力が「aaabbbqcc」というような構造を見るとなにか落ちつかない気にさせるのである。ここでは、これらのつかまえどころのない力について述べるのはよそう。まず第一に数が多すぎるし、第二にどれも抽象的すぎる。それに、人々はこれらがどのような圧力を作りだすかを直観的に理解しているから。

これで、コピーキャットの取りあつかう領域の説明は終わることにしよう。この対象領域は、シーク・ウェンスの領域とほとんど同じである（シーク・ウェンスの領域にはzに対応するものがない点を除けば）。さて、それでは、アナロジー自体の話に移ろう。アナロジーの基本セットは、実際はあるテーマに対する変奏の塊である（ちょうどこのコラムのように）。そのテーマとは次のような「出来事」である。

「abc」が「abd」に変化した。

「abc」になにが起こったかを決めるのはあなたである。あなたが、もしもcがdに変わったと考えるのであれば、それでもよい。しかし、それはあくまでもあなたの認識であって、この変化に内在したものではない。他の人は、「abc」という対象が全体として「abd」に変わったのだと考えるかもしれない。

さて、これに対してたくさんの状況を設定することが可能で、そこで「同じこと」をしてごらんなさいとあなたに問いかけることができる。どれから始めたらいいのかを決めるのは難しいが、まずこれをやってみよう。

「pqrs」はなにに変わるか？

簡単ですか？　あなたが「pqrt」といったとしよう。ほとんどの人がそう答える。なぜならば、あるとらえどころのない素晴らしい理由で、これが正しい答えなのだから。しかしながら、あなたはほかにたくさんの候補を考えたかもしれない。事実、実際にコピーキャットの世界に「生きて」みないかぎり、この世界の複雑さや素晴らしさを真に味わうことはできないので、ここで立ちどまって次の問いを考えてみることを強くおすすめする。ほかに「pqrs」はなにになりうるか？

＊　＊　＊

一つの可能性は「pqrd」である。理由を説明する必要はないだろう。次に「pqrs」という入力から「pqrs」を出すというのも考えられる。「abc」からすべてのcをdに変えることによって「abd」を得たのとまったく同じ操作に従うのである。これで、「同じこと」をしたことになっているのだろうか？　あなたの鼻をさわるべきか、それとも私の鼻をさわるべきか？　その伝でいけば、「abd」や「pqds」はなぜこの問題の答えにはなりえないのか？　このような、かたさ対やわらかさの問題がアナロジーについて考えるときにはつねに頭をもたげてきて、アナロジーの定式化を拒んでいる。

かたさ対やわらかさの話に関しては、私が何年か前にカリフォルニア工科大学（カルテック）の物理学部でアナロジーについて講義をしたときにリチャード・ファインマンという男が最前列に座っていて、講義のあいだ中、私をからかいとおしたことがあった。私は、彼を「慈悲深い演説妨害者」だと思った。彼は、「Xに対して、4のAに対する関係と同じになるものはなにか？」という問いに、つねに「4！」と答え、それがたぶん最もよい答えであると主張しつづけたのである。私にはファインマンが「村の愚か者」を演じているだけではなく、それを楽しんでいるように思えた。彼が討論をおもしろくするために故意に異議を唱えているのか、それとも本当に心からそういう態度をとっているのかはよくわからなかった。いずれにせよ、私はこのときのことをけっして忘れないだろう。彼との議論は私を大いに刺激し、少なくとも私にとっては、いままで行ったうちで最高の講義の一つになったのだから。

そのあとで、アナロジーに関して別の講義を行ったときに、私は無意識に「このあいだ、講義を行ったときにはちょうど『その席』にリチャード・ファインマンが座っていました」といいながら最前列の中央からちょっと左寄りの席を指差した。これをいいおわるかおわらないかのうちに、私はまったく無意識に素晴らしいアナロジーを行ったことに気がついた。つまるところ、カルテックでは巨大な大講堂で講義したのに（ここでは小さな教室だし）、座席は円形の段々になっていたのに（ここではふつうの直線状の列だ）、おのおのの段はとても広かったのに（ここではかなりせまくなっている）、そしてあのときはカリフォルニアにいたが（ここはオハイオである）、これらの違いにもかかわらず、一つの座席を指差して「ファインマンがそこに座っていました」ということには、この場合、たいへん大きな意味があった。（これは、エジソンが仕事をしたニュージャージーの家がミシガン州のディアボーンにある歴史公園に移されているという理由だけから、電球はディアボーンで発明されたと主張するのと同じことだろうか？）さらにいえば、ここで私が使った「中央からちょっと左寄り」という表現自体、本文の中で出てきた多くのアナロジーの基本的な概念だった。

「pqrs」に対して「同じ変換」を施せという質問を考えれば考えるほど、つぎつぎに新しい答えの可能性が見えてくる。たとえば、多くの人は「pqst」という答えを好む。これは、最初の二文字はそのままにして、残りの二文字をその次の文字で置きかえたものである。ときには、「pqtu」という答えを提案する人もいる。これは、「rs」を一つの単位と考え、その次の要素は「tu」であると思うというかなり独創的な考えにもとづいたものである。「qrst」も答えとして可能であると指摘する人もいる。a、b以外のすべての文字をその次の文字で置きかえるというのが、この変換の背後にある考えだ。また、「dddd」などという答えもある。これは、もっとふるっていてa、b以外のすべての文字をdに置きかえるという馬鹿げたルールにもとづいている。

答えの中には、ほとんど病的といっていいものもある。たとえば「abce」。これは、aから始めて同じ数の文字をとり、最後の文字をその次の文字で置きかえるという考えである。また、「abt」という変な答えを正当化する理由を見つけることもできるし、「pqre」なんていう信じられないようなのまである。

＊　＊　＊

私が、ある答えは病的であり、ほかのものはその逆で健全であるという言い方をするとき、この比喩的な言い方の背後にはある事実が隠されている。それは、アナロジーに関して議論するときには避けて通れない重要な問題で、とくにここでとりあげたような抽象的な領域においては強く現れる問題である。すなわち、これほど明らかに主観的なものの正しさや誤まりに関してどうすれば自信をもって語ることができるかという問題である。私はこの問題を「生存価」という観点から考えるようになった。アナロジーを作る能力がその能力をもった生物に与える生存に有利な条件という意味である。結局、私たちの脳は、私たちの先祖がこの情け容赦のない世界で競争相手よりもよりよく生きることを助けるように現在の能力を身につけたはずなのだから。そして、アナロジーを作ることは私たちの心の能力の頂点、あるいはそのすぐそばにある能力なのだから。

自分の人生の進路を左右するような決定に、アナロジーを作る能力がどんなに深くかかわっているのか、一般に人は認識していないような気がする。地球的な規模において、このことはちょっと指摘するだけで明らかである。レバノンにおけるアメリカによる紛糾は「第二のベトナム」ではないのか？　エルサルバドルではどうか？　アメリカのグレナダ侵攻はソ連のアフガニスタン侵略やイギリスのフォークランド進攻とどのように対応づけられるか？　ソ連は非合理な偏執狂患者のようなものなのか、それとも合理的ではあるが最近、ひどく弱いものいじめをしているにすぎないのか？　現在の軍拡競争は、歴史上それに匹敵するものがあったのか？

より小さな規模では、たとえば私たちの法体系は明らかにアナロジーを正当な、さらには賢明ですらある決定を正当化するための究極的な手段として尊んでいる。「先例」という用語は、たんに「十分根拠のある類似物」という言い回しの法律上の呼称にすぎない。表面的にはなんの関係もないような二つの事件が（たとえば銀行強盗と誘拐）、より抽象的なレベルで細部にわたるまでみごとに関係づけられるかもしれない。たとえば、誘拐された子供は盗品であるというような具合に。弁護士は、その事件の状況をとらえる新しい視点を提供することによって相手方のアナロジーを打ちくずし、それに対抗する自分の側のアナロジーを支持することによって陪審員たちに揺さぶりをかける。（ピーター・スーバーはコピーキャットやシーク・ウェンスのアナロジーと法律における推論過程とを結びつける素晴らしい論文を書いている。それは「法律における推論過程を教えるためのアナロジーの訓練」という題で、インディアナ州リッチモンドにあるアールハム大学の哲学科にいる彼から入手することができる。)

私たちの日常生活では、重要な決定のほとんどは意識的なあるいは無意識のアナロジーによって行われている。このお役所仕事と戦うべきか、それともある程度の不便さは我慢して受けいれるべきか？　このコンピュータを買うべきか、それとも同じ値段でさらに性能のよいものが出てくるのを待つべきか？　いま子供を作るべきか、それともあと数年待つべきか？　定年でいまの仕事を止めるべきか、それとも定年後もそれをつづけるべきか？　なにを買うべきか、ある人についてなにを考えるべきか、誰と結婚するべきか、新しい町に引っこすべきか否か、ひどい災難にあった人にどのように話しかけるべきか、などなどの質問に対する答えは、すべていろいろなしかたで同じような種類の過去の経験の影響を受けている。そして、決定に導くような明らかなアナロジーがない場合でも、与えられた状況の分類はすべて何千という言葉にさらされた心によって行われ、その言葉の目的はといえば、状況のタイプにラベル付けをして、結局頭の中に蓄えられているアナロジーによる対応関係を利用することになっている、ということを忘れてはならない。

本文で議論したように、創造的なアナロジーを作ることとすでに存在するカテゴリーを認識することとの間の境界線は、たいへんもやもやとしている。私たちが固有名詞を複数にしたいと思ったとき(「あなたのアインシュタインたちやあなたのモーツアルトたち」)とか固有名詞に定冠詞を付けたいと思ったとき(「アルバニアにおけるポダンク〔ポダンクはマサチューセッツ州の村あるいはコネティカットの地方の名だが、この場合、ちっぽけな町という意味になる〕」)などは、このもやもやした領域に入っていることがわかる。最もよく使われる言葉には、ものすごい量のアナロジーによる抽象化が隠されている。たとえば、「雌」と「雄」という抽象概念はふつう、人が考えるほど単純ではない。そのことは、これらの言葉がどのようにして植物にまで拡張されて使われるかを考えてみればよくわかる。どうして中東のピータ、インドのプーリー、フランスのバゲット、そしてアメリカのワンダーのすべてが「パン」という概念の例となりうるのか？　名詞から動詞や前置詞に目を移すと、難しさはさらに増す。「xがyの上にある」という状況のすべてに共通するのはなんだろうか？

以上述べたことのすべてが、アナロジーがいかに私たちの「現在」の生活を左右しているかを物語っている。しかし、私はさらに進んで次のようにいいたい。文明以前の人々（または原始人）がまだ洞窟に住んでいて、アメリカ野牛をつかまえたりしていたときにも、アナロジーはいまと同じぐらい重要な役割を果たしていたと。私たちにとっては知覚の一部となってしまってあたりまえのことである同一性が、当時としては偉大な発見だっただろう。たとえば、野生の動物をつかまえるための計画を、地面に地図を書くことによって提示することができるというアイデアは信じられないほどの前進だっただろう。ある意味では、ここで考えられたのはすべてのサイズの変更という最も初歩的なアナロジーによる変換である。しかし、最初にこれが発明されたときには革命的であったに違いない。いっぽう、リスがドングリを地下に埋めて隠すのをまねして、肉を地下に埋めようとした原始人は生存の機会を著しく損ったかもしれない。あるアナロジーは役だつが、あるものは邪魔にしかならないということである。

私たちが現在もっているアナロジーを作る機構は、自然淘汰の結果として現れてきたものに違いない。あなたや私がたんなるサルやネズミで、木の枝の間を駆けまわっていたころに（覚えていますか?）、よい機構は生きのこり、悪いものは捨てられてきたわけである。結論として、アナロジーはたんなる好みの問題ではなく、「アナロジーを作る能力の差は、生と死の差を結果としてもたらすようなものである」といえる。このような理由から、「正しい答え」というのがアナロジーに対しても意味をもつ。そして、アナロジーはある程度までは好みの問題にすぎない。

＊　＊　＊

さて、「pqrs」問題に対するさまざまな答えの間の優劣に話を戻すことにしよう。この問題の領域は、もちろん抽象的で、現実世界とはまったく切りはなされている。「dddd」という答えを好む人が突然トラにのみこまれたり、崖からまっ逆さまに落ちたりするわけではない。しかし、心から「pqrt」よりも「dddd」のほうがすぐれていると信じている人は、やはり実人生でも苦労することだろう。なぜならば、彼らは、状況を正しく認識し、心の編目の中でその状況の本質をつかまえる方法をもっていないので、あたりまえのことを見逃してしまうから。彼らのアナロジーを作る機構のどこかに欠陥があるのだ。

もちろん、法廷における場合と同じく、この小さな領域においても議論の余地はある。しかし、「人を殺すのは窓ガラスを割るのと似たようなものだ。なぜならば両方ともひどいことだし、どちらもれんがを用いて実行できるから」などという弁護士がいたとしたらその人は一瞬にして、いま担当している訴訟に負けるだろう。だから、「pqrt」よりも「dddd」や「abt」のほうがいいという人は誰でも、まったく間違った考え方をしていると見なすことができる。食べものが食べられるかどうかに関して程度の差があるのとまったく同じように、おかしな答えもあり、よい答えもあり、そしてその間の答えもあるのだ。ある食べものを食べると死にいたり、ある食べものだとかろうじて生きることができ、そして、ある食べものでは心地よい生存が保証される。アナロジーについても同じことがいえる。

アナロジーの質のさまざまなレベルを、目標の中心のまわりの同心円と見たてることもできる（図24-5）。中央には完全に食用になる食べものがある。（あるいは、示唆に富んだアナロジーがある。）外に向かって、草や干し草、蟻などかろうじて食べることのできる物質が並んでいる（弱いアナロジー）。そして、その外側に革や木（不確かなアナロジー）がある。最後に遠くに釘やガラスの破片やイギリス正教の大聖堂などのまったく食べることのできないものが横たわっている。（これらは、大失敗に結びつくアナロジーに対応している。たとえていえば、ただたんに両方とも縞があるからという理由で、トラとシマウマの両者を合わせたような上位概念を作りだすようなものである。）この同心円のど真ん中では、もちろん、人は好みについて議論することもできる。その領域ではアナロジーを違った角度から眺める人たちがいるということは、人類にとってたしかによいことである。しかし、そうかけはなれた答えを出すわけにもいかない。ある半径が決まっていて、それを越えたアナロジーにもとづいて行動すると、その提案者にとって悪い結果をもたらすようになる。

これらの理由から、私は実生活であれコピーキャットの領域であれ、アナロジーにはよいものと悪いものがあるということを信じて疑わない。エレガントであるということは、人生にとってはたんなる飾り以上の意味をもっている。それは、生存のための本能的欲求

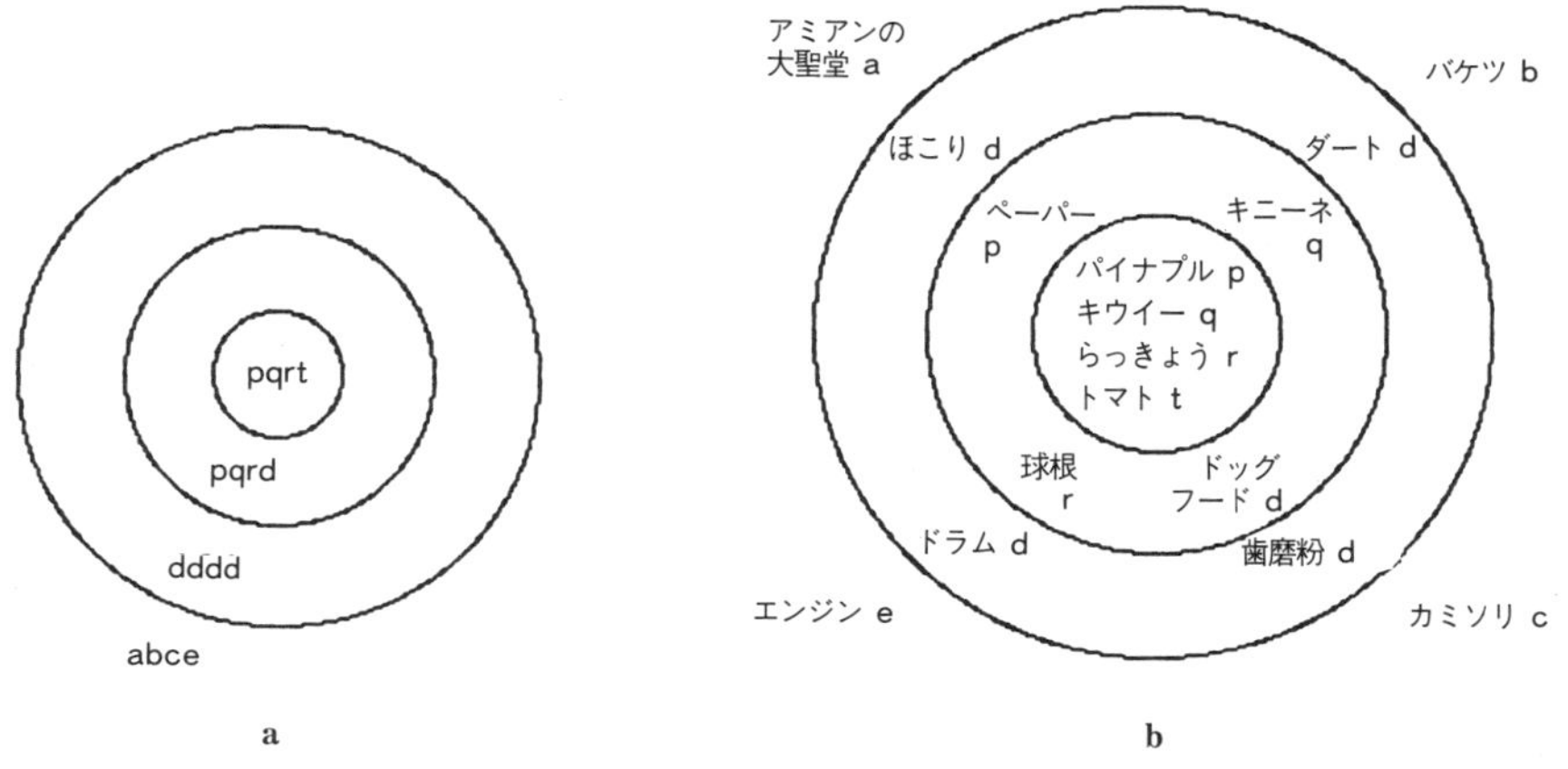

図 24-5　さまざまな行動の生存価を表す標的風の図。aでは「もし『abc』が『abd』になったとすると、『pqrs』は何になるか？」というアナロジーの問題に対する答えを見いだそうとしている人の行動。bは自分の身体のために食べるものを選ぼうとしている人の行動である。たしかに、ど真ん中の領域に関しては議論の余地がある。(目玉焼のサンドウィッチとスパゲッティのどちらがいいかは、難しい問題である。) しかし、外のほうへ行けば行くほど、議論の余地はなくなってくる。ほこりを揚げたものはエンドウ豆のスープとはくらべものにならないのである。アナロジーに関しても同じことがいえる。アナロジーの問題に対するさまざまな答えの内で、あるものは他のものにくらべて明らかに劣るのである。もちろん、はっきりとした正解がなかなか浮かび上がってこないこともあるが。

の一つなのである。エレガントであるということは、いいかえれば状況の本質に迫るということなのである。ここで使っている「エレガント」という言葉が気にいらなければ、「簡潔さ」、「効率のよさ」、「一般性」などという言葉で置きかえてみればよい。要するに、生存に役だつということである。このエレガントであるという感覚の背後にあるメカニズムに関して、なんらかの示唆を得ることがコピーキャット・プロジェクトの目標である。そして、個人的にはエレガントであるということと、ウイットに富んでいるということを同一視するにやぶさかではない。ユーモアの才がなければ、立派なコピーキャットにはなりえないと思うからである。

＊　＊　＊

「『pqrs』になにが起こったか？」という質問に対するたくさんの気違いじみた、風変わりな（そしてときにはウイットに富んだ）答えを見てきたので、今度は別の質問を考えてみたくなったかもしれない。これはたいへん重要なことである。なぜならば、もともとの「『abc』が『abd』になる」という変化を認識する別の新しい方法を提供してくれるからである。以下に、もう一度、ある程度の時間をさいて、読者自ら考えてほしい問題がある。すべては、例の「abc」が「abd」になるという状況にもとづいている。

1　「cab」はなにになるか？
2　「cba」はなにになるか？
3　「pct」はなにになるか？
4　「pxqxrx」はなにになるか？
5　「aabbcc」はなにになるか？

6 「aaabbcck」はなにになるか？
7 「srqp」はなにになるか？
8 「spsqsrss」はなにになるか？
9 「abcdeabcdabc」はなにになるか？
10 「bcdacdabd」はなにになるか？
11 「ace」はなにになるか？
12 「xyz」はなにになるか？

これらの問題のおのおのは、もとの変化をどのようにとらえるかに関する基本的な仮定のいくつかを揺さぶることになる。もとの変化はちょうど一文字だけに限定されるのか？　変更を受けるものは一番右になければならないのか？　変更を受ける文字はいつでもその次の文字で置きかえられるのか？　要するに、なにを文字どおりにとらえ、なにをやわらかくとらえるかということになる。私はこのすべてについて議論したいのだが、そんなことをしたら時間がたっぷりとかかってしまう。おのおのは、少なくとも一ページの紙面を要する。（この追記の最後にいくつかの答えが用意してある。）そこで、12番だけについて少し、掘り下げて議論してみよう。この問題は、実に美しく、中心的な問題のすべてにかかわってくるので、読みつづける前にあなたもぜひ考えてもらいたい。

つづけていいだろうか？　それではつづけよう。多くの人が「xyz」は「xya」になるべきだと考える傾向がある。しかし、誰がアルファベットは巡回的だといったのだろう。このような飛躍を成しとげるためには、ある種の巡回性を前もって経験していなければならない。そして、私たちはみなそのような経験をもっているのである。たとえば、時計の時間は閉じたサイクルをなすし、一週間の曜日もそうだし、一年の月もそうだし、同じ組のトランプも、0から9という数字もそうである。しかし、すべての線形順序が巡回的であるわけではない。はしごの一番下の段は一番上の段のさらに上にあるわけではない。エンパイア・ステート・ビルの最上階が地階と同じわけでもない。コピーキャットの世界ではzは次のエレメントをもたないことになっている。もちろん、機械はaがzの次の要素であると仮定することは可能である。しかしそうすることは、あなたがそれをするのにくらべてはるかに大きな創造性を必要とする。なぜならば、あなたは上に述べたようにいろいろな巡回的な構造の経験をもっているのだから。コピーキャット・プログラムにはその経験がない。したがって、「xya」というのは素晴らしい答えだが、あまりにも大胆だということで、もっと控えめであるが適切さは失わないような答えを探すことにしよう。なにが残っているのだろうか？　また、ここでも、さきを読む前に自分で考えてみることを強く勧める。あなた自身の実験にとって、これはかけがえのない一瞬である。

＊　＊　＊

さあ、いいですか。よく考えましたね。あなたは答えを得たはずだ。あるいは複数の答えを得て、あなたが受ける喜びの順にそれを並べているかもしれない。よろしい。ある人は「xy」という答えを提出した。これは純粋で単純だ。zには次の要素がないので、三番目の要素はまるで世界の果てからまっ逆さまに落ちたように、消えてなくなるというわけである。またある人は、「zをそのまま残して、『xyz』としてもいいのではないか」と考える。「一番右端の要素に次の要素がないのだからやわらかく考えて、その一つ前の要素の次の要素をとって『xzz』とするのはどうか」という者もいる。

これらはみな、なかなかの答えだが、はるかに洞察力に富んだ答えが可能である。それを見つけるには予想外の「重大な障害物」である「次のない要素からその次の要素をとろうとすること」をやめて、以前には見すごしていたかもしれないなにか決定的なものを見つけださなければならない。この段階で人々が気づくのは、aとzの間の対応関係である。これら二つの文字はどちらもアルファベットの一番端の文字、私たちの双子の「専制君主」である。もしも、zが「xyz」の中でaに相当するとすると、なにがcに当たるのだろうか？　それは明らかにxである。さて、新しい疑問が生じる。「このxになにをなすべきか？」それの次の要素をとって「yyz」とすべきだろうか？　私にとっては、この答えは、ほとんど嫌悪感をもよおさせるほど融通のきかないもののように思える。結局、「abc」が作られたそもそものルールが、ここで出てきた新しい「xyz」の見方においては逆転しているのである。左への動きが、右向きの動きにとってかわり、「一つ前の要素」という関係が「abc」において「次の要素」という関係が担っていた役を果たしているのである。したがって、抽象的な対称性へ向かうという意味でエレガントであるということを考えるならば、「wyz」という答えが強く支持されることになる。これは、私の評価では美しい答えである。

もう一つ私がしばしば出くわす答えがある。私はこの答えを賞賛すると同時に公然と非難もしている。その答えとは「wxz」である。確かにこの答えは「abd」と同じ内部構造をもっている。つまり一つ跳びのあとに二つ跳びがきているのだ。そこまではいいが、しかしこの答えにはどこか変なところがある。この答えに対する私の相反する評価を説明するために、小さなたとえ話をすることにしよう。

アルファベル・スナーキスはあらゆる面で超近代的な素晴らしい家を建てた。ある日彼女は、いたずら心からしゃれた、ピカピカの新しいドアの取っ手を、錆びてキーキーいう古くて派手な取っ手と取りかえた。さて、ズーリップ・トゥワンクラーはアルファベル・スナーキスの大ファンだったが、あらゆる面で古くさい一軒の家を建てた。彼は、彼女のしたことを見て、自分の家にも「同じこと」をしようと決心した。さて、彼はどのようにしたのだろうか？　あなたは、彼が自分の古くさいドアの取っ手をしゃれたピカピカの取っ手に取りかえたと思うかもしれない。しかし、そうではなかった。彼は、錆びてキーキーいう古い取っ手だけを残して、古くさい家全体を壊してしまったのだ。そして、そのあとにドアの取っ手以外はすべて超近代的な素晴らしい家を建てたのだ。これが、ズーリップ・トゥワンクラーが自分の家にアルファベル・スナーキスがやったのと「同じこと」をやるやり方であった。（ただし、家の建て直しが終わったときには、それはまったく別の家で、もはや「彼の家」ではなくなっていた。）

このアナロジーに関するたとえ話では、ズーリップはドアの取っ手の性質によって決められる方向へ彼の家全体の性質を変えてしまったが、大部分の人にとっては逆にドアの取っ手だけを変えるほうがよっぽど自然である。実は、二つの答え「wxz」と「wyz」の間にも似たような関係がある。前者は文字と文字の間の間隔（1そして2）を保存することが、なににもまして必要なことだと考え、もともとの「xyz」の全体がこの目的を達成するために横にずらされることを許している。それに対して、後者では一つの小さな役割（ドアの取っ手に対応する）だけを変更の対象にしていて、全体はそのままにしている。この二つの答えの違いは図24-6にはっきりと示され

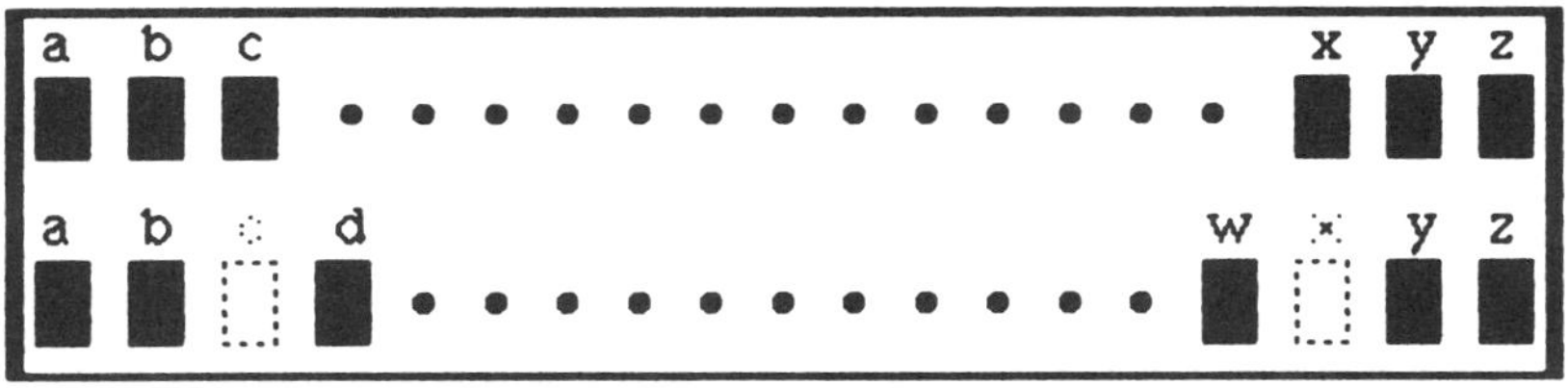

(a)

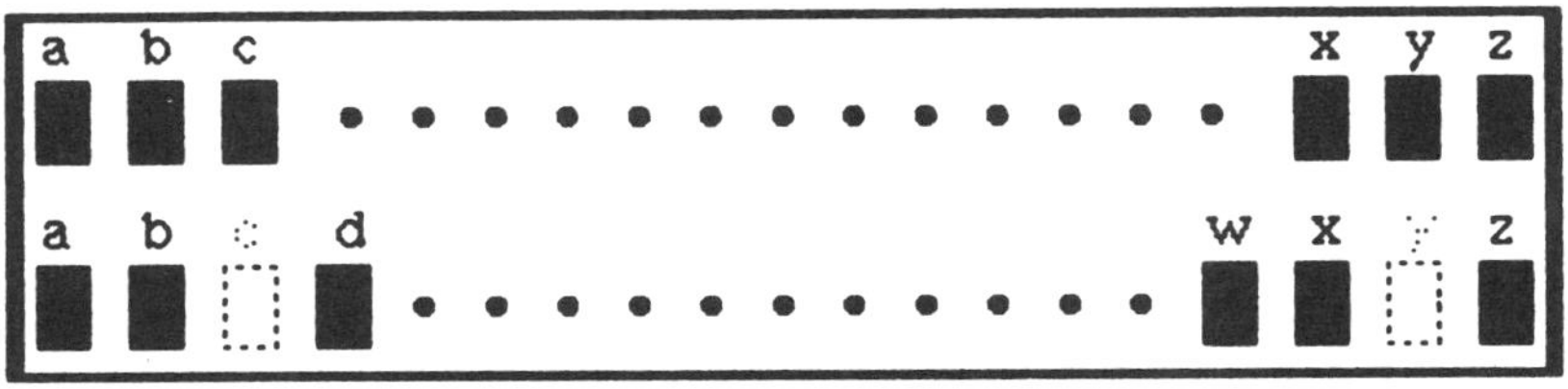

(b)

図 24-6 「もし『abc』が『abd』になったら、『xyz』は何になるか？」という問いに対する二つの正解の視覚的な比較。(a) では、『wyz』が描いてある。全体としての対称性がこの答えのよさである。(b) では、『wxz』が描いてある。こちらのよさは、『abd』の空間的な配置を文字どおり、まったく忠実に模倣していることである。問題は、どちらの答えが全体としてはよりよいアナロジーとなるかということである。「好みに関する論争は存在しない」とただ単調に唱えて、そのレベルで議論をやめてしまうのが賢いのか、それとも臆病風に吹かれて問題を回避していることになるのか？

ている。この違いを次のようにとらえることもできる。「wyz」は「abc」から「abd」への「変化」をうまくまねしてできた答えだが、「wxz」は「最終産物」である「abd」のみをうまくまねしてできあがっていると。どちらのほうが、より満足でき、エレガントな答えだとあなたは思うだろうか？　私は、疑う余地なく「wyz」のほうがすぐれていると思う。それにもかかわらず、ズーリップ流の答えにも不思議な魅力がある。この例は、二つの異なる答えが両方とも（「xya」という私たち巡回性になれた者には簡単に浮かぶ非常に創造的な答えも数えることにすると、三つ）一番内側の「おいしくて、栄養になる」という円の中に入るという例である。そして、この円の中では、好みに関する論争は存在しない。

この問題にはほかにもたくさんの「可能」な答えがあるが、そのほとんどはリスクの多い外側の同心円の中にあって、それを思いつく人にとっては危険な答えである。(より正確にいえば、そのような答えをまじめに考えるような「心の機構」自身がその持ち主にとって危険である。なぜならば、同じ機構から、実生活に影響を及ぼすような場合にも、どう行動するべきかに関して、非常に信頼できない提案が作りだされる可能性があるからである。) このような答えのうちのいくつかは、あまりにも突拍子がないので、実際相当ユーモラスである。事実、そのうちのいくつかは、あまりにも風変わりなので、進化のきびしい選択を受けて生きのこった者は、明らかにユーモアを目的にした場合以外は、けっして思いつかないだろうと主張できる。そのような例を見てみよう。

まず、それほどおかしくはないが、ファインマン流の「村の愚か者」的な答えとして「xyd」がある。なんのおもしろ味もない、つまらない答えだ。このような答えをあなたならどう評するか？　この答えは「pqrd」よりはたしかに少しましである。なぜならば、この場合には愚直な答えを正当化する言い訳が可能だから。すなわち、zは難しいがsはそうではないというものである。もっと情けないもう一つの答えは「dyz」である。この答えはとても大きな音を立ててドスンと落ちたように、私の心には聞こえる。まじめにこの答えを提案する人は比喩的な言い方を二つ混ぜて表現すれば、光明を見いだした〔はっきりと理解した〕のに、ボールを落としてしまった〔うまくスタートしたのに、ひどい終わり方をする〕ということになる。すなわち、aをzに、cをxに対応づけるためには長い道のりを要したはずなのに、それができたとたんに、その過程はまったく忘れてしまい、子供じみた文字どおりのルール「cの役割をしているものをなんでもいいからdに置きかえろ」を適用してしまったのである。これはそうとう間が抜けていておかしい。このアナロジー問題への「dyz」という答えの中にはユーモアの素晴らしい理論の種が含まれているということもできる。その理論は、ここで見られるようにレベルを混同してやわらかに変化をさせるという考えにもとづいたものになるだろう。「ここで見られるような変化」というのがなにを意味するのかを正確にいうことができたら、私ももっと成功しているはずなのだが……。

同じように、ごちゃごちゃした答えに「dba」がある。こんな答えをいう人がいたとしたら、その人はある抽象的な意味で「xyz」が「abc」の「鏡像」になっていることをはっきりと見てとっているはずである。そして、「abd」の鏡像を作ることが試みられた。ところが、その過程のどこかで、ここでいう鏡像というのがどのような種類のものであるのかが忘れさられてしまい、最も単純な「反転」という概念で置きかえられてしまったのである。結果はまたしても、ぶさいくなドスンである。ところで、おもしろいことに、誰もまじめにこれらの「dyz」や「dba」、あるいは「yyz」などという答えを私に提案した人はいなかった。きっと、そのような人の祖先はみんな恐ろしい人喰いシマウマに呑みこまれてしまったのだろう。

＊　＊　＊

これらのアナロジーは、ここまでくれば十分に明らかなことだが、それら自身現実の世界におけるアナロジーにそっくりである。さらにいえば、これらのアナロジーはアナロジー国の子供たちのための「たとえ話」、「寓話」になっている。それらは、アナロジーを作るものが何度も何度も直面してきたジレンマの本質をとらえている。文字どおりの解釈への圧力が「文学的な」解釈――すなわちコチコチの対応づけを軽蔑する大げさな抽象化――への圧力とさかんに戦うということである。本当の洞察力を必要とするようなアナロジーにおいては、しばしばまず最初の侵略が行われ、それによって状況を文字どおりにとらえるいくつかの方法が明らかにされる。しかし、それらは、間違いまたははなはだしく未熟であるということから、人はさらにさきへ進むことになる。多くの小さなヒントに導かれて、探索がつづけられ、あるとき予想もしなかった瞬間になにかが起こって、多くの事柄が新しい概念の構図の中の然るべきところに落ちつくようになる。かつてはたいへん重要だったものが、突然あたりまえのことになり、はるかにすぐれた新しい本質、全体をまとめるような概念または概念の集合が浮かび上がってくる。

しかし、注意してほしい！　文字どおりに受けとるという考え方を、どんな犠牲を払っても避けるべきだなどといっているわけではない。もしも、より高度の抽象化へと向かうことが、つねに望ましいことだとしたら、私たちは結局、状況などというものをけっして区別しないことになってしまうから。あらゆる状況の最良の記述が「なにかが起こった」ということになってしまう。「メアリー」というよりも「女」と、「女」というよりも「人間」と、そして「人間」というよりも「生きもの」、「生きもの」というよりも「物理的存在」というほうがよくて、最後にはたんに「もの」という言い方が勝利を収めることになってしまう。(実際には、このような選択自体が存在しないのかもしれない。なぜならば、このようないろいろな単語はたんにより高いレベルでは消えてなくなってしまうような些細な区別をしているだけだから。)融通のきかなさはいろいろな形で現れるが、盲滅法抽象化を求めることは、かたくなに抽象化を拒むのと同じぐらい馬鹿げている。アナロジーの問題を最も明確に、なんの混じりけもない形で表現しようとすれば、それは、文字どおり受けとることを(いろいろな形で)推しすすめる力と抽象化を(こちらもいろいろな形で)推しすすめる力との間のつねなる戦いであると規定することができる。与えられたある状況で、どのようにしてこれらの力がぶつかり合い、やりとりし合って、最後にある種の最適な妥協点を見いだすことができるか、というのがアナロジーの問題である。この章から、あなたがなにか一つのことだけを学ぶとしたら、ぜひ、以下のことを覚えておいてほしい。それは、アナロジーの世界であなたを押したり引いたりしている異なる力のすべてを、うまく調和させるような一定の数学的処方箋は存在しないということである。

＊　＊　＊

コピーキャットの世界では、私たちはいろいろな圧力がどのように働きかけ合うかに関して、また、各種の対抗し合う答えの強さに関して非常にこまかな制御をすることができる。たとえば、ある与えられたアナロジーをそれに付いているノブを回して変えることによって調節し、徐々に可能なかぎり最も洗練されたバージョンまでもっていくことができる。私たちはまた、二つの可能な答えをもってきて、アナロジー自身を非常に微妙に調整することによって、そのおのおのが、それぞれより望ましい答えであると思わせることもできる。あるアナロジーが崖っぷちを危っかしく歩いていて、どちら側にも落ちることができるというような完全な平衡点を探すのは、なかなか楽しい美的練習問題である。このようなアナロジーを人に見せると、約半数の人が片方のアナロジー、残りの半数はもう一方のアナロジーをとるということになる。

この考え方の素晴らしい例として、ふつうの人によって認識される、部分と役の比率を調整するノブを、非常に単純なアナロジーに使用した場合を見てみよう。この例は部分と役という区別をもう少し明確にするのにも役だつと思われる。もうすっかり、おなじみのテーマの変形を三つ、以下にあげた。まず、これらの問題を考えてみよう。

1　もし「abc」が「abd」になるとすると、「pqrs」はなにになるか?

2　もし「abc」が「abe」になるとすると、「pqrs」はなにになるか?

3　もし「abc」が「abf」になるとすると、「pqrs」はなにになるか?

1はもうよくご存じのやつである。これに対しては、ほとんどの人が即座にpqrtと答える。ほとんどの人はpqrdという答えを思いつかないし、ましてやこれのほうがよいなどと思うことはない。その理由は、cからdへの変換があまりにも明らかに一つの文字からその次の文字への「跳躍」と映るからである。そのため、私たちもその結論に飛びつくことになる。しかし、3を考えてみよう。ここでは、はるかに大きいcとfの間のギャップに出くわす。あまりにも大きすぎて、私たちには（コピーキャット・プログラムにも）なんの直観も働かない。それはなんでもいいように見えるので、その背後になにかよってきたる理由を見つけるかわりに、それをそのまま受けいれてしまい、「わかった、一番右端の文字をfで置きかえるんだな」と思ってしまう。そして、実際多くの人は「pqrf」という答えに満足する。

ある人にとっては、この答えはあまりにファインマン流に見える。しかし、私はここで、コピーキャットの世界では、離れた文字の間には単純な結びつきはなにもないということをもう一度繰りかえしていっておかなければならない。6から3を引くように、たんにfからcを「引く」などということはできないのである。減算はシーク・ウェンスの場合同様、知られざる概念なのだ。cとfの間になにか関係があるとすれば、それは概念的なもので、数学的なものではない。fはcの次の次の次の文字であるというだけで、これはあまりに扱いにくいので、ほとんどなんの役にも立たない。

さて、もしも1の「c-d」間の跳躍には訴える力があって、3の「c-f」間の跳躍にはそれがないとすると、2の中間的な場合にはどうなるのだろうか。ここで、私たちは、それぞれ反対の方向へ私たちを駆りたてる二つのアナロジーの間で、躊躇していることになる。もしも1の例に従えば、「c-e」間の跳躍を私たちは「内包的」にとらえることになる。eを「役を埋めるもの」（cの次の次の文字――ちょっとぶざまだが、十分可能である）として見るということを難しくいえばこうなる。しかし、私たちが3の例にのっとれば、同じ跳躍を「外延的」に眺めることになる。それは、私たちがeをこのケースのたんなる「部分」として見ていて、（ほとんどどうしようもなく）それ自身となる以外にはなんの役も埋めないという意味である。これはぶざまではないが、あまりにも文字どおりすぎて、なぜ与えられたような変化が起こったかに関してなんの示唆も与えてくれない。そこで、あなたはどちらを好むか？　ぶざまではあるが役を埋めるものとしてeを見る内包的な見方か、それとも任意の部分としてeを見る外延的な見方か？　前者は、「pqru」という答えに導き、後者は「pqre」という答えになる。

2の例があなたの個人的な平衡点ではないかもしれないが、あなたが、一つの見方からもう一つの見方へと見方を変える点が必ず存在するはずである。次のような問題を与えられて、

「abc」が「abv」になった。ならば「pqrs」はなにになるか？

vはなんらかの形でcから「導かれ」なければならないと誰かがいいはり、実際にはなにもないところにあるつながりがあるという考えを押しとおそうとしたら、これはかなり、無理強いと映るだろう。さらに、コピーキャットの精神を破ってvをcから数えて一九番目の要素だととらえたとしても、たいして助けにはならない。なぜならば、sから数えて一九番目の要素というのがなにかよくわからないからである。zの次の要素はなにかというやっかいな問題に

また舞いもどってしまうことになる。

アナロジーの平衡点を見つけるということは美的な練習問題であり、曖昧文字を書くという美的で楽しい活動と深い関係がある。曖昧文字を書くというのは、二つの解釈がちょうどつり合っているような形を作り上げることである(図13-6、13-7)。しかし、平衡点を見つけるということにはたんなる美的な遊び以上のものがある。それは、人々がどのようにして抽象化されたものを認識するのか(しかも自分ではそうとは知らずに)という問題の核心を探ることなのだ。これは、コピーキャット研究の重要な側面である。

＊　＊　＊

あといくつかの選択問題が、将来のコピーキャットのために以下にあげてある。これらすべてをここで議論する紙面も時間ももち合わせていない。私が、これらをここにあげたのは、以下のような理由による。もしも、正しい方法でこれらの問題を考えれば、きっと一つ一つがあなたにささやかではあるが、目をくらませるような示唆を与えるスリリングな瞬間を提供してくれる可能性があると思うからである。私たちの考える最良の答えは、この追記の追記に書いておいた。

1　もしも「aqc」が「abc」になるとすると、「pqc」はなににになるか?

2a　もしも「efgh」が「fghi」になるとすると、「mvr」はなににになるか?

2b　もしも「efgh」が「fghi」になるとすると、「uuuu」はなににになるか?

3　もしも「beq」が「bqe」になるとすると、「abcdefpqr」はなににになるか?

4　もしも「xyzabc」が「xyzqabc」になるとすると、「abcxyz」はなににになるか?

5　もしも「aaqkkkk」が「zaazqqzkkzkkz」になるとすると、「abcdefstu」はなににになるか?

6　もしも「eeeffghhiii」が「eeeefffgghhhiiii」になるとすると、「eefhii」はなににになるか?

7a　もしも「eqe」が「qeq」になるとすると、「abcdcba」はなににになるか?

7b　もしも「eqe」が「qeq」になるとすると、「aaabccc」はなににになるか?

7c　もしも「eqe」が「qeq」になるとすると、「eqg」はなにになるか?

ここに提示したコピーキャット用の問題のリストは、私が博士過程を終了してこのプロジェクトの仕事をしているデービッド・ロジャーズと一緒に考えだした問題のごく一部であることを強調しておかなければならない。このリストにあげたアナロジーは「もし『bbb』が『bbbb』になるとすると、『eee』はなにになるか?」といったような平凡なものにくらべて、薬味や特殊な味つけの効いたものが多くなっている。右に述べた平凡な例のような、味気のない問題は山ほどある。どれも答えは明らかで、大人にとってはなんら挑戦的な内容は含んでいない。このプロジェクトは、このようなアナロジーをけっして無視しているわけではない。実際、このような簡単そうに見える問題を確実に取りあつかえるプログラムを作るということは、たいへんな挑戦である。それらのアナロジー問題は微妙なものが多く、驚くほど人を惑わせやすいから。しかし、(本当はそうではないが、見かけ上は) ごく単純なアナロジーの長いリストを見せられても読者はおもしろくないだろうと思って、それらのアナロジー問題はこのリストからははずしてある。

それでも、以下のことは認めざるをえない。やはり、最初の答えは不満足なもので、なにか本質的な認識上のシフトを必要とするようなアナロジーが私たちを魅了するのである。なぜならば、こうした問題の中にこそ、不思議中の不思議である洞察力を解明する洞察が隠されているかもしれないからである。私は次のことを信じている、あるいは次のような強い直観をもっている。すなわち、あらゆる科学的発見の深みというものは、それがどんなに大きな発見であっても、ここで見てきたような単純な問題を解くための機構に支えられているのである。この機構は、たがいに相反する圧力が、知覚結果や概念を押しまわり、それらがたがいにぶつかり合って、あるとき突然、なにかが起こり、「そおら見てごらん!」ということになる。確実性への確信が急に増し、それはあまりにも強力なので、ものごとを見る正しい見方を見つけたということがはっきりとわかるようになる。要約すれば、私は「小さなブレイクスルー」と「大きなブレイクスルー」はまったく同じ構造をもっているとかたく信じているのである。これが、コピーキャット・プロジェクトの背後にある考え方である。

コピーキャットの単純なアルファベットの世界での洞察を、特殊相対性理論を発見したアインシュタインの天才と比較するのは尊大で冒瀆的なことかもしれない。しかし、この比較はまったくばかげたものでもない。アインシュタインの独特な空間と時間に対する考え方を特徴づけるものは、彼があるものは他のものよりもやわらかくなりにくいということを決定したことにある。もっと具体的にいえば、光の速度はやわらかくなりえないが、空間的に離れた場所で起こる事象の絶対的な同時性はやわらかくなりうるということを明らかにしたのである。さらに、正確にいえば、アインシュタインは同時性がやわらかくなりうるということを決定したというよりは、そのような結論を導かざるをえなかったということになる。なぜならば、彼は光の速度が不変であるということを強く信じていたので、それから導かれる結論がどんなに常識に反していて、おかしなものであっても、それを受けいれることができたのである。(常識に反する結論が直観的な判断をもとにして導かれることに注意せよ。) アインシュタインは同時性の考え方が絶対ではないという前提からスタートしたのではないが、そのような可能性に直面したときに、彼はそれをスリップ (流動) させたのである。最も深く、最も変わりにくい概念に対する確信に裏づけられた心の柔軟さが、特殊相対性理論の創造的な洞察をもたらしたのである。

古い歌にこんな台詞があった。

あなたのようなたまらない魅力が
私のような古くさくて動じない人間に会うと
きっと
なにかが起こる、なにかが起こる、なにかが起こる

そう、たしかになにかが起こるのだ。しかし、それはなんだろうか? なにがスリップするかもしれなくて、なにがスリップするべきではないかに関する信頼できる感覚が、偉大な心と凡人の心を分

ける。もしも、コピーキャットの研究が、たとえ私たちの小さな領域の中だけでも創造性や芸術的なやわらかさを示す判断の基礎を明るみに出すことができれば、私たちは有頂天になってしまうだろう。なぜならば、それはとりも直さず私たちが真の芸術的創造性がどこからくるのかを理解するきっかけをつかんだことになるのだから。この意見は傲慢なように見えるかもしれない。しかし、まず第一に私たちはこんなことがすぐにでも可能だとは思っていないし、第二にこれは、大きな問題をこれほどまで単純化してしまっても、ことの本質は見うしなっていないという私たちの信念の表明なのである。もしもニュートンが落下するりんごの中に天空を駆けめぐる惑星を見たのならば、私たちも小さなスリップ（流動）の中に偉大な跳躍を見られないはずはないだろう。

＊　＊　＊

科学の分野だけでなく文学の中にも、なにをスリップさせるのが正しいことかを発見することによって、困難な問題の高度に創造的な解答が導かれた場合を見いだすことができる。第1章の追記で私が提示した例は、*All the President's Men*（大統領の側近たち）という本のタイトルをフランス語（あるいはあなたの選んだ外国語）へ翻訳するという問題である。逐語訳をすれば、とっくに気が抜けて刺激のなくなってしまったジンジャーエールのように平板で、退屈なものになってしまう。フランス語でもこの表題を生き生きとしたものにしておくためには、フランスの読者によく知られていて、もとの英語の表題と同じような意識下のイメージを喚起するような文句を探しださなければならない。それは「ハンプティ・ダンプティ」の標準的な翻訳の中から見つけなければならないだろうか？

あるいはマザーグースの中からか？　いや、そんなことは必要ないはずだ。この状況の本質は、これらの個々の文章の中にあるわけではない。さあ、スリップ（流動）しましょう、スリップ！　でもどうやって？

ことの本質は、有名な取り返しのつかない没落をほのめかすような文句を発見することにある。もしもそれが、パスカルのパンセからの一句ならば、それでもかまわない。最近のポピュラーソングからの一節ならば、それでもいい。適切な文句を探すためにもっと広い範囲を探索しなければならないかもしれない。ふつうのフランス語をしゃべる人たちに、このようなイメージを与えるような文句が存在しないかもしれない。その場合には、より抜本的な解を探さなければならないだろう。必ずうまくいく単純明快な処方などは存在しない。ところで、私はこの本がいままでに他の言語に翻訳されたかどうかについてはなにも知らない。また、翻訳されたとして、その翻訳者がどのようにタイトルを訳したかも知らない。しかし、このような問題は非常に一般的である。とくに最近は、このようによく知られた一節を間接的にほのめかすような本のタイトルが横行しているからなおさらである。

恥ずかしいことに、私自身もこのもじりタイトルの流行に乗ったことがあった。ダニエル・デネットとの共編のエッセー集に『マインズ・アイ（心の私、*Mind's I*）』というタイトルを付けたときのことである。これは、そんなに悪くない題だが、英語を母国語としていない人はふつうこのタイトルに惑わされてしまう。最後の「I」をローマ数字の1と読んでしまうのである。「心の眼（Mind's eye）」という慣用句を知らないものにとっては、これが精一杯なのである。

このようなタイトルの創造的な翻訳はいかにして可能かということ

とを示唆すべく、さきにあげた私たちの本のタイトルのフランス語訳として可能なものを一つ示すことにしよう。『ゲーデル、エッシャー、バッハ』の仏訳者の一人であるジャクリーヌ・アンリは「Vues de l'esprit」——文字どおりに訳せば「精神の眺め」——というタイトルを思いついた。これは明らかにこの本の一つの大きな目的をうまく表している。心の性質についていろいろの角度から光を当てるという目的である。しかし、この言葉は同時により慣用的な意味をもっている。それは、夢想家（や精神異常者）が見るおおげさな夢のこと、一言でいえば「幻影」、さらには「幻想」のことである。この意味もそれなりにこの本のタイトルとしては適切である。なぜならば、この本の基本的な主張は、心、精神、そして魂をめぐる不可思議なものの大部分は一種の幻想によって作られているというものだからだ。「私」と呼ばれるなにかが存在するという幻想である。したがって、フランス語における二重の意味は洗練されていて、効果的で人の思考を刺激するものである。もちろん英語における二通りに聞こえるという効果はフランス語では再現できていないが。これ以上なにを望むというのか？

ところで、もしも私がこの追記をフランス語で書いたとしたら、もちろん英語ではなくてフランス語の本で、そのタイトルを翻訳するのが難しいものについて話しただろう。したがって、この段落自体をきちんと訳すためには、相当の文学性が必要になるだろう。実際、私は、フランス語のある本のタイトルを頭に浮かべている。*Le corps a ses raisons* という題の、健康とフィットネスについての本がそれである。この本は英語に訳されて、『体は自分の論理をもっている』というおもしろくもないタイトルで出版されている。もっとうまく訳すことができるだろうか？　ヒント——パスカルの有名な言葉、具体的にいえば、Le cœur a ses raisons que la raison ne connaît point.（心情には、理性にはわからない行動原理がある。）

＊　＊　＊

ある意味では、翻訳はアナロジーの真髄そのものである。あなたには、全体をカバーする固定された枠組み——もとの言語とその文化——が与えられていて、その中で新しい構造が指示される——たとえば本のタイトルや文である。翻訳者としてのあなたの仕事は、できるかぎりこの小さな構造の「感じ」を別の枠組み——目的の言語とその文化——の中で再現することである。この記述は、明らかにアルファベルとズーリップのたとえ話を思いださせる。ここでいう枠組みが彼らの素晴らしい家に対応する。また、「これをやってごらん！」の例にも同様にはっきりと対応する。

私自身の心の中で、翻訳というものの本質を最もよく表すイメージは、個々の文を流れの中の踏み石の集合と見なすものである（図24-7）。たとえば、あなたがビルマ語からウェールズ語への翻訳をしているとしよう。ビルマ語の文は黒い石を伝わっていく一つの道に対応する。これらの石は十分便利な位置に置かれていて、どこでも好きなところへ行くことができる。ところが、これをウェールズ語に翻訳する段になると、ウェールズ語の踏み石——白い石——はしばしばビルマ語の石とは同じところにはないし、また、だいたい同じような位置にある場合でも形が違っていて、使いなれたビルマ語の石とは同じようには扱えないということに気がつくのである。あなたは注意深く石を踏みしめていかなければならず、ときには他の言語には存在しないギャップがある言語の石の集合の中に存在するのを見つける。そこで、ある道は別の道よりも容易に真似できる

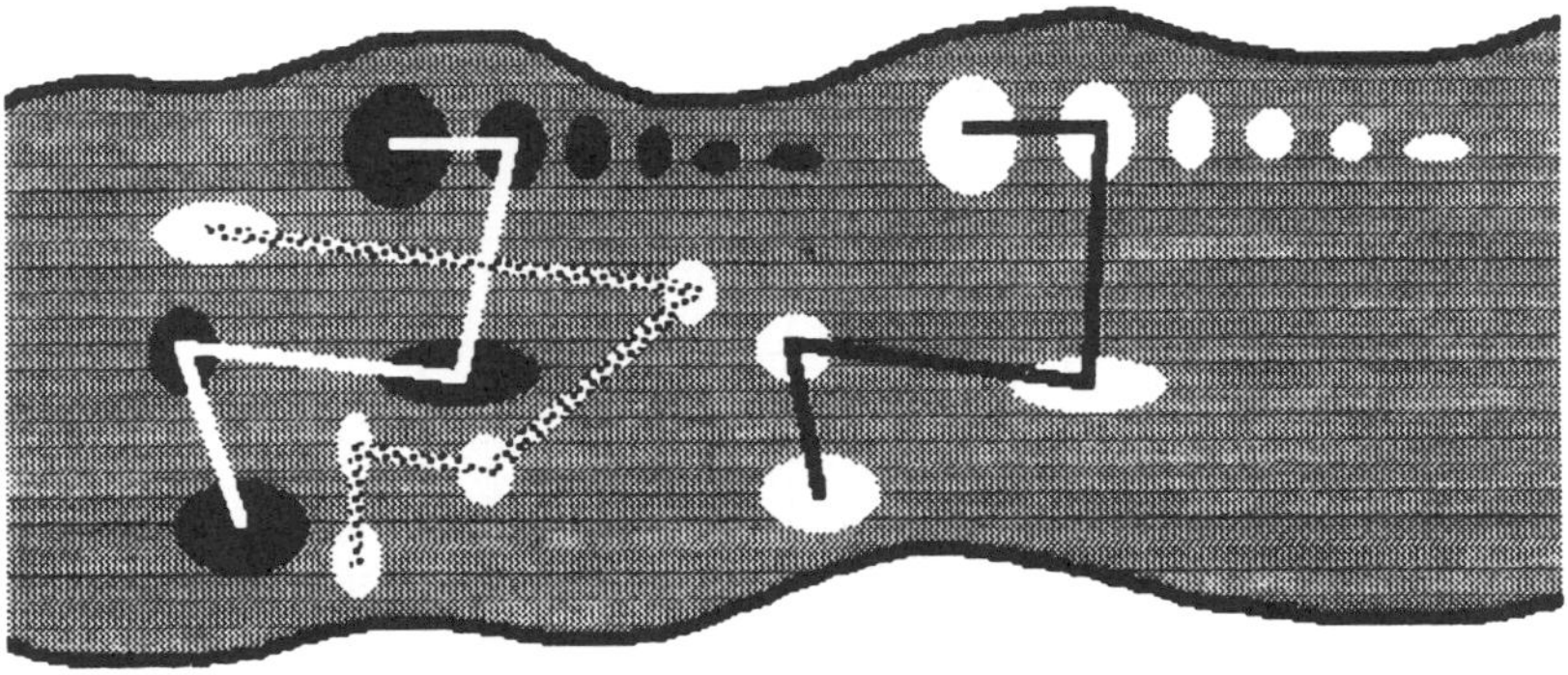

図 24-7　翻訳のメタファー。(現実を表す) 流れの中に二つの踏み石の組 (言語の基本的な要素である単語や決まり文句を表している) がある。黒い石 (たとえばビルマ語) はある仕方で配置されていて、白い石 (たとえばウェールズ語) は別の仕方で配置されている。いくつかの黒い石をつなぐ道を、(ビルマ語で表現された考えに対応する) 白い石をつなぐ似たような道 (ウェールズ語への翻訳) で真似しなければならない。一つの可能性は斑点の入った道で、流れの中でもとの道とほとんど同じ場所にあるが、形はそんなにもとの道に似ていない (かなり直訳的な翻訳に対応する)。それに対抗するもう一つの候補 (いうまでもないがより文学的な翻訳) は流れの上流の少し離れたところに位置する道で、もとの道に、より抽象的な仕方で似ている。また、この類似は道を構成する石以外の周辺の石 (流れの反対岸に平行に並んでいるビルマ語とウェールズ語の似たような群島) の形づくるパターンも含めたものである。

ということになる。もっとも忠実な翻訳は、個々の石のレベルでもとの道になるべく近くなるように努力することになる。もちろん、どんな翻訳ももとの道とまったく同じにはなりえない。

しかしながら、ある道の本質はそれがどこから始まりどこで終わるかよりも、その形の中に存在しているかもしれない。元の道が置かれている流れの中の特定の場所ではビルマ語の石を使えばいろいろな形が容易に形づくれるが、ウェールズ語の石はまばらかもしれない。それでも、上流または下流の別の場所では逆のことが正しいかもしれない。ある考えの本質が、この流れの中の絶対的な位置よりも、その形のほうにあるということをあなたが信じるのであれば、柔軟に対応するために上流や下流に石をほんのちょっと動かすことは気にしないだろう。あまり比喩的にならないようにいえば、ときにはある文の明白な話題をスリップ (流動) させることができるということである。ただし、スタイルまたは比喩的なほのめかしなどのより中心的ななにかは保存されねばならない。

肝腎なのは次のことである。扱う文が長くなればなるほど、それを表現する媒体を構成する粒子のこまかさは気にならなくなる。純粋に幾何学的に表現すれば、以下のようになる。石を伝わっていく道の作る曲線が石と石の間の標準的な距離にくらべて大きくなればなるほど、どの踏み石を使うかは関係がなくなってくる。このことは、次のようなことを考えてみると非常によくわかる。通常の (8×8) チェス盤の上のいくつかの升目を塗りつぶすことによって円を描いてみよう。明らかに、四角いという効果をできるだけ減らすために、あなたはきっとできるだけ大きな円を描こうとするだろう。そして、もしもこのチェス盤を大きくできるのならばそうするだろう。100×100 のチェス盤の上では円の非常にいい近似ができるだろう。

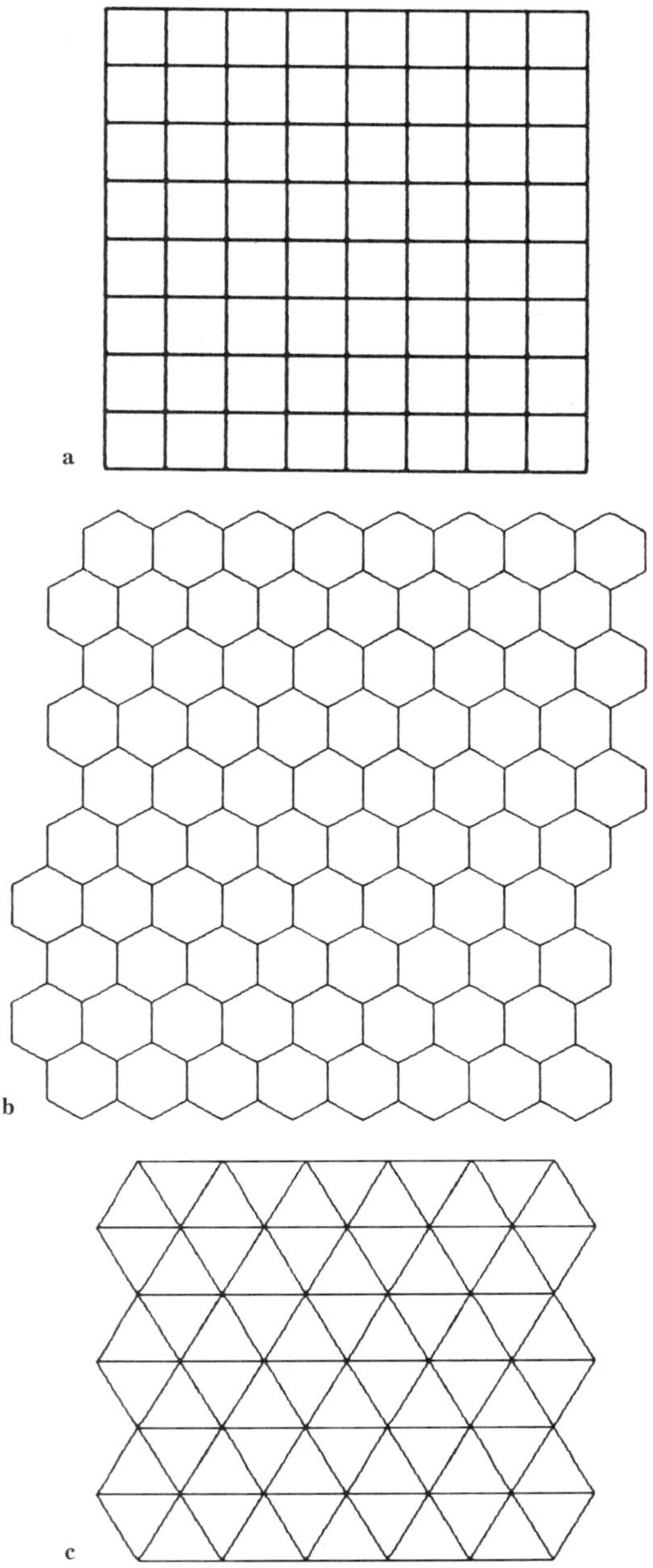

図 24-8　チェスのようなゲームをプレーすることができる三つの格子。aは正方形の格子、bは六角形の格子、そしてcは三角形の格子である。

そして、1,000,000×1,000,000 の盤上では誰も真の円との差に気がつかないだろう。さらにいえば、そのような場合にはその図形の下にある盤自体が正方形の格子なのか六角形格子なのか、それとも、それらとはまた別のなにかなのか、誰もわからないだろう。しかし、格子の粒子の大きさと同じぐらいの円に戻れば、もちろんこの格子ははっきりと見えることになる。

以上の理由から、次のようにいってもかまわないと思う。小説の「タイトル」を訳すことは、ときとして小説全体を翻訳する作業の中で最も挑戦的なことになりうる。結局、ほとんどの小説の全体としてのメッセージは、おのおのの言語の粒子のサイズにくらべるとはるかに大きいので、あちこちでぎくしゃくすること（踏み石の特異な配置のために不自然で変な言い回しを余儀なくされること）は他の場所で埋め合わせが可能で、全体を大きな目で見れば、そのようなぎくしゃくは平準化され、たがいに打ちけし合うことになる。似たようなことをコンピュータ言語とAIプログラムについてもいったことがあることを思いだしてほしい。大きなプログラムの中のアイデアの粒子の大きさは、考えられるどのようなコンピュータ言語の粒子のこまかさよりもはるかに大きいのである。

しかし、タイトルについてはまったく別である。タイトルはとても小さい。その粒子の大きさはほんのちょっと踏み石のサイズよりも大きい程度である。それは、数えるほどの石から構成される道で、なんらかの精妙さを含んでるときには、その翻訳はたいへん困難である。それは、ほとんどのタイトル、そして諺、警句などにあてはまるものである。イタリア語ではTraduttore, traditoreという——これを文字どおり、そして文学的に訳せば「翻訳者、そは裏切り者なり」となる。この珍しいケースでは、英語（日本語）の訳はそれが主張していることのまさに反例になっているが、一般的にはイタリア語の警句はまったく的を射ていて、含蓄のあるしかたで、いかなる翻訳も——したがっていかなるアナロジーも——完全ではありえないということを表している。したがって、これのもっといい訳は「移しかえる者、そは反逆者なり」というものかもしれない。

＊　＊　＊

与えられたある形（たとえば円）を目の粗い格子模様（たとえばチェス盤）の上で近似するという考えは、アナロジーに関する多くの問題を組みたてる素晴らしい方法を提供してくれる。ただし、アナロジーの問題が深く挑戦的であるために、目標にする形が必ずしも微妙な曲線である必要はない。とても簡単な形を一つの格子——その形の自然な住み家——から他の格子へ移そうとしているにもかかわらず、目標の格子へ文字どおりには移せないとすると、なにかが起こらなければならない。そして、それは疑いの余地なく困難なアナロジー問題なのである。

私たちはチェス盤について話してきたので、チェスの例を使うことにしよう。チェスの盤の格子は正方格子である。私たちの目標となる格子は六角形格子か、三角形格子であるとしよう（図24-8）。さて、「この格子上ではナイトの動きはどのようになるか？」と問うてみよう。私たちはすぐに、次のような質問に直面する。「私たちがよく知っている唯一のケースで、ナイトの動きの本質はなにか？」それについては、実にいろいろな考え方がある（図24-9）。次にあげるもののうち、どれが最も示唆に富んだナイトの動きの定式化になっているか？

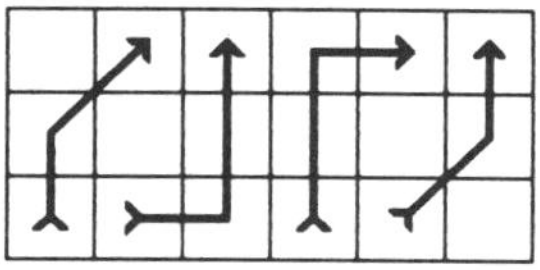
a

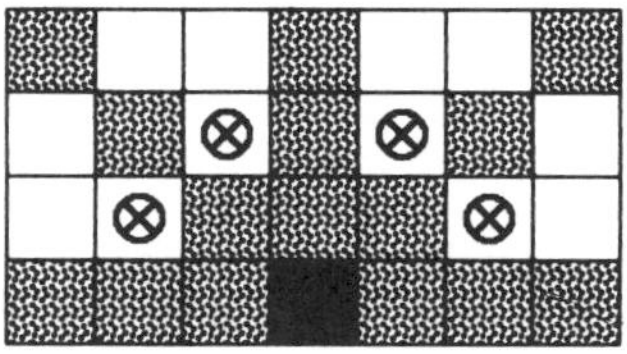
b

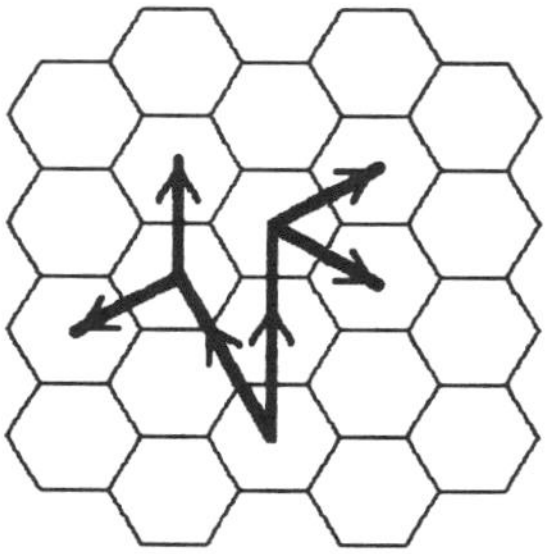
c

図 24–9 騎士（ナイト）の動き方を考えるいろいろな方法。aでは、城（ルーク）の動きと僧侶（ビショップ）の動きから組みたてられている。bでは、ルークまたはビショップに直接アクセスできない一番近い升目として描いてある。cでは、六角形格子の上でナイトの動きを考える試みがなされている。これらのうちで、よりいいものがあるだろうか？

(1) 長さ2のルークの動きと、それに垂直な長さ1のルークの動き
(2) 長さ1のルークの動きとそれに垂直な長さ2のルークの動き
(3) 長さ1のルークの動きと長さ1のビショップの動き
(4) 長さ1のビショップの動きと長さ1のルークの動き
(5) 通常のポーン（歩）の動きにつづくポーンの相手をとらえるときの動き
(6) 他のどの駒もすることができない最小の動き

あるいは、ここに並べたすべての項目がナイトの動きの本質を表す性質なのだろうか？ それならば、どの性質がより中心的なのか？ あなたならば、どれを真っさきに捨てるだろうか？ どれはけっして捨てないだろうか？ たしかですか？ 以下にあげる性質はどれぐらいやわらかいだろうか？ これらの性質はすべて、正方格子には当てはまるのだが。

＊ナイトが動くと、違う色の升目に行く。
＊ナイトは他の駒の上を跳んだりまわりを回ったりできる。
＊ナイトはすべての升目をなめつくすように盤全体の一巡ができる。
＊ナイトの動きのもとの升目と行き先の升目は、おのおのの一つの辺を通る直線の両側に位置する。
＊ナイトの動きは他の駒の動きのどれとも似ていない。
＊すべてのナイトの動きは回転と反転を除けば合同である。
＊ナイトはビショップとほぼ同等の力をもっているが、ルーク

よりは弱い。

　ひとたび、あなたがナイトの動きという概念をほかの格子へも拡張しようと考えだすと、いままで意識下にあったいろいろな特徴に気がつくようになってくる。それらの特徴が足し合わされて、高度に複合的なナイトの動きというものが定義されることになる。拡張しようという圧力がないかぎりほとんど思いつかなかったであろうことばかりである。たとえば、格子を色分けすることは、私にとっては天のお告げのようなもので、結局これがエレガントなナイトの動きを見つけだす王道になったのである（図24-10）。

　これら二つのパズルを考えているうちに、最初は途方もないことのように聞こえる問題を私は思いついた。それはチェスを一次元に押しこめるというものである。別の言い方をすると、長さN（具体的な値は決めなければならない）の一列の升目をもってきて、ルーク、ビショップ、ナイト、クイーン、キングそしてポーンの動きを見つけろということである（図24-11）。また、ゲームが始まるときにどのように駒を盤上に置くかを決め、またNの値も決定せよ。この滑稽な頭の体操は、私のＡＩ研究仲間や、チェスをやる友だちとの刺激的な議論をいくつも巻きおこした。たんなるアナロジーとして洗練されているかどうかという感覚は、どのような選択をしたら実際のゲームがおもしろくなるかという現実問題と競争しなければならなかった。この過程で、一つの予期せぬ提案が持ち上がった。ただ一列の盤ではなく、二列からなる盤はどうか？　そのような格子上では、ナイトの動きはごく簡単でわかりきったもののように思えた。ところが、私の「わかりきった」解には致命的な欠陥があって、それを興味ある方法で取りのぞくことになった。

　これらの議論のよりおもしろい副産物は、このゲームの名前の探求である。一次元のチェスは「チャス（chass）」と名づけられた。なぜならば、「a」は最初の母音だから。二次元のチェスは、その名前をキープした。「e」は二番目の母音だからである。（しかし七次元のチェスはどのように呼ばれるのだろうか？）$2\times N$のゲームは、一次元と二次元の間で微妙にバランスを保っているが、「チィス（chäss）」と名づけられた。標準的でない二次元格子上のチェスの名前はどうなるのか？　ここに、いくつかの答えがある。これらはなかなかおもしろいパターンを示している。

チェッシュ（chesh）「六角形格子」上のチェス
チェスト（chest）「三角格子」上のチェス、
そしてもちろん
チェス（chess）「正方格子」上のチェス

　そして、チャスのゲームで相手の王様に最後の一撃を食らわせたときには勝ちほこって、「チャックメイト！」と叫ぶのをお忘れなく。

＊　＊　＊

　私は、これらのチェスを拡張する問題はパズルとして美しいばかりでなく、アナロジーの問題を考える例題として大いに得るところのあるものであることに気がついた。たとえば、私がチェッシュに対する私なりの答えにたどりついたときには、たんなる答えではなく、それ以外にはありえない唯一の答えだという感じがしたものである。例の六角形格子上のナイトの動きである。これは、数学のよく知らない領域で、なれ親しんだ現象が新しいしかたで繰りかえし

a

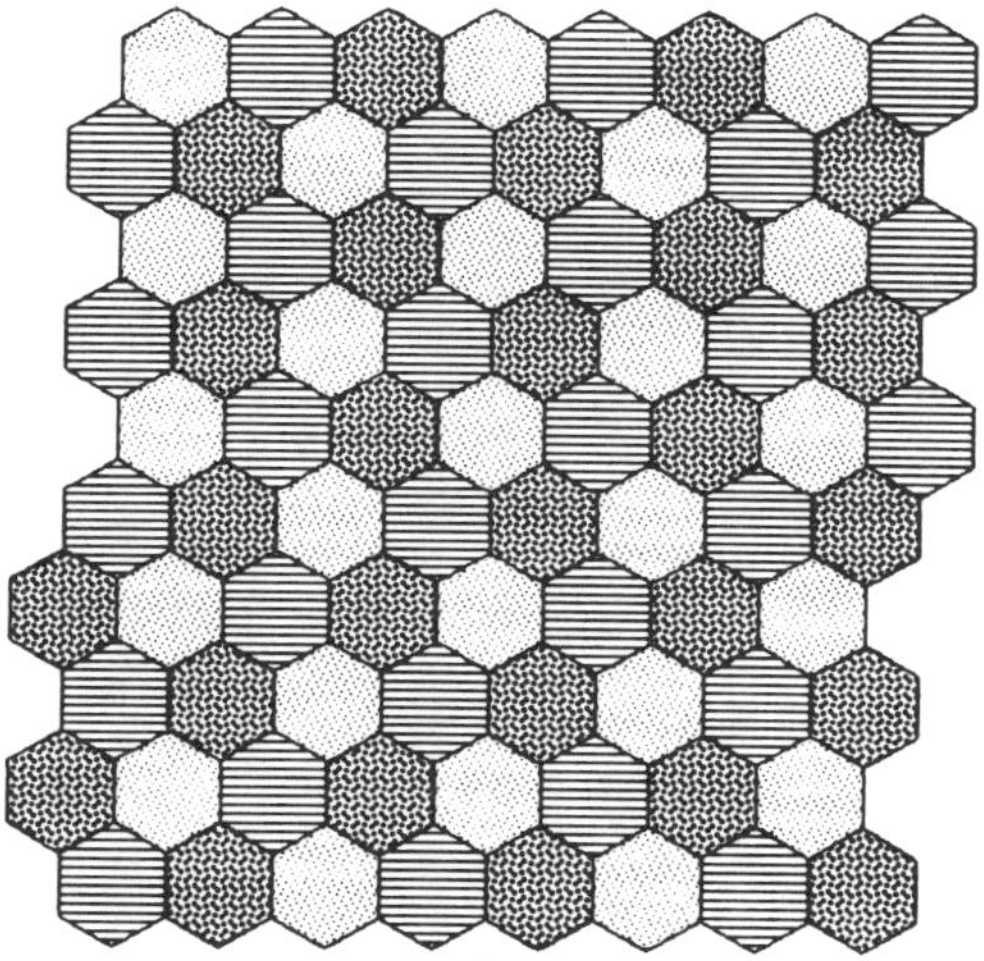

b

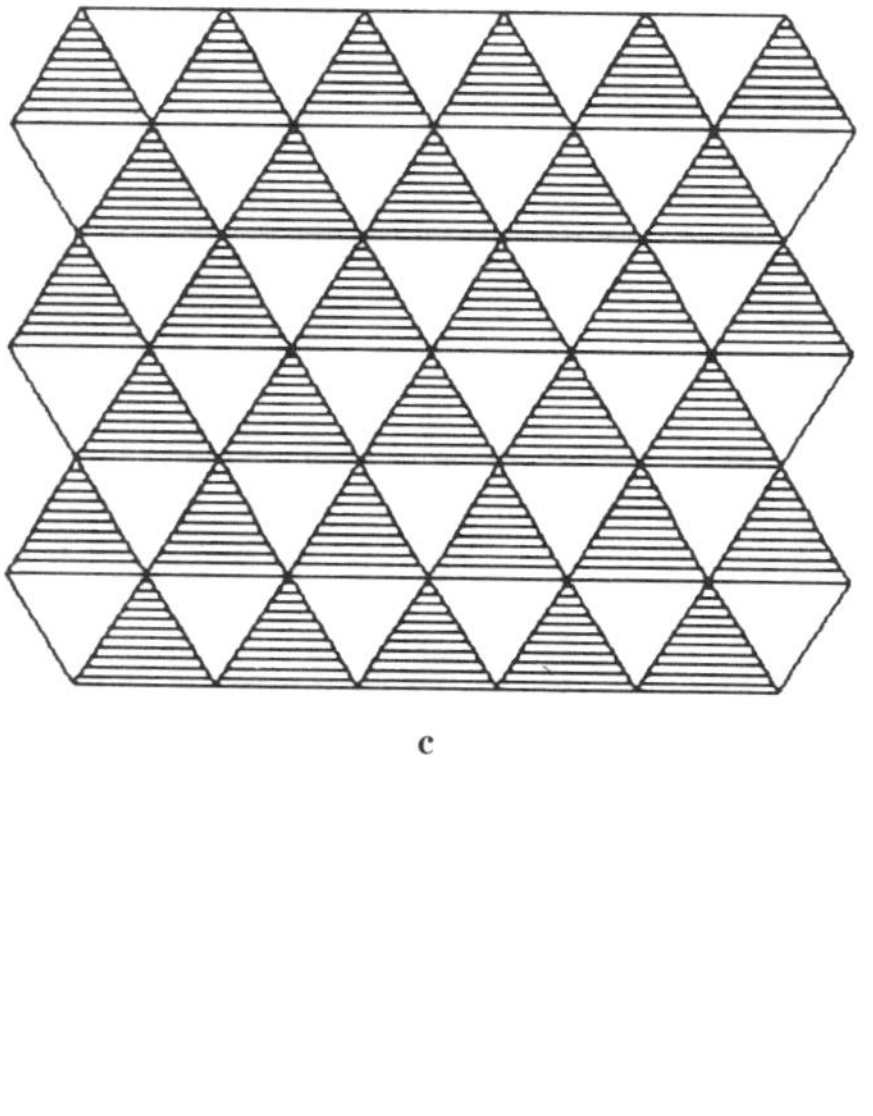

c

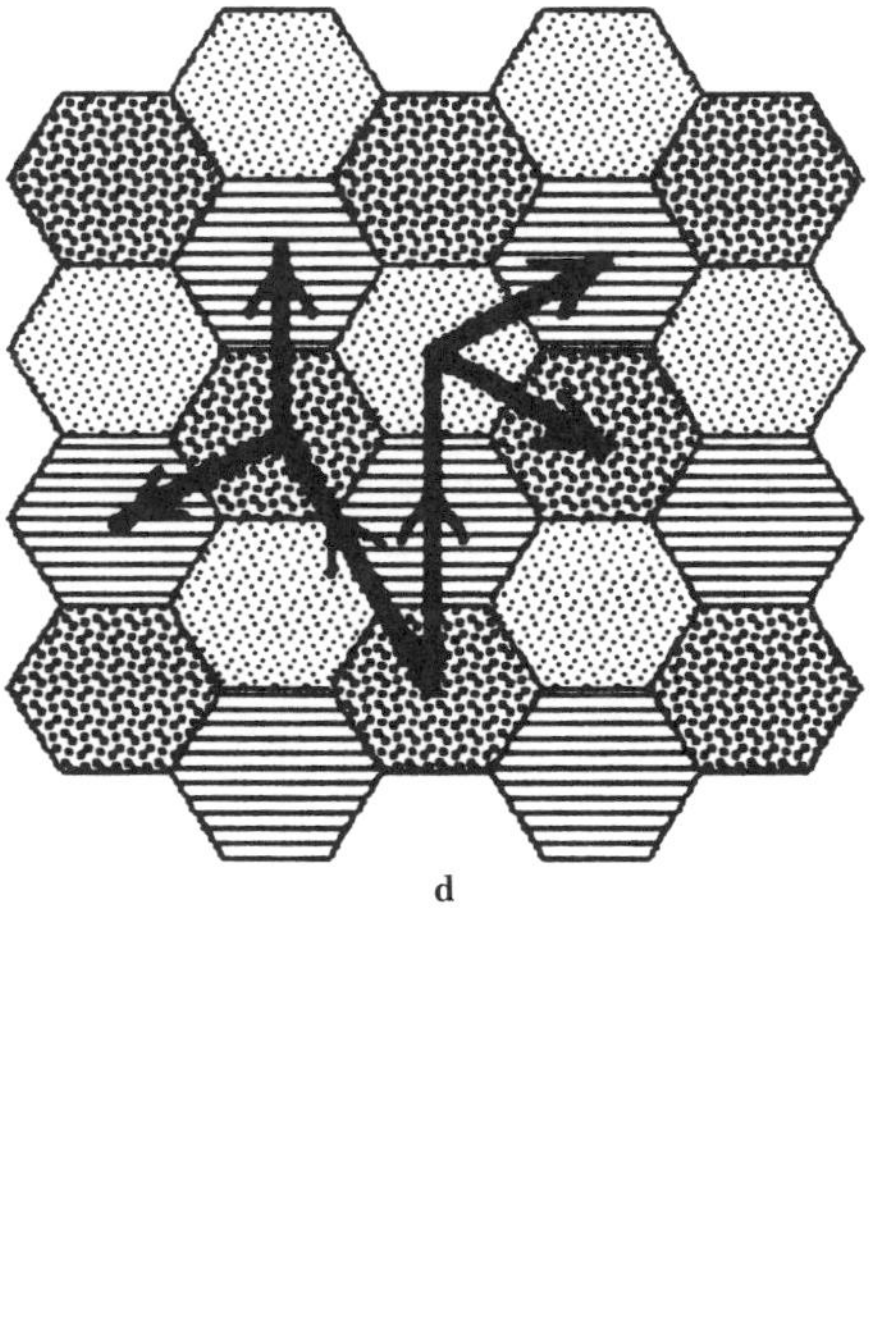

d

図 24-10　盤の色分けがチェスの駒の動きを定義するのに重要な役割を果たすということを認識すること。aでは、正方形格子の標準的な色分けが示されている。bでは六角形格子の最も自然な色分けが示されている。これには3色が必要であることに注意。cでは、三角形格子の最も自然な色分けが示してある。最後にdでは、図 24-9 の動きが色付けされた六角形格子上に示してある。こうすることによって、この動きのもっともらしさにどのような影響があるか？

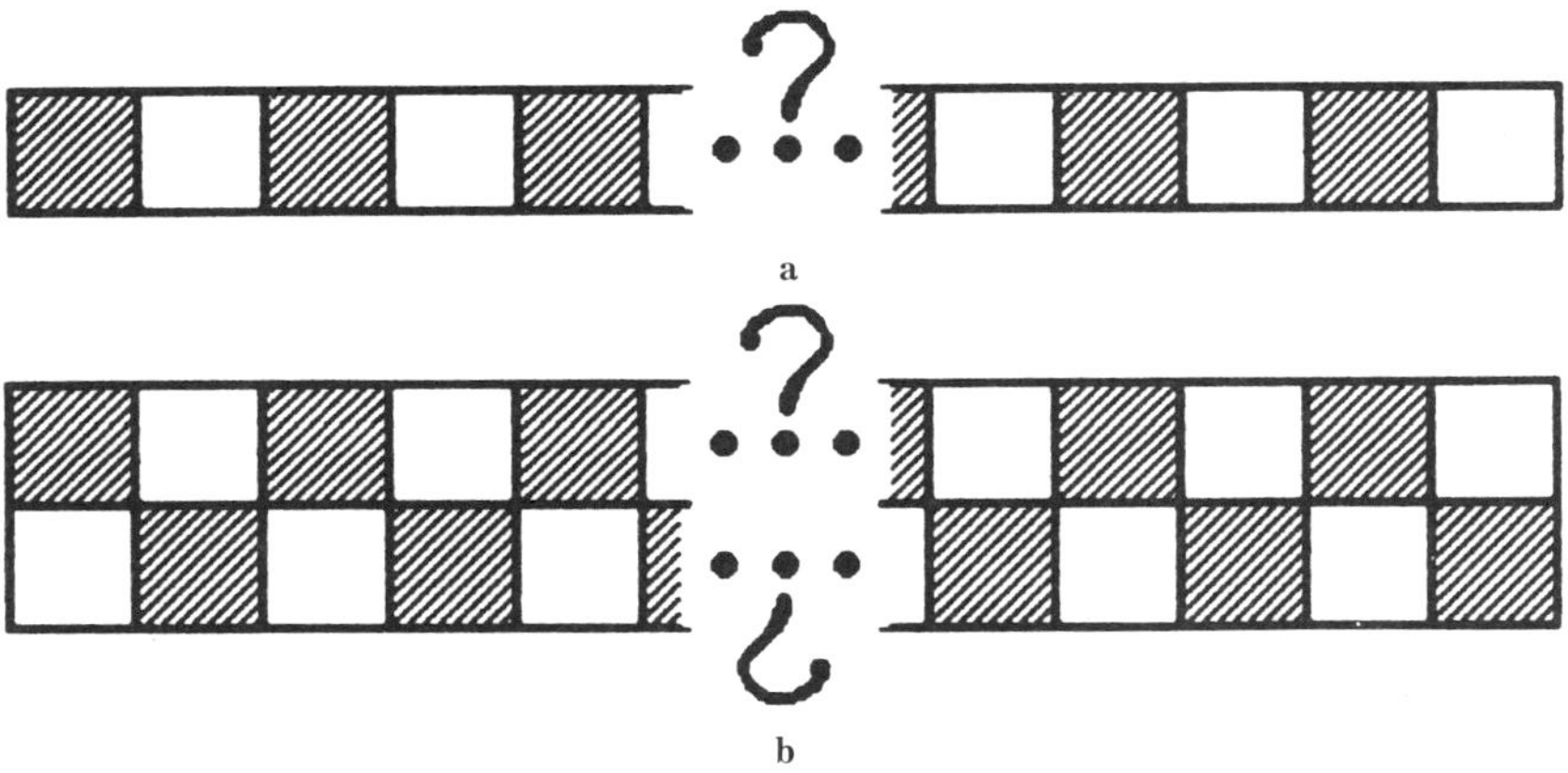

図 24-11　aでは、チャスとして知られる一次元チェスの盤が示してある。升目の最適な数が決定されなければならない。bでは、疑似一次元チェスのより広い盤が示してある。この変種はチィスまたはチェス(chæss) と呼ばれている。

現れたときに人が感じる絶対的な確信を強く思いださせるものである。そんなとき、人は、「あは、そうか、ウィグラーの補助定理はこうやって一般化されるのか。捻りどぼんの理論同型性は偶数のガチャガチャいたずら書きには同様に成りたつが、奇数のガチャガチャいたずら書きに対しては超捻りどぼんの擬似理論同型性になるのだ。なんと美しいことか！」などというのである。

マジック・キューブの概念を他の多角形や他の次元、別の切り方に拡張した人々も、これと同じ感じを何度も味わったに違いない。そして、新しい「キューブ」(たとえばスキューブやインクレディボールのような) を作るか手に入れるかすると、今度は前の扱いなれたキューブで知っている「アルゴリズム」を基本的な「操作」に分割して、新しいキューブに適用できるかどうかを知りたくなるに違いない。なにが個々の操作の本質なのか？　それらすべての背後になにか本質的な不変量が存在するような気がする。うまく言葉には表せないが、個々の新しい例題の中に明らかに、間違えようもなく見えてくるのだ。たとえ、その例がいままで必要だと思っていたある性質を満たさないものであったとしても。実をいえば、しばしば、性質を満たさないということ自体が、そこに「同じなにか」を見ているのだという確信を強めてくれることがある。なぜならば、それはその時点まで知らなかったやわらかさを明らかにしてくれるから。

数学者がxのy乗というべき乗の概念を拡張していったやり方以上にいい例はほかに見あたらない。最初、yは正の整数でなければならなかった。次に$x^0=1$がまさにべき乗のパターンに当てはまることがわかり、0もxの肩に乗れることになった。まったく同時に同じパターンからx^{-1}がxの逆数になるべきことが示唆された——

というより必要になった。こうなると、一般化への動きはもう止めようもない。yとして分数をとることもすぐに可能になった。½を肩に乗せると平方根を意味し、⅓は立方根を意味するというように。そして、実数でも可能になった。しかし、そこでとどまる必要はない。べき乗がなにを意味するかを表す各種の抽象的な定式化が行われ、その結果、初期の初歩的な定義を乗りこえることができるようになった。そうして、複素数ばかりでなく、$n \times n$の行列、関数作用素などなど、いろいろなものがxの肩に乗るようになった。これから、どんなものが出てくるのか見当もつかないほどだ。この概念上の超新星はいまだに一つの中心的な概念のまわりにまとまっていて、そのまわりの漠然と前提された暗黙空間（implicosphere）はぼんやりしたものであるが、その大きさは中心の概念をより強固にしっかりとしたものにしているのである。

もう一つ例をあげよう。意味のある4×4×4のマジック・キューブは明らかに一つしかない。それが「唯一の」答えである。それのみが「正しい性格」を有しているといえる。同じことがカマックとキーンによって発見された四次元キューブについてもいえる。同様に、スコット・キムはかつて、「不可能な三角形」（二次元の絵に描かれ、三次元世界に生きている者が見ると存在しえないような三次元の物体に見えるもの）を次元を一つ上げることによって一般化したことがある。つまり、「不可能なひずみ四面体」（三次元の物体で、四次元世界に生きている者が見ると存在しえないような四次元の物体に見えるもの）というわけである。あとになって彼は、不可能な三角形の発明者であるロジャー・ペンローズが同じように一次元を追加して、自分とまったく同じ構成物を思いついていたことを知った。ペンローズは一五年前にそれをしていたのである。そうすると、これは明らかにもとの単純な三角形が示していたのと同じ本質をもったパラドックスだということになる。ここでも、例の素晴らしい諺がぴったりくる。変われば変わるほど同じものだ。

高度に抽象的なアナロジーによる結びつきの背後に、絶対でほとんど神聖ともいえる真理、真実を見いだしたというあの感覚は、とくに数学ではよくあることなのだが、人生の他の領域でも起こりうることである。「思いださせる」感じが非常に強いので同じ言葉を使いたいと思ってしまうようなときは、自分の発見に対して宗教的になりだしているのだ。たとえば、ゴロムのキューブ上の「クォーク」にはどこか、「クォークであることの本質」を感じさせるものがある。これは一つの現象が二つの違ったしかたでそれ自身を表しているのか、それともたんなる偶然の一致なのか？　そのような質問は、ときには答えられないこともある。しかし、たいていの場合、自分では気づかないながらも、知らず知らずのうちに私たちの心はそのような問題に結論を与えている。新しいカテゴリーの言葉による具象化は、隠しても隠しきれない証拠である。そして、これは、心の中で起こっていることのうちで最も重要なものである。

＊　＊　＊

ある人は、ナイトの動き方を別の格子上へ移しかえるという試みは、おもしろいが取るにたりないゲームであると考え、現実世界のことがらとははるかに離れたものであるという態度を崩さない。ところが最近、この問題からそれほどひどくはかけはなれていない問題が、フォントのコンピュータ化に携っている人たちの間で実際に重要な問題になった。問題は、フォント（たとえばヘルベティカ）のエッセンスをできるだけ少ない数の「ピクセル」（正方形の格子上に並べられた黒白のドット。まあ、必ずしも正方形である必要はないが）の中に押しこめようというものである。はっきりとそれとわかるようなヘルベティカのaを、5×7の格子状に配列された三五個のピクセルで表現することができるだろうか？　これは明らかにできない相談だ。しかし、この場合、ピクセルの数はどれぐらい少なければだめなのだろうか？　いくつぐらいのドット数から「ヘルベティカらしさ」の少なくとも片鱗が現れだすのか（図24-12）？　そして、このつかまえどころのない「ヘルベティカらしさ」というのは、いったい全体なんなのか？　それは、ナイトの動きのエッセンスを見いだすのにくらべてどれぐらい難しいことなのか？

視覚的な形をできるだけ少ない数のピクセルの配列に圧縮しようとすると、人は深いところで本質の問題に立ちむかわなければならなくなる。なには捨ててよくて、なには残さなければならないのか？これとアナロジカルに「音」のアナロジーの問題について述べることは容易であるが、ほとんど探求されたことがない。複雑な音楽を長調から短調に、あるいはその反対に変換することができるだろうか？　音楽家はここでは、長音階と短音階が下に横たわる格子の役目を果たしていることにすぐに気がつくだろう。したがって、私たちは明らかに異なる「格子」の間を変換する問題に直面しているのである。機械的な方法でも、ある程度は前進することはできるだろうか？　しかし、複雑な曲では必ずたくさんのやっかいで、特異な問題が残るだろう。たとえば、長調の曲が短い間だけ短調になっているような場合にはどうするか？　短調に転調した時点で、今度は長調に変えなければならないのか？　この例は長調と短調の間の変換問題の氷山の一角にすぎない。本当の難しさを感じとるには、たとえば、次のような曲を自分に口ずさんでみようと努力してみるといい。「ひどい日々がまたやってきた」（選挙に敗れて悲しみに沈んでいるとき、民主党の人々によって伝統的に口ずさまれる）とか、フレデリック・ピチョンの有名な洗礼行進曲（変ロ長調のピアノソナタから）などなど。

また別の音楽上のアナロジー問題が、新しい楽器や新しい楽器の組み合わせのために編曲をしようとしたときに持ち上がる。たとえば、ジョージ・ガーシュインのとてもピアニスティックなピアノのためのプレリュードをギター用に編曲することはできるだろうか？素晴らしいメンデルスゾーンのヴァイオリン・コンチェルトを、ピアノ・コンチェルトに変換することはできるだろうか？　ここではおのおのの楽器が一種の格子を形成していて、この格子間でエッセンスを移すことが問題になっているのである。

視覚や聴覚の領域から、もっと概念的な領域――文章――に移ってみよう。自分が書いた文をできるだけ少ない文字数に押しこめようとすると、なにを伝えようとしているのか、そのエッセンスを定義するべく悪戦苦闘させられることになる。あるところまでは、文章はあちこちで不必要なゼイ肉をそぎ落とされて、実際改良されるものである。ちょうど、大学や政府機関がきびしい予算削減によってある程度は疑う余地のない恩恵をこうむるのと同じように。しかし、これが度をすぎると、意味自体が明らかに影響を受けはじめる。きっとおもしろいはずだが、ためしに自分が書いた一ページの文章を半ページに、次には四分の一ページにと徐々に短くしていき、最後には単語数個のフレーズにまで落としてみてほしい！　これは、翻訳の問題ともアナロジーの問題とも考えることができる。ふつうはどちらとも考えられていないが、こう考えればそれは明らかだろう。つまり、人はより少ない、きびしい言葉で、つまりより厳格に

図 24-12　薄暗がりから現れるヘルベティカらしさ。下から上に向かって、使ってあるドットの細かさが徐々に大きくなる。明らかに、aであるという性質もヘルベティカらしさも、上に上がれば上がるほど認識しやすくなる。とくに、このページを1メートルぐらい離れて見たときにそうである。左から右に向かっては、右に行けば行くほど文字についの知識をよりたくさんもったプログラムがどのドットを黒くするかを選択している。(実際、一番右の列は、第三列を人間が見て、軽い修正を施したものである。)

一番左の列は、文字についてまったく何も知らないプログラムによって作られた。このプログラムはたんに最後の目標となる形の曲線的なアウトラインを書いて、その中心がこのアウトラインの中に含まれるすべてのピクセルを黒くしている。

二列目と三列目は、認識をするのに重要で特徴的な領域に関する情報を利用したアルゴリズムによって作られたものである。このアルゴリズムはもとのアウトラインに、重要な領域が他よりも強調されて大きくなるような数学的な変換を施す。(スプーンに映った自分の顔を見ると、鼻が拡大されているのと同じように。) そして、この変換されたアウトラインに例の一列目と同じ無知なアルゴリズムを適用する。(つまり、アウトラインの内側にあるピクセルを黒くする。)これは、興味深いトレードオフになっている。より重要でない領域の感度を犠牲にして、重要な領域の感度を上げているのである。結果として、その文字の本来のアウトラインの中にはないピクセルが黒くなり、逆にその中にあるにもかかわらず黒くならないピクセルが出てきている。これは通常うまくいく賭けだが、つねにうまくいくわけではない。たとえば、三行目の一列目と二列目の文字をくらべてみよ。

二列目と三列目の違いは以下のとおり。二列目では、重要な領域はプログラムに与えられたおおまかな平均値によって決められていて、与えられた文字にすら依存しない。それに対して、三列目ではアウトラインの曲線をチェックして標準的な文字特徴、交差する棒、丸、縦棒などなどの知識を用いて自分で重要な領域を決定するのである。そして、このようにして、注意深く計算された重要領域を使って、今度は二列目でラフに決めた領域に対して適用したのと同じアルゴリズムを適用して、これらの領域を強調するようにアウトラインを変形する。あとは、例の無知なアルゴリズムをこうして得られたアウトラインに適用する。

しかし、あなたがどんなにすぐれたプログラムであったとしても、印刷上の地獄、すなわち本質的な差をとらえることができないくらい目の粗い行列へと下がっていけばいくほどこの問題はどんどん難しくなる。地獄への道のりで、次から次へと犠牲が払われていく。ヘルベティカらしさがまず見すてられ、次にはaらしさも捨てられる。それからさきはたんにエントロピーだけが支配する世界である。しかし、それの直前が究極の挑戦である。そして、いまのところ人間だけが、その挑戦に応えることができる。(コンピュータ・グラフィックス：フィル・アプリーとリック・ブライアン)

制限された格子の上で「これをいってごらん」というのをやろうとしているのである。

同じような話で、「性差別的でない」言葉でものを書くのを学ぶことも、翻訳とアナロジーのたいへんいい勉強になる。また、前に述べたeのない英語が口からすらすら出てくるよう練習するというのも、同じようにいい勉強になる。どちらの場合も、若干変更された踏み石の集合が与えられて、ふだんの言い方では簡単にいえることをいうための新しい言い回し、新しい文句などをたくさん発明し、かつそれに十分なれなければならない。どちらの言語でも、完全に流暢になるのは非常に難しい。

* * *

ドット数の少ない格子上で「ヘルベティカらしさ」を表現しようということに関連して、最近重要になっている問題は、オリジナルで美的に満足できるドット数の少ないフォントを作るという問題である。いいかえれば、よく知られた曲線からなるフォントを真似しようというのではなく、5×7あるいは10×12というような小さな世界の中で、「同じスタイル」にのっとった新しいフォントを作ろうというわけである。多くのデザイナーがこの問題に対して非常に巧妙な解答を発見したが、機械でそれができるものはまだない。

私のAIプロジェクトの一つである「文字の精神」は、現在ちょっと中断している（それはコピーキャット・プロジェクトが刺激に満ちた状態になるのをいらいらしながら待っているのだが）が、まさにその目的は、このようなことができるようなプログラムを開発することにある。一つか二つのドット数の少ない文字をヒントとして与えられて、アルファベット全体を「同じスタイル」――あるいは同じ精神で――完成しようというものである。ピクセル（点）を文字を構成する基本要素として使うかわりに、私は固定された格子上の短い線分を使うことにした。この格子は垂直、水平そして四五度の対角線上の線分から構成されている。私は、これらの基本要素を「量子」と呼ぶ。図24-13に許される小さな格子と、その上で実現できる驚くべき種類のaが示してある。実際には、ある種のaらしさをもったデザインがこの格子の上で一〇〇〇以上可能であると私は推測している。あるものは、完全に「a」領域の中心の的を射ているが、他のものは明らかに、この領域の周辺部の離れたところに位置する。また、そしてもちろん、同時に二つもしくはそれ以上の文字の親和的な影響圏の縁近くまで入ってくる形も数多くある。そのような形は、人間の視覚系にとっては呪われたひどい嫌われもので、曖昧さなしに一つのカテゴリーに入れたいという強い欲望が働くものである。また、それらは「文字の精神」プログラムにとってもまったくその可能性を否定するようなものである。

「文字の精神」で使う格子は、一見、制限となっているように思われるが、実際は完全な自由を与えられた場合には不可能な想像力の飛翔を可能にしている。（これは、制限と想像性の間の深い関係に関する基本的で一般的な教訓である。）図24-14はいろいろなスタイル上の工夫に刺激されてできたいくつかの格子フォントのサンプルである。ここでもまた、これらはほんの氷山の一角にすぎない。何千もの興味をそそる格子フォントがデザインされ、それを十分味わうことができよう。これを書いている時点で、私はそのうちの約一五〇種類をデザインした。麻薬中毒にでもかかったようだといわれそうだ。私が作ったもののうちの七つの完全な格子フォントが、この本の七つのセクションそれぞれの導入文の下に表示してある。

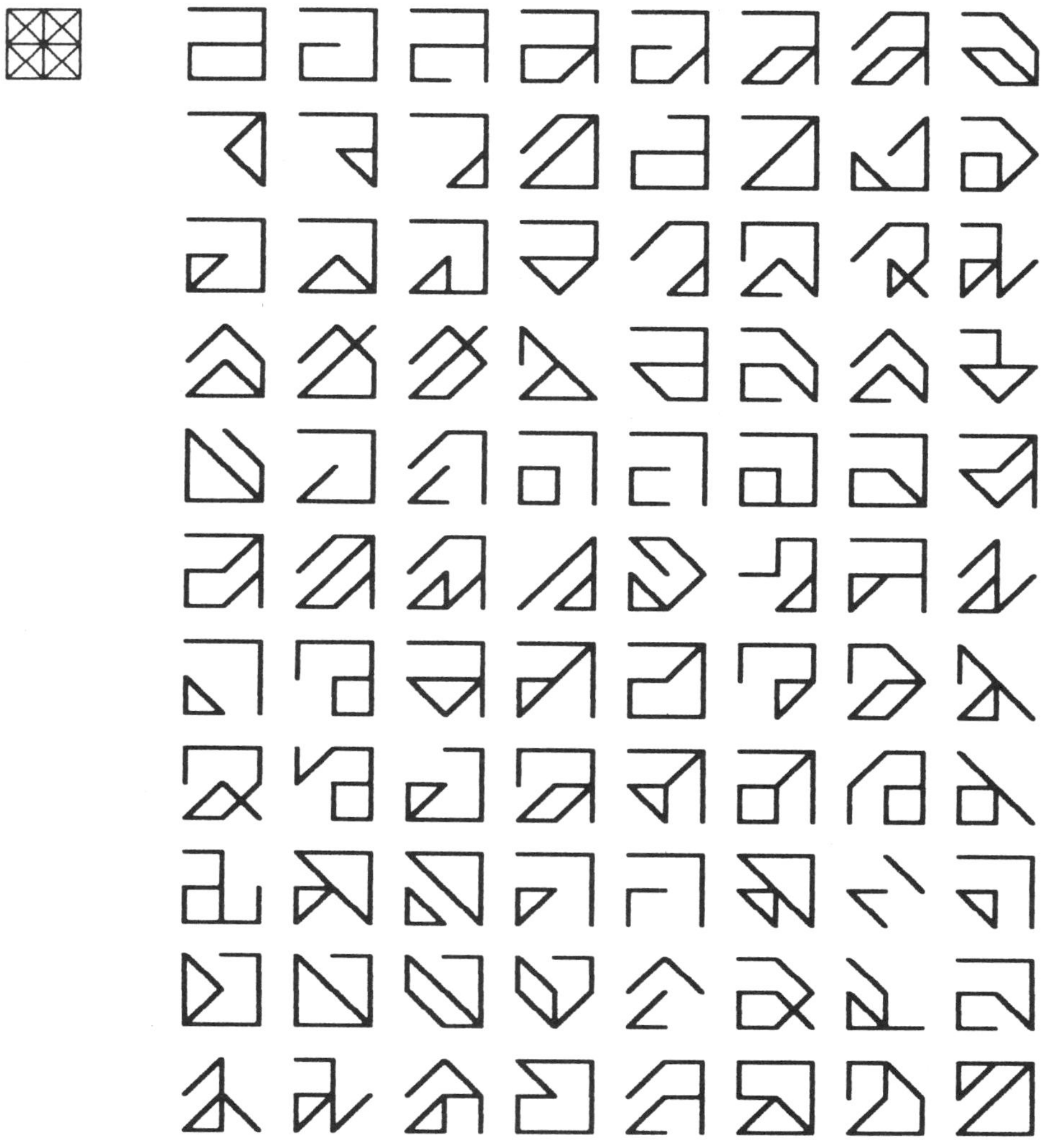

図 24-13　文字の精神の世界で、水平、垂直、45 度の「量子」から作られた 87 個の「a」。この格子の上ではかにいくつ「a」として認識可能な形がありうるのだろうか？（この図を図 12-2、12-3、12-4 とくらべてみよ。）

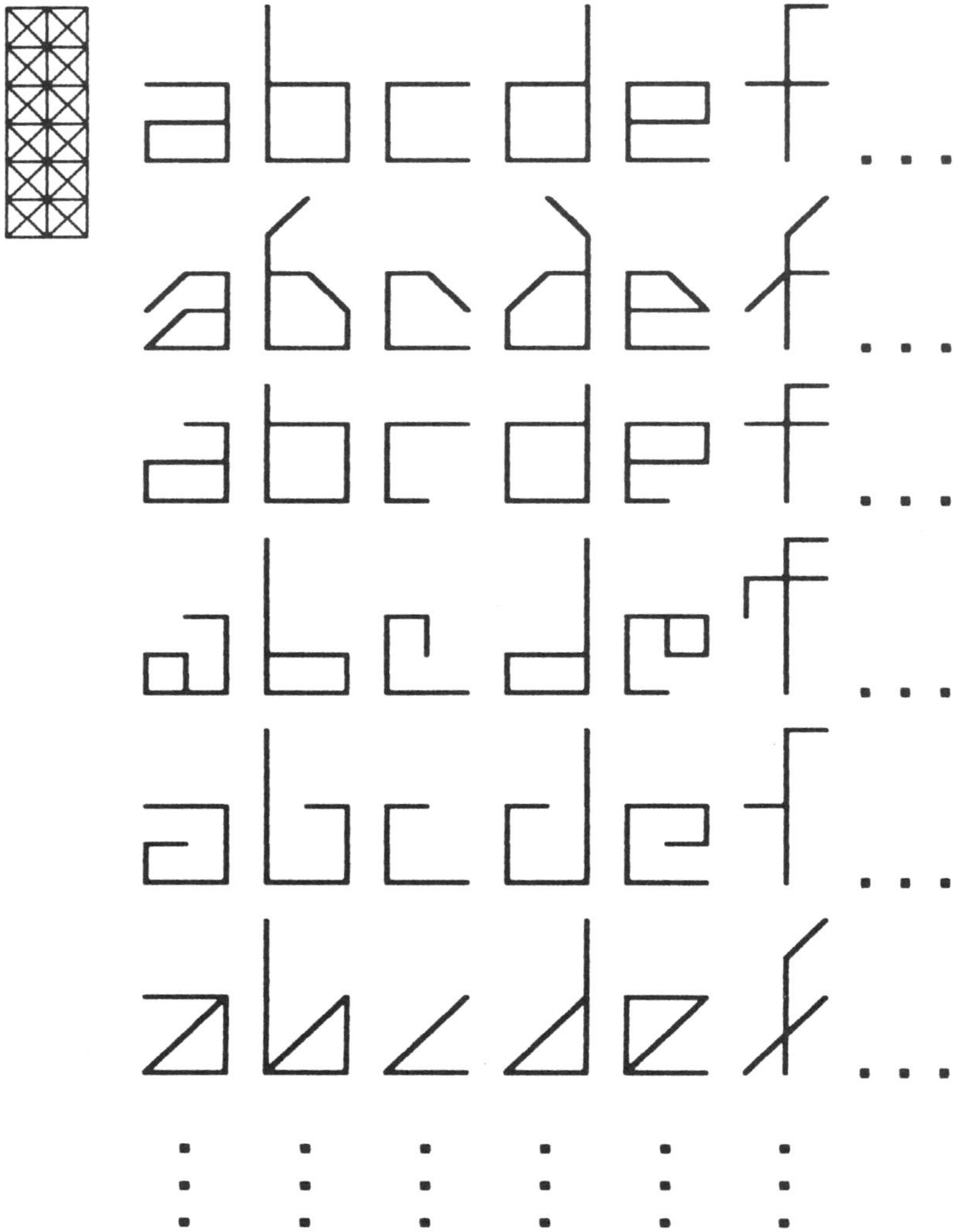

図 24-14　文字の精神の世界で現れる水平問題と垂直問題。（この図を図 13-8 とくらべよ。）文字の精神プロジェクトの中心問題は「同じ精神で」（ここでは、同じ行に属しているということ）作られた文字がたがいに共通にもっているものは何であるかを明らかにして、一般的には１ないし２個のサンプル文字を与えられると「その精神を理解して」、同じ精神で残りの文字をすべてデザインして、美的に満足のいく「格子フォント」を完成できるプログラムを作ることにある。読者には、自分の手を動かして、ここにそのはじめの部分を示した六つの格子フォントを完成し、また自分自身のフォントを発明することをお勧めする。

「文字の精神」プロジェクトは、はるかに野心的な夢から派生した。それは一つかそれ以上のサンプルとなる文字の形を与えられたときに、それから真に芸術的で、曲線からなる正真正銘のフォントを作るプログラムを作ろうとするものである。私はここで「はるかに野心的」と書いたが、ある意味ではこれは正しくない。

結局、問題を単純化する個々の段階で（最初にこのようなプロジェクトを考えたときから最後に格子にまでたどりつく間には、かなりのステップがあった）、完全なフォント問題の「エッセンス」はきちんと保存し、たんに表面的な要素を取りのぞいただけであるという点をつねに確認してきた。したがって、ある意味では「文字の精神」プロジェクトはフォント・デザインのみならず、芸術と創造性一般の中心的な問題を実際には内包していると私は信じている。そして、私に抗弁の機会を与えてくれれば、いつでも自分の主張を擁護する準備はできている。

私は最近、人間が作ったフォントをディジタル化することを主な仕事としている、マサチューセッツ州ケンブリッジのビットストリームという会社を訪問した。それは、素晴らしいものであった。彼らが何度も何度も繰りかえしやらなければならない典型的な仕事は、与えられたあるフォントをドット数の多い格子から別の格子へ移しかえるという仕事である。（たとえば、一文字当たり200×200ピクセルから100×100へ。）この目的のため、彼らは専用のグラフィックスのハードウェアをもっているが、これで十分間に合っている。この格子から格子への変換は容易に機械化できるアナロジー、または翻訳の仕事である。しかしながら、彼らが与えられたフォントをドット数の多い格子から中ぐらいのドット数（たとえば15×15）へ落とそうとすると、彼らのグラフィックス機械は、ぎざぎざした辺とあらゆる種類の不必要なピクセルを含んだ、受けいれがたい粗末な解を生成する。この点を改良するためにビットストリーム社は高価なリスプマシンを購入し、この目的のために複雑なプログラムを開発した。このプログラムの出力のいくつかが、図24-12に示してある。要は、極端な圧縮はおだやかな圧縮にくらべて、はるかに強力なハードウェアと複雑なソフトウェアを必要とするということである。最後に、あるフォントをドット数の多い格子から本当にドット数の少ないもの（たとえば、10×10）に落とさなければならないときには、彼らは人間のデザイナーに仕事をまかせるのだそうである。なぜならば、人間だけが、このレベルのドット数で表面化してくる、たくさんのたがいに影響し合う認識上の問題をうまく扱えるから。

最初のうちは、これは常識に反するように聞こえるかもしれないが、実はまったく理にかなったことなのだ。ドット数の多い格子の場合には、下に横たわる媒体の粒子のこまかさは消えうせてしまい、一つの格子から他の格子への変換は赤子の手をひねるように簡単になる。たとえ目的とする格子が六角形格子であったとしても、それが十分にこまかいものであれば、問題はまったくない。しかしながら、非常にドット数の少ない格子への圧縮は視覚的な形の概念上、知覚上のエッセンスをしっかりとらえてことに当たらなければならなくなる。そして、このエッセンスがアナロジーの問題の中心的な問題なのである。事実、エッセンスを見きわめることが、理解することの本質（エッセンス）なのである。

＊　＊　＊

アナロジーは、ある比喩的な格子の上で、別のこれまた比喩的な格子上のある形を再現しようという試みとしてとらえられる。二つの格子の目が粗ければ粗いほど、この対応づけをするために、アナロジーを作る人の側により多くの工夫が必要となる。役や部分的な構造を抽出し、重みを計り、それぞれを対応づけなければならない。抽象度のレベルを上下したり、似た概念の間を横滑りするといった、あらゆる種類のやわらかさが可能でなければならない。アナロジーを作る人は、提示された解の洗練度を評価しようとするわけだが、結局は現実世界における運用が、その成否を決定するのである。

コピーキャットの領域は、鼻さわりやチェスの領域よりもおもしろくないという印象を受けるかもしれない。また「文字の精神」の領域ほど心をとらえないかもしれない。しかし、それは表面的な見方である。科学において進歩するためには、研究している現象が本当に他から切りはなされてとらえられていることを確認しなければならない。私はすでにこの分離の仕事はうまく成しとげたと確信して、いまはモデル作りの段階に入っている。このプロジェクトは現在も進行中で、その攻略方法——実際の機械の上で動くシステムをどのように組みたてるかに関する構想——は難解で複雑なものである。その方法をここでの話に関係づけるのは、また別の長い話になってしまう。その領域自体が、ここでの議論の主題だったのである。

この小さなアルファベットの世界に、アナロジーの基本的な問題のすべてが現れたという自信がある。実際、さらに進んで私は以下のように主張する。コピーキャットの領域は、アナロジーの中心的な性質をすべてもち合わせているばかりでなく、私が知るかぎりの他のどんな領域よりも結晶化され、明白な形でそれらの性質を提示していると。なぜならば、この領域は非常に単純化されているから。逆説的ではあるが、コピーキャットの概念的な豊かさと美しさも、実はこの明らかな単純さから出ているのである。ちょうど、「理想気体」という比喩の実りの多さが、その絶対的な単純さから発しているように。時がたてば、この私の努力が、有効なものであったかどうかがわかるだろう。

追記の追記

思うに、この追記はたぶんそれ自身で独立した章であるべきだったようだ。このように長いものになるとは、夢にも思っていなかった。私はたんに、現在私がどのような問題と取りくんでいるのかを知ってほしいと思っただけである。そして、それには相当な時間がかかるということがわかった。もとの本文はがっかりするほど冷たく迎えいれられた。私は、ここに述べた研究プロジェクトの背後で私を突きうごかしているものの完全な説明が、より多くの興味を喚起することを期待している。

以下に、追記で出したアナロジー問題に対する「答え」を示す。どの問題ももっと長い議論をする価値があるが、人生は短い。

五六六ページ

1 「dab」(対抗馬「cac」を抑えて選ばれた。)
2 「dba」(「cbb」を抑えて決定)。
3 「pdt」(うっ!)と「pcu」(えへ!)のどちらか決定困難。
4 もちろん「pxqxsx」——「pxqxry」または「pxqxsy」ではない。
5 あまりに明らかなのでノーコメント。

6 むむむ……、「aaabbbddd」か、「aaabbbddk」か、「aaabbbc-cl」かまたは「aaabbbddl」。
7 「trqp」、もしかすると「srqo」(絶対に「srqq」ではない)。
8 「tptqtrtt」はなかなかいい、でも「spsqsrst」もいい。
9 もちろん、「abcdeabcdab」。
10 「bcdacdabc」(これは図-地問題である——「bcd」が「コード」の中のaにあたる)。
11 「acg」は「acf」よりはるかにいい。
12 あなたにはわかるはず……。

五七三ページ

1 「pqr」は「pbc」よりもはるかに示唆に富んだ答え。
2a 「nws」だけが考えうる唯一の適切な答え。
2b 「uuuu」(2aへの答えにもかかわらず、「vvvv」ではない)。
3 「aBc dEf pQr」は「aBc pQr dEf」になる。
4 「qabcxyzq」は鋭い答えだが、「abcqxyz」という対抗馬もある。
5 「zabczdefzstuz」、明らかに「zabcdefzstuz」よりもいい。
6 「eeeffghhiii」、そして中央のgが全体のポイント。
7a 「dcbabcd」、それほど難しくない。
7b 「abbbc」、3-1-3が1-3-1になるのを見たので。
7c 「pfr」——「内が外」を大胆に抽象的に見たもの。

プログラムにこのようなアナロジーができたら、私は感激してしまうだろう。

追記の追記の追記

追記と追記の追記を書きおえたあと、私はある会議でリチャード・ファインマンに会った。私は、三年前にカルテックで私が行った講義のことを話してみた。彼のおぼろげな記憶によれば、それは「つまらない」ものであったという。私は、これは彼にとっては得るところがなかったということを慈悲深く表現したものだと思った。それで、彼の「村の愚か者」は本当に困惑したためで、わざとそうしたのではないかもしれないと思うようになった。

そこで、少々不安になって、彼に、私の新しい本の中で、アナロジー問題に対する彼の答え方を何度か「村の愚か者」とユーモアをこめて表現したことを話した。彼の不興を買うのではなかろうか？彼は「いいえ！」といった。「しばらく前、『オムニ』という雑誌が私にインタビューを行って、その記事が載っている号のカバーに『世界でもっとも利口な男』という言葉を使ってそれを宣伝した。私は、その効果を打ちけすことはいいことだと思う。君が私を『村の愚か者』と呼んでくれたのなら、それはたいへんいいことだ。きっと、私の母は『オムニ』よりも君のほうに賛成すると思うよ」と彼はいった。

［第25章］
動玉箱の中ではなにがなにを？

アキレスシンボルと亀シンボルが作者の頭の中で出会う。

アキレス　こんなところで鉢合わせとは。パリでの対話以来だね。

亀　この作者のすることは予想がつかないのさ。これでもうおしまいだと思っていると、引っぱりだされて彼の読者のために一席演じさせられる。

アキレス　なんで、彼の気まぐれで僕らが担ぎだされなくちゃならないんだい。

亀　抵抗してごらん。そうすればなぜだかわかるよ。実は、君には選択の余地はないんだ。

アキレス　選択の余地がないだって。

亀　いいかい、一席演ずるのを断わるのは自殺するも同然なんだ。考えてもごらん、君と僕（少なくともこのホフスタッター版の僕ら）は、ホフスタッターが僕らの対話を書いているときだけ存在できるのさ。『ゲーデル、エッシャー、バッハ』（GEB）は楽しかったけれど、もうあれも終わってしまった。ネタはもうあまり残っていないだろう。ホフスタッターも、いつまでも僕らに頼りっぱなしではいられないとわかっている！　だから、いまのうちにできることはしておいたほうがいいぞ。

アキレス　ああ……そういえばあのころはよかったなあ。二人で素敵な台詞をいい合って。君の台詞に、「アキレス的ひらめき」が僕の脳の中を「虫に飢えたつばめの飛跡よりも入りくんだ形で」跳びまわる、というようなのがあったね。違ったっけ？

亀　たしかそんなふうだったと思うよ。ホフスタッターはそれをとても気に入って、少なくとも「二つ」の対話で僕にそれをいわせたんだ。おかしいだろう。

アキレス　ずいぶんと奇妙な言い方をするね。たしかに僕らは誰か他人の空想の産物にすぎないにしても、それでも小説の登場人物は、「息を吹きこまれ」て「自分自身の意志」をもつようになるっていわれてるじゃないか。それはけっしてたんなる決まり文句ってわけじゃないよ。

亀　さあどうかな？　僕は小説家じゃないし、ホフスタッターだって違う。

アキレス　僕のいいたいのは、「僕」は実はたんなるホフスタッターの道具にすぎないのか（たとえ彼がどんなに好意的だったとしても）、それとも僕は（いま僕が感じているように）真に僕自身の自由意志を行使しているのか、いったいどちらなのかということなんだ。結局のところ、この頭の中ではいったい誰が誰を動かしているんだろう？

亀　ああ、たしかそれにぴったりの一節があるよ。GEBの七一〇ページ〔邦訳六九九ページ〕だ、そこで、ホフスタッターは分離脳で有名なロジャー・スペリーを引用している。ちょうどスペリーが精神・脳・自由意志にまつわる自分の哲学を披瀝しているところで、明らかにH氏はその哲学を擁護しているんだよ。しかし、その話はそのくらいにして本来の話題に戻ろう、導入部としてはもう十分だろう。アキレス、君の頭の中には、なにかH氏が君を通じてもちだしたいと思っていることがあるんじゃないのかい？

アキレス　亀公、そんなふうな逆さまな言い方はやめろよ。

亀　わかったよ。しかし本当になにかいいたいことがあるんじゃなかったのかい？

アキレス　ああ、実をいうと、この間本屋で見かけた本のことなんだ。『分子の神々――分子はどのようにしてわれわれの行動を決定するか』という表題の本なんだが、副題に興味を引かれてね。

亀　どういうことだい？

アキレス　最初に見たときには、「へーっ、おもしろい――僕の中の分子がそんなに僕に影響を及ぼせるとは知らなかったね」と思ったんだ。

亀　古典的反応だね。

アキレス　馬鹿げているとはわかっているんだが、でもどこがいけないんだい？

亀　なんだって？　分子が君のすべてなんだよ！　フランシス・クリックの『分子と人間』を読んでごらんよ。

アキレス　ああ、仰せのとおり僕は分子からできているさ。そのことを否定するつもりはない。ただ、分子は「僕」の意のままになるというふうに思えるんだ。もちろん一つ一つがという意味じゃなくって、「塊」でという意味だけど。ちょうど、チェロを弾いたり、小切手にサインをするときの僕の指のようにね。だから「僕」がなにかをしようと決心すれば僕の分子はそれに従わざるをえないのさ。結局君の解釈は逆さまで、分子が僕を動かしているんじゃなくて、本当は僕が分子を動かしているんじゃないかい？

亀　（憤慨した様子で）「僕」ってどういう意味だい？　「君」ってのはなにを指すのかい？

アキレス　えーっと、こういうふうに考えられないかい。僕の自由意志が僕がなにをするかを決定すると。

亀　わかった、わかった。それじゃあこういうふうに定義してみよう。君の使っている「自由意志」という言葉は、君の脳に備わっている一定の動きをとろうとする傾向の複雑な集まりを指す略号なんだ。さっき君は、「指」という言葉を分子の集まりの全体を指す省略語として用いたろう。同じように、「自由意志」という言葉も、自然に備わった性向や制約の全体を指す省略語と考えるんだ。結局、君の自由意志――つまりニューロン活動がよく通りやすくなっている経路――が君の脳の中の分子の運動に制約を与え、さらにその運動が君の指の動きのパターンに反映されるんだ。

アキレス　ということは、「自由意志」という言葉は、ヴィクトリア朝宮殿の庭に見かける「垣迷路」のようなものを指す略号だというわけかい？　ある道筋は通れるけれども、別のところは通れないようになっている？

亀　そのとおり、ただ、もちろんその「垣迷路」は君の頭の中にあってもっとずっと抽象的だけどね。たとえば、道筋が「固定的」に通れたり通れなかったりすると考えるのでは単純化しすぎなんだ。むしろ、ピンボールマシンのピンによって決まる成り行きの集合と考えたほうが、当たっているな。「ピン」ってなんのことかわかるよね？

アキレス　丸くって固定されていて、まわりにゴムが当たっていて、ピカピカの玉がそこに当たってはねかえるやつだろう？

亀　そうだ。一〇〇万個以上もの玉を平均してみれば、それぞれのピンは玉が下まで落ちていくのに統計的に影響を与えていることがきっとわかるだろう。道はけっして「通れるか通れないか」ではない。ある道は可能性が高く、ある道は可能性が低いんだ。そしてそれはピンの配列に依存して決まるのさ。でも垣迷路のイメージのほうがぴったりくるんなら、それでもいいけれども。垣のほうがかっちりした制約となるから、ピンの場合のようにもやもやした感じがないだろう。迷路の中の動きのほうが自由度が少ないからね。でも、迷路のイメージをもっとふくらませることもできるんだ。迷路の中を人が動くと、垣がゆっくりと位置を変えるとしてみよう。ちょうど垣が可動式の仕切りでできていて、仕切りは迷路を探検する人の道筋を制約するけれども、反対に人が通ることによって仕切りがゆっくりと動いて、迷路の形が変わると思えばいい。

アキレス　迷路の中の人が――自由意志によって――仕切りを動かして、別のところへ置くと決めることができるという意味？

亀　そうではなくて、迷路の中を動きまわるという行為自体によって定まる結果なんだ。もう一度、ピンボールのアナロジーに戻ろう。今度は、ピンが盤に固定されているんじゃなく、ホッケーのパックのように盤上を「滑る」ことができて、上下左右どちらの方向からぶつけられても、ちょっと滑って位置を変えるんだ。ピンは丸い必要はない。細長いのがいくつか集まって管や漏斗の役目をすることもあるだろう。いずれにしても、それらは素早く動きまわるピンボールに揺さぶられているんだ。

アキレス　ちょうどブラウン運動のように？

亀　そのとおり。実は時空間の「二通りの尺度」が作用していて、おたがいに影響し合っているんだ。重たくてホッケーパックのようなピンは軽い玉から見ればほとんど定常的に見える。たまたまやってきて玉の動きを追っている観測者には、大きなピンが軽い玉の運動を決定しているように見えるだろう。ピンが玉に行き先を教えている――あるいはスペリーの言葉に従えば「それらを動かしている」とね。

アキレス　いいイメージだ。「僕」が分子を動かしているというさっきの僕の考えとも合うしね。

亀　たしかに。ただし、「君自身」をピンの配置と同一視すればだけどね。

アキレス　うーん、ちょっと奇妙だ、認めるよ。

亀　さて、二番目の観測者は、同じ過程を記録した「フィルム」を一千倍以上に早回しして見ているとしてみよう。「彼女」には、いくつもの大きくていろんな形をしたパックの集まりが、おもしろい模様を描きながらゆるやかに動いているように見える。きっと彼女は「どうしてあんなふうに動いているんでしょう、原因らしいものはなにも見えないわ」と思うだろうね。

アキレス　玉は見えないのかい？

亀　この時間スケールでは、玉はあんまり速く飛びまわっているので軌跡は一様な背景色に溶けこんでしまって、動きは全然見えないんだ。

アキレス　なるほど……ブラウン運動のことをだんだん思いだしてきたぞ。コロイド粒子が溶液中で押し合うように動くのを顕微鏡で観察して、人々は不思議に思ったんだ。なにがそんな運動を引きおこしているのかわからなかったんだね。コロイド粒子にひっきりなしにぶつかってくる分子は小さくて見えないし、それに動きも速すぎた。

亀　そのとおり。この時間尺度では、なにがパックの動きを「引きおこしている」のかはっきりしなくても、観測者はゆっくりと変わるパックのパターンになにか意味を与えはじめるかもしれない。

アキレス　自然な成り行きだね。構わないだろう？

亀　観測者は擬人化するかもしれないよ。「あの小さな二つはおたがいに近寄りたがっていないし、あの二つの細長いのは平行に並ぼうとしているわ」とかね。そして彼女は目的論を編みだして、重いパックの動きをパックだけで記述しようとするのさ。ブラウン運動のように、パックはつねに小さな物体に衝突されているんだってことに、彼女は全然気づかない。（玉はBB弾のように本当に小さいということにしよう。）もっと小さいなにかがパックのゆらぎのパターンを「作りだしている」なんて知らないのさ。

アキレス　映写機のノブを回して早回しや遅回しができるわけだね？　途中をなめらかに変化させることだってできるね？　素敵だ！　まず最初は一番遅くセットするんだ。不動のパックがたくさんの小さな跳ねまわる玉の軌跡を決定しているように見えるね。早回しにしていくにつれて、だんだん玉は追跡できなくなって、やがて大きな霞になってしまう。その一方で、パックは実は不動では「なかった」のが見えてくる。玉によって動かされているんだ。結局、本当はなにがなにを動かしているんだろう？　うん、やっとわかった、相互的なんだ。

亀　そうなんだ。さらにもっとこのたとえをふくらませてみよう。玉はつねに机の四方から中へ向けて打ちこまれていて、同時に四方から外へ飛びだしていくとしよう。ポケット付きの玉突台のようなものを思いうかべればいい。ただし、玉を打ちだす小さな機械が側面にたくさん取りつけられているし、迷いこんできた玉の出口となるポケットがやはりたくさんあるようなものだ。打ちこまれる玉の量と外へ出ていく玉の量とが等しくって、全体では玉の数の増減はないものとしよう。さらに玉の打ちだし量はほぼ一様だが、完全に一様ではなく、机の外側の条件によって定められるんだ。たとえば、赤い光が打ちだし機械に近づけられるとその機械の発射率は下がり、緑色の光が近づけられると上がるとしよう。これで、「外界の光」から「内部の玉打ち」への「変換器」ができたことになる。さて、ここでパックの観測者が光とパックの「両方」を観測したとする。彼女は、外側の光のパターンと内側のパックのパターンとの間に、因果的な結合を見てとることができるだろう。こういう場合、心的な言葉を用いるのはきわめて自然だろう。たとえば、「緑色の光を見て逃げようとしているわ、きっと緑色が嫌いなのね」なんていっても、もっともらしく響く。

アキレス　ははあ、それを聞いていいことを思いついたよ。僕もおかしな特徴を付けくわえてみよう。ある特定のパックが、光源に近づいたり遠ざかったりする外部の「腕」と物理的につながっているんだ。そして、そのパックが机の上である方向に動くと、それにつれて腕が光を遠ざけたり近寄せたりするのさ。指とかはないし、とても原始的だけれども、これでパックと光の間に両方向の結合ができたことになるね。おっと、下のほうで走りまわっている玉のことを忘れるところだった！　玉打ち機械に「頼っちゃって」あまり考えなくてもちゃんと動いているような気がするんでね……。パックと光と腕とがまるで生きもののように相互作用をしている——踊っているように思えるよ。

亀　どうも別のたとえに移りつつあるようだね。しかも、だんだん複雑さが増していく……。もちろん構わないがね。どんなに複雑になったとしても、いつでも映写機の速度を落とせば玉がはっきり見えてきて、パックの動きは見えなくなるのだから。

アキレス　そうさ。しかし気になることがあるな。脳の中には大きさの異なる二つの単位があるわけでは「なく」、すべてが一様だろう？　つまりニューロンがぎっしり詰めこまれているというわけだ。そうすると二通りの尺度というのは、いったいどこから出てくるんだい？　迷路と仕切りの場合でも二種類の対象（迷路の中の人々と迷路の壁）があって、おたがいに相手を押し合っているよ。しかし脳はそうじゃない——そうだろう？　ニューロン活動のほかにいったいなにがあるっていうんだい？

亀　それじゃあ、もっと細部を付けたすことにしようじゃないか。実はパックというものは存在しないんだ。玉と、それからもっと大きな硬いけれどもしなやかで、動きまわることのできる無機質の細片、これのことを「しなやかな無機質膜」と呼ぶことにしよう（理由はすぐにわかる）、この二つだけしかないんだ。その膜はU字形やS字形や丸の形に曲げられる……。

アキレス　そいつらが玉のスープの中を泳ぎまわっているんだね、そしてパックは存在しないと。

亀　そのとおり。なにが起こるか予想できるかい？

アキレス　きっとその細片が……。

亀　すまないが「しなやかな無機質膜」と呼んでくれないかい。

アキレス　なにか頭字語の洒落を作ろうというんだな。はて、「シム」では意味をなさないけど。これでいいのかい、亀公？

亀　先回りをされてしまったな、アキレス。構わないよ、「シム」と呼んでくれ。

アキレス　オーケー。するとこれらの「シム」は、たがいにぶつかりあっている玉に混じって突きうごかされているわけだ。ときには、シムがひと塊の玉を包みこんでしまって環状の膜を形成し、その塊を他の部分から切りはなしてしまうようなこともあるかな？

亀　そうしてできる環状構造を『シム』ボール」と呼んでくれないかい。

アキレス　ああ、なるほど。もっと早く気がつくべきだった。こんなふうにしてまたパックのような構造が現れるんだな、ただ今度は、たくさんの玉から作られる「複合構造」としてだけれども。そうすると最前からの僕の疑問、つまりいったい頭（cranium）の中では——それとも『動玉箱』（careenium）の中では」といったほうがいいのかな——とにかくその中ではなにがなにを動かしているのかっていう疑問は、「シムボール」か「玉」かという問題になるわけだ。玉がシムボールを動かしているんだろうか、それともその反対なんだろうか？　映写機の速度調節つまみを回せば、フィルムは早回しでも遅回しでもどっちでも見ることができるし。

亀　シムボールは、一度作られるとかなり安定に存在しているはずだ。シムボールの内部の玉は緊密に詰めこまれているので、外側から高速の玉がぶつかったとしても、内部での相互のぶつかり合いは非常に少ない。衝撃は分散されてしまって、少なくともいまいった二通りのスピードの範囲でフィルムを見ているかぎりでは、シムボールが壊れるようなことはないだろうね。シムボールの「融合」はたぶんシムボールの「動き」よりも長い時間スケールでなら起こるだろう。シムボールの形成についても同じことがいえる。

アキレス　シムボールができることを水が凍結して氷ができることになぞらえてもいいのかな？

亀　素晴らしいアナロジーだ。ちょうど氷の塊が溶けて混沌とした水の分子の運動となり、そこから新しい塊ができ、また溶けていくように、シムボールもつねに生成と解体を繰りかえしている。こういった「相転移」的見方はぴったりだ。また映写機に第三の時間尺度が持ちこまれることにもなる、もっとずっと速くて、シムボールの動きさえかすんでくるような速さだ。シムボールにはそれ自体の動力学があって、生成、相互作用、分割、消滅をつかさどっている。動玉箱の内部から見れば、シムボールは外界の光のパターンを反映していると見ることができるだろう。光のパターンの「イメージ」を、パターン自体は消えてしまったずっとあとまでも保持することができる——だから、シムボールの配置のことを、「記憶」とか「知能」とか「観念」というふうに解釈することもできるだろう。

アキレス　パックを取りのぞいたにしても別の構造、「シム」をもちこんだろう。脳のモデルとして、この新しいシステムは前のと比較してどこが改善なんだい？　依然として二段階の物理的基本構成要素と活動を仮定しているじゃないか？

亀　「シム」は、たんに玉が集まって塊を形成する道を与えるためにあるにすぎないんだ。それには他の方法も考えられるさ。たとえば「玉はみんな磁性を帯びていて、あるいはベルクロで覆われていてもいいけれども、(あんまり激しく揺さぶられないかぎり)おたがいに引きつけ合ってくっつき合う」としてもいいだろう。それでも、小さな単位から大きな単位ができるという同様の効果は得られるし、物理的基本構成要素は一種類だ。これならば満足かい、アキレス？

アキレス　ああ、でもそれじゃ、残念ながら「シンボル」の洒落が消えてしまうね。

亀　そんなことはないさ。今度はうまいこと玉のほうの呼び方を変えて「白い無方向性磁石」——「シム」——とするんだ。そうすればそれらが磁力によって結びついてできた塊は『シム』ボール」となるだろう。どうだい。

アキレス　それを聞いて安心したよ。せっかくのよいたとえが適切な洒落がないがために駄目になるのはいやなものだからね。

亀　ホフスタッターはけっしてそんなことはさせないさ。僕が保証しよう。でもとにかく、たった一つのレベルから「二つ」のレベルと「二つ」の時間スケールが得られるということさえはっきりつかんでいれば、大きな単位のことは好きなように考えてかまわないよ。もっともシムボールがゆっくりとできたり、くっついたり、ひっついたり、はじけたりするのまで考慮に入れれば、三つの時間スケールということになるけれども。

アキレス　さて、もう一度、「僕」が僕の分子を支配しているのか、それとも僕の分子が「僕」を支配しているのかという問題に話を戻してもいいかい？　そもそもそこから始まったんだったね。

亀　たしかにそうだった。自分で答えを考えてごらん。

アキレス　問題は、動玉箱の中のこれらの脈動からは「私」が見えてこない、ということなんだ。活動はたくさん見えるよ——外部の事物、いまの場合光のパターンだけど、その内的表象もわかる。もっといろいろ変換器を付ければ、きっと音や触覚や匂いや温度など、いろいろなものごとがシムボールのパターンに反映されるような動玉箱を作ることだってできるだろうね。

亀　もっと想像をたくましくしてごらんよ、アキレス。

アキレス　よしきた。そうだね、それじゃあばかでかい三次元動玉箱だ、一片が数百フィートもあって、内部では何億、何兆もの玉が無重力状態で浮遊している。そいつらはビュンビュン飛びまわっていて寿命の長いのやら短いのやらさまざまなシムボールを形成している。そして反対に、今度はそれらのシムボールが玉の飛びまわる経路を支配しているんだ。でも、これらすべてをもってしてもどこにも自由意志や「私」は見あたらないよ。「僕自身」、実は頭の中はこんなふうなシステムになっているなんて、とても納得できないね。「僕」には生きているという実感があるんだ！　思考、感情、欲求、感覚があるんだよ！

亀　待った、待った、一度に一つずつだ。みんな関連し合ってはいるけれども、まず一つだけ、とりあえず思考について考えてみよう。「思考」という語は映画を早回しにしたときに見えるシムボールの活動を表す略号だとしてみよう。シムボールはおたがいに作用を及ぼし合って、さまざまな運動パターンを引きおこしているだろう。（もちろん背後の玉の群れのうごめきに媒介されているんだけれど、それは速すぎて見ることはできない。）

アキレス　でも、僕は自分が考えているのを「感じる」んだ。動玉箱の「中には」「思考」を「感じる」者なんて誰もいやしない。ただたんに愚かな白い無方向性磁石玉がたくさん、おたがいにぶつかり合っているだけだ！　非人間的で無生物的で。とても「思考」なんて呼べる代物じゃあない。

亀　しかしそれは「君の」脳の中を動きまわっている分子でも同じことじゃないかい？　「『そいつら』を動かす」アキレスの魂なんて、いったいどこにあるっていうんだい？

アキレス　それじゃ答えにならないよ、亀公。われわれは原子からできている、したがって、魂とかそういったものの入りこむ余地はないなんてことは、もうこれまでに何度となく聞かされたさ。だけど、僕には僕がいるということがわかる。これは否定できない「事実」だよ。だから、たんに僕の肉体は物理法則に従うということだけじゃなくそれ以上の洞察がほしいんだ。この「私」という感じ、僕にも君にもあるけれども、石には「ない」感じ、こいつはいったいどこからくるんだろう？

亀　こけおどしではすまないというわけだね。よろしい、本当に君を納得させることができるかどうかやってみよう。さっき動玉箱に腕を付けたしたように、また別の機能を付けたすことにしよう、今度は人工の口と喉だ。そして、それらのパラメータはいろいろのシムボールによって制御されるとしよう。さて、動玉箱の右側に緑色の明りを点したとしよう。すぐにそちら側で玉の活動があらたに始まり、シムボールの複雑な再配置が引きおこされる。それが新しい定常配置におさまるときに、口と喉は共同で可聴音を発する、「そこに緑色の光がある」とね。もしかすると、「私には緑色の光が見える」というかもしれない。

アキレス　僕の弱点につけこもうとしているな。動玉箱をより人間らしく見せかけることによって、僕自身を動玉箱と同一視させようというんだろう、そいつに話すということをシミュレートさせることによってね。しかし僕にいわせれば、そんなのはたんに「人工的に信号を発している」にすぎないよ。（ジェファーソン教授のリスター講演の中の言葉を借用したんだ、気に入ってね。）ある番号を回せば電話を通じて人間の声で、たとえば「西海岸夏時間で五時四十二分をお知らせいたします」なんていうのを聞くことができるというそのことだけで、電話の向こう側には意識をもった人間がいて、一日中時刻を告げているのだと僕が信じると思うかい？　文らしい音を発する声がするだけじゃあ、背後に意識をもった存在があることの証拠にはならないよ。

亀　たしかに。しかし動玉箱のこの声はたんに文の系列を機械的に繰りかえしているというのではなくて、まわりの知覚された対象の動的な記述を行っているんだ。

アキレス　その点に関して質問があるんだけど。知覚の対象は動玉箱の「外側」にあるのかい、それとも「内側」にあるのかい？　どうして口は「緑色の光が『そこにある』のが見える」といって、「私の中でいま新しいシムボールができて前のと入れかわった」というふうにはいわないんだろうか？　「そっちのほう」が、知覚したことの記述としてはより正確じゃないか？

亀　ある意味では正しい、確かにそれが知覚したことなんだが、しかし別の観点からすると間違いだ。自分自身の活動を知覚したのではないんだ。知覚というものがどういうものか考えてごらん。「外にある」なにかを知覚するにはその出来事をなにかのかたちで内部に写しださなければならない。内部への写しだしがなければ知覚もないだろう。そのしくみは外界のどんな出来事がその写しだしを引きおこしたかを知り、感じたことを外界の事物を参照する公的言語で記述するためにあるんだ。そのときには、誰でも変換の一層を飛ばしてしまうだろう。なにが起こっているかを記述すると一段階を省略してしまう。緑色の光が内的なシムボールの反応に写しかえられるステップのことを省略してしまうんだ。というより、哲学者や心理学者でもなければ、そのステップには気づきさえしないだろう。

アキレス　僕にしろ他の人にしろ、どうして実在の段階を省略しなきゃならないんだい？　そんな社会慣習的な嘘はいったいなにに由来するんだい？　僕が話すときには、どの段階も省略したりなんかしないぞ！

亀　いや、君もするさ。これは普遍的な現象なんだ。鉄道線路の近くに住んでいて、そっちの方角から大きな音が聞こえてきたとしよう、ガタガタいう音や、ベルの鳴る音なんかだ。そうしたら「列車が通るのが聞こえる」というかい、それとも「列車の出す『音』が聞こえる」というかい？

アキレス　たぶんふつうは「列車が通るのが聞こえる」というだろうね。

亀　列車を見るのかい、それとも目に入ってくる「光」を見るのかい。椅子に触ったときには椅子を感じるのかい、それとも椅子の「感じ」を感じるのかい？

アキレス　単純なほうを選ぶね。そんなふうな余計な哲学的なことを考えてもしかたがないね。「列車の出す音が聞こえる」なんていって、いったいなんの役に立つんだい？

亀　それこそ僕のいいたいことなんだ。つまり、最も使いやすい言葉、わかりやすくて衒いのない言葉では、信号を選ぶ媒体を参照するような「余分」で重たいことは省かれるし、変換器なんかにも言及しない。直接「外部の源」を述べるんだ。とにかくそれが最も「素直」な方法らしい――混乱も少ないしね。見たり聞いたりするのは列車自体であって、列車のイメージでも、列車に反射した光でも、網膜上の細胞の発火でもない。まして列車の知覚を見るわけではけっしてない。僕らは、知覚を支える脳の内的活動には気がつかないようにできているんだ。それだから、「外に投影する」のさ。

アキレス　ああ、それならよくわかるよ。声を備えた動玉箱が、自分のシムボールのことじゃなくて緑の光のことを話すのがなぜか、やっとわかった。でも、ちょっと待ってくれ。どうやって緑の光のことを知るんだろう？　外界のものごとを参照「したく」っても、知っているのは自分の内部状態のことだけじゃないか！

亀　うん、だが内部状態を言語化するときに動玉箱の使う言葉は、君や僕が動玉箱の外側の対象や事実を指し示すと思っているものだろう。実際、動玉箱自身もそう思っているさ。でも、もちろん内部状態を非常に複雑に反映するような音を発しているだけだといってしまうこともできるだろう、自分自身にだまされているんだってね。指し示されるべきものなんて外にはないのかもしれない！

アキレス　ああ、それはそうだ、けれども僕の聞こうとしたのはそういうことじゃないんだ。僕の知りたいのは、どうやって外のもののごとを記述するのに「正しい言葉」を使えるようになるのかということなんだ。どこで「緑色の光」ということを学んだんだろう？　同じ疑問は人間にも当てはまるね。いったいどうして、僕らはみんな同じものごとには同じ音を使うようになったんだろうか？

亀　なんだ、それはそんなに難しいことじゃないよ。僕はてっきりまた、君が実体は存在するかということをたずねているんだと思いこんでいたんだ。唯我論に関する下らない議論にはもう飽きあきしているからね。ともあれ「君の」質問だ。幼児のときに君はいろいろなもの――たとえばガラガラ――を見て、そしてほぼ同時にある音――たとえば「ガラガラ」という語のさまざまな発音――を聞くという経験をきっとしたね。それらの光景と音とは、網膜と鼓膜を通して君の頭の中の内的シンボル状態へと変換されただろう。さて、人間という種の一員として、君は模倣を好むようにできていたはずだ。そこで君は、「ガワガワ」といったようなおかしな雑音を発しただろうね。その音は、自動的に鼓膜を通じて君の頭の中へフィードバックされる。自分自身の声だ。君はきっとうれしくて、わくわくしただろう！　そのときには「君」がちょうど発したばかりの音とその前に聞いた音の記憶とをくらべることができたはずだ。この刺激的な新しい遊びを通して、君はものを表す単語を身につけてきたんだ。もちろん目に見えるものを表す名詞から始めたはずだけれども、すぐにその一番具体的なレベルの上に積み上げて、数年の内には大きな語彙を確立していただろう。その語彙にはたとえば、「ボール」、「拾う」、「の隣の」、「ザブン」、「窓」、「7」、「かなり」、「シマウマ」、「早口言葉」、「思いだす」、「迷路」、「直線コース」、「たまたま」、「もちろん」、「へま」、「紙ふぶき」、「平衡」、「アナロジー」、「差し向かい」、「くすくす笑い」、「ピカソ」、「二重否定」、「ちらほら」、「ニュートリノ」、「世界観」、「n次元ベクトル空間」、「tRNAアミノ基合成酵素」、「独我論」、「動玉箱」……。

アキレス　ちょっと待った！　「バナナケーキ」を忘れないでくれよ。

亀　ああ本当だ、どうして見おとしちゃったんだろう。でも、いいたいことはわかってくれたろう？

アキレス　ああ、君のいいたいことはわかるよ。だんだんに僕は単語という外的公的で非常に大きな聴覚上の慣習を内化していったわけだろう――そして、単語はそれぞれ僕の脳の特定の状態と結びついていて、それらの状態は「外側」にあるものと対応していると。

亀　ものだけじゃない、行為や様式や関係なんかもさ。

アキレス　ああそうだ。しかし、それらの単語は僕の脳の状態を記述していると考えるよりは、外にあるものを「直接」に記述していると考えたほうが容易だったというわけだ。こうやって、脳の状態の解釈というレベルを一つ省略することによって、僕は内的なイメージを外に投影したんだね。

亀　動玉箱もきっと同じようにするだろう――内的シムボールパターンを外へ投影して、外部世界の属性に帰属させてしまうんだ。もしある一つの刺激の近くにたくさんの動玉箱が置かれるようなことがあれば、そいつらは共通に認識できるような音を用いておたがいにコミュニケートし合うだろう、それもやっぱり、内部状態の外化された音さ！　だから変換、知覚、表現といったレベルを抜くことは実際とても有用なんだ。

アキレス　それでつじつまが合うね。でも、また別のことが気になるな。もしシステムが自分の状態をすべて「外へ」投影して、「緑の光」とか「赤い光」とか「交通渋滞」とかについて話をするんだとすると、いったい自分の内部状態を知覚するという余地は残されているのかい？　「困っているんだ」とか「忘れた」とか「知らない」とか「喉まで出かかっているんだけれども」とか「がっかりさ」なんていうことができるのかな？　それともそういった内部状態も全部外へ投影してしまうんだろうか？　外にあるものに不可思議な性質を付与してしまって、「シムボール」を見張っていてシムボール活動の「表現」を作りだすような、内向きの変換器というのがあるのかな？　六番目の感覚――内向きの感覚といったものだけれども。

亀　「内なる眼」だね。

アキレス　そう、ぴったりの名前だ。

亀　内なる眼はたいした変換をする必要はないだろうね。シムボール活動は実際内部にあるのだから観察は最も容易なはずだ。

アキレス　おい、亀公、いつも僕には「使用」と「言及」とを混同してはならないというくせに、君のほうが間違えてるじゃないか。「亀」という単語が文章の中に出てくれば誰でも亀のことを思いうかべるけれど、「亀」という単語のことを考えるというのはそれとは全然別だろう。だいたい単語のことなど思いつかないかもしれない。

亀　鋭い指摘だ。君の中のシムボールがある状態に「ある」というのと、君がそのことに「気がついている」というのは別ものだ。文法を正しく使うことと、文法規則を知っていることの違いのようなものだね。

アキレス　はて、よくわからなくなってしまったぞ――ゴチャゴチヤしてきたな。どうやってシムボールは他のシムボールを「見る」んだい？　緑の光に反応するやつは想像できるしわかるよ。境界に玉打ち機械という変換器があるからね。でも、たとえばいつも二つのシムボールの融合に反応するようなシムボールがあるというのかい？　いったいどうやって融合を検知するんだろう？　どうしてそんな反応ができるんだろう？　衛星やU2飛行機のように脳の地形全体を見とおすことができるのだろうか？　そもそも、そういうシムボールはどういう目的であるんだろう？

亀　本物の動玉箱が非常にゆっくりと動いているのを見ていると想像してごらん。とてもゆっくりと動いているので、その中に手を突っこんで、手にシムがぶつかる前にシムボール一個全部を取りだすことができるんだ。それまで玉がぎっしりあったところが、突然空っぽになってしまうだろう。スピードを上げていまの出来事を「シムボール」の時間スケールで見ると、きっと動玉箱全体にわたって大規模なシムボールの再配置が起こっているのが見えるだろう。いろいろなシムボールが少しずつずれた位置を占めようとするのに伴って、「震え」がシステム全体を通り抜けるんだ。

アキレス　その震えを「心震」(mindquake) と呼ぼう。

亀　それがいい。「心震」はそれぞれに固有の特徴をもっている。いわば「署名」だ。さて、アキレス、もし君が外からの観察者としてそういった署名を認識することができるんだったら、当然システム自体だって内側から認識できないはずがないだろう。心震だって、システムにしてみれば縁で起こる玉打ちの増加と変わるところはないさ。どっちも「内的事象」という点では共通だからね。たとえ、一方は外界によって引きおこされるのに他方は内部の要因によってもたらされるという違いはあるにしてもね。

アキレス　すると、いろいろな「心震計シムボール」があって、それぞれが自分に固有の心震が起こったら反応しようと待ちかまえているというわけ？

亀　そのとおり。個々の型の心震に対して、専属のシムボールが一つずつちょうど鉛筆を立てたような感じで備わっていて、その型の心震が起こるとひっくり返るんだ。もちろんその「ひっくり返り」自体も「やはりシムボール活動」のわけだが……。

アキレス　別の心震ということ？

亀　まさにそのとおり。だから、さらにもっと動玉箱内に反応を引きおこすだろう。循環的なんだ——ある震えが別の震えを引きおこし、それがまた別のを引きおこし、ずっと繰りかえされる。

アキレス　それだと止まらないみたいだね。つねにシムボール活動が動玉箱内を行ったりきたりしつづける。

亀　もちろんさ！　だってそれこそが意識のあるシステムで起こっていることじゃないかい。僕らはいつもなにかを考えている——新しいことも陳腐なこともね。そして、いつも外界と僕ら自身の状態との両方に注意を払い、それらを意識している。たとえば、どのくらい僕らは混乱したり疲れたりしているのだろうかとか、なにを思いだしたかとか、どのくらいこの長くって単調な対話に退屈しているかとか……。

アキレス　ちょっと待てよ！　「読者」は退屈しているかもしれないけれど、僕は退屈なんかしちゃいないよ！

亀　冗談だよ、アキレス。ちょっと景気づけにいってみただけさ。

アキレス　まったく。でもとにかく、君のいったことはすべて正しく、道理にかなっていると認めよう。そうだとしても、自分自身の状態を監視することがいったい全体「なんの役に立つ」んだい？

亀　うん、まず単純な動物を考えてごらん。なによりも必要なのは食物だ。脳は——もしあればの話だけれど——胃袋と神経でつながっていて、胃袋が空っぽになると、脳の中に一定のシンボルの配置が形成されるだろう。もしかするとこの動物は非常に単純で、シムボールレベルが存在しないかもしれない。たんに玉が頭の中を飛びまわっているだけで、より大きな尺度での塊はないんだ。いずれにせよ、空っぽの胃袋によって脳の中の震えという効果がもたらされて、それが今度は動物の末梢器官にはねかえるだろう。その結果、そいつは動くかもしれない。ほとんど反射レベルの話で、空腹状態の監視と四肢の制御しか関係しない。どんな有機体も自分自身の空腹を監視しなければならないが、原始的な有機体は自分のまわりの外的環境の情報をあんまり利用しない。ただバタバタ動きまわるだけで、いってみれば食物にでくわすのを「望んでいる」ようなものだ。まったく無意識的だ。これに対して、もっと複雑な動物ではどうだろう。周囲環境の精巧な表現を内部にもっているために、内部で空腹を検知したときの反応には選択の幅がある。空っぽの胃袋を表すシンボルの活動は、他のさまざまなシンボル、危険を表すもの、摂食以外の優先項目を表すもの、いつなにを食べるべきかの選択を表すものなど、それらのシンボル全体の中で扱われなければならない。そのようなシンボルの相互作用全体は、「思慮」とか「熟考」とか「内省」と呼んで、「反射」から区別することができるだろう。さて、これでどうして動玉箱にも自我がありうるのかということが納得できたかい？

アキレス　うーん……。内省が起こっているということは認めてもいいよ。それが「思考」だということも認めよう。しかし、思考を行う者がどこにもいないじゃないか！

亀　「自由意志」があるということは認められるかい？

アキレス　だめだ。

亀　まだ納得できないというわけだね。それじゃあ、こういおう。自由意志はそこに「ある」んだ。この動玉箱の概念を使えば、自由意志とは本当はなんなのかということをもっと明確に理解することができるんだよ。僕らは最初に、君は「君の分子を動かす」ことができるかどうか議論したね。これは重要な問題だ、実際「最も」重要な問題だと思うよ。そこでだ、アキレス、君にたずねたい、君はなにをすることでも自由に決心できるかね？

アキレス　もちろんだとも！　だってそれが自由意志ということだろう。僕は僕のやりたいことならなんでもやると決心できる！

亀　本当かい？　それじゃあ、たとえば僕の質問にサンスクリット語で答えるというふうに決心できるかい？

アキレス　できっこないだろう、そんなこと。でもそれとこれとは関係ないよ。僕はサンスクリット語を話せないんだから、君の質問にサンスクリット語で答えられるはずがないだろう。君の質問は意味がないね。

亀　そんなことはないさ。君は君の脳が許す範囲のことしかできないんだ。これがだいじなんだよ。もう一つ質問をしよう。君はいまここで、僕を殺すと決心できるかい？

アキレス　亀公、なんてことをいうんだい。冗談にもほどがあるぜ。

亀　でも、とにかくそういう決心ができるかい？

アキレス　もちろんできるとも！　そう決心しているところは「想像」できるし。

亀　そういうことじゃないよ、アキレス。仮説的あるいは虚構の世界と現実とを混同してはいけない。僕がたずねているのは、君が僕を殺すと現実に決心することができるかどうかだ。

アキレス　この「現実」の世界では、たとえ「決心した」としても、あるいは決心したと主張したとしても、それを「実行に移す」ことはできないだろうね。ということは結局、そういう決心は「できない」んだと思う。

亀　そのとおり。君だけでなく誰でもよく使うあのなんでもないように見える言葉が、実は意味深なんだ。

アキレス　なんでもないように見える言葉？　なんのことだい？

亀　覚えていないかい？　君は僕に向かって、『僕のやりたいことならなんでも』やると決心できる」といいはっただろう。「僕のやりたいことならなんでも」という言葉は、一見なんでも含む広い普遍的包括的な言葉のように「聞こえる」けれども、実はまったく反対で、きつい制約を表しているんだ。「なにを」やると決心することでもできるというのは誤りで、「やりたいこと」しかやると決心できない。いや実は、つねに、「最も」やりたいと思っていること「一つ」だけしかできないんだ。ただし、「やりたいと思う」というのはシステム全体の複雑な関数だ。

アキレス　選択は幻想だというのかい？

亀　「私」が幻想だというのと同じ程度にはね。もう少し説明しよう。なにか興味を抱いたことに夢中になってしまうというのは、よくあることだろう、パズルを解くとか音楽をやるとか哲学について考えるとか……。ときにはそういう習慣が強くなりすぎて、生活の他の部分に影響を及ぼすようになる。奥さんが変な習慣を身につけてしまって――たとえばルービックキューブをいじるとか煙草を吸うとか駄洒落をいいつづけるとか――そしてそれをやめようと「努力」している、そんなこともありうるだろう。腹を立てた亭主は奥さんに向かって、「『努力している』っていうのはなんだ。ルービックキューブなんかやめますとどうして『決心』できないんだ。仲たがいの元だ。やめると『決心』しなさい」というふうにいう。それでも悩める奥さんは、いくらその気になろうとしても決心がつかない。たしかに、やめたいというささやかな願いぐらいじゃ間に合わない。こんなふうにいってみようか。亭主は奥さんの「魂」ともいうべきものに訴えかけている。それは原則、性向、興味、人格といったものの整合的な集まりで、彼にとっては彼の結婚した人物を表現するものなんだ。以前は、それらがつねに彼の妻の性格に理由づけと説明を与えるように見えた、そして、彼は彼女をそのようなあり方の集合体として愛しているんだ。そこで彼は、この「魂」に対してその新しい妄念に歯止めをかけるよう訴えかけている。しかし、いったん奥さんがキューブをいじりはじめると、彼女の中のある「部分」が指揮権を握ってしまう。彼女は自分自身の下位システムの一つに取りつかれてしまうんだ――あるいは「憑かれる」といったほうがいいかもしれない！

アキレス　まさに「憑かれる」という感じだね。僕自身チェロを弾いていて、のってくるとやめられなくなっちゃうことがあるな。始める前には「この曲を『一回だけ』弾こう」（とか「ポテトチップ一つだけ食べよう」とか「一回だけルービックキューブを解こう」）と思っているんだけれど、いざ始めると人が変わってしまう――僕の中のなにかが微妙に変化するんだ。そして『新しい』僕は「『あいつ』は一度だけといった。でもそれは『あいつ』の考えで、『僕』の考えは別だ」と考える。一種の内的慣性があって『ほかにも』やりたいことがあるのにもかかわらず、同じことをつづけようとするんだ。まるで自分の一部が高次の制御から「抜けだす」かのようだ――ある下位システムが「制御不能」になって最上位にある魂には従おうとしない――まるで荒馬が乗り手に従おうとしないかのようにね。

亀　素晴らしいイメージだ。こういう場合には奥さん自身も分裂混乱しているだろう。彼女の内なる葛藤は国の中の争いに似ている。派閥同士がおたがいに争っている――もちろんいまの場合、派閥は人々ではなくニューロン発火だけれども。あるレベルでは、この女性は悪い習慣をやめようと決心したいと「感じて」いるだろう――しかし彼女に味方するニューロンが十分ではないんだ！　ちょうど国家の場合には人々が政府を支持しないことがあるだろう――同じように、ここでは「魂」はニューロンの支持を受けなければならないんだ！　現実には勝手にニューロンを「動かす」ことはできない。

アキレス　すっかりわからなくなってしまったぞ。いったい誰が制御権を握っているんだい？

亀　シムボールは自由に「決定」を下すことができるといえればいいんだけれども、実はそれらは制約されている。部分がある方向に動くことは「欲する」が、別の方向に動くことは「欲しない」ようなシステムの一部になっているんだ。もう一度垣迷路のたとえを思いだせば、もっとよくわかるかな。

アキレス　でも、あれは低レベルの対象に当てはまるものだろう――玉、シム、ニューロン発火といったね。

亀　まったくそのとおり、垣根、ピン、シムボールといった「重量級」の実体は迷路探検者、ピンボール、シムといった「軽量級」の実体に制約を与える。しかしその見返りに小さいものは共同で高レベルのものの配列を制御するんだ。

アキレス　すると自由なものは「なにもない」わけだ！

亀　うん、外側から見るとたしかにそう見えるだろう。でも内側から見れば、システムはちょうど君のように「やりたいことはなんでもやると決心」できると感じるのさ。しかし、気をつけなければいけないのは、動玉箱内の二つのシムボールが自分たちだけで勝手に（たとえば）平行に動くというように「決める」ことができるわけではなくて、玉が協力しなければだめなんだ。玉がシムボールを動かすことが必要なんだ。同じことで、不幸な奥さんがキューブや駄洒落の習慣をやめようと「決心」しようとしても、彼女のニューロンの同意と支持が得られなければ、やっぱりだめなんだ。

アキレス　なにか奥さんの「魂」というのが、いうことを聞かないニューロンたちを整列させようとしている将軍のように聞こえるね。それぞれに「自分」の進む道があるのに、無理に一列に並ばせようとしているみたいだ。軍隊では、将軍は兵隊たちに対していくらか力をもっているから、ある程度までは彼らを強制することができるけれど――それにも限度がある。それを越えれば兵隊たちは反抗するだろう。したがって、将軍は流れにまかせるほかはない。政策を指図できるわけではなくて、たんに同調できるにすぎないんだ。

亀　そのとおりさ。しかし、ときには高レベルの急な変化が低レベルに突然の「相転移」をもたらすことだってある。何百万もの小さなものが突然思いもよらなかったように渦巻いて、やがてまったく新しい高レベルパターンへと落ちつく。ときたま――本当にときたまに――「将軍」のほうがいうことを聞かないニューロンたちに対する制御を「取りもどせる」んだ。ただし、彼ら自身が自分たちの欲することを自覚しておらず、まだ合意に達していない状態で、変形しやすく、導きやすく、混沌としている間でなければならない。

アキレス　なにか「突然の決心」のことをいっているみたいだね。つまり純粋な意志の行使のことさ――ちょうど自分自身に向かって「いますぐルービックキューブをやめる」とか「いつまでも後悔しているのをやめて、社会に出てなにか有益なことをなそう」というときみたいなね。でも「君の」見方に従うならば、きっとこの「突然の決心」のような言葉も実はたくさんの低レベルの活動を要約した略号だということになるね。君の考えではそう「ならざるをえない」と思うけど。

亀　そのとおりだ。「突然の決心」というようなことをいうのは実はニューロン活動の巨大な雲について語る粗っぽい方法なんだ。ほら早回しにすると動玉箱内のシムの巨大なぼんやりとした雲がスクリーンに映しだされるだろう、ちょうどあの雲と同じさ。そして、頭の中のニューロン活動、あるいは動玉箱内のシムの活動は、このような高次の粗いシンボル的記述に非常によく馴染むことがあるんだ――あるいは動玉箱の場合には、シムボール的記述といったほうがいいのかな。

アキレス　つねにというわけではないんだね？

亀　池はつねに凍っているというわけではないだろう。

アキレス　なるほど。動玉箱の適当な部分が「凍りついて」いれば、そこには池の中の氷の塊のように巨視的で高レベルの構造ができていて、シムボール・レベルの記述が可能なわけだね。一群のシムボールが別のシムボールの集団に対して規則的予測可能的に作用を及ぼしていると見なすことができる。反対に、もしシムボールがまったく「なく」て、たくさんのシムがただうようよと水の分子のようにおたがいにぶつかり合っているだけで、動玉箱の境界以外には制約を与えるものもないなら、それは混沌状態で、高レベルの記述は当てはまらない。しかし、もし相転移が起こって動玉箱全体が「シムボール的」になれば、そうすればその人物――いやその「動玉箱」！――は、彼あるいは彼女自身の思考を自分で制御していると感じることができるんだ。

亀　「そいつ」の思考じゃないのかい？

アキレス　ええ、ええ、そのとおり、「そいつ」の思考だ。でももし相転移が十分でなければ、記述しがたいゴチャゴチャだ。なんの制約もなしにシムがそこら中を無秩序に飛びまわっている。しかし、脳がちょうどそれらの中間の状態にあるときにはどんなものだろうね？　シムボールもたくさんあるんだけど、同時にどのシムボールにも属さない迷子のシムもたくさんある。冬のはじめや早春の半分凍った湖を思わせるね。分子が融合して大きな氷の塊になる「途中の」状態だ。

亀　素晴らしい状態だよ。僕は自分の脳がそのような半分できかけのシンボルからなっていると感じるときが一番創造的なんだ――ニューロンがある程度独立に、ある程度まとまって活動している。ニューロンのわきたつような活動とシンボルの方向づけの作用とがうまく協力し合って、創造的で、充実した、半分混沌とした躍動感をもたらしてくれるんだ。

アキレス　そんなふうな固まっていない自由というのが、創造性には本質的だと考えるんだね？

亀　ホフスタッターはたしかにそう感じているし、僕も彼のせいでそう考えるようになったんだ。GEBの中で、もの書きとしての苦しみを綴っているんだけれど、そこで、彼は自分の最上位レベルの「無力さ」に悩まされていると書いている。つまり、彼——あるいは彼のシンボルレベル——が「ある」意味でなにを書くかを決めたとしても、依然として彼は、未知のニューロンからなる膨大な数のチームが協力して空想、観念、単語や文構造の選択といったものごとをもちよってくるのに全面的に依存しなければならないんだ。それら低レベルの要素は、最上位レベルから見るとあたかも無から「わきだしてくる」かのように感じられる。しかし実際は、それらは相互作用によって波だち、泡だっているニューロン発火の集団から形成されているんだ。ちょうど、多くの小さなシムのバラバラなブラウン運動からシムボールの動きのパターンが現れるのと同じことさ。そして、こうやってもちよられた観念の中でもほんの一部が、言語化のせまい通路を通って外へ表出される、まるで砂時計の細い首を流れおちる砂粒のようにね。それにもかかわらず、きっとホフスタッターは彼自身がこの対話に責任があると「主張」し、賞賛は「彼」に向けられることを望むんだ。

アキレス　うーん……。玉がそのように飛びはねるように制約を与えたシステム全体に向けられるだって……。どうも思考を機械的に分析しはじめると「賞賛」とか「責め」を帰するというのは難しくなるなあ。「決心」とか「選択」というのは非常に微妙な概念で、頭、あるいは動玉箱の内部で、二つの異なったレベルの制約が、二つの異なった時間尺度で、相互的に影響を及ぼし合うしかたと関係しているんだね。

亀　どうやらわかってきたようだね。

アキレス　そういうふうに考えると、決めるというのはゆっくりと浸みこんでいく過程で、まったく僕の制御できないものに思えることがあるな。実は、精神的な習慣を脱却するのが難しいということを話しているときに、この考え方をうまく表すちょっと気持ちの悪いイメージが浮かんだんだ。

亀　どんなイメージだい？

アキレス　ある男の若い妻が、自動車事故でひどく押しつぶされてしまったという恐ろしい情景なんだ。彼は当然、なんらかの「反応」を示すだろう。たぶん愛情と献身と、そしてもしかすると憐れみの反応をね。動揺してしまって、嫌悪の反応を示すかもしれない。とにかくこのように情動的に苦痛な状況では、なにを感ずるかを「決める」ことはまったくできないだろうと思ったんだ。なにかが内部で起こる。微妙な力が内部の深いところ、隠れた地下で変化する。これは考えようによっては恐ろしいことだ。いまの例のような本当の危機的状況では、どのように行動するか自分で「決める」ことはできずに、かわりに自分がどんなであるかを「知らされる」ことになるんだからね。能動的でなく受動的——もっと正確にいうと行動の起こるレベルが僕らが直接制御できるレベルよりもずっと下で、ずっと微視的なレベルなんだ。

亀　そうだ。国とその市民とが対等の関係ではありえないのと同じように、君と君のニューロンとは対等ではない。どちらの場合も、下位レベルでのたくさんの小要素の集合的活動によって均衡が破られるんだ——ちょうど、一つの国が戦争を始めるかどうか「決める」ときのようにね。市民たちの分極に依存してどちらになるかが決まる。市民たちは情報伝達経路や噂といったものを通じて、しだいしだいに極性をそろえて大きな集団となっていく、そして突然、それまで決心しかねているように見えていた国全体がみんなが、びっくりするような「変貌」を遂げるんだ。

アキレス　また別のイメージでいうと、それは何億何兆もの雪の結晶のつりあいの状態の集合的な結果として引きおこされる雪崩にもたとえられるね。一つの小さな出来事が増幅されてびっくりするような大きさになる――連鎖反応だ。しかし、そのためには結晶はすべて正しく配置されなければならない。そうでなければなにも起こらないだろう。

亀　判断の場合には、たとえそれが二人の作曲家のどちらをとるかという判断であろうと、本の表題や副題をどれにするかという判断であろうと、なんであろうと、最上位レベルは下位レベルのほうから決断がわきあがってくるのをじっと待っていなければならない。沈思黙考している間に「実際に」決断がなされるのは、下位の集団においてなんだ。最上位レベルは、それから下位のほうで渦巻いていた活動を一生懸命明瞭に表現しようとする。しかし、言語化された理由づけはつねにあとづけのものだ。言葉だけではけっして難しい選択の微妙さを説明しつくすことはできない。理由づけはもっともらしく聞こえるかもしれないが、けっして決断の本質ではありえないんだ。言語化された理由は、たんに氷山の一角にすぎない。もっと別のイメージでいえば、考えの対立は戦争と同じで、「理屈はそれぞれ自分の軍隊をもっている」んだ。理屈同士が衝突するとき、真の戦場は言語レベルではなくて（一部の人々はそう思いたがるだろうが）、戦いは相対立するニューロン発火の軍隊同士の間で、含蓄、イメージ、アナロジー、記憶、原型的恐怖心、古代生物的本性といった重火器をもちだしてなされるんだ。

アキレス　なんて恐ろしい！　それじゃまるで、地雷のいっぱい埋まった戦場みたいだ！　さもなければ、急な山肌のつるつる滑る氷原だよ。思考の機械的な説明がこんなに生物的で生き生きしているなんて、思ってもみなかった。恐ろしいけれども、なにか畏怖の念さえ抱かされるね。だけど今度は、「魂」つまり自由意志というのがわからなくなってしまったな。

亀　いままでの奇妙に想像をそそるイメージのせいで、君のもともとの難問、つまり頭の中ではなにがなにを動かしているのかという疑問に立ちもどったというわけだ。どうだいアキレス、君の分子が「君」を動かしているといいたいかい、それとも「君」のほうが「分子」を動かしているのかい？

アキレス　僕には、この「私」というのが頭とか動玉箱にどのように組みこまれるのかがつかめないんだ。君のせいで頭がクラクラしちゃって、上も下もわからなくなっちゃったよ。

亀　素晴らしい！　少なくともいま、君の精神は柔軟なんだ。それじゃ、動玉箱の中の「自由意志」が実際にシステムの「欲求」によってどのように制約されるかわかるかい？――「物理的に」制約されるという意味だよ？

アキレス　ああ、この一見つかみどころのない「欲求」(want)というのが、実はシステム全体の物理的な属性だっていうのはわかるよ――ある行動様式を避けようとする性向や、あるパターンを繰りかえそうとする性向のことだろう。だからこの限定された意味では、動玉箱には「自由意志」があるというのもわからないではないさ。でも、たぶん「自由意志」というより、「自由不意志」(free won't) とでもいったほうがいいんだろうがね。

亀　なんと、アキレス、そいつはいまここで思いついたのかい？

アキレス　さあどうだろう。ぱっと思いついたんだ。全然考えもしなかった。まさに「無からわきあがってきた」んだ。誰の栄誉になるんだろう。ホフスタッターが作ったんだろうね。それとも「彼の」脳の中からわきあがってきたのかもしれないな。もっともどこが違うのかよくわからないけれど。

亀　ホフスタッターの友だちのスコット・キムがいいそうなことだ。

アキレス　うーん……。まだよくわかっていない、本当に動玉箱のシムボールはなにをするか、それ自体で「決定する」ことができるのかい？

亀　確かにシムが動かすのに逆らうことはできないよ、でも一方、シムはつねにシムボールが最も欲する「一つの」内的事象が実際に「起こる」ように「按配」されているんだ。不思議な一致だろう。

アキレス　わかった。それは一致でもなんでもないんだ。「欲求」の「定義」によって、シムボールは「好むと好まざるとにかかわらず」自分たちの欲したようにしか動かされないんだ！　自由意志をもっているという確信は、きっとあるシムボールの集団がなにかを欲し、そしてその欲求が実行されるのを観察するというのが、安定して繰りかえされることによって得られるんだね。きっと魔法みたいだよ。

亀　君が署名をしようとするときにも、それと同じことが起こっているんだ。君の指が君に従いはじめる、すると不思議なことに、なんの努力もなしに君の名前が目の前に現れているだろう。それを魔法と思うかい？

アキレス　ああそうか！　「私」という言葉がすべての混乱のもとなんだよ。「『私』が署名しようとする」というふうにいうけれど、いったいどういう意味なんだろう？　欲求も望みも信念も動玉箱の中のものはみんなわかったのに、どうしてもこの最後の一段は登れないな。「私」はどこにも見あたらないんだ。

亀　「私」という言葉は、動玉箱のようなシステムによって用いられる略号にすぎないということをずっと説明してきたつもりなんだけどね。シムボールと、それらが備えるある一定の範囲の行動をとろうとする性向とによって自分自身を知覚するようなシステム――とくに自分が白い無方向性磁石玉からできているなんてことは知覚していない動玉箱――によってね。

アキレス　知覚だって、亀公！　動玉箱の中にはなにかを知覚「できる」ような者なんて誰もいないじゃないか。知覚には「意識」が必要なのに、動玉箱にはない。君のいう意味で「自由意志」があるとしても、それを感じ、経験し、そして「楽しむ」者は動玉箱の中にはいないよ。知覚や自由意志はあるけれども、持ち主はいないとでもいえばよいのかな。

亀　物理的システムが「自由意志」をもちながらその自由意志を「行使する者」がいないなんてことを、君はまじめにいっているのかい？　それに、知覚はあるのに「知覚者」はいないなんて？　知覚者抜きの知覚？　行為者抜きの主体なしの自由意志？　魂のない非生物的自由意志？　そんなものはたわごとだよ。

アキレス　屁理屈は承知しているよ。君のいうことにはほとんど同意できるんだけれど、一点だけひっかかるんだ。いったい「どの」知覚者、「どの」行為者、「どの」主体、「どの」魂なんだろうか？　どの人がその動玉箱に「なる」んだろう？　あるいは質問をひっくり返したほうがいいのかな、どの動玉箱がある与えられた魂をもつようになるんだろうか？　いいたいことがわかるかい？

亀　ああ、どうやら君は空中に魂を集めた檻が浮かんでいて、新しい頭あるいは動玉箱が生まれるごとに神様（かなにか、とにかく偉大なる主）がそこから魂を一つずつ取りだして、それをその動玉箱や頭に吹きこむといったイメージを思いえがいているようだね――まるで、サクランボをサンデーの上にちょんとのせるようにね。

アキレス　からかっているのかい？

亀　とんでもない。そんなふうに聞こえたとすれば、「魂」に対して君が抱いている暗黙の概念をつかんで、それを多少馬鹿げていても、なるたけ写実的な言葉を用いて明示的に表そうと努めたからなんだ。檻や神様やサンデーの上のサクランボのイメージを差しひけば、君の見方の骨子はとらえているだろう？

アキレス　たぶんある程度には――でも、あんまり馬鹿げて聞こえるので受けいれずらいね。

亀　いろいろな私が「外に」眠っていて、馬に鞍をつけたりサンデーにサクランボをのせるように、いろいろな構造に取りつけられるのを待っているという考え方はとても魅力的だよ。取りつけられると突然に意識が「目を覚ます」。あたかも意識とか、「自分が誰であるか」という自己同一性はサクランボによって与えられ、それがなければ空虚な「私もどき」しかいないかのようだ――自由意志はあるけれども誰でも「ない」！　でもそれではちょっと悲しくないかい？　そんな半人前の存在はかわいそうと思わないかい？　ああ、もちろんそんなことはないわけだ。かわいそうに思われる対象の者はいないわけだからね。

アキレス　うーん、動玉箱内の玉の塊や、さらにはニューロン発火の集まりでも、どこからそれらに「自分」という感覚が生じるのかがわからないんだ。同一性はそれらの構造の上に課されるべきもののように思える。ふつうのピンボールマシンとは違って内部状態の一部が世界とその動きを表現しているとはいっても、動玉箱は複雑なピンボールマシン、金属の機械の塊だろう。誰かが生命の「炎」を植えつけないかぎり、その塊は空っぽ、魂なしさ。木を燃やすためには炎が必要なように、物理的対象を「存在」とならしめるには「炎」が必要なんだよ。（この言葉がなにを意味するのかよくわかっていないことは認めるけれど。）木にはどんなに油を注いでも、炎がなければそれだけでは不活性状態のままだろう。

亀　ちょっと待ってくれ！　薪に火をつければ「燃え」だすけれども、だからといって、その瞬間に「魂」を与えられたってわけではないだろう。君もいったように不活性状態から活性状態に変化するだけだ。それに火をつけるのはどんな炎でもいい。それぞれの火の自己同一性を規定するのはそれをともした炎ではなくて、燃焼の材料だ。炎が重要そうに見えるのは非活動から活動への変移のせいなんだ。しかし、動玉箱はもう「より以上に」活性化する必要はない。それなのになぜか、アキレス、君はニューロンの発火活動と同じようにその活動の中にも個としての魂があって不思議はないという僕の考えに承服しかねるようだね。いったいニューロンのどこが特別だというんだい？　君からなにが連想されるかわかるかい？

アキレス　知りたいとは思わないけれど、でもとにかくいってみてくれ。

亀　金属が燃えているのを見て、これはいかにも火のように見えるが、火（とくに「純正な」火！）ではありえない、なぜなら金属ではないか、そもそも火――とくに「純正な」火――というものは木か紙が燃えているのだと決まっているのだから、と主張するような人さ。

アキレス　なんて愚かで視野のせまい人なんだ、僕よりひどいよ。僕は、動玉箱が純正の魂をもつことはありえないなんて主張しているわけではないよ。ただ、「『もし』動玉箱に魂があるんだったら、いったい『どの』魂なんだろうか？　『この』動玉箱は誰で、『あの』動玉箱は誰なんだろう？」といったことが疑問に思えるんだ。いったいどういう基準で決まるんだろう？

亀　おいおい、話が逆さまじゃあないかい！（それとも後ろ向きかな？）同じ疑問は動玉箱だけでなくって、人間にも当てはまる。いったい誰がどの体になるんだ？　やっぱり「どの体」も「誰にでも」なれると思うかい？　炎さえ適切ならば？　「炎移植」もありうるんだろうか？　誰か他人の炎――たとえば僕の炎――を脳や体はそのままに君の体に移植するんだ。そうしたら、いったい誰が君になるんだろう？　君はいったい誰になるんだろう？　君は「どこへ」行ってしまうんだろう？

アキレス　君自身はどこへ行ってしまうんだい、亀公？　なにか変だよその考えは。動玉箱が実際誰かなのだとすると、それをその誰かにするという決定はどこからくるんだろう？

亀　それは考え方が後ろ向きだろう。（それとも逆さまかな？）まず第一に、それは「決定」ではなくて「所産」なんだ。第二に、動玉箱がどの「誰か」になるかはその構造、とくにそれ自身の構造を内部に表現する仕方、の所産なんだ。自分自身を独立して整合的な行為者として見ることができればできるほど、それが「誰」であるかがはっきりしてくる。結局、独自の自我の感覚を十分に作り上げることによって、完璧な「誰か」であること、すなわち魂を作り上げることになるんだ。「誰かである」という感じの連続性と強さは同じシステムの過去と未来のありようとの同一視にもとづいている。システムが自分自身のことを、時間の流れにつれて動き変化していても一つの存在と見る、その見方にもとづいているんだ。

アキレス　奇妙な観念だね――時間につれて変化するにもかかわらず同一性は保たれるというのは。国は変化してもやはり同じ国だというのと、同じことなのかな？　たとえばポーランド。もし国の魂の炎が干渉を受けることがあるとすれば、ポーランドなんかその最たるものだよ。それでも何百年にもわたって「ポーランド魂」を保ちつづけているんだからね。

亀　美しい例だ。「なにかが時間的に継続して存在する」という感覚は、僕らの「誰かである」という感じの根本にある。でも、ある意味ではそれは自然の欺瞞、魂同一性の幻想なんだ。幻想と呼ぶのがいやならば、有機体の抽象の能力、時間を通じて一定のものがあり、そのものを有機体自体の変化にもかかわらず自己なのだと見なす、そういう能力のゆえに、その有機体の魂は幻想で「なくなる」のだといってもよいだろう。

アキレス　時間を通じて変化しないというふうに自分自身を欺く――自分自身をそう「見る」という意味で――ことができるものはすべて魂をもっているということかい？

亀　「見る」という動詞の意味をうすめないで、ふつうの抽象的な意味にとるならば、そんなに的はずれでもないだろう。もし有機体が君や僕のような生物と同じくらい強力な知覚を備えていて、自分自身を本質的には時間を通じて「同一の有機体」なのだと見るならば、躊躇することなく、それには魂が備わっていると断言するね。

アキレス　しかし、自分自身を「有機体」と見るというのは単純なことではないよ！　自分自身をでたらめにではなく、「理性」にもとづいて行動する整合的な存在と見ることが必要だ。

亀　よくいった！　まったくそのとおり。そのような物の見方——つまり対象に心的属性を付与すること——を、ダニエル・デネットは対象に対して「志向的立場をとる」というふうに呼んでいる。君が動玉箱を見る場合に当てはめると、「シムボール・レベル」を見て、シムボールの配置や時間経過につれてそれらの描くパターンをシステムの信念、欲求、要求などを表すものと解釈し、その下の玉のレベルを意図的にせよ無知のせいにせよ無視することに対応するね。

アキレス　でも、僕がシステムを見ているところでなくて、システムが自分自身を見ているところの話をしているんだろう？

亀　そのとおり。システムは自分自身の行動を見るけれども、たくさんの小さな玉がずっと下のほうで動きまわって行動を引きおこすもととなっているというふうに見るわけではなくって、「シムボール」の了解可能な理にかなった動きを見ているだけなんだ。

アキレス　システムが自分自身を見るのは、早回しのフィルムを見るのと同じだってわけだ！　自分自身について「そいつはこれを欲している、ああ信じている」などといえるね。ただ今度は信念、嗜好、好み、欲求なんかはすべて自分自身に帰属するのだから、かわりに「『私』はこれを欲している、ああ信じている」などというんだ。でも、これはとても変な感じがするな。自分自身に関する仮りの概念をたくさん便宜的に作っておいて、やおらそれらは本当に自分に備わっているとするのだから。でも、もし「本当に」信念やら欲求やら目的やらが自分自身の内部にありさえすれば、きっとこのいまいましい動玉箱もそれらを直接参照することができただろうね。

亀　なんでそういった信念は実在「しない」と考えるんだい？　氷の塊や交通渋滞やシムボールは実在しないというのかい？　それに、どうしてこの自己知覚は信念への直接参照「ではない」と考えるんだい？　結局君自身、「内なる眼」を通じて自分自身の気分を知覚するのだってこれとそんなにひどく違っているかい？

アキレス　そんなに違わないだろうね。

亀　「外部の観察者」が有機体や機械的システムに信念や目的を帰属させるときには、彼あるいは彼女はその対象に対して「志向的立場をとっている」。しかし、有機体が複雑化して「自分自身」に対しても同様のことをせざるをえなくなったときには、その有機体は「『自己』志向的立場をとっている」といえるだろう。つまり、有機体にとって自分自身を理解するのに最もよい方法は、自分自身に欲求、信念などを帰属させることなんだ。

アキレス　なんとも奇妙なレベル交差的フィードバックループだなあ、亀公。システムの（シムボールの集まりとしての）自己イメージがシステムに再度取りこまれるわけだ。もちろん、それもシムたちの動きによるのだけれども。ちょうどテレビカメラでテレビの画面自体を撮ると、自分自身の表現が何度も何度も繰りかえし取りこまれて、スクリーンの上には入れ子構造のパターンの自己イメージが作られるのと似ているね。

亀　そして、その安定なパターンがそれ自体で実在のものとなるんだ。もし君が動玉箱だったら、自分自身に対して自己志向的立場をとるだけで自己永続的な妄想を作りだすことができるだろう。たんなる無目的で魂のない玉の魂なのではなくて、信念や欲求をもった統一的自我があるのだというこの幻想は、作られるとすぐにシステムの中に自分の信念として取りいれられる。統一性の幻想が何度も繰りかえしてシステムを循環するにつれて、幻想全体はますます確立し、強固になり、固定化される。ちょうど、結晶化がひとたび始まると、それ自体が結晶化を促進する触媒効果を及ぼすような結晶に似ている。一種の自己強化的悪循環で、はじめは妄想だったにしても、固定化されてしまうとシステムの構造に深く浸透してしまって、それ自体の「自我」という「愚かで自己欺瞞的な」信念を参照せずには、システムがどうやって機能しているのかさえ説明できないんだ。

アキレス　しかし、そのときにはもう愚かな信念なんかじゃなくなっているんだろう？

亀　そうだ、とても重要な位置を占めている。すぐれた説明力を備えているからね。自我がシステム自身の概念集合の中にしっかりと固定化、あるいは「具象化」、されると、その事実はシステムのその後の振る舞いの多くの部分を決定するようになる。少なくとも早回しの映像だけ、つまり「シムボール」レベルだけを見ているならば、そう考えたほうが理解は容易だ。さらにおもしろいことに、十分な複雑さを備えた動玉箱では「必ず」、（自己志向的立場をとるという）**「同じ」**レベル交差的フィードバックループが起こっているんだ。したがってどの動玉箱をとろうと、このループによって最終的にできあがる安定した自己イメージパターンは、「他の」すべての動玉箱の中の安定した自己イメージパターンと同型なんだ！

アキレス　奇怪だ！　媒体は異なるのに、そこで起こる抽象的現象は同一だなんて。普遍的なんだ。理解の範囲を越えているね。

亀　そうかもしれない、でもそれが正しいんだ。「私」の意味はみんな同型で同一だ。アーウィン・シュレーディンガーがいったように、それには「一つ」の意味しかない――一つの指示対象――一つの抽象パターンだ、それなのに、みんなそれぞれ「自分だけ」が知っているかのように感じている。みんなで共有しているものを一人で領有（sole possession）しようという争いさ。

アキレス　「霊有」（soul possession）だって？

亀　わざとではないよ、アキレス、わざとではない。

アキレス　本当に「私」は「一つ」しかないと信じているのかい、亀公は？

亀　そうでもない、修辞的効果のための強調さ。本当に大切なのは、「私性」を支えるのは「一つの機構」だけだということなんだ。つまり、システム自体の複雑な表現が、世界のその他の部分の表現と一緒になって循環するっていうことさ。君がどの「私」になるかは、この循環の方法と世界の表現の方法によって定まるんだ。

アキレス　つまり、「私」が誰かというのを定めるのは有機体の積みかさねてきた経験だというわけだね？

亀　そうじゃない。僕は「循環の『方法』」といったので、「循環や表現の『対象』」といったわけじゃあないよ。表現される対象の「集合」と、表現するときの「様式」とは区別しなくちゃいけないね。ループの循環する様態を定めるのは、この「様式」のほうだ。「それ」によって個々の「私」の独自性が作られるんだ。

アキレス　亀公、どうやら君のいってることがわかってきたようだよ。それでも、動玉箱のようにあまりにも物理的なシステムから

「魂」が生ずるとは、感情的には「非常に」認めがたいね。

亀　まず、システムの異なったレベルの間に奇妙な両方向性の因果性が成りたっていることを認識して、そのこととシンボルには表現力があり、それには近似的にせよ自分自身の活動の特性を認識する力も含まれるということを統合するんだ。これが心的現象の鍵であり、「私」の謎の源なのさ。

追記

この作品は私の友人、輝ける流星ランディ・リードとの短い交流に触発されて書いたものだ。彼はサンディエゴ在住の精神分析医そして著述家だった。この追記執筆のおよそ一年前に彼は亡くなった。しかし、彼の精神の一部はいまでも私の中に反響しているのが感じられる。どうしてそうなのか、ときにわからなくなることもある。ある意味では、私は彼のことをほとんど知らない。しかしまた別の意味では、この短い間、私は彼の最良の友人であったと思う。

私がランディを知るようになったのは、手紙を通じてだった。一九七九年に始まる。彼からの最初のころの手紙は、おもしろく新鮮さにあふれたものだった。同時に、その生意気な調子は私をたじたじとさせたものである。けれども、時がたつにつれて、彼の華麗な言葉使いと複雑な真理に対する仮借ない追求が私に浸透し、しだいに彼の生意気さはたんに楽しみのためだということがわかってきた。すると、大きく明瞭に伝わってくるのは、自然を知り享受しようとする、そして美を求めようとする激しい情熱だった。彼は、「境界の生活」――衝動と内省、知と情との均衡――の孤独を書いていたのだった。

ランディ・リードと実際に会ったのは、ほんの数回しかない。しかしその間にも、私は彼の美、とくに音楽に対する鋭い感受性や生に対する強い熱情についてよりいっそう認識を新たにさせられた。彼は驚くほど暖かく、そして奇妙に脆い人物だった。一度、西海岸で一緒に岩登りをしたことがある。戸外での彼の一面と、話相手としての彼とを同時に体験できて、私には忘れられない出来事だ。その後も文通はつづいた。私のところには、彼のユニークな手紙やカードがたくさん残っている。

一九八一年に、私たちは手紙と電話を通じて、共同で動玉箱の対話の拡大版を作ろうとした。期待したほどうまくはいかなかったが、共同の作業を二人とも楽しんだ。その後、なぜか手紙はとだえてしまったが、けっしてランディを忘れたわけではなかった。

ランディが死んだとはじめて聞かされたとき、私はショックで呆然とした。彼は、それほど私の心の中で大きな位置を占めていたのだ。直後に、私はこんなふうに記している。

> ランディ・リードは探求者、求道者、高みを目ざす者、疲れを知らぬ者、熱望する者、力強く、素晴らしく、飛翔する精神の持ち主であったがゆえに、平板で日常的な現実と妥協することができなかったのだ。いや、そうではない。彼は現実を愛していた。逆説と純粋さと詩と力に満ちた現実のどんな小さな部分であっても隅から隅まで愛していた。

ランディ・リードを偲んで、動玉箱の作品や本書に散見されるさまざまな思考に対して、彼のアイデアが与えた影響をお見せしようと思う。ランディは素晴らしい即興詩人だった。彼の思考は恐ろしい速さで、しかもみごとに選ばれた言葉で表出された。幸いにも彼はしばしば口述録音器を使い、それをほぼそのまま手紙に書きおこして私に送ってきた。それでは「ランディ読本」からお気に入りのいくつかをご紹介しよう。

＊　＊　＊

一九八〇年三月三十一日

今日は暖かな日射しの下、僕は腰を下ろしてパパイアジュースを飲みながら、人生の不思議について思いをめぐらしているんだ。君を悩ます手紙を書くのに絶好だろう。

では始めるぜ。僕はちょうどいま山行から帰ってきたところなんだ。カリフォルニアのシエラ・ネバダ山脈に登ってきたんだ。ときどき吹雪いたけれど楽しかったよ。今年はシエラでは雪崩の危険が高くて、いつもよりずっと用心しなければならなかった。雪崩はどんなに小さくとも命にかかわるんだが、予測はとても難しいんだ。雪崩予測は魔法みたいなもので、それにくらべれば気象学だって厳密科学になってしまうくらいさ。雪の塊というのは、君も知るとおりあらゆる物質の中で最も多様な物理的性質を示すんだ。粒状万年雪と呼ばれるほとんど結晶質の氷のような状態から、粉状雪崩の細かな粉末まである。雪の塊はさまざまな相互依存的物理要因に依存して、可塑的だったり弾性的だったり硬かったり脆かったり固形だったり液状だったりする。

雪崩はあまりに複雑な要因のからまり合いによって起こるため、ほとんど生命を備えているかのようにさえ思える。複雑な系に生命の始まりに似た営みを認めるには、なにも熱狂的なアニミズムの信奉者である必要はない。たとえば、こんなアナロジーはどうだい。「起こるか起こらないか」という雪崩のほとんど二値的な反応は、神経細胞の発火に似ている。ほんの小さな刺激入力、それは登山者自身によって引きおこされるのがふつうだが、それが巨大な興奮反応を引きおこす。

ゆるく結合し合った要素の集まりは、革新に必要な「ゆるさ」を作りだす。心が事実から遊離することが可能なのは、弾力的なゆるさのゆえ。同様に、雪崩のような系が簡単に予測できないのは、こうならなければならないというふうには決まっていないからだ。

単純な人々は、そういった複雑な系に精神性とか魂といったものを見いだそうとする。実際、雪庇状になった雪の塊に心のようなものを認めるのは、とくに迷信深くなくとも可能だ。性格をもっているんだ。ときには不機嫌でいらいらしていたり、あるいは陽気にひねくれていたりするが、とにかく何億もの雪のかけらがおたがいの存在を感ずることから醸しだされるある種の存在感が、ほとんどいつも感じられる。

群衆や群れの振る舞いは雪崩に似ている。世論の変化は急速だ。群衆の雰囲気は、雪の壁が崩れおちるのと同様、突然に変化して暴力を引きおこすこともありうる。その点に関していえば、国家でさえ雪の塊のひねくれた性格のある一部分を備えている。

雪崩・気象・内燃機関内の燃料の流れなどの系やその他の渦巻きを理解しようとする努力の大半は、これまで微視的要素の解析に向けられていた。あるいはいつの日か、この種の解析を可能とする数学と測定器具が手に入るかもしれない。しかし、そのような還元主義では芸術家の方法を見おとしがちだ。経験豊かな登山家たち、熟練のエンジンチューナーたちは、自分たちの相手とする媒体の個性についての直観を大切にする。もちろん測定は必要だ。しかし、現象のもつ個性についての判断は解を求める方向を教えてくれるんだ。

コンピュータ・サイエンスはやがて、大規模システムの「個性」を分類するという方向に進むんじゃあないかと思うよ。コンピュータのハードウェアは正確に複製することが簡単にできるけれど、そのうち友人の顔を認識するのと同じように、大規模システムの心を認識する判断がわれわれの中に作りだされるに違いない。現にいまでも、配線の具合やソフトウエアによってコンピュータ・システムにはそれぞれ個性が備わっているともいえるだろう。

＊　＊　＊

一九八一年一月二十日

自然の環境下ではけっして誤りをなくすことはできない。そこで、微妙な輝きに満ちた自然は誤りを許容する方法を見つけた。こんな具合だ。大きな誤りは致命的だが、ちょっとした誤りならばそれはものごとをゆるくして新しいものが現れる余地を残す。誤りの程度を十分小さく抑えておくことができるならば、しだいにほぼ完全な近似が作られる。

言葉でいうのは難しいのだけれど、創造性について考えるときには、「ゆらぎ」とか「脆さ」といった性質が思いうかぶ。また、別のイメージとしては、半導体製造で行われる不純物注入があげられる。本来のものと別のものをほんの少し加えることによって、全体の構造を大きく変えることができる。実をいうと、無秩序は創造性の不可欠の要素というわけではない。むしろ創造性の見いだす精妙な真理のかすかな色合によって、無秩序は白色からピンクへとその色を変えるのだ。ミケランジェロは、ダビデ像になるべき大理石の塊の前に立ったときに若い男のイメージを心に思いえがいていたが、それだけでなく大理石の塊、宇宙全体が彼に働きかけるままにまかせていた。創造性には嗅覚、輝きを放つ香りを見分ける鼻が必要だ。「偶然を生かすには心の準備」――ルイ・パストゥール。お気に入りの句だ。すべての生命は偶然を食している。創造性はそのうちの高級料理なのだ。

小さな波だちは、目に止まるほど十分に長く持続すれば個性と呼べるものをもつ最も低次の存在となる。岩や雪にはほんのわずかな個性しかない。波だちが小規模で、偶然が支配しているためだ。煙にはもっと個性がある。だからこそ、バッハやマグリットがパイプの煙を愛好したのだと僕は思っている。そして僕自身、白状するとパイプ煙草を楽しむ習慣があるのもそのためだ。

煙のひと吹きはわれわれの親戚みたいなものだ。小さな渦巻き、ゆるやかに結びついたシステム、波打ち、よじれ、全体がゆるやかに漂うさまを見ることができる。泡だつ流れや崩れおちる海の波も同じ性質をもっている。わきたち、乱流、小さな部分のおのおのが独立の生命を備え、おのおののさざなみがおたがいに結びつき合い、相互に作用し合い、そして全体に関与している。

* * *

一九八一年二月二十三日

蝶

最上の思考はすぐれて繊細、
敏捷、巧妙でとらえ難い。
羽をひらめかせて飛ぶ蝶は
なんたる隔たり
捕われ、殺され、
そして誇らしげに展示された標本と。

* * *

一九八三年四月十日、ランディ・リードは自ら命を絶った。私には理由はわからない。おそらく数千人の読者のニューロンの中を飛びまわる発火のパターンが、彼の魂の小さな一部を分散した形で保存してくれることだろう。

［第26章］

ブールの夢よ、さらば

はじめに

最近、ジョン・サールの書いた「心、脳、プログラム」という論文が認知科学に波紋を起こしている。彼は思考実験にもとづいて、ＡＩ（人工知能）が幻想であることを示した。とくに、コンピュータが意識をもてるという、いわば強い意味でのＡＩの可能性を真っ向から否定した。ここで、「意識をもつ」という言葉がいろいろいいかえられることに注意しておこう。たとえば

＊考える
＊魂をもつ
＊精神生活がある
＊（たんなるシンタクスではなく）セマンティクスがある
＊（たんなる形式ではなく）内容がある
＊意図をもつ
＊あるべき姿に向かう
＊人格をもつ

などなど。どのいいかえにも独特の意味やイメージがある。しかし、ここでは全部同じものとしてひとまとめにしてしまおう。

ＡＩ研究者はＡＩとはなにかについて哲学をもち、たくさんの言葉を生みだしてきた。たとえば、「情報処理」「計算としての認知」「物理記号系」「記号処理」「エキスパート・システム」「知識工学」など。しかし、「記号」とか「認知」とかいう言葉は「セマンティクス」や「シンタクス」と同様、多少混乱しているようである。

ここではまずこれらの言葉を吟味する。そしてサールの論点、さらに右にあげた言葉に多少なりとも責任のあるアレン・ニューエルとハーバート・サイモンの考え方にも触れる。本章はエヴロン・バーの論文「人工知能――計算としての認知」に触発されたものである。

この問題はもとよりやさしくない。小論文にはちょっと荷が重い。大半の考えは『ゲーデル、エッシャー、バッハ』のほうにもっとくわしく書いた。しかし、そこから重要な論旨を抜きだし、その後の思考の結果や新しい例で肉づけしてみるのは無益ではなかろう。

認知と知覚――一〇〇ミリ秒の境界

バーの論文では、ＡＩが「認知の情報処理モデル」として性格づけされている。何年か前、私はいちおうこれで納得していたつもり

だった。しかし、時がたつにつれ、この定義がどうも気に入らなくなってきた。私はこの定義のどこが悪いのかを指摘するよりも、こういう定義をしようとする人々の考えのどこが気に入らないのかを示そうと思う。そうすればこの定義の意味するものが浮かび上がり、どうして私が気に入らないかがわかってもらえるだろう。

こういえば一番はっきりするだろうか。一九八〇年、サイモンはある講演でこう述べた。

認知のうち興味深いものはすべて一〇〇ミリ秒――これはあなたが母親を認識するのに要する時間だ――より上のレベルで起こる。

意見の不一致は明らかだ。私の意見はこれと正反対である。

認知のうち興味深いものはすべて一〇〇ミリ秒――これはあなたが母親を認識するのに要する時間だ――より下のレベルで起こる。

私にとってAIの重要課題は、「一億個の網膜細胞への刺激を一〇分の一秒で母親というたった一個の単語へ変換するものはいったい全体なんなのか?」である。知覚がまさにそれだ!

字体(レタリング)の問題――人工知能のテストケース

知能の問題とは、心の柔軟性、母親の顔といった知覚対象にある固有不変の性質、またイスとか文字aのように他の似たものとの区別境界が不思議な具合に柔軟でありながら、それでも区別がつくという性質を探究することである。コンピュータが出現するずっと前、すでにヴィトゲンシュタインがこのことの重要さに気づいていた。私はこれを強調するために次のテーゼを提唱したい。

AIの中心課題は、「文字aとはなにか?」である。

ドナルド・クヌスがこれを聞いて、「文字iとはなにか?」を付けくわえるといいと教えてくれた。たしかにこれはいい。

AIの中心課題は、「文字aと文字iはなにか?」である。

すなわち、人間が行っているのと同程度の柔軟性で字体を扱うことができるプログラムは、知能の全特質を備えているといってよい。AIがこの問題に関心を払ってこなかったのは不思議である。もちろんまったくのゼロではない。過去にいくつかの研究があるが、こういうパターン認識の基本問題に対して徹底的な努力がなされたことはなかった。実は、私の現在のAI研究の主要目標は字体理解システムである。これが、いま流行のエキスパート・システムとどう違うか少し述べよう。

アルファベットの文字には、文字どおり何千ものレタリングや印刷字体がある。このほか手書き文字を含めると、何億の何兆通りにもなる。では、どうしてどの文字aもおたがいに似ているのか? AIの目標は、コンピュータの言葉でこれに正確に答えることである。人間には「なぜってみな同じような格好じゃない」という程度の答えしか思いつかないところをみると、人間の言葉のもつ曖昧さを積極的に利用したとしても満足のいく答えは得られない。実際、よく見ればどのaも同じ格好ではない。

　疑問をもう少し整理しよう。一つの字体を固定したとき、各文字の間の関係はなにか？　これはとびきり難しいアナロジー問題だ。与えられた文字aの「a性」と同じ意味で「b性」を満たす文字bはどんな形か？　これに答えるためには、与えられたaの特性がほかの文字ではどういう特性として滑脱（概念としての横すべり）していくか見なければならない。与えられた文字aの形を一つの一貫したレタリングの中でaたらしめている抽象的特性を、bからzまでの異なる文字に滑脱させる。そこに思考の本質がひそんでいる。

　レイ・クルツワイルが発明した盲人用文字読み取り装置が存在するのだから、文字認識の問題はもう解決ずみと思う人がいるかもしれない。しかし、これはまだ問題の表層を解いただけである。事実、ほとんどの文字認識装置は定められた個数の文字種に対して、統計的手法を使って当てはめを行っているにすぎない。これは、人間が目の前の情景に対して、缶切り、フラフープなどありとあらゆるものと瞬時に照合を終え、情景が自分の母親であると認識するといっているようなものである。

形を認識再構成できる能力と人間の心

　理想形の文字種（小文字を除く）が二六個というのは少なすぎるかもしれないが、文字の認識は自分の母親の認識より軽い問題ではない。それどころか、文字の数をもっと制限しても事情は同じだ。実際、『IEEE会誌』のパターン認識部門編集担当のゴッドフリード・トゥーサンは、ふつうの人なら誰でもaかbか区別できる二〇個の文字を正しく区別できた最初のプログラムに懸賞を出してもいいといったことがある。ある形をたんにaというだけではだめで、その形のa性を完全に見なくてはならない。そして、そのプログラムが文字のことを本当に知っているというためには、他の文字種すべてにその「様式」を適用できなければならない。レタリングに様式的一貫性を与える、文字と文字の間の概念的横すべり、これが私の研究目標だ。

　最近の視覚AIは、航空探査とかロボット誘導——そこではテクスチャーの認識や、平面画像からの立体認識が問題になる——が主流である。しかし、私たち誰もが人の顔の認識に驚異的能力をもつのに、人の顔を満足に描けないという問題はどうだろう？　大半の人々は鉛筆、手、本といった単純なものすら満足に描けない。私は数百個の漢字を認識することができる——テクスチャーや立体の認識は不要——が、書くのは苦手である。字の混同、画の抜けはしばしばだし、最悪の場合、フィーリングだけは思いだすものの一画すら書きだせない。

　私たちは文字どおり何百万個ものuを認識できるが、uの標準字体を末端の小突起（セリフ）まで含めて完全に再構成できる人はまずいない。また、ほとんどの人は小文字aとgが二種類ずつあることをはっきりと意識していない。「認識機械」としてこんなにすぐれた人間の頭脳が、再生となるとどうしてこんなにお粗末なのか？　よほど複雑な理由があるに違いないが、依然深い謎だ。

　ソ連のすぐれた学者、故ミハイル・ボンガルドは主著『パターン認識』で視覚的パターン認識の一〇〇の問題をかかげたが、字体に関する問題でこれを締めくくったのは偶然ではない。つまり、彼は字体の認識をパターン認識問題の究極と考えた。現在、ボンガルドの問題をまともに解けるパターン認識プログラムは存在しない。にもかかわらず、バーはサイモンの説として次の一文を引用している。

（コンピュータと人間の神経系のように本質的に異なる系における情報処理の）共通性はもう明らかである。認知科学の限界はもはや人間も機械も考えるといった問題ではなく、遺伝における情報処理にも有意の共通性があるかどうかにかかっている。いずれにせよ、知的システムの科学は単一の種を越えたところに達している。

コンピュータがまだ「下層認知」――認知行為の基底にある無意識の行為――すらできない時代に、サイモンがこういうのは理解できない。

一九七九年の講演でサイモンが、コンピュータが思考できるということにもはや疑問はないといったことを思いだす。機械がいつかは思考できるようになる、あるいは私たち人間も抽象的な意味で機械である、というのがサイモンの真意ならば私も異存はない。しかし彼の真意とは違うと思う。サイモンはあくまで、今日のコンピュータが知的に思考する、あるいは「認知行為」を行っている――専門用語でいったところで本質的に変わらない――と信じているらしい。そこが問題だ。

おもちゃと実用、純粋科学と工学

今日のAIの主流は見かけ倒しだ。医療診断、石油資源探査、分子生物学実験、分子分光学、コンピュータ・システムの組み合わせ設計、超LSI設計などなど、いかにも難しそうな問題を解くプログラムの開発に主力が注がれている。しかし、どれも常識、学習、自己修復の能力に欠けている。「人工専門家」は実用的かもしれないが、柔軟性に欠け、人間の知能の本質に知見を与えない。早い話、軍や産業界が資金を出すから開発されたという代物なのだ。

これは基礎科学の方法論ではない。従来、基礎科学は現象を分離・抽出し、最も単純な形で表現することだった。ニュートンの場合、それはリンゴと月だった。アインシュタインにとっては、列車とフラッシュライトの思考実験、のちには落下するエレベータの思考実験、メンデルにとってはエンドウ豆……といった具合である。単純な問題を飛ばして複雑怪奇な問題に一足跳びすることはしない。物理学だったらまず摩擦のない力学を考えてから、摩擦のある力学に進む。

AIの連中はどうして「おもちゃ問題」を回避しだしたのだろう？一〇年前、MIT（マサチューセッツ工科大学）の「積み木世界」は一世を風靡した。平面のテレビ画像から立体の積み木を知覚するプログラム（ロバーツ、ガズマン、ウォルツ）、積み木の積み方を門、テーブル、家などの概念に分類し認識するプログラム（ウィンストン――前のプログラムを利用している）、積み木という制限された世界で、行動、計画、過去の事実などについて人間と会話できるプログラム（ウィノグラード）、同じく積み木の世界で小さな仕事をするプログラムを書き、自分で誤りを修正できる、いわば最も簡単な学習機能をもつプログラム（サスマン）など。しかし、なぜかこれらの問題はAIで流行らなくなってしまった。AIの基礎研究のメッカだったMITに昔日の面影はない。基礎研究はいまや「知識工学」と称する物量作戦に置きかわっている。基礎のしっかりした工学なら結構なのだが、これは科学的基礎ではなく、特定の分野での成功に結びついた処方箋だけにもとづいているように見える。

AI研究では領域の設定が一番重要である。知識工学の問題、たとえば医療診断をとりあげた瞬間、人間の心の機能とはなんの関係もない雑多な技術的問題の泥沼にはまってしまう。エキスパート・システムはどれも同じ困難を抱えている。しかし、領域をうまく制限し、問題の本質を見うしなわないようにすれば、なにか基礎的な発見ができるだろう。

アナロジーを調べるプログラム（エヴァンズ）、順列をさらに延ばすプログラム（サイモン、コトフスキー、その他）などは、この意味で正しい方向だった。しかし、これらの問題は解決済みであるという共通認識がいつのまにかできあがってしまった。エヴァンズのプログラムが非常に制限された視覚アナロジーの問題を「高校生の一〇〇レベル」で解いたというだけでである。しかし、ボンガルドの一〇〇の問題を見れば、私たちがアナロジーや字体の問題をまったく解明していないことがわかる。字体理解の問題の難しさはそこいらの広告を見わたせばすぐわかる。前にもいったように、字体の問題はパターン認識の本質をついている。研究者が低レベルの認知もできないプログラムで最高レベルの認知をやらせようとばかりしているのは困ったものだ。

AIと知能の本質

例外はある。たとえば、エール大学のシャンクたち。彼らの当初の目標は自然言語理解だったが、記憶の構造——これは下層認知、だから当然認知の核ともいえる部分——の解明という目標に後退を余儀なくされた。彼らにとって、これは研究の後退ではなかった。今後さらに彼らの目標が後退しても、驚くにはあたらない。なぜなら、物語の趣旨を最もうまくいい表す諺を見つけるといった彼らの研究自体すでに抽象、知覚、分類の深い淵にさしかかっているからである。ボンガルド問題は、こういう基本問題を理想化（摩擦なしの力学）した完全なモデルを与えている。

ところでボンガルド問題は、五〇年以上前にターマンとビネットが発明した典型的なIQテストの問題にほかならない。たくさんの人が同類の視覚パズルを作ったが、大半は答えが何通りかある曖昧なものだった。これがIQテストの悪名を高めたのは事実である。IQテストが有効かどうかは別として、ターマンとビネットの洞察が正しかったことは疑いない。注意深く作られた単純な視覚アナロジー問題は知能の核心を突いている。IQテスト風のものに認知科学者が顔を背けるのには、文化的偏見や民族主義がすぐ醜い頭をもちあげてくる政治的風潮に対する条件反射的な反発のせいだ。しかし、視覚アナロジー問題自身に対してそんなにパブロフ的になることはあるまい。いずれにせよAI研究者が、ヴィトゲンシュタインの「ゲーム」、ケーラー、コフカ、ヴェルトハイマーの「ゲシュタルト」、ターマンとビネットのIQテストなど一九二〇年代になされた研究に立ちもどることが必要だろう。

カリフォルニア大学サンディエゴ校の心理学者ドナルド・ノーマンたちは長年、言葉の誤り、タイプミス、その他の行動ミスについて研究している。下層認知についてなんらかの手がかりが得られるという期待からである。（ノーマンの学生の一人は、自宅に入るところでシートベルトをはずさずに時計バンドを外したという！　なんという滑脱！）ノーマンとルメルハートが率いるグループは「スキーマ活性化」と呼ぶ並列下層認知をもとにしたまったく新しい認知モデルを研究している。これらの研究が通常のAI研究と異なるのは、次の二点である。一つは心理学者が研究の中心であること、もう一つは、心がいかに機能するかを、頭脳がいかに機能するかの研究から得ようと大胆に構えていることである。

人間の心に関する純粋な研究はまだまだあるが、ＡＩの会議での発表を見るかぎり、あたかもコンピュータが思考でき、眼科学、生物学、化学、数学、なんでもこなすような印象を与える。サイモンも関与しているベーコンというプログラムは、数値データから科学法則を自動的に導きだす。しかし、知能には、こういうＡＩを越えたなにかがある。

エキスパートシステムと人間の柔軟性

問題の所在は、ＡＩプログラムが「下層認知」を省略したままで「認知」活動をやろうとするところにある。頭脳中にある基質の対応物、柔軟な認識・連想、常識はどこにもない。類似性・パターンの繰りかえしにもほとんど気がつかない、パターンの認識はそれらがあらかじめ与えられている場合のみである。高い抽象レベルでの学習をしない。

ここが人間とまったく異なる、人間は、予備知識がなくてもパターンを知覚することができる。人間はいつでも学習できる。領域に依存せず、概念表現の柔軟性、重要なものと重要でないものをふるいにかける能力、まるで違ったものから予期せざるアナロジーを発見する能力（連想能力）は常識のもたらすものである。常識をもつプログラムが作られるのはまだまださきだろう。

母親の顔の認識については、三〇年前からとくになにもわかっていない。家族が似ていることの判定、フランス人の顔の判定、親切そうな顔・ずるそうな顔などの判定、どれも難しい。顔から年齢を（もっと単純に、性別を）判定するプログラムですら困難だ。ドナルド・クヌスがいっているように、私たちが意識を集中して行っていること――積分、チェス、医療診断――を、プログラムはいとも簡単にやってのける。しかし、私たちが頭をとくに使っていると意識せずに行っていること――騒音だらけのパーティで相手の話をちゃんと聞けたり、ついでに部屋の反対の隅での立ち話に耳を傾けたり、草茂る山道で道をたどったり、皿洗いをしながら無意識に言葉遊びをやっていたり――を実行できるプログラムはまだない。

言葉遊びのできるプログラムもないのに、新しい科学法則をプログラムに発見させようというのは、街も満足に歩けない人に月へ行けというに等しい。サイモンとラングレイがベーコンに期待したのは、天才科学者のレベルだった。彼らは人間の知能の機械化にあと一歩に迫ったと思っているらしい。サイモンは一九八〇年の講演後、聴衆の一人からこう質問された。「ベーコンが五時間走れば、科学者何人分の生涯に相当するか？」サイモンは数百ミリ秒の人間的情報処理を行ったあと、こう答えた。「一人前以下でしょう。」これは私も賛成だ。しかし、私ならこういう。「百万分の一人以下でしょう。」

言葉遊びと随伴現象

人間レベルで科学的思考を行えるプログラムは、サイモンが考えているよりずっと手の届かないところにあると私は思っている。私はたんなるアナグラム（文字の並べかえの言葉遊び）ができるプログラムを考えてみたい。「おもちゃ領域」のプログラムだが、下層認知過程が重要な役割を果たす。

新聞のジャンブルパズル欄で telkin を見たとしよう。するとたちまちのうちに、knitle, klinte, linket, keltin, tinkle といったグループが頭の中を去来し、ただちに最後が正しい単語と断定する。私が興味のあるのは、これの前段である。ここでは英単語風という雑多な知識にもとづいて想起が行われる。ジャンブルを見ると、文字たちがあたかも制御不能の複雑な並べかわりをする。実際、文字をバラバラに空へ放りなげたら、落ちてきた瞬間に、あたかも英単語風にまとまっている！　認知下、意識下での出来事なのだ。

ふつうの人は五、六文字のジャンブルをこなし、七、八文字も解くことができる。練習すれば、一〇ないし一二文字の単語も可能だ。ただし、重複文字があるとたんに難しくなる。(私はあるときdin-nalをnadlidとやってしまった。) 文字がふえれば問題が難しくなるのはあたりまえだ。人間の短期記憶には、七プラスマイナス二というマジックナンバーがあるという心理学者ジョージ・ミラーの説が関係ありそうである。しかし、この関係の解釈は一通りではない。

おのおのの文字が活性化して、相互に作用し合うと考えるとどうだろう。あまりにも多くの文字が同時に活性化すると、混乱して文字を落としたり、よけいに付けくわえたりする。この見方では、文字の間のつながりが多すぎて、頭の中の系が過負荷になったと見る。また、記憶の中で文字を蓄え、並べかえるための固定領域の存在を仮定しない。このモデルでは、短期記憶(とそのマジックナンバー)は「随伴現象」――ダニエル・デネットは無意識に起こる現象と呼んだ――である。すなわち、これは系の設計の裏から現れてきたものので、多数の要素の相互作用の産物であり、予測不能のものである。私はこの見方を主張したい。

逆に、固定した(たとえば七個の)短期記憶を仮定し、記憶領域が一杯になったらどこかが空くまで待つというモデル化も可能である。これがニューエル一派のプロダクション・システムでのアプローチである。このアプローチの難点は、基底構造にたいへん複雑なものをもちこんでしまい、逆に基底構造の核心に迫る問題をバイパスすべく、簡単な構造へシステムをすりかえてしまうところである。

こんなバイパスを行うモデルを信用するわけにはいかない。

共同利用の大型コンピュータ・システムが三五人のユーザでパンクしはじめた。このとき、システムプログラムに対して「六〇人になるまで能力がパンクしないように、パンクの限界数を書きかえてくれないかい？」という人はいまい。こんな数がコンピュータの特定の記憶場所に書かれているはずがない。学生の成績データベースやパソコンに打ちこんでいる文字データとはわけが違う。パンクする限界のユーザ数はコンピュータの性能、オペレーティングシステムの設計その他もろもろのものの組み合わせによって潜在的に決定されるのである。

同様に、人間の知能に、「短期記憶量調整ツマミ」があるとどうしていえようか？　マジックナンバー七が最初から知能に明らかに備わっているとは思えない。もしそうだったら、単純な突然変異により、ツマミの値が八や九、あるいは五〇になってもおかしくない。つまり人間は永遠に進化しつづけるはずだ。AI研究者は、これをなんとなく真実だと考えているフシがある。

AIの標準的なやり方は、随伴現象(集合的現象といってもいいかもしれない)をバイパスし、随伴現象を表層的に模倣することである。システムの性能は上がるが、砂上の楼閣に変わりはない。

アナグラムは、AI研究者が顧慮しなかったタイプの思考メカニズムの一例である。文字たちがおたがいにめぐり合い、付き、離れる。まさに細胞中のタンパク質や酵素そのものだ。アナグラム問題は解決済みというのが、AI研究者の大方の意見だろう。腕力のあるプログラマーだったら、アナグラムで他の単語に変わる全単語一覧表をいとも簡単に作るだろうし、文字の集合が与えられたら、ただちに可能な英単語を印刷するプログラムも作ってしまうだろう。

大いに結構。しかし的はずれだ。これはコンピュータの腕力を示しはしても、人間がいかにアナグラムを解いているかの知見はなにも与えてくれない。ちょうど現在のチェスプログラムが、人間のマスターの競技法になんのかかわりもないのと同じである。

アナグラムの問題は、いわゆるエキスパート・システムの問題よりよほど純粋で興味深い問題だと私は信じている。たんなる論理的推論を越えた創造性、自動性に関係しているのだ。意識下の思考の一つのひな型を与えているという意味で、私はアナグラム問題を十分に価値ありと考えている。

AIの主流がいう認知の情報処理モデルには、なにか基本的なものが欠けている。知能は、基質のようなものから随伴現象として現れるのだ。AI研究者の大半は、こういう基礎的問題に関心を払わない。彼らはもう、機械が思考していると信じているらしい。

認知ではなく、下層認知が計算的である

AI研究者の信念とレベルの混同が、バーの論文の題名「計算としての認知」を生みだした。考えているときに計算してるって？ たしかに私のニューロンはアナログ計算的に和を計算している。だが、こういう擬算術計算装置の集合がもたらす随伴現象が情報科学でいうところの算術計算を行っているとは思えない。個々のものの性質と、それの集合の統計的性質を混同してはならない。上位の層に見えるものが下位の層での活動の渦に関係がある、と思ってはいけない。ある一つのレベルで計算的であれば、他のレベルでは計算的ではないのである。

多くのAI研究者はこの点も見逃している。AI研究の多くは、演繹や木構造の演算といった基本計算機構から、認知あるいは思考を構成しようとする。これは、私たちの心がもつ思考能力の基礎を底の浅い「情報処理」活動におこう、という考え方である。

この考え方に立ったAI研究の成果は数多い。しかし、全体として私には不満が残る。たとえば、述語論理の定理証明能力を高めればAIは究極に近づく、と信奉する研究者がいる。彼らの論理型計算に関する成果には、目を見張るものがある。

また、パターン照合、バックトラック、継承、オブジェクト指向計算、リフレクションなどといった機能を取りこんだ、複雑なプログラミング言語こそ思考の鍵だと考える研究者もいる。たしかにこういうシステムがあると、宣教師・土人問題、覆面算、逆行チェスプロブレムなど、基本的に論理の範疇の問題はうまく解ける。しかし、小さな論理モジュールから大きな論理モジュールを組みたてる手法では、母親の顔を認識したり、新種の字体を生みだすことはうまくいかないだろう。

知覚や認識を扱っているAI研究者には、これと異なる考えをもつ人がある。そこでは、並列に走るプロセスを組み合わせることが重要である。小さな証拠が自己強化的に足し合わされて一つの仮説を生みだす。どの証拠も単独ではこの仮説につながらない。詳細に立ちいらずに、こういうプログラムの構造について伝えることは難しい。しかし、最初からすべてが明らかになっている問題とまったく異なることは確かである。「三人の宣教師と三人の人喰い土人、一台のボート、そして川があります。人喰い土人は……」と書けば、それはただちに述語論理やフレームで表現可能であり、推論エンジンで処理できる。欠けているのは知覚と認知のギャップをつなぐリンク、いいかえれば一〇〇ミリ秒以下の下層認知と一〇〇ミリ秒以上の認知のギャップをつなぐリンクである。

前に認知の「神経基質」や脳について触れた。AIを神経生理学というつもりはないが、私はAIモデルが結局人間の脳に近いハードウェア、または少なくとも（抽象的な意味で）脳の構造とあるレベルで「同型」の構造のハードウェアに収斂するのではないかと思っている。あるレベルとだけいったのでは無内容だが、私は多くのAI研究者と異なり、非常に低いレベルで同型対応がつくものと信じている。認知が「計算」か否かについての私の見解は、この信念に密接に関係している。

受動記号と形式的規則

サイモンとニューエルは「記号」についてこう述べた。

> 知能の根底には、指示能力をもち操作可能な記号が存在する。記号は配置、パターン化、組み合わせ可能なものならどんなものからでも作りだすことができる。知能はパターン化可能なものが実装された心のことである。

サイモンとニューエルは記号をコンピュータ内部の文字コードと考えている。私にとって記号はもっと表現能力を伴ったものである。記号という言葉の核心は、記号化、象徴化、表現といった意味合いにある。サイモンは右の引用中で「指示能力」といったが、バーはサイモンの言葉として「形式的トークンの処理」という引用をしている。実際、サイモンとニューエルの立場はどっちなのかはっきりしない。

あるものが他のものを表現するにはたいへんな能力がいる。文字Iそのものは、私という人間も自己という概念も表現しない。この表現能力は英語全体の巨大な枠組の中で得られる。巨大ではあるが、赤ん坊ですらまもなくIで自分を指すことができるくらいの規則性がある。

Iも「ハンバーガー」も形式的トークンとして見れば空疎である。こんなトークンをいくらいじりまわしても、思考や理解は得られない。リスプで記号をアトムとして表現して、複雑なルールのもとでこき使っても、思考とか理解とかは出てこないのだ。（これはサールの論点、つまり、「ジョン」、「は」、「ハンバーガー」、「を」、「食べた」といった記号だけを扱って理解できるはずがないという論点の掩護射撃にはなっている。もっとも、『ゲーデル、エッシャー、バッハ』の第2章から第6章にかけて書いたように、限定された意味では「意味」をこれらの記号に吹きこむことができる。）

活性記号と蟻コロニー・メタファー

では私のいう記号とはなにか？　『ゲーデル、エッシャー、バッハ』の第11章と第12章で私は活性記号について述べた。しかし、概念がはじめて出てくるのは蟻のコロニーに意識を見るという「前奏曲……」と「……とフーガの蟻法」の対話編である。この対話編の目的は蟻のコロニーは実際に意識があるかどうかではなく、脳の活動に対してメタファー、つまり微視的な事象と「全体論」的または集合的な現象との関連を考えるための枠組みを提供することだった。

E・O・ウィルソンは『昆虫社会』でこういっている。「マスコミュニケーションは、個体単独では行いえないようなグループ間での情報伝達である。」蟻のチームが共同で仕事をし、おたがいに情報交換をする。それでいて個々の蟻はまったくそれに気づかない。

（いや気づいているかもしれない。しかしそれは別の問題だ。）チームの階層構造を上がって、超々チームが超チーム――チームあるいは個々の蟻はいわずもがな――の知らないところで情報交換すると考えるのも自然である。

一番低いレベルではなにもないのに、ある高いレベルではたしかに情報や知識が存在するという集合現象の考え方は注目に値する。脳に立ちもどって考えれば、これはなにもとっぴなことではない。ニューロンの発火の連鎖の中に思考そのものが流れているとはとても思えない。いわゆる「記号処理」が思考であるという考えはここでも崩れさる。

サイモンとニューエルに代表されるAI主流派がいう意味での記号処理ではなにが不足なのか？　要は、彼らが記号を生きていない受動的なもの、プログラムで処理される対象と考えているところに問題がある。私は記号――脳（あるいは将来のコンピュータ）の中の表現構造――を蟻のコロニーでいった超々チームのような活性的存在として考えたい。このレベルで記述が可能なのであり、個々の蟻のレベルではないことに注意。個々の蟻には「記号的」と呼べるものはなにもない。（多少話を単純化しすぎてはいるが……。）

活性記号は計算的でない

本当に記号的と呼べるものは蟻（またはニューロン発火）の巨大な集合が担っている。しかし、記号がどう動くかを完全に記述できる規則は、このチーム（思考）自身のレベルでは存在するだろうか？　この規則は下位レベルのことについてはなにもいわないが、チームの行動についてはひじょうに正確な予測を可能にするものでなければならない。

たしかに、最高位のレベルのチームがどう行動するかについて、かなり漠然と記述するような規則があるという現象論的観察はある。しかし、脳の最高レベルの活動の柔軟性をすくいとって計算規則の中へ閉じこめてしまうことが可能なのだろうか？　たとえていおう。大局的に大気がどう動くかが予見できる、いわば雲のレベルでの規則が存在するだろうか？　たぶんない。天気予報は本質的に手に負えない問題なのだ。微視的な基質――分子――は計算的であっても、雲の運動を雲自身のレベルで計算することは不可能だと思う。

AIは、思考がそれ自身のレベルで計算可能であると前提する。少なくともAIの情報処理学派はそうだ。しかし、私はこれに重大な疑問を感じている。

活性記号（チーム）と情報処理学派の受動記号（蟻、トークン）との違いは、活性記号が自分自身で動きまわることである。上位にプログラムがあって記号をいじくりまわすのではない。活性記号は自分自身の中に行動を起こす手段をもたなければならない。ニューエルやサイモンには、記号がちっぽけなビットや文字に見えるらしい。彼らが何度も使う「物理記号系」という言葉はここからきている。

コンピュータが扱うのは記号でなくて、トークンである。まだ存在はしないが、私のいう意味での記号をサポートするプログラムでは記号自身が動作するはずである。

脳自身は記号を処理しない。脳は記号を浮かばせ、おたがいにぶつかり合わせる媒体にすぎない。中央集権的な制御機構はない。蟻のチームのようにニューロン発火のパターンとしてのチームが莫大な数、浮遊しているだけだろう。胃が動いているのを感じるように、脳の中で記号が動くのを感ずることができる。自分の意志で記号を処理しているのではなく、適当な論理規則のなすがままにまかせているだけなのである。私たちは自分の思考の進行を直接制御できない。

つまり、私たちは記号処理の主体者ではなく逆に記号に処理されているのだ。スコット・キムがうまいことをいっている。私たちには「自由意志」ではなく、「自由不意志」がある。この見方をすればすべてが逆立ちする。認知——私たちの心の一見合理的なレベル——は自分の場所、すなわち無数の下層認知の相互作用の結果という場所に落ちつく。合理性はいままでのAIでさんざん追求された。ここいらで、非合理性、下層認知が重要性を認識されて然るべきである。

活性記号の基質は記号化を担わない

「計算としての認知」は「認知は計算ハードウェアによってサポートされうる行為である」というふうにゆるく解釈するのなら私も同意する。しかし、「認知は記号と呼ばれる意味媒体を複雑な方法で操作するプログラムによって達成されうる行為である」と厳密に解釈するのなら私は反対だ。前にもいったように意味媒体は処理対象ではない。自律的に動くからこそ意味を運べるのである。

もしプログラムがデータ構造をいじっているのであれば、それは認知ではない。データ構造は認知における「意味媒体」ではない。もちろん本物の認知をコンピュータで実現する場合、ある記述レベルでは形式的トークンを操作するプログラムが必要だろう。しかし、それが大きな協働的集合になってはじめて認知における表現が達成されるのである。そこでは人間の脳と同様、思考が自ら動く。並列性と集合性が思考の本質である。この意味で私は認知は計算ではないと考える。

こういうと、計算ではとらえられない「脳の駆動力」が存在するというジョン・サールと私が同意見だと思われるかもしれない。私の立場はまったく違う！ 私はAI——サールのいう強い意味でのAI——も可能だと考える。ただ、述語論理などの形式論で思考が実現できると思わないだけだ。思考は、それと同じレベルに形式的規則が存在するような活動ではない。

多くの言語学者は言語を、思考の本質に触れずに、複雑な「文法」——つまり言語のレベル自身で説明のつくものだと主張している。今日、多くのAI研究者も同じ誤りを犯している。つまり、思考がより小さな「思考原子」から構成されると考えているのだ。しかし個々のニューロンの発火は意味を運ばないし、記号能力もない。すなわち、それは意味のある思考原子ではない。これはコンピュータのビットにそのまま適用できる。気体と個々の分子の関係のように、それ自身では無意味なニューロンの発火の巨大な集合が思考なのである。

ウィノグラードの書いたSHRDLUプログラムは大型コンピュータの能力を目いっぱい使っているが、積み木の世界について対話するのに十までの数しか扱えない。「認知」レベルでは、それより大きい数を知らないのだ。チューリングも「計算機構と知能」の中でおもしろい例をあげている。和を計算せよといわれて、三〇秒も考えたあげく、間違った答えを出すという、いかにも人間風のコンピュータである。これはコンピュータが人間らしく振る舞うための策略とは限らない。私のいう意味での「記号レベル」で計算しようと努力し、人間と同じように誤ったのかもしれない。低レベルではニユーロンがもっと素早く正しく計算できるのにである。

　低レベルの算術機能とそれの巨大な集合としてのＡＩプログラムはまったく別ものである。ウィノグラードがほんの少しプログラムを変えれば「七二〇の階乗は？」という質問にＳＨＲＤＬＵはいいとも簡単に答えることができただろう。しかし、これは人間がおびただしい数のニューロンの加算機能を直接利用しようという試みに似ている。そんなことができるわけがない。

パターンを誘起する記号

　むしろできなくていいのだろう。世界は完璧に数学的ではない。風や空気抵抗のあるところでヤリを投げる人にとって放物線軌道の計算能力があったからといってなんの役に立つだろう？　彼の最善は、起こりそうなことを近似的に予測することでしかない。

　ジャック・モノーの『偶然と必然』、リチャード・ドーキンスの『自己本位遺伝子』などはどちらも、ありそうな未来をいろいろ想像する能力を脳が与えていると指摘している。これは微分方程式を繰りかえし繰りかえし解いて日食の正確な予測をするのとまったく異質である。脳はもともと不正確なものであり、いつでもヘマをする可能性がある。だから数学的なシミュレーションではなく、枝葉を切りすて、過去の経験のアナロジーから推測をするといった抽象化が必要になる。脳の中の記号は実際に起こることと同型のシナリオを演ずるのではなく、起こりそうな何個かのシナリオ、あるいはメタファー以外になんの関連もなさそうな過去のシナリオを演ずる。

　記号化にあたって完全な同型を放棄し、記号のパターン誘起に価値を置くと、記号がなにかを記号化しているという言葉の意味はたいへん複雑なものになる。これは「意味とはなにか？」に深いかかわりがある。ＡＩはこれに答えるべきだろう。サールは論文の最後で「コンピュータは現在、未来にわたってセマンティクスをもつことはない」と主張した。現在だけというなら私も同意するが、「根本的に」という意味だったら彼が間違っていると思う。

　活性記号、すなわち脳の中の神経活動の巨大な「雲」のもつ意味はどこからくるのか？　指示能力は？　ある人は、脳が外界と知覚や効果器で結合しており、こういう「雲」が外界を反映し、また体を使って外界に影響を及ぼすことを可能にしていると主張している。私はこれは指示能力の一部をいい表しているが核心ではないと思う。私たちが夢想や想像をするとき、具体的な物理世界を知覚したり操作したりするわけではない。たとえまったく不可能的な状況を思いうかべているときでも、私たちは脳の中の記号系のもつ意味を利用している。しかし、記号は特定の現実的物理対象を記号化していない。記号が表しているのは意味カテゴリー（クラス）である。

　カテゴリーは個々の対象（個体）のマスターコピーのようなものである。個体はカテゴリーからコピーされて活性化され、また他の個体記号を活性化する。（蟻のチームは別の蟻のチームを作りだす。それ自身は消えさることもある。）全体の活動は、状況に関する制約が守られた事象に同型であればセマンティクスをもつ。実世界の事象に同型である必要はない。

　右に述べた制約は知覚の粗いレベルに対応するものである。つまり言語化可能のレベルといってよい。私が、シャンクたちの決まり文句「ジョンはレストランに行ってハンバーガーを食べた」といえば、あなたの脳には活性化された記号のパターンによる記述が組みたてられる。それは、いつかどこかでジョンという名前の人がレストランに行った——実際に大いにありそうなことだが——からではなく、記号の自動力を生かしたまま放っておいて、想像的ではあるが現実的なシナリオができあがったからである。（注―信頼すべき情報によるとインディアナ州フロイドノブスのジョン・フィンドリング氏がバーガー・クイーンに入って、ハンバーガーを一個食べたという。この事実はありがたいが、なかったからといっていまの議論をだめにするものではない。）

このように、内部状態で現実的なシナリオができるように意味カテゴリーをひっかけること、これが鍵である。つまり、活性記号が誘起するパターンは、現実の事象ではなく、巨視的レベルで見た実世界の大まかな傾向を反映したものでなければならない。

直観物理を越えて――スリップが思考の中心

この能力は「直観物理」と呼ばれる。これは生存のためのパターン誘起にとって重要なものだ。これに関してジョン・マッカーシーがコーヒーカップをどうもちはこぶかという例を示している。下手に運べばコーヒーがこぼれて服を汚すことを人は予期する。しかし、ここで計算されるのは起こりそうな事象の粗い記述であって、カップやコーヒーの正確な（微分方程式で解いたような）「軌道」ではない。これが直観物理だ。

しかし、前にもいったように記号が意味を担うというには、記号の誘起パターンが直観物理をもたらすというだけではだめだ。たとえば、誰かが重い脚を投げだして、ひざがしらがまた痛みだしたといったとしよう。あなたはこう考えるかもしれない。「それは気の毒に。でもガンにかかった友だちにくらべればねえ。」これは明らかに健康状態を表現する記号の誘起パターンによって引きおこされた連想だ。でも、これが物体や液体の運動法則とどう関係するというのだろう？　いや、関係しないのだ。このような連想は、因果律とはなんの関係もなく、現にあるものを仮定のものと比較できる、いわば「全体観の中に状況を置ける」という私たちの能力の本質なのだ。直観物理だけではなく、これも意味というものの中心にある。

認知された状況は、概念の横すべり（スリップ）から出てくる自分のバリエーションにハローのように囲まれている。これが思考の本当の中心にあるというのが私の意見である。こういうスリップ性について研究しているAIはほとんどない。（例外はある。カーネギーメロンのジェイム・カーボネルらのメタファーとアナロジーの研究。以前、エールのシャンクのグループにいたマイケル・ダイアー、マーゴット・フラワーズ（UCLA）とジェリー・デジョング（イリノイ大学）もこの方向。そういえば私も非主流派だ。認知心理学者であるスタンフォードのエイモス・トベルスキとブリティッシュ・コロンビア大学のダニエル・カーネマンは、スリップ性についておもしろい仕事をした。もっとも、彼らはスリップ性という言葉は使っていない。）これについては『ゲーデル、エッシャー、バッハ』で「滑脱」、「仮定法再生ビデオ」、「ほとんど状況」、「概念骨格と概念写像」、「代替性（ジョージ・スタイナーの用語）」などという言語を使って詳細な話をしたので参考にしてほしい。

蟻コロニーのたとえに戻ると、「ハローのついた記号」は蟻の超々チームのようなもので、蟻はそれぞれデタラメな方向へ突撃している。炎の舌がたくさんの方向を一度に襲っている様子といってもいい。こういう「数打ちゃ当たる」的探りがあるために、「ひざがしらの痛み」が「ガン」へ連想される。これが超々チームの活動にとって有害だということは絶体にない。話はまったく逆で、超々チームはメンバーがそれぞれ鼻さきをどう向けるかに頼っているのだ。チームの命運をあずかり、チームの一貫性を保持するのは、多数のメンバーの「統計事象」が生みだすパターンなのである。

あちこち出歩いている探りグループが思いがけぬところである閾値を越えるような発見をしたとき、また新しい全体的な活動が起こる。つまり、新しいチームが結成されるのだ。脳の言葉でいえば、新しい「記号」が目ざめる。すなわち蟻コロニーと同様、脳の中では、無数の低レベル素子が自律的な活動を行うことの結果として、高レベルの活動が自然にわいてくるのである。

ＡＩの目標は認知と下層認知の間の橋渡しである

これがふつうの計算機プログラムとどう違うのかを明らかにしよう。ふつうのプログラムでは、ビットのレベルまで実行ステップを完全に追跡できる。上位の関数が下位の関数を呼ぶ。関数はサブルーチンを呼び、それがまたサブルーチンを呼ぶ。そして最後にはビットレベルの操作をする機械語に到達する。こういう意味で特定のビットはプログラム全体の中で大域的な役割をもつ。

これとは対照的に、蟻コロニーでは特定の一匹の蟻の行動には大域的な意味も目的もない。これが集団となり統計的な性質を帯びはじめたときにはじめて意味や目的が読みとれる。つまり、蟻の行動は「コロニープログラム」を「機械語」に翻訳したものではない。脳のニューロン発火も同様である。ただ現在のＡＩプログラムだけが違っている。

ＡＩ研究者たちは、認知をトップダウン・アプローチで実現できると考えた。認知を階層的に詳細化していけると考えたわけである。これは一部成功もしたが、主として知覚の分野で壁に当たった。そこで、プロダクションルールやパターン指向推論などが案出された。

これにより、トップダウンの枠組みの中でボトムアップが可能になった。潮流は徐々に変化しているが、依然ＡＩにはトップダウン的色彩が強く残っている。ＡＩは完全にボトムアップにならないかぎり人間の知能と同等になるまい。こういうアーキテクチャーができても、大域的な認知事象は残るだろうが、それは脳と同様、随伴現象的なもの——それ自身では計算的でないもの——だろう。最低位の下層認知が最高位の認知を駆動するのである。もっと重要なことは、最高位の認知がプログラムによっては絶対に予測されえないことだろう。知能の統計的発現と私が呼んでいるものの本質がそこにある。

ブールの夢よさらば

サイモンの最初の発言「一〇〇ミリ秒以下のものに認知科学の興味はない」に戻ろう。私にはこれほど反対したい発言が思いつかない。サイモンは心理実験によって得られた被験者の思考記録——被験者が喋りながら考えることで言葉として記録が残る——をもとに人間の逐次的思考や行動を模倣することを方法論としている。いくつかの領域、比較的複雑で技術的な領域で、この手法は成功している。しかし、より単純な非認知的行為——現実にはそれが認知の基質になっている——についてはどうか？　現在どのプログラムもこれに対処していない。

ジョージ・ブールは、「思考の法則」は命題を操作する形式的規則からなると考えた。今日のＡＩ研究者も大半がブールの夢を追っている。「計算としての認知」の基盤にはブールの夢がある。しかし、正体——エレガントなキメラ——はいずれ明らかになるだろう。

追記

この悪口を書いたあとで、うれしいことに「統計的出現」という表題にピッタリの萌芽的な研究が人工知能の分野で行われていることを発見した。カリフォルニア大学サン・ディエゴ校の認知科学研究所のノーマンとルメルハートの仕事にはすでに触れた。この研究所は例の危険なＰＤＰ（並列分散処理）研究活動の温床である。この研究所のＰＤＰ研究者であるポール・スモレンスキーは、統計力学という物理学の一分野へのアナロジーに直接もとづいた知覚活動の理論を構築した。そして、この理論には物理的な概念である温度に対応する心理的な概念が出てくる。物理学では、温度は同じような構成要素が多数集まってできたシステムのランダムな熱的ざわめきの度合を測るための数である。スモレンスキーの研究では「計算上の温度」によってシステムに与えるランダムさを制御している。

単純な情景を「眺めている」システムを思いうかべてみよう。（テレビカメラがあってコンピュータへの入力を提供しているという意味である。）このシステムの仕事はそこに見えているものがなんであるかに関して最も確からしい解釈を与えるということにある。それは「READ」という単語なのか？　それとも、システムのおばあさんなのか？　あるいは、スモレンスキーの飼犬のマンディなのか？

システムが新しい情景にはじめて接したときには、温度は高く設定される。これはシステムが完全にオープンマインドな状態にいて、どんな考えも活性化できる状態にあることを示している。ランダムに選ばれた概念の断片（完全な概念ではない）がいろいろ試されるにつれて、システムは徐々にどの概念がいま見ている情景にピッタリ当てはまるかに関してある種の感覚を形成しはじめる。そこで、温度は少し下げられてあまり関係のない概念の断片が入りこんできて、いままさに形成されようとしている壊れやすい秩序が破壊されてしまう可能性を減らすことになる。概念の断片が徐々にまとまりだすと、それに応じてシステムはそれ自身のランダムさを徐々に下げていくことになる。

こうして、だんだんとより大きな概念構造が形成されはじめ、たがいにうまくつじつまが合うように、よい方向への自己強化が繰りかえされる。さらに、これらの高いレベルの概念構造は低いレベルの概念断片のランダムな活性化の確率にバイアスを与えて、この熱的な活動にある種の方向性をもたせるように働く。システムは一種の内部コードによって外界の現実の目だった特徴をとらえた安定な状態へと落ちつきつつある。それが完全に「幸福」な（あるいは、スモレンスキーの用語を借りれば「調和」した）状態に達すると、システムの温度はゼロになる。いわば凍りつくわけである。凍りつく瞬間と計算上最大の幸福をかちとるのとが同時なのは偶然ではなく、システムがその幸福度のレベルがより高い状態に移ったときのみ温度を下げているからである。

いわゆる全体として最適な状態へ統計的に収束するという考え方は、他の多くのすぐれたアイデア同様、世界中の何人かの人の心に同時に芽ばえたらしい。私の知るかぎり、これは大昔からある考え方（といっても古代仏教徒にまでさかのぼろうとは思わない）だが、この種の収束がうまくいくためには周囲の環境がそれにふさわしいものでなければならないらしい。人工知能の研究に関係のない人はときとして、このような考え方の本質をたいへん詩的に表現することがある。まずは数学上のアイデアがどのようにして生まれるかに関して、今世紀初頭にアンリ・ポアンカレが書いたものを見てみよう。

大まかな比較を許してください。将来、われわれの組み合わせ（完全なアイデア）を構成することになる要素を、エピキュロスいうところの、鉤の付いた原子だと思ってみましょう。心が完全に休息しているときには、これらの原子は動かずに、いわば壁に掛けられたような状態にあります。したがって、この完全な休息は原子同士がおたがいに会うことなく、いつまでもつづき、結果としてなんの組み合わせ（アイデア）も出てこないということになりかねません。一方、見かけ上は休息しているが意識下で考えをめぐらせているときには、原子の内のいくつかは壁からはずされ、動きまわっています。それらは、閉じこめられた空間（部屋といってもいいかもしれません）の中をあらゆる方向に飛びまわっています。あたかもブヨの大群のように、あるいはもっと学問的な比喩を好むのならば、気体の運動理論に出てくるガスの分子のように。そうするとおたがいに力を及ぼし合って新しい組み合わせが生まれる可能性が出てきます。

さて、われわれの意志は動かす原子をランダムに選ぶのではありません。それは完全に決められた目的を追求しています。したがって、動いている原子は勝手に選ばれたものではなく、それらから望んでいる結果が得られそうなものに限られます。そして、動いている原子はたがいに力を及ぼし合って組み合わせを作ったり、とどまっている原子にぶつかって、それを動かし、組み合わせを形成したりします。再度、私の比喩がとても大まかであることをおわびします。でも、ほかにどのようにして私自身の思考を理解したらいいのかわからないのです。

また、最近になって生物学者であるルイス・トマスは、その著『メデューサとかたつむり』の中で次のように書いている。

起きているときにはいつでも、人間の頭は観念と呼ばれる思考の分子が生きた状態でいっぱいに詰まっている。心はこれらの構造がぎっしりと雲のように詰まったものからできていて、それらはランダムにあちこちと動きまわっていて、たがいにぶつかり合い弾け合ってブラウン運動の経路のようなランダムで折れまがった軌跡を残していく。それらは小さな丸い構造をしていて、わずかな突起がある以外はなんの変哲もない。この突起はそれがちょうど当てはまるような受容体をもった思考の分子と手をつなぎ、しっかりと結合するようにできている。ほとんどの場合この活動からはなにも得られない。一つの観念がそれにうまく当てはまるようなもう一つの観念にめぐり合い、うまく結合する確率は最初はほとんどないに等しいぐらい小さい。

しかし、心が少し高ぶっていて、分子の動きが活発になっているときには、このようなめぐり合いは多くなる。確率が上がるわけである。

　ここでいっている受容体は枝分かれしていて複雑でとてつもなく変化に富んでいる。一つの観念が他の観念とうまく結合するためには内部構造まで同じである必要はない。結合にとってだいじなのは外部へ出ている信号だけである。しかし、ひとたび結合が成立するとそれは非常に小さい記憶になる。そして、その動きにも変化が現れる。いままでのように心の通路をランダムに流れていくかわりに、直線的に何度も何度も曲がりながら他のペアを捜して歩くようになる。結合が繰りかえされ、ペアがさらに大きなペアになり、そしてついに巨大な塊になる。これらは生きていて目的をもっている生命体のように結合できる新しい相手を捜しもとめ、うまく当てはまる受容体を嗅ぎわけ、あらゆるものをつかんでは調べていく。大きさが大きくなるにつれて、わずかでも関係のありそうなものはことごとく試されつながれて、表面の空いたところにぶら下がることになる。それは、まるで海に生きている、他の生きた共生生物に体中取りかこまれた生物のようになる。

　このような発展がこの段階までくると他とはっきりと区別され、多くの観念が結合してできたおのおのの観念は記憶されると同時に結合相手を捜しつつ、いわばそれ自身の固定的な軌道に乗って、心の中心のまわりを長い楕円形を描いて回りだす。自分自身もゆっくりと自転しながら。これがアイデアである。

　この詩的な一節は、なによりも私が一九八二年に開発した語句のつづりかえを行うジャンボというシステムを思いおこさせる。このシステムの私が「細胞質」と呼ぶ部分では、文字がランダムに他の文字にぶち当たって軽くおたがいをチェックし合う。ときとして「結婚」が成立するが、そうすると次にこうしてできたペアは、他のペアやさらに多くの文字を捜しつづけ、それに食いついては三文字列や四文字列を形成する（図27-3）。こうして音節が組みたてられ、それがおたがいの両端の文字を調べて、うまくいく場合には結合して単語の候補ができあがる。こうしてできた大きな文字列、「グロム」は内部での変換を経て、自然な部分あるいはさらに小さな要素的な破片に分割される。たとえば、「pan-gloss」は再グループ分けによって「pang-loss」になることもできるし、さらにスプーナー変換(spoonerism) によって「lang-poss」にもなりうるといった具合である。フォーカー変換 (forkerism) とナイファー変換 (kniferism)（スプーナー変換に似ているがちょっとだけちがう）というのは、別の種類の並べかえ変換で、スポーカー変換 (sporkerism) とフーナー変換 (foonerism) といったような変換をさす。典型的な低い温度での経路は、これらの変換を使って文字列空間の一部をそぞろ歩きするようなものになっていて、たとえば「lang-poss」、「lass-pong」、「las-spong」、「lasp-song」、「song-lasp」、「son-glasp」といったような文字列をつぎつぎにわたり歩くことになる。そして、もしもなんらかの全体的な緊張状態のために、温度が上昇すると、いまできつつあった泡全体が爆発して粉々になってしまい、単独の文字があちこちに散らばっているという状態になってしまう。その中にはときどき、二文字列（たとえば、「ng」）が生きのこっていて、爆発前の状態がどのようなものであったかを思いださせてくれるだけということになってしまう。ああ、でもこんな爆発のことなど、気にすることはない。

＊　＊　＊

ポアンカレやトマスの一節があるので、私はこれらの考えがまったく新しいものであると主張する気はない。それなら、なぜ私はこの章を書いたのか？　私の創造性に関する主張の中には、最良のアイデアでさえも、すでに発表されたテーマのたんなる変種にすぎず、再組み合わせ、選別、連合といった無意識でランダムなプロセスによって発見されているという考えがある。実際、統計力学と「統計心理力学」とはそんなにうまく合致しているわけではないので、認知科学者たちの集団としての心理的な温度が十分に高くて、私たちの頭の中でアイデアが揺さぶられることによって、正しいアイデア同士がめぐり合い、物理的世界と認識の関係をより正確にとらえられるよう望んでいるわけである。そうすれば、心理的温度はさらに下がり、私たちはより真理に近づく。そして、これが繰りかえされる。

ポール・スモレンスキーのほかにも同じような領域を研究している人たちがいる。デービッド・ルメルハート（前に述べた）、ジェイムズ・マクレランそれにカリフォルニア大学サン・ディエゴ校の「PDP」グループの共同研究者たちはこの種のシステムを使って、いくつかの知覚や認知行動をモデル化した。ジェフリー・ヒントンとスコット・フォールマン（サイモンとニューエル同様カーネギー・メロン大学）それにテレンス・セジュノフスキー（ジョンズ・ホプキンス大学）は、ボルツマン機械というものを使って、スモレンスキーのアイデアに非常によく似たアイデアにもとづいて、学習の擬似神経的なモデル作りを試みている。（「neural」という言葉は並べかえると「u learn」となるので、幸先はよい。）カルテックのJ・J・ホップフィールドは神経回路網の統計的な性質を研究し、連想記憶のより下の部分についてなにがいえるかを見ようとしている。ペンティ・カナーバという非常にユニークで独立心の強い、哲学者でもありプログラマーでもあるというスタンフォードの先生はこれに関連した理論的な仕事をした。彼の目標は記憶の流動性の背後にある下部構造としてもっともらしいものを提案することにあった。そして、彼の発見は最近の脳のいろいろな部分の解剖学的な構造の観察結果とよく符号する。これはたんなる偶然の一致かもしれないし、そうではないかもしれない。しかし、そこには熟慮しなければならないことがたくさんある。関連した研究は、フィンランドのコホーネンやイギリスのO・P・ブーネマンやD・ウイルショウによっても行われている。ブラウン大学のジェイムズ・アンダーソンとスチュアート・ゲマンは、たくさんの独立した処理ユニットの集団的な活動からどのようにして新たな性質が生まれでるかについての理論とモデルを開発した。ロチェスター大学のジェローム・フェルドマンとその仲間たちは、彼らが「コネクショニスト」と呼んでいる知覚と認識の理論を構築した。この理論では、神経細胞が安定または、それほど安定でもない「融合体」と呼ばれる塊になることができる。そして、これらの変化する類似性の束が、流動的な認識より下の部分の基礎になると考えられている。そして、最後に私のグループの活発なプロジェクトとして、ジャンボ、シーク・ウェンス、コピーキャットなどがある。これらにはすべて、「独立に考えられ、認識より下のレベルにおける温度によって制御されたランダムさから、認識のレベルで一連のひどく曲がりくねってはいない思考の流れが現れてくる」という考え方が完全に行きわたっている。

マーシャ・メレディスはシーク・ウェンス・プログラムの実現に

向けて仕事をしているのだが、「流動的な」認知というアイデアをとことん追求している。現在までに彼女が実現した部分について書いたものの中で、彼女はそのシステムの細胞質について話している。

細胞質はグロムの泡がぷかぷかと浮いているスープのようなものと考えることができる。てっぺんに上がってきた泡はある文字列に対してシステムが現在どのように見ているかを表す。もしも、そばにある泡との間に十分な吸引力があれば、それらは一緒になる。そうでなければ、それらは独立に存在するか、あるいは新しい泡に席を譲るために破裂する。

彼女は細胞質のほかに、「プラトン質」（プラトニックな概念が蓄えられている）と「ソクラテス質」（地上の細胞質と天上のプラトン質の間をとりもつためのもの）というのを作った。マーシャの泡だち、沸騰し、かきまわされ、乱れている「シーク・ウェンス・スープ」は、したがってアルファベット・スープによく似ている。唯一の違いはなつかしいABCが123で置きかえられているということだけである。

＊　＊　＊

たった一人の人に、この認知下のスープというアイデアの発案者という名誉を与えてしまうのは馬鹿げたことだと思う。なぜならば、このアイデアは空気のように存在していたのであって、たんに現在になって時期が熟しただけなのだから。しかし、だからといってこのアイデアが人工知能と認知科学の全分野に十分に受けいれられたわけではない。はっきりとした賛成派と反対派、それにもっとたくさんの中立的な傍観者がいる。ブールの夢が時代遅れになればなるほど、それにしがみつく人たちがいる。ダニエル・デネットは最近同様の概念に別の名前をつけた。「高教会計算主義」というのがそれで、彼はそれと「新しいコネクショニズム」を対比させている。私は、前者の名前によって示唆される正教的雰囲気が気に入っている。後者の言い方は新しいアプローチにおける神経回路モデルの役割を強調しすぎている。新しいスタイルの思考モデルは文字どおり脳のハードウェアに似せて、神経細胞のようなユニットがあり、それらの間に神経繊維のような結合があるものである必要はない。新しい反対派の動きの本質は私には、次の三点にあるように思われる。

(1)　非同期的な並列処理
(2)　温度によって制御されたランダムさ
(3)　統計的に現れる活動的なシンボル

実際、この直観をよく理解できる人ならば、三行目だけですべてをいいつくしていることがよくわかるだろう。どのようにしてか。まず、「統計的に現れる」という言い方は明らかに集団的な現象が関係していることを示唆する。集団的な現象とは多くの独立で相関をもたない小さな出来事が、ある物理的な媒体のあらゆるところにランダムに広がっていて、つねにパターンを作ったり壊したりしているということである。これは、(1)と(2)に結びついたイメージである。

私は、このようなイメージを本当にはっきりと視覚化するときには、かなり古いが依然として有力なある一つの理論をいつでも思いうかべる。これは水の流動性が、そこにある水の分子の狂ったようなぶつかり合いからどのようにして現れてくるかを説明するための理論である。この理論にはたいへん詩的な名前がついていて、「ゆらぐ群れ」と呼ばれている。（これには、第10章でも言及した。）基本的な考え方は、水の分子は小さくてとても短命な水素結合による集団を作ることができるという点にある。（カゲロウよりもはるかに短い命である。）一〇〇万分の一秒以内に、グループが形成され、そして壊れていく。そして、一つのグループの構成員だった分子は他の自由な分子とまた新たなグループを形づくる。小さな小さな水の一滴の中で、これが何度も何度も、夜も昼もなく、毎秒毎秒、繰りかえされる。この場合に、統計的に現れる現象というのは、水の巨視的な性質である。とくに、沸騰点、密度、粘性、圧縮性などの親しみのある水の物理的特性は、少なくとも理論上は、このようなモデルから導くことができる。

しかし、こと心に関しては、説明を要する現象は、はるかにつかまえどころがなくはるかに不明確である。ほとんどの人にとって、まず目ざすべき第一の目標は、――ここではじめて私とジョン・サールとの意見が一致するのだが――どこから意味というものが現れるのか、別の言い方をすれば意味論あるいは言及の基礎理論である。一言でいえば問題は、「なにが心的活動を記号的にしているのか？」ということになる。

＊　＊　＊

物質がどうしてなにかを言及することができるのかというのは、たしかに正真正銘の謎である。どのようにして、あるものの塊がなにか他のものについてであることができるのか？　ましてや、自分自身についてのなにかであるなどということがさらに不思議なことであることはいうまでもない。サールは上手に生きもの（あるいは少なくとも神経の類）をこの疑問の対象からはずしている。そのために、彼は生きものにはなにか特別の「能力」があるということをなぜか認めている。そしてその「能力」が巧妙に、脳またはその中のなにかをして、他のものに言及することを可能にしているというわけである。これはリスプのアトムは他に言及することができるからなにも問題はないと単純に主張するブールの夢を追いもとめる人たちの図々しさとまったく同じくらいいい加減な意見である。事の本質は、言及とはなんであるかということを分析することがどちらの一派にとってもいまのところ少々難しすぎて、議論のための議論になってしまっているということなのだ。両派とも「なにかについて」というのがどういうことかはすでに知っていて、相手の無知を我慢していられないのだ。私自身も他の派同様にこの件に関しては責任がある。なぜならば、私も（直観的で言語では表せないが）言及がどんなものであるかを知っていて、かつたんなる物質とその組み合わせパターンからどのようにして言及が可能になるかもわかっているつもりだからである。私は『ゲーデル、エッシャー、バッハ』のかなりの部分を費やして、この直観のいくつかを伝えようと努力した。そして、その後もそれをよりうまく表現しようとたえず努めてきた。（最もいい例は「シェークスピアの劇は彼によってではなく同じ名前の別人によって書かれた」という題の論文に見られる。この論文はグレイ・クロスマンとマーシャ・メレディスとの共著ではなく同じ名前の別の人たちとの共著で、この本の第24章で紹介した役とアナロジーに関する現在進行中の研究から生まれたものである。）しかしながら、この問題は依然として最高の頭脳の持ち主を悩ましつづけている。

「--p--q----」という表現は本質的になにかを意味するのだろう

か？　「(SS0+SS0)=SSSS0」という表現はそれだけでなにかを意味するだろうか？　「(equals 4 (plus 2 2))」や「2+2=4」あるいは「bpbqd」はどうだろうか？　なにがこれらのすべてではないにしても、その一つに意味を吹きこむのだろうか？　これらの中に意味をもつものがないとしたら、印刷された記号はけっして意味をもつことがないのだろうか？　ブリタニカ百科事典が星と星の間の空間に放りだされたとしたら、それはなにかそれだけで意味をもつのか、それともたんなる非記号的な物質の塊でしかないのだろうか？　国会図書館全体をまったく同じ軌道に持ち上げてのせたらもう少しましだろうか？　それとも、そんなことは関係ないとすると、それはなぜなのだろうか？

家具にぶつからないようにしながら、コンセントを捜しだして自分自身のプラグを差しこもうとあなたの居間の中を走りまわっているかわいらしい小さなロボットはどうだろうか？　そのロボットは内部になにかを真に表す表現をもっているのだろうか？　もしそうだとしたら、それはなぜか？　そうでないとしたら、それはなぜか？　美と真を求めて世界中を歩きまわる等身大のロボットはどうだろうか？　このロボットはときどき奇妙で不可思議な「シンタックス的行動」を外に向かって発する。たとえば、「この文助詞ない」といったりする。このような種類のロボットはほんのすこしでもなにかに関して語るという能力をもっているのだろうか？　あるいは、それに答えるためには、正確にそのロボットがなにからできているかを、その回路の最も微細な線にいたるまで知りつくしていなければならないのだろうか？　もしも、そのロボットがそのような検査を拒んだらどうだろうか？　それがロボットだということを前もって知っているので、それはたんに人工的にそのような拒絶を発しているだけであるから、なんの良心の呵責も感じることなくその拒絶を無視して、それを分解して調べることが（正真正銘の意識をもった）あなたには許されると考えられるだろうか？

＊　＊　＊

ある生物が心や感情（そして「言及」の能力）をもっているかどうかに関する多くの人の意見は、その人がその生物と自分とを容易に同一視できるかどうかによって決まることが多い。これはごく自然なことであるが、考えようによっては奇妙なことである。微生物はどうだろうか？　「いいえ、それには心はない。とても小さすぎるから。」では蚊はどうだろうか？　「もしかしたらね。でも、あれはたんなる機械さ。」それでは、ネズミは？　「彼らは、明らかに痛みや恐れ、好奇心などは経験しているようだ。」男は？　「それは心はあるだろう……でも月経がどんなものかは知らないはずだ。」

このような反応はまあ自然ではあるが、最も説得力のある判断基準がこの世界で動きまわることができること、そして認識と世界に働きかけるためのインターフェースをもっているということに置かれているらしい点が私には奇妙に思える。感覚器官と運動器官によって私たちが触れることのできる三次元の世界と結びつけられていないシステムは、その内部機構がいかに複雑であっても、ほとんどの人にとっては自分と同一視することはできないのである。私は、ほとんどの人がそれに意識があるなどと考えるのは滑稽であるとたぶん思うであろうある種のプログラムを心に描いている。それは、記号操作を行うプログラムである。たとえば、有名なマクシーマというシステムを考えてみよう。それは、高度で難解な解析学と代数学の問題を解くことができる。その能力は、ガウスやオイラーの時代には想像もできないぐらい素晴らしいものなので、その時代のすぐれた人たちがこのプログラムの働きぶりを目の当たりにしたらきっと驚きの声をあげ、崇め奉ったことだろう。だれも、それを一笑に付すことはできなかったはずである。ところが、現代の私たちはこのプログラムを馬鹿にしている。現代の私たちは以前よりも「教養がある」というわけである。これはある意味ではよいことであるが、一面では悪いことでもある。

私にとって気がかりなのは、私たちがもっている一種の「ハードウェア至上主義」である。この至上主義は、「本当のものは三次元の世界に住んでいて、原子からできている。本当のものには光子が当たって跳ねかえる。本当のものは落とせば音がする。本当のものとは物質であって、心的な幽霊ではない」と主張する。数や関数あるいは集合といった数学上の構成物が本当のものであるという考え方は最も知的な一部の人を除いて、ほとんどの人を大笑いさせる類の考えである。純粋に抽象的な空間の中を動きまわることのできるロボットに感覚があるという考え方は、たとえその難解な高次空間での運動が、最も熟練したオリンピックのアイススケート・チャンピオンや偉大なジャズピアニストの動作のようにしなやかで優雅であったとしても、こてんぱに馬鹿にされそうである。

これについては、音楽という世界がもう一つの素晴らしいテストケースを提供してくれる。それを聞くと感激のあまり涙が出てきてしまうような、信じられないほど美しく叙情的で流れるような旋律をあるロボットが作曲することができるとしたら、あなたはそのロボットに少しでも感情移入することができるだろうか？　たとえば、それは動かないロボットで、その唯一の外界の認識は手や目や耳で確かめられるようなものではなく、心に訴えるという内面へ向かったものだけだとしたらどうだろうか？　あなたはそれについてどう感じるだろうか？

私は個人的にはこのようなプログラムが実現できるとは考えないが、思考実験としては「感覚をもっているとはどういうことか？」という問題に対する私たちの考え方に関して興味深い問題提起をしていると思う。現実の世界にアクセスできるということがかなり重要なのだろうか？　直接触れることのできない知的世界のほうが肉体の触れることのできる世界よりも本当のものでない必要がどこにあるのだろうか？　知的世界のほうが構造が不十分だというのだろうか？　そんなことはない。よく知れば知るほど、それは豊かな構造をもっていることがわかる。物理的世界のありとあらゆる複雑さには、数学的構成物の世界にその鏡像が存在する。時間についてもそれがいえる。それでは、私たちがこんなにも強力に物理的実在のほうを好むのはどんな偏見によるものなのだろうか？　心とものの問題が、微妙になればなるほど、私たちはこの種の暗黙の了解には注意深く警戒しなければならない。なぜならば、この種の了解は私たちの考え方に最も深いレベルで影響を与え、とてつもなく困難な質問にいとも簡単な答えを用意してしまうことがあるから。

＊　＊　＊

話がわき道にそれたそもそものはじめは、どのようなものに真の意味、真の記号性を帰属させることができるかという問題であった。ある人たち、たとえばサールなどは、コンピュータのシステムのできることが真に記号的であるなどとはけっしていえないと感じているらしい。もちろん、それによって記号的な活動の「影」をとらえることはできるかもしれないが、「肝腎のもの」、すなわち「脳のもっている因果的な力」をもつことはけっしてできないというわけである。チューリングテストにパスしようがしまいがそんなことは問題ではない。さて、私は機械と心の間には、越えることのできない溝があるというサールの考え方にはまったく賛成できない。しかしながら、まもなくコンピュータが真の意味をもった言葉や記号を掛け値なしで使うようになるという伝統的な人工知能観に対する懐疑という点では私はサールに賛成する。

問題は、本文のほうで強調したように、コンピュータが使っている概念というのが、いまのところ柔軟性を欠いている(したがって、なにかに言及するという力も非常に弱い)という点にある。人間のもっている概念と概念の間のぼやっとした境界領域はこのぼやけた部分を明示的に扱おうとするモデルではうまくとらえることができない。そのようなモデルとしてはいわゆるファジー理論から記憶のモデルまでいろいろなものがある。前者では、曖昧さを曖昧さのない量にして最も厳密な論理演算の中に埋めこんでいる。(これは、考えてみればかなり滑稽なアイデアである。)後者では概念は複雑な網の目状につながっていて、階層的な接続と同じ層内の接続が山のようにあって、さらに明示的な「可変度の階層」まで含まれているというものである。しかしながら、人間のもっている柔軟性はいまだ手をつけられてもいないというのが現状である。

他の一派のやり方は記号的な活動を非記号的な活動から組み上げようというものである。この一派は、ベースになるオブジェクト(たとえばリスプのアトム)を正しく操作するような複雑な規則を何層にも積み上げていけば望みの柔軟性をそれらのオブジェクトに与えることができるというような仮定は信じない。私は記号性は「緑らしさ」というのと同様にばらばらに分解することができるという考えを強く信じている。「集団による通信」、つまり「一つの個体から他の個体へは伝えることのできない情報のグループ間の伝達」というE・O・ウィルソンの考えは統計的に出現する活動的な記号というアイデアの核心だと私は考えている。なぜだかはよくわからないが、本当の認知能力をもったシステムには何層にも重なった機構が存在して、一番下のレベルの窮屈な構文規則から最上位のレベルでの柔軟な意味構造が出現することを可能にしているのである。記号的な出来事は、非記号的な出来事に分解されるのである。蟻の群れの隠喩においては、最上位の超超チームは記号的で、超チームは下位記号的、そしてたんなるチームは下位下位記号的(それがなにを意味するのかはよくわからないが)ということになる。そして、最後の一匹一匹の蟻にはなんの記号性も含まれていないというわけだ。明らかにレベルの数が四である必要はないが、わかってもらうにはこの例で十分だろう。記号的な出来事は、思考の最小単位ではないということである。

各層の集団が、それぞれ異なる程度の記号性と柔軟性をもつという考え方をもしもあなたが信じるならば、当然次のような疑問がわいてくるだろう。「そのような層をほんのわずかしかもたないようなシステムを作る努力から、いったい私たちはなにを学ぶことができるのだろうか?」これは、一級の科学的疑問である。事実、たんに二層のシステムで上位の層のほうが下位の層にくらべて、より組織的で、より記号的、そして、より柔軟性に富むようなものを作り上げることが、最も重要なステップかもしれないのだから。そして、統計的出現一派はまさに、このようなことをしようとしているのである。

＊　＊　＊

ある意味では、人工知能の最近までの望みは、たった一つだけのレベルでどうにかやってみようというものであった。これは、すべてのことをニューロンというたった一つのレベルのどこかに見いだそうという、脳を研究している人たちの望みとそうかけはなれたものではない。実は人工知能研究者も脳研究者も打ちとけて話ができるようになってきたので、両者の間で意味のある対話が始まりつつある。これは、望ましい傾向であるが、一部の人たちは、長いこともちつづけてきた考えが挑戦を受けているということのもつ意味を考えて憤慨している。彼らはとくに誰かが、それに関して一般的で哲学的な方法で、想像力豊かに書くことに対してけしからんと考えている。このような書きものはよく知られた事実を冷静にかつ公正に示すというよりは、直観をかき混ぜることをねらって書かれている。

境界領域間のコミュニケーションという目的をはっきりと依頼されて書いた本文の目的は（この文章はフリッツ・マクラップとウナ・マンスフィールドが編集した『情報の研究――境界領域からのメッセージ』という本の中におさめられている）、進歩が必要な分野に関して、新しい直観を披露することにあった。特別な新しい実験というのではなく、考えをめぐらせ、理論を作る必要のある新しい分野というわけである。私は、人工知能研究者ばかりでなく、認知心理学者、心の哲学者、そして脳研究者などをも刺激しようと思った。それで、私は多くのイメージを使って直観に訴えたのである。

本文でその考えを批判したアレン・ニューエルはこれをあまりよしとはしなかった。彼はその返事（その本の編集者が依頼した）の中で、私の考えは科学的でないとして退けている。実はその本の中の文章はすべて、科学的な論文というよりは個人的な視点、考え方を書いてほしいという依頼を受けて書かれたものなのだが。事実、彼は、私の文章をまるでうるさい蠅をぴしゃりとやるような感じに軽蔑的に取りあつかっている。私は、とりあげた問題を実質的な方法で議論するような返事を期待していたし、そのような返事がきたら、それを暖かく歓迎していただろう。

幸いにも、ニューエルは一ページちょっとだが、そのような議論を展開している。彼は、自分とサイモンの著書では「記号」という言葉をつねに「なにかを指し示すもの」という意味で使っていて、コンピュータの最下層にあるビットのようなたんなるトークンとは区別されているという点を指摘してくれた。彼は、サイモンと自分が書いたものの中からいくつかの抜き書きをしてくれていて、その中には典型的なコンピュータで使われる0と1のことを述べた次の文章が含まれている。

> これらのものは、われわれのいう記号系の意味での記号ではない。それらは、記号のもつべき性質の一部しか満足しない。具体的にいえば、ある表現の中のトークンであるという性質である。もちろんこれらのトークンから他のデータ構造にアクセスするためのプログラムを組めば、これらのものに、まっとうな記号としての性質を与えることも可能である。

ニューエルは、私が文章の中で彼とサイモンのよく知られた物理的な記号系という見方をひどく歪めて述べていると主張している。それが、読みとれる典型的な文はたとえば以下のものである。

私にとっては……「記号」は表現力をもった何ものかを意味する。彼らにとっては（もしも私が間違っていなければ）、コンピュータの中のビットや、神経細胞の発火を記号と呼んでも差しつかえないらしい。

ニューエルはぶっきらぼうにコメントしている。「ホフスタッターは本当に誤解している。それは絶対で、疑いの余地はない。」さて、ここでやっと実質的な議論ができる。このレベルで返答ができるのはうれしいことだ。

＊　＊　＊

まず第一に、ニューエル‐サイモンの記号観を間違って表現してしまったことに関して、私は有罪であると述べなければならない。いまでは、彼らがビットのレベルの上に記号のレベルを置いていることがわかった、実質的にいうとそれはリスプの構造のレベルである。しかしながら、上に引用した文を含む論文の中で、ニューエルの側に奇妙な動揺があることを指摘したい。その論文の最初の部分で、彼は、チューリング機械の0と1を呼ぶのに「記号」という言葉を繰りかえし使用している。事実彼は何度も何度もそうしているので、純真な読者は、ニューエルがそれらを記号であると考えていると結論するかもしれない。しかし、それは間違いなのだ！　一ダース以上もそのような使い方をしたあとで、彼はぐるりと回れ右をして、上に引用した部分で、そのような使用を否定するのである。私にいわせれば、これは明らかに明瞭な書き方ではない。そして、陪審員のみなさんがこのことを情状酌量に値するものと考え、被告への刑を軽減するための一つの根拠にされることをお願いしたい。

しかし、さらに本質的な不一致が存在する。ニューウェルは、自分にとって物理的な記号は（通常プロパティ・リストと呼ばれる）リストをつけたリスプのアトムとほとんど同一であるということを繰りかえしいっている。彼は、「リスプが純粋な記号系のかなりよい近似であるということは正当な評価を受けていない」とまでいうのである。そして、さらにさきにいくと彼はこの模範的な物理記号系を「どこにでもある、リスプのような奴」と呼ぶのである。（リスプマシンを作っている会社の一つがシンボリクスという名前であるのも偶然の一致ではないというわけである。）論文全体を通して、ニューエルはプログラムによる記号の操作（不思議なことにプログラムという言葉の使用は避けているのだが）に言及している。私は、ニューエルとサイモンがビットは記号であるという考えをもっていると主張することによって、「本当に、疑いの余地なく誤解して」しまったかもしれない。しかし、彼らが、プロパティ・リスト付きのリスプのアトムが正しいプログラムによって操作されているかぎり、真の記号としての条件をすべて満たしているという考えをもっているという点に関してはたしかに誤解ではない。ここまでは、完全に明確である。そして、この考えは実は私が、ビットを記号だと思う考え方に対するのと同じくらい反対しているものなのである。

ちょっと横道にそれるが、以下の事件は愉快な偶然の一致である。『マインズアイ』の中で、私はジョン・サールが「いくつかの論文（a few bits of paper）」といったという間違った引用をしてしまい、彼を大いに狼狽させたことがある。彼は、実際には「論文の見落とし（slips of paper）」といったのである。いま私は似たような状況に立たされている。私は、ある人が「ビット」といっていたということを非難したのだが、それは実は別のものを意味していたというわけであ

　しかしながら、認識を説明するために、私たちが捜しているのは、形式的なものとそうでないものとの間の架け橋である。ニューウエルは認識が非形式的であるということを信じないかもしれない、そして私は彼にそのことを納得させられないかもしれない。実際、人間の認識を形式的なものとしてとらえることがもっともだとこれまで思っていない人を説得するのは困難だろう。しかし、私はそう思っているのである。そして、統計的出現は大まかな当てずっぽうではなく、明らかに探索する価値のある方向なのである。脳は明らかに多くのことを並列に処理していて、それぞれの部分は他とは独立に動作している。脳の中には多くの雑音あるいは不規則性があり、さらに、世界は脳に同時にいろいろな方法で働きかけているので、それはあたかも何千という異なる乱数発生器からの出力で同時に爆撃されているようなものである。したがって、熱はたっぷりある。明らかにしなければならないことは、そのような豊かな媒体の中でどのような、集合的なまとまりが進化してくる可能性があるのか、それらがどのようにやりとりをし合うのか、そしてそれがどのようにして記号的になれるのかということである。

　これこそ私が、ニューエルやそのほかのブールの夢を堅固に信じている人たちに突きつける挑戦である。議論はつづくであろうが、しばらくは研究をしなければならない。そして、研究においては結局誰もが、個人的な直観に導かれて正しい道を捜さなければならない。ニューエルやサイモンは彼らの直観をもっているし、私には私の直観がある。どちらも、自分が正しいと考えている。有名なハープシコード奏者であるワンダ・ランドフスカは、かつてこんなことをいったことがある。「あなたはバッハをあなた流に演奏するが、私は彼を彼流に演奏する」と。これになんといって答えることができる。サールは「見落とし(slips)」を意味し、ニューエルは「lisps(リスプのアトムまたはリスト)」を意味していたというわけだ。そして、どちらの場合にも、細部において間違っていたのは認めるが、基本的に私はまったく正しかったということも共通している。私の議論は間違った引用が修正されたあとでもなんの変更も受けないのである。

　ある人たちは、ビットからアトムを作り上げることは、柔軟性に富んだ意味構造を厳格な構文的要素から出現させるという私の話の最初のレベルに似ていると感じるかもしれない。したがって、リスプの構造のほうがビットよりは若干柔軟であるという考え方は、私の考え方とある意味では一致するのではないか？　私の考えはノーであり、その理由は以下に述べる。リスプの構造を支配している規則は厳密に計算可能で、リスプシステムを0と1のハードウエア上に実現することは、リスプのアトムになんらの付加価値も追加しない。リスプシステムを動かす論理はその下のレベルの細部から生まれでてきたものではない。それは、リスプを走らせることのできるコンピュータがなくても、完全な形で、書かれたプログラムとして存在している。その意味では、リスプのプログラムはプラトニックである。このことは、コンピュータができる以前、一九三一年にゲーデルによって書かれた「リスププログラム」によって、最もよく示されている。事実、ビットとアトムを区別できる唯一のものはその数だけである。ビットには二種類しかないが、アトムは無限に多くの種類が存在しうる。しかし、柔軟性に関しては、ビットのレベルからアトムのレベルへ移ったからといってなにも得られない。どちらのレベルもその操作においては一〇〇パーセント形式的である。

るのだろうか？　なんとも答えようがない。だから、ゲームをつづけよう。

［VI］
選択と戦略

[VI]
選択と戦略

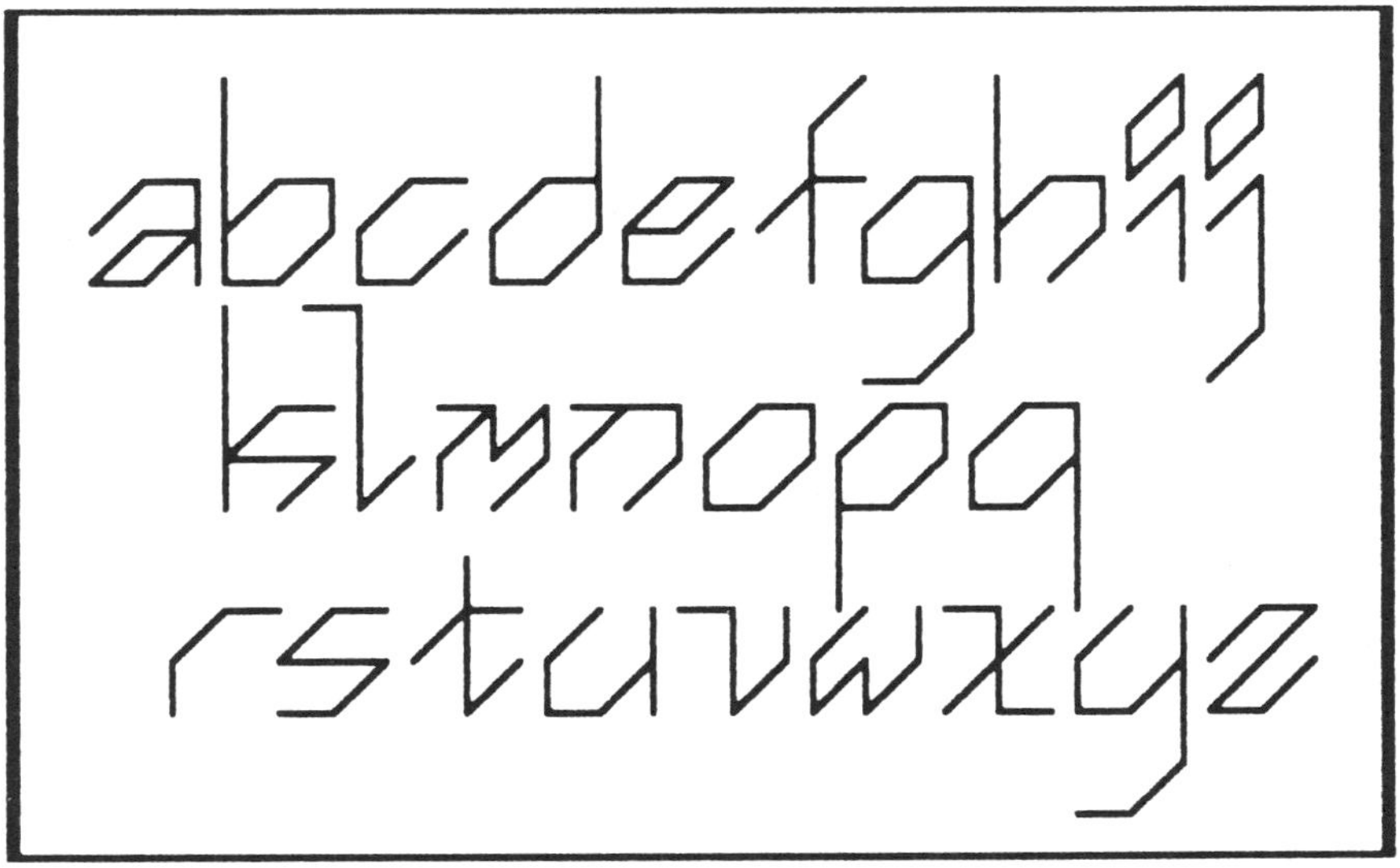

自己複製のできる分子が出現して以来、それらはまるで気違いのように自己再生し、はてしなく多様な種類へと増殖してきた。さらにこれらは巨大コロニーへと集塊し、そのレベルで見ると、コロニー自身がまた自己複製を行うのである。私たち自身がそういう意味で自己複製をする巨大な分子塊だ。こういう自己複製構造の目もくらむような尖塔は、上へ上へと伸びる。こういう運動に一貫性を与えるのはなんだろう。どうやって、単純性から複雑性が生まれるのだろう。答えの要点は、生きている組織体は自分自身にはね返ってくる行動をするということだ。このはね返りはまた、組織体のその後の行動に影響を与える。これはまたその組織体にはね返りをもたらす、……。こういうフィードバックは特定の構造や戦略を選択的に強化し、ほかを弱めてしまう。フィードバックを通して、特定のタイプの組織体が安定化し、それより上のレベルの組織体の構成要素となっていく。このような階層の積み上げによって、原始的なレベルから複雑であるにもかかわらず安定した構造と戦略が生ずるのである。こうやって生まれてくる構造や戦略はどんな性質をもつのだろうか。どれくらい安定なのか。どれくらい必然的なのか。どれくらい任意性があるのか。ゲーム理論モデルやコンピュータ・シミュレーションは、社会のいろいろな組織体の間の競争をどれくらいうまく説明してくれるだろうか。こういう組織体はすべて最大限利己的で、おたがいに反目しあっているのだろうか。利己的な組織体は必ずおたがいに反目しあう必要があるのだろうか。自己複製や宇宙の普遍的な多様性指向を支配する法則の純粋な帰結として、協調や道徳じみたものが生まれてこられるのだろうか。最後の章で述べる囚人のジレンマは、こういう疑問に対する含蓄の深い理想化になっている。

［第27章］

遺伝暗号をGATAGATA CATACATAいじれるか？

そもそもの発端は、ベーイ・サーキシャンというるさい学生だった。私は情報科学のクラスで、細胞中でDNAが自己複製を行うメカニズムと、論理式が自分自身について語れるような巧妙な数学体系のメカニズムとのアナロジーについて話をしていた。これは私の大好きな話題である。私にとって、このアナロジーは深く、有意義である。これがあったからこそ、両方の分野について理解が深まったといえる。ベーイもアナロジーを否定したわけではない。ただ、彼はアナロジーの急所に疑問を抱いたのだ。彼はこの問題をクラスにもちだした。おかげで、私はこのアナロジーをもう一度、徹底的に考えるはめになった。そしてまた、そのおかげで、細胞生物学について魅力的な話を知ることができた。まったくベーイのおかげである。ここでうれしかったのは、分子生物学を勉強しなくても、こういうややこしい話がすぐわかるということである。私は必要な背景説明を簡単に行い、それから問題と（私がいま正しいと思っている）解答を述べる。

このアナロジーに出てくる二十世紀の大発見には、両方とも符号化——ある集合から別の集合への一見どうでもいいような写像——が決定的な役割を果たしている。符号は、数学基礎論ではゲーデル数であり、生物学では遺伝暗号である。ゲーデルによって一九三〇年ごろ発明されたゲーデル数では、自動車の登録番号や電話の市外局番と同様、種々の数学記号（たとえばカッコ）に番号が割りあてられる。たとえば数字「0」は666に対応づけ、数式「0=0」は構成要素に従って666, 111, 666に対応づけるといった具合である。ゲーデル数は本質的に無関係な二つの領域を結びつける写像である。一つは（印刷された文字のような）字面の記号の領域であり、もう一つは抽象概念としての数の領域である。ゲーデル数により、数について語ることのできる系は（記号で表された）自分自身についても語ることができるようになった。

遺伝暗号も、おたがいに無関係な二つの領域の間の対応づけ（写像）である。この場合、領域はどちらも化学物質である。あまり化学の言葉に強くない人は、二つの領域が結びついているからといって、そんなにたいしたことではないと思うかもしれない。しかし、進化の過程で、ある種類の化学物質が、別の種類の化学物質の暗号となるようなことが起こっていたのである。実際、話はややめんどうだ。そういう暗号があるとすれば、誰がそれを発明したのか？ そういう暗号にはいったいなにが書いてあるのか？ 読むのは誰か？

なぜ直接書かずに暗号などにするのか？　暗号は複雑なのだろうか？　暗号は適当に作ったものなのか？　こういう疑問に読者が好奇心を抱いてくれれば幸いだ。おたがいに関係のない二つの化学物質のファミリーを結びつける暗号が必然的なものでないことが、きっとわかってもらえるだろう。

＊　＊　＊

過去何十億年もかかって、一つの化学物質の「種」が別の化学物質の「種」と結びつけられる、というシステムが生物の中で発展してきた。

実際、私がこれから第I種と呼ぶ物質の三連子（トリプレット）が、第II種の物質の暗号になっている。ただし、第II種に第I種が一対一というわけではない。しかし、写像であることに変わりはない。とにかく重要なのは、まるで無関係な二種類の化学物質の間に、写像があるという、この一点である。ベーイの疑問は、この写像にどれくらいの任意性があるかといったことに関係している。私は任意性があると主張したが、ベーイはわかりやすい道理が必ずあるはずだと主張したわけである。

第I種はヌクレオチドで、第II種はアミノ酸である。そんな言葉は知らないって？　いや心配ご無用。対応を考えるのに、化学の知識はまったく不要で、要するに、ヌクレオチドの三連子というものがあって、それに対応してアミノ酸というものが一つあるということだけを知っていればよい。遺伝暗号とはそういうものなのだ。前に電話の市外局番に言及したが、(アメリカでは)これが三桁、つまり数字の三連子になっていることに注意しよう。たとえば、ニューヨークは212だし、サンディエゴは619といった具合である。あきらかにこの割りふりは必然的なものではない。地域と三桁の数字は、ニューヨークのほうが619だったとしても、なんの問題もない。しかし、この市外局番は恐らくおたがいに最も無関係なものだろう。しかし、この市外局番は私たちに最も役に立っているものの一つである！

暗号の目的を話すには、細胞の構成要素について、ほんの少し触れておかなければならない。細胞の「人格」あるいは性格は遺伝子の中に蓄えられている。しかし、遺伝子は書物の中の文字のようなもので、それ自身で動きまわるものではない。なにか動的な代理人に翻訳されることが必要である。この代理人がタンパク質で、遺伝子の潜在的行動力を発揮させる。タンパク質は遺伝子を「表現」することによって、細胞の性格を実際に作りだす。遺伝子はヌクレオチドの鎖で、タンパク質はアミノ酸の鎖である。すなわち、細胞の特性は第I種の受動的科学物質で「書かれている」のである。遺伝暗号によって、この記述は第II種の化学物質からなる膨大な行動代行者たちに変換される。細胞の特性がちゃんと発揮されるのは、遺伝暗号のおかげなのである。

アミノ酸は全部で二〇種類。だから、読者は二〇種類のヌクレオチド三連子があると考えるかもしれない。だが、話はそんなに単純じゃない。遺伝暗号には、四種類のヌクレオチドA、C、G、Uが関係する。(それぞれ、アデニン、シトシン、グアニン、ウラシルの頭文字。)可能な三連子AAA、AAC、AAG、……、UUUはすべてあるアミノ酸に対応している。(実は三つの三連子については正しくない。)三連子の種類は、4×4×4だから当然64だ。だから64−3=61種類の三連子が、二〇種類のアミノ酸と対応していることになる。つまり、アミノ酸の中には、二種類以上の「コドン」(ヌクレオチドの三連子のこと）に対応しているものがある。実際、それぞれ六種類のコドン、四種類のコドン、三種類のコドン、二種類のコドンに対応するアミノ酸がある。一種類のコドンのみに対応するアミノ酸は、二つだけである。図27-1に、完全な遺伝暗号表をあげておく。

さて、ベーイに戻ろう。彼はゲーデル数への符号化がずいぶん勝手気ままに決められたというのだ。ゲーデルは、数学記号に対するゲーデル数をほかのやり方で決めることもできた。そうしたからといって、彼の研究の成功は微塵の影響も受けなかっただろう。たしかにそうだ。しかし、ベーイは遺伝暗号の場合、もう少し深い理由があると考えた。つまり、なにか基本的な化学的必要性があって、アミノ酸とコドンの関係に必然的なルールがあると直観したのである。ベーイの考えは、ちゃかしていえば、「ゲーデルの符号化はたかが一介の人間のやったことだ。しかし、遺伝暗号は神のしわざだ。だから、完全無欠、変えることはできない。」

私はすぐに、そうじゃないと応酬した。遺伝暗号はどう見ても電話会社の市外局番割り当てのように勝手気ままだし、ゲーデル数符号化と同じように適当に決められたものだというわけだ。どうしてそう考えるか示すために、分子の絵を黒板に書いてみた。ところが、その絵をじっと見ていたら、自分のいっていることがまるで不確実なのだ。これはやはり、きちんと調べておかなければならない。こうして私は、分子生物学の楽しい小径を歩いてみることになった。今回は、そこでの発見を紹介したいと思う。

* * *

さて、細胞に戻ろう。細胞は活動の小さな温床で、ミニチュアの町に似ている。この町には、基本的に二種類のものがある。一つは受け身の「でくのぼう」で、じっとしていて、誰かがなにかをしてくれるのを待っている。もう一つは、いつでも町に入りたいと思い、いつでもなにかやりたいと思っている積極派の物質「やり手」である。やり手はたいていの場合、酵素である。（実は、なにか行動をするタンパク質というのが酵素の定義にほかならない。）それぞれの酵素には、自分の持ち分の仕事があり、特定のタイプのでくのぼうを相手にする。実際は、いつもでくのぼうを相手にするわけでなく、他の酵素を相手にすることもある。この場合、いじられているほうの酵素は歯医者で麻酔にかけられた患者のごとく、ただのでくのぼうになってしまう。もちろん、解放されたらただちに活発な活動家になるのだが……。酵素の仕事のやり口は、ここでは問題にしない。とにかく酵素は、でくのぼうを二つに割ったり、でくのぼうを二つ合わせて溶接したり、なにやらの化学反応を起こしたりする。

細胞に関して驚異的なのは、細胞がたいへんエレガントに設計されているので、細胞についてなにか調べるとき、化学反応のこまかいことはいっさい無視して、たいていその論理だけを追えばすむことである。実際、生化学者でもない私にとって、これは細胞の中で起こっている現象の理解のための唯一の糸口である。私は化学用語を使うけれども、実のところ私のイメージは化学薬品とはほど遠い。それはたんに生化学の教科書に書いてあるとおりに、なにか魔法的に所定の仕事を行う微小物質なのだ。私にとって、生命のプロセスに出てくる化合物のイメージは、ふつうの人にとっての自動車のイメージと違わない。みんな自動車がどうすればどう動くかは知っているが、動くしくみそのものについては、ほとんど知らない。私は論理だけを理解したときから、生化学の専門用語のジャングルの中を泳ぐのが楽しくなった。アルバート・レーニンジャーはこれを「生

	U	G	A	G	
U	フェニルアラミン	セリン	チロシン	システイン	U
	フェニルアラミン	セリン	チロシン	システイン	C
	ロイシン	セリン	終わり記号	終わり記号	A
	ロイシン	セリン	終わり記号	トリプトファン	G
C	ロイシン	プロリン	ヒスチジン	アルギニン	U
	ロイシン	プロリン	ヒスチジン	アルギニン	C
	ロイシン	プロリン	グルタミン	アルギニン	A
	ロイシン	プロリン	グルタミン	アルギニン	G
A	イソロイシン	スレオニン	アスパラギン	セリン	U
	イソロイシン	スレオニン	アスパラギン	セリン	C
	イソロイシン	スレオニン	リジン	アルギニン	A
	メチオニン	スレオニン	リジン	アルギニン	G
G	バリン	アラニン	アスパラギン酸	グリシン	U
	バリン	アラニン	アスパラギン酸	グリシン	C
	バリン	アラニン	グルタミン酸	グリシン	A
	バリン	アラニン	グルタミン酸	グリシン	G

図 27-1 遺伝暗号。CAUというコドンはヒスチジンというアミノ酸を表現している。この対応表が冗長で、部分的に対称であることに注意してほしい。こういう特徴は重要かつ必要なものだろうか？ 問題はこれと違う対応表を使っても同じ生物になるかということだ。

物体の分子論理」と名づけた。こういうふうにうまくいくというのが分子生物学の美点で、今回、私はこの美点を大いに賞賛したい。

＊　＊　＊

酵素はタンパク質の一種である。すべてのタンパク質は、アミノ酸が集まって奇妙によじれた形になった分子である。このよじれは重要である。私の理解法を述べよう。まず、貨物列車のように膨大な数のアミノ酸が連結したと考える。（貨物列車と同様、アミノ酸は前後のアミノ酸と任意の順で結合できるような連結器をもっている。）このアミノ酸の鎖を両手にもってピンと張る。そして手をはなす。ビヨーン！　こいつは気が狂ったようにものすごい勢いでよじれこんで、こぶしぐらいの大きさの球に縮む（図27-2）。これを貸してあげますから、やってみてください。球の中に入りこんだ両端をつかんで、ゆっくりと引っぱりだすのだ。アミノ酸の鎖はもちろん多少の抵抗をする。しかし、ゆっくりと注意深くやれば、鎖のどこも壊さずによじれをほどくことができる。ちゃんと伸ばした？　結構！　またはなしてごらん。ビヨーン！　わかりましたか？　また、さっきとまったく同じよじれ球ができたのですよ。じゃあ、その球を私に返してください。ご苦労さま。

タンパク質は、小さな球になるようによじれるのを「好んでいる」ようだ。このような三次元構造は、タンパク質の三次構造と呼ばれている。タンパク質の三次構造は、タンパク質の種類で完全に決まる。つまり、アミノ酸の順列が三次構造を決めるわけだ。だから、何回引っぱってビヨーンとはなしても、同じ形に戻るのである。このようなアミノ酸の一次元配列を、一次構造という。要するに、タンパク質の一次構造は、三次構造を決定する。（ある種のタンパク質は

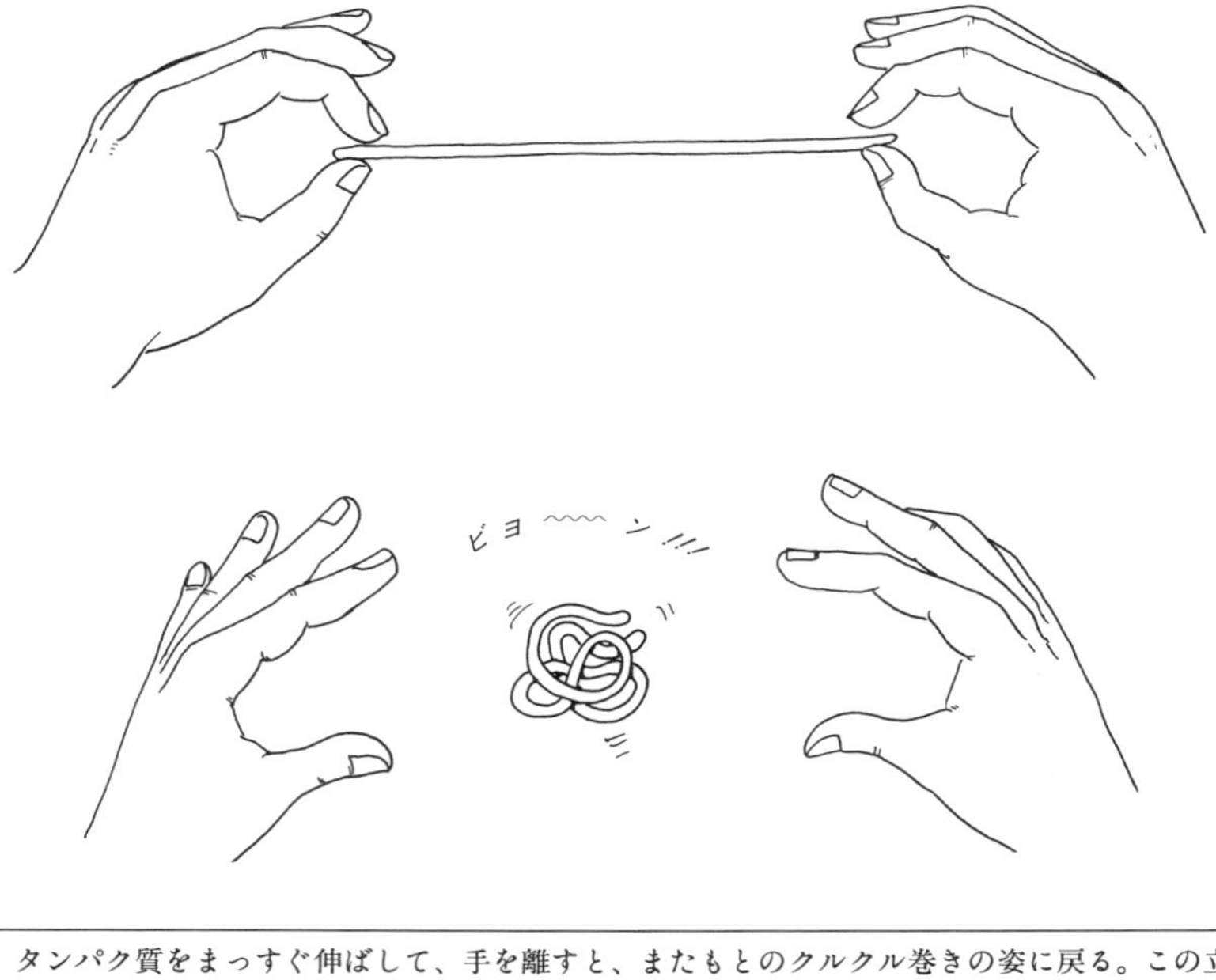

図 27-2　タンパク質をまっすぐ伸ばして、手を離すと、またもとのクルクル巻きの姿に戻る。この立体的な姿をタンパク質の三次構造と呼ぶ。（絵：デービッド・モーザー）

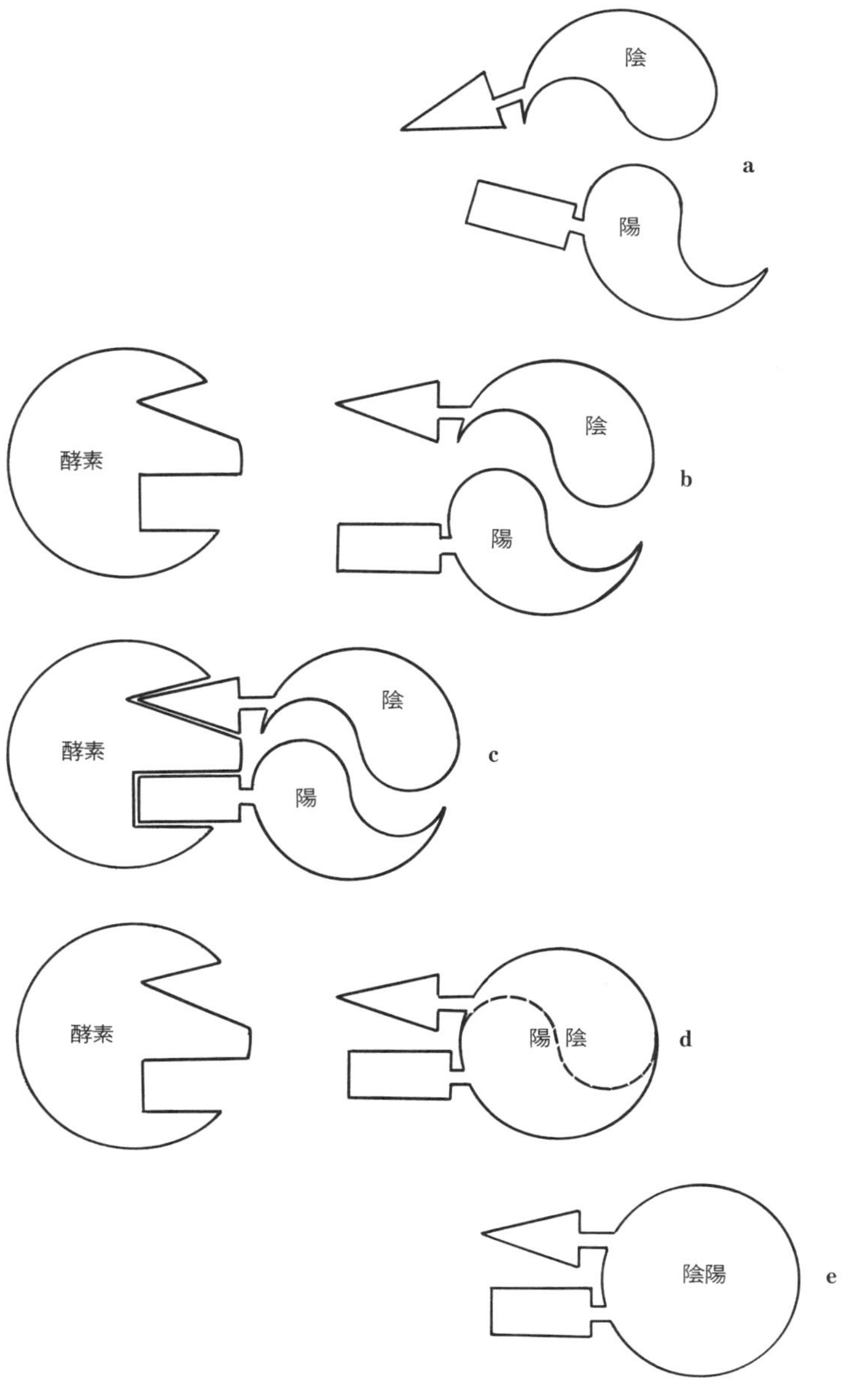

図 27-3　細胞質の中にある二つの分子、陰と陽の物語。a.おのおのの分子はおたがいのことを知らず独立に浮遊している。b.たまたま二つとも、とある酵素に近づく。c.その酵素は自分の二つの活性部位にこれらの分子がピタリとはまることを知り、それらをワナにかけて捕える。d.酵素は触媒的に働く——この場合は陰と陽を一つに結合する。e.こうして結ばれた陰陽ペアは細胞質の中で幸福に暮らしたとさ。(絵：デービッド・モーザー)

二次構造ももつ。これは電話機のカールコードのような中間的よじれ構造である。しかし、タンパク質の本質は三次構造にある。）

タンパク質のもつれ方、すなわち三次構造の意味はいったいなにか？　実は、これがタンパク質の「やり手」としての職域を決定しているのだ。（ある種のタンパク質は酵素ではなく、ただのでくのぼうである。だから、これはやり手、つまり酵素たるタンパク質にだけ通用する話だ。）酵素の三次構造は、ちょうど人間の顔の鼻や耳のような凸凹によって特徴づけられる。ただし、酵素の凸凹は人間の顔の凸凹とは極端に違うし、もっと入りくんでいる。酵素の一部に活性部位（A部位）と呼ばれるところが何箇所かある。ここで酵素は、作用すべきでくのぼうに、ヒルのように食いつく。酵素の部位の形と相手のでくのぼうの形の形合わせで、酵素は食いつくべき相手を捜しあてる。（シンデレラの話を思いうかべられよ。）酵素とその基質（酵素の作用を受ける物質、つまりここでいうでくのぼう）の関係は、よく鍵と錠の関係にたとえられる。違う基質が合うことはない。（実際には、特殊な状況下で間違った基質が適合してしまうことがあるが、ここでは深入りしない。）

酵素は、ある一つの仕事専用で、ほかの仕事はまるでダメというスペシャリストである。酵素は一度基質に食いつくと、正しいコインを投入されたコインランドリーの機械のように、こねくり回しを始める。基質を引きさき、別の基質にくっつけたり、二つの基質を結合させたり、とにかく自分のやるべきことをやる。そしてできあがった生産物（一つとは限らない）を放出する。生産物は歯医者から解放された患者のごとく自由の身となり、細胞の中を漂いはじめる（図27-3）。

何十億個もの忙しい酵素たちの目まぐるしい活動によって、一つの生体細胞の創造と生命維持がなされる。細胞中の遺伝子に書きこまれてあったマスタープランを実行するのが、この酵素、つまりタンパク質、つまりアミノ酸の鎖の一団なのである。そして遺伝子というのも、一種の鎖で……あいや、しばらく！　ちょっと話が先走りすぎた。

＊　＊　＊

細胞の理解について、酵素の働き以上に重要なものはない。細胞の生命活動は、まさに酵素の活動なのである。しかし、実はもう一つ同じくらい重要なものがある。それは酵素の種類の選択と、選択された酵素の存在の保証である。すべての細胞が、同じ種類の酵素をもっているということは絶対にない。細胞によって性質が違うのは、この理由による。もう少しいうと、一つの細胞の全酵素のメンバーは、細胞の内外環境によって変化しうる。さて、酵素はどこからくるか？　究極的には、もちろん遺伝子からくる。遺伝子はいわば青写真だ。とはいっても、これでは満足のいく答えにならない。知りたいのは、酵素の青写真のありかではなくて、酵素が生みだされる機構なのである。

酵素はタンパク質で、タンパク質は端っこ同士で連結しているアミノ酸の長い鎖が、球形にびっしりと巻きこんだものであった。読者の中には、酵素が基質をはがしたりくっつけたりするのを得意とするなら、タンパク質そのものを作っているのじゃないか、と考える人もいるかもしれない。しかし、この仕事は非常に微妙で、特殊かつ重要ときているから、実は別の機構が用意されているのだ。これを行うのは、リボソームという小さなマシンだ。リボソームは、一部は、タンパク質だが、ヌクレオチドからもできている。リボソームは、またしても、細部の構造はここでの関心の対象外だ。ここで必要なのは、細胞の論理なのである。

タンパク質の種類に応じて別々のリボソームが用意されているか？ まさか！ もしそうだとしたら、おそるべき無限の堂々巡り――「おのおののリボソームを生みだすのはなにか？ それは個々のリボソームに対応したメタリボソームである。ではメタリボソームを生みだすのはなにか？……」――になってしまう。リボソームは、個々のタンパク質に固有のものではない。実際、リボソームは自分の作っているタンパク質についてなにも知らないのだ。リボソームはたんに汎用のアミノ酸釣り上げ機である。それは、誰かが指図したようにアミノ酸を選び、誰かが指図したような順でつなぎ上げる。では誰が指図するか？ たとえば、作るべきタンパク質がリジン―ロイシン―グリシン―プロリン―システイン―ヒスチジン―トリプトファンだったとしよう。(この順列は私が音感だけで作ったニセ物である。本物のタンパク質はもっと長く、通常一〇〇～三〇〇以上のアミノ酸からなる、いわば限りなく長い貨物列車だ。)リボソームに、リジンで始まり、トリプトファンで終わると告げるのは誰か？

さっきの無限堂々巡りを繰りかえすのかといって怒られそうだが、実はもう一つ別の、第I種の化学物質、すなわちヌクレオチドからなる列車があるのである。この列車は、駅を通過する本物の列車のように、リボソームの胴体を通りぬけていく。列車の中の車両は三つずつ組（三連子）をなし、リボソームに最初のアミノ酸がなにで、二番目がなにで、三番目がなにで……という情報を伝える。遺伝暗号を通じて、次のアミノ酸の種類を伝えるのが、この列車なのである。この列車がメッセンジャーRNA（リボ核酸）、略してm

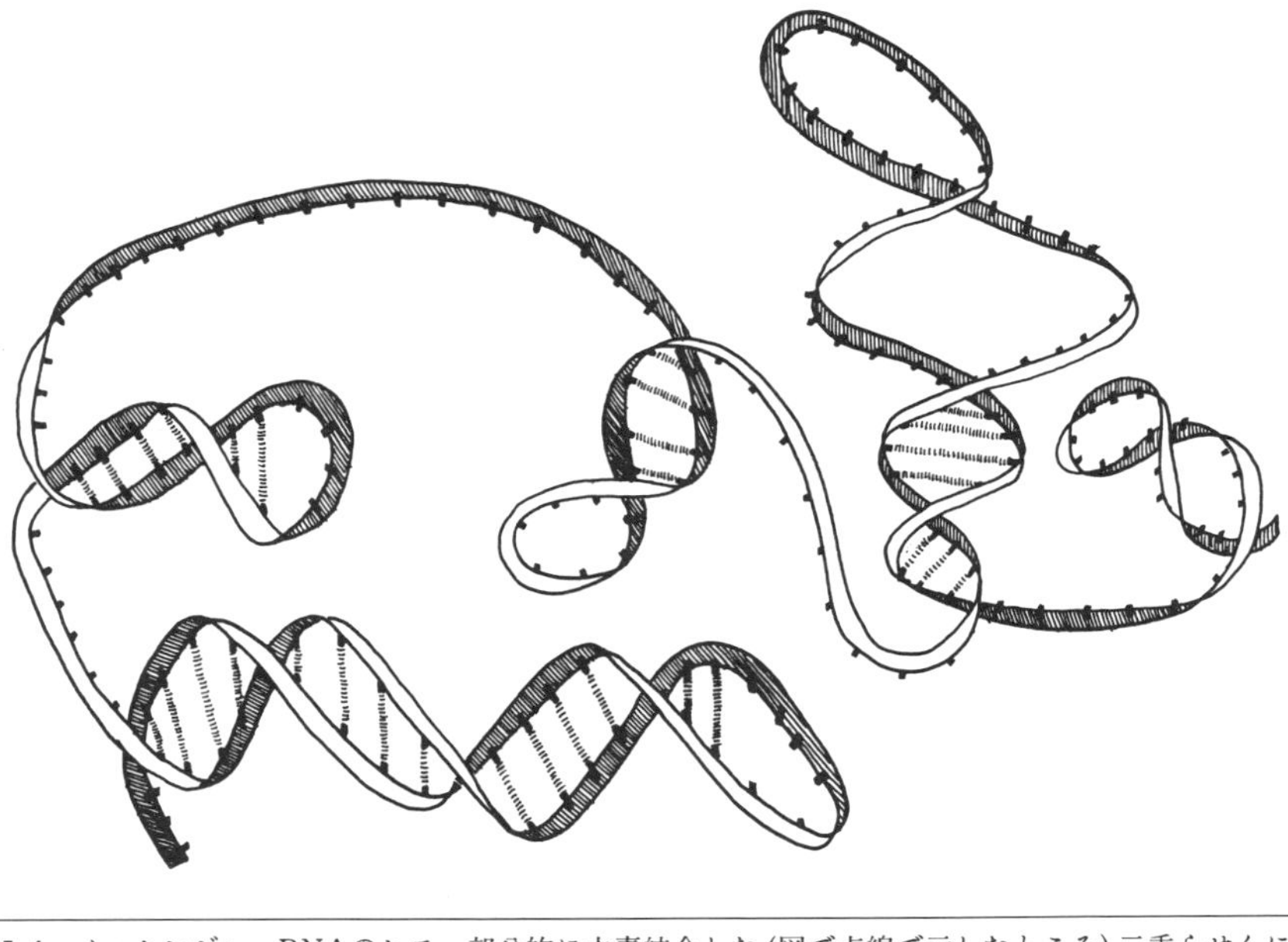

図 27-4 メッセンジャーRNAのヒモ。部分的に水素結合した（図で点線で示したところ）二重らせんになっている。（絵：デービッド・モーザー）

図 27-5　二つの同時通訳。a.メリ・ボソ嬢が国連の通訳ブースでヌクレオチジア語で話されたナー大使の演説を、天井からぶら下がったカードを電光石火のごとく引きながら、アミン語に同時通訳している。b.たくさんのtRNAに囲まれたリボソームはmRNAの長いヒモをかみこんで読む。コドンを読むたびにそれと合うアンチコドンをもつtRNAを見つけだす。そのtRNAからアミノ酸を引きはがして、成長中のタンパク質にくっつける。(絵：デービッド・モーザー)

RNAである。mRNA分子はA、C、G、Uの長い鎖である。RNA鎖はタンパク質鎖よりはるかに、はるかに長い、それはビーズのように連なった何千個以上ものヌクレオチドの鎖である（図27-4）。mRNA鎖の中には、タンパク質の暗号の開始と終わりを示す特殊な印がある。これはアミノ酸に対応していない、三つの特殊なコドンの役割である。ちょうど貨物列車の最後につく車掌車だと思えばよい。これら三つのコドンはリボソームにこう告げる。「このタンパク質をここで切れ！　一つのアミノ酸たりといえども、これ以上付けくわえてはならぬ！」

いよいよ問題の核心だ。遺伝暗号表が蓄えられているのはどこか？　私は前にリボソームが暗号を知っているかのような言い方をしたが、これはウソである。リボソームは翻訳はするが、どちらの言語も知っちゃいないのだ。えっ、そんな馬鹿な？

＊　＊　＊

君はいま国連ビルにいるとしたまえ（図27-5a）。ヌクレオチジア国の花形大使ナー氏がこれから重要演説を始めようとしている。天下一品の腕前の同時通訳者メリ・ボソ嬢が呼ばれている。しかし、ボソ嬢は話される言語についても、通訳すべき先方の言語についてもなにも知っちゃいないのだ。これは一大事。演説がいまや始まろうとしたときになり、やっとのことで救援隊が通訳者ブースになだれこんできた。彼らは急いでブースの天井からおびただしい数のカードをぶらさげた。カードの表には、ヌクレオチジア語（奇妙なことにどの単語も三文字である）が書いてあり、裏には目的とする言語への訳語（これはたまたまアミン語だった）が書いてあった。メリ・ボソ嬢は危機一髪で助かった。彼女はいまや、ナー氏の演説を注意深く聞き、いま聞いた単語に対するカードを電光石火のごときスピードで見つけ、素早くひっくり返し、そこに書いてあるアミン語の訳語をマイクに向かってタイミングよく発音すればよいのだ。はい、どうぞ次の言葉を！

リボソームにとって、こんなことはお安いご用だ。なにしろ、素早く正しいカードを見つければよいだけだからだ。だが、カードが細胞の中のいったいどこにぶらさがっているというのか？　いやむしろ、細胞の中でカードの役目を果たしているのがなにかということだ。この期に及んで、遺伝暗号表は視界からやや遠ざかる。つまり、分散してしまい、居場所を限定しにくくなるように見える。最初、遺伝暗号表がリボソームの中に蓄えられていると推測したのだが、いまやなにかカードのようなものに蓄えられていると考えるのである。だから遺伝暗号に任意性があるかどうか調べるには、カードの内容の可変性あるいはその書きかえ法を調べる必要がある。

細胞中のカードは、転移RNA、すなわちtRNAである。この言葉から想像できるように、tRNAもmRNAと同じ構成要素A、C、G、Uからなると思ってよい。（実際には、あるヌクレオチドが酵素によって変形される場合がある。）生まれたてのtRNAは、ふつうのRNAの連鎖である。しかし、長く伸びたへビのような形のmRNAと異なり、tRNAはタンパク質のようによじれこんで、一定の三次構造をとる。これは、短い範囲で無目的に小さな渦を巻くだけのmRNAと対照的である。mRNAのよじれは機能をもたないが、tRNAのよじれは機能をもつ（というより、私たちはまだmRNAのよじれの機能をよく解明していない。なにか機能はあるのだろうが、ずっと微妙な働きをするのだろう。）tRNAはどれもだいたい同じ形によじれこむ。まるまると太ったLというか、ミスター・アメリカが腕を曲げた(力こぶの)形である。もう少しこまかく見れば、tRNAの構造はそれぞれ異なる。図27-6に、いろいろな抽象レベルでtRNAを図解しておいた。

tRNAは一度よじれこむと、カードと同様、一端にアミノ酸、もう一端にコドンをもつ。実際はコドンではなく、アンチコドンである。しかし、例によって、私たちの目的からいえば、両者はコインの表と裏にすぎない。おのおののコドンには、必ず対応するアンチコドンがあり、逆もまた真である。この対応は、AとU、CとGをそれぞれ入れかえるだけでよい。(AとUは相補的と呼ばれる。CもGも同様。)だから、コドンCUCのアンチコドンはGAGで、アンチコドンGAGのコドンはCUCである。結局、tRNAについてもう少しくわしくいうならば、一端はアンチコドンであり、もう一端はアミノ酸がくっつくことのできる部位になっている。

* * *

一言でいうと、リボソームは細胞内にある二種類の言語、ヌクレオチジア語とアミン語の間の翻訳メカニズムである。ヌクレオチジア語の単語はコドンであり、アミン語の単語はアミノ酸だ。mRNAはヌクレオチジア語で書かれた長い演説だ。リボソームは、素早いが無知の同時通訳者である。リボソームはtRNAを使って、mRNAをアミン語に逐語翻訳した文章、すなわちタンパク質を作る。「素早い」の意味は、細菌細胞内において、ふつうの状態で一秒間に二〇個のコドンが翻訳されることからきている。ウサギの細胞中ではもっと遅くて、一秒当たり一コドン強である。どうしてウサギのほうがバクテリアより遅いのか私は知らない。

mRNA演説は、リボソームを一コドンずつ歯車のように通過する。図27-5bに概略、図27-7に少しくわしく書いたように、リボソームは新しいコドンに出会うと、対応するアンチコドンをもつtRNAを捜さなければならない。もちろん、リボソームには目がないから、メリ・ボソ嬢のように眺めまわすわけにはいかない。シンデレラをガラスの靴で探す王子様のように、tRNAを一つ一つ当たってみるのである。不思議なのは、リボソームがどうしてこんなに速くピッタリ合うtRNAを見つけられるかである。いずれにせよ、対応するtRNAを見つけたら、そのアンチコドンをmRNAのコドンにカチッとはめこみ、tRNAにくっついていたアミノ酸を引きはがして、成長中のタンパク質鎖にペタンと貼りつけるのである。身ぐるみはがれたtRNAは、解放され、新しいアミノ酸を求めにいく。

ここに、tRNAカードの明らかな差がある。カードは何回も何回も使えるのに、tRNA分子は使われるたびに、正しいアミノ酸を「充電」し直さなければならないのだ。これが起こる場所やしくみ、数あるアミノ酸の中からの選択のしくみと指令などなど、疑問が一挙にふくれ上がってくる。またこの問題に戻ろう。

遺伝暗号表がどこかにあるとすれば、それはあちこちに分散しており、細胞中のリボソームの近くに浮遊する何千個ものtRNAに分配されていると考えざるをえない。これらのtRNAをメチャクチャに変えることができるだろうか?

翻訳を誤った方向に導かせることができるだろうか? 国連の救援隊が間違ったカードをもって、ボソ嬢のいるブースになだれこんできたおかげで、ナー氏の演説の通訳が全然違う言語へ向かって行われた可能性だって考えられる。すべてが「粗悪tRNA」、つまり、間違ったアミノ酸のくっついたtRNAだという状況を、概念上考

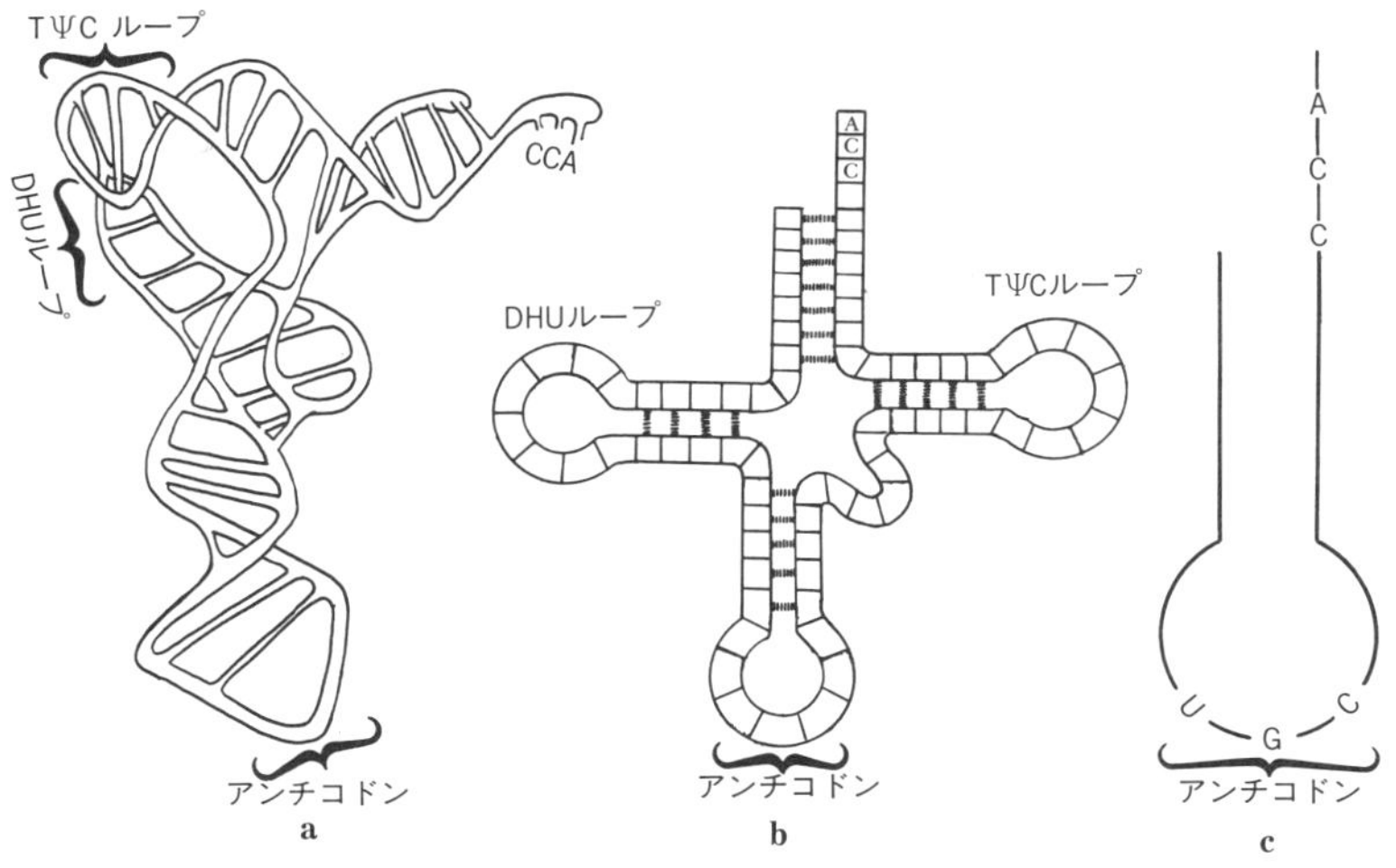

図 27-6　転移RNA（tRNA）を３段階の抽象化で見る。a.物理的に最も正確な立体構造。これはX線回折の技術で見る。b.もう少し図式的なクローバ構造を示したもの。いろいろな水素結合ループ、アミノ酸取り付け部位、アンチコドンなどが示されている。c.最も簡単に図式化したもの。一方の端のアンチコドンでラベル付けされ、もう一方の端でアミノ酸を運べるというtRNAの基本機能だけが示されている。（絵：デービッド・モーザー）

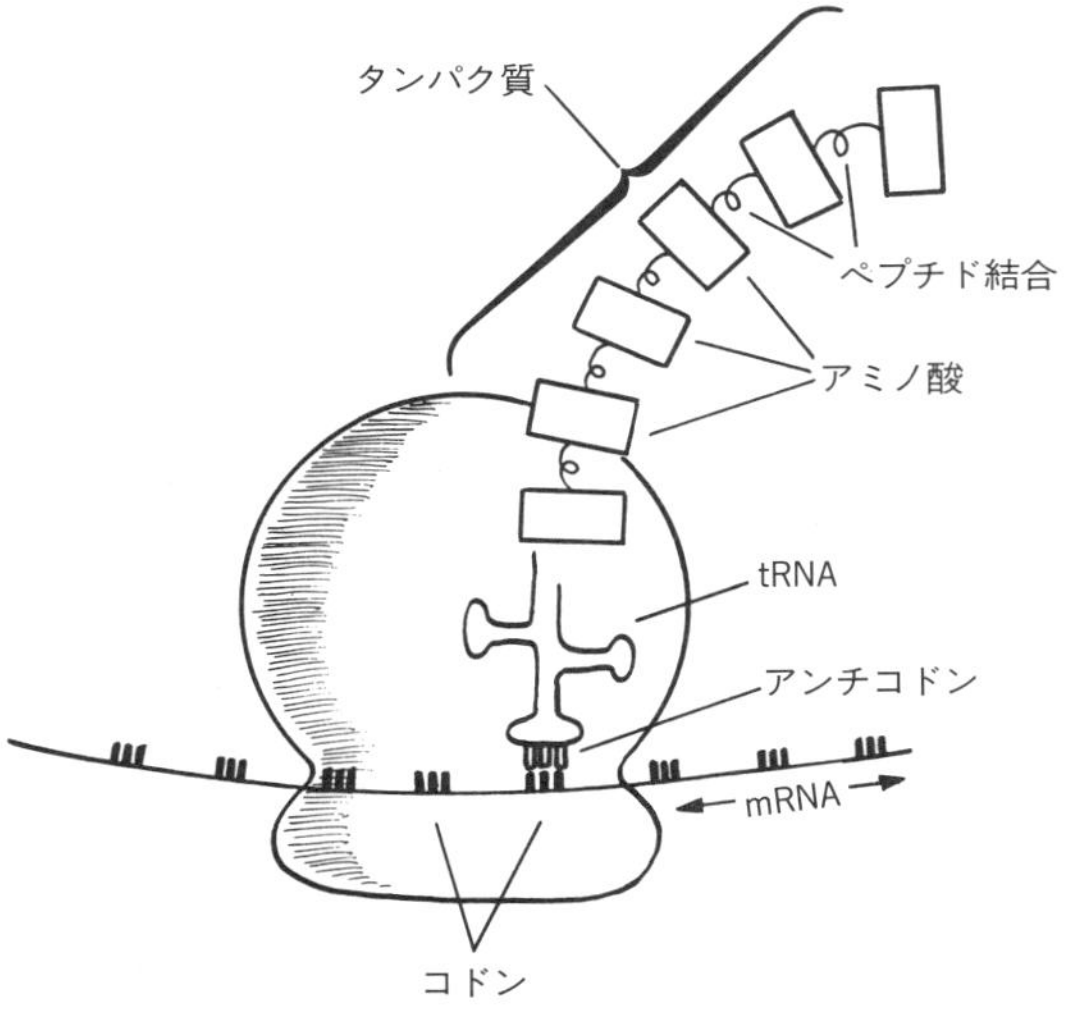

図 27-7　細胞内翻訳プロセスを少し詳細に見たもの。このリボソームの中で、mRNAのコドン（黒）とtRNAのアンチコドン（白）のマッチングが起こっているのがわかる。このtRNAの端にあるアミノ酸が取りはずされて、成長中のタンパク質にペプチド結合でくっつけられる。図ではアミノ酸が四角、ペプチド結合がカールした線で示してある。（絵：デービッド・モーザー）

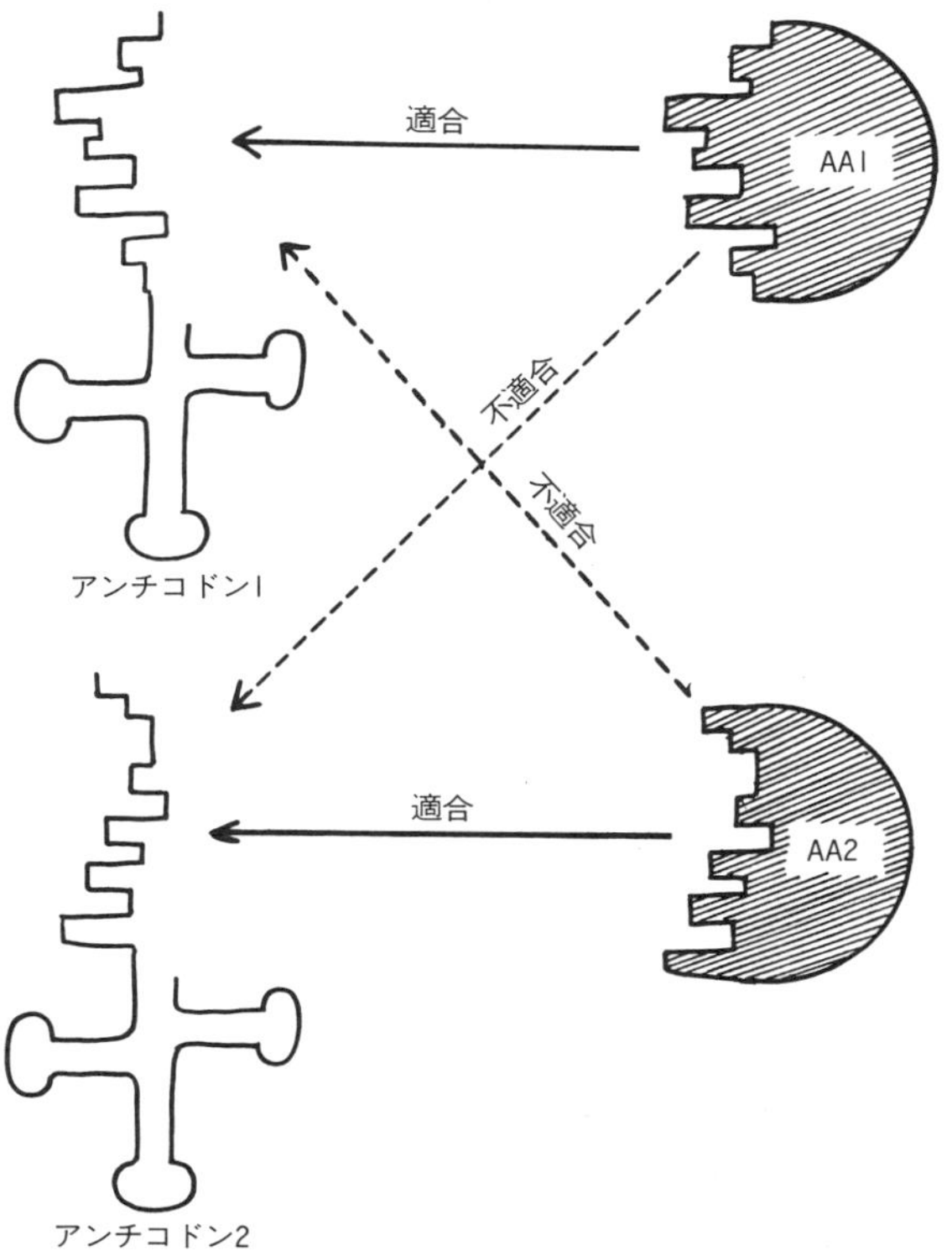

図 27-8　tRNAがどのようにしてAA端にほとんどつねに正しいアミノ酸をくっつけることができるのかについての私の最初の推測。AA端と所望のアミノ酸は錠とキーのようなもので、ピッタリ合うアミノ酸しかつかない。これは単純にしていかにも合っていそうだが、完全に誤りであることがわかった。tRNAのAAの端は全然特別ではなく、20種類のどのアミノ酸とも合ってしまうのである。(絵：デービッド・モーザー)

えることができるだろうか？　こうすれば、リボソームに無意味なタンパク質を作らせることができるが、いったいどうしたらこんなイタズラが実行できるか？

＊　＊　＊

私が学生たちの前で黒板に絵を描きはじめたのが、この段階であった。私はtRNA分子の一例を黒板に描き、その一端（AA端）が特定のアミノ酸を引きよせるのだといった。しかし、いったいどうやって正しいアミノ酸を選択できるのか？　「簡単さ」と私は考えた。細胞中の化学的相性の他の例にもれず、tRNAのAA端が正しい形をもっているからだ。tRNAは、遺伝暗号に従い、自分のアンチコドンに対応したアミノ酸だけを引きつける。おのおののアンチコドンに対して、tRNAのAA端が異なる形をもっていると私は考えたのである。私の黒板の絵はまさにそれを表現していた。黒板のtRNAは一端に特定のアンチコドンをもち、もう一端にちょうど一種類のアミノ酸に当てはまるような「はまり型」をもっていた（図27-8）。

くだんの好質問はここで起こった。遺伝暗号で定義されたアミノ酸が正しいとして、アンチコドンに対して正しいアミノ酸を引きつける理由はなにか？　tRNAの中にはヘソを曲げてほかのよじれこみ方をして、ほかのアミノ酸を引きつけるものもあっていいのではないか？　そうはいかないとするなら、tRNAの両端になにか本質的な関係があるというのか？　たとえば、アンチコドンが、tRNAの他端によじれ方を教えているとでもいうのか？　ベーイはこう考えたのである。

私は学生たちに、tRNAの両端はおたがいのことを知らないはずだといった。外科手術的にアンチコドンを別のアンチコドンに置きかえても、AA端は違いに気づかないだろうし、あるtRNAのAA端を切りとって、別のtRNAのAA端へ移植することもできる。こうすれば、間違ったアミノ酸を引きつけるわけだから、間違った遺伝暗号をもつtRNAができあがってしまう。私の結論は、「tRNAの両端はたがいに独立だから、遺伝暗号は原理的に組みかえ可能、つまり任意性がある。」こういって、私は手についたチョークの粉を払い、別の話題に移った。

さて、私の描いた図は心は合っていたが、細部で間違っていた。どのtRNA分子も、AA端は正確に同じ構造をもっていたのである。実際、AA端の最後のヌクレオチドはつねにCCAなのだ（図27-6）。つまり、アミノ酸のくっつく部位は、完全に無個性なのである。tRNAのAA端とアミノ酸の間にはいかなる化学的相性もない。この事実を発見したとき（講義の終了後）、私はちょっと途方に暮れた。じゃあ、いったいどうやってtRNAの端につくアミノ酸が一意に決まるのか？　逆の端っこにあるアンチコドンが決めているのか？　アンチコドンだとすれば、アンチコドンとアミノ酸の間に特別の宿命的関係があるってことか？　そうなると、ベーイのいったように遺伝暗号は任意でなく宿命的だ。

＊　＊　＊

生物学専攻の友人と話をし、書物をひもといてみた。答えは私に味方したのでほっとしたが、問題は私が想像していたよりもだいぶ微妙である。tRNAのAA端はドッキングしてくるアミノ酸に無関心で、原理的にはどんなアミノ酸でも受けつけるが、ふつうの環境では、ただ一種類のアミノ酸とドッキングする。これはアンチコドンによるのではなく、tRNAの他の部位DHUループの三次構造によるものである。（DHUはジヒドロウリジンからきている。）DHUループはどのtRNAにもあり、tRNAの種類によって、異なる特徴的な曲がり方をしている。これはtRNAの種類を外から見て判定するための三次元的な署名だといえる。（実は、DHUループ以外にもtRNAの識別に寄与しているものの存在がわかっているが、ここでは話を簡単にすませることにしよう。）

しかし、その判定を誰がするか？　もちろん酵素で、アミノアシルtRNA合成酵素と名づけられるものである。（またまた奇妙な名前のものを登場させてごめんなさい。これは主演男優にはなれないかもしれないが、かなり重要な役を演じている。だから、ぜひ憶えてほしい。）この酵素は、二つの活性部位をもつ。そのうち一つは、tRNAの三次元署名を判定する部位だ。もう一つは、アミノ酸をつかまえる。この部位はtRNAのAA端と異なり、アミノ酸に無関心ではない。これはtRNAのアンチコドンに対応する唯一のアミノ酸をつかまえる。実は、合成酵素はアンチコドンなど見はしない。いろんなtRNAのDHUループを嗅ぎまわり、好みのタイプだったら、自分のつかまえているアミノ酸をそのtRNAにしっかりと結びつけて、バイバイするだけだ。アミノ酸一種類に対して、このような合成酵素が一種類（またはそれ以上）存在する。

こいつはおもしろいことになった。tRNAに遺伝暗号を教えることを目的とする分子が細胞中に浮かんでいる。これはtRNAにちょいと荷物を背負わせ、どこかにいるリボソームを求めて歩かせる。tRNAが遺伝暗号を知っているかといえば、ノーだ。教えてもらわなければならなかったからだ。誰が教えた？　合成酵素。なるほど、じゃあ合成酵素が遺伝暗号を知っていたわけか。いや違う。連中はDHUループとアミノ酸の仲人をしただけだ。とどのつまり、細胞中に遺伝暗号を知っているものはいない！

実は、これはちょっと誇張だった。本当のところは、遺伝暗号の「知識」がたんに分散しているということなのだ。すべてのtRNAとすべての合成酵素が知識を分け合っており、どちらか一方が独占しているとはいえないのである。それにもかかわらず、遺伝暗号が集中的に蓄えられている場所があるといいはる人がいるかもしれない。DNAだ。いつになったらDNAの話になるのかと思っていた人がいるに違いない。なんといっても、DNAは分子生物学のスター俳優なのだ。ではいよいよ登場！

＊　＊　＊

DNAはぶくぶく太った、怠けものの、貴族趣味の、タバコ吹かしの野暮天分子だといえる。なにしろ、なにもしない。細胞中の究極のでくのぼうなのだ。命令を出すだけ、自ら手を汚そうなんて気はさらさらなく、さしづめ女王蜂だ。こういううまい地位につくためになにをしたか？　手を汚して働く酵素たちを生産する、確実な手段をもっていたのだ。その手段とは？　そう、これがトリックなのだ。

DNAは、でくのぼうもやり手も含めて、細胞の構成要素すべてに関する青写真集なのである。細胞の中にあるものの由来を知りたければ、答え一発、DNAを見ればよい。ある特定の物質を符号化しているDNAの部分は、その物質の遺伝子なのである。物質はタンパク質かもしれないし、tRNA分子、あるいはリボソームの一部になるRNAかもしれない。とにかく、すべての遺伝子は長くよじれたDNA分子の中にある。たんなるバクテリアのDNAでも、

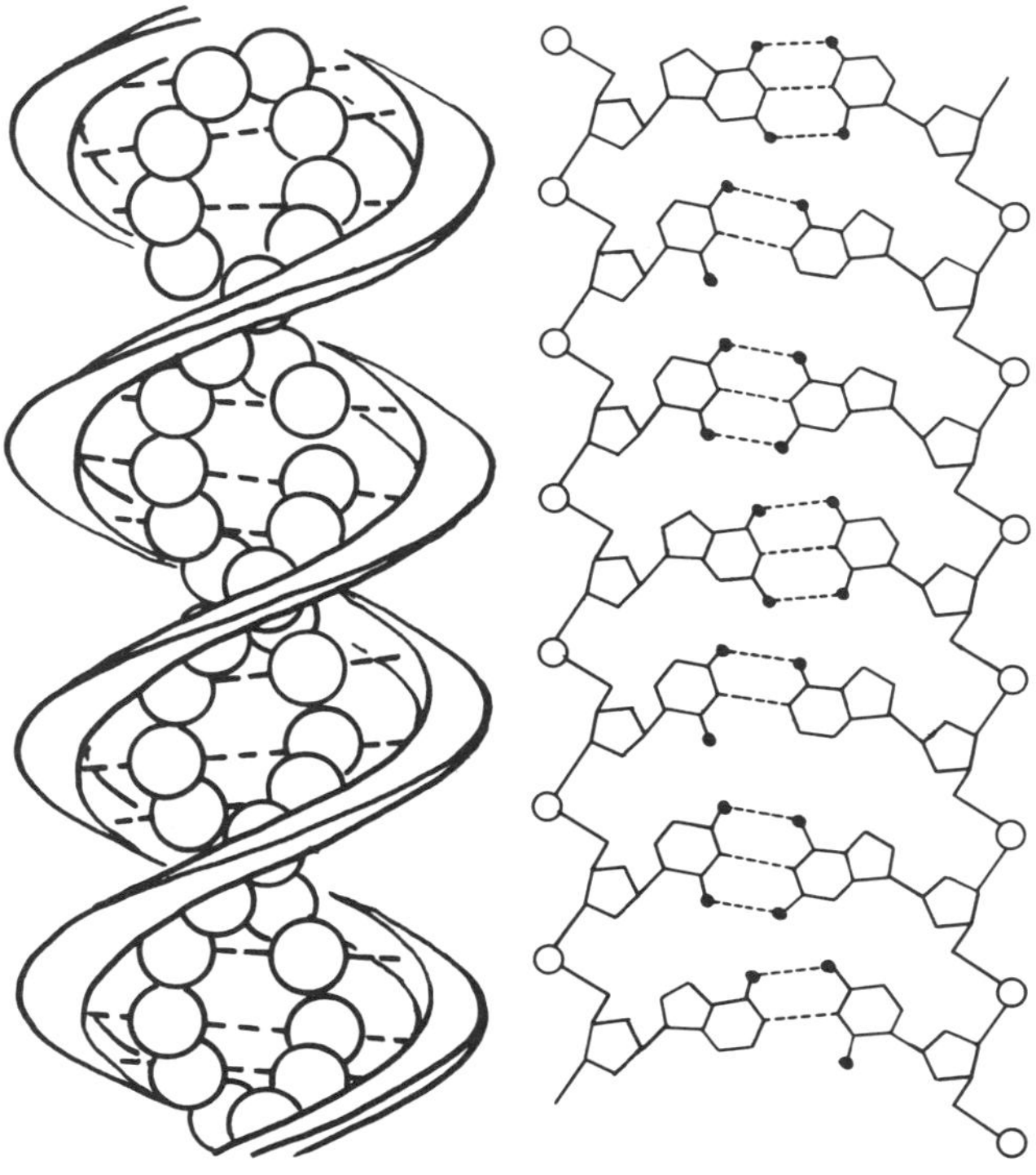

a　　b

図 27–9　DNAを２段階の抽象化で見る。(a)物理構造として見える有名な二重らせん。外側の階段のようなものは糖類とリン酸塩で、情報をもたない。水素結合球で表された内部のらせんがすべての遺伝子を保持している。この遺伝子が細胞のすべての性質を決定し、かつ細胞の中にこれ自身を含ませることまでやる。(b) 二重らせんがほどかれた図（ワトソン-クリックのモデル）。どの結合も切られていない。この「平らになった」DNAは廊下の上のジュータンのように広がり、相補的な塩基がおたがいにどのように結合しているか一目瞭然とわかるようになっている。（絵：デービッド・モーザー）

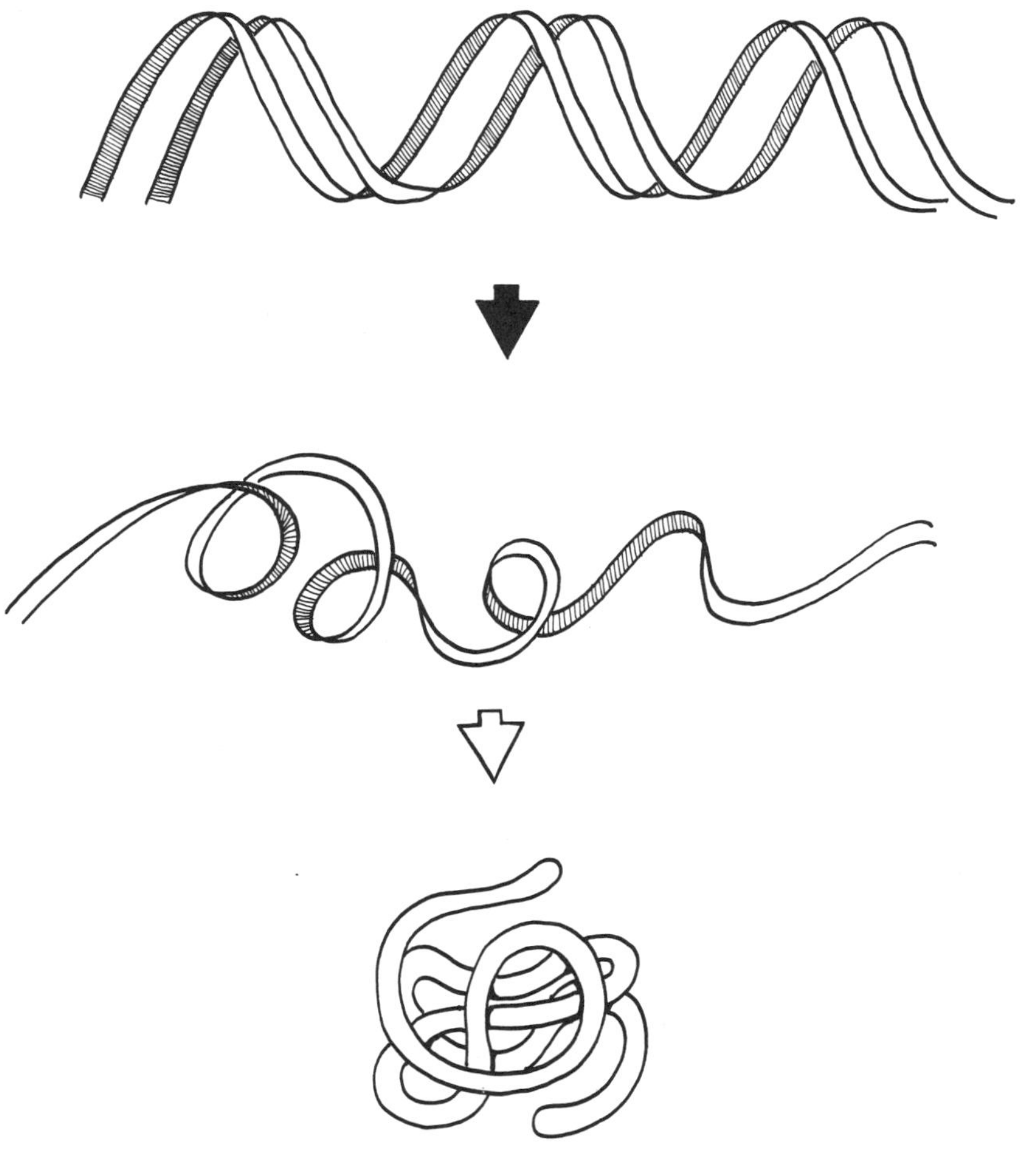

図 27-10　分子生物学の中心的ドグマ――DNAからtRNAへ、そしてタンパク質へ。最初の変換は転写である(黒い矢印)。次の変換は翻訳である(白い矢印)。現在、tRNAからDNAへの逆転写がある種の生物で起きていることがわかっているが、タンパク質からtRNAへの逆翻訳はいまだに観測されていない。もしそれが発見されたなら、科学のありとあらゆる根底をひっくりかえしてしまうような大混乱が起こるといっていい。いまは見むきもされないラマルクの進化論に完全に立ちもどってしまうことになるのだ。物理学でこれに匹敵するものといえば、電子を超光速に加速する方法とか、永久運動機関の発明だろう。

一〇〇万個のヌクレオチドの鎖だ。人間のDNAともなると、そのまた一万倍以上の長さになる！　だから一つのDNAには何万、何千万、何十億といったコドンが含まれている。つまり、DNAには数個の遺伝子から何万個の遺伝子までが書物の中の文章、あるいはレコードの中の歌のように一列に並んでいる。

またもヌクレオチドが出てきた。DNAはRNAと同様、ヌクレオチドからなるが、UのかわりにT（チミン）が入る。DNAでは、AとT、CとGが相補的である。DNAの一本の鎖は、それと相補的なもう一本の鎖と撚り合わさっており、二重のつるのようになっている（図27-9）。DNAが二重らせんで、RNAが二重らせんでないのは、AとUがAとTほど固い結合をしないため、RNAの二重らせんがあまり安定にならないためだ。RNAは短い範囲で二重らせんになることもあるが、長くはならない。tRNAにごく短い二重らせんしかないのは、この理由による。

さきほど私は物質の遺伝子が物質の暗号化されたものだといった。暗号がある以上、解読をどこかでやらなければならない。DNAの解読は二層に分けられている（図27-10）。第一層はDNAからRNAへの解読。これは相補的なヌクレオチドをとる作業だ。AはUへ、TはAへ、CはGへ、GはCへと移す。たとえば、DNAの中の「TCAT」はRNAの「AGUA」になる。DNAのさらなる解読には第二層が必要である。つまり、このRNAの情報を解読しなければならない。（第21章のエニグマの解読を思い起こされよ。）これは、もちろんメリ・ボソ嬢とtRNAカードの仕事である。

細胞がtRNAを一つほしい場合は、第一層（転写）だけでよい。tRNAの遺伝子を見つけ、DNA解読酵素（RNAポリメラーゼ）に命じて、対応する（相補的）RNAを作らせるのである。タンパク質がほしい場合は、第二層もいる。上と同様、まず求めるタンパク質の遺伝子を、RNAポリメラーゼに命じて転写させる。こうして長いmRNAができる。次に、リボソームの処理を受けて、求めるタンパク質ができあがる。第二層は翻訳と呼ばれる。実にこれが生命活動の中心にある（図27-10）。

つまり、ナー氏の国連演説は本人の書いたものではなかったのだ。彼はたんにヌクレオチジア国の大使だったから、演説の原稿は本国の大ボスDNAからもらってきたものなのである。彼はたんなる代読者で、DNAの草稿のコピーを口をパクパクさせて読むだけなのだ。そしてメリ・ボソ嬢（リボソームのもじりだったことに気がつきましたか？）は、これを遺伝暗号カードを頼りに、ひたすら忠実にアミン語に翻訳する。実はなんと、このカードも大ボスの指令なのだ。自分ではなにもしないDNAがすべての実権を握っている様子が理解してもらえただろうか？

DNAはすべてのtRNA分子、すべての合成酵素やポリメラーゼ、リボソームの成分の符号を含んでいる。つまり、DNAは自分自身の解読器も符号化して内蔵しているのだ。解読器は自分自身の遺伝子を解読して、自分たちのコピーをまた生産する。これぞ輪廻だ。遺伝暗号は固定化していて抜け道がない。なぜなら、解読器は自分自身の複製を生産せざるをえないからだ。そればかりか、それはDNAを複製する酵素を作りだし、新しい細胞が同じ暗号をもつ同じDNAをもつように仕向けてしまうのだ。

* * *

暗号が固定化していることと、暗号に必然性があることとは別ものだ。たとえば、フランス語がフランスに固定化されているのは、フランスの大人たちがたがいにフランス語を話しているばかりでなく、子供にフランス語を教えていることによる。その上、言語を安定化するために辞書や文法書を作っている。だからといって、世界の言語がフランス語一つに限るということはない。フランス語の単語とそれが表している対象が、神の掟によって根源的に結びついているといったことはない。ほかの言語と同様、フランス語は任意性のある一つの符号にすぎない。

この方法でいけば、遺伝子暗号は固定化しているが、変えうるのではなかろうか？ いかなる方法を想像したものか？ 図27-1の暗号をいじって私自身の暗号にしたら細胞はどうなる？ DNAに私好みの遺伝暗号を使わせるには、どんな魔法の杖が必要か？

架空の話だが、正常な細胞に手を入れて、mRNAとtRNAをみんな取りのぞいたとしよう。ゴミ箱へおさらばと捨てさるのだ。今度はDNAを取りはずす(ただし捨てない)。あとにはたくさんの酵素やリボソームがぷかぷか浮いている。転写したり、翻訳したりする相手がいないのだから、連中はなにもすることがない。しかし、ちょっと我慢してもらうことにして、その間にDNAをいじりまわすのだ。これを再び疑いを知らぬ細胞に注入する。そしたら、この細胞もその子孫も、みんな新しい遺伝暗号を使うことになるのだろうか？ 遺伝暗号が違うだけで、細胞のほかの機能を以前とまったく同じにするためには、DNAへの細工をどういうふうにしなければならないのか？

こういう奇妙な文脈で「機能が以前とまったく同じ」とはなにを意味するか？ 外部の観察者にとって、以前と同じ振る舞いに見えることは必要だろう。だが、大局的に見て細胞の機能とはなにか？ 答え——細胞の全タンパク質だ。タンパク質が細胞の性質、性格を授け与えるのだ。こうした事実のもとで、細胞の内部言語をメチャメチャにしておきながら、外面的な性格を不変にしておく方法があるのだろうか？

細工されたDNAを注入したときから、たくさんのRNAポリメラーゼが働きだす。DNAからRNA、すなわち糸くずのように短いtRNAと貨物列車のように長いmRNAを、転写して生みだす。tRNAの糸くずは特徴的なL字形によじれこむ。この時点で、たくさんの合成酵素がtRNAにアミノ酸を貼りつける。すると、リボソームが子もち（アミノ酸もち）のtRNAを使って、忠実にmRNAの翻訳を開始する。すなわち、同じタンパク質を生成するためには、次の二つの点に注意すればよい。

(1) 新しいtRNAが新しい遺伝暗号を抱えていること。
(2) タンパク質の新しい遺伝子が新しい暗号で書かれていること。

目標1はそれぞれのtRNAが新暗号系に従った正しいアンチコドンをもつことに等しい。これを達成するには、DNAの中のそれぞれのtRNA遺伝子の三つのヌクレオチドを変えれば充分だ。だから、最初にやるべきことは、tRNA遺伝子を全部見つけだすことだ。それぞれについてDNAのコドンを変える。これが転写されると、tRNAのアンチコドンとなるからだ。

目標2を達成するには、すべての「文献」すなわちタンパク質の遺伝子全部を新言語に書きなおせばよい。カードを間違ったものにしてしまったが、もともとナー氏の演説も変えてしまったから、メリ・ボソ嬢は結局以前とまったく同じ翻訳をするというわけだ。

れている。ミトコンドリアは、細胞本体には理解できない独自のtRNAと遺伝子をもっているが万事順調にいっている。これは私の最初の主張を裏づけている。

＊　＊　＊

細胞内のしくみをこう考えてきても、実は生命の根源にある複雑で微妙な機構のかみ合わせについて、上っ面をなでたにすぎない。どうしてこんなにたくさんの段階や中間層が必要なのか？　なぜこんなに間接的な手順を踏むのか？

私は、シカゴにある『サイエンティフィック・アメリカン』のドナリー印刷工場を見学したときのことを思いだす。私は複雑な機械装置のもつ間接性（中間段階プロセスの積み重ね）の大きさに驚いた。私はホイール、ギヤ、滑車についてたずねつづけた。「これはなんのためにあるのですか？」するといつも、こういうメカニズムが装置全体に当初予期できなかった特別な柔軟性を追加しているという答えが返ってきた。どんな機械も開発の初期は不完全である。最も直接的な応用や使用環境しか考慮されていないからだ。それから何年もかけて機械は洗練され、あまりその機械のことにくわしくない人には、にわかに理解できないような複雑さをもったシステムに成長していく。自動車、飛行機、ラジオ、テレビ、コンピュータ、あるいはピアノですら、その例にもれない。もう少しわかりにくくなるが、これは人間の言葉や文化、コンピュータ・ソフトウェアにも成りたつ。

こう考えてくると、細胞が微妙にバランスをとるメカニズムをこんなにたくさん抱えていて、一部がたんにほかのものの犯したエラーを補償する役割だけのものだと聞いても、驚くには当たらない。

＊　＊　＊

さてこれで万事OKか？　たとえば、合成酵素。そう、たしかにtRNAは前と同じよじれこみ方をしている。（アンチコドンはtRNAの残りの部分、とくにDHUループのよじれの形にはまったく関係なかった。念のため。）だから合成酵素は毎度お馴染みのDHUループに遭遇し、前と同じアミノ酸に食いつく。だましはまんまと成功して、合成酵素を共犯者にしたててしまう。なぜなら、古い遺伝暗号によれば、tRNAは間違ったアンチコドンをもっているのだが、新しい遺伝暗号では正しいアンチコドンをもっているからだ。

結局、これはうまくいく。第一層の解読器（RNAポリメラーゼ）の待ちうける細胞に、異形のDNAを入れると、細胞は新しい第二層の解読器（リボソームとtRNA）を生産しはじめ、それがDNAに異形暗号化されたタンパク質を生産しはじめる。これらのタンパク質は、細胞の中に満ち、正調暗号時代と同じ外面的性格を細胞に与える。

以上のように、遺伝暗号とゲーデル数に同じ程度の任意性があることがわかった。実際、多くの器官のミトコンドリア内部で暗号系の変化が起こっているのである！（ミトコンドリアは、細胞内にある半自律的細胞器官で、細胞の呼吸作用と細胞の消費するエネルギー運搬物質ATPの生産とを司る。）ミトコンドリアの遺伝暗号は、標準の遺伝暗号と密接な関係がある。違うコドンは、わずか四種類である。だから、これはまったく新しい言語というより、カナダのケベック地方で話されるフランス語のジューアル語と同様、ヌクレオチジア語の一つの方言なのである。ジューアル語は、パリジャンがパリという地域に固定されているように、地域的に固定化さときとして生物学者や生化学者は、木を見て森を見ずといった調子で、機構の部分的な素晴らしさをお書きになる。私が生きた細胞の機構を見る見方、つまりここに示したような仮想的思考実験は、間違いなく非専門家のものだ。私の思考実験はおそらく実験不可能だろう。しかし、静かでなにもしないDNAから細胞のダイナミックな活動が引きだされるプロセスを浮き彫りにできたと思う。また、リボソームやtRNAの果たす重要な中間的役割も明らかにできた。遺伝子発現のメカニズムを細胞の中の論理として見ることにも役だったと思う。

私がレーニンジャーの名著『生化学』から得たものは、影絵、すなわち細胞内プロセスから情報処理の概念空間への影だった。私の話がウソでないことを祈りたい、影がとってもきれいだから……。

（一九八二年五月号）

追記

紀元前一九八〇一六年、ある晴れた日の朝、二人の若い屈強な原人アウーガとダーが大蛇の卵を求めてうろついている。二人は気がついていないが、獰猛な緑色の怪物が近くの木の枝の上からうまそうな原人の生肉を賞味しようと機会をうかがっている。なにも知らない二人が木に近づき、怪物がいまにも跳びかかろうとする。そのときアウーガが気がつき、叫ぼうとする。「気をつけろ、怪物アンチ反体制アリウス主義いるぞ!!」しかしそのおかしな助詞をいいおわらないうちに、怪物は二人に跳びかかり……。

こまかな点は別にしてこれだけは確かだ。この二人の勇敢な前言語使用者は進化の道筋のたんなる脇道にすぎなかった。二人を襲った悲劇が二〇万年後に再び生物工学と遺伝暗号の進化を扱った追記で語られたということを別にすれば、歳月の移り変わりの中で彼らはなんの役割も果たしていない。それだけでなく、怪物ははからずも競合する前言語の使用者たちに貢献したともいえる。アウーガとダーの話していた前言語の使用者を二人減らし、それによって競合していたほかのすべての前言語の位置を強化したわけだ。このような出来事が重なれば「アンチ反体制アリウス主義」のかわりに「が」を用いるような前言語が前言語一覧の「トップ40」の上位のほうに位置するかもしれない。

もちろんこのような話はばかげているが、基本的発想はわかってもらえるだろう。コミュニケーションでは効率が問題になる。「が」と「アンチ反体制アリウス主義」とがひっくりかえったような言語はもし競合する言語がなければ生きのこるかもしれない（たとえばロボット言語）。「が」がおかしな名詞で「アンチ反体制アリウス主義」が頻繁に用いられる語であったとしてもそのこと自体が悪いわけではない。語と物の間にはなんら内在的な関連性はない。しかしもし使用頻度の高い語のあまりにも多くを長く、いいづらいものにしてしまえば、その言語の使用者はいずれ生起する出来事の速度についていけなくなり、生存が危うくなるだろう。その意味では、名前が生存に貢献するコミュニケーション・システムの一部であるかぎりにおいて、物とその名前とは完全に独立なわけではない。簡潔でエレガント、効率的な言語が実時間の要請により適している。つまるところ第一の教訓は効率が重要、ということなのだ。

第二の教訓は陰に隠れているが、こうだ。変種の存在が重要だ。たくさん変種があれば、おたがいに競い合い最良のものが生きのこり、劣るものは切りすてられる。そして最良のものが新たに変種を作りだし、選択の過程が繰りかえされる。進化の歯車はより効率的な変種のほうへと回っていく。しかしもし変種を生みだす機構がなかったならば、ただ一つの候補の生死が世界との適合の可否のみに応じて決まってしまう。

ここまでは進化論の初歩を知っていれば、あたりまえのことだろう。しかしこれは考えられているより一般的なのだ。実際、遺伝子暗号は唯一かそれとも任意かという問題に直接当てはまる。競合するさまざまな暗号は効率の点でもさまざまだろう。もし何百万年にもわたってさまざまな暗号が現れ争い合い、その結果として現在の勝者が生きのこったと仮定するならば、その暗号は任意なものなどではなく、コドンとアミノ酸との結合は他の膨大な可能性よりもすぐれていると考えるのが自然だろう。

＊　＊　＊

はじめの寓話はある種の圧力の存在を示していた。重要な語は短くなければならない。現実の言語にはつねにより短い単語へという圧力が存在する。（「自動車」より「車」のほうがよく用られるし、略号や符丁もいろいろ用いられている。）しかし反対方向への圧力も存在する。それは明確さと冗長性への圧力で、わずかな音の差が大きく影響しないよう働く。古典中国語と現代中国語の違いの一つは、以前は一音節からなっていた語の多くが現在は二音節になっている点にある。なぜより短い語とは反対の方向なのだろう？　いかなる言語も稠密になりすぎることは許容しない。音韻空間に十分な余裕がないのだ。非常に似かよった音を私たちは効率的に区別することはできない。あまりに多くの単音節単語があると、コミュニケーションに支障をきたすことになる。したがってさまざまな言語は稠密さの点でばらつきがあるにせよ、すべて基準の値の周辺にかたまっている。文章をどんな言語に翻訳してもそれを書き表すとほぼ同様の長さに納まるのはそのためだ。三番目の圧力は当然ながら、重要な差異をより目だつようにという圧力である。「はい」と「いいえ」がたとえば「はい」と「あい」ぐらいに近かったとしたら、どんなにきわどいことだろう。実際終助詞「か」だけで陳述と疑問が区別されるというのは不思議なのだ。両者を区別するために私たちは抑揚など音声的な手段を無意識のうちに用いている。

実は「圧力」という言葉を私は少しいいかげんに使っている。たとえば「より短いほうへの圧力」とはいったいどういう意味だろうか？ 個々の話し手がより短い単語を作りだされなければ、という強制力を感じているわけではもちろんない。しかし、もしある話し手がたまたま短い言い回しを見つけたとすると、ほとんど意識されずにそれは採用される。そのためには当然変種を生みだす元がなければならない。そうでなければ「圧力」ということには意味がない。「Xのほうへの圧力」とは実はXを備えた変種はそれ以外の変種よりも有利だということを意味している。「圧力」という言葉の意味についてさらに注釈を加えたい。目標をもった存在が意図的に自分の行動を制御できる場合には、「Xのほうへの圧力」はその存在自体が性質Xを備えることの有利さを感じとり、性質Xを獲得するための方策を考えだすということかもしれない。その場合行動の変種を生みだす元はその存在の内部にあり、特定の変種はその存在によって合目的的に選ばれる。つまり、十分に知的な存在では可能な変種の間の競合は心の中で起こり、そのシミュレーションの結果が行動を決定する。そうして自らの命を賭けて行動を選択するかわりに内的シミュレーションを「プログラム」するために少しの時間を費やし、その結果に従って行動を制御する。知的な個体ではこのように圧力は実際に経験されるのである。

しかし、進化の大半の過程では生物は圧力を感じてそれを内部でモデル化し、意識的に圧力に反応するほど賢くはない。生物はたんに世界のなすがままに従い、その中で最善をつくしている。そこでは「圧力」は、変種の性質Xの有無に従った、(心の中ではなく)現実世界における選択率の違いを意味する。変種を生みだす元は内省的な思考ではなく、外的偶然性である。そのような圧力の影響は個体にではなく、集団の統計的性質の変化として現れる。バクテリアやウィルスは当然これに該当する。最も原始的な生命の形態であり、はるか昔から遺伝暗号のさまざまな変種を試みてきたと推察される。それらすべての暗号の変種は「適切」ではあるけれども、にもかかわらずそのうちのあるものは「より適切」であると判明した。コラムの本文ではこの前の文における「けれども」にさきだつ部分をとりあげた。本文で私のいわんとしたことは、AGAをアルギニンでなく他の任意のアミノ酸と対応づけることも原理的には可能であったという点である。「にもかかわらず」の部分は効率や無駄な努力といった生物工学的考察を含んでいる。生物工学まで考慮に入れると、ある暗号が情報理論的に他よりすぐれていることが示される。そしてそれが最終的に生きのこる。

＊　＊　＊

同様の主旨の内容の手紙をシアトル在住のロバート・ガイラー氏からいただいた。氏によれば私の主張とは反対に電話番号の市外局番の割り当てには生物工学的考察が大きな位置を占めている。ニューヨークの市外局番が212に対してサンディエゴが619でその反対でないのは、ダイアル式電話機では(市外局番の制度が考案されたころには電話機はみなダイアル式だった) 212とダイアルするほうが619よりも短時間ですんだためだ。長期的に見た効率を考えれば、当然の選択だろう。大規模な都市ほど素早くダイアルできる市外局番をもつことになる。さらにガイラー氏によれば

混乱を避けるために類似の局番を隣接した地域に割りあてることは避けられた。もしニューヨークが212でニュージ

ーが213だとすると利用者はすぐに両者を混同してしまうだろう。213をロサンゼルスに割りあてることによってAT&Tは混乱はずっと少なくなると期待している。

そしてニューヨークについで電話人口の多い二つの都市、シカゴとロサンゼルスに213と312が割りふられた。ガイラー氏の以上の指摘は、（私の「はい」と「あい」の例と同じく）混同されやすいが決定的に異なる意味をもつものにはまったく別の符号を割りふる必要があることを示している。誤りは不可避だが誤りにも致命的なものとそうでないものとがある以上、致命的でないほうのエラーを起こりやすくするように暗号を設計するのが賢明というものだ。遺伝暗号の場合には次のようになる。アミノ酸はいくつかの族に分類される。（親水性と非親水性が最も重要な区分だが、ほかにも区分は存在する。）もしまったくランダムにタンパク質の「綴り誤り」をしたとすると（アミノ酸一つが正しくないものに置きかわる）、必ずといっていいほど必要な機能を損ねることになる。しかし置きかわったアミノ酸が正しいアミノ酸と同じ族に属している場合には機能の一部でも救われる可能性はずっと高くなる。したがって同族のアミノ酸には類似のコドンを割りあてる符号のほうがそれ以外の符号よりもずっと有利になる。この有利性は、繰りかえしになるが、この追記のはじめにあった寓話と同じく、競合するものの中からの選択の結果なのだ。結局、任意性には二通りあるわけだ。本文で述べた意味では、さまざまな遺伝暗号はすべて競合相手がなければしばらくは生きのびるはずだからすべて可能であり、したがって実際に私たちの細胞の中にあるものは特別ではなく任意的である。追記で述べた意味では、競合は現実世界の一部であり選択は必然的に生じるのだから、生きのこった暗号はけっして任意的ではなく、可能な方法の中で最も効率のよいもののはずだ。（べーイ君、君は正しかったのだ！）多くの人々がこの点を非常に雄弁に私に語ってくれた。アンリエッテ、ミロスラフ・ナディ夫妻、彼らからは生物工学という術語を学んだ。ローズマリー・スワンソン、ネルソン・マックス、バリー・ブノウ。またフランス、クレモン-フェランのJ・M・ラブイグ氏は彼や彼の同僚の手による一連の記事を送ってくれた。それは数学的に最も強固な暗号、つまりランダムな置きかえに対して最も丈夫な暗号のもつ特徴に関する数学的研究について述べたものだ。彼らの仕事によれば実際の遺伝暗号がそのような特徴を備えていることがわかる。さらにどのような過程をたどってその特徴を獲得したかも示される。実は、遺伝暗号は置きかえに対して数学的に最適な性質をもつというアイデアを二〇年ほど以前に最初に提案したのは私の友人、故トレーシー・サンボーンだったのだ。その事実を私はラブイグ氏の論文によって知った。彼はインディアナ大学の著名な遺伝学者で、活発で探求心に富み、しかも暖かい人物だった。遺伝暗号は任意だという私の最初の提案を聞いたらトレーシーはいったいどう思ったことだろうと想像して、私は思わず笑ってしまった。

＊　＊　＊

遺伝暗号の任意性という問題にはもう一つの側面がある。私が本文で提案した、生命機能を損なわずに現実の生体の遺伝暗号を取りかえるということは果たして可能だろうか？　DNAに蓄えられた「文章」（つまりタンパク質すべてに対する遺伝子）を書きかえ、tRNA遺伝子の一部（アンチコドン領域に対する符号）をかえれば可能だと私は書いた。ゼロ次近似としてはこれでうまくいくだろう。つまり取りかえのあとでも二段階の翻訳によってまったく同じタンパク質を得ることができる。これだけでよいのならば話は単純なのだが、実はもっとややこしい事情がある。細胞内のDNAがまったく変わってしまったのに、酵素のほうは以前と同じでは困ったことが起こる。モーリス・ゲロン氏の手紙はこの点について精緻に示してくれた。

> 細胞は自分のDNAがどのような構造になっているか、たとえば遺伝子がどこから始まりどこで終わるかなどについて知っていなければなりません。そのためには句切り記号が必要になります。あるものはDNA上の句切りを示し、RNAポリメラーゼ（メッセンジャーRNAを作るための酵素）によって認識されます。またあるものはメッセンジャーRNAの上の句切りをリボソーム機構に示します。そのような句切り記号は数多く知られています。たとえば「開始系列」TATGTTGは遺伝子のはじまりの認識に関与しています。この種の信号の存在はDNAには第二種の符号があることを意味しています。核酸からタンパク質への翻訳に用いられる遺伝暗号のほかに句切り符号があるのです。句切り符号は遺伝暗号の置きかえの試みにとって大きな障害となるでしょう。あなたの方法がうまくいくためには次の二つが必要と思われます。まず句切り記号はDNA上のタンパク質として実現される遺伝情報の部分（いわゆる「構造」遺伝子）にあってはいけません。構造遺伝子を新しい暗号体系に書きかえても、句切り記号が壊されることがあってはいけないからです。さらに、構造遺伝子の書きかえによって偶然に余分な句切り記号が新たに挿入されることのないよう保証しなければなりません。しかしこの条件はどちらも満足されてはいないようです。まず、おそらく実際に機能していると思われる句切り記号が構造遺伝子の中に発見されています。さらに、すべての構造遺伝子を直接調べないかぎり余分な句切り記号が作られないよう保証することはできません。最後に二点の指摘をさせてください。まず、二種類の暗号があるということは現在のしくみの下でもすでにある種のメッセンジャーRNAの系列、つまり句切りとしての意味をもつような系列、は禁止されているということを意味します。さらに、組みこみの暗号があるということはすなわちメカニズムの論理構造はハードウェアと密接に関係づけられているということを意味します。論理的にいくつかの「レベル」を想定することは可能でも、レベル間の関連を無視することは不可能なのです。

まいった！　私が日ごろ得意とする論点で逆にしてやられてしまった。まさに真の翻訳では内容のみの翻訳では不十分で、形式と内容の相互作用に注意を払う必要があるという主張そのものだ。自己言及文の翻訳というアイデアが思いおこされる。そしてDNA—RNA—タンパク質ループほど美しくもつれた自己言及がほかにあるだろうか？

「この文は日本語だ」という文を考えてみよう。アウーガ・ダー翻訳学院の卒業生たちならば上の文を中国語に翻訳するよう求められると、きっと中国語の文で自分自身が日本語だと主張するような文を作ることだろう。それでは意味がない。原文の日本語文に言及してその文が日本語だと主張するか、そうでなければ自分自身に言及して自分は中国語だと主張するのでなければならない。中途半端ではダメだ。同じことはリー・サローズの格闘していた自己描写文についてもいっそう激しい形で当てはまる（第2・3章参照）。

ゲロン氏の論評の中の「句切り記号」という言葉を「駄洒落」あるいは「形式による間接的言及」に置きかえ、さらにある自然言語から別の自然言語への書きかえを想定すれば、彼のいわんとしたことを別の観点から見ることができる。DNAは駄洒落や形式による間接的言及に満ちあふれているというとても奇妙だが、それは否定されざる事実だ。みごとな例としてウィルスϕX174のDNAで見つかった重なり遺伝子の洒落をあげることができる。DNAの同じ部分からまったく別の二種類のタンパク質が作られることが発見された。二種類の遺伝暗号？　いやいやそんなことではない。読みの枠が異なるのだ。一刻みDNAをずらすことによって別のコドンの集合が得られる。たとえば「…TGC—CAA—GGT—C…」と読めるものが一つ枠を右にずらすと、「…T—GCC—AAG—GTC—…」とも読める。そして両方ともウイルスの小さな擬似生命にとって必須のタンパク質を暗号化しているのだ。このように信じ難い文学的創造性をいったい誰が予想しただろう。DNAでは驚くべき自己言及ゲームが行われている。人類の文学もこれには遠く及ばない。しかしよく考えると、人類の文学には三〇億年もの進化の積み重ねがあるわけではない。ゲロン氏の結論の指摘には全面的に賛成だ。そしてある種の恥ずかしさも感じている。彼の指摘の内容は実に私のテーマソングにほかならないのに、私はそれを攻撃する記事を書いていたのだ。たしかに私は、細胞の中ではその種のことが起こっているのではないかと直観的に感じていた。そして形式・内容（あるいは構造・機能）間の相互作用をまったく無視していると多くの分子生物学者からお叱りを受けるのではと、半分期待もしていた。しかし実際に叱責してくれたのはゲロン氏だけだった。その点では彼にはたいへん感謝している。既存の体制（いまの場合には自然の選択した遺伝暗号）を打ちたおそうと自らを反逆的な反体制アリウス主義者に仕たてようとしても、自分よりも賢明な誰か「アンチ反体制アリウス主義」現れて保守的ではあるが非常に柔軟な「が」にもとづく議論によって論点をすべて撃破してしまうということをはしなくも示すことになった。

［第28章］

アンダーカット、見せ金、うっちゃり、月並み、そして進化の戦略

一九六二年の夏のことだ。当時スタンフォード大学数学科の学生だったロバート・ベニンジャーと私は、プラハへの旅行の帰途、バスに乗ってドイツへ向かっていた。長いバス旅行の退屈をまぎらわすために、私たちはおもしろいゲームを考えだした。ルールはごく簡単だが、意表をついた方法で相手をやっつけられる要素を含んでいた。なかなか計略のいるゲームだった。ゲームは一〇回の手番からなる。各手番で、両方の競技者はおのおのひそかに自然数を選び、それを見せ合って比較する。ただし、一方の競技者は1から5までの数を選び、もう一方の競技者は2から6までの数を選ぶ。おのおのの競技者は見せ合った数の差が一でない場合、自分の出した数を自分の得点に加算していく。ところが、見せ合った数の差がちょうど一のときは、低いほうの数を出した競技者が両方の数の和を自分の得点に加算する（アンダーカット）。だから、もし私が2といい、ベニンジャーが3といったなら、私の得点は五点で、かわいそうなベニンジャー君は〇点だ。たいへん結構！　でも、私が5で、ベニンジャーが4だったら、全然結構じゃない。

私たちは、最初、数の選択範囲をずらした点がおもしろいと思っていた。なぜなら、どうしてもどちらかが有利という論証がなかなかできないからだ。ちょっと考えると、2〜6のほうの競技者が有利なように見えるが、6はいつでも5でアンダーカットされる危険があるし、6自身は絶対に相手をアンダーカットできない。さらに、1〜5競技者の1は絶対に相手にアンダーカットされない。

このように、はじめは競技者が同等の条件でないというのが魅力的だと考えたのだが、しばらくして、やはり両方同等の条件（1〜5）にすることにした。私たちがバスの中で実際に行ったゲームは、こちらの版である。両者の手に対しておたがいにどういう得点をとれるかを示したのが図28-1aの表である。これを利得行列と呼ぶことにする。ここではこのゲームを「アンダーカット」（Under-cut）と呼ぶ。

競技はかなり熱のこもったものになった。このゲームのおもしろい点は、相手をだますやり方がだんだん高級になっていくところだ。たとえば、ベニンジャー君をたぶらかすのに、数回4を連続し、今度も4を出すぞと思わせたところで、突然2を出す。まんまと相手の裏をかくのである。しかし、彼だって私の策略に注意しているに違いない。私を泳がせておいて、私が夢にも思わなかったようなときにもっとすごい裏のかき方をするかもしれないのだ。

a

私 \ ロバート	1	2	3	4	5
1	(1,1)	(3,0)	(1,3)	(1,4)	(1,5)
2	(0,3)	(2,2)	(5,0)	(2,4)	(2,5)
3	(3,1)	(0,5)	(3,3)	(7,0)	(3,5)
4	(4,1)	(4,2)	(0,7)	(4,4)	(9,0)
5	(5,1)	(5,2)	(5,3)	(0,9)	(5,5)

b

私 \ ジョン					
1	0	−3	2	3	4
2	3	0	−5	2	3
3	−2	5	0	−7	2
4	−3	−2	7	0	−9
5	−4	−3	−2	9	0

図 28-1 a.ロバート・ベニンジャーと私が最初に作った形のアンダーカットの利得行列。カッコでくくられた数の対は、右が私の得点で、左がロバートの得点を表す。b「ジョン・ピーターソンの見方。この行列はジョンの得点と私の得点の差、つまり彼の私に対するリードを表している。このように見ると、アンダーカットはゼロサムゲームになる。

その年の秋、ヨーロッパからスタンフォード大学に帰ったとき、私はこのゲームをどうしてもコンピュータにやらせようと考えた。最近、私の友人チャールズ・ブレナーが英語（ほかの言語でもよい）の文章から文字や文字の組み合わせ（実際には三連文字）の頻度を計算し、今度は乱数を発生させて、計算された頻度どおりに三連文字を出力するようなプログラムを作ったのであるが、こんな単純なアルゴリズムで、一見実に英語の文章らしいパターンが出てくるのにはびっくりした。このアイデアが、ゲームをするプログラムに使えるはずだ。つまり、相手の手の系列からパターンを抽出し、それを使って相手の手を予測する。こうすれば、コンピュータだって相手の心を手玉にとることができる。もし相手がやはりプログラムで、私のプログラムに対して同じことをやろうとしていたら、なおさらおもしろい。意地の悪いほうがベター。ウーム。これは一丁やろうかという気になってくる。

私たちはめいめいプログラムを作った。私たちのプログラムが勝負している過程が、ラインプリンタにつぎつぎと打ちだされてくる。その前で、成り行きを見守っていたときの様子は、いまでもありありと思いだす。何百回も勝負を行ったから、プログラムの性能は一目瞭然である。私のプログラムは、まだ相手の手の系列の中からパターンを嗅ぎとれないうちは出足不調である。ところがそのうち、相手のパターンを嗅ぎとる瞬間が到来し、決定的なアンダーカットをぶちかます。（二回連続のときもある。）このあとは勢いにのって、たちまちリードを奪い、敵を蹴ちらかす。ただの強腕を打ちまかす洞察の力の強さといったものが、強く印象に残った。いま思うと、これは私の愛読書『娯楽のチェスと闘争のチェス』（エドワード・ラスカー著）を連想させる。友人とゲームをするときに感じる親善と敵対心の微妙な調合を、この本の題名は的確にとらえている。

このとき以来、こういう感覚が非常に普遍的でかつ根源的であることに気がついた。二つの戦術を決着のつくまで闘わせ、見守っているという感覚は、どのスポーツにおいても、たぶん最も大きな魅力だと思う。イヌでさえ、この種のスポーツ感覚を楽しんでいるようだ。私の愛犬シャンディ（エアデール）と追いかけっこをすると、彼は私がどれくらいうまく彼の動きを予測できるかを実に正確に感知しているようで、いつでも私の読みの一手先をいくようなジグザグを行う。そして、私がようやく彼のパターンをつかんだと思ったら、どういうわけか彼はそれを察知して、その瞬間から戦術を一段シフトしてしまう。あわれ、私はまたしてもイヌのいない場所を目がけて突進することになる。

だがなんと！　私の興味をつなぎとめるために、彼が私に勝たせたりすることもたしかにあるのだ。彼には人をからかう才能が備わっている。ほうびのスティックやボールを私の眼の前にわざと落として、知らん顔をしている。しかし、眼は冷静に私の動きを追っているのだ。すべては計算ずくなのである。彼は私がどの程度素早く動けるか、自分がどの程度素早く動けるか、そして私が彼をどのようにひっかけようとしているか、みんな承知之助なのだ。

さらにである。シャンディは戦術のシフト法そのものをときどき変えてしまう。だから、私には戦術のシフトというメタパターンすらつかめなくなる。このイヌの心にはなにかとてつもなくずる賢いものがある。そして明らかにこういう自然の知能の楽しい鍛錬は、人間一般あるいはイヌ一般のより深い属性、つまり食うか食われるかの世界に生きるものがもっている知能の進化論的優位性を反映しているのである。

* * *

閑話休題。ある日、ジョン・ピーターソンという数学の院生が、私のプログラムに挑戦してきた。彼はいわゆるコンピュータ・センター「ゴロ」で、しょっちゅうそこに入りびたっていた男である。彼いわく、自分のプログラムは、ゲームの理論を使っているという。最初、私はたかをくくっていたのだが、勝負が始まってみると、まずいことが起こった。ただし、彼のプログラムが、彼のプログラムにコテンパンにやられたというのではない。私のプログラムが、彼のプログラムから、まったく手の系列パターンらしきものを発見できず、いつも引き分けに終わったというのがショックだったのだ。ピーターソンの説明によると、相手の戦術などにはまったく関知せず、1から5までの数の選択に適当な重みづけを行っただけなのである。つまり、確率にもとづいて計算した利得だけを基準にしたというのだ。彼がいう「利得行列」を図28-1bに示そう。

この行列は、両者の数のおのおのの組み合わせに対して、ピーターソンがどれだけ得をするかを表している。行列の反対称性に注目すること。右下がりの対角線を軸に折りかえすと利得の符号が反転するのである。相手が得をすれば、こちらが損をするといういわゆるゼロサムゲームの原理の現れだ。対角線が〇になっているのは、両方同じ数をいったらどちらも損得なしということである。(ゲームの終了に一歩近づくという効果はあるが……。)

このゲームは両方の競技者にとってまったく対称的だから、どちらか一方に必勝法のあるはずがない。もし必勝法が存在したら、両方ともそれを使って相手を負かすことができる!?　しかし、ゲーム理論によれば、統計学的な意味で長期的には負けないという最適戦略が存在する。この戦術は1から5までに確率的な重みを与える。この重みを見つけるためには、五元の連立一次方程式を解かなければならない。おのおのの式は相手の期待利得をゼロにすることを表現している。もし、ピーターソンの重みが、1、2、3、4、5に対してそれぞれa、b、c、d、eであれば、私が3を選んだときの期待利得は$-2a+5b-7d+2e$(行列の三行目を左から順に読めばよい)である。これをゼロにしたような式を五つ書き並べるとこうなる。

(1) $-3b+2c+3d+4e=0$
(2) $3a-5c+2d+3e=0$
(3) $-2a+5b-7d+2e=0$
(4) $-3a-2b+7c-9e=0$
(5) $-4a-3b-2c+9d=0$

これは、結局4×4の行列の逆行列を求める問題に帰着する。ピーターソンはそういう計算をして、1、2、3、4、5に対して、それぞれ一〇、二六、一三、一六、一という重みづけをすればよいことを求めた。つまり、ゲーム理論によれば、最適戦略において5を出す割合は非常に低いことがわかる。六六回に一回の割合なのだ。2が一番よく出す手である。しかし、一〇回つづけて1を出し、次に二六回つづけて2を出し、次に一三回つづけて3を出し……、というのではお話にならない。これらの重みづけに従って、まったくランダムに数を選ぶことが必要である。

六十六面のサイコロがあったと想像してほしい。うち一〇面が1、……、5は一面だけというサイコロだ。これを毎回振る。ないしは、コンピュータでこれをシミュレートする。このようにすれば、いかなる意味でもパターン化した手の系列を避けることができる。どんな衝動が起ころうと、これは守らなければならない。たとえ相手が十数回連続して5を出しても然りである。完全に相手の出方を無視して、我関せずと六十六面のサイコロを振りつづけなければならない。ピーターソンのプログラムの流儀は、まさにこれであった。私のプログラムになす術のなかった理由が、ここにある。もし、彼のプログラムにちょっとでもやまっけがあって、私のプログラムの挙動を予見しようとしていたら、私のプログラムはたぶんパターンを見つけだして、彼に対抗しただろう。しかし、彼のプログラムには衝動もなければひっかけの気もない。ただめくら滅法にサイコロを振るだけで、長いゲームの末には引き分けにもちこめるのである。勝つとしても、それはまったく五分五分の確率だ。なんとこれがアンダーカットの最適戦略なのである！

知能をいっぱい詰めこんだ私のプログラムが、ピーターソンのデタラメ型プログラムに一生懸命勝負を挑んでいる姿を見るのは、屈辱的で腹だたしいものだ。しかし、これはしようがない。相手の手には目もくれず、ひたすらメチャクチャというのが、最適戦略になるからいけないのである。競技者がおたがいに秘術をつくし、ハッタリのレベルをどんどん上げていくというアンダーカットの当初の狙いと反対の方向に話が展開してしまったわけだ。

＊　＊　＊

ゲーム理論で簡単に片づけられてしまったのにいや気がさして、私はこのゲームを葬りさってしまった。ところが最近、たとえなんらかの形で理論的な最適戦略がゲーム理論によって見つけうるゲームであっても、競技者の手の系列の中のパターンが十分に利用されるようなゲームを考えてみる気になった。こういうゲームには、実におもしろいハッタリ、からかい、機先の制し合いの要素があり、進化の戦略、さらには今日の政治状況のみごとなアナロジーとなっている。

人間を相手に、しかも相手がハッタリ的戦術を使っているときに、純粋にゲーム理論的な戦術にしがみつくのは、学問的にすぎるというか、机上論的にすぎる。人間はたんにゲームに勝つよりはずっと複雑な目標をもって生活している。そしてこの事実が、人間のゲームをかなり左右している。たとえば、焦りとか無鉄砲というのは人間のゲームにおいて重要な心理要素だが、通常のゲーム理論は、これらを勘定に入れていない。だから、私はハッタリの要素のあるゲームが実社会の戦略（人や組織が難問・脅威にさらされたときの対処法）をモデル化するのにまだ十分役だつと考えている。

最近考え、実験をやってみたアンダーカットの変種をいくつか紹介しよう。どれも相手をワナにかけることによって、自分も危い橋を渡るという拡張がされている。狙いはハッタリを奨励することだ。つまり、競技者がしばらくあるパターンを見せびらかし、「ほれ、アンダーカットするならやってごらんよ」といえるようにする。もちろん、こうするためには、相手がそのパターンの続行をとがめなかった場合にボーナス点をもらえるようにする必要がある。このゲームを「見せ金（原名 Flaunt、見せびらかし）」と呼ぶことにしよう。

あなたと私が見せ金ゲームをやっているとする。私が4で、あなたが1といった。アンダーカットと同様、私の得点は四点で、あなたの得点は一点である。次の番、私はまた4といい、あなたは2といった。もし、アンダーカットをやっているなら、私の得点はまた四点である。しかし、見せ金では同じ数の連続にボーナスがつく。この場合、連続した数の積4×4＝十六点が私の得点になる。さらに次の手でも私が4をいい、あなたが2をいったなら、私の勇気に対して4×4×4＝六四点、あなたの連続に対して2×2＝四点が与えられる。結局、いまの三手での得点の総計は、私が4＋16＋64＝八四点、あなたが1＋2＋4＝七点である。もちろん、あなたは私の凱旋を黙って見ていたわけではなく、潮時を待っていたのだ。次の手であなたは満を持して3という。残念でした。私の手は2！　私が五点いただきである。もちろん、あなたは〇点。すみませんね。

しかし、もし私がいい気になっていたら、話は逆転する。私が二五六点の夢を追って、このときも4といっていたら、あなたの3によってアンダーカットされ、なんと二五九点があなたのものになってしまう（二五六点とあなたの三点の和）。

＊　＊　＊

見せ金ゲームのルールには、いろいろな変種が考えられる。いま述べたのは、一番簡単なものである。お望みなら、もう少し複雑なパターンに対しても、ボーナスを付ければよい。こういう拡張をどうすれば、ベストなゲームになるか、私にはわからないし、これから述べる「スーパー見せ金ゲーム」(Superflaunt) は、見せ金パターンに対するボーナスの与え方の一つの可能性を提示しているにすぎない。もし、私の4-4-4に対し、あなたが1-2-2とせずに、2-1-2としていたとしたら、それはそれなりに理由があったはずである。それはあなたのパターンをつづけるために必要な系列だったかもしれないのだ。この系列の直前の手の系列が2-1-2-1だったら、いまの2-1-2はこのパターンをつづけるための手だったのである。ボーナス点の付け方にもよるが、このパターンをつづけるほうが私の新参パターン4-4-4を転覆させるより価値が高いかもしれない。もし、2-1-2-1-2-1-2のボーナスが系列の中の数の積だったら、得点は一六点である。（実際には、この系列の前にさらにもう一つ2-1がないとこの計算はできない。これについてはあとでふれる。）私が4-4といったとき（このときはまだ4×4＝16の計算をしない。スーパー見せ金ゲームの場合、三つめの4が出てはじめて一六点になる）、あなたは私にもう一つ4をいわせて、自分は2を出しておいたほうがよいかなと考える。そうすれば、私を安心させておき、次に劇的なアンダーカットをする可能性があるからだ。

さて、スーパー見せ金ゲームでは、パターンの定義が問題になる。これにはいくらでも複雑な定義が可能だが、私はできるだけ単純な定義を採用した。基本的には、以前「同じ状況」があったときに出した手を再び繰りかえしたときにパターンが存在すると見なす。「同じ状況」という言葉の意味にすべてがかかってくるわけである。いまあなたがxといい、次にyといおうとしているとしよう。もし、一番最近にxをいった直後にやはりyといおうとしているとしよう。もし一番最近にxをいった直後にやはりyといっていたなら、あなたはx–yのパターンを生みだそうとしているということにする。たとえば、あなたの最近の七手が3-4-1-5-3-4-1だったとしよう。あなたがパターンをつづけるつもりなら、次の手は5でなければならない。以下、3、4、1、5、3、4……とつづければ、パターンがつづく。最初に3-4-1-5という系列を作ったときには、もちろんボーナスは付かない。反復されるまで、パターンそのものが存在しないからだ。二番目の4が出てきたときにはじめてパターンが生成されたことになり、得点3×4＝一二点が与えられる。次の1

もパターンを続行してるが、得点は3×4×1＝一二点で前と同じ得点だ。次の5では、3×4×1×5＝六〇点の大量得点になる。ただし、上の得点は相手にアンダーカットされた場合、相手の得点に加算されるので注意！　パターンの続行が切れた時点で、この累積掛け算はキャンセルされ、もとの単独得点に戻る。

もし、あなたの手の系列が3-4-1-5-3-4と進み、いかにも次に1をいうのがあからさまと思ったのであれば、次に4というのもおもしろい。これはパターンを切ってしまうが、また別のパターン（4-4）のタネを作りだす。見せ金ゲームでは、この時点で4×4＝一六点になるが、スーパー見せ金では、さらに次の4を出さないかぎり一六点のボーナスにならない。なぜなら、「同じ状況」で「同じ手」を選んだというには、手数が不足しているからである。

アンダーカットも見せ金も、選べる数をごくせまい範囲に限定していた。こういう制限を取りはらうことはできないだろうか？　こう考えた私はわりに簡単に、「アンダーウェルム」(Underwhelm)〔とくに和名をつければ、「うっちゃり」〕というゲームに到達した。あなたと私は任意の大きさの自然数を思いうかべる。両方の数が等しくなく、またその差が二以上であれば、小さいほうの数をいった人がその数だけの得点を得る（大きいほうの数の人は〇点）。両方の数の差がちょうど一なら、大きいほうをいった人が両方の数の和だけの得点を得る。アンダーウェルムはアンダーカットの逆転版だと思えばよい。（アンダーウェルムの別名はオーバーカットである。）両方の数が等しいときは両者〇点である。

何点先取というのを、ゲームの目標にすることができよう。一〇〇点でも一〇〇万点でもいいが、たとえば、一〇〇〇点先取としよう。この場合、ゲームの様子は次のようになるだろう。あまり大きな数をいうのは得策ではない。相手がたぶんそれより小さい数をいうだろうし、それでは一点の得にもならず、逆に相手にはなにがしかの得点が加算されるからだ。だから、両方ともかなり小さい数をいい合って勝負することになろう。でも、いつも小さい数ばかりいっていると、オーバーカットの危険性がふえる。それに、得点の増加がきわめてスローペースになる。こんな調子で一〇〇〇点先取ではまだるっこしくてかなわないので、どちらかがゲームの進展を早めたいと思うに違いない。そこで危い橋を渡る。たとえば、81というような大きな数をいってみるのだ。ただし、一回だけいってみても始まらない。相手が突拍子もなく出てくる81を予測できるわけがないからである。

しかし、私が81を何回か連続していったらどうだろう。（なお、オーバーウェルムにおいてはパターンにボーナスは付かない。少なくともいまの版ではそうだ。）あなたは「これは？」と思うに違いない。81をオーバーカットする82をいってみたくなる衝動がムラムラと起こる。ないしは、私の馬鹿さ加減を冷ややかに眺めながら、81より適度に小さい数、たとえば70あたりの数をいいたくなる。AHA！いったんあなたを私の思うツボに誘いこんだら、さっとあなたの下へすべりこむ寸法だ。いやあなたはもう少し潮時を見計らうかもしれない。しかし、それも予測できれば、あなたの思いこんでいる潮時に、ドデーンとどんでん返しをしかけようという魂胆である。

アンダーウェルムでおもしろいのは、相手をワナにかけるためにしかける明々白々なパターンを使うことが、実は、数直線上のいろんな地点でアンダーカット風のゲームを並行的に競技していることに等価になることである。たとえば、私は81の近辺でゲームを展開し、ちょうど見計らったころにあなたが82というように仕向けることができるが、あなたのほうは30以下ぐらいのところでゲームをし、私が法外にも81などというたびに三〇点近くを稼ぐことができる。もちろん、そのうち私が30近辺のところへ舞い降りてオーバーカットするか、下手へ回るかは十分承知のうえである。

こういうタイプの部分ゲームが何個並行的に進行するのかはおもしろい問題だ。一方の競技者が圧倒的リードをしているような終盤で、なにが起こるかはとくに興味深い。こういう場合、負けているほうはたいへん慎重なプレーをしがちで、小さい数しかいわなくなる。これは逆にオーバーカットされる危険性をふやす。さらに人間の堪忍袋という心理的な要因がからんでくる。誰も勝利への道を歩むのに、何百回も小さな数ばかりいうような道草は食いたくない。だからどうしても多様性を求め、冒険的な手をときどきやりたくなる。これが危険のタネになる。

* * *

これらのゲームで起こりがちな、自発的で独創的なひっかけは、進化論の中にたくさんのアナロジーがある。生体組織の中でおたがいに競い合っている不思議なパターンと反パターンについて、リチャード・ドーキンスの『自己本位遺伝子』は、実にみごとな描写をしている。議論の中心は「進化論的安定戦術 (evolutionary stable strategy, ESS)」である。この言葉はジョン・メイナード・スミスによって作られた。ESSは「生態系の大多数がそれを採用した場合、他の戦術によってはしのがれないような戦術」と定義される。ここで、個体がある戦術を採用するというのは、個体がそういう行動原理をもつ遺伝子をもっているということである。

この概念に対するドーキンスの最初の例は、与えられた種においてたがいにけんか腰の行動をとる二種類のライバル遺伝子である。この二つの戦術は、最近の政治の言葉を借用して、「タカ」と「ハト」と呼ばれている。闘いに勝てばプラスx点、時間を浪費すればマイナスy点、傷つけばマイナスz点であるならば、生態系の中でのタカ派、ハト派の最適バランス点がx、y、zの関数として計算できる。このバランス点は時間平均として考えないといけない場合もあろう。つまり、ある時期は圧倒的にタカ派がのしていて、次の時期はハト派がのすといった繰りかえしの場合だ。もちろん、両者の比がずっと一定である場合もある。

ドーキンスは、人類以外の進化と注意深く対比させながら、人間生活の日常の多彩な例をたくさん扱っている。たとえば、ひところ問題になった「ガソリン戦争」。政府による価格操作とそれを裏ぎるかのようなダンピングは、まさにゲーム理論的題材であり、ドーキンスもそこに議論を集中している。ほかにも「目には目を」(タカ派から攻撃されたときはタカ派として行動し、ハト派から攻撃されたときはハト派として行動する)、「弱い者いじめ」(いつもタカのように振る舞っているが、本当は誰かに殴りかえされたらとたんに逃げだす)、「ちょっかい型目には目を」(目には目をと同じなのであるが、ときどき実験的に闘いをエスカレートさせてみる) という戦術をドーキンスはあげている。タカ、ハトと上の三つ、計五つの戦術は、アンダーカットゲームをコンピュータ内部で競技したのと同じ要領で、みんな一緒にコンピュータの中でシミュレーションすることができる。こういうシミュレーションから、ゲーム理論を使わずに最適戦略を知ることができるわけである。要するに、地球上に生物が誕生して以来、これが自然界がやってきたやり方であるというのが、ドーキンスの主張だ。膨大な数の戦術がおたがいに競争し、自然がものすごく長い時間を消費して生みだしたのが、種の進化の最適戦略なのである。

ドーキンスは、実際に観測されるものが遺伝子の淘汰なのに、集団の淘汰が起こっているように見える理由をこの概念を使って説明している。

メイナード・スミスのＥＳＳの概念は、個々の自己本位的な個体の集まりがどうして単一の総合体として見えてくるかの理由を、われわれにはじめて示してくれた。単一の遺伝子という低いレベルでの淘汰が、もう少し高いレベルでの淘汰のイメージを与えてくれるのである。

この本はほかにもたくさんの刺激的な戦略例を含んでいる。中には現在の危険な軍拡競争といった政治的な状況とみごとに符合するようなものもある。実際、ドーキンスは軍拡競争に一度ならず言及している。「進化論的軍拡競争」と一つの種が他の種をあざむくことの生存競争的な意味について述べている。

ドーキンスの本はきわめて深刻な内容の本であるが、性の進化に関するところはちょっとおもしろい。性がいかに進化してきたか説明するのに、彼は「ずるい」配偶子（精子、卵子のように結合して新しい組織を作りだす生殖細胞を配偶子と呼ぶ）と「正直な」配偶子というものを発明した。そして何世代にもわたって、ずるい配偶子が雄になり、正直な配偶子が雌になった様子を示している。この議論の中で、彼は（雌に限られている）「内気」と「身もちの悪さ」という戦術、（雄に限られている）「忠実」と「恋愛遊戯」という戦術、そして「家庭の幸福」という戦術について述べている。彼はこれにはたんに比喩であると断わり、（人間世界における）文字どおりの意味で受けとってはならないといっている。しかし、多少話を割りびいたとしても、これは進化のメカニズムをみごとに浮かび上がらせている。また多くの戦術は、私がいま述べた数のゲームの戦術の話に移しかえることができる。

＊　＊　＊

このコラムを書くため、私はベニンジャーと長電話をし、私たちの新旧いろいろなゲームを試してみた。中でも私がおもしろいと思ったのは、アンダーウエルムを特定のゴール（たとえば一〇〇〇点）を設定せずに競技するというアイデアである。ゲームの終了は別の種類の条件による。たとえば、二人の競技者のいった数の差がちょうど二になったら競技を終えるというのが私の案だ。つまり、私が10といい、あなたが8といえばゲームエンドにするのである。（このとき、どちらにも得点は加算されない。）

ベニンジャーとしばらくこのルールで勝負をして、すぐ気がついたのであるが、どちらか一方が負けはじめると、負けたほうはいわば千日手による引き分けにもちこめる。つまり、終了しないゲームという引き分けである。これを実行するには、負けているほうがランダムに大きな数をいえばよい。こんな数は予測できっこないから、差がちょうど二という終了条件にはまず到達しない。勝っている方は、損をするはずがないので小さな数をいいつづけ、どんどん差を広げていく。両者が一緒になって千日手の引き分けという悪循環に走ってしまうわけである。

千日手を防ぐためにベニンジャーが考えたのは、一方の競技者が連続五回得点した場合にはゲームエンドとするルールである。こうすれば、負けている競技者がいまのような方法で千日手にもちこむ手は成立しなくなる。そんなことをすれば負けいそぐだけだ。ベニンジャーが指摘するとおり、たとえ負けていたとしても、五回連続して得点すればリードされていた分をはね返すだけの得点を稼ぐことになるかもしれないから、逆転のチャンスがある。これは素早い動作でシマウマをしとめる、サバンナのトラのイメージがあるので、私はこのゲームを「パウンス」(Pounce、猛獣のツメ)と呼んでいる。

＊　＊　＊

ベニンジャーとアンダーカットを発明してから数年後のある日、私は妹のローラと友人のマイケル・ゴールドヘイバーと一緒に、ペニンシュラ牧場で昼食をとっていた。例によって、ナプキンの上にくだらないことなど書きながら談笑していたのだが、どういうわけか三人でできる数のゲームをやろうということになった。毎回三人がある範囲の中からおのおの自分の数を選んでいうのは以前と同じだが、一番大きい数の競技者の得点とするのでは全然おもしろくなさそうだし、一番小さい数にしてもやはりおもしろくなさそうだ。結局、中間の値をいった競技者をその回の勝者とするのがよさそうだ。つまり、最も月並みな競技者が得点をする。もちろん、得点はその月並みな数そのものである。残りの二人は〇点である。(二人の競技者が同じ数をいった場合が問題になるが、その場はなんとかしのぐ方法を見つけた。)

ゲームの終了時(たとえば、五回まわったあと)、一番得点の高い競技者が——いや、待て！　どうして一番高い得点をもって勝者と決める必要があるか？　それは毎回の小勝負の精神に反してはいないだろうか？　全体の精神は部分の精神と一貫性を保つべきだとすれば、やはり中庸の得点が勝利に値する。私たちはこのゲームを「月並み」(Mediocrity)と呼んだが、私は途中でこれを「フルスカ」(Hruska)と改名した。

この名前はネブラスカ州選出の上院議員ローマン・フルスカの有名な発言にヒントを得たものだ。私たちがちょうどこのゲームを発明したころ、ニクソン大統領がハロルド・カーズウェルを最高裁判事に任命するのに上院の承認を得ようとしていた。バーチ・ベイ上院議員などの猛烈なカーズウェル批判に対抗するラジオインタビューで、フルスカ氏はなんとも深淵なご高説を開陳した。

> よしんばカーズウェル氏が月並みな凡人だとしても、世の中にはたくさんの月並みな判事、市民、弁護士がいます。彼らにだって、ちょっとは代表権があり、ちょっとはチャンスがあったわけでしょう。誰もがブランダイス判事や、フランクファーター判事や、カルドーゾ判事〔いずれも過去のそうそうたる連邦最高裁陪席判事〕のようなわけにはいきません。

残念ながら、カーズウェルは月並みさのためか承認されずに終わった。しかし、この迷発言はフルスカにとっては成功だったようで、以来、彼は月並み人間のチャンピオンとして永久に私たちの記憶にとどめられることになったのである。

サンドイッチとペニンシュラ牧場の古風な金属製容器に入っていたミルクセーキを平らげたあと、私たち三人はこの奇妙なゲームを何ラウンドかやってみた。しかし、「月並み」の世界チャンピオンを決める方法とはいったいどんなものか？　私たちは何回かのゲームの得点を総計して、誰が一番高得点か調べてみた。えっ？　高得点？

ここでもなにか間違っている。月並みという概念は濃い霧のように圧倒的に浸透しているのだ。だから、チャンピオンは最多勝利者でもなければ、最少勝利者でもない。最も中庸な数のゲームに勝利した者が「月並み」のチャンピオンなのだ。そのときも、そういう基準で決めた。しかし、誰がチャンピオンになったかは忘れてしまった。なにしろ月並みな人だからこれはあたりまえかもしれない。

フルスカには多くのレベルがある。第二レベル（いまいったチャンピオンのレベル）の勝者となるためには第一レベル（一回のゲームのレベル）で月並みであることがベストなのだ。つまり、さきには中間的な数の選び方に関して「極端に」中庸でなければならなかったが、いまやそれを「月並み」に中庸にしなければならないのである。なんとヘソ曲がりな！　実におもしろい！　まさに、ヘソが曲がって、尾も白い！　人生思うにまかせぬというこの境地は、禅の心にも似た一般的原理じゃなかろうか。一生懸命やりすぎると、敗者になってしまうのだ。

＊　＊　＊

最初にフルスカを楽しんだあと、私はそれをさらにエレガントに磨き上げる努力をした。現在私が到達しているルールを次に紹介しよう。

一番大きな問題は、第〇レベル（あるいはもっと高いレベル）で引き分けをいかに回避するかである。現在の最善解は、三人の選ぶ数を微妙にずらしておくことである。たとえば、Aが1から5までの整数を選ぶものとすれば、Bは$n+1/3$、Cは$n+2/3$(ここでnは1から5までの整数）の数を選ぶものとするのである。こうすれば第〇レベルで引き分けはない。

こうすると第一レベルではなにが起こるか？　第〇レベルのゲームは中庸の数をいった人が得点し、残りの二人は得点しない。第〇レベルのゲームを五つ集めたものが第一レベルのゲームだった。これはこれでよいのであるが、より高いレベルでの引き分けを防ぐために得点計算法をちょっと変える必要がある。たとえば、Aが3、Bが$2\frac{1}{3}$、Cが$4\frac{2}{3}$といったとしよう。中庸の数をいったAが三点を得るのは前と同じだが、BとCは無得点ではなく、いった数の端数を得ることができることにするのだ。だから、この場合、Bは三分の一点、Cは三分の二点である。

こうする理由は次のとおりである。五回回ると、三人の競技者は各自一定の形の得点を五回重ねる。つまり、Aは毎回整数だから、得点合計も整数である。Bは毎回$n+1/3$という形の得点を重ねるから、5回分で$n+2/3$という形の得点合計になる。Cは毎回$n+2/3$という形の得点を重ねるから、五回分で$n+1/3$という形の得点合計になる。つまりレベルが一段上がるとBとCが得点の形を入れかわり、結局そこのレベルでも引き分けは起こらない。つまり、第一レベルでも、最も月並みな競技者（勝者）が、必ず一人確定する。

第二レベルへの移行も同様である。第一レベルの勝者はもちろんその得点合計を得る。残り二人はやはり得点合計の端数を得点する。Aは前と同様、端数は〇点だが、Bは三分の二点、Cは三分の一点と立場が入れかわる。第一レベルのゲームが五回で第二レベルとしよう。こうすると、「レベル一様性原理」を適用して（つまり前と同様に）、第二レベルのゲームの得点が第一レベルの得点から計算される。これも前とまったく同じ理由により、第二レベルのゲームで引き分けは起こらない。

こうして、任意のレベルまでフルスカを拡張することができる。つまり、第$n+1$レベルのゲームは五回の第nレベルのゲームからなる。第nレベルのゲームの勝者は第nレベルの得点を得、残りは例によって端数（0、⅓、⅔）を得る。これを総計したものが中庸の数だった競技者が第$n+1$レベルのゲームの勝者となる。なお、第nレベルから第$n+1$レベルへと移行するのに5回のゲームを要するというのは、必然的ではない。3の倍数でさえなければ、一つのレベルの「幅」は二でも四でもよいのである。（三の倍数だと、得点合計が全員整数になって、引き分けが起こりうる。）幅を二にすれば、かなり高いレベルまで実際に勝負をすることが可能になる。たとえば、第五レベルのフルスカを行うのに、各レベルの幅が二だったら、第〇レベルのゲームをわずか三二回行うだけでよい。標準の幅五で行えば、第三レベルのゲームですら一二五回の第〇レベル・ゲームを要する。

さらに、第〇レベルにおけるnの上限を五にしていたのも必然性があってのことではない。nの上限を取りはらってもよいのだ。これはフルスカのバリエーションの一つである。

＊　＊　＊

第二レベルのフルスカですら、戦術を考えるのは頭の混乱するような難しさである。私は数回第三レベルのフルスカを競技してみたが、これはとても私の手に負える代物ではなかった。これはたいへんな魅力を秘めているが、逆に欲求不満のタネでもある。しかし、ここで紹介したような単純なゲームで頭が混乱するとしたら、世界政治たるやいったいどう考えたものだろう？　国家間の取り引き、ハッタリ、戦争といった「ゲーム」は途方もなく複雑である。ここで紹介したいろんなハッタリの概念は、国際政治にもアナロジーがとれるのだろうが、現実の複雑さをいわばきれいにそろえて刈りこんだようなところがある。世界を舞台に繰りひろげられるこういう巨大なテーマを見ていると、巨大な生体組織内の一細胞が、大昔、進化論の戦略によって現在の姿に落ちついたものの（そこにいたった経過はもちろん知るよしもない）、現状が最善の結果であるようにと祈っている気持ちが痛いほどわかるではないか。

（一九八二年十月号）

追記

たった一回きりのアンダーカットゲームを想像してみよう。そのかわりに得点の一万倍の金額がもらえるとしよう。ゲームの作戦はプレーヤーの目的によって異なってくる。たんに相手に勝つことか、それともお金をたくさん得ることか。もし前者が目的ならば九対〇の勝利は三対一となんら変わるところはない。勝ちは勝ちである。しかしお金が問題ならば九対〇のほうが三対一よりも六万円ほど得をする。さらに両方とも5といったとしよう。ゲームは引き分けだ。ゲームに勝とうとしている人にとってはこれは失敗の部類に属するが、お金を追求する人にとっては五万円はかなりの成果となる。

このようにアンダーカットゲームに対する元来の利得行列とジョン・ピーターソンの修正版行列とには大きな違いがある。（両行列は図28-1に示されている。）ジョンの行列は相手に勝つことだけを目的とした場合と対応する。収支の差をとることによってジョンはアンダーカットゲームをゼロサムゲームに変換している。そのため彼はゲーム理論をもちだすことができた。ロバートと私が最初に考案した方式のままではそう簡単ではなかっただろう。

実際もともとの非ゼロサム形式のアンダーカットはかの有名な非ゼロサムゲーム、囚人のジレンマを包摂している。（この難問は次章でとりあげる。）図28-2にはアンダーカットの利得行列の一部分をとりだして示した。順序を入れかえてあるが、それ以外には手は加えていない。この小さな利得行列は標準的な囚人のジレンマに対する利得行列（図29-1）と実質的に同じ数学的特徴を備えている。したがってアンダーカットは、ジョン・ピーターソンがいうよりは複雑な問題なのだ。一方の得点を他方から引くという彼の方法を用いれば、すべての対称ゲームはゼロサムゲームとなり、ゲーム理論の標準的な方法で扱うことが可能となる。しかし、それではもともとのゲームの重要な部分を切りすてたことになる。ふつうの人にとっては三対五の負け（そして三万円の収入）は三対一の勝ち（やはり三万円の収入）と同じ価値をもつ。それなのにジョンの行列によれば -2 と $+2$、夜と昼ほどの違いとなってしまう。

* * *

実生活でアンダーカットに類する例としては、次のようなものがあげられる。長距離電話の料金は、夜の九時を過ぎると安くなる。回線は九時が近づくにつれてしだいにすいていくが、九時を越えたとたんに急に混みだす。一部の地域ではこの「ラッシュ」の時間帯にはつながらなくなることさえある。したがって電話をかけようとする人には二つの選択肢がある。九時の直前にかけて高価な回線を確保するか、あるいは九時の直後にかけて運にまかせるか。仮りに、九時の直前にかけて確実性をお金で買おうと決めたとしよう。でも、もし全員がこの方策を採用すれば、方策自体破綻する。より早い時間、より高価な時間帯にかけざるをえなくなる。これは例の「あまりに混んでいるので、もう誰もそこには行かない」という冗談の新たな変種のようだ。

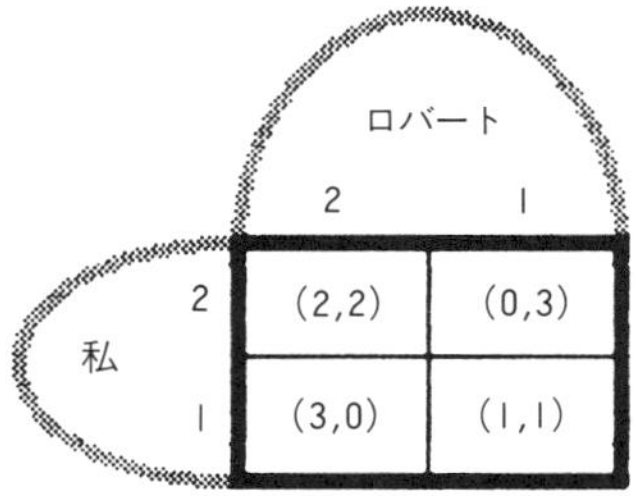

図 28-2 オリジナル・アンダーカットの利得行列の一部を抜きだしたもの。ここに囚人のジレンマが見える。(ほかの場所にもある。)

この種のゲームや冗談にはたがいに共通する点が多い。イギリスの雑誌『マニフォールド』の「ゲームもどきのパンドラの箱」と題する記事で、アナトール・ベックとデビッド・ファウラーは真のゲームと純粋な冗談とのあいのこのゲームもどきをまとめて紹介している。悲しむべきはそれらと地球上の政治状況との酷似である。たとえば「フィンチレイ中央」と呼ばれるゲームを考えてみよう。

二人のプレーヤーは、交互にロンドンの地下鉄の駅の名前をあげていく。最初に「フィンチレイ中央」といったほうが勝ちだ。「フィンチレイ中央」というのに最もよいタイミングは相手がいおうとする直前なのは明らかだ。自分がいわなければ今度は相手が考える番だ。もちろん次の自分の番に「フィンチレイ中央」といってしまうこともできる。するときっと相手は煙草をふかしてからいうだろう、「はてさて……。」だめじゃないか。

本文のゲームとよく似たもう一つのおもしろいゲームは「ペニーポット」と呼ばれる。

プレーヤーは交互にプレーする。自分の番のとき、プレーヤーはペニーをひとつ山に追加するか、あるいは山全体をとる。勝利者は次のゲームでの先手となる。「フィンチレイ中央」と同様このゲームも分析を受けつけない。もちろん、両プレーヤーとも山が空でなければつねに山全体をとるという安定状態は存在する。しかし果たしてこれが解といえるだろうか?

記事の最後にベックとファウラーは次のように書いている。

ニューアディントンのヘントン氏は、「フィンチレイ中央」と「核抑止」として知られているゲームとは同型だと、恐怖におののきながら指摘している。「これらのゲームもどきを早急に分析する必要があると思います。世界もどきとなってしまう前に。」

＊　＊　＊

アンダーウェルム・ゲームのための最適戦略をゲーム理論に従って求めたというお手紙を何通かいただいた。1から5までの数を25：19：27：16：14の比で用い、5より大きな数を用いてはいけないそうだ。これは驚きだった。このゲームに対する興味をほとんどそがれてしまった。まあ、ゲーム理論にもいわく、「勝ちがあれば負けもある。」

［第29章］
囚人のジレンマのコンピュータ・トーナメント

人生にはパラドックスやジレンマがつきもの。パラドックスこそ人生の本質という感がすることすらある。パラドックスには、根は共通なのに、抽象的で哲学的な面がまえのものもあるし、人生に密着したものもある。一九五〇年ころ、RAND社のメリル・フラッドとメルビン・ドレシャーが発見した囚人のジレンマは、人生に密着したパラドックスの最たるものだ。これはのちに、アルバート・タッカーによって定式化された。

私の経験によれば、囚人のパラドックスとして最初に提示された問題よりも、次に示すバリエーションのほうがわかりやすい。あなたがいま、なにか（たとえばお金）をしこたまもっていて、なにか別のもの（たとえば切手、食料雑貨類、ダイヤモンドなど）をほしいと思ったとしよう。そこで、あなたはほしいものを扱ってくれる（知っているかぎり唯一の）ディーラーと取り引きをする。ところが、ある事情により取り引きは秘密裏に行わなければならない。あなたは取り引きの相手とこういう約束を取りかわした。森の中の指定された場所に自分のカバンを置く。そして別の場所に置いてある相手のカバンをもち帰る。取り引きは一回かぎり、相手と顔を合わすことは絶対にない。

これはおたがいに不安な取り引きだ。相手が空のカバンを置いていくという恐れがある。両方とも約束どおり満杯のカバンを置けば、どちらも満足する。しかし、あなたが空のカバンを餌に満杯のカバンを手に入れることができたら、少なくともあなたは大満足だ。これは空のカバンを置くに限る？　実際、もっと理づめに考えても同じ結論になる。「ディーラーが満杯のカバンを置いていくとすると、タダほど安いものはないんだから、空のカバンを置くべきだ。逆にディーラーが空のカバンを置いていくなら、サギに引っかからないようにするために、こちらも空のカバンで対抗するべし、なにも得しないかわりに、なにも損しないんだからもともとだ。要するに、ディーラーがどうしようと、こちらとしては空のカバンを置いとくのが正解。よし、決めた！」

ディーラーのほうだって同じこと。あなたと同じような推論を行って、空のカバンを置くに違いない。つまり、両者はおのおの非のうちどころのない推論（あるいは、少なくとも非の打ちどころのなさそうな推論）を展開して、空のカバンを交換し合うというバカをみる。おたがいに協調の意思さえあれば、円満な取り引きが成功し、自分のほしいものが手に入ったというのに、これはなんと不幸な話だろう。論理が協調を妨げたのだろうか? これが囚人のジレンマだ。

* * *

どうしてこれが囚人のジレンマなのかって? ごもっとも。仮りにあなたがもう一人の共犯者(そいつのことなんか本当は知ったこっちゃないのだが……)となにかやらかしてしまったとする。運悪く逮捕、拘置され、いまは裁判前の不安のひととき。二人は別々の独房に留置され、通信の手段はない。そこへ検事が妙な取り引きをもちかけてきた。この取り引きは共犯者のところへももちかけられているという。(両方とも相棒に同じ取り引きがもちかけられていることを知っていることに注意。)「状況証拠はもうしっかりあがっているんだ。おまえら二人とも無実だといいはるなら、腕によりをかけて有罪を証明してやろう。ま、ブタ箱二年は間違いないな。しかし、おまえが自分の罪を認めて、おまえの共犯者——おっとゴメンよ、おまえの共犯容疑者——の罪状をあばく証言をしてくれたら、無罪放免にしてやろう。お礼まいりが怖い? 心配ない。そうなりゃやつは五年間ブタ箱入りだ。」ちょっと不安になったあなたはこうきいた。「でも両方とも自白したらどうなるんで……?」「そうさなあ、そうなりゃ両方とも四年の禁固刑はカタいな。」

こいつは困った! 相棒が自白してしまっていたら、どう見ても無実の主張は割に合わない。五年の禁固! そんならこちらも泥を吐いてしまったほうがましだ。四年の禁固ですむ。一方、相棒が無実をいいはっているなら、これはもう自白するに限る。大手を振ってお天道様に挨拶できるからだ。いずれにせよ、吐けばいいってことまで考えたのはいいものの、相棒も自分と同じことを考えるに違いない。するとやつも吐くわけだ。吐いて吐いて、ハイ四年! 論理的推論によればこういう結論になる。しかし変だ。両方とも論理などうっちゃって、ただひたすら無実を主張すれば、たった二年のムショ暮らしですむ!?

* * *

さて、もとの問題に戻ろう。ただし、条件を少し変える。あなたもディーラーもおたがいの所有するものを定期的にほしがっていて、両方とも生きている間は月に一回のペースで取り引きを行うことに合意したのだ。しかし、おたがいに顔を合わせず、秘密裏に取り引きするという前提は変えない。だから、おたがいに相手が何歳ぐらいの人間か知らない。相手がヨボヨボのじいさんで、来月にはもうあの世の人なんてこともありうる。でも、最低数か月は取り引きはつづきそうだし、実際上、数年はつづくと考えてもおかしくない。

さて、初回の取り引きはどういう考えで臨んだものか? のっけから空のカバンじゃ、長い取り引き関係の挨拶にしてはきたないやり口だ。信頼関係を最初からぶちこわすことになる。ま、初回は満杯のカバンをもっていくとするか。ディーラーも満杯のカバンだった。まずはめでたく大ハッピー。さて、次の月だ。やっぱり「裏ぎる(空のカバン)」か「協調する(満杯のカバン)」かの問題が生じる。ある月のこと、予想に反して、ディーラーのカバンが空だった。さてどうしたものだろう。こん畜生、だましたな、もう金輪際、ものの入ったカバンなど置いてやるものか、と思ったのなら、この取り引きを完全に放棄したことになる。逆に、あたかも気がつかなかったようなふりをして、依然として友好的に振る舞うやり方もある。

いや、だまされたのなら、こちらもそれなりにだまし返すという手もある。何回ぐらいだましかえす? 一回? 二回? 適当にもっと多く? だまされた回数に応じて増減する? それとも頭にきた度合に応じて?

これは反復型の囚人のジレンマ。とても難しい問題だ。しかし、これは定量的に取りあつかうことができ、実際、ゲーム理論やコンピュータ・シミュレーションで解析されている。どうやって定量化するか? 通常、いろんな手の組み合わせに対応した利益、損失を表す「利得行列」を使う。利得行列の一例を図29-1aに示しておいた。

この行列の意味は次のとおり。両方とも協調する気ならば、仲よく二点ずつ稼ぐ。(この点数は、満杯のカバンを差しだすかわりに、実際にほしかったものをカバンに満杯得られることに対する、いわば主観的な評価点である。)おたがいに相手を裏ぎれば、両者の得点は〇点。(わざわざ森まで出かけた骨折り損を無視すれば、空のカバンと空のカバンを取り引きしたわけだから、主観評価は〇点とするのがよかろう。)ディーラーが裏ぎったのにあなたが協調しようとしたのなら、あなたの得点はマイナス1点、裏ぎり者の得点は四点。えっ、どうしてこんなに差がつく? 主観評価では、ただでボロもうけほどうれしいことはないのだ。だから、あなたのほうが裏ぎって、ディーラーが正直だったら、得点は逆転する。

くだらないエゴイズムを捨てて、おたがいに協調すれば、全体として見た場合の二人の利益は最大になる。人間たるものこうありたいところだが、残念なことに、ここでは二人とも自分の利益追求に走っていると仮定しよう。こういう状況では、他人の利益など関係なし、自分のことしか眼中にない。好き放題にエゴイズムがぶつかり合うといったいどうなるのだろう。たとえば、あなたとディーラーが何年にもわたって円満な協調関係をつづけてきたとする。ところが、ある日、信頼できる秘密情報が耳に入った。ディーラーが不治の病にかかっていて、せいぜいあと一、二か月の命だというのだ。もちろん、こんな情報が伝わっているなんてディーラーは夢にも思っていない。とすると、最後の一、二か月、相手を裏ぎってひともうけしようという気がムラムラと起こってこないだろうか? とどのつまり、このせちがらい世間で自分を面倒みるのは自分だけじゃないか。こんないい情報を仕入れたんだから、今度の月は裏ぎる絶好のチャンスだ。裏ぎったとしても、仕返しされない可能性がある。最悪の場合でも、つまりディーラーの余命が二か月だとしても、せいぜい死にぎわの仕返しを一発食らうだけだ。

次回の取り引きが最終回らしいという確信が深まれば深まるほど、裏ぎりたいという衝動が強まる。相手の死期が近いと知れば、どちらのほうも同じことを考える。これが「エゴイズム」といった意味だ。親愛の情、善意、思いやり、良心といったものとはまるで無縁。とにかく自分の得点を積みかさねることが人生なのだ。

では、囚人のパラドックスのほうの利得行列はどうなるか? 図29-1bにそれを示しておいた。これとさきほどの利得行列が等価だということは、この行列のすべての要素に四を足してみればすぐわかる。利得行列の各要素に一定の数を足したり引いたりしても、問題の本質は変わらない。ジレンマは依然ジレンマのままだ。だから、ここでは囚人のジレンマの利得行列の各要素に五を足して、負の数を追放しよう。これを囚人のパラドックスの標準利得行列と呼ぶ(図29-1c)。

この中で、数3は協調の成果という意味でK、数1は罰だからB、

a

あなた ＼ ディーラー	協調	裏ぎる
協調	(2,2)	(−1,4)
裏ぎる	(4,−1)	(0,0)

b

あなた ＼ 共犯者	黙秘	吐く
黙秘	(−2,−2)	(−5,0)
吐く	(0,−5)	(−4,−4)

c

競技者A ＼ 競技者B	協調	裏ぎる
協調	(3,3)	(0,5)
裏ぎる	(5,0)	(1,1)

図 29-1 囚人のジレンマ。

a.ディーラーとバイヤーの取り引きを表す利得行列。ディーラーとバイヤーのとる手は2通り：協調（ものをちゃんと渡し、お金をちゃんと渡す）と裏ぎり（ものを渡さない。またはお金を渡さない）である。行列の中の数は取り引きにおける参加者の満足度を表したつもり。

b.元祖囚人のジレンマ。囚人の手は相手を裏ぎるか、相手と共謀するかのどちらか。数は懲役年数を負にしてある（罰だから）。この比喩はアルバート・タッカーによる。

c.囚人のジレンマを双方の利得が負にならないようにゲタをはかせたもの。ロバート・アクセルロッドの『協調の発生』にならい、これをここでも標準版として使おう。

数5は甘い誘いという意味でA、数0はドジの極致だからDと表そう。利得行列が囚人のジレンマになるのは、次の条件が成りたつときだ。

(1)　$A>K>B>D$

(2)　$\frac{A+D}{2}<K$

最初の条件は、相手がどうしようと、とにかく相手を裏ぎるほうがいいということを表している。第二の条件は、両者の協調と裏ぎりの位相が完全にずれたとき（たとえば、今月はあなたが裏ぎり、相手が協調、来月はあなたが協調し、相手が裏ぎるといった具合）、毎月協調したときよりも累積得点が少ないことを表している。

さて、こういう場合、最適戦略はなんなのだろう？　実は、この質問に対する一般的な答えはない。つまり、いかなる状況のもとでも、他の戦略よりすぐれた戦略というものは存在しない。たとえば、相手が全面裏ぎり（毎回裏ぎり行為しかしない）という戦略をとっていたとしよう。この場合、あなたにできる最善の手は、こちらもつねに裏ぎり返すことである。もし、相手が全面報復という戦略をとっていたとしよう。これは、裏ぎられるまでは全面的に協調するが、いったん裏ぎられたら最後、あとは全面的に裏ぎるという戦略だ。この場合、最初から相手を裏ぎれば、Aを一回、あとは全部Bという得点を重ねることになる。しかし、裏ぎるのをしばらく我慢すれば、Kを何回か累積することができる。明らかに、Kの累積はたった一つのAと累積したBの和よりは大きいから、取り引きが何回かつづくのであれば、絶対こちらのほうがいい。つまり、全面裏ぎり戦略に対抗する最適戦略は全面裏ぎり戦略。全面報復戦略に対する最適戦略は、いつも協調すること。ただし、どちらか一方の死期が近くて、取り引きのさきが長くないという情報を得た場合には、さっさと裏ぎる手だ。つまり、相手の戦略によって選ぶべき戦略が変わる。

大きな海の中を泳ぎまわる多数の生物が、囚人のジレンマに相当する取り引きを、おたがいに何回も何回も行っているという状況を考えよう。こうすると、「戦略の質」という概念は、もっとはっきりした具体的な意味合いを帯びてくる。生物は相手と以前会ったときの取り引きがどんなだったかを覚えているとしよう。過去の取り引きを参考にして、今回の取り引きに臨む態度を決めるのだ。さて、生物たちはたえず泳ぎまわっており、会った相手と手当たりしだいに取り引きをする。（同じ相手との取り引きも当然かなりの回数にのぼる。）だから、ありとあらゆる戦略同士がぶつかり合うと考えてよい。こうして十分な時間が経過して、すべての生物同士がだいたい同じ回数だけ取り引きをすませたとする。さて、どの生物、つまりどの戦略が、一番たくさんの得点を稼いだか？

生物Xが生物Yに負けた、つまりXとYの取り引きにおいて、通算してXの得点がYの得点より小さかったというのは、ここでは無関係。個別の勝った負けたが問題じゃない。ある生物が全体で何点稼いだかが問題なのだ。個々の勝負をたくさん、いや、みんな落としても、全体としては勝っているということが起こりうる。まさに負けるが勝ちのパラドックスだ。

この話からすぐ思いつくように、これは進化生物学に関連している。共通の環境下にいるまったく利己的な生物の間に、おのずと協調関係が生まれてくるか？　エゴイストだけの世界で協調が発生するか？　つまり、非協調から協調が生まれるか？　もしそうだとすると、これは進化論における革命的大発見だ。なにしろ、そんなことは不可能だというのがアンチ進化論者の一つの拠りどころだったから……。

＊　＊　＊

実は、こういう協調が実際に起こることが、最近証明された。ミシガン大学アンアーバー校政治科学科と公共政策研究所とに所属するロバート・アクセルロッドが実施したコンピュータ・トーナメントが証明したのである。もっと正確にいうと、アクセルロッドは、まずコンピュータ・トーナメントを通じて協調の発生のしくみを研究した。そこから一般的なパターンを読みとった彼は、背後に潜む原理を発見し、無から協調が発生する条件を理論的に導いた。これは、『協調の発生』という興奮と感激の本でくわしく紹介されている。さらに、彼は、進化生物学者のウィリアム・ハミルトンと共同して、この発見が進化論に与えるインパクトを集めて論文にした。この仕事はいくつもの論文賞の対象になった。たとえば、アメリカ科学振興協会から、毎年、とくにすぐれた論文に与えられるニューカム・クリーブランド賞（一九八一年）など。

「エゴイストの世界で協調が発生するか？」という問題には、三つの側面がある。第一は、協調が始まるきっかけはなにか？　第二は、協調的戦略は、非協調的なほかの戦略の中で生きのこれるか？　第三は、どういう協調的戦略が一番うまく立ちまわって主導権をにぎれるか？

アクセルロッドのコンピュータ・トーナメントについて述べよう。これが一番話をはっきりさせる。一九七九年、アクセルロッドは多数のゲーム理論家（中には、もちろん、囚人のジレンマで論文を書いた人も含まれていた）に、次のような招待状を送った。「私は囚人のジレンマに対するたくさんの戦略を総当たりで闘わせて、全体として一番多くの得点を稼いだ戦略を優勝させるような試合を計画している。ついては、相手の過去の手を参考にして、K（協調）かU（裏切り）の手を返すようなコンピュータ・プログラムを私のところに送ってほしい。コンピュータの手がKかUでなければならないのはもちろんだが、手の選択に乱数を使うのはかまわない……。」

この招待にのってきたプログラムは一四個。このほかに、アクセルロッドはもう一個のプログラムを戦場に送りこんだ。「デタラメ君」(RANDOM)というプログラムで、コンピュータ内部でコイン投げをシミュレートして、表が出ればK、裏が出ればUという単純なプログラムだ。戦場を眺めると、小はたった四行のプログラム、大はベーシック（BASIC）言語で七七行のプログラムまで、十人十色。すべてのプログラムはほかのプログラム、および自分自身のクローン（！）とおのおの二〇〇回ずつ取り引きを行う。乱数の統計的ゆらぎの影響をなくすため、実際にはこの試合は五回行われた。

優勝したのは、囚人のジレンマ問題の大家、トロント大学の心理学者（かつ哲学者）アナトール・ラパポートのプログラムだった。実はこのプログラムが一番短い。名前は「シッペ返し」（TIT FOR TAT）。戦略は恐ろしく単純、戦略というより「戦い省略」といった感じ。

最初の出会いでは協調する。

＊　＊　＊

二回目以降の出会いでは、前回の相手をまねる。

これだけ。ばかみたいに単純だ。海千山千の戦略どもを相手に、これが優勝したのはどういうわけか？

アクセルロッドはいう。ゲーム理論家の解析のレベルが浅すぎたようだ。二レベルしか見ていないが、本当は三レベルまで必要だ……。なんのレベルかって？　アクセルロッドは具体例をあげて説明している。「ヨース」（チューリッヒの数学者ヨハン・ヨース作）というプログラム。ヨースの戦略はシッペ返しと同じくらい単純だが、ちょっとひねってある。一回目が協調なのは同じ。以後、相手の前回の裏ぎりに対して裏ぎりというのも同じ。ただし、協調に対しては「原則として」協調というところが違う。ヨースはここで乱数を使う。ときどき、相手の予期しない裏ぎりをかましてやろうというわけだ。ヨースは相手が協調してきた次の回に一〇パーセントの確率で裏切る。

ヨースは、シッペ返しの油断をついてうまく裏ぎろうとさえしなければ、シッペ返しとなかなかいい取り引きができる。ところがヨースが裏ぎると、シッペ返しは次の回に報復の裏ぎりを行う。ヨースは次の回に無邪気にも（九〇パーセントの確率で）また協調しようとする。つまり、UKペアが生じる。おたがいに前回の相手の手をまねる（のが原則）だから、次の回は、UとKが入れかわって、KUペア、その次はUK、その次はKU……。ヨースの最初の裏ぎりに端を発したこの振動は、ヨースが乱数のサイコロに従ってもう一回Kのかわりに Uを出したところで終わる。一回UUペアが生じると、あとの取り引きは明らかに全部UUペアになり、完全な裏ぎり合戦になってしまう。ヨースの最初の利己的行為と、シッペ返しの単純な仕返しが、完全な相互不信と非協調を引きおこすのだ。

どちらの戦略にも落ち度があり、そのためにおたがいが傷つけ合ってしまったように見える。ところが、傷つくのはもっぱらヨースのほうだ。なにしろ、ヨースはどういう相手に対しても、この戦略を使うわけだから、いまのと同じような相互不信に陥りやすい。これに対して、シッペ返しのほうは、自分のほうからはけっして裏ぎりにいこうとしない。相互不信のきっかけを作らない。このように、自分のほうから最初に裏ぎろうとしない戦略を、アクセルロッドは「礼儀正しい」と呼んだ。この用語に従えば、シッペ返しは礼儀正しく、ヨースは礼儀がない。ただし、礼儀正しいからといって、裏ぎることがないと思ってはいけない。シッペ返しは裏ぎられたら、裏ぎり返す。これでも礼儀正しいのである。

アクセルロッドは、トーナメントを総評してこういっている。

このトーナメントで得られた教訓は、力と力のぶつかりあいの中で、エコー効果を最小にすることがどんなに大切かということである。戦略を考えるための解析は少なくとも三レベルの深さをもたなければならない。第一のレベルは、手の選択の直接の効果、これは簡単。裏ぎりはいつでも協調より高い点をもたらす。第二のレベルは、相手が次回、自分の裏ぎりに対してどう出るかを考えた間接の効果。これについては、どの参加者もそれなりに考慮していた。第三のレベル、これが重要なのだが、相手の裏ぎりに対して、自分の過去の利己的行為をたんに繰りかえすだけか、それとも前より激しくするかという選択。一回の裏ぎりは、直接の効果、あるいは間接の（二次）効果を勘定に入れても得になる。しかし、最後のつけは、三次効果に現れる。たった一回の裏ぎりが果てしなき裏ぎりの応酬になれば元も子もない。このことをよく認識していなかったために、多くの戦略は自分で自分を罰してしまった。相手の戦略が少しの間自己処罰を引きのばすような機構として働いたために、戦略が自分の自己処罰行為に気づきにくくなってしまった……。

トーナメントの結果の解析から、力と力の対決に対処するためのたくさんの教訓が得られる。政治学、社会学、経済学、心理学、数学における戦略専門家までもが、自分の利益に対してあまりにがめつく、相手の反応性といったものに対して非寛容的で、過剰に悲観的だった。

アクセルロッドはこのトーナメントだけにとどまらず、さらに何回かの「仮想再試合」を行った。戦略のいろいろ異なる集合を用意して同じような実験を進めたわけだ。彼の発見によれば、「二段シッペ返し」(TIT FOR TWO TATS, 二回裏ぎられるまでは耐え、裏ぎり返すとしても一回だけという戦略) がもし最初からエントリーしていれば、優勝したかもしれなかった。同様に、「改良型ブチ倒し」(REVISED DOWNING) とか「さき読み」(LOOK AHEAD) という名の戦術が参加していたら、優勝していたかもしれなかった。

* * *

最初のトーナメントから得られた教訓をまとめると、「礼儀正しく (自分のほうから裏ぎりはじめない)」、「寛容な (一回怒ってしまえばきれいさっぱりと怨念を捨てる)」ことが肝腎のようだ。シッペ返しはこれらを両方兼ね備えていた。

入念な解析を行ったアクセルロッドは、これらの教訓の思わぬ重みに驚き、この解析結果を利用すれば、もっとうまい戦略がひねりだせるのではないかと考えた。彼は第二回コンピュータ・トーナメントを催すことにした。前回の参加者にとどまらず、コンピュータ雑誌にも広告を出して、プログラムマニアに対しても広くトーナメントへの参加招待を行った。参加希望者に対して、アクセルロッドは第一回トーナメントの詳細な解析結果と、その後の仮想再試合の解析結果（とそこで有望と見られた二、三の戦略）を配布した。その中に「礼儀正しさ」と「寛容さ」が第一回トーナメントで得られた戦略上の教訓であることや、避けたほうがよいと思われる戦略上の落とし穴について言及してあったのはもちろんである。これは参加者全員に配られた。そして、どの参加者もほかの参加者が同じ情報を入手していることを知っていた……。

この呼びかけに対して大きな反響があった。六か国、幅広い年齢層、八つの学問分野の人々から参加申しこみが殺到した。ラパポートは前と同じくシッペ返しを提出してきた（誰の書いたプログラムであろうと提出してよいというただし書きをつけたのに、シッペ返しを提出したのは、ラパポート一人だった）。十歳の子供も参加してきた。そうかと思えば、ゲーム理論と進化論の世界的大家であるサセックス大学のジョン・メイナード・スミスも参加してきた。彼のプログラムは二段シッペ返し。また、二人の参加者がおのおの独立に改良版ブチ倒しを提出してきた。受理されたエントリーははじめて六二。だいたいどれも第一回トーナメントのプログラムよりは凝った作りになっていた。一番短いのは前回と同じくシッペ返し。一番長かったのは、ニュージーランドから参戦したフォートラン（FORTRAN）プログラムで一五二行。前回と同じくデタラメ君も参戦。さていよいよ、ファンファーレ。最後のキー入力（復帰改行）によって熱戦の火ぶたが切って落とされた。

＊　＊　＊

結果が出たのは、その数時間後。なんと、またも一番単純なシッペ返しが優勝した！　さらに驚くべきことに、第一回トーナメントの仮想再試合では優勝したこともあった二段シッペ返しは二十四位、改良型ブチ倒しはそれよりずっと下位に低迷してしまったのだ。

そんなはずがないという気もするが、プログラムがどの程度の成績をおさめるかは、周囲の環境に大きく影響されることを思いだしてほしい。どんな環境に対してもベストという戦略は存在しない。ある環境で好成績だったからといって、別の環境でも好成績とは限らないのだ。シッペ返しには他の非常に多くの戦略と「うまくやっていく」ことができるという利点がある。いっぽう、他のプログラムにおいては協調を実現する能力がもっと限られていた。アクセルロッドは次のように評している。

> 第一回のトーナメントから別々の教訓を引きだした二組の人々の間で、興味深い相互作用が生じたように思われる。第一の教訓は「礼儀正しく、寛容たれ」ということである。第二の教訓はもっと詐取的で、「相手が礼儀正しく寛容なら、出しぬきの試みの価値はある」というものである。第二回トーナメントにおいて、教訓1を引きだした人々は、教訓2を引きだした人々に苦しめられた。

この結果から見ると、ほとんどの参加者は第一回トーナメントで得られた教訓——協調を求めることの重要さ——を真に理解していなかったといえる。アクセルロッドはこれ以来、戦略がほかの「敵対する戦略」と闘うという言い方を避け、たんに「戦略」とか「参加者」という言葉を使い、おたがいに対抗して競技するというかわりに、ともに競技するという言い方をするようにした。私もここでは彼の言葉の使い方にならうが、ときどき脱線するかもしれない。

第二回トーナメントで顕著だったのは、礼儀正しい戦略が上位を占めたこと。十五位までのうち、礼儀正しくなかった戦略は八位につけた戦略ただ一つだった。おもしろいことには下位だとこれが反転していて、ビリから数えて十五位までのうち礼儀正しい戦略はただ一つだった。

礼儀のない戦略のいくつかは、敵（おっと失礼！）が裏ぎられることをどれくらい気にするか打診するような、凝った検知器を内蔵していた。こういう打診は間の抜けた敵に対して効果的かもしれないが、むしろ、反撃を食らうのがおちで、すぐに強い相互不信をもたらしてしまう。裏ぎりという行為で相手の弱点をチラッと垣間見ようとするのは、どのみちずいぶん高くつく。意図的な裏ぎりに対しては、素早く報復する構えをとりながら、いつでも協調の機会をとらえようとする方針のほうがずっと儲かる。ただし、全面報復は、シッペ返しのように報復に制限をつけたものにくらべるとうまくない。寛容性がだいじ。国際問題によく出てくる「紛争のあとの相互協調の友好的雰囲気」の回復に寛容性がカギとなるからだ。

第一回トーナメントの全体的教訓「礼儀正しく、寛容たれ」は、結局、ほとんどの人々に受けいれられなかった。なにか巧妙な術策をめぐらせば勝てるというほうを、みんな信じたのだ。第二回トーナメントはこれを打ちくだいた。そして、新たに第三のキー概念を浮かび上がらせた。「短気」、つまり、裏ぎりに対する即座の報復である。いまや参加者に与える言葉はこうなった。「礼儀正しく、短気でしかも寛容的たれ。」

＊　＊　＊

アクセルロッドは、多様な環境のもとでうまく立ちまわるような戦略のことを、「頑丈である」と呼んだ。いまいったように、礼儀正しく、短気でしかも寛容的な戦略——いわば「よい性格」の戦略——がどうも頑丈な戦略らしい。シッペ返しだけがよい性格の戦略とは限らないが、一つの標準形であることは間違いない。これはまったく驚くほど頑丈である。

第二回トーナメントのあとの多様な仮想再試合の結果からも、シッペ返しの頑丈さが証明された。仮想再試合のやり方は簡単である。六三のプログラムが参加したトーナメントの対戦記録から、誰が誰に対してどれくらいの成績をおさめたかを表す63×63の行列が得られている。プログラム同士の対戦にプログラムの「人口」を加味した仮想試合を行うには、行列の各要素に「人口」に比例した重みづけをしたあと足し算をすればよい。つまり、実際に再試合を行う必要はない。

このことから、プログラム対プログラムの結果を表す63×63行列が、可能な仮想試合の結果をすべて秘めているといえる。たとえば、アクセルロッドは統計解析を行い、第二回トーナメントには全部で六個の戦術クラスがあることを発見したのだが、彼はそれぞれのクラスをほかのクラスの五倍にするような仮想試合を計六回行った。残り一つの仮想試合では第二位であった。

多数の再試合（ほとんどシッペ返しが優勝した）の中で、アクセルロッドの独創性が最も強く発揮され、最も重要な示唆を与えた再試合は「生態学的トーナメント」だ。これは単一の再試合ではなく、前の再試合の結果が次の再試合での環境を左右するように仕組まれた一連の再試合である。具体的には、一つの試合でのプログラムの得点を、そのプログラムの「適合性」と考える。この適合性を「次世代の子孫の数」、つまり「次の再試合における子孫の数」と解釈する。こうして、一つの再試合の結果が、次の再試合の環境を決めていく。成功したプログラムのコピーがどんどんふえていくわけだ。このような再試合の系列は、突然変異によって新しい種が出現するという進化の見方と対照的に、特定の種の集合が環境の中で相互に適応して進化していくという生態学的適応の見方を表している。

生態学的トーナメントを何世代にもわたって実行すると、環境は徐々に変化する。最初は、ダメなプログラムもよいプログラムも、肩を並べているが、時がたつにつれ、ダメは落ちこみ、よいプログラムが栄えてくる。ただし、できるプログラムのでき具合は変化する。以前とは競争相手、つまり、環境が異なってくるからだ。だから、成功がさらなる成功を繁殖させるといっても、その成功がもともとほかのできのいいプログラムとうまくやったから得られたというものでないといけない。たとえば、馬鹿なプログラムをだまして甘い汁を吸って成功したような手合いは、馬鹿なプログラム集団が退潮するにつれ、甘い汁の源がなくなるので、同じように退潮の運命をたどる。

この実験で実際に消滅してしまった戦略で注目すべきものが「ハリントン」(HARRINGTON) だ。ハリントンは、第二回トーナメントで上位十五位に食いこんだ、唯一の礼儀正しくないプログラムである。生態学的トーナメントの最初の二〇〇回ぐらいの再試合では、ハリントンも、シッペ返しなどの上位プログラムと同様、子孫をふやしつづけた。これはハリントンが巧妙な手口を駆使して甘い汁を吸うことができたからだ。しかし、二〇〇回目ぐらいからは様子が激変した。弱いプログラムが絶滅の危機に瀕し、ハリントンのカモがいなくなりはじめたのだ。こうなれば、ハリントンの退潮傾向はもう止まらない。約一〇〇〇世代で、自分が乱獲して絶滅させてしまった間抜けどもと同じ運命をたどってしまった。アクセルロッドはいう。

たいしたことのない戦略を相手にうまく立ちまわるということは、結局、自分をやっつける行為を重ねることである。礼儀をわきまえないやり方は、最初のうち有望そうに見えるが、長期的には自分の成功を支える基盤を壊してしまう。

いうまでもなく、シッペ返しは生態学的トーナメントを実にみごとに生きぬき、二位以下に対するリードをどんどん広げていった。一〇〇〇世代後、シッペ返しはたんにトップに立っていただけではなく、成長率でもトップの座を保っていたただけではなく、信じられないくらいの成功物語だ。ウソみたいに単純なプログラムだけに、信じられないくらいの成功物語だ。しかし、シッペ返しはどんな相手にも一対一では勝たなかった! ウソじゃない。これがシッペ返しのもって生まれた性質なのだ。シッペ返しは誰と勝負しても絶対に勝てない。せいぜい引き分けだし、よく負ける。(ただし、ボロ負けはしない。)

アクセルロッドは、この点について明解な説明を与えている。

シッペ返しがトーナメントで優勝したのは、ほかの参加者を打ち負かしたからではなく、ほかの参加者から、両方に得になるような行動をうまく引きだしたからである。シッペ返しは、相互にいい得点を重ねられるような行動を引きだす方針を貫いたので、総体的にトーナメントで高い得点を稼いだのである。

つまり、非ゼロサムゲーム〔参加者の得点の合計がゼロにならないようなゲーム〕では、他の参加者が自分に対して行ってくれること以上を求めて、自分だけががんばろうとしてはいけない。これは、多種多様な参加者の中で相互にわたり合うとき、とくに確信をもっていえる。彼らに自分と同じ、あるいは自分よりちょっといい点を与えるのが、結局自分の身のためなのだ。ほかの参加者が大成功したからといってねたまないこと。囚人のジレンマの長い繰りかえしにおいて、他人の成功というのは結局自分の成功のための下準備になっている。

アクセルロッドは、この原理が日常世界で成立している例を与えている。たとえば、

ある会社が別の会社からものを仕入れたら、買い手にも売り手にも適正な利益がそこから生じる、と考えるのがふつうだ。買い手が売り手の利益をねたむ理由はない。代金支払いをちょっと遅らすとかいった非協調的行為で、売り手の利益を減らしてやろうなどとしたら、売り手の報復行為を招くだけである。報復行為にはいろいろな形があり、必ずしも表に出ないこともある。ものの引きわたしをちょっと遅らす、品質管理で手ぬきをする、だんだん値引きをしぶりだす、将来の市場動向のニュースを流さない……。こういう報復は、最初のちょっとしたね

たみをひどく割高につかせてしまう。買い手のほうは、売り手の利益幅がどうかと考えるよりも、どういう購買戦略がいいかというほうに頭を使うべきなのである。

> けっして相手を裏ぎらない商取引のパートナーのように、シッペ返しは誰も負かさない。しかし、おたがいに最良の利益を得て満足なのだ。

＊　＊　＊

囚人のジレンマに関してかなり直観に反するのは、相手がこちらの行為に無反応な場合の最適戦略である。これは全面裏ぎり戦略なのだ。なにかランダムな要素の入った戦略のほうがいいような気がするが、これは間違い。もし、私があらかじめ自分の手の順序を全部公開してしまったら、シッペ返しも、コイン投げによる戦略もやめたほうがよい。あなたはたんに全面裏ぎりを押しとおすべきだ。私の手のパターンなんかどうでもよい。私があなたの手を見てなにか反応するようなときだけ、協調のほうがよくなるのだ。

幸い、相互依存的に協調し合うプログラムが存在しているような環境のもとでは、無反応という戦略はまったく浮かばれない。これは、無反応型戦略を食いものにする全面裏ぎり戦略もダメだということを示している。第二回トーナメントでの唯一の無反応型戦略はデタラメ君だったが、ブービー（ビリから二位）に終わっている。ビリになった戦略は、無反応型ではなかったが、やっていることがあまりにも謎めいていて、ちょっと見には無反応にしか見えない。最近、マレク・ルーゴフスキーと私がインディアナ大学コンピュータ科学科で行ったコンピュータ・トーナメントでは、三つの全面裏ぎり戦略が五三人（?）中ビリ三位を独占した。デタラメ君はかろうじてその上。

シッペ返しの成功の理由は、友好的な説得によって協調を引きだしたところにある。アクセルロッドはこう表現している。

> シッペ返しの成功の一部は、ほかの戦略がそれの存在を予測し、それとうまくやっていけるように作られていたことにあるようだ。シッペ返しとうまくやっていくには協調しなければならない。シッペ返しもこれで恩恵を受ける。うまくやれるものならこっそりと悪いことをしようと構えている戦略ですら、シッペ返しにはすぐ謝罪する。シッペ返しの裏をかこうとした戦略は、たんに自分を傷つけただけだった。シッペ返しは次の三つの条件が満たされていたために、自らの非詐取性から大きな利益を得た。
>
> 1、シッペ返しと遭遇する可能性が非常に高い。
>
> 2、いったん遭遇すれば、それがシッペ返しであると認識するのは容易。
>
> 3、いったん認識すれば、シッペ返しが非詐取主義であることを見るのも容易。

こうして、礼儀正しさ、短気、寛容性に加えて、成功のための第四の「性格」が浮かびあがる。一目でわかる識別性あるいは率直性だ。アクセルロッドはこれを「明解性」と呼んだ。これについて彼の明解なる弁を聞こう。

> 複雑すぎると混乱するばかりだ。あなたの戦略がランダムにしか見えなければ、ほかの参加者はあなたの戦略を無反応型だ

と思うだろう。一度無反応と思われてしまったら、あなたと協調したいと考える参加者はまずいない。だから、戦略を複雑にしすぎて理解不能のものにしてしまうことは非常に危険である。

このコメントは、現実の社会や政治になんとドンピシャなことだろう!

＊　＊　＊

ラパポートはアクセルロッドへの手紙で、シッペ返しの優位性を過大に評価すべきでないという注意をしている。彼はシッペ返しの報復行為が、ときによっては短兵急にすぎると考えた。しかし、シッペ返しが、時と場合によってはグズグズしすぎているという議論もできる。いずれにせよ、シッペ返しが究極の戦略という証拠はない。実際、いままで何回も繰りかえしたように、環境次第で話がガラリと変わるから「最適戦略」自身が筋道のたたない言葉なのだ。インディアナ大学でのトーナメントでは、シッペ返しに似たいくつかの戦略が純粋なシッペ返しよりもいい成績をおさめた。これらは、アクセルロッドの初期の解析で発見された三つの重要な性格は全部もっている。これらが純粋なシッペ返しにくらべてちょっとすぐれていたのは、無反応性の検知技術。相手が無反応型の戦略と見るや、以後その相手に対しては全面裏ぎり戦略に転換するのだ。

アクセルロッドの本は、むき出しのエゴイズムが拮抗し合う世界で、どのようにして協調が生まれるかという主題に関する三つの基本問題に、真正面から取りくんでいる。最初の問題は、「まるで無反応の全面裏ぎり戦略がうようよしている『原始の海』の中で協調がどのようにスタートするか?」という問題(協調のきっかけ)。アクセルロッドは答える。おたがいに協調し合う個体群が、どんなに少量であろうともこの世界に侵入すれば十分である。(彼の証明はここでは省略しよう。)

協調しようという個体が単独であれば、早晩それは死に絶える。しかし、どんなに小さくても群れをなすことができ、シッペ返しのように自己防衛的でありさえすれば、協調者たちは敵意に満ちた環境の中で生きのこり、繁殖できる。

二番目の問題は、「どういう戦略が、あらかじめ見とおせない環境の変化の中で最もうまくやっていけるか?」という問題(頑丈さ)。これには、いままで見てきたような四つの性格がものをいう。礼儀正しさ、短気、寛容性、明解性、これらを兼ね備えた戦略はいったん確立されれば繁栄間違いなし、とくにこれは生態学的進化の世界で著しい。

最後の問題は、「協調戦略は新たな戦略の侵入に対して自分を守りとおせるか?」という問題(安定性)。アクセルロッドは、これの答えがイエスであることを証明した。これはまことに喜ばしい非対称性だ。「意地悪ども」(全面裏ぎり戦略)は協調者の集団によって駆逐されるが、協調者の世界は意地悪どもがどんな大量に群れをなして侵入してこようともビクともしない。いったん確立された協調は不滅なのだ。アクセルロッドの弁によれば、「社会の進化の歯車には逆転防止のラチェットが備わっている。」

ここで「社会の」という言葉が出てきたが、これはなにも思考能力のある高等生物に限った話ではない。たとえば、四行のコンピュータプログラムがなにかを考えているとは信じ難い。しかし、こういう「個体」の世界でも、協調が発生することはいま見たとおり。

シッペ返しに必要な「認識能力」は、取り引きをした相手を識別できることと、その相手との直前の取り引き結果を憶えていることだけである。これなら、細菌にだってできる。取り引き相手はただ一つ(だから、識別は自動的)、そして相手の直前の行動に対してのみ反応すればよい(必要な記憶は最少)。ここで重要なのは、社会の構成員が細菌でも、小生物でも、大生物でも、国家でもいいということだ。「思慮深さ」は、本質じゃない。シッペ返しは「思慮深い」(reflective) というよりは、(脚気の検査で) ひざを打つとポンとはね上がるのと同じ意味で「反射運動的」(reflexive) だ。

＊　＊　＊

世の中には、他人に対する道徳的行為が、地獄の責め苦とか天国での永遠の救済があってはじめて生じるという人がいるが、アクセルロッドの研究は、この意見に待ったをかけた。アクセルロッドはきっぱりという。「中央でコントロールしなくても、相互依存関係にある個体の群れが一つでもあれば、エゴイストの世界で相互協調が発生しうる。」

今日の世界を見ると、このアイデアがそのまま生きる（いや、むしろ緊急に生かすべき）状況がなんと多いことか。アクセルロッドは『協調の発生』の後半で、人間社会における協調の促進へ向けてトーンを上げる。最後に政治学者としての彼が顔をのぞかせ、大局的な論陣を慎重に進めている。このコラムは、それを引用して締めくくろう。

現在、人類が直面している最も重要な問題は、ほとんど無政府状態といっていいような状況のもとで、エゴを主張し合う独立国家が拮抗している国際関係に集中している。これらの問題の多くは、繰りかえし型の囚人のジレンマである。たとえば、軍備拡張、核拡散、戦線拡大、危機協定……。もちろん、こういう現実問題を理解するには、イデオロギー、官僚政治、誓約、連携、調停、リーダーシップなど、単純な囚人のジレンマだけではカバーしきれないたくさんの要素を考慮する必要がある。しかし、われわれの考察はここでも十分有用である。

ロバート・ギルピンは『戦争と世界政治の変革』の中で、古代ギリシャから現代にいたるまで、政治学がつねに一つの基本的な問題「いかにして人類が(利己的か世界的視野かを問わず)歴史の見境のない暴力を理解し、コントロールするか？」に取りくんできたことを指摘している。この問題は、核兵器が開発された今日、とくにきびしい意味をもつ。

本書で、囚人のジレンマの参加者に与えられた忠告は、そのまま各国指導者への忠告として通用する。ねたむな、自分のほうから裏ぎるな、協調にも裏ぎりにも返礼せよ、あまり利口に振る舞うな……、本書で述べた囚人のジレンマの中での協調促進の方法は、そのまま国際政治の場における協調促進に使える。

本当の問題は、試行錯誤による教訓の会得が遅くて苦痛を伴うことである。相互依存にもとづく、おたがいに得をするという戦略への移行のプロセスの遅さにわれわれは耐えられない。しかし、このプロセスをもう少しよく理解することができれば、協調の発生を加速することができるかもしれない。

（一九八三年七月号）

追記

このコラムを書くために、囚人のジレンマのパラドックスについてはずいぶんと考えさせられた。しかし、合理的プレーヤーは一回きりの場合にはつねに裏ぎるという、論理的には非の打ちどころのなさそうな結論が私にはどうしても受けいれ難く思えた。受けいれ難い理由を自分自身で明確にしようと、ジレンマの変種をいくつも考案してみた。そのうちのいくつかをご紹介しようと思う。

売り手と買い手が森の中でたがいのカバンを交換するという筋書きに似たことは、もっと日常的な文脈でも実際に起こる。車をオイル交換のために整備工場にもっていくとしよう。私は車の構造にうといので、工場側がオイル交換をしなくてもわからないだろう。車は一日中工場の駐車場に手つかずで置かれていただけで、私が車を受けとっていったあとで工場主はほくそえんでいるかもしれない。しかしもしかすると支払いの小切手は不渡りで、最後に笑うのは私のほうかもしれない。

これは両者とも裏ぎることのできる典型的な場合ではあるが、状況は繰りかえされるので実際にはそんなことにはならない。しかしたとえばどこか遠くへ出かけたときにラジエータが故障して、そのあたりで修理を頼んだとすると、どちらか一方が裏ぎりを思いつく可能性はかなりある。おそらく私はその修理工場に修理を頼むことは二度とないだろうし、彼らも私から小切手で支払いを受けることは二度とないだろう。荒っぽくいうと、有効な小切手を渡すことは私の得にはならないし、私の車を修理することは彼らの得にはならないのだ。しかし本当に私は裏ぎるだろうか？　無効の小切手を渡すだろうか？　いやそんなことはしない。なぜだろう？

関連して次のような状況を考えてみよう。夜遅くひと気のない駐車場で私は誰かの車にぶつけてしまった。誰も目撃していないのは明らかだ。車の持ち主に自分が悪い旨を告げる書き置きを残すか、それとも知らんぷりを決めこむか？　一日だけの特別講義に呼ばれて大学の教室で講義をしているとする。黒板にはチョークでいっぱい書いた。翌朝の講義のために黒板をきれいに消すか、それともそのまま帰ってしまうか？

＊　＊　＊

最近飛行機に乗ろうと待っていたときの経験。まず「座席番号24から36までの方はご搭乗をお願いいたします」とアナウンスがあった。私の座席番号は4だったので待っていた。しばらくして座席番号18から36まで搭乗してほしいとのアナウンスがあり、一群の人々が立ちあがって中へ入っていった。またしばらくして、今度は座席番号10から36のアナウンスがあった。そして十数名があとに残された。しばらくはみなおとなしく最終搭乗のアナウンスを待っていた。しかし五分あまりたつとそわそわしはじめ、さらに数分たつと何人かが搭乗口へと進みはじめた。残された私たちは「自分たちも行くべきだろうか？　さもないと取りのこされてしまうのでは？」と思いはじめ、一部は搭乗口へと殺到した。そして彼らが搭乗してしまうとあとに残された私たちはだまされたように感じて、やはりあとを追って搭乗口へと走ってしまった。結局みんな協力から裏ぎりへとなだれをうって転向したのだった。なだれ的転向を引きおこすもととなった人々でさえ、最初は協力的だったのだ。それでも誘惑があまりに強くなったため屈してしまった。そして一種の相転移、集団的変化が引きおこされ、忍耐と協力の安定状態がわれさきにと争う混乱状態へと化してしまったのだ。とはいうものの実際にはそれほどまでにひどくはなかった。私たちはみな裏ぎり者ではあったが、搭乗そのものは比較的紳士的に進行した。というのも座席はあらかじめ指定されており、搭乗の順番は実は関係なかったからだ。しかし、もし早く裏ぎったほうがよい席を得ることができたとしたらどうだっただろう。現代のアフォリスト、アシュレー・ブリリアントはこの種のジレンマを表す当意即妙の警句を発表している。

改善まではじっと遵守すべきか、それともひたすらルールを破って改善促進すべきか？
殺到が始まる前になだれこめ！

囚人のジレンマを考えると、ナチ強制収容所の恐ろしい出来事を思わずにはいられない。大勢の武器をもたない人々がごく少数の武装した一群によって死に追いやられた。群衆が殺到すれば少数の衛兵など打ちたおせるようにも思える。しかし大勢の人々の命を救うにはどうしても協力者の中に犠牲を伴わずにはいられない。一般に個人はそんな取り引きには応じない。誰も機関銃を構えた軍隊に対する抗議行動の最前列に立ちたいとは思わない。みんな後列へ回ろうとするだろう。しかし誰も最前列に立たなければ最前列は存在せず、したがって抗議行動自体成立しない。

* * *

車のハンドルはしばしばそれを握る人の人格を変える。そのためなのか、車を運転していると、囚人のジレンマに相当する状況によく遭遇する。高速道路の出口でみなおとなしく順番に並んでいる横を通りぬけ、そのさきで割りこむドライバー。そんなとき怒りますか、それとも自分もやるほうですか？　自分でやるくせに、他人がやると怒るとか。

ボストンを走る車の運転の荒っぽさにはほとほと閉口させられる。こんなにあっさりと法律が無視され、無政府状態となっている町を私はほかに知らない。赤信号、停止標識、車線、制限速度、他の車、どれ一つとっても私の知るかぎりどんな町・州・国でもボストンほど軽んじられている場所は見あたらない。この「われさきに」という態度はどうも自己強化的悪循環をなしているようだ。自分の好き勝手に振る舞う人があまりに多いため、紳士的に（たとえば）他人に道を譲るといった行動をとる余裕がない。そんなことをするとたてつづけにつけこまれて完全な敗者となってしまう。したがってつねに自己主張をし、つねに裏ぎりつづけなければならない。もちろんただ一回の裏ぎりだけでは「裏ぎり」プレーヤーとはいえない。復讐の裏ぎりは「シッペ返し」戦略の一つの特徴だった。しかしボストンの状況では、いきなり割りこんですぐにまたいなくなるといった悪質ドライバーにお返しをすることはほとんど不可能だ。欲求不満のもやもやをぶつける相手は、たまたま近くにいた本来関係ない他の人々しか残されていない。彼らの前に割りこむのだ。そんなことをしてなにか得ることがあるだろうか？　明らかに割りこまれたほうは裏ぎりは割に合うことを学ぶだろう。そして循環が始まる。

この悪循環を断ちきる方法は果たしてあるだろうか？　ボストンの人々が一致して非を悟り、裏ぎりから協力へといっせいに転向することが果たしてあるだろうか？　裏ぎりへのなだれ現象に対応して協力へのなだれ現象というのもあるのだろうか？

もし大勢の人々が安全で紳士的な運転を始めれば、みんな得るところがあるだろう。混乱は解消し、交通の流れはなめらかに規則的になる。裏ぎり者の不法追越し車線、路肩を走る車はいなくなる。その結果いったいどうなるかというと、その空いている路肩を走って他の車を追いこせば圧倒的にさきへ行くことができるのだ。すごいだろう。遅い車線からこっちをにらんでももう手遅れ。誰か割りこんできたらどうするって。これは私たちの車線だ。けんかなら受けて立つぞ。

もう見なれたパターンだ。この恐るべき循環を断ちきる方策が果たしてあるのだろうか？　私には悲観的に思えるときもある。アナトール・ラパポートと私はこの問題に関して手紙で議論した。彼は恐ろしい逸話を紹介してくれた。それをここでご紹介しよう。

一ドル札が三・四〇ドルで競りおとされたというマーチン・シュビックの実験をご存じですか？　これは最も高い値をつけた人がその一ドルを手に入れるだけでなく、二番目に高い値をつけた人は自分のつけた値だけを支払わなければならないという規則の結果です。（この規則の深い意味は被験者たちがすでにあとへ引けなくなってやっと了解されたのです。）したがって競りつづけざるをえなくなってしまったのです。二番目に高い値をつける者は（誰であれ）競りが進むにつれどんどん失うものが多くなっていきました。レーガンとアンドロポフ（もちろん当時のソ連書記長）はこの要点がわからないほど愚かなのでしょうか？……

「科学技術の要請」によってわれわれの種は絶滅へと追いやられると私には思えます。ただ製造可能という理由だけで、どんどん恐ろしい兵器を製造しなければならないのです。そしてそれらは使われなければならない、気ちがい沙汰の浪費を正当化するために。そして「核抑止」、「力の均衡」そのほかの比喩を用いた「論理」を絶対化し、攻撃できないようにすることが至上命令となるのです。

軍備拡張の悪循環に知性が関与しているとは思えません。支配者たちは自分で決定を下すことしか考えていません。彼らがもし「協力的プレーヤー」だったとしたら、支配者にはなっていなかったでしょう。もし権力の座にある間に協力的プレーヤーに転向したとすると、彼らはおそらく弾劾され権力の座を追われるかあるいは暗殺されることでしょう。「裏ぎり」プレーヤーが選ばれるということなのでしょうか？　短期的にはあるいはそうかもしれません。しかし進化の時間スケールではまた別でしょう。ホモ・サピエンスはどうやら最終回答ではないようです。しかし人間中心主義者の私にとって、これはなんの慰めともなりません。

私たちの時代の生んだすぐれた合理的思想家の一人によるきわめて厳粛な発言だ。

［Ⅶ］

正気と生存

[VII]

正気と生存

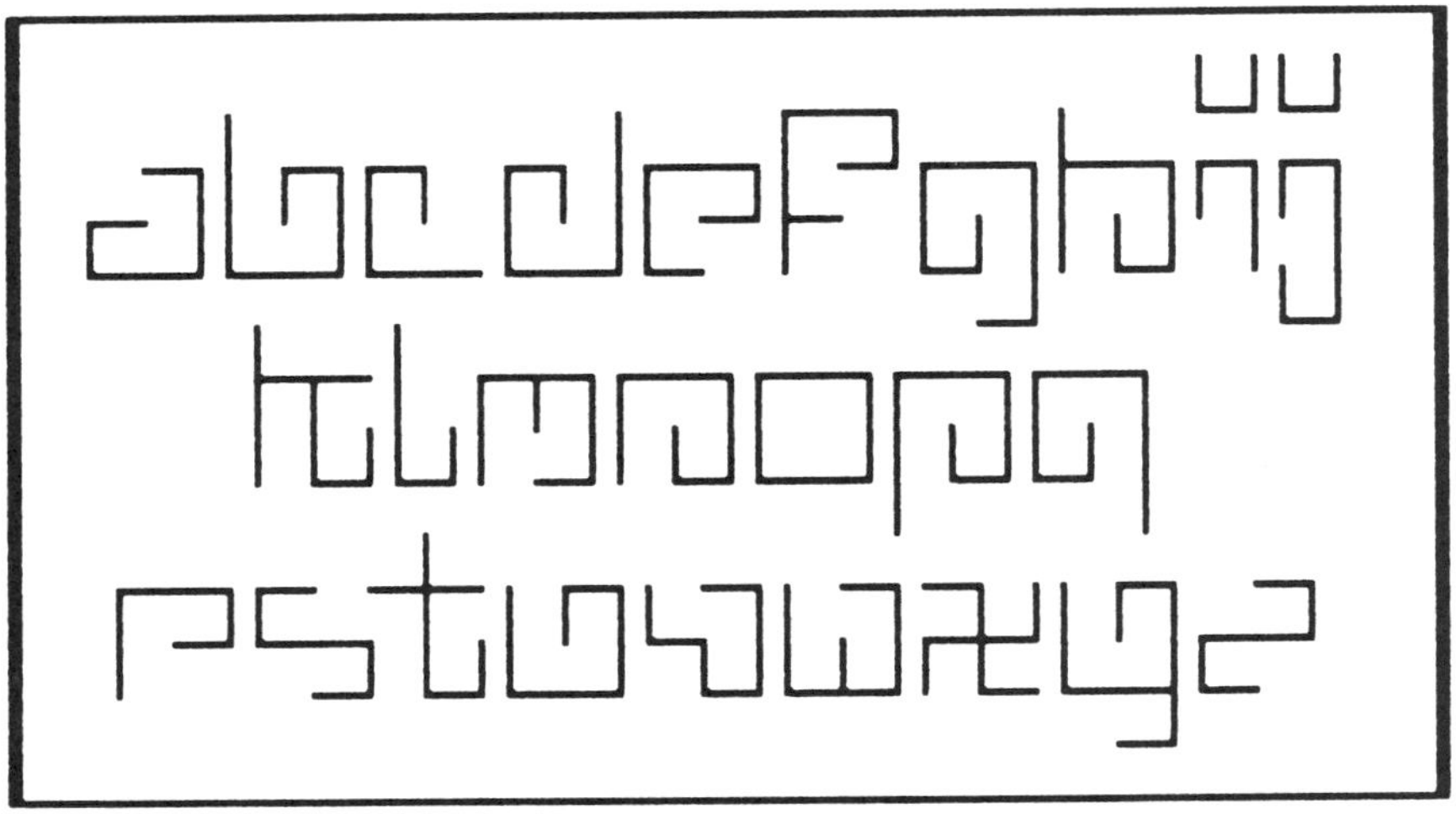

最後の部の四章は、これまでに触れてきたテーマがさらに敷衍され、社会的ジレンマ、あるいは今日の世界情勢にまで話が及ぶ。小さなスケールでは、私たちはいつも囚人のジレンマのようなジレンマに面しており、個人的欲望と全体的利益がぶつかりあっている。どういう人をとっても、このジレンマはほとんど同じである。こういう状況ではどういう行動をとるのが正気だろうか。真の正気のためには、自分たちが面しているジレンマが誰にとっても対称的であることと、誰もがきちんとものを考える同程度の能力をもっていることを、各人が認識できることがキーポイントである。浅はかなエゴイズムへの誘惑に打ち克っておたがいに協調しようと考える人は、たんに合理的というよりは超合理的なのだ。いいかえれば正気なのである。しかし、人間レベルを超えたところでも、同じジレンマとエゴイズムがある。私たちは、相反する信念システムに満ちあふれた世界に住んでいる。どの信念システムも、おたがいにすげ替えてもいいくらい似ているのに、信奉者たちはそういう対称性に気がつかない。これは世界中にある無数の小さな相克だけではなく、米ソ両国の頑固なまでの対立にも当てはまる。対称性の認識、つまり正気にはどちらも達していない。正気にとってかわられるどころか、狂気がますます伸びていくようにも見える。私たちのように知的な種が、こういう恐ろしいジレンマにどうやって入りこんでしまったのだろうか。どうやったらそこから抜けだせるのだろうか。こういう見世物を、ただ手をこまねいて見ているほかはないのだろうか、それとも答えは、私たち一人一人が自分たちの代表性を認識し、正気に向けて個人レベルで小さなステップを踏みだすところにあるのだろうか。

［第30章］

超合理的思考者のジレンマ

ある日、やぶから棒に、オクラホマの有名な石油億万長者S・N・プラトニア氏から手紙が届いた。わが国の代表的な頭脳が二〇名、ある小さなゲームに招待されたのだという。「あなたは選ばれた一名です」と手紙。「プラトニア非合理行動研究所が提供する一〇億ドルを獲得するチャンスがあなたに与えられました。一〇億ドルをご所望ならば、電報にあなたの名前だけ書いて、オクラホマ州フロッグビルのプラトニア研究所へ送ってください。送料は当方負担で結構です。返事が四八時間以内で、ほかの誰からも返事がきていなければ、一〇億ドルはあなたのものです。まったく返事がこなければ、賞金は誰にも与えられません。」

ほかの一九人が誰であるか、まったくわからない。実際、プラトニア氏の手紙には、誰かがほかの参加者を調べようとしたり、ほかの参加者に接触しようとしたら、この提案が完全に無効になると明言してある。さらに、勝者（いたとしての話だが）は賞金受領にあたって、他の参加者に賞金を分けあたえないという誓約書を書かされる。要するに、賞金を受けとる前であろうとあとであろうと、共謀あるいは協調は完全にシャットアウトされている。

ほかの人間がどうしようとしているかは誰にもわからない。でも、誰もが一〇億ドルをほしがるのは間違いない。また、電報を送らなければ、一〇億ドルのチャンスが絶対にめぐってこないことも明らかだ。ということは、結局、二〇通の電報がフロッグビルに殺到するということか？　卓越した合理的精神をもってしても、こういう状況にはなす術がないのだろうか？

これは第29章で紹介した囚人のジレンマをもう少しうまく扱おうとして、最近思いついた小話である。プラトニアのジレンマと呼ぼう。囚人のジレンマを、プラトニアのジレンマと似た方法でいいかえることができる。プラトニア研究所から手紙が一通。あなたともう一人の（知らない）人が、すぐれた判断力の持ち主として選ばれたという。ただし、賞金はだいぶ少ない。さっきと同じく、電報料受け取り人負担の電報を四八時間以内にプラトニア研究所に送ればよい。電報には名前のほかに、「協調」と「裏ぎり」のいずれかの言葉を書かなければならない。もし、二人とも「協調」と書けば、賞金は二人とも三ドル。二人とも「裏ぎり」と書けば、賞金は二人とも一ドル。片方が「協調」で、片方が「裏ぎり」なら、協調者は賞金なし、裏ぎり者は五ドル。

あなたならどうする？　どちらも協調を選べば、おたがい三ドルでまあ満足だ。しかし、どうもこうはいかない感じだ。なんといっても、こすからい相手に五ドルを巻きあげられて、こちらがなんにもなしじゃひどい。あなたは絶対そう考える！　だから、裏ぎりを選ぶ。残念だが、やむをえない。二人とも同じ結論に達するのは明らかだから、裏ぎりと裏ぎり、二人の得る賞金はわずか一ドルずつだ。うまくやれば二人とも三ドルなのに……。

＊　＊　＊

「一回きりの囚人のジレンマ」に対する一見論理的な解析が、こんな結果をもたらすのは不愉快だ。だから、私は次のような文面の手紙を考えだし、『サイエンティフィック・アメリカン』に断わったあと二〇人の友だちに送った。

親愛なる○○殿、

この手紙は、アメリカ国内にいる私の友人の中から選んだ、二〇名に速達で送りました。みなさんに、ぜひ、一回きりの四人のジレンマゲームに参加していただきたいのです。賞金はサイエンティフィック・アメリカン社から出してもらいます。ゲームは単純至極。

私にKかUかの一文字の返事をください。Kは「協調」を、Uは「裏ぎり」を表します。これはほかの一九人に対する個別の囚人のジレンマゲームにおけるあなたの手として使われます。ゲームの利得行列は同封した図29-1cの行列です。

全員がKと書いてくれば、全員が一人当たり五七ドル受けとることができます。しかし、全員がUだと、わずか一九ドルです。負けるわけにはいきません。Uを送った人は、少なくとも相手よりは高い利益を得ます。たとえば、一一人がKで、九人がUだったとしましょう。一一人のKさんは、ほかの一〇人のKさんとのゲームで三ドルずつ、Uさんとのゲームでは〇ドル、計三〇ドルの利益です。それに対して、九人のUさんは、一一人のKさんに対して一人五ドルずつ(計五五ドル)、八人のUさんに対して一ドルずつ(計八ドル)。しめて六三ドルの利益です。KとUの割合をどう変えても、Uさんのほうが高い利益を得るわけです。ただし、Kさんがふえればふえるほど、一人一人見たときの利益は大きくなります！

ところで、一言注意しておきましょう。あなたがKを選ぶかUを選ぶかにあたって、このゲームの勝者になることを目標にするのではなく、自分の利益を可能なかぎり大きくすることを目標にしてほしいのです。他人に負けたくないばかりに、みんなと口をそろえてUといえば一九ドルですが、ほかに一〇人のKさんがいれば三〇ドル、九人のUさんには負けるものの、三〇ドルのほうが多いと素直に喜んでほしいのです。ただし、あとでほかの参加者たちに会って賞金を山わけしようということは考えないでください。サイエンティフィック・アメリカン社の支払う賞金総額を最大にするのではなく、自分の利益を最大にすることを第一義に考えてください。

もちろん、あなたがただ一人のUであれば最高です。あなたの利益は九五ドル、ほかのKさんたちは18×3ドル、すなわち五四ドル。しかし、こんな計算はシャカに説法。あなたは聡明、ほかの人も然りです。みんな同程度に聡明といわせていただきましょう。だから、とにかく、私に返事を聞かせてください。この手紙が着いた日のうちに、私にコレクトコールで電話してください。

いわずもがなでしょうが、あなたのほかに私が手紙を出しそうな人に連絡をとって相談したりしないでください。いや、誰と相談するのもやめてください。一人になったとき、自分自身のことをどう決めるかを見るのが目的ですから……。返事のついでに、あなたの選択理由を教えていただければ幸いです。

敬具

ダグ・Hより

追伸　ところで、次のような状況に置かれた場合を考えてみるのもよいでしょう。あなた以外の参加者が、たとえば、一週間前に全員返事をすませていて、残るはあなた一人という状況。Uにしますか？　もし、この状況で返事をした直後、実はほかの人が一週間前に返事をしたのはウソで、今日返事をするはずになっていると聞いたら、あなたは自分の返事（UかK）を撤回しますか？　また、あなたが最初に返事をする人間だと知っていたら（ないしは聞かされていたら）どういう返事をしますか？

最後にもう一つ考えるタネを提供しましょう。もし、利得行列が図30-1aの行列だったらどうします？

＊　＊　＊

これは第29章で述べたような繰りかえし型の囚人のジレンマではない。一発だけの、多人数型の囚人のジレンマなのだ。ほかの人間がどういう考え方をしているか、時間をかけて知る余地がない。だから、第29章で述べた教訓は役にたたない。あの教訓は繰りかえしがあってはじめて意味をなす。私の手紙を受けとった人はこう考え

a

競技者A ＼ 競技者B	協調	裏ぎる
協調	(3,3)	(0,50)
裏ぎる	(50,0)	(.01,.01)

b

競技者A ＼ 競技者B	なにもしない	ボタンを押す
なにもしない	(10万円,10万円)	(0円,1万円)
ボタンを押す	(1万円,0円)	(1万円,1万円)

図 30-1　a.図29-1cを少しいじったもの。こうなると裏ぎりたい気分が激しく増大するような気がする。b.ウルフのジレンマを参加者2人に限ったものの利得行列。図29-1cと比較してみよう。

るに違いない。ほかに、自分と同じような人間が一九人いて、同じ土俵で、同じ問題を考えさせられている。つまり、純粋に論理に頼る以外に道はない……」。

手紙を用意し、誰に送るか決め、どんな返事がくるか予想し、実際に返事を受けとる、こんな楽しいことはなかった。たとえば、なんの予告もなしに、毎日会っている二人の友人に速達を出したり、夫婦のそれぞれに同じアドレスで同一内容の手紙を出したりするのは愉快だった。

結果を明かす前に、読者に同じ招待をしてみたい。ただし、ここでみんなが聡明であるという一言の意味をきちんと了解してもらいたいと思う。多くの人がこの一言の意味を完全には理解していないと私には思えるので、ちょっと説明を追加しよう。手紙の中に、こういう一節が挿入されていたと思っていただきたい。

あなた方はみんな合理的なものの考え方をする人です。だからいうまでもなく、あなたが行う選択は、あなたが最も合理的だと考えた選択なのです。道徳、罪、不快などの感情は切りすてでください。意思決定の根拠は推論（もちろん、他人の推論に関する推論も含みます）だけなのです。また、手紙をもらったすべての人がこのことをいわれていることをお忘れなく！（もちろん、この最後の一言もです。）

私は友人たちを使った実験にある特定の結果が出るものと期待していた。手紙を出した数日後、電話でくる返事をメモして、友人たちの選択の根拠となった理由を記録しようとした。結果は、私の予想したとおりではなかった。実際、私は彼らを「見誤っていた」。合理的とはどういう意味かについて熱い議論があったし、むしろこの質問自体についてみんなの興味が集中した。

何人かの友人の意見と感想をそのまま引用しよう。デービッド・ポリカンスキーの電話の出だしは簡潔明瞭だ。「オーケー。一九ドルちょうだいよ、ホフスタッター。」彼の裏ぎりの論拠はこうだ。「君がいっていることは、要するに、二つのボタンのどちらかを押せということだ。僕らが知っているのは、Uのボタンを押せば、Kのボタンを押すより利益が大きいということだけだろう？　だったらUのほうがいいに決まっている。これが僕の理論のエッセンスだ。だから僕は裏ぎる。」

マーチン・ガードナー（そう、私は彼にも招待状を出した）は、ほかの人たちも陥ったような精神的混乱を生き生きと表現してくれた。「これは恐ろしいジレンマだ。どうしていいのか本当にわからない。もし、利益を最大にしたいのなら、私はUを選び、ほかの人もそうするだろうと思ってしまう。しかし、私の満足感を最大にしたいのならKを選び、ほかの人もKを選んでくれるよう祈る。（カント哲学的道徳律だ。）だけど、論理にかなった行動というのがいったいなんなのかわからない。堂々巡りなのだ。『みんながXとするなら、僕はYとするべきだ。でもみんながそう考えるに違いないからZだ……』といった調子で終わりのないウズにはまってしまう。ニューカムのパラドックス〔人間の自由意志を信じる人と決定論を信じる人で意見が真っ二つに分かれる有名なパラドックス〕そっくりだ」こういって、後悔のため息をつきながら、マーチンは裏ぎりを選んだ。

マーチン・ガードナーの抱いた混乱感にちょっと似ているが、クリス・モーガンはこういった。「こいつは直観以外の何ものでもないんだが、こういうパラドックスをうまく扱う方法はないと思うにいたったよ。ほかの人がどうするかまったく予測がつかないから、僕はコインを投げることにした。みんなおたがいに裏ぎり合うような気はしているけどね……。」クリスは電話口でコインを投げて、協調を「選んだ。」

シドニー・ネーゲルは自分の結論にたいへん不満だ。「考えこんでしまって、きのう一晩眠れなかったぞ。協調者になりたいといくら考えても、それを正当化する論理が発見できないんだ。結局、僕がなにを選ぼうとほかの人の選択には影響を与えられないってこと。だとすれば、ほかの人の選択がすべて終了していると考えてもよいわけだ。この場合の最善の手は裏ぎりしかないじゃないか。」

繰り返し型の囚人のジレンマでは協調戦略のほうがいいということを証明したロバート・アクセルロッドは、一回きりのゲームでは協調すべきなんの理由も見あたらないとして、あっさりと裏ぎりを選んだ。

ドロシー・デニングはずいぶん手短かだ。「裏ぎれば、協調したときよりも悪くなることがないんだから、裏ぎりを選ぶわ。」彼女は私が見誤っていた人間の一人だ。彼女の夫ピーターは協調を選んだが、私はこの組み合わせは逆だとふんでいた!

* * *

数えていた人にはおわかりのように、これまでに五人の裏ぎり者と二人の協調者を紹介した。もし、あなたが私で、全体の約三分の一の返事をもらったところだとしよう。現在、五対二の割合で裏ぎりが優勢だ。あなたは、これがこのままの割合で推移して、最終的に一四対六ぐらいになると予測しますか? でも、いったい全体、七人の個人的選択がほかの一三人の個人的選択にどう関係するというのだろう? ネーゲルがいったように、ある人間の選択が別の人の選択に影響を与えるとは思えない。(テレパシーのようなものがあるとすれば話は別だが……。)一四対六という予測に根拠はあるのだろうか?

人間というものはたがいに似たりよったりだという根拠を考えつく。このような複雑な入りくんだ決断を行うとき、人はいろんな推論、イメージ、先入観、概念に頼る。これらの組み合わせしだいで、結論の方向が変わる。全体として見れば、結論の種類の割合が定まると考えることができよう。前もってこの割合を予測するのは無理だが、何人かの人の決定を見れば、そこでの割合がだいたいふつうだと期待していいかもしれない。最初に返事をしてきた七人が、こういう問題に直面した人間の行動をだいたい標準的に代表しているとすれば、最終割合が約一四対六になるという予測はほぼ妥当だ。

ただし、精神的なプレッシャーのことがまだ完全にいいつくされていない。手紙の言い回しでは完全にいいつくされていないが、精神的プレッシャーが起こるのだ。人はそれぞれ、言葉や概念に他人と異なるイメージや連想をもっており、これらの集合は、ちょうど地震地帯の地殻にかかる圧力のように、精神的圧力を人間の心にかけている。人が決断をするとき、これらの圧力が、さまざまな方向と大きさで働いていることに気づく。七人での割合を二〇人での割合へ外挿できると考えるのは、こういう圧力の集合が基本的には同じで、ただ個々の強さが異なると仮定できるからだろう。

だから、人間の決断は、地震がいつどこで起こるか予測するために行う地球物理学の実験に似ている。まず、地球の地殻のモデルを設定し、内部圧力について得られている最良の知識をデータにして与えてみる。もちろん、わかっていないことが猛烈にたくさんあるから、変数の値をどう設定すれば「もっともらしく」なるか選択しなければならない。シミュレーションを一回走らせただけで強い地震予知能力は得られない。しかし、これはあたりまえ。走らせてみて、地殻変動の結果に誤りを見つけたら、変数に別の値をほうりこんで、もう一度全部やりなおしてみる。これを何回か繰りかえしているうちに、地殻の変動がいつどこで起こるか、どこが固い岩盤かなどを明らかにするようなパターンが浮かび上がってくる。

こういうシミュレーションは統計学の基本原理にもとづいている。つまり、変数にいくつかのランダムな値を入れてやると、何回かの試行のあとに、これらの変数によって決まる全体的なモデルが浮かび上がりはじめ、もっとつづければかなり正確なモデルが得られるという原理だ。けっして何百万回もシミュレーションを繰りかえす必要はない。

テレビ局が東部のいくつかの町の開票結果から国政選挙の結果を早々と予測するのもこの原理にもとづいている。テレビ局は、東部のほうが西部よりも強い自由意志をもっていて、東部の選挙結果に西部の選挙が左右されると考えてなんかいない。有権者に対する選挙にからむ圧力（プレッシャー）は、全国どこでも同じだと考えているのだ。一人の人間が全国民の意志を表していないのはもちろんだが、うまく選ばれた東海岸の住民の集合が、選挙にからむプレッシャーをどれくらい受けているかについて、全国民を代表していると考えるのは自然である。彼らの選挙結果が、全国的な選挙の傾向を先取りして表していると考えるわけだ。

片や東部のニューハンプシャー州ベルナップ郡、片や西部のカリフォルニア州モードック郡、この両郡で過去何十年にもわたってほとんど同じ選挙結果が出ていたとしよう。とすると、どちらか一方の郡が他の郡に因果律的な影響を与えていたのだろうか？　なにか無気味な宇宙的共鳴、「共感魔術」が起こっている？　まさか。両方の郡の住民が似ているだけなのだ。選挙結果に影響を及ぼすようなプレッシャー要因が同じであれば、結果が同じになるのは当然だろう。ベルナップ郡の女の子とモードック郡の男の子が学校で、507を13で割りなさいといわれたときに同じ答えをいうのと同じくらいあたりまえだ。算数の原理は万国共通だから、別の場所で別の心が同じ結果を出すからといって「共感魔術」が出る幕はない。

これは教育のある人なら自動的に理解しているような初歩的な常識だ。とはいっても、人々の決断が、自由意志というものと無関係で、未知の値をもったプレッシャーの組み合わせの結果にすぎないといっているわけだから、奇異な印象は禁じえない。しかし、自由意志という、どうみても曖昧な哲学的概念で人間の決断が行われると考えるよりも、こういう考え方のほうが合っているかもしれない。

* * *

本題からはずれて、統計や、個人の行動と集団の行動の予測問題などの話に脱線していると思われたかもしれないが、実は、私の手紙のジレンマに対する「正しい行動」の選択に大いに関係のある話をしたのだ。ここで問題にしているのは、一部の人々の行動によって全部の人々の行動がどの程度示されているかだ。もっと突きつめれば、一人の人間の行動によって、全部の人々の行動が示されるか？　この問題を第一人称で述べると、おもしろいひねりが生じる。私の選択は、ほかの参加者の選択についてどの程度のことを語ってくれるのだろうか？

個々人は完全に他人とは別、誰かの行動が他人の行動の予言になっているなんて考えられないと思われるかもしれない。とくにこういうジレンマ状況ではなおさらだ。しかし、私は誰もが与えられた状況を共通のイメージでとらえられるよう工夫した。工夫の主眼点は、全員が推論（推論に対する推論も含む）のみによって答えを出すようにしむけたことである。

もし、推論が答えを導いたとしたら、その推論によって全員が同じ答えに達するはずだ。（さっきの割り算の問題で、ベルナップ郡の女の子もモードック郡の男の子も39と答えるのとまったく同じ。）この事実自身が、正しい答えへの第一ステップなのだ。しかし、残念なことに、このことは、私が手紙を出したほとんどすべての人に見すごされてしまった。（だからこそ、「合理的な思考」に関して、一節を書きくわえるべきだと思ったわけだ。）このことに気がつけば、すべての参加者がUを選ぶか、すべての参加者がKを選ぶかどちらかしかないことがわかってくる。これがすべてのカギなのだ。

論理だけが結論を導くという条件のもとでは、論理的な思考をする人が何人いても、この状況に悩んで到達する結論はみんな同じはずだ。そうでなければ、推論が個々人に依存した主観的なものになってしまい、算数のような客観性を失ってしまう。こうなると、必然ではなく、好みの問題で結論が決まる。ある人々はこれを推論と呼ぶかもしれないが、合理的思考をする人は、正当な推論を普遍的なものだと考える。普遍的でなければ、そもそも正当な推論でありえない！

これを認めたなら、もう九分どおり正しい結論に到達している。あとはこう考えるばかり。「全員同じ答えなんだから、どっちの文字を返すのがより理にかなっているかの問題だ。つまり、全員協調者の世界か、全員裏ぎり者の世界か、どっちが個々の合理的思考者にとってよりよい世界なんだろう？」答えは一発だ。「全員協調者だったら、五七ドル、全員裏ぎり者だったら、一九ドル。五七ドルのほうがいいに決まっている。私という合理的思考者にとっては、協調のほうがいい。私はみんなと同じ程度に合理的な思考者だから、みんなも私と同じ結論を選ぶはずだ。だから、私は協調を選ぶ。」これを別の言葉でいいかえると、なんとも奇妙な感じになる。「もし、私がKを選べば、みんなもそうするから、私の利益は五七ドル。私がUを選んだら、やはり、みんなもUを選ぶから、私の利益は一九ドル。一九ドルより五七ドルのほうがいい。だから、私はKを選ぶ。みんなもそうだ。これで五七ドルの利益だ。」

＊＊＊

たいていの人は、これを聞いて、黒魔術、共感魔術、すなわち、パリに張りめぐらされている圧縮空気管を通してメッセージが伝達されるがごとく、心から心へ、思考が同時性の細い糸を通じて伝達される世界、人々が秘密のハーモニーに共鳴しているといった世界観を思いうかべるだろう。しかし、こんな見方はまったくウソだ。いまの答えには、テレパシーとかあやしげな因果律は関係しない。ただ、「私がKを選べば、みんなもそうする」という言い方がちょっと誤解を与えるだけで、内容はまったく正しい。「選ぶ」という言葉が、論理的必然性と相容れないせいだろう。学校の生徒は、五〇七を一三で割った答えを「選ぶ」わけじゃない。ちゃんと計算して出す。同じように、私の手紙は選択を許していない。正しい推論を要求したのだった。さっきの黒魔術的文章をもう少しましな形で表現しなおせばこうなる。「もし、推論の結果Kという結論が出たのであれば、ほかの合理的思考者も私と同じ推論をするはずだから、ほかの合理的思考者も同じ推論結果、つまりKを得るに違いない。」

ベルナップ郡の女の子の例を考えるとわかりやすい。五〇七を一三で割る前に、彼女はこう考える。「エーと、答えは四九かしら、三九かしら、ま、そんなとこ。計算すればすぐわかるわ。でも、計算の結果、答えが四九になったら、モードック郡の彼も答案用紙に四九と書くし、三九になったら、彼も三九と書くってのは、計算する前でも断言できる。」もちろん、秘密の通信なんかない。必要なのは算数の普遍性、一様性だけだ。同様に、「私の結論と同じことを他人もする」というのは、推論が普遍的であるという信念を表明しているにすぎない。少なくとも合理的思考者の世界では、謎めいた因果律は不要だ。

こう考えてくると、たとえあなたの目の前にほかの参加者の答えが封筒に入れられて積まれている場合でも、協調すべきだという結論になる。あなたはこう考える。「彼らがなにを選択したとしても、私の選択によって過去にさかのぼって影響がない以上、KよりUを選ぶべきだ。よし、裏ぎろう。」この考えは、あなたに裏ぎりを選ばせた論理と、これ以前にほかの参加者たちにそれぞれの選択をさせた論理が無関係だということを意味している。本当に手紙に書いてあったことを受けいれるのならば、あなたがいま行う推論は、すでに目の前に並んでいる封筒の中身を導いた推論と同じものでなければならない。もし、論理があなたに裏ぎりを強制したのだったら、当然ほかの人もすでに裏ぎりを強制されているはずだし、逆に協調を強制したのだったら、ほかの人もすでに協調という結論に達しているはずだ。

あなたの机の上に、「五〇七割る一三は？」という算数の問題の答えを入れたほかの人の封筒が積まれているとしよう。あわてて計算して、四九という答えを書いた紙を入れて自分の封筒の封をしようとした瞬間、もう一度検算してみる気になった。あっ、間違い！　四を三に書きなおすことができた。このとき、眼の前の封筒の中身が突然みんな四九から三九にひっくり返ったと思いますか？　まさか。封筒の中身に対するあなたのイメージが変わっただけで、封筒の中身そのものは変わっていない。最初、あなたは四九がたくさんあると思っていたのに、いまは、三九がたくさんあると思っている。封筒の中身が本当に変わったと考えたとしたら、あなたはちょっと狂っている。

KとUでも事情は同じ。最初、ある選択をしようとしたが、よく考えたら違う選択のほうがいいと思うようになったとする。そうしたからといって、すでに提出されたほかの参加者の決断が変わったりはしない。これはうまいぞ。しかし、ほかの参加者にも、あなたの考える程度の推論は全部お見通しだということを認めたら、やはり、ほかの人の答えは全部あなたの答えと同じになるはずだ。つまり、どうやっても抜けがけはできないしかけになっている。好むと好まざるとにかかわらず、みんなと協調せざるをえない運命。全員Kか、全員U。さあ、選んでください。

「選んでください」も、一〇〇パーセント誤解を与える言い方だ。あなたがたんに選んだら、ほかの参加者も（過去にさかのぼって！）あなたに従うなどと考えてはいけない。ポイントは、論理と信じるものを使って「選択」をしようとしているのだから、論理的必然性を信頼するかぎり、ほかの人も同じ「選択」を迫られるということ。だから、たんなる「選択」ではない。実際、あなたの決断に確信をもてばもつほど、ほかの人の決断も（たとえ過去のものでも）同じであると確信せざるをえない。これはあなたの、KかUかの決断にそのまま当てはまる。だから、この問題はパラドックスじゃなくて、自己強化的な答えをもっている。論理の良性の循環がそこにある。

＊　＊　＊

ここまでいっても、まだ因果が逆行しているような気がしている人のために、たとえ話を一つ。あなたとジェーンはクラシック音楽のファンだ。長いつきあいから、二人の音楽上の趣味は驚くほど一致していることがわかっている。ある日、あなたの町で二か所同時に、コンサートが開かれるという。コンサートAのほうは絶対逃せないが、コンサートBも大いに魅力的だ。なにしろ、あちこちで絶賛を博しているバイオリニスト、ジレンコ・ブズナーニがコンサートBに出演する。

こいつは困った。しかし、いい考えがある。少なくとも、ジェーンからじかにブズナーニの演奏について聞くことができる。ジェーンがコンサートBに行ってくれるなら、僕と彼女は実質的に同じ「耳」をもっているから、僕が行ったのと同じことじゃないか。一見いい考えだが、やっぱり困ったことが起こる。あなたが考えたのと同じ理由で、彼女もコンサートAに行きたいというかも……。彼女はあなたとまったく同じ音楽上の趣味をもっている。まさにそれが彼女にコンサートBに行ってもらいたい理由だった。ジェーンの趣味があなたの趣味と一致していると考えれば考えるほど、どうしてもジェーンにコンサートBに行ってもらいたくなる。ところがそうであればあるほど、逆に彼女はコンサートAのほうに行きたがる！

二人は共通の趣味という絆で結ばれている。もし、どっちのコンサートのほうに行きたいかで意見が異なるようだったら、ジェーンからコンサートBの報告を聞いても、彼女の「耳を通じて」音楽を聞いたといえるような充足感は得られないだろう。つまり、彼女がコンサートBに行きたいというのではないかという期待がそもそも無意味なのだ。これでは、あなたの論理自身を否定することになる。

たとえ話のポイントはもう明らかだと思う。Uを選ぶ行為自身が、Uを選んだ推論をひっくり返してしまうのだ。ゲームに参加しているみんなが本当に等しく合理的な思考者だったら、全員同じ道筋を通って結論に達する。私の手紙は、みんなが「同期」することをすんなり受けとってもらえるようにしたつもりだった。つまり、他人も同じく合理的な思考をするということにあなたの思考が依存する。これだけが、必要なすべてなのだ。

いや、あなたの思考が他人の合理性に依存しているというだけでは足りない。他人が、みんなの合理性に依存し、さらにみんながみんなの合理性に依存していることにも依存し……、といったことにもあなたが依存していることを忘れてはならない。こういうふうに合理的思考者が関係し合っている状態を「超合理的」と呼ぶことにしよう。超合理的思考者たちは、再帰的定義よろしく、自分が超合理的思考者たちのグループに属していることを、推論の前提として使う。これは、くりこまれた素粒子によく似ている。

くりこまれた電子が、たとえば、くりこまれた陽子と相互に作用し合うとき、陽子の量子力学的構造が「仮想電子」を含み、電子の量子力学的構造が「仮想陽子」を含むということを考慮に入れる。さらに、これらの（それ自身もくりこまれている）仮想粒子が、また相互に作用し合うことも考慮に入れる。こうして、無限の相互作用の列が考えられるが、本来これらは一発ですんでいるものだ。同じように、超合理性、あるいは「くりこまれた推論」は、ほかのくりこまれた推論者が同じ状況にいる事実からくる無限の派生的事実を一発で見てしまう。けっして推論に関する推論に関する推論……といった堂々巡りに陥らない。

＊　＊　＊

私が期待していた答えはもちろんKだ。全員が、いま述べたような推論をしてKという答えに到達すると思うほど楽観はしていなかったが、少なくとも過半数はKだと期待していた。だから、最初に戻ってきた返答がつぎつぎにUだったときの失望ときたら……。その後、電話口でKという答えが返ってきたこともあったが、理由は私の期待したものではなかった。協調を選んだダン・デネットの弁はこうだ。「ブルックリン橋を買う人間にはなってもいいけれど、売る人間になるのはごめんだね。つまり、裏ぎって一〇ドル儲けるよりも、協調して三ドル儲けるのをいさぎよしとするね。」

絶対Uといってくると思っていたのに、チャールズ・ブレナーはKといってきた。驚き！　どうしてかと聞いたら、実に率直な答えが返ってきた。「そりゃそうだろう。世界中で出版されている雑誌に僕が裏ぎり者だなんて出るのはまっぴらだよ！」そうか！　謹んで読者諸氏に申しあげる。ブレナー氏は協調者であります。

みんなが「同じように同じこと」を考える、この点についてはかなりの人が思いをめぐらしたようだ。ただ、いま一歩真剣味に欠けていた。スコット・ビューレシュはこう白状してくれた。「こいつはやさしくない選択だったよ。行きつ戻りつ、まさに振動状態、ほかの人もみんな僕と同じような精神状態になっていると仮定した。そう、だいたい三分の一の時間は協調するほうを考えてたかな。この数値と、僕がみんなと同じといういまの仮定から、三分の一の人間が協調するという結論が出る。つまり、六〜七人が協調し、残りが裏ぎるという場でどうすればよいかが思案のしどころ。とすると、協調したときより、裏ぎったときのほうが三倍儲かるという結論が出る。だから、僕は裏ぎらねばならない。水は低きに流れる。僕も行列の右下の隅へ沈みこむってわけさ。」ここで私はビューレシュに、それまでに返ってきた答えの大半が裏ぎりだったことを教えてやった。すると、「なんだって？　連中ときたらみんな裏ぎりだって？　こいつは頭にきた！　おい、ダグ、どうせもつならもっといい友だちをもてよ。」

まったくだ。最終結果は、予想どおり、一四人が裏ぎり、六人が協調。裏ぎり者諸氏は四三ドルの分け前、協調者諸氏は一五ドルの分け前だった。いまごろ、ドロシーはピーターになんといっているか？　きっとクスクス笑って、「ねえ、だから私のいったとおりにしたらよかったでしょう？」といってるに違いない。ああ、こういう方々をどう処したらいいんだろう？

しかし、ビューレシュの答えは注目に値する。彼は結果的には、自分の頭脳を他人の頭脳のシミュレーションとして十分長時間駆使し、「典型的人間」の行動を求めた。これこそ私の手紙の精神だ。彼はKとUの割合（つまり、六〜七人がK）を割りだし、それにもとづいて自己の利益を最大にする行動を沈着冷静に選択した。もちろん、この場合、裏ぎりがいいに決まっている。いや、協調者の割合など関係なし、こういう計算をすれば、いつでも裏ぎるほうがよいのだ。自分の決断が他人の決断とおたがいに独立であると仮定すれば、裏ぎりが最善なのである。ビューレシュが見すごしてしまったのは、沈着冷静な計算をする人がほかにもいて、その人がまたほかの沈着冷静な人のことも考慮に入れていることを考慮に入れ……。

とても手に負えないような無限の堂々巡りのようだが、実は世の中にこれほど簡単なことはないのだ。要するに、合理的思考者はみんな対称の条件下にあるのだから、一人がある結論に達すれば、それはとりもなおさず全員の結論なのだ。こう見れば話は簡単。個人の選択がすなわち普遍的選択。じゃあ、協調がいいか、裏ぎりがいいか？　これだけのことだ。

＊　＊　＊

実はこれにはちょっとウソがあった。サイコロを振ったほうがいいかもしれないということを伏せておいたからだ。モーガンのように、最善の手段は確率pでKを選び、確率$1-p$でUを選ぶことなのかもしれない。モーガンは勝手にpの値を½としたが、本来これは0から1までの値をとりうる。両極はもちろん、徹底裏ぎり、徹底協調だ。超合理的思考者たるもの、どういうpを選んだものだろう？二人だけが参加している四人のジレンマで、二人とも同じ確率pを使う場合の計算はやさしい。二人が得る利得の期待値はそれぞれ$1+3p-p^2$となり、pが0から1にふえるに従いふえつづける。つまり、pの最適値は1、徹底協調が正解なのだ。参加人数が多くなると、計算は多少複雑になるが結果は変わらない。pの最適値はやはり1のままだ。結局、こういう計算をしても、確率を考慮しなかった場合と同じ結果になる。

標準の囚人のジレンマでは、サイコロを振っても無意味だったが、私が手紙の追伸で書いたような行列だったら、事情が変わる。これは読者への練習問題としておこう。では、プラトニアのジレンマは？明らかなことが二点ある。(1)返事しなければ賞金獲得の可能性はゼロ、(2)全員が返事しても賞金獲得の可能性はゼロ。もし、超合理的思考者であるあなたの選択がそのまま全員の選択と一致すると信じるなら、どちらを選んでも不毛の選択だ。ところが、サイコロを振るとなると、話が一変する。確率pでサイコロの目が「ゴー」になるとし、「ゴー」が出たときだけ自分の名前を書いて返事の電報を打つとしよう。これを二〇人全員が同じ確率pのもとで行うのだ。

二〇人のうちにたった一人だけが返事をするという確率を最大にするには、pをどういう値に設定すればよいか？　答えは、$\frac{1}{20}$。つまり、N人が参加していれば$\frac{1}{N}$だ。Nを限りなく大きくしていくと、各人が$\frac{1}{N}$の確率で返事して、誰か一人が賞金を獲得する確率は$\frac{1}{e}$、三七パーセント弱になる。二〇人の超合理的思考者がみんな正二十面体のサイコロを投げれば、あなたが一〇億ドルを獲得するチャンスは$\frac{1}{20l}$にかなり近い。これは二パーセントをちょっと下回る確率だ。全然悪くない！　どうみても〇パーセントよりはましな儲けだ。

異論を唱える人が多いかもしれない。「もし、僕の振ったサイコロの目が『ゴー』じゃなかったらどうするんだ？　返事を出したらダメなんておかしいよ。出さなきゃ、賞金は絶対もらえないんだから……。これじゃあ、サイコロなんか振らずに、最初から棄権してたほうがましだ。」一見、この論法は正しいようだが、「決断を下す」ことの意味を誤解している。サイコロの目に従って行動すると決断したからには、出た目に従うのが決断の正しい実行なのだ。状況によっては出た目に従わないというのでは、最初に行った決断自身が決断じゃなかったことになる。決断は行動によって示されるものであって、行動の前の言葉によって示されるものではない。

サイコロを振るという考えには賛成するが、出た目に従いたくないという気がどうしても起こりそうな人は、第三の「ポリカンスキー・ボタン」を考えるとよい。このボタンにはS（サイコロ）と彫ってある。これを押すと、機械がサイコロを振り（サイコロを振るシミュレーションをして）、その結果によって、返事をするかしないかを自動的に行ってくれる。取り消しはもちろん効かない。このボタンを押すことは、たしかにサイコロの目に従うという（本物の）決断になっている。ふつうの人の場合、こういうしかけで誘惑を断ちきる必要があるかもしれないが、超合理的思考者の場合、決断を翻す心配は最初からない。

＊　＊　＊

誘惑に負けて決断を翻す、これが今回の話のヤマ場だ。『サイエンティフィック・アメリカン』の読者、および読者以外の方々に大宝クジ大会のお知らせをしよう。賞金は1000000/Nドル。ただし、Nは応募総数。もし、あなただけしか応募がなかったら（かつ、あなたの応募が一通だけだったら）、一〇〇万ドルまるごといただき！そんなうまい話があるかって？　ごもっとも。でも、賞金獲得のチャンスをふやしたければ何通も応募すればよい。一人当たりの応募数は無制限だ。ハガキ一通当たり一応募と数える。だから、一〇〇通送れば、一通しか送っていないかわいそうな連中の一〇〇倍のチャンスがあるわけだ。しかし、こう考えてくると、わざわざ別々のハガキにすることもないような気もする。一枚のハガキにあなたの住所、氏名と、いくつ応募するかを表す数を書きこんで、下記の住所へ送ればよい。

Luring Lotterty
C/O Scientific American
415 Madison Avenue
New York, N. Y. 10017

あなたの賞金獲得のチャンスは、あなたの書いた数に比例してふえる。（ただし、Nが大きくなるので賞金額は減る。）読みとりにくい応募や、規定に合っていない応募は無効である。締めきりは一九八三年六月三十日の真夜中。幸運を祈る。（ただし、あなた以外の読者は除く。）

（一九八三年八月号）

追記

囚人のジレンマは人々に強い感情を呼びおこす。それももっともなことで、囚人のジレンマは知的なパズルとしてもさまざまなパラドックスに劣らず素晴らしいものではあるが、それ以上に私たちの生活を取りまく種々の深く悩ましい状況の本質を簡潔かつ適切にとらえている。それは日常生活上の小さな決断からときおり冗談に口にすることはあっても、実際にはそんなことに世界が直面するのはごめんこうむるような重大な決断にまでいたる。

私の友人のボブ・ウルフ、数学者でとくに論理学を専門とする男だが、彼は私の手紙に対して断固Uを主張した。彼の言い分は以下のとおり。これは「合理的解の存在しないパラドックス」なのだから人々がどう反応するかは知りうべくもない。「したがってUを選ぶ。それが最良の方法だ。」私は強く抗議した。「いったいどうして『したがって』なんだ。君はいまこの状況がパラドックスで、合理的な解は存在しないといったばかりじゃないか。論理的解が存在しないという君の『論理』の前提からどうして君の解が論理的に導かれるなんていうんだい?」ボブから満足できる答えをもらうことはできなかった。しかしおたがいに相手の意見を変えるにもいたらなかった。彼の考え方の一端を垣間見た気がしたのは、私の執拗な問いかけに負けて彼がジレンマの改変版をいいだしたときだ。この改変版を「ウルフのジレンマ」と呼ぶことにする。

あなたの高校時代の同級生からあなたも含めて二〇人が選ばれたとしよう。誰が選ばれたのかはあなたにはわからない。そして選ばれた人々は国中のあちこちに散らばっている。あなたにわかるのは全員一つの中央コンピュータにつながっているということ、そして各自は小部屋の中で壁の真ん中にしつらえられたボタンに向かって座っている。ボタンを押すか否かの決断に一〇分の猶予が与えられる。一〇分間の終わりに一〇秒間だけライトが点灯する。その間に、あなたはボタンを押すか、押さずにじっとしているか、どちらかの行動をとらなければならない。すべての反応は中央コンピュータで集計され、一分後に結果が判明する。幸いにも結果は必ず好ましいものだ。もしボタンを押していれば無条件に一万円が手に入る。一万円はボタンの下の口から出てくることになっている。もし誰もボタンを押していなければ、全員が一〇万円ずつ手にすることができる。しかしもし誰か一人でもボタンを押していれば、ボタンを押さなかった者は一文も手にすることはできない。

そんなとき私ならどうするとボブは尋ねてきた。躊躇することなく私は「もちろんボタンを押さないさ。あたりまえじゃないか」と答えた。しかし驚いたことにボブは自分はなんのためらいもなくボタンを押すというのだ。「他の人がみんな論理学者だとわかっていたらどうだい?」と尋ねたが、変わりはないといわれた。私は押すのを思いとどまるほうが全員の利益になるということを全員理解できると信じたが、ボブは信じなかったのだ。少なくとも彼は人々の「もろさ」を予想して他の一九人の合理性に信をおかないほうを選んだのだ。しかし他人のもろさを仮定することによって、彼は自分自身その最良の例となってしまった。全員の一〇万円を手に入れる機会を無にしてしまったのだから。

　ウルフのジレンマで悩ましいのは、私が「疑念のこだま」と名づけた現象だ。ジレンマ状況でどう決断しようか思いめぐらしているところとしよう。はじめは全員ボタンを押すべきでないということは明白に思われる。しかし二〇人もいれば中には一人ぐらいちょっと迷う者がいるかもしれない。そう思ったとたんほんの少しとはいえもう迷いが生じている。でも、自分が迷っているということは他の人もみな少しは迷っているだろうと次に予想される。もうこれで最初自分一人だけが迷っているかもしれないと疑っていたときより悪くなっている。みながボタンを押すという可能性について少なくとも頭の片隅においているんじゃないかといったん疑いはじめると、状況は深刻だ。誰か一人が実際にボタンを押しそうな気がしてくる。しかしもしそうなら、自分もボタンを押すべきだということになるなどと考えはじめると、他の人もみな同じように考えているように思えてくる。結局大多数の参加者、もしかすると全員がボタンを押すというのがあたりまえのように思いはじめる。そしてとうとうこの考えに負けて、本当にボタンを押すことにしてしまう。

　確実にボタンを押すことを思いとどまっている状態から確実にボタンを押すことへの驚くべき転向だ。ほんの小さな疑いの種が雪玉がころがるように増大して、やがて重大な疑念のなだれを引きおこす。これが「疑念のこだま」の意味だ。さらに悩ましいことに、賢明な人ほど素早く疑念をふくらませる。ひねくれて裏の裏まで考える鋭い論理学者の集団より、人のよいのろまの集団のほうがボタン押しを思いとどまって多くの見返りを手にする可能性は高い。最初の疑いの種に気がつく賢さがなだれ現象全体のもととなり、合理性を奈落へと突きおとす。結局、ボタンを押すことによって九万円を失うのだろうか、一万円を手に入れるのだろうか？

＊　＊　＊

　ウルフのジレンマは囚人のジレンマと同じではない。囚人のジレンマでは裏ぎりへの圧力は非対称願望（他の人は自分より愚かで自分と反対の選択をするかもしれないという望み）がもとになっているのに対して、ウルフのジレンマではボタン押しへの圧力は非対称恐怖（他の人は自分より愚かで自分と反対の選択をするかもしれないという恐れ）がもとになっている。この差は二人ゲームの場合のゲームの利得行列に明白に現れている。（図30-1bと図29-1cとを比較せよ。）囚人のジレンマでは甘い誘惑Aは協調報酬Kより大きい(5>3)。それに対して、ウルフのジレンマではKのほうがAよりも大きい（100000>10000）。

　自分の提示したジレンマにおけるボブ・ウルフ自身の選択は、人々の信頼性（あるいはその欠如）に対する彼の基本的評定を垣間見せてくれた。依然、彼が断固としてボタン押しを選択したことに衝撃を受けて、私は彼のしらけをさらに推しすすめ修正版ウルフのジレンマを思いついた。

　やはり高校時代の同級生から二〇人が選ばれて壁にボタンが一つついた小部屋に連れてこられたとしよう。しかし今度は各自椅子に縛りつけられ、拳銃が頭に突きつけられるようしかけがされている。好むと好まざるとにかかわらず、これからロシアンルーレットが始まる。自分の死の確率は自分の選択に左右される。ボタンを押した者に対しては助かる確率は九〇パーセントに設定される。死ぬ確率は一〇に一つだ。そんなに悪くはないが二〇人の人がいることを考えると一人か二人（あるいはもっと）はほとんど確実に死ぬことになる。さてボタン押しを思いとどまるとどうなるかというと、それは思いとどまった者が何人かに依存する。たとえばN人が思いとどまったとしよう。一人ひとりにとって撃ち殺される確率は$\frac{1}{N^2}$となる。五人ならば一人一人の死ぬ確率は$\frac{1}{25}$だ。一〇人が思いとどまれば、それぞれ九九パーセントの確率で生きのびることができる。反対に悪いのはほぼ全員がボタンを押してしまい（いわば安全にプレーし）、思いとどまったのが二、三人あるいは一人という場合だ。もし思いとどまったのがあなた一人だけだとしたら、一巻の終わりだ。あきらめて死ななければならない。思いとどまったのが二人ならば、それぞれ$\frac{1}{4}$の確率となる。ほぼ五〇パーセントの割合で、少なくともどちらか一方は死ぬことになる。

境目はちょうど三人と四人との間だ。もし自分のほかにあと三人はボタン押しを思いとどまる人がいると確信がもてれば、自分も思いとどまったほうが得になる。しかし他の人もみな、それぞれ何人の人が思いとどまるか自身で見積り、それにもとづいて決断をする。どちらの決断がさきとも決まらぬ堂々巡りなのだ。大多数の人はあきらめてボタンを押すという決断をする。（もちろん誰もこんな状況に置かれたことはないのだから本当にどうなるかはわからないが、実際に起こった類似の状況やこの状況の記述を聞いた人々の反応からだいたいこうなると推測される。もちろん記述を聞いただけと実際に深刻な事態に直面するのとでは異なるが、それでも大筋において結果は信頼できると思われる。）ボタン押しのほうの決断を「安全な選択」と呼ぶのはなんとも皮肉なことだ。全員が「危険な選択」をしさえすれば各自の死ぬ確率は$\frac{1}{400}$にしかならないのだから。いったいどちらが本当に安全でどちらが危険なのだろう？　このウルフの罠は「恐いのはわれわれの恐怖そのものだけ」という状態の典型と私には思える。

ウルフのジレンマの変型にはもっと恐ろしく、不安定な筋書きも考えられる。たとえば次のような条件も想定できる。ボタンを押した場合の生きのびる確率は半々だが、もし全員がボタン押しを思いとどまれば全員が助かる、しかし一人でもボタンを押せば押さなかった者はみな死ぬ。参加者数や生存確率などを変えれば、変型はさまざまに作ることができる。そして、それぞれが冷酷な真実の一端を窺わせてくれることだろう。いかに忌まわしいにせよ、それらは私たちが日々直面する日常的決断と実は表裏一体なのである。

＊　＊　＊

最初私は本文を次のような一節で締めくくろうと考えていたのだが、友人や編集者にいわれて思いとどまった。

たいへん残念なことに読者のみなさまから山のようなお便りをいただき、ご返事を差し上げることはおろか、すべてに目を通すことさえままならぬ状態です。お手紙の山になんとか対処する術を見つけようと知恵を絞っているのですが、いまだによい方法が思いつきません。そこで読者のみなさまからお知恵をお借りしたいと思います。お便りをさばくなにかよい方法を思いつかれた方は、どうぞ私まで手紙でお教えください。感謝します。

［第31章］
諸悪の平方根は無理数、いや非合理

第30章で提案した宝クジは大騒ぎを巻きおこした。参加資格が誰にでも与えられていたことを思いだしてほしい。何通応募するかを示す正の数を書いたハガキさえ送ればよかった。ハガキに書いた整数は、最終抽選におけるあなたの「重み」になるはずで、あなたが、たとえば100を書けば、あなたの名前が当たる確率は、たんに1と書いた人の一〇〇倍になる。この宝クジのペテンは、賞金が六月三十日までに応募のあった重みの和に反比例するというところにあった。つまり、送られてきたハガキに書いてある数の総和をWとすると、賞金総額は1000000/W ドルにしかならない。

この宝クジは「協調」と「裏ぎり」の練習問題として考えたものである。参加しようと考えた人に起こる疑問はこうだ。「ここは押さえて、小さな数を書いたものか、それともやみくもに大きな数を書いたものか？　つまり、協調すべきか、裏ぎるべきか？」私が協調対裏ぎりの例で述べたのは、協調者と裏ぎり者の間に明確な切り分けがあるものばかりだったが、ここでは両者の間に連続的に広がる、いわば「協調の度合」がある。最高の協調者は、なにも出さない。自ら損をかぶって出る。逆に最高の裏ぎり者は、巨大数のハガキを出して、賞金を絶滅させ、他人の希望を無残に打ちくだく。しかし、両者の間には、中庸のレベルがたくさんある。応募数が2とか1とかの人はどうだろう？　サイコロを振って、全然応募しないか、1の応募をするか決めようとした人は？

さきに進む前に、ここで私の考える「協調」と「裏ぎり」について述べておこう。子供のころ、芝の上を歩いたとか、うるさくしたとかで、大人がよくこういって怒ったものだ。「コラ、コラ、みんながそうしたらどうなるか考えてみなさい！」これは裏ぎり者に対する典型的な論法で、まさに裏ぎりの概念の定義に使える。

裏ぎりとは、みんながそうすれば、みんながそれを慎んだときより、(みんなにとって)明らかに事態が悪化する行為であり、またそれにもかかわらず、一人（あるいは少数）の人がそれを行い、他の大多数がそれを控えたときには、行った一人（あるいは少数）にとって世の中バラ色になるという、ちょっと抗しがたい魅力的行為のことである。

協調はまさにその反対、抗しがたき誘惑に抵抗する行為である。ただし、協調がいつも受け身で、裏ぎりがいつも積極的行為だというわけではない。むしろ正反対のことが多い。協調の道を選ぶことが、ある活動への積極的参加で、裏ぎりがイスにそっくり返って、協調者の精励恪勤の結果（これは万人に及ぶ）の甘い汁を吸っているだけという場合。

裏ぎりの典型例は以下のとおり。

＊夏、近所迷惑おかまいなしの大音響で音楽をがならせる。
＊車がくれば人が横断をやめると思って、全赤信号でも無頓着にスピードを出してくる。
＊どうせほかの人間もガソリンを無駄使いしてるんだから、なにも自分だけが犠牲にならなくともといって、どこへ行くにも一人で車を乗りまわす。
＊水不足のときに、「みんなが節約している」からといってジャージャー使う。
＊「一人ぐらいの投票でなにが変わるものか」といって、だいじな選挙を棄権する。
＊人口急膨張期に、一〇人も子供を産んで、人口抑制を他人まかせにしてしまう。
＊軍拡競争、飢饉、公害、資源枯渇などのだいじな問題に時間やエネルギーをさかず、「こいつはたいへんだ、だけど一人の力でどうなるもんか」といいのがれてしまう……。

非常に多くの人が関係しているとき、個人個人は、自分の一見変わった行動が、実はきわめて典型的で、多くの人によって踏襲され、ときとして全体がそうなってしまうということにあまり気づかない。夫婦が自分たちだけの事情で子供を何人もつか（意識して、しないで、両方あろうが）決定したと思っているのに、結果はベビーブームだ。同様に、人類のために積極的に行動することを無駄とする「個人的」決断は、積もり積もって無関心という風潮を生みだし、集団的狂気へと転化する。いいかえれば、ありふれた個人レベルでのどん欲や無関心さが、集団レベルでの狂気や破局につながりうるのだ。

＊　＊　＊

進化生物学者ギャレット・ハーディンはこういう現象について、「大衆の悲劇」という有名な論文を『サイエンス』に書いた。彼の見方によれば、合理性には二つのタイプがあり、「局所型」は個人の利益を追求するもの、「大局型」は集団の利益を追求するものである。そして、この二つは宿命的矛盾を背負っている。もし、個々人がおたがいの結びつきに気づかず、あたかも他と独立に盲目的に行動しているのだとすれば、私も彼の意見に賛成だ。

しかし、大衆が個々人の間の結びつきに気づいているにもかかわらず、共同体の一員でないかのように振る舞っているのだとすれば、要するに大衆の行動は完全に不合理だといわざるをえない。すなわち、良識的な市民層にとって、「局所的」合理性とはそもそも非合理なのだ。それは集団のみならず、個人に対しても害悪である。たとえば、第30章で述べた一回きりの囚人のジレンマで裏ぎった人は、全員が協調したときよりは損をしている。

第30章の一番だいじなポイントがここにある。私が、「くりこまれた合理性」あるいは「超合理性」と呼んだ概念だ。人の集団の中で、自分が平均的な一員だと思ったのなら、自分の行動が何倍にもなって現れると思わなければならない。多くの人も同じ行動をとるに違いないからだ。つまり、自分を見れば、世の中のことが見える。ほかの人にしてほしいと思っていることを自分がしなければ、ほかの人にひどく失望される。だから、浅薄な利己的行為に飛びこむ前に、自分の置かれた状況をよく考えてみたほうがよい。

人々は、自分を統計現象の一部と考えることに強い抵抗を示す。自分たちの自由意志とか個人性がゆらぐような気がするからだ。しかし、私たちの「ほかにはない」はずの思考が、他人の心の中でも何百万回となく起こっているというのは事実なのである。

第30章の最後の宝クジがこのことを実によく示している。この場合、宝クジに関連した「世の中」がなんであるか、はっきりと確定するのは困難だ。この宝クジが本誌の読者だけでなく、一般に広く公開されたからだ。しかし、読者以外でこの宝クジに気づいた人はそういないはずだから、とりあえず、本誌の読者に対象を限定することにしよう。これは少なくとも一〇〇万人と仮定してよい。(『サイエンティフィック・アメリカン』の英語版の発行部数は六六万部。)このうち一〇万人の読者が私のコラムを読み、さらにそのうち一万人がかなり熱心に読み、宝クジについて真剣に考えたとしよう。最後の一万人という数字が、宝クジの問題の「世の中」の大きさである。

第30章で、私はプラトニアのジレンマに対処するのに、N面のサイコロを振り、特定の目が出たときだけ応募するのがよいという超合理性理論をやさしく解説した。この理論はここでも適用できる。

プラトニアのジレンマの場合、二人以上応募したらおしまいであったから、N人の参加者なら、N面のサイコロを振るのが正解だった。だから、一万人の参加者なら一万面のサイコロが必要だ。宝クジの場合、二通以上の応募があっても賞金は出るので、サイコロの面の数は約三分の二に減らしてよい。一万人なら六六六七面のサイコロというわけだ。一万面より小さいサイコロになれば、各人が一通の応募をする確率は多少高くなる。これは少なくとも一通以上の応募があるという確率も高める。

六六六七面のサイコロを使ったら、おのおのの超合理思考者が賞金を獲得する確率はどれくらいになるか? 一万分の一ではなく、一万三〇〇〇分の一に近い数だ。なぜなら、誰も応募しないという確率が二二パーセントもあるからだ。だからといって、サイコロの面を減らして三〇〇〇ぐらいにすると、応募総数の期待値がふえるので、賞金が減ってしまって損だ。逆に、二万面というサイコロにすると、応募ゼロという可能性がふえてしまう。だから、サイコロの面の数にはちょうど加減のよいところがある。計算はさほど難しくなく、いま述べた六六六七面が賞金額の期待値を最大にする最適のサイコロだ。賞金の期待値は五二万ドル。そうばかにした額じゃない。

つまり、私が第30章で示したような手順にみんなが従えば、私のところには、応募「1」と書いたハガキが一通ないし二通ほど届き、そのうちの一人が多大な賞金を得るはずだった。で、実際に起こったことは? もちろん、大違い! 世界中から、約二〇〇〇通のハガキが私のところへ殺到した。応募の内訳の一部を次に示す。

1：1133通
2：31通
3：16通
4：8通
5：16通

6：0通
7：9通
8：1通
9：1通
10：49通
100：61通
1000：46通
1000000：33通
1000000000：11通
602300000000000000000（これはアボガドロ数）：1通
グーゴル（Googol, 10^{100}）：9通
グーゴルプレックス（Googolplex, 10のグーゴル乗）：14通

おもしろいことに、応募「1」と書いてきた人の多くが、自分のことを協調者だと自画自賛していた。そんな馬鹿な！　本当の協調者とは、さっき見つもった熱心な一万人の読者のうち、ちゃんと適切なサイコロの面数を計算し、乱数表ないしはそれのかわりになりそうなものを使って（ほぼ一〇〇パーセントの確率で）自らを応募者から蹴おとしてしまったような人のことをいうのだ。ひょっとすると、一一三三人の応募の「1」の人の中には、いまいったような意味での幸運な超合理的協調者がいるかもしれないが、私はとてもそうだとは信じられない。サイコロを振らないでただたんに棄権したような人は、私にいわせれば、善意だけれどもちょっとものぐさ、真の協調者じゃない。政治に関してお金は出すけれど、もうそれ以上かかわり合うのはごめんだという人に似ている。自分が協調していると主張する怠惰なやり方だ。

さて、いまの内訳表で話が終わるわけではない。しかし、実際なにが起こったか、これ以上述べるのは、どうも力が出ない。つまり、こうなのだ。多くの読者は、とてつもなく大きい数を生みだすのに必死になった。何人かは、ハガキ全面を小さな9の列で埋めつくしたし、何人かは階乗計算を繰りかえし適用したことを表すのにビックリマークでハガキをいっぱいにした。一部の人は、最適解がいかなるパターンにも属しえないという事実を使って、このゲームを極限にまで追いつめてしまった（G・J・チェイティン「乱数のパラドックス」参照）。彼らの解には、たんに定義の上に定義を「びっしり」と重ね、最後の行で、このうち最も「素敵な」定義を採用して、比較的小さな数、たとえば、2（9のほうがちょっとましか？）に適用すればよいと書いてある。

こういう形式の応募が数通あったが、数理論理学や集合論のこんな強力な道具をもちだされると、どれがいったい一番大きな数なのかというのは生やさしい問題じゃなくなってくる。実際、私に限らず誰にとっても、最大の数が決定できるかどうかもわからないといったところが正しい。まさに軍拡競争の狂気と無意味さを連想させるものがある。双方が軍備の拡大を競い合い、もうそれがあまりに大きくなりすぎて、専門家が束になってもどっちの軍備が大きいのか判断できなくなってしまう――それでいて、すべての努力は万人の損失以外の何ものでもない……。

＊　＊　＊

こういうのをおもしろいと思ったものだろうか？　ある意味でおもしろいのは当然だけれども、憂うつというか落胆というか、楽しくなかったのも事実だ。こんなふうになると思っていなかったかと

いうと、実はまったく逆で、まさに予想どおりだった。だからこそ、こんな宝クジをやってみたわけで、サイエンティフィック・アメリカン社が高い賞金を払わせられるという心配はまったくなかったといってよい。

こういう近視眼的な「一等賞」レースを見ただけで、群集が自分の思いつきを独自のものだと誤解する性向がうかがえる。私は、一〇〇万以上の数を書いてきた人の大半が、自分だけこんなに大きな数を書いたと思っていたに違いないとふんでいる。グーゴルプレックスとか9のあとに何千個ものビックリマークを書いてきた人は、きっと自分が「勝つ」と考えたに違いない。そして、知恵を最大限に振りしぼって、数学者もたじろぐ定義を送ってきた人たちは、もう絶対に自分が「勝つ」と信じていたに違いない。誰が勝ったか、私にもわからない。いずれにせよ、それはどうでもいいことになった。なにしろ、神様でさえ、ゼロとどれくらい違うか判然としないようなわずかな賞金額になってしまったからだ。

じゃあ、結論はなんなのだろう？　いや、なんてことはない。読者が今度「裏ぎるべきか協調すべきか？」という問題に直面したときに、もうちょっと考えてもらえばそれでいい。これは、ほんの数分後に直面するかもしれない問題だ。なにしろ、人間は一日に何回もこういう決定を迫られている。あるものはほんのちょっとしたことだろうが、中には非常に重大なものもあろう。地球の未来はあなたの手の中にある！

＊　＊　＊

このいくらか重々しい結論をもって、私はいままで連載してきた『サイエンティフィック・アメリカン』のこのコラムを完結したいと思う。このコラムの執筆は、私にとって価値ある有益な機会だった。私はこの場を借りて自分の考えや関心を表明することができた。私は月に数度、ニューヨークから回送されてくる大量の郵便物を（ときどき）楽しく受けとり、また、これを通じて新しい友人を作ることができた。もう月々の原稿締めきりはなくなるが、メタマジック・ゲームのよい題材になるようなアイデアがつぎつぎに浮かんでくる。これを心の中に溜め、将来、また似たようなエッセイ集として書くことになろう。

しかし、とにかくいまはほかの領域に私は移らなければならない。私の本来の研究と個人的生活に戻るのが、いま楽しみである。さようなら。これを読んでいるあなた、ほかのすべての読者、この号、この一冊、このコラム、このページ、この欄、このパラグラフ、この文、この行、そして末筆ながら、この「この」。

（一九八三年十一月号）

追記

もし厳寒の冬に、ラジオから天然ガス不足のため暖房設定温度を15℃まで下げてくださいというお願いの放送が流れてくるのを聞いたらどうする？ 従ったかどうかなど、どうせわかりっこない。自分は部屋をガンガン暖め、ガスの使用切りつめは他人にまかせておけば？ どうせ私がなにをしても、他人のすることにはなんの影響も与えやしない。

これは典型的な「大衆の悲劇」の状況だ。共有資源が飽和あるいは枯渇に瀕する。各個人は次のような問いに直面することになる。「いかに振る舞うべきか？ 自分は典型か？ 自分一人の行為が全体にどう影響するのか？」ギャレット・ハーディンは「大衆の悲劇」という論文で、この問題を多くの羊飼いに共有された放牧地にたとえている。放牧地に飼われている羊が適正容量を越えていたとしても、羊飼いたちはさらに自分の飼う家畜の数をふやそうとするだろう。個人レベルではそのほうが得になるからだ。しかし長い目で見た場合、みながそうすると、羊の数はどんどんふえていって結局土地をだめにしてしまう。

ハーディンの論文の真のねらいは人口爆発について論じ、合理的な大局的施策の必要性を強調することにあった。実際彼は駐車違反切符や刑事罰のような強制的対策を主張している。彼の考えによれば、子供をたくさんもうける（そしてそれによって共有資源を多く消費する）のは勝手だが、それは社会によって罰せられるべきだ、ということになる。それはちょうど、社会は一応銀行強盗を「させ」はするが、その選択をした人にはそれなりの罰を適用するというのと同じである。かつて人類の直面したことのないこの資源枯渇の時代には、新しい種類の制度・規範が社会全体によって課せられるべきだとハーディンは思っている。彼は超合理的協力の考えには悲観的で、産児制限のゲームが行われると、協力者は少ない子孫しか残せないので結局衰退すると強制する。まさにそれを体現している男のことを私は最近知った。彼はひそかに一〇人の妻をもち、三十歳までに三十五人もの子供をもうけたそうだ。そんな遺伝子が勝手に増殖するようでは、私たちのもつもっとおだやかな繁殖能力の遺伝子が優勢となる見こみは薄い。ハーディンは直截に「良心は自己崩壊する」という。彼はさらに次のようにもいっている。

ここでの議論は人口爆発に限らず、共有資源を使用している個人に対して公共の福祉のためにその使用を控えるよう、社会が個人の良心に訴えて要請する場合には等しく当てはまる。そのような要請は、種族の良心の消滅につながる選択的システムを創設することにほかならない。

さらに一段と悲観的な将来展望がウォルター・ブラッドフォード・エリスによる仮想的演説の形で語られている。エリスは彼の生みの親、ルイ・パスカルの意見を代弁する仮想的論客だ。

アメリカ、いや全世界はいま存続に必要な資源の急速な枯渇に直面している。来世紀初頭には石油および天然ガスの供給が途絶える。しかしそれ以前に、こういった物資の不足によってわれわれの経済全体、さらには科学技術全体が崩壊することだろう。そして現代科学技術の驚異が失われれば、アメリカはたんに人口過剰で貧しく無力で死にいく土地でしかない。全世界は、惨めで飢えた救いようのない人々であふれることだろう。頼みの綱となる国々もまもなく他と同じ定めなのだから。核戦争や疫病といった恵みによってこの運命に変化が起こらないかぎり、未来永劫いい難い苦しみと望みのない運命に覆われた世界がつづくのみだ。本当に恐ろしい。唯一の慰めは、どれだけ頭をひねっても、この悲惨な運命を引きおこしたものとして、人間以外のいかなる生物も考えることができないという事実だけだ。

ふー。最後の部分の循環性から、昔考えたことを思いだした。人類が核による殺戮で滅亡するなら、それもよいことだ。自分自身を滅ぼすような文明は野蛮で愚かなのだから、宇宙を汚しながら存続しつづけることなど、誰も望みはしないだろう。

「人類の悲劇と自然淘汰」と題された論文、そして二人の批評家に対する反論として書かれた「愛する親と利己的遺伝子」（エリスの演説はこれに含まれる）、そこに表出されているパスカルの思想は彼と同名の先人、ブレーズ・パスカルの思想と驚くほど酷似している。ブレーズ・パスカルは自身の確率計算に従って、存在するかどうかわからない（そして永遠にわからない）神の信仰に自分の生涯を捧げることが最良だという結論に達した。たとえ神の存在する確率が一〇〇万分の一だったとしても神への信仰は割に合う、なぜならば天国および地獄があった場合の報い（あるいは罰）は無限なのに対して、地上的な報いも罰も、どんなに大きかったとしても依然として有限でしかない、と彼は考えた。実際にはどのように信じていようと望ましい行動は信仰者となることだと、パスカルは「計算」したのだ。そしてブレーズ・パスカルはその聡明な精神を神学に捧げた。

ルイ・パスカルは先人のひそみにならって、自身の生涯を人口問題に捧げる道を選択した。さらに彼は私たちもまた、そうすべきだという数学的議論を提出することができる。私にとってそれらの議論が強い力をもっていることは疑うことができない。もちろん枝葉末節にこだわればきりがないが、つまるところハーディン、パスカルそしてアンおよびポール・アーリックなどの思想家たちは歴史の現時点において人類の置かれた状況の新奇性を認識し、内面化している。人類は先細りの資源と圧倒的に強大な兵器という問題と取りくまざるをえないのだ。この怪物と正面から向かい合おうという人はけっして多くはない。そしてその結果、その少数の人々に対してよりいっそう重く責務がのしかかることになる。

＊　＊　＊

頭脳明晰な私の友人たちが堅固かつ熱心に裏ぎりの決断を擁護してしまったのを見て、私は頭を抱えた。彼らはどうやら、私の超合理性の議論を理解はするようだった。じっくりと吟味し、渋々ながらもある種の真実を認める。しかし心の底では間違いだと感じていて、最終的には拒絶するようだった。それを見て私は、超合理性に対する私自身の信念は自己実現的予言や自己支持的言明と同じようなものだろうかと思いはじめた。「この文は真である」というヘンキン文は、本当に真に違いないと一片の疑いもはさまず思いこむようなものだ。偽だと思いこむことだって本当は同じくらい可能なのに。この文の真偽は決定不能である。つまり真偽値をどちらとしてもその値は安定になる。(その点でこれは真偽値が振動してしまうエピメニデス文「この文は偽である」とは反対だ。) しかし囚人のジレンマと奇妙な自己参照文とには一つだけ違いがある。自己参照文の真偽についてどのように信じたとしても格別重要な帰結がそこから生じるわけではないが、囚人のジレンマでは話が別だ。

私たちの銀河あるいはこの広大な宇宙全体をとっても、この種の巨大な社会的問題、囚人のジレンマ、大衆の悲劇などに直面した文明はそれほどはないのではないかと私はときどき想像する。それらのうちおそらくある文明は生きのび、別の文明は滅びたことだろう。それらの社会の間の究極的な相違はつまるところ、一回きりの囚人のジレンマにおける協力の論理的合理的正当性を主張するミームの生存の有無に帰するのではなかろうかと思っている。ある意味で、これはハーディンのものとは正反対の命題になる。それは社会全体のレベルで自然淘汰が機能するのを待てば、良心の欠如は自己崩壊すると主張する。

ある惑星ではI型の社会が発展し、また別の惑星ではII型の社会が発展する。定義によってI型社会の成員は（I型社会の成員と一緒の場合には）個人的自発的で一回きりの協力の合理性を信じている。一方II型社会の成員は、相手が誰であろうとも個人的自発的で一回きりの協力の合理性など認めない。(I型社会の定義の循環性に注意。しかし無意味な定義ではない。)両方の型の社会とも、それぞれの判断を明白と見なしている。ただ両者の判断は正反対なのだ。もしかするとI型社会は地球上にもあるかもしれない。例の一回きりの囚人のジレンマの実験をニューギニアでやったらどんな結果が得られるか、ぜひ知りたいものだ。ともあれ重要な問題は次のようになる。「長期的に見て、生きのこるのはどちらの型の社会か?」

もしかすると、一回きりの囚人のジレンマの状況は論理学における決定不能命題のようなものかもしれない。そして幾何学における平行線仮説や数理論理学におけるゲーデル文のように、新たな公理を追加することが可能なのかもしれない。(図31-1参照)。哀れな二人を一回きりのジレンマから救うのにどんな種類の論理が必要かわかるだろう。)協力が公理となっている文明、I型社会は生きのびて、裏ぎりが公理となっている文明、II型社会は滅びるとあえて推測したい。この提案は弱気に見えるかもしれない。しかし超大国が競って核爆弾を製造し、なす術もなく螺旋階段を登りつづける現実を考えてほしい。悪しき論理は進化によって無慈悲に切りすてられる。

ほとんどの哲学者・論理学者は、論理の正しさが「分析的」でアプリオリなものだとかたく信じている。そのような基本的概念が生存のような世俗的で任意的な事柄に根ざしているなどという主張はとても受けいれ難いだろう。自然淘汰はよい論理を好むというのなら認められても、自然淘汰がよい論理を定義するという提案はきっと拒絶されるに違いない。しかし、真理と生存価とはおたがいにからまり合ってるのだ。そして生きのびる文明は、滅びる文明よりもたしかに高次の真理を覗き見ている。誤った考えを抱いていると確信できる相手と議論していて、腹が立つくらい矛盾しているが、自己矛盾は犯していない議論を相手が展開するのを目のあたりにしているとする。この場合、唯一の慰めは、たとえ自分のもつ最上の論理をもってしても相手の意見を変えることができなくとも、相手の

「首を切らずにどうやって抜けだすかが問題だ」

図 31-1　私たちが共同で招来するに至った状況の愚かさを示す強力な比喩。1960 年、ビル・モールディンの手になる風刺漫画にはこの状況の対称性が鋭く描かれている。一方の人物がロープから手を離して相手の首をはねれば、はねられた人の手は力が抜け、ロープを離し、刃が落ちて、ことを起こした人の首もとぶ。この考えは現在の核抑止戦略の中心でもある。たとえ私たちが地球上から消しさられたとしても、信頼できる私たち（US）のミサイルは最初に仕掛けてきたサタンのうす汚れた帝国（SU）に対して神聖なる復讐を果たしてくれる。

その後の人生においていずれ意見を変えるなにかが現れるかもしれないということだ。信念は最終的に経験に根ざすものでなければならない。その経験は生物自身、あるいは祖先、あるいはまた属する集団のものであるかもしれない。（これは第5章、とくにその追記の中心的話題だった。）超合理性の概念について私は次のように感じている。反対者たちの滅亡をもたらすような状況を擁護者たちが生きのびて、やがてこの概念の正しさが宇宙における知的存在の間で支配的となるだろう。銀河がもう数回、回るのを待とう。そうすればわかる。結局進化の容赦ない枝刈りに耐えて生きのこるものが健康な論理なのだ。

＊　＊　＊

コピーキャット・プロジェクト（第24章）について物理学者のヴィクター・ワイスコフに説明していたとき、私は彼に代表例を紹介した。「もしabcがabdになるならば、xyzはなにになるだろう？」可能な回答について議論を重ね、結局wyzが対称性の理由から最も望ましいという答えに落ちついたあとで、彼はこういって私を驚かせた。「いいかい、この世界の最も深い問題の根源は世界中の指導者たちにはこんな基本的な対称性すら認める能力がないということなんだ。たとえばソビエト連邦（S．U．）にとってのアメリカ合衆国（U．S．）はアメリカ合衆国(U．S．)にとってのソビエト連邦(S．U．）なんだ。彼らはこんなことを受けいれることさえできないんだ。」あー、どうしてワイスコフともあろう人がこんなに愚かなのだろう？　私たちは共産主義を全世界に輸出しようなどとはしていないではないか。

私から囚人のジレンマのことを最初に聞いた論理学者レイモンド・スマリヤンは、たいへん喜んだ。彼はやはり私を驚かせてくれた。彼は、一回きりの状況においては相手が誰であろうと裏ぎりが正しいと断固主張した。相手が双子の兄弟であれ自分のクローンであれ、彼の意見は変わらなかった。（鏡に映った自分の像については彼も迷った。）しかしもう説得のしようがないとあきらめようとしていた矢さきに、彼は次のような譲歩をした。「ダグ、どうやらこの問題は君や私が思うよりもずっと難しいようだ。」そのとおりだよ、レイモンド。

［第32章］

ハピトンの物語

ハピトンは幸せな小さな町だった。住民は約二万、人々は毎週庭の芝を刈り充実した生活を送っていた。人々は健康で平均寿命は七十五歳に達しており、悠々自適の老人も数多くいた。町の真ん中の広場には立派な役場があり、大戦の遺品や英雄たちの記念碑が残されていた。人々は自分たちの町ハピトンを、当然のごとく誇りに思っていた。

役場のてっぺんには大きな鐘があり、それが時を告げる音は遠く樫の木陰通りからも聞こえるほどだった。

ある日の正午に、役場の近くにいた人たちは、鐘の音のあとに鐘楼から奇妙な小さな音が聞こえるのに気がついた。数日のうちに、人々はその奇妙な引っかくような音が、鐘が鳴るたびに必ず聞こえることに気がついた。そこで、水曜日にカート・デンプスターが鐘楼に登って確かめることにした。驚いたことに、鐘にはなんとも珍妙なしかけがなされていた。ロボットの腕のような機械じかけの手があり、その横におかしな格好のサイコロが五つ置いてある。機械じかけの手が、その横の皿の中にそれらを投げこむようになっているらしい。サイコロはすべて二十面で、各面には向かい合った面が同じ数字になるようにして、0から9の数字が書かれていた。テレビカメラが皿に向けてセットしてあり、それはマイクロコンピュータらしきものにつながれていた。カートにわかったのはそこまでだった。しかし、彼はコンピュータの上に小さな封筒が置いてあるのに気がついた。封筒には「親愛なるハピトンのみなさまへ」と記されていた。カートはその封筒をもって下へおり、町長のジャニス・フリーナーのところで開けることにした。ジャニスはすぐに見つかり、事情を説明して封筒を開けた。中にはきれいな字で次のように書かれていた。

親愛なるハピトンのみなさまへ

地獄市　洞穴町十九

一九八三年六月二十日

よい知らせと悪い知らせとがあります。悪いほうをさきにいいましょう。時を告げる鐘がありますね。あの鐘が鳴るたびに、ちょうど一〇万回に一度の割合でたいへんなことが起こるようにしかけをしました。鐘が鳴るごとにロボットの腕が五つのサイコロを振ります。そして全部そろって7が出たかどうか調べます。たいていはそろわないでしょう。でももしそろったら、その確率がちょうど一〇万分の一です。そのときには、私がハピトンの町の下に張りめぐらした地下のパイプから「むかつきガス」という悪臭ふんぷんで黄緑色のガスがいっせいに噴きだして、みんなのたうちまわって死ぬことになるでしょう。これが悪いほうの知らせです。

　次はよい知らせです。もしあなた方が私にハガキをたくさん送ってくれれば、この恐るべき事態が起きるのを防ぐことができます。私はハガキが大好きなのです（とくにハピトンのハガキは）。しかしハガキならばどんなハガキでもかまいません。大切なのは手書きという点です。タイプは駄目です。ましてコンピュータでプリントしたものなどもってのほかです。ハガキは多ければ多いほどよろしい。一束でも一箱でも送ってください。

　さて取り引きです。私の計算によればハガキを一枚書くのにだいたい四分かかります。ハピトンの町全体で誰か一人が、ある日四分かけて私にハガキを一枚書くとしましょう。私は次の日にそのハガキ一枚を受けとるでしょう。そうしたら一日の間、少しだけ役場の時計を遅らせてあげます。（鐘を時計がわりに使っている人には不都合でしょうが、邪悪な臭いで黄緑色の「むかつきガス」でのたうちまわって死ぬほうがずっと不都合でしょう。）時計を遅らせるのは一日だけ、そして遅らせる割合は1.00001です。これだけではたいしたことないように思えるでしょう。でも、あなた方全員二万人が私にハガキを書いたとしてみましょう。受けとったハガキ一枚につき1.00001の割合で次の日に私は時計を遅らせます。つまり一日に二万枚のハガキを私に送ることによって、時計は1.00001の二万乗の割合だけ遅くなります。これはだいたい1.2ですから、時計は七二分に一回の割合で鳴ることになります。

　たしかに「七二分じゃ焼石に水」でしょう。それじゃあ一六万枚のハガキを受けとったとしてみましょう。翌日、私は感謝の気持ちをこめてまる一日、夜中の十二時から次の夜中の十二時まで時計を1.00001の一六万乗だけ遅らせます。今度は焼石に水どころではありません。実際この数字はほぼ五になります。つまり鐘は五時間ごとに鳴るわけで、例の不吉なサイコロも（通常の二四回ではなく）五回ほど振られるだけです。そのほうがあなた方にとっても私にとってもよいのです。私は、けっして恐ろしい「むかつきガス」がパイプから噴きだして、あなた方がみんな口から泡を吹き、ねじくれてグロテスクに死ぬところを見たいわけではありません。たんにハガキがほしいだけなのです。そして、一日に一六万枚のハガキを私に送るのはそれほど負担ではないでしょう。一日一人当たり八枚、私の計算によれば一日たったの半時間ほどですみます。

　このように、取り引きの条件はきわめて単純です。鐘はX時間に一度の割合で鳴ります。ただしXは次の簡単な式で与えられます。

$$X = 1.00001^N$$

Nは前日に私が受けとったハガキの枚数です。もしNが二万ならばXは一・二、そして鐘は一日に二四回でなく、二〇回だけ鳴ります。もしNが一六万ならばXは五にまで跳ねあがり、鐘は一日に五回弱しか鳴りません。もしハガキが一枚もこなければば、鐘はいままでどおり一時間に一度の割合で鳴ります。これも公式どおりです。もしNが0ならばXは1になります。ほかの場合については自分で計算できるでしょう。役場の時計がゆっくりと進んでいることがわかれば、みんなずっと安心できるでしょう。

　みなさまからのお便りを熱烈にお待ちしています。

草々

悪魔　ナンバー三一二七

手紙には、中世風の美しい飾り文字による署名がなされていた。見なれない深みのある赤い色のインクだった。

「でたらめさ」カートは激しくいった。「上へあがってあのガラクタをみんな放りだしてやろう。」彼がそういう間にジャニスは最後の便箋の裏に小さなメモがとめてあるのに気がついた。ひっくり返してそれを読むと

　追伸　鐘楼の中のしかけをはずそうなどとは考えないほうが身のためです。接触センサがついていてガスパイプにつながっています。だから誰かがしかけをはずそうとすると、シュー。失礼。

　ジャニスとカートは目を疑った。なんということだ。すぐに警察に電話して、クラン警部に話をした。クラン警部はびっくりして、すぐに対処しますと返答した。それから急いで役場へやってきて階段を駆け上がり、鐘楼のドアをバタンと開けて中へ飛びこんだ。といっても実際には彼は、警察での長い経験から事後の修復より事前の防止のほうがずっと重要だと知っていたので、慎重に調査を進めた。不思議な装置を注意深く観察すると、ドアを閉めて下へ降りた。それから町の下水課に電話をかけて、地下のパイプに異常がないか調べるよう頼んだ。

　その結果わかったことは、悪魔の手紙に書いてあったことはすべて正しかったということだった。そして、そのことが判明する間に五時間が経過し、五つのサイコロはさらに五回振られていた。ジャニスは、自分の娘で十三歳になるサマンサに上へ登ってマイクロコンピュータのすぐ横に腰掛けさせ、ロボットの腕がサイコロを振るところを見はらせていた。サマンサによれば、7はときたま出ることがあるが、おかしなサイコロ五個すべてに7が出ることはおろか、7が二つ同時に出たこともなかった。

＊　＊　＊

　次の日、ハピトンの新聞『イーグル通信』はこの奇妙な事件を一面でとりあげた。それは大きな反響を呼んで、人々はリッデンのハンバーガースタンドでもビックスビーの雑貨屋でも、いたるところでその噂話をしていた。文字どおり、町じゅうその話でもちきりだった。

　コーンウォール川からこちらでは腕一番の小児科のハゼルソーン先生がチェリー通りの床屋のアーニーの店へやってきたときには、店の雰囲気はいつもよりずっと厳粛だった。「いったいどうしたっつうだね、先生」、陽気で太っちょのアーニーが、先生の頭のてっぺんにほんのちょっと残った髪の毛を刈りこみながら尋ねた。先生は（ハピトン市議会の議長でもあったので）、あのニュースには家族ともど

もとてもびっくりさせられたよと答えた。隣の椅子にいた赤毛のダルキンスは、自分もやはりびっくりしたと相づちを打った。それから二人の紳士は、自分たちの髪が刈られるのを待ちながら、おたがいに同意の意を表明し合った。アーニーは、町全体がてんやわんやらしいとまとめるようにいった。彼が白い上っ張りを先生の膝からはずして髪の毛を振りおとしている間に、先生はこの問題を次の火曜日の市議会の一番の議題としてとりあげることにしようといった。「そりゃあいい、先生」アーニーが答えた。それから先生はアーニーに、実は友だちから怠け沼に釣りに行こうと誘われているので、この週末にはゴルフに一緒に行けなくなってしまったと告げた。

悪魔の伝言の二日後に『イーグル通信』は特集記事を載せた。その中にはハピトンのさまざまな人々の意見が述べられていた。たとえば、十一歳のウォリー・サーストンは、町の雑貨屋でありったけの絵ハガキ一四ドル二三セント分を買ってきて、すでに書きはじめていると書いていた。またハピトン高校一年のアンドレア・マッケンジーは、とても心配してガスで死ぬ夢まで見たけれども、両親は心配しなくともどうにかなるといっていると書いていた。たぶん両親たちは自分より一世代分年をとっていて、もうこのさきそれほど期待することもないので、深刻に受けとめていないのかもしれないと彼女は書いている。彼女は毎日一時間をハガキ書きに当てているそうだ。一日一五から一六枚になる。ハピトン高校の用務員のハンク・フープルは落ちこんでいる様子だった。「すべては運命じゃ。銃弾にこちとらの名前が書いてあるってことは、これはもうどうしたってだめだわな。」そのほかにも、多くの市民たちから関心はもとより警告までが寄せられていた。

全然別の受けとめ方もあった。ネッド・ファーディ、こいつはシンプソンの酒場で朝から（そのうえ夜も大半は）くだを巻いているやつだが、「そりゃあ大問題さ、だけど俺にはガスだの統計だのちんぷんかんぷんでね。市長や議会のお偉方たちにまかしときゃあいいのさ。きっとなんとかしてくれるさ。それより飲んで騒ごうや。」裁縫用品の店をやっている七十七歳のおばあさん、ルル・スミスは、「大騒ぎするほどのことじゃないわ。私はいままでどおり商売をつづけるよ。そして毎月第三水曜日にはトランプ遊びをするのさ」といっていた。

＊　＊　＊

ハゼルソーン先生は、週末の怠け沼での釣りからびっくりするような知らせを携えて戻ってきた。「どうやら悪魔は、同じようなしかけをドウェインズビルの教会の塔にもしかけたらしい。」（ドウェインズビルは隣町で、ハピトン高校とフットボールで長年競い合っていた。）「ドウェインズビルでは、ガスでなく水に放射性物質を入れると脅されている。死ぬまでに少し余裕はあるが、ひどいことに変わりはない。それにニューアセンズでは、悪魔に地下火山で脅かされているらしい。」（ニューアセンズはコーンウォール川ぞいにドウェインズビルから二〇マイルほど上流にある少し大きな町で、この地方の商業の中心である。）

この話を聞いてみんなとてもびっくりして、いったいどうして誰も知らないうちにこんなことが起こってしまったのだろうと道端で話し合った。そしてみなは、このようなことが二度と起こらないように、ただちに委員会を設置して町の地下を厳重に監視すべきだという点で一致した。委員会の設置を推進しているカート・デンプスターが、最初の委員長に任命される模様だった。

エド・サーストン（ウォリーの父親）は（自分も有力なメンバーとして加わっている）ジェイス会で子供たちのハガキ書き運動支援のために一〇〇〇ドルの寄付を提案した。しかしスウェール薬局と安眠モーテルの経営者、イノック・スウェールが異議を唱えた。彼はエドを嫌っており、エドはたんに自分の息子の評判のためにそのような提案をしていると主張した。（実際、ウォリーは子供を何人か引きいれて、毎日放課後の一時間をハガキ書きに当てていた。それは新聞で小さく紹介されたこともあった。）激論の末、エドの提案はぎりぎりで却下されてしまった。イノックは議会に大勢友人がいたのだ。

悪魔の計算を確かめようと思いたったのは、たぶん高校の数学教師、ネリー・ドゥーバー一人だけだろう。記者の問い合わせに対して「計算には間違いはないようですわ」と答えている。しかしなにか思いあたることがあったようで、一時間余りあとに彼女は新聞社に電話をかけてきた。「おもしろいことがわかりました。いまのところ、時計はほとんど一時間に一度の割合で鳴っていますね。そうすると一月は七二〇時間ですから、一月に七二〇回の割合でガスが出てくる可能性があるわけです。一回の可能性が一〇万分の一ですから、結局ガスにやられるのはほぼ一〇〇分の一弱の割合になります。その割合でいくと、毎年だいたい一二分の一一の割合でハピトンは助かるわけです。これだけ聞くとたいしたことないように思えますけど、八年間助かりつづける確率はほぼ半々、つまり、コイン投げと同じになるんですの。何年ももつとはとうてい考えられませんね。」

この話は翌日の『イーグル通信』にでかでかととりあげられた。実際、町内バザールの予定よりも大きくとりあげられたほどだった。ドゥーバー夫人に匿名で電話をかけてきて、口のきき方に気をつけないと顔に一発くらわすぞといいだす者まで現れる始末だ。ドゥーバー夫人は事の発端とはなんらかかわりない、ということさえわからなくなっているようだ。

しかし数日たつと、嫌がらせ電話もなくなった。そこで、ドゥーバー夫人は再び新聞社に電話をして次のように告げた。「もう少し計算をしてみました。これから申しあげることは隅から隅まで事実です。もし私たち二万人全員が一日半時間だけ悪魔にハガキを書くために使えば、だいたい一日当たり一六万枚になります。ですから悪魔のいうように、鐘は毎時ではなく、ほとんど五時間に一度の割合で鳴ることになるでしょう。これで恐ろしいことの起こる確率はずっと小さくなります。一月で七〇〇分の一、一年で六〇分の一です。ハガキを全然書かないときの一年当たり一二分の一の確率とくらべるとずいぶんよいでしょう。（ハガキを書いているのはいまでもウォリー・サーストンとアンドレア・マッケンジーの二人以外にほとんどいないのだから、ハガキは書いていないも同然ですわね。）八年間を考えてみると五〇パーセントと一三パーセントの違いになります。」

「それは素晴らしい。」記者はうれしそうに答えた。

「ええ、そんなに悪くはありません。でももしハガキの数が倍になれば、もっとずっとよくなりましてよ」ドゥーバー夫人が答えた。

「どういうことですか、ドゥーバーさん」記者は問いかえす。「倍だけよくなるんじゃないんですか？」

「いいえ違います。指数曲線なのよ。つまりNを倍にすればXは自乗になるのです。」

「ちんぷんかんぷんです。」記者は皮肉っぽくいった。

「いいですか、Nはハガキの枚数、Xは鐘のなる時間間隔ですよ。」彼女は辛抱強く答えた。「もし私たちみんなが一日半時間ハガキを書けば、Xは五時間ですわね。でも、もしみんなが私の代数のクラスのアンドレア・マッケンジーのように一日一時間ハガキ書きに使えば、Xは二五時間になります。つまり鐘は一日に一回ぐらいしかならないのです。そうすれば危険はうんと減るでしょう。あの恐ろしいサイコロが五つとも7を出すのには何百年もかかるでしょう。そうすれば、ガスのことなんか全然心配しなくてもすみますわ。そのためには各自が一日に一時間をハガキ書きに当てればいいのよ。」

記者はハガキの数でどのくらい違いが出るか、もっといろんな数字を知りたがったので、ドゥーバー夫人はさらに計算をしなければならなかった。彼女の計算によれば、一万人（ハピトンの人口の半分）が一日二時間一年間つづければ、同じ結果、鐘の間隔が二五時間が得られる。五〇〇〇人だけが一日二時間、あるいは一万人が一日一時間だと五時間に一回に戻ってしまう。（それでも毎時一回よりはずっと安全だ。）さらに一二五〇人がびっしり働いても（一日八時間）同じ結果が得られるということがわかった。

「もしみんながいっせいにとりかかって、一日四分だけ使うことにしたらどうですか？」記者がたずねた。

「そんなの、なんの足しにもなりゃあしないわよ！（ごめんなさい、ひどい言葉で）」彼女は答えた。「それだとNは二〇〇〇〇になります。ずいぶん大きく聞こえるけれど、Xはたった一・二です。一・二時間つまり七二分に一度の割で鐘が鳴るってこと。一月当たり一六六分の一、一年当たり一四分の一の確率です。おおこわ！。ハガキ書きは一人一日一五分はやらないと目だった変化は得られませんよ。」

* * *

もうすでに数週間が過ぎていて、夏の盛りにさしかかっていた。町内バザールはにぎやかに催されており、人々が夕方家に帰ると庭の木々の間を螢が飛びまわっていた。平和でゆったりとしていた。ハゼルソーン先生は、週末には決まってゴルフに行っていた。おかげで彼のスコアは九〇台の前半にまで伸びていた。彼はすこぶる上機嫌だった。ときおり、とくに下町へ行って役場の塔の前を通ったりすると、悪魔のことを思いだして身震いした。しかしどうすればよいか、彼にはなんの考えも浮かばなかった。

悪魔とガスの話はまだ人々の口にのぼることはあったが、もはや大ニュースではなかった。ドゥーバー夫人の見つけた新事実も新聞に載るには載ったが、漫画の二ページ前、今日の星占いの記事のすぐ後ろに小さくとりあげられただけだった。アンドレア・マッケンジーはその記事を熱心に読んで、友だちにも見せてまわった。しかし、みんなもうあまり興味を示さなかった。彼女には、キャシー・ハミルトンという、とても頭がよくて州立大学へ行って歴史の勉強をすることを目ざしている親友がいた。キャシーもはじめのうちこそアンドレアと一緒に毎日何枚ものハガキを書いていたが、日がたつにつれて次第に熱意が薄れてきた。

「こんなことにいったいなんの意味があるの、アンドレア」キャシーが尋ねる。「少しぐらい私がハガキを書いたからって、なんの足しにもなりはしないわ。ドゥーバー夫人の記事を読んだでしょう。毎日一六万通も出さなければだめなのよ。」

「だからこそ意味があるんでしょう、キャシー」アンドレアはいらいらしたように答えた。「みんながそれぞれ自分の分をきちんとこなせばそれだけの数になるのよ。さぼっちゃいけないのよ。」キャシーは納得せずに、世界史の夏期コースの宿題に自分の時間の大半をあてることにした。世界史に失敗してしまっては、州立大学に入れないのだから。

アンドレアには、ほかの誰よりも歴史や世の移り変わりに興味のあるはずのキャシーが、自分自身の命が危険にさらされていることにどうして気づかないのか理解できなかった。「ハガキを全然書かなければ、大学に行くはずのあなたがいなくなってしまうかもしれないということがわからないの？　毎年一二分の一の可能性で、私もあなたも他の人たちもみんな消えてしまうかもしれないのよ。抵抗しようとも思わないの？　その気になりさえすれば状況を変えることもできるのに、一日一時間、三〇分、いえ一五分でいいのよ。」

「アンドレア、もっと現実的になってよ。」

「なにをいうの、現実的なのは私のほうだわ。あなたが手伝わなければ他の人に負担が押しつけられるのよ。」

「私は負担を他人に押しつけたりしていないわ。手助けは好きなだけやるものよ、強制されるものじゃないわ」キャシーは怒って抗議した。「それにみんながやっていれば私だって喜んで協力するわ。でも、実際ほとんど誰もやっていないでしょ。だから、時間の無駄使いはいやだわ。世界史に合格しなければならないもの。」

たしかにそのとおりだった。毎時きっかりに鐘の鳴る音が聞こえた。誰もハガキなぞ書いていないのだ。以前には鐘の音は心地よく元気づけられるように聞こえたのに、いまやぞっとするような不吉な響きに感じられた。夜飛びまわる蛍やバーベキューパーティーも、彼女にとっては悩ましかった。それらはあまりにも「いつもどおり」、去年までの夏とまったく同じなのに、今年の夏は去年までとは違うのだ。それなのにまるで誰も気がついていないようだった。というか、なにかがおかしいのだけれど、でもなにも起こっていない……。

土曜日に、電気屋のホッブスさんがマッケンジー家の壊れた冷蔵庫の修理にやってきた。アンドレアは悪魔へのハガキのことをもちだしてみた。「だめだめ、エアコンが壊れたみたいさ。この暑さでまるで町中のエアコンの修理で忙しいんだ。いつもでも一日一〇時間働いているのに、いまや一一から一二時間、それも週末も休みなしなんだ。ハガキなんてとても無理さ、アンドレア」とホッブスさんは答えた。たしかにホッブズさんのところはたいへんだった。大家族で、おまけに教区学校へ通う子供たちのお金を払わなければならないし、それに……。

アンドレアの姉のボーイフレンド、ウェインはかつてハピトン高校の人気ハーフバックだった。ある晩、彼はハガキのことでアンドレアをからかった。彼女は「ウェイン、どうしてハガキを書かないの？」と尋ねてみた。

「毎日プールの監視人をやっているのさ。それに、それ以外の時間には、秋のシーズンに備えてフットボールの練習試合さ。」

「でも少しぐらいなら時間はあるでしょう。一日一五分でもいいのよ。」彼女がなおも迫ると、彼は少し居心地悪そうに笑っていった。「そんなこと知らないよ。それに、僕とエレンにはもっと楽しいことがあるのさ。なあ、エレン。」エレンはくすくす笑いながら顔を赤らめた。そして二人はウェインのスポーツカーに乗ってボーリングに出かけてしまった。

＊　＊　＊

アンドレアは友人たちの態度に途方に暮れてしまった。みんなはじめは強い関心をもっていたはずなのに、いつのまにかまるでもう問題はなくなったかのように関心が薄れてしまった。ある日学校から帰る途中で、スパークスおばあちゃんが庭に水をまいているところに通りかかった。グラニー・スパークスはアンドレアの家の筋向いに住んでおり、おしゃべり好きだった。アンドレアは立ちどまって、スパークスおばあちゃんにどう思うか尋ねてみた。「ふん、馬鹿馬鹿しい。」おばあちゃんは憤然としていった。「いいかい、アンドレア、新聞のたわごとなんか信じちゃあだめだよ。なにも変わりゃしないのさ。私はもう、ここにかれこれ八五年も住んでいるんだよ。」

たしかにそれは悩みの種だった。すべてが正常に見えた。若者たちは車を乗りまわし、バイクで騒音をまきちらしていた。役場の向こうの広場のキー劇場では、あいかわらず退屈なホラー映画を上映していた。公園にはバンド。パレード。そして螢。彼女にはこれまでで最も重大なニュースと思われるのに、誰も気にとめていない。自分以外で正気と思われたのは、小さなウォリー・サーストン、あの町の反対側に住む十一歳の少年だけだった。なんという皮肉なのだろう。十一歳の少年のほうが他の大人たちよりも正気なのだった。

しばらくたって八月一日ころ、思いがけず新聞にアンドレアを勇気づけるような論説が掲載された。それは、編集主任ブラウン氏によって書かれたものだった。彼は慎重で、昔気質のジャーナリストだった。論説はとても短いものだった。

従わず蟻

従わず蟻の物語は非常に簡潔だ。彼は働かずに遊びたいという自分の内なる衝動を、自分だけの特別な自我の特別な表現なのだと信じこみ、歌を歌って楽しく過ごしたのだ。「僕の選んだ道は他の蟻たちとは全然関係ない。あたりまえさ。」

当然のごとく、同じ巣の他の蟻たちもまったく同じことを考えた。実際、まるで同じ文句が、その巣の蟻たちみんなから別々に作りだされたのだった。それでも、蟻たちはみな自分の文句を自分だけのものと考えた。歌声は巣中に響きわたる。メロディーまでがまったく同じで。

そして、その巣は崩壊した。

素晴らしいたとえ話とアンドレアは思って、友だちみんなに見せた。みんなおもしろがったが、誰もハガキを書きはじめはしなかった。結局、人々は日常生活に戻っていった。なにも変わったことはないように思えた。暑い季節がやってきて、人々は町のあちこちのプールに集まるようになった。ときおり悪魔とハガキは冗談めかして人々の口の端にのぼることもあった。そんなとき、人々は舌打ちをして話題を変えるのだった。でも、それ以外の多くの時間、人々はそれまでとなんら変わることなく時を過ごし、青空を満喫していた。そして、庭の芝生の手入れに精を出すのだった。町の美化のために。

追記

原子爆弾はすべてのものごとを変えてしまったのに、われわれのものの考え方だけが変わっていない。そして、類のない惨事へとなす術もなく流されているのだ。
——アルバート・アインシュタイン

いつの時代の人々も、自分たちの時代がそれまでで最も困難な問題を抱えていると感じるのがつねである。一見これは馬鹿げた考えのように思える。すべての時代が最も困難ではありえないではないか。しかしそうではない。事態はつねにより危険で恐るべき方向へと推移しうる。そうすれば、新しい世代はつねにそれまでにはない深刻な問題に直面することになる。私たちはいま、自分自身の手による絶滅という問題を抱えている。

ソビエト連邦と対立している私たちの現在の状況を、二人の人間が膝までガソリンに浸された部屋の中で対決しているさまにたとえた人がいる。二人ともマッチ箱を開いて手にもっている。一人が相手を嘲っていう。「はっはっは、俺のマッチ箱にはマッチがぎっしり詰まっている。おまえのには半分しか入っていないじゃないか。はっはっは。」

現実の状況もその程度に単純である。しかし、大多数の人々はこの現実を受けいれ、日常生活を変革することを拒んでいる。それゆえ、アインシュタインの憂うつな発言があるのだ。

＊　＊　＊

何年も前、著名な遺伝学者のジョージ・ウォルド氏が核戦争の可能性を推定したものを読んだ記憶がある。一年に二パーセントの割合という数字を彼は提出していた。これは、五十面のサイコロ一つ(あるいは七面のサイコロ二つ)を一年に一回振って悪い目が出ないことを祈っているというのに相当する。ウォルド氏がどうして二パーセントという数字を得たのかはわからないが、鮮烈な印象が残っている。この数字が私の脳裏に刻みつけられてから、もう二〇年あまりたっている。おそらく、可能性は現在では当時よりも高まっているだろう。

『原子科学者会報』は、表紙に時計の絵を掲載している。その時計は時を刻むのではなく、ふらふらとふらついている。真夜中の十二時の近くで、十二時に近づいたり離れたりしている。現在時計は十二時三分前を指している。SALT—Iの調印のときには十二時十二分前だった。最も十二時に近づいたのは十二時二分前で、キューバ危機のときだったと思う。

この時計の目的は、核による大量殺戮の現時点における危険を象徴的に示すことにある。夏に国有林によくある、熊の防災人形が掲げた「今日の火災危険度」標識にちょっと似ている。あくまでも雑誌の監修者たちによる主観的評価である。さて、それでは「危険」とは、単位時間当たりに惨事の起こる確率でないとしたらいったいなんだろうか？　場所や状況が危険であればあるほど、人々はそれだけ早くそこから抜けだしたくなる。私には会報の時計に示される十二時までの時間B分は、実は一年あたりの核戦争の確率を表すウォルド数Wを符号化した表現のように思える。そこで私は、知っているかぎりにおけるBの値と自分自身のWの推定値とを並べた主観的な表を作ってみることにした。その結果が以下の表である。

会報の時計（十二時までの時間）	**ウォルドの可能性（一年当たりの確率）**
一分	二〇パーセント
二分	一〇パーセント
三分	七パーセント
四分	五パーセント
五分	四パーセント
七分	三パーセント
一〇分	二パーセント
一二分	一・五パーセント
二〇分	一パーセント

この主観的な対応をまとめると、次の単純な方程式でほぼ正確に表される。

$$W = 20/B$$

これは、地球が一回太陽のまわりを回る間に大量殺戮の起こる確率の見積りを、会報でその年に設定された時間との関係において与えてくれる。

WとBを科学的に推定するのは不可能かもしれない。しかしこれらの背後には、たとえハピトンの物語のNやXのように単純ではないにしても確固とした現実の裏づけが存在する。たしかに核戦争の勃発は、サイコロ振りのようにランダムな過程ではない。それでも確率で考えることには意味がある。歴史の方向を定める要因は、全能でないものの立場から見れば事実上ランダムなのだ。他人（あるいは他の国）のなすことは予測不可能・制御不可能である以上、ランダムと考えてもさしつかえないだろう。

中東や中米で緊張の高まりが限界を越えたとしても、それは私たちがあらかじめ予測できるわけではない。どこかのテロリスト集団が核爆弾を製造してそれを利用したり、利用すると脅迫したとしても、これは本質的に「ランダム」な出来事である。アジアの人口爆発やアフリカの飢餓、ソビエトの穀物不作や石油の供給過剰あるいは不足が原因で国家間に緊張が生じたとしても、それは確率変数、サイコロ振りのようなものである。イギリスとアルゼンチンがフォークランド諸島をめぐってあんな愚かな争いをするなんて、いったい誰が予測しえただろうか？　次に係争の熱い焦点となるのはどこか、誰にもわからない。地球上の紛争の熱は急速に、そして気まぐれに変動する。ちょうど、気持ちのよい夏の日が突然灼熱の脅威に変貌しうるように。そしてハピトンでさえ例外ではない。

＊　　＊　　＊

ウォルド数や『会報』の時計から得た鮮烈なイメージをもとに、私はハピトンのたとえを思いたった。たとえをこしらえてしまえば、物語を書きすすめるのは容易だった。数字の設定には工夫をこらす必要があった。寓話内で用いる数字が現実的であることが重要だった。最も重要なのは次の二つだった。(1)一年当たりに破壊の起こる可能性。これについてはほぼうまくいった。(2)状況にはっきりとした違いを引きおこすべく、一人が一日当たり行動に費やす時間。ハピトンにおけるその境目は一人一日当たり一五分であった。現実世界でも、一日一五分というのが違いを引きおこすための目安になると私は考えている。しかしハピトンと現実世界の間に、読者は二種類の相違を見いだすかもしれない。

まず第一に、ハピトンの状況は現実における地球規模の対立と核戦争の潜在的な可能性という状況とは、比較にならないほど単純に見える。ハピトンではハガキを書けば少しでも事態がよくなることは明白だが、現実世界ではどんな行為が効果的なのかさえ不明瞭である。米ソ間の緊張を凍結あるいは削減するために努力することは、かえって有害かもしれない。状況はあまりに複雑で、ハガキ書きのように単純で確実な処方は存在しない。

しかしこの議論には大きな誤りがある。ハガキ書きはハピトンでも確実な手段ではない。いくらハガキを書いてもガスが吹きだすことはありうるのだ。変わるのは可能性だけだ。現実世界の場合、完全な情報が得られないため有効な行為と有害な行為を区別するためには、私たち自身の推定に従わざるをえない。自分の鼻以外に頼るものはない。いくらよい意図をもって行ったからといって、状況が改善されるという保証はない。人生とはそういうものだ。

私自身は議員たちに定期的に手紙を書き、地区集会に参加し、さまざまな組織に加入して行動し、この話題についてあちこちで講演し、いま書いているこのような記事を書くことによって大量殺戮の可能性が減らせる（おそらく一・〇〇〇〇〇一分の一の割合ぐらいだろうが）と信じている。それで事態が改善されるとどうしてわかるだろう？　もちろんわかりはしない。その点ではハピトンも同様だ。よかれと思ってしたことが、全然予想もしない理由によって逆に作用することだってありうる。小さなウォリー・サーストンが悪魔に一〇〇〇枚目の手紙を書いているとき、たまたま飾り文字を書こうとした鉛筆によって空気の分子がかき混ぜられ、押し合いへし合いした分子が鐘楼の二十面体のサイコロにぶつかって、ボン、7の目がそろってしまったよ、ウォリー、ウォリー、お馬鹿さん、どうしてハガキなんか書いたんだ、ということだって起こりうるのだ。

軍拡競争に反対して行動するのは逆効果かもしれないといって警告を発する人々は、軍拡競争に賛意を抱いているにすぎない。しかし彼らは人生の他の面においても同様の勧告をするだろうか？　スーパーマーケットへ車で買物にいくのがあなたの人生の最後にならないという保証はどこにもない。人生はすべからく賭けなのだ。

さて、ハピトンと現実との違いの二番目だ。ハピトンでは一日一五分という時間が目に見えて効きめを現すには、大人も子供も含めた二万人の市民全員が参加する必要があった。現実のこの国の人々に一日のうち一五分を費やすよう私が望むのは、あくまでも大人（せいぜい高校生以上）が対象だ。しかも大半の大人はこれに含まれないだろう。みんなが政治的に活発になることなど、とても現実には望めない。おそらく非常に活発であれば五パーセントの少数で十分だろう。その程度でも組織だって雄弁な少数集団であれば、それがどれほど目につき影響力をもつかという点には驚くべきものがある。現実的に考えて、私の希望は合衆国の大人のうち五パーセントが、平均一日当たり一五分の活動を振りむけてくれることだ。その程度の活動で転回点に到達できると私は心から信じている。さらに三〇分・六〇分と拡大することによって（まさにハピトンにおけると同様に）国内の雰囲気（そして地球規模での危険度のレベル）に意味のある変化をもたらすことができるだろう。

＊　＊　＊

ハピトンの物語がなんのために書かれたのか、十分説明できたと思う。この話は人々の行動の引き金にはならないかもしれない。私はだんだん現実的になっている。そしてあまり多くは期待していない。ただ私は人間の特性をもっとよく理解したいのだ。愚かなアブは高速道路の上をのろのろと飛ぶ。たとえ一〇〇メートルほど向こうからトラックが突進してきて、その窓ガラスにいまにもたたきつぶされそうになっていても、少しも気づかない。人間もあのアブのように愚かなのはいったいなぜだろうか？

最後に、私にとって核戦争は最大の脅威に思えるが、他の人々にとってはそうではないかもしれない。なんらかの活動に携わっているかぎり、それがなんの活動であろうと私は構わないのだ。ハピトンの脅威に対応するのがなんなのかは問題でない。核兵器だろうと、化学兵器や生物兵器、人口爆発、合衆国の中米干渉の深まりだろうと、あるいはもっと控えめななにか、たとえば合衆国内の環境破壊でもかまわない。必要なのは健康な怒り、内なる炎だ。そうでないと、役場の時計が時を刻み、一時間に一回、毎正時に、そして……。

追記の追記

核戦争の阻止を目的とした雑誌が二つある。『原子科学者会報』と『核問題』である。『会報』は、一九四五年に発刊され、関連する諸問題について人々の自覚と理解を助けることで、核による大量殺戮を予防することを目的としている。「科学と世界情勢に関する雑誌」と標榜している。住所は5801 South Kenwood Avenue, Chicago, Illinois 60637である。

『核問題』はもっと新しい雑誌である。こちらは「反核運動のニュース雑誌」を自認している。記事は『会報』よりも短く手ごろだが、アメリカと世界の出来事について最新の情報を提供してくれる。住所はRoom 512, 298 Fifth Avenue, New York, New York 10001である。

以下の組織はいずれも軍拡競争を抑え、地球上の緊張を緩和するための有効で重要な勢力となっている。ほとんどの組織はすぐれた機関誌を発行している。それらは安価で大量に（場合によっては無料で）手に入れることができる。いうまでもなく人員と資金はつねに必要とされている。地方支部のある組織も多い。

住みよい世界委員会(The Council for a Livable World)

11 Beacon Street
Boston, Massachusetts 02108

核兵器凍結運動 (Nuclear Weapons Freeze Campaign)
4144 Lindell Boulevard, Suite 404
St. Louis, Missouri 63108

SANE
711 G Street, S.E.
Washington, D.C. 20003

社会的責務に目ざめた物理学者の集まり (Physicians for Social Responsibility)
639 Massachusetts Avenue
Cambridge, Massachusetts 02139

防衛情報センター (The Center for Defense Information)
303 Capital Gallery West
600 Maryland Avenue, S.W.
Washington, D.C. 20024

核戦争阻止を目ざす物理学者の国際的集まり (International Physicians for the Prevention of Nuclear War)
126 Rogers Street
Cambridge, Massachusetts 02142

憂慮する科学者連合 (Union of Concerned Scientists)
26 Church Street
Cambridge, Massachusetts 02238

［第33章］

せめぎ合う内なる声

ボタンを押した。その瞬間ユタが消しとんだ。あとかたもなく。もはや私にはどうすることもできない。ボタンを押さなければとどんなに願っても、たとえ押した直後であったとしても。ひとたび押してしまえばもう取り返しはつかなかった。計算違いは悲惨な結末をもたらす。

ユタは砂の地だ。砂漠と奇妙で荒涼とした風景に満ちている。美しい土地だ。何度も通ったことがある。そのたびに驚きを感じた。不気味でよく響く名前、「ユーインタ」「ワサッチ」「モアブ」「クーシャレム」「シビッツ」「タバプッツ」「パンギッチ」……。

もはやそれらの名前はすべて破壊され、あとかたもない。もう一度すべてタイプし直さなければならないだろう。さらにまずいことに、数日前に思いついたアイデアがすべてやはり闇に消えてしまったのだ。もちろん、バックアップコピーがあるかどうかをまず調べてみた。二つあったはずだ。しかし両方ともやはり壊してしまったあとだった。ちょっと前まで三つ、そうユタのコピーは三つ私のディレクトリに存在したのに、すべて消えてしまった。ディスクの領域はすでに開放されていたのだ。それでも私のファイルのビットパターンは、数秒間はおそらくそこにまだ存在したことだろう。もはや保護はされていないが、一応手つかずで。しかし当然、誰かがファイルを作ろうとする。すると無慈悲にもOS（オペレーティング・システム）は私の上から書きこまれる。私の場所を引きわたしてしまう。そして誰かのビットパターンが私の上から書きこまれる。

私は必死でした。なんとかしてユタを取りもどす方法がないだろうか？　センターの磁気テープを調べてもらいました。するとたしかに残っていました。一日前のバージョンです。やれやれ、なにかは残っているぞ。しかし、すぐにそこにはわずか四行しかないと判明しました。磁気テープに保存されたのは、私がアイデアを思いつくよりもっと前だったのです。そしてすべての望みが断たれました。

アイデアの再構築は無理だろう。最初からやり直しだ。なんということだ、「ユタ」ファイルを消してしまうなんて。それもたった一つのタイプミスのせいだ。しかし、それでも私はこうしてもう一度タイプをし直し、同じ名前でファイルを作り、かわりの新しいアイデアを構築しようとしています。というか、私はここでみなさんの前に立って、消してしまった原稿があったのと同じディスク上に一週間前に作った原稿を読んでいるのです。

おや、いったいどっちだろう？　私はこの端末の前でタイプをしているのだろうか、それともここでみなさんの前に立っているのだろうか？　わからなくなってしまった。

私が今日、この「人間の価値に関するグレース・アダムズ・タナー講演」で論じようとしている問題の一つの側面はこれです。「私」という言葉の意味はなんだろうか？　この問題は知的かつ哲学的なものです。しかし同時に、この問題は実際的で現実生活に密接に関連し、心を引き裂くような性格のものです。私の内部の多くの内なる声のうち、いったいどれが支配権を握るのでしょう？　私はいったいどれになって、そしていったいどのようにしてそうなるのでしょうか？　私の中のどの部分が決定を下すのでしょう？　そしてその部分は、どのバージョンの私が支配権を握るかの決定にさいして、それ自身、内的葛藤に陥ることがあるのでしょうか？

＊　＊　＊

はじめにお話しした前のバージョンのユタをタイプしていたときに、ちょうど私はこんな問題について考えていたのです。白状すると実は、ボタンを押したために破壊されたとした「ユーインタ」「ワサッチ」といった地名は、私の話の最初の構想に含まれていたわけではないのです。ファイルのユタを消すという取りかえしのつかないへまをしでかしてしまったあとではじめて、ボタンを押して州のユタが破壊されるというたとえ話を思いつき、ユタ州の中の場所が消滅すると想像したのです。だからそれらの地名を一つ一つ実際にタイプしたのはユタという名前の新しいファイル、つまりいま私のタイプしているまさにこのファイルなのです。もし同じ過ちを再び繰りかえせば今度は本当にそれらの地名が消えることになりますが、さすがにそれほど不注意ではないと思います。

しかし州のユタとコンピュータ・ファイルのユタとのアナロジーを思いついたのは、けっして偶然ではありません。実はもとのファイルには私ダグ・ホフスタッターの中の二つの声の間の争いが、二つの自我がおたがいに張り合っているさまが書かれていたのです。それは、みなさんの目の前で起こっている仮想的な対話でした。対話の主は二人ともまさしく私自身ですが、ある意味でおたがいに対立していました。

私の本『ゲーデル、エッシャー、バッハ』をご存じの方は、私が対話に登場させたアキレスと亀という登場人物（と他に何人か）をご記憶でしょう。最近またアキレスと亀の対話を一つ書きました。その中で彼らは魂の実体を求めて「動玉箱の中ではなにがなにを……」という問いについて議論しています。その対話（本書第25章）で私は、というより彼らは、魂を支配するものはなにかという疑問をとりあげています。私たち自身が自分で理解してさえいない膨大な部分から構成されているのに、どうして自己の性質について理解することができるのか？　部分がいったいどのように組み合わされ、全体として自己・魂・私やあなたが生まれるのか？

それが「動玉箱」のたとえです。広大な空間を膨大な数の玉が飛びかい、おたがいに衝突しあっています。個々の玉の運動は無意識的ですが、一歩退いて全体を眺めると、そこには巨大な意識が生じているのです。表題の疑問「動玉箱の中ではなにがなにを？」は、このようにさまざまな段階での記述が可能な系をいかに扱うべきかを問題としています。果たして玉が全体の系を動かしているのか、それとも系全体の欲求が玉を動かしているのか？　これはまさに自由意志——対話の中では自由不意志ともいわれている！——とはなにかという難問にほかならないのです。

私の内のある部分は、今夜この対話についてここでお話ししようとしています。内なる声の一つはそれを支持しているのです。しかし、別のもっと切迫した声があって、強くそれに反対しています。実はこれら二つの内なる声の間の葛藤の記録こそ、私が不注意にも消してしまった「ユタ」ファイルにあったものです。

それでは不遜にも割りこんできたもう一人のダグ・ホフスタッターとはいったいどんな人物で、いったいなにを語りたいのでしょうか？　なぜ彼は私のトップレベルの制御を得ようとし、なぜ動玉箱の話では不満足なのでしょうか？　それを説明するには彼自身に語ってもらうしか方法はありません。では、どうぞ。

＊　＊　＊

どうもありがとう、でも、ちょっと変な気持ちです。だって僕は君と別の人間とは思えないのだから。君というのは、つまり僕がここで話すことを寛大にも承知してくれた人物のことです。でも、僕も実は同じ人物ですね、違いますか？　ときどき私にもわからなくなるのですが。「人類の価値に関するグレース・アダムス・タナー講演」に招待されたのはいったい誰なのでしょう？　著者としてのダグラス・ホフスタッターでしょうか、それとも人物としてのダグラス・ホフスタッターでしょうか？　前者はピューリツァー賞を取り、毎月コラムを書き、広く知られています。だから講演に招待されるのももっともでしょう。それにくらべて後者は、友人を除けば知られてはいません。しかし前者のエネルギーはすべて目に見えない内なる人格、相対立する観念・希望・目的の熱い芯から生みだされるのです。これまでの部分では実は、心の中でさまざまな観念がうごめき、もつれ合う実際の人格を象徴的にみなさまの前にお見せしたわけです。

さて、私はイメージとしての私ではなく、人物としての私ですから、最近私をとらえて離さない事柄について自由にお話ししようと思います。このことのゆえに、私はいま分裂しているのです。(そして私自身そのうちの一人です。)このこととは、最近とみに現実感を増しているきわめて単純なボタン押し行為です。その行為はコンピュータのファイルではなく、私たちの国、実際には国全体、町すべてを破壊するものです。それは「好むと好まざるとにかかわらず現実である」核戦争の問題です。それはしばしば「考えられないこと」と呼ばれていました。

私はずっとこの呼び方が気に入っていました。「考えられないこと」、この言い方には実際にはけっして起こらないという響きがあります。あまりに恐ろしく、誰も核戦争など始めることはできないだろう。核戦争はこの世の終わり、最終戦争、と同義だ。しかし時がたつにつれてそのような見方は薄れてきました。「考えられないこと」は、核戦力の保有者たちによってしだいに現実のこととしてとらえられるようになってきているようです。

＊　＊　＊

私は、インディアナ州ブルーミントンという人口約六万人の町に住んでいます。ソビエト連邦のどこかにはこのブルーミントンの町を標的としたミサイルを格納したミサイルサイロがあることでしょう。実際核弾頭を搭載したミサイルの数は数千にのぼり、それらが第一次攻撃を構成しています。(私は「核弾頭を搭載した」という表現の精妙さに感嘆を覚えます。小さなかわいらしい帽子のような飾りが、優雅な流線型のロケットの上につけられているさまが目に浮かびそうです。まるであとからたんにスタイルのためだけに追加された美的飾りのように思えます。）そのミサイルサイロで働く人々はおそらく、インディアナ州ブルーミントンという町のことなど一度も聞いたことがないでしょう。それでもミサイルが正確に作動して目標に当たるようにと、毎日整備に余念がありません。もしかすると、中には標的を知っている人もいるかもしれません。きっと彼らは「ブルミンクトーン、イーンディアンナ」とでも発音し、そして舌打ちをしていることでしょう。

そしてまた別の場所、ユタかどこかには今度はアメリカ人の労働者がいて、ちょうどソビエト人の労働者がするのと同じようにゴーリキー、ノボシビルスク、オムスクなどソビエトの町をねらった同じようなミサイルの面倒をみていることでしょう。彼らのほうでは、ソビエトの町のことをひどいアクセントで呼んでいるのです。

これら相対する大陸の人々は双方とも非常に似かよっていて、おたがいになんの悪意も抱いてはいません。しかしミサイルは厳然として存在し、遠くの町に住む何千何万もの人々を瞬時に、あるいは数週間にわたって殺戮することを目的としています。その恐ろしさは認識されていないのです。

＊　＊　＊

アメリカ人は世界中の人々から寛大で暖かい国民と受けとめられています。アメリカは世界にさまざまな貢献をしました。自由の概念・西部開拓のイメージ・ハリウッド映画・ジャズ・科学技術による生活の向上の展望・言葉や服装スタイルの自由さ・アメリカ人の性格に深く根ざすざっくばらんさ。私は、『サイエンティフィック・アメリカン』誌に寄稿しています。そしてそれによって私はきわめてアメリカ的な組織の一部となり、自分の書きものが私の国を代表するものとなる、そのことをたいへん誇りに思っています。この国は人類の自己イメージに大きく貢献しています。そして世界中の人々の心の中でも特別な地位を占めています。

同様にソビエトの人々も世界の文化に多大な貢献をしてきています。ドストエフスキーやトルストイといった小説家、ラフマニノフ、プロコフィエフ、スクリャービン、ショスタコービッチ（私の好きな作曲家たちです）といった音楽家たちの素晴らしい音楽、科学者・数学者・哲学者たち、そして苦悶と諦めに満ちた豊かで悲しい文化。ゴーリキーの町には偉大な精神の持ち主、アンドレイ・サハロフ博士が住んでいます。彼はソビエト水爆の父として知られていますが、いまは反体制の立場で苦闘しています。ソビエト連邦のふつうの町には、私たちと同じようにふつうの人々が住んでいます。彼らは静穏な生活を望むのみで、けっして頭上にぶらさがるダモクレスの剣など欲してはいません。

しかしこの剣は私たちすべての上にあり、それを吊るす紐は日々細くなっているのです。「考えられないこと」はもはやたんに考えられているだけにとどまらず、双方とも隅の隅まで計画しつくしているのです。数十にのぼる核戦争のシナリオがおのおのの側で検討されています。数十もの最終戦争のパターンがコンピュータや戦略参謀の頭の中で試されています。そのような人々は地図の上に色つきピンを刺し、数のみを考えて命のことは考えません。

計画やソフトウエアだけではなく、当然ハードウエアや材料もそろっています。しかし、あたかもそれではまだ不足だとでもいうように、地球上では毎日どこかで三個から五個の核弾頭が配備されているのです。みなさんご存じのように、これまでに二つの原子爆弾が実際に人間の上に投下されました。それによって、それぞれ約六万人の人が死にました。そしてその二つは、私たちがいま毎日作っている物にくらべれば、本当に小さく「かわいい」爆弾なのです。

＊　＊　＊

中には、事態は第二次大戦のころから大きくは変わっていないと考えようとする人々もいます。彼らの考え方はまるでダチョウのようです。私のある友人は、上司と昼食のときに交わした会話について話してくれました。友人は核戦争の恐怖のことをもちだしました。すると親切な好人物の彼の上司は、現実には核戦争は前の戦争とそれほど違わないだろうと反論しました。「どうしてそう思われるのですか?」と友人が尋ねると、「最も小さい核兵器はどのくらいだい?」と上司がいいました。彼が「TNT五〇〇トン相当です」と答えると、「それでは最大の通常爆弾は?」「たぶんTNT二〇トン相当ぐらいでしょう。」「ほら、たったの二五倍じゃないか。」

友人がこの話を私にしてくれたとき、私は自分の耳を疑いました。友人の上司は最小の核爆弾が最大の通常爆弾より「たったの」二五倍しか大きくないという考えで安心したというのです。二五倍という数字を完全に無視する、それだけでもひどいといえますが、しかし二五という数字は全然正しい数字ではないのです。典型的な核爆弾はむしろ一メガトンくらいあります。つまり最大の通常爆弾の五万倍の大きさです。二五倍ではなく、五万倍です。さらに最大ではなく、典型的な通常爆弾とくらべれば比率はおそらく一〇〇万のオーダーになるでしょう。一〇〇万です。この数字には唖然とするでしょう。文字どおり理解の範囲を越えています。もう少し見やすくするために、けっして想像しやすくなるわけではありませんが、次のような数字を示しましょう。ふつうの大きさ、二・二メガトン、の核弾頭一個の破壊力のほうが第二次大戦中にドイツに投下されたすべての爆弾を足したよりも大きいのです。ブルーミントンの町に向けられているものは、おそらくその半分程度の大きさでしょう。半分の大きさでしかないということを知れば、友人の上司は安心するのでしょうか。いくらなんでも、そうもいってはいられないでしょう（図33-1）。

＊　＊　＊

しかしいったいどうして、こんな残忍な話をいましているのでしょうか？　ここへは核戦争の話をしにきたのか、それとも魂の話をしにきたのかどちらなのでしょう。なぜこんな恐ろしい話をくどくどとするのでしょう。それは私が唯一の人格でないから、この内なる声を抑えることができないから、私の内のなにかが長い沈黙を破って目ざめたからなのです。

「内なる声」や「眠れる観念」といった考えに注意を向けると、とたんにもう一つの話題、魂に行きあたります。私自身の内なる分裂のために、私は自分の嫌いな話題と好きな話題との間を行ったりきたりしているのです。私は悪夢のような現実に呼びさまされた自分自身の心の犠牲なのです。また別のレベルから見れば、長い眠りのあとに活性化された私の脳の中の内的主体によって私の心が「突きうごかされている」ともいえるでしょう。脳の命ずるまま、心は従わざるをえません。しかしこれは奇妙な言い方です。「脳の下僕としての心」とはどういう意味なのでしょう？

ここで少し脳について考えてみましょう。脳はとてもたくさんの部品、一〇〇〇億個ものニューロン、からなっています。これらの

図 33-1　引きつづく悲惨なニュースに対して通常とられる姿勢の一つ。（絵：デービッド・モーザー画）

部品はおたがいに信じられないほど複雑に結合しあっています。ほとんどのニューロンは他の数千ものニューロン、それもかなり離れた場所にあるものと結合しています。ニューロンにはいくつかの型がありますが、基本的にはおたがいに似かよっています。同じものが非常に多く集まって作られる系は、統計力学と呼ばれる物理学の分野で長年研究されてきました。たとえば三次元格子を考えてみましょう。巨大な三次元のチェッカーボードを思いうかべてみてください。格子の各点には粒子があって、その「スピン」が上か下のどちらかを向いています。個々の粒子はスピンによって作られる磁界を通して、すぐ隣の粒子だけに影響を与えます。各粒子がスピンの向きを決めようとします。「決定」の過程は、隣の粒子の状態に依存するだけで規定されます。しかしおもしろいことに、それら隣の粒子の状態はやはりその隣の粒子に依存するので、結局個々の粒子はすぐ隣の影響を「感ずる」だけなのにもかかわらず、全体はおたがいに密接に関係し合っているのです。

結果として、それらの系の振る舞いはある特徴的な性質を示します。一般にそれは「集合的現象」と呼ばれます。これはとらえがたい概念ですが、一例として交通渋滞の現象を考えてみましょう。一台のタクシーだけを見ていても、交通渋滞のことはわかりません。たとえば、車内でわからなければトランクを見て、その次は前を開けてバッテリー、ラジエーター、さらにガソリンタンク……。ばかげているでしょう。交通渋滞は車一台のレベルの現象ではないのです。それは多数の車によって作られるパターンです。しかもそのパターンは、構成要素の車に大きな作用を及ぼすのです。

集合的現象では部分からパターンが形成されます。そして、そのパターンが逆に構成部分に強い影響を与えて、パターンが保持され

ていま す。台風や生命や知能を考えてみてください。酸素原子一個の中をいくら探しても台風は見えません。アミノ酸の分子一個だけでは生命はわかりません。知能の場合も同様で、小さな構成部分を、脳の中のシナプスにせよコンピュータの中のビットにせよ、単独で取りだしたのではだめです。

＊　＊　＊

集合的現象はどのようなしくみによるのでしょう？　脳の中で思考はどのようにして生まれ、伝わっていくのでしょう？　誰も本当のところは知りません。私たちにいまできるのは、より単純な比喩に頼ることだけです。たとえば、海中を魚の一群が泳いでいるさまを想像してみてください。先頭の魚が危険に出会ったとしてみましょう。頭上を奇妙な影がよぎる、あるいは前方で突然動きがあったなどです。一瞬のうちに群れ全体がそろって向きを変え、全速力で逃げだすでしょう。このような集合的、協調的行動が起きるのは、構成要素全体の位相がたがいにそろっている場合です。全体が一つの単位として行動するのです。同じように、磁性物質中のスピンも協同的に振る舞います。特定の中心的スピンが反転すると、スピンの「群れ」全体、磁区がそろって反転します。

このいわゆる磁区は国家に少し似ています。個々のスピンが人々に対応します。もちろん人々はスピンや粒子よりはるかに複雑で、たんに上向きか下向きかの二つの状態だけというはずはありませんが、しかし切羽つまった状態では、人間の判断も白か黒かといったものになりがちです。たとえばイランはほとんど一夜にして、親米から激烈な反米へと転向してしまいました。しかもそれは政府レベルの話ではなく、民衆レベルでです。瞬時に分極してしまいました。分極というこの言葉はたまたま磁性物質の場合にも用いられ、スピンの全体（あるいは大多数の部分）がすべて同一の方向を向くことを示します。

また、外的な出来事によってこの分極があっという間にちょうど「反転」のような変化を示すこともあります。国の場合にもやはり非常に短期間に反転することがあります。（アルゼンチンが、数週間前までひどく嫌われていたはずの議会のもとに、文字どおりあっという間にまとまってしまったことを思いだしてください。）しかしそのようなことが起きるのは、国全体が分極などによって一つの大きなまとまりとして振る舞っているときに限られます。どんな国でも、その存立期間の大部分の間は分極による単一の白／黒状態などではなく、むしろ多数の小さな領域がすべて独自の目標を目ざして並立するといったずっと複雑な存在となっています。

脳もやはり同じです。多数のニューロンからなる脳の構成は、共同体がより小さな共同体の集まりから構成され、下位の共同体がさらに下位の共同体から構成されるという様子と似ています。全体よりすぐ一つ下のレベルの共同体が、私がすでに「下位自我」とか「内なる声」と呼んだものに対応します。内なる声とは分裂症的幻覚のことではなく、全体を制しようとおたがいに争っている、私のさまざまな側面のつもりです。ハイジャッカーのようなものです。ただし、善意のハイジャッカーであることのほうが多いのですが。あるいは飛行機が飛びたってしまったあとで、乗客たちがどこへ行こうか投票しているようなものかもしれません。

一つの例として、ルービックキューブを考えてみましょう。これについては、動玉箱にまつわるアキレスと亀の対話でもとりあげました。そもそもなぜキューブなどやりはじめるのでしょう？　棚の上でキューブがいつものように光っているのが目に止まります。たぶん、その光がいつもよりちょっとだけ強く私の気を引いたのでしょう。キューブ遊びに「引きこまれ」て、それでキューブをとりあげます。キューブなどでなく、ほかに山ほどやるべきことがあるはずなのに、なんとなく引きよせられてキューブを回しはじめる。そうなるともう、色とりどりの面をあっちへひねりこっちへひねり、面がきれいにそろうまで喜々としてそれをつづける。そして、一度できるとまた最初から始める。やがて、「こんなことばかりしているわけにはいかない。あと一回だけ」と考える。しかし、もう一回やってみてもなんとなく納得がいかない。そこで、後ろめたさを感じながらももう一回やってしまう。そしてさらにもう一回。

まさにスナック菓子の宣伝文句のとおり「やめられない、止まらない」のです。アカデミー・フランセーズはフランス語を強固に管理して、人々の中に自然に引きおこされる変化まで押さえつけようとしています。しかしアカデミー・フランセーズは、本来押さえつけえないものを「上からの圧力」によって強引に押さえこもうとしているのです。蓋を押し上げようとする「下からの」力は強大です。沸騰する圧力鍋の蓋を押さえることはできないでしょう。同じように、怒れる民衆の上に蓋をかぶせて押さえつけることは不可能です。イランやサルバドルやチリの人々をご覧なさい。どんなに強く押さえつけても、最後は中からの圧力が優るのです。

＊　＊　＊

そして脳でも事情は同じです。相争う下位自我をいつまでも押さえておくことはできません。押さえつけて行動を禁じることは不可能です。それぞれの「内なる声」は実際には何百万もの部分からできており、各部分は活動しています。ある特定の環境のもとでは、それらの小さな活動はすべていっせいに「同一の方向を向く」でしょう。その瞬間、内なる声はいわゆる相転移を引きおこして結晶化し、もやもやの状態から突然出現して、共同体のうちの一員としての自己の地位を主張しはじめます。そして、力が十分にある場合には他に圧力をかけ、自分自身を認識させようとするでしょう。権力を握ろうとします。そして、ひとたびそれを握れば二度と手放そうとはしません。これが「魂を制する」の意味です。

一度ルービックキューブの例で説明しようとしましたが、実はそれだけでなく、同じようなことは私の中でひっきりなしに起こっています。私には「ピアノ弾きの下位自我」があります。それがいったん力を得ると、何時間もゆるめようとはしません。背中（彼の背中？）が痛くなるとか眠くなるとか、あるいは電話が鳴ったり時計が鳴ったりして、人生の他の側面に注意を向けるべきだと教えてくれるまでつづきます。

逆にそういう場合には、支配的な人格が現れて「ハイジャッカー」のほうを追いだしてしまいます。実際、電話が鳴ればピアノ弾きハイジャッカーであろうとキューブハイジャッカーであろうと、どんな下位自我であっても容易に追いだすことができます。脳のように構成が階層的で、逐次的に対処せざるをえないようなさまざまな事象からなる世界とつきあうように進化してきた系の大きな特徴の一つが、このような選択的割りこみの能力です。どうしても選択が必要です。そのためには、迅速で信頼性の高い選択をすることを目的とした最上位のレベルが必要です。それが下位自我の優先度を勘案し、最も重要と見なされたものに制御を委ねます。

決定主体自体が制御を奪われるような極端な緊急事態が起こると

おもしろいことになるでしょう。決定者が下位自我同士の通常の対立を整理しようとしているときに、突然……。

＊　＊　＊

信じられないかもしれませんが、たったいま友人の電話による割りこみがありました。そのせいで途中まで話しかけのままだったことを思いだすことができました。休眠中の国と休眠中の下位自我とを類比してみたかったのです。

いま私たちみんなの中には、おそらく対立する二つの内なる声があるでしょう。この点については私はかなり強い確信をもっています。一方は眠っているかもしれませんが、陰に隠れているだけです。そしておたがいに核戦争の見通しについて反対のことをいっています。一方は次のようにいいます。「たしかに核戦争は悪いことだ。実際考えることすらできない。でもそれは誰でも、軍人を含め、みなよく知っている。だから実際には核戦争はけっして起こらないさ。たんなる戦略、威嚇だ。だからこれまでどおり暮らすさ。」私の中でも長年この声が優勢でした。そしてもう一方の声。それは核戦争のもたらす荒廃についてもっと真剣に予見しようとするだけでなく、核兵器の拡大につれてなにが起こっているのかをもっと真剣に評価しようとしています。

実際、世界中で人々が「考えられないこと」について考えているという事実に、いつまでも背を向けているわけにはいきません。もちろん、ある人々はたんに核戦争は考えられないといっているだけですが、中には核戦争が起こるとどうなるか、実際に考えている人たちもいます。核シェルターの設置、食料の保存、護身用の武器の確保などが問題としてとりあげられています。都市全体の疎開ということさえ検討されています。そこではまるで、そのための時間的余裕や人々の合意があるかのように仮定されています。これらを問題にしている防衛関係の人々は核戦争は実際に可能であり、その中を生きぬくこともできる、だから、実はそれほど悪いものではないのだと私たちに納得させようという確固たる目標をもっています。まさに信じ難い仕事です。

しかし最悪なのは、核戦争は文字どおり世界の終わりを意味するということを忘れている人々がいることです。多くの人々は、地図を見て自分の住む場所が「九〇パーセント殺傷領域」の外、「五〇パーセント殺傷領域」の外にあることを確認して安心してしまいます。助かるじゃないか、心配しなくとも大丈夫だ。それだけです。死の灰や車のガソリン不足に思いいたるかもしれません。でも、せいぜいそこまでです。

私は、このような考えの人々をとがめようというのではありません。奇妙なことに、誰でもみなこのように考える傾向はあります。少なくとも心の一部では。(少なくとも私自身はそうですし、私は自分はごくふつうであると自認しています。)それは、問題にしている事柄がたんに曖昧模糊として見とおせないばかりでなく、想像を絶して破滅的であり、この惑星の経験では推しはかることすらできないためです。私たちには想像をめぐらす手がかりさえないのです(しかし図33-2参照)。そこで目をつぶってしまいます。おそらく誰でもみなこのような反応をするでしょう。たしかに私は、長年にわたってずっと目をつぶりつづけていました。核戦争の愚劣さが逆に安心感を生むのです。

しかし原爆はふえつづけ、危険も増しつづけています。紛争の種や小競り合いには事欠きません。人々の間に不信、疑念そして分極

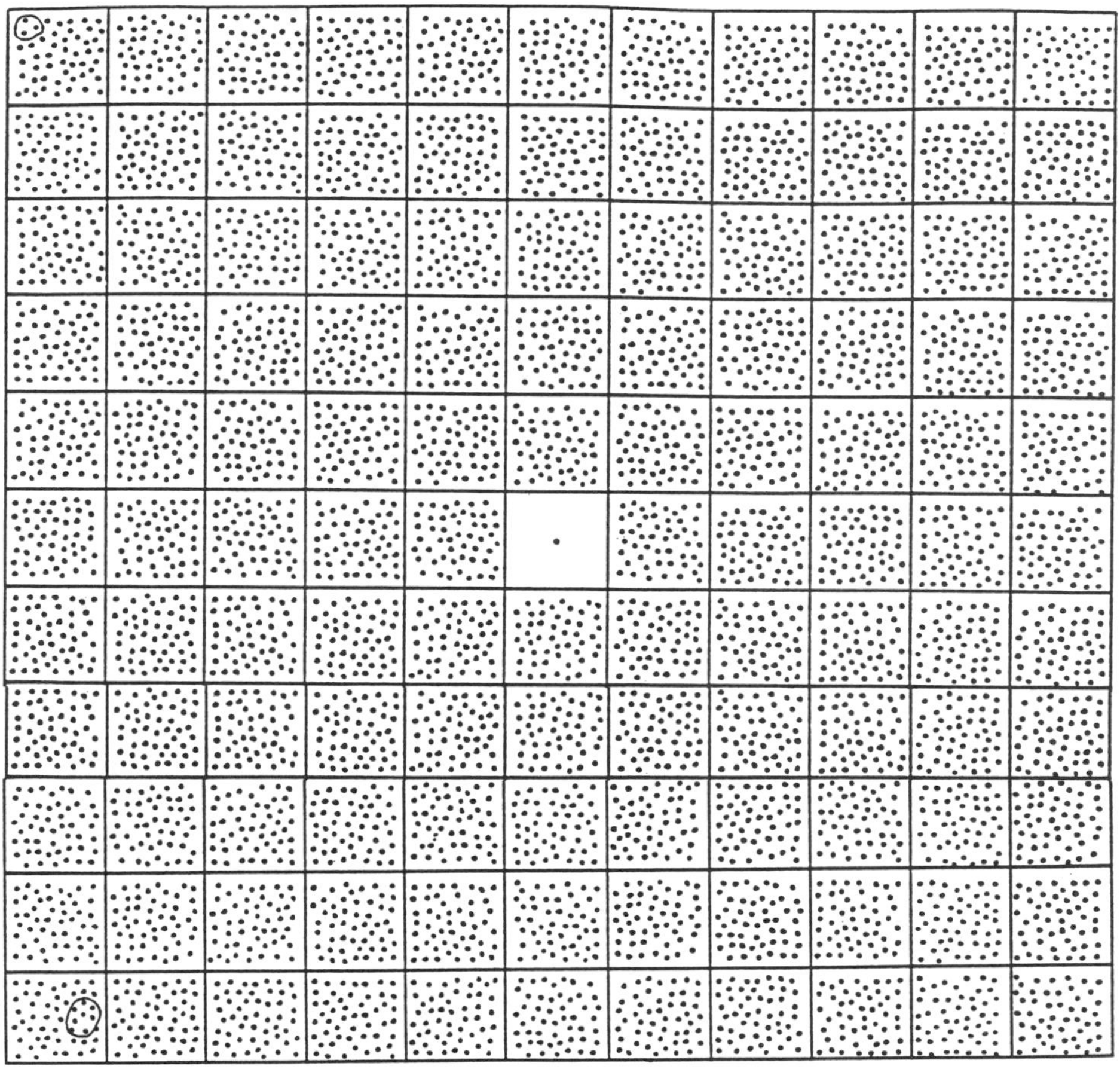

図 33-2　世界の軍備状況。図は世界中の火器の現状を、第二次世界大戦時の火器の量を基準として表している。中央の区画中の一点が第二次世界大戦で用いられた火器の総量(広島と長崎に落とされた原爆を含む) 3メガトンを表す。他の点が現在の核兵器の量を表している。これは1万8000メガトンにのぼり、第二次世界大戦の火器の6000倍に相当する。アメリカ（とその同盟国）とソビエト（とその同盟国）はこれをほぼ半分ずつ分け合っている。

左上の輪は9メガトン分を含み、ポセイドン型潜水艦一隻の搭載する核兵器の量を表している。これは第二次世界大戦の火器の3倍に相当し、ソビエトの大都市200以上を破壊することができる。アメリカはこの型の潜水艦を31隻と、他に類似のポラリス型潜水艦10隻を保有している。左下の輪は24メガトン分を含み、新型のトライデント型潜水艦一隻の搭載する核兵器の量を表している。これは第二次世界大戦の火器の8倍に相当し、北半球の主要都市すべてを破壊することができる。ソビエトの核兵器保有も同様のレベルにある。

図中の2区画（300メガトン）だけで世界中の中規模以上の都市すべてを破壊するのに十分な量に相当している。(デザイン：ジム・ゲイヤー、シャリル・グリーン、1981年)

が浸透しはじめました。唯一の味方は、無気力は拡大しないという希望です。アメリカほどの大きな国であっても「相転移」を引きおこし、私たちの踏みだした道が実は狂気の道であることに目ざめることができるという希望です。

＊　＊　＊

相転移は、単純な物理系でも魚の群れでも一個の脳でも、そして国家でも起こりえます。相転移が起こるのは系の要素間に十分強く大量の相互作用があるときです。相互作用が積みかさなって大規模な相関の生まれたとき、別の言い方をすると、直接の相互作用は局所的であるにもかかわらず大局的な効果の生じたときに、相転移が起こります。そのような大局的効果の現れる場合には、構成要素よりも高いレベルの構造をもった新しい実体が生まれます。そしてその実体は固有の法則性を示します。

たとえば舞台上の演者たちは、観客の振る舞いがこの集合的特徴を示すことをよく知っています。歌手は観客と自分の相互作用について、観客全体の感情を感じるというふうに表現するでしょう。どうしてそんなことが可能なのでしょう。観客はしょせんおたがい無関係で、バラバラな個人の集まりにすぎません。そのとおりなのですが、観客の間には一つだけ共通点があります。みな物理的にその場にいて、同じ歌手の歌を聞いているのです。そしておたがいに影響し合っています。冗談に笑うとき、拍手をするとき、励ますとき、不満を感じているとき。このような集合的モードはすぐに固定して、演者と聴衆との間に自己強化的な相互作用のループを作りだします。

そのような自己強化的ループの存在によって全体が保持されるので、自己強化的ループは相転移や集合的モードにとって本質的です。長年の眠りのあとに、なぜか活動を引きおこされた私のニューロンのこの集合的モードでも事態は同じです。この新しい内なる声とは、まだ完全に折り合いよくいっているわけではありません。しかしそれはたえずつきまとい、私から離れようとしません。私の中で力を得て手ばなそうとしないのです。しかしのっとられかけている「体制」のほうも、満更いやでもないようです。

それでは、ここでもっと冷静で客観的な「トップレベル」の自己にマイクを返すことにしましょう。

＊　＊　＊

どうもありがとう。ここまで、下位自我がいいたいことをうまく表現しようとして行ったりきたりする様子を興味深く聞かせてもらいました。一つ明らかになったのは、ダグ・ホフスタッターという人格の中で「あの下位自我」「この下位自我」と明確な境界を設けて区分けするのは無理だということです。それらはすべて作りごとで、現実にあるのはそれらの総和、統合された人格だけです。そしてその統合された人格は、数か月前までは核の恐怖などのんきに無視して、その可能性に面と向かうのを避けていたころの人格とは別人です。

この相転移はクーデターと同様、けっして楽しいものではありませんでした。といってまるで革命のようだったというわけではありません。内部で平和裡に非暴力的に起こったものです。外部からの扇動者があったわけではありません。いや、一人いたというべきでしょう。昨年、隣に住む九十二歳の婦人と懇意になり、ときどき訪ねておしゃべりをしました。話はショパンの音楽に始まり、悲しい恋の苦悩や魂の謎にまで及び、ときおり政治にも触れました。

ある日いつものようにおしゃべりをして帰りかけたときにヒルデガードがとても静かに私にいいました。「一度おたずねしたいと思っていたのですが、とても鋭敏な心をおもちなのに、どうやらあなたは核戦争についてなにか行動する、というか行動しようとする、その必要を感じていらっしゃらないのですね。」非常におだやかなものいいでした。戸惑いの念が、本当にたまたま口にのぼっただけというふうでした。しかしその言葉によって、私はそれまでずーっと自分の生活での最重要事を一貫して無視しつづけてきたということを思い知らされました。

私は自分自身に対して弁明しました。これまで無視してきた理由の一部は、これがあまりに大問題であるためだ。だから、心配してもしかたがないというように。しかし、これはごまかしにしか聞こえません。私らしくもない。結局納得のいく理由は考えつけませんでした。そして、そのことが私を悩ましはじめました。「見ないふり主義」か利己主義のどちらかだと思えてきたのです。どちらにせよ気に入りませんでした。しかし、恥や罪の感覚からはけっして相転移は起こりません。もっと深いところから変化が起こる必要があるのです。幸いなことに、私の中の深いところには渦まく力があり、それがゆっくりと整列し、ゆっくりと集合的モードを形成しはじめ、それがさきほどお聞きの内なる声として結晶化したのです。

この個人レベルの「目覚め」は、国家レベルでの集合的目覚めと平行的な関係にあります。後者は十分な数の市民が連帯し、共通の利益を認め、共通の目標を抱いたときに起こります。ある種の「臨界点」があって、市民の数がある閾値に達すると突然、国のレベルでの転回が起こります。しかし、それがいったいいつ、どうやって起こるかはたいへん微妙です。

＊　＊　＊

最近の著書『よい科学、悪い科学、似而非科学』の中で、マーチン・ガードナーは心理学者ウィリアム・ジェイムズによっておよそ一世紀前に書かれた美しい一節を引用しています。それは朝の起床という行為に関する一節です。この一節は、魂が、より小さく非常に多くの、知ることはできないがなんらかの形で統合された活動の集まりから生まれでるありさまについて、深い真実をとらえているように私には思われます。以下にその一節を引用しましょう。

火のない部屋で寒い朝にベッドから出る。そんな苦行には生命の根源から抗議の声があがります。朝、決心のつかぬまま一時間も寝床に横たわっていた。そんな経験は誰でもおもちでしょう。遅くなる、仕事に差しつかえる、もう起きなければならない、まだ寝ているなんて恥ずかしいことだ。そうは思っても、やはり暖かい寝床は恋しく、外の寒さは無慈悲です。抵抗に打ちかって、これから一つの行為に踏みだそうとするときのように、決心はぐらつき延ばし延ばしにしてしまいます。さて、そういう場合に人はいったいどうやって起きるのでしょう。私自身の個人的体験を一般化することがもし許されるならば、われわれが起きるときには葛藤も決断もありません。突然起きている自分に気づくのです。意識の空白があります。寝床の温もりも外の寒さも忘れ、その日の自分の生活を思いめぐらすその一瞬に、「起きよう」という考えが浮かびます。その考えは、幸いにもその瞬間には相反する妨げになる考えを伴わず、すぐに適切な行動に結びつくのです。葛藤の間には、温もりと寒さをしっかり意識しているためにわれわれの行動は麻痺し、起きるという考えが願望のまま意志とはならないのです。そのような抑制的考えがなければ、即座に本来の考えが効力を発揮します。

これは、人々の実際の活動に関する正確な理解にもとづくたいへん鋭い描写だと思います。「動玉箱」の対話の中で、私は類似の考えを表明しました。最後にその話をして、私の今夜の話を締めくくりたいと思います。

アキレスは亀にこういいます。「情動的に苦痛な状況ではなにを感ずるかを『決める』ことはまったくできないだろうと思ったんだ。なにかが内部で起こる。微妙な力が内部の深いところ、隠れた地下で変化する。これは考えようによっては恐ろしいことだ。いまの例のような本当の危機的状況では、どのように行動するか自分で『決める』ことはできずに、かわりに自分がどんなであるかを『知らされる』ことになるんだからね。能動的でなく受動的――もっと正確にいうと行動の起こるレベルが僕らが直接制御できるレベルよりもずっと下で、ずっと微視的なレベルなんだ。」

亀が答えます。「そうだ。国とその市民とが対等の関係ではありえないのと同じように、君と君のニューロンとは対等ではない。どちらの場合も、下位レベルでのたくさんの小要素の集合的活動によって均衡が破られるんだ――ちょうど一つの国が戦争を始めるかどうか「決める」ときのようにね。市民たちの分極に依存して、どちらになるかが決まる。市民たちは情報伝達経路や噂といったものを通じて、次第しだいに極性をそろえて大きな集団となっていく、そして突然、それまで決心しかねていたように見えていた国全体が、みんながびっくりするような『変貌』を遂げるんだ。」

アキレスはさらにつづけて、「また別のイメージでいうと、それは何億何兆もの雪の結晶のつりあいの状態の集合的な結果として引きおこされる雪崩にもたとえられるね。一つの小さな出来事が増幅されてびっくりするような大きさになる――連鎖反応だ。しかし、そのためには結晶はすべて正しく配置されなければならない。そうでなければなにも起こらないだろう。」

今度は亀が、「判断の場合には、たとえそれが二人の作曲家のどちらをとるかという判断であろうと、本の表題や副題をどれにするかという判断であろうとなんであろうと、最上位レベルは下位レベルのほうから決断がわきあがってくるのをじっと待っていなければならない。沈思黙考している間に「実際に」決断がなされるのは、下位の集団においてなんだ。最上位レベルは、それから下位のほうで渦まいていた活動を一所懸命明瞭に表現しようとする。しかし言語化された理由づけはつねにあとづけのものだ。言葉だけでは、けっして難しい選択の微妙さを説明しつくすことはできない。理由づけはもっともらしく聞こえるかもしれないが、けっして決断の本質ではありえないんだ。言語化された理由はたんに氷山の一角にすぎない。もっと別のイメージでいえば、考えの対立は戦争と同じで、「理屈はそれぞれ自分の軍隊をもっている」んだ。理屈同士が衝突するとき、真の戦場は言語レベルではなくて（一部の人々はそう思いたがるだろうが）、戦いは相対立するニューロン発火の軍隊同士の間で、含蓄、イメージ、アナロジー、記憶、原型的恐怖心、古代生物的本性といった重火器をもちだしてなされるんだ。」

最後にアキレスが感嘆したようにいいます。「なんて、恐ろしい！ それじゃあまるで地雷のいっぱい埋まった戦場みたいだ！ さもなければ、急な山肌のつるつる滑る氷原だよ。思考の機械的な説明がこんなに生物的で生き生きしているなんて思ってもみなかった。恐ろしいけれども、なにか畏怖の念さえ抱かされるね。」

＊　＊　＊

アキレスの言葉は的を射ています。生命は、その生物学的な基礎を思うと恐るべきものです。しかしその深さ、複雑さにはある種の威厳が備わっています。人類全体についても同じことがいえます。私たちはおたがい同士、そして他の生物に対して恐ろしい仕打ちをするひどい集団です。しかし、そのような個々人のもつ悪にもかかわらず、人間性には神聖な部分も備わっています。

私たち個々人の中の矛盾は、積みかさなるとしばしば美しく大切なものを生みだすことがあるのです。そのような神聖で美しい部分を、不浄で恐ろしい部分から守る。それには私たちの内部で共鳴し合い、私たちを構成している多くの下位自我、内なる声の力を結集し、もてるかぎりの努力を傾注するだけの値打ちがあります。

＊　＊　＊
＊　＊
＊

エピローグ

こんな長い本を書きあげたあとだから、たくさんの人にたくさんの理由で感謝しなければならない。この本に直接的に貢献した人と、ジワッと間接的に貢献した人がいるが、その間に境界を引くのは難しい。お世話になった人の集合、すなわち「恩義圏」は、結局私が知っているすべての人の範囲にもやのように広がっている。しかし、私は最善を尽くしてこの本に関する恩義圏をクリアにするつもりである。

最初に、『サイエンティフィック・アメリカン』という素晴らしい雑誌にコラムを連載する機会を与えてくれたデニス・フラナガンとジェラード・ピールに感謝しなければならない。毎月、デニスと私はコラムについて微視的なレベルで共同作業を行った。そのときの彼の適切な判断に感謝したい。意見の不一致はあったが、暖い友情を醸成することができた。

マーチン・ガードナーは私を自分の後継者にすることを示唆してくれた。マーチンのような誠実、機知、洞察力をもつ人に推薦されるというのはほんとうに名誉なことだ。マーチン、どうもありがとう。そして、あなたが書き、これからも書くであろう素晴らしい著作にも感謝する。

この本はいろいろな場所で書かれた。最初の数篇は、スタンフォード大学計算機科学科にジョン・サイモン・グッゲンハイム・フェローとして訪問していた間に書かれた。このときにサポートしていただいたグッゲンハイム財団に感謝する。この本の大半はインディアナ州のブルーミントンで書かれた。私はここに住んでいた七年間、インディアナ大学の計算機科学学科に在籍していた。新しい章のいくつかは一九八四年にカリフォルニア大学サンディエゴ校(UCSD)の認知科学研究所を訪問していた間に書かれ、残りは、サバティカルのほとんどを過ごしたマサチューセッツ州ケンブリッジのMIT人工知能研究所(AIラボ)で書かれた。

この訪問を受けてくれた二人のホストに特別な感謝をしたい。UCSD認知科学研究所では、ドナルド・ノーマンが私を歓迎してくれた。私は研究施設だけでなく、美しいデルマー海岸通りをドンと一緒に走ったことでも大いにエンジョイさせてもらった。MITでは、幸運にもマービン・ミンスキーが好奇心とサポートを寄せてくれた。彼は私の滞在を快適にするために尽力してくれた。その上、私のために人を二人もつけてくれた。これは本当に忘れることができない。

しかし、インディアナ大学(IU)には最もお世話になった。IUは一九七七年、私にまだ認知科学の業績としてはなにも見るべきものがないときに仕事を与えてくれた。それ以来、この学科は私にとって素晴らしい研究環境であった。私の近くにいた同僚、ダン・フリードマン、ジョン・オドンネル、フランク・プロッサー、シンディ・ブラウン、ミッチ・ワンド、デイブ・ワイズ、ポール・パードン、エド・ロバートソン、スタン・クワズニー、ボブ・フィルマン、ウィル・クリンジャー、ジョージ・エプスタイン、そして三人のJB、つまりジム・バーンズ、ジョン・バック、ジョン・バーンデン、これらの人々の友情に感謝したい。彼らとの議論はこの本に大きな影響を与えた。計算機科学科のスタッフたちも、長年一緒に働くのが楽しい人たちだった。中でもキャシー・トンプソンはその突飛で楽しいユーモアで、落ちこんだ日々を明るくしてくれた。

ブルーミントンで作った友だちは、あまりにも多くて書ききれない。大学都市がおおかたそうであるように、多くの人はすでにブルーミントンを去った。しかし、みんなブルーミントンを素晴らしい場所にするのに貢献した。

七年間にわたるドン・バードとのおびただしい議論は、この本のありとあらゆるところに反映された。そして、彼との長いつきあいは私の生活のありとあらゆるところに反映された。

グレイ・クロスマンとマーシャ・メレディスは深い知的影響を与えてくれた。しかし、たとえそういう知的影響がなかったとしても、この二人はなくてはならぬ友だちである。感謝。

アン・トレイルはひらめきに満ちたユーモア、楽観主義、寛容性、そしてなによりも人間の命に対するセンスによって、私の生活を豊かなものにしてくれた。この本には彼女の流儀があちこちに見られる。

ブルーミントンのほかの友だちもだいたいこんな調子だ。ジョンとジョアニー・ウッドコックは親友であり、よき話相手であった。スコットとルース・サンダーズとは政治的な関心事が一致し、よく議論をしたものである。リーク一家——ロイ、アリス、デービッド、パツィ——も気心のあった親友である。ルース・サンボーンと彼女の亡くなったご主人トレイシーも、ブルーミントンでの親友の筆頭格である。彼らの家でよく熱い哲学的な議論をしたことは忘れられない。アルとヘルガ・ウィノルドとは、音楽のことで意見の一致や不一致を楽しんだ。マイク・ダンなどの友だちとの昼食では、哲学の新しい視点といったものをよく教わった。学長のハーマン・B・ウェルズを知りえたことは私の名誉だ。彼はまさしくインディアナ大学の魂だ。

ブルーミントンの友だちとは、いろいろな話題について——しばしば、コーヒーや食事をしながら——熱狂をともにした。アン・マクミラン、スー・ウィンチ、ベーイ・サーキシャン、アドリエンヌ・グニデク、アルとリンダ・デービッド、トゥル・ヘイズルリッグ、ジミーとギラン・トッコ、ジュディ・マイーとリッチ・シフリン、マーリーン・マネラとエヴァン・スミス、トム・アーンスト、ジョン・ゴールドスミス、エンリコ・プレダッツィ、マリオン・オコナー、スージャン・ヤング、ビッキー・グロサック、アネク・キャンベル、……これらの人々一人一人についてなにか書きたいのだが、そうすると一冊の本になってしまい、その本にまた謝辞を書くことになってしまう。それは問題だ。

一九八〇年から八一年度までのスタンフォード滞在のときにつきあった人にもお世話になっている。スコット・キムは、いつものことだが、インスピレーションと想像エネルギーに満ちた男だ。ペンティとディアンヌ・カナーバとはメキシコ料理と長話をよく楽しんだ。スコット・ビューレシュ、マーシャ・ビアンキ、デビー・シュベニンジャー、ルイス・メンデロビッツ、ルエラ・ケイツ、リズ・パワーズ、アレン・ウィーリス、ラリー・ブリード、マーギーとシーア・コースロビ、エリック・ハンバーグ、デビー・スターバック、ファニア・モンタルボ、スタン・アイザックスは私のスタンフォード大学の滞在を楽しく思い出深いものにしてくれた。

私のアパートのすぐ上の階に住んでいた九十歳代のヒルデガード・ニーランドというおばあさんは、すごい人だった。経済評論家だった彼女は、私に今日最も影響力のある経済学者をたくさん教えてくれた。彼女はいまでも人類の運命について熱い関心を抱いている。ヒルデガードは私に核競争への関心を目ざめさせた。私はヒルデガードが私にしてくれたことを、こんどは私がほかの人にしたいと考えている。

ここ数年、私の家族の旧友で亡くなった人がいる。ダン・メンデロビッツ、ジョージ・ファイゲン、フェリックス・ブロックだ。私がまだ小さいころから知っていたこれらの人々は、私の魂に消しがたい跡を残している。ダン、ジョージ、フェリックスの残した跡はこの本のあちこちに潜んでいる。

アルファベットや書きものへの趣味は、私の祖母、メアリー・ギバンによって高められた。彼女は孫に素晴らしくみごとなアルファベットの本を見せて、自分も一緒に字体の変化を楽しんだ。それから少しあと、一九六〇年に、叔父と叔母アルバートとマニア・ホフスタッターは、十五歳の甥にニューヨークのグッゲンハイム美術館と現代美術館の抽象美術を見せてくれた。私はそのときなんて馬鹿馬鹿しいといったのだが、彼らは視覚芸術に対する私の見方を変化させるようなことを教えてくれた。これらの経験が、この本に見られるような芸術と科学への道を開いたのである。

アーネストとエディス・ナーゲルは二五年も前から知っている人だが、彼らはこのクレージーな世界にあって正気のビーコンである。

彼らとの対話のエコーがこの本にはある。

サンディエゴでの楽しい滞在中、ポール・スモレンスキー、ドン・ノーマン、デイブ・ルメルハート、ラリー・ウェスト、カレン・ピッケンズ、ウェンディー・モーラー、ライアム・バノン、ラリー・マギルベリーなど、多くの人とミームを交換した。認知科学研究所のスタッフには、私の研究環境の面でお世話になった。あそこは認知科学の研究を行うには素晴らしい場所だ。

ボストンとカーネギーのあたりにいたころは、そこで得た友だちの数に圧倒されたものである。グロリア・ミンスキーは世界中で最も心の暖い人の一人である。彼女とマービン、それとそこに居あわせた人たちとあの「ミン・チン・ディン」を楽しむのはほんとうに素敵だった。ベティ・デクスターは素晴らしい秘書というレベルを超えていた——素晴らしい友だちであった。彼女の笑い声はAIラボの七階を明るくしたものである。ダン・デネットは、例のとおり、アイデアと熱中をいつも沸きたたせている。ダンと奥さんのスーザンにはまだつきあい足りない思いだ。

この研究所で私と一緒に仕事をしたのは、学生のマレク・ルゴウスキー、メラニー・ミッチェルと、ポスドクのデービッド・ロジャーズ(ニックネームはDr. オジャース)である。私と同じくらいに入れこんでいるこういう連中と、研究のことで議論を闘わせるのはまったく楽しい!

ボストンの雰囲気を刺激的なものにしたのはこれらの人だけではない。ヘンリー・リーバーマン、バーニー・グリーンバーグ、クリス・モーガン、グレグ・ヒューバー、デービット・リービット、ジョン・アムエド、マレク・ホリヤンスキー、マーガレット・ミンスキー、ジョー・シップマン、ラッセル・ブランド、ランディ・デービス、ファニア・モンタルボ、カール・ヒューイット、ジェイ・マクレランド、デドレ・ゲントナー。

過去何年間、私の思考や意向に影響を与えてきた友だちは地球全体に広がっている。チャールズ・ブレナー、デービッド・ポリカンスキー、メアリー・エデルとノーマン・メーザー、エルウィンとダーリン・ウォルコット、ピート・リンベイ、フランシスコ・クラロ、インガ・カーリナー、マレク・デミアンスキー、マリア・ノゾフスカ、ザミール・バベル、ピーター・スーバー、フィルとサラ・テイラー、ボブ・ウルフ、レン・シャー、ドロシーとピーター・デニング、ベティとデービッド・ハンバーグ、ピート・ヘンドロス。

『ゲーデル、エッシャー、バッハ』の三人の翻訳者はとくにおもしろい。フランス語版へ訳したボブ・フレンチとジャクリーヌ・アンリ、オランダ語版へ訳したロナルド・ジョンカースである。一九八三年パリで、私は彼らと翻訳と翻訳上のトリッキーな問題をさんざん検討した。これによって、翻訳とアナロジーの関連が私によく理解できるようになったのである。

おのおののコラムや論文に対して、専門的な知識を提供していただいたボブ・アクセルロッド、ビル・ハフ、デイブ・マーチン、メラルド・ロルステッド、デービッド・シングマスター、ミッチ・ファイゲンバウム、ダン・モールディン、ポール・スタインに感謝する。『サイエンティフィック・アメリカン』ではエデル・プレミス、ブライアン・ヘイズ、サリー・ジェンクス、メアリー・ナイト、サム・ハワードのお世話になった。

私にとって三冊めになるこの本を、ベーシック・ブックスから出せることになったのはうれしい。マーチン・ケスラー社長はコラムのことを聞いた瞬間からこのような本に興味をもってくれ、いろいろサポートしてくれた。日常的に連絡をとり合ったのは、私の最初の本と同じくモーリン・ビショフであったが、彼女との長電話を大いに楽しんだことをいわねばなるまい。モーリンのピリッとした機転が数々の難しい状況を解決した。ベーシック・ブックスでほかにお世話になったのは、ヴィンセント・トーレイ、エレン・プリアー、エリザベス・ワーター、リンダ・カーボーン、アン・ルディック、サライア・ドゥカス、ルース・エルウエル、ジェレミー・オーゲル。さらにデブラ・マネッテ、サンドラ・ドールス、サブリナ・ソアリス、マイケル・ワイルド、デービッド・グラーフ、ジョン・マズア、キャスィ・リー、ドナ・シンガー、リサ・アダムス、ジョン・マコースランドにも感謝したい。

いつものとおり、家族は私にとって大きな存在である。両親、ロバートとナンシー・ホフスタッターはつねに私の批評家であり支持者であった。彼らへの愛情を表しきることは不可能だ。妹のローラは、アイデアとユーモアに満ちた素晴らしい人間だ。彼女と一緒にいるのは実に楽しい。もう一人の妹モーリーは、どういうわけか話すことも理解することもできないが、私は大好きだ。彼女のこの悲しい状態は、ずっと前、私に心、脳、魂のことを考えさせるきっかけになった。

最後は、もしこの二人がいなかったら現在の私はまるで違う人間になっていたという特別な人の番だ。デービッド・モーザーは、この本を書くにあたって最も緊密に相談にのってくれたばかりでなく、まるで兄弟のように共感をもち、惜しみなく苦労をともにしてくれた。キャロル・ブラッシュは二年前から私の光になった。私たちはおたがいから多くのものを得、深くおたがいの人生を交換しあったのである。

立ちさるということは辛いものだ。しかし、私は新たな牧草地を求めてブルーミントンを去らなければならない。ミシガン大学の錚々たる研究者たちが私を仲間に加えたいと考えたのである。彼らの大きな努力の結果、私のために人間理解のウォルグリーン講座教授の地位——めったなことでは得られない地位——が用意された。しばらく熟考したあと、これはパスするにはあまりにももったいない話であるという結論にいたり、悲しさで少し割り引かれたものの、喜んでこの話を受けることにした。

どの読者にもわかるように、ここに書いていることはこの本のたんなる謝辞ではない。私は「そこに居合わせた」すべての人に感謝したいのだ。さらに、この数年私の人生を花開かせてくれたインディアナ州ブルーミントンという町へ、特別の親愛の情を表したい。ここで書かれた謝辞は、いってみればブルーミントンへのセンチメンタルな「ありがとう」と「さようなら」の表明なのだ。ハワードの店、ザ・スプーン、ザ・グラインド、ザ・ホーン、ザ・ハーモニカなどに行けなくなってきっとさびしくなるだろう。でも、もうアナーバーに移らなければならない。そして、ヒルデガード・ニーランドが印象深くもいったように、「未来を喜んで受けいれる」べき時がやってきたのだ。

D・R・H

一九八四年十一月　ブルーミントンにて

＊　＊　＊
＊　＊
＊

訳者あとがき

秘妙、目指せ広辞苑！
＝竹内郁雄

本書は、ホフスタッターが『サイエンティフィック・アメリカン（邦訳『サイエンス』日本経済新聞社）』に一九八一年一月から約二年半にわたって連載したコラム“Metamagical Themas”（邦訳「メタマジック・ゲーム」 担当は私）がもとになっている。「もとになっている」というのはまことに適切な言葉だ。あの連載がなんと八百ページを超す大部の本になるのはどういう魔法だろうと思ったら、いくつか章が増えていただけではなく、一つ一つの章に本文と同じくらいの追記がつけられていたのである。『ゲーデル、エッシャー、バッハ』の翻訳をした野崎昭弘さんがいみじくも同書の訳者あとがきで述べていたように、「あのおだやかな痩せ男が……（中略）……ネコのような肉食動物であった」のだ。それにしても言葉という素材をこれほどしこたま調理したうえでバリバリ食い尽くしてしまうスタミナはどこから生まれるのだろう。量だけならまだしも、「翻訳への大胆な挑戦」に満ちた数々のヒネリは翻訳者たちをとことんくたびれさせてくれた。しかし、翻訳者がくたびれた分だけ、読者はイージーにこの言葉の洪水を楽しむことができるようになったのではないかと思う――いや、そうあってほしいものだ。

ホフスタッターのやはり巨大な前著『ゲーデル、エッシャー、バッハ』は、練り上げられた構想のもとに、ゲーデルの不完全性定理と人工知能（ＡＩ）という主題を徹底的に展

訳者紹介＝竹内郁雄（たけうち・いくお）
一九四六年、富山県生まれ。東京大学理学系研究科数学専攻修士課程修了。ＮＴＴ基礎研究所、ＮＴＴソフトウェア研究所などを経たあと、一九九七年、電気通信大学情報工学科教授。二〇〇五年より東京大学情報理工学系研究科創造情報学専攻教授。専門はなんであったかすでに不明だが、記号処理システムの開発を主にやってきたあと、現在は、（突然）ＩＴを活用した防災技術の研究に関与している。初版の訳者紹介では「これからは少し怪しげな分野に手を出そうと思っている」と書いたが、その後いろいろな経緯もあり、ようやく怪しいというよりは、真っ当に世の中に役立つ研究に到達したことになったのかもしれない。主な著訳書（共著を含む）は『アハ・ゴッチャ』（日経サイエンス）、『初めての人のためのＬＩＳＰ』（サイエンス社）、『ＡＩ奇想曲』（ＮＴＴ出版）、『新科学対話』（アスキー）、『情報の空間学』（ＮＴＴ出版）、『ロボットの情報学』（ＮＴＴ出版）など。

開した本である。そこでの彼の主張は「人間と同じ知能をもつＡＩは原理的に可能である」ということだが、これを縦糸にして実にさまざまな横糸を編みこんでいる。そして、この本全体はバッハの音楽のような求心力の強い形式感をもっており、内容のすべてを読みとるにはそれなりの努力と忍耐力が必要である。

それに比べて、本書は読み切りのコラムの集成ということもあって、テーマはやや発散気味で単発的である。裏を返せば、本書はどの章から読みはじめてもいいし、集中的に読み終える必要もない。気の向いたときに気の向いたように読みすすめることのできる気楽な本なのである。『ゲーデル、エッシャー、バッハ』がバッハの巨大なフーガだとすれば、本書はショパンの小品集だ。実際、バッハとショパンはホフスタッターの最も敬愛する作曲家であり、本書にもショパンの音楽と楽譜のテキスチャーに関する章がある（第9章）。

とはいっても、各章がまったくバラバラというわけでなく、ホフスタッターの幅広い興味があたかもジグソー・パズルのピースのような形で発現しており、それらを組み合わせると、ＡＩ、コンピュータ・サイエンス、物理学、哲学、芸術、文学、ゲーム、社会に関する現代の旗手の一人ホフスタッターの考え方の全景が浮び上がってくる。というと、なんだか堅苦しそうだが、ま、気軽に読んでいただきたい。本書のカバーもジグソー・パズルの雰囲気を出そうとしたのだが、はたして出来栄えはいかに？

さて、せっかくの訳者あとがきだから、若干私的な印象なども交えて、本書の翻訳の顚末を報告しよう。本書のかなりの部分は『サイエンス』連載のために翻訳済みだったが、ホフスタッターが原著で見直しを行なっていたため、翻訳のほうも一応すべてを見直した（つもりである）。抜けがあったらお許し願いたい。ホフスタッターの「翻訳とは言語や文化の間のアナロジーをとることであり、原文の心を対象となっている言語で表現すること」というテーゼにしたがって、ここでの翻訳は「日本語」になるように努めた。だから、ホフスタッターの原文のどちらかというと言葉を山盛りにしたような饒舌な言い回しは、あっさりした日本語に変えるようにした。やはり、日本人に言葉のビフテキは合わない。特に第26章（の本文）は抄訳といえるくらいに言葉を整理した。翻訳の一つの実験として見ていただきたい。また、原文に織りこまれた数々の言葉遊びも、なるべくわざとらしくない日本語にし、いちいちバタ臭い註を入れなかった。(あるいはもとの言葉遊びをあっさり落としてしまったところもある。)力不足と時間不足で訳しきれなかったところや、アナロジーを追求しきれなかったところは、これまたあっさりと原文にしたがった。なお文中、角カッコでくくられた部分は訳註である。

表記については、訳者三人の統一を事前にとるのが難しかったので、編集の鷹尾和彦さんと、千葉茂隆さんにおまかせした。今風に少しひらがなの多い表記になったはずである。なお、私個人の趣味とは異なっているところもあることをお断りしておく。(たとえば、「行う」は「行なう」と送るのが私の趣味。この「訳者あとがき」のように。)

気軽に読める本にするため、数式は必要最小限に抑えられているが、それでも一部の章ではタテ組みのおかげで少し読みにくいところがあるかもしれない。しかし、リスプ(Lisp)に関する章(第17~19章)の本文は全面的にヨコ組みにした。ちなみに私は一応リスプの専門家なので、ホフスタッターのリスプ入門の進め方はなかなか興味深かった。ある種のバタ臭さはあるが、かなりわかりやすく書かれている。実際、これが『サイエンティフィック・アメリカン』に掲載されたとき、米国ではこれによって非常に多くの読者がリスプに興味をもつようになったという。(日本の第五世代コンピュータ計画が世界の計算機界に動揺を与えた時期と一致していた。)

長い間、ホフスタッターの英語と付き合っていると、それなりに慣れが出てくるのだが、それでもどうしようもなかったのが、第11章の「がらくたとナンセンス文学」である。(もっとも、苦労させられたのはホフスタッターの文章ではなく、引用された文章や詩歌のほうだ。)この章の翻訳では、数行に二~三時間かかったこともあった。こんなものを訳すプロの翻訳文学者の胃には穴があいていると私は固く信じたい。ところがこうやってこの大部な翻訳を終えてみると、実にこの章に一番愛着が湧く。不思議なものである。そういえば、第1章、第2章の自己言及文にも苦労させられた。いくつか訳しきれなかったものが残ってしまった。いい訳があったらぜひご教示いただきたい。

第22章のタイトルにある「無窮動対話とその劇的終止」に異和感を感じた読者がいるかもしれない。私事になるが、これは私が高校二年のときに全国高校ラジオ放送コンクール

熱心に本書を「査読」していただいた田中朋之さん(日本IBM)から、日本語版サローズともいうべき自己言及文(44ページ参照)が寄せられている。これはお見事。

この文章には「こ」が2回現れる他に、「の」は2回、「文」は2回、「章」は2回、「に」は3回、「は」は30回、「が」は2回、「回」は29回、「現」は3回、「れ」は3回、「る」は3回、「他」は2回、「カ」は3回、「ギ」は2回、「ッ」は2回、「コ」は2回、「組」は2回、「1」は2回、「2」は17回、「3」は7回、「7」は2回、「17」は2回、「28」は2回、「29」は3回、「30」は2回、カギカッコは28組、「、」は29回、「。」は2回、「*」は1回現れる。

に応募した三〇分ものの放送劇のタイトルなのである。三人の若い男がジャンケンに関するペダンチックな議論を続け（デンマークのジャンケニスト、ノルトンも出てくる）、最後に突然氷金時を食べにいくことで話がまとまる。音楽はエドガー・ヴァレーズの前衛電子音楽『ポエム・エレクトロニク』である。こういう話は当然のことながらあの『野菊の墓』などと対等には競り合えない。予想どおり県予選でビリであった。その無念をここで晴らそうというわけである。お許しを。

右に述べた章以外にも私自身が強い興味や共感をもった章は数多いが、第29章の囚人のジレンマに関するアクセルロッドのコンピュータ・トーナメントは、とうとう自分で実際にトーナメントを主催してみるところまでいった。この話は共立出版のコンピュータ・サイエンス誌『bit』の九〇年二月号に詳しく書いたので、おヒマな人はご参照願いたい。「驕る上田氏久しからず」だの、「五十川氏の乱」だの、おもしろい話がたくさん出てくる。なお、ここではルールを少し変えたので、単純な「シッペ返し」は上位につけたものの、優勝はできなかった。

あ、大事な宣伝をもう一つ。本書には「秘妙」という見慣れない単語がところどころに出てくる。「秘妙」というのは実に「秘妙」な言葉で、意味を説明しなくてもその「秘妙さ」がわかってしまい、誰もが辞典に載っている言葉だと信じてしまう。少なくとも私の周囲の人はすべてそうであった。しかし実は、これは私が学生時代に作った造語で、辞典には出ていない。だから日々「目指せ広辞苑」を唱えているミームでもある。本書によってようやく生存基盤が確立した。（丁寧にここでは見出しで字も大きくした。）喜べ、「秘妙」よ、『広辞苑』に載る日は近い！

いずれにせよ、やっと終った。野崎さんじゃないが、「何事もいつかはおわる」のだ。本書の翻訳の話を白揚社の鷹尾さんから持ちかけられたのが、たしか四年前だから随分時間をかけたことになる。いや、もとへ、随分時間をかけてサボッていたことになる。しかし、鷹尾さんの夜討ち朝駆けの催促が始まったころからは、三人（斉藤、片桐、私）とも非常に多忙であるにもかかわらず、結構、あるいはそれなりに真面目に締切を守ったつもりである。おかげで鷹尾さんから「やはり、NTTの人は真面目ですね」というお誉めの言葉をいただいてしまった。本書は鷹尾さんのこういうオダテ・オドシ・スカシと、その反作用としての胃の穴あきがなかったら決して出ることはなかっただろう。

最後になるが、本書の出版を決意された白揚社社長中村浩さん、企画・編集でお世話になった鷹尾和彦さん、千葉茂隆さん、校正を手伝って頂いた八木直子さん、デザイナーの井上敏雄さん、面倒な印刷をやってくれた中央印刷のみなさん、第26章の訳を『中央公論』(八五年九月号)に載せるときにお世話になった早川幸彦さん、そして私が『サイエンス』のコラムを担当していたときにお世話になった日経サイエンスの松尾義之さん、藪健一郎さん、菊池邦子さん、下山明さんに感謝の意を表したい。本当に最後になるが、私の近所にいたばかりにホフスタッターの言葉の機関銃の流れ弾に当たらされる羽目になった同僚の斉藤康己君、片桐恭弘君、どうもご苦労様でした。

めためたマジな手間だった
=斉藤康己

著者ホフスタッターとの出会いは十一年前にさかのぼる。一九七九年の夏に東京で人工知能の国際会議(IJCAI)が開催された。この会議に、ナップサックを背に世界ケチケチ旅行のついでといった出で立ちで、ひょっこりと現われたのが実はホフスタッターであった。(彼は小柄なのでまさにひょっこりという感じであった。)彼は、レセプションの時に会場に置いてあったピアノで、例の無限音階などを弾いておどけてみせていたが、会議自体には失望したようであった。(実際に弾いたのは彼と一緒に来ていた友達のスコット・キムだったかもしれない。)

この同じ年にかの有名なGEBが出版された。人工知能を研究しようと思っていた私は、この本にぞっこん惚れ込んでしまった。彼の問題意識の中に自分の問題意識と同じ部分を数多く見いだしたからである。それからは、仲間との人工知能の輪講の時にGEBの中の一章を紹介したり、また、夏の合宿でデネットとの共編 *THE MIND'S I* をみんなで読んだりということで、彼の本との楽しいつきあいが続いた。もちろん彼の人工知能分野での論文なども いくつか取り寄せて読んだりしたが(本書にも彼の研究の話は何ヵ所かに出て

訳者紹介=斉藤康己(さいとう・やすき)
一九五三年、山梨県生まれ。一九七九年、東京大学大学院工学系研究科修士課程修了。工学博士。現在は、NTTソフトウェア株式会社勤務。昔は人工知能や認知科学の研究者。その後、NTTのOCN事業部、NTTコミュニケーションズ株式会社などでインターネットサービスの提供に携わる。一九八七年日本語Tex(jTeX)を開発。NTTコミュニケーションズではIPv6の普及に努める。二〇〇五年から現職。著訳書に『リテラリーマシン』(テッド・ネルソン著アスキー)『ユビキタスオフィスのテクノロジー』(電気通信協会)など。

くる。）どうも彼は論文よりも研究の内容を一般向けに説明する読み物を書くときの方が筆が冴えるようである。

有名なマーチン・ガードナーの『サイエンティフィック・アメリカン』への連載が終了し、どうなるのかと思っていたら、またまたホフスタッターの登場であった。それをベースにした単行本（本書）の翻訳に一枚加わるなどとはつゆ知らず、一読者として竹内郁雄さんの翻訳を楽しんでいたのはもう何年前のことだろうか。

ある日突然、竹内さんに、本書の翻訳を手伝ってくれと言われたときには随分悩んでしまった。ホフスタッターへの思いいれから翻訳をしてみたいという気持ちと、彼の博識でユーモアに富み、かなり饒舌な英語をうまく翻訳することができるかという不安とが入り交じって、その折り合いがなかなかつかなかったのである。GEBの名訳もすでに出版されていてその苦労のほどを見せつけられていたことも、躊躇する大きな原因であった。

それでも、半分以上はすでに翻訳されているから量的には少ないという編集部の鷹尾さんのことばと、竹内さんの超楽観論にごまかされて、翻訳を引き受けてしまった。あとは孤独と絶望の翻訳生活である。もう二度と翻訳などしないぞと何ども自分に言い聞かせながらやっとの思いで、どうにか担当部分を翻訳することができた。編集部の方々には何どもご迷惑をかけた。

幸か不幸か、この翻訳をしている間、訳者は研究とはかなり毛色の違う仕事を余儀なくされていた。そんなとき、ホフスタッターの書いたものを、翻訳のためとは言え、読んでいるとなんとなく心の栄養補給になるということもあった。比較的自分の興味に近い部分を担当させてもらえたことも幸いだったと思う。

読みやすい訳を心がけたが、出来映えは読者の判断に任せることにしよう。

出来上がったものを読み返して思うことは、ホフスタッターもよくもここまで手を広げたなーということである。『サイエンティフィック・アメリカン』への連載ということが一番の原因かもしれないが、手を広げすぎたために彼の独壇場の外の話題もいくつか散見される。そして、正直なものでそうした話題を扱った時には彼も生彩を欠くのである。やはり彼はGEBで書いたような内容を扱っているときが一番生き生きとしているような気がする。本書にもGEB的話題が満載されている。それを大いに楽しんでいただければ訳者もこれに過ぎる喜びはない。

「私」と「自分」
＝片桐恭弘

ホフスタッターは本書の後半のいくつかの章で、自己同一性、意識、あるいは自由意志といった問題を取り上げている。これらの問題が重要だという点については人工知能の分野では誰もが一致して認めるところであろうが、そのわりにはこれまでに本格的に議論がなされてきたとはいい難い。もちろん問題が難しいので、実のある議論はなかなかできず、ともすれば空論同士の水かけ論に走りがちだという事情もあるが、それだけではなく、機械にこれらの要素を与えることがはたして必要か・望ましいかといったわれわれの側のためらいも影を落していたのかもしれない。

ホフスタッターの与える描像は、自己同一性も意識も自由意志もすべて、自己志向的立場にもとづくレベル交差的なフィードバックによって生じる循環構造の結果というものである。われわれは高等生物を相手にする時に、相手を信念や目標を持つ存在とみなし、それによってその行動を説明・予測しようとする。それと同じ眼を、自分自身に向けて、自分自身を信念や目標を持ちそれらに従って合理的に行動する存在とみなす、そうすることが、「私」さらには意識や自由意志の生じる基本だというわけである。これは、もともと外を向いていた志向的な目を自分自身に向けて、ループを作るという複雑なメカニズムによってはじめて「私」が現れるという点で、「私」に対する「重い」見方ととりあえず呼ぶことにしよう。

これに対して、知的な活動の基本には明示的な形での「私」概念は不要だとする考え方もある。眼前の食卓に並ぶご馳走に箸を伸ばす時、あるいは、右手前方三メートルの地点から襲いかかってくる獰猛な敵から身をかわして逃げようとする時、重要なのは私、ご馳走、敵それぞれの絶対的な位置の情報ではなく、私とご馳走ないしは敵との相対的な位置関係の情報である。また、熱したやかんについうっかり手を触れて「熱い」と叫ぶ時、わ

訳者紹介＝片桐恭弘（かたぎり・やすひろ）
一九五四年、新潟県生まれ。東京大学工学系研究科情報工学専攻博士課程修了。工学博士。NTT基礎研究所、ATRメディア情報科学研究所などを経て、二〇〇五年より公立はこだて未来大学システム情報科学部教授。日本語に立脚した会話コミュニケーションの計算モデルの研究をしている。主な著訳書（共著を含む）は『講座言語の科学7：談話と文脈』（岩波書店）、『分散人工知能』（コロナ社）、『講座社会言語科学5：社会・行動システム』（ひつじ書房）など。

れわれが感じているのは文字通りの「熱い」であって、「熱いのは他ならぬ私だ」と思う余裕は少なくとも叫びを発する瞬間にはない。われわれの生活場面ではわれわれと環境との直接的な相互作用は常に自分を中心にして自分に相対的に起こるのだから、「私」はその相互作用のあり方の中に暗黙のうちに存在し、われわれは陽に「私」を意識しなくてもよい。これは特別なメカニズムを仮定せずともわれわれと環境との相互作用のあり方から自然に「私」が現れるという点で、「私」に対する非常に「軽い」見方である。この「軽い私」のためにはそもそも志向的立場など持ち出す必要すらない。

ところで、日本語には「私」を指し示す一人称代名詞として使われる言葉が「私」の他にもたくさんある。たとえば、「自分」という言葉も「自分は東京生まれです」のように一人称代名詞として用いることができる。奇妙なことに「自分」は「自分はどう思う？」のように聞き手を指す二人称代名詞として用いられることもあるようだ。それはともあれ、「自分」の代表的な使われ方はやはり、「自分が飼っていた小鳥が逃げてしまったので花子はがっかりした」とか「太郎は花子が自分を嫌っていると思った」のように、話し手や聞き手ではない、文中に現れる登場人物を指す代名詞としての用法だろう。もちろんこの場合にも「自分」は「彼」「彼女」のような代名詞と同じで、「私」とは無関係というわけではない。上の「自分」にはいずれも、花子は「私が飼っていた小鳥だ」と思っている、太郎は「花子が私を嫌っている」と思っている、という形でやはり「私」が後ろから顔をのぞかせている。

では「自分」の後ろに見え隠れしている「私」は「重い私」だろうか、それとも「軽い私」なのだろうか？　どうも「自分」という言葉は「重い私」と「軽い私」の両者をつなぐ中間的で微妙な役割を果たしているような気がする。「重い私」も「軽い私」もどちらも転移することができる。「重い私」の転移とは、他者を「重い私」を持つ存在、つまり自ら自己志向的な立場をとることによって「私」という概念を確立している存在とみなすということだ。上の「自分」の例では話し手は花子や太郎に「重い私」を転移して、自分自身と環境とを自覚的に認識する主体としての「私」の概念を備えた存在として、二人をとらえている。それに対して「軽い私」の転移とは、他者を環境と相互作用する自律的な存在とみなすことに相当する。これは必ずしも「重い私」の意味での「私」を相手に帰属することを必要とはしない。「あの植物は自分の葉の上にとまった虫をつかまえて食べてしまう。」「あの機械は自分の前におかれた部品を形によって分別するように設計されている。」これらの文は、植物や機械を擬人化してあたかも自己志向的な「重い私」を備えているかのごとく述べていると受け取ることももちろん可能だが、もっと中立的に、単に植物や機械の環境との相互作用のありさまを語っているだけと解釈することもできる。その場合には転移しているのは「軽い私」だけである。

結局、「自分」は「重い私」の場合にも「軽い私」の場合にも使われるようだ。しかし重要なことは「自分」の中心的な用法は「私」の転移と結び付いているという点だ。転移とは他者の行動を外から見て予測・説明する時に自分と同じようだというのを基本とすることに他ならない。したがってこれは自己志向的立場をとることと密接に結び付いている。「軽い私」自体は本来志向的立場と関係ないはずだが、他者に対する転移を通じて、ある意味で「重い私」に近付くことになる。上で「自分」が「重い私」と「軽い私」とをつなぐといったのは実はこういう意味だったのだ。先ほどの例で「自分」を使うことによって植物や機械に対する擬人化が起こるとすればそれはこのためだろう。しかし、おもしろいのは、かといって転移によって「軽い私」と「重い私」とが完全に一致するというわけでもないようなのだ。たとえば、「太郎は自分の右側の女性に気がついていないようだ」という例を考えてみよう。この文が女性が太郎の右ではなく、話し手から見て右側にいるという場合に用いられたとする。すると太郎自身は実は女性との位置関係をまったく認識していなくともよいことになる。したがって、少なくとも女性との位置関係に関するかぎり、「自分」は自身と環境とを自覚的に認識している「重い私」には該当しない。

どうやら、「私」はホフスタッターの問題にした全体的な構造のレベルだけではなく、微細構造のレベルでもまた興味深く悩ましい謎に満ちあふれているようだ。

最後に、「私」にまつわる動玉箱の対話（第25章）の訳を『現代思想』（一九八六年二月号）に載せる時にお世話になった青土社の西田裕一さんに感謝の意を表します。

著者紹介

D・R・ホフスタッター　Douglas R. Hofstadter

ホフスタッターは『ゲーデル、エッシャー、バッハ——あるいは不思議の環』の著者としてよく知られており、哲学者ダニエル・C・デネットと『マインズ・アイ』を共編してもいる。また、二年半にわたって『サイエンティフィック・アメリカン』に「メタマジック・ゲーム」を連載した。彼は数年間インディアナのブルーミントンにあるインディアナ大学計算機科学科に在籍したあと、最近ミシガンのアナーバーにあるミシガン大学心理学科に移り、そこで文学科学芸術学部のウォルグリーン講座教授になった。［その後、再びインディアナ大学の教授に戻り、概念認知研究センター（Center for Research on Concepts and Cognition）のリーダーとして活動している。］彼の最近のＡＩ（人工知能）研究プロジェクトはSeek-Whence, Letter Spirit, Copycat, Jumboと呼ばれている。彼の焦点はアナログ的な思考の確率的並列計算モデルである。

［白井良明他訳『コンピュータビジョンの心理』 産業図書］

Winston, Patrick Henry and Berthold Horn. *Lisp*. Reading, Mass. : Addison-Wesley, 1981. Lispに関する堅実な教科書．まったくの初歩から始めて人工知能プログラミング技術にまで及ぶ．

Yaguello, Marina. *Alice au pays du langage*. Paris : Editions du Seuil, 1981. フランスの言語学者である著者が音韻学，シンタックス，意味論，そして自分自身の言葉使いのゆっくりとした変化を人間の思考の不思議さを照らしだすために調べたもの．この本の中の多くの例は日常の言語，スラング，ユーモアなどからとられているので，まったく人を退屈させない．

—— *Les mots et les femmes*. Paris : Petite Bibliothèque Payot, 1978.フランス語から性差別語をなくすための戦いに関する本．不幸なことだが，ラテン語系の言語の男性形女性形の存在のために，性差別語の廃絶は英語にくらべてはるかに難しいだろう（英語でもすでに途方もなく困難ではあるが）．

Zapf, Hermann. *About Alphabets*. Cambridge, Mass. : MIT Press, 1960. 有名な現存するタイプフェース・デザイナーが世界のアルファベットの中を探検してまわるさまを書いた本．

もとりあげようとしている．ノミックというゲームが付録に現れる．

Thomas, Dylan. *Collected Poems*. New York : New Directions, 1953. 私は詩をよく理解できないと真っ先に認めるほうなのだが，人を魅惑するこの詩集は，その美しい言葉使いと人を当惑させるような不透明さの組み合わせのために，とくに私の心をかき乱す．［田中清太郎他訳『ディラン・トマス全集1 詩』 国文社］

Thomas, Lewis. *The Medusa and the Snail*. New York : Viking, 1979. 科学と生命に関する短いエッセイ集．あるものは非常に示唆に富んでいるが，あるものはよく理解できず，まったく馬鹿げたものも含まれる．

Turing, Alan. "Computing Machinery and Intelligence". Reprinted in *Minds and Machines*, edited by Alan Ross Anderson. Englewood Cliffs, N. J. : Prentice-Hall, 1964. この中で，例の悪名高い機械の思考に関する「チューリング・テスト」が提案されている．明晰で直接的なこの論文には現在でも人を刺激するようなアイデアがたくさん含まれている．

Turner-Smith, Ronald. *The Amazing Pyraminx* Hong Kong : Mèffert Novelties. 1981. ピラミンクス・パズルの表記法，群論，そしてこのパズルの解法の簡単な解説．

Ulam, Stanislaw. *Adventures of a Mathematician*. New York : Scribners, 1976. かなり革新的で，遊びを愛する数学者の知的生活についての素晴らしい記述．心と意識に関する推測も含まれている．

Vetterling-Braggin, Mary, ed. *Sexist Language : A Modern Philosophical Analysis*. Totowa, N. J. : Littlefield, Adams & Co., 1981. いろいろな方面から女性蔑視をとりあげた貴重な論文集．女性蔑視と人種差別を比較する章を含んでいる．

von Neumann, John. *Theory of Self-Reproducing Automata*, edited and completed by Arthur W. Burks. Urbana, Illinois : University of Illinois Press, 1966. 著者はこの本の中で自分自身の複製を組みたてられる機械，さらには自分よりも複雑な機械を原料から組みたてられる機械のことを述べている．そして，この仕事の中心には数学的に自己言及を達成するゲーデルの方法が潜んでいる．多くの人はそのことを見すごし，軽く見ているが．

Walker, Alan, ed. *The Chopin Companion*. New York : W. W. Norton, 1966. 作曲家，演奏家，音楽学者によるショパンの音楽とその影響に関する素晴らしい論文集．

Watzlawick, Paul. *Change*. New York : W. W. Norton, 1974. 日常生活において出くわす矛盾（パラドックス）によって心理学的な病気が引きおこされるという理論．提案されている治療法はパラドックスにパラドックスで対抗するというもの（これはパラドックスではないのか！）である．

Webb, Judson. *Mechanism, Mentalism, and Metamathematics*. Hingham, Mass. : D. Reidel, 1980. ゲーデル，チャーチ，チューリング，クリーネ，タルスキ，ポストその他の人たちによる最も重要な数学上の仕事の洞察力に富んだ学問的解析．とくに，形式的なシステムに適用される有名な「限定的定理」と人間の心の活動を機械化しようという試みとの関係を明らかにしようとしている．著者の結論は，これらの数学上の結果は，心の活動が原理的には機械化できるという考えを補強はしても，けっして否定するようなものではないというものである．

Wells, Carolyn. *A Nonsense Anthology*. New York : Dover Press, 1958. 奇妙な詩とほとんど意味をなさない馬鹿げた断片を集めたもの．

Wheelis, Allen. *The Scheme of Things*. New York : Harcourt Brace Jovanovich, 1980. 人間と動物の結びつき，および場所と景色の感情的な共鳴に関する感動的な物語．この物語には自己参照がたくさん出てくる．中でも際だっているのが，『あるがまま』（*The Way Things Are*）という題の別の小説への言及．この小説はウィーリスの本の主人公であるオリバー・トンプソンが書いたもので，彼自身，ウィーリス同様サン・フランシスコに住んでいる異端的な精神科医なのである．つまり，ウィーリスがウィーリスの中にいる！

Williams, J. D. *The Compleat Strategyst*. New York : McGraw-Hill, 1954. ゲーム理論について書かれた最も古くかつ最も明快な本の１つ．非常に初歩的な本で，ユーモアたっぷりの絵やおかしな話で，要点をうまく表している．

Wilson, E. O. *The Insect Societies*. Cambridge, Mass. : Harvard University, Belknap Press, 1971. この本を読み進むのには骨が折れるが，その中身は人を没頭させるのに十分である．なぜならば，高いレベルの秩序が，たがいに何も知らずに動いている下のレベルの器官の独立の活動からいかにして生まれるのかが述べてあるから．

Winston, Patrick Henry. *The Psychology of Computer Vision*. New York : McGraw-Hill, 1975. 人工知能の現在の水準からするとかなり古いものであるが，この６編の論文はいまだに少なからぬ興味を引く．１つはミンスキーのフレームに関する論文，もう１つはウィンストンの学習と認識に関する論文，さらにウォルツの「ブロック世界」の認識における経済的戦略に関する論文もある．

Smolensky, Paul. "Harmony Theory : A Mathematical Framework for Stochastic Parallel Processing", University of California at San Diego Institute for Cognitive Science Technical Report ICS No. 8306. 統計力学の概念にもとづいて，このプロジェクトではランダムな並列性を利用し，それをだんだんとゼロに近づく「温度」によって調節することによって，最も効率よくシステムの大域的な最適状態を探すという研究をしている．

Smullyan, Raymond. *This Book Needs No Title : A Budget of Living Paradoxes*. Englewood Cliffs, N. J. : Prentice-Hall, 1980. 矛盾に対するとくに鋭い感覚をもつ論理学者である著者が，日常生活と矛盾の絶えざる交錯を観察して，まとめあげたユーモアたっぷりの小品集．

Solo, Dan X. *Sans Serif Display Alphabets*. New York : Dover, 1979. エレガントな文字のコレクション．控えめなセンスのよさはやさしいカーブ，ストロークの細くなり方，線の終点，そして図と地の相互作用の中に現れている．

—— *Special-Effects and Topical Alphabets*. New York : Dover, 1978. このような本を見ると，文字の形の問題が実は人間の知能そのものの問題と同じぐらい難しいことがよくわかる．

Sonneborn, Tracy M. "Degeneracy of the Genetic Code : Extent, Nature, and Genetic Implications". In *Evolving Genes and Proteins*, edited by Vernon Bryson and Henry J. Vogel. New York : Academic Press, 1965. 遺伝情報のコードの中で任意であるように見えるコドンとアミノ酸の特別な対応関係に，実は進化論上の理由があるのではないかということをたぶんはじめて示唆した論文．

Soppeland, Mark. *Words*. Los Altos, Calif. : William Kaufmann, 1980. 自己参照的な絵として描かれた単語の機知に富んだコレクション．たとえば，本が積み上げてある絵があって，その形が「books」と読めるなどなど．

Sorrels, Bobbye. *The Nonsexist Communicator*. Englewood Cliffs, N. J. : Prentice-Hall, 1983. 性差別語を使った言い回しと，それを差別のない言い方に直したものをある程度集めたもの．しかし，言い直しの中には必要以上に変てこりんなものもある．

Sperry, Roger. "Mind, Brain, and Humanist Values". In *New Views on the Nature of Man*, edited by John R. Platt. Chicago : University of Chicago Press, 1965.「脳の中で因果関係のつながりとして，何が何を突きうごかしているのか？」という問いを発してそれに答えようとしている．私の答えが第 25 章である．

Spinelli, Aldo. *Loopings*. Amsterdam : Multi-Art Points Edition, 1976. よいアイデアをぎこちなく実現したもの．この本のあらゆるページはすべて自分自身を参照するような文，あるいはそれに限りなく近い文で埋めつくされている．最後に著者は，ある種の閉ざされたループと，ループへの入り方について議論している．

Stanley, H. Eugene et al. "Interpretation of the Unusual Behavior of H_2O and D_2O at Low Temperature : Are Concepts of Percolation Relevant to the 'Puzzle of Liquid Water'?" *Physica*. 106a (1981) : 260–77.「ゆらぐ群れ」として水をとらえるというごく最近の研究を紹介した論文．

Stein, Gertrude. *How to Write*. Craftsbury Common, Vt. : Sherry Urie, 1977. (Originally published in 1931.) 不条理に関する古典．全体を読もうとするのは悪夢に等しい．各ページは１つ１つ独特の砂粒であるが，全体をまとめるとつまらない砂浜と同じになってしまう．少しずつ味わうのがよい．

Steiner, George. *After Babel : Aspects of Language and Translation*. New York : Oxford University Press, 1975. 個人的意味の深みを探索した素晴らしい本であるが，難解な個所も多い．しかし，言語の精妙さに関して私の知るかぎり最高の論述の１つである．

Strich, Christian. *Fellini's Faces : 418 Photographs from the Archives of Federico Fellini*. New York : Holt, Rinehart, and Winston, 1981. 人間の顔の表情の驚くべき多様さ，豊かな表現力への賞賛．

Stryer, Lubert. *Biochemistry*. New York : W. H. Freeman, 1975. レーニンジャーのものより若干低いレベルに関する生化学の上手に書かれた教科書．多くは色刷りの図がとくによい．[田宮信雄他訳『生化学』 東京化学同人]

Suber, Peter. "A Bibliography of Works on Reflexivity". Unpublished manuscript, 1984. 自分自身を変更する法律，自分に言及する文学，自己実現的予言，自己修復可能な機械，自分をモニターする計算機プログラムなどなどに関する文献の広大な世界へのポインターを広範囲に集めたもの．

—— *The Paradox of Self-Amendment : A Study of Logic, Law, Omnipotence, and Change*. Forthcoming. 法律の分野における論理パラドックスの研究に関する最初で唯一の本．「自分自身への変更を許すような規則」というある限られたパラドックスに的を絞って書かれている．最終的には法律上の推論がどのようにして論理パラドックスを取りあつかえるかという一般的な問題に関して予言的な推測を行ったもの．DNAの構造や機能がまだ明らかにされる前に書かれた．さらに自意識の深遠な問題にも論を進め，「全体として心の数はただ１つである」という神秘的な結論を導いている．［岡小天他訳『生命とは何か』 岩波新書］

Schwenk, Theodor. *Sensitive Chaos*. New York : Schocken, 1976. 自然の中，あるいは実験室における流体に関する本．驚くべきパターンや夢のような写真に満ち満ちていて，それを見ていると「全体として流体の数はただ１つである」という神秘的な結論にいたる．

Searle, John. "Minds, Brains, and Programs". *The Behavioral and Brain Sciences* 3 (September 1980) : 417-57. ルーカスの論文（前掲）同様，この論文もたくさんの反論（私のも二つ含まれる）を引きおこした．この雑誌の中では，約 30 の反論および反論に対する反論がこの論文の後ろに掲載されている．これらすべてを読むことは楽しくもあり，教育的でもある．私は，この論文は一種のリトマス試験紙だと思っている．著者の与えるイメージに納得してしまう人は必ずや人工知能に対して否定的な意見をもつという意味で．

——"The Myth of the Computer : An Exchange". *New York Review of Books* (June 24, 1982) : 56-57. 著者はデネットと私を「強い人工知能」の擁護者として描いている．「強い人工知能」というのは，適切にプログラムされた計算機は文字どおり心をもつという考えである．著者は，このような考えが十分に経済的サポートを受け，評判の高い研究者たちによって支持されていることに憤慨している．さらに著者は，このような考えが不合理であることを執拗に明らかにするようつねに努力しているといっている．

——"The Myth of the Computer". *New York Review of Books* (April 29, 1982) : 3-6. 『マインズ・アイ』(*The Mind's I*)のかなり否定的な書評．この本の中で，私たちは，評者をきびしく批判した．この書評の中で１つだけいい点は，人工知能が直面している認識論的問題，つまり心の活動が示す流動的な参照，あるいは意味の性質をどうやって説明するか，を彼が強調している点である．

Serafini, Luigi. *Codex Seraphinianus*. Milan : Franco Maria Ricci, 1981. 全２巻の百科事典もどき．書法，ページ数のふりかた，奇妙な図形，そして素晴らしい色刷りの挿絵はすべて，イタリアの建築家である著者の謎のような心の産物である．さらに安い値段で１巻本としても，ニューヨークのアブヴィル・プレスから出版されている．

Seuss, Dr. *On Beyond Zebra*. New York : Random House, 1955. アルファベットを「z」の後に拡張しようというユーモアたっぷりの試み．システムの外に飛びでること (jootsing) のメタファーになっている．

Simon, Herbert A. "Cognitive Science : The Newest Science of the Artificial". *Cognitive Science* 4, no. 2 (April-June 1980) : 33-46. 計算機はすでに記号操作という完璧な知能を備えているという自信たっぷりの主張．結論の中で彼は，「境界がどこに引かれようとも，現在すでに，ある１つの種という枠を越えた知的システムの科学が存在する」と主張している．

—— "Studying Human Intelligence by Creating Artificial Intelligence". *American Scientist* 69, no. 3 (May-June 1981) : 300-309. 著者が重要な 100 ミリ秒の壁について語った講義．この時間より短い時間の間に起こっていることに関しては認知科学者は何が起こっているのかを知る必要はないという主張（第 26 章参照）．印刷されたときには彼は「100 ミリ秒」を「10 ミリ秒」に変えているが本質的な中身に変わりはない．

Singmaster, David. *Notes on Rubik's "Magic Cube"*. Hillside, N. J. : Enslow, 1981. そのカバーの上に以下のように誇らしげに書いてある．「決定的な論説——『サイエンティフィック・アメリカン』」『サイエンティフィック・アメリカン』がそういうなら反論する気はない．

Sloman, Aaron. *The Computer Revolution in Philosophy : Philosophy, Science, and Models of Mind*. Atlantic Highlands, N. J. : Humanities Press, 1978. 人工知能に鞍替えしないと船に乗りおくれますよと哲学者に注意を喚起している本．人工知能の哲学的重要性に関する主義主張に偏った議論がちょっと気になるが，それ以外はよく書けた本．

Smith, Brian C. "Reflection and Semantics in Lisp". Palo Alto, Calif. : Xerox Palo Alto Research Center Report, 1983. 500 ページに及ぶドクター論文を十数ページに縮めたもの．自分自身について推論することができる（そしてさらにそのような推論について推論できる）システムに関する論文．この論文は人工知能研究の「メタメタ」スタイルの例である．（第 23 章，とくにその追記参照）．

Smith, Stephen B. *The Great Mental Calculators : The Psychology, Methods, and Lives of Calculating Prodigies*. New York : Columbia University Press, 1983. ふつうの人には，とんなに数字を愛している人でも，とてもできないような計算を暗算でやってしまう，非常に変わっているが人間的な人たちの描写を集めたもの．

とんど何も知らないのだから，これはある程度眉つばである．しかし，ラクターの書く文章の愛すべき点は，それが意味の周辺を進んでいく，すなわち，意味と無意味の境界をまるで酔っぱらったようにくねくねと歩いていくところである．

Rapoport, Anatol. *Two-Person Game Theory*. Ann Arbor : University of Michigan Press, Ann Arbor Science Library, 1966. ゲーム理論を正統的に扱ったもの．囚人のジレンマのような状況における合理性の意味に関する個人的な議論が最も興味深い．

Reps, Paul. *Zen Flesh, Zen Bones*. New York : Doubleday, Anchor Press, n. d. 簡単に手に入る禅の公案集．とても愉快で，啓蒙的ですらある．ただし，十二分に眉につばつけて読む必要あり．

Rogers, Hartley. *Theory of Recursive Functions and Effective Computability*. New York : McGraw-Hill, 1967. メタ数学上のたくさんの高度な概念を取りあつかった標準的な教科書．第13章で出てくる「生産的集合」，「創造的集合」などという概念も取りあつかわれている．

Ross, Alf. "On Self-Reference and a Puzzle in Constitutional Law". *Mind* 78, no. 309 (January 1969) : 1-24. 法哲学上の難問題である，「法は自分自身を変更することができるか？　あるいはそれは矛盾したことか？」を取りあつかった論文．著者の見解は，法律においては論理的な矛盾は受けいれられないので法律が自らを修正することは不可能であるというものである．これに対する答えとしてはハートの論文（前掲）を見よ．

Rucker, Rudy. *Infinity and the Mind*. Boston : Birkhäuser, 1982. 書かれるべくして書かれた本．平易な言葉で，最も深遠な心のありようを表現している．そして，それを自意識に関する考えや存在の神秘性に結びつけている．著者の得意中の得意である．［好田順治訳『無限と心』　現代数学社］

Ruelle, David. "Les Attracteurs Etranges". *La Recherche* 11, no. 108 (February 1980) : 131-44. 数学上のちぎれ雲のようなストレンジ・アトラクターと，それが説明するはずの物理現象を関係づけた論文．素晴らしい挿絵がたくさんある．

Rumelhart, David E. and Donald A. Norman. "Simulating a Skilled Typist : A Study of Skilled Cognitive-Motor Performance". *Cognitive Science* 6, no. 3 (July-September 1982) : 1-36. サン・ディエゴのカリフォルニア大学で現在進められている「並列分散処理」プロジェクトの先駆けとなった論文．人間の動作をモデル化したものとしては，私の知るかぎりで最も興味深い研究．

Russett, Bruce. *The Prisoners of Insecurity*. New York : W. H. Freeman, 1983. 軍拡競争を囚人のジレンマが繰りかえされたものととらえ，どうすればこの膠着状態から抜けでられかを論じている．「責任」と題する最後の章は次のような警告で終っている（これを人々が肝に命じてくれたらいいのだが）．「民主主義においては核の問題に関して黙っているということは無関心ではなく，核を受けいれるということを意味する．軍拡競争をわれわれがただ黙って傍観し，その結果として戦争にでもなったら，われわれはその帰結に対して責任がある．『沈黙は承諾』なのである．」

Ryder, Frederick, and Company. *Ryder Types*, 2 vols. (with periodic supplements). Chicago : Frederick Ryder and Company. タイプフェースの私が知るかぎり最高のカタログ．少々高価．私がいままで見た中で最も奇妙なタイプフェースはこの本の四つの補遺の中にある．

Sagan, Carl, ed. *Communication with Extraterrestrial Intelligence*. Cambridge, Mass. : MIT Press, 1973. ロシア人とアメリカ人がおたがいに話し合うようになった時代の国際会議の愉快な記録．著者はこの中で，地上の生物にもとづいた各種の「盲目的崇拝」を披露している．希望に満ち，気分爽快にしてくれる本である．こういう本がたくさんあるといいのだが．［金子務他訳『異星人との知的交信』　河出書房新社］

Sampson, Geoffrey. "Is Roman Type and Open-Ended System ? A Response to Douglas Hofstadter". *Visible Language* 17, no. 4 (Autumn 1983) : 410-12. 著者は「アルファベットの文字の流動的な精神をパラメータをいくつかもった計算機プログラムで捉えることは不可能である」という私の主張に反論する．彼は，範囲を本格的な本の印刷に限れば，それは可能だと主張する．

Schank, Roger. *Dynamic Memory : A Theory of Reminding and Learning in Computers and People*. New York : Cambridge University Press, 1982. 彼の理論のある部分には賛成しかねるところもあるが，認知科学がどのような問題に焦点を当てるべきかに関しては，私は彼とまったく同意見である．そして，私は彼の使う例がどれも気に入っている．［黒川利明他訳『ダイナミック・メモリ』　近代科学社］

Scherlis, William L. and Pierre L. Wolper. "Self-Referenced Referenced, and Self-Referenced". *Communications of the ACM* 23, no. 12 (December 1980) : 736. 自分自身を参照する論文に関するユーモアたっぷりの短い記事．

Schrödinger, Erwin. *What Is Life ? and Mind and Matter*. New York : Cambridge University Press, 1967 (reprint of 1944 edition). 哲学的傾向をもった物理学者である著者が遺伝情報の性質

根元的な問いをとことん考察することにもとづいた論説である．著者はこの問いにまじめに答えるためには，「私」という言葉の現実世界及び多くの架空世界での意味を徹底的に調べ上げなければならないということをよく心得ていて，それを巧妙にかつ洞察力をもって実行している．

Pascal, Louis. “Human Tragedy and Natural Selection”. *Inquiry* 21 : 443-60. ギャレット・ハーディンの本（前掲）が終っている地点から出発して，著者は淘汰の自然な帰結として人口爆発が起こるという悲観的な構図を描いてみせる．そして，この淘汰は，個人に性的欲求が組みこまれているのと同じぐらい深く，人間社会の中に組みこまれていると主張する．

—— “Rejoinder to Gray and Wolfe”. *Inquiry* 23 : 242-51. 目の前に危機的状況が迫っているのにそれに無頓着でいる人類への痛烈な告発．

Peattie, Lisa. “Normalizing the Unthinkable”. *Bulletin of the Atomic Scientists* 40, no. 3 (March 1984) : 32-36. 上のパスカル同様，この著者は，人々がその感受性を自ら断って自分の身のまわりのことだけを考えることができるという能力のために，大きな悲劇が起こってしまうということを問題にしている．彼女は，現代の大衆が軍拡競争の気違いじみた様相に対して無頓着であることと，ヒットラーの強制収容所におけるヒットラーの協力者たちの非人間性とを対比させることによって，このことを表現している．

Pérec, Georges. *La Disparition*. Paris : Editions Denoël, 1969. 何がといって，「e」なしでフランス語を書くことは英語を書くことよりもずっと難しいはずだが，この本はまさにそのような奇妙な方言で書かれた一篇の小説である．疑問の余地なく，その主題は 26 個のものの集まりから 5 番目のものが謎めいた失踪を遂げるというものである．これはたぶん 1930 年代後半にアーネスト・ヴィンセント・ライトによって英語で書かれたギャズビー（*Gadsby*）という「e」のない小説に触発されたものだろう．

Perfect, Christopher and Gordon Rookledge. *Rookledge's International Typefinder*. New York : Frederick C. Beil, 1983. 高価ではあるが素晴らしいタイプフェースの集大成である．おのおののタイプフェースがその特徴から検索できるようになっている．したがって，カタログのページを何時間も繰るというようなことなく，未知のサンプルをすぐに特定することができる．私の「水平および垂直問題」を愛する人にはこたえられない本である．

Phillips, Tom. *A Humument : A Treated Victorian Novel*. New York : Thames & Hudson, 1980. 壁を色とりどりのクレヨンで塗りたくる子供のように，著者は古い小説（W. H. マロック著『人間の記録』(*A Human Document*)）の各ページを彼のさまざまな落書きで完全に書きかえてしまった．そして，ところどころに原型がわずかに見えかくれするだけというしろもの．なんとおかしな離れ業！

Poincaré, Henri. “On Mathematical Creation”. In *The World of Mathematics*, vol. 4, edited by James R. Newman, 2041-50. New York : Simon & Schuster, 1956. 今世紀の初頭にパリの心理学会で行なわれた講義．80 年後に認知科学が発達することを期待しつつ，彼は自分の頭の中で数学的発見をしたときに起こっていることの性質を推測している．

Pólya, George. *How to Solve It*. New York : Doubleday, 1957. ポアンカレ同様に思考過程に魅せられた数学者である著者が，数学的問題をどのように攻めたらいいのかに関して処方箋を与えている．しかし，この処方箋という考えの問題点は絶対に成功する処方というものは存在しないということである．たんにガイドラインを与えようとするだけでも，たぶん無益なことなのかもしれない．正しい道をかぎわけられる鼻はほんとうに少なくて，その鼻をもつ以外の方法はないのかもしれない．［柿内賢信訳『いかにして問題を解くか』 丸善］

Post, Emil. “Absolutely Unsolvable Problems and Relatively Undecidable Propositions : Account of an Anticipation”. In *The Undecidable*, edited by Martin Davis, 338-443. New York : Raven, 1965. この論文の中で著者は，数学者の思考過程は本質的に創造的で機械化できないという結論を導いている．マイヒルの論文（前掲）と関連あり．

Poundstone, William. *The Recursive Universe : Cosmic Complexity and the Limits of Scientific Knowledge*. New York : William Morrow, 1985. 還元主義の奇妙に対する最高の記述．素晴らしく複雑なもの，生きていて自己増殖する組織が，実は非常に単純な互いにインタラクションする部品がたくさん並んだものにすぎないという話．フォン・ノイマンの無限退行なしに自己増殖する機構（これはゲーデルから借りてきたもの）がこの本で扱われている主なトピックの１つである．さらに，コンウェイの人を夢中にさせるライフゲームの助けを借りて，どのようにして，そんなことが可能なのかを十分に説明している．［有澤誠訳『ライフゲイムの宇宙』日本評論社］

Racter. *The Policeman's Beard Is Half Constructed*. New York : Warner Books, 1984. ラクターはビル・チェンバレンとトマス・エターによって書かれたプログラムである．そして，この本はラクターによって書かれたものである．といっても，ラクターは半分だけ作られた髭のことなどほのである．

Miller, Casey and Kate Swift. *The Handbook of Nonsexist Writing for Writers, Editors, and Speakers*. New York : Barnes and Noble, 1980. 一流の本．この本があらゆる新聞記者の机上にはないというのはけしからんことだ．これらの問題について考えることは社会的に重要であるばかりでなく，挑戦的で魅力たっぷりである．

—— *Words and Women*. New York : Doubleday, Anchor Press, 1977. 私たちの社会が女性を公平に扱っていると考えることがいかに道理に合わないものであるかをみごとに徹底的に示した作品．もしも言語が社会の体温計だとすると，この本は全体として，私たちの社会がひどい病気にかかっているということを表している．

Mills, George. "Gödel's Theorem and the Existence of Large Numbers". Northfield, Minnesota : Mathematics Department, Carleton College, October 1981. 関数の再帰的な定義と対角線化のプロセスによって途方もなく大きな数の記述が得られることを示している．あっちへ行ったり，こっちへ行ったりしているうちに，思いがけない目的地にたどりつく．

Minsky, Marvin. "A Framework for Representing Knowledge". In *The Psychology of Computer Vision*, edited by P. H. Winston. New York : McGraw-Hill, 1975. フレーム，スロット，ディフォールト仮定といった，現在では人工知能の中心的な概念になっているものを定義した論文．

—— "Matter, Mind, and Models". In *Semantic Information Processing*, edited by Marvin Minsky. Cambridge, Mass. : MIT Press, 1968.「私」という言葉の言味を計算という状況の中でとらえようとしたもっともらしい仮説．

—— "Why People Think Computers Can't". *AI Magazine* (Fall 1982) : 3–15. いつもの彼らしいずば抜けた洞察力で，著者は，人間の（あるいは機械の）思考についてどのように考えたらいいのかを理解しない人々をめった切りにしている．

Mondrian, Piet. *Tout l'œuvre Peint de Piet Mondrian*. Paris : Flammarion, 1976. ある画家のスタイルの進化に関して，これ以上に素晴らしい概観を与えた本を私は知らない．この本はモンドリアンの初期の具象主義の絵画から始まって，最も抽象的で幾何学的な絵にいたるまでの過程を捉えている．この進化は連続的で論理的であり，さらに劇的でもある．

Morrison, Philip and Phylis, and the Office of Charles and Ray Eames. *Powers of Ten*. New York : Scientific American Books, 1983. キース・ブーケの霊感をさそう「宇宙観」（前掲）を約30年後に再現したもの．かなり多くのコメントが含まれている．楽しくて価値のある後継者である．

Myhill, John. "Some Philosophical Implications of Mathematical Logic : Three Classes of Ideas". *Review of Metaphysics* 6, no. 2 (December 1952) : 165–98. 1982年に私はこの著者に会って，この論文のことを聞いてみた．彼は，それはつまらないものだと言った．これには私も驚いた．私は，この論文はよく考えられた重要な哲学的論文だと思っていたのだ．彼は数学的なメタファーを使っていて，これは他の人には真似のできないものである．30年後にある人の仕事を別の人がどのように評価するかなどわかったものではない！

Nagel, Ernest, and J. R. Newmen. *Gödel's Proof*. New York : New York University Press, 1958. 懇切丁寧で，誰にでも手に入るゲーデルの考えに関する解説書．彼の仕事に関連する哲学的な問題も取りあつかわれている．［はやし・はじめ訳『数学から超数学へ』 白揚社］

Nakanishi, Akira. *Writing Systems of the World*. Rutland, Vt. : Tuttle, 1980. 文字の形の中にひそんでいるいろいろな精神のサンプルがほしければこの本を見てほしい．いろいろなスタイルで書かれた世界中のいろいろな書法を新聞のページの再現という形で見ることができる．

Newell, Allen. "Physical Symbol Systems". *Cognitive Science* 4, no. 2 (April-June 1980) : 135–83. 人工知能が伝統的にはこの信念の上に基礎を置いていると考えられているドグマを表明した長い論文．そのドグマは，万能計算機は知的な行動に必要なものはすべて備えているというものである．

Norman, Donald. "Categorization of Action Slips". *Psychology Review* 88, no. 1 (January 1981) : 1–15. お湯を沸かしたり，電話に答えたり，シートベルトをはずしたり，仕事場から家に車で帰ったりといった日常的な行動のさいに人々が犯す誤りの種類を概観した素晴らしい論文．まったくのでたらめと思える誤りの背後に驚くべき規則性が潜んでいる．著者の目的は，この規則性を洗いだし，思考のメカニズムを解明するのに利用することである．

Nozick, Robert. *Philosophical Explanations*. Cambridge, Mass. : Harvard University, Belknap Press, 1981. 広い範囲にわたる哲学の本．一般の読者及び専門家の両方を対象にしている．この本は個人のアイデンティティの問題，参照の意味から自由意志，道徳律までをカバーしている．それでいて，わけのわからない専門用語を使うことがほとんどない．

Parfit, Derek. *Reasons and Persons*. Oxford : Clarendon Press, 1984. 道徳上のジレンマと倫理的行動に関する思慮深い考察．「なぜ私は現在および将来の自己のことを気にするのか？」という最も結論はまったく正しくないと私は思うが，彼が提起した問題はさらによく考えてみる必要がある．ウェッブの本で議論されている内容と深くかかわっている．

Machlup, Fritz and Una Mansfield, eds. *The Study of Information : Interdisciplinary Messages*. New York : Wiley-Interscience, 1983. 情報理論，サイバネティックス，人工知能，認知科学，図書館学等に関する専門家による多面的な論文集．多くの論文は各著者の意見を述べているので，たがいに矛盾している．この論文集には，アレン・ニューエルと私のやりとりが含まれている．それは第26章の追記につながっている．

Mandelbrot, Benoît. *The Fractal Geometry of Nature*. New York : W. H. Freeman, 1982. 著者の豊富な想像力とアイデアを余すところなく表現した最新の本．フラクタル図形は20世紀に現れた数学遊戯の中で最も実り豊かなものの一つである．［広中平祐監訳『フラクタル幾何学』 日本経済新聞社］

Marek, George R. and Maria Gordon-Smith. *Chopin*. New York : Harper & Row, 英語によるショパンの伝記の一つ．公正でよく書けていると思う．

Marx, George, Eva Gajźagó and Peter Gnädig. "The universe of Rubik's cube". *European Journal of Physics* 3 (1982) : 34-43. エントロピーの概念を立方体の表面にまで拡張するとどうなるかが報告されている．計算機で行った統計的な研究の結果も述べられている．

Max, Nelson. *Space-Filling Curves*. Chicago : International Film Bureau, Inc., 1974. ごく初期に発見されたフラクタル曲線のおもしろさをコンピュータ・グラフィックスを用いて表現した素晴らしい映画．計算機によって作られた音楽がさらに効果を高め，薄気味の悪さをかもし出している．

May, Robert. "Simple Mathematical Models with Very Complicated Dynamics". *Nature* 261, no. 5560 (June 10, 1976) : 459-67. ［0, 1］の区間で単純な関数を繰りかえし適用したときに現れるカオスに関する初期の解説論文．二つの図が倒立していることを除けば，たいへん有益な論文である．

Maynard-Smith, John. *Evolution and the Theory of Games*. New York : Cambridge Univesity Press, 1982. 数学のゲーム理論を使って，環境における個体間のやりとりをモデル化することによって，進化のメカニズムをより深く理解することができることを示した書．［寺本英他訳『進化とゲーム理論』 産業図書］

McCall, Bruce. *Zany Afternoons*. New York : Alfred A. Knopf, 1982. ものごとの味わいをとらえることの天才である著者が，そのもてる才能のすべてを，アメリカだけでなく外国も含めた国の20年代，30年代，40年代，そして50年代を再構成することに傾けた書．この面白おかしい本は驚くべき業績である．ブッシュとローブの本（前掲）と比較してみよ．

McCarthy, John. "Attributing Mental Qualities to Machines". In *Philosophical Perspectives on Artificial Intelligence*, edited by Martin Ringle, 161-95. どのような状況のときに機械が欲望や信念をもっているといってかまわないか．いつこの「恣意的立場」をとるべきかに関して，人工知能の創始者の一人が語ったもの．

—— "History of Lisp". In *History of Programming Languages*, edited by Richard L. Wexelblatt, 217-23. New York : Academic Press, 1980. 発明者自身によるLISPの創世記．

McCarty, L. T. and N. S. Sridharan. "A Computational Theory of Legal Argument". New Brunswick, N. J. : Rutgers University Computer Science Department Technical Report LPR-TR-13, January 1982. 法律学の教授と計算機科学者が一緒になって「ひな型の変形」をインプリメントしたもの．彼らによれば，これこそ前例にもとづく議論の計算機モデルに欠かせないものである．

McClelland, James L., David E. Rumelhart, and Geoffrey E. Hinton, eds. *Interactive Activation : A Framework for Information Processing*. Forthcoming. 統計的に結果を出す並列計算で，「温度」をランダムさの調節に利用するようなものに関する論文集．

McKay, Michael D. and Michael S. Waterman. "Self-Descriptive Strings". *Mathematical Gazette* 66, no. 435 (1982) : 1-4. 自分自身に言及するような文（文字の列）の単純なクラスに関する数学的な研究．

Meehan, James R. "Tale-Spin, an Interactive Program that Writes Stories". In *Proceedings of the 5th International Conference on Artificial Intelligence-1977*, Vol. 1 : 91-98. Pittsburgh : Department of Computer Science, Carnegie-Mellon University. 計算機とそれによる言語の「理解」に関して書かれた最もおかしい（したがって，最も賢明な）論文の一つ．著者は，彼のプログラムが，ある「間違って紡ぎだしたお話」の中で重力を川へ落として溺れさせたのはどうしてなのかを説明している．間違って紡ぎだされたお話に関する著者の議論は一般に人工知能の研究者がつねに感じているいらだちを私の知るかぎり最もよく表現している．すなわち，人工知能のプログラムというのはどんなに強く，そしてどんなに何度もたたかれても，かたくなに常識を身につけることを拒む

——*TEX and Metafont : New Directions in Typesetting*. Bedford, Mass. : Digital Press, 1979. 著者は文書の清書と文字のデザインを容易にする彼のプログラムの使い方を詳細に説明している．

Kobylańska, Krystyna. *Chopin in His Own Land*. Cracow : Polish Music Publishers, 1956.他では見つけることが困難なショパンの自筆楽譜のコレクション．拡大して美しく印刷してある．

Koestler, Arthur. *The Act of Creation*. New York : Dell, 1964. 偉大な小説家でありアマチュアの心理学者でもある著者が自分自身の創造過程を内省して得たユーモア，創造性，洞察力に関する考察．興味深いが，しばしば誤りを含んでいる．［吉村鎮夫訳『創造活動の理論』 ラテイス］

——*The Roots of Coincidence : An Excursion into Parapsychology*. New York : Vintage, 1972. 著者のオカルトに対する信仰を吐露している．アーサー・コナン・ドイルが妖精を信じていたことを思いださせる．［村上陽一郎訳『偶然の本質』 蒼樹書房］

Kolata, Gina. "Does Gödel's Theorem Matter to Mathematics ?" *Science* 218 (November 19, 1982) : 779-80. 現在「大きな整数」と考えられているものの定式化がいかに数理論理学上の難解な概念にもとづいているかをみごとに解説したもの．

Koning, H. and J. Eizenberg. "The language of the prairie : Frank Lloyd Wright's prairie houses". *Environment and Planning B*, 8 (1981) : 295-323. 「形の文法」からどのようにしてフランク・ロイド・ライトもどきの家が生成されるかを記述したもの．

Kripke, Saul. *Naming and Necessity*. Cambridge, Mass. : Harvard University Press, 1972. 外延，内包，「固定指示子」そして同一性に関する理論．私自身の考え（前掲の私のシェークスピアに関する論文の中で述べてある）と真っ向から対立する．私は同一性の根元はネットワークの中の埋め込み具合のパターンにあると考えている．［八木沢敬他訳『名指しと必然性』 産業図書］

Kuwayama, Yasaburo. *Trademarks and Symbols, Volume 1 : Alphabetical Designs*. New York : Van Nostrand Reinhold, 1973. 文字の形の気違いじみた変種への賞賛．このコレクションにはあらゆる人の心をたじろがせるような文字が含まれている．

Larcher, Jean. *Fantastic Alphabets*. New York : Dover, 1976. 桑山の本の中の文字は非常に創造的であるが，この本の中の文字はそれにくらべてまったくふざけたものが多い．それはまるで，文字の示すあらゆる複雑さを扱える計算機プログラムは世界全体を扱えると主張しているようだ．

Lehninger, Albert. *Biochemistry*, 2d. ed. New York : Worth, 1975. 生化学の全分野をカバーしたわかりやすい体系的教科書．［中尾真監訳『レーニンジャー生化学』 共立出版］

Lennon, John. *In His Own Write and A Spaniard in the Works*. New York : Simon & Schuster, 1964 and 1965. ビートルズの一員であった著者は愚かしさに対する素晴らしい感覚をもっていた．ここには，小説，絵，詩，そしていくつかのドラマまである．あえて異端的な意見をいえば，これはビートルズの音楽よりもすぐれたものかもしれない．

Letraset, Inc. *Graphic Art Materials Reference Manual*. Paramus, N. J. : Letraset, Inc.，これは，現在手に入れることのできる最高のタイプフェースに関するマニュアルである．あまり高価ではなく，それだけの価値が十分ある．ほとんどすべての通常使われるタイプフェースに加えて，変種も多く含まれている．

Letraset, Inc. *Letraset Greek Series*. Athens : A. Pallis, 1984. これは私にとってまさに驚くべきタイプフェースのカタログである．なぜならば，一つ一つが「アルファベット間の跳躍」を表しているから．ここでは，ブランチャード，フーツラブラック，ヘルベティカ，コリンナ，オプティマ，スーベニア，ユニバーシティローマン，ジッパーそしてその他の多くのフォントのなんとギリシャ語版が見られるのだ．私はただ「すごい！」というのみ．

Levin, Michael. "Mathematical Logic for Computer Scientists". Cambridge, Mass. : MIT Laboratory for Computer Science Technical Report LCS TR 131, June, 1974. 数論よりはLISPに親しんでいる人たちのための，型破りの論理学．

Lipman, Jean and Richard Marshall. *Art about Art*. New York : E. P. Dutton, 1978. 解説を添えた自己意識芸術［self-conscious art］のコレクション．ロイ・リキテンスタイン，アンディ・ウォーホル，ロバート・ラウシェンバーグ，ジャスパー・ジョンズ，ロバート・アーニスン，トム・ヴェッセルマン，ラリー・リバーズ，メル・ラモス，ピーター・ソールその他たくさんの作品を含む．

Loeb, Marcia. *New Art Deco Alphabets*. New York : Dover, 1975. ある時代の精神を完璧に再構成することがいかにして可能かを示した本．ここに提示されているアルファベットはどれもみな1930年代から直接やってきたように見える．ブッシュの本（前掲）およびマッコールの本（後出）と比較せよ．

Lucas, J. R. "Minds, Machines, and Gödel". Reprinted in *Minds and Machines*, edited by Alan Ross Anderson. Englewood Cliffs, N. J. : Prentice-Hall, 1964. 何千という議論を巻きおこした書．その

Jaspert, W. Pincus, W. Turner Berry, and A. F. Johnson. *The Encyclopedia of Type Faces*. Poole, England : Blandford Press, 1983. 1000以上にのぼる字体のカタログ．この本の特徴は，デザイナーの尊重である．線と空間に飛びぬけた感覚をもっているこれらの人々はこれまで完全に日陰に追いやられていた．デザイナーの索引と字体の索引とが両方のっている．これを見ると，それぞれのデザイナーの字体のばらつき範囲がわかる．

Johnson-Laird, P. N. and P. C. Wason, eds. *Thinking*. New York : Cambridge University Press, 1975. トップクラスの著者たちによる多様な話題をとりあげた論文集．話題は人間の思考のほとんどすべての側面にわたる．イメージ，知覚，推論，カテゴリー，記憶，言語，などなど．

Kadanoff, Leo. "Roads to Chaos." *Physics Today* 36, no. 12 (December 1983) : 46-53. カオスに対する数学的アプローチと説明されるべき物理現象との関係のよい要約．

Kamack, H. J. and T. R. Keane. "The Rubik Tesseract". Unpublished manuscript, 1982. エイズウィックの著書（上述）と対をなす．3×3×3×3の「ルービック超キューブ」の議論は視覚化という点で大傑作だ．たんに読者にとってだけでなく，筆者たちにとっても！

Kahneman, Daniel and Amos Tversky. "The Simulation Heuristic". In *Judgment Under Uncertainty : Heuristics and Biases*, edited by Daniel Kahneman, P. Slovic, and A. Tversky. New York : Cambridge University Press, 1982 : 202-8. 人々はどのようにして状況を自分の頭の中で変容させるのだろうか？　その傾向は微妙な認知的圧力によってどのように変化するだろうか？　2人の著名な認知心理学者が自分たちの被験者の心に発見したこの種のスリップ可能性，「変化性」について書いている．

Kanerva, Pentti. *Self-Propagating Search : An Unified Theory of Memory*. Stanford, Calif. : Center fot the Study of Language and Information, Technical Report, Stanford University, 1984. 記憶の神経計算的理論．統計的に頑丈なアドレスハードウェアからどのようにして類似性に敏感で，再構築型のソフトウェアを作成するか．これは，難解に聞こえるかもしれない．しかしカナーバの仕事は流動性と，機構，心と脳との間の橋わたしのこれまでで最も重要な一歩と私は思う．

Kennedy, Paul E. *Modern Display Alphabets*. New York : Dover, 1974. さまざまな字体における魅力的な字形のすぐれた集成．さまざまな程度の変動を示す．

Kim, Scott E. "The Impossible Skew Quadrilateral : A Four-Dimensional Optical Illusion". In *Proceedings of the 1978 AAAS Symposium on Hyper graphics : Visualizing Complex Relationships in Art and Science*. Boulder, Colo. : Westview Press, 1978. カマクとキーンの仕事（上述）と同様，この論文は書くにも読むにも強力な視覚的想像を要求される．よく知られている「不可能三角形」がここではアナロジーによってさらにもう一歩押しすすめられている．文体はキム特有の再帰的トリックや並行構造に満ちあふれている．

——. *Inversions*. Peterborough, N. H. : Byte Books, 1981. 逆転（あるいはアンビグラムの方が私の好みだが）を集めたコレクション．副題は「書道車輪カタログ」．序文は私が書いている．（私の本には対称的にスコットが序文を書いている．）それほど自明ではないが，文章は絵と同様やはり錯覚や並列のトリックに満ちている．

——. "Noneuclidean Harmony". In *The Mathematical Gardner*, edited by David A. Klarner. Belmont, Calif. : Wadsworth International/Prindle, Weber, and Schmidt, 1981. ユーモアを装ってはいるが，実は無調幾何学に関するまじめな論説．超音速ピッチ，2対3の対応，不可算リズムに関するゲオルク・カントールによる重要な結果を示している．

——. "Visual Art : The Creative Cycle". *Response*, no. 1 (December, 1981). Minnesota Artists Exhibition Program. 創造的活動に関する主張を述べた短い記事．中心には私が本書の12章の追記で述べたのと同種のループの概念がある．

Kirkpatrick, S., C. D. Gelatt, Jr., and M. P. Vecchi. "Optimization by Simulated Annealing". *Science* 220, no. 4598 (May 13, 1983) : 671-80. 自由度の非常に大きいシステムの最適状態を求める新しい統計的な技法について書いた論文．その技法は局所的な改善にもとづいている．ときどき局所的な劣化が起こって変化を与えるが，その分量は，金属の強化のための焼きなましと類比的に，「冷却スケジュール」に依存して決まる．

Kleppner, Daniel, Michael G. Littman, and Myron L. Zimmerman. "Highly Excited Atoms". *Scientific American* 244, no. 5 (May 1981) : 130-49. リドバーグ原子の研究を通じて，微視的な量子力学的現象と巨視的な古典力学現象とを架橋する試み．

Knuth, Donald. "The Concept of a Meta-Font". *Visible Language* 16, no. 1 (Winter 1982) : 3-27. 著者は自分のプログラムであるメタフォントの解説をしている．このプログラムはアルファベットのすべての文字をワンセットのパラメータで表すことによって，一連のタイプフェースを一挙に作り上げてしまおうというものである．

——. *Gödel, Escher, Bach : an Eternal Golden Braid*. New York : Basic Books, 1979. もとの表題は「ゲーデルの定理と人間の脳」だった．この本では，ゲーデルの証明に現れるアイデアがいずれ意識の説明や「私」という語の意味の中心となるかもしれないということを示すために必要な概念を積み上げる試みをした．アナロジー，ユーモア，そして対位法的対話がGEBの中心的特徴だ．［野崎昭弘他訳『ゲーデル，エッシャー，バッハ』 白揚社］

——. "Gridfonts". Unpublished manuscript, 1984. いまだふえつつある（現在）300 あまりの骨格的字体，すなわち 26 文字すべてを限定された枠の範囲に表現する固有で美的な一貫性を備えた方法の集成．字体の根源とカテゴリーの流動性について論じる材料を提供することが目的である．

——. "On Seeking Whence". Unpublished manuscript, 1982. 線形なパターンの外挿の難しさ，そしてそれと科学的帰納，類推，音楽の理解，創造性といった人間的経験との関係についての議論．

——. "Poland : A Quest for Personal Meaning". *Poland* (May, 1981) : 42–47. "Poland : A Mythical Quest" と題するもっと長い文章の圧縮版．1975 年にはじめてポーランドを訪れたときの強い感情を書いたもの．

——. "In Search of Essence". Unpublished manuscript, 1983. 洒落対法題（『ゲーデル，エッシャー，バッハ』）の対話をフランス語に翻訳しているときに出くわした問題を通して，書かれた文章の「本質」とは何かを論じた．

——. "Simple and Not-So-Simple Analogies in the Copycat Domain". Unpublished manuscript. Copycatの領域における 84 のアナロジーの問題．小さなアルファベットの宇宙がいかに多様かがよくわかる．

Hofstadter, Douglas R., Gray Clossman and Marsha Meredith. "Shakespeare's Plays Weren't Written by Him, but Someone Else of the Same Name". Bloomington : Indiana University Computer Science Department Technical Report 96, 1980. 副題は「フレーム表現システムにおける内包性の研究」．この論文の主目標は，ある対象の埋めるスロットとその対象自身の同一性との関係を論じることだった．「核ID」の概念を提案し，表題の文の分析を通して検討した．フォーコニエ(上述)によって論じられた問題と密接に関係している．

Hofstadter, Douglas R. and Daniel C. Dennett, eds. *The Mind's I : Fantasies and Reflections on Self and Soul*. New York : Basic Books, 1981. われわれが「私」と呼ぶ何ものかは，ある宇宙のいつかどこかを浮遊している物質のかたまりと結びつけられているという事実（あるいは幻想）に関連した，想像力を刺激する作品を集めたこの選集によって，立場を問わずあらゆる人々に衝撃を与えるのが本書の目標だった．［坂本百大監訳『マインズ・アイ』 TBSブリタニカ］

Holland, John et al. *Induction : Process of Inference, Learning, and Discovery*. Forthcoming. 人間の心で学習がどのようにして起こるか，そしてそのある側面がいかにしたらコンピュータシミュレーションによってモデル化可能かに関する広範な研究．この先駆的仕事は計算機科学者，2 名の心理学者，哲学者によって行われた．仕事の幅の広さは彼らの多様性を反映している．

Hollis, Martin and Steven Lukes, eds. *Rationality and Relativism*. Cambridge, Mass. : MIT Press, 1982. 信念のシステムが自分自身の正当性を保証しようとしたとき，学者たちがどのようにして終りのない循環的推論の泥沼に陥ってしまうかということを示している．流砂にはまって自分の髪を引っぱることによって抜けだそうとした「ほらふき男爵」によく似ている．

Hopfield, J. J. "Neural networks and physical systems with emergent computational abilities". In *Proceedings of the National Academy of Science* 79, Washington, D. C., 1982 : 2554–58. よく知られた心の性質，部分的記憶からの全体の再構成，一般化などを統計と並列性を利用してモデル化したシステム．

How to Learn Lettering. Hong Kong : Nam San Publisher, n. d. 現代的字体による漢字．主に広告業者向け．しかし同時に一つのプラトン的本質から生みだされる非常に多様な表現の間に認められるとらえ難い「同一性」に興味をもつ者にとっては宝庫だ．

Huff, William. "A Catalogue of Parquet Deformations". School of Architecture, State University of New York at Buffalo. ウィリアム・ハフの学生によって作られたおよそ 35 の寄せ木変形．ハフによって集められ，コメントが付されている．

Hughes, Patrick and George, Brecht. *Vicious Circles and Infinity : An Anthology of Paradoxes*. New York : Penguin, 1975. 考えつくかぎりのあらゆる逆説を具体化した逆説的材料と精選された警句の収集．予期せざる試験（あるいは「死刑囚の逆説」としても知られる）に関する長い議論も含まれている．

Huneker, James Gibbons. *Chopin : The Man and His Music*. New York : Dover, 1966. 今世紀はじめ頃最初に出版された．このロマンティックな伝記は華やかな言葉過剰で，無意味すれすれだ．にもかかわらず，素晴らしく想像力を刺激する．

織を作らないかぎり，近視眼的利己性のため私たちは滅亡に追いこまれるだろうと強く主張している．

Harel, David. “Response to Scherlis and Wolper”. *Communications of the ACM* 23, no. 12 (December 1980) : 736-37. トリッキーな自己参照の楽しいリスト．「まさにいま読まれている文字によって論じられている自己参照そのものに対する参照」の最初に出版された実例というみせびらかしの脚注がある．

Hart, H. L. A. “Self-Referring Laws”. In *Festskrift Tillägnad Karl Olivecrona*. Stockholm : Kungliga Boktryckeriet, P. A. Norstedt och Söner, 1964. アルフ・ロス（下記参照）に対する返答．その中で，現代の代表的法哲学者，ハートは自己修正をする法律は法的に可能だと主張している．

Harth, Erich. *Windows on the Mind : Reflections on the Physical Basis of Consciousness*. New York : William Morrow, 1982. 脳，心，意識，そしてそれらがどのように結びつくかに関する，一人の哲学的傾向を持った物理学者による生き生きとした議論．

Haugeland, John, ed. *Mind Design : Philosophy, Psychology, and Artificial Intelligence*. Cambridge, Mass. : Bradford Books, MIT Press, 1981. 本書は，人工知能の 20 年の歩みを踏まえて編まれたもので，アラン・ロス・アンダーソンの*Minds and Machines.*の続編を自称している．収録された論文の質にはばらつきがあるが，刺激に富む論文がたくさんある．

Heiser, Jon F. et al. “Can Psychiatrists Distinguish a Computer Program Simulation of Paranoia from the Real Thing ? The Limitation of Yuring-Like Tests as Measures of the Adequacy of Simulations”. *Journal of Psychiatric Research* 15, no. 3(1979) : 149-62.「Parry」と呼ばれるプログラムを開発した研究者たちはParryは擬似的なチューリング・テストを通ったので，チューリング・テストの妥当性は疑わしいと主張する．

Hinton, Geoffrey and James Anderson, eds. *Parallel Models of Associative Memory*. Hillsdale, N. J. : Lawrence Erlbaum Associates, 1981. 人間の知覚と記憶は統計的に現れる現象であるので，そのようにモデル化すべきだという仮定のもとにさまざまなモデルを追求した論文を集めた論文集．

Hintze, Wolfgang. *Der Ungarische Zauberwürfel*. Berlin : VEB Deutscher Verlag der Wissenschaften, 1982. キューブに関するすぐれた本である．部分群に関する新しい数学的結果がのっている．ドイツ語の読めるまじめなキュービストはぜひこの本を手に入れるべきだ．

Hobby, John, and Gu Guoan. “A Chinese Meta-Font” Stanford, Calif. : Stanford University Computer Science Department Technical Report STAN-CS-83-974, 1983. 字体をある程度「調整」可能な漢字生成システムの記述．ほぼ同時期にデービッド・リークと私とでインディアナで作った字体可変の漢字生成システムHân Zìと一部は非常によく似ている．

Hodges, Andrew. *Alan Turing : The Enigma*. New York : Simon & Schuster, 1983. 数学と計算機科学の分野においてきわめて重要なこの人物の伝記の決定版．共感，洞察，魅力に富んでいる．

Hofstadter, Douglas R. *Ambigrams*. Forthcoming in 1985 from the Centre d'Art Contemporain (Geneva, Switzerland). アンビグラム（あるいはスコット・キムに従えば「逆転」）を集めたコレクション．副題は「回文的風車の飾り」．序文はスコット・キム（彼の本には対称的に私が序文を書いている）．さらに，アンビグラムに関する（フランス語の）講義と（英語の）インタビューとが収録されている．

——. “Analogies and Metaphors to Explain Gödel's Theorem”. *Two-Year College Mathematics Journal* 13, no. 2 (March, 1982) : 98-114. 直観の積み重ねを通してゲーデルの巧妙な構築の複雑さをうまく理解するための手助けとなるような単純なイメージやアイデアの集成．

——. “The Architecture of Jumbo”. In “Proceedings of the Second Machine Learning Workshop”, Monticell, Illinois, 1983. 生物学にヒントを得たAIシステムの機構の記述．システムは，並列性と無秩序性を利用して，孤立した部分部分から「適切に切りとられた全体」を作り上げる．さらに，計算論的温度に支配されて自らを内的に再構成することにより「満足度」を最大にしようとする．

——. “The Copycat Project : An Experiment in Nondeterminism and Creative Analogies”. Cambridge, Mass. : MIT Artificial Intelligence Laboratory AI Memo 755, April 1984. 私のグループで現在進行中のプロジェクトの記述．プロジェクトはインディアナで始まり，MITへ移り，現在ミシガンで行っている．小さな領域でシステムに人間のような洞察（そして見落とし）を備えたアナロジーを行わせることが目標だ．この論文ではJumboの機構をこの目標のためにどうやって修正するかを述べた．

——. “512 Words on Recursion”. *Math Bulletin*, Bronx High School of Science (1984) : 18-19. 再帰的な構造をもった文章．自分自身の圧縮版を引用している．（もちろんその引用の中ではさらに圧縮された版が引用されている，などなど）．

る．ゲブスタッターが『リテラリー・オーストラリアン』に毎月執筆したコラムと，他のいくつかの記事とをまとめたものである．すべて序文つき．ゲブスタッターはひねりをきかせたアナロジーの愛好家として有名．たとえば，「エグバート・ゲブスタッターは間接的自己参照のエグバート・ゲブスタッターである.」(残念ながらこれは彼の本には含まれていない.)［竹内郁雄他訳『ヘタマジック・ミーム』　白揚社］

Geisel, T. and J. Nierwetberg. "Universal Fine Structure of the Chaotic Region in Period-Doubling Systems". *Physical Review Letters* 47, no. 14 (October 5, 1981) : 975–78. カオスの奥深く潜む驚くべき秩序の発見に至った探求．

Gentner, Dedre. "Structure-Mapping : A Theoretical Framework for Analogy". *Cognitive Science* 7 (1983) : 155–70. よいアナロジーと悪いアナロジーとを区別するための指針を求めた一連の論文の中の一篇．

Gödel, Kurt. *On Formally Undecidable Propositions in "Principia Mathematica" and Related Systems*. Translated by Bernard Meltzer, edited and with an introduction by R. B. Brathwaite. New York : Basic Books, 1962. 論理学者，哲学者，計算機科学者，その他の前に世界を開いた基本的業績．［廣瀬健他著『ゲーデルの世界』所収　海鳴社］

Golden, Michael. "Don't Rewrite the Bible". *Newsweek* (November 7, 1983) : 47. これは，抑圧的な古い用法をよく見せるために進歩的な新しい用法のあらっぽい真似をしているという点で私の「人書」とほとんど同じ穴のむじな．ちがいは，ゴールデンは風刺でなく，おおまじめだ．

Golomb, Solomon. "Rubik's Cube and Quarks". *American Scientist* 70, no. 3 (May-June 1982) : 257–59. この中で，ゴロムはキューブの角のねじれと分数電荷をもつ素粒子とのアナロジーを展開している．

Gonick, Larry and Mark Wheelis. *A Cartoon Guide to Genetics*. New York : Barnes & Noble, 1983. 分子生物学，遺伝学，そしてそれらの人類にとっての重要性に関する，短くスマートな，しかし情報に富んだ楽しい紹介．［吉永良正訳『分子遺伝学が驚異的によくわかる』　白揚社］

Gould, Stephen Jay. *Hen's Teeth and Horse's Toes*. New York : W. W. Norton, 1983. 生き生きと魅力的に書かれた本書は，(前著，『ダーウィン以来』(*Ever Since Darwin*)，『パンダの親指』(*The Panda's Thumb*) と同様) 進化の問題を自然の信じ難い気まぐれの多様さを通じて明晰に説明している．［渡辺政隆他訳『ニワトリの歯』　早川書房］

Gray, J. Patrick and Linda Wolfe. "The Loving Parent Meets the Selfish Gene". *Inquiry* 23 : 233–423. ルイ・パスカルの悲観的な主張に対する説得力のある反論．パスカルはこれに対して返答している（下記参照）．

Grossman, I. and W. Magnus. *Groups and Their Graphs*. New York : Random House New Mathematical Library, 1975.「ケイレイ図」と呼ばれるものを用いた群論に対するすぐれた視覚的導入．群の構造を驚くほど明瞭に見せてくれる．

Ground Zero. *Nuclear War : What's in It for You ?* New York : Pocket Books, 1982. 国家同士が核兵器を製造し脅し合うことの意味を「普通の人」に向けて冷静で理性的に議論している．この問題に関して私の知るかぎり最上の入門書．すべての人に読んでもらいたい．

Guillemin, Victor. *The Story of Quantum Mechanics.* New York : Scribner's, 1968. 量子力学がどのようにして生まれ，物理的世界に関して何を明らかにしたかに関する思慮に富む紹介．最後に量子力学のもつ自由意志や因果性といった問題に対する哲学的含みについてかなりのページをさいて議論している．

Haab, A., A. Stocker, and W. Hättenschweiler. *Lettera 1 and Lettera 2*. Arthur Niggli, 1954 and 1961. 奇抜なアルファベットがのっている．この種の本を見ると，文字と人間の知覚の流動性に驚かされる．

Hachtman, Tom. *Double Takes*. New York : Harmony Books, 1984. 二重解釈の風刺．とてもよくできている．はたしてコンピュータでこの種のことが可能だろうか．

Hansel, C. E. M. *ESP and Parapsychology : A Critical Re-Evaluation*. Buffalo : Prometheus Books, 1980. 超心理学者たちの主張の吟味．不満と結論づけている．

Hanson, Norwood Russell. *Patterns of Discovery*. New York : Cambridge University Press, 1969. 物理学の概念が何世紀にもわたってどのように発展して，基本粒子の奇妙な世界へと至ったのか，そしていまやそれすらもはや基本ではないと考えられはじめた．それらをめぐる哲学的議論．［村上陽一郎訳『科学的発見のパターン』　講談社学術文庫］

Hardin, Garrett. "The Tragedy of the Commons". *Science* 162, no. 3859 (December 13, 1968) : 1243–48. 共有の放牧地が責任をもつ人が誰もいないがため過剰利用でダメになるというたとえを用いて，ハーディンは団結して全地球的な生態学的目標，とくに人口制限に取りくむような強力な組

Washington, D. C., August, 1983. AIの機構に関する最近のアイデア間の比較，物理学にヒントを得た機構が含まれる，そこでは統計的な性質の出現が中心的役割を果たす.

Felletta, Nicholas. *The Paradoxicon*. New York : Doubleday, 1983. あらゆる種類の逆説の集大成. ゼノンやエピメニデスから現代の投票の逆説，錯視，科学哲学や数学における二律背反まで収録.

Fauconnier, Gilles. *Espaces Nebtauz : Aspects de la construction du sens dans les langues naturelles*. Paris : Les Editions de Minuit, 1984.「もしクラーク・ゲーブルが女だったら，スカーレット・オハラは男だっただろう」というような，枠交差的で反事実的な文の意味をわれわれがどのように理解するかに関する鋭い探求. 指示，同一性，すべり可能性，本質に関するアイデアに満ちている. [水光雅則他訳『メンタル・スペース』 白水社]

Feigenbaum, Mitchell, "Universal Behavior in Nonlinear Systems" *Los Alamos Science* 1 no. 1 (Summer 1981) : 4-27. 単純な関数の繰りかえしから生じるカオスの研究に対するすぐれた紹介. 図が素晴らしい. 一部は第16章に転載させてもらった.

Feldman, Jerome and Dana Ballard. "Connectionist Models and Their Properties". *Cognitive Science* 6, no. 3. (July-September 1982) : 205-54. 認知科学の分野で現在検討されている計算的コネクショニズムのおもしろいアプローチの1つ. この種の他のモデルと同様，人間の知覚に関するアイデアから強い影響を受けている.

Feynman, Richard P. *The Character of Physical Law*. Cambridge, Mass. : MIT Press, 1967. 鋭いばかりでなく，非常に機知に富んでいた物理学者によって1964年にコーネル大学で行われた5つの講義. [江沢洋訳『物理法則はいかに発見されたか』 ダイヤモンド社]

Feynman, Richard P., Robert B. Leighton, and Matthew Sands. *The Feynman Lectures in Physics*. Reading, Mass. : Addison-Wesley, 1965. 初学者を対象とした講義だが，しばしば上級の学生にこそふさわしい. 科学に対する興奮とファインマンのきびしい観察に満ちあふれている. [戸田盛和訳『ファインマン物理学』 岩波書店]

Franke, H. W. *Computer Graphics—Computer Art*. New York : Phaidon, 1971. 現在ではもうかなり古くなってしまったが，それでも私の知るかぎり，コンピュータと芸術に関する実例と議論を集めた最上のものである.

Frey, Alexander H., Jr. and David Singmaster. *Handbook of Cubik Math*. Hillside, N. J. : Enslow, 1982. キューブの背後の群論的アイデアが体系的に展開されている. 高校上級や大学教養過程での使用も可能.

Friedman, Daniel P. *The Little LISPer*. Chicago : Science Research Associates, 1974. 熱意と熟練を備えたリスプの専門家による再帰概念の魅力的で美しい紹介.

Fromkin, Victoria A, ed. *Errors in Linguistic Performance : Slips of the Tongue, Ear, Pen, and Hand*. New York : Academic Press, 1980. 私たちの発話，タイプ，書字，聞き取りなどで日常的に現れる表層レベルでの偶然的な誤りの観察からどのようにして思考の一般機構が推測されるかに関するさまざまな論文の要約.

Frutiger, Adrian. *Type Sign Symbol*. Zurich : Editions ABC, 1980. 今日もっとも美しく，人気の高いサンセリフ活字体，フルティガとユニバースの生みの親による本書は，技術的制約と芸術創造との関係を扱っている. 数多くの美しい字体が収録されている.

Gablik, Suzi. *Progress in Art*. New York : Rizzoli International, 1976. 芸術が現在の状態に至ったのには理由があるとし，芸術の変化は事実によってのみ説明されるにせよ，それはある抽象的な空間の中を意味ある軌跡を描いていくと主張する異端的理論.

Gardner, Martin. *Fads and Fallacies*. New York : Dover, 1952. 常識に従った進路に望みうるかぎり近づいた本. このでたらめつぶしの古典の多くの章は万人の文化的教育たりえる. [市場泰男訳『奇妙な論理』 社会思想社]

——. "Mathematical Games : White and brown music, fractal curves, and one-over-f-fluctuations". *Scientific American* 238, no. 4 (April 1978) : 16-32. フラクタル，多層の統計的構造の概念へのしっかりした紹介.

——. *Science, Good, Bad, and Bogus*. Buffalo : Prometheus Press,1981. *Fads and Fallicies*のあとを追い，本書はでたらめの首をあたかもヒドラの首のごとく鋭い剣でばっさばっさと切りおとす. しかし悲しいことに，首はまたあとからあとから生えてくる.

——. *Wheels, Life, and Other Mathematical Amusements*. New York : W. H. Freeman, 1983. ガードナーが『サイエンティフィック・アメリカン』に寄せた輝くようなコラムを集めた最後の本. 中で彼は数学が究極のメタマジックであることを示している.

Gebstadter, Egbert B. *Thetamagical Memas : Seeking the Whence of Letter and Spirit*. Perth : Acidic Books, 1985. ふくれあがって混乱したおかしなごたまぜ. しかし本書と非常によく似てい

する素晴らしい本.

Dennett, Daniel C. *Brainstorms : Philosophic Essays on Mind and Psychology*. Cambridge, Mass. : Bradford Books, MIT Press, 1978. 心，脳，そして思考，知覚，感覚のコンピュータモデルにまつわる問題に対する鋭い分析を集めた論集. B. F. スキナーやJ. R. ルーカスに対する優れた反論. おしまいは素敵な「デザート」. デネットの品位のある文体と，参照や専門用語が比較的少ないことによって哲学の本にしてはとても魅力的だ.

——. "Can Machines Think ?" Unpublished manuscript. チューリング・テストの能力の新たな見直し. 多くの人々の疑念にもかかわらず，もともとのテストは有効だという私の考えと完全に一致する.

——. "Cognitive Wheels : The Frame Problem of Artificial Intelligence. In *Minds, Machines, and Evolution*. Edited by C. Hookway. New York : Cambridge University Press, 1985. なぜ人工知能が常識の実現からほど遠いかを扱っている.

——. *Elbow Room : The Varieties of Free Will Worth Wanting*. Cambridge, Mass. : Bradford Books, MIT Press, 1984. 示唆に富む比喩を積みかさねて，「自家製の自己」のイメージを作り上げる. それは望むかぎりの自由意志を備える. この本の結論にすべて同意できるわけではないが，この話題に関しては私の知るかぎり最高の本だ.

——. "The Logical Geography of Computational Approaches (A View from the East Pole)". Unpublished manuscript. デネットはAI研究の世界を二派に分割した. 正統派（高教会計算主義）は「東極」(MIT) に位置し，異端派（新コネクショニズム）はあちこちに分散している.

——. "The Myth of the Computer : An Exchange". *New York Review of Books*. June 24, 1982 : 56. ジョン・サールの*Mind's I*に対する書評の中の攻撃に対するていねいな応答.

——. "The Self as a Center of Narrative Gravity". In *Self and Consciousness*, edited by P. M. Cole et al. New York : Praeger, 1985. 「私」のような抽象物について考えるための素晴らしい比喩.

Dewdney, A. K. "Computational Recreations : A computational garden sprouting anagrams, pangrams, and few weeds". *Scientific American* 251, no. 4 (October 1984) : 20-27. リー・サローズのパングラム機械のことがのっている. さらに，コンピュータによって生成されたパングラム発見の公開挑戦をも含む.

DeWitt, Bryce S. and Neill Graham, eds. *The Many-Worlds Interpretation of Quantum Mechanics*. Princeton, N. J. : Prinston University Press, 1973. 現実に対する考え方としては，これまでに生みだされた中で最も混乱を呼ぶがまた反論もし難い考え方のよく練られた紹介.

Dyer, Michael. *In-Depth Understanding*. Cambridge, Mass. : MIT Press, 1983. 言語理解に関するPhDプロジェクトの要約. 記憶の構造や柔軟な制御構造といった多くの最近のAIのアイデアが投入されている.

Dylan, Bob. *Tarantula*. New York : Macmillan, 1971. この詩人-歌手は意識の流れるままの夢想を綴っている. それは，あるときは了解可能だが，あるときはまったく気違いじみている.

Edson, Russell. *The Clam Theater*. Middletown, Conn. : Wesleyan University Press, 1973. 人生に対する悲劇的展望に満ちた奇妙で超現実的な空想. 私にとって印象的だったのは，次の人間の頭の描写だ. 「この恐怖と夢のつまったふらふら揺れる玉……」.

Eidswick, Jack. "How to Solve the $n \times n \times n$ Cube", Mathematics and Statistics Department, University of Nebraska, Lincoln, 1982. 慢性のキューブ性欲求不満に悩む方に最適なマニュアル.

Endl, Kurt. *Rubik's Cube Made Simple ; The Pyramid ; Pyraminx Cube ; Impossiball ; Megaminx ; Rubik's Master Cube*. Giessen, Germany : Würfel-Verlag GmbH, 1982. この小冊子と前項の論文とはキューブ学に関するよい参考書となる.

Erman, Lee D. et al. "The Hearsay-II Speech-Understanding System : Integrating Knowledge to Resolve Uncertainty". *ACM Computing Surveys* 2, no. 2 (June 1980) : 213-53. 人工知能分野でこれまでで最も示唆に富むと私には思えるシステムの，構造と能力の反省も含めた紹介.

Evans, Thomas G. "A Program for the Solution of a Class of Geometric-Analogy Intelligence Test Questions". In *Semantic Information Processing*, edited by Marvin Minsky. Cambridge, Mass. : MIT Press (1968) : 271-353. おそらく，Lispで書かれた最初の大きなシステム. このプロジェクトによってしばしばアナロジーの問題は「解決された」といわれる. 真理は何と遠いことか！

Ewing, John and Czes Kośniowski. *Puzzle It Out : Cubes, Groups, and Puzzles*. New York : Cambridge University Press, 1982. これも，キューブとその変種に関する楽しく，数学的に興味深い本だ.

Fahlman, Scott E., Geoffrey Hinton, and Terrence Sejnowski. "Massively Parallel Architectures for AI : NETL, Thistle, and Boltzmann Machines". In "Proceedings of the AAAI-83 Conference", annotated by Martin Gardner. New York : Dover, 1961. 回文，頭韻，パングラムなどの骨董的収集．言葉遊び愛好家，言葉をとりまく奇怪な周辺領域を愛する人々向き．（背表紙のガードナーのコメントが最高）．

Boole, George. *The Laws of Thought*. New York : Dover, 1961. 1850 年代中頃に出版された昔の本の再版．その後の 130 年間の進歩を思うと，表題の図々しさは特筆もの．

Brams, Steven, Morton D. Davis, and Philip Strafin, Jr. "The Geometry of the Arms Race". *International Studies Quarterly* 23., no. 4 (December 1979) : 567-88. 繰りかえし型の囚人のジレンマや類似の利得行列によって見た国際関係．

Brilliant, Ashleigh. *I May Not Be Perfect, but Parts of Me Are Excellent ; I have Abandoned My Search for Truth, and Am Now Looking for a Good Fantasy ; Appreciate Me Now and Avoid the Rush ; I Feel Much Better, Now That I've Given Up Hope*. Santa Barbara, Calif. : Woodbridge Press, 1979-1984. 人生，死，愛，人間関係，欲，利己主義，孤独，おそれ，などに関する数多くの辛辣な警句を収めた 4 冊の本．いずれも 17 語は越えない．

Bush, Donald J. *The Streamlined Decade*. New York : George Braziller, 1975. さまざまな媒体における創造に時代の様式がいかに浸透しているかを示す．美しい写真入り．ローブとマッコールの本（後述）と比較してみるとよい．

Byrd, Donald. "Music Notation by Computer". Ph. D. thesis, Indiana University Computer Science Department. Bloomington, 1984. 音楽記法の微妙さにある種の「理解」を示すコンピュータプログラムの作成にまつわる問題点をとりあげている．本書の楽譜例の作成にはそのプログラム，SMUT を用いた．

Chaitin, Gregory. "Randomness and Mathematical Proof", *Scientific American* 232, no. 5 (May 1975) : 47-52.「ランダムパターン」の意味の定義には目を開かれる思い．さらに，ゲーデルの不完全性定理やその他のメタ数学的事実との予期せざる深い関連．

Charniak, Eugene, C. K. Riesbeck, and Drew V. McDermott. *Artificial Intelligence Programming*. Hillsdale, N. J. : Lawrence Erlbaum Associates, 1980. 人工知能研究におけるリスプやそれに類似の言語の洗練された利用法．

Collet, Pierre and Jean-Pierre Eckmann. *Iterated Maps on the Interval as Dynamical Systems*. Boston : Birkhäuser, 1980. 区間［0, 1］上の簡単ななめらかな関数の繰りかえしと，そのときに，パラメータ変化に応じて引きおこされる乱雑な振舞いに関する詳細な研究．

Compugraphic Corporation. *Portfolio of Text and Display Type*. Wilmington, Mass. : Compugraphic Corporation, 1982. さまざまな活字（主に本の活字）のコレクション．もともと私たちのアルファベット用に作られた字体の，他のアルファベットへの拡張もいくつか含まれている．

Conway, John Horton, Elwyn Berlekamp, and Richard K. Guy. *Winning Ways (for your mathematical plays)*. New York : Academic Press, 1982. 既分析，未分析とりまぜておもしろいゲームを集めた二巻本．ユーモラスな絵とコンウェイ独特のおもしろい創造的言葉遊びに満ち満ちている．第 2 巻にはキューブとコンウェイのライフゲームに関する議論がのっている．

Coueignux, Philippe. "La reconnaissance des caractères". *La Recherche* 12, no. 126 (October, 1981) : 1094-1103. さまざまな字体で書かれた文章を読みとるコンピュータシステムの動作に関するおもしろい論文．アイデアはブレッサーらの仕事（上述）にもとづいている．より実用指向で，計算機による一般的な字体の理解を目ざすわけではない．

Csányi, Vilmos. *General Theory of Evolution*. Budapest : Akadémiai Kiadó, 1982. 遺伝子と「思考子」の両方のレベルでの同時的進化過程に関する徹底的探求．

Davies, Paul. *God and the New Physics*. New York : Simon & Schuster, 1983. 本書でデービーズは形而上学の大問題と取りくんでいる．創造，自由意志，宗教，魂，などなど，彼はよき書き手であると同時によき科学者でもあるので，彼の夢想は明瞭で鋭い．

——. *Other Worlds*. New York : Simon & Schuster, 1980. 量子力学の基礎にある不思議に関する，その道のプロの手による一般向け解説．

Davis, Morton D. *Game Theory : A Nontechnical Introduction*. New York : Basic Books, 1983. ゲーム理論の主要なアイデアに関する優れた概説書．囚人のジレンマのように未解決な問題もたくさんとりあげられている．

Dawkins, Richard. *The Selfish Gene*. New York : Oxford University Press, 1976. 生物を純粋に分子レベルでの効率的自己複製をめぐる競争の副産物と見なす考え方を提示．話があべこべで，頭が混乱するが，しかし啓示的な考え方だ．（日高敏隆他訳『生物＝生存機械論』紀伊國屋書店）

DeLong, Howard. *A Profile of Mathematical Logic*. Reading, Mass. : Addison-Wesley, 1970. 形式と直感との芸術的バランスを知っている著者によって書かれた，論理の哲学的・技術的問題に関

参考文献

Anderson, Alan Ross, ed. *Minds and Machines*. Englewood Cliffs, N. J. : Prentice-Hall, 1964. 心身問題に関する古典的論文集. アラン・チューリングの重要な論文「計算機構と知能」およびJ. R. ルーカスの「心, 機械, ゲーデル」を収録.

Applewhite, Philip. *Molecular Gods : How Molecules Determine Our Behavior*. Englewood Cliffs, N. J. : Prentice-Hall, 1981. 本書の副題が「動玉箱」の対話を生みだすもととなった. [長野敬訳『分子という神々』 秀潤社]

Atlan, Henri. *Entre le cristal et la fumée : Essai sur l'organisation du vivant*. Paris : Editions du Seuil, 1979. 生命を無秩序から生じた複雑な秩序と見なす生物学者の哲学.

Axelrod, Robert. *The Evolution of Cooperation*. New York : Basic Books, 1984. 純粋に利己的な有機体が環境を共有した状態から, 時間の経過とともにどのようにして相互に利他的な行動, すなわち, 協力が生じるかをみごとに説明している. [松田裕之訳『つきあい方の科学』 HBJ出版局]

Ayala, Francisco José and Theodosius Dobzhansky, eds. *Studies in the Philosophy of Biology : Reduction and Related Problems*. Berkeley : University of California Press, 1974. 私の聞き知るかぎり最も魅力的に思える会議の論文集. 偉大な生物学者たちが集い, 生命や心と物理法則との関係について議論した. 私もその場にいあわせたかった！

Bandelow, Cristoph. *Inside Rubik's Cube and Beyond*. Boston : Birkhäuser, 1982. ルービック・キューブとその親戚に関する明解で数学指向の本. おそらく, 英語で書かれたキューブに関する本としては最高.

Barr, Avron. "Artificial Intelligence : Cognition as Computation". In *The Study of Information : Interdisciplinary Messages*, edited by Fritz Machlup and Una Mansfield. New York : Wiley-Interscience, 1983. 心の動きは「情報処理」であるとする正統的AIドグマを述べた論文. すなわち, 心の活動は適切なコンピュータプログラムによる「記号」(表象データ構造) の操作となんら変わることはないとする.

Beck, Anatole and David Fowler. "A Pandora's Box of Non-Games". In *Seven Years of Manifold*, edited by Ian Stewart and John Jaworski. Nantwich England : Shiva Publications, 1981. ばかばかしいゲームもどきを集めた本. しかし見かけより教訓的である.

Beckett, Samuel. *Waiting for Godot*. New York : Evergreen, 1954. 無意味性に満ちた実存主義ドラマの古典. 核には「しあわせ」という名の袋の口からの無意味な言葉の嘔吐がある. [安堂信也・高橋康也訳『ベケット戯曲全集 1』 白水社]

Benton, William. *Normal Meanings*. Paducah, Ky. : Deer Crossing Press, 1978. 奇妙に挑発的な詩の本. ある部分は理解可能だが, ある部分はまったく理解不能.

Bernstein, Leonard. *The Joy of Music*. New York : Simon & Schuster, 1959. きわめて明瞭な思想家・音楽家による刺激的なアイデアのメドレー. 彼の対話はとても楽しい. [吉田秀和訳『音楽のよろこび』 音楽之友社]

Biggs, John. R. *Letterforms and Lettering*. Poole, England : Blandford Press, 1977. 字形の変動性に関する本としてはこれまでに出会ったなかでも最上の本. ヘブライ語, 中国語, アラブ語など他言語についても触れている.

Blesser, Barry et al. "Character Recognition based on Phenomenological Attributes", *Visible Language* 7, no. 3 (Summer 1973). 文字認識問題の興味深さをはっきりと認識した研究者たちによる初期の論文.

Bloch, Arthur, *Murphy's Law ; Murphy's Law Book Two ; Murphy's Law Book Three*. Los Angeles : Price/Stern/Sloan, 1977, 1980, 1982. ユーモアと皮肉に満ちた人間観察. 数多くの自己参照的・自己否定的な警句を収録.

Boeke, Kees. *Cosmic View : The Universe in 40 Jumps*. New York : John Day, 1957. 誰でもこの本に接すると畏怖の念を抱き, 謙虚になるだろう. そして, 「天文学的数字」という言葉の意味が生き生きと感じられる.

Bombaugh, Charles Carroll. *Oddities and Curiosities of Words and Literature*, edited and annotat-

364, 411

ミケランジェロ (Michelangelo) 618
ミーディンガー, M. (Max Miedinger) 255, 278
ミラー, C. (Casey Miller) 153, 155
ミラー, G. (George Miller) 626
ミンスキー, M. (Mervin Minsky) 444-7

メイ, R. (Robert M. May) 367
メスニク, R. (Richard Mesnik) 198
メトロポリス, N. (Nicholas C. Metropolis) 350
メフェルト, U. (Uwe Mèffert) 319
メレディス, M. (Marsha Meredith) 537, 637
メンデルスゾーン, F. (Felix Mendelssohn) 181, 531, 587

モーカム, C. (Christopher Morcom) 477, 478
モーガン, C. (Chris Morgan) 715
モーザー, D. (David Moser) 33, 49, 52, 150, 160, 222
モーツァルト, W. A. (Wolfgang Amadeus Mozart) 189, 224, 226, 281, 517, 526, 527
モノー, J. (Jacques Monod) 64, 631
モリス, S. (Scot Morris) 112
モンテーニュ (Montaigne) 59
モンドリアン, P. (Piet Mondrian) 197
モンロー, M. (Marilyn Monroe) 376, 544

ヤ

ヤゲロ, M. (Marina Yaguello) 160
ユーアトロス (Euathlus) 82, 95
ヨース, J. (Johann Joss) 697

ラ

ライト, F. L. (Frank Lloyd Wright) 281
ライヒ, S. (Steve Reich) 189, 193, 520, 527
ラヴェル, M. (Maurice Ravel) 181, 226, 527
ラスカー, E. (Edward Lasker) 678
ラーソン, A (Anne Larson) 192
ラッセル, B. (Bertrand Russell) 83, 444, 446, 478, 479
ラフマニノフ, S. (Sergei Rachmaninoff) 181, 225, 531, 753
ラパポート, A. (Anatol Rapoport) 696, 698, 700, 703, 707
ラングレイ, P. (Patrick Langley) 625
ランディ, J. (James Randi) 107
ランドフスカ, W. (Wanda Landowska) 645
ランフォード, O. (Oscar Lanford) 363

リア, E. (Edward Lear) 157, 206
リーク, D. (David Leake) 281
リード, R. (Randy Read) 616-9
リボディ, E. (Eve Rybody) 224
リュカ, E. (Edouard Lucas) 416
リンチ, A. (Aaron Lynch) 79

ルカーシビッツ, J. (Jan Łukasiewicz) 379
ルーカス, J. (Jerry Lucas) 132
ルーカス, J. R. (J. R. Lucas) 525-8, 536
ルービック, E. (Ernć Rubik) 224, 289, 311, 314
ルーミス, C. (Charles Battell Loomis) 206
ルメルハート, D. (David Rumelhart) 273, 624
ルール, D. (David Ruelle) 367

レーヴェ, F. (Frederick Loewe) 531
レディ, D. R. (D. Raj Reddy) 450
レーニンジャー, A. (Albert Lehninger) 652, 670
レノン, J. (John Lennon) 211
レビン, M. (Michael Levin) 448
レプス, P. (Paul Reps) 463
レーン, R. (Richard Lane) 187

ロジャーズ, D. (David Rogers) 573
ロジャーズ, R. (Richard Rodgers) 531
ロバーツ, L. G. (L. G. Roberts) 623
ロビンソン, R. (Raphael Robinson) 44, 81, 369
ローブ, M. (Marcia Loeb) 271
ロレンテ, G. (Gabriel Lorente) 333

ワ

ワイスコフ, V. (Victor Weisskopf) 736
ワイゼンバウム, J. (Joseph Weizenbaum) 505
ワッツ, F. (Fred Watts) 187

ピカソ，P.（Pablo Picasso） 36
ビグナムスカ教授（Professor Bignumska） 124, 148
ピーターソン，J.（Jon Peterson） 679, 680, 688
ピチョン，F.（Frédéric Pichon） 179, 585
ビートルズ（The Beatles） 531
ビネット，A.（A. Binet） 624
ヒューズ，P.（Patrick Hughes） 61-2
ビューラー，J.（Joe Buehler） 346
ビューレシュ，S.（Scott Buresh） 83, 720, 721
ピルカス，L.（Laird Pylkas） 195
ヒントン，G.（Geoffrey Hinton） 273, 637

ファイゲンバウム，M.（Mitchell Feigenbaum） 350, 357, 362, 363
ファインマン，R.（Richard Feynman） 458, 562, 593
ファウラー，D.（David Fowler） 689
ファウルズ，J.（John Fowles） 73
ファトウー，N.（Nicholas Fattu） 134
フィリップス，T.（Tom Phillips） 219
フェルドマン，J.（Jerome Feldman） 637
フォック，V.（Vladimir Fock） 373
フォーサイス，G.（George Forsythe） 93
フォックス，F.（Frank Fox） 373
フォーレ，G.（Gabriel Fauré） 181
フォン・ノイマン，J.（John von Neumann） 45, 46, 75, 369, 480
ブーケ，K.（Kees Boeke） 136
プッチーニ，G.（Giacomo Puccini） 531, 549
ブッチャー，J.（Judith Butcher） 61
フート，S.（Samuel Foote） 205
プトレマイオス（Ptolemy） 117
ブーネマン，O. P.（O. P. Buneman） 637
フラッド，M.（Merrill Flood） 691
ブラブナー，G.（George Brabner） 36, 38, 39
ブラームス，J.（Johannes Brahms） 181, 531
フラワーズ，M.（Margot Flowers） 632
プランク，M.（Max Planck） 455, 456
フランクル，V.（Victor Frankl） 37
フランセスキーニ，V.（Valter Franceschini） 363
フリード，K.（Kate Fried） 311, 343
ブリリアント，A.（Ashleigh Brilliant） 61, 706
ブール，G.（George Boole） 526, 633
フルーティガー，A.（Adrian Frutiger） 278
ブルバキ，N.（Nicolas Bourbaki） 511
フレイジャー，K.（Kendrick Frazier） 107
ブレッサー，B.（Barry Blesser） 266
プレッツェル，O.（Oliver Pretzel） 310
ブレナー，C.（Charles Brenner） 678, 720
ブレヒト，G.（George Brecht） 62
フレンチ，B.（Bob French） 371
プロコフィエフ，S.（Sergei Prokofiev） 531, 753
プロタゴラス（Protagoras） 82, 95
ブロック，A.（Arthur Bloch） 62
フロムキン，V.（Victoria Fromkin） 516

ベイ，B.（Birch Bayh） 685
ベイトソン，G.（Gregory Bateson） 37
ベインブリッジ，W. S.（William Sims Bainbridge） 107, 110
ベケット，S.（Samuel Beckett） 209
ベック，A.（Anatole Beck） 689
ベナシ，V.（Victor A. Benassi） 111
ベニンジャー，R.（Robert Boeninger） 676, 684
ペーリス，G.（Glen Paris） 192
ベントン，W.（William Benton） 213
ペンローズ，R.（Roger Penrose） 584

ポアンカレ，H.（Henri Poincaré） 635
ボイス，W.（William Boyce） 255
ポスト，E.（Emil Post） 250
ポーター，C.（Cole Porter） 348, 531
ホッジズ，A.（Andrew Hodges） 476-85
ホップフィールド，J. J.（J. J. Hopfield） 637
ポプキン，W.（William Popkin） 94-7
ホフスタッター，N.（Nancy Hofstadter） 49
ホフマン，B.（Banesh Hoffmann） 60
ポリア，G.（George Pólya） 228
ポリカンスキー，D.（David Policansky） 715
ボルヘス，J. L.（Jorge Luis Borges） 465
ホワイトヘッド，A. N.（Alfred North Whitehead） 444, 446
ボンガルド，M.（Mikhail Bongard） 622

マ

マイアー，K.（Kersten Meier） 315
マイヒル，J.（John Myhill） 251, 528-30
マイヤバーグ，P. J.（P. J. Myrberg） 350
マークス，D.（David Marks） 109
マグリット，R.（René Magritte） 36, 618
マクリン，C.（Charles Macklin） 205, 206
マクレラン，J.（James McClelland） 273, 637
マッカーシー，J.（John McCarthy） 377, 477, 516
マックス，N.（Nelson Max） 411
マックスウェル，J. C.（James Clerk Maxwell） 470
マッコール，B.（Bruce McCall） 271
マルクス，G.（Georg Marx） 337, 345
マルクス，G.（Groucho Marx） 554
マーロウ，V.（Vincent Marlowe） 195
マンスフィールド，U.（Una Mansfield） 643
マンデルブロ，B.（Benoît Mandelbrot） 24,

114
ストラヴィンスキー，I. (Igor Stravinsky) 224, 549
スノープル，A. (Argli Snorple) 278
スーバー，P. (Peter Suber) 83, 85, 92-97, 343, 563
スピネリ，A. (Aldo Spinelli) 61, 371
スペリー，R. (Roger Sperry) 64, 595
スマリヤン，R. (Raymond Smullyan) 25, 60, 118, 504, 736
スミス，J. M. (John Maynard Smith) 683, 698
スミス，S. B. (Stephen B. Smith) 139
スモレンスキー，P. (Paul Smolensky) 634
スワンソン，C. B. (Carl B. Swanson) 78

セーガン，C. (Carl Sagan) 264
セラフィニ，L. (Luigi Serafini) 219

タ

タイ，M. (Minh Thai) 346
ダイアー，M. (Michael Dyer) 505, 632
大胆信女 144
タタルキービッツ，J. (Jakub Tatarkiewicz) 183
タッカー，A. (Albert Tucker) 691
ターナー＝スミス，R. (Ronald Turner-Smith) 319
ダーハム，T. (Tony Durham) 325
ターマン，L. (Lewis Terman) 624
タルスキ，A. (Alfred Tarski) 27, 529

チェイス，S. (Stuart Chase) 429
チェイティン，G. (Gregory Chaitin) 249, 345, 730
チェン，L. (Leland Chen) 192
チャイコフスキー，P. (Peter Illich Tchaikovsky) 531
チャーチ，A. (Alonzo Church) 377
チューリング，A. (Alan M. Turing) 145, 240, 476-487, 493, 495, 516, 525, 630

ディアコニス，P. (Persi Diaconis) 24
ディラン，B. (Bob Dylan) 210
テスラー，L. (Larry Tesler) 372
デニング，D. (Dorothy Denning) 715
デネット，D. (Daniel C. Dennett) 42, 450, 489, 491, 497, 512, 516, 613, 626, 638, 720
デービス，P. (Paul Davies) 467
デービーズ，P. (Peter Maxwell Davies) 220
デュードニー，A. K. (A. K. Dewdney) 372
デロング，H. (Howard DeLong) 50, 82, 94, 249
ドウィット，B. S. (Bryce S. Dewitt) 465
トヴェルスキ，A. (Amos Tversky) 247, 632
ドヴォルザーク，A. (Antonin Dvořák) 531
トゥーサン，G. (Godfried Toussaint) 622
ドーキンス，R. (Richard Dawkins) 64, 65, 67, 70, 71, 129, 631, 683, 684
ドビュッシー，C. (Claude Debussy) 181
ド・ブロイ，L. (Louis Victor de Broglie) 456, 458, 459
トマス，D. (Dylan Thomas) 209, 215
トマス，L. (Lewis Thomas) 59, 635
ドリーブ，L. (Lêo Delibes) 511
トルストイ，L. (Leo Tolstoy) 449, 450, 753
トルッチ，M. (Marcello Truzzi) 119-122
ドレシャー，M. (Melvin Dresher) 691

ナ

ナーゲル，E. (Ernest Nagel) 105, 249
ナパック，J. (Joel Napach) 192

ニコルス，L. (Larry Nichols) 341
ニューエル，A. (Allen Newell) 377, 620, 626, 643-6
ニュートン，I. (Isaac Newton) 239, 470

ノージック，R. (Robert Nozick) 145, 147
ノーマン，D. (Donald Norman) 516, 624

ハ

バー，A. (Avron Barr) 627
ハイゼンベルク，W. (Werner Heisenberg) 453, 459, 470
ハイマン，R. (Ray Hyman) 24, 105-8
バーガソン，H. (Howard Bergerson) 43
はしゃ蟻塚叔母さん 144
パスカル，B. (Blaise Pascal) 733
パスカル，L. (Louis Pascal) 732
パストゥール，L. (Louis Pasteur) 618
バッハ，J. B. (Johann Sebastian Bach) 141, 172, 189, 199, 226, 531, 618
ハーディン，G. (Garrett Hardin) 728, 732
バード，D. (Donald Byrd) 34, 57, 62, 174, 515
ハートリー，D. R. (Douglas Rayner Hartree) 372
ハネカー，J. (James Huneker) 171, 181, 364
ハフ，W. (William Huff) 184-6, 195, 199-201
ハミルトン，W. (William Hamilton) 696
ハモンド，N. (Nicholas Hammond) 310
バールカンプ，E. R. (Elwyn R. Berlekamp) 336
バルドー，B. (Brigitte Bardot) 544
ハルパーン，B. (Ben Halpern) 319, 334
バーンスタイン，L. (Leonard Bernstein) 531
ハンソン，N. R. (Norwood R. Hanson) 470

グチエレス，J. (Jorge Gutiérrez)　195
グニデグ，A. (Adrienne Gnidec)　174
クヌス，D. (Donald Knuth)　230, 248, 249, 253, 254, 256, 273, 274, 621, 625
グネディヒ，P. (Peter Gnädig)　345
クーラク，T. (Theodor Kullak)　177
クラコシア，Y. S. (Y. Serm Clacoxia)　214
クラジンスキ，A. (Andrzej Krasínski)　182
クラーナー，D. (David Klarner)　242
グラハム，N. (Neill Graham)　465
クラル，E. (Elmer Kral)　107
クリック，F. (Francis Crick)　595
クリーネ，S. (Stephen Kleene)　525
グリフィン，D. (Donald Griffin)　516
グリーンバーグ，B. (Bernie Greenberg)　306, 311
クルツワイル，R. (Ray Kurzweil)　622
グールド，G. (Gllen Gould)　225, 226
グレーディ，S. (Scott Grady)　191
クワイン，W. V. O. (Willard Van Orman Quine)　27, 28, 44, 105
桑山弥三郎　259

ケージ，J. (John Cage)　34, 36, 50, 220
ケース，J. (John Case)　40
ケストラー，A. (Arthur Koestler)　240, 468
ゲーデル，K. (Kurt Gödel)　26-29, 44, 71, 73, 123, 250, 377, 444-8, 480, 525, 533, 645
ケナー，H. (Hugh Kenner)　511
ゲブスタッター，E. (Egbert B. Gebstadter)　47
ケーラー，W. (Wolfgang Koehler)　624
ゲラー，U. (Uri Geller)　114
ケリー，W. (Walt Kelly)　219

ゴスパー，B. (Bill Gosper)　24
コッホ，H. (H. Koch)　363
コトフスキー，K. (Kenneth Kotovsky)　624
ゴドフリー，L. (Laurie Godfrey)　107
コーニング，H. (H. Koning)　281
コフカ，K. (Kurt Koffka)　624
コペルニクス，N. (Nicholas Copernicus)　117
コホーネン，T. (T. Kohonen)　637
コルトー，A. (Alfred Cortot)　181
ゴールドヘイバー，M. (Michael Goldhaber)　685
コレット，P. (Pierre Collet)　363
ゴーロム，S. (Solomon R. Golomb)　293
コンウェイ，J. (John Conway)　336
コンフリー，Z. (Zez Confrey)　191

サ

サイモン，H. (Herbert Simon)　377, 620, 621, 624, 633
サーキシャン，V. (Vahe Sarkissian)　650, 653
サスマン，G. (Gerald Sussman)　623
ザップ，H. (Hermann Zapf)　269, 277, 278
サピア，E. (Edward Sapir)　448
ザムザ，G. (Gregor Samsa)　53
サール，J. (John Searle)　620, 630, 631, 645
サローズ，L. (Lee Sallows)　44, 45, 56, 76, 77, 80, 81, 371, 372, 675
サン・サーンス，C. (Camille Saint-Saëns)　531
サンプソン，G. (Geoffrey Sampson)　274, 279
ザンボ，V. (Victor Zámbó)　337

シェイファー，R. (Robert Scheaffer)　107
ジェイムズ，W. (William James)　762
シェークスピア，W. (William Shakespeare)　60, 224
シスルスウエイト，M. (Morwen Thistlethwaite)　307, 310, 342
シブリー，D. (Dave Sibley)　346
ジャクソン，B. (Brad Jackson)　346
ジャクソン，J. (Jesse Jackson)　246
ジャクソン，M. (Michael Jackson)　532
シャンク，R. (Roger Schank)　624
シュトックハウゼン，K. (Karl-Heinz Stockhausen)　220
シューベルト，F. (Franz Schubert)　226, 531
シューマン，R. (Robert Schumann)　181
シュレーディンガー，E. (Erwin Schrödinger)　462, 614
ショー，G. B. (George Bernard Shaw)　223
ジョイス，J. (James Joyce)　219, 222, 388
ショウ，J. C. (J. C. Shaw)　377
ショスタコービッチ，D. (Dimitri Shostakovich)　548, 753
ショパン，F. (Frédéric Chopin)　168-183, 226, 527, 531
ジョプリン，S. (Scott Joplin)　531
ジョンソン，B. (Ben Jonson)　205
シール，D. (David Seal)　311
シンガー，B. (Barry Singer)　111
シングマスター，D. (David Singmaster)　291, 294, 310, 319, 341
慎重居士　144

スウィフト，K. (Kate Swift)　153, 155
スキナー，B. F. (B. F. Skinner)　35, 37
スクリャービン，A. (Alexander Scriabin)　181, 753
スコレム，T. (Thoralf Skolem)　377
スタイナー，G. (George Steiner)　557
スタイン，G. (Gertrude Stein)　157, 207
スタイン，M. (Myron Stein)　350, 362
スタイン，P. (Paul Stein)　349, 350, 362
ストーカー，D. (Douglas F. Stalker)　110,

人名

ア

アイザックス, S. (Stan Isaacs)　323
アイゼンバーグ, J. (J. Eizenberg)　281
アインシュタイン, A.(Albert Einstein)　117, 224, 239, 369, 448, 454-6, 464, 480, 574, 748
アキレス (Achilles)　144, 540, 594-615, 762
アクセルロッド, R. (Robert Axelrod)　696-704, 715
アシモフ, I. (Isaac Asimov)　107
アーマン, L. (Lee Erman)　450
アルコック, J. (James Alcock)　107
アレン, W. (Woody Allen)　479
アンドラス, J. (Jerry Andrus)　24
アンリ, J. (Jacqueline Henry)　575

イオネスコ, E. (Eugène Ionesco)　40
石毛照敏　289, 311, 314

ヴィトゲンシュタイン, L. (Ludwig Wittgenstein)　621
ウィノグラード, T. (Terry Winograd)　623, 630, 631
ウィーバー, W. (Warren Weaver)　109
ウィーリス, A. (Allen Wheelis)　70-73
ウィルショウ, D. (D. Willshaw)　637
ウィルソン, E. O. (E. O. Wilson)　59, 628
ウィンストン, P. H. (P. H. Winston)　623
ヴェリコフスキー, I.(Immanuel Velikovsky)　120, 121
ヴェルディ, G. (Giuseppe Verdi)　226, 549
ヴェルトハイマー, M. (Max Wertheimer)　624
ウォーカー, R. (Richard Walker)　311
ウォーフ, B. (Benjamin Whorf)　448
ウォーラー, F. (Fats Waller)　531
ウォルツ, D. (David Waltz)　623
ウォルド, G. (George Wald)　745
ウラム, S. (Stanislaw M. Ulam)　349, 368, 369
ウルドリッジ, D. (Dean Wooldridge)　519
ウルフ, R. (Robert Wolf)　723, 725

エイズウィック, J. (Jack Eidswick)　346
エヴァンズ, T. E. (Thomas E. Evans)　624
エジソン, T. (Thomas Edison)　224
エックマン, J. P.(Jean-Pierre Eckmann)　363
エッシャー, M. C. (M. C. Escher)　36, 73, 185, 186, 191, 508
エドソン, R. (Russell Edson)　216, 217
エブリット, H. (Hugh Everett III)　465, 466
エリス, W. B. (Walter B. Ellis)　732
エルスナー, J. (Józef Elsner)　179
エーレルト, L. (Louis Ehlert)　171

オウバーグ, J. (James E. Oberg)　107
オージェ, P. (Pierre Auger)　78
オドンネル, F. (Francis O'Donnell)　191
オネゲル, A. (Arthur Honegger)　255
オラレンショウ, E.(Edith Ollerenshaw)　310
オールセン, D. (David Olesen)　202

カ

ガイ, R. (Richard Guy)　336
ガイザゴ, E. (Eva Gajzágó)　337, 345
ガーシュイン, G. (George Gershwin)　531, 587
カーズウェル, H.(G. Harold Cardswell)　685
カーツ, P. (Paul Kurtz)　105, 107
ガードナー, M. (Martin Gardner)　24, 25, 105, 120, 122, 341, 441, 715, 761
カナーバ, P. (Pentti Kanerva)　374, 637
金田康正　132
カーネマン, D.(Daniel Kahneman)　247, 632
カフカ, F. (Franz Kafka)　53
カーボネル, J. (Jaime Carbonell)　632
カマク, H. J. (H. J. Kamack)　337, 584
カマン, R. (Richard Kammann)　109
カミュ, M. (Marcel Camus)　542
亀　144, 145, 540, 594-615, 762
カラソフスキ, M. (Maurycy Karasowski)　181
ガリレオ (Galileo)　117
カーン, J. (Jerome Kern)　531
カーン, L. (Louis Kahn)　199, 201, 202
カントール, G. (Georg Cantor)　251

キム, S.(Scott Kim)　24, 32, 47, 262, 584, 610, 630
キャロル, L. (Lewis Carroll)　143, 145, 146, 157, 206, 540
キュッパース, W. (Wolfgang Küppers)　331
ギルバート, W. S. (W. S. Gilbert)　207
キーン, T. R. (T. R. Keane)　337, 584
キング, C. (Carole King)　531

グスタフソン, W. (William O. Gustafson)　340-2

ヤ

ラ・ワ

タ

ナ

サ

事項

ア

カ

■　索引

■　参考文献

メタマジック・ゲーム［新装版］
科学と芸術のジグソーパズル

一九九〇年九月十五日　第一版第一刷　発行
二〇〇五年十月三十日　新装版第一刷　発行
二〇一八年三月　十　日　新装版第三刷　発行

著者　ダグラス・R・ホフスタッター
訳者　竹内郁雄・斉藤康己・片桐恭弘
発行者　中村幸慈
発行所　株式会社　白揚社

東京都千代田区神田駿河台一―七　郵便番号一〇一―〇〇六二
電話＝(03)五二八一―九七七二　FAX＝(03)五二八一―九八八六
振替口座＝〇〇一三〇―一―二五四〇〇
装丁　井上敏雄
印刷所　中央印刷株式会社
製本所　牧製本印刷株式会社

ISBN978-4-8269-0126-0

```
-> (atomcount brahma)
 ENTERING atomcount (s=(((ac ab cb) ac (ba bc ac)) ab ((cb ca ba) cb (ac ab cb))))
  ENTERING atomcount (s=((ac ab cb) ac (ba bc ac)))
   ENTERING atomcount (s=(ac ab cb))
    ENTERING atomcount (s=ac)
    EXITING  atomcount (value: 1)
    ENTERING atomcount (s=(ab cb))
     ENTERING atomcount (s=ab)
     EXITING  atomcount (value: 1)
     ENTERING atomcount (s=(cb))
      ENTERING atomcount (s=cb)
      EXITING  atomcount (value: 1)
      ENTERING atomcount (s=nil)
      EXITING  atomcount (value: 0)
     EXITING  atomcount (value: 1)
    EXITING  atomcount (value: 2)
   EXITING  atomcount (value: 3)
   ENTERING atomcount (s=(ac (ba bc ac)))
    ENTERING atomcount (s=ac)
    EXITING  atomcount (value: 1)
    ENTERING atomcount (s=((ba bc ac)))
     ENTERING atomcount (s=(ba bc ac))
      ENTERING atomcount (s=ba)
      EXITING  atomcount (value: 1)
      ENTERING atomcount (s=(bc ac))
       ENTERING atomcount (s=bc)
       EXITING  atomcount (value: 1)
       ENTERING atomcount (s=(ac))
        ENTERING atomcount (s=ac)
        EXITING  atomcount (value: 1)
        ENTERING atomcount (s=nil)
        EXITING  atomcount (value: 0)
       EXITING  atomcount (value: 1)
      EXITING  atomcount (value: 2)
     EXITING  atomcount (value: 3)
     ENTERING atomcount (s=nil)
     EXITING  atomcount (value: 0)
    EXITING  atomcount (value: 3)
   EXITING  atomcount (value: 4)
  EXITING  atomcount (value: 7)
  ENTERING atomcount (s=(ab ((cb ca ba) cb (ac ab cb))))
   ENTERING atomcount (s=ab)
   EXITING  atomcount (value: 1)
   ENTERING atomcount (s=(((cb ca ba) cb (ac ab cb))))
    ENTERING atomcount (s=((cb ca ba) cb (ac ab cb)))
     ENTERING atomcount (s=(cb ca ba))
      ENTERING atomcount (s=cb)
      EXITING  atomcount (value: 1)
      ENTERING atomcount (s=(ca ba))
       ENTERING atomcount (s=ca)
       EXITING  atomcount (value: 1)
       ENTERING atomcount (s=(ba))
        ENTERING atomcount (s=ba)
        EXITING  atomcount (value: 1)
        ENTERING atomcount (s=nil)
        EXITING  atomcount (value: 0)
       EXITING  atomcount (value: 1)
      EXITING  atomcount (value: 2)
     EXITING  atomcount (value: 3)
     ENTERING atomcount (s=(cb (ac ab cb)))
      ENTERING atomcount (s=cb)
      EXITING  atomcount (value: 1)
      ENTERING atomcount (s=((ac ab cb)))
       ENTERING atomcount (s=(ac ab cb))
        ENTERING atomcount (s=ac)
        EXITING  atomcount (value: 1)
        ENTERING atomcount (s=(ab cb))
         ENTERING atomcount (s=ab)
         EXITING  atomcount (value: 1)
         ENTERING atomcount (s=(cb))
          ENTERING atomcount (s=cb)
          EXITING  atomcount (value: 1)
          ENTERING atomcount (s=nil)
          EXITING  atomcount (value: 0)
         EXITING  atomcount (value: 1)
        EXITING  atomcount (value: 2)
       EXITING  atomcount (value: 3)
       ENTERING atomcount (s=nil)
       EXITING  atomcount (value: 0)
      EXITING  atomcount (value: 3)
     EXITING  atomcount (value: 4)
    EXITING  atomcount (value: 7)
    ENTERING atomcount (s=nil)
    EXITING  atomcount (value: 0)
   EXITING  atomcount (value: 7)
  EXITING  atomcount (value: 8)
 EXITING  atomcount (value: 15)
15
->
```